NOUVEAUX ÉLÉMENS

D'HISTOIRE NATURELLE.

NOUVEAUX ÉLÉMENS

D'HISTOIRE NATURELLE

CONTENANT

LA ZOOLOGIE, LA BOTANIQUE, LA MINÉRALOGIE ET LA GÉOLOGIE,

PAR A. SALACROUX

DOCTEUR EN MÉDECINE DE LA FACULTÉ DE PARIS,
PROFESSEUR D'HISTOIRE NATURELLE AU COLLÉGE ROYAL DE SAINT-LOUIS,
MEMBRE DE LA SOCIÉTÉ DES SCIENCES NATURELLES DE FRANCE.

Avec 44 planches gravées sur acier et représentant près de 400 sujets.

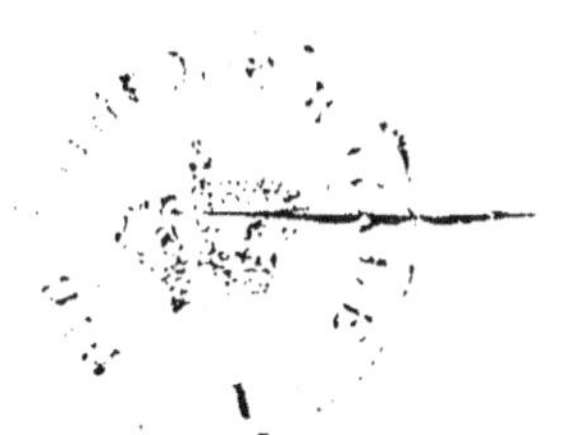

PARIS

GERMER BAILLIÈRE, LIBRAIRE-ÉDITEUR,

RUE DE L'ÉCOLE DE MÉDECINE, N₀ 13 (*bis*).

LIBRAIRIE CLASSIQUE DE POILLEUX,

QUAI DES GRANDS-AUGUSTINS, N. 57.

Montpellier, CASTEL et SÉVALLE.	*Londres*, J.-B. BAILLIÈRE, 219, Regent street.
Strasbourg, LEVRAULT. FEVRIER.	*Toulouse*, DAGALIER et SENAC.

1836

PRÉFACE.

Le petit ouvrage que je publie est un cours abrégé d'HISTOIRE NATURELLE, qui présente l'état actuel de cette science, avec autant de fidélité que me l'ont permis l'âge et l'état des personnes auxquelles je le destine. On n'y trouvera pas de minutieuses descriptions d'anatomie comparée, ni de longues discussions sur les points controversés de la physiologie, parce que mon premier but a été d'intéresser tout en instruisant. Je ne suis entré dans des détails de ce genre, qu'autant qu'ils m'ont paru nécessaires, soit pour rendre compte de certaines habitudes des animaux auxquels ils se rapportent, soit pour exposer les caractères différentiels des espèces, genres, familles, classes, etc., des êtres organisés ou inorganiques dont je parle.

Tout le monde sait qu'il est des parties de la science qu'on ne peut enseigner sans ennui ou sans danger à de jeunes élèves; et beaucoup de parens se sont souvent plaints qu'on faisait entrer trop de détails dans les ouvrages d'histoire naturelle qu'on met entre les mains de leurs enfans. Convaincu que leurs plaintes n'étaient que trop fondées, j'ai omis à dessein certaines explications qui ne peuvent convenir qu'à des personnes d'un âge mûr; et ces omissions m'ont d'autant moins coûté, qu'elles ne peuvent aucunement nuire à l'intégrité de l'ouvrage. Par compensation, je me suis attaché à détruire certaines objections que les philosophes du dix-huitième siècle avaient faites contre la création de la Genèse et contre la possibilité d'un déluge universel, en faisant voir que les faits découverts par la géologie, bien loin d'être incompatibles avec les récits de la Bible, s'accordent parfaitement avec elle, et que non-seulement le déluge était possible , mais que tous les faits géologiques concourent pour démontrer qu'il avait eu réellement lieu, vers l'époque où le placent les écrivains sacrés.

Quant aux sources où j'ai puisé les matériaux de ces *Élémens d'histoire naturelle*, j'ai choisi les ouvrages des auteurs les plus distingués. Geoffroy – Saint – Hilaire , G. Cuvier, Fr. Cuvier, Milne Edwards, Buffon, etc., m'ont servi de guides pour l'histoire des *mammifères* ; Temminck , Buffon, Lesson , etc. , pour celle des *oiseaux* ; Lacépède , G. Cuvier, Bory de Saint–Vincent, Duméril , etc., pour celle des *reptiles ;* Lacépède , G. Cuvier . Valenciennes , Bloch , etc. , pour celle des *poissons.*

Dans l'histoire des animaux *invertébrés* , je ne pouvais prendre un meilleur modèle que de Lamarck ; mais j'ai profité aussi des travaux des auteurs qui se sont spécialement occupés d'une partie de cette vaste section de la zoologie. Ainsi Latreille , Audouin , Milne Edwards , Lacordaire , Geoffroi , etc., m'ont fourni les meilleurs documens sur les *crustacés*, les *annelides* et les *insectes.*

Pour les *mollusques* et les *zoophytes*, j'ai puisé dans les ouvrages de G. Cuvier, de Blainville, de Férussac, Sander-Rang, etc.

P. et A. De Candole, A. Richard, Delamarck, Desfontaines, Mérat, etc., m'offraient les meilleurs ouvrages que je pusse suivre pour la *botanique*, les uns pour la physique végétale , les autres pour la phytographie.

Dans la *minéralogie*, Alexandre Brogniard, Beudant, Brand, Delafosse, Haüy, etc., m'ont offert, dans leurs traités, tout ce que je pouvais désirer.

Pour la *géologie*, j'ai trouvé dans Alexandre Brogniard, G. Cuvier, Brochant de Villiers, Élie de Beaumont, d'Omalius d'Halloy, d'Aubuisson de Voisins, etc., ce qu'il y a de plus positif dans cette science encore peu avancée.

Enfin, pour *l'histoire naturelle en général*, j'ai consulté Duméril, Blumenbach, Delafosse, le Dictionnaire des sciences naturelles, le Dictionnaire d'histoire naturelle, le Dictionnaire classique d'histoire naturelle, et les différens recueils périodiques qui se publient sur cette science.

Avec des guides aussi nombreux et aussi sûrs, avec le soin que j'ai eu d'éviter tous les détails arides et inutiles, j'espère que mon ouvrage atteindra le but que je me suis proposé, de mettre *l'histoire naturelle* à la portée de tout le monde. Les enfans et les jeunes personnes pourront l'étudier avec fruit, sans fatigue pour leur intelligence et sans danger pour leur vertu. Les élèves en médecine y apprendront les classifications zoologiques, botaniques et minéralogiques, ainsi que l'application de l'histoire naturelle à l'hygiène et à la thérapeutique; et les personnes du monde, qui, sans avoir beaucoup de temps à leur disposition, désirent avoir quelques notions d'histoire naturelle, y trouveront sans peine les principes généraux de cette science, et l'histoire des êtres les plus intéressans et les plus répandus, avec l'exposition des produits qu'ils fournissent aux arts, à l'économie domestique, etc.

NOUVEAUX ÉLÉMENS

D'HISTOIRE NATURELLE.

Considérations générales.

L'histoire naturelle est une science qui nous apprend à connaître les corps terrestres et à les distinguer entre eux. On parvient à cette connaissance en étudiant leurs *propriétés ;* c'est-à-dire les qualités, qui leur étant *propres*, empêchent de les confondre les uns avec les autres.

Comme le nombre de ces corps est très considérable, il serait impossible à la mémoire la plus heureuse d'en retenir les caractères distinctifs, sans le secours d'une bonne *méthode*, dans laquelle on réunit ensemble tous ceux dont les propriétés sont les mêmes et peuvent être exposées simultanément. C'est ainsi qu'on forme les *règnes*, les *classes*, les *ordres*, les *familles*, les *tribus*, les *genres* et les *espèces*.

Une pareille classification, pour être utile, doit être naturelle et ne renfermer, dans chaque division, que des corps semblables ; de manière qu'en étudiant les propriétés d'un règne, d'une classe, etc., on soit dispensé de les étudier en particulier dans chacun des corps qui s'y trouvent compris. Ainsi, par exemple, quand on aura dit que les ruminans se nourrissent de matières végétales et surtout d'herbes et de feuillages, cette propriété étant commune à tous ces animaux, il sera inutile de répéter la même chose en parlant du chameau, du cerf, du bœuf, de la brebis, etc., qui sont des ruminans.

On conçoit combien un semblable procédé doit avoir d'avantages soit pour abréger l'étude de la science, soit pour la rendre moins fastidieuse.

Idée générale de la vie.

Guidés par ce principe, les naturalistes ont divisé d'abord les corps terrestres en deux *règnes,* dont l'un comprend ceux qui jouissent de la vie, comme les *animaux* et les *végétaux,* et l'autre renferme ceux qui en sont privés, tels que les *minéraux.*

On connaît qu'un corps est doué de la vie à deux caractères principaux : d'abord à sa structure ou composition intérieure, qui résulte de la combinaison de *solides* et de *liquides* et qu'on appelle *organisation,* et ensuite à une activité qui lui est exclusivement propre et qui est produite par l'action réciproque que ces solides et ces liquides exercent les uns sur les autres.

Quand on examine une plante et un animal, on ne tarde pas à s'apercevoir qu'ils s'approprient des matières étrangères, en les incorporant à leur substance, en même temps qu'ils rejettent hors d'eux-mêmes certains débris devenus inutiles. Cet échange continuel constitue *la nutrition,* qui se compose par conséquent de deux actes bien distincts, l'*absorption,* par laquelle le corps s'empare des matériaux propres à sa conservation et à son accroissement, et la *transpiration* ou *exhalation* par laquelle il se débarrasse de ses débris usés.

Si l'on doutait de cette double propriété des corps vivans, il suffirait de se rappeler qu'un chêne et un crocodile adultes, par exemple, proviennent le premier d'un gland et le second d'un œuf fort petits, et que par conséquent ils ont dû prendre aux corps qui les environnaient tout ce qu'ils ont de plus que n'avait le germe dont ils sont issus. D'un autre côté, l'expérience nous apprend qu'une plante et un animal quelconques, privés de nourriture, dépérissent rapidement ; ce qui prouve jusqu'à l'évidence que l'une et l'autre perdent durant cette privation une partie des matériaux qui les composaient d'abord. Et comment en serait-il autrement ? Tout ce qui agit s'use et s'altère. Or, les corps vivans étant sans cesse en action, doivent être soumis à cette loi commune et s'user d'autant plus vite que leur activité est plus grande; voilà pourquoi les végétaux et les animaux qui croissent le plus vite sont aussi ceux qui meurent le plus promptement, et *vice versa;* le chêne, la baleine, qui mettent de nombreuses années à se développer, vivent plusieurs siècles; le froment et le papillon naissent, croissent et meurent dans le cours d'une année.

Le résultat de cette altération des corps vivans est compensé pendant un certain temps par la nutrition, ou par cette propriété qu'ils ont de réparer leurs pertes, en s'appropriant des matières étrangères qu'ils changent en leur propre substance. Mais il arrive une époque où la machine vivante se trouve tellement usée, qu'elle ne peut plus être réparée. Alors son action cesse; sa vie s'éteint; le corps *meurt.* La mort est donc une conséquence nécessaire de la vie.

L'effet destructeur de cette loi générale est contrebalancé par une autre propriété également commune à tous les êtres vivans, c'est la faculté qu'ils ont de *se reproduire*, c'est-à-dire de donner le jour à des êtres semblables à eux et destinés à les remplacer sur la terre, quand ils n'y seront plus. C'est en vertu de cette seconde loi que les différentes espèces de corps vivans se perpétuent sur la terre, malgré les ravages que la mort fait parmi eux.

Pour que les corps vivans puissent remplir ce double vœu de la nature, c'est-à-dire *se nourrir* et *se reproduire*, ils ont été pourvus d'appareils particuliers appelés *organes*, au moyen desquels ils exécutent ces deux fonctions. C'est pour cela quel es mots *vivant* et *organique* sont des termes synonymes qui servent à désigner collectivement les plantes et les animaux. Il ne faut donc pas croire, comme on le fait souvent, que tout être doué de la vie soit un animal; car cette propriété est commune à tous les végétaux et à tous les animaux sans exception, et forme le caractère essentiel qui distingue ces corps des *minéraux* qui, n'étant pas composés d'organes, ne peuvent ni se nourrir ni se reproduire, ni agir en aucune manière.

Les corps *vivans* ont donc quatre propriétés qui les distinguent des *minéraux:* d'abord ils sont *organisés*, c'est-à-dire doués d'une activité particulière qui se manifeste au dehors par des mouvemens plus ou moins sensibles, inhérens à leur nature et indépendans de toute influence extérieure; ensuite ils *se nourrissent* en échangeant leurs molécules usées contre des molécules nouvelles qu'ils enlèvent au monde extérieur; en troisième lieu, ils *se reproduisent* en donnant naissance à des êtres qui leur ressemblent; enfin, ils *meurent*, lorsque leurs organes vieillis ne peuvent plus réparer leurs pertes par la nutrition.

Les *minéraux* nous présentent des propriétés tout opposées. D'abord ils ne nous offrent jamais cette combinaison de parties solides et liquides qui constitue *l'organisation*, car toutes leurs parties sont *homogènes* et parfaitement semblables; ils ne peuvent par conséquent avoir aucun des attributs qui dépendent de l'organisation. La *nutrition* et la *reproduction* leur sont donc également étrangères; et ils seraient *impérissables*, si les corps qui les environnent ne les détérioraient sans cesse en leur enlevant une partie des molécules qui les composent.

C'est donc avec raison que, d'après ces différences et plusieurs autres qu'il serait trop long d'exposer, les naturalistes se sont déterminés à diviser les corps qui se trouvent *naturellement* sur le globe terrestre en deux grandes sections ou *règnes* : celui des *corps vivans* ou *organisés* et celui des *corps bruts* ou *inorganiques*, plus communément appelés *minéraux*.

RÈGNE

ORGANIQUE.

Quoique le nombre des organes qui entrent dans la structure
du corps vivant soit très considérable dans certaines espèces,
tels que les oiseaux, les quadrupèdes et surtout l'homme, tous
ne sont pas également utiles à l'exercice de la vie; un seul
peut même à la rigueur suffire à ce but; c'est le *tissu cellulaire*, substance spongieuse et élastique, dont toutes les cavités intérieures communiquent ensemble, de manière à permettre aux fluides organiques de se mouvoir librement dans
toutes les parties du corps auquel ils appartiennent. Ces liquides, qui circulent sans cesse dans l'intérieur de l'être organisé,
deviennent le véhicule des matières nutritives nécessaires à
sa conservation et des débris usés qui doivent être rejetés hors
de lui.

Mais on ne trouve une structure si simple que dans un très
petit nombre de corps organisés; l'immense majorité de ces
êtres nous présente, outre ces deux élémens, des *glandes* et
des *vaisseaux*. Les premières sont des espèces de filtres compliqués, dans lesquels les fluides organiques s'altèrent, de manière à acquérir des propriétés totalement différentes de celles
qu'ils avaient d'abord, afin de devenir propres à certains usages
particuliers. C'est par l'action de ces organes que la sève se
change, dans l'ortie, en une liqueur âcre et brûlante, dans l'orange en une huile essentielle et inflammable, dans toutes les
fleurs en un suc doux et mielleux, etc. Il en est de même pour
les animaux: c'est par les glandes que le sang se change en salive dans la bouche, en lait dans les mamelles, en bile dans le
foie, en mucus ou bave dans la limace, en venin dans la vipère, l'araignée, etc. Quant aux *vaisseaux*, ce sont de simples
conduits destinés à charrier les divers liquides dans les parties
du corps où ils sont nécessaires, ou à les transporter au dehors,
quand ils sont inutiles.

Ainsi, le *tissu cellulaire*, les *glandes* et les *vaisseaux*,
réunis à une certaine quantité de liquides, peuvent être regardés comme les élémens essentiels de tous les corps vivans

et comme les agens de tous les phénomènes qui se passent en eux.

Mais avec quelle sagesse et quel art admirables la nature n'a-t-elle pas su varier et combiner ce petit nombre d'organes afin de les rendre propres au but pour lequel elle les créait! et quelle diversité de formes et d'habitudes n'a-t-elle pas donnée aux différens êtres organisés!

Les uns, ayant en partage la *sensibilité* et la *motilité,* ont la faculté de se mettre en rapport et en communication avec les êtres qui les environnent, c'est-à-dire qu'ils peuvent apprécier les impressions que ces êtres font sur eux, et s'en rapprocher ou s'en éloigner, selon que les impressions qu'ils en reçoivent leur sont agréables ou pénibles; et comme ils sont par leur motilité susceptibles de se trouver hors de la portée des alimens qui leur conviennent, ils ont reçu de la nature un réservoir intérieur (la *cavité alimentaire* ou *digestive*) dans lequel ils ont continuellement des provisions de nourriture : ce sont les *animaux.*

Les autres, privés de la double faculté de sentir et de se mouvoir, demeurent constamment fixés à la même place et puisent sans interruption les matériaux nécessaires à leur subsistance dans la terre, l'eau et l'air qui les environnent de toutes parts; ils n'ont donc pas besoin de cavité intérieure pour mettre des provisions en réserve : ce sont les *végétaux.*

C'est d'après ces différences que les naturalistes ont divisé le règne organique en deux parties dont l'une traite des animaux, c'est la *zoologie,* et l'autre des végétaux, c'est la *phytologie,* plus communément appelée *botanique.*

ZOOLOGIE.

Il résulte de ce que nous venons de dire que les animaux ont trois sortes de fonctions à remplir, celle de *nutrition*, celle de *reproduction* et celle de *relation*, dont nous allons parler successivement.

§ I. — Fonction de nutrition.

Le principal agent de la nutrition chez les animaux, est le *sang*. Ce fluide, qui contient les élémens de tous les organes, continuellement apporté par les vaisseaux dans les différentes parties du corps, fournit à chacune d'elles les matériaux nécessaires à leur développement et à leur entretien, et leur enlève en même temps les débris que l'usure en a détachés pour les amener au dehors : c'est dans ce mouvement que consiste la *circulation*. Cette fonction a pour agens principaux le *cœur*, qui met le sang en mouvement, les *artères*, qui le portent du cœur aux autres organes, et les *veines* qui de ces organes le ramènent au cœur.

On conçoit qu'il doit y avoir une grande différence de composition entre le sang qui doit servir à la nutrition et celui qui a déjà servi à cet usage. Le premier contient des principes que n'a pas le second ; et ce dernier est chargé de débris organiques qui ne se trouvent pas dans l'autre ; aussi lui a-t-on donné dans ces deux états deux noms différens : celui de sang *artériel* dans le premier, et celui de sang *veineux* dans le second.

Ce dernier ayant fourni aux organes les principes vivifians et s'étant chargé de leurs débris usés, ne peut plus servir à la nutrition avant d'avoir réparé les uns et de s'être débarrassé des autres ; tel est le but de la *respiration*, fonction dans laquelle l'air, agissant sur le sang, lui rend ses élémens nutritifs et lui enlève ses débris organiques.

Pour que la respiration s'accomplisse, il faut que le sang veineux soit mis en contact avec l'air dans un organe spécial ; c'est ordinairement une cavité intérieure, qui communique d'une part avec le cœur d'où il reçoit le sang, et de l'autre avec l'air atmosphérique ; de manière que ce dernier puisse agir sur le fluide nourricier, lui rendre les propriétés qu'il a perdues, lui enlever les débris organiques qu'il contient, en un mot le transformer en sang artériel.

Observons, en parlant de la respiration, qu'elle peut être accomplie par deux sortes d'organes ; les *poumons* avec lesquels l'animal respire l'air en nature, comme cela a lieu pour l'homme, les quadrupèdes, les oiseaux, etc. ; et les *branchies*, qui sont propres aux espèces aquatiques, et qui servent à extraire de l'eau le peu d'air qu'elle contient ; nous trouvons ces sortes d'organes chez les poissons, les mollusques, etc.

Le sang veineux et le sang artériel se transforment sans cesse l'un dans l'autre ; mais, comme ils ne doivent pas se mêler ensemble, ils ont chacun un cœur particulier ; un *cœur droit*, qui reçoit le sang veineux à mesure qu'il arrive des différentes parties du corps et qui le lance dans l'organe respiratoire, et un *cœur gauche* qui reçoit le sang artériel qui vient de respirer et qui l'envoie aux divers organes qu'il doit nourrir. Il y a donc réellement deux sortes de circulation, la *circulation pulmonaire* ou *branchiale*, qui a pour centre le cœur droit, et envoie le sang veineux à l'organe respiratoire, et la *circulation générale* qui reçoit l'impulsion du cœur gauche et lance le sang artériel dans toutes les parties du corps.

Mais si la respiration redonne au sang les propriétés qu'il avait perdues en servant à la nutrition, elle ne peut le faire que pendant un certain temps. A force de réparer les organes, ce liquide finit par s'épuiser, et il ne reprend plus les qualités nutritives par un simple contact avec l'air ; il faut qu'il reçoive des alimens plus substantiels ; c'est par la *digestion* que s'opère cette seconde espèce de réparation.

Cette fonction s'accomplit dans cette cavité intérieure, dans laquelle l'animal tient toujours de la nourriture en réserve pour les momens où il n'en a pas à sa portée. Cette cavité porte le nom de canal *alimentaire* ou *digestif*, parce qu'elle sert de réservoir aux alimens, et qu'en même temps elle les digère et leur fait subir les altérations convenables pour les rendre propres à être mêlés au sang. Elle communique ordinairement au dehors par deux ouvertures, la *bouche* et l'*anus*, par lesquelles elle reçoit la nourriture et en rejette le résidu ou la partie qui n'a pu être digérée et qui forme les *excrémens*.

Pour que les alimens deviennent propres à être incorporés aux organes, le canal digestif présente dans sa longueur divers renflemens, dont les principaux sont la *bouche* et l'*estomac*, dans lesquels ils séjournent plus ou moins long-temps, et dans le voisinage desquels sont placées des *glandes* qui produisent les liquides nécessaires pour en faciliter la digestion. C'est ainsi qu'on trouve dans la bouche les glandes *salivaires* dont le produit (la *salive*) imbibe et ramollit la nourriture. De même, les parois de l'*estomac* sont remplies de petites glandes qui, pendant la digestion, versent dans son intérieur le *suc gastrique*, liquide analogue à la salive et qui, s'unissant aux alimens, les change en une pâte molle, appelée *chyme*. Au-delà de l'estomac se rencontrent le *foie* et le *pancréas*, autres glandes qui produisent la *bile* et le *suc pancréatique*, lesquels mêlés au chyme le séparent en deux portions bien distinctes; les *excrémens* qui sont rejetés au dehors par l'*anus*, et le *chyle* qui est un liquide laiteux, renfermant la partie nutritive des alimens.

Le chyle une fois formé est pompé par une multitude innombrable de petits canaux (*vaisseaux chylifères*) qui ont leur orifice dans l'intérieur même du canal alimentaire et vont le porter dans un réservoir, nommé *canal thoracique*. Celui-ci le verse dans une *veine* dans laquelle il se mêle avec le sang et qui va le porter dans le cœur droit, pour qu'il aille à l'organe respiratoire subir l'action vivifiante de l'air; c'est alors seulement qu'il peut servir à la nutrition de l'animal.

§ II. — Fonction de reproduction.

La vie des animaux comme celle de tous les corps organisés, est essentiellement limitée; et ces êtres auraient depuis long-temps disparu de la surface du globe, si la nature ne leur avait donné la faculté de se perpétuer en se multipliant.

La multiplication des animaux est en général d'autant moindre, que leur taille est plus considérable et qu'ils ont moins d'ennemis à redouter : c'est ainsi que la baleine, l'éléphant, l'homme, etc., ne produisent ordinairement qu'un seul petit. Au contraire les insectes, qui à l'état parfait ne vivent jamais plus d'un an et dont l'existence ne dure souvent que quelques heures, en produisent plusieurs milliers à la fois; il en est de même de la plupart des mollusques et des poissons, dont les œufs et les petits sont dévorés par centaines par les oiseaux, par les reptiles et par les poissons eux-mêmes. Mais il faut remarquer à ce sujet, que si les grands animaux n'engendrent qu'un petit nombre à la fois, ils ont toujours plusieurs portées dans le cours de leur vie, et quelquefois même dans celui d'une année, tandis que les espèces qui pullulent beaucoup ne produisent ordinairement qu'une seule fois pendant toute la durée de leur existence. Mais malgré cette circonstance, les insectes, les poissons et les coquillages sont d'une fécondité incomparablement plus grande que celle des autres animaux[1].

Quant à la nature de la génération, c'est un mystère impénétrable que nous ne connaissons que par les hypothèses plus ou moins hasardées des savans. Tout ce que nous savons à ce sujet, c'est que dans les animaux les plus simples, la génération est *scissipare*, c'est-à-dire qu'elle consiste dans la division du corps en plusieurs fragmens, qui deviennent autant d'individus semblables au tout dont ils faisaient partie (les *polypes*, par exemple); dans les autres animaux cette fonction se fait par le moyen d'*œufs* renfermant chacun un germe qui n'a besoin, pour devenir semblable à son *parent*, que d'acquérir le développement nécessaire : c'est la génération *ovipare*. Mais dans ce mode de reproduction il y a deux variétés. Tantôt le germe sort entouré d'une membrane plus ou moins solide qui masque entièrement la forme de l'animal qu'il renferme : c'est la génération *ovipare* proprement dite; tantôt au contraire il rompt

____

(1) On se demandera sans doute à quoi bon cette innombrable quantité d'insectes et d'animaux marins dont les uns nous paraissent complètement inutiles et les autres sont très souvent nuisibles. La nature, ou plutôt celui qui l'a créée, est trop sage pour avoir agi sans dessein, lorsqu'il a ainsi prodigué la vie sur la terre et au sein des eaux. Tous les jours la mort frappe des myriades d'êtres organisés, dont les cadavres entassés ne tarderaient pas, en se putréfiant, à jeter l'infection dans l'air que nous respirons et dans l'eau qui ne nous est pas moins nécessaire que l'air. Mais à peine les plantes et les animaux ont-ils cessé de vivre, soudain des milliers d'insectes, de mollusques ou de poissons voraces, se précipitent à l'envi sur leur cadavre et l'ont entièrement détruit avant qu'il ait pu répandre ses miasmes empestés autour de lui. Ainsi ces charançons qui ravagent nos greniers, ces teignes qui détruisent nos garde-robes, ces larves qui réduisent nos meubles et la charpente de nos maisons en poussière, sont autant d'ouvriers qui, obéissant aux ordres de leur Maître, hâtent la décomposition de ces corps pour en rendre les élémens à la nature et les faire servir à la formation de nouveaux êtres.

cette enveloppe avant sa sortie et se montre avec la forme qu'il doit conserver pendant toute sa vie : c'est la *génération vivipare*.

§ III. — Fonction de relation.

Nous avons vu que les animaux ont deux moyens de se mettre en rapport avec le monde extérieur, la *sensibilité* et la *motilité*.

Quoique le but de ces deux facultés soit bien distinct, elles sont cependant dans une telle dépendance mutuelle qu'elles ne sauraient exister séparément. Que serait en effet un animal exposé à toutes les impressions extérieures et privé du mouvement volontaire ? Qu'on se figure ses transes et ses angoisses à la vue d'un danger qu'il ne pourrait éviter, et ses privations à l'aspect d'un objet convoité qu'il ne saurait atteindre ! Celui qui sans avoir la sensibilité aurait la motilité, jouirait-il d'un meilleur sort ? Livré à des mouvemens désordonnés, sans guide pour se diriger, il se jetterait dans des dangers inévitables, au milieu desquels il ne pourrait tarder à trouver la fin de sa malheureuse existence. Aussi ces deux facultés sont-elles toujours développées au même degré dans le même animal, et ont-elles un centre commun, le *cerveau*, qui est en même temps chargé d'apprécier les impressions que les corps extérieurs produisent à la surface de son corps et de diriger les organes du mouvement dans l'exercice de leurs fonctions.

Pour que le cerveau puisse atteindre ce double but, il communique avec la surface du corps et avec les organes du mouvement par le moyen de petits cordons appelés *nerfs*, dont la fonction est de lui transmettre les impressions de la première et de porter ses ordres aux seconds. Mais ce ne sont pas les nerfs qui sont chargés de recevoir ces impressions ni d'exécuter ces mouvemens ; il y a pour ces deux fonctions des organes particuliers : les *sens* pour la première, les *muscles* pour la seconde.

1⁰ Le corps des animaux est recouvert à l'extérieur par la *peau*, enveloppe que sa structure rend également propre à défendre les organes intérieurs et à recevoir les impressions du dehors. A cet effet elle est composée de plusieurs couches superposées, dont les principales sont le *derme* et les *papilles nerveuses*. Le premier est un tissu ferme et résistant qui donne à cette enveloppe la force nécessaire pour qu'elle puisse protéger les parties sous-jacentes : c'est lui qui rend la peau des

grands animaux si solide, et qui permet de la transformer en
cuir par le tannage. Les secondes ne sont autre chose que l'extrémité des nerfs qui viennent du cerveau et qui doivent lui
transmettre l'impression produite par le *contact* des corps sur
la peau.

Outre ces deux parties essentielles, l'enveloppe cutanée est
garnie de *muscles* qui lui impriment les mouvemens nécessaires, de *vaisseaux* qui lui apportent la nourriture, de *glandes* qui sécrètent divers produits destinés à défendre les papilles nerveuses du contact trop immédiat des corps qui serait
douloureux ; et de *l'épiderme*, qui se compose de petites plaques minces et transparentes recouvrant toutes les parties du
corps et dont les poils, les plumes, les écailles, les coquilles, etc.,
sont des dépendances. Quelquefois cependant les papilles nerveuses sont simplement défendues par une couche d'un liquide gras et onctueux qui a le même but que l'épiderme ; la
limace, les grenouilles et d'autres animaux aquatiques se trouvent dans ce cas.

Les *sens* sont constamment placés à la surface de la peau, où
ils font l'office de sentinelles avancées pour prévenir l'animal
de ce qui se passe autour de lui. Néanmoins la peau n'est pas
également sensible dans toutes ses parties ; il arrive souvent
qu'elle est recouverte de plaques dures et cornées qui empêchent
le contact des corps sur les papilles nerveuses. Alors le *toucher*
se localise dans un organe spécial et produit une sensation plus
parfaite que l'on appelle *tact;* telles sont les *antennes* des insectes, les *lèvres* de certains mammifères, la *main* de l'homme
et du singe. Le *goût,* qu'on peut regarder comme une espèce
particulière de tact, est placé à l'entrée du canal digestif pour
faire le choix des alimens. Mais dans tous ces cas l'animal ne
connaît les propriétés des objets que par le contact immédiat. Il
est cependant des corps dont il importe qu'il ait connaissance
avant qu'ils le touchent. (A quoi servirait à la gazelle ou à la co-
lombe d'être instruites de la présence du lion ou du milan, quand
elles seraient sous les griffes de leurs ennemis ?) Il lui faut donc
des sens spéciaux pour les distinguer à des distances éloignées :
de là pour lui la nécessité des *yeux*, des *oreilles* et des *narines ;*
ce qui, joint au goût et au toucher, lui forme en tout cinq sens.
Mais il faut observer que le toucher est seul indispensable ; les
autres peuvent exister ou ne pas exister, sans que la vie de l'a-
nimal soit compromise : c'est ainsi que le *zoophyte* qui passe
toute sa vie fixé à la même place, n'a pour tout sens que le tou-

cher général. Les animaux plus parfaits sont les seuls qui les possèdent tous d'une manière bien positive.

2° Les *muscles,* organes du mouvement, sont des faisceaux de *fibres* ou de filamens charnus dont la *contractilité* est la propriété essentielle. Fixés par leurs extrémités à deux points opposés, ils doivent nécessairement, quand ils se contractent ou se raccourcissent, rapprocher ces deux points éloignés et y produire un déplacement plus ou moins considérable, selon la force de leur contraction. Mais une fois le déplacement opéré, il faut un nouveau muscle pour ramener les organes à leur position naturelle; de là la nécessité de deux muscles au moins pour l'exécution du mouvement le plus simple; et ces deux muscles sont dits *antagonistes* l'un par rapport à l'autre, parce qu'ils agissent en sens inverse. Si, par exemple, l'un fléchit le bras, l'autre est destiné à l'étendre; quand le premier l'éloigne du corps, l'autre l'en rapproche.

Les muscles sont donc les organes essentiels du mouvement; mais, pour qu'ils puissent remplir leurs fonctions, il faut qu'ils soient sous l'influence des nerfs, et cette influence est tellement nécessaire, que la section du nerf qui se rend à un muscle entraîne infailliblement la *paralysie* de ce dernier et lui rend le mouvement impossible. Mais si le mouvement est impossible sans les muscles, les muscles seuls n'en peuvent exécuter que de peu étendus; c'est ce que nous observons dans les vers, les limaces et dans tous les animaux privés de parties dures. Pour que les mouvemens aient toute la fixité et la précision convenables, il est indispensable que l'action musculaire soit secondée par celle de leviers solides qui constituent les *coquilles,* les *croûtes,* les *test,* les *os;* organes qui servent en même temps à déterminer la forme du corps de l'animal et à protéger les organes de la nutrition et de la sensibilité qui en sont toujours environnés. Et comme ces instrumens ne peuvent servir aux mouvemens, qu'autant qu'ils sont mis en jeu par les muscles, on les regarde comme les organes *passifs* ou accessoires du mouvement, tandis que les muscles en sont les organes *actifs* ou essentiels.

C'est ici le lieu de parler de la *voix et des divers bruits* que font entendre les animaux; car c'est un troisième moyen qu'ils ont de communiquer avec le monde extérieur. Ce sont toujours les muscles qui en sont les organes, car ces bruits sont constamment produits par le mouvement de certains organes du corps; c'est quelquefois par le frottement d'une partie dure contre une

2

autre de même nature, comme chez le cricri et la plupart des insectes bruyans ; mais le plus souvent c'est par le passage de l'air à travers une ouverture qui, en se rétrécissant ou en s'élargissant, produit un son plus ou moins aigu : l'homme, les quadrupèdes, les oiseaux, etc., sont dans ce dernier cas. Le but que la nature s'est proposé en donnant à l'animal la faculté de faire entendre ces bruits, est tantôt d'effrayer un ennemi, tantôt d'épouvanter une proie. Le plus souvent un animal crie pour faire connaître à ses semblables qu'il est agité par quelque passion violente, tourmenté par quelque besoin impérieux ou menacé de quelque danger.

Telles sont les fonctions générales à l'aide desquelles les animaux conservent leur existence et perpétuent leur espèce ; mais l'exercice de ces fonctions ne saurait être continu ; les organes se fatiguent en agissant et ont par conséquent besoin de repos. Cette cessation momentanée de l'action des organes est ce qu'on nomme le *sommeil,* état dans lequel ils réparent leurs forces et se rendent propres à agir de nouveau, lorsqu'ils s'éveilleront.

Remarquons à l'égard du sommeil, qu'il en existe de deux sortes, l'un partiel qui consiste dans le repos d'un organe ou d'un certain nombre d'organes seulement, tandis que les autres agissent, et l'autre général, dans lequel la plupart d'entre eux suspendent leur action : c'est le sommeil proprement dit. Mais il s'en faut de beaucoup que même dans le sommeil général tous les organes reposent également ; ceux de la circulation, de la respiration et de la digestion ne participent jamais à ce repos ; notre cœur ne cesse jamais de battre, la respiration de s'exécuter, la digestion de s'opérer ; le cerveau lui-même n'agit-il pas quelquefois dans les rêves auquel l'animal est sujet ? Le sommeil n'a donc véritablement lieu que pour les organes qui servent à la fonction de relation, c'est-à-dire pour ceux des sens et des mouvemens ; les autres n'ont d'autre repos que des intermittences très courtes et souvent répétées, qui succèdent à des actions également courtes et fréquentes.

Nous devons faire, au sujet du sommeil et de l'action des organes, une observation très importante ; c'est que plus un organe agit, plus il acquiert de force et d'énergie ; plus au contraire il est inactif, plus il reste chétif. C'est ainsi que le cerveau et l'intelligence acquièrent beaucoup de développement dans les personnes qui travaillent beaucoup de tête ; les ouvriers au contraire, qui font agir principalement leurs muscles, ont ces organes extrêmement robustes.

Division des animaux (pl. I.).

Bien que tous les animaux aient les trois fonctions dont nous venons de parler, les organes qui les remplissent offrent une multitude innombrable de modifications dans leur forme et dans leur manière d'agir. C'est sur ces différences qu'est basée leur classification. On les a d'abord partagés en quatre grands embranchemens, d'après la disposition de leur système nerveux : les *vertébrés*, les *mollusques*, les *articulés* et les *rayonnés*.

1° Les *vertébrés* ont tous intérieurement un *squelette*, espèce de charpente, qui détermine la forme de leur corps, favorise leurs mouvemens et protége leurs organes les plus essentiels; leur *cerveau*, renfermé dans une boîte osseuse, est toujours placé *au-dessus* du canal digestif (*fig.* 1, 2). Ils ont tous cinq sens, quatre membres au plus et quelquefois moins; une bouche formée de deux os placés transversalement, l'un en haut et l'autre en bas; les cœurs musculaires, ordinairement réunis en un seul organe ; des poumons ou des branchies pour respirer; le sang rouge, la génération ovipare ou vivipare, enfin les sexes séparés.

2° Les *mollusques* n'ont point de squelette ni de forme bien déterminée ; leurs organes importans sont protégés par une peau molle et solide, garnie intérieurement de muscles pour la locomotion et encroûtée dans beaucoup d'espèces d'une matière calcaire qui la transforme en *coquille*. Leur système nerveux se compose de plusieurs masses éparses *sur les côtés* du canal digestif, et dont la principale, située à peu de distance de la bouche, porte le nom de *cerveau*. Ils n'ont jamais cinq sens, et manquent de membres articulés ; leurs cœurs sont toujours séparés, leur respiration se fait dans un appareil spécial, analogue à celui des poissons et nommé *branchies ;* leur sang est froid et incolore ; leur génération est ovipare et leurs sexes ne sont presque jamais séparés (*fig.* 3, 4, 5).

3° Les *articulés* ont leur enveloppe composée d'une série d'anneaux transverses, mobiles les uns sur les autres et formant un squelette extérieur pour protéger les organes de la sensibilité et de la nutrition et pour servir de point d'appui aux membres. Ceux-ci sont toujours articulés et au nombre de six au moins, excepté dans un très petit nombre d'espèces qui en manquent absolument. Leur système nerveux consiste en deux cordons, régnant le long de leur tronc, *au-dessous* du canal intestinal et renflés de distance en distance en nœuds ou *ganglions*. Leurs organes des sens sont toujours plus développés que ceux des mollusques, et paraissent même être ordinairement au nombre de cinq, quoiqu'on n'en connaisse pas toujours le siége. Leurs mâchoires, quand ils en ont, sont latérales; leur sang est généralement blanc et froid comme celui des mollusques; mais ils manquent le plus souvent de cœurs, respirent par presque toutes les parties de leur corps et n'ont pas de véritable circulation (*fig.* 6, 7).

4° Les *rayonnés*, au lieu d'avoir les organes de la fonction de relation disposés symétriquement et par paires, comme les précédens, ont toutes leurs parties extérieures placées autour d'un point central; ce qui donne à leur corps une forme analogue à celle d'une étoile. Leur système nerveux est indistinct et se confond avec les parties environnantes; ils n'ont ni organes sensitifs ni membres articulés, et la plupart d'entre eux passent leur vie constamment fixés à la même place. Leur corps est tellement homogène qu'ils ont la génération scissipare; ce qui, joint à leur forme rayonnée, comme les pétales d'une fleur, leur a fait donner le nom de *zoophytes*, qui signifie *animaux-plantes*.

ANIMAUX VERTEBRÉS.

Cet embranchement dans lequel se trouvent compris l'homme, les quadrupèdes, les oiseaux, les reptiles et les poissons, renferme les animaux dont l'organisation est la plus compliquée, qui ont les sensations les plus multipliées, les mouvemens les plus précis et l'intelligence la plus développée.

Les plus grands rapports dans la forme des principaux organes les unissent tous d'une manière si intime, qu'il est impossible de ne pas reconnaître qu'ils ont été créés sur le même plan et d'après le même modèle. La nature de leur squelette donne à toutes leurs parties une forme rigoureusement déterminée, et la manière solide dont les pièces qui le composent sont unies entre elles, leur permet d'atteindre à une taille généralement très supérieure à celle des autres animaux. Leur corps, toujours symétrique extérieurement, se divise en trois parties, la *tête* qui loge le cerveau et les quatre organes des sens spéciaux; le *tronc* dans lequel sont renfermés les appareils digestif, circulatoire, respiratoire et générateur et les *membres* qui sont toujours articulés, c'est-à-dire composés d'os mobiles les uns sur les autres, et le plus souvent au nombre de quatre et quelquefois de deux seulement: les serpens même en sont entièrement dépourvus.

La principale pièce de leur *squelette* est la *colonne vertébrale* ou *échine*, tige composée d'os appelés *vertèbres*, percés d'un trou à leur centre et formant un canal continu dans toute sa longueur. L'extrémité antérieure de cette colonne s'articule avec la tête, et l'orifice du canal qu'elle renferme communique avec le crâne par un trou qu'il présente à sa base; c'est par ce trou que passe la *moelle épinière*, grand cordon nerveux qui remplit toute l'étendue du canal vertébral, et qui envoie des nerfs aux organes du mouvement et de la sensibilité, comme le cerveau dont elle émane et qu'elle est destinée à remplacer à l'égard des parties avec lesquelles elle est en rapport par le moyen de ces nerfs. Quant à l'extrémité postérieure de la colonne, elle se termine brusquement dans quelques animaux comme l'homme, certains singes, la grenouille, etc., tandis que chez le plus graud nombre (le chien, les lézards, les serpens, etc.), elle va diminuant insensiblement de grosseur et donne naissance à une *queue* quelquefois sans usages, mais ordinairement très utile dans l'exécution des mouvemens.

De chaque côté de cette pièce principale partent des os arqués, les *côtes*, qui s'avancent, en convergeant, vers la partie inférieure du corps pour former la cavité du tronc.

Les fonctions de relation, de nutrition et de génération présentent les plus grands rapports dans tous ces animaux.

Leur *cerveau* est toujours très volumineux et se divise en deux parties latérales parfaitement semblables que l'on nomme *hémisphères* et dont le développement est généralement en rapport avec celui de l'intelligence; au-dessous, et un peu en arrière, se trouve placé le *cervelet* qui paraît spécialement chargé de présider aux nerfs du mouvement.

Comme cet organe est extrêmement délicat et d'une importance égale à sa délicatesse, la nature a pris un soin tout particulier pour le mettre à couvert des lésions extérieures. Il est d'abord protégé par trois membranes qui unissent la finesse à la solidité, et ensuite par le *crâne*, boîte osseuse d'autant plus solide qu'elle est toujours composée de plusieurs os et enveloppée extérieurement par la peau qui, en cet endroit, est beaucoup plus résistante que partout ailleurs. Aussi l'intelligence de ces animaux est-elle ordinairement plus développée que dans ceux des trois embranchemens suivans.

Les *mouvemens* des vertébrés ont plus de précision, d'étendue et de variété que dans aucun autre embranchement; ils peuvent ramper, marcher, sauter, grimper, nager et voler; ce qui entraîne dans la conformation de leurs membres de nombreuses modifications appropriées à l'espèce de mouvement qui leur est propre. Ainsi les animaux rampans manquent complètement de ces organes ou n'en ont que d'extrêmement courts (les *serpens*, les *scinques*); ceux qui marchent les ont terminées par un moignon légèrement aplati et à doigts courts et presque inflexibles (la plupart des *quadrupèdes* vivipares et ovipares); ceux qui sautent ne diffèrent des précédens que parce qu'ils ont les membres postérieurs beaucoup plus longs que ceux de devant (le *kanguroo*, le *lièvre*); ceux qui grimpent ont les doigts très longs ou terminés par des ongles très aigus (les *singes*, les *ecureuils*); pour la nage, les doigts doivent être réunis par une membrane qui en fait une véritable *rame*, propre à frapper l'eau (les *phoques*, les *canards*); enfin le vol exige que les membres antérieurs soient fortement attachés au tronc et aient leur extrémité très étendue en surface et transformée en *aile* (les *chauves-souris,* les *oiseaux*).

La *digestion* présente dans tous les animaux de cet embranchement une grande uniformité dans ses organes. Leur canal intestinal, qui s'étend d'une extrémité du corps à l'autre, forme dans l'intérieur du tronc divers détours , renflemens et rétrécissemens, calculés de manière à donner aux alimens le temps et les moyens nécessaires à leur transformation en chyle. Leurs mâchoires forment une cavité évasée dans laquelle se trouvent la *langue,* siége du goût, les *glandes salivaires* qui produisent la *salive* dont les usages sont d'humecter les alimens, et les *dents* qui sont destinées à les broyer. Après la bouche vient l'*œsophage*, canal par lequel la nourriture se rend dans l'*estomac,* grande cavité dans laquelle elle est pétrie et transformée en une pâte molle, appelée *chyme.* Quand le chyme est bien élaboré, il passe dans les *intestins.* C'est dans ces derniers que se termine la digestion par le mélange des alimens avec la *bile* et le suc *pancréatique ;* mélange dont le résultat est la séparation du chyme en *excrémens* et en *chyle.*

Cet exposé rapide suffit pour prouver que les vertébrés ont dans toute leur structure une ressemblance tellement frappante, qu'il est impossible de ne pas s'apercevoir qu'ils ont été créés d'après un même type. Cependant en considérant la nature de leur respiration et les différens degrés d'énergie qu'elle présente dans les divers animaux de cet embranchement, on trouve dans les modifications que nous offre cette importante fonction une base pour les diviser en deux sections ; celle des vertébrés *à sang chaud* et celle de vertébrés *à sang froid.*

Chez les premiers les deux cœurs quoique réunis en un seul organe, n'ont aucune communication directe entre eux ; de sorte que tout le sang veineux se rend dans les poumons et que la respiration est complète. C'est pour cela qu'ils ont le sang et le corps chauds et d'une température indépendante de celle de l'atmosphère. Et pour que cette chaleur ne se dissipe pas à l'air, leur peau est recouverte de *plumes* ou de *poils* qui la concentrent dans l'intérieur de l'animal. Quelques espèces aquatiques seulement ont la peau nue ; mais, dans ce cas, on trouve au-dessous d'elle une épaisse couche de graisse qui produit le même effet que les plumes et les poils dont les autres sont pourvus.

Cette section se divise naturellement en deux classes, d'après le mode de leur génération et l'énergie de leur respiration ; la première comprend les *mammifères* et la seconde les *oiseaux.*

Les *mammifères* ont la génération *vivipare* et des *mamelles*, espèces de glandes destinées à produire le *lait*, première nourriture du jeune mammifère. Leur bouche est garnie de dents pour broyer la nourriture ; leur corps est couvert de *poils* ou très rarement nu (les baleines, les dauphins) et pourvu de membres propres à la marche ou à la nage. Leur respiration est *simple*, c'est-à-dire que le contact de l'air avec le sang veineux n'a lieu que dans les poumons.

Chez les *oiseaux*, au contraire, la respiration est double et s'opère non-seulement dans les poumons, mais encore dans diverses cavités du corps où l'air pénètre, après avoir traversé l'organe respiratoire ; ce qui leur donne plus de chaleur et d'énergie qu'à ceux de la classe précédente. Leur génération est d'ailleurs ovipare, leur corps couvert de *plumes*, leur bouche armée d'un *bec*, et leurs membres antérieurs sont conformés en *ailes* et disposés pour le vol.

Les vertébrés à sang froid ont, ainsi que leur nom l'indique, une température inférieure à celle de l'homme, et variable selon les vicissitudes de l'atmosphère ; ce qui rendait inutiles pour eux ces plumes et ces poils qui conservent la chaleur au corps des mammifères et des oiseaux. Aussi leur peau est-elle nue ou simplement couverte d'écailles. Leurs cœurs sont ordinairement séparés, ou s'ils sont réunis, il existe une communication directe entre eux. Du reste la cause de l'abaissement de leur température n'est pas la même pour tous. Dans les uns qu'on appelle *reptiles*, la respiration est pulmonaire et leurs cœurs communiquent directement ensemble, de manière que le sang veineux s'y confond avec le sang artériel ; ce qui fait qu'il n'y a qu'une partie du premier qui aille respirer. Leur génération est ovipare, et leurs membres sont plus ou moins propres à la marche ou manquent absolument. Chez les autres qu'on nomme *poissons*, la respiration est branchiale et se fait par l'intermède de l'eau ; leurs cœurs sont constamment séparés. Leurs membres, tout-à-fait impropres à la marche, sont disposés en *nageoires* et ne peuvent servir qu'à la natation. Du reste leur génération est ovipare comme celle des précédens.

Telles sont les quatre classes qui forment le premier embranchement de la zoologie, et dont voici les caractères distinctifs en résumé :

1° Les *mammifères* sont vivipares, ont des mamelles, la

respiration pulmonaire et simple, le sang chaud, la bouche armée de dents, le corps couvert de poils et tous les membres généralement propres à la marche, au saut ou à la nage.

2° Les *oiseaux* sont ovipares. ont la respiration pulmonaire et double, le sang chaud, la bouche prolongée en bec, le corps couvert de plumes et les membres antérieurs organisés pour le vol.

3° Les *reptiles* sont ovipares, ont la respiration pulmonaire et incomplète, le sang froid, le corps nu ou écailleux, les membres généralement conformés pour la marche.

4° Les *poissons* sont ovipares, ont la respiration branchiale, le sang froid, le corps nu ou écailleux et les membres aplatis en nageoires et disposés pour la natation.

MAMMOLOGIE

OU

HISTOIRE NATURELLE DES MAMMIFÈRES.

La classe des *mammifères* se compose principalement des vertébrés, que les anciens avaient appelés *quadrupèdes*, parce qu'en effet la plupart d'entre eux se servent de leurs quatre membres pour marcher. Mais les naturalistes modernes ont changé cette dénomination, d'abord parce qu'il y a des animaux, tels que les *tortues*, les *lézards*, les *grenouilles*, etc., qui marchent comme eux à quatre pattes, et qui cependant en diffèrent totalement par leur organisation et par leurs habitudes ; ensuite parce que, parmi les espèces auxquelles on appliquait le nom de quadrupèdes, il s'en trouvait plusieurs, tels que l'homme, la chauve-souris, le phoque, etc., qui ne marchent pas à quatre pattes ; et enfin parce qu'il existe un grand nombre de vertébrés, tels que le dauphin, les baleines, etc., qui se trouvent exclus de cette classe, quoique toute leur conformation intérieure soit la même que celle des autres animaux qu'elle comprend.

On a donc préféré le nom de *mammifères*, parce qu'il convient parfaitement à tous ces vertébrés, qui ont en effet constamment des mamelles et qui se ressemblent d'ailleurs par les points les plus essentiels de leur organisation. Ils ont tous la respiration pulmonaire simple et la circulation double ; leur corps a une température indépendante de celle de l'atmosphère, et uniforme sous les pôles comme sous l'équateur ; l'intérieur de leur tronc est divisé, par une cloison musculaire appelée *diaphragme*, en deux cavités ; *la poitrine* en avant ou en haut, et *l'abdomen* en arrière ou en bas ; enfin ils ont tous généralement la peau couverte de *poils*, espèce de tégumens qui ne se trouve dans aucun autre animal.

Les *mammifères* doivent être placés à la tête du règne animal, non-seulement parce qu'ils forment la classe à laquelle l'homme se rapporte par les principaux traits de sa conformation physique, mais encore parce que ce sont de tous les animaux ceux qui jouissent des facultés les plus multipliées, des sensations les plus délicates, des mouvemens les plus variés, et dont l'organisation générale paraît combinée pour produire une intelligence plus parfaite, moins esclave de l'instinct, et par conséquent plus susceptible de perfectionnement.

Le corps des *mammifères* se rapproche plus ou moins par sa forme de celui de l'homme ; son enveloppe extérieure se fait remarquer par la nature de ses *poils*, qui sont tellement propres à cette classe de vertébrés, qu'on pourrait les appeler *pilifères* aussi bien que *mammifères*, si la plupart des cétacés ou mammifères aquatiques ne faisaient exception à cette règle. La forme et la consistance des poils sont extrèmement variables ; tantôt ils forment un *duvet* fin et moelleux recouvert par d'autres plus grossiers que l'on appelle *jar* ; tantôt ce sont des filame s longs et contournés en spirale, que l'on désigne sous le nom de *laine*. Quelquefois ce sont des *soies* fermes et élastiques ou des *crins* de structure semblable, mais seulement plus longs ; d'autres fois enfin ce sont des *piquans* aigus qui par leur raideur ressemblent à de véritables épines.

Il arrive assez souvent que plusieurs poils, s'agglutinant en nombre considérable, forment des plaques larges et solides ; telle est l'origine des *ongles*, des *sabots*, des *cornes* et des *écailles* qui protégent le corps des tatous et des pangolins.

Quelle que soit, au reste, la forme de ces organes, leur tige croît indéfiniment tant que leur racine conserve son activité ; mais cette activité n'est pas la même à toutes les époques de l'année. Energique au printemps, elle se ralentit pendant l'été, se ranime un instant en automne, pour s'arrêter complètement durant l'hiver. Cette différence d'énergie dans l'activité de la racine des poils explique les variations ou *mues* que nous présente le pelage des *mammifères* pendant les diverses saisons de l'année.

Comme les poils sont en général destinés à garantir les animaux des vicissitudes atmosphériques et des froids rigoureux, ils sont d'autant plus abondans que la saison et le climat sont plus sujets à ces sortes d'accidens. C'est ainsi qu'ils sont toujours plus épais dans le Nord que dans le Midi, pendant l'hiver que durant les beaux jours. Les éléphans, les hippopotames, les gazelles, etc., qui vivent presque sous la zone torride, n'ont que des poils rares ou très courts, tandis que les ours, les martres, etc., qui habitent les régions septentrionales ou les hautes montagnes, ont une fourrure extrèmement longue et serrée pour les garantir du froid. Les *mammifères* mêmes qui, tels que les baleines, les dauphins, etc., vivent constamment au sein des mers où ils jouissent d'une température invariable, sont dépourvus de toute espèce de tégumens et ont la peau tout-à-fait nue.

La conformation du squelette présente chez les *mammifères* une ressemblance frappante avec celui de l'homme. Leur *tête* est généralement volumineuse ; et quoique paraissant ne faire qu'un seul tout, elle se divise néanmoins en deux parties bien distinctes, le *crâne* et la *face*. Le premier est une boîte osseuse destinée à loger le cerveau et formée par la réunion de plusieurs os articulés ensemble d'une manière immobile. La *face* présente la bouche et trois autres cavités (les *orbites*, les *oreilles* et les *fosses nasales*) pour loger les sens de la *vue*, de l'*ouïe*, de l'*odorat* et du *goût*.

Le *tronc* forme une vaste cavité à parois osseuses servant de rempart aux organes de la nutrition et de point d'attache aux membres. Il se divise en quatre parties : le *cou*, la *poitrine*, l'*abdomen* et la *queue*, qui ont toutes la *colonne vertébrale* pour base. Le *cou* est une espèce d'étranglement qui sépare la tête de la poitrine et au-devant duquel passent l'*œsophage* et la *trachée-artère*, canal qui conduit l'air de la bouche aux poumons, ainsi que les artères et les veines de la tête. La *poitrine* est formée en haut ou en arrière, par la colonne vertébrale, en bas ou en avant, par un os appelé *sternum*, et latéralement par les *côtes*, qui sont ordinairement au nombre de 12 ou 14 de chaque côté et qui s'attachent à l'échine et au sternum ; c'est dans l'intérieur de cette cavité que sont logés les cœurs et les poumons. L'*abdomen* fait suite à la poitrine dont il n'est séparé que par le *diaphragme* ; il est formé par la colonne vertébrale en arrière, sur les côtés et en avant par les *os du bassin*. Il renferme les organes de la digestion et de la génération. La *queue* est une continuation de la colonne vertébrale, qui saille au-delà des membres postérieurs. Elle est plus ou moins longue selon les divers animaux ; ses usages se bornent en général à chasser les insectes qui piquent l'animal ; mais elle fait quelquefois l'office d'un cinquième membre (*sapajoux, sarigues*), et devient pour les cétacés le principal organe du mouvement. Quant aux *membres*, ce sont des espèces de colonnes destinées à soutenir le poids du corps. Composés de plusieurs pièces articulées ensemble, ils unissent la flexibilité nécessaire à l'exécution des mouvemens et la solidité qu'exige la pesanteur de la masse qu'ils ont à supporter. On divise les membres en *antérieurs* et en *postérieurs*.

Les premiers sont fixés au tronc par le moyen d'un os large, nommé *omoplate*, qui présente toujours une cavité plus ou moins profonde à laquelle s'attache le reste du bras, et quelquefois par une *clavicule* qui sert d'arc-boutant entre le sternum et l'omoplate. Ils se composent de cinq parties: le *bras*, dans lequel on trouve un seul os, l'*humérus*, qui s'articule avec la cavité de l'omoplate; l'*avant-bras*, formé par le *radius* et le *cubitus*; le *carpe* ou poignet, qui se compose de huit os placés sur deux rangs parallèles; le *métacarpe* ou main, dans lequel on compte cinq os allongés et parallèles; enfin les *phalanges*, qui sont au nombre de trois à chaque doigt, excepté au *pouce* qui n'en a que deux.

Les membres *postérieurs* s'articulent avec le tronc d'une manière analogue, mais avec plus de solidité et moins de flexibilité que ceux de devant; mode d'union nécessité par les usages respectifs des uns et des autres. Les premiers servent en même temps à la préhension et à la marche, et les seconds ne sont employés qu'à ce dernier usage; du reste ils ont une structure analogue. On y trouve la *cuisse*, formée d'un seul os, le *fémur*, qui s'articule avec les os du bassin; la *jambe*, qui correspond à l'avant-bras et qui est formé de deux os, le *tibia* et le *péroné*; le *tarse* ou coude-pied, qui est composé de sept os placés sur deux rangs; le *métatarse* ou pied, où sont cinq os; et les *phalanges*, qui sont en même nombre qu'aux membres antérieurs.

Le cerveau des *mammifères*, relativement plus gros que celui des autres vertébrés, se fait surtout remarquer par son développement considérable et par la profondeur des sillons qui coupent sa surface dans tous les sens. Leur *cervelet*, modérément développé, annonce que leurs mouvemens doivent être d'une force et d'une étendue moyenne, et par conséquent inférieurs à ceux des oiseaux et supérieurs à ceux des reptiles. Leur face est généralement plus petite que celle des trois autres classes du même embranchement; et cependant leurs sens, considérés collectivement, ont une supériorité incontestable sur ceux de tous les autres animaux.

Les mouvemens des *mammifères* sont extrêmement variés. Ces animaux peuvent marcher, sauter, grimper, nager et voler, selon la conformation de leurs membres; mais ces mouvemens sont toujours rigoureusement déterminés et peuvent être calculés d'après la nature des articulations qui les produisent. En général, l'union des membres avec le tronc se fait de manière à permettre à ces organes un mouvement circulaire, en observant toutefois que ce mouvement est toujours plus borné dans les espèces qui ne se servent de leurs membres que comme de support, tandis qu'il acquiert le plus d'étendue possible dans celles qui ont les membres terminés par une *main*.

Ce qui influe puissamment sur la nature des mouvemens des *mammifères*, c'est la conformation de leurs *doigts*. Quand ils sont longs et parfaitement séparés, ils sont très mobiles et très propres à se coller sur les objets, surtout quand le pouce est opposable aux autres; conformation qui constitue une *main*, telle qu'en ont l'homme, les singes. Lorsqu'au contraire ils sont courts ou réunis par une membrane, ils sont mal organisés pour la préhension, mais bien disposés pour la marche ou pour la natation. Si les doigts, étant réunis par une membrane dans toute leur longueur, prennent un développement très considérable, le membre se trouve transformé en aile, comme cela s'observe dans la chauve-souris. Mais la particularité de structure qui influe le plus sur la nature des mouvemens des doigts, c'est la disposition de la corne qui en garnit l'extrémité. Si c'est un *ongle* qui n'en recouvre que la face supérieure, ces organes conservent de la mobilité et sont plus ou moins propres à la préhension ; si c'est au contraire un *sabot* qui les enveloppe complètement, ils perdent cette propriété et ne peuvent servir qu'à supporter le corps.

Cette différence, qui semble peu importante au premier abord, a cependant une influence très marquée sur le genre de vie de l'animal. Les mammifères *onguiculés* peuvent, selon la conformation de leurs organes digestifs, se nourrir de végétaux ou de substances animales; car ils peuvent facilement prendre une proie, la déchirer, etc. Il n'en est pas de même des espèces *ongulées* ou à sabot; elles sont tout-à-fait incapables de saisir une proie; leur régime est donc purement végétal. Leur canal intestinal doit être long, leurs molaires larges et plates, etc.; et tout cela dépend uniquement de la conformation de leur ongle.

La *circulation* et la *respiration* des *mammifères* se font de la manière que nous l'avons exposée en parlant des vertébrés en général; il faut seulement remarquer que c'est surtout par les contractions des muscles des *côtes* et du *diaphragme* que s'opère la dernière fonction, parce qu'alors la poitrine se trouvant agrandie, il s'y forme un vide dans lequel l'air extérieur se précipite en passant par la bouche et par la trachée-artère.

Leur *digestion* n'offre que peu de particularités qui méritent d'être remarquées. Leur canal intestinal est d'autant plus long que leur régime est plus exclusivement végétal ; tandis qu'il est extrêmement court dans les espèces qui vivent de chair. Il suffit pour reconnaître si un animal est carnassier ou phytophage, d'examiner la capacité de son ventre ; quelle différence sous ce rapport entre l'abdomen volumineux du cheval, du bœuf, de l'éléphant, comparé aux flancs grêles du chien, du lion, de la belette, etc.! Leur bouche est presque toujours garnie de *lèvres* mobiles et armée de *dents*, espèce de petits os profondément implantés dans des cavités particulières qu'on appelle *alvéoles*. Toutes les dents se composent de deux parties : la *racine*, par laquelle elles tiennent à l'os, et la *couronne* qui en est la partie visible. Cette dernière, de forme très variable, est constamment garantie de l'influence de l'air qui la carierait, par l'*émail*, substance très dure et inaltérable au contact de ce fluide. Aussi, quand par une cause quelconque cet émail vient à être détruit, la dent ne tarde pas à tomber par morceaux, en occasionnant même quelquefois de très vives douleurs.

Les dents n'existent presque jamais au moment de la naissance de l'animal ; ce n'est que quelques jours ou même quelques mois après qu'elles commencent à percer la *gencive*. Ce travail, qui est ordinairement douloureux, entraîne souvent des dangers et compromet même l'existence de l'être ; mais ces dangers ne sont guère à redouter que pour la formation des premières dents, pour celles qu'on appelle *dents de lait ;* celles de *remplacement*, qui leur succèdent, trouvant l'alvéole toute formée, sortent ordinairement sans causer de trop vives douleurs.

On distingue trois sortes de dents, d'après leur forme et surtout d'après la position qu'elles occupent dans la bouche : les *incisives,* qui ont la couronne aplatie et qui sont en avant, les *canines*, qui sont coniques et situées sur les côtés, et les *molaires*, qui sont larges et placées tout-à-fait au fond de la bouche. Le nombre, la forme ou l'absence de chaque espèce de dents doivent être soigneusement remarqués, parce qu'ils ont une influence très puissante sur le genre de vie des mammifères et qu'ils servent souvent de base à leur division en ordres, en familles, en genres, etc. La vue seule de ces organes suffit pour indiquer l'espèce de nourriture dont ils font usage. Ainsi, l'absence des canines exclut toujours le régime carnivore, et caractérise un animal frugivore ou herbivore ; mais c'est surtout la forme des molaires qui influe le plus sur la nature des alimens propres à chaque genre d'animaux. Quand leur couronne est plate ou simplement marquée de lignes peu saillantes, elles ne peuvent servir qu'à broyer les feuilles, les herbes ou les graines (l'*éléphant*, le *bœuf*, la *brebis*) ; lorsqu'elle est garnie de *tubercules* ou éminences mousses, elles sont plus propres à écraser les fruits (les *singes*, l'*homme*). Des saillies tranchantes annoncent un régime carnivore (le *chat*, la *hyène*), et des pointes coniques, engrénant avec des enfoncemens correspondans de la dent opposée, sont destinées à briser la petite corne dure qui recouvre le corps des insectes (les *chauve-souris*). Enfin, quand la couronne des molaires, au lieu de n'offrir qu'une seule espèce de saillies, est garnie à la fois de tubercules et de tranchans, le régime de l'animal est mixte et se compose partie de fruits, partie de chair (l'*ours*, le *chien*).

Tout le monde sait que les *mammifères* produisent des petits qui naissent avec la forme qu'ils doivent conserver pendant toute leur vie ; différens en cela de tous les autres animaux qui sortent du sein de leur mère cachés sous une enveloppe qui les masque et les fait paraître tout autres que ce qu'ils doivent devenir.

Mais quoique le petit *mammifère* ait au moment de sa naissance la forme de ses parens, il est d'une faiblesse extrême et incapable de se suffire à lui-même. Dépourvu d'armes pour se défendre, de dents pour broyer sa nourriture, d'industrie même pour s'en procurer, il serait condamné à une mort inévitable, si sa mère ne lui prodiguait des soins aussi multipliés que bien entendus ; mais il trouve toujours en elle un défenseur intrépide pour le protéger, un asile assuré contre les injures des saisons et une nourrice affectueuse, qui lui offre, dans son *lait*, la seule espèce d'alimens convenables à la délicatesse de ses organes digestifs.

L'allaitement des jeunes *mammifères* n'a point de durée fixe ; il se borne à quelques jours pour certaines espèces, tandis qu'il est de plusieurs mois pour d'autres ; mais on observe en général que le petit devient d'autant plus vigoureux, qu'il a été nourri plus long-temps par sa mère. Du reste la cessation de l'allaitement ne rompt pas toujours les liens qui rattachent une femelle à ses petits ; elle demeure souvent avec eux long-temps après, pour leur apprendre à se procurer leur nourriture et pour les défendre de leurs ennemis. Mais cela n'a lieu que pour les espèces qui se nourrissent de matières végétales; celles qui sont exclusivement carnivores les chassent loin d'elles, dès qu'ils ont assez de force pour pourvoir à leur subsistance, et les obligent à aller chercher leur proie dans quelque canton éloigné.

Le temps que les petits passent avec leur mère est pour eux le plus critique de la vie, malgré les soins dont ils sont l'objet continuel; il n'y a que ceux dont la mère a des forces extraordinaires qui puissent être protégés par elle; les autres ne peuvent se soustraire aux périls qui les environnent de toutes parts que par une défiance extrême et par les ressources incroyables de cet instinct conservateur que la nature a accordé à toutes les espèces sans défense.

Quoique toutes les œuvres sorties des mains de Dieu soient également parfaites en elles-mêmes, puisqu'elles remplissent toutes le but pour lequel elles ont été formées, il est néanmoins certain que les *mammifères*, considérés par rapport à l'homme, jouissent d'une supériorité incontestable sur tous les autres êtres de la création; et cette supériorité semble leur avoir été accordée par la nature elle-même, qui ne les a mis sur la terre qu'en dernier lieu, après leur avoir préparé une demeure convenable et les alimens nécessaires à leur subsistance. En effet, dans les fouilles que l'on a faites dans l'intérieur du globe, on s'est assuré que les plantes, les zoophytes, les mollusques, les poissons et les reptiles peuplaient depuis long-temps la terre, lorsque les *mammifères* ont paru à sa surface. Ces animaux sont donc les plus importans à connaître pour l'homme. Doués de facultés analogues aux siennes, leurs actions se ressentent de cette ressemblance, et leurs habitudes ont avec les nôtres des rapports très remarquables. Les services nombreux qu'ils rendent aux arts, à l'agriculture, à l'économie domestique, etc., ajoutent encore à l'intérêt qu'ils nous inspirent naturellement. Quelques-uns méritent notre attention par le mal même qu'ils peuvent nous faire; tels sont la souris le rat, le hamster, etc. Aussi n'est-il pas de parties de la zoologie dont on se soit autant occupé et qu'on connaisse aussi bien que la *mammalogie*, et cette connaissance a été d'autant plus facile à acquérir que la plupart de ces animaux ont pu être apprivoisés et s'accoutumer à la vie domestique.

Les *mammifères* sont répandus dans toutes les parties du monde; il n'est presque pas d'îles un peu considérables où l'on n'en ait trouvé quelques espèces. Mais tous ne se rencontrent pas partout; il en est même très peu qui soient vraiment cosmopolites comme l'homme ; il n'y a que trois ou quatre espèces domestiques qui l'aient accompagné partout : le cheval, le rat, la souris. En général les espèces américaines ne se trouvent jamais dans l'ancien continent ; tels sont le jaguar, le tapir, les singes à queue prenante, etc. ; il faut cependant excepter celles qui habitent les régions polaires, comme le renne, l'ours blanc, l'élan, le blaireau, etc., qui, ne redoutant pas le froid, passent facilement d'un continent à l'autre. La Nouvelle Hollande, l'île de Madagascar et toutes les contrées un peu considérables ont des espèces particulières d'animaux qui leur appartiennent exclusivement. Les makis ne se trouvent qu'à Madagascar, les kanguroos qu'à la Nouvelle-Hollande, etc.

La classe des mammifères se divise en dix ordres ; le dixième celui des *cétacés* se reconnaît aisément en ce qu'il n'a que deux membres antérieurs (pl. XI.), tandis que tous les autres en ont quatre.

Ceux-ci forment deux sections : les espèces à sabots et celles à ongles.

Parmi les ongulés on distingue l'ordre des *ruminans,* en ce qu'il n'a que deux sabots et qu'il rumine ; ce qui exige dans ses organes digestifs une disposition particulière (pl. X). Les *solipèdes* ont tous les doigts enveloppés dans un sabot unique et ne ruminent pas (pl. IX). Les *pachydermes,* privés également de la faculté de ruminer, ont trois, quatre ou cinq sabots (pl. IX).

La section des onguiculés est plus nombreuse que celle des ongulés. Elle comprend d'abord les *marsupiaux,* mammifères singuliers dont le bassin supporte toujours deux os surnuméraires servant ordinairement de soutien à un repli de la peau de l'abdomen, qui forme une espèce de poche (*marsupium*) ; leurs petits naissent de très bonne heure et à peine ébauchés (pl. VIII). Les autres onguiculés ont la génération normale et n'ont pas d'os surnuméraires, ils forment cinq ordres dont les uns ont trois sortes de dents et les autres manquent d'incisives ou de canines ou même de toute espèce de dents.

On nomme *édentés* ceux qui sont privés d'incisives ; ce qui fait paraître au premier abord leur bouche tout-à fait privée de dents : plusieurs sont même réellement édentés (pl. VIII).

Les *rongeurs* ont deux incisives séparées des molaires par un espace vide, et manquent par conséquent de canines (pl. VII).

Les ordres restant ont les trois sortes de dents ; mais les

carnassiers n'ont le pouce opposable aux autres doigts à aucun de leurs membres (pl. IV, V, VI); tandis que les *quadru-manes* l'ont ainsi conformé aux quatre extrémités (pl. II et III) et les *bimanes* à celles de devant seulement.

Iᵉʳ Ordre.—BIMANES (pl. II).

L'ordre des *bimanes* ne se compose que d'un seul genre, et ce genre ne comprend qu'une seule espèce, l'*homme*, être privilégié, qui a reçu du Créateur une intelligence supérieure à celle de tous les animaux, une organisation plus parfaite et l'avantage incomparable d'exprimer par la parole ses pensées et ses sentimens. Aussi, tandis que ces derniers, suivant un instinct aveugle, se traînent dans l'ornière tracée par leurs parens, l'*homme*, doué d'une raison éclairée, n'admet les traditions de ses ancêtres qu'avec discernement, corrige ce qu'il y trouve de défectueux et marche ainsi vers une perfection indéfinie. Par ce moyen il étend le cercle de ses connaissances, augmente son bien-être, multiplie ses jouissances et ses plaisirs; heureux, si quelquefois il ne faisait pas tourner ses facultés à son détriment et à sa perte!

Du reste, considéré physiquement et sous le rapport de son histoire naturelle, l'*homme* appartient évidemment, par tous les détails de son organisation, à la classe des mammifères, à la tête desquels il doit être placé dans tout système zoologique bien conçu. Organes digestifs, cœurs, poumons, sensibilité, mouvemens, génération, tout en lui présente les caractères de cette classe de vertébrés; ce n'est que par des différences bien sensibles sans doute, mais peu importantes à l'entretien de la vie, qu'il se distingue des autres mammifères. Son principal caractère zoologique se tire de la disposition de ses extrémités, dont les antérieures sont conformées en mains et les postérieures sont uniquement propres à la marche. Seul de tous les animaux, il est véritablement *bipède* et peut se tenir sans gêne dans une position verticale. La largeur de ses pieds, la brièveté et l'inflexibilité de leurs doigts, la saillie de ses talons, l'articulation de la jambe avec le pied (pl. II, *fig.* 1), la grosseur des muscles du mollet et de la fesse, l'écartement des os du bassin, tout annonce dans l'*homme* que ses membres postérieurs sont faits pour supporter le poids du corps et le tenir dans une position perpendiculaire. Ajoutez que dans cette attitude ses yeux sont naturellement dirigés en avant, que sa tête porte d'aplomb sur la colonne vertébrale (pl. II, *fig.* 2), et qu'il conserve le libre usage de ses mains, organes de préhension et de toucher si utiles pour lui. Qu'on le suppose au contraire marchant sur ses quatre membres ; ses bras, trop écartés et trop mobiles, ne soutiendront qu'avec peine la masse de son corps ; son œil ne verra que les objets placés à ses pieds ; sa tête, qui n'est retenue que par des muscles extrêmement grêles, sera entraînée vers le sol ; les artères de la tête, qui ne se subdivisent pas comme chez les quadrupèdes, apporteront au cerveau une trop grande quantité de sang et y produiront de fréquentes apoplexies ; son cou, trop court par rapport à ses jambes de devant, ne permettront pas à sa bouche d'atteindre jusqu'au sol ; son nez saillant empêchera ses lèvres de ramasser les alimens sur un plan uni ; ses membres postérieurs, trop allongés, ne toucheront la terre que par l'extrémité des doigts et par l'articulation des genoux ; tous les organes, en un mot, seront dans la position la plus défavorable à l'exercice de leurs fonctions. Ainsi l'*homme* est en même temps et *bimane* et *bipède,* et par la conformation différente des membres antérieurs et de ceux de derrière, il joint à une agilité peu inférieure à celle des quadrupèdes les plus favorisés sous ce rapport, une variété de mouvemens et surtout une délicatesse de toucher qu'aucun autre animal n'a pas même à un degré approchant.

Si des organes locomoteurs nous passons à ceux de la sensibilité, nous trouverons que la nature ne s'est pas montrée moins libérale à cet égard que sous les autres rapports. Aucun mammifère n'a le cerveau aussi volumineux ni aussi profondément sillonné ; sa partie postérieure fait en arrière une saillie considérable et recouvre complètement le cervelet ; et si, relativement aux organes des sens, il se trouve des animaux qui en aient quelqu'un mieux organisé et doué d'une plus longue portée, il n'en est pas qui ne lui cèdent, quand on considère ces organes collectivement. Son toucher d'ailleurs est d'une perfection dont celui de nul autre animal ne pourrait donner l'idée. Quelle délicatesse dans sa main et surtout dans l'extrémité de ses doigts! Quelle flexibilité dans ces derniers organes, qui tous peuvent se mouvoir isolément! avantage qu'on ne trouve pas même dans le singe, dont les mains ressemblent sous tant de rapports à celles de l'*homme.* Ce sont tous ces avantages, joints à la faculté de *penser* et de *parler,* qu'il possède seul, qui lui assurent une immense supériorité sur tous les êtres de la création.

Du reste, cette supériorité est tout intellectuelle ; car si l'on considère la force physique, les armes naturelles et les organes de la fonction de nutrition, l'*homme* n'a sur les autres mammifères aucun avantage marqué, et leur demeure même le plus souvent inférieur. Ses mains et ses pieds sont dépourvus de ces griffes tranchantes et acérées qui rendent si redoutables la plupart des carnassiers ; ses mâchoires sont, il est vrai, armées de trois sortes de dents, quatre incisives, deux canines et dix molaires, mais aucune d'elles ne dépasse les autres pour former une défense ; les molaires, toutes tuberculeuses, ne peuvent couper rien de dur et ne servent qu'à mâcher des fruits et des racines tendres ; aussi son régime est-il presque entièrement végétal ; et s'il peut aussi manger de la viande, ce n'est qu'après l'avoir amollie par la cuisson. La longueur moyenne de son canal digestif est parfaitement en rapport avec les organes contenus dans la bouche ; son estomac est simple et ses intestins sont d'une ampleur moyenne.

Telles sont les principales particularités que nous offre l'organisation de l'homme ; il nous reste, pour terminer son histoire naturelle, à dire quelque chose sur son développement physique et moral, et sur ses diverses *races*.

C'est après neuf mois de gestation ou de grossesse que la femme met au monde un enfant presque toujours unique, et qui, dans les premiers momens de sa vie, est d'une faiblesse encore plus grande que les jeunes animaux naissans. Son existence est menacée d'un nombre infini de dangers ; la dentition, surtout, qui commence vers le cinquième ou sixième mois, est une cause terrible de mortalité pour cet âge frêle et délicat ; aussi périt-il ordinairement près d'un quart des enfans avant qu'ils aient atteint la fin de leur première année. Ce n'est que vers deux ans, lorsqu'ils ont fait leurs vingt premières dents, qu'ils acquièrent un peu plus de force et ont quelques chances de plus de vitalité. A sept ans les *dents de remplacement* succèdent aux *dents de lait.* Toutefois, ce n'est qu'à vingt ans que la dentition est complète ; ce n'est qu'à cet âge, et quelquefois plus tard, que se montrent les quatre dernières molaires, qu'on a appelées *dents de sagesse*, à cause de l'époque reculée de leur apparition. C'est aussi vers le même temps que se termine la croissance de l'homme ; il est alors adulte et jouit de toute la plénitude de ses facultés morales et physiques. A cet âge, sa taille moyenne est de cinq pieds deux pouces ; mais elle s'élève souvent au-delà et atteint quelquefois jusqu'à sept pieds , tandis que dans certains individus elle demeure en deçà et ne dépasse pas quelquefois trois pieds. La virilité dure ordinairement jusqu'à l'âge de cinquante-cinq ans, mais avec des exceptions nombreuses. En général elle est plus courte pour les grands hommes que pour ceux qui ont des moyens médiocres ou nuls. Passé soixante ans, la vieillesse arrive, tantôt à pas lents, tantôt avec rapidité, et amène avec elle les infirmités, la décrépitude et enfin la mort, qui arrive vers la quatre-vingtième année pour le climat de la France.

Quant au développement moral, il suit assez exactement le développement physique. La raison, nulle au moment de la naissance, se forme peu à peu à mesure que l'enfant grandit et surtout à proportion de l'instruction qu'il reçoit, pour arriver à son apogée à l'époque de l'âge viril ; c'est alors que son industrie et ses talens, développés par la nécessité, enfantent ces prodiges du génie qui excitent si souvent l'envie des contemporains et l'admiration de la postérité. Observons cependant que ce n'est que dans l'état de civilisation qu'il produit ces merveilles. Le sauvage, qui erre dans les forêts ou sur les bords glacés des mers du Nord, obligé de lutter sans cesse contre le froid et la faim, emploie tout son temps et toutes ses ressources pour se procurer sa subsistance par la chasse ou par la pêche, et pour défendre sa vie contre les bêtes fauves qui l'entourent de toutes parts. C'est dans ce but qu'il courbe une branche en arc, et, qu'armé d'une flèche, il arrête dans sa course le cerf qui fuit devant lui, perce dans son vol l'oiseau qui croit trouver un refuge dans les plaines de l'air, et abat à ses pieds l'animal féroce prêt à s'élancer sur lui. Pour atteindre le poisson dans son lit de cristal, il monte sur un frêle canot d'écorce, le poursuit jusqu'au milieu du fleuve et, muni d'un filet, d'une ligne ou d'un harpon, il l'amène à lui en triomphe et va le partager avec sa famille.

Dans l'état de civilisation, au contraire, il se met aisément à l'abri des besoins physiques, et sûr de trouver une subsistance facile et abondante dans la terre qu'il cultive et dans les troupeaux qu'il nourrit, il donne l'essor à toutes ses facultés. Au lieu d'une hutte, il se construit des palais somptueux ; des tissus fins et moelleux lui fournissent des vêtemens commodes, en remplacement de la peau d'ours qui le garantissait à peine des intempéries de l'air ; le luxe de la table remplace une nourriture grossière et quelquefois chétive. Peu content des produits de son climat, il vole sous des cieux étrangers et va y chercher de nouveaux objets d'utilité et d'agrément : c'est ainsi que s'établit le *commerce*, source de tant de biens et de tant de maux. Avec la richesse commerciale et le bien-être qu'elle procure, l'*homme* n'ayant plus rien à désirer, tourne son activité vers un autre but et se met à cultiver son intelligence et son imagination. Tantôt, le ciseau à la main, il anime le marbre et lui imprime les traits de personnes chéries, ou par un art plus étonnant encore, il les trace à l'aide du pinceau sur une toile unie ; tantôt, par un artifice aussi sûr qu'admirable, il parvient à fixer ses pensées sur une feuille mobile pour les faire passer à ses descendans. C'est par ce moyen que les anciens nous ont transmis ces chefs-d'œuvre d'éloquence et de poésie qui vingt siècles après la mort de leurs auteurs nous procurent encore les jouissances les plus douces et les plus pures. Mais si, au lieu de céder à ces nobles penchans, l'homme se livre aux fureurs de l'ambition ou aux vices de l'oisiveté et de la mollesse, il devient un fléau ou un fardeau inutile pour la société, au bonheur de laquelle il devait contribuer pour sa part. C'est ainsi que les conquérans bouleversent l'univers pour satisfaire une folle passion de gloire ou un vain amour-propre. Quant au sybarite voluptueux, uniquement occupé de lui-même, il passe inaperçu, ou, s'il se fait remarquer, c'est pour devenir un objet de dégoût et de mépris pour tout le monde.

Au reste, tous les hommes ne sont pas également propres aux arts de la civilisation ; et quoique l'espèce humaine soit unique, il existe cependant à cet égard assez de différences entre les divers individus, pour qu'on ait pu distinguer dans cette espèce trois *races* ou *variétés* bien caractérisées.

La première, la race *caucasique* ou *blanche*, est sans contredit la mieux organisée ; c'est elle qui a porté au plus haut degré les arts libéraux, les sciences, la littérature et la poésie. Elle se reconnaît à la beauté de l'ovale de sa tête ; ses yeux bien fendus sont en ligne horizontale ; ses lèvres sont plates, peu grosses ; le menton et les pommettes ne font presque pas de saillie (pl. II, *fig.* 5). C'est elle qui peuple l'Europe, le nord de l'Afrique et les contrées occidentales de l'Asie.

La seconde, la *mongolique* ou *la jaune*, se distingue par son visage plat, par ses pommettes saillantes, par ses yeux étroits et obliques, par sa barbe grêle et par son teint olivâtre (pl. II, *fig.* 4). Elle habite les deux empires de la Chine et du Japon. Sa civilisation est restée depuis long-temps stationnaire et paraît peu avancée, si on la compare à celle de la précédente. C'est à cette race qu'appartenaient Tamerlan et Gengiskan.

La troisième, *l'éthiopique* ou *nègre*, est caractérisée par son teint noir, par son front déprimé, par son nez épaté et par ses cheveux crépus (pl. II, *fig.* 5.) Ses mâchoires allongées et ses grosses lèvres donnent à ses traits quelque chose de la physionomie du singe. Les peuples qui la composent, confinés au midi de l'Atlas, sont peu civilisés et se sont toujours laissé subjuguer par ceux des deux autres races, dont ils sont en quelque sorte les esclaves.

IIe Ordre.—QUADRUMANES (pl. II, III).

Les *quadrumanes* sont de tous les mammifères ceux qui ressemblent le plus à l'homme par leur conformation générale et par leur organisation intérieure. Leurs dents, presque toujours en même nombre que les nôtres, ont à peu près la même disposition, et leurs molaires sont généralement tuberculeuses et par conséquent frugivores. Leur canal intestinal, leurs cœurs, leurs poumons et tous les organes de la nutrition comparés aux nôtres n'offrent que des différences très légères. Leur cerveau, quoique moins volumineux, se fait remarquer par le nombre et la profondeur de ses sillons et par la saillie qu'il forme postérieurement sur le cervelet. Leurs yeux, pareillement dirigés en avant, sont renfermés dans des orbites bien complètes et séparées de la fosse temporale par une cloison osseuse. Leur conque auriculaire est petite et présente des saillies analogues à celles de l'oreille humaine. Leurs narines, médiocrement développées, n'acquièrent jamais cette ampleur qu'elles ont chez les carnassiers et plusieurs autres mammifères. Leurs mamelles sont toujours placées sur la poitrine et au nombre de deux, excepté dans un genre, etc.

Cependant, malgré ces rapports et plusieurs autres que présente leur anatomie, il ne faut pas croire, comme certains naturalistes n'ont pas craint de l'avancer, que ces êtres soient des hommes dégénérés. Sans parler de notre supériorité intellectuelle et du don de la parole que nous avons reçu du Créateur, il existe entre eux et nous des différences trop profondes, pour que la transformation des uns dans les autres soit possible ; les organes du mouvement surtout diffèrent essentiellement des nôtres par leur conformation, par leurs usages et par leur grandeur relative. Ils sont tous terminés par des mains, et les postérieurs ne se distinguent de ceux de devant, que parce qu'ils ne peuvent exécuter de mouvemens de rotation; ceux de derrière sont plus grêles que les nôtres; les muscles du mollet et de la fesse sont trop minces pour pouvoir tendre fortement le membre, ce qui fait que ces animaux ont toujours une attitude accroupie, même quand ils se tiennent debout (pl. III, *fig.* 1); leurs plantes, quand ils sont dans cette position, ne touchent la terre que par leur bord extérieur, ce qui leur rend la station verticale pénible et difficile à tenir long-temps. Aussi les voyons-nous, toutes les fois qu'ils sont vivement poursuivis, se jeter à quatre pattes et se hâter de gagner quelque arbre, où ils puissent trouver un asile. C'est là, en effet, que la nature a fixé leur place; la longueur de leurs quatre mains, la flexibilité de leurs doigts et la disposition de la plante de leurs pieds qui sont tournés l'un contre l'autre, leur donnent une facilité extraordinaire pour grimper et pour s'accrocher aux branches. C'est pour cela qu'ils établissent constamment leur domicile au sein des forêts; et les arbres les plus élevés sont ceux qu'ils préfèrent pour y faire leur séjour.

La ressemblance que la face de certains *quadrumanes* présente avec celle de l'homme, la mobilité de leurs yeux et de toute leur physionomie, et surtout la conformation de leurs membres, leur permettent de contrefaire une multitude d'actions humaines; ce qui a beaucoup contribué aux exagérations qu'on trouve sur leur compte dans les récits des voyageurs. Au lieu de voir dans ces grimaces un simple résultat de leur organisation, ils les ont regardées comme des imitations volontaires et se sont extasiés sur l'intelligence et l'adresse de ces animaux. Souvent même peu contens de décrire ce qu'ils avaient vu, ils se sont mis à broder leurs histoires et ont été jusqu'à leur accorder la parole et même une intelligence supérieure à la nôtre. Ces exagérations sont d'autant moins pardonnables, que le récit simple et naïf de leurs habitudes naturelles est assez piquant par lui-même pour n'avoir pas besoin du secours de l'imagination.

Tous les *quadrumanes* vivent dans les forêts les plus profondes des contrées méridionales de l'Ancien et du Nouveau Monde. L'Amérique du Sud, la Chine, les Indes et l'Afrique sont les pays où l'on en rencontre le plus; le midi de l'Europe n'en nourrit qu'une seule espèce; encore y est-elle rare et est-elle originaire d'Afrique. Leur nourriture consiste principalement en fruits, en racines tendres, en cannes à sucre, melons, etc.; quelques espèces ne dédaignent pas les coquillages et surtout les insectes, dont elles sont très friandes.

Ces animaux ne se tiennent jamais isolés; on les trouve toujours en troupes nombreuses occupées à jouer sur les arbres ou à piller les champs et les jardins. Cette habitude de vivre en société fait qu'ils s'accoutument aisément à la vie domestique; et si dans cet état ils ne nous rendent aucun service, du moins ils nous amusent par la bizarrerie de leurs grimaces, par la variété de leurs postures grotesques et par la vivacité de tous leurs mouvemens. Mais leur gentillesse n'a qu'un temps; à mesure qu'ils avancent en âge, ils deviennent indociles et méchans; au point que lorsqu'ils sont vieux, ils se jettent, pour la moindre contrariété, sur les personnes qui les entourent et les déchirent à belles dents, sans épargner même celles qui prennent soin d'eux.

Une des particularités les plus intéressantes de leur histoire, c'est la manière dont ils élèvent leurs petits; leur portée ordinaire est d'un seul et quelquefois de deux, dont le mâle ne s'occupe jamais. Mais la femelle, sur qui repose le soin de leur éducation, s'acquitte de ce devoir avec un zèle et une tendresse que bien des femmes pourraient prendre pour modèle. Elle ne les abandonne jamais, et lorsqu'elle est forcée, pendant qu'elle allaite, à faire quelque voyage un peu long, elle les emporte sur son dos, comme les négresses portent leur enfant. Attaquée, elle les défend contre toute espèce d'animaux avec le courage du désespoir; s'ils sont blessés, elle cherche à les secourir, et si sa faiblesse l'empêche de leur être utile, elle partage presque toujours leur captivité ou leur mort.

L'ordre des quadrumanes est très nombreux et se divise en deux familles; les *singes* et les *lémuriens* ou *makis*.

Ire *Famille.* — SINGES.

Les *singes* se reconnaissent en ce qu'ils ont à chaque mâchoire quatre incisives droites et contiguës, les ongles plats à tous les doigts et les narines en tubes exactement circulaires; ils ont été divisés en deux tribus les *catarhinins* et les *platyrhinins*.

Ire *Tribu.* —Catarhinins *ou* Singes de l'ancien continent.

Le nom de *catarhinins,* qui en grec signifie *narines en bas,* désigne le caractère le plus apparent des singes de cette tribu, qui ont en effet l'ouverture de ces conduits dirigée en bas, à peu près comme l'homme. Ils ont en outre la cloison nasale très étroite, les molaires au nombre de vingt et garnies de tubercules mousses; particularités qui rapprochent ces singes des bimanes plus que ceux de la tribu des platyrhinins. Mais leurs canines, plus longues que les autres dents, leur forment une arme qui nous manque, et exigent dans la mâchoire opposée un vide dans lequel elles puissent se loger, à peu près comme dans les animaux carnassiers. La plupart d'entre eux ont dans l'intérieur de leur bouche des poches plus ou moins vastes, nommées *abajoues,* pour mettre des provisions en réserve et les transporter d'un endroit à l'autre. L'habitude qu'ils ont de se tenir accroupis sur leurs fesses pour se reposer use les poils qui recouvrent ces parties ; et la peau ainsi dénudée acquiert une dureté analogue à celle d'un *calus* ou durillon ; ce qui a fait donner à ces parties le nom de *callosités,* caractère qui ne se remarque que dans les singes de la tribu dont nous parlons.

On ne trouve les catarhinins que dans les pays chauds de l'Afrique et des Indes : ils vivent exclusivement de fruits tendres, de racines charnues, de tiges succulentes et rarement de coquillages. Leur taille est généralement supérieure à celles des singes d'Amérique, et quelques-uns parviennent à une hauteur de plus de six pieds et surpassent en force les hommes les plus vigoureux. Quatre genres principaux composent cette tribu remarquable : les *orangs,* les *gibbons,* les *guenons* et les *cynocéphales.*

§ I. Les ORANGS (*simia*) se distinguent au premier coup d'œil au défaut de queue, de callosités et d'abajoues : trois caractères qui les rapprochent de l'homme et les éloignent de tous les autres catarhinins. Leur tête est arrondie comme la nôtre dans le jeune âge ; mais à mesure qu'ils vieillissent, leurs mâchoires s'allongent au point de former un museau aussi saillant que celui d'un chien. Ils marchent assez bien à deux pieds, surtout quand ils s'appuient sur un bâton, et se tiennent à terre beaucoup plus volontiers que les autres singes : ce qui explique chez eux l'absence de callosités aux fesses. Mais il faut observer que dans la marche bipède, leur attitude est plutôt accroupie que droite, à cause de la faiblesse des muscles extenseurs des cuisses et des jambes. C'est donc à tort que certains voyageurs ont prétendu qu'ils ne marchaient qu'à deux pieds : ce qui a pu les induire en erreur à cet égard, c'est que ces animaux, ayant les membres postérieurs très courts et ceux de devant très longs, semblent ne toucher le sol qu'avec les premiers, tandis que dans la réalité ils s'appuient sur tous les quatre en même temps. Au reste ils ne marchent jamais bien à terre, ni avec deux, ni avec quatre membres; aussi quand ils se voient vivement poursuivis, ils se hâtent de gagner quelque arbre voisin, où ils grimpent avec agilité au moyen de leurs longues mains et de leurs doigts flexibles et robustes.

La taille des *orangs* est encore incertaine : les plus grands individus qu'on a vus en Europe n'avaient pas trois pieds de hauteur; mais il faut observer qu'ils étaient tous jeunes et n'avaient pas encore acquis tout leur développement. Des individus qu'on a tués dans les forêts des pays qu'ils habitent n'avaient pas moins de six pieds, et un squelette que l'on possède à Paris, et qui appartient certainement à une espèce de ce genre, a cinq pieds et demi.

Quant à leurs habitudes, elles sont encore peu connues à l'état sauvage. On sait cependant qu'ils sont plus graves et moins pétulans que les autres singes. Ils vivent en petites troupes au sein des plus vastes forêts des Indes et de l'Afrique, se construisent des huttes sur les arbres, se nourrissent de fruits, d'œufs ou de coquillages et ont la chair en horreur. En domesticité, ils se montrent très dociles dans leur jeunesse, mangent de tout ce que nous mangeons et sont surtout friands de fruits sucrés. Ils témoignent beaucoup d'affection pour les personnes qui les soignent, leur obéissent avec promptitude et semblent même prévenir leurs désirs. On en a vu servir à table, déboucher les bouteilles, verser à boire, essuyer les assiettes et remplir la plupart des devoirs d'un domestique, le tout au moindre signal de leur maître et quelquefois même sans en être avertis.

On ne connaît bien authentiquement que deux espèces de ce genre, l'*orang-outang* et le *chimpansé*. Le premier, qui se trouve dans les contrées les plus orientales de l'Asie et surtout dans l'île de Bornéo, a le poil roux, la face bleuâtre, les bras pendans jusqu'aux chevilles et le front assez marqué. Le second, qui habite en Guinée et au Congo, a le pelage brun, le front nul et les bras tombant jusqu'aux genoux seulement.

§ II. Les GIBBONS (*hylobates*) se rattachent à tous les orangs par l'absence de queue et d'abajoues, et en particulier à l'orangoutang par la longueur de leurs bras et au chimpansé par le défaut de front. Mais ils se distinguent des uns et des autres par la présence des callosités aux fesses (pl. III, *fig.* 1). Ce caractère qui peut paraître frivole au premier abord est pourtant d'une grande valeur, en ce qu'il annonce que ces quadrumanes se tiennent plus habituellement sur les arbres. Ils sont, par conséquent, un peu plus singes que les précédens et s'éloignent davantage de l'homme, pour se rapprocher des guenons. Ils marchent encore à deux pieds, mais avec plus de difficulté ; aussi leur allure à terre se compose-t-elle le plus ordinairement d'une suite de bonds et de sauts exécutés gauchement, quoique avec vigueur. Ce n'est que sur les arbres qu'ils se trouvent dans leur élément ; leurs mouvemens y sont d'une agilité et d'une étendue surprenantes ; il n'est pas rare qu'ils franchissent des intervalles de vingt-cinq à trente pieds.

La patrie des *gibbons* est jusqu'ici restreinte aux contrées les plus orientales de l'Asie ; leur taille est inférieure à celle des orangs et se balance entre deux et trois pieds. On en compte quatre ou cinq espèces : l'*ounko* ou grand gibbon, qui est noir avec les mains blanchâtres et un cercle de même couleur autour du visage ; le *gibbon agile* ou petit gibbon, qui est brun avec le dos roussâtre ; le *wouwou,* qui est cendré avec la face noire ; le *siamang,* qui a l'index et le médius postérieurs réunis jusqu'à la seconde phalange.

§ III. On reconnaît les GUENONS (*cercopithecus*) à leurs abajoues, à leurs fesses calleuses, à leur queue allongée, à leur taille légère et à leurs membres grêles et déliés (pl. III *fig.* 2). C'est dans ces quadrumanes que nous trouvons ces allures pétulantes et cette physionomie mobile et maligne que nous regardons comme les attributs inséparables des singes. Les *orangs* et les *gibbons* se rapprochent trop de la forme humaine et sont d'ailleurs trop graves dans leurs mouvemens ; et les *cynocéphales,* presque exclusivement quadrupèdes, tiennent trop des carnassiers pour leur caractère et par leurs habitudes. Les *guenons,* au contraire, nous offrent dans leurs traits cette caricature de l'homme qui nous rappelle constamment l'idée du singe ; toute leur physionomie respire cette malice que nous regardons comme son apanage exclusif ; enfin nous trouvons dans leurs mœurs cette pétulance, cette mobilité qui font la base du caractère de cet animal. Toujours alertes, toujours sur le *qui vive*, le mouvement paraît leur être aussi nécessaire que la nourriture. Au haut des arbres, leur domicile favori, on les voit sans cesse prendre mille attitudes grotesques, faire les grimaces les plus risibles, sauter de branche en branche, prendre un fruit, le mordre, le rejeter, le reprendre encore, selon la bizarrerie de leur caprice et sans que le besoin entre pour rien dans leurs actions.

Ces singes, quoique les plus petits de la tribu, sont cependant les plus redoutables pour les champs de maïs et de cannes à sucre, pour les melonières et pour les vergers. Destructeurs par caractère encore plus que par besoin, ils font plus de dégâts par leur gaspillage que par leur voracité ; et il est d'autant plus difficile de se garantir de leurs déprédations, qu'ils se réunissent en troupes nombreuses pour les commettre avec plus de promptitude et de sécurité. Dans ce but, ils disposent des sentinelles sur les arbres les plus élevés des environs du champ ou du jardin qu'ils veulent piller, et, formant ensuite une longue chaîne depuis cet endroit jusqu'à leur fort, ils se font passer l'un à l'autre les objets qui leur conviennent ; quelques instans leur suffisent pour dévaster entièrement une plantation considérable. Si cependant quelque ennemi vient à les interrompre dans leur expédition, au signal des factionnaires les maraudeurs battent précipitamment en retraite, avant qu'il soit à portée de leur faire du mal.

Cette habitude qu'ont les guenons de vivre en société les rend très faciles à apprivoiser, quand on les prend jeunes. On leur apprend à danser sur la corde, à monter à cheval sur un chien, à battre du tambour, à faire la quête, et mille autres petits tours qui les rendent très amusantes à voir.

On compte environ douze espèces de ce genre, qui toutes appartiennent au centre ou au midi de l'Afrique, et principalement à la Guinée et au Sénégal. Les plus communes sont le *callitriche* ou singe vert, le *patas* ou singe rouge, le *mangubey*, la *mone*, la *diane* ou le *rolowai*, le *blanc-nez*, le *talapoin*, etc.

§ IV. Les CYNOCÉPHALES (*Cynocephalus, tête de chien*)

ont, comme leur nom l'indique, le museau allongé et comme tronqué à son extrémité, où sont percées les narines (pl. III. *fig.* 3), tandis que les autres catarhinins ont la tête arrondie et les narines ouvertes sur le dos de la mâchoire supérieure. Remarquables par leur grande taille et par leurs formes hideuses, ces animaux qui ne marchent qu'à quatre pattes, ont plutôt la physionomie d'un carnassier que celle d'un véritable singe. Leur corps gros et trapu, leurs membres courts et robustes, leurs canines saillantes, leurs sourcils élevés et leurs yeux étincelans leur donnent un aspect féroce et repoussant qui inspire la terreur, sentiment auquel se joint celui d'une horreur et d'un dégoût involontaires à l'aspect des callosités qu'ils ont aux fesses, au museau et dans plusieurs autres parties de leur corps.

Les mœurs de ces quadrumanes s'accordent parfaitement avec leur physionomie. Insensibles aux bons comme aux mauvais traitemens, ils font trembler tout ce qui les approche, jusqu'à leur gardien. On en a vu renverser et éventrer des chiens avant qu'on eût le temps d'arriver à leur secours. Aussi rusés que vindicatifs, ils savent dissimuler leur ressentiment jusqu'à ce que l'instant favorable à la vengeance arrive. Au moment où l'objet de leur haine s'y attend le moins, ils se jettent sur lui avec fureur, le déchirent cruellement, et sont déjà hors de la portée de ses coups avant qu'il ait eu le temps de songer à se défendre. Cette cruauté est d'autant plus extraordinaire que les *cynocéphales* ne se nourrissent que de matières végétales et montrent une antipathie très prononcée pour la chair. Les fruits, les racines tendres et sucrées, les melons, etc., sont les substances qu'ils préfèrent; ils mettent à s'en emparer la même adresse que les guenons, et emploient le même artifice qu'elles pour commettre leurs brigandages avec plus de promptitude et moins de danger.

Parmi les espèces de ce genre, qui sont au nombre de six ou sept, les uns ont une queue assez longue, tels sont le *papion*, le *babouin*, etc.; les autres l'ont au contraire très courte, comme le *drill* et le *mandrill*.

Outre ces quatre genres, la tribu des catarhinins en comprend deux autres moins importans; ce sont les *semnopithèques* ou singes sacrés, ainsi nommés parce que les Indiens leur rendent un culte religieux. On en connaît environ huit espèces, qui ressemblent beaucoup aux guenons et dont la plus célèbre est le *douc.* Les *macaques* forment le second genre, qui renferme une dizaine d'espèces dont les principales sont le *macaque ordinaire*, qu'on amène souvent en France, et le *magot*, le seul quadrumane qui vive en Europe à l'état sauvage. On en trouve quelques individus dans les rochers inaccessibles de Gibraltar.

IIe *Tribu.* — Platyrhinins *ou* Singes d'Amérique.

Le Nouveau-Monde a ses singes propres, que l'on a désignés collectivement sous le nom de *platyrhinins*, mot grec qui exprime le caractère le plus apparent de ce groupe de quadrumanes, celui d'avoir les narines séparées par une large cloison et ouvertes sur les côtés. A ce trait distinctif, il faut ajouter que ces singes ont le plus souvent 24 molaires, qu'ils n'ont jamais d'abajoues ni de callosités, et que leur queue est toujours longue et quelquefois *prenante*, c'est-à-dire susceptible de s'enrouler autour des branches, pour les saisir comme une cinquième main. Leur pouce, ordinairement très court, surtout aux membres antérieurs, est quelquefois si peu opposable aux autres doigts, qu'on hésiterait à donner le nom de quadrumanes aux animaux qui l'ont ainsi conformé, si tous leurs autres caractères, et principalement la forme de leur crâne et l'ampleur de leur cerveau, ne fixaient incontestablement leur place dans cet ordre. Ils ont d'ailleurs toutes les habitudes des singes de l'ancien continent ; ils se tiennent constamment sur les arbres, sont frugivores et ont par conséquent les molaires tuberculeuses. Il faut toutefois observer qu'il existe parmi ces animaux une dégradation assez rapide sous le rapport du système dentaire. Plusieurs espèces ont leurs molaires hérissées de petites pointes coniques, et leur régime, qui dans les premiers genres se compose uniquement de fruits, ne tarde pas à devenir mixte pour finir par être à peu près exclusivement insectivore.

On peut diviser les *platyrhinins* en trois genres bien distincts : les *sapajoux*, les *sagouins* et les *ouistitis*.

§ I. Les premiers (*helopithecus*) forment un genre très naturel et facile à caractériser par le nombre de ses molaires (24) et surtout par sa queue prenante. Au moyen de cet appendice, qui est garni de muscles puissans, les *sapajoux* empoignent fortement les branches des arbres, sur lesquels ils font leur demeure habituelle. Ainsi la queue, qui pour les autres animaux est un ornement à peu près inutile, devient pour ces plathyrinins un organe de préhension équivalent à un cinquième membre. Au reste, ce n'est pas seulement cet appendice que la nature a pourvu de muscles vigoureux ; tous ceux qui s'attachent à la colonne vertébrale participent plus ou moins à ce développement remarquable. Aussi les *sapajoux* sont-ils proportionnellement plus robustes que les autres singes américains ; souvent même ils abusent de la supériorité de leur force pour maltraiter sans raison les espèces plus faibles qu'eux. Mais ils font un usage plus équitable de ce don de la nature, lorsque, l'un d'eux ayant été blessé par le chasseur, tous les autres s'empressent autour de lui et l'emportent pour l'empêcher d'être pris. On admire surtout les femelles lorsque, chargées d'un ou de deux petits et poursuivies par un ennemi, elles franchissent des intervalles de 15 à 20 pieds d'étendue ; et si, dans ces bonds périlleux, elles viennent à laisser tomber leur précieux fardeau, elles n'hésitent jamais à s'exposer à la mort, ou à la captivité qui est encore pire, pour l'empêcher de tomber aux mains de l'ennemi. Des exemples de cette nature sont d'autant moins rares parmi ces animaux que, leur chair étant excellente, surtout quand ils sont jeunes, les chasseurs s'attaquent de préférence aux petits. Au reste cette chasse n'est pas tout plaisir ; si le chasseur s'approche trop des arbres où se tiennent les *sapajoux*, ceux-ci lui lancent avec beaucoup d'adresse les pierres et les morceaux de bois qu'ils ont à leur portée ; et si ces armes offensives leur manquent, ils font leurs ordures dans la main et les lui jettent à la figure.

Le genre des *sapajoux* a été subdivisé en trois sous-genres : les *alouattes*, les *atèles* et les *sajoux*.

1° Les Alouattes (*mycetes*) sont les plus grands quadrumanes du nouveau continent ; elles se reconnaissent à leur pouce bien développé, à leur queue nue en dessous à son extrémité, et surtout à la forme pyramidale de leur tête et à la saillie que fait à la partie supérieure de leur cou un tambour osseux qui communique avec l'organe de la voix et donne à celle-ci un volume énorme et un son effroyable (pl. III, *fig.* 4). C'est une espèce de hurlement triste et rauque qu'ils font entendre le matin et le soir, ainsi qu'à l'approche des orages ; de là le nom de *singes hurleurs* qu'on leur donne communément. On en connaît plusieurs espèces, dont les principales sont *l'alouatte rousse*, *l'ourson* et le *guariba*.

2° Les Atèles (*ateles*) ont la queue nue en dessous comme les alouattes ; mais leur pouce toujours très petit et quelque-

fois nul, leur tête arrondie et leur cou sans tambour osseux
les en distinguent aisément (pl. III, *fig.* 5). Leur taille petite, leur corps grêle et fluet, et la longueur excessive de leurs
membres, leur ont valu le nom vulgaire de *singes-araignées.*
Le *coaïta,* l'*ouarine,* le *mikiri,* etc., sont les principales espèces de ce sous-genre.

3° Les SAJOUX (*cebus*) ont la tête ronde, le pouce long et
la queue velue de toutes parts. Leurs mœurs sont analogues à celles des espèces précédentes ; mais il faut observer
qu'ils se tiennent sur les arbres d'une manière différente. Leur
queue, quoique bien prenante. n'a pas assez de force pour supporter long-temps tout le poids de leur corps ; ils suppléent à
ce qui leur manque de ce côté par la vigueur de leurs membres,
qui sont plus musclés et plus gros que ceux des atèles. Tous les
sajoux sont de petite taille et se font remarquer par la beauté
de leur robe, par leur propreté, et surtout par une grande douceur dans le caractère. Un petit cri flûté, qu'ils font entendre
quand ils sont contrariés, leur a fait donner le nom de *singes-
pleureurs.* Le *sajou ordinaire,* le *saï* et le *chrysope,* ou *sajou
à pieds dorés,* sont les principales espèces de ce sous-genre, qui
est très nombreux.

§ II. Les SAGOUINS (*geopithecus*') ont le même nombre de
molaires (24) que les sapajoux ; mais ils s'en distinguent par la
conformation de leur queue, qui n'est jamais prenante ; ce qui,
joint à la faiblesse de leurs membres, ne leur permet pas de se
mouvoir sur les arbres avec la même assurance que la plupart
des autres singes. Aussi s'y tiennent-ils moins habituellement
et préfèrent-ils se cacher au milieu des broussailles ou dans les
anfractuosités d'un terrain montueux. C'est à cause de cette habitude que le savant professeur, M. Geoffroy Saint-Hilaire, leur
a donné le nom de *geopithèques* ou singes-terrestres. A ce caractère essentiel il faut ajouter les suivans. Ils sont tous de petite taille ; leur tête est grosse et arrondie, leur museau court,
leur cerveau volumineux et leur intelligence très développée.
Aussi sont-ils d'un caractère doux et affectueux ; ils s'accoutument aisément à notre société, et sont d'autant plus recherchés
qu'ils allient à cette douceur naturelle une fourrure agréable,
une physionomie fine, une propreté recherchée, des mouvemens vifs et gracieux, en un mot tout ce qui peut intéresser
dans un animal domestique. Mais ce n'est guère que dans leur
patrie, l'Amérique méridionale, qu'on peut se procurer le plai-

sir de les élever dans les appartemens. La faiblesse de leur constitution ne leur permet pas de supporter le changement de climat. On en a cependant conservé en France des individus qui même s'y sont multipliés. A l'état sauvage ces singes se réunissent en petites troupes, vivent de fruits sucrés, d'amandes, etc., auxquels ils joignent des insectes et surtout des araignées, dont ils se montrent très friands. En domesticité ils mangent de tout ce qui sert de nourriture à l'homme. On peut diviser ce genre en trois sous-genres, les *saïmiris*, les *sagouins* et les *sakis*.

1° Le premier ne se compose que d'une espèce unique, le *saïmiri* ou *titi*, qui semble former le passage des sapajoux aux sagouins. Sa queue, sans être assez forte pour pouvoir servir comme organe de préhension, est encore déprimée, garnie de poils courts et susceptible de s'enrouler autour des corps arrondis. C'est de tous les quadrumanes celui qui a le cerveau le plus grand et l'intelligence la mieux développée. Sa physionomie est presque celle d'un enfant. C'est la même expression de candeur et d'innocence, le même sourire, la même mobilité dans les traits du visage et dans les sentimens. Il passe en un instant de la tristesse à la joie et témoigne l'une par ses pleurs, l'autre par son sourire. Ces qualités aimables le font beaucoup rechercher par les habitants des bords de l'Orénoque, pour l'élever en domesticité. La beauté de sa fourrure, la petitesse de sa taille, qui ne surpasse pas celle de l'écureuil ordinaire, la vivacité de ses mouvemens, la manière dont il chasse aux insectes et aux araignées procurent le passe-temps le plus agréable, dans les heures qu'on dérobe aux occupations sérieuses. Un illustre voyageur, M. de Humboldt, avait un plaisir extrême à montrer à ces petits animaux des portraits de différens insectes, et jouissait beaucoup de leur frayeur lorsque l'insecte était capable de les blesser, et de leur étonnement lorsque, se jetant sur une espèce de leur goût, ils ne pouvaient la saisir quoiqu'elle restât immobile à la même place.

2° Les Sagouins, qu'on appelle *callithrix* en langue scientifique, à cause de la beauté de leur pelage, ressemblent aux saïmiris par leur queue grêle et par tous les traits de leur conformation extérieure; mais ils ont la tête plus haute, les canines plus courtes, l'intelligence moins développée. Du reste leurs habitudes et leur manière de vivre sont les mêmes. Le *sagouin en deuil* et le *sagouin en masque* sont les principales espèces de ce sous-genre.

3° Les Sakis (*pithecia*) ne diffèrent des précédens que parce qu'ils ont la queue très velue, ce qui les a fait nommer *singes à queue de renard*. On les appelle aussi à Cayenne *singes de nuit*, parce qu'ils chassent plus volontiers pendant le crépuscule que durant le jour. L'*yarké*, le *saki à ventre roux* le *moine*, etc., appartiennent à ce sous-genre.

§ III. Les OUISTITIS (*arctopithecus*) (pl. III, *fig*. 6) forment un genre analogue aux sagouins avec lesquels ils ont été long-temps confondus, mais dont ils se distinguent, ainsi que de tous les autres platyrhinins, par le nombre de leurs molaires qui est de cinq à chaque mâchoire, et par la conformation de leur pouce qui est à peine opposable aux autres doigts dans les membres antérieurs. Cette dernière particularité, jointe à la mollesse de leur queue qui n'est jamais prenante, les priverait de l'attribut caractéristique des singes, celui de se tenir habituellement sur les arbres, si la nature n'avait compensé cette imperfection par le développement qu'elle a donné aux ongles. Ceux-ci, transformés en griffes aiguës, deviennent des espèces de crochets que l'animal enfonce dans l'écorce des arbres et au moyen desquels il grimpe par le même mécanisme que nos écureuils. C'est l'idée qu'exprime le nom d'*arctopithèque*, que leur a donné M. Geoffroy-Saint-Hilaire. Du reste les *ouistitis* nous offrent tous les caractères des autres quadrumanes ; tête arrondie, museau court, cerveau volumineux, intelligence très développée, mouvemens vifs et légers. Doués d'un caractère doux et ornés d'une jolie fourrure, on aime à les élever dans les appartemens ; la vie domestique ne paraît pas leur être contraire, car ils y vivent très long-temps, et on en a même vu s'y multiplier. A l'état sauvage ils se tiennent habituellement sur les arbres élevés pour y chercher un refuge contre les animaux carnassiers. Mais en évitant un danger ils tombent dans un autre ; les sapajoux les poursuivent dans cette retraite, et comme la faiblesse des *ouistitis* les empêche de lutter contre eux , leur unique ressource, pour se soustraire aux mauvais traitemens que ceux-ci leur font subir quand ils peuvent les atteindre, consiste à s'élever sur les branches les plus hautes et les plus faibles, sur lesquelles leurs ennemis ne peuvent les suivre. La nourriture de ces petits animaux se compose d'insectes et de fruits. On les divise en deux petits sous-genres , les *ouistitis* et les *tamarins*.

1° Les premiers (*jacchus*) ont les incisives inférieures pointues et de même longueur que les canines; leur queue est très fournie et marquée d'anneaux alternativement gris et noirs. Tels sont l'*ouistiti ordinaire*, l'*ouistiti à pinceaux* et le *pinche*.

2° Les Tamarins (*midas*) ont la queue de couleur uniforme et plus touffue que les précédens; leurs incisives inférieures sont d'ailleurs larges et plus petites que les canines. Le *tamarin*, le *marikina* ou *singe-lion*, le *mico*, etc., se rapportent à ce sous-genre.

IIe *Famille.* — Lémuriens ou Makis.

Nous avons trouvé dans quelques genres de la tribu des platyrhinins des habitudes, des formes et un régime qui, sans être absolument carnassiers, n'étaient plus cependant ceux des véritables singes. Dans les *lémuriens*, cette dégradation fait un nouveau pas.

Ces quadrumanes n'ont plus tous leurs ongles plats, comme les précédens; l'index, et quelquefois le médius de leur membre postérieur, sont armés d'une véritable griffe aiguë et redressée, toute différente de l'ongle des autres doigts; leur marche devient à peu près exclusivement quadrupède, ou, s'ils peuvent marcher sur deux pieds, ce n'est qu'avec peine et pour très peu de temps; leurs narines, au lieu de former un canal à peu près circulaire, se développent au plus haut degré et forment dans l'intérieur des os de la tête de nombreuses sinuosités, ce qui donne à leur odorat une finesse remarquable et rapproche singulièrement ces animaux de ceux de l'ordre des carnassiers. Leur système dentaire n'est pas moins différent; leurs incisives, d'inégale longueur et séparées par des espaces vides, ne forment plus une rangée régulière sur le devant de la mâchoire; les tubercules de leurs molaires se trouvent changées en pointes aiguës et coniques, engrénant avec celles de la mâchoire opposée, disposition qui entraîne une différence très sensible dans le régime de ces animaux. Ce ne sont plus les fruits sucrés, les racines charnues, les amandes, etc., qui font la base de leur nourriture; bien qu'ils ne les rejettent pas absolument, ils semblent leur préférer les œufs, les insectes et même les petits oiseaux, genre d'alimens qui annonce plutôt un animal carnassier que frugivore. Malgré cette différence, les habitudes des *lémuriens* sont les mêmes que celles des singes; leurs pouces bien développés, mieux même que chez la plupart des platy-rhinins, leur permettent de se tenir habituellement sur les arbres ; c'est de là qu'ils font la chasse aux insectes, aux œufs et aux petits oiseaux. Leur naturel doux et sociable les rend faciles à apprivoiser. Pris de bonne heure, ils s'attachent aux personnes qui les soignent et leur témoignent leur affection par toutes sortes de caresses. Ils s'accommodent assez bien du climat de la France.

Un fait digne de remarque, c'est que presque tous les *lémuriens* ont pour patrie l'île de Madagascar ou les terres voisines ; ils semblent y représenter les singes qui y sont inconnus. Cette famille se compose de cinq genres principaux.

§ I. Les INDRIS (*lichanotus*) se font remarquer par l'élégance de leurs formes, par la disproportion qui existe entre les membres postérieurs et ceux de devant, et surtout par le nombre de leurs incisives, qui est de quatre à chaque mâchoire. On ne connaît qu'une seule espèce de ce genre, l'*indri à courte queue*, qui est le plus grand de tous les lémuriens ; il n'a pas moins de trois pieds quand il se tient debout sur ses pieds de derrière, ce qui lui arrive plus souvent qu'aux autres espèces de la même famille. Son agilité et la docilité de son caractère font que les Madécasses le dressent pour la chasse, comme nous dressons nos chiens ; fait d'autant plus remarquable que ce lémurien est essentiellement frugivore et ne chasse que pour son maître, tandis que tous les autres animaux qu'on élève pour cet exercice y sont naturellement portés par leur goût sanguinaire et carnassier.

§ II. Les MAKIS (*lemur*) sont de petits quadrumanes auxquels leur museau long et effilé a fait donner le nom de *singes à museau de renard*. On les reconnaît parmi tous les autres lémuriens, à leurs formes élancées, à leur queue longue et touffue, à leurs yeux bien séparés et de moyenne grandeur, et à leurs membres bien proportionnés (pl. III, *fig.* 7). La beauté de leur pelage, la douceur de leur caractère, la gentillesse de leurs mouvemens les font rechercher par tous les amateurs d'animaux domestiques, et leur tempérament robuste s'accoutume assez bien à toutes sortes de climats. On en voit fréquemment à Paris. Mais on remarque que dans les contrées plus septentrionales ils sont incommodés du froid, et qu'ils cherchent à s'en garantir en s'approchant du foyer ou en se roulant en boule. Dans le premier cas, ils s'asseyent sur leur derrière et tiennent leurs mains étendues vers le feu, absolument comme nous faisons pour nous réchauffer. Dans le second cas ils fléchissent la tête contre la poitrine, ramènent les membres sous le ventre et se couvrent le dos de la queue. Une de leurs habitudes les plus remarquables est celle de ne se jamais coucher sans avoir fait un grand nombre de sauts en ligne verticale et de ne s'endormir que sur l'angle le plus saillant de quelque meuble élevé.

A l'état sauvage les *makis* vivent par troupes de trente à quarante individus, excepté dans la saison des amours. A cette époque ils se séparent par paire et restent ainsi isolés pendant environ six mois, temps durant lequel leurs petits ont besoin des secours de leurs parens.

On distingue, entre autres espèces de ce genre, le *mococo,* le *vari,* le *mongouz,* etc., tous originaires de Madagascar.

§ III. Les caractères extérieurs suffisent pour faire reconnaître les LORIS (*stenops*) parmi les autres quadrumanes de la même famille; leur tête grosse, leur museau mince et pointu, leurs yeux grands et rapprochés, leur corps très allongé, leurs quatre membres à peu près égaux et le défaut de queue, les séparent très nettement de tous les autres lémuriens. Leurs molaires, hérissées de pointes très aiguës, et leur langue, garnie de petites saillies cornées qui la rendent rude au toucher, sont deux caractères qui indiquent un régime insectivore, comme la forme de leurs yeux annonce des habitudes nocturnes. Le fait le plus remarquable dans les mœurs de ces animaux, c'est la lenteur extrême de leurs mouvemens, qui leur a fait donner le nom de *singes paresseux.* On n'en connaît que deux espèces, l'une et l'autre des Indes-Orientales; ce sont le *loris grêle,* et le *loris paresseux.*

§ IV et V. Les GALAGOS (*otolicnus*) et les TARSIERS (*tarsius*) ont plusieurs caractères communs qui nous permettent de les réunir dans un même article. Les plus frappans de ces caractères se tirent de la grandeur de leurs yeux, de la disproportion excessive de leurs membres et de la longueur de leur queue qui se termine par un bouquet de poils. Ils ont aussi le pavillon de l'oreille très développé et très mobile, de sorte que l'animal peut à son gré, ou le tenir ouvert pour augmenter la finesse de son ouïe, ou le fermer pour empêcher les sons d'arriver jus-

qu'au nerf auditif, avantage précieux pour un animal nocturne, qui ne se repose que le jour (pl. III, *fig.* 8).

Les habitudes de ces quadrumanes sont à peu près semblables. Vivant sur les arbres, au milieu du feuillage qui les
dérobe aux regards de leurs ennemis et de leur proie, ils empoignent fortement les branches, au moyen de leurs membres
postérieurs, conservant le libre usage de leurs mains. Dans
cette attitude, ils tiennent leurs oreilles et leurs yeux au guet ;
et dès qu'un insecte paraît, ils s'élancent sur lui avec la rapidité
de l'éclair, souvent même sans abandonner la branche qui les
porte ; le happer au passage et le dévorer est pour eux l'affaire
d'un instant. Parmi les espèces de ces deux genres on remarque
le *grand galago*, de la taille d'un lapin, le *galago nain*, qui
est moindre qu'un rat et qui sont d'Afrique ; le *tarsier ordinaire*,
le *tarsier aux mains brunes*, etc., qui habitent les Moluques.

IIIe Ordre. — CARNASSIERS.

Les naturalistes attribuent au mot *carnassier* un sens bien
plus étendu qu'on ne le fait ordinairement ; au lieu de ne l'appliquer qu'aux animaux qui se nourrissent exclusivement de
chair, ils le donnent à tous les quadrupèdes onguiculés, pourvus de trois sortes de dents, dont le pouce est inopposable aux
autres doigts et dont le ventre est dépourvu de cette poche dans
laquelle les marsupiaux renferment le produit de leur part prématuré. D'après cette définition, les *carnassiers* forment l'ordre
le plus nombreux de la mammologie ; car non-seulement il
comprend tous les mammifères qui méritent ce nom dans toute
la force du terme, mais encore les chauve-souris, les taupes,
les hérissons et les différentes espèces de phoques. Tous ces
animaux présentent en effet les caractères que nous avons assi-
gnés aux carnassiers.

La dégradation que nous avons observée dans la série des
quadrumanes se montre d'une manière encore plus sensible
dans cet ordre. Leur cerveau devient de plus en plus petit et
ne recouvre plus le cervelet par son lobe postérieur. Les sillons
s'effacent, et par conséquent l'intelligence diminue, et l'instinct devient de plus en plus impérieux et irrésistible. Le sens
de l'odorat acquiert une délicatesse extraordinaire, due à l'é-
tendue des fosses nasales et à l'humeur onctueuse qui en arrose
l'intérieur ; de là l'énergie de leur appétit et leur penchant

pour une espèce particulière d'alimens. Le développement des fosses nasales ne pouvant avoir lieu qu'aux dépens des os de la face, il en résulte que leurs orbites, placées à une distance considérable l'une de l'autre, et rejetées sur les côtés de la tête, ne sont pas séparées de la fosse temporale par une cloison osseuse complète, et que leurs yeux, ayant une direction latérale, ne peuvent voir en même temps le même objet. Du reste ces organes ne présentent rien de remarquable sous le rapport de leur développement; seulement quelques espèces nocturnes ont une telle sensibilité dans le nerf optique qu'elles ne peuvent supporter l'éclat de la lumière du jour et sont obligées, pour pourvoir à leur subsistance, de profiter de l'obscurité de la nuit, ou plutôt de la faible lumière du crépuscule.

L'étendue de l'ordre des *carnassiers*, et les différences d'organisation qui se remarquent dans les animaux qu'il comprend, ont permis de le diviser en trois familles : les *cheiroptères*, dont les côtés du corps sont garnis d'un repli de la peau étendu entre leurs quatre membres, et dont les molaires sont à couronne plate ou hérissées de pointes coniques; les *insectivores*, dont les molaires sont toutes garnies de pointes coniques, mais dont les quatre membres sont libres et propres à la marche; les *carnivores*, dont les membres, d'ailleurs diversement conformés, sont constamment libres de tout repli cutané et dont les molaires sont garnies de tubercules mousses ou tranchans.

Ire *Famille.*— Cheiroptères (pl. IV).

L'énorme développement que le système cutané acquiert dans ces animaux leur donne une physionomie extraordinaire, qui les faisait regarder jadis comme des espèces de monstres d'une nature incertaine. Mais aujourd'hui que les progrès de l'histoire naturelle nous ont bien fait connaître leur structure intérieure, on ne doit voir en eux que des mammifères, auxquels un repli de la peau de flancs forme une espèce de voile légère qui peut, suivant son degré d'étendue, leur servir d'ailes pour voler ou de parachute pour sauter de branche en branche sur les arbres. Pour le reste de l'organisation, elle tient de celle des lémuriens; la disposition de leur système dentaire, le nombre et la position de leurs mamelles, leurs habitudes nocturnes, leur régime moitié frugivore, moitié insectivore, tout en un mot se réunit pour fixer invariablement leur place auprès de ces animaux.

Ce serait donc une erreur de regarder les *cheiroptères* comme des êtres intermédiaires entre les oiseaux et les quadrupèdes ; ils sont tout-à fait mammifères par leur organisation intérieure, et il serait tout aussi rationnel de regarder la loutre comme un poisson et le tatou comme une tortue que la chauve-souris comme un oiseau.

D'après la différence de développement de la peau des flancs, on divise les *cheiroptères* en deux tribus, les *galéopithèques*, chez lesquels la membrane latérale partant de la commissure des lèvres, s'étend entre les quatre membres sans que les doigts de ceux de devant aient plus de longueur que ceux de derrière, et les *chauve-souris*, chez lesquels le repli de la peau ne commence qu'au bas du cou et se trouve étendu entre les doigts des membres antérieurs qui acquièrent pour cela une longueur démesurée.

Ire *Tribu.* — Galéopithèques (*fig.* 1).

Cette tribu ne se compose que d'un seul genre, que les naturalistes ont placé tantôt parmi les *lémuriens*, tantôt parmi les *cheiroptères*, selon qu'ils ont accordé plus d'importance au système dentaire ou à l'appareil locomoteur ; mais la conformation de leur tête, la grandeur de leurs fosses nasales, la réunion des fosses orbitaires avec la temporale, la direction des yeux, et surtout le développement de la peau des flancs, sont autant de caractères qui doivent marquer leur place parmi les cheiroptères et les éloigner de l'ordre des quadrumanes. Remarquons toutefois les différences qui distinguent les *galéopithèques* des autres animaux de la même famille. Chez eux la membrane latérale part de l'angle de la bouche, descend le long du cou, s'attache aux membres antérieurs, sans comprendre les doigts, qui restent libres et onguiculés. De là elle se continue le long des flancs jusqu'au train postérieur, dont elle laisse également les doigts libres, et va se terminer à la queue qui est très courte. Mais quelque vaste que soit ce repli de la peau, il n'a pas assez d'étendue pour former une aile véritable ; il peut tout au plus servir de parachute pour soutenir l'animal dans les sauts qu'il exécute souvent d'une branche sur l'autre ; encore ne l'empêche-t-il pas de descendre d'un degré à chaque bond ; et il tomberait bientôt à terre, si les ongles acérés dont ses doigts sont pourvus, en lui facilitant le moyen de grimper, ne lui faisaient regagner promptement ce qu'il perd en sautant.

Les habitudes des *galéopithèques* sont nocturnes. Le jour ils s'attachent aux branches des arbres au moyen de leurs pieds de derrière et y restent immobiles tant que le soleil demeure sur l'horizon. Le soir ils quittent leur retraite pour se mettre à la recherche des fruits et des insectes ; leurs mouvemens sont alors très bruyans et se font entendre à des distances considérables. Tous ces cheiroptères sont originaires des contrées orientales de l'Asie ou des îles de l'archipel Indien ; ils sont de la taille d'un chat, ce qui les a fait appeler par les voyageurs *chats-volans*, *chiens-volans*, etc. L'espèce la plus connue est le *galéopithèque roux*.

IIe *Tribu.*. — Chauves-souris.

La membrane latérale atteint, dans les *chauves-souris*, un plus haut degré de développement que dans les galéopithèques ; elle ne forme plus un simple parachute, uniquement propre à soutenir l'animal pendant quelques instans ; c'est une aile autant et même plus large que celle de la plupart des véritables oiseaux. Les doigts des membres antérieurs, dont les os sont allongés outre mesure, font à son égard l'office des baguettes d'un parasol, en la tenant étendue pendant le vol.

A cette particularité remarquable se joignent les suivantes : leurs doigts de devant ont une et quelquefois deux phalanges de moins que ceux des autres mammifères et sont constamment dépourvus d'ongles, à l'exception du pouce. Leurs oreilles, toujours grandes, acquièrent souvent un développement énorme, et offrent, outre la conque ordinaire, un appendice intérieur (l'*oreillon*), susceptible de s'étendre sur l'orifice du conduit auditif, de sorte que l'animal peut, à son gré, se rendre à peu près sourd ou recueillir les moindres vibrations de l'air. Leurs narines présentent une disposition analogue ; garnies d'un cornet membraneux, également mobile, elles donnent accès aux odeurs ou les arrêtent à leur entrée, selon qu'elles sont agréables ou désagréables. Leur gueule, énormément fendue, présente une série de dents à couronne tuberculeuse ou hérissée de pointes aiguës, selon que leur régime est frugivore ou insectivore. Enfin leur membrane alaire, presque entièrement nue, jouit d'une telle sensibilité que l'animal peut, après avoir été privé de la vue, voler dans un appartement tendu de cordes sans en toucher aucune, son tact l'avertissant de leur présence assez tôt pour qu'il puisse les éviter.

Les habitudes des *chauves-souris* sont en harmonie parfaite avec leur organisation. La sensibilité de leurs yeux ne leur permettant pas de supporter la lumière du jour, elles ne volent que la nuit ou plutôt durant le crépuscule, dont la faible lumière suffit pour les diriger dans la recherche de leur nourriture, qui consiste principalement en insectes. C'est à la poursuite de ces petits animaux qu'elles sont occupées, lorsque, pendant les belles soirées d'été et d'automne, nous les voyons voltiger avec tant de rapidité, en décrivant dans les airs mille circuits et évolutions différentes. Elles engloutissent ainsi, dans leur vaste gueule, des quantités prodigieuses de phalènes et d'autres insectes de nuit. Lorsqu'elles sont repues, elles regagnent leur retraite, qui est tantôt un arbre bien touffu, tantôt une caverne dans laquelle la lumière peut à peine pénétrer. Là, au moyen de leurs pieds de derrière, armés d'ongles aigus, elles s'accrochent aux petites branches de l'arbre ou aux aspérités de la voûte, et, s'enveloppant de leurs ailes comme d'un large manteau, elles réparent, par le repos du jour, les fatigues de la nuit. Cette position qu'elles prennent constamment, et qui peut paraître fatigante, n'étonne nullement, quand on sait que les *chauve-souris* ne peuvent pas s'envoler de terre et qu'elles n'y marchent qu'avec beaucoup de peine et de difficulté. Aussi ne s'y arrêtent-elles jamais volontairement, et quand elles s'y trouvent par accident, elles se hâtent de gagner quelque éminence voisine, afin de pouvoir prendre leur essor. Pour se faire une idée de leur embarras et de leurs fatigues en ces occasions, il suffit de se rappeler la structure de leurs membres antérieurs. Il faut qu'elles commencent par ployer leur immense membrane, et enfonçant ensuite l'ongle du pouce dans le sol, pour s'y faire un point d'appui, elles attirent péniblement leur corps vers ce point; dans un mouvement semblable du membre opposé, elles l'entraînent un peu plus loin, de sorte que leur progression sur un sol uni se compose d'une suite de culbutes dans lesquelles leur corps se porte alternativement à droite et à gauche et décrit une suite de zig-zag.

Pour compléter l'histoire naturelle des *chauves-souris*, il nous reste à dire quelque chose sur un phénomène très remarquable, que nous n'avons vu dans aucun des animaux précédens, mais que nous retrouverons plus tard dans plusieurs autres ; nous voulons parler de *l'hivernation*. Tous les ans, vers la fin de l'automne, lorsque les premiers froids commencent à se faire sentir, on voit, dans les pays tempérés, tous ces cheiroptères disparaître tout-à-coup ; et tant que la mauvaise saison dure aucun d'eux ne se montre dans les airs. Que deviennent-ils pendant ce long intervalle ? Ils se cachent dans des souterrains profonds et inaccessibles aux vicissitudes atmosphériques ; et là, réunis en troupes nombreuses, suspendus à la voûte de ces souterrains par leurs pattes de derrière et enveloppés dans les plis de leurs ailes, ils tombent dans un engourdissement complet qui dure pendant tout l'hiver. Toutes les *chauves-souris* d'Europe sont sujettes à cette léthargie annuelle, dont sont exemptes les espèces qui habitent les pays chauds de l'ancien et du nouveau continent.

Le nombre des *chauves-souris* étant très considérable, on les a divisées en plusieurs genres, dont les plus importans sont : les *roussettes*, les *phyllostomes*, les *rhinolophes*, les *nyctères*, les *vespertilions* ou chauves-souris ordinaires, et les *oreillards*.

§ I. Le genre ROUSSETTE (*pteropus*) ne comprend que des chauves-souris étrangères à l'Europe et originaires des contrées les plus méridionales de l'ancien continent. Leur caractère distinctif se tire de la forme de leurs molaires dont la couronne est plate, et de la conformation de leur doigt indicateur, qui se compose toujours de trois phalanges et se termine par un ongle, comme le pouce (*fig.* 2). Elles ont en outre la tête longue, le museau pointu, la langue rude, les narines sans appendice membraneux, les oreilles petites et sans oreillons, la queue très courte ou même nulle ; enfin elles manquent de membrane interfémorale, c'est-à-dire que la peau des flancs ne s'étend pas au-delà des membres postérieurs, entre les cuisses (*inter femora*).

Ce genre comprend les plus grandes chauves-souris connues ; il en est d'aussi grosses qu'un lapin et qui ont jusqu'à quatre pieds d'envergure et même davantage. Le jour elles se tiennent suspendues aux branches des arbres dont le feuillage sert à les cacher. Le soir, lorsqu'elles quittent cette retraite, elles forment des essaims volans tellement considérables que l'air en est obscurci. C'est alors qu'elles vont à la recherche de leur nourriture, qui consiste principalement en fruits tendres et sucrés. Néanmoins elles ne dédaignent pas les oiseaux et les petits quadrupèdes dont, au contraire, elles paraissent très avides. L'hiver elles se retirent dans les fentes des rochers ou dans les creux des arbres ; mais elles ne s'engourdissent pas.

Malgré leur naturel sauvage, les *roussettes* se laissent aisément apprivoiser ; elles prennent même de l'attachement pour ceux qui les soignent, et le témoignent, comme les chiens, en léchant la main des personnes qui les caressent. Cependant une odeur forte et désagréable qui s'exhale de tout leur corps et surtout de leurs ordures, fait qu'on se soucie peu de les avoir dans les appartemens ; mais comme leur chair est bonne à manger, surtout lorsqu'elles sont bien grasses, on en élève dans les basses-cours où leur présence est moins incommode que dans les maisons.

Parmi les espèces de ce genre nous citerons *la roussette commune et la roussette édule ou comestible*, qui sont les plus grandes que l'on connaisse et dont la chair a été comparée à celle du lièvre et de la perdrix ; la *rougette*, qui est un peu plus petite, etc.

§ II. Les PHYLLOSTOMES (*phyllostoma*) forment un genre américain dont les espèces sont caractérisées par une *membrane foliacée* qui garnit l'orifice *de leurs narines* et par le nombre des *phalanges* du doigt du milieu qui est constamment de *trois* aux membres antérieurs (*fig.* 3). Leurs molaires sont hérissées de pointes coniques, leur pavillon auriculaire est double, leur queue généralement courte, et ils ont une membrane interfémorale. La plupart d'entre eux ont la réputation d'êtres malfaisans, à cause de l'habitude qu'ils ont de sucer le sang des animaux et même de l'homme, quand ils les surprennent endormis. On prétend qu'à l'époque de la découverte du nouveau continent ils firent périr ainsi tous les bœufs et les brebis que les Espagnols y avaient transportés, dans le dessein de les y acclimater. Un naturaliste qui a séjourné pendant quelque temps dans ce pays assure en avoir été mordu quatre fois pendant qu'il se livrait au sommeil en plein air. Au reste, les piqûres de ces chauves-souris, produites par une espèce de ventouse qu'elles peuvent former avec leur langue, sont ordinairement si peu douloureuses que l'animal mordu n'en est pas même éveillé. Cependant il n'en est pas ainsi quand elles sont faites avec les dents, ce qui arrive quelquefois ; elles causent alors plus ou moins de douleur ; mais dans aucun cas de pareilles blessures ne peuvent être mortelles, comme l'ont affirmé certains voyageurs, à moins qu'on n'ait pas soin de les fermer, pour empêcher l'écoulement trop prolongé du sang.

Les principales espèces de ce genre sont le *vampire*, si célèbre par les fables qu'on a débitées sur son compte, le *fer de lance* et le *fer crénelé*, qui tirent leur nom de la forme de la feuille qui s'élève à l'entrée de leurs narines.

§ II. Les RHINOLOPHES (*rhinolophus*) ont comme les phyllostomes un appendice membraneux à l'entrée de leurs narines, et les dents molaires hérissées de pointes aiguës et coniques. Mais ils s'en distinguent d'abord parce qu'ils appartiennent à l'ancien continent, ensuite parce que le doigt moyen de leurs ailes n'a que deux phalanges, au lieu de trois ; en troisième lieu parce qu'ils n'ont point sur la langue cet appareil suceur au moyen duquel les chauves-souris américaines percent la peau des mammifères pour en boire le sang. D'ailleurs leur crête nasale est très développée et double, leurs oreilles au contraire sont petites et dépourvues d'oreillons ; leur queue est généralement longue, et leurs mamelles sont toujours au nombre de quatre, tandis que les autres genres n'en ont jamais plus de deux (*fig.* 4).

Ces cheiroptères, que nous appelons en France *fers à cheval*, à cause de la forme de leur appendice nasal, ont les mêmes habitudes que les autres chauves-souris insectivores. Ils sont tous nocturnes et sujets à l'hivernation. On en rencontre beaucoup dans les carrières et autres lieux souterrains, où ils se tiennent isolés, suspendus par leurs pieds de derrière, et complètement enveloppés dans la membrane de leurs ailes. C'est là qu'ils trouvent tous les jours un abri contre la lumière solaire, et qu'ils se procurent l'hiver un asile contre les intempéries de la saison. Leur nourriture se compose uniquement d'insectes, dont ils détruisent des quantités prodigieuses. Sous ce rapport ils rendent un service important à l'agriculture ; et comme d'ailleurs ils ne nous causent aucun dommage, on devrait, au lieu de leur faire la guerre, tâcher d'en favoriser la multiplication. C'est au printemps, au moment où ils sortent de leur engourdissement, que les *rhinolophes* se reproduisent. La femelle met bas ordinairement deux petits qu'elle emporte presque toujours avec elle et qu'elle élève avec beaucoup de soin.

Nous avons aux environs de Paris deux espèces de ce genre : le grand et le petit *fer à cheval*, qui sont communs dans les carrières de Sèvres.

§ IV. Les **NYCTÈRES** (*nycteris*) n'ont aucun appendice à l'extrémité de leur museau, et un sillon longitudinal qui règne sur leur chanfrein forme avec leurs abajoues leur caractère distinctif.

De tous les cheiroptères, ces animaux sont les plus remarquables, par la faculté qu'ils ont de se gonfler d'air. La peau, ne tenant chez eux aux organes sousjacens qu'en certains endroits, demeure libre au dos, à la poitrine et à l'abdomen, où il existe par conséquent des vides plus ou moins considérables, de sorte que l'animal, qui a le moyen d'y accumuler l'air extérieur, peut à son gré se rendre plus ou moins gros, sans changer sensiblement son poids. A cet effet il est muni d'abajoues communiquant avec ses narines et avec sa bouche, et ces ouvertures peuvent se fermer hermétiquement au moyen de muscles dont elles sont garnies. Si donc les *nyctères* veulent se gonfler, ils n'ont qu'à remplir leurs abajoues d'air, et, fermant ensuite les narines et la bouche, ils contractent leurs joues et forcent le gaz à passer par une issue qui communique avec les vides de la poitrine, de l'abdomen, etc. Ainsi gonflés ils ressemblent à des ballons ailés qui volent avec vitesse, sans perdre la faculté de se diriger à leur gré. On connaît trois espèces de ce genre singulier ; elles appartiennent toutes aux pays méridionaux de l'ancien continent. Ce sont le *campagnol volant*, le *N. de la Thébaïde* et le *N. de Java*.

§ V. Les **VESPERTILIONS** (*vespertilio*) ou chauves-souris ordinaires forment le genre le plus nombreux de la famille ; il comprend toutes les espèces insectivores sans feuille aux narines ni sillon au chanfrein, et dont les oreilles sont bien séparées sur le sommet de la tête (*fig.* 5). Elles sont très communes en France où l'on en compte sept ou huit espèces. Leurs habitudes ne présentent point de différence ; le jour elles demeurent cachées dans les vieux édifices et dans les cavités souterraines, où on les trouve réunies en grand nombre, suspendues par les pieds, la tête en bas et le corps enveloppé de leurs ailes. Elles se tiennent dans cette attitude pour être toujours à portée de prendre leur essor ; aussi, dès que l'on approche de leur retraite obscure, on les entend s'envoler dans toutes les directions, pour chercher un asile plus retiré. Les espèces de ce genre les plus connues en France sont la *chauve-souris ordinaire*, la *sérotine*, la *noctule* et la *pipistrelle*.

§ VI. Les OREILLARDS (*plecotus*) ont les mêmes habitudes et la même organisation que les chauves-souris communes, dont ils ne diffèrent que par le développement extraordinaire de leurs oreilles, qui se réunissent l'une à l'autre sur le sommet de la tête (*fig.* 6). L'orifice de leur conduit auditif est en outre garni d'un opercule membraneux pour intercepter les sons, lorsque l'animal veut se livrer au repos. Nous en avons deux espèces en France : *l'oreillard commun* et *la barbastelle*. Les pays étrangers en produisent aussi cinq ou six espèces encore peu connues.

IIe Famille. — Insectivores (pl. IV).

Quoique, au premier coup d'œil, rien ne ressemble moins à des chauves-souris qu'un hérisson ou une taupe, tous ces animaux ont cependant des rapports qu'il serait impossible de nier. Otez aux premieres cette membrane étendue entre leurs quatre membres et réduisez à de plus courtes proportions leurs phalanges si longues, vous trouverez presque entièrement semblables ces êtres qui d'abord vous paraissaient si différens. Leur système dentaire est à peu près le même : des incisives et des canines petites et très aiguës, des molaires à couronne hérissée de petites pointes coniques engrénant avec celles de la mâchoire opposée, indiquent chez les unes et les autres un régime insectivore. Il n'est pas jusqu'à leurs habitudes qui ne soient analogues. Les *insectivores* comme les cheiroptères sont également nocturnes et sujets à l'hivernation ; leur nourriture se compose de fruits, de petits quadrupèdes et surtout d'insectes ; aussi plusieurs naturalistes, frappés des nombreux rapports qui unissent ces deux familles de carnassiers et des différences qui les séparent de celle des carnivores, les ont-ils réunies en un seul groupe qu'ils nomment, d'après son régime, *l'ordre des insectivores.* Il est toutefois un caractère bien essentiel et bien tranché qui sépare les cheiroptères des insectivores ; c'est la conformation de leurs membres antérieurs qui, pour les premiers, sont organisés pour le vol, tandis que chez les seconds, ils sont uniquement propres à leur servir de soutien sur un terrain solide ou à creuser le sol pour y pratiquer une retraite pour l'animal. Dans ce dernier cas, des ongles vigoureux et tranchans annoncent cette destination.

La famille des *insectivores*, beaucoup moins nombreuse que la précédente, nous offre quatre genres principaux : les *hérissons*, les *musaraignes*, les *desmans* et les *taupes*.

§ I. On reconnaît sur-le-champ les HÉRISSONS (*erinaceus*) à leurs formes ramassées, à leurs pattes courtes, à leur museau pointu, à leurs yeux petits, à la brièveté de leur queue et surtout *aux piquans dont leur peau est herissée* (*fig.* 7.) Ces organes, qui ne diffèrent des poils des autres mammifères que par un peu plus de raideur, forment pour ces faibles animaux un moyen de défense qui les met à l'abri des attaques des carnassiers les plus féroces.

La physionomie du hérisson annonce une intelligence très bornée et voisine de la stupidité, mais ses habitudes sont loin de s'accorder avec cette apparence trompeuse et prouvent au contraire une prudence peu commune. La construction de son terrier est surtout admirable. Il en choisit toujours l'emplacement avec une rare sagacité; c'est un endroit sec, élevé et faisant face aux quatre points cardinaux. Sa demeure, composée de plusieurs chambres différemment exposées, est assez spacieuse pour lui et pour sa famille, et comme l'indolence fait le fond de son caractère, il y passe la plus grande partie du jour à dormir. Ce n'est que vers le soir qu'il se met en campagne pour faire sa provision de vers, d'insectes et d'escargots; mais dans ses excursions il a toujours soin de ne pas s'éloigner de son terrier et de se tenir dans les terrains montueux, dont les inégalités servent à le cacher à la vue de ses ennemis. Si, malgré ses précautions, il se voit attaqué, il se roule subitement en boule, en contractant les muscles dont sa peau est garnie. Dans cette attitude, ses piquans qui, dans l'état naturel, sont couchés en arrière, se redressent et s'entrecroisent en tous sens, de manière à le rendre inattaquable. Le renard seul a assez d'adresse pour le forcer à se déployer, non cependant sans se mettre la gueule en sang.

Les *hérissons* passent environ trois mois de l'année dans l'engourdissement, et c'est en sortant de cette léthargie, c'est-à-dire au commencement du printemps, qu'ils s'occupent de leur reproduction. Les femelles mettent bas vers le mois de juin trois ou quatre petits qui naissent tout blancs et sans épines.

Ce n'est qu'à l'âge d'un mois ou de six semaines que les piquans acquièrent de la raideur, et ils n'ont toute leur force qu'à la fin de l'été. Ce genre ne renferme que deux espèces : le *H. d'Europe*, si connu de tout le monde et le *H. à grandes oreilles* qui est plus petit et plus rare.

§ II. Les MUSARAIGNES (*sorex*) sont de petits quadrupèdes, assez semblables aux souris, dont cependant elles se distinguent même extérieurement par la longueur et par la forme effilée de leur museau (*fig.* 8). Leurs yeux, extrêmement petits, sont presque entièrement cachés au milieu des poils dont ils sont entourés; leurs oreilles sont grandes et leur pelage fin et moelleux au toucher. Mais, sur chaque flanc, on leur trouve sous le poil ordinaire des espèces de soies raides et serrées, entre lesquelles suinte à certaines époques une humeur grasse et fétide, dont l'odeur est si pénétrante que les chats et les chiens refusent de manger ces petits animaux après les avoir tués.

On trouve des *musaraignes* dans toutes les parties du monde; elles sont même assez communes, malgré les nombreux ennemis qui s'acharnent à leur perte, ce qui s'explique par leur fécondité, qu'on dit être égale à celle de la souris. On en rencontre partout, dans les champs, dans les bois, sur le bord des eaux et jusque dans l'intérieur des granges. Le premier trou venu leur sert de retraite, et lorsqu'elles n'en trouvent pas, leurs griffes et leur museau leur servent à s'en creuser une.

Quoique leurs habitudes ne soient pas tout-à-fait nocturnes, elles sortent de préférence la nuit pour chercher leur nourriture qui se compose d'insectes et de vers. Nous en avons en France trois espèces : la *musette*, qui est le plus petit de tous les quadrupèdes connus; le *carrelet*, ainsi nommé de la forme quarrée de sa queue, et la *musaraigne d'eau*, qui tire son nom des lieux qu'elle fréquente. Une espèce étrangère, la *musaraigne musquée des Indes*, égale le surmulot en grandeur.

§ III. Les DESMANS (*mygale*) ont beaucoup d'analogie avec les musaraignes par leur pelage fin et soyeux, par l'odeur musquée qu'ils exhalent, par la petitesse de leurs yeux et par la disposition de leur système dentaire (*fig.* 9). Mais leur *museau terminé par une espèce de trompe mobile*, leur queue comprimée et écailleuse, *et surtout leurs pieds palmés* ne permettent pas de les confondre avec elles. La conformation de leurs pattes et de leur queue en fait des animaux essentiellement aquatiques.

Les premières faisant l'office de rames et la seconde celui d'un gouvernail, les *desmans* se meuvent au sein des eaux avec autant de vitesse que de précision; aussi ne quittent-ils jamais le voisinage des ruisseaux. Ils passent la plus grande partie de la journée, occupés à chercher leur nourriture. Au moyen de leur trompe mobile, ils fouillent continuellement dans la vase pour mettre en mouvement les larves d'insectes, les vers et surtout les sangsues, dont ils sont le fléau. A leur tour ils sont vivement poursuivis par les poissons et principalement par les brochets. Pour éviter leurs atteintes, ils se creusent dans la berge une longue galerie commençant sous l'eau et s'élevant insensiblement jusqu'à leur terrier, qui est toujours placé au dessus du niveau du courant, même dans ses plus grandes crues. On ne connaît que deux espèces de *desmans*, le D. *de Russie* qui est de la taille de notre hérisson, et le D. *des Pyrénées* qui est plus petit.

§ IV. Les TAUPES (*talpa*), comparées avec les chauves-souris, forment avec elles le contraste le plus frappant sous le rapport de la conformation des membres antérieurs. Organisées pour vivre sous la terre, qu'elles sont obligées de déchirer en tous sens pour s'y pratiquer leur demeure ou pour y chercher leur subsistance, elles avaient besoin d'instrumens appropriés à leur genre de vie. Leur tête, terminée par un boutoir pointu, forme une espèce de tarière d'autant plus propre à percer le sol qu'il est armé d'un os à son extrémité. La brièveté de leur cou et la force des muscles qui le meuvent est parfaitement en rapport avec cette conformation du museau ; mais c'est surtout dans la structure des bras que se montrent les preuves les plus évidentes de cette destination. Tous leurs os sont, pour ainsi dire, rentrés en eux-mêmes ; leur clavicule et leur humerus sont aussi étendus en largeur qu'en longueur ; leurs doigts, courts et presque confondus ensemble, forment une main large et vigoureuse et se terminent par des ongles énormes, si on les compare à la petitesse de l'animal (*fig.* 10).

Au moyen de cet appareil fouisseur, les taupes exécutent avec une rapidité surprenante des travaux vraiment effrayans par leur immensité. Il faut les avoir vues creuser les nombreuses galeries de leur demeure souterraine pour croire que tant d'ouvrage puisse être exécuté par des animaux de si petite taille; et cependant ils ne travaillent à leurs fouilles que le matin et le soir; c'est à ces deux momens de la journée seulement qu'ils s'occupent de la recherche des vers et des larves d'insectes cachés au sein de la terre. Ils passent le milieu du jour endormis dans leur souterrain. Mais aussi avec quelle ardeur ils poussent leurs travaux! Quand ils sont à l'ouvrage tout leur corps est en action, la tête, le cou, les bras, la poitrine et les pieds. Au reste, pour se rendre le travail moins pénible, ils ont soin de choisir un terrain meuble et humide, tel que celui des prairies et des champs cultivés, peu éloignés de l'eau.

Les anciens regardaient les *taupes* comme aveugles, mais cela n'est vrai que pour une espèce qui se trouve dans le midi de l'Europe. Les autres, et surtout celle de notre pays, ont des yeux, forts petits à la vérité et difficiles à apercevoir au milieu des poils qui les cachent, mais qui n'en servent pas moins à avertir ces animaux de la présence de la lumière, toutes les fois qu'ils s'approchent trop de la surface du sol.

Par les dégâts qu'elles causent dans les prairies et dans les jardins, les *taupes* s'attirent la haine de tous les cultivateurs, et ce n'est pas sans raison; car, bien que ne mangeant point de végétaux, elles en font périr une grande quantité en détruisant leurs racines pour chercher les insectes qui s'y cachent. Au reste, il est possible qu'elles fassent aux plantes moins de tort qu'on ne croit ordinairement; si d'un côté elles en font périr, de l'autre elles dévorent une foule de petits animaux qui en auraient détruit peut-être davantage.

On connaît cinq espèces de taupes, dont deux seulement appartiennent à l'Europe; ce sont la *T. commune* et la *T. aveugle.* La *chrysochlore du Cap,* aussi appelée *T. dorée* à cause de la beauté de son pelage, le *condylure* ou *T. à museau étoilé* et la *scalope* ou *T. du Canada* sont trois espèces étrangères, dont la première appartient à l'Afrique, et les deux autres à l'Amérique septentrionale.

IIIe Famille.. — CARNIVORES (pl. V et VI).

La famille des *carnivores* comprend un grand nombre de carnassiers, chez lesquels l'appétit sanguinaire, développé par la finesse de l'odorat, favorisé par une dentition puissante et secondé par des forces musculaires considérables, acquiert son plus haut degré d'énergie et détermine un penchant irrésistible pour le sang et la chair palpitante; genre d'alimens que la brièveté de leur canal intestinal rend d'ailleurs indispensable à la plupart d'entre eux. Forcés par leur organisation de vivre de proie, il fallait à ces animaux des armes pour la terrasser. Leurs membres antérieurs, doués d'une grande vigueur et terminés d'ailleurs par des doigts plus ou moins mobiles, armés d'ongles aigus et tranchans, sont éminemment propres à cette destination, à laquelle concourent également la conformation de leur bouche et surtout la disposition de leur système dentaire. Leurs mâchoires, généralement courtes, sont mises en mouvement par des muscles puissans qui leur donnent une force extraordinaire et produisent cette largeur énorme qu'on remarque dans la tête des carnassiers les plus redoutables; mais ce sont principalement les dents qui forment leur meilleur moyen d'attaque. Ils ont six incisives fortement serrées les unes contre les autres, deux canines grosses et saillantes, un nombre variable de molaires, dont la couronne est surmontée d'éminences tranchantes qui, se rencontrant avec celles de la mâchoire opposée, font de leur mâchoire des espèces de ciseaux éminemment propres à couper et à déchirer les chairs de leurs victimes.

Avec ces armes formidables les *carnivores* ont reçu de la nature les moyens d'atteindre leur proie fugitive ou de s'en emparer par la ruse. Les uns, tapis dans une cachette, attendent patiemment son arrivée, tandis que les autres la suivent à la piste, à l'aide de leur odorat; ceux-ci errant silencieusement au milieu des forêts, la surprennent endormie dans son gîte; ceux-là, au contraire, après l'avoir arrachée à sa retraite par leurs cris, s'élancent à sa poursuite et en triomphent par la rapidité de leur course.

Au reste, quoique tous les animaux dont nous parlons aient reçu en partage la puissance nécessaire pour vaincre leurs victimes, ils ne sont pas tous également carnivores. Leur penchant pour la chair est toujours subordonnée à la disposition du système dentaire et surtout à la forme des dents molaires. En général il est d'autant plus violent que ces dernières sont plus tranchantes, et d'autant moins impérieux que leur couronne est plus tuberculeuse. La réunion d'éminences partie tranchantes, partie mousses, annonce un régime mixte et se rencontre dans les espèces qui peuvent se nourrir indistinctement de substances animales et de matières végétales.

La conformation des membres des *carnivores* et les modifications qu'elle entraîne dans leurs mouvemens les ont fait diviser en trois tribus : les *plantigrades*, dont les membres, disposés pour la marche, appuient leur plante entière sur le sol; les *digitigrades* qui, dans la marche, ne touchent la terre que par l'extrémité de leurs doigts, et les *amphibies,* dont les membres, impropres à la marche, ressemblent à des nageoires et ne peuvent servir qu'à la natation.

Ire *Tribu.* — Plantigrades (pl. V).

Cette tribu comprend les animaux les moins carnassiers de la famille et peut être regardée comme établissant le passage naturel des espèces frugivores à celles qui se nourrissent particulièrement de chair. La conformation de leurs membres, tous munis de cinq doigts plus ou moins mobiles, donne à un certain nombre d'entre eux la faculté de grimper sur les arbres; la largeur de la plante de leurs pieds de derrière leur permet de se tenir dans une position verticale et de marcher dans cette attitude pendant quelques instans. Enfin la nature tuberculeuse de leurs molaires fait que sans rejeter la chair, ils lui préfèrent les substances végétales et surtout les fruits et le miel. D'un autre coté le nombre de leurs incisives, la grandeur de leurs canines, la force des muscles de leurs mâchoires, la vigueur de leurs membres et le développement de leurs ongles leur fournissent des moyens aussi nombreux que puissans de terrasser des animaux plus grands qu'eux et d'en faire leur proie, et la forme et l'étendue de leur canal intestinal leur rend très facile la digestion de semblables alimens. Observons cependant que leur naturel timide et sauvage, et la lenteur de leur marche, qui résulte de la forme même de leurs membres et de l'allure qu'elle leur impose, ne leur permettraient pas de se procurer aisément leur subsistance, s'il fallait qu'elle fût entièrement animale; il leur faut une nourriture qui ne puisse fuir devant eux et qu'ils aient à leur portée quand ils en ont besoin.

Les habitudes de ces carnassiers tiennent, sous plusieurs rapports, de celles des insectivores. La plupart d'entre eux sont nocturnes et sujets à un engourdissement hivernal, qui devient une véritable léthargie quand les froids se prolongent longtemps ou deviennent très intenses. Sauvages et défians, ils recherchent la profondeur des forêts ou la solitude des montagnes élevées, et se tiennent tout le jour cachés dans la bauge qu'ils se sont faite ou dans le terrier qu'ils se sont creusé. Ils ne sortent de leur retraite que la nuit pour se livrer à quelques excursions dans le but de se procurer quelques alimens, et dans ces cas encore ils s'écartent peu de leur habitation.

On trouve des *plantigrades* dans toutes les contrées du globe; mais ils sont beaucoup plus communs dans les pays septentrionaux que dans ceux du midi. Couverts d'une fourrure épaisse, ils peuvent résister avec avantage aux intempéries de l'air et braver la rigueur des hivers; aussi la saison des amours, qui arrive au printemps pour la plupart des autres quadrupèdes, commence pour ceux-ci avec les premiers froids; ils sont généralement peu féconds et ne produisent ordinairement que deux ou trois petits.

Cette tribu se compose de neuf genres, dont les plus importans à connaître sont les *ours*, les *ratons*, les *blaireaux* et les *gloutons*.

§ I. On distingue facilement les OURS (*ursus*) à leurs corps trapu, *à la largeur de la plante de leurs pieds*, à leur queue courte, et à leur museau allongé et mobile. Tout leur extérieur concourt à inspirer la crainte; leur taille élevée, leurs formes nerveuses, leurs yeux petits et étincelans, leurs oreilles mobiles, la grosseur de leurs dents et la force de leurs griffes, tout se réunit en eux pour les faire paraître redoutables (*fig.* 1).

Cependant, malgré ces dehors terribles et ces armes formidables, les *ours* sont plutôt timides qu'audacieux; ils ne se plaisent que dans les forêts épaisses et sur les montagnes désertes, où ils peuvent errer au gré de leur caprice ou se reposer quand ils veulent, sans craindre de visite importune. C'est là qu'ils mènent leur vie solitaire et paisible, tantôt couchés dans quelque tronc d'arbre creux ou au milieu d'un épais fourré, tantôt occupés à chercher leur nourriture. Ils sont tellement indolens qu'ils passent la plus grande partie de la journée dans l'assoupissement. Bien loin de se nourrir exclusivement de proie vivante, ils ne mangent guère de chair que par nécessité, et ils lui préfèrent en général les racines succulentes et les fruits tendres et sucrés; le miel surtout est leur mets favori. Quand ils découvrent un nid d'abeilles sauvages, ils le déchirent avec leurs griffes, malgré les piqûres dont ces insectes les criblent, pour ravir le trésor qu'il recèle et dont ils sont passionnés. Les chasseurs profitant de leur goût effréné pour cette substance, leur tendent ordinairement un piége dans lequel ils ne manquent jamais de donner; ils mêlent une certaine quantité de miel avec de l'eau-de-vie, et placent ce mélange à la portée de l'*ours*. Celui-ci en boit avec avidité, jusqu'à ce qu'il tombe dans un état d'ivresse complète; on peut alors le tuer sans danger ou l'emmener vivant. Il y a encore plusieurs autres espèces de chasses usitées contre les *ours*; dans les unes on les attaque à force ouverte, dans les autres on leur tend des piéges. Mais les premières sont dangereuses; car quoique ces animaux ne soient pas naturellement cruels, ils deviennent furieux quand ils se sentent blessés, et fondant sur leur ennemi sans s'inquiéter des dangers auxquels ils s'exposent, ils cherchent à le saisir et à l'étouffer dans leurs bras pour le dévorer ensuite. Quant aux secondes, elles sont souvent infructueuses, par suite du naturel défiant de l'*ours* qui s'éloigne de tout ce qui lui paraît inconnu et extraordinaire. Dans tous les cas, le but des chasseurs est le même; ils cherchent à s'emparer de ces animaux pour leur ravir leur fourrure, dont on se sert pour faire des bonnets, des couvertures, des tapis, etc. On emploie aussi leur graisse comme cosmétique, et leur chair est assez bonne à manger; les pattes de devant surtout passent pour un mets délicat.

On distingue une douzaine d'espèces d'ours, dont nous avons deux en Europe : l'*ours brun* et l'*ours noir*, qui ne diffèrent que très peu. Parmi les ours étrangers, les plus remarquables sont l'*ours terrible* de l'Amérique septentrionale, célèbre par sa force et par sa grandeur; l'*ours blanc*, de la mer Glaciale, le plus carnassier de tous, quoique les voyageurs aient exagéré sa férocité; l'*ours jongleur* des Indes, que les bateleurs du pays aiment à conduire sur les places publiques à cause de sa difformité et de la bizarrerie de ses grimaces.

§ II. L'extérieur des RATONS (*procyon*) représente en petit celui des ours, avec lesquels on les confondait autrefois sous un même nom générique. Leur corps est cependant plus effilé, surtout à sa partie antérieure ; leur queue est beaucoup plus longue et leurs allures sont moins lourdes, ce qui provient de ce que ces animaux relèvent un peu leur talon pendant la marche et n'appuient la plante entière du pied sur le sol que lorsqu'ils sont arrêtés (*fig.* 2). Leur taille et à peu près celle du blaireau, et leur tête ressemble à celle du renard, sauf les oreilles qui sont moins longues et plus larges. Leurs pattes antérieures sont plus courtes que celles de derrière et leur servent à porter la nourriture à la gueule; mais comme les doigts en sont peu flexibles, ils sont obligés d'employer les deux membres ensemble. L'acuité de leurs griffes leur permet de grimper avec facilité sur les arbres, où ils vont chercher des alimens contre la faim ou un refuge contre leurs ennemis.

Les *ratons* sont omnivores et peuvent manger indistincte-ment des racines charnues, des fruits tendres, des insectes ou de la chair; mais ils préfèrent les végétaux aux matières ani-males. Les substances douces et sucrées, et surtout le miel, obtiennent une préférence marquée sur toutes les autres es-pèces d'alimens. Leur régime est donc absolument le même que celui des ours, auxquels ils ressemblent aussi par leurs habitudes nocturnes et par leur marche embarrassée et plan-tigrade; mais ils ne paraissent pas sujets à l'engourdissement hivernal.

On ne connaît que deux espèces de *ratons*; le *laveur*, ainsi nommé de l'habitude qu'il a de détremper tous les alimens secs qu'il mange, et le *crabier*, qui tire son nom des crabes dont il fait sa principale nourriture. Ces deux animaux sont d'Amérique, où on leur fait la chasse à cause de leur fourrure; les poils en sont assez doux pour être employés à la fabrica-tion des chapeaux.

§ III. Les BLAIREAUX (*meles*) faisaient encore autrefois partie du genre *ours*, avec lequel ils ont en effet de nombreux rapports par la pesanteur de leurs formes, par la brièveté de leurs membres et de leur queue, par leurs habitudes nocturnes, etc. Mais il est un caractère qui appartient exclusivement aux blaireaux : c'est une *poche*, placée sous la queue, et d'où suinte une humeur grasse et fétide. Leurs pattes sont si courtes que les longs poils de leur ventre touchent la terre et qu'ils sem-blent ramper plutôt que marcher (*fig.* 5). D'ailleurs leur appétit est beaucoup plus carnassier, leur poil plus grossier, leurs doigts plus courts et moins bien séparés, leurs ongles an-térieurs plus forts et plus tranchans.

Par suite de cette dernière particularité, les *blaireaux* peu-vent creuser facilement la terre; aussi sont-ils *terriers*, c'est-à-dire qu'ils passent leur vie, comme la taupe, dans un sou-terrain qu'ils se sont pratiqué eux-mêmes. Ils sont si apathi-ques qu'ils ne sortent de leur retraite que lorsque, manquant de provisions, ils s'y trouvent contraints par la nécessité; et quand ils s'y résolvent, ce n'est que pendant la nuit, époque où ils surprennent plus facilement les reptiles et les petits quadrupèdes dont ils font principalement leur nourriture. A ce moment ils sont aussi beaucoup moins exposés aux regards de leurs ennemis. Ce n'est pas cependant qu'ils en aient beaucoup à craindre; la force de leurs dents et de leurs griffes les mettent en état d'opposer une résistance opiniâtre aux carnassiers les plus grands; et ils se défendent avec d'autant plus d'avantage qu'ils ont l'instinct, quand ils sont attaqués, de se coucher sur leur dos, de manière à ne présenter à leur adversaire que leurs pattes et leur tête, parties que leurs armes vigoureuses mettent à l'abri du danger. Ce système de défense, joint à l'odeur infecte qu'ils répandent autour d'eux, empêche la plupart des animaux de les attaquer. Au reste les *blaireaux* s'exposent rarement à ces combats, que leur indolence leur fait redouter autant que s'ils étaient incapables de les soutenir. Ne s'éloignant jamais de leur terrier, ils ont presque toujours le temps de s'y réfugier et d'éviter ainsi la bataille.

Une qualité de ces animaux, qui doit souvent contrarier leur apathie, c'est leur excessive propreté; ils ne peuvent souffrir aucune ordure autour d'eux, et ils aiment mieux abandonner leur demeure que d'y vivre dans la malpropreté. Et le renard, qui connaît leur susceptibilité sous ce rapport, s'empare souvent de leur terrier en allant faire tous les jours ses excrémens à son entrée. Les propriétaires, pour se soustraire au désagrément de les ôter sans cesse, ne tardent pas à le céder à leur rusé voleur.

Quoique le *blaireau* fasse plutôt du bien que du mal dans les campagnes, puisqu'il détruit une multitude d'animaux malfaisans, on le chasse partout avec acharnement, à cause de sa fourrure avec laquelle on fait des housses et des couvertures pour les chevaux de trait. Son poil, qui ne se feutre pas, est aussi fort recherché pour la fabrication des pinceaux et des brosses.

On distingue deux espèces de ce genre, le *B. d'Europe* et celui de la *baie d'Hudson,* qui diffèrent très peu l'un de l'autre.

§ IV. Les GLOUTONS (*gulo*) ont beaucoup de rapports avec les précédens par leur port lourd, par leur marche pesante et par l'odeur fétide qu'ils répandent, odeur produite par une glande tout-à-fait semblable; mais ils s'en distinguent, ainsi que des ours, par leur queue plus forte et par leurs ongles plus aigus dont ils se servent pour grimper sur les arbres (*fig.* 4). Leur système dentaire, et par conséquent leur régime, sont aussi beaucoup plus carnassiers ; à cet égard les *gloutons* tiennent beaucoup des martes et des putois. La chair seule fait leur nourriture, et c'est la viande palpitante qu'ils préfèrent à toute autre ; les cadavres ne les tentent que lorsque le besoin les presse et qu'ils n'ont pas l'espoir de trouver une meilleure pâture. Mais comme ils n'ont pas la légèreté des digitigrades pour forcer leur proie à la course, ils sont obligés de suppléer à ce défaut par la ruse. Ils grimpent sur les arbres, et, se plaçant en embuscade au milieu du feuillage, ils attendent, dans cette cachette, que le hasard leur amène des victimes. Si quelque cerf ou quelque autre quadrupède vient à passer à leur portée, ils s'élancent sur lui, se cramponnent à sa croupe et le déchirent à belles dents jusqu'à ce qu'il tombe, épuisé par la fatigue et par la perte de son sang. Alors ils le dépècent, en dévorent une partie et mettent le reste en réserve pour une autre fois. Cette dernière circonstance prouve l'exagération du récit de certains voyageurs sur la gloutonnerie de ces animaux, qu'ils disent être capables de dévorer un bœuf entier.

On trouve des *gloutons* dans les deux continens. Partout leurs mœurs sont sauvages et nocturnes, comme celles des autres plantigrades, mais ils sont moins sédentaires; ils quittent volontiers leur pays pour un autre où ils espèrent trouver plus facilement leur subsistance. Ce peu d'attachement pour leur patrie tient à ce qu'ils ne terrent pas ; car on remarque que les animaux qui vivent dans des terriers qu'ils se pratiquent eux-mêmes n'abandonnent leur demeure que lorsqu'ils y sont contraints par quelque circonstance impérieuse.

Ce genre comprend plusieurs espèces : le *glouton du Nord* et le *volverenne* de l'Amérique septentrionale, tous deux de la taille d'un chien et couverts d'une fourrure recherchée ; le *grison* et le *taïra,* espèces du midi de l'Amérique, qui sont beaucoup plus petites et assez semblables à nos martres.

On trouve encore, dans la tribu des plantigrades, les COATIS (*nasua*), animaux fouisseurs, remarquables par leur museau très allongé, mobile et retroussé (*fig.* 5), et les KINKAJOUX (*cercoleptes*), dont la queue est longue et prenante comme celle des sapajoux. Ces deux genres sont propres au nouveau continent.

IIe *Tribu.* — Digitigrades (pl. V et VI).

Le nom de *digitigrades* exprime le caractère distinctif de ce

groupe de carnassiers qui, au lieu d'appuyer la plante entière
de leur pied sur le sol, comme les plantigrades, ne le touchent
que par l'extrémité de leurs doigts. Cette particularité, qui au
premier abord peut paraître indifférente, exerce cependant une
grande influence sur les habitudes de ces animaux. Comme elle
rend leur marche plus légère, ils peuvent plus aisément atteindre
leur proie ; aussi sont-ils tous remarquables par leur appétit
décidé pour la chair et le sang, et la disposition de leur système
dentaire et de tout leur canal digestif, comme celle de leurs
ongles, leur donne la facilité de vaincre leurs victimes et les
moyens de digérer leur chair encore palpitante. Leurs dents
sont tranchantes pour la plupart ; l'une d'elles surtout, appelée
carnassière, se fait remarquer au milieu des autres par la
grosseur de sa couronne et par la force de ses tubercules. Quant
à leurs griffes, elles sont généralement aiguës et tranchantes ;
et afin que leur pointe ne s'use pas par son contact avec le sol,
un ligament élastique les tient ordinairement dressées durant
la marche et ne leur permet de se courber en bas, que lorsque
l'animal en a besoin pour saisir et déchirer sa nourriture.
Quand les ongles présentent cette particularité on dit qu'ils
sont *rétractiles.*

Avec des armes si formidables et leur instinct belliqueux et
sanguinaire, les *digitigrades* ne peuvent manquer de se rendre
redoutables ; il est peu de quadrupèdes dont ceux de grande
taille ne triomphent par la force ou par l'adresse, et on n'en
connaît pas qui puissent leur résister à grandeur égale. C'est
surtout lorsqu'ils sont dominés par le besoin impérieux de la
faim qu'ils deviennent terribles ; ils se jettent alors aveuglément
sur tous les êtres vivans qui se présentent à eux, et les égorgent tous pour s'abreuver de leur sang. Quelques espèces moins
courageuses, sans être moins voraces, cherchent des cadavres
de toutes parts et vont quelquefois jusqu'à déterrer ceux qui
sont enfoncés dans le sein de la terre. Un petit nombre seulement, dont les molaires ont des tubercules mousses, allient l'u-
sage de quelques végétaux farineux à leur régime ordinairement animal. Tous les carnassiers en général, et les *digitigrades* en particulier, ont rarement besoin de boire ; le sang
des animaux qu'ils dévorent suffit pour étancher leur soif ; c'est
pour cela que leurs urines sont toujours peu abondantes et excessivement fétides.

Le naturel de ces carnassiers est ordinairement farouche et
sauvage. Forcés par leur organisation de se nourrir d'une proie

qu'ils ne se procurent qu'avec peine, ils regardent leurs semblables comme autant de rivaux qui peuvent la leur disputer.
Aussi vivent-ils constamment isolés au milieu des forêts et des
déserts, ne souffrant dans leur voisinage aucun être de la même
espèce ; leurs petits même ne sont pas exceptés de cette
exclusion. Il est pourtant quelques espèces, et ce sont celles dont
le régime est mixte, qui se réunissent quelquefois en petites
troupes ; mais cette réunion, formée par le besoin, n'a rien
de solide ni de durable. L'isolement est leur état naturel.

Qui croirait que l'homme a pu dompter des caractères aussi
farouches, au point de les rendre dociles à sa voix ? C'est là
pourtant le triomphe qu'il a su remporter. Profitant de leur
penchant pour le carnage, il a su par son adresse le faire tourner contre ses ennemis ou contre les animaux qui peuvent lui
être utiles ; c'est ainsi qu'il s'est attaché le chien, le chat, le furet et quelques autres espèces, pour se procurer du gibier ou
pour détruire des rongeurs dont les dégâts sont souvent si considérables.

Cette tribu, quoique plus nombreuse que la précédente, ne
renferme que six genres ; ce sont les *martres*, les *loutres*, les
chiens, les *civettes*, les *hyènes* et les *chats*.

§ I. Les MARTRES (*mustela*) forment un genre nombreux de
petits quadrupèdes, qui tous répandent une odeur très forte et que
l'on a nommés *vermiformes* à cause de la longueur de leur corps
et de la brièveté de leurs pattes (*fig.*6). Leur caractère distinctif consiste dans une petite dent tuberculeuse qu'ils ont
après la carnassière (*fig.* 7 et 8), dans leurs doigts qui sont
toujours au nombre de cinq et dépourvus de palmure et
d'ongles *rétractiles* ou à ligament élastique.

Malgré leur petite taille et la dent tuberculeuse qu'elles ont
aux deux mâchoires, les *martres* sont de vrais fléaux pour les lapins, les rats, les perdrix etc. Aussi audacieuses que cruelles, la
plupart d'entre elles s'avancent jusqu'au milieu de nos habitations, et font d'épouvantables dégâts dans les basses-cours et
dans les colombiers. On dirait qu'elles prennent plaisir à voir
couler le sang et à s'en abreuver à longs traits. Affamées ou
repues, elles égorgent tout ce qui n'a pas la force de leur résister. D'autant plus redoutables que leur corps fluet leur permet
de s'introduire par les plus petites ouvertures, elles détruisent
souvent en une seule nuit toute la volaille d'un cultivateur. Il
leur suffit d'un coup de dent, donné à la tête, pour tuer sur-le-

champ les poules, les pigeons et les autres oiseaux domestiques. Dans les champs et dans les bois, elles se nourrissent de toutes les matières animales qu'elles peuvent se procurer ; d'œufs et d'oiseaux qu'elles vont chercher jusque sur les arbres, de lièvres qu'elles attrapent au gite, de lapins qu'elles forcent dans leur terrier, de rats, de mulots et d'autres petits rongeurs qu'elles surprennent hors de leur trou.

Ces animaux sont répandus en assez grande quantité dans toutes les parties du globe, et surtout dans les contrées septentrionales. Ils se tiennent dans les bois et principalement sur les lisières, d'où ils sont à portée de faire des excursions dans les champs d'alentour. Ils nichent ordinairement dans les troncs d'arbres creux ou au milieu de quelque épais fourré. C'est là qu'au retour du printemps la femelle met bas quatre ou cinq petits et quelquefois davantage. Quelques espèces sont assez audacieuses pour venir déposer leur part jusque dans l'intérieur des granges et d'autres bâtimens habités par l'homme. Ce genre nombreux a été divisé en trois sous-genres ; les *mouffettes*, les *putois* et les *martres* propres.

1° Les Mouffettes (*mephitis*), forment en quelque sorte le passage des plantigrades aux digitigrades : elles sont moins carnassières que la plupart des autres martres ; dans la marche elles appuient un peu le talon sur le sol ; leurs doigts sont armés d'ongles forts et propres à creuser la terre, et elles vivent presque toutes dans des terriers. La forme de leurs ongles fouisseurs, la couleur de leur pelage, varié de blanc et de noir, et une horrible puanteur qu'elles exhalent, surtout lorsqu'elles sont agitées par la colère ou par la crainte, sont trois caractères qui suffisent pour les distinguer des deux autres sous-genres. Cette puanteur est telle, qu'il n'est pas de chien ni de chat qui veuille les poursuivre ; l'homme lui-même en est quelquefois suffoqué. On trouve les *mouffettes* principalement en Amérique ; on n'en connaît que deux espèces de l'ancien continent. Comme elles habitent les pays méridionaux, leur fourrure n'a aucun prix ; d'ailleurs l'odeur infecte dont elle est imprégnée empêcherait d'en faire usage. Les principales espèces de ce sous-genre sont la *mouffette commune*, dont le *conépate* et le *polécat* ne sont que des variétés, le *chinche*, le *mapurito*, etc., tous du Nouveau-Monde.

2° Les Putois (*putorius*) qui tirent leur nom de l'odeur désagréable qu'ils répandent, diffèrent des mouffettes par leurs ongles acérés, au moyen desquels ils grimpent sur les arbres et le long des murs, et des martres propres par leur système dentaire qui présente avant la carnassière deux petites molaires en haut et trois en bas (*fig.* 7 et 8). Ce sont les animaux les plus féroces et les plus carnassiers du genre ; leur faiblesse seule les empêche de devenir redoutables ; car si la force secondait leur naturel sanguinaire, ils commettraient autant de ravages que les chats. Poussant l'audace jusqu'à la témérité, ils rôdent sans cesse autour des villages, cherchant à pénétrer dans les poulaillers ou dans les basses-cours par les moindres ouvertures que la négligence des paysans a oublié de fermer. Une fois introduits, rien n'échappe à leur rage ; poules, canards, pigeons, ils immolent tout pour s'abreuver de sang.

Ces animaux, quoique répandus partout, sont pourtant plus communs dans le Nord, où leur fourrure moelleuse et lustrée forme une branche importante de commerce. Nous en avons trois espèces en France : le *putois commun*, la terreur des poulaillers et des garennes ; la *belette*, que sa petitesse rend peut-être encore plus dangereuse, et le *furet*, fléau des lapins. Les contrées septentrionales de l'Europe et de l'Asie nourrissent le *pérouasca* ou putois de Pologne ; le *putois de Sibérie,* l'*hermine* ou *roselet*, dont la fourrure d'hiver est si précieuse ; le *mink* et le *vison*, espèces dont les couleurs sont assez semblables, pour qu'on les désigne l'une et l'autre sous le nom de *putois de rivière*, à cause de la demi-palmure de leurs pieds. On trouve dans le Midi le *putois d'Afrique*, la *belette rayée de Madagascar,* etc.

3° Les MARTRES ont, comme les putois, les ongles acérés et impropres à fouir la terre ; mais elles s'en distinguent par une fausse molaire de plus à chaque mâchoire, ce qui rend leur museau un peu plus allongé et diminue en même temps la férocité de leur naturel. Du reste les espèces de ces deux sous-genres ont entre elles les plus grands rapports d'organisation et d'habitudes ; même souplesse dans les formes, même agilité dans les membres, même audace dans le caractère. On trouve de ces animaux dans toutes les parties du monde, et partout on les traque avec acharnement, autant pour s'opposer aux ravages qu'ils font parmi le gibier, que pour se procurer leur peau qui forme en hiver une fourrure recherchée. Deux espèces de ce sous-genre sont assez communes en France : la *martre commune,* brune avec une tache jaune sous le col, et la *fouine*, dont le pelage ne diffère de celui de la précédente que par la grandeur et la couleur blanche de la tache qu'elle a sous le col. La première vit dans les bois et fuit le voisinage des lieux habités, tandis que la seconde se tient toujours aux aguets auprès des habitations, cherchant à s'introduire dans les basses-cours, les poulaillers et les pigeonniers. Parmi les espèces étrangères, nous citerons la *zibeline* de Sibérie, une des plus riches fourrures que l'on connaisse.

§ II. Les LOUTRES (*lutra*) diffèrent essentiellement des martres par leurs formes plus lourdes, par leur queue aplatie horizontalement, et surtout par leurs pieds palmés (*fig.* 9). Ces deux derniers caractères, qui n'appartiennent qu'à des animaux aquatiques, changent totalement leurs habitudes. Tandis que les martres se cachent dans les bois et font la guerre au gibier, les *loutres* ne s'éloignent jamais de l'eau et ne vivent que de poisson. Elles établissent toujours leur terrier sur le bord des rivières ou sur les rivages de la mer, avec lesquelles elles le font communiquer par un long boyau. Par cette précaution, ces animaux qui marchent difficilement à terre, ne risquent point d'être rencontrés par leurs ennemis en se rendant à l'eau pour chercher leur nourriture, et échappent plus aisément à leurs attaques, quand ils sont surpris dans leur retraite. Au reste, ils sont peu exposés à ce dernier accident. Ne se nourrissant que de poisson, ils sont presque continuellement occupés de pêche; et ils sont si adroits dans cet exercice qu'un seul individu suffit pour dépeupler un étang. Aussi les pêcheurs leur font-ils une guerre d'extermination, et la prise d'une *loutre* leur est d'autant plus agréable, qu'elle les débarrasse d'un ennemi qui diminue considérablement le fruit de leurs peines, et qu'elle leur procure une fourrure dont ils tirent un assez bon parti.

Quoique la *loutre* soit d'un naturel sauvage, elle est pourtant susceptible d'éducation et peut être apprivoisée; il ne faut pour cela que du temps et de la patience. On parvient ainsi à la faire pêcher pour le compte de son maître, auquel elle produit un gain considérable. On prétend qu'elle prend jusqu'à trente livres de poisson par jour, résultat qui compense amplement les peines que l'on s'est données pour l'élever.

On connait sept ou huit espèces de ce genre. Presque toutes les rivières d'Europe nourrissent la L. *commune*, longue d'environ deux pieds; la L. *de mer* est deux fois plus grande et a la fourrure beaucoup plus belle.

7.

§ III. Les naturalistes désignent sous le nom générique de CHIENS (*canis*)(*fig.* 10),non-seulement les diverses variétes de l'espèce domestique,mais encore beaucoup d'autres animaux, tels que le loup, le chacal, le renard, et en général tous les carnassiers qui ont des rapports avec eux par leur forme et par leurs habitudes. Ainsi définis, ils constituent un genre très nombreux, répandu dans toutes les parties du monde et distingué des autres digitigrades, d'abord par le nombre de ses doigts qui est de cinq aux pieds de devant et de quatre seulement à ceux de derrière, et ensuite par la disposition de son système dentaire, qui présente toujours à chaque mâchoire deux molaires après la carnassière. Les *chiens* sont de tous les animaux de la même tribu, ceux dont les extrémités sont les plus longues ; aussi l'emportent-ils sur tous par l'agilité de leur course, et cette agilité, secondée par la finesse exquise de leur odorat, est le principal moyen par lequel ils se rendent maîtres de leur proie. Mais comme leurs ongles ne sont pas rétractiles, et que la pointe s'en émousse promptement par son contact avec le sol, ils ne leur sont d'aucun usage pour la déchirer ; ce sont leurs dents qui en sont chargées ; aussi leurs canines et leurs carnassières sont-elles énormes, et les muscles de leurs mâchoires sont d'une grosseur qui augmente considérablement le volume de leur tête.

Les dents tuberculeuses dont leurs mâchoires sont garnies permettent à ces carnassiers de se nourrir en partie de substances végétales : leur caractère est moins féroce et leurs habitudes sont plus sociables. Pouvant manger indistinctement de tout, de fruits, de charognes ou de chair fraîche ; sûrs, par conséquent, de ne jamais manquer d'alimens, il n'est par rare de les voir réunis en troupes, tantôt cachés dans de vastes terriers, tantôt occupés à chercher leur subsistance. Cette habitude de vivre en société rend la plupart d'entre eux faciles à apprivoiser ; et si quelques-uns résistent aux efforts que l'homme fait pour se les attacher, ce sont surtout les espèces les plus sauvages et les moins sociables.

Les animaux dont nous parlons sont sans contredit les plus intelligens de tous les carnassiers ; sans parler des preuves que le chien domestique nous donne de sa sagacité, sagacité qu'on pourrait raisonnablement attribuer à l'éducation qu'il reçoit, qui ne connait les ruses du loup et l'astuce du renard pour amener leurs victimes dans leurs piéges ? Qui n'a entendu parler de leurs complots contre nos bestiaux et de leurs associations pour tromper les bergers ?

Les diverses espèces de ce genre sont assez communes, non-seulement dans les contrées désertes où elles ne sont pas inquiétées, mais encore dans le voisinage de l'homme ; les plus petites forêts , même dans les pays civilisés , recèlent des repaires de ces animaux, sans cesse occupés à se procurer une subsistance précaire ou à garantir du danger une vie plus précaire encore. Les uns se retirent dans des terriers profonds, les autres se cachent dans une bauge située au milieu d'épaisses broussailles et d'accès difficile. C'est là qu'ils se retirent pour se reposer de leurs fatigues et pour se livrer au sommeil ; c'est là aussi que les femelles déposent de six à dix petits, qu'elles élèvent seules, sans le concours de leur mâle. A l'époque de l'allaitement, ces femelles qui sont naturellement plus faibles et plus timides, deviennent d'une audace que rien ne peut arrêter ; et, soit besoin d'une nourriture plus copieuse , soit crainte pour leur progéniture, elles montrent alors une férocité égale à celle des carnassiers les plus sanguinaires Partout on traque ces animaux à cause des dégâts qu'ils causent aux espèces domestiques et aussi à cause de leur peau , qui, sans être précieuse, forme cependant une fourrure utile pour la fabrication de tapis de pieds, de housses de chevaux , etc.

Ce genre nombreux en espèces a été partagé en deux sous-genres ; les *chiens* ou *loups* et les *renards*.

1º Les CHIENS se reconnaissent à leur pupille toujours circulaire quel que soit le degré de sa contraction ; leurs incisives supérieures sont fortement échancrées, et leur tête forme avec le museau un cône tronqué assez régulier. Toute la physionomie de ces animaux porte l'empreinte du courage et de la férocité ; la grosseur et la longueur de leurs canines, la vivacité de leurs regards étincelans, la forme de leurs oreilles droites et mobiles, sont les principaux traits qui servent à leur donner ce caractère. Aussi la guerre semble-t-elle être un besoin pour eux ; quand ils n'ont pas d'ennemis à combattre ou de victimes à surprendre, le moindre prétexte devient entre eux le sujet de querelles sanglantes ; le partage d'un butin, obtenu à frais communs, est la cause la plus ordinaire de ces sortes de combats. On connaît dans ce genre une dizaine d'espèces, dont les principales sont le *chien domestique*, le *loup*, et le *chacal*.

On ignore la souche de notre *chien domestique*, et par conséquent il est impossible de décrire les mœurs qu'il a à l'état sauvage ; mais nous connaissons des chiens qui, ayant jadis vécu en domesticité, ont été mis en liberté depuis longues années, et qui depuis ce temps vivent comme bon leur semble au milieu de vastes plaines. Leurs habitudes sont très sociables ; ils forment des troupes de plusieurs centaines d'individus, qui chassent de concert, se nourrissent indifféremment de proie vivante ou de cadavres, se creusent des terriers communs ; en un mot ils ont la manière de vivre des chacals. Quant à leurs habitudes à l'état domestique, elles sont connues de tout le monde ; chacun sait combien ils se rendent utiles par leurs qualités précieuses. Gardiens aussi fidèles qu'intelligens, ils écartent de la maison tout ce qui leur paraît suspect, et défendent le troupeau confié à leurs soins avec autant d'activité que le berger le mieux entendu. Triomphant de leur naturel carnassier, ils vont chercher le gibier que le chasseur a tué et le rapportent intact à ses pieds. Aussi doux, aussi soumis dans l'esclavage qu'ils sont fiers et cruels dans leur état de liberté, ils obéissent au moindre signal de leur maître et vont même s'offrir à ses coups, quand ils lui ont désobéi. Et il ne faut pas croire que ce soit l'intérêt qui les guide ; ils ne sont pas moins attachés au malheureux qui les tient tout le jour attelés à un traîneau pesant, et qui leur donne un morceau de pain à peine suffisant à leur subsistance, qu'au riche propriétaire qui les nourrit des mets les plus délicats, sans en exiger le plus petit service. Ils affrontent la mort pour l'un comme pour l'autre, et ne craignent pas d'attaquer pour le défendre les animaux les plus redoutables, tels que le tigre et le lion. Que dire du chien de l'aveugle ? comment apprécier un animal qui rend, pour ainsi dire, la lumière à l'infortuné que la nature ou la maladie a privé de ce bienfait ? Avec quelle circonspection il évite les voitures qui s'entre-croisent en tous sens sur la voie publique ! comme il sait marcher et s'arrêter à propos ! Le chemin est-il libre ? il précipite le pas ; si au contraire il y a encombrement, il ralentit sa course et cherche à écarter avec précaution la foule pour ouvrir un passage à son maître. S'il faut traverser un carrefour, il s'arrête un moment pour voir s'il arrive des voitures par quelqu'une des rues qui y aboutissent, et dans ce cas il attend patiemment qu'elles soient passées ; dans le cas contraire il traverse rapidement et conduit l'aveugle du côté opposé. Aussi par quelle affection le maître répond à tant de soins ! ce sont deux compagnons, deux amis inséparables, qui partagent tout, le bien comme le mal ; si l'un souffre de la faim, l'autre en pâtit également ; comme aussi l'abondance de l'un se communique à l'autre. Il serait à peu près impossible de décrire toutes les variétés de cette intéressante espèce; nous nous contenterons de nommer les principales : le *chien de berger*, le *mâtin*, le *lévrier*, le *dogue* et l'*épagneul*.

Le *loup* se distingue du chien parce qu'il a la queue droite, tandis que celui-ci l'a recourbée. Sa taille et sa physionomie sont celles d'un mâtin qui aurait les oreilles dressées ; son pelage est gris-fauve avec une raie noire sur les pattes de devant; c'est le carnassier le plus dangereux de nos pays ; il est pour ainsi dire infatigable ; car on prétend qu'il peut marcher pendant une journée entière sans s'arrêter. Il est si fort et si agile qu'il échappe souvent aux chiens, tout en portant un mouton sur ses épaules. Sans avoir la finesse du renard, il est si loin d'être sot et poltron, comme on le lui a reproché, qu'il attaque les plus gros quadrupèdes, tels que le bœuf, le cheval, le mulet, et quand il se sent trop faible pour faire une expédition tout seul, il a l'instinct d'aller demander du renfort à d'autres *loups*. Malgré l'assertion de Buffon, cet animal n'est pas intraitable. Pris jeune, il s'apprivoise sans peine et devient même familier et caressant. On trouve le *loup* dans la plupart des contrées de l'Europe, depuis l'Égypte jusqu'à la mer Glaciale, par laquelle on soupçonne qu'il a passé en Amérique.

Le *chacal* a toutes les formes du loup ; il est seulement plus petit : sa taille se rapproche de celle du renard, dont il a aussi la queue touffue. Son pelage fauve clair, joint à sa force et à ses habitudes, lui a fait donner par les voyageurs le nom de *loup doré*. On le trouve en Asie et en Afrique, par troupes de trois ou quatre cents, qui vivent ensemble sous la conduite d'un chef expérimenté. Cet animal est très vorace ; mais comme il est peu courageux, il se nourrit plutôt de charognes que de proie vivante ; on prétend même qu'il va jusqu'à déterrer les cadavres dans les cimetières. Quand il est repu il se retire dans des terriers qu'il se creuse lui-même. Cette ressemblance d'habitude du *chacal* avec le chien sauvage a fait croire à certains naturalistes qu'il pourrait bien être la souche de notre chien domestique.

A ces trois espèces on peut ajouter le *loup noir* qu'on trouve en Europe et même en France ; le *loup rouge* de l'Amérique méridionale, le *loup* du Mexique, etc., qui appartiennent au même sous-genre.

2° Les Renards se distinguent des *chiens* par leur tête plus grosse, par leur museau plus pointu et surtout par la forme de

leur pupille qui se contracte en long et non circulairement.
Leur fourrure, ordinairement plus épaisse et plus fine, s'emploie à des usages plus nobles et sert à faire des manchons, des
bordures de robe, etc. Du reste leurs mœurs ne diffèrent
presque pas de celles du sous-genre précédent On en connait
une douzaine d'espèces dont la plus connue est le *renard ordinaire.* Cet animal est assez commun en France et dans toute
l'Europe, pour qu'il y ait peu de personnes qui n'aient pas eu
l'occasion d'en voir quelque individu. Sa taille est d'environ un
quart moindre que celle du loup, et malgré cette infériorité de
grandeur, il fait peut-être plus de mal que lui à nos basses-cours,
à nos garennes et à notre gibier ; tant il est patient, audacieux
et rusé ! Heureusement pour nos volailles, il n'a pas les griffes
assez aiguës pour grimper le long des murs ; sans cela il serait
presque impossible aux habitans des campagnes de garantir
leurs basses-cours de ses déprédations. Grace à cette impuissance, le renard est souvent réduit, après avoir rôdé tout une
nuit aux environs d'un poulailler, à s'en retourner à jeun dans
son terrier. Mais sa prévoyance le préserve ordinairement des
abstinences forcées que pourraient lui imposer de pareils accidens. Quand il trouve une bonne aubaine, il a soin d'en
conserver une partie et de la cacher sous la mousse pour la
retrouver au besoin. D'ailleurs, si le hasard ne lui présente
pas de long-temps de proie vivante à dévorer. son estomac peut
s'accommoder d'une nourriture végétale : le miel, les fruits et
les racines sucrées suppléent alors aux poules et aux perdrix.
Du reste il est assez rare qu'il soit réduit à une si maigre chère.
Comme il se tient toujours dans les bois peu éloignés des
fermes ou des villages, afin d'être à portée d'y faire de fréquentes excursions, il ne se passe pas long-temps qu'il ne
trouve l'occasion d'enlever quelque poule. dindon, canard,
lapin, etc. Son adresse est une des principales causes de la
haine qu'on lui porte dans les campagnes ; joint à cela que sa
fourrure est excellente pour faire des tapis, des housses, etc.
Les habitudes du *renard* sont nocturnes ; il passe le jour dans
un terrier, et la nuit il rôle de tous côtés, cherchant à surprendre les animaux endormis ou à s'introduire dans les bâtimens qui recèlent les volailles. Sa femelle loge séparément et
cache ses petits avec un soin extraordinaire. Elle est si défiante
que, lorsqu'après une sortie elle s'aperçoit qu'ils ont été dérangés, elle les change de place et les transporte avec sa
gueule dans une retraite plus cachée. A côté de l'espèce com-

mune nous citerons le *R. charbonnier*, le *R. turc*, le *R. croisé*, que plusieurs auteurs regardent comme de simples variétés, le *corsac*, le *R. argenté*, l'*isatis* ou *R. bleu*, le *R. tricolor*, qui vivent tous dans le nord excepté le charbonnier et le corsac, et dont la peau forme des fourrures précieuses.

§ IV. Les CIVETTES (*viverra*) (pl. VI, *fig.* 1) ont de grands rapports avec les martres par leur forme allongée, par la brièveté de leurs membres et par leur naturel sanguinaire. Mais elles s'en distinguent par leurs ongles légèrement rétractiles et par leur langue hérissée de papilles dures et rudes au toucher, comme celle des chats. Elles ont aussi sous la queue des glandes analogues à celles du blaireau et produisant une humeur onctueuse ordinairement très odorante. Leur système dentaire tient de celui des chiens ; mais elles ont une dent tuberculeuse de moins après la carnassière de la mâchoire inférieure, ce qui donne à leur caractère un degré de férocité que n'a pas celui des chiens.

Tous ces animaux appartiennent aux contrées les plus méridionales de l'ancien continent, à l'exception d'une espèce qu'on trouve dans le midi de l'Europe. Ils se tiennent au milieu des déserts sablonneux ou sur le bord des rivières., vivant de petits quadrupèdes, d'oiseaux ou de reptiles. On a partagé les *civettes* en trois petits sous-genres : les *civettes* propres, les *genettes* et les *mangoustes*.

1° Les CIVETTES ont la pupille ronde et sous leur queue une poche profonde séparée en deux compartimens, pour recevoir l'humeur grasse et musquée , produite par les glandes dont nous avons parlé. C'est cette pommade odorante, si usitée dans le commerce de la parfumerie sous le nom de *civette*. Les animaux qui produisent ce parfum sont de la taille d'un fort chat, ont comme lui les mouvemens très souples et la marche extrémement légère ; mais leur museau est beaucoup plus long et plus pointu, et leurs griffes ne sont pas à beaucoup près aussi élastiques. Leur pelage, de couleur grisâtre rayé ou tacheté de noir, est très fourni et composé de deux couches de poils, les uns soyeux, les autres laineux. Leur queue, assez longue, est annelée de gris et de noir dans une plus ou moins grande partie de son étendue. Les *civettes* ont les habitudes très sauvages, le naturel sanguinaire, et vivent principalement de proie. Elles ont même assez d'adresse pour surprendre les oiseaux, sur lesquels elles s'élancent d'un bond à la manière des chats. Quelquefois elles se rapprochent des maisons, et si par hasard elles peuvent s'introduire dans les basses-cours, elles en traitent les habitans comme le feraient les putois, les fouines et les renards. Au besoin, elles peuvent se contenter d'œufs ou même de fruits et de racines charnues. On distingue deux espèces de ce sous-genre : la *civette propre*, qu'on élève en domesticité, et qui se fait remarquer par une forte crinière qui règne le long de son dos, et le *zibeth*, qui n'a point cette crinière et qui fournit moins de matière odorante.

2° Les GENETTES (*genetta*) ressemblent beaucoup aux civettes par leur conformation générale, par la distribution des couleurs de leur pelage et par leur queue allongée et annelée de blanc et de noir. Elles n'en diffèrent que par la forme oblongue de leur pupille, et par le peu de profondeur de la poche anale, qui se trouve réduite à un simple enfoncement, dont les bords sont formés par la saillie des glandes qui produisent le parfum.

Les *genettes* ont d'ailleurs leur parfum peu abondant et faible en odeur, et leur peau, garnie de poils fins et soyeux, forme une belle fourrure. L'espèce la plus remarquable de ce sous-genre est la *G. commune*, que l'on élève en domesticité dans le midi de l'Europe, sous le nom de *chat de Constantinople*. Elle fait la chasse aux rats avec autant d'activité que les meilleurs chats. A l'état sauvage on la trouve principalement au cap de Bonne-Espérance et dans l'Asie-Mineure : mais on en rencontre aussi en Italie, en Espagne et même dans quelques départemens de la France. Elle se tient le long des ruisseaux ou dans les lieux humides, et fuit les terrains secs et élevés. Sa nourriture se compose de lapins, de rats et d'oiseaux ; elle est aussi très friande d'œufs. A défaut de matières animales, les fruits et les racines tendres lui suffisent pour sa subsistance. La *fossane* ou *G. de Madagascar*, le *rasse* ou *G. des Indes* appartiennent aussi à ce sous-genre, etc.

3° Les MANGOUSTES (*herpestes*) ont sous la queue une vaste poche, au milieu de laquelle se trouve percé l'anus. Leur corps est tellement allongé, et leurs pattes sont si courtes que ces animaux semblent plutôt ramper que marcher, d'où leur nom scientifique (*herpestes*), qui exprime cette idée. Leurs pieds sont à demi palmés ; leur pelage, presque toujours gris, tire sa couleur des anneaux alternativement blancs et noirs qui se remarquent sur chacun de leurs poils. On connaît un assez grand nombre d'espèces de ce sous-genre dont les principales sont la *M. des Indes*, le *vansire* et la *M. d'Egypte*. Cette dernière, la plus

célèbre de toutes, recevait autrefois, sous le nom *d'ichneumon,* une espèce de culte religieux, à cause de l'habitude
qu'on lui supposait de s'introduire dans le corps des crocodiles
endormis, pour leur dévorer les entrailles. Cette fable, inventée
par les prêtres égyptiens et propagée par la crédulité des Grecs,
avait, tout absurde qu'elle est, un certain fondement dans la
passion de cet animal pour les œufs du crocodile. La *mangouste*
est de la taille d'un grand écureuil, a les formes très élancées, le
poil très ras et de couleur uniforme, la queue longue, grosse à
son origine et terminée par un petit flocon noir. Elle est très
commune en Egypte, fréquente le bord des fleuves, fait une
chasse active aux rats, aux souris, aux reptiles de toute espèce
et même aux insectes. Quelquefois elle s'introduit dans les
basses-cours, et fait de grands dégâts parmi la volaille. Malgré
son naturel sauvage, elle s'habitue aisément à la vie domestique,
et dans cet état, elle rend à son maître les mêmes services que
le chat, et de plus grands encore ; car, outre les rats et les
souris, elle prend les insectes et les reptiles.

§ V. Les HYÈNES (*hyœna*) (*fig.* 2) ressemblent aux chiens
par leur taille et par la forme de leur tête ; mais elles s'en distinguent par les aspérités dont leur langue est hérissée, par le nombre de leurs doigts, qui est de quatre à chaque membre, par la
crinière qui règne sur leur col, et surtout par la position oblique
de leur corps, dont la croupe est plus basse que les épaules,
position qui dépend de ce qu'elles ont toujours leurs pattes
postérieures fortement fléchies. C'est aussi à cette particularité qu'elles doivent leur allure bizarre. Quand elles se mettent en marche, elles boitent du pied gauche de derrière, et ce
n'est qu'après une centaine de pas qu'elles prennent leur train
ordinaire.

Si la nature avait égalé le courage des *hyènes* à la force de
leur système dentaire et à la puissance de leurs muscles, il y
aurait peu d'animaux aussi dangereux et aussi formidables
qu'elles. Leurs dents sont si grosses et si tranchantes, les muscles de leurs mâchoires si volumineux, qu'elles brisent sans difficulté les os des plus grands quadrupèdes, et qu'il est impossible de leur arracher ce qu'elles ont une fois saisi ; c'est
probablement à cause de cette circonstance que les Arabes les
regardent comme l'emblème de l'opiniâtreté. Cette habitude de
serrer fortement leurs mâchoires fait prendre aux muscles et
aux ligamens de leur cou un développement extraordinaire et

donne à cette partie une grosseur disproportionnée à celle du reste de leur corps ; il arrive même assez souvent que les vertèbres cervicales se soudent ensemble ; anomalie que les anciens avaient remarquée et qui leur avait fait croire que ces carnassiers n'avaient qu'un seul os au col.

Les *hyènes* passent assez communément pour les animaux les plus féroces et les plus sanguinaires que l'on connaisse. On a même prétendu qu'elles étaient d'un naturel tout-à-fait intraitable et d'une cruauté égale, sinon supérieure, à celle du tigre même. Ces opinions sont dénuées de fondement. Les *hyènes* sont, il est vrai, très voraces et très carnassières, et quand la faim excite leur courage, la force de leurs armes peut les rendre extrêmement dangereuses pour la plupart des quadrupèdes et même pour l'homme ; mais cette circonstance est rare Elles préfèrent en général à la viande fraîche celle qui se trouve amollie par un commencement de putréfaction. C'est pour cette raison qu'elles recherchent le voisinage des cimetières et des voiries où elles trouvent une pâture abondante et facile. Bien loin d'être sauvages et intraitables, elles s'avancent souvent jusque dans l'intérieur des villes, pour s'y repaître des immondices qu'on jette dans les rues ; quelquefois même elles pénètrent dans les maisons qu'elles trouvent ouvertes, pour s'emparer de la chair ou du suif qu'elles y rencontrent. On en a vu d'apprivoisées suivre leur maître comme le ferait un chien et chercher à obtenir de lui des alimens et des caresses.

Ces animaux, propres aux contrées méridionales de l'Afrique et des Indes, sont nocturnes et vivent dans des cavernes. On en connaît trois espèces : la *H. rayée*, la *H. brune*, et la *H. tachetée*.

§ VI. Les CHATS (*felis*) (*fig.* 5 et 6) sont de tous les carnassiers les plus faciles à caractériser. Une foule de particularités d'organisation imprime à leur physionomie un air de famille qui les fait reconnaître sur-le-champ parmi tous les autres animaux de la même tribu. Leur tête arrondie, leurs mâchoires très courtes, leurs molaires toutes tranchantes (*fig.* 3) et leurs griffes rétractiles (*fig.* 4) sont autant de traits distinctifs qui empêchent de les confondre avec aucun des autres digitigrades. Si on ajoute à cela la souplesse et la flexibilité de leur colonne vertébrale, le volume énorme des muscles qui meuvent leurs mâchoires, les papilles aiguës qui hérissent leur langue, le peu d'étendue de leur canal digestif, enfin la force et l'élasticité de leurs membres, on aura une idée des principaux caractères des espèces contenues dans ce grand genre. Tous ces détails d'organisation annoncent, dans l'animal qui les possède, un appétit sanguinaire développé au plus haut degré ; aussi les *chats* sont-ils les plus féroces et les plus redoutables de tous les carnassiers ; ils ne se nourrissent que de proie vivante et rejettent avec dédain toute substance végétale, comme aussi la viande corrompue. Mais si la nature les a créés pour se nourrir de proie, elle ne leur a pas refusé les moyens de la découvrir et de la surprendre. Leur vue, sans être remarquable par sa portée, est également propre à distinguer les objets à la lumière solaire et pendant les ténèbres de la nuit, faculté qu'ils doivent à l'extrême contractilité de leur pupille qui, le jour, se resserre au point de ne former qu'une petite ouverture, par laquelle il ne peut passer qu'une faible quantité de lumière et qui, dans l'obscurité, se dilate énormément pour en laisser entrer le plus possible. Leur ouïe est tellement fine qu'ils entendent le bruit des pas de leurs victimes à des distances qui le rendraient imperceptible pour d'autres animaux. Leurs mouvemens sont si souples que leur marche ne produit aucun son appréciable, soit qu'ils s'élancent par bonds, qu'ils se trainent en rampant sur leur ventre, ou qu'ils s'avancent à pas comptés.

Avec des moyens si propres à découvrir et à terrasser leur proie, il est impossible que ces carnassiers ne commettent pas d'immenses ravages parmi les êtres vivans ; aussi n'est-il point d'animaux qui puissent leur échapper ; ils grimpent jusque sur les arbres pour y surprendre les oiseaux. Mais leurs dégâts seraient encore bien plus considérables si, d'un côté, la nature leur avait accordé avec ces avantages une intelligence proportionnée à leurs autres ressources, et si, de l'autre, une forte odeur qu'ils répandent autour d'eux n'avertissait de leur approche assez à temps pour qu'on puisse les éviter La fétidité de leur urine et de leurs excrémens éloignerait aussi les animaux de leur repaire, s'ils n'avaient la précaution singulière de les enfouir dans la terre.

Une qualité qui manque aux *chats*, c'est l'agilité ou plutôt la faculté de soutenir une longue course. Malgré la force musculaire de leurs membres, ils ne peuvent pas courir ; et, si quelquefois ils veulent hâter leur marche, ils le font en exécutant une suite de bonds rapides ; mais ils ne peuvent continuer long-temps les efforts nécessaires à ce genre de mouvemens. Ils se fatiguent bientôt et sont contraints de s'arrêter après cinq ou six sauts pareils; aussi ne cherchent-ils jamais à forcer leur proie à la course; ils aiment mieux l'attendre dans quelque embuscade ou l'aller surprendre dans sa retraite. C'est pour cela que le jour ils se tapissent parmi les broussailles, sur le bord des rivières où les animaux ont coutume d'aller se désaltérer; tandis que la nuit ils se promènent silencieusement au milieu des forêts et des déserts, portant leurs regards de tous côtés pour découvrir des victimes. Quand ils en aperçoivent quelqu'une, ils s'accroupissent sur leur ventre et se ploient en arc pour s'élancer sur elle d'un bond rapide et sûr. Ils ont le coup d'œil si juste qu'ils ne manquent presque jamais leur proie. Quand cependant cela leur arrive, ils font un nouveau bond pour réparer leur maladresse; s'ils échouent encore et que l'animal prenne la fuite, il est très rare qu'ils fassent une troisième tentative, à moins qu'ils ne soient pressés par la faim. La tactique de ces carnassiers consiste donc autant que possible à surprendre leur proie. Mais quand, avertie à temps, elle se prépare à résister, ils ne refusent pas le combat. Dans ces cas, ce qu'ils cherchent particulièrement, c'est de *coiffer* leur adversaire, c'est-à-dire de lui saisir la tête avec leurs pattes de devant pour pouvoir l'étrangler ensuite, en lui serrant le cou dans leur énorme gueule.

Les *chats* sont tous farouches et sauvages; ils vivent toujours isolés, ne souffrant dans leur voisinage aucun être de leur espèce. Les plus forts même s'arrogent une certaine étendue de domaine dont ils défendent la possession en se battant à outrance contre tout animal qui voudrait s'y établir avec eux; leur famille même n'est pas exceptée de cette exclusion. Une fois que la femelle est pleine, le mâle la chasse et la force à aller mettre bas dans une autre partie du canton; il dévorerait même ses petits, si la mère n'avait pas soin de les dérober à ses regards. Celle-ci, au reste, ne lui cède pas en férocité; en tout temps elle est presque aussi redoutable; mais à l'époque de l'allaitement elle devient encore plus sanguinaire; elle n'épargne aucun être vivant qui peut lui servir de proie ou lui inspirer quelque crainte pour sa progéniture.

Malgré leur naturel féroce et leur vie solitaire, les *chats* ne sont pas intraitables; une espèce est devenue domestique, et toutes cèdent, à la longue, aux efforts bien dirigés que l'on fait pour les apprivoiser. Mais lors même qu'on a le mieux réussi, il est bon de se tenir en garde contre les inégalités de caractère des grandes espèces, qui passent facilement de l'amitié à la haine, et dont les accès de fureur sont toujours funestes à celui qui en est l'objet. La fourrure de tous ces animaux, sans être comparable pour la finesse à celle des martres, est employée assez souvent pour des objets communs et est quelquefois d'un très haut prix.

Quoique les *chats* présentent un air de ressemblance extrêmement frappant, on peut cependant les partager en trois petits sous-genres: les *chats*, les *lynx* et les *guépards*.

1° Les Chats comprennent les espèces à queue plus longue que leur train postérieur, à oreilles rondes et sans pinceaux à leur extrémité(*fig.* 5). On en compte plus de trente espèces, dont les principales sont pour l'ancien continent : le *lion*, le *tigre*, la *panthère*, le *léopard*, le *chat ordinaire* ; et pour l'Amérique, le *jagouar*, le *cougouar*, l'*ocelot*, *etc.*

Les anciens appelèrent le *lion* le roi des animaux à cause de sa taille imposante, de sa démarche fière, de son regard assuré, et surtout des prétendues qualités morales qu'ils lui attribuaient. L'épaisse crinière qui couvre le cou et les épaules du mâle ajoute encore à la majesté de son port, et contribue, lorsqu'elle est hérissée, à lui donner un air plus effrayant et plus terrible. La longueur de son corps varie entre cinq et sept pieds, et sa hauteur entre trois et quatre. Mais, quoiqu'il soit très inférieur sous le rapport de la taille à un grand nombre de quadrupèdes, la largeur énorme de sa tête, la puissance de ses mâchoires, la grosseur de son cou, et la force de ses griffes tranchantes le rendent redoutable à tous, à l'exception des vieux éléphans, des rhinocéros, et des hippopotames qui seuls peuvent lui résister. Il emporte un veau entier dans sa gueule, sans que la rapidité de sa marche paraisse ralentie par un semblable fardeau. Aussi son odeur et sa voix effraient les animaux les plus intrépides; les chiens mêmes et les chevaux tremblent, lorsqu'ils se sentent dans son voisinage, et ce n'est pas sans difficulté qu'on parvient à les habituer à lui faire la chasse.

Le *lion* était autrefois répandu dans tous les pays méridionaux de l'ancien continent ; il paraît même qu'il était assez commun, d'après la quantité que les proconsuls d'Asie et d'Afrique en envoyaient à Rome pour les faire combattre dans l'arène. Maintenant on n'en trouve plus que dans les déserts sablonneux du centre de l'Afrique et dans quelques contrées sauvages de l'Asie. Cette diminution dans le nombre de ces animaux a pour cause principale la guerre acharnée que l'homme leur fait sans cesse, ensuite le peu de fécondité de la femelle qui ne met bas que deux ou trois petits à la fois, et enfin l'habitude qu'a le mâle de dévorer sa progéniture toutes les fois qu'il la rencontre.

Les habitudes du *lion* sont celles des chats en général : il vit solitaire, se nourrissant de gazelles, buffles et autres quadrupèdes herbivores qui partagent le dangereux séjour qu'il habite. Quant à la générosité et à l'humanité dont on le gratifie ordinairement, elles n'ont jamais existé que dans l'imagination de l'homme. Quand le *lion* a faim, il se jette sur tout ce qui se présente à lui, et le dévore pour apaiser ce besoin impérieux. Lorsque, au contraire, étant bien repu, il se repose dans son fort, il ne se dérange jamais, quand même il passerait à côté de lui des animaux dont il fait habituellement sa proie; mais il n'y a là aucune générosité de sa part; ce sont l'insouciance et l'apathie qui l'en empêchent.

Le *tigre* était autrefois de même qu'aujourd'hui, beaucoup plus rare que le lion; et comme il ne se trouve qu'aux Indes-Orientales, contrées peu connues des anciens, ceux ci n'avaient que des notions imparfaites sur sa forme extérieure et sur ses habitudes; et quelques traits de férocité parvenus à leur connaissance le leur auront fait regarder comme le plus cruel et le plus sanguinaire de tous les carnassiers. Buffon, entraîné par leur autorité, s'est rangé à l'opinion générale, et l'a dépeint comme *un animal bassement féroce et cruel sans justice et sans nécessité*. Selon ce naturaliste, ses proportions manquent de cette harmonie et de cette régularité de formes qui caractérisent le corps du roi des animaux. Mais quand on examine de près les diverses parties du *tigre*, on trouve que, loin de céder au lion en beauté, il l'emporte sur lui sous certains rapports. Son pelage, d'un fauve vif sur le dos, et d'un blanc pur sous le ventre, est marqué irrégulièrement sur les flancs de raies transversales, d'un noir foncé, qui font de sa peau une des fourrures les plus belles et les plus précieuses. Son corps est un peu plus allongé, et sa tête moins grosse; mais la flexibilité de son épine, la souplesse et l'élasticité de ses membres, l'étendue de ses bonds, la force de ses mâchoires et de son col, peuvent être comparées sans désavantage avec celles du lion. Quant à sa férocité excessive, elle est aussi peu réelle que la générosité de ce dernier. Terrible et impitoyable dans le besoin, le *tigre* n'est pas plus à craindre, quand il est repu, que les autres chats de grande taille. Si quelque chose peut le rendre plus redoutable, ce sont sa force et l'impétuosité de ses bonds. Du reste, il a les mêmes habitudes que les autres animaux du même genre; ce sont le même caractère sauvage, la même antipathie pour toute société, le même appétit sanguinaire, la même manière de chercher et de surprendre ses victimes. On a prétendu qu'il était d'un naturel tout-à-fait intraitable et insensible aux bons comme aux mauvais traitemens; c'est une erreur. Pris de bonne heure, il s'apprivoise assez facilement et devient doux et même caressant : on le voit faire le gros dos, quand on le flatte avec la main, et témoigner son contentement par un grognement analogue à celui du chat domestique.

La *panthère* et le *léopard* forment deux espèces à peu près semblables par leur taille, leur couleur et leurs habitudes. Leur longueur, inférieure à celle des deux espèces précédentes, est de quatre pieds environ. leur peau est *tigrée* ou marquée de taches noires sur un fond de couleur fauve. à peu près comme celle du tigre : aussi, dans le commerce des pelleteries, dont elles font un article important, leur donne-t-on ordinairement le nom de ce dernier animal. Les habitudes de ces carnassiers sont tout-à-fait semblables; également féroces et robustes, ils attaquent les plus grands quadrupèdes, et se rendent surtout très redoutables aux antilopes et aux singes.

Le *chat ordinaire* est la seule espèce européenne du sous-genre dont nous parlons; et c'est en même temps la plus petite de tout le genre. Sa taille n'atteint jamais deux pieds, de l'extrémité du museau à l'origine de la queue. Autrefois très commun dans les bois de nos pays, il devient tous les jours de plus en plus rare, et on ne le trouve plus guère maintenant que dans les forêts d'une certaine étendue. Sa disparition des lieux voisins de nos habitations est la suite de la guerre d'extermination que lui font les chasseurs, à cause de la grande quantité de gibier qu'il détruit. C'est en effet le fléau des lièvres, des lapins, des perdrix et des cailles. Il grimpe même sur les arbres pour attraper les écureuils et pour surprendre les oiseaux dans leur nid. C'est de cette espèce que tirent leur origine notre chat domestique et ses nombreuses variétés, dont les principales sont le *chat ordinaire*, le *chat d'Espagne*, le *chat d'Angora* et celui *des Chartreux*. Au reste, quoique apprivoisé, le *chat* n'est jamais aussi attaché à son maître que le chien; il n'est pas rare d'en voir dans les campagnes abandonner le logis, pour devenir tout-à-fait sauvages.

Le *jaguar*, communément appelé par les fourreurs (*fig.* 5) *tigre d'Amérique ou grande panthère*, a le pelage fauve, tacheté de noir, comme le tigre, la panthère et le léopard ; mais outre qu'il a les couleurs plus vives et plus pures, ses taches sont bien différentes pour la forme de celles des uns et des autres : elles sont, il est vrai, rondes comme celles de la panthère et du léopard ; mais au lieu d'être formées par des points disposés circulairement, ce sont des anneaux presque entiers, au centre desquels se trouve placé un point noir. Cet animal est le carnassier le plus redoutable du nouveau continent ; il est même peu inférieur, pour la force, au tigre et au lion. Il terrasse les veaux, les chevaux et même les jeunes taureaux : il est surtout très dangereux pour les troupeaux, en ce que, au lieu d'être effrayé par les chiens, il semble prendre plaisir à se jeter sur eux pour les déchirer. Aussi agile que robuste, il grimpe lestement sur les arbres les plus élevés pour y surprendre les singes. Cependant, malgré sa force et son agilité, il n'attaque jamais l'homme, à moins d'y être poussé par la faim. Quand il est repu, bien loin d'être redoutable, il semble fuir la rencontre de tous les animaux, surtout de ceux qui pourraient troubler son repos. Le *jaguar* est exclusivement propre à l'Amérique méridionale : le Brésil, le Paraguay, le Mexique sont les pays où il est le plus commun. Ses habitudes sont celles des chats en général : il erre presque toujours au milieu des bois, faisant entendre de temps en temps un cri sourd et lugubre qu'on peut exprimer par la syllabe *hou, hou*. Les forêts placées dans le voisinage des rivières sont le séjour qu'il préfère, parce qu'il y trouve avec moins de peine une nourriture plus abondante. L'espèce de cet animal est peu répandue, parce qu'elle a deux ennemis puissans dans les boas monstrueux qui, l'enlaçant dans les vastes replis de leur corps, l'étouffent et le broient pour l'avaler tout entier, et surtout dans l'homme qui lui fait une guerre continuelle, autant pour s'opposer à ses dévastations, que pour se procurer sa précieuse fourrure.

Le *couguar* a été surnommé le lion d'Amérique, à cause de la couleur de son pelage qui, de loin, semble uniformément fauve, quoique vu de près il présente des taches d'une couleur un peu plus foncée ; mais il s'en faut de beaucoup qu'il égale le roi des animaux pour la grandeur ou pour la force ; il atteint à peine la taille du léopard, et il est si peu robuste ou du moins si peu courageux, qu'il n'attaque jamais le chien, quand même il le trouve endormi.

2° Les Lynx (*lynx*) (*fig.* 6) se distinguent des chats par leur queue plus courte que le train postérieur, et par leurs oreilles pointues et terminées par un bouquet de poils. Tels sont le *loup cervier*, le *lynx du Canada*, le *chat cervier*, qui font d'assez belles fourrures, le *caracal*, le *lynx* ou *chat botté*, etc. Le *loup cervier* tire son nom de sa voix, qu'on a comparée au hurlement du loup, et de l'habitude qu'il a de se nourrir de cerfs, ou peut-être des mouchetures que présente son pelage, comme celui du jeune cerf en livrée. Cet animal était autrefois commun dans toutes les forêts de la Gaule, mais à mesure que la population s'est accrue, et qu'on a détruit les forêts, l'homme l'a vu fuir devant lui, de sorte que le *loup cervier* ne se trouve plus maintenant que dans les pays les plus septentrionaux, ou dans les vastes forêts qui couvrent les Pyrénées. Il est même très rare sur ces montagnes. Le commerce de la pelleterie, dont sa peau fait un article assez considérable, n'en tire plus guère que du côté du nord. Le *caracal* est un lynx d'un roux vineux, à peu près uniforme, et originaire de la Perse et de la Turquie, qui paraît être le véritable lynx des anciens, ou plutôt l'animal auquel ils attribuaient les qualités du lynx : car leur lynx, tel qu'ils nous le dépeignent, n'a jamais existé que dans leur imagination. Il n'est pas, en effet, d'animal dont la vue puisse pénétrer à travers un mur, et dont l'urine se change en pierre précieuse. Mais le *caracal* a, comme tous les chats, la vue assez sensible pour y voir la nuit comme le jour, et l'habitude de couvrir de terre ses urines et ses excrémens pour que leur odeur ne trahisse pas sa présence. Tel est le fondement le plus plausible que l'on puisse donner à la fable du *lynx des anciens*.

5o Le dernier sous-genre des chats ne comprend qu'une seule espèce, le *guépard* ou *tigre chasseur* des Indiens. Il se distingue des deux autres sous-genres en ce qu'il a la tête plus courte et les ongles peu rétractiles C'est un animal de la taille et du pelage du léopard, dont il diffère par ses jambes plus hautes, par sa queue longue et annelée de noir à son extrémité et par ses taches uniformes. Son naturel est aussi beaucoup plus doux et plus facile à apprivoiser. On l'emploie même pour la chasse des gazelles et autres grands quadrupèdes.

IIIe *Tribu*. — Amphibies (pl. VI).

Quoique appartenant à l'ordre des carnassiers par les principaux détails de leur organisation intérieure, les *amphibies* se rapprochent des cétacés sous plusieurs rapports, et peuvent être considérés comme établissant un passage des mammifères qui marchent à quatre pieds à ceux qui vivent exclusivement dans l'eau. Leur forme allongée, leur bassin étroit, leur épine flexible, leurs poils ras, huileux, serrés contre la peau, et surtout la conformation de leurs membres leur donnent une analogie frappante avec ces derniers. Leurs pattes sont si courtes et tellement empâtées dans la peau qu'elles ne peuvent servir ni à la préhension des alimens, ni à la marche quadrupède : mai aussi cette disposition les transforme en rames excellentes qui, secondées par la mobilité de l'épine dorsale et par la force des muscles qui meuvent cette colonne, font de ces carnassiers des animaux nageurs dont les mouvemens au sein des mers ne le cèdent pas à ceux des cétacés eux-mêmes pour la souplesse et la rapidité. D'autres particularités de leur organisation intérieure s'accordent parfaitement avec cette destination. C'est ainsi que l'ouverture de leurs narines est garnie d'un muscle circulaire qui les ferme complètement, pour s'opposer, lorsque l'animal nage ou plonge, à l'introduction de l'eau dans le larynx ; de même, pour que le sang ne s'accumule pas en trop grande quantité dans le cœur ou le poumon, pendant que leur séjour dans les mers les empêche de respirer, ils ont au milieu de leur foie une veine énorme qui peut se remplir de ce fluide sans inconvénient pour l'animal. On peut donc regarder l'eau comme le véritable élément des *amphibies* : c'est là seulement qu'ils se plaisent, parce que ce n'est que là qu'ils jouissent de toutes leurs facultés et de leur liberté. Au contraire, le séjour sur la terre leur est aussi désagréable que dangereux ; ils ne peuvent s'y mouvoir qu'en se traînant sur le ventre à l'aide des membres antérieurs, armés à cet effet d'ongles forts et tranchans pour s'enfoncer dans le sol. Aussi ne s'y montrent-ils que le plus rarement possible, et seulement pour se livrer au sommeil, pour allaiter leurs petits, et pour recevoir l'influence des rayons du soleil ou pour contempler un orage. Quant au reste de leurs fonctions, ils les accomplissent toutes au sein des eaux ; ils n'en sortent pas même pour manger, la mer leur fournissant en abondance les poissons qui font exclusivement leur nourriture.

Les habitudes des *amphibies* sont douces et sociables : ils vivent ordinairement en troupes nombreuses, dont les membres sont tellement unis entre eux qu'ils se défendent mutuellement jusqu'à se faire tuer les uns pour les autres. Mais il n'en

est pas ainsi dans la saison de leurs amours. A cette époque,
ils se divisent en petits groupes composés d'un seul mâle et de
plusieurs femelles, pour se rendre séparément sur les rivages
voisins, y faire leur part et allaiter leurs petits. Il n'est pas rare
alors de voir les mâles se livrer des combats furieux pour la
possession des femelles, qui deviennent toujours le partage du
vainqueur. Ce temps est pour eux le plus critique de l'année.
Comme la pêche de ces animaux est très pénible et offre même
des dangers sérieux, à cause de leur force et de leur courage,
on profite de leur séjour sur la terre ferme pour leur faire la
chasse : on en prend alors des quantités immenses pour livrer
au commerce leurs peaux et leur graisse, transformée en huile.
On trouve de ces animaux dans la plupart des mers ; mais ils
sont surtout abondans sur les côtes glaciales du pôle. Ils ne
forment que deux genres : les *phoques* et les *morses.*

§ I. Les principaux caractères zoologiques des PHOQUES (*pho-
ca*) se tirent de la forme de leur museau qui est plus ou moins
conique et de la disposition de leur système dentaire, dont les
canines supérieures, séparées par 4 ou 6 incisives, ne sont pas
plus développées que les inférieures et ne saillent point hors de
la bouche de l'animal (*fig.* 7 et 8). Leur tête est ronde,
garnie de moustaches longues et fortes, et assez semblable à celle
d'un chien ; leur crâne est vaste et leur cerveau bien développé, leurs yeux sont grands, leurs regards expressifs ; en
un mot toute leur physionomie annonce l'intelligence et la douceur. Ils s'apprivoisent avec beaucoup de facilité et parviennent
en peu de temps à reconnaître leur maître, à la voix duquel ils
s'empressent d'accourir. Ils s'attachent tellement aux personnes
qui les soignent que, dès qu'ils les aperçoivent, ils se précipitent
vers le rivage, sur lequel ils se traînent péniblement, pour leur
lécher les pieds et leur témoigner par les signes les plus expressifs leur joie et leur reconnaissance.

La forme des *phoques* se rapporte assez bien à ce que la mythologie dit des tritons, des sirènes et autres monstres marins
moitié quadrupèdes, moitié poissons, pour qu'il soit impossible
de douter que ces animaux lui aient servi de modèle dans ses
descriptions. Leur partie antérieure ressemble à celle d'un
chien, et même à celle de l'homme, quand elle est dépeinte par
une imagination exagérée, tandis que l'extrémité postérieure
rappelle grossièrement celle d'un poisson.

On trouve de ces animaux dans presque toutes les mers, du

côté du pole comme vers l'équateur, et ils sont assez abondans, quoique la femelle ne produise que deux petits, et qu'on leur fasse partout une guerre d'extermination pour leur huile qui sert au tannage et à l'éclairage , et pour leur peau dont on fait des fourrures grossières, des outres, des couvertures de malles, etc. Ce genre nombreux a été partagé en deux sous-genres, les *phoques propres* et les *otaries*.

1° Les premiers se reconnaissent en ce qu'ils n'ont pas de pavillon extérieur à leur oreille et qu'ils ont aux membres antérieurs les doigts un peu mobiles et armés d'ongles recourbés (*fig.* 7). On connaît entre autres espèces le *phoque commun* ou *veau marin*, le *phoque à ventre blanc*, le *phoque à trompe ou éléphant de mer*, etc.

Le *veau marin* est l'espèce la plus petite; il n'a pas plus de trois à cinq pieds de long : son pelage mélangé de jaune et de brun le rend facile à reconnaître. C'est le plus commun de tous; on le trouve dans les mers glaciales et tempérées : on le rencontre très fréquemment par grandes troupes sur les côtes de France ; mais il est beaucoup plus abondant sur les rivages des mers septentrionales où l'on en prend annuellement plus de cent mille, qui fournissent, outre leur peau, près de trois millions de livres d'huile.

Le *phoque à ventre blanc* ou *moine* est plus de deux fois plus grand que le veau marin; il n'a pas moins de dix à douze pieds de long. C'est probablement l'espèce connue des anciens. et dont Virgile parle dans ses Géorgiques.

Le *phoque à trompe* est très reconnaissable à la trompe courte et mobile qui termine son museau. C'est la plus grande des espèces du genre : elle n'a pas moins de vingt-cinq à trente pieds, et se trouve en grandes troupes dans le midi de la mer Pacifique. On retire de sa pêche une immense quantité d'huile.

2° *Les* OTARIES (*otarium*) (*fig.* 8) sont faciles à distinguer à la petite conque qui garnit l'ouverture du conduit auditif, à leurs doigts antérieurs à peu près immobiles et terminés par des ongles menus et aplatis. Les espèces sont beaucoup moins nombreuses que celles du sous-genre précédent. Les principales sont le *phoque à crinière* ou *lion marin*, et *le phoque ursin* ou *ours marin*. Le premier, que caractérise l'espèce de crinière que lui forment les poils du col, plus épais et plus crépus que dans les autres parties du corps, est presque aussi grand que le phoque à trompe : il a plus de vingt pieds de long, quand il est parvenu à son entier développement. On le trouve dans tous les parages de la mer Pacifique. Le *phoque ursin* est beaucoup plus petit : il n'a guère que huit pieds de long : il se distingue du précédent par le défaut de crinière. Il habite les côtes de l'océan Pacifique.

§ II. Les MORSES (*trichechus*) sont vulgairement connus sous le nom de *vaches marines*, quoiqu'ils n'aient de ces ruminans aucun caractère extérieur qui puisse justifier cette dénomination, si ce n'est cependant leur grosseur qui égale au moins celle d'un fort taureau et leur voix qui a quelque rapport avec le mugissement d'un bœuf. Du reste tout leur corps ressemble à celui du phoque ; gros antérieurement, il diminue insensiblement jusqu'à la queue, où il se termine par deux pattes larges, minces, dirigées en arrière et tellement rapprochées qu'elles semblent former une queue horizontale. Leurs membres antérieurs conformés en nageoires, ne diffèrent de ceux des phoques que parce qu'ils ont les doigts moins libres et les ongles plus faibles et plus petits.

Il est cependant une différence importante qui distingue au premier coup d'œil ces deux sortes d'amphibies ; le *morse* offre à sa mâchoire supérieure deux fortes canines, qui font hors de sa gueule une saillie de plus de 2 pieds (*fig.* 9) ; le phoque au contraire a toutes les siennes cachées par ses lèvres. On sent que la largeur et la profondeur des alvéoles, nécessaires pour loger les racines de ces deux dents énormes doivent altérer considérablement la forme de la tête du *morse*. En effet, le museau, repoussé par ces os, se relève à tel point, que l'ouverture des narines est tournée presque directement vers le ciel. En outre le peu d'intervalle qui existe entre ces deux espèces de défenses, s'opposant au développement de la mâchoire inférieure, celle-ci reste extrêmement étroite, et manque même absolument de dents canines et incisives. De cette différence du système dentaire, il en résulte une autre dans le régime de ces amphibies ; les phoques ayant toutes leurs mâchoires bien armées, se nourrissent exclusivement de chair ou de poisson ; les *morses*, au contraire, dépourvus à la mâchoire inférieure de dents qui leur permettent de saisir et de déchirer facilement leur proie, unissent l'usage de certaines plantes aquatiques à celui des substances animales.

Quant aux autres habitudes, elles sont essentiellement les mêmes dans les deux genres. Les uns et les autres se réunissent également en troupes nombreuses, dont tous les membres se prêtent un secours mutuel en cas de danger ; ils se tiennent principalement dans l'eau, et ne vont à terre que pour se reposer et dormir ou pour mettre bas et allaiter leurs petits. La seule différence qu'ils présentent sous ce rapport, c'est que les *morses* ne se trouvent que dans les contrées septentrionales, et se rendent encore plus rarement à terre que les phoques, à cause de l'extrême difficulté qu'ils ont à s'y mouvoir, faute d'ongles assez forts aux membres antérieurs. On leur fait à tous la chasse de la même manière et pour les mêmes motifs ; l'huile et la peau sont les deux objets que les chasseurs recherchent ; dans le *morse* on trouve de plus les défenses, dont l'ivoire quoique grenu est cependant employé dans les arts.

Les *morses* étaient autrefois beaucoup plus communs qu'aujourd'hui ; on en trouvait des troupes innombrables sur les rivages de toutes les mers du nord. Maintenant ils sont relégués sur les côtes glaciales du Spitzberg, du Groënland et de quelques autres contrées très rapprochées du pôle nord.

On ne connaît de ce genre qu'une seule espèce bien authentique, qui est longue de vingt à vingt-cinq pieds et est recouverte d'un pelage jaunâtre. On l'appelle indistinctement *vache marine, cheval marin, bête à la grosse dent, valrus,* etc.

IVe *Ordre.* — RONGEURS (pl. 7).

L'ordre des *rongeurs* est, après celui des carnassiers, le plus nombreux de la mammologie ; il comprend tous ces petits mammifères onguiculés, dont les formes, les habitudes et l'organisation se rapprochent plus ou moins de celles de nos *rats.* Privés des armes vigoureuses qui font la principale force des autres animaux, ils semblent nés pour servir de pâture à ceux que la nature a mieux favorisés. Entourés d'ennemis de toutes parts, ils ne peuvent opposer que la fuite à leurs attaques continuelles. Dans ce but, ils ont reçu du Créateur des membres souples et agiles qui les mettent en peu de temps hors de leurs atteintes, ou des ongles robustes avec lesquels ils se creusent au sein de la terre un asile inaccessible à la plupart des carnassiers. Quelques uns, pourvus de griffes aiguës, grimpent avec facilité sur les arbres, où ils trouvent une retraite presque aussi sûre que dans les terriers les plus profonds.

Le système dentaire des *rongeurs* ne se compose que de deux sortes de dents : ce sont *deux grandes incisives, séparées des molaires par un espace vide,* occupé dans les autres animaux par les canines (*fig.* 1). Les incisives se font remarquer par leur longueur, leur force et leur tranchant. Quoiqu'elles fassent une forte saillie au-delà de la gencive, la partie enfoncée dans l'alvéole est encore plus considérable ; ce qui leur donne une solidité presque inébranlable. Leur forme tranchante est due à deux causes ; à leur frottement contre celles de la mâchoire opposée et à l'inégalité d'épaisseur de la couche d'émail qui les recouvre. Il est en effet évident que cette couche étant plus épaisse en avant qu'en arrière, la face postérieure de ces dents doit s'user plus promptement que l'antérieure ; de manière qu'elles sont naturellement taillées en biseau et demeurent toujours bien affilées. Quant aux molaires, elles varient pour le nombre et pour la forme ; on en compte depuis deux jusqu'à six à chaque mâchoire ; et leur couronne, quoique ordinairement plane, ne laisse pas d'offrir assez souvent des inégalités dont la disposition influe beaucoup sur le régime de l'animal. Elle offre des pointes dans les insectivores et les carnassiers ; des tubercules mousses dans les espèces qui se nourrissent de fruits, d'amandes ou de racines, des lignes saillantes dans celles qui vivent d'herbes, de feuilles ou de grains.

Cette disposition du système dentaire, jointe à l'étroitesse de la bouche, à la faiblesse des muscles des mâchoires et à la conformation des membres antérieurs dont l'avant-bras n'est presque pas susceptible de rotation et dont les doigts n'ont que des ongles courts et obtus, ne permet pas aux *rongeurs* de saisir une proie ni de déchirer de la chair, ni même de couper leurs alimens ; ils ne peuvent que les mordre, les limer, les réduire en parcelles déliées, en un mot les *ronger*. Les mouvemens de la mâchoire inférieure, qui ne peuvent se faire que d'avant en arrière, sont très favorables à ce mode de mastication ; car alors les surfaces des molaires supérieures et inférieures, glissant l'une sur l'autre, écrasent les corps durs qui se placent entre elles, à peu près comme les deux meules d'un moulin réduisent le blé en farine.

La forme extérieure des *rongeurs* est assez remarquable ; leur tête oblongue se termine par un museau bombé et arrondi, ce qui les distingue au premier coup d'œil des insectivores, dont la taille et les habitudes sont assez semblables, mais dont le museau est extrêmement pointu. Leurs membres postérieurs sont en général beaucoup plus longs et plus fortement musclés que ceux de devant, ce qui fait que leur croupe est toujours plus élevée que leurs épaules, surtout lorsqu'ils sont en repos. Cette disproportion entre les deux trains de l'animal lui donne aussi une allure particulière; il ne marche ni ne court, il ne peut que sauter, en s'élançant en avant, au moyen de ses pattes de derrière. Aucun de ces animaux n'a l'intelligence bien développée; ce qu'explique la petitesse de leur cerveau et le peu de replis qu'il présente. En compensation ils ont presque tous un instinct admirable pour se procurer des alimens, pour se soustraire à leurs ennemis et pour se garantir de l'intempérie des saisons et des vicissitudes atmosphériques. Parmi leurs sens, la vue et l'ouïe sont les plus subtils. Chez quelques-uns l'odorat partage cette délicatesse; mais il n'en est aucun dont le goût et le toucher ne soient médiocres.

Les habitudes des *rongeurs* sont en général sédentaires; on n'en connaît qu'un très petit nombre qui voyage. L'immense majorité de ces animaux demeure cachée dans leur bauge ou dans leur terrier, qu'ils ne quittent guère que pour aller chercher leur nourriture.; ils choisissent de préférence la nuit, lorsque l'obscurité sert à les dérober aux yeux de leurs nombreux ennemis. C'est à ce moment qu'ils se répandent dans les jardins, dans les champs, dans les bois, pour y chercher des fruits, des grains, des noix, des glands, etc. Mais, malgré leur défiance et leurs précautions, il en périt tant, qu'on ne concevrait que difficilement comment la race n'en a pas été entièrement anéantie depuis long-temps, sans leur prodigieuse fécondité. Non-seulement ils produisent un grand nombre de petits à la fois (20 quelquefois), mais encore ils font plusieurs portées par an. Aussi a-t-on calculé qu'une seule paire de ces animaux pouvait produire en un an jusqu'à mille descendans. Un pareil fait rend raison de l'apparition subite de ces multitudes innombrables de lémings et de mulots qui infestent les campagnes en certaines années. Heureusement les putois, les belettes, les oiseaux de proie, et surtout les froids rigoureux et les pluies abondantes les détruisent par millions. Eux-mêmes, lorsque la faim les presse, deviennent leurs premiers et leurs plus terribles ennemis; les plus forts se jettent sur les plus faibles pour les dévorer, et le carnage dure tant qu'il en reste deux pour s'entr'égorger.

Plusieurs animaux de cet ordre sont sujets à l'hivernation; mais la léthargie n'est pas également profonde dans toutes les espèces. Les unes s'éveillent de temps en temps, quand la température s'élève, et se mettent à manger les provisions qu'elles ont faites avant leur engourdissement. Les autres, au contraire, demeurent toujours immobiles et vivent aux dépens de leur graisse ; aussi, lorsqu'au retour de la belle saison, elles commencent à quitter leurs retraites, on les voit maigres et décharnées se jeter avec voracité sur tout ce qui peut satisfaire le besoin qui les exténue.

On trouve des *rongeurs* dans toutes les parties du globe ; les espèces qui vivent dans le Nord présentent en général une belle fourrure. On recherche celle du *petit-gris,* du *hamster* et surtout du *chinchilla.*

L'ordre des rongeurs est tellement naturel, qu'il est très difficile d'y établir de grandes coupes ; on les divise cependant en deux sections : la première est celle des *claviculés,* qui ont des clavicules complètes, s'articulant avec l'omoplate et le sternum, ce qui permet à leurs membres antérieurs des mouvemens plus variés ; la seconde comprend les *acléidiens,* qui n'ont point cet os, ou qui l'ont trop court pour servir à écarter l'épaule du sternum.

Ire *Section.* — RONGEURS CLAVICULÉS.

On compte huit genres principaux dans la première section ; ce sont les *écureuils,* les *marmottes,* les *loirs,* les *chinchillas,* les *rats,* les *gerboises,* les *rats-taupes* et les *castors.*

§ I. Le genre ÉCUREUIL (*sciurus*) comprend environ quarante espèces de forme assez différente, mais toutes caractérisées par une queue longue et velue, par des incisives comprimées, et par des molaires qui sont au nombre de cinq en haut et de quatre en bas, et dont la couronne est surmontée d'éminences tuberculeuses. On rencontre ces petits mammifères partout où se trouvent des fruits secs, tels que faines, glands, noisettes, etc., dont ils font leur principale nourriture. Et comme ces productions leur manqueraient pendant l'hiver, lorsque la neige couvre la terre, ils ont soin, pendant la belle saison, d'en former des magasins qu'ils placent à portée de leur nid et où ils vont les retrouver au besoin.

On divise ce genre en quatre sous-genres : les *écureuils,* les *guerlinguets,* les *polatouches* et les *tamias.*

1° Tout intéresse dans les ÉCUREUILS : l'élégance des formes, la finesse de la physionomie, la beauté des yeux, la vivacité du regard, l'agilité et la grace des mouvemens. Mais le plus bel ornement de ces jolis animaux est sans contredit leur queue,

9.

dont les poils sont disposés sur deux rangs, de la même manière que les barbes d'une plume sur chaque côté de la tige. Elle leur sert de parasol pour se garantir du soleil, de parachute quand ils sautent, et même, dit-on, de gouvernail quand ils nagent.

Les habitudes de ces rongeurs ne sont pas moins intéressantes que leurs formes. Tranquilles dans la bauge qu'ils se construisent avec de petites bûchettes dans la bifurcation des branches, et qu'ils tapissent de mousses et autres substances mollettes pour rendre leur lit plus doux, ils plaisent par l'innocence de leurs occupations, dont les principales consistent à nettoyer leur robe des ordures qui peuvent la salir, et à éplucher les noix, les glands, les faines, etc., avec leurs pattes de devant, pour en extraire les amandes qui font leur nourriture. Mais c'est surtout lorsqu'ils quittent cette retraite, qu'on aime à suivre leurs mouvemens souples et gracieux. Soit qu'ils s'amusent à folâtrer ensemble, soit qu'ils cherchent les fruits dont ils ont besoin, on les voit, rapides comme l'éclair, grimper le long des arbres sauter de branche en branche, glisser, pour ainsi dire, sur l'écorce avec tant d'agilité, que l'œil peut à peine les suivre dans leurs évolutions variées.

C'est ainsi qu'ils passent la belle saison, occupés à se procurer des a'imens pour leurs besoins journaliers et des provisions pour l'avenir. Aussi, lorsqu'au milieu de l'hiver la neige couvre les campagnes et dérobe aux yeux des animaux les substances nutritives qui leur conviennent, l'*écureuil* trouve dans ses magasins une nourriture abondante et facile, sans avoir besoin de s'exposer aux intempéries de l'air et aux regards de ses ennemis. Et de peur que la découverte de la cachette de ses vivres ne trahisse son asile et ne le réduise à périr de faim, il a soin d'en faire plusieurs et de les placer à une certaine distance de son domicile. Au moyen de cette précaution, il passe dans l'abondance, la sécurité et le repos une saison qui est pour les autres un temps de privations, de dangers et de fatigues.

Ce sous-genre est le plus nombreux du groupe, et comprend à lui seul plus d'espèces que les trois autres réunis. La principale est l'*écureuil commun,* reconnaissable aux pinceaux de poils qui terminent ses oreilles, et répandue dans toutes les contrées froides ou tempérées de l'Europe et de l'Asie. Dans le Nord sa robe, qui est habituellement d'un roux vif, devient d'un gris cendré pendant l'hiver, et forme une assez belle fourrure, connue dans le commerce sous le nom de *vair* ou de *petit-gris.* Une autre espèce dont la peau n'est pas moins recherchée est l'*E. gris* de la Caroline ; sa taille est la même que celle de l'écureuil commun. Le *capistrate,* ou écureuil à masque, l'*E. des Pyrénées,* qui a les oreilles pénicillées ou terminées par un pinceau de poils avec le pelage brun, le *grand écureuil* des Indes, qui est presque aussi grand qu'un chat, etc., appartiennent également à ce groupe.

2° Les Guerlinguets (*macroxus*) ne diffèrent des écureuils ordinaires que par leur queue presque ronde, et non distique ; du reste, leurs habitudes sont les mêmes. On n'en trouve que dans les pays chauds des deux continens. A cette division se rapportent six ou sept espèces dont les principales sont le *grand guerlinguet* d'Amérique, le *lary* de Sumatra, remarquable par son pelage varié, le *guerlinguet nain* de Cayenne, dont la longueur ne dépasse pas celle du rat, etc.

3° Les Polatouches (*sciuropterus*) (*fig. 2*) ont, comme les *galéopithèques,* un repli de la peau des flancs étendu entre leurs quatre membres et formant un parachute pour les soutenir dans les sauts qu'ils font sur les arbres. Du reste, leur régime et leurs habitudes sont ceux des espèces précédentes. On en rencontre dans le nord des deux continens. Le *polatouche* d'Europe, l'*assapan,* ou polatouche d'Amérique, et le *taguan,* ou polatouche des Indes, sont les espèces les plus remarquables de ce sous-genre qui n'en renferme que cinq ou six.

4° Les Tamias (*tamia*) se distinguent des autres *écureuils* par leurs formes plus trapues et par leurs ongles fouisseurs ; la plupart ont aussi des abajoues. Au lieu de grimper sur les arbres, comme les autres, ils se tiennent à leur pied et s'y creusent un terrier entre leurs racines. Leur robe est remarquable par les bandes longitudinales dont elle est variée. On en connaît trois ou quatre espèces dont les principales sont le *barbaresque,* le *palmiste* et surtout le *suisse,* ainsi nommé d'une bande blanche, bordée de noir, qu'il porte de chaque côté sur son dos ; ce qui donne à sa robe quelque rapport avec le costume des suisses de nos églises.

§ II. En comparant les formes lourdes et trapues de la MARMOTTE (*arctomys*) des Alpes avec la taille légère et dégagée de notre écureuil, on est surpris de trouver ces deux rongeurs dans deux genres voisins ; mais lorsqu'on étudie leur organisation intérieure, on voit que les organes essentiels sont les mêmes : les dents molaires sont en même nombre et également tuberculeuses dans les deux espèces ; ce qui permet à l'une et à l'autre de joindre l'usage de quelques substances animales à leur régime habituellement végétal. D'ailleurs nous avons vu que, parmi les écureuils, il s'en trouvait plusieurs (les *tamias*) qui n'ont pas la taille aussi élancée que l'espèce commune, comme aussi certaines marmottes nous offrent des formes plus légères que celles de l'espèce des Alpes. On doit cependant dire, en général, que les *marmottes* ont le corps large et aplati, les jambes basses, la fourrure grossière, la queue médiocre ou courte, la tête écrasée, les oreilles petites et presque cachées au milieu des poils qui les entourent.

Quant à leurs habitudes, elles sont généralement très paisibles et innocentes, quoique ces animaux mangent, avec les racines qui font la base de leur nourriture, des insectes et même de la chair, quand ils en trouvent. Ils vivent en troupes, cachés dans des terriers profonds où ils accumulent une grande quantité d'herbes sèches pour se faire des lits plus doux. Ce qu'on a dit de la manière dont ils transportent ces herbes dans leur souterrain en se faisant traîner sur le dos par des compagnons, est un conte fait à plaisir, qui n'a d'autre fondement que la nudité de la peau de leur dos : nudité qui résulte du frottement de cette partie contre la voûte du terrier qu'ils habitent. Quoi qu'il en soit, les *marmottes* ne sortent de leur retraite que pour aller faire leurs provisions de racines tendres, et quelquefois pour folâtrer à l'entrée de leur demeure pendant les beaux jours d'été. Mais dans ce dernier cas, elles ont soin d'établir une sentinelle sur quelque éminence voisine pour veiller à ce que des ennemis ne viennent pas à l'improviste interrompre leurs jeux.

Un instinct admirable avertit ces rongeurs de l'approche de l'hiver. L'automne est encore beau et rien dans l'atmosphère n'annonce encore de changement prochain dans le temps. Cependant on les voit déjà occupés à charrier du foin dans leur demeure et à chercher les pierres et la terre avec lesquelles ils doivent fermer l'entrée de leur terrier ; et dès que les premiers froids commencent à se faire sentir, ils s'enferment hermétiquement dans leur souterrain et tombent dans l'engourdissement. Ils restent ainsi plongés dans un sommeil profond, sans prendre aucune espèce d'alimens, jusqu'à ce que le soleil du printemps vienne fondre les neiges qui couvrent leurs montagnes. On ne trouve les *marmottes* que dans les pays septentrionaux ; ou s'il s'en rencontre quelques espèces dans des climats plus doux, elles cherchent sur les montagnes une température basse et appropriée à leur constitution. On retire peu de profit de la prise de ces animaux, quoique les montagnards en mangent la chair et se servent de leur peau comme d'une fourrure grossière. On a divisé ce genre en deux petits groupes, les *spermophiles* et les *marmottes*.

1° Les Spermophiles (*spermophilus*), dont les formes sont plus sveltes et plus légères que celles des marmottes véritables, se rapprochent un peu du genre précédent, surtout des tamias : ce qui les a fait appeler *écureuils de terre.* Ce qui les distingue du sous-genre suivant, c'est qu'ils ont des abajoues dans lesquelles ils ramassent des provisions de graines ; d'où leur nom de *spermophile* qui signifie *aimant les graines.* Nous en avons une espèce en Europe ; c'est le *souslik* ou *zizel,* joli petit animal, dont le pelage gris-brun est ondé ou tacheté de blanc. Le *souslik à treize raies,* et celui de la Louisiane ou *écureuil jappant* appartiennent aussi au même groupe.

2° Les *marmottes* ont les formes épaisses et manquent d'abajoues ; telles sont la *marmotte des Alpes,* le *bobac* ou marmotte de Pologne, le *monax,* espèce d'Amérique, etc.

§ III. Les LOIRS (*myoxus*) (*fig.* 3) forment un genre peu nombreux, distingué des autres rongeurs claviculés, par leurs molaires qui sont au nombre de quatre à chaque mâchoire, par leur taille légère et élancée comme celle des écureuils, enfin par leur queue longue et généralement velue, surtout à son extrémité. Ce sont de petits mammifères fort doux, qui demeurent cachés dans des terriers ou dans des trous d'arbres et de vieilles murailles, et qui vivent spécialement de fruits tendres ou secs et rarement d'œufs ou d'autres substances animales. Leur chair, surtout celle des grandes espèces, est assez agréable au goût, et se mange en plusieurs pays de l'Europe méridionale, en Italie surtout ; mais dans les contrées situées plus au nord, on les rejette comme trop maigres.

Les pays étrangers en ont des espèces avec quelques piquans sur le dos ; on les appelle *echimys.* Celles d'Europe ont toutes le pelage doux au toucher ; ce sont les *loirs,* proprement dits. Ce sont de jolis animaux à queue assez fourn·e, à l'œil vif, aux mouvemens agiles, qui grimpent comme les écureuils sur les arbres où ils vont chercher les fruits, et, quand l'occasion s'en présente, les œufs et même les jeunes oiseaux. Quoique la plupart de ces petits rongeurs se trouve répandus sous presque toutes les latitudes, les espèces en sont néanmoins plus nombreuses au midi qu'au nord, sans doute parce qu'elles y trouvent plus abondamment leur nourriture, et peut être aussi parce qu'elles ne pourraient résister à un froid trop intense. On remarque, en effet, que, même dans les régions tempérées, ils tombent en léthargie dès que la température baisse d'une manière notable, et qu'ils sont obligés d'avoir un nid bien abrité et bien doublé de mousse, de coton et autres substances mollettes pour y passer l'hiver. Leur engourdissement devient tellement profond qu'on peut les toucher, les manier, les changer même de place sans qu'ils donnent aucun signe de vie. Et cependant, lorsqu'au milieu des froids et des gelées il survient quelques jours moins rigoureux, on voit les *loirs* sortir de leur torpeur et reprendre leur vivacité naturelle. Cette circonstance les oblige à faire des provisions pour manger dans ces momens d'éveil. C'est dans ce but que pendant la belle saison ils entassent dans leur retraite des noisettes, des glands, des châtaignes et autres fruits secs faciles à conserver. On connaît six ou sept espèces de loirs, dont trois se trouvent en France. Ce sont le *muscardin*, le plus petit de tous, qui égale à peine la souris en grandeur; le *lerot*, qui est un peu plus gros, mais dont la taille est encore inférieure à celle du rat; et le *loir*, le plus fort des trois, que les anciens Romains engraissaient comme nous engraissons nos lapins et qu'on mange encore en Italie, où il est beaucoup plus commun qu'en France.

§ IV. Les **CHINCHILLAS** (*chinchilla*) étaient depuis long-temps connus dans le commerce de la pelleterie par la beauté et par la finesse de leur fourrure; mais jusqu'à ces derniers temps on n'avait pas pu se procurer l'animal entier, afin de pouvoir déterminer sa place parmi les rongeurs. Il n'y a que quelques années qu'on s'est assuré que les *chinchillas* ont des clavicules complètes, et les molaires au nombre de quatre de chaque côté : ce qui fixe leur place parmi les rongeurs claviculés, et près des loirs. Mais ils se distinguent de ce dernier genre par leur pelage bien plus doux, par leur queue médiocre et par leur taille qui égale presque celle d'un lapin. Leurs habitudes sont peu connues : on sait seulement qu'ils habitent les montagnes du Pérou et du Chili, qu'ils vivent dans des terriers, et que leur chasse exige des chiens dressés à les prendre sans endommager leur fourrure. On poursuit ces rongeurs avec tant d'activité, que les gouvernemens de l'Amérique du sud viennent d'être obligés d'en prohiber la chasse momentanément, de peur que la race n'en fût bientôt totalement anéantie.

§ V. Les RATS (*mus*) sont des animaux de petite taille, qu'on distingue aisément de tous les autres rongeurs, en ce qu'ils ont les incisives inférieures pointues, *les molaires au nombre de trois à chaque mâchoire, et les membres antérieurs à peu près égaux à ceux de derrière.* Voraces et destructeurs par caractère, les *rats*, malgré la timidité qui les porte à chercher les retraites les plus secrètes, commettent des dégâts inconcevables. Ils s'attaquent à tout ; graisse, viande, grains, linge, lainage ; ils n'épargnent pas même les meubles. Indifférens sur le genre d'alimens, ils peuvent se nourrir également de végétaux ou de substances animales : aussi n'est-il point de contrées où ils ne puissent vivre et se reproduire comme dans leur patrie. Et comme leur fécondité est supérieure à celle de la plupart des autres rongeurs, ils finissent par se multiplier au point de devenir insupportables. Heureusement ils ont de redoutables ennemis dans les chats, les martres, les oiseaux de proie et surtout dans leur propre voracité. Quand, par l'effet de leur excessive multiplication, les vivres deviennent rares dans le pays qu'ils habitent, les grands attaquent les petits et en font d'épouvantables déconfitures. Cependant, malgré toutes ces causes destructives auxquelles se joint de temps en temps la rigueur des hivers ou les pluies du printemps et de l'automne, leur race ne s'en maintient pas moins toujours nombreuse, et il ne faudrait rien moins pour les détruire, qu'une de ces épouvantables catastrophes qui ont jadis bouleversé notre globe : encore est-il douteux qu'ils fussent tous anéantis, tant ils pullulent avec abondance dans presque tous les pays connus. Ce genre, le plus considérable de l'ordre, ne comprend pas moins de soixante espèces, que l'on rapporte ordinairement à cinq sous-genres : les *hamsters*, les *rats* proprement dits, les *ondatras*, les *campagnols* et les *lémings.*

1° Les HAMSTERS (*cricetus*) (*fig. 4*) sont des quadrupèdes fouisseurs et terriers, qui passent l'hiver en léthargie, comme les *loirs* et les *marmottes.* Ils se distinguent de tous les autres rats *par leurs abajoues*, par leur *queue courte et velue*, par leurs yeux grands et vifs et par leurs formes lourdes et peu gracieuses. Leurs habitudes ne les rendent pas plus aimables ; leur présence dans un canton est un véritable fléau pour l'agriculture. Afin de prévenir la disette, à laquelle ils seraient exposés durant la mauvaise saison, ils profitent des beaux jours pour entasser dans leurs souterrains d'immenses provisions de blé, de pois et de toutes sortes de graines ; les jeunes individus se contentent d'environ douze ou quinze livres, les vieux en ramassent jusqu'à quatre-vingts et cent. Ce n'est pas qu'ils aient besoin de cette énorme quantité de vivres ; le plus souvent il en reste, à la fin de l'hiver, des amas considérables qui deviennent la proie des insectes, ou qui pourrissent par l'effet de l'humidité. C'est par excès de prévoyance qu'ils accumulent ainsi ces provisions inutiles, dont la récolte et le transport leur coûtent néanmoins tant de fatigue et de peine. En effet, ce n'est pas seulement dans le voisinage qu'ils se procurent tout ce qu'il leur faut ; ils sont tellement avides qu'ils n'y trouveraient pas de quoi remplir leurs greniers ; ils sont obligés de faire de longues excursions dans les environs pour compléter leur approvisionnement. Aussi passent-ils toute la fin de l'été et la plus grande partie de l'automne dans cette pénible occupation, que cependant leurs abajoues abrégent et rendent plus facile, car ces poches, bien remplies, peuvent contenir deux onces et demie de graines chacune, de sorte qu'à chaque voyage l'animal apporte dans son terrier environ cinq onces de provisions. Arrivé dans sa demeure, il vide ses abajoues en les pressant extérieurement avec ses pattes antérieures.

Quand l'approvisionnement est terminé, ce qui a lieu vers le commencement d'octobre, les *hamsters* se retirent dans leur demeure dont ils bouchent soigneusement l'entrée ; mais ils ne s'engourdissent pas de suite ; ils passent les premiers temps de leur retraite à dormir et à manger ; ce n'est que lorsque le froid devient intense qu'ils se roulent en cercle, la tête retirée sous le ventre entre les pattes de devant, et tombent dans l'engourdissement le plus profond ; mais il faut pour cela que le souterrain soit privé d'air, ils ne s'engourdissent jamais sans cette condition. Au retour du printemps ils sortent graduellement de leur léthargie à mesure que la température s'élève ; pourtant ils ne quittent pas leur retraite immédiatement après leur réveil, ils y demeurent encore tant que la chaleur n'est pas suffisante pour leur constitution, à moins que la fin de leurs provisions ne les oblige à précipiter leur sortie.

Les *hamsters* sont d'un naturel égoïste, irascible et querelleur. Ils ne s'inquiètent jamais de leur famille ; la femelle et à plus forte raison le mâle se laissent enlever leur progéniture avec la plus complète indifférence et sans faire le moindre effort pour la sauver. Et il ne faut pas croire que cette apathie soit l'effet de la timidité et de la faiblesse ; ces rongeurs sont au contraire d'un courage qui va jusqu'à la témérité ; non-seulement ils se battent entre eux, pour le moindre prétexte, jusqu'à ce que la mort s'ensuive, ils attaquent même les chiens dont la taille est triple et quadruple de la leur, et les mordent avec tant d'acharnement que rien que la mort ne peut leur faire lâcher prise.

La femelle du *hamster* fait deux ou trois portées par an, et à chaque fois elle produit 6 petits au moins et quelquefois 16 uu 18. Trois semaines après leur naissance, ceux-ci sont assez grands pour pourvoir d'eux-mêmes à leur subsistance, et ils sont chassés impitoyablement du terrier par leur mère. On trouve principalement ces animaux dans les pays tempérés, en Allemagne, en Pologne, etc. On en distingue 5 ou 6 espèces, dont la plus importante est le *hamster commun* ou *marmotte d'Allemagne*, dont la fourrure, sans être précieuse, fait cependant un article assez considérable du commerce des pelleteries.

2° Parmi les nombreux sous-genres du genre rat, on distingue les RATS PROPREMENT DITS *à leur queue longue, presque nue et marquée transversalement de rangées de petites écailles,* de dessous lesquelles sortent quelques poils rares et courts.

Si l'importance des animaux était proportionnée à leur taille, les petits quadrupèdes dont nous parlons ne seraient que d'un bien faible intérêt pour nous; mais si elle se mesure aux services qu'ils nous rendent ou au mal qu'ils nous font, ces mêmes rongeurs occuperont une des premières places parmi les objets qui doivent fixer notre attention. Ils nous entourent de tous côtés et nous suivent partout: à la ville, dans les champs et jusque dans l'intérieur de nos demeures, ils nous tourmentent et nous harcellent sans cesse. Par la manie qu'ils ont de tout ronger, autant que par leur voracité insatiable, ils détruisent, en le mangeant ou en le gaspillant, tout ce qui est à leur portée, meubles, vêtemens, provisions de bouche. A la campagne, ils retirent du sein de la terre le gland ou la faîne qu'on lui a confiés, rongent la tige des plantes nouvellement nées et coupent le chaume des céréales pour en dévorer ou déchirer les épis. Quelques espèces moins pernicieuses, mais non moins gloutonnes, se tiennent dans les voiries où l'on dépose journellement les immondices des grandes villes, et où l'on jette les cadavres des animaux qui périssent par accident ou de maladie. D'autres espèces aussi voraces et plus dégoûtantes encore, s'établissent en permanence dans les latrines, les égoûts et autres lieux, où des matières animales en putréfaction leur offrent une pâture abondante et une sécurité parfaite.

Aucun de ces *rongeurs* ne terre à proprement parler ; ils se contentent tous du premier trou que le hasard leur fait rencontrer soit dans la terre, soit au milieu d'un mur. La seule peine qu'ils se donnent avant de s'y établir, c'est de le tapisser d'une petite couche de substances mollettes qu'ils vont chercher dans le voisinage ; ils y apportent aussi quelquefois des provisions, mais en très petite quantité. Comme ils vivent en des endroits qui leur offrent en tous temps une subsistance suffisante, leur prévoyance à cet égard eût été sans objet. Si donc les *rats* cherchent à se procurer un nid, c'est uniquement pour se soustraire aux poursuites de leurs ennemis et pour y élever leur progéniture. Les femelles sont très fécondes et font annuellement trois portées de six à douze petits chacune. Cette fécondité seule peut les garantir de l'anéantissement, malgré les immenses destructions qu'en font les différentes espèces de martres et de chats, les oiseaux de proie et surtout l'homme, qui invente sans cesse de nouveaux moyens pour en diminuer le nombre. Parmi les espèces de ce genre que nous avons en France nous citerons le *rat commun*, qui vit dans les maisons ; le *surmulot*, un peu plus grand que le précédent, le plus carnassier de tous, qui se tient dans les voiries, les abattoirs, etc. ; la *souris*, si connue de tout le monde par les dommages qu'elle cause ; le *mulot* ou *rat des champs*, de la taille de la précédente ; le *rat des moissons*, qui est un peu plus petit, etc. Les rats étrangers les plus remarquables sont : le *rat géant* des Indes, qui est grand comme un petit chat, le *pilori* ou *rat musqué des Antilles*, qui est de la même taille, etc.

5° Les CAMPAGNOLS (*arvicola*) ressemblent beaucoup aux hamsters par leur forme, par leurs habitudes et par leur manière de vivre ; leurs ongles sont généralement forts et propres à creuser la terre ; ils vivent dans des terriers, se nourrissent de grains, de fruits secs, d'amandes, etc. ; mais ils s'en distinguent par le *défaut d'abajoues* et par *leur queue longue et velue*. D'ailleurs il ne font jamais de grandes provisions, parce qu'ils ne sont pas sujets à l'engourdissement hivernal et qu'ils changent de domicile à chaque changement de saison.

Le nom vulgaire de *campagnols*, ainsi que la dénomination scientifique d'*arvicola*, indique que ces animaux fréquentent toujours les champs et les bois, et ne s'approchent jamais des villages ni des lieux fréquentés. L'été ils habitent les terres couvertes de blé, de maïs et autres céréales, dans lesquelles ils font de très grands dégâts; mais lorsque la moisson leur a enlevé cette ressource, ils se retirent au milieu des bois, où ils se nourrissent de faines, de noisettes et de glands, dont ils sont également avides. Leur trou, sans être très profond, est cependant assez spacieux pour eux et pour leur famille : quelquefois même ils y admettent des étrangers, qui viennent partager leur petites provisions et prendre part à leur joie. Les femelles font ordinairement plusieurs portées par an, et à chaque fois elles produisent de cinq à huit petits. En certaines années, lorsque les vivres sont abondans, et le temps favorable à leur multiplication, ces petits rongeurs pullulent d'une manière prodigieuse ; les champs en sont tellement infestés, qu'il n'y reste absolument aucune trace de végétation ; tout a disparu, jusqu'aux racines ; il n'est pas rare de voir la disette succéder à leurs effrayantes dévastations. On compte dans ce sous-genre une quinzaine d'espèces. Les principales sont en France le *C. rat d'eau*, dont le nom annonce les habitudes aquatiques ; le *C. schermaus ou rat fouisseur* qui est un peu plus petit ; le *C. ordinaire*, qui est de la taille d'une souris. Le *C. économe*, qui est de la même taille et qui voyage très souvent, comme le léming, habite la Sibérie.

4° Les Lémings (*georychus*) ont la plus grande analogie avec les précédens par leur conformation extérieure et surtout par les détails de leur organisation interne ; mais ils se distinguent des rats proprement dits et des campagnols par la brièveté de leur queue, des hamsters par le défaut d'abajoues et par la petitesse de leurs yeux, et des ondatras par l'absence de toute palmure à leurs membres postérieurs, ainsi que par leur queue courte et arrondie. Leurs ongles forts et tranchans leur servent à creuser la terre pour en extraire les racines ou pour s'y pratiquer leur terrier. Ils sont tellement voraces qu'ils n'épargnent rien ; les fruits tendres ou secs, les feuilles, les bourgeons, l'écorce, tout leur est bon, pourvu qu'ils puissent en extraire quelque chose de nutritif.

Tous ces rongeurs sont orginaires des pays les plus septentrionaux, et ne se trouvent guère que dans la Laponie, la Sibérie, le Labrador et autres contrées voisines du pôle nord. Mais comme leur existence est très précaire dans ces régions glaciales, ils sont obligés, quand leur multiplication devient trop considérable, de s'expatrier pour gagner des climats où les vivres soient plus abondans. A certaines époques indéterminées, on les voit se précipiter par troupes innombrables du nord au midi.

Leur arrivée dans un canton est regardée comme un fléau terrible; partout où ils passent, ils dévastent les campagnes, dévorent les moissons, fouillent même la terre pour arracher la racine après avoir rongé la plante. Vainement chercherait-on à les détruire; le nombre en est trop grand; et quand on y parviendrait, un malheur succéderait à l'autre; leurs cadavres amoncelés, en tombant en putréfaction, infecteraient l'air de leurs miasmes pestilentiels, et occasionneraient des maladies funestes. C'est ce qui arrive quelquefois, lorsque quelque changement subit dans l'atmosphère venant à les surprendre dans leurs migrations, ils se trouvent tous détruits par cet accident; l'infection que leurs corps répandent dans le pays y engendre constamment des maladies plus ou moins graves; tandis qu'en les laissant passer, ils périssent peu à peu et ne causent de mal qu'à la végétation. Malheureusement les ravages qu'ils font sont ordinairement si considérables, qu'ils sont presque toujours suivis de la famine, à moins que, prévenus à l'avance de leur arrivée prochaine, les habitans n'aient eu le temps de serrer chez eux leurs récoltes, pour les mettre à l'abri de la voracité de ces animaux voyageurs, car on remarque que, malgré leur hardiesse, ils ne pénètrent jamais dans les maisons. On ne connaît que quatre espèces de lémings, dont la plus célèbre est le *léming de Norwége.*

5° Le sous-genre ONDATRA (*fiber*) ne se compose que d'une espèce unique, la plus grande de toutes celles qui composent le genre *rat.* C'est un animal de la taille d'un lapin et de la forme du rat ordinaire, mais qui se distingue de l'un et de l'autre, ainsi que de tous les autres rongeurs, par sa *queue longue et comprimée sur les côtés et par ses doigts postérieurs, garnis d'une rangée de cils* qui, s'entre-croisant avec ceux des doigts voisins, forment une espèce de tissu imperméable, et leur tiennent lieu de palmure: caractères qui donnent à ce rongeur des habitudes aquatiques.

Ces animaux, qu'on appelle encore *rats musqués du Canada,* à cause de l'odeur forte qu'ils répandent, surtout au printemps, ont avec le *castor* plusieurs ressemblances dans leurs mœurs et dans leur manière de vivre et de se nourrir. Comme ce dernier, ils vivent en société sur le bord de l'eau pendant l'hiver et se construisent des cabanes d'environ trois pieds de diamètre, faites d'herbes et de joncs entrelacés ensemble, et mêlés avec de la terre grasse qu'ils pétrissent avec leurs pattes de devant. Ces huttes sont assez solides pour supporter le poids de la neige et de la glace qui s'accumulent sur leur toit pendant toute la durée de la mauvaise saison.

C'est dans ces espèces de prisons, inaccessibles à la lumière, que les *ondatras* se renferment aux approches de l'hiver; mais, comme ils ne sont pas sujets à l'hivernation et qu'ils ne font aucune espèce de provision pour le temps qu'ils y passent, ils sont obligés d'en sortir tous les jours pour aller chercher leur ration d'eau et de racines de plantes aquatiques. Pour faciliter leur sortie, ils pratiquent deux galeries ou boyaux qui, partant de leur cabane, communiquent, l'une avec la terre, et l'autre avec l'eau. Malgré cette précaution, les *ondatras* paraissent y mener une assez triste vie; car à peine le printemps commence à faire sentir sa douce influence, qu'ils se hâtent de quitter leur retraite pour se répandre dans les bois. C'est là que, se procurant une nourriture copieuse dans les jeunes plantes et dans les bourgeons naissans, ils retrouvent avec l'abondance le bonheur et la gaîté; c'est alors le temps de leurs amours. Les femelles produisent cinq ou six petits qui grandissent rapidement, puisqu'ils sont en état, vers la fin de l'automne, d'accompagner leurs parens dans la cabane qu'ils vont reconstruire, car ils ne reviennent jamais à leurs anciennes habitations; différens en cela des castors, qui occupent la même pendant toute leur vie, à moins que quelque cause particulière les oblige à s'en construire une nouvelle. Ces animaux sont assez communs sur le bord des rivières du Canada, où on les poursuit avec ardeur, à cause de leur poil qui est aussi fin que celui du castor, et qui s'emploie aux mêmes usages.

§ VI. Les GERBOISES (*dipus*) (*fig.* 8) ont à peu près le même système dentaire que les rats, excepté qu'elles ont assez souvent une très petite molaire de plus à la mâchoire supérieure; mais elles se distinguent facilement de tous les animaux de ce genre et de tous les autres de leur ordre par *la longueur excessive des membres postérieurs*, comparée à la brièveté de ceux de devant. Cette disproportion est tellement marquée dans certaines espèces, que les anciens leur avaient donné le nom de *dipodes* ou de *rats à deux pieds*, parce qu'en effet elles ne se servent en marchant que de leurs pattes de derrière et un peu de leur forte queue pour s'élancer en avant. Outre leur longueur démesurée, ces pattes présentent deux autres particularités remarquables: premièrement, elles n'ont que trois doigts bien développés; le pouce et le petit restent rudimentaires et sont un peu plus reculés que les autres ; en second lieu, les os du coude-pied sont ordinairement réunis en un seul, comme chez les oiseaux.

On trouve ces petits rongeurs dans les contrées méridionales de l'ancien continent, à l'exception de deux ou trois espèces qui sont propres à l'Amérique du Nord. La plupart vivent dans des terriers et tombent en léthargie pendant l'hiver. On les divise en trois petits sous-genres : les *gerbilles*, les *mériones*, et les *gerboises propres*.

1º **Les Gerbilles** (*gerbillus*) n'ont que trois molaires en haut comme en bas et habitent les contrées sablonneuses du midi de l'ancien continent. Elles sont toutes de petite taille. Telle est l'*hérine* ou *G. des Indes*.

2º **Les Meriones** (*meriones*) sont de l'Amérique septentrionale, ont une petite molaire de plus à la mâchoire d'en-haut et les os du métatarse en même nombre que les autres animaux. Telle est la *M. du Canada*, qui n'est pas plus grande qu'une souris.

3º **Les Gerboises** ont, comme les *mériones*, une molaire de plus à la mâchoire supérieure ; mais elles s'en distinguent par l'os unique de leur métatarse. Elles sont originaires de l'Afrique ou des Indes. Le *gerbou* et l'*alactaga* sont les deux principales espèces de ce sous-genre.

§ VII. Les RATS-TAUPES (*spalax*) tiennent, ainsi que leur nom l'indique, et des *rats* et des *taupes* ; des premiers par leur forme générale et par leur système dentaire ; des secondes par la vigueur de leurs ongles, par leurs habitudes, par la brièveté de leurs oreilles et par la petitesse ou même par le défaut absolu des organes de la vision. Des pattes courtes et propres à déchirer la terre, un corps lourd et informe, une queue courte et quelquefois nulle, des dents incisives larges, sillonnées dans leur longueur et trop grandes pour être recouvertes par les lèvres, tels sont les caractères zoologiques qui distinguent les *rats-taupes* des autres rongeurs claviculés.

La nature, en créant ces animaux, s'est montrée avare des dons extérieurs, et semble s'être complu à leur donner des formes désagréables à l'œil ; mais, pour les dédommager de ce petit désavantage, elle leur a accordé des qualités précieuses : leurs pattes, armées d'ongles robustes et tranchans, quoique moins vigoureux que ceux de la *taupe commune*, leur permettent de creuser la terre avec facilité, non-seulement pour s'y pratiquer un terrier, mais encore pour y chercher les racines dont ils font leur principale et presque unique nourriture. Ce genre ne renferme que sept ou huit espèces, toutes étrangères à l'Europe.

§ VIII. Les CASTORS(*castor*)(*fig.* 6),ressemblent beaucoup aux *rats* par leur conformation générale et par la plupart des détails de leur organisation intérieure ; mais ils s'en distinguent, ainsi que de tous les autres mammifères du même ordre, par leur taille plus considérable, et surtout par leurs pieds postérieurs palmés et par leur queue large, ovale, écailleuse et aplatie horizontalement. Cette disposition de la queue et des membres postérieurs détermine leur genre de vie qui est entièrement aquatique; ils nagent et plongent avec autant de facilité que les phoques eux-mêmes, et ont comme ces derniers l'ouverture des narines garnie d'un muscle, au moyen duquel ils empêchent l'eau de pénétrer dans leur trachée-artère, et leur pavillon auriculaire est disposé de manière à pouvoir boucher l'orifice extérieur du canal auditif pendant qu'ils sont sous l'eau.

Tout le monde a entendu parler des ouvrages merveilleux que ces rongeurs, réunis en sociétés d'une trentaine d'individus, exécutent sur le bord des lacs ou même au milieu des eaux. Ils choisissent toujours un endroit où l'eau soit assez profonde pour ne pas geler jusqu'au fond, par les froids les plus rigoureux. Si elle est stagnante, ils se construisent sur les bords des cabanes de quatre ou cinq pieds de diamètre et de forme arrondie ou ovale, dont l'intérieur est divisé en deux étages, le supérieur qui est toujours hors de l'eau et qui sert d'habitation, et l'inférieur qui est au-dessous du niveau et qui est destiné à contenir les provisions nécessaires à la subsistance des habitans. Ces huttes, faites de branches d'arbres, que les *castors* coupent avec leurs incisives vigoureuses, de pierres qu'ils arrachent de la terre et qu'ils roulent péniblement avec leurs pattes, et de limon ou de terre gâchée qu'ils emploient avec beaucoup d'adresse, ces huttes, disons-nous, sont maçonnées avec tant de solidité, qu'elles peuvent résister aux attaques des plus fortes pluies et des vents les plus impétueux.

Mais quand ces animaux veulent s'établir dans une rivière ou un ruisseau, leur ouvrage est beaucoup plus considérable : il faut qu'ils commencent par construire au milieu du courant une digue en talus, pour donner à l'eau un niveau à peu près constant. Pour cela, ils se réunissent par troupes beaucoup plus nombreuses (deux, trois ou quatre cents par exemple), et se mettent à faire tomber un grand arbre en travers sur la rivière. Ils fixent cette première pièce, base de tout l'édifice, au moyen de gros pieux placés de distance en distance et enfoncés dans le lit de la rivière à une grande profondeur. Ils garnissent ensuite les intervalles de ces pieux de branches moins grosses, de pierres et de mortier. Derrière ce premier mur, ils en élèvent un second et quelquefois un troisième de la même manière; et remplissant ensuite les intervalles qui les séparent avec des matériaux analogues, ils forment une chaussée épaisse d'environ douze pieds et capable de braver les crues les plus rapides du courant. Cet ouvrage, bien loin de se détériorer par le temps, acquiert au contraire plus de solidité, parce que les branches qui en font la charpente, venant à germer, le changent en une véritable haie qui ne peut plus être enlevée que tout à la fois : de sorte qu'il suffit, pour l'entretenir en bon état, d'appliquer de temps en temps quelque peu de limon pour fermer les petites crevasses que l'eau peut y former.

Lorsque cet ouvrage commun est terminé, la troupe se divise en petites sociétés, qui se mettent à bâtir leurs huttes particulières, comme sur les bords d'un lac. C'est dans ces habitations que les *castors* entassent leurs provisions d'écorces, pour pouvoir passer la saison rigoureuse dans l'abondance et la paix. Chaque femelle y produit vers la fin de la saison deux ou trois petits qu'elle élève avec soin, pendant que le mâle va s'établir dans les bois : mais celui-ci revient de temps en temps visiter sa famille, et lorsqu'elle est en état de le suivre, il l'emmène avec lui et ne revient plus à la cabane avant le retour des froids.

Outre cet instinct admirable, qui porte les *castors* à réunir leurs forces et leur industrie pour faire ce que leurs efforts isolés n'auraient pu exécuter, ces rongeurs ont une autre qualité qui ne leur est pas moins nécessaire, c'est la prudence. Ce n'est pas assez pour eux de se mettre à l'abri des intempéries de l'air : ils savent par expérience qu'ils ont des ennemis vivans, dont il ne leur importe pas moins de se garantir. Pour prévenir leurs attaques, pendant qu'ils sont renfermés dans leurs demeures, ils ont la précaution d'établir des sentinelles sur les points les plus élevés du voisinage ; et celles-ci, dès qu'elles aperçoivent quelque animal suspect se diriger vers leurs habitations, se mettent à frapper quelques vigoureux coups de queue qui portent l'alarme dans les cabanes. Aussitôt tous les *castors* se jettent à l'eau et courent se réfugier dans des terriers qu'ils ont soin de se creuser sur le rivage, et demeurent dans cette retraite jusqu'à ce que le danger soit passé. Leurs ennemis les plus redoutables sont le *glouton* et l'*homme.* Celui-ci surtout leur fait tous les hivers une chasse très vive, pour leur duvet, avec lequel on fabrique les plus beaux chapeaux et qui se vend jusqu'à 200 fr. la livre, et pour une espèce de parfum, appelé *castoréum*, qu'ils portent dans une poche analogue à celle où la civette a le sien.

On ne connaît qu'une seule espèce de ce genre, c'est le *castor du Canada* : mais il existe dans la plupart des rivières d'Europe, et même en France, un animal tout-à-fait semblable au précédent, mais qui vit toujours solitaire et ne se construit jamais de cabanes; on l'appelle ordinairement *bièvre.*

IIe Section. — RONGEURS ACLÉIDIENS.

Cette section, bien moins nombreuse que la précédente, ne se compose que de trois genres principaux, les *porcs-épics*, les *lièvres* et les *cabiais.*

§ IX. Les PORCS-ÉPICS (*hystrix*)(*fig.* 7) sont parmi les rongeurs, ce que les *hérissons* sont parmi les carnassiers : les uns et les autres ont le corps couvert de piquans raides et aigus, qui étant susceptibles d'être redressés, leur servent d'armes défensives contre les attaques de leurs ennemis. Mais ces piquans, analogues pour leur destination, diffèrent beaucoup par leur nombre et par leur structure. Chez les *hérissons*, ils sont courts, serrés et sans vide intérieur; chez les *porcs-épics*, ils sont longs, clair-semés et creux, comme les tuyaux d'une plume. Chez les premiers, ils adhèrent fortement à la peau et ne peuvent être arrachés qu'avec effort, tandis que chez les derniers ils ne tiennent presque pas, et tombent souvent dans les fortes secousses que l'animal imprime à son corps, pour se débarrasser des insectes qui l'incommodent ou des ordures qui le salissent.

Sous les autres rapports, les *porcs-épics* diffèrent totalement des hérissons : leur taille, leur forme et leurs habitudes se rapprochent de celles du lapin ; ils vivent dans des terriers profonds, qu'ils se creusent à l'aide de leurs ongles vigoureux, et dans lesquels ils passent la plus grande partie de la journée. Timides et défians, comme tous les rongeurs, ils ne sortent que la nuit de leur retraite pour aller à la recherche de leur nourriture, qui consiste principalement en graines, en racines, et quelquefois en œufs et en petits oiseaux. Rarement ils s'éloignent de leur demeure, dans la crainte de rencontrer des ennemis; mais si, par hasard, ce malheur leur arrive, sans qu'il leur soit possible de regagner leur trou, ils se hâtent de hérisser leurs aiguillons et de s'en faire un bouclier. Mais c'est à tort qu'on a prétendu qu'ils pouvaient les lancer à distance : cette erreur n'est fondée que sur la facilité avec laquelle ils se détachent de la peau, lorsque l'animal se secoue avec trop de violence. On divise les *porcs-épics* en deux sous-genres.

1⁰ Les vrais PORCS-ÉPICS appartiennent tous aux contrées méridionales de l'ancien continent, aux Indes et à l'Afrique : une seule espèce se trouve en quelques pays du midi de l'Europe, comme l'Espagne et l'Italie Leurs habitudes ne diffèrent de celles du lapin, que parce qu'ils sont sujets à l'engourdissement hivernal. Leur museau est gros et très bombé, leur queue très courte et leurs épines sont très longues. Le *porc-épic ordinaire* et celui *des Indes* sont les deux espèces les plus intéressantes que nous connaissions.

2° Les COENDOUS (*synetheres*), ont le museau court, mais moins bombé que les précédens; leurs piquans sont plus courts et cachés parmi les poils; mais ce qui les caractérise le mieux, c'est qu'ils ont la queue longue et prenante, comme les sapajous. Aussi grimpent-ils aux arbres, où ils vont chercher les œufs et les petits oiseaux. Le *coendou* et le *couy* d'Amérique sont les seules espèces de ce sous-genre.

§ X. Les LIÈVRES (*lepus*) ont deux caractères qui les distinguent d'une manière bien tranchée de tous les autres rongeurs claviculés ou acléidiens : l'intérieur de *leur bouche est garni de poils*, comme le reste de leur corps; leur lèvre supérieure est fendue (ce qui a fait donner le nom de *bec de lièvre* à une difformité de l'homme qui consiste dans la division plus ou moins complète de la lèvre supérieure; enfin *leurs incisives d'en-haut sont toujours au nombre de quatre et même de six dans le jeune âge.* Mais ces dents, au lieu d'être placées sur la même ligne, comme chez les autres mammifères, forment deux rangées situées l'une derrière l'autre. Quant à leurs molaires, elles sont au nombre de six en haut et de cinq en bas. et la couronne en est marquée de lignes saillantes, analogues à celles qui se voient sur les molaires des ruminans, et par conséquent très propres à mâcher les feuilles et les herbes. Aussi, leurs intestins sont-ils très développés, comme cela s'observe chez tous les animaux herbivores.

On trouve ces rongeurs répandus dans toutes les parties du globe, et partout leur timidité est devenue proverbe. Environnés de toutes parts d'animaux auxquels ils ne peuvent opposer aucune résistance, ils passent toute leur vie occupés à éviter leurs piéges ou à chercher une subsistance précaire. Les seuls moyens qu'ils aient d'échapper à leurs ennemis, ce sont une vigilance continuelle et une agilité infatigable. Pour goûter un peu de repos, ils sont obligés de s'enfermer dans des terriers inaccessibles ou de se cacher dans leur *gîte* au milieu des herbes et des broussailles. Ils y passent presque toute la journée et n'en sortent que le soir, lorsque l'obscurité les dérobe aux regards de leurs nombreux persécuteurs. On divise ce genre en deux petits sous-genres : les *lièvres* proprement dits et *les lagomys.*

1° On reconnaît les LIÈVRES à leurs oreilles longues et mobiles, à leur queue courte, mais bien visible, et à la différence qui existe entre leur train postérieur et celui de devant. Ce sont les rongeurs les plus agiles de nos pays ; quand ils parcourent une montée douce, il n'est presque pas d'animaux qui puissent les atteindre ; mais quand ils la descendent, ils ont beaucoup plus de difficulté, à cause de la brièveté de leurs pattes antérieures ; c'est pour cela qu'ils tâchent, quand ils sont poursuivis, d'avoir à monter plutôt qu'à descendre.

Ces animaux sont tellement faibles et sans défense, que les plus petits carnassiers les terrassent, quand ils peuvent les surprendre ; heureusement leur agilité les garantit ordinairement de leurs atteintes, quand ils sont avertis à temps. Malgré cet avantage, les renards, les loups, les chiens, les putois, les martres, les oiseaux de proie, etc., en détruisent des quantités effrayantes ; et l'on ne concevrait pas comment avec tant d'ennemis redoutables, la race de ces rongeurs n'est pas anéantie depuis long-temps, sans leur fécondité prodigieuse. Les femelles produisent de cinq à six petits à chaque portée, et ces portées se renouvellent sept ou huit fois l'année. Aussi, quand ces animaux s'établissent dans un endroit favorable, où ils ne sont point inquiétés, ils y pullulent à tel point, que la terre ne peut bientôt plus les nourrir, et qu'ils finissent par y périr de faim, à moins qu'ils n'aient la facilité de s'expatrier. On connaît plusieurs espèces de ce genre ; les unes vivent dans des terriers ; tels sont le *lapin ordinaire,* le *lapin magellanique,* etc. ;

les autres se contentent, pour asile, d'un *gîte* plus ou moins caché, comme le *lièvre commun*, si connu de tout le monde, le *lièvre variable*, qui est du nord et un peu plus grand, le *tapéti*, du Brésil, qui est au contraire plus petit, etc.

2° Les Lagomys (*lagomys*) (*fig.* 8) diffèrent des lièvres par la petitesse de leurs oreilles, par l'égalité de leurs pattes et par le manque absolu de queue ; leur taille est aussi généralement plus petite et ne dépasse pas ordinairement celle du cochon d'Inde, et quelquefois égale à peine celle du rat commun.

Ces rongeurs recherchent les forêts les plus sombres et les plus désertes du Nord, et la plupart se creusent des terriers ou cherchent au milieu des rochers les fentes les plus profondes, pour s'y mettre à l'abri des atteintes de leurs ennemis et des vicissitudes de l'atmosphère. Comme ils habitent le climat glacé de la Sibérie, où la neige cache toute la verdure pendant l'hiver, ils sont obligés, pour ne pas mourir de faim durant cette saison, de faire leurs provisions pendant le peu de beaux jours que l'été leur amène. Ces provisions consistent dans de grands tas de foin qu'ils ont soin de bien faire sécher avant de les former ; ils placent ces espèces de meules, qui ont ordinairement sept ou huit pieds de large et quatre ou cinq de haut, à une certaine distance de leur demeure, afin qu'elles ne trahissent pas leur retraite. Mais, comme la neige, en devenant épaisse, pourrait intercepter la communication entre leur terrier et leur magasin, ils pratiquent une galerie souterraine qui du premier conduit au centre du second. Par cette prévoyance industrieuse, ils passent toute la mauvaise saison dans l'abondance, pourvu que les chasseurs de zibelines ne découvrent pas leurs provisions ; car, dans ce cas, ils les donnent à manger à leurs chevaux, pour lesquels elles deviennent une ressource inappréciable. Alors les *lagomys*, privés des vivres qu'ils s'étaient procurés avec tant de peine, périssent dans leur trou, au milieu des angoisses de la faim. On distingue quatre espèces de ce genre, toutes particulières à la Sibérie : ce sont le *pica*, l'*ogoton*, le *soulgan* et le *lagomys nain*.

§ XI. Sous le nom de CABIAI (*cavia*) on désigne un assez grand nombre de rongeurs américains, ayant toujours quatre molaires à chaque mâchoire, et se distinguant des autres acléïdiens, en ce qu'ils n'ont point le corps couvert de piquans, comme les porcs-épics, ni les incisives supérieures doubles, comme les lièvres. Du reste, leurs formes extérieures, quoique ayant de l'analogie, sont, ainsi que leur manière de vivre, assez différentes pour qu'il soit difficile de les faire connaître par des caractères communs à toutes les espèces. On peut cependant dire en général qu'ils ont les habitudes de nos lièvres, et que leur chair est toujours bonne et quelquefois excellente ; aussi sont-ils regardés comme le meilleur gibier de l'Amérique méridionale.

On les divise en quatre sous-genres : les *cabiais*, les *cobayes*, les *agoutis* et les *pacas*.

1° Le sous-genre CABIAI (*hydrochœrus*) ne comprend qu'une seule espèce, remarquable par la longueur de son corps, par ses pattes courtes et à peu près égales, enfin *par ses doigts palmés*, comme ceux de tous les mammifères qui vivent dans l'eau. C'est le plus grand de tous les rongeurs, et sa taille égale celle d'un petit cochon. Sa peau, ferme et épaisse, est garnie de poils courts, grossiers et fortement serrés contre le corps, à peu près comme ceux des phoques. Ses habitudes sont presque exclusivement aquatiques, et le poisson est la base de sa nourriture ; aussi la pêche fait-elle son occupation habituelle. Néanmoins il sort de l'eau de temps en temps et se promène sur le bord des fleuves, cherchant des fruits et des racines dont il se nourrit également. C'est surtout pendant la nuit qu'il va chercher sa subsistance, de compagnie avec plusieurs de ses semblables, ou du moins avec sa femelle. Le jour, il se tient caché dans un terrier qu'il se creuse sur le bord de la rivière qu'il fréquente ; mais, comme il est extrêmement timide, au moindre bruit qui l'effraie, il se précipite dans le courant, nage long-temps entre deux eaux, et ne se montre à l'air qu'à une très grande distance du point où il a plongé ; de sorte qu'il est très difficile à prendre.

Ce rongeur est très commun à la Guiane, où il passe pour un bon gibier, quoique sa chair ait un peu le goût de poisson, comme celle de la loutre ; mais on le lui fait perdre assez aisément, en le nourrissant de végétaux ; car, malgré son naturel craintif et sauvage, il s'apprivoise sans peine et se montre même très docile à la voix des personnes qui le soignent.

2° Le sous-genre COBAYE (*anœma*) ne renferme aussi qu'une seule espèce, l'*apéréa*, petit rongeur de l'Amérique méridionale, qui se distingue par la grosseur de son corps, et surtout de son cou, par ses jambes basses, par ses oreilles courtes et arrondies et par le défaut de queue. Cet animal, qui est de la taille d'un gros rat, a une manière de vivre à peu près semblable à celle du lapin ; il se tient dans les bois, se nourrit d'herbes et de racines, qu'il cherche pendant la nuit, tandis qu'il passe toute la journée à dormir. Ce qui le distingue de notre lapin, sous le rapport des habitudes, c'est qu'au lieu de se creuser un terrier, il se cache dans les fentes des rochers, pour se mettre à l'abri des animaux carnassiers et des oiseaux de proie qui lui font une guerre continuelle ; mais cette précaution ne le garantit pas d'un ennemi plus dangereux. L'homme, qui trouve dans ce rongeur un assez bon gibier, le chasse dans ce réduit où il le prend sans aucune difficulté, l'animal ne cherchant jamais à faire la moindre résistance.

De temps immémorial on élève au Brésil, au Paraguay et au Pérou l'*apéréa* pour la table, comme nous élevons nos lapins. Mais il paraît qu'à l'état domestique sa chair perd de sa qualité et devient beaucoup plus fade ; sa couleur est aussi profondément altérée. Dans les bois il est constamment gris-roussâtre sur le dos et blanc sous le ventre ; en domesticité, son pelage est tantôt noir, tantôt blanc, et quelquefois mélangé de plusieurs nuances.

Il paraît que le *cochon d'Inde*, actuellement si répandu dans toute l'Europe, où on le nourrit dans les maisons, parce qu'on prétend que son odeur chasse les rats, n'est autre chose que l'*apéréa* changé par l'influence de la domesticité. Tout le monde connaît la facilité avec laquelle se multiplie ce petit animal, pour peu qu'on prenne de précautions pour le préserver des intempéries de l'air: chaque femelle produit tous les deux mois de cinq à huit petits, qui, à leur tour, sont en état d'engendrer à l'âge de deux ou trois mois. Une autre particularité fort remarquable dans ce rongeur, c'est son insensibilité profonde pour sa progéniture et même pour sa propre vie; il se laisse égorger sans tenter le moindre effort pour se soustraire à sa destinée.

3° Les PACAS (*cœlogenys*) tiennent des cobayes par le manque de queue; mais ils s'en distinguent d'abord par une taille plus considérable, ensuite par le nombre de *leurs doigts qui est de cinq à tous les pieds,* tandis que les cobayes n'en ont que quatre devant et trois derrière, enfin par *une cavité profonde qu'ils ont sar la joue* et qui s'enfonce sous l'os de la pommette.

Ce sont des animaux fouisseurs comme nos lapins, auxquels on les a souvent comparés, quoiqu'ils ne leur ressemblent que fort peu, du moins extérieurement. Les *pacas*, en effet, ont le port lourd, le corps gros et ramassé, la chair grasse et lardée,

le poil rude et court; en un mot, ils tiennent plutôt du cochon
que du lièvre. Leurs habitudes n'ont pas plus de rapports; ils
aiment, comme le premier, à fouiller la terre avec leur museau pour y chercher leur subsistance, et cette circonstance
les oblige à se tenir dans les endroits humides ; c'est pour
cela qu'ils restent toujours sur le bord des rivières et qu'ils
fuient les terrains secs et arides. Le jour ils demeurent cachés
dans leur terrier, et, de peur d'y être surpris, ils ont soin d'en
couvrir l'entrée avec des feuilles et des branches qui la rendent presque invisible. Mais si, malgré leurs précautions,
quelque ennemi vient les attaquer. ils savent très bien se défendre, et leurs morsures sont si serrées. qu'ils l'obligent quelquefois à se retirer et à les laisser tranquilles. Observons
cependant que ce n'est que par nécessité qu'ils opposent la
force à la force; toutes les fois qu'ils ont à leur portée quelque
rivière où leur ennemi ne puisse pas les suivre, ils aiment
mieux s'y jeter et se sauver à la nage. Malheureusement ce
moyen n'est pas toujours couronné de succès; comme ils sont
obligés de tenir leur tête hors de l'eau, il est facile de suivre
leurs mouvemens, et de s'en rendre maître au moment où la
fatigue les oblige à regagner le bord; d'ailleurs quand ils évi-
teraient les animaux, comment échapperaient-ils aux piéges ou
aux armes de l'homme? Comme ils font un des meilleurs gibiers
de l'Amérique méridionale, on leur fait sans cesse la chasse, et
l'on en prend une grande quantité ; mais leur fécondité répare
ces destructions, et l'espèce n'en est pas moins commune.

4° Les Agoutis (*chloromys*) (*fig.* 9) ont, comme les cobayes,
les doigts libres, au nombre de quatre devant et de trois derrière;
mais la présence d'une petite queue les en distingue bien suffisamment. D'ailleurs leurs formes sont plus sveltes et plus
légères, leurs pattes plus longues et plus grêles, et ils ressemblent assez bien à nos lapins par leur naturel, par leurs habitudes et par la fente de leur lèvre supérieure. Timides et défians comme eux, ils se tiennent cachés dans des trous dont ils
ne sortent qu'autant que le besoin de nourriture les y contraint;
et comme ils ne sont pas difficiles sur le choix de leurs alimens, leurs excursions hors de leur retraite sont toujours de
courte durée. Aussi agiles que le lièvre, quand ils parcourent
une plaine ou une montée légère, ils sont obligés comme lui
de ralentir leur course lorsqu'ils descendent une côte; leurs
pattes de devant étant plus courtes que celles de derrière, ils
feraient la culbute sans cette précaution.

On trouve ces animaux, ainsi que les précédens, dans les contrées méridionales de l'Amérique. Comme leur chair forme un gibier assez bon, ils sont l'objet d'une chasse active : on les poursuit avec les chiens, ou bien l'on cherche à les piper en contrefaisant leur voix. Les sauvages et les nègres, qui sont d'une adresse merveilleuse dans ce dernier exercice, en prennent une quantité incroyable. Malgré cela, les *agoutis* sont toujours très nombreux, parce qu'ils se multiplient avec beaucoup de rapidité.

On connaît quatre ou cinq espèces de ce genre : *l'agouti ordinaire*, *l'agouti à crête*, *l'acouchy*, le *lièvre pampas*.

Ve Ordre. — ÉDENTÉS (pl. VIII).

La nature, en créant les mammifères, a voulu réunir dans ces animaux les principales variétés de formes qu'elle a données aux autres classes de vertébrés, tout en conservant dans son intégrité le type de leur organisation particulière. Nous avons vu dans les chauves-souris une ébauche imparfaite des ailes de l'oiseau. Les amphibies nous ont offert une forme qui, sans être celle des poissons, n'est plus cependant celle d'un véritable quadrupède, et qu'on peut regarder comme destinée à établir le passage des mammifères tout-à-fait terrestres à ceux qui sont complètement aquatiques. Nous verrons plus tard dans les cétacés (le dauphin, la baleine), une ressemblance si frappante avec ces derniers que, jusqu'au commencement de notre siècle, les naturalistes les avaient réunis dans une même classe. Les *édentés* vont maintenant nous offrir quelque chose de la forme des reptiles : nous trouvons dans les tatous un bouclier analogue à celui des tortues et dans les pangolins le corps allongé, les pattes courtes et presque la peau écailleuse des lézards. Observons cependant que ces ressemblances des mammifères avec les oiseaux, les reptiles et les poissons se bornent à la superficie : intérieurement les édentés, comme les chauves-souris et les cétacés, sont aussi mammifères que le chien et le cheval.

Sous le rapport des caractères zoologiques, les *édentés* sont faciles à reconnaître par la disposition de leur système dentaire. Ils manquent constamment d'incisives, presque toujours de canines, et souvent de toute espèce de dents. A ce caractère négatif, mais bien tranché, il faut ajouter des formes qui paraissent hétéroclites et bizarres, quand on les compare à celles des autres vertébrés de la même classe, et des membres qui sont toujours mal proportionnés, et dont les doigts courts et presque entièrement enveloppés dans des ongles énormes, comme dans des espèces de sabots, ne jouissent d'aucune mobilité, rendent la progression difficile et embarrassée, et sont d'autant plus impropres à la préhension, que l'avant-bras est complètement privé de toute espèce de mouvement de rotation.

Ces particularités organiques empêchent les *édentés* d'être agiles à la course; leur lenteur est même telle, dans quelques espèces, qu'elles seraient depuis long-temps entièrement anéanties sans leurs ongles robustes, qui leur servent en même temps et d'instrument pour se creuser des terriers où elles se mettent à l'abri des atteintes de leurs ennemis, et d'armes offensives et défensives, avec lesquelles elles repoussent leurs attaques avec vigueur, et leur font souvent des blessures cruelles et dangereuses.

Du reste les habitudes de ces mammifères sont extrêmement paisibles et tiennent beaucoup de celles des rongeurs. Timides par caractère, et privés de dents propres à dévorer une proie vivante, ils ne cherchent jamais à faire du mal aux autres animaux, à moins d'en être provoqués. Tous leurs efforts tendent à mettre leur vie en sûreté; ils restent tout le jour cachés soit dans leur souterrain, soit dans quelque fente de rocher; et ce n'est que la nuit qu'ils se hasardent à aller chercher leur subsistance : des herbes tendres, des feuilles vertes, des cadavres ramollis par la putréfaction, des insectes et surtout des fourmis et des termites, tels sont à peu près les seuls alimens dont la faiblesse de leurs organes masticateurs leur permette l'usage.

Les *édentés*, qui appartiennent exclusivement aux contrées méridionales de l'ancien et du nouveau continent, se divisent naturellement en deux familles : les *tardigrades* qui se distinguent par leur face courte et arrondie, et par la présence de canines, et les *édentés propres*, qu'on reconnaît à leur museau allongé et pointu, et à l'absence de canines.

*I*ʳᵉ *Famille*. — TARDIGRADES.

Cette famille ne comprend qu'un seul genre actuellement vivant; c'est celui des *bradypes* ou *paresseux*; mais il a existé dans des temps antérieurs d'autres animaux qui par leur structure intérieure se rapportaient en partie à ce groupe, en partie au suivant; ce sont le *mégathérium* et le *mégalonyx*,

11.

mammifères de dix à douze pieds de long, qui paraissaient destinés à faire le passage des tardigrades aux édentés ordinaires.

Les PARESSEUX (*bradypus*) (*fig.* 1) sont des êtres singuliers qui, par la forme extérieure de leur tête, par la longueur de leurs membres antérieurs et par la position de leurs mamelles, sembleraient devoir appartenir à l'ordre des quadrumanes : mais leur organisation est si bizarre leurs pattes si disproportionnées et si peu propres aux mouvemens, qu'ils forment, sous ces rapports, le contraste le plus complet avec les mammifères de cet ordre. Leurs poils sont si grossiers et si cassans, qu'on les prendrait au premier abord pour de l'herbe fanée, dont leur corps serait enveloppé de toutes parts Leurs membres de devant sont d'une longueur si excessive, comparativement à ceux de derrière, que l'animal ne peut marcher qu'en se traînant péniblement sur ses coudes ; ou, s'il appuie l'extrémité du membre sur le sol, ses ongles aigus et recourbés contre la paume de la main, s'enfoncent dans cette partie et rendent la progression extrêmement douloureuse et par-là même à peu près impossible.

Cette structure des membres prouve évidemment que les *paresseux* ne sont pas faits pour marcher sur un terrain uni ; la seule espèce de mouvement auquel elle puisse se prêter, c'est l'action de grimper sur les arbres. Dans ce mode de locomotion, la longueur des bras permet à l'animal d'atteindre les branches éloignées. et la pointe des ongles, se trouvant séparée de la paume de la main, par un corps intermédiaire, loin de rendre les mouvemens douloureux, les assure et les facilite, en s'enfonçant dans les gerçures de l'écorce. Aussi les *paresseux* passent-ils leur vie sur les arbres, dont les feuilles servent à les nourrir. Assis sur une branche, et cramponnés à une autre avec leurs pattes de devant, ils portent leur tête de tous côtés, pour saisir les feuilles qui se trouvent à leur proximité.

Ces animaux sentent si bien la difficulté qu'ils ont à se mouvoir à terre, qu'ils ne quittent jamais un arbre, sans l'avoir entièrement dépouillé de toute sa verdure. Ils n'en descendent pas même pour dormir; quand ils veulent se livrer au sommeil, ils saisissent fortement une branche entre leurs quatre pattes et s'endorment le ventre en haut et le dos en bas. Mais il est ridicule de dire, comme on l'a prétendu, qu'ils se laissent tomber de l'arbre pour s'éviter la peine d'en descendre ; quoique leurs mouvemens soient très lents, même lorsqu'ils grimpent, on a vu souvent de ces animaux monter sur un arbre et en descendre plusieurs fois le jour sans y être forcés : ce qu'ils n'auraient certainement pas fait, si ces mouvemens leur avaient été aussi pénibles que le ferait penser le fait plus que douteux dont nous parlons.

Quoi qu'il en soit à cet égard, il est hors de doute que les *paresseux* sont des animaux d'une lenteur extrême dans tous leurs mouvemens, et surtout quand ils se trouvent sur un plan uni. Mais cette lenteur n'exclut pas l'énergie : quand ils se voient attaqués, ils se défendent de toutes leurs forces avec leurs dents et avec leurs griffes ; et leur opiniâtreté est telle dans ces cas, que rien ne peut leur faire lâcher ce qu'ils ont une fois saisi entre leurs bras. On en a vu prendre un bâton avec lequel on les frappait et le retenir avec tant de constance et de force, qu'ils se laissaient emporter plutôt que de l'abandonner.

On ne trouve ces édentés que dans les forêts de l'Amérique méridionale, où ils ont deux ennemis redoutables dans le jaguar et dans la grande harpie, qui en détruisent considérablement, ce qui les rend d'autant plus rares qu'ils sont peu féconds. La femelle ne produit qu'un seul petit, qu'elle ne quitte jamais, l'emportant partout sur son dos, où il se tient fortement cramponné. On connaît dans ce genre trois ou quatre espèces, dont les principales sont l'*aï*, qui a trois doigts aux pieds en devant, et l'*unau*, qui n'en a que deux. Le premier est remarquable en ce qu'il a deux vertèbres cervicales de plus que les autres mammifères.

IIe *Famille.* — ÉDENTÉS PROPRES.

Les animaux de cette famille ne sont pas moins remarquables que ceux de la précédente ; si leurs membres ne sont pas aussi disproportionnés, ils sont beaucoup trop courts par rapport à leur taille, et si leurs poils n'ont pas cette apparence de foin sec et aride que nous avons observée chez les paresseux, la structure de ces organes est peut-être encore plus singulière. Au lieu d'avoir une racine séparée pour chacun et de sortir isolés de la peau de l'animal, ils se réunissent presque toujours en grand nombre pour former de larges plaques destinées à servir de boucliers ou d'écailles à leur corps. La conformation de leur bouche offre surtout des particularités extraordinaires. Ils manquent presque tous de dents ; ceux qui en ont ne possèdent que des molaires, et comme d'ailleurs

leurs mâchoires sont très longues, il leur est impossible de mâcher les substances un peu dures. Malgré la longueur des mâchoires, ces animaux ont l'ouverture de la bouche si étroite, qu'elle ne peut servir à saisir les alimens. Mais cette imperfection est réparée par la structure de la langue qui devient un organe de préhension. Comme elle est longue, susceptible d'être lancée à une grande distance au-delà des mâchoires, et continuellement enduite d'une salive épaisse et gluante, elle retient facilement les petits insectes au milieu desquels l'animal la projette et qui font son unique nourriture. Cependant les espèces qui ont des dents molaires joignent à l'usage des insectes celui de quelques fruits et racines tendres, et même des cadavres un peu avancés.

On trouve de ces animaux dans l'Amérique méridionale, dans les Indes orientales et en Afrique; on les rapporte à quatre genres principaux bien faciles à caractériser ; ce sont les *tatous*, les *pangolins*, les *fourmiliers* et les *oryctéropes*.

§ I. Lorsque l'on parle d'un quadrupède, il semble que son nom seul emporte l'idée d'un animal couvert de poils; cependant les TATOUS (*dasypus*) (*fig.* 2) font exception à cette règle qui est généralement vraie ; ils ont, au lieu de ces organes souples et flexibles, une espèce de croûte ou de test solide, formée de plusieurs pièces, et qui leur donne une physionomie toute différente de celle des autres animaux de la même classe. Ce test, analogue à la carapace des tortues, se compose de deux boucliers, placés l'un sur les épaules et l'autre sur la croupe ; ces boucliers sont séparés l'un de l'autre par une cuirasse intermédiaire, formée d'un nombre variable de bandes élégamment disposées et réunies entre elles par une membrane qui permet un peu de mouvement aux diverses pièces qui entrent dans sa composition. La tête est pareillement protégée par une plaque de même nature que le reste du test, et les membres, ainsi que la queue, sont recouverts d'écailles ou de tubercules également durs et solides. Quelques poils rares et peu apparens, s'échappent par les interstices qui séparent les diverses pièces de cette enveloppe, et se montrent un peu plus abondans sous le ventre et à la partie interne des cuisses et des bras.

La mobilité dont jouissent les anneaux de la cuirasse dorsale donne au *tatou*, lorsqu'il est surpris par quelque ennemi, la faculté de se rouler rapidement en boule, comme le hérisson, et de se mettre ainsi à l'abri de ses atteintes. Mais ce serait une bien faible ressource contre des animaux robustes ; cette armure, facile à briser, ne le garantirait pas de la mort . s'il n'avait dans la vigueur de ses ongles un moyen plus efficace de se soustraire à leur férocité. A l'aide de ces orgines , il se creuse un terrier profond avec utant de rapidité que la taupe, et pour peu qu'il soit averti d'avance de l'approche de son ennemi, il a le temps de s'enfoncer assez dans la terre pour se mettre hors de ses atteintes.

Les habitudes des *tatous* se rapprochent beaucoup de celles des rongeurs ; ce sont des animaux innocens qui ne vivént que de fruits sucrés et de racines tendres, auxquels ils ajoutent quelques insectes et un peu de chair presque pourrie. Le jour ils se tiennent cach s dans leur terrier et n'en sortent que la nuit, pour chercher leur subsistance ; leurs principaux ennemis sont le couguar et les diverses espèces de chats. L'homme leur fait aussi la guerre, parce qu'il trouve en eux une nourriture agréable ; c'est, dit-on, le meilleur gibier de l'Amérique méridionale. Cependant, malgré les destructions qui se font des *tatous*, la race n'en est pas moins abondante; leur fécondité les met à l'abri de l'anéantissement; les femelles produisent au moins quatre ou cinq petits par an , et le plus souvent elles en mettent bas un bien plus grand nombre.

Les *tatous* appartiennent exclusivement à l'Amérique méridionale , où les espèces en sont fort nombreuses. Les principales sont le *cachicame*, l'*apar*, l'*encoubert*, et le *cabassou*.

§II. Les PANGOLINS (*manis*) (*fig.* 3) se reconnaissent, au premier coup d'œil, aux écailles qui recouvrent leur tête , leur dos et leur queue, comme les tatous, aux boucliers qui protégent leur croupe et leurs épaules. Du reste, ces deux sortes d'animaux ont plusieurs rapports dans leurs formes extérieures ; un corps allongé, des membres courts et armés d'ongles robustes , une tête petite et terminée par un museau long et effilé , sont des caractères qui appartiennent aux uns et aux autres. Mais, outre la différence de leurs tégumens, les *pangolins* se distinguent des *tatous* par le manque absolu de dents, par l'étroitesse de leur bouche, par l'extensibilité de leur langue, par la petitesse de leurs oreilles et par la longueur de leur queue, qui égale celle du corps entier dans une espèce , et qui la dépasse de moitié dans l'autre.

L'allongement des formes, la grosseur de la queue qui se confond insensiblement avec la partie postérieure du tronc, la brièveté des membres et une marche presque rampante, avaient paru, aux premiers voyageurs qui rencontrèrent les *pangolins*, des traits de conformation suffisans pour leur faire assimiler ces édentés aux lézards de la classe des reptiles; et pour les distinguer de ces derniers, ils les avaient appelés *lézards écailleux*, d'après la forme et la distribution des petites plaques qui recouvrent les parties supérieures de leurs corps.

Ces plaques en effet ressemblent assez bien aux écailles, par leur disposition régulière en quinconce; mais, outre qu'elles sont plus épaisses, elles n'adhèrent à la peau que par un de leurs côtés, tandis que le côté opposé reste libre et se termine par un bord extrêmement tranchant; de sorte que, lorsque l'animal s'arrondit en boule, elles se redressent et présentent de toutes parts un bouclier hérissé de tranchans bien affilés. Aussi les *pangolins* redoutent-ils peu d'ennemis; le tigre et la panthère même n'osent pas les attaquer, ou, s'ils s'y hasardent quelquefois, c'est toujours sans succès; car en voulant les saisir, ils se mettent la gueule en sang, et la douleur les force bientôt à renoncer à leurs efforts.

Quant aux habitudes des *pangolins*, elles se rapprochent beaucoup de celles des tatous; ils sont nocturnes, se creusent des terriers ou se cachent dans des fentes de rochers, se roulent en boule, etc. Leur nourriture se compose uniquement de termites ou fourmis blanches, qu'ils attrapent en lançant leur langue vermiforme et gluante, au milieu de ces insectes qui y demeurent attachés, et en la ramenant subitement dans leur bouche. Et afin de pouvoir prendre plus de ces petits animaux à la fois, ils ont soin de déchirer leurs nids avec leurs ongles longs et tranchans, pour les faire sortir en plus grand nombre. C'est d'après cette habitude et cette espèce de nourriture que certains naturalistes ont appelé les *pangolins* des *fourmiliers épineux*.

Ces édentés sont propres aux contrées les plus chaudes de l'ancien continent. De deux espèces qu'on connaît, l'une, plus grande et à queue plus courte, appartient aux Indes orientales; c'est le *pangolin* proprement dit; l'autre, un peu plus petite et à queue beaucoup plus longue, ne se trouve qu'au centre de l'Afrique, au Sénégal, en Guinée, etc. C'est le *phatagin*.

§ III. Les tégumens des FOURMILIERS (*myrmecophaga*) (*fig.* 4) ne sont pas changés, comme ceux des genres précédens, en plaques ou en écailles dures et cornées ; ce sont de véritables poils, qui ne diffèrent de ceux des quadrupèdes ordinaires que par leur plus ou moins de finesse ou de raideur ; longs et grossiers dans certaines espèces, ils deviennent dans les autres courts, fins et moelleux comme de la laine ou de la soie.

Sous d'autres rapports, ces animaux ne sont pas moins singuliers que les autres édentés. Leurs pattes sont très courtes, et d'autant plus défavorablement organisées pour la marche, que les ongles qui garnissent l'extrémité des doigts sont recourbés en dedans contre la peau du poignet, de sorte que l'animal ne peut poser son pied que sur le côté extérieur ; aussi un homme les atteint-il facilement à la course. Mais si cette conformation des ongles est contraire à la locomotion, elle est éminemment appropriée à d'autres usages au moins aussi importans. Les *fourmiliers* s'en servent pour creuser la terre où les femelles déposent leur petits, pour se défendre des attaques de leurs ennemis, pour déchirer les nids de fourmis dont ils se nourrissent, et surtout pour grimper sur les arbres, où ils se plaisent d'autant plus que la plupart des espèces ont la queue prenante, comme les sapajoux.

Une seconde particularité à remarquer dans ces animaux, c'est la longueur excessive de leur museau : elle égale presque le tiers de la longueur totale de leur corps ; et comme leur bouche est très petite, dépourvue de dents et placée à l'extrémité de cette partie, leurs mâchoires n'ont aucune force et ne peuvent être d'aucune utilité pour la préhension ou pour la mastication ; elles servent seulement à former un canal, destiné à loger une langue vermiforme et extensible comme celle des pangolins et propre aux mêmes usages. Par conséquent les *fourmiliers* ne peuvent se nourrir que d'alimens réduits en parcelles très déliées, qui s'attachent facilement à cet organe, comme le miel, la mie de pain et surtout les insectes, tels que les fourmis. C'est même à leur avidité pour ces petits animaux qu'ils doivent leur nom de *fourmiliers* dans notre langue et de *myrmécophages* en grec et en latin.

On connaît trois animaux de ce genre, tous propres aux contrées chaudes de l'Amérique méridionale ; ils sont surtout très communs dans les bois du Brésil, de la Guiane et du pays des Amazones. Ils se tiennent en général sur les arbres, dans le tronc desquels ils se cachent pendant le jour. C'est pendant la nuit qu'ils s'occupent de la recherche de leur subsistance, de même que tous les animaux faibles et timides. La plus grande de ces trois espèces est le *tamanoir*, qui n'a pas moins de quatre pieds de longueur et dont la queue traînante, quand l'animal est calme, se dresse sur son dos lorsqu'il est irrité ; il paraît que les longs crins qui la garnissent lui servent à le garantir de la pluie ou du soleil. Du reste le *tamanoir* est fort doux et fort paisible tant qu'on ne l'attaque pas ; mais lorsqu'on le provoque il devient très dangereux ; ses ongles font des blessures cruelles, et son opiniâtreté est telle que, lorsqu'il tient son ennemi sous ses griffes, il ne le lâche jamais sans lui avoir ôté la vie. Sa tactique dans le combat consiste à se dresser d'abord sur ses pattes de derrière et à faire agir celles de devant ; si dans cette disposition il ne peut pas repousser son ennemi, il se couche sur le dos et frappe également de ses pieds de devant et de ceux de derrière. De cette manière il se défend contre les plus grands et les plus redoutables carnassiers d'Amérique, tels que le couguar et le jaguar ; les chiens ne veulent pas même lui faire la chasse. Les deux autres espèces de *fourmiliers* sont le *tamandua* et le *fourmilier* proprement dit ; ils sont beaucoup plus petits que le précédent et le dernier n'est pas plus grand que l'écureuil commun. Ils ont l'un et l'autre la queue prenante, et se distinguent en ce que le premier a quatre doigts aux pieds de devant, tandis que le second n'en a que deux.

§ V. On donne le nom d'ORYCTÉROPES (*orycteropus*) à des édentés du cap de Bonne-Espérance qui ressemblent aux fourmiliers par leur conformation générale, par la longueur de leur museau, par l'extensibilité de leur langue et par l'habitude qu'ils ont de se nourrir de fourmis ; mais ils s'en distinguent par leur queue plus courte, par leurs ongles plats et fouisseurs, par des poils beaucoup plus rares, et surtout parce qu'ils ont des dents molaires.

Ces animaux, qui sont de grande taille, ont été nommés *cochons de terre* par les Hollandais de la colonie du Cap, à cause de la lourdeur de leurs formes et du penchant qu'ils ont à creuser la terre. Du reste ils ont peu de rapports avec le cochon ordinaire : leur museau est plus long et plus pointu, leurs pattes sont plus courtes ; leurs doigts sont garnis d'ongles et non pas de sabots ; leur corps est couvert de poils plus flexibles et plus rares ; enfin leurs mâchoires manquent de dents incisives et canines.

Quant à leurs habitudes, elles tiennent de celles des fourmiliers et surtout des pangolins. Les *oryctéropes* creusent la
terre avec beaucoup de rapidité et s'y forment une retraite
profonde pour se reposer et pour se cacher aux yeux de leurs
ennemis. Lorsqu'ils ont faim, ils cherchent une fourmilière;
et dès qu'ils l'ont trouvée, ils se couchent auprès et projettent
leur langue visqueuse au milieu des insectes qui l'habitent.
Ceux-ci se jettent dessus en foule, et dès qu'elle est bien
couverte, l'animal la ramène subitement dans sa gueule. En
répétant plusieurs fois ce manége, il a bientôt apaisé sa
faim.

VIe *Ordre.* — MARSUPIAUX (pl. VIII).

Les *marsupiaux* forment moins un ordre particulier dans
la classe des mammifères, qu'une série d'animaux singuliers,
que la diversité de leur organisation pourrait faire regarder
comme parallèle aux quatre derniers ordres que nous venons d'é-
tudier. Nous y trouvons en effet des espèces qui, par leur conformation et par leurs habitudes, nous rappelleront les quadrumanes et surtout les makis ; d'autres nous offriront les principaux caractères qui distinguent les carnassiers ; dans quelques-uns nous remarquerons le système dentaire et le genre
de vie des rongeurs ; une famille enfin nous présentera des
traits caractéristiques de l'ordre des édentés.

Sous ce rapport, l'étude des *marsupiaux* ne peut manquer
d'exciter la curiosité; mais elle nous offre en même temps
plusieurs autres particularités fort intéressantes pour le naturaliste.

La première et la plus remarquable de toutes, c'est le part
prématuré de ces animaux; leurs petits, en venant au monde,
sont à peine ébauchés, et ressemblent plutôt à des masses informes qu'à des êtres organisés. Privés de membres et d'organes sensitifs distincts, incapables par conséquent de toute
espèce de mouvement volontaire, ils seraient exposés à mille
dangers différens, si la nature ne leur avait préparé un asile
contre les périls qui peuvent menacer leur existence, dans une
bourse ou poche située entre les cuisses de la femelle, et
dans laquelle ils se trouvent aussi bien défendus de tout accident que dans le sein même de leur mère. Cette poche, qui a
fait donner le nom de *marsupiaux* ou *d'animaux à bourse*
aux mammifères dont nous parlons, est formée par un repli

de la peau de l'abdomen, soutenu par deux os, dits aussi *marsupiaux*, qui s'articulent avec ceux du bassin. C'est dans cette cavité, au centre de laquelle sont placées les mamelles, que les petits trouvent en naissant un refuge assuré contre les dangers extérieurs, et la nourriture la mieux appropriée à leur faiblesse. Aussi à peine sortent-ils du sein de leur mère qu'on les voit se coller à ses tétines, auxquelles ils restent attachés jusqu'à ce qu'ils aient acquis assez de développement pour résister aux intempéries atmosphériques, et pour subvenir par eux-mêmes à leur subsistance. Plus tard même, lorsqu'ils sont devenus plus robustes, ils courent souvent s'y réfugier pour se garantir du mauvais temps, ou pour se soustraire à la poursuite de leurs ennemis.

Il faut pourtant remarquer à l'égard de la poche abdominale des *marsupiaux*, que son existence n'est pas constante ; elle se réduit quelquefois à un enfoncement très peu marqué, qui manque même entièrement dans certaines espèces. Cependant, chose singulière! tous ces mammifères sans exception présentent les os marsupiaux qui concourent à la former ; la présence de ces os doit donc être regardée comme le caractère distinctif de ce groupe de mammifères.

Il nous reste à faire une dernière observation relativement à la patrie de ces êtres curieux ; c'est qu'ils appartiennent tous, à l'exception d'un genre, à la Nouvelle-Hollande ou aux îles qui en dépendent, fait non moins remarquable que l'existence exclusive des *makis* dans l'île de Madagascar. On dirait que chaque continent, ainsi que les îles d'une étendue considérable, ont des espèces d'animaux qui n'appartiennent qu'à eux seuls.

Nous diviserons les *marsupiaux* en cinq familles : les *pédimanes* ou *sarigues* qui ont des canines également longues aux deux mâchoires et le pouce opposable aux autres doigts, aux membres postérieurs ; les *thylacinés*, qui ont les canines des précédens sans avoir le pouce opposable ; les *phalangers*, qui manquent d'incisives inférieures ou qui les ont extrêmement petites et qui ont les membres terminés en mains comme les *pédimanes* ; les *macrotarses*, dont les membres postérieurs sont de beaucoup plus longs que ceux de devant, et qui sont dépourvus de canines ou les ont très petites ; enfin les *monotrèmes*, qui manquent complètement de dents, et dont les pattes sont extrêmement courtes et les doigts ordinairement palmés.

Ire *Famille*. — Pédimanes.

Cette famille ne se compose que d'un seul genre, les SARI-GUES (*didelphys*) (*fig.* 5), qui tiennent des quadrumanes par la conformation de leurs membres et des carnassiers insectivores par la disposition de leur système dentaire. Celui-ci se compose de dix incisives en haut et huit en bas, de quatorze molaires et de deux canines à chaque mâchoire, ce qui fait un total de cinquante dents, nombre le plus considérable que l'on ait observé parmi les quadrupèdes. Ce grand développement de l'appareil masticatoire permet à ces animaux l'usage de toutes sortes de substances : les racines, les fruits, les insectes, les reptiles, les cadavres et les mammifères et oiseaux vivans ; ils mangent de tout, en préférant néanmoins les matières animales et la proie fraîchement tuée. Leurs membres postérieurs ont le pouce opposable aux autres doigts, et quoique ceux de devant n'offrent pas cette disposition, les doigts en sont cependant assez mobiles pour leur servir à empoigner les branches, ce qui donne à leurs allures beaucoup de ressemblance avec celles des quadrumanes. Ils se meuvent à terre avec beaucoup de difficulté, et un homme peut aisément les atteindre à la course sans même précipiter son pas ; sur les arbres, au contraire, ils se trouvent pour ainsi dire dans leur élément ; ils y grimpent et y sautent avec d'autant plus d'assurance et de vitesse, que leurs mouvemens y sont favorisés par une queue longue et prenante, au moyen de laquelle ils s'accrochent aux branches comme avec une main ; c'est même particulièrement à l'aide de cet organe qu'ils se suspendent aux arbres, lorsqu'ils se mettent en embuscade parmi le feuillage pour surprendre les petits oiseaux dont ils sont très friands.

On peut donc assimiler les habitudes des *sarigues* à celles des *makis*, et leur régime à celui de certains carnassiers, surtout du genre mangouste ; mais leur physionomie ne peut se comparer à celle d'aucun quadrupède connu, leur museau long, pointu et garni de moustaches, leur gueule fendue jusqu'au delà des yeux, leurs grandes oreilles nues, leur queue prenante et annelée de petites écailles forment un ensemble qui leur appartient exclusivement.

Les *pédimanes* sont tous originaires des contrées chaudes ou tempérées de l'Amérique. Les espèces en sont très communes dans les forêts du Brésil, de la Guiane et des États-Unis, ce qui tient d'une part à leur fécondité et de l'autre à la tranquillité dont ils jouissent. Les femelles produisent de quatre à dix ou douze petits, nombre très considérable pour des animaux carnassiers; et comme leur chair a une odeur repoussante, due à une matière grasse sécrétée dans la poche abdominale, elle est dédaignée par l'homme, le seul ennemi bien redoutable pour eux, car ils sont assez agiles pour échapper aux autres, en grimpant sur les arbres. Comme ils sont d'ailleurs très prudens, ce n'est que pendant la nuit qu'ils vont chercher leur subsistance; le jour ils restent couchés dans des trous, où ils se roulent sur eux-mêmes, à peu près comme les chiens lorsqu'ils veulent dormir.

Malgré leur naturel sauvage, les *sarigues* sont faciles à apprivoiser, quand on veut s'en donner la peine. Mais leur société n'est rien moins qu'agréable; sales dans leurs fourrures, lentes et gauches dans tous leurs mouvemens, elles ont un aspect repoussant qui est loin d'être compensé par l'odeur fétide qu'elles exhalent; la seule chose qui puisse plaire en elles, c'est l'allaitement et l'éducation des petits. Quoique devant parvenir à une taille égale à celle d'un chat, ceux-ci sont tout au plus de la grosseur d'une mouche au moment de leur naissance. C'est alors un plaisir de voir ces petits êtres s'attacher à la mamelle de leur mère, croître avec rapidité, sortir ensuite de la poche abdominale, y rentrer au moindre danger, et la mère s'empresser de la leur ouvrir et de s'enfuir au loin avec son précieux fardeau. Du reste ces animaux ne sont d'aucune utilité.

On peut diviser les espèces de ce genre en trois sections; les unes ont la poche abdominale bien formée et assez grande pour envelopper complètement leurs petits; tels sont la *sarigue ordinaire*, le *crabier*, le *gamba*, tous trois de la taille d'un chat; le *quatre-œil*, de la taille d'une belette, qu'on a ainsi nommé à cause d'une tache blanchâtre qu'il a au-dessus de chaque sourcil, etc.

Les autres n'ont, au lieu de la poche, qu'un simple repli de la peau de chaque côté du ventre. Dans ces espèces, l'accroissement des petits est plus rapide que dans les précédentes, et lorsqu'ils sont devenus assez forts, ils montent sur le dos de leur mère, autour de laquelle ils entortillent leur queue. Les principales espèces de ce groupe sont le *grison*, le *cayopollin*, la *marmose*, etc.

La troisième section ne se compose que d'une seule espèce,

l'*oyapock*, que Buffon appela *petite loutre de la Guiane*, quoiqu'elle diffère essentiellement des loutres par son système dentaire et même par sa queue longue et privée de poils. La palmure des pieds postérieurs, qui rend cet animal aquatique, est la seule ressemblance qu'il ait avec les loutres.

IIe *Famille.* — Thylacinés.

Ces animaux se distinguent sur-le-champ des sarigues par leurs oreilles velues, par leur queue garnie de poils et par la conformation de leurs pieds de derrière, qui manquent de pouce, ou qui l'ont très petit et inopposable aux autres doigts. Aussi leurs habitudes sont-elles toutes différentes ; ils ne grimpent jamais aux arbres, et leur course sur la terre unie est assez rapide, pour qu'ils puissent forcer les animaux dont ils font leur proie. Ce genre de nourriture exige dans la forme des éminences de leurs molaires une modification qui les rend assez différentes de celles des sarigues. Au lieu des pointes qui les hérissent chez ces dernières, elles présentent des tubercules tranchans comme celles des carnivores ; leurs dents sont en outre moins nombreuses et leur museau est en conséquence plus court.

Ces marsupiaux sont donc les espèces les plus carnassières de l'ordre et peuvent être assimilés sous le rapport du régime et des habitudes aux martres et aux putois. Nocturnes comme ces derniers, ils restent cachés le jour, soit dans des terriers qu'ils se creusent, soit dans quelque fente de rocher ou dans quelque retraite que le hasard leur présente. Ils ne sortent que la nuit pour faire leurs excursions, dans lesquelles ils réussissent d'autant mieux, qu'ils s'introduisent souvent dans les basses-cours où l'on élève la volaille. Cependant, malgré leur audace, leurs courses ne sont pas toujours heureuses ; ils regagnent quelquefois leur retraite sans avoir rien trouvé à leur portée. Dans ces cas, les charognes et surtout les cadavres des phoques, que la mer rejette sur ses bords, leur tiennent lieu d'une chair plus fraîche et plus délicate.

On ne trouve les marsupiaux de cette famille que dans la Nouvelle - Hollande ; les espèces en sont peu nombreuses ; néanmoins on en a fait trois petits genres : les *thylacines,* les *dasyures* et les *péramèles.*

§ I. Le genre **THYLACINE** (*thylacinus*) ne comprend qu'une seule espèce actuellement vivante ; c'est un animal de la forme et de la taille d'un loup, auquel il ne le cède pas en férocité. Du reste ses mœurs sont encore trop peu connues, pour qu'on en puisse faire l'histoire ; on sait seulement qu'il existe dans la Tasmanie ou terre Van Diémen, où il attaque indistinctement tous les petits quadrupèdes qu'il rencontre, et dont il triomphe toujours par la force de son système dentaire. Celui-ci ressemble beaucoup à celui des sarigues, dont il ne se distingue que parce qu'il a deux incisives de moins à chaque mâchoire. Outre l'espèce vivante dont nous venons de parler, on a trouvé dans nos plâtrières les ossemens d'une seconde, qui est entièrement anéantie.

§ II. Les DASYURES (*dasyurus*) appartiennent à la Nouvelle-Hollande, où ils se rendent aussi redoutables que les martres dans nos climats. Hardis jusqu'à la témérité, ils font continuellement le guet autour des habitations, dans lesquelles ils cherchent à s'introduire pour dévorer les petits animaux qu'on y élève ; ce sont surtout des fléaux pour la volaille. Ils se distinguent des précédens par des formes plus basses et surtout par quatre molaires qu'ils ont de moins à chaque mâchoire, circonstance qui rend leur museau plus court que celui des thylacines. On compte dans ce genre environ quatre espèces dont les principales sont le *dasyure hérissé*, qui est de la taille d'un blaireau, et le *dasyure a longue queue*, qui est grand comme un chat.

§ III. Le nom de PÉRAMÈLE (*perameles*), qui signifie *blaireau à bourse*, annonce que cet animal a des rapports avec notre blaireau. Il a en effet les formes lourdes, les jambes courtes, et les ongles de devant fouisseurs comme ce dernier ; mais il n'a aux membres antérieurs que *trois doigts* au lieu de cinq, les deux latéraux étant remplacés par de simples tubercules. Il a d'ailleurs aux pieds de derrière les *doigts indicateur et médius réunis ensemble* jusqu'à leur extrémité. On connaît deux ou trois espèces de *péramèles*, dont la plus authentique est le *péramèle à museau pointu*, qui est de la taille de la mangouste.

IIIe *Famille.* — Phalangers.

Les *phalangers* tiennent des sarigues par leur conformation générale, qui est tout-à-fait semblable, et par leurs membres postérieurs, qui ont le pouce privé d'ongle et opposable. Ce pouce est même tellement séparé des autres doigts qu'il semble se diriger en arrière, comme celui des oiseaux. Mais le système dentaire est totalement différent dans ces deux familles; tandis que les *sarigues* ont les canines bien développées, les *phalangers* les ont extrêmement petites ou même en manquent absolument; et comme les animaux sont en général d'autant plus carnassiers qu'ils ont ces dents plus fortes, il s'ensuit que les *phalangers* doivent l'être très peu ou point du tout; ils se nourrissent en effet de feuilles, de fruits, de racines, auxquelles ils joignent les insectes qu'ils peuvent se procurer; mais ils ne mangent jamais de chair. D'ailleurs leurs molaires n'ont pas la couronne garnie de pointes seulement; elles offrent en même temps des tubercules mousses, semblables à ceux qui s'observent sur les molaires des quadrumanes et qui caractérisent les animaux frugivores. Aussi leurs intestins sont-ils beaucoup plus amples que ceux des marsupiaux précédens. On peut donc regarder les phalangers comme les analogues des quadrumanes, avec d'autant plus de raison qu'ils ont des rapports avec eux par la conformation de leurs membres, par la disposition de leur système dentaire, et par la conformité de leurs habitudes.

Le nom de *phalangers* a été donné à ces animaux par Buffon, à cause d'une particularité que nous avons déjà remarquée dans les péramèles; je veux dire la réunion des doigts indicateur et médius jusqu'à la troisième phalange. On ignore quelle peut être l'influence de ce caractère sur les mœurs de ces animaux; tout ce qu'on sait sur leurs habitudes, c'est qu'ils sont défians et très sauvages; ils vivent sur des arbres élevés, dans les forêts de la Nouvelle-Hollande, des îles Moluques, etc., où ils trouvent en abondance les feuilles, les fruits et les insectes dont ils font leur nourriture, et où ils sont peu exposés aux regards de l'homme. Ce regard est en effet pour eux un épouvantail si terrible qu'il suffit, s'il reste long-temps fixé sur eux, pour les faire tomber d'un arbre, aux branches duquel ils se tiennent avec leurs mains et avec leur queue. Le moindre bruit les met en émoi et les fait fuir au hasard dans la première direction venue. Dans leur effroi, ils lâchent leurs urines, dont la fétidité est pour eux un moyen de salut bien plus efficace que leur fuite, toujours retardée ou rendue vaine par la frayeur.

Les espèces de cette famille assez nombreuse ont été rapportées à **deux genres** : les *phalangers* et les *pétauristes*.

§ I. Quoique les **PHALANGERS** (*balantia*) et les pétauristes fréquentent également les arbres , comme les quadrumanes avec lesquels ils ont plusieurs rapports , ce n'est pas par les mêmes moyens qu'ils s'y meuvent. Comme, parmi les singes , les uns s'attachent aux branches avec leurs mains, les autres à l'aide de leur queue prenante ; comme, parmi les rongeurs les écureuils ordinaires grimpent par le moyen de leurs ongles acérés et sautent par la seule vigueur de leurs pieds de derrière , tandis que les polatouches doivent cette facilité à la peau des flancs tendue entre leurs quatre membres ; de même, parmi les marsupiaux dont nous parlons , les *phalangers* ont pour se soutenir sur les arbres une queue longue et prenante ; les pétauristes au contraire ont dans ce but un parachute semblable à celui du galéopithèque , du polatouche, du taguan, etc.

On trouve toujours chez les *phalangers* deux petites canines à chaque mâchoire, et leurs molaires offrent encore quelques éminences pointues , ce qui leur permet d'unir les insectes à leurs alimens presque entièrement végétaux. La manière dont ils prennent ces petits animaux est la même que celle des galagos et des tarsiers parmi les Lémuriens. Ils se fixent à une branche à l'aide de leurs mains ou s'y suspendent par leur queue , et restent dans cette posture jusqu'à ce que quelque insecte vienne à leur portée ; ils s'élancent tout à coup sur lui et le saisissent au passage.

Ce genre a été divisé en deux petits sous-genres : les *phalangers* proprement dits et les *couscous*.

1° Le premier comprend les espèces, au nombre de trois ou quatre , qui ont la queue entièrement velue et les oreilles longues et droites ; tels sont le *phalanger renard,* le *phalanger nain*, etc., tous habitans de la Nouvelle-Hollande ou de la Tasmanie.

2° Les Couscous (*cuscus*) diffèrent des phalangers, en ce qu'ils ont la queue en partie nue et écailleuse et les oreilles très petites et à peine apparentes. On les trouve aux îles Moluques et des Célèbes, où l'on en compte cinq ou six espèces, entre autres le *couscous tacheté,* le *couscous oursin,* le *couscous à croupe dorée,* etc.

§ II. Les **PÉTAURISTES** (*petaurus*) (*fig.* 6) ressemblent aux espèces précédentes par leur conformation générale et par leurs habitudes ; mais ils s'en distinguent par une membrane qu'ils ont étendue entre leurs quatre membres comme les pola-touches, et ces deux circonstances réunies leur ont fait donner le nom de *phalangers-volans*. A l'aide de cette espèce de parachu-te, qui remplace pour eux la queue prenante des phalangers, les *pétauristes* s'élancent de branche en branche avec une agilité qui surprend, quand on considère leurs formes lourdes et trapues. Du reste, ces animaux s'éloignent des insectivores un peu plus que les phalangers : leurs canines sont plus courtes et quelque-fois même manquent complètement ; ce qui rend leur régime entièrement végétal ; les fruits et les feuilles des arbres sur lesquels ils se tiennent sont leur unique nourriture. On en connaît cinq ou six espèces, dont les principales sont le *grand pétauriste*, qui est de la taille d'une fouine, le *P. nain*, qui n'est pas plus grand qu'une souris, etc. ; toutes appartiennent à la Nouvelle-Hollande.

IVe *Famille*. — MACROTARSES.

Quoique les phalangers-volans ne vivent que de matières végétales, ils tiennent encore aux carnassiers par la présence de leurs canines : chez les *macrotarses* ces dents disparaissent complètement dans un genre et deviennent tellement petites dans l'autre, qu'elles ne peuvent plus être d'aucune utilité pour la préhension ou pour la mastication des alimens. On peut donc regarder ces animaux comme les analogues des rongeurs, avec d'autant plus de raison, que la plupart des détails de leur organisation intérieure s'accordent avec le système dentaire pour les en rapprocher : ainsi leur canal intestinal est très développé, leur estomac multiple ou du moins divisé en plu-sieurs compartimens, etc.

Mais le caractère le plus apparent de ces marsupiaux est sans contredit l'extrême disproportion qui existe entre leurs mem-bres antérieurs et postérieurs, disproportion plus grande que celle que nous avons déjà observée chez les gerboises. *Leur train de derrière est en effet deux ou même trois fois plus long que celui de devant.* Aussi ces animaux ne peuvent se servir de leurs quatre membres qu'avec beaucoup de difficulté, et quand ils sont obligés de courir avec précipitation, ils ne font usage que de ceux de derrière ; mais dans ce cas ils s'aident du se-cours de leur grosse queue qui fait, pour ainsi dire, l'office d'un cinquième membre. Au moyen de ces organes, qui agissent comme des ressorts fortement comprimés, l'animal s'élance à une distance de vingt et trente pieds. Ses pattes de devant lui servent soit à creuser son terrier, soit à porter la nourriture à sa gueule, soit enfin à s'appuyer sur le sol pendant qu'il broute l'herbe.

Les *macrotarses* sont d'un naturel craintif, et se tiennent toujours sur le *qui vive*; leur posture la plus ordinaire est de s'appuyer sur leurs membres postérieurs et sur leur queue, comme sur une espèce de trépied. Dans cette position ils ont la tête élevée et à portée de voir et d'entendre tout ce qui se passe autour d'eux, et se trouvent toujours à même de prendre la fuite au premier danger qui les menace.

On distingue deux genres dans cette famille : ce sont les *potoroos* et les *kanguroos*, qu'on ne trouve qu'à la Nouvelle-Hollande.

§ I. Le genre POTOROO (*hypsiprymnus*) ne comprend qu'une seule espèce ; c'est un animal de la taille d'un petit lapin et de la couleur d'une souris, que la plupart des voyageurs désignent sous le nom de *kanguroo-rat*, parce qu'ils ont comparé sa forme à celle du kanguroo et son pelage à celui d'un rat. Les habitudes du *potoroo* sont encore peu connues ; mais la grandeur de ses ongles aux membres antérieurs fait présumer qu'il se creuse un terrier, et son système dentaire qu'il se nourrit de fruits : ce qui s'accorde assez bien avec les renseignemens que l'on a obtenus sur son compte.

§ II. Les KANGUROOS (*macropus*) (*fig.* 7) tirent leur nom scientifique, qui signifie *animal à longs pieds*, de la longueur extrême de leurs membres postérieurs ; mais ce caractère qui appartient à plusieurs autres mammifères tout-à-fait différens, n'est nullement propre à les faire reconnaître ; ce qui les distingue, c'est la présence de leur poche abdominale d'une part, et de l'autre l'absence de toute trace de dents canines. La forme de ces animaux est aussi très remarquable. Le développement des muscles de la cuisse donne à la partie postérieure de leur corps une grosseur énorme, tandis que le devant est extrêmement grêle, de sorte que leur tronc ressemble à une espèce de cône ou de pain de sucre. Leur tête surmontée de longues oreilles mobiles et ornée de deux grands yeux pleins de douceur, donne à leur physionomie beaucoup de ressemblance avec celle de la biche, et annonce une timidité que leur caractère ne dément point; ils vivent par troupes de trente à quarante individus, se tiennent dans les bois et dans les prairies, dont l'herbe sert à les nourrir; et de peur d'être surpris pendant qu'ils paissent, ils ont soin d'établir des sentinelles pour surveiller les environs, et annoncer à temps l'approche de l'ennemi.

On compte dix ou douze espèces de ce genre, dont la plus remarquable est le *kanguroo géant*, qui n'a pas moins de cinq ou six pieds de haut. Les habitans de la Nouvelle-Hollande l'élèvent en domesticité à cause de sa chair qu'ils trouvent excellente et de sa peau dont ils se font des vêtemens. On est aussi parvenu à l'acclimater en Europe et principalement en Angleterre: rien n'est intéressant à voir comme un kanguroo femelle, lorsque, portant sa progéniture dans sa poche abdominale, elle broute l'herbe des prairies, tandis que ses petits allongent la tête hors de leur asile pour paître en même temps que leur mère.

Quoique cet animal soit d'une grande douceur, il faut éviter de l'irriter; quand il est en colère, il peut faire beaucoup de mal à coups de pieds ou de queue, ou même avec ses dents. S'il parvient à saisir ses ennemis avec ses pattes de devant, il est rare qu'ils lui échappent sans des blessures dangereuses et souvent mortelles.

Outre cette espèce, nous citerons encore le *kanguroo* ou *lapin d'aroé*, le *K. élégant*, etc.

Ve *Famille.* — MONOTRÈMES.

Parmi les animaux curieux que nous avons rencontrés dans l'ordre des édentés et dans celui des marsupiaux, les *monotrèmes* se font remarquer par la singularité et la bizarrerie de leur organisation. Les anomalies qu'ils présentent sont si extraordinaires, que les naturalistes hésitent sur la place qu'ils doivent leur donner parmi les vertébrés. Si d'une part ils tiennent aux mammifères par la présence des mamelles et par la conformation de leur squelette, de l'autre ils semblent plutôt se rattacher aux oiseaux par l'espèce de cloaque qui termine leur tube digestif, et dans lequel aboutissent l'intestin, le canal urinaire et le conduit par lequel les petits ou les œufs sont expulsés du sein de leur mère; car on en est encore à savoir si ces êtres bizarres sont ovipares ou vivipares.

Du reste, s'ils appartiennent à la classe des mammifères, ce que la connaissance de leur génération pourra seule décider, ils doivent être mis dans l'ordre des marsupiaux, parmi lesquels ils forment une famille correspondante à l'ordre des édentés. En effet, quoiqu'ils n'aient pas de poche abdominale, ils tiennent incontestablement à ce groupe de mammifères par la présence des os marsupiaux, qui seuls en font le caractère constant et invariable. Nous ferons cependant observer qu'ils offrent dans cet ordre, comme dans tout autre où l'on pourra les placer, des singularités et des anomalies tout-à-fait à part. La forme de leurs mâchoires, qui ressemblent à un bec et qui n'ont point de dents enchâssées dans leurs alvéoles; la conformation de leurs pieds qui, outre les cinq doigts ordinaires, présentent chez les mâles une espèce d'ergot, dont on prétend que la blessure est empoisonnée; la disposition de leurs clavicules, qui se réunissent à la partie antérieure du sternum, de manière à imiter la fourchette d'un oiseau; la nature de leurs tégumens, qui sont de véritables poils plus ou moins fins, la petitesse de leurs yeux, l'absence de pavillon de l'oreille, etc., forment l'ensemble des caractères les plus disparates dont on puisse se faire l'idée, et singulariseront toujours les *monotrèmes*, quelle que soit la place qu'on leur assigne dans la classification des animaux.

Cette famille ne se compose que de deux genres : les *échidnés* et les *Ornithorhynques*.

§ I. Les ECHIDNÉS (*echidna*) (*fig.* 8) ont quelque ressemblance avec les fourmiliers par leur museau long, grêle et terminé par une petite bouche, par leurs ongles fouisseurs, par le défaut de dents, par leur langue extensible et par leur régime insectivore; mais, tandis que ces derniers saisissent leur nourriture au moyen de la salive gluante qui enduit leur langue, les *échidnés* la retiennent à l'aide de petites épines qui hérissent cet organe, et dont la pointe est dirigée en arrière.

Sous d'autres rapports les *échidnés* se rapprochent davantage des hérissons. Au premier abord leur taille, leur port et leur forme extérieure les feraient prendre pour un de ces animaux; ils ont, comme ces derniers, le museau pointu, le corps couvert de piquans, la queue et les pattes courtes, et même, à ce qu'il parait, la faculté de se rouler en boule, sinon complètement, du moins assez pour cacher celles de leurs parties qui sont faibles et sans défense.

Ces monotrèmes ne se trouvent que dans la Nouvelle-Hollande, vivent dans des terriers et s'engourdissent pendant l'hiver. On n'en connaît que deux espèces : l'*échidné épineux* et l'*échidné soyeux*, qui ne diffèrent que par le plus ou moins d'épines qu'ils ont sur le dos, ce qui les fait regarder par quelques naturalistes comme de simples variétés d'âge.

§ II. Les ORNITHORHYNQUES (*fig.* 9) diffèrent encore plus que les *échidnés* des mammifères ordinaires. Leur museau se termine par un véritable bec corné, large et garni sur ses bords de petites lamelles comme celui des canards. L'usage de cet organe paraît être de tamiser la vase, dans laquelle ces êtres bizarres cherchent les vers et les insectes dont ils font leur nourriture. Ce sont en effet des animaux que leur forme allongée, leur queue aplatie, leurs pattes courtes et leurs doigts palmés rendent essentiellement aquatiques ; aussi ne les trouve-t-on que dans les rivières et les marais de la Nouvelle-Hollande.

Quant au reste de leur organisation, ils ont la langue armée à son extrémité de papilles dures et cornées, et le fond de la bouche garni de petites plaques qui semblent destinées à remplacer les dents molaires. La membrane interdigitale des membres antérieurs dépasse de beaucoup les ongles qui terminent les doigts, et paraît susceptible d'être étendue et pliée comme une espèce d'éventail, ce qui leur donne beaucoup de facilité pour ralentir et pour accélérer leur natation.

On a cru pouvoir distinguer deux espèces de ces animaux singuliers : l'*ornithorhynque paradoxal* et une seconde qui pourrait bien n'être qu'une variété d'âge.

Ici se termine la longue série des mammifères *onguiculés.* Nous allons maintenant nous occuper des espèces *ongulées.*

L'ongle laisse toujours aux doigts un certain degré de flexibilité et de sensibilité ; tous les mammifères onguiculés ont, par conséquent, leurs extrémités plus ou moins propres à l'exercice du tact et à la préhension. Le *sabot*, au contraire, enveloppant les doigts d'une manière complète, y détruit le toucher et rend la préhension impossible.

De ce fait dérivent plusieurs conséquences anatomiques et physiologiques très importantes. D'abord, les membres antérieurs, n'étant propres, chez les animaux ongulés, qu'à servir de soutien au corps, n'ont pas besoin de clavicules, lesquelles, comme on sait, sont destinées à empêcher les épaules de s'approcher trop de la ligne médiane du tronc. En second lieu, comme l'étendue de l'intelligence est, en général, proportionnée à la délicatesse du tact, les facultés intellectuelles de ces mammifères doivent être très bornées, à moins qu'un organe particulier, comme la trompe de l'éléphant, n'en favorise le développement. Troisièmement, les mammifères à *sabot*, étant dans l'impossibilité presque absolue de déchirer une proie vivante et même d'atteindre les fruits sur les arbres, sont forcés de se nourrir de végétaux faciles à saisir avec leur bouche, telles que les feuilles des arbrisseaux et les herbes des champs.

Le nature de ces alimens exige à son tour des modifications dans l'organisation des animaux *ongulés* ; ainsi, la longueur de leur cou doit être en rapport avec celle des membres antérieurs, afin qu'en baissant la tête, ils puissent aisément toucher la terre et y prendre leur boisson ou leur nourriture. Il faut ensuite que leur tube digestif soit beaucoup plus ample que celui des espèces carnassières ou insectivores, car, à volume égal, les végétaux contiennent moins de parties nutritives que la chair ; leur estomac est donc très vaste et souvent multiple, leurs intestins très longs et très gros. En troisième lieu, comme la nature fournit dans ses productions végétales une nourriture plus abondante dans les contrées les plus désertes et les forêts les plus profondes, il s'ensuit que les mammifères à *sabots* cherchent la solitude et fuient le voisinage des lieux habités ; ils sont par conséquent farouches et sauvages ; mais en même temps cette abondance de nourriture rend leurs habitudes douces et porte les individus de la même espèce à s'assembler en troupes plus ou moins nombreuses Par cette association, ils multiplient considérablement leurs forces et suppléent aux armes défensives que la nature a refusées à la plupart d'entre eux, ou du moins ils se préservent des frayeurs que l'isolement leur causerait. Et comme on a remarqué que les animaux en général sont d'autant plus disposés à la domesticité, qu'ils sont plus sociables entre eux, il est peu de mammifères *ongulés* que l'homme n'ait soumis à son joug. Il emploie les uns comme bêtes de somme ou de trait et destine les autres à ses besoins particuliers ; de leurs poils il se fait des vêtemens, de leur peau des chaussures et autres objets à son usage ; dans leur chair il trouve une nourriture agréable et bie faisante ; en un mot, il met à profit toutes les parties de leur corps, et l'on peut dire avec raison que, s'il existe des animaux plus utiles aux vues générales de la nature, il n'en est point qui nous rendent des services aussi importans ou aussi multipliés.

Les animaux à *sabots* se divisent en trois ordres bien distincts : les *pachydermes*, les *solipèdes* et les *ruminans*.

VIIe Ordre.—PACHYDERMES (pl. IX).

Le nom de *pachyderme*, qui signifie *peau épaisse*, désigne les plus grands quadrupèdes connus, tels que l'éléphant, l'hippopotame, le rhinocéros, etc. On les distingue des autres *ongulés* par leur digestion qui se fait comme chez les mammifères ordinaires, et par le nombre de leurs sabots qui est au moins de trois à chaque pied, tandis que les autres ongulés n'en ont qu'un ou deux. Ce sont des animaux remarquables par la masse de leur corps, par la brièveté de leurs membres, par la pesanteur de leurs allures, et presque toujours par la saillie de deux grandes dents qui, se montrant hors de leur gueule, leur forment ce qu'on appell des *défenses*, armes souvent terribles, avec lesquelles ils rendent avec usure à leurs ennemis le mal que ceux-ci voudraient leur faire, et qui, secondées par la force prodigieuse de leur corps, en feraient les plus redoutables des mammifères, si leur audace et leur cruauté égalaient leur puissance; mais leur caractère pacifique et même timide les porte plutôt à se tenir cachés au sein des forêts désertes, ou à se répandre au milieu des plaines inhabitées, qu'à chercher la rencontre d'animaux, dont ils n'auraient sans doute rien à craindre, mais avec lesquels ils seraient obligés d'être en hostilité continuelle. Ils aiment surtout les lieux humides et marécageux, où ils ont la facilité de se vautrer dans la fange, pour assouplir un peu la raideur de leur peau, et pour se débarrasser des insectes qui les incommodent sous le ciel brûlant de la zone torride qu'habitent la plupart d'entre eux.

Comme les *pachydermes* ont les pattes très courtes, ils atteignent facilement le sol pour y prendre leur nourriture ; celle-ci consiste en herbes, en feuilles et en racines qu'ils retirent du sein de la terre, à l'aide de leur groin propre à fouir ou au moyen de leurs défenses; quelques-uns même ne dédaignent pas la chair, quand ils trouvent l'occasion d'en manger; mais ces cas sont extrêmement rares, et l'on peut dire que leur régime est à peu près exclusivement végétal.

Les mammifères de cet ordre, quoique moins importans pour l'homme que ceux des deux ordres suivans, ne laissent pas de nous rendre d'éminens services ; l'éléphant et le cochon surtout sont deux espèces que leur utilité place au premier rang parmi les animaux domestiques.

On divise ces animaux en deux familles : les *proboscidiens* et les *pachydermes propres*.

Ire *Famille*. — PROBOSCIDIENS.

A ne considérer que l'extérieur, les *proboscidiens* sont des êtres disgraciés, que la nature a traités en marâtre. Des formes épaisses et lourdes, des membres courts et sans souplesse, une croupe monstrueuse terminée par une queue petite, une grosse tête et de petits yeux, une mâchoire supérieure armée de deux incisives qui font hors de leur gueule une saillie de plusieurs pieds, et qui refoulent en grossissant les os du nez vers le haut de la tête, enfin un museau prolongé en une trompe d'une longueur démesurée, donnent à ces animaux une apparence désagréable et forment un tout peu flatteur pour la vue.

Mais on dirait que la nature, pour compenser ces désavantages, s'est plu à renfermer dans cette enveloppe informe et grossière les qualités les plus rares et les dons les plus précieux; une intelligence remarquable, une mémoire tenace, une aptitude étonnante à faire les choses les plus difficiles, tels sont les principaux attributs par lesquels ces animaux se recommandent à l'attention des naturalistes.

A quoi les *proboscidiens* doivent-ils ces qualités? ce n'est pas à leur cerveau, qui, sous le rapport du développement, n'offre rien d'extraordinaire; ce n'est pas non plus à la perspicacité de leur vue, à la finesse de leur ouïe, ni à la subtilité de leur odorat; ces sens, loin d'être plus parfaits que ceux des autres mammifères, n'ont qu'une portée médiocre et bien inférieure à celle de ces mêmes sens dans un grand nombre d'autres animaux. Mais il existe chez eux un organe qui manque à ces derniers et auquel ils doivent ces avantages; nous voulons parler de la *trompe* (*fig.* 1). Cet appendice, formé de membranes, de muscles et de nerfs, renferme à son centre deux canaux qui sont la continuation des narines, et se trouve revêtu extérieurement d'une peau égale en finesse à celle de la main de l'homme. Par le moyen de cette trompe, organe du tact le plus exquis et des mouvemens les plus variés, les *proboscidiens* appréciant à la fois plusieurs qualités dans le même objet, en conservent une impression plus durable, jouissent d'une véritable mémoire,

et par suite d'une intelligence supérieure à celle de tous les
antres *ongulés.*

Sous les autres rapports ces *pachydermes* ressemblent aux
autres animaux du même ordre; malgré leur taille gigantesque ils ont tous des mœurs douces et sociables, se défendent
mutuellement lorsqu'ils sont attaqués, ne se nourrissent que de
feuilles ou d'herbages qu'ils cueillent avec leur trompe, ou de
racines qu'ils déterrent au moyen de leurs longues défenses. Ils
se plaisent surtout dans les forêts peu distantes des rivières et
des marais, dans lesquels ils vont de temps en temps pour se
rafraîchir.

On ne compte que deux genres dans cette famille, les *éléphans,* dont on trouve deux espèces encore vivantes, et les
mastodontes, qui ont entièrement péri dans les révolutions de
la surface du globe terrestre.

§ I. Les ÉLÉPHANS (*elephas*) se distinguent extérieurement
de tous les quadrupèdes vivans par la grandeur de leurs défenses, par la longueur de leur trompe, par l'épaisseur de leur
peau et par la conformation de leurs jambes, qui ressemblent
plutôt à des piliers qu'à des membres articulés, et dont les
doigts, encroûtés dans la peau calleuse des pieds, ne se laissent
apercevoir que par les sabots qui les terminent. A l'intérieur
ils présentent aussi plusieurs particularités curieuses. Quoique leur tête soit énorme, leur cerveau n'est pas plus étendu
que celui des autres pachydermes; cette partie de leur corps
ne doit sa grosseur qu'à des vides des os de leur crâne et à la
grandeur des alvéoles nécessaires aux défenses de ces animaux.
Leurs dents sont remarquables par leur nombre, leur structure et leur mode de développement; ils n'ont jamais d'incisives ni de canines; mais les premières sont remplacées par
les *défenses* de la mâchoire supérieure. Leurs molaires sont
formées de lames verticales, couvertes d'émail et réunies par
une substance intermédiaire; de sorte que la surface de leur
couronne présente des lignes transversales, tantôt droites tantôt
ondulées, qui ne sont autre chose que la partie supérieure de ces
lames. Ces dents ne sont primitivement qu'au nombre de quatre;
mais comme elles se détruisent par l'usage, il s'en forme bientôt quatre autres qui, placées derrière les premières, les poussent en avant jusqu'à ce qu'elles soient complètement usées.
Ces nouvelles dents, soumises à la même usure que les premières, sont remplacées à leur tour par quatre autres, et ainsi

de suite jusqu'à sept ou huit fois. Mais ces remplacemens n'ont lieu que pour les molaires; les défenses ne changent qu'une seule fois.

Les habitudes des *éléphans* sont très intéressantes; sociables par instinct, on les trouve ordinairement réunis par troupes de trois ou quatre cents, sous la conduite des vieux mâles. Tous les membres de ces sociétés se défendent mutuellement lorsqu'ils sont attaqués; et cet attachement réciproque rend même le voisinage de ces pachydermes très dangereux. surtout pour les cultivateurs; car si, lorsqu'ils dévastent un champ, le propriétaire en attaque quelques uns, tous les autres accourent à leur secours, et, s'ils peuvent atteindre leur ennemi, ils l'éventrent avec leurs défenses, l'étouffent avec leur trompe ou l'écrasent sous leurs pieds. Heureusement on a un moyen sûr de les éloigner, quelque nombreux qu'ils soient, dans les détonations de la poudre à canon. Quelques décharges de fusils suffisent pour leur faire prendre la fuite avec précipitation.

L'habitude de vivre en troupes prédispose les *éléphans* à la domesticité, et l'homme peut, sans de grands efforts, se les attacher et en obtenir des services très importans. C'est ce que faisaient jadis les Africains, qui employaient ces animaux aux combats; c'est ce que font encore les Indiens qui s'en font des bêtes de somme ou de trait, d'autant plus précieuses qu'ils réunissent à un degré très éminent l'intelligence à la force. Avec leur trompe. organe du tact le plus exquis et des mouvemens les plus vigoureux et les plus variés, ces quadrupèdes peuvent transporter les plus pesans fardeaux, rouler des blocs immenses, arracher un arbre, étouffer un tigre ou un lion; et une espèce de doigt (A), qui termine inférieurement la trompe, transforme son extrémité en une main aussi propre à la préhension que celle du singe. Avec elle l'animal débouche une bouteille, ramasse une petite pièce de monnaie tombée à terre, saisit une épingle, palpe en un mot les plus petits objets; aussi les habitans de l'Asie orientale ont-ils pour lui une espèce de vénération, et la plupart de ces peuples lui rendent même un véritable culte. Ils lui attribuent les mêmes qualités morales qu'à l'homme; de la raison, de la religion, du respect pour les morts, de la pudeur, etc.; mais ces vertus sont toutes chimériques; et la seule chose vraie qu'on puisse conclure de ces exagérations, c'est que l'*éléphant* rend de nombreux services à ces peuples superstitieux.

Quoique les *éléphans* soient peu féconds, puisque la femelle ne produit qu'un seul petit tous les deux ans, on en trouve des troupes assez nombreuses dans les déserts de l'Afrique centrale et dans les forêts de l'Asie méridionale. La durée de leur vie, qui est, dit-on, de plusieurs siècles, explique cette abondance. Néanmoins on leur fait une chasse assez active à cause de leurs défenses qui fournissent presque tout l'*ivoire* du commerce ; leur chair est aussi bonne à manger, lorsque l'animal n'est pas trop vieux, et a de la ressemblance pour la saveur avec celle du bœuf.

On connaît deux espèces vivantes de ce genre. 1° L'*éléphant des Indes* a le front concave, les oreilles petites, les défenses courtes et quatre ongles aux pieds de derrière ; on l'élève en domesticité, mais il ne s'y propage pas. 2° L'*éléphant d'Afrique* a le front convexe, les oreilles plus grandes, les défenses plus longues et trois ongles seulement aux pieds de derrière. On ne le dompte plus aujourd'hui ; mais les anciens en tiraient parti dans leurs guerres. On trouve sous terre beaucoup d'ossemens fossiles ayant appartenu à diverses espèces d'*éléphans ;* on a même découvert, sous un énorme glaçon, le corps entier d'un de ces animaux, appelé *mammouth* par les Russes, dont la taille surpassait celle des plus grands éléphans, et dont la peau était garnie de poils longs et laineux ; ce qui ferait supposer qu'il vivait dans des climats froids ou tempérés ; tandis que les espèces actuellement vivantes ont le corps dénué de poils, et n'habitent que les contrées peu distantes de l'équateur.

§ II. Le genre MASTODONTE (*mastodon*) a été complètement détruit dans les révolutions qui ont bouleversé la surface du globe ; mais on a trouvé dans le sein de la terre des débris de plusieurs espèces, d'après lesquels on a pu déterminer les caractères de ce genre. Tous ces animaux ressemblaient aux éléphans par leurs membres, leur trompe et leurs défenses ; mais, outre qu'ils avaient les formes encore plus lourdes, leurs mâchelières étaient garnies de tubercules semblables à des mamelons (d'où leur nom de Mastodontes, *dents à mamelons*), au lieu des lignes que présentent celles du genre précédent. On a pu distinguer, parmi les ossemens fossiles qu'on a découverts, des débris appartenant à cinq ou six espèces, dont les principales étaient le *grand mastodonte,* qui était de la taille de l'éléphant et habitait l'Amérique septentrionale, et le *M. à dents étroites,* qui était d'un tiers moindre, et dont on trouve des débris dans presque toute l'Europe et dans la plus grande partie de l'Amérique méridionale. Ses dents, quelquefois colorées par des substances minérales, prennent en les chauffant un assez beau bleu et forment des turquoises dites occidentales, pour les distinguer des vraies turquoises.

IIe *Famille.* — Pachydermes propres.

Les *pachydermes* ordinaires se distinguent des *proboscidiens* par le défaut de trompe et par leurs doigts plus distincts et moins nombreux. Leur caractère est également plus farouche et moins sociable; on n'en trouve jamais que de petites troupes, et il n'est pas rare d'en rencontrer des individus qui vivent solitaires, surtout lorsqu'ils sont vieux. Ils sont par conséquent bien plus difficiles à apprivoiser que les précédens, et sur près de vingt espèces que renferme cette famille, le cochon est la seule qu'on ait pu réduire à l'état domestique. Encore n'y a-t-on réussi qu'incomplètement, car cet animal conserve, même dans nos basses-cours, quelque chose de brusque et de farouche qui le rend parfois dangereux. D'ailleurs le sanglier, dont il tire son origine, jouit autour de nos habitations de toute sa liberté et de toute son indépendance.

Ces *pachydermes* n'habitent que les contrées méridionales des deux continens; le sanglier seul craint un peu moins le froid et remonte davantage vers le nord. Cette distribution géographique rendait inutile pour eux une fourrure bien fournie; aussi leur peau est-elle presque entièrement nue; en compensation, elle est d'une grande épaisseur, quelquefois même il se trouve au-dessous d'elle une large couche de lard, qui est bien suffisante pour garantir leur corps des petites vicissitudes atmosphériques, auxquelles il peut être sujet.

On compte, dans la famille dont nous parlons, quatre principaux genres dont les espèces subsistent encore, et sept qui ont entièrement disparu de la surface du globe et dont le sein de la terre recèle les ossemens. Des quatre genres encore vivans, deux ont les doigts en nombre impair comme les éléphans : ce sont les *rhinocéros* et les *tapirs;* deux autres les ont en nombre pair et se rapprochent un peu plus des ruminans : ce sont les *cochons* et les *hippopotames.*

§ I. Le nom de RHINOCEROS (*rhinoceros*) (*fig.* 2), qui signifie *nez cornu,* se tire d'une éminence dure qui surmonte les os du nez en forme de corne, mais qui se distingue des cornes véritables, en ce que, au lieu de faire corps avec les os du crâne, comme celles du bœuf, de la chèvre, etc., elle ne tient qu'à la peau, et semble formée par le rapprochement et l'agglutination d'une grande quantité de poils.

Ces animaux sont, après les éléphans, les plus grands quadrupèdes connus ; ils ont souvent dix ou douze pieds de long et six ou sept de haut. Leurs formes sont encore plus lourdes et plus pesantes que celles des précédens, et leurs jambes sont proportionnellement plus grosses et plus courtes ; leur peau sèche, rugueuse et presque nue, forme ordinairement en plusieurs endroits de leur corps d'énormes replis, sous lesquels elle est plus souple et plus sensible qu'ailleurs ; leur tête, de grandeur moyenne, n'est remarquable que par la corne unique ou double qui s'élève au-dessus des os du nez, et par un petit appendice mobile et extensible qui termine la lèvre supérieure, et dont l'animal se sert assez adroitement pour saisir ses alimens.

Tous les *rhinocéros* sont d'une force extraordinaire, et leur corne leur fournit une arme formidable avec laquelle ils résistent au tigre, au lion et à l'éléphant, qu'ils parviennent même à éventrer quelquefois. Ils sont surtout terribles quand ils entrent en fureur ; nul obstacle alors ne peut les arrêter ; ils marchent droit à leur ennemi, et, s'ils peuvent l'atteindre, ils l'enlèvent avec leur corne et le font sauter au loin derrière eux. Mais il faut dire qu'ils ne deviennent ainsi furieux que par suite de provocations dont ils ont été l'objet, car ils sont naturellement paisibles et même timides ; et bien loin de chercher à attaquer, ils fuient plutôt à l'approche de leurs ennemis : ce n'est que lorsqu'ils sont réduits à défendre leur vie, qu'ils deviennent véritablement dangereux. D'ailleurs dans quel but attaqueraient-ils les autres animaux ? ils ne sont pas carnassiers, et ils trouvent une nourriture plus que suffisante dans les pays déserts qu'ils habitent ; les herbes, les feuilles, et les racines qu'ils déterrent avec leur corne, leur offrent une subsistance facile ; c'est même ce régime exclusivement végétal, autant que le besoin de rafraîchir la rudesse de leur peau, qui les porte à se tenir dans les lieux humides, où la terre est plus fertile et plus meuble.

Malgré le péril qu'il y a à provoquer ces puissans pachydermes, les Indiens ne cessent pas de leur faire une guerre acharnée pour leur chair qui est d'un goût agréable, pour leur peau qui résiste au tranchant de l'acier et leur fournit d'excellentes armes défensives, et surtout pour leur corne nasale, à laquelle ils attribuent, entre autres vertus merveilleuses, celle d'empêcher l'effet d'un poison qui serait présenté dans une coupe faite avec cet organe. Ces prétendues propriétés donnent un tel prix à la corne du *rhinocéros*, qu'un empereur de Siam, voulant faire un magnifique présent à Louis XIV, n'eut rien de plus précieux à lui offrir que six cornes de cet animal.

La patrie des *rhinocéros* est circonscrite aux climats chauds de l'ancien continent; on les trouve surtout dans les vastes déserts de l'Afrique méridionale et des Indes-Orientales. On connaît de ce genre quatre ou cinq espèces vivantes et autant de fossiles. Parmi les premières nous citerons le *R. des Indes*, qui n'a qu'une corne et les plis des épaules et des cuisses très profonds; le *R. de Sumatra*, qui a une seconde corne derrière la première et dont la peau, plus velue que celle des autres, n'offre presque pas de plis; le *R. d'Afrique*, qui a deux cornes comme le précédent, mais dont la peau a moins de poils, etc.

§ II. Les TAPIRS (*tapir*) (**fig. 3**) tiennent, à plusieurs égards, des cochons domestiques: comme eux ils ont les formes lourdes et grossières, la démarche pesante, le corps arqué, la tête grosse et les oreilles dressées; mais ils en diffèrent par la disposition de leurs doigts qui sont en nombre impair, par leur peau presque nue et surtout par l'allongement de leur mâchoire supérieure, qui se termine par une espèce de trompe; ce dernier caractère les distingue également de tous les autres pachydermes.

Considérés sous le rapport des habitudes, ces animaux ressemblent aux sangliers. Ils sont farouches et sauvages, dorment le jour, errent la nuit; ils vivent par petites troupes tant qu'ils sont jeunes, et solitaires quand ils sont vieux. Ils fréquentent d'ordinaire les forêts désertes dont les feuilles, les racines et les jeunes bourgeons servent à les nourrir; ils aiment surtout celles qu'avoisine quelque rivière ou quelque fleuve, parce que, nageant avec facilité, ils y trouvent un refuge quand ils sont attaqués. Leurs principaux ennemis sont les grands carnassiers, tels que le jaguar, la panthère, etc. Mais, malgré l'infériorité de leurs armes, ils savent se défendre avec vigueur, lorsque l'impossibilité de fuir les met dans la nécessité de combattre: il leur arrive même quelquefois de triompher. Il n'en est pas de même quand ils ont affaire à l'homme; dans ce cas leur unique ressource est la fuite. Dès qu'ils l'aperçoivent, ils se précipitent vers le courant le plus prochain et, plongeant avec agilité, nagent long-temps entre deux eaux, et ne reparaissent qu'à une grande distance et hors de sa portée. Au reste, leur prise n'offre pas grand profit : leur chair est d'un goût fade ; ils n'ont de précieux que leur peau qui fournit un assez bon cuir. On les chasse par les temps pluvieux parce qu'alors ils s'écartent davantage des rivières ; par les temps secs au contraire ils s'en tiennent toujours à portée, et courent s'y jeter dès qu'ils voient approcher le chasseur.

On ne connaît que deux espèces vivantes de ce genre : ce sont le *T. d'Amérique*, qui est de la taille d'un petit âne, à peau brune et presque nue, et le *T. des Indes*, qui est plus grand et dont le pelage est partie brun, partie noir. Parmi les espèces *fossiles* anéanties, il en était une d'une taille gigantesque et peu inférieure à celle de l'éléphant.

À côté des tapirs nous devons mentionner les PALÆOTHÈRES (*palæotherium*), animaux qui leur ressemblaient par la présence d'une petite trompe mobile. On en a trouvé une douzaine d'espèces dans les carrières à plâtre des environs de Paris : l'une d'elles était de la taille du rhinocéros, l'autre avait celle du cheval, une troisième celle de l'âne, une quatrième celle d'un mouton. Il paraît d'après les couches où on a rencontré leurs ossemens, qu'ils devaient habiter les bords des lacs et des marais, car ces couches renferment en même temps beaucoup de coquillages d'eau douce.

§ III. Le nom d'HIPPOPOTAME (*hippopotamus*) (*fig.* 4), *cheval de rivière*, ne convient nullement à un *pachyderme* qui n'a de commun avec ce quadrupède, qu'une ressemblance grossière dans le son de la voix, encore celle-ci tient-elle autant du mugissement du buffle que du hennissement du cheval. Sous le rapport des formes, c'est un animal tout-à-fait opposé.

L'*hippopotame* est un mammifère monstrueux, qui atteint jusqu'à douze et quinze pieds de long, et dont la grosseur est peu inférieure à celle de l'éléphant ; mais sa hauteur, qui n'est ordinairement que de cinq ou six pieds, n'est pas proportionnée à la masse de son corps. Toutes ses parties sont remarquables par leur volume énorme : ses pattes, encore plus massives que celles de l'éléphant, n'ont quelquefois qu'un pied de haut sur quatre de circonférence ; sa tête est très grosse et ressemble, par la forme du mufle, à celle du taureau. De sa gueule largement fendue s'échappent quatre canines longues, dont les inférieures, courbées, convergent vers les supérieures, de manière que leurs extrémités se touchent et s'usent l'une contre l'autre. Ces dents sont d'une dureté telle, qu'elles font feu par le choc du briquet, ce qui a donné probablement lieu à la croyance des anciens, qui disaient que l'*hippopotame* vomissait des flammes.

On sent qu'un quadrupède ainsi constitué doit être d'une force prodigieuse; effectivement, il peut d'un coup de dent percer une barque et la faire submerger. On prétend même qu'il supporte une petite chaloupe chargée, et qu'il peut même la faire chavirer avec son équipage.

Cependant malgré sa puissance, l'*hippopotame* est peu redoutable. Il est naturellement doux et paisible, et ne cherche jamais à attaquer ni même à se défendre autrement que par la fuite ; il souffre assez long-temps les provocations sans s'en inquiéter; mais lorsqu'il se voit blessé grièvement, il devient furieux, s'élance sur son ennemi, en écrasant tout ce qui se trouve sur son passage. Dans ce cas même il est moins dangereux que l'éléphant, le sanglier et le rhinocéros, car comme il est lent à la course, il est facile d'éviter ses atteintes en fuyant ; mais si par malheur son ennemi se trouve sur l'eau la fuite lui est bien difficile ; l'*hippopotame* nage avec tant d'agilité, qu'il atteint bientôt les barques les plus légères qu'il submerge avec une effrayante facilité. C'est à cause de cette difficulté à marcher et de son habileté à la nage, que ce pachyderme ne s'écarte jamais du bord des fleuves et des rivières, afin de pouvoir s'y jeter au moindre danger qui le menace. Il passe même la plus grande partie de la journée dans les eaux, dont il ne sort guère que pour aller chercher sa nourriture ; les chasseurs profitent de ce moment pour s'en rendre maîtres. Mais comme la balle s'aplatit sur sa peau et ne sert qu'à le rendre furieux sans le blesser dangereusement, c'est principalement par des piéges qu'on cherche à s'en emparer. Ce sont des fosses larges et profondes qu'on creuse sur son chemin et qu'on masque avec des branches, des feuilles et de la terre. Une fois que l'animal y est tombé, il n'en peut plus sortir, et on peut facilement le tuer sans s'exposer au moindre danger. Sa chair est assez bonne au goût ; sa peau est très solide et s'emploie à différens usages ; enfin, ses dents servent à faire de très bonnes dents artificielles.

Les *hippopotames* habitent par troupes les grands fleuves de l'Afrique centrale et surtout le Sénégal. On n'en connaît qu'une espèce vivante bien authentique ; mais lés terrains meubles de l'Europe renferment les débris *fossiles* de trois ou quatre espèces, dont une n'était pas plus grande qu'un sanglier.

§ IV. Les COCHONS (*sus*) ont les doigts en nombre pair comme les hippopotames, et de plus leurs sabots intermédiaires, semblables par leur forme, se touchent par deux surfaces correspondantes d'une manière si exacte, qu'ils paraissent n'en former qu'un seul, ce qui donne à leur pied d'autant plus de ressemblance avec celui des ruminans que les doigts latéraux, placés plus haut que les autres et presque derrière la jambe, ne sont pas assez longs pour atteindre le sol. Mais ce qui distingue ces pachydermes et des ruminans et de tous les autres mammifères ongulés, c'est, outre leur extérieur trapu et leur peau couverte de *soies*, la conformation de leur museau. Cet organe se termine par un *boutoir* tronqué, dont le bord antérieur, dur et calleux, sert à creuser la terre, et qui est d'autant plus propre à cet usage, qu'il est soutenu par un os particulier articulé avec les os de la mâchoire supérieure, et mis en mouvement par deux gros muscles placés de chaque côté de cet os. Cette disposition, qui est tout-à-fait semblable à celle que nous a offerte le museau de la taupe, rend ces animaux essentiellement fouisseurs, et l'habitude de fouiller la terre est tellement forte chez eux, que, lors même qu'on leur fournit en abondance tout ce qui peut satisfaire leurs besoins, ils s'amusent à la remuer sans le moindre espoir ni même le désir d'y trouver quelque chose à manger. Une particularité de leur système dentaire qui favorise ce penchant, c'est que la plupart d'entre eux ont de fortes canines, dont les inférieures font hors de leur gueule une saillie assez considérable pour avoir mérité le nom de *défenses*.

Tous ces animaux ont dans leur physionomie quelque chose de farouche : leur œil vif et petit, leurs oreilles dressées au sommet de leur tête, leurs canines saillantes, leurs soies hérissées et leur queue presque toujours en mouvement leur donnent une expression de férocité, qui nous porte à fuir leur présence plutôt qu'à la désirer. Néanmoins ces mammifères, comme tous ceux de la même famille, bien loin de chercher à attaquer, semblent éviter le combat, en se tenant presque toute la journée cachés dans leur *bauge* et dans les fourrés les plus épais ; ce n'est guère que la nuit qu'ils sortent de leur retraite, pour chercher les racines dont ils font leur principale et presque unique nourriture, du moins à l'état sauvage. Ce n'est pas, au reste, par faiblesse qu'ils fuient ainsi la présence des autres animaux ; il en est très peu dont ils aient à craindre, et ils sont assez bien armés pour pouvoir se rendre redoutables à tous ; ce n'est pas non plus le courage, car dès qu'ils se sentent blessés, ils s'élancent contre leur ennemi avec tant d'impétuosité et si peu de précaution, qu'on voit bien qu'ils ne songent qu'à se venger ou à vendre chèrement leur vie.

On trouve des *cochons* dans toutes les parties du globe, excepté dans les contrées les plus septentrionales. Malgré l'épaisseur de leur peau et les soies qui la garnissent, ils paraissent très sensibles au froid ; aussi sont-ils plus communs dans les pays méridionaux que partout ailleurs. A l'exception des vieux mâles, qui demeurent toujours solitaires, ils vivent ordinairement en troupes plus ou moins nombreuses. Leur fécondité est supérieure à celle des autres pachydermes et même de tous les mammifères de même taille qu'eux ; les femelles produisent ordinairement cinq ou six petits et quelquefois jusqu'à douze ou quinze. Nonobstant cette fécondité, les animaux de ce genre, bien que répandus dans toutes les parties du monde, ne sont abondans nulle part, parce qu'on leur fait partout une chasse active, tant à cause de l'excellence de leur chair et des plaisirs que procure cet exercice, que des dégâts considérables qu'ils occasionnent dans les terres cultivées.

Malgré leur caractère farouche et sauvage, on est parvenu à réduire presque toutes les espèces de ce genre à l'état domestique ; mais bien qu'attachés à leur esclavage à cause de la nourriture abondante qu'on leur fournit, les individus les mieux apprivoisés conservent toujours une partie de leur naturel indomptable, et commettent souvent des actes de férocité ; on en voit assez souvent mutiler de petits enfans au berceau, entrer en fureur pour le moindre motif et faire des blessures très graves avec leurs défenses.

On compte sept ou huit espèces de ce genre que l'on divise en trois petits sous-genres : les *sangliers*, les *babiroussas* et les *pécaris*.

1° Les Sangliers se reconnaissent aisément à leurs formes épaisses, à leurs allures pesantes, à la longueur de leur tête, à la raideur de leurs soies, à leur queue médiocre et à leurs canines saillantes. Leurs habitudes sont ordinairement paisibles ; ils se tiennent couchés le jour, et passent la nuit à se promener lentement dans les bois ou dans les terres cultivées, cherchant

les fruits tombés, paissant l'herbe, broutant les feuilles, flairant
les racines cachées et les déterrant avec leur *groin.* A les voir
marcher aussi paisiblement, on les prendrait pour les animaux
les plus doux et les p'us inoffensifs; mais si une cause vient à
les irriter, leur douceur se trouve tout d'un coup changée en
furie; ils se précipitent sur l'objet de leur courroux avec la
rapidité d'un trait pour le tuer ou s'en faire tuer.

Ce caractère vindicatif rend la chasse de ces animaux dangereuse; les meutes surtout sont extrêmement exposées, et il
est rare que la prise d'un *sanglier* ait lieu sans la perte de plusieurs gros chiens; les chasseurs eux-mêmes reçoivent quelquefois des blessures profondes par un coup de son boutoir. Mais
les plaisirs de cet exercice périlleux sont tellement attrayans
qu'on brave tout pour se les procurer.

Les *sangliers* sont assez communs dans tous les pays chauds
et tempérés de l'ancien continent, excepté en Angleterre. Ils
vivent par petites troupes composées d'un mâle, d'une femelle
ou *laie* et de quatre à dix petits; ceux-ci, qu'on désigne sous
le nom de *marcassins* tant qu'ils ont la *livrée* (1), accompagnent
leur mère pendant environ deux ans: à cette époque, ils la
quittent sans retour et vont eux-mêmes former de nouvelles
familles.

On distingue trois espèces principales de ce genre : le *S. à
masque,* de Madagascar et d'Afrique, ainsi nommé de deux
bosses qu'il a de chaque côté de ses joues et qui le défigurent
d'une manière hideuse; le *S. d'É.hiopie,* que sa tête aplatie et
très élargie ne rend pas moins difforme; le *S. d'Europe,* souche du *cochon domestique,* qui a fourni tant de variétés, entre
autres le *cochon à grandes oreilles,* le *cochon de Siam,* le
cochon turc, celui *de Pologne, de Russie, de Guinée,* etc.

2° Quoique le BABIROUSSA (*babirussa*) (*fig.* 5) appartienne
évidemment au genre cochon par tous les caractères essentiels,
il en diffère néanmoins sous p'usieurs rapports importans. Il a
les formes plus légères, les jambes plus hautes et plus minces, le
museau moins long; au lieu des soies raides qui hérissent la
peau des sangliers, il est couvert d'un poil doux comme de la
laine Mais ce qui le distingue d'une manière bien sensible et
bien apparente, c'est la longueur et la forme de ses *défenses*

(1) Dans leurs premières années les jeunes sangliers ont la robe irrégulièrement rayée de brun sur un fond blanchâtre, c'est ce qui con-
titue *la livrée.*

supérieures, qui, partant de la mâchoire, percent la lèvre et s'étendent, en se recourbant, jusqu'au-dessous des yeux, de manière à ressembler à des cornes plutôt qu'à de véritables dents. Cette particularité jointe à leurs formes sveltes et légères, leur a fait donner par les Malais le nom de *babiroussa,* qui signifie *cochon-cerf.*

La grandeur et la direction des canines donnent au *babiroussa* un air terrible et formidable. Cependant, malgré cette apparence, c'est une des espèces les moins dangereuses du genre ; et ses défenses, au lieu de blesser, l'empêchent plutôt de faire usage de deux autres dents longues et fortes, dans lesquelles il pourrait trouver de bonnes armes offensives. Il est d'ailleurs d'un naturel si doux qu'il ne cherche jamais à faire du mal ; jamais le désir de la vengeance ne le porte, comme le sanglier, à se jeter sur l'ennemi qui l'a blessé. Son unique moyen de défense, quand il est attaqué, consiste à fuir vers l'eau la plus prochaine et à se jeter à la nage. Aussi les chiens sont loin de le redouter, et toutes les fois qu'ils l'apperçoivent ils se préci- pitent sur lui sans hésiter, tandis qu'ils n'attaquent d'abord le sanglier qu'avec une certaine répugnance.

On trouve cet animal dans quelques îles de l'Archipel indien, et on l'élève en plusieurs endroits en domesticité, à cause de sa chair qui paraît être fort bonne à manger.

3° Les Pécaris (*dicotyles*)(*fig.* 6) forment un sous-genre ex- clusivement propre à l'Amérique méridionale, où ils représen- tent les sangliers de l'ancien continent qui n'y existent pas, du moins à l'état sauvage. Ces animaux ressemblent beaucoup à notre cochon domestique, et surtout à la variété que nous appe- lons *cochon de Siam ;* aussi les nomme-t-on souvent *cochons d'Amérique.* Cependant les *pécaris* diffèrent de nos cochons ordinaires par plusieurs caractères bien faciles à saisir : ils ont moins de corpulence, sont plus bas sur jambes, manquent de queue, ont les canines à peine saillantes ; enfin ils portent sur la croupe, près de la queue, une fente profonde, de laquelle suinte une humeur abondante d'odeur très désagréable.

Les *pécaris* ont du reste à peu près les mêmes habitudes que les autres cochons. Ils vivent par troupes et ont, comme les éléphans, l'instinct de se défendre mutuellement. Ils se tien- nent dans les bois, où les racines, les fruits et même les rep- tiles forment leur nourriture ; mais, au lieu de rechercher les lieux bas et marécageux, comme les sangliers, ils préfèrent les montagnes et les régions élevées, surtout celles qui ont une exposition chaude et bien abritée. Ils s'apprivoisent avec la même facilité que les espèces des sous-genres précédens quand ils sont pris jeunes, et fournissent une viande assez bonne, quoiqu'elle soit plus sèche et moins chargée de lard que celle du cochon domestique; mais il faut avoir soin de leur enlever le réservoir odorifère de la croupe, aussitôt après les avoir tués; sans cette précaution leur chair contracterait une odeur si forte, qu'elle ne serait plus mangeable.

On distingue deux espèces de ce sous-genre : ce sont le *patira*, ou pécari à collier, et le *tajassou*, ou pécari à lèvres blanches.

A côté des *sangliers* et des *hippopotames*, nous devons citer un genre entièrement perdu, celui des ANOPLOTHÈRES (*anoplotherium*), qui paraissait destiné à établir le passage des *pachydermes* aux *ruminans*. On trouve les dépouilles de ces antiques quadrupèdes dans les couches de craie qui font partie des terrains tertiaires des environs de Paris, à côté des *palœothères* dont nous avons déjà parlé.

Ce que ces *pachydermes* offrent de remarquable, c'est la disposition de leur système dentaire, qui forme une rangée régulière, dans laquelle les canines ne dépassent ni les incisives ni les molaires, contrairement à ce qui s'observe dans tous les autres mammifères, excepté l'homme. M. Cuvier a reconnu les os de cinq espèces de ce genre; la plus grande avait la taille d'un petit âne, tandis que la plus petite ne surpassait pas le lièvre en grandeur.

VIII Ordre.—SOLIPÈDES (pl. IX).

Les *solipèdes* tirent leur nom de la forme de leurs pieds, qui se terminent par un seul doigt renfermé dans un sabot unique. Plusieurs naturalistes regardent ces animaux comme une simple famille de l'ordre des pachydermes; mais il suffit de jeter un coup d'œil sur les formes dégagées des uns et sur le corps lourd et trapu des autres, pour voir qu'ils ne peuvent faire partie du même groupe. Les *solipèdes* sont en effet d'une taille élevée, ont toutes leurs parties bien proportionnées et unissent la vigueur à l'élégance et la grace à l'agilité. Leur tête, de moyenne grandeur, présente des yeux expressifs où la douceur s'allie à la vivacité, et des oreilles droites et mobiles qui annoncent la délicatesse de leur ouïe. Leurs jambes sont fines et nerveuses en même temps, leurs jarrets souples et robustes, leur croupe gracieusement arrondie , leur poitrail fort et large; tout leur extérieur, en un mot, forme l'assemblage le plus heureux et le plus propre à faire de ces mammifères le type de la force unie à la beauté

Du reste , cet ordre est peu nombreux et ne comprend qu'un seul genre, celui des CHEVAUX (*equus*) (*fig.* 7) dont les caractères zoologiques sont assez remarquables. Ils ont à chaque mâchoire six incisives rangées avec régularité et creusées d'une petite fossette dans la jeunesse de l'animal; leurs molaires, également au nombre de six, sont carrées et ont la couronne marquée de quatre croissans en saillie, qui servent à broyer les herbes et les grains dont ils se nourrissent exclusivement. Ils n'ont que de petites canines, dont les femelles sont même ordinairement privées , et à leur suite se trouve un assez grand espace vide, appelé *barres* , qui correspond à l'angle des lèvres, et dans lequel se place le *mors*, au moyen duquel l'homme est parvenu à dompter ces vigoureux et agiles quadrupèdes. Leurs organes digestifs sont très développés ; leur canal intestinal est très long et très gros ; néanmoins leur estomac est simple et petit ; mais le reste de leur intestin est extrêmement ample Leurs membres, uniquement destinés à servir de soutien au corps, ont les deux os de l'avant-bras privés de tout mouvement de rotation ; les os du tarse et du métatarse sont soudés en un os unique, de forme allongée, et appelé *canon*, à l'extrémité duquel s'articule le seul doigt dont leur pied se compose. Enfin leurs mamelles sont placées entre les cuisses; mais , par une exception unique dans la classe des mammifères , elles manquent entièrement aux mâles.

Les habitudes des *solipèdes* à l'état sauvage sont très intéressantes et curieuses. Doués d'un caractère éminemment sociable, ils se réunissent en troupes composées de plusieurs milliers d'individus, dirigées par le plus expérimenté et le plus intrépide de la bande, et séparées en sociétés plus petites commandées par des chefs particuliers. Toujours unis par le besoin de se défendre mutuellement, et jamais divisés par des querelles individuelles , ils paissent tranquillement au milieu des immenses plaines de la Tartarie et de l'Amérique méridionale, où de vastes prairies leur fournissent une ample nourriture. Quand un ennemi vient les troubler dans leur solitude, ils cherchent à l'effrayer par des démonstrations menaçantes ; s'ils ne peuvent l'éloigner par ce moyen, ils s'assurent de sa force ; et, selon qu'ils se croient en état de lui résister ou dans l'impossibilité de se défendre, ils fondent sur lui avec impétuosité ou s'enfuient avec la rapidité du vent.

Le genre *cheval* comprend, outre l'animal que nous connaissons sous ce nom, cinq autres espèces qui sont : l'*âne*, le *dzigguetai*, le *zèbre*, le *couagga* et le *dauw*.

Le *cheval* se distingue des autres espèces du même genre, en ce qu'il a la queue partout garnie de longs crins et le pelage uniforme et sans rayures ; ses couleurs les plus ordinaires sont l'isabelle, en Asie, et le bai-châtain, en Amérique.

Il ne faut pas juger le *cheval* d'après ce que l'homme l'a fait, en le rendant esclave ; nous ne trouverions que l'art là où nous chercherions la nature. Si nous voulons avoir une idée exacte de cet animal, il faut l'étudier au milieu des plaines de la Tartarie et dans les steppes de l'Amérique méridionale. C'est là que nous le verrons avec ses caractères primitifs et dans toute la pureté de son origine.

Ses formes ne sont pas aussi flatteuses à l'œil que celles de nos chevaux domestiques ; son poil est moins uni et tout crépu, sa taille moins élevée, sa tête plus grosse, son sabot moins élégant. Mais aussi ses membres sont plus déliés et plus robustes, ses jarrets ont plus de moelleux et plus de vigueur, son encolure est plus forte ; son regard a plus de vivacité et de fierté ; ses oreilles, plus fines et plus droites, sont toujours dirigées en avant, comme dans le cheval domestique prêt à mordre.

On trouve peu de *chevaux* à l'état sauvage ; encore ne le sont-ils pas dans toute la force du terme. Ce sont des individus, ayant jadis vécu en domesticité, auxquels on a donné la liberté. On en trouve de cette sorte dans quelques cantons de l'Écosse, et surtout dans le centre de l'Asie et dans les vastes plaines de l'Amérique du Sud. Mais, bien qu'ils y jouissent d'une entière indépendance depuis plusieurs siècles, ils peuvent néanmoins conserver quelques traces de leur ancien esclavage. Quoi qu'il en soit, on les rencontre, dans les pays dont nous parlons, par troupes d'autant plus nombreuses, que les lieux qu'ils habitent sont plus déserts et plus éloignés de l'homme. Dans les pampas du Paraguay on en voit, assure-t-on, des bandes de dix mille individus. Une des habitudes les plus extraordinaires de ces animaux, c'est le penchant qu'ils ont à embaucher les individus domestiques. Dès qu'ils aperçoivent quelque caravane, ils se mettent à courir autour d'elle, invitant, par leurs hennissemens aigus et répétés, les chevaux qui s'y trouvent, à s'échapper pour venir se joindre à eux ; et si les conducteurs n'y veillent pas attentivement, il est rare qu'ils n'en perdent pas quelqu'un sans espoir de retour.

Une chose non moins remarquable dans ces fiers quadrupèdes, c'est la facilité avec laquelle ils se laissent dompter, une fois qu'ils se voient pris. En quelques jours ils deviennent aussi dociles que ceux qui sont nés dans l'esclavage. Cependant ils n'en conservent pas moins l'amour de la liberté, et dès que l'occasion se présente de rejoindre leurs frères qui en jouissent, ils ne manquent jamais de la saisir et de revenir à leurs anciennes habitudes.

Il est inutile de nous appesantir sur les services que le *cheval* dressé rend à l'homme ; chacun sait qu'il l'accompagne partout pour partager ses fatigues et ses travaux. L'agriculture, l'art militaire, le commerce, l'industrie et tous les arts en général en retirent les avantages les plus importans et les plus multipliés. Aussi est-ce de tous les animaux domestiques celui dont l'éducation est la plus soignée, et dont on entretient la race avec le plus de précautions. C'est dans ce but qu'on a formé chez presque toutes les nations civilisées de vastes établissemens appelés *haras*, dans lesquels on cherche, en croisant les races, à leur donner les qualités dont elles ont particulièrement besoin pour les emplois auxquels on les destine.

Comme les *chevaux* ne sont pas également propres à tout âge à nous rendre les services que nous en attendons, il est très important de savoir connaître le nombre de leurs années. Leurs incisives nous en fournissent le moyen, du moins pendant un certain temps. Nous avons vu que la couronne de ces dents est creusée d'une petite fossette dans tous les solipèdes ; tant que cette cavité reste apparente dans quelqu'une des incisives, le cheval *marque* et n'a pas encore sept ans ; mais dès qu'elle disparaît complètement, ce qui a lieu vers le milieu ou la fin de sa septième année, l'animal est *hors d'âge*, c'est-à-dire qu'on n'a plus de moyen bien positif de connaître le nombre de ses années. Cependant comme il vit ordinairement jusqu'à trente ans, il peut rendre encore des services long-temps après avoir cessé de marquer. On cherche donc à distinguer son âge à quelques autres signes qui l'indiquent approximativement. Plus ses dents sont jaunes, plus les canines sont longues et déchaussées, plus le palais est marqué de rides, plus aussi l'animal est vieux et perd de son utilité et de sa valeur.

On distingue un grand nombre de variétés de chevaux, et chacune d'elles est plus propre à un genre particulier de travaux.

Les *arabes*, les *andaloux* et les *anglais* sont sveltes, légers à la course et excellens pour la selle; les *hollandais*, les *belges*, etc., sont meilleurs pour les équipages; on préfère ceux d'*Allemagne* pour la remonte de la cavalerie; ceux de *Bretagne*, du *Maine*, etc., pour les postes et les diligences; enfin, les *normands* et les *francs-comtois* servent surtout pour le roulage.

Outre les services que le cheval nous rend pendant sa vie, il en est d'autres dont nous ne profitons qu'après sa mort. Sa peau, tannée, forme le meilleur cuir pour les harnais, les tiges des bottes et les empeignes des souliers; son crin sert à la fabrication de tamis, de balais, de cordes imputrescibles; leur chair desséchée est un excellent engrais; leurs os brûlés donnent le charbon animal, employé dans les raffineries de sucre et dans d'autres arts.

Ce que nous avons dit du cheval, s'applique également à *l'âne*. Ce n'est pas dans l'écurie que nous pouvons connaître ce qu'il est. Autant il a l'air stupide et lourd en domesticité, autant il paraît fin et souple à l'état sauvage. Au lieu de ces formes pesantes, de ces grosses jambes, de ces énormes oreilles, de cette mine ignoble qui ne nous inspirent que du dégoût et du mépris pour la plupart des individus domestiques, l'*onagre* ou l'*âne sauvage* a le corps bien proportionné, les jambes fines, les oreilles grandes, mais bien droites, l'air vif et dégagé, en un mot presque toutes les qualités que nous admirons dans un beau coursier. Mais il se distingue du cheval par sa queue qui n'a qu'un bouquet de crins courts à son extrémité, et par son pelage qui présente sur un fond presque fauve une bande longitudinale sur toute l'épine, et une transversale sur chaque épaule, premier indice des rayures qui caractérisent les espèces suivantes.

Quoique cet animal se fasse bien à la vie domestique, il est moins complètement dompté que le cheval; il conserve toujours plus de raideur et d'opiniâtreté dans le caractère, et il reste dans les grands déserts de l'intérieur de l'Asie, beaucoup d'individus qu'on ne peut pas soumettre au joug, et dont les habitudes sont à peu près celles des chevaux sauvages. Défians et timides à l'excès, ils prennent l'alarme au moindre bruit et s'enfuient au loin avec la rapidité de l'éclair. Au reste leur défiance n'est que trop bien fondée; les Perses leur font une guerre très vive. Il paraît que la chasse de l'*onagre* a pour eux les mêmes attraits que celle du cerf ou du sanglier pour les Européens. Elle est aussi amusante, sans offrir les mêmes dangers; et sous le rapport du produit, il est aussi le même, car la chair de l'*onagre* est aussi bonne au moins que celle du sanglier.

Comme le cheval, l'*âne* nous rend aussi des services; mais ils sont moins importans, parce qu'il est moins fort et plus rétif; ses formes sont aussi moins agréables à la vue, ce qui le fait dédaigner des gens riches. Aussi peut-on le regarder comme le cheval du pauvre. Chacun sait combien il est sobre et patient; une poignée de chardons suffit pour satisfaire ses besoins, et avec une aussi chétive nourriture, il travaille toute la journée, avec lenteur il est vrai, mais avec persévérance. Il est d'ailleurs doué d'une excellente mémoire, et se rappelle parfaitement les chemins qu'il a une fois parcourus; il a seulement le défaut d'être timide, capricieux et têtu, ce qui le rend quelquefois un peu plus difficile à conduire que le cheval

Les deux espèces dont nous venons de parler peuvent s'unir ensemble et produire des *métis* ou *bâtards* qu'on appelle *mulets* et plus rarement *bardeaux*. Ceux-ci tiennent pour la taille et pour la forme, en partie de leur père et en partie de leur mère. Ils sont généralement recherchés à cause de leur force; mais on leur reproche avec raison d'être extrêmement opiniâtres.

Le *dzigguetai* et le *zèbre* ont les formes de l'âne avec sa grosse tête et ses grandes oreilles; mais ils ont le pelage plus ou moins rayé. Ils diffèrent entre eux, en ce que le premier est presque de la taille du cheval, n'a que trois ou quatre raies sur les épaules, et habite les déserts sablonneux du centre de l'Asie, tandis que le second n'est pas de beaucoup plus grand que l'âne, est rayé sur toutes les parties de son corps et ne se trouve qu'en Afrique.

Le *couagga* et le *dauw* tiennent plus du cheval que de l'âne par la beauté de leurs formes et par la petitesse de leurs oreilles; ils sont l'un et l'autre fortement rayés, et habitent le midi ou le centre de l'Afrique. Mais ils se distinguent en ce que le premier est plus grand que l'âne et a le dessous du ventre blanc, et le second est de couleur isabelle et plus petit que l'âne.

Des expériences qu'on a faites autorisent à croire qu'on pourrait rendre domestiques ces quatre dernières espèces, aussi bien que l'âne et le cheval; mais comme les services qu'ils nous rendraient ne sauraient être différens de ceux que nous retirons des deux espèces déjà apprivoisées, on ne se donnera probablement jamais en Europe la peine de tenter de les multiplier, pour les faire servir aux travaux des arts ou de l'agriculture.

IX*ᵉ* *Ordre*. — RUMINANS (pl. X).

Cet ordre est le plus naturel et le mieux caractérisé de la mammologie : tous les animaux qu'il comprend sont faits d'après le même modèle, et ne forment qu'une seule famille, dont tous les membres ont la plus grande conformité d'organisation, et se distinguent de tous les autres mammifères par des caractères extrêmement tranchés.

Le premier de ces caractères est le défaut d'incisives supérieures, qui sont remplacées par un bourrelet dur et calleux. A la mâchoire inférieure, ces dents sont ordinairement au nombre de huit et rarement de six. Les molaires, au nombre de six de chaque côté, sont remarquables par leur couronne large et par les croissans dont elle est marquée. Entre les incisives et les molaires se trouve un espace vide, qui cependant est quelquefois occupé par des canines.

Leurs pieds n'ont que deux doigts, avec les rudimens plus ou moins marqués de deux autres ; ces organes sont enveloppés dans deux sabots, qui se regardent par une face aplatie, comme ceux du cochon. et semblent ne former qu'un sabot unique, qui aurait été divisé accidentellement (*fig.* 1) ; disposition qui a fait donner à ces animaux le nom de *bisulques*, et de *pieds fourchus* ou *bifurqués*. Leur tarse présente une conformation semblable à celui des solipèdes , c'est-à-dire que les os qui le forment sont réunis en un *canon* dans chaque membre.

En troisième lieu les *ruminans* sont les seuls de tous les mammifères qui soient pourvus de *cornes*, éminences dures qui s'élèvent sur les parties latérales de leur os frontal et qui font corps avec lui ; ces appendices leur appartiennent exclusivement, et s'ils étaient communs à tous les animaux de l'ordre, ils en formeraient le meilleur caractère distinctif, en ce qu'il serait tout-à-fait extérieur et pour ainsi dire palpable; mais malheureusement il est certaines espèces de *ruminans* qui manquent constamment de ces organes, et chez un grand nombre d'autres, les mâles seuls en sont pourvus.

Mais le trait le plus caractéristique de l'ordre dont nous parlons est sans contredit leur mode de digestion et la disposition de leur tube intestinal. Ces animaux ne se contentent pas, comme les autres mammifères, de mâcher leurs alimens une seule fois : après les avoir grossièrement concassés dans une première mastication et les avoir avalés , ils les font remonter, par un mécanisme particulier, dans leur bouche , où ils sont soumis à une seconde trituration : c'est en cela que consiste la *rumination*. A cet effet, leur estomac (*fig.* 2) se trouve divisé en quatre compartimens : le premier, nommé la *panse* ou l'*herbier* (A) , est celui qui reçoit les herbes à mesure qu'elles sont mâchées et avalées , et lorsque cette cavité est bien remplie, l'animal se couche pour ruminer. Le second estomac ou le *bonnet* (B) les pénètre d'un liquide sécrété par ses parois et en forme de petites pelotes , qui, remontant dans la bouche par les contractions de l'œsophage, y sont soumises à une seconde mastication plus longue que la première. Le bol alimentaire, après avoir été ainsi remâché, redescend par l'œsophage ; mais, au lieu d'entrer dans l'*herbier*, il passe de suite dans le *feuillet* (C), troisième partie de l'estomac, ainsi nommé parce que ses parois présentent une série de lames longitudinales semblables aux feuillets d'un livre ; de là il se rend dans la *caillette* (D), dont les parois ridées produisent une liqueur analogue au suc gastrique, et qui fait les fonctions de l'estomac des autres mammifères. De ces quatre compartimens de l'estomac, la *panse* est le plus développé dans l'âge adulte ; mais , pendant que le jeune ruminant tète , la caillette, étant le seul de ces organes qui travaille , est aussi celui qui a le plus de capacité. Mais à mesure que l'animal grandit , il a besoin d'une nourriture plus substantielle que le lait : il se met à brouter l'herbe, et c'est alors que la *panse* entre en action ; elle se dilate peu à peu pour arriver à son plus grand développement, lorsque l'animal est complètement sevré. Quant au reste du canal intestinal , il n'offre chez les *ruminans* rien de remarquable, excepté sa longueur : elle a au moins onze fois celle du corps entier, et dans quelques espèces elle atteint vingt-huit fois cette mesure.

Les animaux de cet ordre ont des habitudes semblables à celles des autres ongulés. Organisés pour vivre de substances végétales, privés d'ailleurs, par la conformation de leurs membres , des moyens de déchirer une proie vivante, ils ont le caractère timide et défiant, et se tiennent dans les forêts les plus épaisses ou au milieu de vastes déserts, où ils ont peu d'ennemis à craindre et la facilité de les apercevoir de loin et de leur échapper par la fuite ; et, pour être moins exposés à être surpris , ils ont soin de se réunir par troupes considérables, dont les uns font le guet, pendant que les autres prennent leur nourriture ou se livrent au repos. Malgré ces précautions, les *ruminans* sont tellement harcelés par des carnassiers de toute espèce, qu'il est possible de prévoir le temps où ils auront entièrement disparu de la surface du globe. L'homme surtout, qui retire de la chair de ces animaux une nourriture agréable et substantielle et qui reçoit de plusieurs d'entre eux des services inappréciables, les poursuit avec acharnement, soit pour les tuer, soit pour les soumettre à son joug. Déjà le chameau, un des ruminans les plus utiles, a été complètement réduit à l'état domestique. Déjà l'*urus*, source de nos bœufs domestiques, a cessé d'exister à l'état sauvage, ou, s'il existe sous le nom d'*aurochs*, comme le pensent certains naturalistes, au lieu d'habiter toutes les grandes forêts de l'Europe, il se trouve relégué sur des montagnes presque inaccessibles. Les *girafes*, de plus en plus rares, sont l'objet d'une curiosité générale, tandis que du temps des Romains, elles étaient assez communes pour qu'ils en fissent paraître une dizaine à la fois dans leurs amphithéâtres. Le nombre des *chamois*, des *chevreuils*, des *mouflons*, etc., diminue dans une proportion semblable, et il est impossible, d'après une progression si rapidement décroissante, que la race de ces animaux sans défense ne s'éteigne pas tôt ou tard, à moins que les individus domestiques ne la perpétuent, comme cela a lieu maintenant par l'espèce caballine.

L'ordre des *ruminans* se divise en deux familles : celle des *ruminans sans cornes* et celle des *ruminans à cornes*.

Ire *Famille.*— RUMINANS SANS CORNES.

Cette première famille ne se distingue pas seulement par l'absence des cornes, caractère qui serait insuffisant pour la faire reconnaître, puisque les femelles en sont presque toujours dépourvues, même dans la seconde ; son système dentaire est différent de celui des espèces à cornes : ces ruminans n'ont ordinairement que six incisives inférieures et cinq molaires à chaque mâchoire ; ils ont constamment des canines assez développées, et même saillantes dans un genre, et toutes ces particularités leur donnent certains rapports avec les solipèdes et les pachydermes. Au reste, cette section est peu nombreuse et ne contient que trois genres : les *chameaux*, les *lamas* et les *chevrotains*.

§ I. Les **CHAMEAUX** (*camelus*) se placent naturellement en tête de l'ordre, parce qu'ils sont un peu moins ruminans que les autres. Ils ont à la mâchoire supérieure deux canines et deux incisives pointues, et à l'inférieure deux canines et huit incisives. dont les deux extérieures sont pointues et correspondent à celles de la mâchoire supérieure ; particularité qui rapproche ces mammifères de ceux des deux ordres précédens.

La nature est loin d'avoir favorisé les formes extérieures des *chameaux : leur* corps est disgracieux et *bosselé sur le dos*, leur poil long et hérissé ; leurs jambes contournées et calleuses aux articulations, semblent fléchir sous le poids qu'elles ont à supporter ; leurs pieds larges et aplatis se terminent chacun par *deux petits sabots réunis ensemble par une peau dure et calleuse qui ressemble à une semelle ;* enfin leur cou démesuré supporte une tête petite, à laquelle leurs yeux cachés sous des orbites saillantes, et leur *lèvre supérieure pendante et fendue comme celle des lièvres*, donnent un air singulier de bêtise et de stupidité.

Mais toutes ces difformités apparentes sont autant de bienfaits plutôt que des défauts. Leurs bosses dorsales sont des réservoirs graisseux dans lesquels s'accumulent, dans les temps d'abondance, des provisions toutes prêtes pour les momens de disette. Aussi ces sobres quadrupèdes peuvent-ils, sans s'épuiser, supporter des abstinences presque absolues de plusieurs jours, tout en marchant chargés d'un fardeau considérable. Ils n'ont pas même besoin de boire durant cet intervalle : ils ont dans la panse de grands amas de cellules dans lesquelles se conserve pure ou se produit continuellement de l'eau, qui suffit pour les désaltérer, avantage inappréciable dans toutes les bêtes de somme, mais surtout dans les *chameaux*, qui sont destinés à voyager au milieu de déserts arides, où les sources sont d'une excessive rareté.

Les jambes des *chameaux*, quoique contournées et disgracieuses, ont toute la force nécessaire pour soutenir le poids du corps et celui de charges très pesantes sans fléchir ; les callosités qu'on remarque sur leurs articulations sont l'effet de l'habitude qu'ont ces animaux de se coucher sur les jointures des membres, soit pour dormir, soit pour se faire charger ou décharger ; et la forme large de leurs pieds, qui nous paraît si désagréable, est la plus convenable pour ces êtres qui parcourent sans cesse les sables mobiles de l'Arabie et de l'Asie centrale ; aussi les Arabes les appellent-ils, dans leur style métaphorique, *les vaisseaux des sables* ou *des déserts.*

Leur cou, si excessivement long, est on ne peut plus propre à cueillir les feuilles sur les arbres élevés, qui leur fournissent leur nourriture ; et leurs lèvres pendantes et extensibles leur servent à prendre ces feuilles au milieu des épines dont les branches sont hérissées.

Enfin leur poil long et mêlé comme dans un feutre, est un vêtement naturel qui garantit ces animaux du sable fin qui voltige sans cesse dans les airs, et des piqûres des insectes, si incommodes dans les pays chauds.

Avec une organisation si bien appropriée à son genre de vie, le *chameau* est, avec le *renne*, peut-être le plus utile des animaux domestiques : il réunit en lui la force du bœuf, l'agilité et la docilité du cheval (1), la sobriété de l'âne et la toison de la brebis ; aussi l'Arabe trouve t-il en lui sa nourriture, son vêtement, sa chaussure et sa monture pour voyager. Sa chair, surtout quand il est jeune, est aussi agréable que celle du veau ; son lait est supérieur à celui de la vache ; enfin sa toison est aussi douce et aussi moelleuse que celle de nos moutons. Sa sobriété est surtout étonnante. Sans parler de ces jeûnes de six et même de huit jours, qu'il ne pourrait endurer souvent sans compromettre sa santé, cet animal ne fait journellement qu'un repas, pour lequel il se contente de quelques onces de farine, ou de quelques poignées d'herbes ou de feuilles grossières. Avec son réservoir d'eau, il peut se passer de boire pendant huit jours, et, lorsqu'il rencontre une source, il y satisfait sa soif présente, et fait sa provision pour la soif à venir.

Sa docilité n'est pas moins admirable ; le moindre signe de son maître le fait obéir. A sa voix il s'accroupit pour le recevoir sur son dos, ou pour le laisser descendre. Aussi le *chameau* est-il, pour les habitans du désert, une véritable providence ; sans lui ils seraient réduits à périr de besoin au milieu de leurs solitudes immenses, sans avoir même la facilité de les quitter pour

(1) Le chameau ne marche pas aussi vite que le cheval, quand il s'agit d'une petite course ; mais pour un long voyage, le premier le fera au moins aussi vite que le second.

aller s'établir ailleurs. Entourés de toutes parts de sables inaccessibles à tout autre créature qu'au *chameau*, ils ne pourraient les franchir pour se soustraire à leur funeste sort.

On ne connaît que deux espèces de ce genre. Le *chameau ordinaire*, qui se reconnaît à ses deux bosses, habite le centre de l'Asie et rend moins de services que le suivant. Le *dromadaire* n'a qu'une bosse unique, descend davantage vers le Midi et habite la Perse, la Syrie et presque toute l'Afrique ; c'est par lui que les Arabes opèrent le transport de toutes leurs marchandises, à travers les sables qui les environnent. Il paraît douteux que ces animaux existent à l'état sauvage. Quelques voyageurs prétendent cependant qu'il s'en rencontre de la première espèce, dans les déserts placés entre l'Inde et la Chine.

§ II. Les LAMAS (*auchenia*) (*fig.* 3) sont les chameaux de l'Amérique méridionale ; leur structure intérieure est la même que celle de ces derniers ; ils ont jusqu'à ces amas de glandes qui garnissent les côtés de la panse. Leur tête et leur cou sont tout-à-fait semblables ; leur lèvre supérieure est pareillement fendue, leurs poils sont également souples et moelleux. Les seules différences qui distinguent ces deux sortes d'animaux, c'est que les *lamas* manquent de bosses sur le dos, et de callosités aux jambes et au poitrail. Leurs formes sont aussi mieux prises, leurs jambes plus droites, leur taille plus petite ; en un mot, ils ressemblent à des chameaux, pour la tête et le cou, et à des béliers pour le tronc et les membres, excepté que leurs sabots, d'ailleurs bien divisés, sont extrêmement courts, et ne couvrent qu'une très petite partie du doigt.

A ces différences anatomiques, il faut joindre celles de leurs habitudes qui sont aussi considérables, et qui, du reste, sont en grande partie une conséquence des premières. Ainsi la forme du sabot des *lamas* ne leur permet pas de fréquenter les plaines sablonneuses ; ils se tiennent continuellement sur les montagnes les plus élevées de l'Amérique méridionale, et ne descendent que très rarement dans la plaine. Ils se réunissent par troupes, moins pour se défendre que pour se rassurer par le nombre et se tenir compagnie. Leur nourriture est la même que celle des chameaux, et consiste en herbes et surtout en feuilles d'arbustes. Mais leur caractère est plus sauvage ; car toutes les espèces ne sont pas encore domptées, et aucune d'elles ne l'est en totalité. Il n'y a que le *lama* proprement dit, qui soit bien apprivoisé.

On ne distingue que deux espèces dans ce genre : le *guanaco* et la *vigogne.* Le premier, qui est le plus grand, a la taille d'un cerf ; il habite les montagnes du Chili et du Pérou, où il montre une agilité comparable à celle du chevreuil. Les Américains l'ont depuis long-temps réduit à l'état domestique, où il a produit deux variétés très intéressantes : le *lama* et l'*alpaca.* Le *lama* est de tous les animaux du nouveau continent celui qui rend le plus de services à ses habitans. Aussi docile que le chameau, il serait aussi utile que lui, s'il avait autant de force ; mais il ne peut guère porter que deux cent trente à deux cent quarante livres, encore ne peut-il faire avec cette charge que de très petites journées. C'était pourtant, avant la découverte du Nouveau-Monde, la seule bête de somme connue des Péruviens ; mais l'introduction du cheval dans leur pays en a considérablement diminué l'usage, et ceux qu'on y élève maintenant sont principalement destinés à la boucherie. L'*alpaca*, seconde variété du *guanaco*, se distingue du précédent par la longueur et par la finesse de ses poils, qui pendent en longues mèches séparées ; sa toison est ce qu'il a de plus précieux et ne le cède guère qu'à celle des chèvres du Thibet. La *vigogne* est plus petite que le guanaco et ne surpasse pas la brebis d'Europe en grandeur. Timide et farouche, comme tous les animaux faibles et sans défense, elle vit constamment par troupes nombreuses, et se tient sur les plus hautes montagnes dans le voisinage des neiges, et ne descend presque jamais dans les plaines. Mais sa vie sauvage et retirée ne la met pas à l'abri des poursuites de l'homme. On lui fait tous les ans une chasse très active pour lui ravir sa toison, dont la finesse égale celle de là soie, et dont on fait des étoffes précieuses à cause de leur moelleux. La timidité de ces animaux est telle qu'il suffit d'un morceau de drap rouge suspendu à un arbre pour les frapper de terreur et d'immobilité. Dans cet état, ils se laissent égorger sans opposer la moindre résistance et sans même penser à fuir.

§ III. Les CHEVROTAINS (*moschus*) sont des ruminans dont la taille varie depuis celle du chevreuil jusqu'à celle du lièvre. Leur forme est celle d'une biche ; ils ont le même corps, la même tête, les mêmes jambes et la même queue ; mais ils s'en distinguent aisément par la présence de *dents canines qui font même quelquefois une saillie considérable* hors de la bouche de l'animal ; ils ont *toujours douze molaires à chaque mâchoire,*

15.

comme les ruminans ordinaires, tandis que les chameaux et les lamas n'en ont que dix ou même neuf.

Les *chevrotains* sont tous d'une forme élégante et très bien proportionnée ; aussi leur agilité est-elle au moins égale à celle des quadrupèdes les plus légers à la course , on les voit souvent exécuter des bonds de vingt à trente pieds d'étendue avec tant d'assurance , qu'ils peuvent s'arrêter court sur un rocher qui n'a pas plus d'un pied carré de surface. Mais leur force ne répond pas à leur légèreté ; leurs membres sont tellement grêles, que les Indiens parviennent à les forcer à la course, et à s'en rendre maîtres sans le secours d'aucune arme offensive. Remarquons cependant qu'il faut pour cela que l'animal soit dans un endroit défavorable ; car s'il se trouve sur quelque montagne escarpée et coupée par des précipices , il est à peu près impossible de s'en emparer. Le naturel de ces animaux est d'une timidité excessive; le moindre bruit les épouvante, et la vue d'un mammifère carnassier ou d'un oiseau de proie les glace de terreur, et, paralysant leurs membres, les empêche de fuir. Pour éviter les regards de ces ennemis, ils ont soin, quand ils broutent l'herbe ou les feuilles des arbustes qui croissent sur les montagnes qu'ils fréquentent, de se cacher de leur mieux dans les fentes des rochers ou au milieu de quelques touffes de plantes.

On connaît quatre ou cinq espèces de ce genre , dont la principale est *le musc ;* il est de la taille et de la forme de la chevrette d'Europe , dont il est pourtant facile de le distinguer à la grossièreté de son poil qui est dur et comme cassant, et surtout à la *saillie que ses canines supérieures font hors de sa gueule.* Il habite les montagnes du Thibet, de la Chine et du Tunquin, où on lui fait une chasse continuelle pour lui ravir le parfum dont il tire son nom. C'est une substance grasse et odorante, qui se forme dans une petite poche placée sous le ventre , dans la région ombilicale. Le meilleur est celui que l'animal laisse sur les pierres, contre lesquelles il se frotte pour s'en débarasser, quand il est trop abondant dans le réservoir. Tout le *musc* du commerce nous vient par la Chine qui a soin, avant de nous l'envoyer, de le frelater, en le mélangeant avec du sang ou même avec du plomb pulvérisé.

Outre cette espèce, nous mentionnerons encore le *chevrotain pygmée,* le plus petit des mammifères ongulés ; ses jambes n'ont guère que trois pouces de long et ne sont pas plus grosses que le tuyau d'une plume à écrire.

II*ᵉ Famille.* —RUMINANS A CORNES.

Tous les ruminans dont il nous reste à parler ont , au moins dans le sexe mâle, deux proéminences plus ou moins considérables de l'os frontal, qui ne se trouvent dans aucun autre mammifère ; de sorte que tout animal à cornes osseuses est un ruminant. Ces proéminences diffèrent beaucoup par leur structure et par la nature de leur enveloppe extérieure , dans les divers animaux de cette famille. Dans les uns, elles ne sont couvertes que pendant un certain temps, d'une peau velue qui ne tarde pas à se dessécher et à tomber , ainsi que les os qu'elle recouvre; mais bientôt on en voit repousser deux autres, ordinairement plus grandes que les premières, mais destinées à subir les mêmes changemens. Ces cornes sont dites *caduques* , à cause de cette chute périodique à laquelle elles sont soumises, et appartiennent exclusivement aux animaux du genre *cerf*.

Dans les ruminans qui suivent, la proéminence osseuse ne tombe jamais et est dite *persistante ;* elle doit cette propriété à ce qu'elle reste toujours couverte d'une enveloppe, qui la garantit du contact de l'air et de la carie. Mais la nature de cette enveloppe varie : dans le genre *girafe*, c'est un prolongement de la peau de la tête qui suit le développement de la saillie osseuse. Dans les autres genres, les *antilopes*, les *chèvres*, les *brebis* et les *bœufs* , l'os est revêtu d'un étui de substance élastique qui croît par couches, et pendant toute la vie de l'animal ; mais cet étui , au lieu de s'appliquer exactement sur la surface de l'os, laisse un intervalle vide entre elle et lui ; ce qui a fait appeler *cornes creuses* celles qui présentent cette structure. On peut donc diviser la famille des ruminans à cornes en trois petites tribus , dont la première renferme les *ruminans à cornes caduques ;* la seconde, ceux à *cornes persistantes* et *recouvertes par la peau ;* et la troisième *ceux à cornes creuses.*

I*ʳᵉ Tribu.* —Ruminans à cornes caduques.

Cette tribu ne comprend que le genre CERF (*cervus*) (*fig.* 4 et 5), qu'on reconnaît facilement à ses cornes nues , solides et le plus souvent branchues, qui tombent périodiquement durant le cours de la belle saison, en éprouvant à chaque chute des changemens plus ou moins considérables.

La formation et le renouvellement de ces proéminences sont

extrêmement curieux. Vers l'âge de six mois, on voit s'élever sur la tête du *faon* (jeune cerf), qui doit avoir des cornes, deux bosses latérales qui grossissent rapidement, mais dont l'accroissement ne tarde pas à s'arrêter, par suite du développement d'un cercle osseux qui comprime la peau à leur base, et empêche les vaisseaux sanguins de lui apporter la nourriture. Dès lors cette peau se dessèche, tombe et laisse à nu l'os qu'elle recouvrait. L'air agit sur cet os comme sur tous ceux avec lesquels il est en contact, le frappe de mort et en détermine bientôt la chute. Mais peu de temps après, on voit saillir au-dessous de la cicatrice deux nouvelles éminences, qui se développent comme les premières et grandissent de la même manière. Dans la plupart des espèces mêmes, la tige principale se garnit d'un *andouiller* ou branche, chaque fois qu'elle se renouvelle, du moins jusqu'à ce qu'elle ait acquis le nombre de ramifications propres à l'animal. Ce mode de formation des cornes, qu'on a comparé à celui des bourgeons des plantes, et leur renouvellement annuel si analogue à celui des feuilles, joints à la structure compacte et à la forme branchue de ces organes, leur ont fait donner par les naturalistes, et même par le vulgaire, le nom spécial de *bois*.

La chute périodique du bois ne s'opère pas sans déterminer chez les *cerfs* un malaise assez prononcé. Tant qu'ils en restent privés, on les voit tristes et abattus se cacher dans les fourrés les plus épais de la forêt qu'ils habitent, de peur d'être aperçus par des ennemis contre lesquels ils se trouveraient sans défense. Cette crise a lieu pendant la belle saison, époque à laquelle le *cerf* trouve partout une nourriture abondante, sans avoir besoin de se déplacer beaucoup. Aussi voit-on ces animaux florissans de force et de santé, lorsque vers l'automne, ils sortent de leur retraite avec leur nouveau bois qu'ils semblent étaler avec orgueil. C'est alors le temps de leurs amours, temps durant lequel ces animaux, d'ordinaire si doux, deviennent pour ainsi dire furieux, et se battent pour la possession des femelles, avec un acharnement dont les carnassiers les plus féroces ne nous offrent pas d'exemple.

Le caractère qui se tire du bois serait on ne peut plus commode pour distinguer le genre *cerf*, si la présence en était constante dans tous les individus et à toutes les époques de leur vie. Mais il n'en est pas ainsi. Cet ornement est l'apanage exclusif des mâles, excepté dans le renne ; encore ne se rencontre-t-il chez eux qu'à un certain âge et leur manque-t-il pendant un temps assez considérable de l'année. Il faut, par conséquent, chercher d'autres signes auxquels on puisse reconnaître ces animaux. Un corps svelte et élégant, un pelage ras et très propre, une croupe arrondie *avec une queue très courte,* des jambes fines, mais nerveuses, quatre mamelles inguinales, une tête fine terminée le plus souvent par un mufle (1) et ornée de deux yeux pleins de douceur et de vivacité, au-dessous desquels se trouvent presque toujours des larmiers (2); tels sont les caractères au moyen desquels on pourra toujours distinguer les *cerfs* de tous les autres ruminans.

Quant à leurs habitudes, elles sont généralement douces et paisibles ; conformés pour brouter l'herbe, les feuilles ou les jeunes bourgeons, ils se tiennent toujours au milieu des bois, loin de nos habitations. Plus sensibles au chaud qu'au froid, ils préfèrent les montagnes peu élevées du nord à celles du midi ; ils y vivent tantôt solitaires avec leurs femelles, tantôt réunis en troupes nombreuses et serrées. Timides et farouches comme tous les ruminans libres, ils ne quittent que le moins possible leurs retraites cachées, pour aller paître dans les plaines découvertes. Encore ont-ils soin avant de s'avancer, de s'assurer au moyen de leur odorat, qu'ils ont extrêmement subtil, s'ils n'ont pas de danger à craindre de la part de quelque ennemi. Et de peur d'être surpris pendant qu'ils ont la tête baissée pour prendre l'herbe à terre, ils se tiennent toujours tournés vers le vent, afin de recevoir plus facilement les émanations qui peuvent leur annoncer de loin son approche. Dès qu'ils sont bien repus, ils rentrent promptement dans leur fort et vont se reposer pour ruminer à leur aise.

Cette vie douce et tranquille dure, pour eux, depuis le mois de janvier ou de février jusqu'à la fin de l'automne. A cette époque, ils cherchent à se reproduire; la femelle ou la *biche* ne porte qu'un seul petit, et le met bas vers le milieu de l'été. Le jeune faon porte la *livrée,* c'est-à-dire qu'il a des taches blanchâtres jusqu'à l'age de six mois, époque à laquelle commencent à poindre les cornes. Il ne quitte jamais sa mère, pâ-

(1) On appelle *mufle* une modification de la lèvre supérieure qui consiste à avoir la peau nue et garnie de petites glandes, produisant une humeur onctueuse qui l'humecte continuellement.

(2) Les *larmiers* sont deux petites fossettes placées au-dessous du grand angle de l'œil, une de chaque côté, et destinées à recevoir les larmes qui s'échappent de cet organe.

ture toujours de compagnie avec elle jusqu'à sa troisième année. A cet âge il la quitte parce qu'il est assez fort pour se passer de ses soins.

On connaît dans ce genre, outre les espèces fossiles qui sont assez nombreuses, environ trente espèces vivantes que l'on peut rapporter à trois sections : les *cerfs à bois plat*, les *cerfs proprement dits* et les *chevreuils*.

1° On ne compte que trois cerfs à bois plats : ce sont l'*élan*, le *renne* et le *daim* Le premier est aussi grand qu'un cheval, et son bois pèse jusqu'à soixante livres. Il vit par troupes dans les forêts marécageuses du nord des deux continens. Le *renne* est de la taille du cerf mais a les jambes plus courtes et plus grosses ; les deux sexes ont des bois. Cet animal qui vit dans les contrées glaciales des deux continens rend aux habitans de ces pays les mêmes services que le chameau aux Arabes ; il remplace pour eux le cheval, le bœuf et la brebis ; il leur sert de bête de somme et de trait, et leur fournit sa chair, son lait, sa peau et sa toison ; aussi les Lapons mesurent-ils leurs richesses au nombre de leurs *rennes*. Le *daim* est plus petit que le cerf et se distingue en ce qu'il a la base de son bois arrondie et son pelage fauve tacheté de blanc. Il est répandu dans toutes les forêts de l'Europe.

2° Les *cerfs* ordinaires se reconnaissent en ce qu'ils ont toujours un andouiller à la base de leur bois, indépendamment de ceux qui se montrent sur la tige. On rapporte à cette section une quinzaine d'espèces dont les principales sont : le *cerf commun*, le *cerf du Canada* et l'*axis*. Le premier est fort célèbre par les chasses qu'on lui fait dans toute l'Europe, où il est très commun, et par les ruses variées qu'il emploie pour se soustraire aux poursuites des chasseurs et des chiens. Il se tient dans les bois et se réunit en grandes troupes pour passer l'hiver. Ce que les anciens ont dit de la longue durée de la vie de cet animal est tout-à-fait faux ; il vit environ trente ans. Le *wapiti* ou *cerf du Canada* est plus grand que le nôtre ; de plus il a la queue plus courte et le bois plus branchu. L'*axis* ou *cerf tacheté* de l'Inde, quoique originaire du Bengale, se propage très bien en Europe ; on le distingue à son pelage fauve marqué de taches d'un blanc pur et à son bois qui n'a que deux branches, l'une à la base et l'autre à l'extrémité de la tige.

3° Les *chevreuils* n'ont pas d'andouiller à la base de leur bois. On en compte sept ou huit espèces dont la principale est notre *chevreuil* qui n'a que deux andouillers presque à l'extrémité de sa tige et manque de larmiers. Il est plus petit que le daim, auquel il ressemble d'ailleurs par la forme de son corps. Sa femelle, la *chevrette*, porte pendant environ cinq mois ; on lui fait une chasse très active à cause de sa chair qui est bien supérieure à celle du cerf.

IIe *Tribu*. — Ruminans à cornes persistantes et recouvertes par la peau.

Cette tribu, comme la précédente, ne renferme que le genre GIRAFE(*camélopardalis*) (*fig.* 6), et ce genre ne se compose que d'une seule espèce, bien caractérisée par ses cornes solides, longues d'environ six pouces, recouvertes par une peau velue et existant dans les deux sexes : il s'élève aussi au milieu du chanfrein une troisième corne plus large et beaucoup plus courte que les précédentes. mais adhérant comme elles aux os de la tête, particularité unique dans la classe des mammifères.

Cet animal est avec le tigre et le zèbre le plus remarquable par la beauté de son pelage qui, sur un fond gris, est parsemé de taches anguleuses d'un beau fauve ; et son corps le céderait en élégance à peu de quadrupèdes, sans la disproportion de ses membres antérieurs et sans la longueur excessive de son cou, qui se rapproche de celui du chameau. Un autre rapport que la *girafe* présente avec le chameau, c'est la petitesse de sa tête et l'extensibilité de ses lèvres ; ces ressemblances d'organisation tiennent à une ressemblance d'habitudes ; la *girafe* , comme le chameau, se nourrit spécialement des feuilles d'un arbre épineux ; il fallait donc à l'une comme à l'autre le moyen de les atteindre et de les prendre sans se blesser.

Les habitudes de ce ruminant à l'état sauvage sont encore peu connues ; on ne sait rien sur la manière dont il se reproduit, sur le temps de sa gestation, sur la durée de sa vie. On sait seulement qu'il habite le midi de l'Afrique, où il se tient en petites troupes de cinq ou six individus, vivant de feuilles et des jeunes pousses d'une espèce d'acacia. Privé de toute espèce d'arme défensive, il ne peut, malgré sa grande taille et les vigoureuses ruades qu'il lance à ses ennemis, résister aux attaques continuelles des lions et des panthères, qui partagent avec lui ces régions brûlantes. Le seul moyen qu'il ait à leur opposer, c'est la fuite. Malgré la disproportion de ses deux trains et son allure extraordinaire, il a tant d'agilité qu'il échappe aisément à tous ses ennemis, pour peu qu'il ait d'avance sur eux ; on assure qu'il peut faire quatre lieues en une heure et plus de soixante dans une journée. Quant à son caractère, il est si paisible et si doux qu'un enfant avec une corde peut en faire tout ce qu'il veut.

IIIe Tribu. — Ruminans à cornes creuses.

Cette tribu se compose de quatre genres : les *antilopes*, les *chèvres*, les *brebis* et les *bœufs*.

§ I. Les ANTILOPES (*antilope*) (*fig.* 7) forment un genre extrêmement nombreux et très rapproché de celui des cerfs par l'élégance de leurs formes, par la finesse de leurs jambes, par l'agilité de leurs mouvemens, par leur naturel paisible et sociable, et par la structure de l'os de la corne, lequel est compacte et sans pores intérieurs. La plupart ont aussi des *larmiers* et un mufle plus ou moins large. Il est, par conséquent, difficile de distinguer ces deux genres de ruminans autrement que par la nature de leurs cornes, qui sont nues, solides et caduques chez les cerfs, creuses, persistantes et revêtues d'une substance élastique dans les *antilopes*. Mais comme les cornes manquent souvent aux femelles des uns et des autres, il est important d'avoir d'autres caractères pour les différencier.

Les femelles des *antilopes* ont assez souvent des cornes : sur une cinquantaine d'espèces de ce genre qu'on connaît, plus de vingt-cinq en ont dans les deux sexes ; celles qui n'en ont pas se reconnaîtront soit à leurs *pores inguinaux* (1), soit à leur queue allongée et terminée par un bouquet de poils, soit enfin aux *brosses* ou touffes de poils qui se remarquent à leur poignet ou joint de la jambe.

Sous le rapport des habitudes, les *antilopes* peuvent se ranger en deux catégories ; les unes se trouvent sur les montagnes les plus escarpées, comme les chevrotains, et sautent de rochers en rochers avec une agilité effrayante ; leurs formes sont élancées, et leurs jambes effilées, comme celles de tous les animaux légers à la course. Les autres ont le corps généralement plus massif et les membres plus robustes ; elles fréquentent les plaines sablonneuses ou les terrains marécageux. Comme elles n'ont pas la légèreté des précédentes pour échapper à leurs ennemis, la na-

---

(1) On nomme ainsi de petites poches formées par des replis de la peau des aines.

ture a donné à la plupart des cornes plus puissantes et un caractère plus déterminé. Il leur arrive quelquefois de se défendre avec énergie contre des ennemis beaucoup plus forts qu'elles.

Presque toutes les espèces de ce genre appartiennent aux climats chauds de l'Asie et de l'Afrique méridionale, où elles semblent avoir été placées pour servir de pâture aux bêtes fauves qui vivent dans ces contrées. Deux seulement se rencontrent dans les pays tempérés de l'Europe. Toutes vivent en troupes nombreuses et composées quelquefois de plusieurs milliers d'individus. Partout on leur fait la chasse à cause de la bonté de leur chair ou de l'utilité de leur peau ; mais il faut être très adroit pour les atteindre ; elles sont si fines et si agiles, qu'il est rare qu'elles n'aperçoivent pas leur ennemi assez à temps pour lui échapper ; aussi les Africains et les Asiatiques les chassent-ils de préférence avec le faucon ou le guépard. Quand ils veulent les prendre vivantes, ils ont recours à la ruse : ils lancent, au milieu d'une bande de ces animaux sauvages, des individus apprivoisés, aux cornes desquels sont attachés des nœuds coulans ; les uns et les autres se mettent à jouer ensemble, et, dans ces jeux perfides, les sauvages se prennent les jambes ou les cornes dans ces nœuds, qui les retiennent jusqu'à ce que les chasseurs, qui sont aux aguets, viennent les prendre.

On a divisé ce genre en plusieurs sections, dont les principales sont : les *antilopes à cornes droites*, les *antilopes ordinaires*, les *gazelles* et les *antilopes à cornes lisses.*

1° Les premières se reconnaissent à leurs cornes droites ou peu courbées, annelées à la base seulement, et toujours plus courtes que la tête, mais qui manquent constamment chez les femelles. Ce sont des animaux généralement petits, de forme élégante, habitant tous les contrées montagneuses de l'Afrique : ils ont tous des pores inguinaux, une queue très courte, et manquent de brosses aux poignets. Telles sont l'*antilope sauteuse*, l'un des meilleurs gibiers de l'Afrique, la *grimme*, l'une des plus petites du genre, la *guevey* ou *roi des chevrotains*, qui est aussi petite que la précédente, etc.

2° Les *antilopes ordinaires* ont, dans le sexe mâle seulement, des cornes très annelées, plus ou moins courbées ; elles se tiennent dans les plaines sablonneuses de l'Asie : telles sont l'*antilope commune*, de la taille et de la forme élégante du chevreuil, qui vit dans les Indes ; le *saïga*, qui est plus grand que l'espèce précédente et se fait remarquer par ses cornes jau-

16

nâtres, légèrement transparentes. Il passe d'Asie en Europe, où on en trouve des troupeaux de dix mille individus.

3° Les *gazelles* ont dans les deux sexes des cornes annelées et contournées en forme de lyre. Elles habitent par troupes nombreuses les plaines sablonneuses de l'Inde et de l'Afrique, et se distinguent par la beauté de leurs formes et par la douceur de leur regard : telles sont la *gazelle ordinaire*, la *corinne* et le *kevel*, qui diffèrent à peine l'un de l'autre; elles sont toutes d'Afrique, où le lion et la panthère en dévorent considérablement.

4° Les *antilopes à cornes lisses*, au nombre de trois seulement, sont toutes très remarquables. La première est le *chamois* ; ses cornes, qui existent chez la femelle comme chez le mâle, sont terminées subitement par un crochet en forme d'hameçon, caractère qui suffit pour le distinguer de toutes les autres espèces du même genre. C'est un animal de la taille du daim, qui vit dans la partie moyenne des plus hautes montagnes, et auquel on fait une guerre très active à cause de sa chair, de sa graisse et surtout de sa peau ; mais cette chasse est très dangereuse pour tout autre que pour les paysans, qui s'y sont habitués dès leur enfance, car, lorsque le *chamois* se trouve poussé à bout, il s'élance d'un bond sur les chasseurs, et cherche à les précipiter dans des abîmes immenses, où ils sont déchirés par la pointe des rochers. Cette espèce forme le passage des *antilopes* aux chèvres. Le *nyl-gau* conduit au genre bœuf, comme le chamois à celui des chèvres. C'est en effet un taureau par la grosseur de son cou, par la conformation de ses cornes et par la longueur de sa queue que termine un bouquet de poils ; mais sa tête petite, son corps élancé et ses jambes fines, quoique un peu courtes, le rapprochent davantage des *antilopes* ou des *cerfs*. Ce ruminant, facile à apprivoiser, pourrait devenir utile à l'agriculture, si on voulait se donner la peine de le dresser convenablement. Quoique originaire de l'Inde, il se multiplie très bien dans nos pays. Le *gnou* ou *gniou* a les formes encore plus extraordinaires que le précédent : il a le corps, la croupe, la queue et l'encolure d'un cheval, la tête et le fanon d'un taureau et les jambes fines et légères d'un cerf ; ses cornes, qui existent dans les deux sexes, sont aplaties à leur base et arrondies à leur sommet. On le trouve au cap de Bonne-Espérance.

§ II et III. Les CHÈVRES (*capra*) (*fig.* 8) et les BREBIS

(*ovis*) ont tant de rapports entre elles par leur organisation et par leurs habitudes, qu'un grand nombre de naturalistes les ont réunies en un seul genre, réunion d'autant plus naturelle que ces deux sortes de ruminans produisent ensemble des métis féconds. D'ailleurs les différences qui les séparent sont si peu importantes et si peu tranchées, qu'il est presque impossible de les distinguer par des caractères bien constans. Ces différences se tirent de la forme du chanfrein qui est plane ou concave dans la chèvre, et convexe dans la brebis; de la direction des cornes, qui, dans la première, ne présentent qu'une simple courbure et ont la pointe tournée en arrière, et qui, dans la seconde, sont plus ou moins contournées en spirale et ont l'extrémité dirigée en avant; enfin de la présence ou de l'absence de la barbe au menton. Du reste, ce sont, dans l'une et dans l'autre, les mêmes formes et le même genre de vie; sans être aussi sveltes que la plupart des antilopes, des cerfs et des chevrotains, elles ont le corps bien pris, les jambes bien faites, les mouvemens agiles, la démarche ferme et altière, les attitudes gracieuses. Si leur regard n'a pas la douceur des animaux qui précèdent, il a autant de vivacité et surtout plus de fierté; leur physionomie a également quelque chose de plus indépendant et de plus farouche.

Du reste, on distinguera facilement le genre ou les deux genres dont nous parlons de tous les autres du même ordre : des cerfs, par la persistance et par l'enveloppe élastique de leurs cornes; des antilopes, par la structure du noyau osseux de ces organes, qui est en grande partie occupé par des cellules; et des bœufs, par le défaut de mufle, ainsi que par la direction verticale et par la forme anguleuse de ces proéminences.

Quant aux habitudes des *chèvres* et des *brebis*, elles sont absolument les mêmes et ressemblent à celles des autres ruminans. Réunies en troupes plus ou moins considérables, elles habitent les plus hautes montagnes, au milieu des rochers et dans le voisinage des neiges perpétuelles, et se nourrissent des feuilles ou des bourgeons du génépi, du bouleau nain, du saule sauvage et de quelques autres plantes amères, les seules qui croissent dans ces régions élevées. Leur agilité n'est pas inférieure à celle du chevrotain, du chamois, etc.; elles fuient à travers les précipices avec la rapidité de l'éclair, et sautent de rocher en rocher avec un coup d'œil si juste et avec tant d'assurance, qu'une surface d'un pied carré leur suflit pour s'arrêter subitement au milieu de leur course la plus impétueuse. Aussi leur chasse est-elle très pénible et même dangereuse, lorsqu'on les pousse à bout. Arrêtées d'un côté par un précipice sans fond et de l'autre par le chasseur, elles délibèrent un instant, et en un clin d'œil elles se décident ou à s'élancer sur ce dernier pour le précipiter dans l'abîme, ou à s'y laisser tomber elles-mêmes, avec la précaution de mettre leurs cornes en avant, pour amortir la pesanteur de leur chute. Ce saut périlleux leur coûte quelquefois une corne ; mais à quoi ne s'exposeraient-elles pas pour conserver leur liberté ?

Malgré cet amour pour l'indépendance, ces animaux s'accoutument aisément à la vie domestique, pourvu qu'on les prenne jeunes ; la *brebis* surtout s'identifie tellement avec cette manière de vivre, qu'elle ne peut plus s'en passer ; elle y perd presque l'instinct de sa conservation, quoique à l'état sauvage elle ait autant d'activité et d'énergie que la *chèvre*. Pour celle-ci, elle conserve toujours, même dans l'esclavage, des traces de son ancien caractère ; elle a toujours l'humeur vagabonde et capricieuse, et se montre bien moins docile à la voix de son maître.

Parmi les neuf espèces de *chèvres* ou de *brebis* que nous connaissons, nous citerons l'*ægagre* et le *bouquetin*, l'*argali* et le *mouflon*.

L'*ægagre*, autrement *chèvre sauvage* se reconnaît à sa longue barbe et à ses cornes tranchantes en avant, qui existent presque toujours dans les deux sexes. Quoique cet animal soit la souche de toutes nos chèvres domestiques, il est beaucoup plus grand et plus fort qu'aucune d'elles. On le trouve, des montagnes de l'Asie, depuis le Caucase jusqu'à l'Himalaya : en Perse on le nomme *paseng*. Malgré son humeur errante et sauvage, il s'apprivoise assez facilement et se propage très bien en domesticité ; il a même produit plusieurs variétés qui toutes fournissent dans leur lait une boisson agréable et nourrissante, dans leur peau un très beau maroquin, et dans la chair des jeunes individus un aliment léger et de facile digestion. Parmi ces variétés, nous ferons remarquer la *chèvre commune*, qui vit partout où l'homme vit ; la *chèvre sans cornes*, d'Espagne ; la *chèvre d'Angora*, dont les poils longs et frisés servent à fabriquer les étoffes de camelot, la *chèvre de Cachemire*, si remarquable par la longueur et la finesse de ses poils, qui servent à faire ces châles souples et moelleux qui portent leur nom. Cette dernière variété, originaire du Thibet, a été naturalisée depuis peu en France, où elle se multiplie assez bien. Le *bouquetin* a la plupart des caractères extérieurs de notre bouc domestique; mais il a les cornes beaucoup plus grandes et plus fortes; et ces organes, au lieu de présenter antérieurement un angle saillant, comme dans l'espèce précédente, offrent une surface plane marquée de côtes transversales. On trouve cet animal dans les mêmes lieux que le chamois, sur les Alpes, dans les Pyrénées et sur les montagnes de la Grèce; mais son séjour est un peu différent; tandis que le chamois n'occupe que la région moyenne de ces chaînes, le *bouquet n* s'élève vers leurs sommets arides et glacés. Il est possible que cette espèce ne soit pas étrangère à la production de quelques variétés de la chèvre domestique.

L'*argali* appartient par ses caractères zoologiques au genre brebis : c'est un animal de la taille du daim, qu'on reconnaît à ses cornes grosses et triangulaires à leur base, et à un cercle jaunâtre qui entoure sa courte queue. On le trouve sur la plupart des montagnes de l'Asie septentrionale ou tempérée. Le *mouflon* ne diffère de l'argali que par une moindre taille, mais il est beaucoup plus répandu : il habite presque toutes les grandes chaînes de montagnes de l'ancien continent; il est assez commun dans l'île de Corse, où on l'appelle *mufione*.

C'est de cette espèce ou de la précédente, que proviennent les brebis domestiques, dont les variétés sont si nombreuses et si importantes pour l'homme. Parmi ces variétés, nous signalerons : le *morvan* d'Afrique, reconnaissable à ses longues jambes ; la *brebis à grosse queue*, ainsi nommée de la grande quantité de graisse qui s'accumule dans cet appendice; le *mérinos*, si remarquable par sa toison fine et moelleuse; et la *brebis commune* dont les services sont si étendus. Sa chair est un aliment substantiel et agréable ; son lait forme une boisson nourrissante et fournit du fromage et du beurre; sa peau est employée à une infinité d'usages; avec sa toison on fabrique des vêtemens très chauds ; sa graisse ferme, qu'on appelle *suif*, sert à faire la chandelle ; ses intestins, desséchés et roulés, constituent les cordes à boyaux ; ses excrémens font un excellent engrais; avec sa corne on fabrique de petits outils, tels que manches de couteaux, etc.

§ IV. Les cornes sont creuses dans les BOEUFS (*bos*)(*fig.* 9), comme dans les antilopes, les chèvres et les brebis; mais au lieu de s'élever verticalement au-dessus de la tête, comme dans ces dernières, elles se dirigent sur les côtés et tendent à s'éloigner l'une de l'autre ; d'ailleurs leur surface est toujours lisse et polie chez les bœufs, tandis qu'elle est ordinairement marquée de lignes plus ou moins saillantes dans les trois genres précédens.

Outre ce caractère, les *bœufs* en ont d'autres qui ne sont ni moins remarquables, ni moins constans. Ils sont tous de grande taille ; leurs formes sont massives et épaisses ; leur tête est grosse et terminée par un mufle très large ; leurs jambes sont courtes et très fortes. Au-dessous de leur cou pend un vaste repli de la peau qu'on appelle *fanon ;* leur queue est assez longue et se termine toujours par un bouquet de poils ; enfin ils ont dans toute leur physionomie quelque chose de sauvage et de farouche, que font ressortir surtout leurs yeux étincelans et leurs cornes menaçantes.

Ces caractères extérieurs sembleraient devoir rendre ces ruminans terribles et dangereux ; cependant, malgré leur apparence formidable, ils sont rarement à craindre ; ils vivent en troupes nombreuses, au milieu d'immenses plaines désertes, et évitent la rencontre de tous les autres animaux. Néanmoins, lorsqu'on les provoque par des blessures ou par des tentatives contre leur liberté, leur timidité naturelle se change en un courage furieux ; ils s'élancent tête baissée au milieu des périls, et ne cherchent qu'à percer leur ennemi à coups de cornes ou à l'écraser sous leurs pieds.

Quoique ces mammifères soient peu féconds, puisque les femelles ne produisent qu'un seul petit qu'elles portent neuf ou dix mois, et qu'elles allaitent pendant assez long-temps, ils ne laissent pas d'être fort nombreux ; d'abord parce qu'ils ne fréquentent que des solitudes ou des montagnes de difficile accès, et ensuite parce que leur chasse offre des dangers que ne compensent pas les profits qu'elle procure. Du reste, quand on peut s'emparer de ces animaux dans leur jeune âge, ils perdent bientôt leur humeur sauvage et brutale, et deviennent même assez dociles pour qu'on puisse les atteler à la charrue ou aux voitures lourdes.

Parmi douze ou quatorze espèces de *bœufs* qu'on connaît, nous citerons les cinq espèces suivantes : le *bœuf* ordinaire, l'*aurochs*, le *bison*, le *buffle* et l'*yack*. Le *bœuf domestique* paraît descendre d'une espèce éteinte depuis peu, et que les anciens nommaient *urus*. On le distingue à son front plat et plus long que large et à la position de ses cornes placées aux deux extrémités d'une ligne saillante qui sépare le front de l'occiput. Tout le monde connaît les services que cet animal rend à l'agriculture, au commerce et à l'économie domestique. On l'emploie également à labourer la terre, à traîner la charrette ou la herse, et même à porter des fardeaux. Sa *chair* nous fournit la plus grande partie de la viande de boucherie; on tire de son *lait* le beurre et le fromage; sa *graisse*, qui se durcit par le refroidissement, constitue le *suif* dont les usages sont si variés; sa *peau* sert à faire presque toutes nos chaussures; ses *cornes* et ses *sabots* servent à fabriquer des manches de couteaux, de canif et autres objets de tabletterie, etc.; ses *os* calcinés, ou bouillis dans l'eau, donnent du *noir animal* ou de la *gélatine*; avec son *sang* on clarifie les vins et les sirops, on raffine le sucre, on purifie les huiles; ses *intestins* et la *membrane séreuse* qui les enveloppe se transforment, entre les mains des baudoyers, en cordes d'instrumens et en baudruche, etc. Parmi les variétés que cette espèce a fournies, on cite celle qui a une loupe de graisse sur les épaules, et une autre qui manque de cornes. L'*aurochs* surpasse le bœuf domestique en grandeur, et s'en distingue par la longueur de ses poils et par son front bombé et plus large que haut. On le trouvait autrefois dans les forêts de la Gaule et de la Germanie; mais maintenant il est relégué dans celles des monts Crapacks et du Caucase. Certains naturalistes le regardent comme la souche de l'espèce domestique; mais il en diffère essentiellement par le nombre des côtes, qui est de treize paires chez ce dernier et de quatorze chez l'aurochs. Le *bison* est très reconnaissable à ses formes trapues, à ses jambes courtes et à la laine longue et crépue qui couvre sa tête, son cou et ses épaules. Il habite en troupes innombrables les contrées tempérées de l'Amérique septentrionale, se tenant l'hiver dans les forêts et l'été dans les prairies. Sa chair est excellente et il s'apprivoise aisément. Le *buffle* a le front bombé et plus long que large; ses cornes dirigées sur les côtés lui donnent un air menaçant. Il habite les pays chauds de l'Asie, de l'Afrique et de l'Europe méridionale; il recherche les lieux humides et marécageux, où il aime à se vautrer comme le sanglier. Malgré son naturel sauvage, on parvient à le dompter et à l'employer au labourage, comme le bœuf domestique; mais on remarque qu'il est beaucoup moins docile, et qu'il se livre quelquefois à des accès de fureur dangereux. L'*yack*, aussi appelé *vache grognante* à cause de sa voix, et *buffle à queue de cheval* à cause de sa queue qui est garnie de longs poils, est une espèce de petite taille, qui habite les montagnes du Thibet. Les Turcs se servent de sa queue comme d'étendard, pour distinguer les officiers supérieurs. Outre ces cinq espèces, nous nommerons l'*arni*, qui a les formes du buffle et dont les cornes ont jusqu'à quatre ou cinq pieds de long chacune ; le *gyall* ou bœuf des Jongles, qu'on élève en domesticité dans quelques parties de l'Inde, et qui ressemble beaucoup au bœuf ordinaire ; le *bœuf musqué*, qui a la queue très courte et l'extrémité du museau garni de poils, et qui habite le nord du Nouveau-Continent.

Xe *Ordre.* — CÉTACÉS (pl. XI).

Lorsque les naturalistes ne basaient la classification des êtres que sur leurs formes extérieures, les *cétacés* faisaient partie de la classe des poissons. Leur forme ichthyoïde, l'absence de membres postérieurs, la conformation de ceux de devant, qui ressemblent à des nageoires, la brièveté ou plutôt le défaut de cou qui laisse incertaine la séparation de la tête et du tronc, l'aspect général du corps qui va en diminuant d'avant en arrière, et qui se termine postérieurement par une queue cartilagineuse horizontale, en un mot tous les caractères extérieurs se réunissaient pour les faire regarder comme des poissons. Mais l'étude de leur organisation a fait cesser cette erreur, et les a ramenés à leur véritable place parmi les mammifères. Leur cœur double, leur respiration pulmonaire, leur sang chaud, leur génération vivipare, la présence de mamelles à la partie inférieure du tronc, la conformation osseuse de leurs membres (*fig.* 8), sont autant de caractères qui rapprochent ces animaux de la classe des mammifères et les éloignent de celle des poissons. D'ailleurs la disposition même de leur queue, qui est transversale, au lieu d'être verticale comme chez ces derniers, les en sépare, même extérieurement, d'une manière bien tranchée.

A ces traits, qui suffiraient à la rigueur pour distinguer les *cétacés* des mammifères et des poissons en même temps, il faut ajouter les particularités suivantes. Leur peau n'est jamais garnie de poils ou du moins n'en offre que de très rares ; leurs oreilles, quoique s'ouvrant au dehors, sont constamment dépourvues de pavillon extérieur ; leurs yeux sont très petits, privés de cils et de sourcils et fortement écartés l'un de l'autre ; leurs membres antérieurs, quoique transformés en nageoires, ne diffèrent essentiellement de ceux des autres mammifères, que parce que les os en sont très raccourcis, et qu'ils ont les doigts enveloppés dans une membrane tendineuse ; leur épine est composée d'un très grand nombre de vertèbres, dont les antérieures sont très minces et presque entièrement soudées ensemble, ce qui explique et la longueur de leur corps et la brièveté de leur cou. Les muscles qui garnissent la partie postérieure de cette colonne étant destinés à mouvoir la queue, qui est pour ces animaux le principal organe de la locomotion, ont une épaisseur extraordinaire, ce qui, joint à la couche de graisse qu'ils ont au-dessous de la peau, fait paraître la queue tout d'une venue avec le tronc, et donne à leur corps une forme conique et une ressemblance frappante avec celui des poissons.

Une pareille organisation entraîne nécessairement des habitudes aquatiques ; et en effet les *cétacés* ne quittent presque point leur élément favori, pas même pour allaiter leurs petits. Cependant la nature de leur respiration les oblige à s'élever fréquemment à la surface de l'eau ; mais la disposition de leurs narines, qui s'ouvrent à l'extrémité de leur museau ou au sommet de leur tête, leur permet de respirer librement sans se montrer, pour ainsi dire, au dehors. Ils ne sont obligés de sortir entièrement que pour se livrer au sommeil, car tant qu'ils restent sous l'eau, il faut que leur volonté agisse sur les muscles qui ferment les narines, pour empêcher le liquide de pénétrer dans les voies de la respiration ; or, l'influence de la volonté est anéantie par le sommeil ; ce n'est donc qu'en flottant à la surface de l'eau qu'ils peuvent s'y livrer, parce que ce n'est que là qu'ils peuvent tenir leurs narines constamment ouvertes, condition indispensable à l'exercice de la fonction respiratoire.

Les *cétacés*, étant presque tous de très grande taille, ne produisent jamais plus d'un petit à la fois et le portent long-temps avant de le mettre au jour. Ils sont néanmoins assez communs et se rencontrent presque toujours réunis en troupes considérables, ce qu'on s'explique aisément, malgré la guerre acharnée qu'on leur fait, quand on songe à la durée de leur vie, qui s'étend à plusieurs siècles dans certaines espèces. Tous les individus qui composent ces troupes font, à ce qu'on croit, partie de la même famille ; ce qui le fait présumer, c'est qu'ils ont les uns pour les autres un attachement si vif, qu'ils ne manquent jamais de se secourir mutuellement, lorsqu'ils se trouvent en danger. Les mâles et les femelles surtout se témoignent réciproquement et montrent pour leurs petits une affection qui les porte à sacrifier leur propre vie, pour tirer du péril les objets de leur amour. Aussi un moyen presque infaillible de prendre les parens consiste-t-il à s'emparer de leur progéniture ; il est rare qu'ils ne la suivent pas d'assez près pour tomber sous les coups du pêcheur.

Cet ordre, qui comprend environ quatre-vingts espèces, dont une quarantaine seulement sont assez bien connues, se divise en deux petites familles : les *cétacés herbivores* et les *cétacés souffleurs.*

Ire *Famille.* — Cétacés herbivores.

Ces animaux, que l'on confondait autrefois avec les morses sous le nom de *vaches marines*, de *sirènes*, de *tritons*, ont pour caractères distinctifs des narines placées à l'extrémité du museau, des mamelles pectorales, des moustaches fortes de chaque côté de la gueule, quelques poils rares sur tout le corps, des molaires à couronne plate, un estomac multiple et des intestins très développés. Ces trois dernières particularités, qui rapprochent leur appareil digestif de celui des ruminans, annoncent un régime essentiellement herbivore, et tel est en effet leur genre de vie. Ces cétacés se tiennent toujours à peu de distance des côtes, dans les endroits où l'eau, peu profonde, leur permet d'atteindre facilement les algues qui croissent sur les rochers ; ils fréquentent surtout, préférablement à tous autres lieux, l'embouchure des grands fleuves, dans lesquels ils peuvent s'engager pour brouter, en nageant sur leurs bords, les plantes qui poussent en abondance sur leurs rives, et quelquefois même pour aller paître sur le rivage.

Les *cétacés herbivores* se trouvent principalement dans les mers méridionales ou dans les grands fleuves qui s'y jettent ; une seule espèce fréquente l'Océan boréal. Partout on les rencontre en petites troupes composées d'un mâle, d'une femelle et de deux petits, provenant de deux portées différentes. La mère allaite son petit en le tenant serré contre son sein au moyen de ses nageoires, dont elle se sert avec une adresse admirable, eu égard à leur conformation défavorable, comme organes de préhension. Vus de loin, lorsqu'ils élèvent hors de l'eau le devant de leurs corps, ces cétacés ressemblent assez bien à des créatures humaines, pour qu'ils aient été pris pour des femmes par des voyageurs prévenus ; leur face arrondie, leurs mamelles saillantes sur la poitrine, les mouvemens qu'ils exécutaient avec leurs mains, et les poils de leur muffle qui ont quelque rapport avec une chevelure de femme, ont pu faire croire à quelques navigateurs que les *sirènes* et les *tritons* des anciens étaient des êtres existant réellement dans la nature.

On connaît quatre ou cinq cétacés de cette famille, dont le principal est le LAMANTIN (*manatus*) (*fig.* 1) Son nom formé par corruption de l'espagnol *lo manato* (l'animal à mains), se tire de la conformation des membres antérieurs garnis d'ongles, dont cet animal se sert très adroitement pour nager, pour ramper sur le rivage et pour porter son petit. On le distingue à sa taille qui est d'environ quinze pieds de long, et à la forme de sa queue qui est ovale-oblongue ; il se trouve dans tous les grands fleuves de l'Amérique méridionale, où l'on mange sa chair Le *dugong* diffère du *lamantin* par sa queue en forme de croissant ; il habite la mer des Indes, et est encore peu connu.

IIe Famille. — Cétacés souffleurs.

Quoique les cétacés *souffleurs* appartiennent évidemment au même ordre que les herbivores par le défaut de membres postérieurs, il existe cependant entre ces deux familles des caractères distinctifs très remarquables ; dans ces derniers, nous trouvons encore un cou court, une tête plus ou moins arrondie, quelques poils sur le corps, des moustaches autour du museau, des ongles à l'extrémité des doigts et une queue peu développée, de sorte que leur conformation générale offre des rapports frappans avec les morses de l'ordre des carnassiers, et les rapproche ainsi jusqu'à un certain point des mammifères ordinaires. Dans les *souffleurs*, tous ces traits disparaissent complètement, pour faire place à la forme ichthyoïde ; plus de cou, plus de poils, plus de moustaches, plus d'ongles aux doigts ; leur tête est pointue et leur queue allongée comme celle des poissons, dont il serait difficile de les distinguer extérieurement, si leur queue n'était horizontale et leur peau entièrement nue et dépourvue d'écailles. Cette distinction serait d'autant plus difficile pour certaines espèces, que leur dos est garni d'une nageoire impaire ; aussi leurs habitudes sont-elles encore plus aquatiques que celles des précédens. Jamais ils ne sortent de l'eau, soit en totalité, soit en partie, pour chercher leur nourriture ; les poissons, les mollusques marins, les zoophytes de toute espèce, leur offrent, sans quitter leur élément, une subsistance toujours abondante et toujours à leur portée. Ce genre d'alimens doit entrainer des modifications dans leurs organes digestifs ; leurs dents, quand ils en ont, sont toutes uniformes et ne peuvent être distinguées en incisives, canines et molaires, comme celles des autres mammifères ; elles sont toutes coniques et forment sur la mâchoire une rangée régulière, sans intervalles vides entre elles. Leur canal intestinal est aussi proportionnellement plus court, et leur estomac se compose de cinq à sept poches distinctes. Mais la particularité la plus remarquable de leur organisation est celle, sans contredit, qui leur a valu le nom de *souffleurs.* Comme ces animaux engloutissent dans leur vaste gueule une énorme quantité d'eau en même temps que leur proie, il faut qu'ils puissent s'en débarrasser sans qu'elle s'introduise dans les conduits de la respiration. A cet effet leur larynx, au lieu de s'ouvrir dans leur arrière-bouche, s'élève jusqu'au-delà de l'ouverture postérieure des narines, de manière que le liquide ne saurait y arriver. De plus, ces conduits ne communiquent pas directement avec l'air extérieur; ils aboutissent dans une grande cavité placée sous la peau de la tête, et qui s'ouvre au dehors par un ou deux orifices nommés *évents.* D'après cette disposition, lorsque les cétacés veulent rejeter l'eau dont leur gueule est remplie, ils ferment leur bouche et compriment le liquide avec leur langue, comme s'ils voulaient l'avaler; mais en même temps l'orifice de l'œsophage se resserre pour l'empêcher de s'y introduire, de sorte que l'eau est obligée de pénétrer dans la seule ouverture qui se présente, celle des narines, qui la portent dans le réservoir dont nous avons parlé; et afin qu'elle ne puisse pas refluer dans les fosses nasales, une soupape s'étend sur l'ouverture de ces conduits et lui bouche le passage. Quand l'eau se trouve accumulée dans la cavité, les parois de celle-ci, qui sont musculaires, se contractent et la lancent au dehors avec plus ou moins de violence et de bruit, selon que l'animal est calme ou irrité. Il n'est pas rare que le jet qu'elle forme en jaillissant alors, s'élève à vingt et même trente pieds de haut.

Long-temps on a connu les *cétacés* dont nous parlons, sans se douter des avantages que l'économie domestique pouvait en retirer; mais depuis quelques siècles on a vu que l'épaisse couche de lard qu'ils ont sous la peau, pouvait fournir une immense quantité d'huile excellente pour le tannage des cuirs. Depuis qu'on a fait cette remarque, tous les peuples de l'univers arment contre ces animaux des vaisseaux, qui reviennent chargés de leurs dépouilles; leur pêche est devenue une des branches les plus lucratives de l'industrie, et leur huile un des articles les plus importans du commerce.

Ces cétacés, quoique très semblables par leur organisation et par leurs habitudes, se divisent aisément en deux tribus : les *delphinoïdes*, dont la tête est petite et proportionnée au reste du corps, et les *macrocéphales*, dont la tête est énorme et fait le tiers ou même la moitié du corps entier.

Ire *Tribu.*— Delphinoïdes.

Sous le nom de *delphinoïdes* nous comprenons tous les cétacés que leur forme extérieure rapproche des dauphins. Ce sont de tous les mammifères ceux qui ressemblent le plus aux poissons par leur conformation et par leurs habitudes; c'était surtout à cause d'eux, que les anciens plaçaient tous les cétacés dans cette classe d'animaux, et maintenant encore le vulgaire a beaucoup de peine de se faire à la classification qui les en sépare. Les baleines et les cachalots ont dans leur tête monstrueuse un caractère sensible et bien apparent, qui les distingue des poissons, et si ces mammifères étaient plus communs, tout le monde aurait bientôt saisi ce trait caractéristique. Mais il n'en est pas ainsi des dauphins, des marsouins et des narvals, dont tout l'extérieur, excepté la peau et la queue, tend à les confondre avec les vertébrés exclusivement aquatiques. Il est cependant, même chez eux, une particularité assez remarquable ; c'est cette couche de graisse qui se trouve au-dessous de leur peau et que ne présentent jamais les véritables poissons.

Tandis que les cétacés de la tribu suivante ne fréquentent que les mers polaires, boréales ou australes, les *delphinoïdes* sont également répandus sous toutes les latitudes ; l'Océan Atlantique et la Méditerranée en nourrissent plusieurs espèces, et il est peu de mers des pays chauds ou tempérés qui n'en renferment quelques-unes.

A cette tribu se rapportent trois petits genres : les *dauphins*, les *marsouins* et les *narvals*.

§ I. Les DAUPHINS (*delphinus*) (*fig.* 2) se distinguent au premier coup d'œil de tous les autres cétacés, à la conformation de leur museau, qui se termine en un bec allongé, à peu près comme celui des canards. Cet organe, formé par le développement extraordinaire des mâchoires, est garni de chaque côté d'une série de dents coniques et aiguës dont le nombre varie, selon les espèces, de vingt à quatre-vingt-quinze. Aussi ces cétacés sont-ils les plus carnassiers de l'ordre; ils dédaignent tout ce qui est végétal et ne se nourrissent que de substances animales, et surtout de poissons, tels que morues, églefins, maquereaux. Les espèces de grande taille attaquent même jusqu'à la baleine et parviennent quelquefois à la faire périr.

Tous ces animaux, sans exception, ont une nageoire dorsale, outre celle de la queue et les deux latérales; c'est à ces nageoires, et surtout à celle de la queue, qu'ils doivent cette agilité et cette souplesse de mouvemens, qu'ont toujours admirées les personnes qui ont voyagé sur mer. Non-seulement ils nagent avec assez de vitesse pour suivre le vaisseau le plus rapide; ils s'amusent souvent à bondir autour de lui et à faire mille évolutions différentes. On les voit aussi sauter fréquemment hors de l'eau et exécuter en l'air des bonds prodigieux; quelquefois même, lorsqu'ils sont vivement poursuivis, ils s'élancent à de grandes distances sur le rivage; mais, dans ce cas, ils tombent de Charybde en Scylla; car, ne pouvant regagner la mer, ils ne tardent pas à périr de faim et à devenir la proie des animaux carnassiers.

On connaît environ vingt espèces de ce genre, dont plusieurs ne sont pas bien authentiques. Les mieux connues sont le *dauphin ordinaire* et le *grand dauphin*. Le premier, dont la taille est de huit à dix pieds, est un des animaux les plus célèbres par les fables que les anciens ont débitées sur son compte. Leurs livres sont remplis d'anecdotes sur son affection pour l'homme, sur son goût pour la musique, sur l'habitude qu'il a de pousser les poissons dans les filets des pêcheurs, etc. Ces contes n'ont d'autre fondement que la voracité de ce cétacé, qui suit sans cesse les vaisseaux pour se repaître des restes que les marins jettent à la mer; et, comme il est toujours en troupes, chaque individu est obligé d'user de toute son agilité pour pouvoir attraper quelque chose. C'est dans cet empressement tout naturel, que les poètes ont vu l'expression de la joie et de la reconnaissance de cet animal. On en rencontre de grandes troupes dans toutes les mers. Le *grand dauphin*, que les marins appellent le *souffleur*, à cause du bruit qu'il fait en rejetant l'eau par ses évens, est d'un tiers environ plus grand que l'espèce précédente. On en trouve des individus dans l'Océan et dans la Méditerranée.

§ II. Le nom commun des MARSOUINS (*phocœna*) (*fig.* 3) est une corruption du latin *maris sus* (cochon de mer), et se tire de l'épaisse couche de lard qui enveloppe toutes les parties de son corps. Ces animaux diffèrent de ceux du genre précédent par l'absence du bec qui termine le museau de ces derniers. Leur tête est à peu près conique et ne présente rien de remarquable, non plus que les autres parties de leur corps, si ce n'est la grandeur de leurs nageoires; leur dorsale surtout acquiert quelquefois un développement extraordinaire. Non moins agiles que les dauphins, ils se complaisent à tracer au sein des ondes les évolutions les plus variées; lorsque la mer est irritée, on dirait qu'ils cherchent à braver sa fureur en se précipitant au milieu des vagues soulevées, et quand elle est calme, ils semblent provoquer la tempête par les vigoureux coups de queue qu'ils impriment aux flots. Ils sont si carnassiers et si agiles qu'ils ne craignent pas d'attaquer les plus grands cétacés, malgré la petitesse de leur taille, et souvent leur adresse et leur opiniâtreté triomphent de la puissance de ces énormes colosses. Ils deviendraient de véritables tyrans des mers, s'ils n'avaient dans le requin et dans une espèce de cachalot deux ennemis redoutables qui les poursuivent sans relâche, toutes les fois qu'ils les rencontrent.

On compte une douzaine d'espèces de ce genre qu'on rapporte à deux sections : les *marsouins propres*, qui ont une nageoire dorsale, et les *delphinaptères*, qui en manquent. Parmi les marsouins nous citerons deux espèces. Le *marsouin commun* est le plus petit de tous les cétacés; il n'a pas plus de quatre ou cinq pieds de long, et sa dorsale, placée vers le milieu du corps, est de moyenne longueur. Malgré sa petitesse on lui fait une pêche active, parce qu'il est extrêmement gras. Il habite en grandes troupes la plupart des mers, et remonte souvent les fleuves. Il paraît qu'on en a pris des individus dans la Seine, à la hauteur de Paris. L'*épaulard* ou *gladiateur* tire ce dernier nom de la longueur de sa dorsale, qui s'élève sur son dos comme une épée (*gladius*). C'est le plus grand de tous les delphinoïdes, excepté le narval; il a de vingt à vingt-cinq pieds de long. C'est l'ennemi le plus redoutable de la baleine; réuni à plusieurs de ses semblables, il l'attaque de concert avec eux et la harcelle jusqu'à ce qu'elle ouvre la gueule pour respirer plus librement, et alors ils s'y précipitent pour lui dévorer la langue. Cette espèce de l'Océan Atlantique remonte beaucoup vers le nord. Parmi les *delphinaptères* ou marsouins sans dorsale, le plus remarquable est le *béluga* ou *épaulard blanc*, animal de quinze à dix-huit pieds de long, qui habite la mer Glaciale, d'où il remonte assez avant dans les rivières.

§ III. On ne connaît qu'une seule espèce de NARVAL (*monodon*)(*fig.*4), cétacé qui n'a pas moins de vingt à vingt-cinq pieds de long, quand il a pris tout son accroissement. Son corps est ovoïde et offre à sa partie moyenne un renflement considérable. Mais son caractère le plus apparent consiste dans son système dentaire ; il n'a pas de véritables dents ; ces organes sont remplacés par une espèce de *défense* qui fait hors de sa gueule une saillie de sept à dix pieds de long. Cette défense, presque toujours unique par l'avortement de sa congénère, est une arme terrible avec laquelle le *narval* repousse les violences de tous ses ennemis, et qui lui permet d'attaquer les animaux les plus redoutables, sans en excepter la baleine. Elle est assez forte non-seulement pour percer le corps de tous les habitans des eaux, mais encore pour pénétrer profondément dans les bâtimens les plus solides. Non moins agile que puissamment armé, le *narval* atteint ses victimes avec autant de facilité qu'il les éventre ; aussi, les matelots qui vont à la pêche de ces animaux seraient exposés aux plus dangers, s'ils n'avaient la précaution de ne les attaquer, que lorsqu'ils sont réunis en troupes nombreuses. Comme les *narvals* sont fort serrés les uns contre les autres, leur longue défense devient pour eux un embarras et les empêche de plonger. Dans cet état on peut les harponner impunément.

Le but de cette pêche est ordinairement la défense, qui donne un ivoire préférable à celui de l'éléphant, en ce qu'il ne jaunit jamais. Mais les peuples du Nord en retirent d'autres avantages ; leur chair, fraîche ou salée, leur sert d'aliment, et de leurs tendons ils se fabriquent des cordes extrêmement solides.

Le *narval* ne fréquente que les mers du Nord, où il se nourrit de mollusques et de poissons de toutes sortes, sans en excepter le requin et les autres espèces de squales.

IIe *Tribu*. — Macrocéphales.

La tribu des *macrocéphales*, ou cétacés à grosse tête, renferme les plus grands animaux que l'on connaisse ; ce sont des masses colossales de cinquante à cent pieds de long et d'une grosseur proportionnée. On se ferait difficilement une idée de la puissance nécessaire aux muscles destinés à donner l'impulsion à de pareils corps, au milieu d'un liquide dense et résistant, qu'il faut qu'ils déplacent au moyen de leur énorme queue ; et cependant, non-seulement ils écartent ce fluide avec assez de vigueur pour s'y mouvoir avec une rapidité effrayante, ils ont encore assez de force pour faire sauter en l'air des chaloupes armées et même pour ébranler les vaisseaux de première grandeur. Il est hors de doute que, si ces animaux avaient la défense du narval et la férocité des carnassiers, ce seraient des tyrans à qui il serait impossible de résister, et devant lesquels toutes les créatures vivantes seraient obligées de fuir et de se cacher.

Mais la nature, en leur donnant la force musculaire, leur a refusé les armes qui auraient pu les rendre redoutables ; malgré cela, il est peu d'habitans des mers dont ils ne puissent triompher, quand ils peuvent les atteindre d'un coup de leur puissante queue. Quelques cétacés seulement, que la nature a faits mieux armés et plus agiles que les autres, peuvent les combattre et même les vaincre.

Toutefois, ce n'est pas dans les mers que se trouvent les véritables ennemis de ces mammifères aquatiques ; l'homme est sans contredit le plus redoutable de tous. Les profits immenses qu'il retire de leur pêche, lui font équiper des flottes entières pour les détruire. Aussi le nombre en diminue-t-il tous les ans, et tandis que naguère encore on en rencontrait des troupes nombreuses dans toutes les latitudes, on n'en trouve plus maintenant que dans les mers polaires du Nord ou du Midi, sous les glaces desquelles ils vont chercher un asile contre nos poursuites acharnées.

La pêche des cétacés de cette tribu est trop curieuse et trop intéressante pour que nous n'entrions pas dans quelques détails à ce sujet. Tous les ans il part de la plupart des ports d'Europe, d'Asie et d'Amérique, des flottes considérables de *baleiniers*, qui se dirigent vers les mers du Sud ou du Nord, où se capturent principalement ces animaux. Ces vaisseaux, qui ont de cent à cent vingt pieds de quille ou de longueur, sont accompagnés chacun de plusieurs chaloupes et montés par environ trente hommes d'équipage. Sur le pont et dans la cale sont disposés tous les ustensiles nécessaires pour dépecer l'animal, pour faire fondre sa graisse et pour recevoir l'huile qui en provient, ainsi que les autres parties utiles de son corps. Ces ustensiles sont de grands couteaux pour couper des tranches de lard, des fourchettes pour les transporter, deux chaudières placées sur un fourneau de briques entouré d'eau de toutes parts et destinées à la fonte de la graisse, enfin des tonneaux pour mettre l'huile à mesure qu'elle fond. Quant aux objets nécessaires pour s'emparer de l'animal, ils sont contenus dans les chaloupes et consistent, pour chacune d'elles, en cinq hommes, dont quatre rameurs et un harponneur, en cinq harpons (1), trois lances emmanchées, une bouée de liége et deux cuves, dans lesquelles sont arrangées les cordes dont l'extrémité s'attache à l'anneau du harpon.

Arrivés au lieu du rendez-vous, les baleiniers se dispersent chacun de leur côté et mettent leurs chaloupes à la mer; en même temps une sentinelle se place en vigie au haut du mât, et dès qu'elle aperçoit un cétacé, elle en avertit une des chaloupes, qui s'en approche le plus doucement possible, ayant sur l'avant le harponneur avec son harpon à la main, prêt à être lancé. Quand celui-ci se voit assez prêt de sa proie, il fait un signe aux rameurs qui s'arrêtent tout à coup. Le trait part à l'instant même, et, s'il est bien dirigé, il atteint quelqu'un des viscères de l'animal et le blesse mortellement. Toutefois la mort n'est pas instantanée. Le cétacé, sentant sa blessure et irrité par la douleur, plonge rapidement au fond des mers, emportant le harpon et la corde attachée à son extrémité. La vitesse de sa fuite est telle que le frottement de la corde sur le bord de l'embarcation y mettrait bientôt le feu, sans la précaution qu'on a de verser continuellement de l'eau sur l'endroit où elle passe; et si par malheur la corde mal arrangée ne se déroulait pas assez vite, la chaloupe serait infailliblement entraînée dans l'abîme avec son équipage.

Cependant le cétacé atteint par le fer meurtrier s'affaiblit graduellement, à mesure que son sang s'écoule par sa blessure;

(1) Grands javelots de fer terminés d'un côté par un triangle pointu et de l'autre par un anneau, pour recevoir l'extrémité d'une longue corde.

le besoin de respirer se fait sentir, il faut qu'il remonte à la surface de l'eau. Dans ce moment, la chaloupe qui l'a toujours suivi s'approche, et, selon que les matelots le voient plus ou moins épuisé, ils l'attaquent avec leurs lances ou lui jettent un second harpon. Dans tous les cas il ne peut plus leur échapper, et après quelques plongeons, il finit par revenir à la surface de la mer pour expirer dans les angoisses de la plus vive douleur.

Quelquefois il arrive cependant que, le coup ayant été mal porté, le cétacé parcourt une si longue étendue de mer qu'il épuise toutes les cordes placées à bord de la chaloupe. Dès que les matelots s'aperçoivent de cette circonstance, ils attachent promptement la bouée à l'extrémité de la dernière et la jettent à l'eau, pour qu'elle leur serve de guide dans leur poursuite. Dans certains cas, ils parviennent ainsi à s'en rendre maîtres; mais assez souvent la proie leur échappe sans retour, emportant avec elle le harpon, la corde et la bouée, qui finissent tôt ou tard par se détacher de son corps ou par la faire périr. Dans ce dernier cas, elle va augmenter les prises de quelque autre baleinier.

Quoi qu'il en soit, dès que l'animal est mort, on l'attache aux flancs du vaisseau qui a suivi constamment la chaloupe, et l'on procède au dépècement de son corps. Les uns coupent avec les couteaux de grandes tranches de lard, tandis que les autres avec leurs fourchettes les portent dans les chaudières allumées. La graisse, à mesure qu'elle fond, passe dans un réservoir voisin par le moyen d'un robinet adapté aux chaudières, et du réservoir elle est portée, à l'aide d'un long tuyau de cuir, dans les tonneaux disposés à cet usage dans la cale du vaisseau.

En même temps qu'on enlève la graisse, on sépare pareillement les autres parties utiles du cadavre, tels que les *fanons*, le *blanc de baleine*, l'*ambre gris*, etc.; de sorte qu'à la fin de l'opération il ne reste plus que la carcasse, que l'on abandonne au gré des flots et à la voracité des oiseaux aquatiques.

La tribu des *macrocéphales* est peu nombreuse et ne se compose que de deux genres : les *cachalots* et les *baleines*.

§ I. Les CACHALOTS (*physeter*) (*fig. 5*) surpassent par leur taille tous les cétacés dont nous avons déjà parlé; ce sont de gigantesques animaux qui, par leur grandeur, rivalisent avec les baleines, dont il ne paraît pas que les anciens les aient distingués. Leur longueur va quelquefois jusqu'à soixante-dix pieds, et leur circonférence a plus des deux tiers de cette dimension. Leur tête, quoique faisant plus du quart de la masse totale de leur corps, est cependant presque uniquement formée par la mâchoire supérieure ; le crâne n'occupe qu'un très petit espace à la partie postérieure ; le reste est consacré à de grandes cavités qui logent la substance connue dans le commerce sous le nom de *blanc de baleine*. Quant à la mâchoire inférieure, elle est très petite. et s'applique dans un sillon de la supérieure, qui la cache presque entièrement.

De ces deux mâchoires, l'inférieure est seule garnie de dents coniques et recourbées vers l'intérieur de la gueule ; et cette particularité, jointe à leur museau tronqué carrément et à la position de leur évent unique, qui s'ouvre à l'extrémité de ce museau, forme le meilleur caractère distinctif de ces animaux ; à quoi on peut ajouter qu'ils ont l'œil gauche plus petit que le droit et une bosse graisseuse sur le dos.

Les mœurs des *cachalots* sont à peu près aussi féroces que celles des dauphins ; et comme ils sont plus forts, ils se rendent aussi plus redoutables. Ils attaquent tous les habitans de la mer, et font surtout une guerre d'extermination aux mollusques, aux poissons, aux phoques, etc., qui font leur principale et presque unique nourriture.

Mais, malgré sa force et sa taille, le *cachalot* n'est pas plus à l'abri des poursuites de l'homme que les autres cétacés. Son *lard*, et surtout le *blanc de baleine* et *l'ambre gris* qu'il produit, sont des appâts trop puissans, pour qu'il ne brave pas tous les périls de sa pêche. L'*ambre gris* est un parfum de consistance variable, qu'on trouve tantôt contenu dans les intestins de l'animal, tantôt flottant à la surface des mers qu'il fréquente, et quelquefois gisant sur leurs rivages déserts ; mais on ignore s'il se forme dans l'intérieur de son corps, ou s'il a d'abord été avalé et ensuite rejeté. Quoi qu'il en soit, c'est une substance fort recherchée en médecine et surtout dans la parfumerie. Quant au *blanc de baleine*, dont le nom impropre vient de ce que l'on confondait autrefois la baleine et le cachalot, c'est une espèce de cire blanche et friable, qui se forme dans les cavités de la tête et dans quelques autres parties du corps. Il sert à faire d'excellentes bougies, qui joignent à l'avantage de répandre une belle lumière, celui de ne pas tacher les tissus sur lesquels il en tombe quelques gouttes.

La quantité de ces substances produites par un seul *cachalot* varie considérablement ; en général, on en retire quatre-vingts barils d'huile, vingt barils de blanc de baleine et vingt-cinq livres d'ambre gris ; mais il faut observer que l'on ne trouve pas toujours de cette dernière matière; il paraît qu'il n'y a que les individus malades qui en fournissent.

Outre ces trois produits, qui sont les principaux que nous recherchons dans les cétacés dont nous parlons, les peuples peu civilisés en retirent plusieurs autres services; ils mangent leur chair, boivent leur huile, emploient leurs mâchoires et leurs côtes comme bois de charpente etc. Leurs dents surtout ont à leurs yeux une valeur inestimable; ils les prisent autant que nous le diamant, et les marins qui voyagent dans les mers du Sud se procurent, avec quelques-uns de ces os, les étoffes les plus fines et les objets les plus précieux.

On ne compte que deux espèces bien authentiques de ce genre; ce sont le *cachalot commun,* qui manque de dorsale, et le *microps* ou *mular,* qui en a une. Ils fréquentent indistinctement les mers glaciales, tempérées ou intertropicales, mais surtout celles du Midi, les seules où on leur fait la pêche en grand.

§ II. La BALEINE (*balæna*) (*fig.* 6) est un cétacé monstrueux, dont la taille passe quelquefois cent pieds; il paraît même que les individus de cette grandeur n'étaient pas autrefois très rares; mais la pêche active qu'on leur fait depuis quelques siècles, les empêche maintenant d'y parvenir, et les plus grands que l'on ait rencontrés depuis long temps, n'avaient pas plus de quatre-vingt-dix pieds; les marins regardent même comme très forts ceux de soixante-cinq à soixante-dix pieds, et les plus communs n'en ont guère que de cinquante à soixante.

Malgré cette taille colossale, le corps de la baleine est trop court pour sa grosseur; la circonférence en égale presque la longueur. Sa tête, aussi monstrueuse que celle du cachalot, présente à son sommet une bosse au milieu de laquelle les évens s'ouvrent par deux orifices séparés; c'est par-là que cet animal fait jaillir l'eau qu'il prend avec sa nourriture, et quand il est irrité il donne à son jet assez de force, pour qu'il s'élève jusqu'à trente pieds de haut, et se fasse entendre à un quart de lieue à la ronde.

La gueule de la *baleine* est extrêmement grande; les mâchoires qui la forment ont quelquefois plus de vingt pieds de long; elle est d'ailleurs tellement fendue que la commissure des lèvres est placée au-delà des nageoires, qui remplacent les membres antérieurs; aussi, quand elle est ouverte, deux hommes de moyenne taille peuvent-ils y entrer de front sans se baisser. Mais ce que nous trouvons de plus remarquable dans cette partie du cétacé, c'est la nature de ses organes masticateurs : les mâchoires ne présentent aucune trace de dents ; mais la supérieure, faite en forme de voûte, présente de chaque côté une série de lames minces et cornées (*fig.* 7) fixées au palais par un bord, et libres par l'autre, qui est comme frangé et garni d'espèces de crins pendans. Ce sont ces lames ou *fanons* qu'on désigne vulgairement sous le nom de baleines.

De pareils organes rendent la mastication impossible ; aussi les *baleines* ne se nourrissent-elles que de substances qu'elles avalent sans les mâcher, tels que les petits mollusques, les zoophytes, et surtout les méduses, qu'elles retiennent aisément avec les fils de leurs fanons et qu'elles engloutissent par milliers.

Il est impossible d'assigner un terme exact à la vie de ces animaux ; mais on peut présumer qu'elle s'étend à plusieurs siècles, d'après la lenteur de leur croissance, qui comprend une période d'environ vingt-cinq ans. Les petits ont en naissant à peu près douze pieds de long, et sont, remarquent les marins, extrêmement étourdis, ce qui les amène souvent sous le harpon. Quoique les produits qu'ils fournissent soient presque nuls, on ne laisse pas de les harponner, parce que leur mère ne manque jamais, quand elle sent se prolonger leur absence, de se mettre à leur recherche, et, dans les mouvemens qu'elle se donne, elle finit presque toujours par se faire prendre elle-même.

Ce gigantesque animal est le plus fort de la nature ; d'un coup de queue il agite la mer jusque dans ses abîmes, brise une barque en éclats et lance à vingt pieds de haut une chaloupe avec son équipage. On conçoit, d'après cela, les dangers qui doivent accompagner sa pêche, et les précautions qu'ont à prendre les matelots qui y sont employés ; mais les bénéfices immenses que procurent son lard et ses fanons ferment les yeux à la cupidité. Quelques marins audacieux vont le chercher jusqu'au milieu des glaces où il croit trouver un asile, et lui ravissent avec la vie tout ce qui peut satisfaire la soif du gain qui les dévore. On dit même qu'en Amérique de téméraires plongeurs ne craignent pas de lutter corps à corps avec ce colosse des mers ; armés de deux gros bâtons, ils s'élancent sur la tête de l'animal, et, les enfonçant avec force dans ses évens, le contraignent à se faire échouer, par l'impossibilité où ils le mettent de respirer. Au reste, la prise d'une *baleine* est d'un grand rapport; elle fournit ordinairement huit cents litres d'huile et environ quinze cents fanons. Les Anglais et les Américains sont de tous les peuples ceux qui s'occupent le plus de cette pêche.

Les nations civilisées ne recherchent dans la *baleine* que son huile et ses fanons; mais les peuplades sauvages des régions polaires, les Esquimaux, par exemple, retirent de sa pêche presque toute leur existence; ils mangent sa chair fraîche ou salée, boivent son huile, préparent ses intestins pour s'en faire des habits, font des cordages de ses tendons, etc.

On distingue des baleines sans nageoire dorsale; telle est la *baleine franche* ou *commune*, celle que l'on poursuit avec le plus d'acharnement, et des baleines à nageoire, qu'on appelle aussi *rorquals* : tels sont le *rorqual* de la Méditerranée et la *jubarte*, dont la taille est égale à celle de la précédente, mais qu'on ne harponne pas, parce que leur pêche est trop dangereuse, et que leur huile est trop peu abondante.

ORNITHOLOGIE

OU

HISTOIRE NATURELLE DES OISEAUX.

Des quatre classes qui composent l'embranchement des animaux vertébrés, celle des *oiseaux* est la plus naturelle et la plus facile à caractériser. Leur bec, leurs ailes, leurs pattes et leur génération ovipare fournissent des traits distinctifs qui empêcheront toujours de les confondre avec les autres vertébrés ; et d'ailleurs la nature des plumes qui recouvrent leur corps suffit seule pour les faire reconnaître parmi tous les êtres organisés.

Ces organes se composent de trois parties ; le *tube* ou tuyau, qui est creux, implanté dans la peau et percé à sa base d'un trou, par lequel arrivent les vaisseaux et les nerfs nécessaires au développement de l'organe ; la *tige*, qui est la continuation du tube, mais qui, au lieu d'être vide, est remplie d'une matière spongieuse ; et les *barbes*, qui sont de petites lames élastiques, placées sur deux rangs de chaque côté de la tige et presque toujours garnies de crochets qui servent à les lier ensemble, de manière qu'elles forment un tissu ferme et imperméable à l'air.

Les plumes recouvrent toutes les parties du corps de l'animal, excepté le bec, les doigts et quelquefois les tarses ou pattes, et prennent des noms différens, selon la destination spéciale que la nature leur a assignée. Les unes, qui servent particulièrement au vol, portent le nom de *pennes* ; ce sont les grandes plumes qui garnissent les ailes et la queue ; mais comme, tout en concourant au même but, les pennes n'agissent pas de la même manière, et que celles de l'aile font l'office d'une rame, dont l'*oiseau* se sert pour se soutenir dans l'atmosphère, tandis que celles de la queue ne sont propres qu'à le diriger, on a appelé les premières *remiges* et les secondes *recirices*.

La différence de destination des pennes en entraîne une autre dans la manière dont ces organes sont implantés dans la peau. Les *remiges* sont fixées d'une manière immobile, afin qu'elles aient la force nécessaire pour supporter le poids de l'oiseau; tandis que les *rectrices* ont une grande mobilité qui rend très faciles les changemens de direction que l'animal a besoin de leur imprimer.

Toutes les *pennes*, les rectrices comme les remiges, sont recouvertes à leur base de plumes plus petites que l'on appelle *tectrices* ou *couvertures*, d'après l'usage auquel elles sont destinées.

Les autres plumes, celles auxquelles on réserve particulièrement ce nom, semblent avoir été données spécialement à l'*oiseau* pour garantir son corps des atteintes du froid et de l'humidité. Dans ce double but, la nature a placé au-dessous d'elles un duvet fin et moelleux, éminemment propre à concentrer la chaleur, et a donné à l'*oiseau* deux glandes particulières qui sont situées de chaque côté de la queue et qui produisent une humeur grasse et onctueuse, dont il se sert pour enduire avec son bec la surface extérieure de ses plumes et les rendre ainsi imperméables à l'eau. De plus, les plumes forment autour de l'oiseau une couche épaisse qui, sans augmenter sensiblement le poids de leur corps, le rend beaucoup plus gros et par conséquent plus léger.

Quelque favorable au vol que soit la légèreté des tégumen dont les *oiseaux* sont pourvus, elle n'aurait pas suffi pour leur donner cette faculté, si le reste de leur organisation n'avait été approprié à ce même but. Leurs os sont d'un tissu plus compacte que ceux des mammifères et ont leurs cavités intérieures plus grandes et complètement vides; de sorte que leur squelette est beaucoup plus léger que celui des autres vertébrés, sans être moins solide que le leur. Leurs poumons occupent non-seulement toute la capacité de la poitrine, mais encore une partie de celle de l'abdomen; ils communiquent en outre, au moyen de trous dont ils sont percés, avec diverses cavités du corps et en particulier avec celles des os, de manière que l'air se trouve continuellement en contact avec la plupart de leurs organes, tandis que dans les autres animaux ce fluide ne pénètre que dans les organes respiratoires. Cette disposition rend la *respiration des oiseaux double* et incomparablement plus active que celle des mammifères, des reptiles et des poissons. De cette énergie de la respiration résultent pour eux une température plus élevée, une activité plus grande, une sensibilité plus exquise, une vigueur et une puissance de mouvemens supérieures à celles des autres animaux. Enfin, leurs ailes étant très étendues en longueur et en largeur, deviennent, quand elles sont déployées, un vaste parachute, capable de soutenir un poids beaucoup plus considérable que celui de leur corps.

Cette destination des ailes exigeait que ces organes fussent mus par des muscles très vigoureux et très solidement fixés. Aussi dans la plupart des *oiseaux* les muscles pectoraux, qui les font agir, pèsent-ils seuls plus que tous les autres muscles du corps réunis ; et c'est pour leur fournir une surface assez étendue et assez solide, que leur sternum est plus large et plus long que chez aucun autre animal, et présente dans son milieu une crête saillante ou *bréchet,* sur laquelle s'implantent les fibres de ces muscles. En outre, leurs côtes sont toutes soudées avec le sternum et avec la colonne vertébrale, et de plus unies ensemble par des os particuliers, qui se portent obliquement de l'une à l'autre ; en sorte que la poitrine entière n'est, pour ainsi dire, formée que d'un seul os et fournit un point d'attache extrêmement solide aux ailes. Enfin, l'articulation de l'épaule est rendue aussi solide que possible par la présence de deux clavicules. L'antérieure s'unit avec celle du côté opposé pour former la *fourchette,* dont l'écartement annonce le plus ou moins d'aptitude que l'animal a pour le vol ; quant à la seconde, elle est beaucoup plus forte et peut être regardée comme l'os le plus résistant de tout le squelette ; aussi, malgré les efforts énormes que le vol exige, il n'arrive jamais que l'articulation des ailes soit dérangée.

Si le vol exigeait dans les membres de l'oiseau un mode d'articulation plus solide que celui des autres animaux, une conformation différente des parties osseuses, qui en font la charpente, n'était pas moins indispensable. Le bras et l'avant-bras sont les seules parties qui aient les mêmes os que ces mêmes parties chez les mammifères ; leur carpe, leur métacarpe et leurs doigts se réduisent à trois ou quatre os, dans lesquels on a cru trouver les rudimens des phalanges, mais qui n'ont pas assez de mobilité pour cela. Tout le membre est recouvert par les remiges qui, selon qu'elles s'attachent au bras, à l'avant-bras ou à l'extrémité de l'aile, prennent le nom de *scapulaires,* de *secondaires,* ou de *primaires.*

La conformation des ailes les rendant tout-à-fait impropres à porter les alimens à la bouche et à soutenir le corps sur un plan solide, il fallait à l'*oiseau* des organes pour la préhension et pour la marche. Ces organes, il les a dans le *bec* et dans les *pattes*.

Quelque différent que paraisse le premier de ces organes, comparé avec la bouche d'un quadrupède, d'un lézard, etc., il ne s'en distingue essentiellement que par la longueur des mâchoires et par le défaut de dents, qui sont remplacées par la *corne* dont elles sont revêtues ; et, pour que cet organe ait toute la mobilité nécessaire à la préhension, il se trouve placé à l'extrémité d'un cou long et flexible, qui se porte avec facilité dans toutes les directions. Du reste, la forme du bec varie beaucoup, selon le genre de nourriture de l'animal ; et les différences qu'il offre, sous ce rapport, fournissent aux naturalistes le moyen de diviser l'ornithologie en ordres, familles, genres, etc.

Quant aux *pattes*, elles sont formées des mêmes parties essentielles que les membres postérieurs des animaux marcheurs. Seulement la cuisse reste toujours cachée sous la peau, et les sept os qui composent ordinairement le *tarse* sont réunis en un seul, qui est de forme longue et à l'extrémité duquel se trouvent articulés les doigts. Ceux-ci ne sont jamais qu'au nombre de quatre, trois en avant et un en arrière, excepté dans quelques espèces, chez lesquelles il y en a deux dans chaque direction. Dans tous les cas, ces organes sont pourvus de tendons qui, par une disposition particulière, les fléchissent par le seul poids du corps, sans l'influence de la volonté de l'animal ; c'est pour cela que les *oiseaux* peuvent dormir perchés sur un ou sur deux pieds sans aucune fatigue.

Telles sont les modifications les plus remarquables que le vol a nécessitées dans l'organisation des *oiseaux* ; examinons maintenant les autres organes, pour connaître les particularités principales qu'ils présentent dans leur structure. Leur digestion s'opère de la même manière que chez les mammifères, à quelques exceptions près. Ils n'ont presque pas de salive ; et leur langue, généralement cartilagineuse, au lieu d'être musculaire, n'est presque pas propre à l'exercice du goût ; c'est pour cela que ces animaux ne mâchent pas leurs alimens et qu'ils les avalent tout d'un coup. Pour suppléer à ce défaut de mastication, ils ont avant l'estomac qui, chez eux, porte le nom de *gésier,* deux cavités particulières, le *jabot* et le *ventricule,* dans lesquelles la nourriture s'imbibe de divers sucs qui la ramollissent et la rendent plus facile à être digérée. Ce n'est qu'après avoir été convenablement préparés dans ces deux organes, que les alimens passent dans le *gésier.*

La structure de cette cavité varie considérablement, selon le régime de l'*oiseau*. Dans ceux qui se nourrissent de graines, le gésier est armé de deux muscles vigoureux et tapissé en dedans d'un cartilage solide, d'autant plus propre à broyer les alimens, que l'animal a soin d'avaler, en même temps que sa nourriture, de petites pierres pour en faciliter la trituration. Dans les espèces qui vivent de chair et de poisson, les muscles sont extrèmement faibles, et le gésier semble ne faire qu'un seul sac avec le ventricule.

Le reste de la digestion s'opère chez eux à peu près de même que chez les mammifères. Ils ont tous un *foie* très développé; mais leurs intestins ont cela de remarquable qu'au lieu d'aboutir directement à l'*anus*, ils se terminent dans une poche appelée *cloaque*, dans laquelle se rendent aussi les œufs et les urines. Par conséquent ces dernières se mêlent avec le résidu de la digestion, ce qui fait que les *oiseaux* n'urinent point, et que leurs excrémens sont généralement liquides.

De tous les sens de l'*oiseau*, celui de la vue est le plus développé, car il est disposé de manière à distinguer également bien les objets de loin et de près ; mais on ignore entièrement la cause de ce fait. Quant aux autres sens, le toucher est presque nul, puisque tout le corps de ces animaux est couvert de plumes excepté au bec, aux doigts et aux jambes, parties dépourvues de toute sensibilité par la matière cornée qui les enveloppe de toutes parts. Nous avons vu que leur goût est très peu délicat, puisque leur langue est dure et cartilagineuse. Leur odorat est aussi très faible, excepté peut être chez quelques espèces, tels que le *vautour*, le *corbeau*, les *mouettes*, etc. Il n'en est pas de même de leur ouïe: quoique leur oreille manque de pavillon extérieur, elle est douée d'une grande finesse, ainsi que le prouvent la variété du chant d'un grand nombre d'entre eux, la facilité avec laquelle ils retiennent les airs qu'on leur apprend et la promptitude avec laquelle ils s'éveillent tous, lorsqu'on les approche même avec les plus grandes précautions

Les mœurs des *oiseaux* sont extrèmement curieuses: il est surtout dans leur vie plusieurs phénomènes importans qui la rendent très intéressante: ce sont leurs *migrations* ou voyages, leur *mue* ou renouvellement des plumes, et leur *nidification* ou construction du nid.

Certains *oiseaux* exécutent périodiquement, tantôt seuls, tantôt par troupes, des voyages annuels d'un pays dans un autre ; voyages déterminés soit par la rigueur de l'hiver, soit par le défaut de nourriture. C'est ainsi que nous voyons en France à différentes époques, et mues par des besoins différens, les *oies*, les *hirondelles*, les *bécasses*, etc. Les premières nous arrivent au commencement de l'hiver et nous quittent avec la mauvaise saison. Pour les hirondelles c'est l'inverse, le printemps nous les amène et les premiers froids les mettent en fuite. Les bécasses font de moindres voyages que les précédentes : leurs migrations se bornent à passer des pays de montagnes dans ceux de plaine et *vice versâ*. La différence de régime explique celle de l'époque de l'arrivée de ces oiseaux voyageurs. Les oies, qui vivent de mollusques et de poissons, quittent le Nord, lorsque les froids de l'hiver, glaçant les eaux, les empêchent de se procurer leur subsistance. Les hirondelles partent, lorsque la mauvaise saison fait périr les insectes dont elles se nourrissent. Quant aux bécasses, comme les vers font la base de leur nourriture, il faut toujours à ces oiseaux une terre humide où ils puissent facilement chercher leur proie ; c'est pour cela que nous les avons en automne à l'époque des pluies. L'hiver elles se tiennent près des eaux courantes qui ne gèlent pas, et l'été sur les hautes montagnes et toujours près des sources.

Le plumage des *oiseaux* présente des différences assez marquées, non-seulement selon les différences d'âge et de sexe, mais encore selon celles des saisons. En général la femelle diffère du mâle par des teintes moins vives, et alors les petits des deux sexes ressemblent à la mère. Quand les deux sexes ont le même plumage, les petits ont une *livrée* qui leur est propre ; enfin, il est un certain nombre d'oiseaux qui ont un plumage d'hiver et un plumage d'été.

On conçoit que pour que ces changemens s'opèrent, il faut que les plumes tombent et soient remplacées par d'autres ; c'est cette chute périodique qu'on désigne sous le nom de *mue*. Ce phénomène a ordinairement lieu une fois par an, durant le cours de la belle saison et peu de temps après la ponte ; mais les espèces qui vivent en domesticité ou en esclavage n'y sont pas soumises avec la même régularité et passent quelquefois plusieurs années sans éprouver de *mue* ; d'autres, au contraire, en subissent deux, l'une au commencement du printemps, et l'autre avant l'hiver. Dans tous les cas une indisposition plus ou moins forte accompagne ce changement ; l'*oiseau* est triste, silencieux. apathique ; il mange peu et se tient caché, comme s'il craignait d'être vu ; presque toujours immobile à la même place, on dirait qu'il redoute la fatigue, tandis que, lorsqu'il est bien portant, le repos semble lui être pénible. Cet état de maladie dure jusqu'à ce que les nouvelles plumes s'étant développées, l'*oiseau* ait repris, avec sa livrée, l'activité qui forme le fond de son naturel. Ce temps est assez long, attendu que les plumes tombent les unes après les autres, afin que l'animal ne se trouve jamais trop exposé aux injures de l'air.

C'est à l'époque de la reproduction, que la vie de l'*oiseau* offre le plus d'intérêt. C'est alors qu'il fait entendre ces chants harmonieux, dont la force nous étonne; c'est alors aussi que se manifestent cette adresse admirable dont la nature les a doués pour construire leur nid, cette patience vraiment merveilleuse que montrent ces petits animaux, d'ordinaire si inconstans et si légers, et cette tendresse maternelle qui fait tout oublier à la femelle, jusqu'au soin de sa conservation.

Dès les premiers jours du printemps on voit la plupart des *oiseaux* se hâter de préparer un lit pour recevoir leur postérité. Les uns le placent sur les arbres, dans l'herbe, à terre ou dans les buissons; les autres parmi les rochers, sur les vieilles tours, dans le creux des murailles. Ceux-ci le construisent avec un art admirable; ceux-là se contentent d'entasser au hasard quelques matières mollettes; un très petit nombre ne font aucun préparatif et prennent pour nid le premier trou venu. L'habitation étant apprêtée ou trouvée, la femelle y dépose un nombre d'*œufs* en général d'autant plus considérable que sa taille est plus petite; ensuite elle se pose sur eux pour les réchauffer et les faire éclore. L'incubation a une durée qui varie de dix jours à deux mois. Durant cet intervalle le mâle, pour calmer les ennuis de la couveuse, lui répète ordinairement ses airs favoris, ou partage avec elle le soin de cette pénible fonction. Les petits éclos, ce sont d'autres fatigues; il faut leur procurer des alimens appropriés à leur faiblesse. Le père et la mère, ou celle-ci seulement, vont de tous côtés chercher la pâture pour la rapporter à leur famille, qui grandit rapidement et se trouve en peu de temps capable de pourvoir elle-même à sa sûreté et à sa subsistance.

Les soins maternels sont nécessaires aux petits jusqu'à l'époque où leur corps se trouve couvert de plumes; car les jeunes *oiseaux*, en rompant leur coquille, ne sont vêtus que d'un simple duvet, qui doit plus tard être remplacé par des tégumens de la nature de ceux de leurs parens; et l'on remarque que ce changement se fait beaucoup plus vite pour les *oiseaux* carnassiers que pour ceux qui se nourrissent d'insectes ou de végétaux.

La classe des *oiseaux* étant une des mieux circonscrites, est aussi une de celles dont l'étude est la plus difficile. Pour y établir des divisions, et pour caractériser les ordres, les familles, etc., il a fallu recourir aux moindres différences que le bec présente dans sa forme, sa structure; à celles des pieds et des doigts; à la conformation de leurs ailes, etc. D'après ces considérations, on a partagé ces animaux en six ordres: les *rapaces*, les *passereaux*, les *grimpeurs*, les *gallinacés*, les *échassiers* et les *palmipèdes*.

Les premiers, qu'on appelle aussi *oiseaux de proie*, ont les tarses courts, trois doigts en avant et un en arrière, tous libres et armés d'ongles forts et crochus; enfin le bec recourbé et très robuste: tels sont l'*aigle*, l'*autour*, etc.

Les *passereaux*, ou *oiseaux chanteurs*, ont aussi quatre doigts libres, trois en avant et un en arrière, les tarses faibles ou médiocres, le bas de la jambe emplumé et le bec variable pour la forme, mais sans être jamais crochu comme celui des rapaces. Le *merle*, le *moineau*, le *colibri*, etc. sont dans ce cas.

Les *grimpeurs* se reconnaissent très aisément à leurs doigts dirigés deux en avant et deux en arrière (le *pic*, le *perroquet*, le *toucan*, etc.).

Les *gallinacés*, ou *oiseaux de basse-cour*, ont trois doigts devant et un en arrière, tous armés d'ongles forts et obtus, le bec voûté supérieurement et à pointe émoussée, les narines en partie recouvertes par une écaille molle et renflée, le corps lourd et trapu et le vol pesant et difficile (le *coq*, le *dindon*, la *perdrix*, etc.).

Ces quatre ordres ne renferment que des oiseaux terrestres: les deux suivans sont aquatiques.

Les *échassiers*, ou *oiseaux de rivage*, ont les tarses généralement longs, les jambes dénuées de plumes à leur partie inférieure, et les doigts extérieur et médian garnis d'une petite membrane à leur base (l'*outarde*, le *héron*, etc.).

Les *palmipèdes*, ou *oiseaux aquatiques*, ont le plumage lisse et serré, les pattes placées à l'arrière du corps, les tarses courts et les doigts réunis par des membranes larges (le *canard*, la *mouette*, l'*hirondelle-de-mer*).

Ier *Ordre.* — RAPACES (pl. XII et XIII).

Les *rapaces* sont parmi les oiseaux ce que les carnassiers sont parmi les mammifères; ils ne vivent que de rapine et le plus souvent de chair palpitante ; et ce naturel farouche et sanguinaire les rend si intolérans, qu'ils ne peuvent souffrir dans leur voisinage aucun oiseau de leur espèce. Un petit nombre seulement, et ce sont ceux qui vivent de charogne, se réunissent quelquefois en troupes, encore n'est-ce que momentanément.

La nature, en créant ces oiseaux, a dû approprier leur organisation à leur genre de vie : des ongles forts et tranchans qu'on appelle *serres*, des tarses courts et vigoureux, un bec robuste et crochu, supporté par un cou gros et court, une vue subtile et très longue, un vol généralement puissant, tels sont les moyens qu'elle leur a départis, pour qu'ils pussent atteindre et terrasser leur proie. Leurs intestins courts et leur gésier sans muscles ne leur permettent de se nourrir que de chair ; aussi ne cherchent-ils que ce genre d'alimens ; leur vie entière se passe en voyages pour découvrir des victimes. Toujours silencieux, ou ne criant que par intervalles éloignés, on les voit parcourir les plaines de l'air d'un vol agile, et porter de tous côtés des regards perçans, pour découvrir leur proie. Oiseaux, quadrupèdes, reptiles, poissons, cadavres même, faute de mieux, tout est bon pour leur voracité ; et quand ils rencontrent une bonne aubaine, ils se gorgent tellement qu'ils ne peuvent plus s'envoler. Ils sont si gloutons qu'ils avalent indistinctement toutes les parties d'un animal, la peau, les poils, les plumes, les os mêmes ; ils s'étoufferaient en introduisant ainsi dans leur canal alimentaire des substances indigestibles, si la nature ne leur avait donné la facilité de les faire remonter par pelotes dans leur bouche et de les rejeter au dehors.

Si les *rapaces* étaient aussi nombreux qu'ils sont voraces et sanguinaires, ils causeraient d'immenses ravages parmi les quadrupèdes, les oiseaux, etc.; mais comme ils sont peu féconds et ne pondent généralement que deux œufs et quatre ou cinq au plus, il en résulte que les individus en sont rares ; et ils le seraient encore davantage, à cause de la guerre acharnée qu'on leur fait, sans la précaution qu'ils ont de ne faire leur nid que dans des lieux presque inaccessibles, et sans la sollicitude et le courage avec lesquels ils nourrissent et défendent leurs petits. Au reste les déprédations que ces oiseaux commettent dans le gibier et dans les basses-cours sont amplement compensées par les services qu'ils nous rendent en purgeant les campagnes d'une infinité de petits rongeurs, qui les ravagent par milliers.

On divise l'ordre des rapaces en deux familles, les *diurnes* et les *nocturnes*.

Ire *Famille.* — DIURNES (pl. XII et XIII).

Les *rapaces diurnes* ont les yeux médiocres, dirigés sur les côtés, le bec grand et recouvert à sa base d'une membrane molle qu'on appelle *cire,* au milieu de laquelle leurs narines sont percées. Leur tête est de moyenne grosseur, leur corps garni d'un duvet épais et protégé par des plumes à barbes serrées et résistantes ; leurs ailes sont grandes et robustes, leur fourchette très ouverte, leur vol puissant et étendu. Aussi les voit-on s'élever dans les plus hautes régions de l'atmosphère, sans craindre le froid excessif qui y règne, et planer dans les airs en portant leurs regards de tous côtés. Leur vue est tellement perçante qu'ils découvrent, d'une élévation de plusieurs centaines de toises, un petit rongeur qui se cache dans un sillon ou parmi des touffes d'herbes. A cette étendue de la vue, ils joignent une telle justesse dans le regard, qu'ils tombent comme la foudre sur leur victime et l'enlèvent dans leurs griffes sans même toucher le sol. Ainsi que leur nom l'indique, ils ne chassent jamais que de jour ; mais malgré leur activité et la puissance de leurs armes, malgré le soin qu'ils ont de ne souffrir dans leur domaine aucun rival, qui puisse leur ravir une partie de leur butin, ils sont souvent condamnés à de longs jeûnes, et ils seraient sujets à périr de faim, s'ils n'avaient un estomac capable de se prêter à une abstinence forcée, et de digérer, quand l'occasion se présente, une énorme quantité de nourriture. On prétend qu'après un de ces repas copieux, ils peuvent rester près d'un mois sans manger.

Quoique les *rapaces diurnes* soient extrêmement farouches, ils montrent pour leur progéniture une affection et une tendresse que n'ont pas beaucoup d'autres oiseaux d'un naturel plus doux. Le mâle et la femelle participent également à la construction du nid et à l'éducation des petits. Pendant que la femelle couve, le mâle chasse toujours pour elle et lui apporte en abondance le gibier qu'elle ne peut se procurer elle-même. Quand les petits sont éclos, ils chassent de concert pour les pourvoir de la nourriture la plus convenable à leur âge délicat.

Dans cette famille le mâle, la femelle et les jeunes présentent, dans leur taille et dans leur plumage, des variétés qui les ont

fait souvent prendre pour des individus d'une espèce différente. En général le mâle est d'un tiers plus petit que la femelle, et porte assez souvent, surtout dans les espèces employées dans la fauconnerie, le nom générique de *tiercelet*.
Quant au plumage, il n'est généralement complet que vers
l'âge de quatre ans; et comme l'oiseau mue tous les ans, il
s'ensuit que la différence de sa livrée peut faire regarder le
même individu comme appartenant à quatre espèces particulières.

Les *rapaces diurnes* sont très nombreux et ont été divisés en
cinq genres principaux les *vautours*, les *aigles*, les *autours*,
les *faucons* et les *messagers*.

§ I. Le genre VAUTOUR (*vultur*) comprend environ vingt
espèces, qu'on distingue de tous les autres diurnes à leurs yeux
à fleur de tête, à leur bec long, recourbé seulement à son
extrémité, enfin à la nudité d'une partie plus ou moins considérable de leur tête ou de leur cou.

Quoique les *vautours* soient généralement de forte taille, ils
sont naturellement plus lâches et plus poltrons qu'on ne pourrait le croire d'après leur grandeur, parce qu'ils ont les serres
courtes et peu aiguës et le bec trop faible proportionnellement
à sa longueur. Ils se jettent plutôt sur les charognes que sur les
animaux vivans, et quand ils sont contraints d'attaquer ces derniers, ils ont soin de se réunir en troupes, afin de suppléer par
le nombre, au courage et à la force qui leur manquent. Du reste
ils sont tellement gloutons qu'ils se gorgent de charognes jusqu'à se rendre incapables de toute espèce de mouvement; et
quand on les surprend dans cet état de réplétion, on peut les
assommer à coups de bâton, sans qu'ils puissent s'enfuir ou se
défendre. Cette voracité, jointe à leur poltronnerie et à l'humeur
fétide qui découle continuellement de leurs narines, inspire un
dégoût général pour tous les êtres de ce genre.

Quoique les *vautours* ne pondent que deux œufs, et que
les individus en soient par conséquent peu nombreux, ils sont
cependant répandus dans toutes les parties du monde, et partout ils rendent les mêmes services, en dévorant les cadavres
des quadrupèdes et des oiseaux, dont la puanteur infecteraït
l'atmosphère. La puissance de leur vol leur permet de se
transporter facilement dans les contrées les plus éloignées;
néanmoins on remarque que chaque espèce se tient de préférence dans une région déterminée; ils nichent sur les rochers

les plus escarpés, où ils se construisent une *aire* ou plancher avec de grosses bûches placées en travers et garnies dans les intervalles d'autres branches plus petites, ainsi que de feuilles ou de mousse, le tout cimenté avec de la boue et surtout avec les excrémens de l'oiseau.

On rapporte tous les vautours connus à quatre sous-genres : 1° les Vautours propres (*fig.* 1, 2) sont de l'ancien continent et ont les narines placées transversalement sur le bec, avec la tête et le cou sans plumes ; tels sont le *vautour brun* et le *vautour fauve.* 2° Les Sarcoramphes (*sarcoramphus*) (*fig.* 3) sont d'Amérique et portent une espèce de crête charnue à la base de leur bec ; tels sont le *condor* et le *roi des vautours.* 3o Les Cathartes (*cathartes*) (*fig.* 4) appartiennent aux deux continens, et se reconnaissent en ce qu'ils ont les narines longitudinales et le bec sans crête charnue à sa base ; tels sont le *vauturin,* l'*urubu* et le *percnoptère d'Égypte.* 4° Les Gypaètes (*gypaëtus*) (*fig.* 5) dont on ne connaît qu'une espèce, le *lammergeyer* ou *vautour des agneaux,* diffèrent des précédens en ce qu'ils ont la tête couverte de plumes, le bec très fort et garni à sa base de soies qui se dirigent en avant. On trouve cet oiseau, le plus grand de l'ancien continent, sur les Alpes et sur toutes ses grandes chaînes de montagnes. Il enlève les chèvres, les moutons, les chamois, et même, dit-on, les enfans qu'il rencontre isolés.

§ II. Les AIGLES (*aquila*) forment un genre très nombreux, dans lequel sont renfermés tous les rapaces diurnes qui ont pour caractères la tête et le cou emplumés, les yeux enfoncés sous les orbites, le bec droit à sa base, crochu et sans échancrure à son extrémité, les tarses courts, robustes et fortement emplumés, les ailes très longues, mais obtuses et tronquées obliquement, ce qui dépend de la longueur de leur quatrième remige qui dépasse les trois premières. La puissance du vol, la finesse du regard, la force du bec, la vigueur des ailes et la grandeur de la taille, qui chez ces oiseaux sont portés au plus haut degré, leur donnent sur tous les autres rapaces une grande supériorité et les rendent les plus redoutables de leur ordre. Ils poursuivent leur proie à tire d'aile, la saisissent avec leurs serres et la déchirent pour la dévorer ou pour en nourrir leurs petits. Ils attaquent non-seulement toutes sortes d'oiseaux, mais aussi des mammifères, et surtout les jeunes ruminans et les rongeurs ; quelques-uns se nourrissent de poissons, sur lesquels ils se laissent tomber du haut des airs, et qu'ils emportent dans leurs serres pour les aller dévorer dans leur aire. Les petites espèces, et même les grandes, quand un besoin impérieux les y contraint, se jettent aussi parfois sur les reptiles et les cadavres. Il y en a même qui se rabattent sur les insectes.

Les *aigles* sont toujours solitaires; ils s'emparent chacun d'une contrée sur laquelle ils exercent un empire tyrannique, ne souffrant jamais qu'un rival vienne en partager le produit. Il n'est pas jusqu'à leurs petits qu'ils ne chassent impitoyablement de leur domaine, dès qu'ils sont devenus assez forts pour pourvoir à leur subsistance. Mais ce qui prouve que cet acte de violence est l'effet de la nécessité et non de la méchanceté de ces oiseaux, c'est qu'ils montrent pour leur progéniture la tendresse la plus touchante et la sollicitude la plus constante tout le temps qu'elles leur sont nécessaires.

Tous les *aigles* nichent comme les vautours, dans une aire construite sur des montagnes inaccessibles et abritée, autant que possible, par la saillie de quelque rocher. Quoique ce nid ne renferme qu'un ou deux petits au plus, il ressemble à un véritable charnier; les parens y entassent tant de provisions, qu'il est possible d'en enlever tous les jours assez pour nourrir une famille, sans que les jeunes aiglons soient exposés à souffrir de la faim.

Ce genre nombreux a été subdivisé en plusieurs sous-genres dont les plus intéressans sont les suivans : 1° Les AIGLES PROPRES (*fig.* 6) ont les ailes aussi longues que la queue et les tarses emplumés jusqu'aux doigts, comme l'*aigle royal*, l'*aigle impérial*, l'*aigle criard* ou *petit aigle*. 2° Les HALIETES ou *aigles pêcheurs* (*haliœtus*) (*fig* 7) ont les mêmes ailes, mais leurs tarses ne sont qu'à moitié emplumés; telles sont le *pygargue* ou *orfraie*, l'*aigle à tête blanche*, le *jean-le-blanc*, le *balbuzard*. 3° Les HARPIES ou AIGLES DESTRUCTEURS (*harpyia*) (*fig.* 8) ont les ailes beaucoup plus courtes que la queue, ce qui rend leur vol moins puissant; elles sont toutes d'Amérique : tels sont l'*aigle destructeur* et l'*aigle couronné*.

§ III. Le genre AUTOUR (*astur*) (pl. XIII) est encore plus étendu que le précédent; il comprend des rapaces diurnes, généralement plus petits que les aigles et les vautours, et qui se distinguent des uns et des autres par leur bec courbé dès sa

base ; et des vautours en particulier, parce qu'ils ont la tête
et le cou constamment couverts de plumes comme le reste de
leur corps. Du reste ils se confondent insensiblement avec les
aigles par la forme de leur bec et par celle de leurs ailes. Il
faut cependant observer que les *autours* ont les tarses plus
longs et plus faibles, les serres plus courtes et moins aiguës,
et partant le naturel moins intrépide. Ils vivent moins exclusivement de chair palpitante, et se jettent plus souvent sur les
cadavres, sur les reptiles ou sur les insectes. Quand ils chassent, ils ne s'adressent qu'à des animaux faibles et incapables
de leur opposer la moindre résistance ; ils sont aussi moins intolérans et se réunissent plus volontiers en petites troupes,
parce que, pouvant se nourrir indistinctement de plusieurs
sortes d'alimens, il leur est plus facile de s'en procurer.

Les individus de ce genre sont plus nombreux et plus connus
que ceux des deux genres précédens, parce qu'ils sont générale-
lement plus féconds. ils pondent ordinairement quatre ou cinq
œufs, et nichent sur le sommet d'arbres très élevés. Le mâle
et la femelle partagent l'éducation des petits et chassent simultanément pour les nourrir.

On a partagé les *autours* en cinq sous-genres : 1° chez les
Autours propres (*fig.* 1re), les ailes ne vont qu'à l'origine de
la queue, tels sont l'*autour commun*, l'*épervier*, etc. ; 2° chez
les Milans (*milvus*) (*fig.* 2), ces organes sont plus longs que
la queue, qui est presque toujours fourchue, comme on le voit
dans le *milan royal*, le *milan noir*, etc. ; 3° les Buses (*buteo*)
(*fig.* 3) ont les ailes à peu près de la longueur de la queue,
avec des tarses courts et assez forts : nous avons en France la
buse commune, la *buse pattue*, la *bondrée*, etc. ; 4° enfin
les Busards (*circus*) (*fig.* 4) ne diffèrent des buses que par
des tarses plus élevés et par une espèce de collier que les plumes de leurs oreilles forment de chaque côté du cou. Tels sont
la *soubuse* ou l'*oiseau Saint-Martin*, le *busard cendré*, la
harpaie, etc.

§ IV. Les FAUCONS (*falco*) sont, avec les messagers, les
mieux caractérisés de tous les rapaces diurnes. Leur bec courbé
dès sa base, et armé d'une dent à son extrémité, ainsi que
la forme de leurs ailes, rendues pointues par la longueur de
leur seconde remige, les distinguent facilement de tous les
autres genres de la même famille.

La nature a réuni dans ces oiseaux tout ce qui pouvait leur

assurer la supériorité sur leurs victimes : la force musculaire, la puissance des serres, la grosseur des tarses, l'étendue et la rapidité du vol. Ils se nourrissent essentiellement de proie vivante et dédaignent les cadavres. Au lieu d'attaquer obliquement leur ennemi, comme la plupart des autres rapaces, ils fondent directement sur lui et le tuent d'un coup de bec, qu'ils enfoncent dans son crâne. Leur courage et leur docilité les avaient fait choisir dans le moyen-âge, et même dans des temps plus récens, pour l'espèce de chasse à laquelle on donne le nom de *fauconnerie ;* et comme cette chasse était généralement réservée pour la noblesse, on appelait les faucons des *oiseaux de proie nobles*, par opposition aux autres genres qu'on ne pouvait dresser à cette sorte d'exercice, et qu'on nommait *oiseaux de proie ignobles :* étrange dénomination, puisqu'elle s'appliquait à l'aigle royal ou impérial qu'on a appelé de tout temps le *roi des oiseaux.* Les grandes espèces de *faucon* nichent, comme les aigles et les vautours, dans les anfractuosités des rochers ; les petites, au contraire, font leur nid au haut des arbres. Les premières ne pondent ordinairement que deux œufs, tandis que les secondes en font cinq ou six.

Ce genre comprend deux sous-genres : 1° Les GERFAUTS (*hierofalco*), dont on ne connaît qu'une espèce, ont la queue plus longue que les ailes, et la dent du bec très obtuse : ils habitent le Nord. 2° Les FAUCONS propres (*fig 5*) ont les ailes de la longueur de la queue et la dent du bec très aiguë ; tels sont le *faucon commun*, le *lanier*, le *hobereau*, l'*émerillon*, la *cresserelle*, la *cresserellette* et la *cresserelle grise*.

§ V. Le genre MESSAGER (*serpentarius*) (*fig. 6*) ne renferme qu'une seule espèce, oiseau fort remarquable, en ce qu'aux formes extérieures d'un échassier, il joint l'organisation intérieure des rapaces. D'un côté, son corps est mince, ses ongles faibles, ses tarses longs comme dans les oiseaux de rivage ; et de l'autre il a le bec fort et crochu, le regard intrépide et tous les détails de structure intérieure propres aux oiseaux de proie.

Mais le genre de vie du *messager* explique cette organisation pour ainsi dire hétéroclite. Créé pour détruire des serpens, dont la morsure est venimeuse, il fallait qu'il pût saisir sa proie sans en être blessé. Pour cela il frappe et retient le reptile avec ses pattes, qui, étant longues, le tiennent assez éloigné du corps pour qu'il ne puisse pas l'atteindre Ainsi maître de sa proie, il l'étourdit à coups d'ailes, et l'enlève ensuite à plusieurs reprises dans les airs à une grande hauteur, d'où il le laisse retomber jusqu'à ce qu'il soit privé de vie. Alors il le dépèce avec son bec et l'avale par lambeaux.

Cet oiseau singulier, qui se trouve en Afrique, est un bienfait pour les contrées qu'il habite. Il a reçu le nom de *serpentaire* à cause de l'habitude qu'il a de se nourrir de serpens. On l'appelle aussi *secrétaire*, parce qu'il porte à l'occiput une huppe raide, qu'on a comparée à la plume que les *écrivains* ou *secrétaires* mettent quelquefois derrière leurs oreilles, quand ils n'écrivent pas. Enfin on le nomme *messager*, parce qu'on le voit fréquemment se promener à grands pas en faisant la chasse aux serpens.

II· *Famille*. — Nocturnes (pl. XIII).

Tous les *rapaces nocturnes* ont une physionomie particulière qui les fait distinguer au premier coup d'œil des espèces diurnes. Ils ont la tête grosse, le cou et les tarses très courts, les yeux grands, dirigés en avant et placés au centre d'un cercle de plumes effilées, dont les antérieures recouvrent la base du bec et les postérieures les oreilles. Leur plumage est fin et duveté, ce qui rend leur vol beaucoup moins bruyant que celui des autres oiseaux.

Ce sont les seuls animaux de leur classe qui aient une conque auriculaire; mais cette conque ne fait pas saillie au dehors, comme celle des quadrupèdes. Ils peuvent à leur gré l'ouvrir ou la tenir fermée, faculté nécessaire à ces oiseaux, qui pour la plupart ne dorment que le jour; car leur vue est tellement sensible, qu'ils ne peuvent supporter l'éclat de la lumière, tant que le soleil reste sur l'horizon; aussi sont-ils obligés de se tenir cachés dans les fentes des rochers, les trous des vieux murs, les creux des troncs pourris, etc., aussi longtemps que cet astre répand une lumière trop vive. A l'exception d'un petit nombre d'espèces qui y voient assez bien le jour, ils ne sortent de leur retraite que pendant le crépuscule du soir ou durant les beaux clairs de lune, temps pendant lequel ils volent à la recherche des oiseaux et des petits quadrupèdes. Leur chasse est d'autant plus facile, qu'ils surprennent leurs victimes endormies; aussi n'ont-ils pas besoin d'un vol aussi puissant que les rapaces diurnes ; leurs ailes sont plus courtes et leur four-chette moins résistante. Sous les autres rapports, ils ne dif-fèrent pas des précédens : leurs ongles et leur bec sont égale-ment forts et crochus ; leurs intestins courts et leur estomac peu robuste ne leur permettent de se nourrir que de matières animales, et surtout de chair palpitante. Ils avalent générale-ment leur proie tout entière sans lui ôter ni plumes, ni poils, ni os ; ces parties indigestibles se réunissent dans leur jabot en une pelote, qui remonte dans la bouche pour être rejetée au dehors.

Les petits oiseaux ont pour les *rapaces nocturnes* une an-tipathie naturelle qui les porte à se réunir autour d'eux, lorsqu'ils les surprennent pendant le jour, et à les étourdir de leurs cris mille fois répétés ; c'est pour cela qu'on em-ploie ces rapaces pour la chasse dite *à la pipée.*

On ne forme qu'un seul genre de la famille dont nous parlons : c'est le genre HIBOU (*stryx*) ; mais comme il est très étendu, on l'a subdivisé en trois sous-genres.

1° Les Surnies (*surnia*) ou *chouettes éperviers* ont les tarses assez longs, la tête sans aigrette, la vue diurne, et la queue longue et étagée, ou terminée en pointe ; tels sont le *harfang*, la *chouette laponne*, la *chouette de l'oural.* 2° Les Chouettes (*ulula*) (*fig.* 7) manquent aussi d'aigrettes ; mais leurs tarses et leur queue sont plus courts, et elles ne chassent que de nuit ; tels sont l'*effraie*, le *chat-huant*, la *hulotte*, la *chevéche*, etc. 3° Les Hiboux (*otus*) (*fig.* 8) ont la vue nocturne et la tête surmontée d'une aigrette ; tels sont le *grand-duc*, le *hibou commun* ou *moyen duc*, le *scops* ou *petit duc*, le *hibou brachyote*, qu'on appelle vulgairement *chouette*, parce que ses aigrettes sont très courtes chez le mâle et nulles chez la femelle.

IIe *Ordre.* — PASSEREAUX.

Ce deuxième ordre est le plus nombreux de la classe et comprend à lui seul autant d'espèces que les autres ensemble ; mais aussi il est bien moins naturel, et même, lorsqu'on exa-mine certaines espèces éloignées, tels que le colibri, le moineau, le martin-pêcheur, le corbeau, etc. on ne conçoit pas d'abord comment elles se trouvent réunies dans le même groupe. Mais il existe, entre les genres les plus différens, des genres intermé-diaires, qui font disparaître ce qu'il semble au premier abord y avoir de choquant dans une pareille réunion. Du reste, ils ne sont pas sans offrir des rapports d'organisation et d'habitudes. Leur vol n'a ni la puissance de celui des rapaces ou de certains palmipèdes, ni la lourdeur de celui des gallinacés ; leurs doigts, au nombre de trois en avant et d'un en arrière, sont constamment dépourvus de membrane, et se terminent par des ongles de moyenne grandeur ; leurs tarses sont médiocres et leurs jambes complétement emplumées. Quant à leur bec, il est très variable dans sa forme et annonce la diversité de leur nourriture. Aussi n'ont-ils ni la violence des oiseaux de proie ni le régime déterminé des palmipèdes ou des gallinacés : les fruits, les graines et les insectes leur conviennent également ; les grains d'autant plus exclusivement que leur bec est plus gros, et les insectes, qu'il est plus grêle. Dans ce dernier cas, il est généralement entaillé à son extrémité par une petite échancrure ; et si celle-ci est profonde et se trouve sur un bec robuste, elle donne à l'oiseau quelque ressemblance avec les faucons, non-seulement pour la forme de l'organe, mais encore pour la violence des appétits : c'est ainsi que les pies-grièches, qui font partie de l'ordre dont nous parlons, poursuivent les petits oiseaux et ont été quelquefois placées parmi les rapaces.

Les oiseaux de cet ordre sont les seuls qui aient une voix agréable ; ce qui leur a fait donner par quelques naturalistes le nom d'*oiseaux chanteurs ;* mais il s'en faut que tous se fassent également remarquer sous ce rapport. Il en est qui sont presque toujours silencieux, ou qui font entendre des sons aussi durs que les rapaces eux-mêmes ; les corbeaux, par exemple.

On divise les *passereaux* en cinq familles, d'après la forme de leurs pieds et celle de leur bec ; ce sont les *dentirostres,* les *fissirostres,* les *conirostres,* les *ténuirostres* et les *syndactyles.*

Ire *Famille.* — Dentirostres (pl. XIV).

Sous ce nom on désigne tous les passereaux qui, ayant les doigts extérieur et médius séparés ou très légèrement réunis à leur base, présentent à l'extrémité de leur bec une échancrure plus ou moins marquée.

La grandeur de cette échancrure terminale est un moyen aussi sûr que facile d'apprécier le naturel et le régime de ces oiseaux. Ceux qui l'ont profonde se rapprochent des rapa-

ces par la violence et par la férocité de leur caractère, et si la
force répond à leur courage, ils attaquent les petits animaux
et en font leur proie. Les genres plus faibles cherchent les
insectes dont ils détruisent une immense quantité ; sous ce rapport, les *dentirostres* nous rendent un service réel; et comme,
d'ailleurs, ils sont pour la plupart bons à manger, et qu'ils
attaquent peu les fruits et les graines, ils sont beaucoup plus
utiles que nuisibles.

La nature de leurs alimens oblige ces oiseaux à de conti-
nuels déplacemens. A mesure que les insectes viennent à disparaître d'un canton, soit par suite des froids, de la sécheresse
ou de la pluie, soit par la destruction qu'ils en ont faite, ils
sont forcés de le quitter et de se transporter dans un autre, où
ces petits animaux soient plus abondans. Telle est la cause des
migrations auxquelles ils sont presque tous sujets; il n'y a que
les espèces qui peuvent remplacer ce genre de nourriture par
un autre plus facile à se procurer, qui puissent vivre sédentaires dans la même contrée : tels sont les pies-grièches et les
merles, qui suppléent au défaut d'insectes, les premiers par
l'usage des petits animaux qu'ils peuvent attraper, et les seconds
par celui des baies qui restent tout l'hiver sur les arbres. Les
dentirostres qui habitent les contrées méridionales, où l'hiver
se fait à peine sentir, sont aussi exempts de ces déplacemens ;
mais tous les autres sont voyageurs. Quelques-uns volent
par troupes, mais la plupart vont isolés ou par petites familles.

Un grand nombre des oiseaux de cette famille se font remarquer par la beauté et la flexibilité de leur chant. C'est surtout
au printemps, à l'époque de la ponte et de l'incubation qu'ils
enchantent l'oreille par la variété de leurs modulations. C'est
alors que nous admirons la voix forte et sonore du rossignol,
le sifflement varié du merle, les accens de la fauvette, etc. Le
but principal de ces chants, que le mâle seul fait entendre, est
de charmer les ennuis de la femelle, pendant qu'elle réchauffe
ses œufs pour les faire éclore ; aussi dès que les petits sont nés, les
chants cessent pour faire place aux soins qu'exige l'éducation
de ces derniers, car dans cette famille le mâle et la femelle participent également à la construction du nid, à l'éducation de la
jeune famille et même souvent à l'incubation.

La famille des *dentirostres* comprend sept genres principaux, que l'on distingue d'après la forme du bec et la disposition des doigts: ce sont les *pies-grièches,* les *gobe-mouches,*

l es *cotingas*, les *tangaras*, les *merles*, les *becs-fins* et les *manakins*.

§ I. Le nom de PIE-GRIÈCHE (*lanius*) (*fig.* 1) ne s'applique pas seulement aux oiseaux que nous appelons ainsi vulgairement, mais encore à un grand nombre d'espèces étrangères qui ont avec les nôtres des rapports d'habitudes et d'organisation. Elles ont toutes le bec robuste, comprimé sur les côtés, crochu et fortement échancré à son extrémité.

Ces oiseaux viennent immédiatement après les rapaces, parmi lesquels ils ont été long-temps placés, et auxquels ils ressemblent par leur plumage généralement sombre, par leur air intrépide et décidé, par leur naturel sanguinaire et par leurs appétits carnassiers ; souvent même ils montrent un courage et une férocité supérieurs à ceux de la plupart des oiseaux de proie. Et s'ils ne détruisent pas autant de gibier que ces derniers, c'est qu'étant de petite taille, et n'ayant pas le vol assez rapide, ils ne peuvent s'adresser qu'à des animaux faibles et peu agiles. Leur manière de combattre est aussi différente ; tandis que les rapaces emploient surtout leurs serres pour se rendre maîtres de leur proie, parce qu'ils les ont tranchantes et acérées, les *pies-grièches*, ayant les ongles trop faibles pour cet usage, ne se servent que de leur bec pour la chasse. Il faut aussi observer qu'il n'y a que les grandes espèces qui vivent ainsi de proie, les petites se contentent d'insectes pour toute nourriture. Mais toutes, grandes et petites, sont également querelleuses et méchantes ; toutes aiment à se battre, soit entre elles, soit avec des oiseaux d'espèces différentes ; non-seulement elles ne fuient jamais le combat, elles le recherchent et le provoquent.

Les *pies-grièches* ont pour leurs petits une affection au moins égale à celle des oiseaux de proie ; elles montrent, lorsqu'ils sont en danger, un courage bien au-dessus de leurs forces ; non-seulement elles n'attendent pas que l'ennemi vienne les surprendre dans leur nid, elles s'élancent au-devant de lui pour le repousser sans faire attention à sa taille, et lui en imposent tellement par leur intrépidité, qu'elles l'obligent presque toujours à la retraite. Ces oiseaux nichent sur les arbres, font leur nid avec beaucoup d'art et pondent cinq ou six œufs ; les petits qui en proviennent restent avec leurs parens pendant toute l'année jusqu'au printemps suivant, époque à laquelle leur société se dissout. On les rencontre par conséquent en petites familles, excepté au moment de la ponte ; mais on s'en occupe peu dans les campagnes, parce que leur chair n'est pas bonne à manger, et que leur chant, quoique assez bien cadencé, n'est pas à beaucoup près aussi agréable que celui de la plupart des oiseaux chanteurs.

Les *pies-grièches* sont très nombreuses et ont dû être subdivisées. On en compte trois principaux sous-genres. 1º Les Pies-Grièches proprement dites ont le bec très court, triangulaire à sa base, comprimé et très crochu à son extrémité. Nous avons en France la *Pie-grièche commune ou grise*, la *Pie-grièche méridionale*, la *petite Pie-grièche*, la *Pie-grièche rousse* et l'*écorcheur*, qui appartiennent à cette division. 2º Les Vangas (*vanga*) sont tous étrangers et du midi de l'ancien continent; on les reconnaît à leur bec long, très comprimé partout et fortement crochu à son extrémité; tels sont le *vanga commun*, le *vanga destructeur*, etc. 3º Les Bécardes (*psaris*) ont le bec très gros, rond à sa base et peu comprimé; elles appartiennent toutes à l'Amérique méridionale.

§ II Une différence dans la forme du bec qui est déprimé et aplati dans les GOBE-MOUCHES (*muscicapa*) (*fig. 2*), et comprimé dans les pies-grièches, fournit le principal caractère qui distingue ces deux genres de passereaux dentirostres. Il faut ajouter que les *gobe-mouches* ont aussi cet organe généralement garni à sa base de poils raides dirigées en avant; particularité dont on ne connaît pas l'influence sur leurs habitudes, à moins qu'on ne dise que ces poils sont destinés à leur donner un air plus décidé et plus redoutable. Sous les autres rapports, ils ne diffèrent point des pies-grièches; leur bec est également robuste, crochu et fortement échancré à son extrémité; leur naturel est de même méchant et querelleur. La nourriture des petites espèces se compose d'insectes à peau tendre et surtout de mouches, ainsi que l'indique leur nom, et celle des grandes de petits oiseaux, ou d'insectes coléoptères, comme les hannetons. Répandus dans tous les pays, où la chaleur du climat leur procure une nourriture facile et abondante, les *gobe-mouches* sont sédentaires ou voyageurs, selon qu'ils vivent dans les contrées méridionales ou tempérées. Mais tous sont tristes et solitaires: ils se tiennent perchés sur les plus hautes branches, et ne font entendre leur voix qu'à des intervalles éloignés. Ils passent le reste du temps à chasser les insectes au vol; car ils ne les prennent jamais à terre ni même sur les feuilles.

Ces oiseaux font leur nid avec négligence, et le placent dans des troncs d'arbres ou dans des trous de murailles. Quelques racines mal arrangées et tapissées de laine et de duvet sont les seuls préparatifs qu'ils fassent pour recevoir leurs œufs. Malgré cela ils montrent pour leurs petits la même tendresse que les pies-grièches, et lorsqu'il s'agit de les défendre, ils ne craignent aucun ennemi, pas même les oiseaux de proie.

Ce genre se divise en trois sous-genres : 1° les Tyrans (*tyrannus*) sont de grande taille et ont le bec très fort, très crochu et profondément échancré ; tels sont le *bentavéo*, le *savana*, le *tyran à ventre jaune*, etc. Ils sont tous de l'Amérique méridionale et ont les habitudes de nos pies-grièches. 2° Chez les Moucherolles (*muscipeta*) le bec, plus large et moins fort que celui des tyrans, offre à sa base des soies raides qui sont aussi longues que lui. La plupart d'entre eux se font remarquer par des huppes sur la tête, de longues plumes à la queue ou de vives couleurs etc. ; tels sont le *roi des gobe-mouches*, le *moucherolle de paradis*, la *vardiole*, le *schet de Madagascar*, etc. Ils sont tous du midi de l'ancien continent. 3° Les Gobe-mouches ont le bec moins large et les poils de sa base moins longs que les moucherolles ; ils sont aussi plus petits. Nous en avons deux espèces en France : le *gobe-mouche gris* et le *gobe-mouche de Lorraine* ou *à collier;* les espèces étrangères sont bien plus nombreuses et se font remarquer pour la plupart par l'éclat de leurs couleurs.

§ III. Les COTINGAS (*ampelis*) ont le bec déprimé des gobe-mouches ; mais chez eux cet organe est plus court, moins échancré et moins aigu. Aussi, quoique généralement plus grands que ces derniers, les *cotingas* ne vivent jamais de proie ; les insectes ou les fruits composent seuls leur nourriture.

Il est peu d'oiseaux d'un aussi beau plumage que ceux de ce genre ; il semble que la nature ait pris plaisir à les orner des plus magnifiques couleurs ; sans avoir jamais de reflets métalliques comme nous en offrent les colibris, les oiseaux de paradis, etc., ils ne sont inférieurs en beauté qu'à un petit nombre d'entre eux. Le bleu d'azur ou d'outre-mer, le pourpre, le blanc et le noir purs, leur forment une parure qui ne cède à celle d'aucun autre oiseau. Mais leurs mœurs sont loin d'être en harmonie avec ces dehors séduisans ; tristes, défians et même farouches, ils ne recherchent que les forêts profondes, où ils vivent d'insectes, de fruits ou de jeunes bourgeons. Ils sont presque tous voyageurs, et dans leurs migrations, au lieu d'aller par troupes, ils marchent et volent presque toujours isolés, ou du moins par petites familles. Dans aucune circonstance aucun d'eux n'a la voix agréable ; quelques-uns même sont toujours silencieux, et les autres n'ont qu'un cri triste et plaintif qui n'inspire que de l'ennui. Au reste, ce défaut de voix ne doit pas étonner dans les *cotingas ;* comme ils vivent isolés, dans les solitudes les plus profondes, leurs chants harmonieux ou insipides n'en seraient pas moins perdus.

Quoique nous n'ayons pas de ces oiseaux en France, ils sont assez communs dans les collections ornithologiques, parce que la beauté de leur plumage les fait remarquer de tous les voyageurs, qui nous en apportent continuellement ; ils forment un des plus beaux ornemens de nos cabinets, où ils sont les premiers qu'on remarque toujours.

On divise ce genre en trois sous-genres : les *piauhaus*, les *cotingas* et les *jaseurs.* 1° Les premiers (*querula*) ont le bec fort et assez épais, et sont insectivores ; tels sont le *grand* et le *petit piauhaus*, oiseaux grands comme une pie et un corbeau, remarquables par leur plumage noir et par une tache rouge qu'ils ont sur la poitrine. 2° Les COTINGAS ont le bec déprimé et faible, et se nourrissent d'insectes et de fruits tendres ; ce sont les plus beaux oiseaux du genre ; tels sont l'*ouette*, le *pompadour* et surtout le *cordon bleu*, etc., qui sont tous, comme les précédens, de l'Amérique méridionale. 3° Les JASEURS (*bombicilla*) (*fig.* 3) ont, avec le bec des cotingas propres, un toupet de plumes sur la tête ; on en trouve des espèces dans le nord des deux continens. Le *jaseur d'Europe* est un peu plus grand que celui d'Amérique ; du reste il lui ressemble parfaitement.

§ IV. Les TANGARAS (*tangara*) (*fig.* 4) sont pour les pies-grièches, ce que les cotingas sont pour les gobe-mouches ; ils ont, comme les premiers, le bec comprimé et triangulaire à sa base, mais privé de crochet à son extrémité, marqué d'une très petite échancrure et terminé par une pointe obtuse. Aussi, quoique leur bec soit assez fort, ils n'attaquent jamais de petits oiseaux ; les insectes ne font pas même la base de leur nourriture ; leur régime est plutôt granivore et ressemble beaucoup à celui de nos moineaux.

Tous ces oiseaux sont, comme les cotingas, de l'Amérique

méridionale, et rivalisent avec eux par la beauté de leur plumage, qui, du reste, n'a jamais de reflets métalliques. Mais leur caractère est bien différent de celui des cotingas ; tandis que ces derniers, solitaires et farouches, cherchent la profondeur des forêts, où ils mènent une vie inconnue, les *tangaras* ont les habitudes sociables et se réunissent en troupes nombreuses, voltigeant dans les airs à la poursuite des insectes, ou se promenant dans les champs, à la recherche des graines et des fruits. Aussi familiers que nos moineaux, ils ne craignent pas de s'approcher de nos habitations, pour s'emparer de nos restes et nous ravir nos provisions. On peut donc regarder les *tangaras* comme les moineaux d'Amérique, avec d'autant plus de raison qu'ils ont la taille, la gaîté, la voix criarde et le vol court de ceux de nos climats.

Le même motif qui a rendu communs les cotingas a aussi contribué à répandre les *tangaras ;* ils abondent dans nos cabinets d'histoire naturelle et en sont un des plus beaux ornemens.

Ce genre nombreux se divise en plusieurs sous-genres, dont les principaux sont les *tangaras propres* et les *rhamphocèles.* 1° Les Tangaras propres ont le bec court, conique, aigu et légèrement arqué ; tels sont le *tangara tricolor,* le *tangara évêque,* etc. 2° Les Rhamphocèles ont la base de la mandibule inférieure très renflée ; le *scarlate* et le *bec d'argent* appartiennent à ce sous-genre.

§ V. Les MERLES (*turdus*) ont, comme les pies-grièches, le bec comprimé avec une échancrure à son extrémité ; mais, outre que cet organe n'est jamais crochu, comme chez ces dernières, il est toujours plus long et moins gros, et l'échancrure qu'il présente est généralement peu marquée (*fig.* 5). Ces différences, qui paraissent d'abord légères, influent cependant d'une manière très sensible sur le naturel des *merles.* Ceux-ci n'attaquent jamais d'autres oiseaux : leur goût et leur faiblesse s'y opposent également. Leur nourriture se compose d'insectes pendant la belle saison, et de vers ou de baies durant l'hiver.

Leurs habitudes sont aussi différentes que leur régime. Au lieu d'avoir la pétulance et la témérité des pies-grièches, ils sont timides et défians ; tantôt solitaires, tantôt réunis en petites troupes, ils voltigent sans cesse sur les haies et les petits arbustes, et fuient aussitôt qu'on les approche. Tant qu'ils trouvent dans les champs de quoi vivre, ils se tiennent loin de toute habitation ; mais l'hiver, lorsque le froid devient rigoureux, et surtout lorsque la neige les empêche de trouver leur subsistance, ils s'avancent dans les villages et jusque dans les basses-cours pour ramasser les morceaux de pain ou de fruits que les hommes ou les animaux domestiques laissent perdre. C'est alors que les paysans en tuent le plus. Comme leur chair est très bonne à manger, on leur tend toutes sortes de piéges, dans lesquels on les prend d'autant plus aisément, que la disette est plus grande pour eux.

Par suite de leur régime, presque tous les *merles* sont obligés à des voyages périodiques ; ceux du nord descendent vers le midi, où la douceur du climat laisse toujours dans les champs de quoi satisfaire leurs plus pressans besoins.

Tous les *merles* ont la voix agréable ; ils sifflent avec goût et retiennent avec facilité les airs qu'on leur apprend. Au printemps surtout leur gosier acquiert une flexibilité étonnante ; leurs accens sont tendres ou passionnés, selon les sentimens qui les animent. Pendant que la femelle couve, les mâles font retentir les bois de leurs airs, tantôt vifs et rapides , tantôt doux et touchans ; et par la variété de leurs cadences, ils cherchent à faire oublier à leur compagne l'ennui et la fatigue du devoir qu'elle remplit.

Les *merles* ont été partagés en deux sections. 1° Les MERLES PROPRES ont les couleurs uniformes ou distribuées par grandes masses, comme le *merle ordinaire* qui est noir, le *merle à plastron blanc*, le *merle de roche*, le *merle bleu*. 2° Les GRIVES ont le plumage marqué de petites taches noires ou brunes ; telles sont la *drenne*, la *litorne*, la *grive* propre et le *mauvis*.

Les FOURMILIERS (*myothera*), les BRÈVES (*pitta*) et les CINCLES ou MERLES D'EAU (*cinclus*) ont beaucoup de rapports avec les précédens par la forme de leur bec ; mais ils s'en distinguent par la longueur de leurs tarses et par la brièveté de leur queue, deux caractères qui annoncent des oiseaux de rivage. Aussi est-ce sur le bord des eaux qu'on les rencontre le plus souvent, occupés à chercher les vers et les insectes aquatiques ; les *cincles* mêmes entrent dans les rivières, au fond desquelles on les voit marcher, comme les salamandres et la plupart des reptiles aquatiques.

Les LORIOTS , (*oriolus*) au contraire, ont les tarses plus courts et leur bec est un peu plus gros et plus fort que les merles ; du reste ils ont les mêmes habitudes.

§ VI. Le genre BEC-FIN (*motacilla*) (*fig.* 6) se compose d'une multitude innombrable de petits oiseaux, fort communs dans nos pays et dans toute l'Europe, et dont le caractère distinctif se tire de la forme de leur bec, qui est droit, grêle et en forme d'alène ou de poinçon, avec une échancrure si peu profonde, qu'il faut quelquefois une loupe pour l'apercevoir.

Ces timides habitans des bois nous plaisent, non seulement par l'élégance de leurs formes et par la vivacité de leurs mouvemens, mais surtout par leur chant sonore et mélodieux. Cachés parmi la verdure, qui les dérobe à nos regards, ce n'est que par les concerts variés dont ils charment nos oreilles, qu'ils nous annoncent leur présence; leur voix retentissante anime les solitudes les plus sombres et les bois les plus sauvages. Les espèces qui fréquentent le bord des ruisseaux sont seules plus silencieuses, et, si elles font quelquefois entendre des sons, leur voix est sans cadence et sans harmonie.

Tous les *becs-fins* vivent exclusivement d'insectes; c'est pour cela que chaque année le printemps nous les amène et l'automne nous les ravit. Mais le temps qu'ils passent avec nous est le plus beau de leur vie; c'est alors qu'ils sont le plus gais et le plus agiles, et leur plumage, habituellement sombre et peu varié, prend pendant les beaux jours des teintes moins tristes et moins monotones. Aussi peut-on les regarder comme les hôtes les plus aimables de nos pays. Soit qu'ils suspendent leur nid à l'extrémité d'une branche flexible, soit qu'ils volent à la poursuite d'une proie fugitive, ou que, perchés sur un rameau solitaire, ils charment leur femelle de leur chant tantôt joyeux, tantôt mélancolique, en attendant que la naissance de leurs petits les appelle à d'autres soins, ils nous plaisent par leur adresse et par leur activité infatigable, nous récréent par l'agilité de leurs mouvemens, ou nous amusent par la variété de leurs accords. La seule chose qu'on pourrait regretter en eux, c'est une parure plus brillante; car leurs couleurs sont généralement ternes, et ne prennent jamais de nuances éclatantes ni variées. Mais la nature a compensé ce désavantage, si c'en est un, en fondant les teintes de leur plumage avec une harmonie qui flatte presque autant les yeux que la variété ou l'éclat des couleurs.

Ce genre, qu'on pourrait regarder comme une grande famille, se compose de plusieurs sous-genres, parmi lesquels nous nous contenterons de citer les suivans sans les caractériser; tâche très difficile, même pour les plus habiles ornithologistes: 1º Le premier est celui des TRAQUETS (*saxicola*), auxquels se rapportent le *traquet commun*, le *tarier*, le *motteux* ou *cul-blanc*; 2⁰ le second est celui des RUBIETTES (*sylvia*); tels sont le *rouge-gorge*, le *gorge-bleue*, le *gorge-noire* ou *rossignol de muraille*, et le *rouge-queue*; 3° celui des FAUVETTES (*curruca*), qui est le plus considérable, renferme la *rousserolle*, l'*effarvatte*, la *fauvette commune*, le *rossignol*, la *fauvette tachetée*, la *fauvette babillarde*, la *passerinette*, etc; 4° le quatrième est celui des ROITELETS ou FIGUIERS (*regulus*), comme le *pouillot*, le *roitelet ordinaire*, le *roitelet triple bandeau*, le *troglodyte*, etc.; 5° les HOCHEQUEUES OU BERGERONNETTES (*motacilla*) forment le cinquième; la *lavandière*, la *bergeronnette lugubre*, la *bergeronnette jaune*, la *bergeronnette de printemps*, appartiennent à ce sous-genre; 6° le sixième enfin est celui des FARLOUSES (*anthus*); tels sont le *pipi*, la *farlouse des prés*, etc.

§ VII. Les six genres qui précèdent ont tous les doigts externe et médius bien séparés ou n'offrant qu'une très faible union à leur base; dans les MANAKINS (*pipra*), ces deux doigts sont réunis dans le tiers inférieur de leur étendue; caractère qui les rapproche des espèces de la famille des syndactyles, dont ils se distinguent cependant bien, parce que chez ces derniers les doigts sont réunis dans presque toute leur longueur. D'ailleurs les syndactyles sont des oiseaux lourds, sans grace et sans beauté, tandis que les *manakins* brillent généralement des plus vives couleurs, et joignent à cet avantage des formes agréables et légères et des mouvemens vifs et gracieux. Mais si les *manakins* nous intéressent par la richesse de leur plumage et par l'élégance de leur corps, il n'en est pas de même de leurs habitudes; ils sont tristes et sauvages. Cachés dans les forêts les plus profondes, ils semblent fuir l'aspect de tous les êtres animés. Dès qu'ils se voient découverts, ils partent à tire d'aile et ne s'arrêtent que lorsqu'ils se voient hors de la portée des regards de leur observateur. On a souvent essayé d'apprivoiser ces oiseaux; mais, malgré toutes les précautions que l'on a prises, on n'a pas pu y réussir jusqu'ici; ils sont toujours morts d'ennui en peu de temps.

Tous les *manakins* appartiennent, comme les tangaras et les cotingas, aux pays chauds de l'Amérique méridionale, d'où on nous apporte de temps en temps leurs dépouilles pour faire l'ornement de nos cabinets. Les espèces, qui en sont assez nombreuses, peuvent se distribuer en deux petits sous-genres :

1º Les Coqs de roche (*rupicola*) se font tous remarquer par leur taille, égale à celle d'un pigeon, et par la belle huppe qui couronne leur tête et leur bec ; tels sont le *coq de roche ordinaire*, le *coq de roche du Pérou*, et le *coq de roche vert* ; 2º les Manakins propres sont beaucoup plus petits et sans huppe ; ils ressemblent assez bien à nos mésanges par leurs formes, mais non par leur plumage ; tels sont le *manakin goîtreux*, le *manakin militaire*, le *manakin à tête d'or*, le *manakin à tête rouge*, etc.

IIe Famille. — Fissirostres (pl. XIV).

De tout l'ordre des passereaux, cette famille est la plus naturelle et la mieux caractérisée, par son bec court, large, sans échancrure, légèrement crochu à son extrémité et très profondément fendu à sa base ; par ses ailes, dont la longueur dépasse celle de la queue, qui elle-même est assez longue ; enfin par ses tarses courts et terminés par quatre doigts dont le postérieur varie par sa position.

Tous les *fissirostres* ont le plumage foncé, gris, brun ou noir, avec quelques taches d'un blanc plus ou moins pur, mais sans variétés dans les teintes ; leur vol est brusque et rapide, et leur régime exclusivement insectivore ; leur gosier large et profond, qu'ils tiennent ouvert en volant, est enduit d'une salive épaisse et visqueuse, dans laquelle s'empêtrent les insectes qu'ils y engouffrent continuellement. Les différens détours et changemens de directions que nous leur voyons exécuter sans cesse, sont déterminés par la vue de ces petits animaux qu'ils aperçoivent à côté ou derrière eux. Leur vue est si perçante et si juste en même temps, qu'il est rare qu'ils laissent échapper la proie qu'ils ont une fois aperçue ; ils sont pour les insectes ce que les rapaces sont pour les oiseaux et les petits quadrupèdes.

La forme aplatie de leur bec rapproche les *fissirostres* du genre des gobe-mouches, parmi les dentirostres ; mais ce qui empêchera toujours de les confondre avec ces derniers, c'est le défaut d'échancrure à l'extrémité de la mandibule supérieure.

Cette famille ne comprend que trois genres : les *hirondelles*, les *martinets* et les *engoulevens*.

§ I. Les HIRONDELLES *(hirundo)* *(fig. 7)* sont, après les moineaux, les oiseaux les plus répandus dans nos contrées durant la belle saison, et il n'est personne qui n'ait eu l'occasion d'admirer leur agilité et leur adresse à poursuivre et à saisir leur proie. On les voit, selon la diversité du temps, tantôt dans les hautes régions de l'air, tantôt au milieu des couches inférieures de l'atmosphère, voltiger avec rapidité, varier leurs évolutions et figurer dans les airs mille circuits bizarres, selon la direction de l'insecte dont elles veulent s'emparer. Elles recherchent de préférence les lieux arrosés ou humides, dans lesquels les insectes se multiplient avec plus de facilité. Les cousins, les tipules et les différentes espèces de mouches sont ceux parmi lesquels elles font le plus de ravages.

Tout le monde sait que les *hirondelles* sont des oiseaux de passage qui ne restent en Europe que pendant les beaux jours ; elles arrivent en France au mois d'avril et nous quittent en septembre. C'est durant cet intervalle qu'elles font leur ponte. Leur nid, qu'elles placent sous les saillies que font les corniches ou les toits, est maçonné avec de la boue, qui prend en se séchant une grande dureté à l'extérieur, tandis que l'intérieur est tapissé de substances mollettes, sur lesquelles la femelle dépose cinq ou six œufs. Quand la jeune famille est élevée et se trouve assez forte pour supporter le voyage d'outremer, jeunes et vieux se réunissent à jour fixe, et partent en bandes très nombreuses pour les contrées méridionales de l'Afrique. Toutefois il en reste dans nos pays quelques individus, qui passent l'hiver dans l'engourdissement, soit dans quelque tronc creux, soit dans les fentes des murailles ou même sous la terre. S'ils ne sont pas dérangés dans leur retraite, ils ne périssent pas et sortent de leur torpeur à la saison suivante ; mais, si par accident ils viennent à être chassés de leur asile, ils meurent presque tous de faim ou de froid.

Une chose remarquable, c'est que chacun de ces oiseaux, après chaque voyage, revient constamment au même nid. Il arrive assez souvent que les moineaux s'en emparent ; si le propriétaire ne peut parvenir à les en expulser, on assure qu'il en mure l'entrée et y fait périr le ravisseur.

Nous avons en France quatre espèces de ce genre : l'*hirondelle de cheminée*, l'*hirondelle de fenêtre*, l'*hirondelle de rivage*, qui sont les plus communes ; l'*hirondelle de rocher* ne se trouve qu'au midi de la France. Parmi les espèces étrangères, la *salangane*, qu'on trouve dans les Indes sur les bords de la mer, est très célèbre par son nid, que l'on mange

à la Chine comme nous mangeons les champignons en France :
il fait même dans ce pays l'objet d'un commerce important.

§ II. Les MARTINETS (*cypselus*) (*fig.* 8) sont assez généralement confondus avec les hirondelles, quoiqu'il soit facile de
les en distinguer Les premiers ont leurs quatre doigts dirigés
en avant, tandis que ces dernières en ont un en arrière, comme
la plupart des autres oiseaux.

Quelque puissant que soit le vol chez les hirondelles, il l'est
encore plus chez les *martinets;* leurs ailes sont plus étendues; elles sont si longues et leurs tarses si courts que, lorsqu'ils tombent par accident à terre, ils ne peuvent plus prendre leur essor; aussi passent-ils pour ainsi dire leur vie dans
l'atmosphère, poursuivant les insectes en troupes et à grands
cris, dans les plus hautes régions de l'air. Ils ne se reposent
jamais sur un terrain uni; s'ils s'arrêtent quelquefois, c'est
toujours sur des éminences, d'où il leur est plus facile de s'élancer dans l'air.

Tous ces oiseaux nichent dans les fentes des rochers ou
dans des creux de murailles, composent leur nid de toutes
sortes de matières molles, et l'enduisent à l'intérieur d'une
liqueur visqueuse qui se durcit à l'air, et sur laquelle ils déposent trois ou quatre œufs. Du reste, ils sont voyageurs comme
les hirondelles.

Nous n'avons que deux espèces de ce genre en France; ce
sont le *martinet de montagne* et le *martinet de muraille.*

§ III. Les ENGOULEVENS (*cœprimulgus*) (*fig.* 9) sont,
par rapport aux hirondelles, ce que les chouettes sont par rapport aux faucons et aux éperviers; ils ont, comme les rapaces
nocturnes, le plumage léger, duveté, nuancé de gris et de brun,
la tête grosse et les yeux grands. Mais la forme de leur bec et
de leurs pattes les rapproche tellement des hirondelles et des
martinets, qu'il n'est aucun naturaliste qui n'ait réuni ces trois
genres dans la même famille. Il est cependant facile de distinguer
les *engoulevens* des fissirostres diurnes, à leur bec plus fendu, et
aux moustaches qui en garnissent la base, ainsi qu'à leur taille
généralement plus grande, et surtout aux caractères dont nous
avons parlé et qui rapprochent ces oiseaux des rapaces de nuit.

Les *engoulevens* tirent leur nom de l'habitude qu'ils ont de
tenir le bec ouvert en volant, afin d'y engloutir les insectes qui
voltigent dans l'air; et comme l'air qui s'y engouffre produit

un bruit assez fort, le vulgaire leur a donné ce nom, qui signifie *avale-vent.* On les appelle aussi *tête-chèvres,* d'après le préjugé ridicule qui leur attribue dans les campagnes l'habitude de téter ces ruminans, lorsqu'ils les rencontrent dans les champs. Les anciens avaient la même opinion de ces oiseaux, puisqu'ils les appelaient *caprimulgus,* dont le mot français *tête-chevre* est la traduction littérale. Un autre nom qu'on donne assez communément à ces oiseaux, dans nos provinces, est celui de *crapaud-volant,* dénomination tout aussi vicieuse, qui n'est basée que sur la laideur de l'oiseau.

Les habitudes des *engoulevens* sont nocturnes; ils se tiennent tout le jour cachés dans les troncs d'arbres vermoulus, et ne sortent que le soir pour faire la chasse aux phalènes et aux autres insectes crépusculaires ou nocturnes. Ordinairement cette chasse ne dure que depuis le coucher du soleil jusqu'à la nuit; mais lorsque la lune est belle, ils la prolongent jusqu'au lendemain ou jusqu'à la disparition de cet astre Ce genre de nourriture les oblige à voyager; mais leurs migrations sont différentes de celles des hirondelles. Ils passent leur vie à se porter du nord au midi et du midi au nord; et c'est dans le cours de leurs voyages qu'ils font leur ponte dans le premier endroit venu. Ils déposent leurs œufs dans les bruyères, aux pieds des arbres, sans se donner la peine de faire de nid.

L'Europe n'a qu'une espèce de ce genre; c'est l'*engoulevent commun,* oiseau de la taille d'une grive, d'un gris brun, marqué de taches plus foncées; mais les pays étrangers en nourrissent plusieurs, remarquables par des ornemens extraordinaires à la queue, aux ailes ou au bec.

IIIe *Famille.*— CONIROSTRES.

La famille des *conirostres* est presque aussi étendue que celle des dentirostres, et renferme un nombre considérable de passereaux faciles à reconnaître à leur bec fort, plus ou moins conique, et sans échancrure à son extrémité. De cette conformation de l'organe de la préhension résulte une différence notable dans le régime des conirostres. Ce ne sont plus les insectes qui font la base de leur nourriture; les graines, les fruits secs et les charognes sont les alimens qu'ils choisissent de préférence; et de même que nous avons vu parmi les mammifères les espèces se montrer d'autant moins sociables qu'elles vivent plus exclusivement de proie, de même, parmi les passereaux, nous observerons que les dentirostres, qui participent jusqu'à un certain point du caractère des rapaces, puisqu'ils se nourrissent principalement d'insectes, ne forment jamais de sociétés nombreuses ni durables, tandis que les *conirostres*, dont le régime est plus végétal, se tiennent toujours réunis en troupes presque innombrables.

Remarquons toutefois qu'il existe, entre les deux familles dont nous parlons, des nuances dans la forme du bec, qui établissent le passage de l'une à l'autre; ainsi nous trouverons parmi les *conirostres* des espèces (les alouettes, par exemple) dont le bec mince et presque subulé (en forme d'alène) nous rappellera celui des becs-fins et surtout des farlouses; d'un autre côté, nous avons vu, dans la famille des dentirostres, les tangaras d'Amérique nous présenter le bec fort et conique et la plupart des habitudes de nos moineaux domestiques.

On peut diviser les *conirostres* en deux tribus: celle des *granivores*, qui ont le bec généralement gros et plus court que la tête, et celle des *omnivores*, dont le bec est moins gros proportionnellement et dépasse ordinairement en longueur le diamètre de cette partie du corps.

Ire Tribu. — Granivores (pl. XV).

Cette tribu se compose de passereaux dont la taille excède rarement celle du moineau domestique et dont les habitudes se rapprochent plus ou moins de celles de cet oiseau. Ils se rassemblent en bandes nombreuses pendant la plus grande partie de l'année, et sont tellement familiers qu'ils viennent jusque dans les basses-cours et même dans l'intérieur des appartemens, pour attraper les restes de nos repas. Ce sont de véritables fléaux pour les champs ensemencés de céréales, pour les aires où l'on bat le blé et pour les meules qu'on fait avec les gerbes, en attendant qu'on les batte. Ils s'y jettent en troupes si nombreuses et sont si voraces, qu'ils en enlèveraient tout le grain, si on leur en laissait le temps. C'est en vain qu'on cherche à les effrayer, soit par des détonations d'armes à feu, soit en mettant des épouvantails dans les lieux dont on veut les tenir éloignés. Dans le premier cas, ils reviennent à la charge dès que le bruit cesse; et dans le second, ils se familiarisent promptement avec le mannequin, qui dès lors devient inutile.

Les *granivores* sont extrêmement communs dans toutes les

parties du monde, excepté dans les régions glaciales ; encore y en trouve-t-on quelques espèces qui y vivent des graines de la pomme de pin. Ils se multiplient très rapidement, puisqu'ils font annuellement plusieurs pontes de six œufs ou même davantage Ils nichent ordinairement dans les troncs d'arbres ou dans les trous des murailles, font leur nid avec de la paille et le tapissent de coton et autres substances mollettes ; ils nourrissent leurs petits avec des insectes, jusqu'au moment où ceux-ci peuvent voler.

Cette tribu comprend les genres *alouette*, *mésange*, *bruant*, *fringille* et *bec-croisé*.

§ I. Les ALOUETTES (*alauda*) se placent naturellement à la tête de la famille des conirostres, parce que leur bec est plus mince et plus long que celui des autres granivores ; sous ce rapport, elles se rapprochent un peu des farlouses, avec lesquelles il serait d'autant plus facile de les confondre, qu'ils joignent à ces caractères un plumage terreux et un ongle postérieur très allongé et entièrement droit. Sans l'échancrure qui termine le bec des farlouses, il serait impossible de ne pas réunir ces deux genres.

La forme allongée du bec, et surtout la rectitude et la longueur de l'ongle postérieur, suffisent pour distinguer les *alouettes* de tous les autres granivores, et expliquent en même temps le genre de vie de ces animaux. La disposition de l'ongle du pouce (*fig.* 1) les empêchant de saisir les branches, elles ne peuvent pas se percher ; aussi se tiennent-elles toujours à terre, où elles courent avec beaucoup d'agilité en cherchant leur nourriture. Souvent elles se roulent dans la poussière comme les oiseaux de basse-cour, dans le but sans doute de se débarrasser de la vermine qui les tourmente.

Ces oiseaux nichent dans les sillons, au milieu d'une touffe d'herbes ou derrière quelque motte ; dans tous les cas, leur nid est fait sans art. La femelle y dépose quatre ou cinq œufs, qui éclosent en peu de temps ; car elle fait plusieurs pontes par an.

Une habitude singulière de ces petits oiseaux, c'est celle de s'élever de temps en temps dans les régions supérieures de l'atmosphère, en chantant avec plus de force, à mesure qu'ils s'éloignent davantage de la surface de la terre. On ignore quel peut être le but de ce manége singulier ; mais on peut présumer qu'en l'exécutant les *alouettes* s'appellent mutuellement.

On compte en France trois espèces de ce genre, qui sont assez

communes, l'*alouette des champs,* qu'on mange sous le nom de
mauviette, l'*alouette huppée* ou *cochevis,* et l'*alouette des bois*
ou *cujelier.* La *calandre* , la *calandrelle* , la *girole,* la *co-*
quillade, etc., sont beaucoup plus rares ; et se trouvent plus
au Midi.

§ II. Les MÉSANGES (*parus*) (*fig.* 2) ont le bec court,
conique et garni de petits poils à sa base, les narines cachées
par les plumes du front, et les ongles forts et aigus, surtout celui
du pouce.

Ce sont de petits oiseaux très vifs, voletant sans cesse, grimpant le long des branches, s'y suspendant dans tous les sens et
dans toutes sortes d'attitudes, au moyen des ongles longs et aigus
dont leurs doigts sont armés ; ils cherchent ainsi les petits insectes, ou les grains, dont ils font leur nourriture.

La pétulance naturelle et la vivacité des mouvemens rendraient les *mésanges* très intéressantes, si, à ces qualités n'é-
tait joint un penchant sanguinaire, qui les porte à tomber sur
les autres oiseaux qu'elles trouvent malades, pour les achever
et leur sucer la cervelle. Leur méchanceté est telle, sous ce rapport, qu'elles n'épargnent pas même les individus de leur propre espèce ; si l'une d'elles vient à être blessée par accident,
aussitôt toutes les autres s'élancent sur elle et la tuent à coups
de bec. Aussi, quoique vivant en troupes, elles se tiennent à
une certaine distance les unes des autres, et s'observent mutuellement avec une défiance inquiète. Au reste, les plumes hérissées qui s'élèvent sur leur front annoncent, sinon leur férocité, du moins un caractère intrépide et violent.

Parmi ces oiseaux, qui sont très communs en France, les uns
nichent dans les trous des arbres, tandis que les autres construisent avec art leur nid , soit parmi les roseaux , soit à l'extrémité des branches. Toutes pondent une grande quantité
d'œufs, le plus souvent de quinze à vingt.

Six espèces de *mésanges* sont très répandues en France : ce
sont la *charbonnière*, la *petite charbonnière* , la *nonnette* , la
mésange à tête bleue, la *mésange huppée* et la *mésange à*
longue queue ; la *moustache* et le *rémiz* sont incomparablement plus rares, et ne se trouvent guère que dans les contrées
orientales de l'Europe.

§ III. Les BRUANS (*emberiza*) (*fig.* 3) ont pour caractères distinctifs un bec gros , fort, comprimé, dont les bords

rentrans se correspondent mal, et dont la mandibule supérieure est garnie intérieurement d'un tubercule dur et saillant.

Ce sont des oiseaux qui se nourrissent de grains ou d'insectes, et qui, réunis en troupes comme tous ceux de la tribu des granivores, commettent de grands dégâts dans nos champs. Heureusement ils sont fort étourdis et donnent facilement dans tous les piéges qu'on leur tend ; ce qui permet de les détruire en très grand nombre. Et comme d'ailleurs leur chair est agréable, surtout lorsqu'ils sont gras, et qu'elle est même quelquefois si exquise qu'elle fait les délices des gourmets, on a le double avantage, en leur faisant la chasse, de se préserver d'un mal et de se procurer un bien.

La plupart des *bruans* sont très familiers et s'approchent beaucoup de nos habitations ; quelques-uns seulement se tiennent dans les bois, parmi les rochers ou dans les grandes plaines ; mais tous nichent dans les haies et parmi les broussailles, où ils cachent soigneusement leur nid. Ils pondent quatre ou cinq œufs, et très rarement six.

Parmi ces oiseaux, les uns ayant l'ongle du pouce court et arqué, fréquentent spécialement les bois ; tels sont le *bruant commun*, le *bruant fou*, le *bruant des haies*, le *bruant des roseaux*, le *proyer*, l'*ortolan*, si célèbre par sa chair délicate, etc. ; les autres ont cet ongle long et droit, comme les alouettes, et se tiennent dans les plaines ou parmi les rochers, comme le *bruant de neige* et le *bruant montain*.

§ IV. Les FRINGILLES (*fringilla*) forment un genre immense qui comprend à lui seul plus d'espèces que tous les autres genres de la tribu réunis. On y rapporte tous les granivores, qui ressemblent au moineau domestique par leur bec gros, conique, bombé supérieurement, et dont les bords se correspondent dans toute leur étendue.

Ces oiseaux se nourrissent de toutes sortes d'insectes, de fruits, et surtout de graines qu'ils ouvrent avec leur bec, afin de les dépouiller de leur enveloppe. Ils habitent toutes les parties du globe, mais particulièrement dans les pays chauds qui avoisinent l'équateur. Ceux du Nord sont en général voyageurs, et se rapprochent l'hiver des contrées méridionales, où ils trouvent plus facilement de quoi subsister. Ceux qui ne quittent point leur pays y mènent une vie chétive, et sont exposés à beaucoup de privations ; ils n'ont pour toute nourriture que les graines qui sont restées sur pied et celles qu'ils rencontrent sur les chemins, dans les excrémens des animaux herbivores; et quand la neige devient abondante, ils sont forcés de se réfugier jusque dans les villages, où, bravant des dangers de toute sorte, ils cherchent à partager la nourriture des animaux domestiques.

Les *fringilles* nichent partout, dans les troncs d'arbres, dans les murs, sur les branches et jusque dans l'intérieur des maisons; quelquefois ils s'emparent du nid des hirondelles, ce qui occasionne de grands débats entre eux. Les femelles pondent le plus souvent quatre ou cinq œufs, comme les bruans; mais ce nombre peut varier depuis trois jusqu'à six et même sept. La plupart des espèces font deux ou trois portées par an.

Ce genre comprend les cinq sous-genres suivans : 1° les MOINEAUX (*pyrgita*) ont le bec bombé avec la mandibule supérieure plus longue que l'inférieure; tels sont le *moineau domestique* ou *pierrot* et le *moineau des bois* ou *friquet*; 2° les PINSONS (*fringilla*) ont le bec également gros comme les précédens et les mandibules égales; le *pinson ordinaire*, le *pinson de montagne* et le *pinson de neige*, sont dans ce cas; 3° les LINOTTES (*carduelis*) ressemblent aux pinsons, excepté qu'elles ont le bec moins gros et plus effilé; tels sont le *chardonneret*, le *tarin*, le *serin*, le *cini*, la *linotte*, le *siserin* ou *petite-linotte*; 4° les GROS-BECS (*coccothraustes*) ont le bec très gros, de longueur moyenne, et renflé sur les côtés; tels sont le *gros bec commun* ou *pinson royal*, le *verdier*, la *soulcie;* 5° les BOUVREUILS (*pyrrhula*) ont le bec très court, arrondi et renflé de toutes parts; tel est le *bouvreuil d'Europe.*

§ V. Les BECS-CROISÉS (*loxia*) (*fig.* 4) sont, de tous les granivores, les plus faciles à caractériser par leur bec gros, dont les mandibules se croisent par leurs extrémités, c'est-à-dire que la pointe de la supérieure dépasse l'inférieure, et *vice versâ.*

Ces oiseaux habitent les contrées boréales des deux continens, où ils se nourrissent principalement des semences des cônes ligneux des pins et des sapins. Leur bec, qui semble monstrueux et qui est si difforme, leur sert à arracher les écailles de ces cônes, et à extraire la graine qui se trouve audessous d'elles. A défaut de cette nourriture, ils coupent les racines tendres et les bourgeons des plantes qui croissent dans les forêts qu'ils fréquentent.

Ce qu'il y a de plus remarquable dans l'histoire de ces granivores, c'est qu'ils viennent faire leur ponte dans nos contrées, pendant le fort de l'hiver. Ils placent leur nid sur les sapins tantôt à la bifurcation des branches, tantôt à l'extrémité de ces dernières; dans tous les cas, ils le construisent avec beaucoup d'art et y déposent de quatre à cinq œufs. Quand leurs petits sont devenus assez forts, ce qui a lieu dans l'été, ils remontent avec eux vers les contrées glaciales du pôle arctique, où ils passent toute la belle saison.

On ne connaît que deux espèces de ce genre : le *bec-croisé ordinaire* et le *bec-croisé perroquet*.

IIe *Tribu*. — Omnivores (pl. XV).

Les *omnivores* ont, de même que les oiseaux de la tribu qui précède, le bec fort et conique; mais comme il est toujours plus long, il serait moins vigoureux si leur taille n'était presque constamment supérieure à celle des granivores; les plus petites espèces sont à peu près de la grosseur du merle, et les autres sont généralement beaucoup plus grandes.

Leur nourriture est très variable, ainsi que l'indique leur nom, qui veut dire *mange-tout*. Ils se nourrissent d'insectes, de vers, de charognes, de graines et de fruits; mais on peut presque toujours reconnaître, à la forme de leur bec, quelle est l'espèce d'alimens qu'ils préfèrent. Ceux qui ont cet organe semblable à celui des merles, excepté qu'il est un peu plus fort et dépourvu d'échancrure à son extrémité, vivent d'insectes et de fruits; ceux qui l'ont fort et tranchant se jettent sur les voiries ou sur les graines et les fruits à coquille, tels que les noix, les glands, les faînes, etc., selon que l'occasion leur présente l'une ou l'autre espèce d'alimens, et surtout selon que leur canal digestif est plus ou moins ample et étendu en longueur.

Quant au reste de leurs habitudes, elles ressemblent à celles des granivores. Ils vivent ordinairement en troupes nombreuses ou en petites familles, et très rarement solitaires. Ils nichent sur des arbres élevés, dans des trous de murailles ou dans les troncs vermoulus; ils pondent le plus souvent cinq œufs. Aucun d'eux n'a le chant agréable, et la plupart ont la

voix rauque et criarde. Ces oiseaux sont peu utiles à l'homme ;
aucun d'eux n'a la chair bonne à manger ; ils l'ont tous dure,
coriace et de mauvais goût ; et si quelques-uns lui font du bien
en détruisant les insectes qui attaquent nos récoltes et nos
fruits ou les cadavres qui pourraient infecter l'air, d'autres
compensent ce service par le tort qu'ils font à nos fruits et à
nos semailles.

La tribu des *omnivores* comprend cinq genres principaux :
ce sont les *cassiques*, les *étourneaux*, les *corbeaux*, les *rolliers* et les *paradisiers*.

§ I. Les CASSIQUES (*cassicus*) ont été ainsi nommés d'un
mot latin, *cassis*, qui signifie casque, parce que la base de leur
bec rentre entre les plumes du front et y entame un espace
plus ou moins large, qui reste par conséquent dépourvu de
plumes, et semble couvert d'une espèce de casque. On les
nomme aussi *troupiales*, à cause de l'habitude qu'ils ont de
vivre en troupes très nombreuses.

Tous ces oiseaux sont propres aux contrées méridionales du
nouveau continent, et s'y font remarquer par la beauté et l'é-
clat de leur plumage, ainsi que par leurs habitudes turbu-
lentes et querelleuses et par leurs cris discordans. C'est surtout lorsqu'ils courent après les insectes qu'ils font entendre
leur voix criarde et ennuyeuse. Leurs habitudes sont tellement sociables, qu'ils ne peuvent se quitter même à l'époque
de leur reproduction ; ils construisent avec beaucoup d'art
leurs nids près les uns des autres, tantôt dans les colombiers,
tantôt à l'extrémité des branches. Ils pondent quatre ou cinq
œufs et nourrissent leurs petits avec des insectes ; mais, lorsqu'ils sont grands, ils unissent à cette espèce d'aliment des
graines et des fruits.

On divise ce genre en plusieurs sous-genres : 1° Les Cassiques propres sont les plus grands et ont la plaque du front
arrondie en arrière : tels sont le *cassique noir*, le *cassique à
croupion rouge*, etc. ; 2° les Troupiales (*icterus*) ont la
plaque frontale terminée en pointe, et le bec légèrement arqué, comme le *troupiale varié*, le *troupiale à tête d'or*, etc. ;
3° les Carouges (*xanthornus*), ont la même plaque et le bec
droit, tels sont le *carouge bâtard*, le *baltimore*, etc. (1).

(1) Certains auteurs changent les caractères des deux derniers

§ II. Les ÉTOURNEAUX (*sturnus*) ont avec les cassiques les plus grands rapports de formes, d'organisation et d'habitudes. Leurs caractères zoologiques sont presque les mêmes; ils ne diffèrent qu'en ce que le bec des cassiques est à peu près rond ou faiblement comprimé, tandis que celui des *étourneaux* est déprimé ou aplati, surtout à son extrémité. Du reste, leurs mœurs n'offrent pas de différences.

Les *étourneaux*, comme les troupiales, se nourrissent d'insectes, vivent en troupes nombreuses, sont criards et voyageurs, et nichent dans les trous d'arbres ou sous les toits des maisons. Ils sont si familiers, qu'ils suivent les bestiaux pour attraper les insectes qui se jettent sur eux; ils fréquentent beaucoup les prairies, les jardins, les vergers, et en général tous les endroits où un appât quelconque attire les insectes, dont ils sont extrêmement friands. Ces oiseaux sont répandus dans toutes les parties du g'obe, et partout leurs habitudes sont les mêmes. L'espèce d'Europe, qu'on appelle vulgairement *sansonnet*, apprend facilement à siffler et même à articuler quelques mots; on l'élève communément dans les appartemens.

§ III. Le nom de CORBEAU (*corvus*) (*fig.* 5) ne s'applique pas seulement à l'oiseau qu'on appelle communément ainsi, mais en général à tous les oiseaux à bec fort, tranchant, arqué ou crochu à son extrémité, et dont les narines sont recouvertes par les poils qui partent du front et se dirigent en avant.

Ce sont des oiseaux de taille grande ou médiocre, dont le plumage est noir ou blanc, souvent relevé de reflets métalliques éclatans, et dont les ongles et les tarses sont forts et vigoureux. Aussi ne se contentent-ils pas toujours d'insectes, de fruits ou de charognes; ils attaquent souvent d'autres oiseaux ou de petits quadrupèdes et même des lapins et des lièvres. Plus communs dans les contrées septentrionales que dans celles du midi, ils s'y réunissent en bandes nombreuses, tantôt se promenant dans d'immenses plaines humides où fourmillent les vers et les insectes, tantôt perchés sur les arbres les plus élevés et faisant entendre de là leur voix rauque et criarde, qu'on appelle *croassement*.

sous-genres et appellent *carouges* les espèces à bec courbe et *troupiales* celles à bec droit.

La plupart des *corbeaux* sont voyageurs : comme ils habitent généralement le Nord, les g'aces de l'hiver les obligent à gagner à cette époque les contrées méridionales, où le froid moins rigoureux leur permet de trouver des alimens. La défiance semble faire le fond du caractère de ces oiseaux ; jamais ils ne se perchent sans se tourner vers le vent, et sans établir des sentinelles pour les avertir de ce qui se passe autour d'eux. Avec ces précautions et la finesse d'odorat dont ils sont pourvus, il est excessivement rare qu'ils se laissent approcher. Le moyen le plus simple, quand on veut en attraper, est d'épier l'arbre sur lequel ils passent la nuit, et d'aller les y surprendre pendant les ténèbres.

Les *corbeaux* nichent dans les rochers ou sur les plus hauts arbres, à la bifurcation des dernières branches. Ils pondent six ou sept œufs, que le mâle et la femelle couvent alternativement.

Malgré leur naturel défiant, ces oiseaux se laissent assez aisément apprivoiser et apprennent même à parler. Mais, outre qu'en domesticité ils sont extrêmement sales et qu'ils perdent la beauté de leur parure, ils ont presque tous la manie de voler et de cacher toutes sortes d'objets, même inutiles ; ils paraissent surtout préférer ce qui a de l'éclat, comme l'argenterie, les pièces de monnaie, etc.

On a divisé les corbeaux en quatre sous-genres : 1° Les Corbeaux propres ont la queue ronde ou carrée, et les plumes de la tête lisses ; tels sont le *corbeau vulgaire*, la *corneille*, la *corneille mantelée*, le *freux*, le *choucas*, etc. 2° Les Pies (*pica*) ne diffèrent des corbeaux que par une taille généralement plus petite et par leur queue étagée, c'est-à-dire dont les plumes sont d'autant plus courtes qu'elles sont plus extérieures ; telle est la *pie commune*. 3e Les Geais (*graculus*) ont les plumes du front lâches, à barbes désunies, et le bec terminé par un crochet ; nous en avons une espèce en France : c'est le *geai commun*. 4ª Les Casse-noix (*nucifraga*) ont les deux mandibules également pointues et sans courbure ; tel est notre *casse-noix*, dont le nom rappelle l'espèce de nourriture.

§ IV. Les ROLLIERS (*coracias*) ont beaucoup de rapports avec les corbeaux par leur conformation générale et par celle de leur bec en particulier ; mais ils ont les narines découvertes et placées en dehors des poils du front.

Ce sont des oiseaux de l'ancien continent, assez semblables aux geais par leurs mœurs farouches et par les plumes lâches de leur tête. Le fond de leur plumage est généralement bleu ou vert, avec d'autres teintes assez vives, mais peu harmonieuses. Leur naturel sauvage les porte à se tenir isolés, dans les forêts les plus profondes, où ils vivent d'insectes et de vers ; ils nichent dans les trous des vieux arbres et pondent cinq ou six œufs.

On les divise en deux sous-genres : 1° Les ROLLIERS propres ont le bec plus haut que large dans toute son étendue, comme dans le *rollier commun*, oiseau répandu dans la plupart des contrées de l'Europe, mais en très petit nombre. 2° Les ROLLES (*colaris*), au contraire, l'ont plus large que haut à sa base ; tel est le *rolle de Madagascar*.

§ V. Les PARADISIERS (*paradisœa*), qu'on appelle plus communément *oiseaux de paradis*, sont depuis long-temps célèbres par la magnificence de leur plumage, qui sert de parurure pour les dames, et plus encore par les contes que l'on a débités sur leur structure et sur leurs habitudes naturelles. On prétendait jadis qu'ils n'avaient point de pattes, que, par conséquent, ils ne se reposaient jamais ; qu'ils vivaient de rosée, qu'ils pondaient et couvaient dans les airs, et que, sur le point de mourir, ils prenaient leurs essor vers les cieux, leur patrie ; c'est même à cette croyance ridicule qu'ils doivent leur nom. Ces préjugés n'avaient d'autre fondement que la magnificence de leur plumage et l'état de mutilation dans lequel on les voyait en Europe. Comme les naturels de leur pays leur arrachaient toujours les pattes avant de les envoyer en Europe, on s'était imaginé que la nature leur avait refusé ces organes, et, sur cette seule donnée, les marchands avaient composé à leur manière l'histoire des *paradisiers*.

Depuis qu'on a pu observer ces oiseaux dans la Nouvelle-Guinée, leur patrie, on s'est fait des idées plus justes de leur histoire naturelle. On a vu, en examinant des individus bien entiers, qu'ils ne diffèrent des corbeaux que par la nature de leurs plumes, surtout de celles du front qui sont comme veloutées et souvent ornées de couleurs métalliques. Du reste, ce sont les mêmes pieds et la même forme du bec ; leurs narines sont également recouvertes par les plumes du front. Comme les corbeaux, ils vivent par bandes, sont défians, se tiennent dans les forêts les plus profondes et se perchent sur les arbres les plus élevés, d'où ils font entendre leur voix criarde. Les insectes et les fruits leur servent de nourriture.

Les plus belles espèces de ce genre sont l'*émeraude*, la plus anciennement connue, le *manucode*, le plus petit de tous, le *sifilet*, qui tire son nom de trois longues plumes qu'il a de chaque côté de la tête, etc.

IVe *Famille.* — TÉNUIROSTRES (pl. XV).

Cette famille, moins nombreuse que la précédente, s'en distingue, ainsi que de toutes les autres du même ordre, par un bec grêle, le plus souvent très long et toujours dépourvu d'échancrure à son extrémité ; on peut joindre à ces caractères, qu'ils ont leurs doigts pourvus d'ongles forts et aigus, et celui du milieu uni à l'extérieur par sa base.

La conformation de leur bec ne permet pas à ces oiseaux l'usage d'une nourriture solide, ils vivent tous d'insectes petits et mous, et surtout de jeunes larves, qu'ils découvrent avec beaucoup de sagacité dans les fentes des vieilles écorces, et qu'ils en font sortir avec beaucoup d'adresse. La disposition de leurs pieds, qui sont pourvus de longs doigts et armés d'ongles acérés, leur permet de grimper avec facilité sur les troncs et les branches des arbres, et de les parcourir dans tous les sens pour y chercher leur proie, qu'ils saisissent adroitement, tantôt à l'aide de leur bec, tantôt avec leur langue. Quelques espèces, pourvues d'une langue bifide et en tuyau, s'en servent comme d'une espèce de trompe pour sucer le nectar des fleurs, en la plongeant au fond de leur calice.

Dans les pays tempérés, on fait généralement peu d'attention à ces petits oiseaux, parce que leur plumage et leurs habitudes n'offrent rien de remarquable. Mais les contrées méridionales et voisines de l'équateur en nourrissent de nombreuses espèces, qui unissent à des formes légères et gracieuses, un plumage varié et brillant des couleurs les plus éclatantes, de l'or, de l'azur et du rubis ; aussi n'est-il pas de voyageurs qui ne nous en rapportent des individus pour l'ornement de nos cabinets, où ils sont en grand nombre.

Cette famille se compose de cinq genres : les *sittelles*, les *grimpereaux*, les *souimangas*, les *colibris* et les *huppes*.

§ I. Les SITTELLES (*sitta*) sont de tous les ténuirostres ceux qui ont le bec le plus fort. Cet organe est médiocrement long, droit, comprimé et tranchant à la pointe, comme celui des pics, et s'insinue facilement dans les fentes de l'écorce, pour en faire sortir les insectes qui s'y cachent. Leurs ongles sont très longs, aigus et arqués, comme chez tous les oiseaux grimpeurs; aussi sont-ils d'une agilité rare à parcourir les troncs les plus polis. Comme les mésanges, ils se promènent sur les tiges les plus droites, les sillonnent dans tous les sens, grimpent dans toutes les directions, se suspendant à l'extrémité des branches, frappant de temps en temps l'écorce avec leur bec, afin de s'assurer s'il s'y trouve des insectes ou des larves cachés. Ils nichent dans les trous naturels des arbres, en les agrandissant à coups de bec quand ils sont trop petits, et en rejetant au dehors les débris qu'ils détachent. Lorsque la cavité est assez grande, ils en font disparaître les aspérités, en crépissant ses parois et les bords de son ouverture avec de la terre gachée, qui se durcit par son exposition prolongée à l'air.

Nous n'avons en France et en Europe qu'une seule espèce de ce genre, c'est la *sittelle commune*, qu'on nomme *torchepot* dans les campagnes, à cause de l'habitude qu'elle a de nettoyer les trous des vieux troncs où elle veut nicher; ce petit oiseau est de la taille du moineau, mais a les formes plus effilées.

§ II. Sous le nom de GRIMPEREAU (*certhia*) on comprend tous les ténuirostres dont le bec est arqué et la langue terminée en pointe cartilagineuse ou bifide. Ainsi que l'indique leur nom français, ces oiseaux ont l'habitude de grimper; ils doivent cette faculté à la vigueur et à l'acuité de leurs ongles, qui saisissent fortement les branches ou s'accrochent aux moindres fentes que présente la surface des tiges. Chez plusieurs espèces mêmes, cette aptitude à grimper est encore augmentée par la conformation de leurs pennes caudales, qui, se terminant par une tige raide, sans barbes et pointue, s'enfoncent dans les petites fissures de l'écorce.

La nourriture de ces oiseaux se compose d'insectes ou de sucs de fleurs, selon la force de leur bec et la forme de leur langue. Quand celle-ci est cartilagineuse et inextensible, le *grimpereau* est insectivore; si au contraire elle est charnue, bifide et susceptible d'être lancée dans l'intérieur des corolles, l'animal vit principalement du miel qu'il cueille dans le calice des fleurs.

Le genre *grimpereau* est nombreux et a été subdivisé en

plusieurs sous-genres ; les uns ont les pennes de la queue usées et terminées en pointe aiguë à leur extrémité, comme les *picucules* ou *grimparts*, et les *grimpereaux propres;* les autres ont les rectrices conformées comme dans les autres oiseaux; tels sont les *tichodromes* ou *échelets*, et les *sucriers.*

1° Les Picucules (*dendrocolaptes*) sont de l'Amérique méridionale, et se distinguent à la forme de leur queue usée et à la force de leur bec, qui est moins arqué que dans les sousgenres suivans et reste même quelquefois presque entièrement droit. Leurs habitudes se rapprochent de celles des pics, c'està-dire qu'ils grimpent facilement le long des arbres en s'aidant des baguettes pointues de leurs rectrices; ce qui leur a fait donner le nom de *grimparts;* ils se nourrissent exclusivement d'insectes, qu'ils font sortir dedessous l'écorce, comme les sittelles, les pics, etc. Les principales espèces de ce genre sont le *picucule ordinaire*, le *talapiot*, le *grimpart flambé*, etc. ; 2° Les vrais Grimpereaux ont, comme les précédens, la queue terminée par des piquans forts et aigus ; mais leur bec est beaucoup plus faible et ordinairement plus arqué. Du reste, leurs habitudes et leur régime sont les mêmes qu'aux picucules. Nous en avons en France une espèce, le *grimpereau familier*, qui est plus petit et surtout plus mince que le moineau, et dont le plumage est varié de blanc, de roux et de noir.

3° Les Échelets (*tichodroma*), ou *grimpereaux de muraille*, diffèrent des sous genres précédens par la forme de leurs rectrices, qui sont garnies de barbes jusqu'à leur extrémité; ils ont le bec au moins deux fois aussi long que le diamètre de leur tête, ce qui les distingue des *sucriers* qui ont cet organe beaucoup plus court. L'Europe ne produit de ce sous-genre qu'une seule espèce, qu'on trouve dans la France méridionale ; elle est un peu plus grande que le grimpereau commun et d'un bleu cendré avec une belle tache d'un rouge vif sur les ailes. Elle grimpe avec beaucoup d'agilité le long des murs et des rochers à la poursuite des insectes et surtout des araignées, habitude qui lui a fait donner le nom de *grimpereau de muraille.* 4° Les Sucriers (*nectarinia*) sont de petits oiseaux des contrées méridionales du nouveau continent, dont la plupart sont ornés de couleurs brillantes et souvent métalliques. Ils ont les mêmes caractères que les échelets ; leur bec est seulement beaucoup plus court. Le *guit-guit*, le *fournier*, etc., appartiennent à ce sous-genre.

§ § III. Les SOUIMANGAS (*cinnyris*) ont le bec long, grêle, arqué et finement dentelé sur ses bords ; leur langue est extensible et bifide à son extrémité ; leurs tarses sont plus longs que le doigt du milieu, et leur queue n'a pas les barbes de ses rectrices usées.

Ce sont de très jolis oiseaux, de petite taille, dont le plumage brille de l'éclat des métaux polis ou des pierres précieuses ; parure magnifique, qu'ils doivent à l'influence des feux du soleil intertropical, et qui les fait rechercher pour l'ornement des collections ornithologiques. Vifs et alertes, comme les colibris qu'ils semblent remplacer dans l'ancien continent, on les voit voltiger sans cesse d'arbre en arbre, pour sucer avec leur langue le nectar mielleux que produisent les fleurs ; c'est même à cause de cette habitude que les Madécasses leur ont donné le nom de *souimanga*, qui veut dire *mange-sucre*. Ils vivent dans les forêts épaisses et profondes des Indes-Orientales et des iles voisines, où l'on en compte plus de cent espèces, qui pour la plupart ont le chant agréable. Le *souimanga à plastron rouge*, le *souimanga à ventre pourpre*, etc., sont parmi ces jolis oiseaux ceux qui se font remarquer le plus par la beauté de leur parure.

§ IV. Les COLIBRIS (*trochilus*) (*fig.* 7) sont les plus petits oiseaux que l'on connaisse ; il en est dont la taille surpasse à peine celle d'une abeille, et qu'une araignée est assez forte pour terrasser et pour dévorer. Mais ce n'est pas seulement sous ce rapport que ces petits volatiles peuvent nous intéresser ; leurs plumes écailleuses sur lesquelles l'éclat des pierres précieuses se marie avec les reflets des métaux les plus étincelans, l'art admirable avec lequel ils construisent leur habitation, le courage intrépide qu'ils montrent en défendant leur nid et leurs œufs contre des agresseurs beaucoup plus forts, tout semble se réunir pour attirer sur eux l'attention des naturalistes et des amateurs.

De tous les passereaux les *colibris* sont peut-être ceux qui volent le mieux ; leurs ailes longues et pointues et leurs muscles pectoraux robustes, leur forment un système d'organes pour le vol analogues à ceux des martinets. Aussi on les voit sans cesse voltiger, en se balançant en l'air presque aussi aisément que les mouches. C'est ainsi qu'ils bourdonnent autour des plantes et des arbustes en fleurs, dans lesquelles ils plongent, sans s'arrêter, leur langue projectile, pour en extraire le miel. Ils poursuivent aussi les petits insectes qu'ils happent en volant.

Les *colibris* se distinguent aisément de tous les autres ténuirostres par leur bec plus long que la tête, par leur langue extensible et bifide et par leurs tarses plus courts que leur doigt du milieu.

Ces oiseaux sont extrêmement communs dans l'Amérique méridionale et dans la plupart des Antilles, d'où on nous en apporte continuellement les dépouilles, pour en orner les cabinets d'histoire naturelle. On les divise en deux sous-genres, les *colibris* qui ont le bec arqué, comme le *colibri-topaze*, etc., et les *oiseaux-mouches* qui l'ont droit ; tels sont le *plus petit des oiseaux-mouches*, qui a la taille d'une forte guêpe, *l'oiseau-mouche magnifique*, *l'oiseau-mouche géant*, qui est presque grand comme une hirondelle.

§ V. Les HUPPES (*upupa*) (*fig.* 6) ont le bec arqué, de force et de longueur très variable, et la taille égale ou supérieure à celle du merle. On les a divisés en trois sous-genres.

1° Les CRAVES (*fregilus*) ont comme les corbeaux les narines recouvertes par les plumes de la base du bec. Leur bec est beaucoup plus robuste que dans aucun autre animal de ce genre. On n'en connaît bien qu'une espèce ; c'est le *crave commun* ou *coracias*, qui est de la taille d'une pie, à plumage noir, à bec et pieds rouges, et qui vit sur les plus hautes montagnes d'insectes et de fruits.

2° Les ÉPIMAQUES (*epimachus*) ont les plumes du front veloutées et dirigées en avant sur les narines, comme les oiseaux de paradis ; aussi viennent ils du même pays, et brillent-ils de même par l'éclat de leur plumage. L'*épimaque à paremens frisés*, l'*épimaque à deux filets*, l'*épimaque royal* et l'*epimaque proméfil* sont les espèces les plus remarquables de ce sous-genre.

3° Les HUPPES sont très faciles à reconnaître, en ce qu'elles ont les narines découvertes et la tête surmontée d'une belle huppe, formée de deux rangées de plumes mobiles. Leur bec est extrêmement long et également gros dans toute son étendue. On n'en connaît qu'une espèce authentique, qu'on trouve en France. Elle a la taille d'un merle, et son plumage est d'un roux vineux ; elle vit d'insectes et pond dans les troncs d'arbres.

Ve *Famille.* — SYNDACTYLES.

Le caractère distinctif des passereaux de cette famille, qui consiste dans la réunion des doigts extérieur et moyen dans presque toute leur étendue, n'a pas assez d'importance pour influer sensiblement sur les habitudes de ces oiseaux ; aussi ce groupe est bien moins naturel que les précédens, et surtout les trois premiers. Les uns ont le bec long, et à mandibules entières sur leurs bords ; ils se nourrissent d'insectes et de petits poissons. Les autres ont cet organe robuste et dentelé, et vivent d'insectes, de fruits et même de petits animaux ou de cadavres. Leurs autres habitudes offrent la même disparité. Nous allons donc parler des quatre genres qui composent ce groupe ; savoir, les *guêpiers*, les *alcyons* ou *martins-pêcheurs*, les *momots* et les *calaos*.

§ I. Les GUÊPIERS (*merops*) sont faciles à reconnaître à la disposition de leurs doigts, dont l'extérieur est soudé avec celui du milieu jusqu'à l'ongle, et à la forme de leur bec, qui est long, arqué et sans échancrures sur ses bords.

Ces oiseaux, dont la plupart sont exotiques, vivent principalement de guêpes et d'abeilles, qu'ils saisissent au vol. La brièveté de leurs tarses et la réunion de leurs doigts leur rendent la marche très difficile ou même impossible; ils ne se reposent presque jamais, et quand ils le font, c'est toujours sur quelque branche et jamais à terre; leur vol est très agile, mais brusque et saccadé, jamais continu. Ils placent constamment leur nid sur les coteaux ou sur les bords escarpés des fleuves, et le creusent obliquement jusqu'à une profondeur considérable, se servant à la fois de leurs pieds et de leur bec pour cette opération. Ils y pondent de quatre à sept œufs, après en avoir garni le fond de quelques substances mollettes.

La forme des *guêpiers* est élancée, leur queue et leurs ailes sont longues, leurs pattes courtes, leur plumage généralement bleu ou vert avec des taches jaunes ou rouges ; mais leurs couleurs manquent ordinairement d'harmonie.

Nous n'avons en France qu'une seule espèce de ce genre : c'est le *guêpier commun*, qui est de la taille du merle; il se trouve dans le midi de l'Europe. L'Afrique et les Indes en nourrissent aussi un assez grand nombre.

§ II. Les ALCYONS ou MARTINS-PÊCHEURS (*alcedo*), quoique ayant des rapports évidens avec les guêpiers, forment un contraste frappant avec eux. Au lieu des formes élancées de ces derniers et de cette belle queue qui termine postérieurement leur tronc, les *martins pêcheurs* ont le corps trapu et écourté, avec une grosse tête et un bec long, droit et anguleux. Du reste, leurs pattes sont comme celles des précédens; ils ont les tarses courts et les doigts réunis jusqu'à leur ongle, ce qui leur ôte la faculté de grimper et de marcher; aussi ne se reposent-ils jamais à terre; et quand ils s'arrêtent, c'est toujours pour se percher.

Ces oiseaux se nourrissent d'insectes, et surtout de petits poissons et de larves aquatiques. Pour prendre ces derniers, ils volent avec agilité à la surface des rivières et les saisissent en plongeant le bec dans l'eau, mais toujours en volant. Quelquefois cependant ils se posent sur les branches étendues au-dessus du courant, et là attendent avec une patience admirable que quelque poisson vienne prendre ses ébats à la surface de l'eau. Dès qu'ils en aperçoivent un, ils s'élancent sur lui avec tant de justesse et d'agilité qu'ils manquent rarement de le saisir. Maîtres de leur proie, ils vont la manger sur un arbre voisin. Si par hasard leur victime, dans les efforts qu'elle fait pour se dérober à la mort, s'échappe de leur bec, ils courent après elle avec tant de rapidité, qu'ils l'attrapent presque toujours avant qu'elle ait touché la terre.

Les *martins-pêcheurs* nichent, comme les précédens, dans des trous placés sur le bord des eaux, dont ils ne s'écartent jamais; mais, au lieu de creuser eux-mêmes leur nid, ils s'emparent de ceux que les rats ont abandonnés, et y déposent de six à huit œufs.

La France n'a qu'une espèce de ce genre : le *martin-pêcheur ordinaire*, qui est de la grandeur du moineau; mais la longueur de son bec et la brièveté de sa queue et de ses tarses, lui donnent une physionomie toute différente.

§ III. Les MOMOTS (*prionites*) ont la taille et presque le port des pies, excepté que leur queue est plus longue et moins large; mais leur bec dentelé sur ses bords, leurs tarses courts, leurs doigts réunis, et leur langue barbelée comme une plume ne permettent pas de les confondre avec elles. Ils ont aussi les ailes plus faibles et le vol bien moins soutenu.

Ce sont des oiseaux étrangers, dont le plumage, quoique un

peu lâche, est cependant orné de couleurs vives et agréables ;
et ce seraient de jolis passereaux, s'ils n'étaient d'un naturel
lent et paresseux et d'une tristesse rare dans les animaux de
leur classe. Privés, par leur organisation, de cette agilité qui
fait la sauvegarde de la plupart des autres oiseaux, ils ont les
habitudes sauvages et farouches, fuient les plaines découvertes
et se cachent dans la profondeur des forêts. Ils sont si indolens,
qu'ils ne quittent les arbres sur lesquels ils se perchent ordinairement, que lorsque la nécessité les force à descendre à
terre, pour y chercher les insectes et les petits quadrupèdes,
dont ils font leur nourriture. Quelquefois ils se mettent à la
recherche des nids et y dévorent les œufs ou les jeunes oiseaux
s'ils les y trouvent seuls. Pour s'éviter la peine de construire
leur nid, ils pondent, dans le premier trou que le hasard leur
présente, trois œufs que le mâle et la femelle couvent alternativement.

Tous les *momots* sont de l'Amérique méridionale ; mais les
espèces en sont mal déterminées ; la seule bien constatée est le
houtou ou *momot à tête bleue*, qu'on trouve à la Guiane et
au Brésil.

§ I V. Les **CALAOS** (*buceros*) (*fig.* 9) sont les oiseaux les plus
remarquables de l'ordre des passereaux et même de la classe
entière, par leur grande taille, qui égale et surpasse même
celle du corbeau, par leurs doigts réunis et surtout par leur
bec énorme et souvent surmonté d'éminences presque aussi
grandes que lui, ce qui leur donne une physionomie particulière
et un air triste et lourd, qui contraste avec la légèreté de la plupart des autres passereaux.

Mais malgré la grosseur de cet organe, les *calaos* ne
sont rien moins que forts ; la corne de leur bec est si
frêle, que le plus léger frottement suffit pour la briser.
Aussi ne mangent-ils rien de dur : leur nourriture consiste en
fruits, insectes, reptiles et petits mammifères, qu'ils pressent
long-temps entre leurs mandibules, pour les amollir et pouvoir
les avaler tout entiers. Comme ils ne sont pas farouches et
qu'ils ont une grande antipathie pour les souris, les Indiens
en élèvent en domesticité pour qu'ils fassent la chasse à ces petits rongeurs ; mais ce n'est que sous ce rapport qu'ils peuvent intéresser. Ils ont la démarche si lourde et si pesante,
qu'ils ne se meuvent presque jamais, excepté quand la faim
les presse ; ils passent le reste du temps tristement perchés

sur quelque arbre ou couchés dans leur nid, dont ils ont soin de ne s'éloigner jamais. Leur vol est très bruyant et s'annonce au loin non-seulement par le battement de leurs ailes, mais encore par le claquement de leurs mandibules.

On ne trouve ces oiseaux que dans les forêts de l'Afrique méridionale et des Indes Orientales, où ils vivent en troupes nombreuses. Ils nichent dans des trous, et pondent quatre ou cinq œufs qu'ils couvent comme les corbeaux.

Les principales espèces de ce genre sont le *calao rhinocéros*, le *calao unicorne*, le *calao casque plat*, le *calao trompette*, etc.

III⁰ Ordre. — GRIMPEURS (pl. XVI).

Si les *grimpeurs* sont faciles à distinguer à la disposition de leurs doigts, qui sont divisés en deux paires, l'une antérieure et l'autre postérieure, disposition qui ne se présente dans aucun autre ordre de la classe, le groupe qu'ils forment par leur réunion est bien loin d'être naturel, et de ne renfermer que les espèces qui se ressemblent le plus par leur organisation et par leurs mœurs. Il est vrai que, d'après cette conformation, ils ont dans leurs pieds un point d'appui plus solide, que quelques genres mettent à profit pour se cramponner aux fentes de l'écorce et pour grimper sur les troncs d'arbres et le long de leurs branches. Mais, outre que cette faculté n'est pas exclusivement propre aux oiseaux de cet ordre, ce serait une erreur de croire que tous en jouissent également; il est même douteux qu'elle appartienne au plus grand nombre. Et d'ailleurs, combien n'y a-t-il pas d'oiseaux qui, sans avoir les doigts partagés par paires, possèdent à un très haut degré la facilité de grimper! les mésanges, les sittelles, les grimpereaux sont au moins aussi grimpeurs que les pics, les perroquets, etc. de l'ordre dont nous parlons. Le nom de *grimpeur* est donc impropre; c'est pour cela que certains naturalistes ont proposé de le remplacer par celui de *zygodactyles*, qui veut dire *doigts par paires*, dénomination qui a l'avantage de ne pas donner une idée fausse des habitudes de ces oiseaux.

Les *grimpeurs* nichent d'ordinaire dans les trous des vieux arbres, que la plupart d'entre eux, à l'aide de leur bec robuste, savent agrandir et arranger de la manière la plus favorable au but qu'ils se proposent. Les larves, les chenilles et les vers font la base de leur nourriture; mais plusieurs y ajoutent les fruits tendres et sucrés que certaines espèces même recherchent exclusivement. Ceux qui ont le bec gros et robuste se nourrissent d'amandes et de noyaux.

Tous ces oiseaux, ayant les tarses courts, se posent rarement à terre, parce qu'ils s'y meuvent difficilement; ils s'y dandinent plutôt qu'ils n'y marchent, et leur allure est une espèce de balancement semblable à celui des oies; et comme d'ailleurs leur vol est médiocre, ils préfèrent généralement le repos à l'action. Ils ont un air triste et grave, qu'on n'est pas habitué à voir dans les animaux de leur classe, et qui donne à leur physionomie quelque chose d'étrange. Solitaires ou réunis en troupes, tantôt ils se tiennent perchés sur les branches des plus grands arbres, occupés à en dévorer les fruits; tantôt ils grimpent le long du tronc ou de branche en branche pour chercher les larves cachées sous leur écorce. La plupart des espèces sont étrangères à l'Europe et ne se trouvent que dans les contrées chaudes de l'ancien et du nouveau continent : nous n'en avons en France que neuf ou dix espèces; encore les individus en sont-ils peu communs.

Cet ordre n'est pas susceptible d'être divisé en familles naturelles. L s principaux genres qu'il comprend sont les *jacamars*, les *pics*, les *torcols*, les *coucous*, les *barbus*, les *anis*, les *toucans*, les *perroquets* et les *touracos*.

§ I. Les JACAMARS (*galbula*) sont des oiseaux de l'Amérique méridionale, dont les mœurs, les formes et le bec rappellent un peu ceux des martins-pêcheurs. Comme ces derniers, ils ont le corps court. quoique un peu moins trapu, le bec très long, droit ou presque droit et toujours anguleux, et les habitudes tristes et solitaires; leurs doigts antérieurs sont même réunis en grande partie, ce qui rend leur démarche pénible et embarrassée. Aussi ne se posent-ils presque jamais à terre.

Mais ce qui distingue aisément les *jacamars* des martins-pêcheurs, ce sont d'abord la disposition de leurs doigts, et ensuite leur plumage qui, sans être remarquable par sa beauté, parce que les couleurs en sont mal fondues et les plumes ébouriffées, brille toujours d'un éclat métallique, que les premiers ne présentent jamais. Du reste, ils se tiennent isolés dans les bois humides où ils trouvent en abondance les insectes dont ils font leur nourriture, et font leur nid sur les branches basses. On en connaît un assez grand nombre d'espèces dont les plus communes sont le *jacamar ordinaire* , le *grand jacamar*, etc.

§ II. Le genre PIC (*picus*) (*fig.* 1) est un des mieux caractérisés de l'ornithologie par son bec long, droit, anguleux et comprimé en coin à son extrémité ; par sa langue grêle, extensible et enduite d'une salive gluante ou garnie vers sa pointe d'épines dirigées en arrière ; par sa queue, dont les pennes dépourvues de barbes vers le bout forment des baguettes raides et élastiques, comme chez les grimpereaux ; par son plumage assez éclatant, mais peu lisse et composé de couleurs disparates et sans harmonie ; enfin par ses doigts robustes et armés d'ongles forts, crochus et acérés.

Cette organisation est on ne peut mieux appropriée au genre de vie particulier à ces oiseaux. A l'aide de leurs ongles aigus et de leurs doigts vigoureux, ils se cramponnent avec force au tronc des arbres dont l'écorce est fendillée, et y courent avec agilité dans toutes les directions pour attraper leur proie. Ils se servent de leur bec, soit pour agrandir les trous naturels des troncs d'arbres dans lesquels ils font leur nid, soit pour en frapper la surface et faire sortir de sous l'écorce les insectes qui s'y cachent. Dès que ceux-ci se montrent, la langue de l'oiseau qui se débande subitement comme un ressort, les saisit au moyen des épines crochues dont elle est munie ou les retient avec la salive dont elle est enduite, et les amène dans le bec en y rentrant. Enfin les rectrices caudales leur servent pour ainsi dire d'arc-boutant pour se soutenir, lorsqu'ils grimpent à la poursuite des insectes, ou qu'ils sont occupés à frapper le long des arbres soit pour chasser leur proie, soit pour creuser leur nid.

Les *pics* sont des oiseaux craintifs et rusés qui vivent solitaires dans les forêts, d'où ils ne sortent que rarement : le moindre bruit les effraie tellement, qu'il est presque impossible de les approcher pour les tirer : ils grimpent d'ailleurs avec tant d'agilité, qu'ils se sont mis à l'abri du plomb, avant que le chasseur ait eu le temps de les viser.

Ces oiseaux sont très nombreux et très répandus dans toutes les parties du monde. L'Europe seule en produit huit espèces, qui toutes nichent de la même manière, et pondent de trois à huit œufs que le mâle et la femelle couvent alternativement. Nous avons en France les pics *noir* , *vert* , *cendré* et *tridactyle* ; ainsi que les *épeiches grand , moyen et petit.*

§ III. Le genre **TORCOL** (*yunx*) ne se compose que de deux ou trois espèces de petits oiseaux, qui tirent leur nom de leur singulière habitude qu'ils ont, lorsqu'ils se voient surpris, de tordre leur cou et leur tête en différens sens. Ils ont, comme les pics, la langue extensible et enduite d'un liquide visqueux, les ongles et les doigts conformés de même, enfin le bec pareillement droit et conique. Mais ce dernier organe est toujours plus faible, non anguleux ; leur langue est dépourvue d'épines à son extrémité, et leurs doigts ainsi que leurs ongles sont moins robustes. Aussi ne grimpent-ils point le long des arbres ; ils se contentent, pour attraper leur proie, de s'accrocher à l'écorce des vieux troncs et de saisir les larves qu'ils font sortir à coups de bec et qui viennent à leur portée. Encore ne peuvent-ils pas rester dans cette attitude aussi long-temps que les pics ; leurs pennes caudales étant faibles et garnies de barbes, comme chez le plus grand nombre des oiseaux, ne peuvent leur fournir ce point d'appui qu'elles offrent aux pics, aux grimpereaux, etc. Du reste leurs habitudes sont les mêmes ; ils ne vivent que d'insectes, mènent une vie solitaire, nichent dans les troncs d'arbres et pondent de cinq à dix œufs, à l'incubation desquels les deux sexes participent également.

Nous avons en France une espèce de ce genre ; c'est le *torcol vulgaire*, qui est de la taille d'une alouette, et dont le plumage est fin et varié de gris et de brun, comme celui des oiseaux de nuit.

§ IV. Les **COUCOUS** (*cuculus*) (*fig.* 2) sont très nombreux ; car ce nom ne s'applique pas seulement à l'espèce que nous appelons vulgairement ainsi, mais désigne collectivement tous les oiseaux de l'ordre qui ont la queue longue, le bec de grandeur médiocre, bien fendu, légèrement arqué, un peu comprimé et sans échancrure à son extrémité. Ils sont tous insectivores et voyageurs, quoiqu'ils habitent pour la plupart les contrées méridionales des deux continens, à l'exception de certaines espèces qu'on trouve dans les pays tempérés.

Ce genre comprend deux principaux sous-genres : les *coucous* et les *indicateurs*.

1° Les **Coucous** se reconnaissent à leur bec médiocre, à leurs tarses courts, à leurs ongles arqués et à leur queue composée de dix pennes seulement.

Ce sont des oiseaux farouches, qui vivent solitaires et ne construisent point de nid. Ils se reproduisent en déposant leurs œufs dans les nids de passereaux insectivores et surtout de merles et de becs-fins, auxquels ils confient le soin de leur incubation et l'éducation des petits qui en proviennent; et, chose singulière, ces parens étrangers, et d'espèce si petite, prennent soin de ces nourrissons comme de leurs propres petits, même lorsque la femelle, qui a déposé ses œufs dans leur nid, a dévoré ceux qu'elle y a trouvés. Ce fait, l'un des plus singuliers que présente l'histoire naturelle, n'a pu être expliqué jusqu'ici d'une manière satisfaisante. Nous n'avons en France qu'une seule espèce de ce genre, le *coucou ordinaire* qui est de la taille d'un pigeon, et d'une couleur gris cendré. Il doit son nom au cri monotone qu'il fait entendre de temps en temps, de la cachette où il se tient continuellement. Il se nourrit d'insectes et d'œufs de petits oiseaux.

2e Les Indicateurs (*indicator*) diffèrent des coucous propres par leur bec court et conique comme celui du moineau, et par leur queue formée de douze rectrices. Ces oiseaux, dont on ne connaît que peu d'espèces, toutes d'Afrique, sont célèbres parmi les habitans du midi de cette région par les services qu'ils leur rendent, en leur indiquant les nids d'abeilles sauvages, qu'ils vont ensuite dépouiller de leur trésor. Comme ces oiseaux sont très avides de miel, ils volent continuellement d'arbre en arbre à la recherche de ces nids, et dès qu'ils en rencontrent un, ils se mettent à témoigner leur joie par des cris aigus qui avertissent les Africains de la découverte. C'est à cette circonstance qu'ils doivent leur nom d'indicateurs. Ils sont si friands de la liqueur sucrée des abeilles, qu'ils bravent les piqûres de ces insectes irrités pour la leur ravir. Mais ils paient quelquefois cher leur gourmandise, car, comme leur peau est assez dure pour résister aux atteintes des aiguillons, les abeilles les atteignent aux yeux à coups si redoublés, qu'elles finissent par les tuer.

§ V. Les BARBUS (*bucco*) (*fig.* 3) ont le bec gros, courbé, renflé sur ses côtés et garni à sa base de cinq faisceaux de poils raides dirigés en avant.

Relégués dans les contrées les plus chaudes des deux continens, ces oiseaux ne s'y font remarquer que par leur naturel triste et farouche, par leurs mouvemens lents et paresseux, et surtout par leurs formes pesantes et leurs couleurs mal assorties. Quoique les teintes qui y dominent soient généralement belles et quelquefois éclatantes, elles ne flattent point la vue, parce qu'elles manquent d'harmonie, et ne se fondent pas insensiblement les unes avec les autres. Les barbes de leurs plumes, molles et peu soutenues. rendent leur plumage inégal et n'offrent jamais ce poli, si propre à faire ressortir l'éclat et la vivacité des tons. L'extérieur de ces oiseaux serait d'ailleurs suffisant pour leur ôter leur beauté : ils ont la tête énorme et le bec très gros, la queue et les ailes courtes, et les plumes à barbes mal unies. Toutes ces particularités tendent à rendre les mouvemens des *barbus* pesans ; aussi volent-ils peu. Ils se tiennent perchés pendant des heures entières sur des branches d'arbres touffus, dont le feuillage sert à les dérober aux yeux de leurs ennemis. Leur genre de vie est analogue à celui des pies-grièches ; ils se nourrissent d'insectes ou de petits oiseaux, et quelquefois de fruits sucrés ; ils pondent dans des trous d'arbres sans faire de nids, et font quatre ou cinq œufs.

On divise ce genre en trois sous-genres. 1° Les Barbus propres ont le bec sans échancrure ni crochet à son extrémité ; tels sont l'*oranvert*, le *barbu élégant*, etc. Ils sont des deux continens. 2° Les Tamatias (*tamatia*) ont le bec sans échancrure, mais avec un fort crochet, comme le *tamatia commun*, le *tamatia à collier*, etc. qui sont tous d'Amérique. 3° Les Barbicans (*pogonias*) (*fig.* 3) ont le bec très grand avec deux fortes dents de chaque côté de la mandibule supérieure. Ils sont tous du midi de l'ancien continent, comme le *rubicon*, le *barbican ventre rose*, etc.

§ VI. Les ANIS (*crotophaga*) forment un genre américain, caractérisé par un bec court, arqué, très comprimé et surmonté d'une crête verticale presque tranchante.

Si on n'examinait que les formes extérieures de ces oiseaux, on les remarquerait peu, car ils ont le plumage presque entièrement noir, sans mélange d'aucune teinte un peu vive, pour en empêcher la monotonie, et leur corps, quoique élégant, n'a rien de capable d'attirer l'attention. Mais tout en eux devient intéressant, lorsqu'on connaît leurs habitudes. Ils vivent en troupes nombreuses et construisent un nid commun, dans lequel les femelles déposent indistinctement leurs œufs. Partageant également les soins de leur incubation, chacune d'elles confond les siens avec ceux de ses compagnes, et soigne les uns et les autres avec le même intérêt et la même sollicitude.

Doués d'un naturel paisible et toujours abondamment pourvus de vivres, les *anis* n'ont jamais entre eux de ces querelles si fréquentes dans la plupart des réunions nombreuses d'animaux. On les voit continuellement par bandes de trente à quarante individus pressés les uns contre les autres, et cherchant les insectes, les reptiles et les grains qui font leur subsistance. Ils sont assez familiers et se laissent facilement approcher; quand ils sont pris, ils s'apprivoisent aisément et apprennent même à parler mieux que les perroquets, quoiqu'ils n'aient pas la langue charnue, comme ces derniers. Mais l'odeur détestable qu'ils répandent et l'espèce de cri qu'ils font entendre continuellement rend leur présence plutôt incommode qu'agréable.

On ne connaît bien que deux espèces d'*anis*, l'*ani des savanes*, qui est de la taille d'un merle, et l'*ani des palétuviers*, qui est un peu plus grand.

§ VII. Les **TOUCANS** (*ramphastos*) (*fig.* 4) sont de tous les oiseaux les plus singuliers que l'on connaisse; ils ont la langue longue, mince et garnie de chaque côté de barbes semblables à celles d'une plume. Leur bec est énorme, et même plus grand proportionnellement que celui des calaos; car chez eux cet organe égale presque le corps entier en grosseur et en longueur; mais tout gros qu'il est, il s'en faut que ce soit une arme ou un instrument bien utile. Léger et celluleux intérieurement, il se brise par l'effet du moindre choc, et ne peut pas servir par conséquent à attaquer une proie ni à repousser un ennemi; aussi ne l'emploient-ils que pour prendre les insectes, les fruits, les œufs ou les petits oiseaux nouvellement éclos. Cet organe ne leur sert même pas pour diviser leurs alimens, qu'ils sont obligés d'avaler tout entiers. Pour cela, ils les saisissent et, les lançant en l'air, ils les reçoivent adroitement au fond de leur gosier.

Les *toucans* ont la taille et un peu la forme des corbeaux; mais leurs tarses et leurs ailes sont plus courts, ce qui les rend moins aptes au vol et à la marche. Aussi peut-on dire de ces oiseaux qu'ils ne savent ni marcher, ni voler, ni grimper, ou plutôt tous ces mouvemens sont également difficiles pour eux. Mais s'ils sont inférieurs aux corbeaux sous ce rapport, ils l'emportent de beaucoup sur eux par la beauté et par l'éclat de leur plumage, qui offre un mélange de couleurs vives et tranchantes, et auquel il ne manque, pour être magnifique, que d'être un peu plus lisse et plus brillant.

On ne trouve des *toucans* que dans les parties chaudes de l'Amérique méridionale; ils vivent en petites troupes, tantôt occupés à chercher leur nourriture, tantôt tristement perchés sur quelque branche solitaire. Ils nichent dans des trous d'arbres et y pondent deux œufs.

Ce genre se divise en deux sous-genres : 1° les TOUCANS, qui ont le bec plus gros que la tête, et le plumage noir avec des couleurs vives à la poitrine et au croupion ; et 2° les ARACA- RIS (*pteroglossus*), qui ont le bec moins gros que la tête, avec du jaune ou du rouge à la gorge et sous le ventre. Leur taille est généralement inférieure à celle des *toucans*.

§ VIII. Les PERROQUETS (*psittacus*) (*fig.* 5) sont les oiseaux les plus faciles à caractériser, par la forme de leur bec fort, crochu et garni à sa base d'une membrane au milieu de laquelle sont percées les narines, par la nature de leur langue, qui est charnue comme celle des quadrupèdes, et par la disposition de leurs doigts, qui sont disposés par paires (1).

Quoique les *perroquets* soient propres aux contrées méridionales des deux continens, ils sont extrêmement communs en Europe, par le soin qu'on a d'y en apporter continuellement, et par la facilité avec laquelle ils s'y élèvent, quoiqu'on ne puisse pas les y faire nicher ni pondre. On recherche ces oiseaux à cause de la beauté de leur plumage, dont le fond est ordinairement vert, et surtout pour la faculté qu'ils ont d'imiter la voix humaine et celle de la plupart des animaux domestiques, ainsi que les divers bruits qu'ils entendent. Ils rient, pleurent et sanglottent comme les enfans, miaulent comme les chats, aboient comme les chiens, etc. ; mais ce n'est que par l'éducation qu'on peut leur apprendre à imiter ces différens sons; leur voix naturelle est dure, criarde et très désagréable.

A l'état de liberté on trouve ces oiseaux dans les forêts, dont les arbres les plus élevés sont couverts de leurs bandes nom-

(1) Leurs caractères zoologiques sont tellement tranchés et si diffé- rens de ceux des autres grimpeurs, que certains auteurs en font un or- dre à part, qu'ils placent en tête de l'ornithologie; et il faut convenir que leur physionomie, aussi bien que leurs habitudes, sont assez favo- rables à cette classification.

breuses. Grimpeurs par excellence, on les voit sans cesse occupés à passer de branche en branche, en s'aidant de leurs pattes et de leur bec pour s'accrocher. Ils cherchent ainsi les fruits tendres dont ils sont extrêmement friands, et ceux à noyaux dont ils cassent la coque pour en retirer l'amande. Ils nichent dans les trous d'arbres et pondent deux œufs dont les deux sexes se partagent l'incubation. En domesticité ils mangent de tout ce que l'homme mange, mais ils aiment surtout les substances sucrées et farineuses.

On divise ce genre nombreux en plusieurs sous-genres, d'après la forme de leur queue, la longueur des tarses, etc. : 1° Les Aras (*ara*) sont grands, ont la queue étagée et autour des yeux un large espace couvert d'une peau ridée et sans plumes (*fig*. 5) ; tels sont l'*ara Macao*, l'*A. tricolor* et l'*A. hyacinthe* ; ils sont tous d'Amérique ; 2° les Perruches (*conurus*) ont aussi la queue étagée, mais le tour des yeux emplumé ; on en trouve dans les deux continens ; telles sont la *perruche commune*, la *P. à collier*, etc. ; 3° les Cacatoès (*plyctolophus*) ont la queue ronde et une huppe sur la tête ; ils sont généralement blancs ou violets, et viennent de l'Archipel des Moluques et autres îles voisines ; tels sont le *cacatoès à crête*, le *C. soufré*, le *C. violet*, etc. ; 4° les Perroquets ordinaires ont la queue arrondie, la tête sans huppe et le fond du plumage gris ou vert ; tels sont le *jaco*, l'*amazone*, etc. Les Loris ne diffèrent des *perroquets* ordinaires que par le fond de leur plumage qui est rouge ; ils viennent des Indes-Orientales. 5° Sous le nom de Psittacules (*psittaculus*), on désigne toutes les espèces dont la queue est arrondie et la taille petite, comme celle d'un moineau. On les appelle vulgairement *perruches* ; tels sont le *psittacule moineau*, le *P. inséparable*, le *P. à collier*, etc.

§ IX. Les TOURACOS (*corythaix*) sont des oiseaux d'Afrique dont l'organisation et les habitudes se rapprochent de celles des gallinacés, et qu'on reconnaît à leur bec gros, court et bombé, ainsi qu'à leur port lourd et pesant. Ils volent mal ; mais leur plumage est assez éclatant. Leur nourriture consiste presque exclusivement en grains et en fruits. Les principales espèces de ce genre sont le *touraco lori*, le *T. pauline*, le *T. musophage*, le *T. géant*, le *T. violet*.

IVe Ordre. — GALLINACÉS (pl. XVI).

Cet ordre renferme la plupart de nos oiseaux domestiques et toutes les espèces de nos basses-cours ; on les reconnaît à leur bec fort et obtus, et à leurs narines recouvertes par une membrane écailleuse. Leur gésier est robuste, musculeux et très propre à broyer les graines dures, dont ils font principalement leur nourriture. La plupart d'entre eux sont excellens à manger. Tous ont la voix forte, rauque, et se rendent insupportables par leurs cris.

On les divise en deux familles : les *gallinacés* et les *pigeons*, dont la plupart des auteurs font deux ordres distincts.

Ire Famille. — GALLINACÉS.

Cette famille peut être regardée comme une des plus intéressantes de l'ornithologie, non-seulement par la beauté des oiseaux qu'elle comprend, mais encore par l'excellence de leur chair. Originaires pour la plupart des contrées les plus méridionales des Indes, ils brillent de l'éclat des plus riches métaux et des pierres précieuses, et se font souvent remarquer soit par le développement extraordinaire de certaines plumes, soit par les taches œillées dont elles sont ornées. Nourris de substances végétales, et spécialement de graines farineuses, ils ont, à l'état sauvage, la chair ferme et relevée d'un fumet agréable, qui les fait rechercher sur les meilleures tables. A l'état domestique, le défaut d'exercice, joint à l'abondance des vivres, leur fait prendre plus d'embonpoint et leur ôte leur goût de gibier ; mais ils ne cessent point pour cela d'être bons à manger, et la graisse fine et abondante dont ils se chargent leur donne même un nouveau prix.

On peut se faire aisément une idée de tous ces oiseaux par notre coq domestique. Ils ont tous le bec fort, court et mousse à son extrémité, la mandibule supérieure voûtée, les narines recouvertes par une membrane cartilagineuse, le corps charnu, le port lourd, les ailes courtes, le sternum étroit, fortement échancré et surmonté d'un bréchet peu saillant, surtout à sa partie antérieure ; toutes circonstances qui rendent leur vol toujours pesant, et quelquefois presque impossible ; aussi ne se posent-ils que rarement sur les arbres. Mais comme ils ont tous les tarses proportionnellement longs et robustes, ils courent avec beaucoup d'agilité en s'aidant de leurs ailes. Ils ne font point de nid ; la femelle dépose ses œufs à terre, parmi les herbes ou les broussailles, souvent dans un simple sillon. Les petits, qui sont toujours nombreux, sont, en naissant, assez forts pour marcher et pour pourvoir eux-mêmes à leur subsistance. Aussi le mâle ne prend-il aucune part à leur éducation ; mais comme ils sont très étourdis et qu'ils s'exposeraient à de fréquens dangers, la mère les surveille avec beaucoup de soin, et les protége avec un courage qu'on serait loin d'attendre d'un animal d'ordinaire si pusillanime.

Tous les *gallinacés* portent la tête haute et ont un air fier et décidé ; leur naturel est aussi très querelleur, et les mâles se livrent fréquemment de sanglantes batailles, dans lesquelles ils s'attaquent à coups de bec et d'éperon.

On divise cette famille en huit genres : les *alectors,* les *paons,* les *dindons,* les *pintades,* les *faisans,* les *tétras,* les *gangas* et les *perdrix.*

§ I. Les ALECTORS (*alector*) sont de grands gallinacés d'Amérique, qui ressemblent aux dindons par leur queue large et arrondie ainsi que par leur port fier et prétentieux. Mais ce qui les caractérise, c'est qu'ils ont le pouce articulé sur la même ligne que les autres doigts et assez long pour toucher le sol, lorsque l'animal marche. Cette disposition leur permet de se percher avec plus de facilité que les autres espèces de la même famille, parce qu'ils peuvent plus aisément empoigner la branche sur laquelle ils sont posés. Aussi se tiennent-ils souvent sur les arbres, sur lesquels plusieurs espèces même établissent leur nid, comme la plupart des passereaux. Quant à leurs autres habitudes, elles sont celles des gallinacés ; ils vivent dans les bois, de bourgeons, de fruits et de graines, et sont très sociables et disposés à la domesticité.

On les divise en trois sous-genres : les *hoccos,* les *pauxis* et les *gouans.* 1° On appelle Hoccos ou Mitous (*crax*) ceux dont le bec gros et court est entouré à sa base d'une peau vivement colorée, et dont la tête est surmontée d'une huppe de plumes recoquillées au bout. Tels sont le *hocco* ou *mitouporanga,* le *hocco globicère,* le *hocco rouge,* etc. 2° Les Pauxis (*ourax*) ont, comme les précédens, le bec gros et très fort ; mais sa base et le front sont recouverts de plumes courtes et serrées comme du velours. Tel est le *pauxi à pierre,* ainsi nommé parce qu'il porte sur la base de son bec un tubercule rond, presque aussi dur que la pierre. 3° Les GOUANS ou JACOUS (*penelope*) ont le bec grêle et les yeux entourés d'un cercle nu. Tels sont le *gouan à crête*, le *gouan marrail*, le *gouan katraca.*

§ II. Les PAONS (*pavo*), ainsi que les genres qui suivront, ont le pouce articulé plus haut que les doigts de devant, de sorte qu'il ne touche pas le sol, lorsque l'animal marche. De là résulte pour eux la difficulté, sinon l'impossibilité de se percher. Aussi tous ces oiseaux se tiennent-ils constamment à terre, se vautrent dans la poussière, nichent sur le sol nu.

Les *paons*, ainsi nommés d'après leur cri, ont pour caractère la tête completement emplumée, et surmontée d'une aigrette formée d'un petit nombre de plumes à barbes fines et écartées. Les couvertures de la queue prennent, chez le mâle, un développement extraordinaire, et peuvent se relever au gré de l'animal pour faire la roue.

Chacun sait combien sont éclatantes les couleurs qui ornent le plumage de ces gallinacés. Originaires des contrées les plus orientales de l'Inde et de la Chine, ils doivent la richesse de leur parure au climat même qu'ils habitent. C'est de ces pays que nous viennent toutes les espèces de ce genre, l'un des plus beaux de la classe. Mais leur chair, quoique bonne à manger, ne paraît pas avoir la délicatesse qu'elle offre dans les autres oiseaux de la même famille, malgré l'estime qu'en faisaient les anciens Romains. Il faut cependant observer que les jeunes individus étant plus tendres, ont la chair plus savoureuse et ne sont pas inférieurs pour le goût aux dindonneaux et aux poulets. Leur rareté seule empêche qu'on en mange.

Le genre *paon* se divise en trois sous-genres : les *paons*, les *éperonniers* et les *lophophores*. 1° Les PAONS proprement dits n'ont qu'un seul éperon, et le tour des yeux garni de plumes. Tel est le *paon domestique*, le plus bel habitant de nos basses-cours, qui fut, dit-on, importé en Europe par Alexandre-le-Grand. Le *paon spicifère* ne diffère du précédent que par son aigrette plus longue et plus étroite. 2° Les ÉPERONNIERS (*polyplectrum*) ont la huppe courte et plus serrée ; mais ce qui les distingue principalement, et leur a fait donner leur nom, c'est qu'ils ont deux éperons à chaque tarse. Tel est l'*éperonnier commun*, espèce plus petite que le paon domestique, et offrant des couleurs moins vives et moins agréables. 3° Les LOPHOPHORES (*lophophorus*) n'ont qu'un seul ergot comme les *paons*, mais le tour de leurs yeux et même leurs joues sont entièrement nus. Tel est le *nonaul*, l'un des plus magnifiques oiseaux que l'on connaisse. On voit briller sur son dos, selon le jeu de la lumière, les reflets de l'or, du cuivre, du saphir et de l'émeraude. Il est de la taille d'un dindon et habite les montagnes de l'Inde.

§ III. Les DINDONS (*meleagris*) sont faciles à distinguer à la peau nue et ridée qui recouvre leur tête et le haut de leur cou. Sous la gorge et sur le front du mâle sont placés deux appendices charnus, susceptibles de s'enfler et de s'allonger considérablement dans les momens de passion. Leur queue large et arrondie se relève comme chez le paon, de manière à faire la roue.

On se ferait une idée fausse de la nature de ces oiseaux, si l'on les jugeait d'après ce qu'ils sont dans nos basses-cours. Autant leur port est lourd et leur physionomie stupide en domesticité, autant ils sont vifs et alertes dans les plaines et dans les forêts de l'Amérique septentrionale, leur patrie primitive. Ils y sont si rusés et si agiles, que, bien qu'ils aient le vol pesant, il est presque impossible au chasseur de les découvrir dans les cachettes où ils se fourrent. Farouches et défians à l'excès, ils ne se laissent approcher qu'avec des peines incroyables ; et souvent au moment où l'on croit être sur le point de pouvoir les tirer, ils prennent tout à coup leur essor et vont tomber, en volant, à une centaine de pas. C'est en vain que le chasseur les y suit à la hâte, dans l'espoir de les atteindre ; ils se dispersent en courant de tous côtés et se cachent si bien qu'il est impossible de les découvrir. Ils se montrent si fins dans cette circonstance, qu'ils demeurent tapis dans leur retraite sans bouger, lors même qu'ils voient passer à côté d'eux les chasseurs et les chiens eux-mêmes.

Malgré leur naturel sauvage et leur amour pour la liberté, les *dindons* s'accoutument assez facilement à la vie domestique ; mais ils y perdent beaucoup de leur force et de leur beauté. C'est depuis environ trois siècles qu'ils sont connus en Europe. Le premier qui parut en France fut servi au mariage de Charles IX, en 1570. On ne compte que deux espèces de ce genre : le *dindon commun* et le *dindon ocellé*.

§ IV. Les PINTADES (*numida*) (*fig.* 6) ont la tête nue et surmontée d'un casque osseux ou d'une espèce de panache, avec des barbillons pendans au bas des joues. Leur taille est trapue, leur dos arrondi et leur queue courte; en un mot, leur port a quelque chose de celui de la perdrix.

Ce sont des oiseaux d'Afrique, qui vont par bandes nombreuses sous les buissons et dans les taillis, où ils recherchent les baies, les insectes et les vers dont ils se nourrissent. Transportés en Europe et en Amérique, ils s'y sont très bien acclimatés; car on en trouve dans ce dernier pays qui vivent à l'état sauvage. En Europe, les *pintades* sont moins communes, soit que le climat leur soit moins favorable, soit que l'état de gêne, où on les tient, les empêche de s'y multiplier, car on remarque qu'il est rare que leur ponte réussisse bien : la femelle abandonne souvent ses petits ou ses œufs; c'est du reste un bien petit dommage : leur chair, quoique agréable, n'est pas supérieure en qualité à celle du poulet, et leur voix est tellement criarde, qu'elle devient insupportable. Plusieurs amateurs d'oiseaux domestiques ont été obligés de renoncer au plaisir d'en élever dans leurs basses-cours, à cause de cette dernière circonstance. Et comme si elles cherchaient à faire entendre leur voix à une plus grande distance, elles montent presque toujours, lorsqu'elles veulent crier, sur les toits des maisons, d'où elles étourdissent tous les habitans du logis et même du voisinage.

On connaît plusieurs espèces de ce genre, entre autres la *pintade commune*, la *pintade mitrée* et la *pintade à crête*.

§ V. Le genre FAISAN (*phasianus*) est plus étendu que les précédens : il comprend tous les gallinacés dont le tour des yeux et les joues sont dépourvus de plumes et garnis d'une peau rouge, et dont la tête n'est point couronnée d'une aigrette, comme chez les paons.

Ces oiseaux sont presque tous remarquables par les reflets éclatans de leur plumage et par la disposition des plumes de leur queue, qui tantôt s'étendent horizontalement comme chez le faisan, et tantôt se redressent sur deux plans verticaux, comme chez le coq. Quoiqu'ils soient tous originaires des pays chauds de l'ancien continent, et surtout des Indes-Orientales ou des îles de l'Archipel Indien, un grand nombre d'entre eux se sont assez bien acclimatés dans les forêts de l'Europe, où ils vivent, comme dans leur pays natal, de graines, de baies et de bourgeons. Leur chair nous fournit la volaille et le meilleur gibier. Le naturel des *faisans*, comme celui de tous les gallinacés, est très défiant et sauvage : tout ce qui leur est inconnu leur est suspect et les met en fuite. Le chasseur qui veut les approcher doit user des plus grandes précautions.

Ce genre se divise en deux sous-genres. 1° Les Coqs (*gallus*) ont une crête charnue sur la tête. la mandibule inférieure garnie de barbillons, et la queue formée de deux rangs de plumes qui s'élèvent verticalement sur deux plans adossés l'un à l'autre : tels sont le *coq* et la *poule domestiques*, dont l'espèce est si répandue dans toute l'Europe et y a produit tant de variétés. On en connaît plusieurs espèces à l'état sauvage ; mais les habitudes en sont peu connues. 2° Les Faisans n'ont point de crête ni de barbillons, et leur queue est longue et étagée : tels sont le *faisan commun*, le *faisan d'argent*, le *faisan doré*, l'*argus*, etc.

§ VI. Les TETRAS (*tetrao*) (*fig.* 7), sans avoir les couleurs éclatantes de la plupart des espèces précédentes, se font cependant remarquer par la beauté de leur port, par leur queue large, arrondie ou fourchue, et souvent par quelques reflets métalliques qui brillent parmi les nuances sombres qui forment le fond de leur plumage ; mais ce qui les en distingue le mieux, ce sont leurs sourcils nus et garnis d'une belle peau rouge, et les plumes qui recouvrent leurs tarses et même quelquefois leurs doigts.

Ce sont des oiseaux gros et lourds, qui vivent ordinairement en troupes dans les pays de montagnes et les grandes forêts, et qui sont beaucoup plus communs du côté du nord que vers le midi. Leur nourriture consiste exclusivement en feuilles, baies et bourgeons ; aussi sauvages que peu propres au vol, ils se tiennent presque toujours sur les arbres les plus élevés, d'où leur vue domine sur une vaste étendue de pays ; de sorte que les chasseurs ont besoin, pour les approcher, d'avoir recours à toutes sortes de ruses. Le plus souvent ils sont obligés de se coucher dans des cabanes qu'ils placent au milieu des bois fréquentés par les *tétras* et à la portée des arbres sur lesquels ils couchent, afin de pouvoir les tirer le soir, lorsqu'ils viennent s'y percher pour y passer la nuit. Mais malgré la faculté qu'ils ont de se percher, on les rencontre aussi fréquemment à terre : c'est toujours là qu'ils déposent leurs œufs, tantôt au milieu d'une touffe d'herbes ou parmi les broussailles, tantôt parmi les rochers sur lesquels la femelle apporte quelques brins de paille avant de faire sa ponte. Celle-ci se compose généralement de huit à quinze ou dix-huit œufs ; l'incubation , ainsi que l'éducation des petits , ne reposent que sur la femelle ; le mâle n'y prend aucune part.

On divise les tétras en deux sous-genres : les *tétras* ou *coqs de bruyère* et les *lagopèdes*. 1º Les **Tétras** ont les tarses emplumés jusqu'aux doigts seulement , sont de grande taille et ont la voix très forte ; tels sont le *grand coq de bruyère* , le plus grand oiseau de l'ordre ; le *coq de bruyère à queue fourchue* , etc. On appelle *gelinottes* ceux qui sont plus petits et de la taille de la perdrix , comme la *gelinotte commune ou poule des coudriers*, la *gelinotte noire d'Amérique*, etc. ; tous ces oiseaux fournissent un excellent gibier. 2º Les **Lagopèdes** (*lagopus*) ont les doigts emplumés comme les tarses ; tel est le *lagopède* ordinaire ou *perdrix des Pyrénées*, le *lagopède des saules*, le *grou* ou *poule des marais* , etc.

§ **VII.** Les **GANGAS** (*pterocles*) ont les sourcils nus comme les tétras , mais la peau qui les recouvre n'est jamais rouge , et leur queue est étagée et pointue ; leurs tarses sont quelquefois emplumés , mais sur leur partie antérieure seulement , et les plumes y sont toujours en petit nombre. D'ailleurs leur plumage est presque toujours terreux , et n'offre jamais de teintes agréables. Leurs habitudes sont aussi différentes : ils vivent dans les plaines et dans les déserts sablonneux des contrées méridionales. L'Europe n'en nourrit que deux espèces, encore n'y sont-elles pas nombreuses ; les pays chauds de l'Afrique et de l'Asie paraissent être leur patrie naturelle. Ils s'y trouvent tantôt en bandes de plusieurs centaines , tantôt en petites familles. Leur vol est plus soutenu que celui des autres gallinacés ; néanmoins ils ne pondent qu'à terre , dans les herbes et dans les bruyères, sans faire de nid. Le nombre de leurs œufs est moins considérable que chez la plupart des autres oiseaux de la même famille , et n'est le plus souvent que de quatre ou cinq.

L'espèce de genre la plus commune en Europe est l'*alcata* , ou le *cata* , qu'on trouve dans tout le midi de la France. Le *ganga des sables* se trouve plus au midi, en Espagne, en Sicile , etc.

§ **VIII.** Les **PERDRIX** (*perdix*) (*fig.* 8) ont encore les sourcils nus comme les gangas et les tétras ; mais ils n'ont jamais de plumes aux tarses , et leur queue est généralement très petite et quelquefois presque imperceptible. Communes dans les contrées méridionales ou tempérées, elles y vivent en petites familles, dans les plaines et surtout dans les champs cultivés. Elles nichent à terre, dans les sillons ou derrière les mottes, et pondent un assez grand nombre d'œufs, que la femelle couvre seule; quelquefois cependant le mâle conduit et protége les petits après leur naissance.

Ces oiseaux passent continuellement d'un canton dans l'autre; mais ils ne font que rarement de grands voyages. La faiblesse de leurs ailes ne leur permet de se soutenir dans l'air que pendant peu de temps; néanmoins leur vol est assez agile, quoique extrèmement bruyant. C'est même à cause des efforts qu'ils sont obligés de faire pour voler, qu'ils ne peuvent pas soutenir leur vol.

On divise les perdrix en quatre sous-genres, d'après la présence ou l'absence de l'éperon aux tarses : 1° Les FRANCOLINS ont le bec long et fort, la queue assez développée; tel est le *francolin d'Italie*. 2° Les PERDRIX n'ont qu'un simple tubercule au lieu d'un éperon et ont le bec plus court; telles sont la *perdrix rouge*, la *perdrix grise* et la *perdrix grecque* ou *bartavelle*. 3° Les CAILLES n'ont pas de traces d'éperon et ont la queue très courte et le bec menu; telle est la *caille commune*. 4° Enfin les COLINS ou *cailles d'Amérique* manquent aussi d'éperon, mais ont le bec plus fort et la queue plus développée; tels sont le *colin vulgaire*, le *tocro*, etc.

IIe *Famille.* — PIGEONS.

Les PIGEONS (*colomba*) peuvent être considérés comme formant le passage des gallinacés aux passereaux. Comme les premiers, ils ont le bec voûté, les narines membraneuses et renflées, le jabot très vaste, le gésier très musculeux, l'organe de la voix peu compliquée, etc.; comme les seconds, ils ont les doigts libres à leur base, et le vol assez soutenu; ils nichent sur les arbres, vivent par paires, se construisent un nid, ne pondent que peu d'œufs, etc.

Ce sont des oiseaux qui ont les mœurs douces et familières, et qui s'accoutument parfaitement à la vie domestique; ils se nourrissent de graines et de pepins; ils sont extrèmement voraces; aussi commettent-ils beaucoup de dégâts dans les champs ensemencés, en retirant de la terre les grains qu'on lui a confiés ; leurs ravages sont d'autant plus grands , qu'ils sont presque toujours réunis en troupes de plusieurs centaines.

Quoique les *pigeons* ne pondent que deux œufs à la fois, ils ne laissent pas de se multiplier beaucoup, parce qu'ils font plusieurs pontes par an. Le mâle et la femelle couvent alternativement, et partagent ensemble l'éducation de leurs petits. Ceux-ci , bien différens des jeunes gallinacés , qui marchent en sortant de l'œuf, sont au contraire très faibles et ont pendant long-temps besoin des secours de leurs parens. Tant qu'ils ne sont pas assez forts pour voler et pour prendre leur nourriture , le père et la mère dégorgent dans leur bec des alimens qu'ils ont préalablement à demi digérés. Ainsi nourris ensemble, les deux *pigeonneaux* s'attachent l'un à l'autre et ne se quittent plus.

Les *pigeons* ont une manière de boire qui n'appartient qu'à eux ; tandis que les autres ne prennent l'eau que goutte à goutte et relèvent la tête à chaque gorgée, ces oiseaux boivent d'un trait, en plongeant leur bec tout entier dans le liquide. La famille des pigeons est très nombreuse; mais leurs caractères zoologiques et leurs habitudes se ressemblent tellement dans toutes les espèces, qu'il a été jusqu'ici impossible d'en former plusieurs genres. Voici le nom de ceux qu'on trouve en Europe et des principales espèces étrangères.

Nous avons en France le *ramier*, qui est le plus grand , le *colombin* ou *petit ramier*, le *biset* et la *tourterelle*. Il paraît que c'est du *biset* que viennent les innombrables variétés de l'espèce domestique. Parmi les espèces exotiques , nous citerons le *goura* ou *pigeon couronné*, qui est presque aussi grand qu'une poule , le *pigeon magnifique*, le *pigeon lumachelle*, etc.

VIe *Ordre.* —ÉCHASSIERS.

La plupart des oiseaux de cet ordre ont les tarses tellement longs, qu'on les a comparés à des hommes montés sur de grandes échasses ; de là leur nom de *gralles* ou d'*échassiers*. Cette conformation, jointe à la nudité du bas de leurs jambes, qu'ils présentent seuls , forme le caractère zoologique qui distingue les oiseaux de cet ordre, et leur permet d'entrer dans l'eau jusqu'à une certaine profondeur sans se mouiller les plumes, d'y marcher à gué et d'y pêcher au moyen de leur bec

et de leur cou, dont la longueur est généralement proportionnée à celle des jambes ; et c'est de cette habitude qu'ils tirent
leur nom d'*oiseaux de rivage*, qu'ils portent également.

Leur nourriture consiste en poissons, reptiles, vers, insectes, etc., selon la forme de leur bec. Ceux qui ont cet organe fort et tranchant, vivent de poissons et de reptiles ; ceux
qui l'ont long et faible, se nourrissent de vers et d'insectes ; ceux
qui l'ont fort et court, joignent à ces alimens des graines et des
herbages : ces derniers, qui se rapprochent par leur organisation et par leurs habitudes des espèces de l'ordre précédent,
diffèrent notablement des autres *échassiers*. Ils se tiennent
généralement dans les plaines découvertes, au milieu de déserts
immenses, et ont les doigts antérieurs complètement libres ;
tandis que les autres, fréquentant le bord des eaux ou les fonds
marécageux, ont ordinairement entre la base de leurs doigts un
ou deux rudimens de membranes qui les empêchent de s'enfoncer dans la vase. Quelquefois même leurs pieds sont complètement palmés ou ont les doigts bordés de festons membraneux, comme ceux des palmipèdes, ce qui rend leurs habitudes
à peu près aussi aquatiques que celles de ces derniers. Presque
tous les *échassiers* sont nocturnes, ont les ailes longues et volent bien, en étendant leurs jambes en arrière, au contraire
des autres oiseaux qui les reploient sous le ventre. Leur corps,
généralement mince et comprimé latéralement, n'offre pour
ainsi dire pas de queue ; appendice qui, loin de leur avoir été
utile, aurait été embarrassant et incommode, en ce qu'il aurait
continuellement traîné dans l'eau ou dans la vase, ou du moins
aurait exigé des précautions soutenues de la part de l'oiseau,
pour n'être pas exposé à cet accident.

Le genre de nourriture dont les *échassiers* font usage leur
rend les migrations nécessaires. Aussi sont-ils tous voyageurs,
et ils passent continuellement du Nord au Midi, ou des plaines
aux pays de montagnes.

On divise cet ordre en cinq familles : les *brévipennes*, les
pressirostres, les *longirostres*, les *cultrirostres* et les *macrodactyles*.

Ire *Famille.* — BRÉVIPENNES (pl. XVII).

Les *brévipennes* se reconnaissent au premier coup d'œil en
ce qu'ils ont le corps très massif et les ailes extrêmement courtes et garnies de plumes à barbes séparées. Ces deux circons-

tances privent ces échassiers de la faculté que nous regardons comme l'apanage et le trait caractéristique de l'oiseau, et les empêchent de voler. Leurs membres antérieurs, n'étant point destinés au vol, n'avaient pas besoin d'être organisés comme ceux des autres animaux de la même classe. Aussi leur épaule est-elle moins solidement fixée au tronc; leurs muscles pectoraux sont plus faibles, leur sternum est plus petit et manque de bréchet; leurs rémiges, courtes et peu nombreuses, ont les barbes sans crochets et sont par conséquent trop faibles pour résister à l'action de l'air.

Mais si les ailes des *brévipennes* sont impropres au vol, elles servent beaucoup à accélérer leur marche, qui est d'autant plus rapide, que leurs jambes sont très longues et très fortes, et les muscles des cuisses extrêmement volumineux. Cette rapidité à la course est d'autant plus remarquable que tous les autres échassiers marchent gravement à pas comptés; aussi les habitudes des espèces de cette famille sont-elles toutes différentes. Vivant dans de vastes plaines, au milieu de déserts sablonneux, ils ne peuvent pas se nourrir de poissons ou de reptiles comme les autres oiseaux de leur ordre; ils font exclusivement leur nourriture de substances végétales, et surtout de grains, de fruits ou d'herbes; aussi ont-ils le bec gros et fort, le gésier musculeux; en un mot presque tous les détails de l'organisation des gallinacés.

Tous les brévipennes sont étrangers à l'Europe et se rapportent aux deux genres *autruche* et *casoar*.

§ I. Les AUTRUCHES (*struthio*) (*fig.* 1) sont faciles à distinguer des casoars, en ce qu'elles ont les ailes très courtes à la vérité, mais du moins garnies de barbes lâches et flexibles, qui, sans être unies ensemble, sont cependant assez rapprochées pour servir à rendre la course plus agile. Leur bec est droit, déprimé et mousse à son extrémité, leur tête très petite; leurs yeux sont grands, leurs paupières garnies de cils, leurs intestins énormes et leur gésier extrêmement robuste.

Ces oiseaux habitent les contrées voisines de l'équateur et s'écartent rarement de la zone torride pour entrer dans les zones tempérées. Quoiqu'ils vivent principalement de graines et d'herbes, on peut les regarder comme omnivores, car ils peuvent manger de tout; ils sont tellement voraces qu'ils prennent souvent des matières indigestibles et même des poisons. C'est ainsi qu'ils avalent des cailloux, des morceaux de fer, de cuivre, des pièces de monnaie, etc.; mais il paraît qu'elles boivent peu, et les Arabes même prétendent qu'elles ne boivent jamais, particularité d'autant plus remarquable, que ces oiseaux sont les seuls qui urinent. Ce qui ferait un peu douter du fait, c'est que les individus que l'on élève en domesticité boivent assez souvent et jusqu'à six pintes par jour.

Les *autruches* ne font jamais de nid; elles déposent à terre, dans des trous pratiqués au milieu du sable, une quinzaine d'œufs, gros comme la tête d'un enfant qui vient de naître. Ces œufs sont très bons à manger et un seul suffit au repas d'un homme. Sous la zone torride, ces œufs n'ont pas besoin d'être couvés; mais en-deçà des tropiques le mâle et la femelle vont de temps en temps les réchauffer, surtout pendant la nuit, ou lorsque le temps se refroidit un peu. Les petits mettent environ six semaines à éclore et sont assez forts pour marcher en rompant leur coquille.

On connaît deux espèces de ce genre : l'*autruche* proprement dite, qui est de l'ancien continent et le *nandou* ou *autruche d'Amérique*.

La première se distingue en ce qu'elle a la tête nue et deux doigts seulement aux pieds; elle est très commune dans les déserts sablonneux de l'Afrique centrale, où les Arabes lui font une guerre acharnée pour se nourrir de sa chair, et surtout pour lui ravir les plumes moelleuses et flexibles de ses ailes, qui font un ornement très recherché et très précieux pour faire des plumets, des panaches, etc. Certains peuples en élèvent même des individus en domesticité pour les leur enlever périodiquement. Ces oiseaux sont si agiles à la course qu'aucun animal ne peut les atteindre; elles dépassent même le cheval arabe. Aussi les chasseurs qui les poursuivent sont-ils obligés d'avoir recours à la ruse pour s'en emparer. Comme l'*autruche* décrit en marchant un immense cercle, ils ont soin, après avoir remarqué la direction qu'elle prend, de marcher en droite ligne vers le point où elle doit aboutir, et lorsqu'elle se présente ils l'abattent d'un coup de fusil.

Le *nandou* est un peu plus petit que l'autruche, dont il diffère aussi par sa tête emplumée et par le nombre de ses doigts qui est de trois à chaque pied. Ses plumes, plus raides que celles de l'espèce d'Afrique, ne sont pas employées comme ornement, et ne servent qu'à fabriquer ces plumeaux avec lesquels on épousette les meubles. Cette seconde espèce est très commune dans les plaines de l'Amérique méridionale.

§ II. Les **CASOARS** (*casuarius*) (*fig.* 2) ont les ailes encore plus courtes que les autruches; les barbes qui garnissent leurs plumes sont si peu munies de barbules, que de loin elles ressemblent à des poils ou à des crins tombans, ce qui les rend impropres non-seulement au vol, mais même à la course. Cependant ces oiseaux ne sont pas moins agiles que les autruches et sont très difficiles à prendre. Leur nourriture est différente de celle de ces dernières; ils vivent principalement de fruits, de racines charnues, et même, dit-on, de matières animales. Les femelles sont beaucoup moins fécondes et ne pondent que trois ou quatre œufs.

Ce genre ne comprend que deux espèces: l'*émeu* ou *casoar à casque* et le *casoar* de la Nouvelle-Hollande. Le premier est très facile à reconnaître à un énorme tubercule qui s'élève sur sa tête; il est presque aussi grand que l'autruche; il se trouve dans les îles de l'Archipel Indien. Le second est plus petit et n'a point d'éminence sur sa tête; il est plus agile à la course que le meilleur lévrier.

IIe *Famille.* — PRESSIROSTRES (pl. XVII).

Cette famille comprend des échassiers à jambes hautes, dont les doigts sont courts ou médiocres et dont le pouce est nul ou trop petit pour toucher le sol. Leur bec est médiocrement long et assez fort pour percer la terre et y chercher les vers dont ils se nourrissent. Les espèces qui l'ont le plus faible sont obligées de se tenir dans les prairies et les champs fraîchement labourés, où elles se procurent avec plus de facilité cette sorte d'alimens; celles qui l'ont le plus fort mangent en même temps des graines, des herbes et d'autres matières végétales, et fréquentent indistinctement toutes les plaines, surtout celles où la vue s'étend à une grande distance et qui ne sont pas couvertes de forêts.

Quoique les *pressirostres* n'aient pas les pattes à beaucoup près aussi fortes que les autruches ou les casoars, ils ne laissent pas de courir très vite; seulement ils ne peuvent pas soutenir leur course aussi long-temps que ces derniers. Leurs ailes, sans être tout-à-fait impropres au vol, sont cependant loin d'avoir la longueur nécessaire pour soutenir long-temps l'oiseau dans les airs. Il est rare qu'il vole à de grandes distances; le plus souvent il ne prend son essor que lorsqu'il se voit menacé de quelque danger, et dans ce cas il s'enlève pour quelques instans, et lorsqu'il se voit éloigné de l'objet qui l'effrayait, il continue à fuir en courant.

Tous les *pressirostres* nichent à terre dans des trous creusés dans le sable parmi les herbes et les joncs, ou dans les champs couverts de blé ou de seigle; ils pondent de deux à cinq œufs, que le mâle et la femelle couvent alternativement. Ce sont de tous les oiseaux de passage ceux auxquels on fait le plus la chasse, parce qu'ils font presque tous un excellent gibier.

On les divise en quatre genres principaux : les *outardes*, les *pluviers*, les *vanneaux* et les *huîtriers*.

§ I. Les OUTARDES (*otis*) (*fig.* 3) ont beaucoup de rapports avec les gallinacés par leur port massif, par la forme voûtée de leur bec et par leur régime granivore; mais elles s'en distinguent par leur cou allongé, par leurs tarses élevés et surtout par la nudité du bas de leurs jambes, caractères qui les rapprochent des échassiers, auxquels elles tiennent également par la plupart des détails de leur anatomie et par le goût de leur chair. Elles diffèrent des autres pressirostres par leur bec voûté, par le défaut de pouce et par la brièveté de leurs ailes. Cette dernière circonstance, jointe à la pesanteur de leur corps, rend leur vol lourd et pénible et les empêche de s'élever au-dessus du sol. Aussi ne volent-elles qu'à rase terre, et la plupart du temps elles ne se servent de leurs ailes que pour rendre leur course plus agile.

Les *outardes* sont des oiseaux farouches, qui vivent dans les blés ou dans les campagnes couvertes de broussailles, d'où elles élèvent de temps en temps la tête autour d'elles, pour voir si elles n'ont rien à craindre; si elles aperçoivent quelque chose qui leur fasse ombrage, elles prennent promptement la fuite, en rasant la terre d'un vol rapide ou en courant de toute la vitesse de leurs jambes, selon que le danger est plus ou moins pressant. Par suite de leur naturel sauvage et défiant et de leur régime granivore, ces oiseaux fuient les contrées montueuses et couvertes de bois, pour s'établir dans les pays de plaines; ils fréquentent surtout les champs découverts de la Beauce et de l'Allemagne; mais ils n'y sont qu'en passant et à l'époque de la maturité des blés.

Nous avons en France deux espèces qui appartiennent à ce genre; l'*outarde commune*, qui est beaucoup plus grosse qu'un dindon, et la *cannepetière* ou *petite outarde*, qui est moitié moindre. Elles sont de passage en été et font

leur ponte dans nos champs, parmi les blés et les seigles déjà
mûrs ; leurs petits courent dès leur naissance. On leur fait la
chasse comme à un gibier recherché, mais il paraît que la rareté entre pour beaucoup dans le cas qu'on en fait pour la
table.

§ II. Les PLUVIERS (*charadrius*) (*fig.* 4) n'ont que trois
doigts et manquent de pouce comme les outardes ; mais outre
qu'ils sont en général de plus petite taille, leur bec est proportionnellement plus faible et plus long et présente un renflement à son extrémité. Leur régime et leurs habitudes sont
d'ailleurs assez différentes. Les *pluviers* se nourrissent d'annelides et d'insectes aquatiques, qu'ils cherchent les uns sur les
bords des courans ou dans la fange des marais, les autres sur
les rivages de la mer, à peu de distance de l'embouchure des
fleuves. Pour faire sortir les vers cachés dans la terre, ils
fappent le sol à coups de pattes répétés, et dès qu'ils se
montrent à sa surface, ils sont saisis et avalés sur-le-champ.

Ces oiseaux vivent en troupes assez nombreuses et voyagent de compagnie ; les vieux arrivent et partent les premiers ;
les jeunes plus tard. Le nord nous les envoie régulièrement
tous les ans vers l'automne, de sorte qu'ils passent tout l'hiver dans nos contrées. Dès que les beaux jours commencent à
luire, il nous abandonnent et regagnent les pays septentrionaux pour y faire leur ponte. Ils nichent tous à terre, dans
la grève, le sable, ou les prairies voisines de la mer ; ils font
de trois à cinq petits.

Nous avons périodiquement en France le *pluvier doré*, qui
est de la taille d'une forte grive et d'un plumage noirâtre, tacheté de jaune sur le dos et les ailes. On en porte tous les ans
une grande quantité dans les marchés de Paris, où il passe
pour un assez bon gibier.

Le *P. guignard* est plus petit et a les couleurs plus sombres ;
le *pluvier à collier*, qui est encore plus petit, a au contraire les
couleurs plus claires et offre un plastron noir sur la poitrine.

§ III. Les VANNEAUX (*vanellus*) (*fig.* 5) ne diffèrent presque en rien des pluviers pour la taille, le régime et
les habitudes ; ils ont seulement de plus que ces derniers un

très petit pouce en arrière ; encore cet organe est-il tellement court, qu'il ne peut pas même atteindre le sol.

Ces oiseaux sont vermivores, et comme tels de passage dans nos contrées à deux époques différentes. En automne ils descendent du nord et restent chez nous tant que les gelées ne sont pas trop fortes pour les empêcher de retirer leur nourriture du sein de la terre. Ensuite ils vont plus au midi, où la température plus douce leur permet de trouver les vers dont ils se nourrissent, jusqu'à ce que le temps devienne plus chaud et que la terre se dessèche. C'est alors qu'ils remontent vers le nord, où ils vont faire leur ponte comme les précédens.

Nous avons en France deux espèces de ce genre le *vanneau-pluvier* ou *vanneau-suisse*, et le *vanneau commun* ou *huppé*. Ce dernier est aussi commun que le pluvier, mais passe pour meilleur.

§ IV. Les HUITRIERS (*hœmatopus*) manquent de pouce comme les outardes et les pluviers ; mais ils ont un caractère bien distinct dans la membrane presque complète qui réunit leurs doigts, dans le lustre de leur plumage qui ressemble à celui des oiseaux aquatiques, dans leurs tarses plus courts qu'aux autres échassiers, et enfin dans leur bec long, droit et comprimé en coin. Les *huîtriers* vivent toujours sur les rivages de la mer et suivent la lame pour saisir les insectes marins qu'elle entraîne avec elle sur le rivage. Ils prennent également les huîtres qu'ils ouvrent très adroitement avec leur bec robuste ; quelquefois aussi ils fouillent la terre pour y chercher les vers. Comme ils ont les tarses courts, les pieds légèrement palmés et le plumage bien uni, ils peuvent, comme les palmipèdes, nager à la surface des mers, et il n'est pas rare de les y voir occupés à attraper les vers et les petits coquillages que l'eau entraîne dans son flux et reflux. Mais le plus souvent ils se tiennent de préférence sur la grève, où ils courent avec beaucoup d'agilité, en faisant entendre un cri retentissant. Ils volent également très bien et voyagent continuellement par grandes troupes du nord au midi. Ce n'est qu'à l'époque de leur reproduction qu'ils vivent isolés ; ils pondent ordinairement deux ou trois œufs parmi les herbes, dans les prairies marécageuses, et sans faire de nid.

Nous avons en France une espèce d'*huîtrier*, que l'on appelle

assez vulgairement *pie de mer*, à cause de son plumage mêlé
de blanc et de noir, comme celui de la pie. Il est de la taille
d'un canard et se trouve en abondance sur les côtes de l'Océan.

IIIᵉ *Famille.* —CULTRIROSTRES (pl. XVII).

Cette famille se compose d'un assez grand nombre d'échassiers analogues à la grue et au héron, dont le caractère distinctif consiste dans un bec gros, long, robuste, et le plus souvent
tranchant sur ses bords, et dans la forme de leur pied dont tous
les doigts, même le pouce, sont généralement bien développés.

La force de leur bec et leur taille, ordinairement considérable, permettent à ces oiseaux de se nourrir de substances animales et le plus souvent de proie ; ils font surtout de grandes
destructions de grenouilles, de crapauds et autres reptiles
qu'ils vont chercher dans les marais, dont la hauteur de leurs
tarses leur rend l'accès facile. Quelques espèces cependant se
tiennent dans les plaines ou sur des éminences, où ils font la
guerre aux lézards, aux serpens, etc., à défaut desquels, ils se
nourrissent de grains, d'herbes, et autres matières végétales.

Ce genre de vie rend ces oiseaux voyageurs ; à mesure que
les froids gèlent les marécages et forcent les reptiles à s'enfoncer sous la vase, ils quittent les contrées septentrionales pour
se rapprocher du midi, où ils passent toute la mauvaise saison ;
mais dès que le beau temps revient, ils regagnent leur séjour
habituel et vont y faire leur ponte. Ils nichent tantôt à terre,
tantôt sur les vieilles tours, et pondent deux ou trois œufs, à
l'exception d'une espèce qui se rapproche des gallinacés sous ce
rapport.

Cette famille se compose de cinq genres principaux: les
agamis, les *grues*, les *hérons*, les *cigognes* et les *spatules*.

§ I. Le genre AGAMI (*psophia*) ne comprend qu'une seule
espèce bien authentique. C'est un oiseau de l'Amérique méridionale, qui par ses habitudes tient des gallinacés et des
échassiers. Il a le bec voûté, plus court que les autres cultrirostres, les ailes et les doigts médiocres, et le pouce à peine
assez long pour toucher le sol. Cette dernière particularité,
jointe à la longueur des tarses, permet à *l'agami* de courir
avec agilité ; aussi, lorsqu'il est effrayé, a-t-il plutôt recours

à ses pattes qu'à ses ailes. Il ne vole que lorsqu'il veut se percher au sommet de quelque arbre peu élevé.

Les *agamis* vivent en troupes de trente à quarante individus dans les forêts les plus épaisses et les plus sombres du Nouveau-Monde. Ils nichent dans un trou, au pied des arbres, et y déposent une quinzaine d'œufs que la femelle couve avec beaucoup d'assiduité. Les petits sont assez forts en naissant pour marcher et pour subvenir à leur subsistance. Il paraît que ces oiseaux font deux ou même trois portées par an.

Malgré leur naturel sauvage et farouche, les *agamis* s'habituent aisément à la vie domestique; ils s'attachent même à leurs maîtres et leur rendent d'importans services, en surveillant les autres oiseaux de basse-cour, et même, dit on, les petits quadrupèdes. On prétend qu'ils conduisent les volailles et les moutons aux champs, les protégent contre leurs ennemis et les ramènent tous les soirs au logis.

Un fait des plus curieux dans l'anatomie de l'*agami*, c'est la disposition de sa trachée-artère, qui fait dans l'intérieur du sternum plusieurs détours avant de pénétrer dans la poitrine, ce qui lui donne la faculté de faire entendre, outre son cri ordinaire, une espèce de bruit sourd qui semble sortir par l'anus. C'est à cette circonstance qu'il doit son nom scientifique (*psophia*), qui veut dire *bruyant*, et le nom d'*oiseau trompette*, qu'il porte dans son pays natal.

§ II. Les GRUES (*grus*) ressemblent assez aux agamis pour que certains auteurs aient cru devoir les réunir en un seul genre. Comme eux elles ont le bec court, peu fendu, et obtus à son extrémité, les doigts courts, le pouce très petit et touchant à peine la terre. Les habitudes des uns et des autres sont plutôt terrestres qu'aquatiques, et leur régime consiste plutôt en substances végétales qu'en matières animales. Toutefois il existe entre ces deux genres des différences assez marquées dans leur organisation et surtout dans leurs mœurs. Les *grues* ont le bec pour le moins aussi long que la tête; leurs ailes sont étendues et leur vol est puissant; aussi font-elles des voyages considérables du nord au midi; réunies en grandes troupes, elles s'élèvent à une hauteur prodigieuse où l'œil ne peut les découvrir, malgré la grandeur de l'espace qu'elles occupent. Dans leur vol, elles font entendre un cri si perçant, qu'on l'entend souvent sans les apercevoir; ce cri paraît être une espèce de réclame pour s'appeler mutuellement, car on observe qu'il est répété avec une régularité parfaite. D'ailleurs elles observent dans leurs mouvemens un ordre et une discipline admirables ; elles forment par leur réunion un vaste triangle dont la pointe est en avant et n'est occupée que par un seul individu qui trace la route. Comme il se fatigue beaucoup dans cette position pour fendre l'air, il ne tarde pas à être remplacé par celui qui le suit immédiatement et va prendre place en arrière, après toute la troupe. Ces mutations ont lieu continuellement jusqu'à leur arrivée au terme de leur voyage, qui est souvent très considérable. Il faut remarquer que ces oiseaux ne volent que de nuit ; le jour ils s'abattent dans les plaines découvertes, où ils vivent de graines, d'herbes, d'insectes ou de reptiles. Ils nichent toujours parmi les joncs, sur les vieilles tours isolées ou dans des buissons, et ne pondent que deux ou trois œufs.

On connaît un grand nombre d'espèces de ce genre, dont une seule appartient à l'Europe ; c'est la *grue commune*, grand oiseau d'un gris cendré, remarquable en ce que les plumes qui recouvrent les rémiges sont longues et à barbes décomposées. Parmi les espèces étrangères, nous devons mentionner la *grue couronnée* ou l'*oiseau royal*, et la *demoiselle de Numidie*, l'une et l'autre d'Afrique.

§ III. Les HÉRONS (*ardea*) (*fig.* 6) diffèrent des précédens par un bec long, pointu, fendu jusque sous les yeux et à bords tranchans comme des ciseaux. Leur pouce est plus développé et leur doigt extérieur est séparé du moyen par une membrane bien marquée, deux caractères qui permettent à ces oiseaux de fréquenter les endroits marécageux sans s'enfoncer dans la vase, ce qui arriverait infailliblement, si leurs doigts étaient moins longs et sans palmure.

Ces échassiers, presque tous remarquables par la longueur de leurs pattes et de leur cou, et par leurs plumes à barbes désunies, sont des oiseaux tristes et solitaires, qui ne quittent jamais les bords des lacs et des rivières ou les marais et les prairies inondées, où ils se nourrissent de poissons, de grenouilles, de mollusques et de petits quadrupèdes aquatiques, tels que les rats d'eau, les musaraignes, etc. Soutenus sur leurs longs pieds comme sur des échasses, on les voit, seuls au milieu des lieux couverts d'eau, passer des heures entières dans une immobilité complète, à moins que l'approche de quelque poisson ou de quelque reptile ne vienne les en retirer. Dans ce cas, ils allongent rapidement leur long cou et leur bec pour saisir leur proie ; mais, dès qu'ils s'en sont emparés, ils rentrent dans leur état d'apathie ordinaire. Quelquefois cependant, fatigués d'attendre vainement, ils se promènent à pas comptés et en piétinant dans la vase pour en faire sortir les animaux qui s'y cachent. Lorsqu'ils sont repus, ils vont se percher sur quelque arbre voisin, où ils restent jusqu'à ce que la faim les oblige à recommencer leur pêche. Ces oiseaux nichent en grandes troupes dans le même lieu, quoique dans un nid séparé ; ils placent ce dernier tantôt sur des arbres très élevés, tantôt sur des buissons ou parmi des roseaux, et y déposent de trois à six œufs dont la grosseur est proportionnée à la taille de l'espèce.

Ce genre, très nombreux en espèces européennes, a dû être divisé en plusieurs sections 1° Les Hérons propres ont le bec beaucoup plus long que la tête, les pattes très longues et le bas de la jambe nu dans une grande étendue ; tels sont le *héron vulgaire*, le *héron pourpré*, l'*aigrette*, la *petite aigrette*. Ces deux dernières sont très célèbres par les jolies plumes qu'elles fournissent, pour faire ces riches panaches qui ornent avec tant de grace la tête des dames et le chapeau des guerriers. 2° Les Butors ont les pattes courtes, le bas de la jambe très peu nu et le cou très gros. Nous en avons une espèce en France, le *butor commun*, qui est fauve-doré, tacheté de brun. 3° Les Bihoreaux ressemblent aux butors, excepté qu'ils ont à l'occiput deux ou trois plumes droites qui forment une espèce d'aigrette pendante ; tel est le *bihoreau d'Europe*. 4° Enfin les Crabiers ont les tarses et le nu de la jambe comme les butors et les bihoreaux ; mais ils sont de petite taille et se nourrissent principalement de petits crustacés ; tels sont le *crabier commun* et le *blongios*.

§ IV. Les CIGOGNES (*ciconia*) (*fig.* 7) ont des rapports avec les hérons par la forme allongée et conique de leur bec ; mais, outre que ce bec est beaucoup plus fort, surtout à sa base, où il est aussi gros que la tête elle-même, elles ont une petite palmure entre les trois doigts antérieurs ; tandis que chez les hérons il ne s'en trouve qu'entre l'extérieur et celui du milieu.

Quant à leurs habitudes, elles sont presque les mêmes que celles des précédens. Les *cigognes* vivent dans les marais et se nourrissent particulièrement de reptiles, de poissons et de petits mammifères ; c'est pour cela qu'elles sont, dans tous les pays du monde, des êtres privilégiés qu'on s'abstient de poursuivre, à cause des services qu'elles rendent, en détruisant une immense quantité d'animaux nuisibles. Elles émigrent par bandes, selon les changemens de saison, et nichent sur les vieilles tours, dans le voisinage des villes et jusque dans leur enceinte. Leur caractère est très doux et permet de les apprivoiser avec facilité.

Ce genre est très nombreux et a été subdivisé en plusieurs sous-genres. 1° Les CIGOGNES ont le bec gros et complètement droit ; telles sont la *cigogne blanche* et la *cigogne noire*. que l'on trouve en France. Tel est encore le *marabout*, originaire des Indes et si célèbre par les belles plumes de ses ailes, qui forment ces jolis panaches auxquels l'oiseau a donné son nom ; 2° les JABIRUS sont des oiseaux d'Amérique, qui ne diffèrent des cigognes que parce qu'ils ont le bec légèrement retroussé ; 3° les BECS-OUVERTS sont encore très voisins des précédens ; mais leurs mandibules, ne se touchant que par leur base et par leur extrémité, laissent dans leur milieu un intervalle vide.

§ V. Les SPATULES (*platalea*) (*fig.* 8) ont été ainsi nommées à cause de leur bec, dont la pointe est dilatée et aplatie en forme de spatule. Du reste, leurs habitudes ne diffèrent pas de celles des cigognes et des hérons. Elles se tiennent dans les eaux marécageuses, dont, à l'aide de leur bec, elles fouillent et tamisent la vase pour en retirer les vers, larves, œufs, etc., qui s'y trouvent en abondance.

Nous en avons en France une espèce, la *spatule commune*, qui est d'un blanc pur, avec une huppe très touffue sur la tête. Elle vit en troupes sur les bords des fleuves, près de leur embouchure, niche sur les arbres ou dans les buissons, et pond deux ou trois œufs. Elle est répandue dans toutes les contrées de l'ancien continent.

IV_e *Famille.* — LONGIROSTRES (pl. XVIII).

Les *longirostres* sont parmi les échassiers ce que les ténuirostres sont parmi les passereaux. Ils se font remarquer dans cet ordre par leur bec long et mince, quelquefois même flexible et ne pouvant servir qu'à prendre les insectes ou les vers dans les terres meubles et fraîchement labourées. Les uns, remarquables par la longueur de leurs tarses, fréquentent les rivages de la mer et les endroits marécageux, où ils font continuellement la chasse aux diverses espèces d'annelides qui se cachent dans le sable, aux insectes aquatiques ou à leurs larves; les autres, qui ont les tarses généralement plus courts, se répandent dans les plaines humides et poursuivent les lombrics. C'est surtout le soir, après le coucher du soleil et la nuit lorsque le temps est clair, qu'ils se mettent à la recherche de leur nourriture. Le jour ils se tiennent dans les taillis ou parmi les touffes d'herbes, et se cachent si bien qu'il est presque impossible de les découvrir; mais ils ne se perchent jamais; la brièveté de leurs doigts, et surtout celle de leur pouce, ne leur permet pas de saisir les branches avec assez d'avantage pour pouvoir s'y reposer.

Tous ces oiseaux voyagent continuellement du nord au midi, ou des pays de plaine aux montagnes; ils ne restent que très peu de temps dans la même contrée, excepté dans celle où ils font leur ponte. Ils nichent tantôt dans les régions les plus septentrionales, tantôt dans le centre même de l'Europe; mais nulle part ils ne se donnent la peine de faire un nid. Ils pondent soit à terre, dans un simple trou, soit au milieu d'une touffe d'herbes épaisses, un certain nombre d'œufs qui varie de trois à six.

Cette famille nombreuse a été divisée en plusieurs genres, dont les plus importans sont les *ibis*, les *courlis*, les *bécasses*, les *barges*, les *échasses*, les *avocettes*, les *chevaliers*, les *maubêches*, les *tourne-pierres* et les *phalaropes*.

§ I. Les IBIS (*ibis*) (*fig.* 1) sont faciles à reconnaître à leur tête dénuée de plumes, à leur bec arqué et presque aussi long que leur cou, à leurs narines qui, percées à la base de cet organe, se prolongent par un sillon profond jusqu'à l'extrémité de la mandibule supérieure.

Ce sont des oiseaux assez grands de taille et très élevés sur jambes, qui fréquentent le bord des fleuves et des lacs, se nourrissant d'insectes, de vers et de mollusques; mais ils ne touchent jamais aux reptiles vénimeux, quoiqu'on leur en ait attribué l'habitude; leur bec est trop long et trop faible pour déchirer de animaux de cette taille.

Une des espèces les plus célèbres de ce genre est l'*ibis sacré*, que les anciens Egyptiens élevaient dans leurs temples avec des respects qui tenaient du culte, et qu'on embaumait même après sa mort, probablement parce que son apparition annonçait la crue du Nil. Cet oiseau est de la taille d'une poule, à plumage blanc, excepté le bout des pennes alaires qui est noir. Une autre espèce, remarquable par sa beauté, est l'*ibis rouge* d'Amérique, qui est d'un rouge vif, avec le bout des rémiges noir. La seule espèce que nous ayons en Europe est l'*ibis vert*, que les anciens nommaient *ibis noir*; il se trouve en Italie.

§ II. Les **COURLIS** (*numenius*) ont le bec long et arqué des ibis ; mais ils ont la tête complètement emplumée, et le sillon nasal de la mandibule supérieure ne règne que sur une partie de sa longueur. Du reste, leurs habitudes sont presque les mêmes, excepté qu'au lieu de fréquenter le bord des eaux, ils se tiennent dans les plaines arides et couvertes de sable, quoique toujours dans le voisinage des rivières ou des marais. Ces oiseaux ont le vol très élevé et voyagent en grandes troupes; mais à l'époque de la reproduction ils se tiennent isolés.

Nous en avons deux espèces en France: le *courlis ordinaire*, qui est de la taille d'un chapon et qui fait un gibier médiocre, et le *courlieu* ou *petit courlis*, qui est moitié moindre.

§ III. Les **BÉCASSES** (*scolopax*) (*fig.* 2) sont des oiseaux fort communs et très faciles à distinguer à leur plumage gris rayé de brun, à leurs tarses courts, à leurs jambes presque entièrement emplumées, et surtout à leur bec droit, beaucoup plus long que la tête et renflé à son extrémité, qui est molle et très sensible, et qui, en se desséchant, après la mort de l'animal, prend une surface pointillée. Un caractère particulier à ces oiseaux, c'est d'avoir la tête comprimée et de gros yeux, placés fort en arrière; ce qui leur donne un air singulièrement stupide, qu'ils ne démentent pas par leurs mœurs.

Les *bécasses* vivent dans les bois ou dans les plaines marécageuses et se nourrissent de vers, d'insectes, de limaces et autres petits animaux à peau molle. Dans quelques pays elles sont sédentaires; mais la plupart d'entre elles voyagent presque continuellement. L'été elles se tiennent dans le Nord ou sur les montagnes ; c'est là qu'elles font leur ponte, à terre, dans les marais ou les prairies humides. Le nombre de leurs œufs varie de trois à cinq. L'hiver elles descendent dans la plaine ou se rapprochent des contrées méridionales. Elles demeurent le jour cachées dans les bois, tandis que le soir elles se rapprochent des eaux. C'est là que les chasseurs vont les attendre après le coucher du soleil; car tous ces oiseaux font un gibier très estimé.

Nous avons en France quatre espèces de ce genre : la *bécasse
commune*, qui est la plus forte et a la taille d'un pigeon ; la
double bécassine, qui est presque aussi grande ; la *bécassine
ordinaire*, qui est un peu plus petite et a la taille d'un merle ;
et la *sourde*, qui est encore moindre.

§ IV. Les BARGES (*limosa*) ont des rapports avec les bécasses par la teinte grise de leur plumage, par la longueur de
leur bec et par leur forme grêle et élancée ; mais elles ont le
bec plus fort, légèrement retroussé en haut et mousse à son
extrémité ; leurs tarses sont aussi beaucoup plus longs et les doigts
extérieurs et médius réunis à leur base par une petite palmure.

Cette différence de conformation dans les tarses et les pieds
en entraîne d'autres dans leurs habitudes. Les *barges* se tiennent dans les marais ou sur les bords fangeux des fleuves, et
sont continuellement occupées à fouiller avec leur bec la vase
ou le sable mouvant baigné par les vagues de la mer, pour en
retirer les vers ou les larves des insectes aquatiques. Ces oiseaux nichent dans les prairies peu éloignées de l'eau, et pondent ordinairement quatre œufs. Une espèce fait sa ponte dans
les régions septentrionales et dans le voisinage du pôle arctique.

Nous en avons deux espèces en France : la *barge aboyeuse*
ou *rousse*, et la *barge à queue noire*.

§ V. Quoique tous les oiseaux de rivage aient les tarses généralement très longs, il n'en est pas qui les aient aussi remarquables sous ce rapport que les ECHASSES (*himantopus*).
Ces organes sont tellement grêles, qu'ils ne supportent qu'a-
vec peine le poids du corps de l'animal, qui cependant est lui-
même très mince et très élancé. C'est à cause de cette faiblesse
des pattes, que les anciens avaient donné à l'espèce de ce genre
qu'ils connaissaient le nom d'*himantopus*, qui veut dire *pied en
cordon*. Celui d'*échasse*, que nos pères ont substitué à cette
dénomination grecque, est tiré de la longueur de ces mêmes
pattes.

Cette conformation pourrait suffire pour empêcher de confondre les *échasses* avec aucun autre longirostre ; mais comme ce
caractère n'est que relatif, il pourrait laisser quelquefois de l'in-
certitude. On doit y joindre celui de leurs pieds qui manquent
absolument de pouce, comme ceux des pluviers, huîtriers, etc. ;
et ces deux particularités réunies les distinguent d'une manière

tout-à-fait tranchée de tous les échassiers qui ont des rapports avec elles.

Ces oiseaux fréquentent plutôt les rivages de la mer et les bords des lacs salés que les rivières et les lacs d'eau douce. Leur bec est tellement grêle, qu'ils ne peuvent prendre que de petits vermisseaux, des mouches et du frai de poisson ou de reptiles.

L'espèce la plus commune est répandue dans toutes les parties du monde ; nous l'avons en France, et elle se trouve également en Amérique et aux Indes.

§ VI. L'AVOCETTE (*recurvirostra*) (*fig.* 4) a deux caractères bien tranchés dans son bec grêle, pointu et retroussé en haut, et dans ses pieds presque entièrement palmés. Cette conformation des doigts rapprocherait cet oiseau de l'ordre des palmipèdes, si la longueur de ses tarses, ses formes grêles, son plumage délustré et toutes ses habitudes ne l'excluaient du groupe des oiseaux nageurs.

L'*avocette* fréquente le plus habituellement les eaux salées et surtout les rivages baignés par le flux de la mer. Quelquefois elle s'enfonce dans l'eau, autant que la longueur de ses pattes lui permet de le faire sans se mouiller ; car elle ne se met jamais à la nage, quoique la disposition de ses doigts pût le faire présumer. Il paraît que cette palmure n'a pour but que de l'empêcher de s'enfoncer trop profondément dans le sable ou dans les marais. La nourriture de cet oiseau consiste principalement en petits insectes et en œufs d'animaux aquatiques, seule espèce d'alimens que la forme et surtout la faiblesse de son bec lui permettent de prendre.

Les *avocettes* sont des oiseaux voyageurs qui vont toujours par paires, et dont le vol est rapide et soutenu. Elles nichent à terre, dans un trou recouvert d'herbes sèches, et ne pondent guère que deux œufs. Pour les couver, elles sont obligées de replier leurs jambes sous le ventre.

L'espèce la plus commune du genre, l'*avocette*, se trouve en France et dans toute l'Europe ; c'est un joli oiseau, d'un beau blanc, avec une calotte noire, et trois raies de même couleur à l'aile.

§ VII. Les CHEVALIERS (*totanus*) (*fig.* 5) ont été ainsi nommés de la longueur de leurs tarses, qui sont en même temps très grêles ; mais les caractères qui les distinguent zoologique-

ment consistent dans la forme de leur bec, qui est droit ou légèrement retroussé et terminé en pointe dure, dans la palmure
qui réunit le doigt extérieur à celui du milieu, et dans la présence d'un petit pouce, qui cependant ne touche jamais la
terre.

Ce sont des oiseaux de taille variable, mais généralement
petits ou médiocres, qui voyagent continuellement et qui vivent indistinctement sur les bords des lacs et des rivières, ou
dans les prairies voisines des eaux douces, mais qui ne s'approchent jamais des rivages de la mer. Ils se nourrissent de vers,
d'insectes, de mollusques ou même de poissons, selon que leur
bec est plus ou moins robuste.

Les *chevaliers* voyagent en petites troupes, en suivant le
bord des fleuves ou des lacs. Ils nichent à terre, dans les prairies ou parmi les touffes d'herbes qui abondent dans tous les
endroits humides. Ils pondent de trois à cinq œufs, et le plus
souvent quatre. Plusieurs espèces remontent, pour vaquer avec
plus de sécurité à leur reproduction, jusque dans les régions
voisines du pôle arctique. Le plumage de ces oiseaux est sujet
à deux mues périodiques qui rendent les espèces difficiles à caractériser et les ont fait beaucoup trop multiplier.

Nous en avons en France plusieurs espèces, qu'on distingue
à la couleur de leurs pieds ou à celle de leur plumage ; tels sont
le *chevalier aux pieds verts*, le *chevalier noir*, le *chevalier
gambette*, le *chevalier bécasseau*, le *chevalier des bois*, le
chevalier guignette, etc.

§ VIII. Les MAUBÈCHES (*tringa*) (*fig.* 6 et 7) sont de
petits oiseaux qui ressemblent beaucoup aux chevaliers par leur
conformation générale et par leurs habitudes; mais elles ont
les tarses ordinairement moins longs, les doigts sans palmure,
excepté dans les combattans, et le bec plus court, plus fort
et plus obtus à son extrémité.

Ces échassiers voyagent en petites troupes, comme les précédens, et fréquentent indistinctement les marais, les lacs, les
rivières et les bords de la mer. Ils fouillent continuellement
dans la vase, la boue, le sable, et parmi les fucus ou plantes
marines, pour y chercher leur nourriture, qui consiste en insectes, vers, mollusques. Ils nichent à terre et pondent de trois
à cinq œufs, comme les chevaliers.

Ce genre a été subdivisé en quatre sous-genres. 1° Les MAU-
BÈCHES (*fig.* 6) ont le bec droit et les doigts légèrement bordés et

entièrement libres ; telles sont la *maubèche commune* et là *maubèche noirâtre*. 2° Le SANDERLING (*arenaria*) se distingue aisément en ce qu'il manque de pouce ; on n'en connaît qu'une espèce qui est de la taille de l'alouette. 3° Les PÉLIDNES, ou ALOUETTES DE MER (*pelidna*), ont quatre doigts libres et sans bordure sensible : tels sont l'*alouette de mer* et le *cocorli*. 4° Les COMBATTANS (*machetes*) (*fig.* 7) se reconnaissent à la petite palmure qu'ils ont entre les doigts extérieur et médius. Ils sont très remarquables par les changemens de plumage qui surviennent aux mâles, selon la différence des saisons. On n'en connaît qu'une espèce, qui est de la taille de la bécassine et qu'on rencontre très communément sur nos côtes.

§ IX. Si les TOURNEPIERRES (*strepsilas*) (*fig.* 8) n'avaient le pouce bien développé, ils seraient beaucoup mieux placés parmi les pressirostres que dans la famille dont nous parlons ; leur bec est assez court et assez fort pour pouvoir être assimilé à celui des vanneaux et des pluviers, plutôt qu'à celui des barges et des chevaliers. Leurs pattes sont courtes et leurs doigts sans aucune palmure.

Ce genre ne se compose que d'une seule espèce, répandue dans les deux continens ; elle est de la taille d'un petit merle et a le plumage mélangé de blanc, de roux et de noir. L'habitude qu'elle a de chercher sa nourriture sous les pierres, en les détournant avec son bec, lui a fait donner son nom vulgaire, ainsi que celui de *strepsilas*, qui en grec a absolument la même signification. On trouve cet oiseau sur les rivages de la mer, le plus souvent solitaire et quelquefois en petites troupes ou par paires. Il est continuellement occupé à la recherche de sa nourriture, qui consiste en vers, insectes, coquillages, etc. Il est plus commun dans le Nord que dans le Midi, et c'est toujours dans les contrées voisines du pôle septentrional qu'il fait sa ponte ; il dépose dans le sable trois ou quatre œufs d'une couleur olivâtre ou cendrée, avec des taches brunes.

§ X. Les PHALAROPES (*phalaropus*) (*fig.* 9) forment un genre peu nombreux. On y rapporte deux ou trois espèces, vrais pygmées parmi les oiseaux aquatiques, dont les plus grands dépassent à peine les moineaux pour la taille, et qui se reconnaissent aisément à la membrane qui réunit leurs doigts ou plutôt aux festons qui garnissent ces organes sur leurs bords.

Cette particularité d'organisation rend les habitudes des *phalaropes* assez différentes de celles des autres échassiers. Au lieu de se tenir sur le bord de la mer ou dans les marais, ils recherchent les eaux profondes où ils peuvent nager ; aussi les voit-on voguer avec une agilité et une grace admirables, soit au milieu des lacs, soit sur les plaines de l'Océan, quoiqu'en général ils préfèrent les eaux salées aux eaux douces. Il n'est pas rare de voir ces petits oiseaux s'avancer en pleine mer à plusieurs centaines de toises du rivage, pour y prendre leurs ébats et pour y faire la chasse aux annelides et aux insectes qui flottent à la surface de l'eau.

Au reste, ce n'est pas sans raison qu'ils fuient la terre ; la délicatesse de la membrane et des festons qui garnissent leurs doigts leur rend la marche aussi pénible que la natation facile. Cependant ils ne sont pas tout-à-fait étrangers à la terre ferme ; on les voit assez souvent, pendant la marée, suivre la lame et guetter les vers et les larves qu'elle met à nu. On les y rencontre aussi à l'époque de la ponte ; ils nichent sur le rivage, parmi les joncs et les herbes touffues, et produisent ordinairement trois œufs.

On trouve rarement de ces oiseaux en France ; leur patrie est beaucoup plus au nord. On prétend qu'ils se tiennent principalement dans le voisinage des cercles polaires ; mais on en trouve aussi sur les côtes septentrionales des îles britanniques, et même quelquefois en Allemagne et en Hollande. Les principales espèces sont le *phalarope cendré* et le *phalarope rouge*.

Ve *Famille.* — Macrodactyles (pl. XIX).

Macrodactyle est un mot grec qui signifie *long doigt* et convient parfaitement aux échassiers dont nous parlons ; car ils ont tous leurs doigts, même le pouce, singulièrement allongés et terminés par de grands ongles. Cette conformation est on ne peut mieux appropriée au genre de vie de ces oiseaux, qui fréquentent les terres humides et marécageuses, et leur permet de marcher avec facilité sur les herbes qui croissent si abondamment dans ces lieux. Quelques espèces même peuvent nager, surtout celles qui ont les doigts bordés de petites membranes, comme les phalaropes. Quant à leur bec, il est médiocrement long, assez fort et quelquefois même voûté, comme celui des gallinacés, avec lesquels les *macrodactyles* ont certains rapports. Aussi les désigne-t-on assez souvent sous le nom commun de *poules d'eau*. Leurs habitudes et leur régime se rapprochent de celui des pressirostres ; ils se tiennent presque toujours dans les marais et se nourrissent d'animaux aquatiques ; quelques espèces, assure-t-on, y joignent l'usage des grains et d'autres substances végétales. Tous nichent parmi les herbes et les joncs, et pondent un assez grand nombre d'œufs, (de six à douze.)

Cette famille comprend quatre genres principaux : les *jacanas*, les *kamichi*, les *râles* et les *foulques*.

§ I. Les JACANAS (*parra*) (*fig.* 1) se distinguent beaucoup des autres échassiers par leurs doigts entièrement divisés et terminés par des ongles qui sont, surtout celui du pouce, excessivement longs et très pointus, ce qui leur a valu le nom vulgaire de *chirurgiens*. Leurs tarses sont très longs, et le bas de leur jambe est nu dans une très grande partie de son étendue.

Ce sont des oiseaux dont l'organisation et les habitudes se rapprochent beaucoup de celles des poules d'eau ; ils en ont les formes grêles et le bec médiocre ; ils se tiennent comme elles dans les marais, sur les bords des rivières, et même au milieu des étangs couverts d'herbes aquatiques, sur lesquelles ils marchent comme sur la terre. Mais les *jacanas* ont le cou plus allongé, le bec garni à sa base de caroncules pendantes et le fouet de l'aile garni d'une espèce d'éperon corné, ordinairement très aigu ; et tandis que les poules d'eau se trouvent répandues dans les régions tempérées comme dans les contrées équatoriales, les *jacanas* ne fréquentent guère que les pays placés entre les deux tropiques, ou du moins ne s'en écartent que très peu, soit en-deçà, soit au-delà. Il est probable qu'ils se nourrissent de vers, d'insectes, et de petits mollusques ; peut-être même ne rejettent-ils pas les substances végétales ; mais c'est un fait dont on ne s'est point assuré.

L'espèce la plus commune de ce genre est celle d'Amérique ; elle est de la taille de la bécasse et a le plumage noir avec le manteau roux.

§ II. Le genre KAMICHI (*palamedea*) ne renferme que deux espèces, qui représentent en grand les jacanas ; comme ces derniers elles ont les doigts forts, longs, et le fouet de l'aile toujours armé d'un éperon. Mais, outre que leur taille est de beaucoup supérieure, puisqu'elle égale, si elle ne surpasse pas

celle d'un dindon, les *kamichis* ont le bec court, plus ou moins
voûté et analogue à celui des gallinacés. Du reste, les habitudes
de ces oiseaux sont à peu près les mêmes ; ils se tiennent dans
les lieux inondés et ne se nourrissent que de plantes aquatiques.
Ils nichent ordinairement dans les buissons abrités et peu
élevés, et se perchent volontiers sur la cime des arbres, d'où
leur vue domine une grande étendue de pays. Ils ont la voix
très sonore, mais sans inflexions variées.

On ne trouve les *kamichis* que dans le nouveau continent ;
ils vivent par paires et rarement en petites troupes. Malgré
leur caractère sauvage, on en élève en domesticité, comme
les agamis, et, dans cet état, ils rendent d'assez grands services, en défendant les oiseaux de basse-cour contre les rapaces,
sans en exempter les aigles et les vautours.

Le *kamichi* ordinaire et le *chaïa* sont les seules espèces de ce
genre ; le premier est très remarquable par une corne droite
qu'il porte au sommet de la tête, et dont le second est privé.

§ III. Les RALES (*rallus*) ont le bec de longueur moyenne,
droit ou faiblement arqué, et terminé en pointe. Leurs tarses
sont médiocres, leur corps très comprimé latéralement, leurs
ailes courtes, arrondies et concaves inférieurement; ils volent
par conséquent avec difficulté et ne peuvent soutenir leur vol
que pendant peu de temps. Leurs doigts allongés et peu flexibles les empêchent de se percher ; aussi demeurent-ils constamment à terre, et le plus souvent dans les marais et autres
endroits humides. Ils nichent en rase campagne, parmi les
joncs et les plantes aquatiques, et pondent environ douze œufs.

Mais si les *râles* volent mal, ils courent avec agilité ; leurs
tarses allongés et leur corps mince et grêle leur rendent la marche facile ; ils nagent aussi très aisément et quelquefois même
entre deux eaux, de sorte qu'ils ont un double moyen d'échapper au chasseur, qui les recherche avec d'autant plus d'activité
que leur chair grasse et agréable forme un des meilleurs gibiers.
Ils sont si rusés qu'ils mettent souvent en défaut la sagacité des
chiens. Quand ils se voient vivement poursuivis, s'ils rencontrent sur leur passage quelque buisson ou quelque arbuste
touffu, ils s'y élancent tout à coup et sans être aperçus, et y
restent immobiles, quoiqu'ils voient les chiens rôder autour de
leur retraite.

Ces oiseaux, se nourrissant spécialement de vers, d'insectes
et de petits mollusques, ne sont que de passage dans les pays

tempérés; cependant ils y restent plus long-temps que la plupart des autres oiseaux de rivage, parce qu'au besoin ils peuvent également vivre de baies et de semences.

Nous avons en France trois espèces de ce genre : le *râle d'eau* est de la taille de la perdrix et a le plumage brun-fauve tacheté de noir en dessus; le *râle de genêt* ou *roi des cailles* est ainsi appelé parce qu'il se tient principalement dans les lieux où croît ce petit arbuste, et qu'il arrive et part avec les cailles; la *marouette*, le plus petit des trois, n'est pas beaucoup plus grande que le mauvis.

§ IV. Les **POULES D'EAU** (*gallinula*) ont beaucoup de rapports avec les râles par leurs mœurs et par toute leur conformation intérieure et extérieure, et il est difficile de distinguer certaines espèces de ces deux genres par des caractères rigoureux. Cependant il faut observer que les poules d'eau ont le bec généralement plus court, plus gros, plus voûté, en un mot plus semblable à celui des gallinacés, et que d'ailleurs cet organe entame plus ou moins les plumes du front, pour y former une plaque cornée comme chez les cassiques (*fig.* 3). En outre, les râles ont toujours les doigts libres et sans membrane sur leurs bords, tandis que beaucoup d'espèces de *poules d'eau* ont les doigts garnis de festons, ce qui leur donne plus de prise sur l'eau et leur rend la nage plus facile.

Ce genre nombreux a été subdivisé en trois petits sousgenres. 1° Les POULES D'EAU proprement dites ont le bec peu voûté et peu différent de celui des râles, et leurs doigts sont à peine bordés; telle est la *poule d'eau* de notre pays. 2° Les TALÈVES ou POULES SULTANES (*porphyrio*) ont le bec beaucoup plus gros que large et la plaque du front très grande et presque ronde; telle est la *poule sultane ordinaire*, qui est originaire d'Afrique et qu'on élève dans nos parcs. 3° Enfin les MORELLES ou FOULQUES (*fulica*) ont la plaque frontale très grande et les doigts très fortement bordés de membrane (*fig.* 4); nous en avons une en France; c'est la *foulque* ou *morelle commune*.

Nous terminerons l'histoire des échassiers par celle du FLAMMANT (*phœnicopterus*) (*fig.* 5), genre singulier d'oiseaux aquatiques qui ne se rapportent bien ni à l'ordre dont nous parlons ni à celui des palmipèdes. Par la longueur de leurs tarses, la nudité du bas de leurs jambes, la brièveté de leur queue et par leur genre de vie, ils se rapprochent évidemment des oiseaux de rivage, tandis que la nature de leur plumage serré et lustré et la palmure entière qui réunit leurs doigts antérieurs leur donnent plus de rapports avec ceux de l'ordre suivant. Mais ils ont dans la forme de leur bec un caractère unique ; cet organe, large et dentelé sur ses bords, au lieu d'être droit ou régulièrement courbé comme celui des autres oiseaux, se fléchit subitement en bas et semble comme brisé vers le milieu. L'oiseau se sert de ce bec, qui est emmanché sur un cou d'une longueur excessive, pour fouiller dans la vase et y ramasser les vers, les coquillages et le frai de reptile ou de poisson dont il fait sa nourriture. Il l'emploie aussi pour se soutenir dans la marche, en appuyant sa partie courbée sur le sol.

On trouve les *flammans* réunis en troupes dans toutes les parties du monde ; voyageurs comme la plupart des oiseaux aquatiques, ils volent par bandes nombreuses en formant un triangle comme les grues et les oies sauvages. Pour nicher, ils construisent au milieu des eaux, dans les marais, etc., un nid de terre élevé, sur lequel ils se mettent à califourchon pour couver leurs œufs, parce que la longueur excessive de leurs jambes ne leur permettrait pas de les couver, s'ils étaient placés sur un sol uni.

On ne connaît bien qu'une seule espèce de ce genre qui a près de quatre pieds de haut, et dont le plumage est blanc et rouge, excepté les rémiges qui sont noires ; il paraît que le rouge est d'autant plus prononcé que l'oiseau est plus avancé en âge.

VIe Ordre. — PALMIPÈDES.

Les *palmipèdes* forment un des ordres les mieux caractérisés de l'ornithologie, par leurs pieds palmés et placés à la partie postérieure de leur corps, par leurs tarses courts et généralement comprimés, enfin par leur plumage ferme, lustré, imbibé d'un suc huileux qui le rend imperméable à l'eau. Au-dessous des plumes se trouve, près de la peau, un duvet fin et épais qui garantit l'oiseau des variations atmosphériques et surtout des atteintes du froid.

Au contraire des échassiers, dont le tronc est mince et comprimé latéralement, les *palmipèdes* ont cette partie du corps extrêmement large, afin que l'animal touche l'eau par une plus grande surface et puisse nager avec plus de facilité. Ils doivent cette largeur de leur corps à l'étendue considérable de leur sternum, qui, s'étendant beaucoup en arrière du côté de l'abdomen, protége ainsi plus efficacement les organes intérieurs contre les variations du temps. Une autre particularité qui favorise singulièrement la natation chez ces oiseaux, ce sont la palmure de leurs doigts et la position reculée de leurs pattes, qui frappent ainsi l'eau avec plus de force et par une plus grande surface.

L'eau peut donc être regardée comme le véritable élément des *palmipèdes;* c'est là qu'ils cherchent leur nourriture et qu'ils passent la plus grande partie de leur vie. Quelques-uns n'en sortent que pour faire leur ponte, pour laquelle ils ont même soin de ne pas s'éloigner de leur séjour favori. Ils construisent toujours leur nid sur le bord des eaux, parmi les plantes aquatiques ou dans les fentes des rochers voisins des lacs ou des mers qu'ils fréquentent; et, pour le rendre plus mollet, ils en garnissent l'intérieur d'une grande quantité de duvet qu'ils arrachent de leur corps.

On divise cet ordre en quatre grandes familles, les *brachyptères,* les *longipennes*, les *totipalmes* et les *lamellirostres.*

I^r* Famille.— BRACHYPTÈRES (pl. XIX).

Cette famille comprend les palmipèdes qui volent le plus mal; quelques-uns même ne volent pas du tout. On peut donc les regarder comme représentant dans cet ordre les brévipennes de celui des échassiers. Mais, bien différens de ces derniers qui courent avec beaucoup d'agilité, les *brachyptères* ne peuvent pas même marcher; leurs pattes sont implantées tellement à l'arrière du corps que, lorsqu'ils veulent en faire usage, ils sont obligés de se tenir dans une position presque verticale; et comme d'ailleurs l'habitude qu'ils ont de vivre constamment dans l'eau rend leurs pieds très sensibles aux moindres inégalités du sol, ils ne peuvent se mouvoir qu'avec peine sur un terrain uni, de sorte qu'un coup de vent un peu fort suffit pour les faire tomber à chaque pas. Cependant, par compensation, ils marchent assez bien à la surface de l'eau en s'aidant de leurs ailes.

Les *brachyptères* sont par conséquent les oiseaux aquatiques par excellence, car ils ne peuvent vivre ni sur la terre ni dans l'atmosphère. Dans l'eau, au contraire, leurs mouvemens ont une aisance et une rapidité qu'on ne trouve pas même dans le cygne, le pélican, etc.; ils nagent à sa surface et plongent dans son sein avec une agilité si extraordinaire, qu'on prétend qu'ils échappent au plomb mis en mouvement par la poudre, en plongeant aussitôt après avoir vu la lumière du fusil.

Cette famille comprend cinq genres : les *grèbes*, les *plongeons*, les *guillemots*, les *pingouins* et les *manchots*.

§ I. Les GRÈBES (*podiceps*) (*fig.* 6) ont le bec droit, conique et pointu, les doigts garnis de festons membraneux, au lieu de véritables palmures, et les ongles larges et aplatis.

Ces oiseaux vivent sur les lacs et les étangs, et rarement sur les rivages de la mer; on ne les y trouve que pendant leurs migrations d'un lieu dans un autre. Ne pouvant marcher sur la terre qu'avec une extrême difficulté, ils sont alors forcés de se jeter dans toutes les eaux qu'ils rencontrent dans leur route. Ils nagent avec une égale facilité à la surface ou au sein des eaux; dans ce dernier cas, ils se servent de leurs ailes et semblent voler au milieu de cet élément. Leur plumage est tellement serré qu'il a presque l'éclat de l'argent, surtout sur la gorge; ce qui, joint à l'épais duvet qui se trouve au-dessous, les rend peu impressionables à l'humidité et aux variations atmosphériques. Quoique les *grèbes* volent mal, ils peuvent néanmoins se soutenir quelque temps dans les airs et y fournir une petite course, lorsqu'ils se voient vivement poursuivis. On leur fait la chasse à cause de la beauté de leur plumage, qu'on emploie comme fourrure pour la fabrication de palatines.

Ces oiseaux se nourrissent de poissons, d'insectes, de reptiles, et, au besoin, de matières végétales. Ils sont plus communs dans les régions tempérées que dans celles du Nord ou du Midi; ils placent leur nid sur les joncs, et, après l'avoir fixé à quelque plante aquatique, le laissent flotter au gré des eaux. Ils y pondent trois ou quatre œufs.

Nous avons en Europe quatre espèces de ce genre : le *grèbe huppé*, le *grèbe cornu*, le *jougris* et le *castagneux*.

§ II. Les PLONGEONS (*colymbus*) ont, comme les précédens, le bec droit, conique et pointu, les tarses comprimés, les ailes faibles, mais non tout à-fait impropres au vol, le plumage serré et lustré; en un mot, toute leur organisation ressemble à celle des grèbes; mais il est deux caractères qui ne permettent pas de les confondre avec eux, ce sont la *pal-*

mure entière de leurs doigts et la *forme pointue de leurs ongles* (*fig.* 7).

Cette conformation, secondée par la position reculée des pattes, favorise particulièrement la natation, et surtout l'action de plonger, et leur a fait donner leur nom français. Aussi ne quittent-ils jamais l'eau, où ils se cachent le plus souvent à nos regards, en se tenant submergés et ne montrant que de temps en temps leur tête pour respirer un instant. Quand le besoin de la reproduction les force de se rendre à terre, pour construire leur nid et déposer leurs œufs, ils choisissent les endroits isolés et voisins de leur élément, afin d'être toujours à portée de s'y réfugier en cas de surprise. Ils sont tellement gauches en marchant, qu'ils ne peuvent se mouvoir qu'à l'aide de leurs ailes; encore leur arrive-t-il fréquemment de tomber à plat ventre, surtout lorsqu'étant poursuivis vivement, ils veulent se hâter un peu plus qu'à l'ordinaire.

Les *plongeons*, à l'opposé des grèbes, sont beaucoup plus communs dans le Nord que dans les pays tempérés, et ne se montrent pas dans le voisinage des régions intertropicales. Toutefois ils voyagent fréquemment en suivant le cours des eaux, et sans presque faire usage de leurs ailes, quoiqu'ils aient le vol assez rapide, bien que peu soutenu. Leur nourriture consiste en poissons, mollusques, reptiles, insectes aquatiques, et quelquefois en substances végétales. Ils nichent partout où ils se trouvent et pondent seulement deux œufs.

Trois espèces principales se rapportent à ce genre, ce sont l'*imbrim* ou *grand plongeon*, qui a plus de deux pieds de long; le *lumme* ou *moyen plongeon*, qui est un peu plus petit, et le *cat-marin* ou *petit plongeon*, qui a généralement moins de deux pieds. On les rencontre souvent sur les côtes de l'Océan Atlantique.

§ V. Les **GUILLEMOTS** (*uria*) ont à peu près le bec des plongeons; mais *ils manquent absolument de pouce*, ont les ailes encore plus courtes qu'eux et à peu près complètement impropres au vol.

Ce sont des oiseaux nageurs par excellence, qui vivent en troupes dans les mers glaciales qui recouvrent le pôle septentrional; ils ne quittent ces contrées désertes, où ils trouvent le repos et la sécurité, que lorsque les froids, devenant trop intenses, ne leur permettent plus de trouver les poissons et les insectes dont ils font leur nourriture. Alors ils descendent le long des côtes jusque dans le nord de l'Europe ; mais ils n'y restent que le temps indispensable ; dès que la température devient plus douce, ils se hâtent de regagner leur patrie et vont y faire leur ponte. C'est la seule époque de l'année où ils se montrent volontairement à terre ; et comme ils sont alors exposés à mille dangers, ils ont soin de choisir les rochers les plus inaccessibles, dans les fentes desquels ils établissent leur nid. Ils ne pondent qu'un seul œuf dont la grosseur est proportionnée à la taille de l'oiseau. Hors ce temps, on ne voit jamais les *guillemots* à terre, à moins qu'ils n'y soient poussés par quelque cause accidentelle, telle qu'une tempête.

On trouve en Europe quatre ou cinq espèces de ce genre ; les principales sont : le *guillemot à capuchon*, le *guillemot à miroir blanc* et le *guillemot nain* ou *pigeon du Groenland*.

§ IV. Les PINGOUINS (*alca*) (*fig.* 8) ont le bec le plus singulier que l'on connaisse ; il est extrêmement comprimé latéralement, tranchant sur le dos et presque semblable à une lame de couteau. Comme les guillemots, ils manquent de pouce et ont les doigts complètement palmés ; comme eux aussi, ils n'habitent que les régions voisines du cercle arctique, et ne se montrent à terre qu'à l'époque de la ponte ou lorsque le mouvement des flots les y lance malgré eux. Ils nichent également sur les rochers et ne pondent qu'un seul œuf. La plupart des espèces peuvent encore voler un peu, mais ce n'est qu'en rasant la surface des eaux, et le plus souvent même en s'y soutenant sur leurs larges palmures.

On divise ce genre en deux sous-genres. 1° Les MACAREUX (*fratercula*) ont le bec plus court que la tête et aussi haut que long ; tels sont le *macareux moine* et le *starick*. 2° Les PINGOUINS propres ont le bec plus long et moins large proportionnellement ; tels sont le *pingouin commun* et le **grand pingouin**, qui est de la taille de l'oie et dont les ailes sont totalement impropres au vol.

§ V. Les MANCHOTS (*aptenodytes*) (*fig.* 9) sont de tous les palmipèdes ceux dont les ailes sont les plus courtes et les plus impropres au vol. Ces organes ne sont garnis que de vestiges de plumes, qui, vues de loin, ressemblent à des écailles plutôt qu'à de véritables pennes. Leurs pieds, placés tout-à-fait à l'arrière du corps, sont munis d'un talon comme celui d'un quadrupède, et ont de plus un petit pouce dirigé en avant, caractère qui, joint à la forme de leur bec, qui est long et pointu, empêche de confondre ces palmipèdes avec aucun autre de leur ordre.

Ce sont des oiseaux stupides qu'on trouve par bandes immenses dans les îles désertes des mers antarctiques, mais seulement au temps de la ponte ; dans les autres temps, ils se tiennent dans les eaux, occupés à la recherche de leur nourriture. Le temps le plus intéressant de leur histoire est celui de leur reproduction. A cette époque, ils sortent de la mer par troupes innombrables et se mettent à circonscrire un espace carré que l'on appelle *camp*. Ils choisissent à cet effet un terrain bien nivelé et peu pierreux, afin de pouvoir y marcher librement et sans douleur. Ils divisent ensuite ce grand carré en autant de petits carrés qu'il y a de paires d'oiseaux, et, après avoir disposé leur nid, ils y déposent trois ou quatre œufs. La quantité de *manchots* ainsi réunis dans un camp est si considérable qu'on a pu charger de leurs œufs des chaloupes entières.

Les principales espèces de ce genre sont : le *grand manchot*, le *gorfou* et le *sphénisque du Cap*.

IIe *Famille.* — LONGIPENNES (pl. XX).

Si les brachyptères, par suite de la faiblesse de leurs ailes, qui leur rendent le vol très difficile ou même impossible, et de la disposition de leurs pieds, qui les prive de la faculté de marcher, sont forcés de se tenir presque constamment dans l'eau, les *longipennes* ou *grands-voiliers*, par une organisation opposée et par le développement extraordinaire de leurs membres antérieurs, ont les habitudes presque aussi exclusivement aquatiques. Mais tandis que les premiers ne peuvent que côtoyer timidement les rivages sans oser s'exposer sur la haute mer, les derniers, emportés par un vol rapide, semblent se complaire à mesurer l'immensité de l'Océan, du nord au midi et de l'est à l'ouest.

Aussi, bien loin que leur séjour ordinaire soit borné à tel ou tel pays, ils sont presque tous cosmopolites, à l'exception d'un petit nombre d'espèces qui ne s'écartent jamais des mers intertropicales. Toutefois, ils ont tous un lieu de prédilection où ils viennent régulièrement faire leur ponte annuelle ; et ce sont ordinairement les rochers escarpés ou les sables arides qui bordent la mer. Hors ce temps, qu'ils sont obligés de passer sur la terre ferme, ils ne quittent pas la haute mer. On dirait qu'ils se plaisent à braver les orages et l'agitation des flots. Toujours en mouvement, ils ne s'arrètent pas même pour prendre leur nourriture ; ils saisissent en volant les poissons qui nagent à la surface des flots et qui font leur nourriture exclusive. Ce n'est que rarement qu'ils se reposent en nageant quelques instans.

Cette famille, facile à reconnaître à l'étendue de son vol, à son bec sans dentelures et à la disposition de ses palmures qui n'embrassent que les trois doigts antérieurs, comprend six grands genres : les *pétrels*, les *albatros*, les *mauves*, les *labbes*, les *sternes* et les *becs en ciseaux*.

§ I. Les **PÉTRELS** (*procellaria*) (*fig.* 1) se distinguent des autres longipennes par leur bec crochu, par le défaut de pouce, qui est remplacé par un ongle simple implanté dans le talon, et surtout par la forme de leurs narines tubuleuses et placées sur le dos du bec.

De tous les oiseaux qui fréquentent la haute mer, ces oiseaux sont les plus marins ; du moins ils paraissent être les plus étrangers à la terre, les plus hardis à s'éloigner des côtes, à s'écarter et même à s'égarer sur le vaste Océan. Quelque loin que les navigateurs se soient portés, quelque avant qu'ils aient pénétré, soit du côté des pôles, soit dans les autres zones, ils ont toujours trouvé les *pétrels*, qui semblaient les attendre et même les devancer dans les parages les plus lointains et les plus orageux ; partout ils les ont vus se jouer avec sécurité, et même avec gaîté, sur cet élément terrible dans sa fureur, et devant lequel l'homme le plus intrépide est forcé de pâlir.

Pourvus de longues ailes, munis de pieds palmés, ces oiseaux ajoutent à l'aisance et à la légèreté du vol, et à la facilité de nager, la singulière faculté de courir et de marcher sur l'eau, en effleurant les ondes par le mouvement d'un transport rapide ; c'est de cette marche sur l'eau que vient le nom de pétrel, formé de l'anglais *peter* ou *petrill* (Pierre), que les matelots anglais ont imposé à ces oiseaux, en les voyant courir sur l'eau comme l'apôtre saint Pierre y marchait.

Mais, malgré leur audace à braver la furie des vagues, les *pétrels* sont souvent forcés, quand ils sont surpris par un violent orage, à chercher un refuge sur les vaisseaux qu'ils rencontrent en mer; et cette circonstance leur a fait donner le nom d'*oi-seaux de tempête*, sous lequel les marins français les désignent ordinairement.

Toutes les espèces de ce genre sont à demi nocturnes et ne pêchent que le matin ou le soir. Leur nourriture consiste en vers, mollusques, et surtout en chair de cétacés et de phoques, dont ils trouvent les cadavres flottans à la surface des ondes. Le jour ils se cachent dans les fentes des rochers, dans les cavernes ou dans les trous abandonnés par les lapins et autres animaux terriers. Ils nichent sur les écueils, au milieu des rochers les plus escarpés, où il est d'autant plus difficile d'aller les dénicher que, lorsqu'ils se voient surpris dans leur retraite, ils dégorgent aux yeux de l'observateur imprudent une huile abondante qu'ils tiennent toujours en réserve dans leur estomac, et qui, l'aveuglant momentanément, peut le faire tomber dans des précipices, sur lesquels il se déchire contre les pointes des rochers. Ces oiseaux sont peu féconds et ne pondent qu'un seul œuf, du moins ceux dont on connaît le mode de propagation.

On divise les pétrels en trois sous-genres. 1° Les PÉTRELS propres ont les tarses médiocres, les narines ouvertes dans un tube commun placé sur le dos du bec, et la mandibule inférieure comme tronquée et dépassée par la supérieure, qui forme au-devant d'elle un crochet très marqué; tels sont le *damier*, le *pétrel géant* et le *fulmar*. 2° Les THALASSIDROMES, ou PÉTRELS-HIRONDELLES (*thalassidroma*), ont le bec des précédens, excepté qu'il est un peu plus court; mais ils ont leurs jambes plus hautes, leur taille plus petite (celle d'une hirondelle) et leur plumage tout noir. On n'en connaît bien que deux espèces, appelées spécialement *oiseaux de tempête*. 3° Les PUFFINS (*puffinus*) ont les deux tubes des narines distincts et la mandibule inférieure recourbée comme la supérieure; tels sont le *puffin commun*, le *puffin d'Écosse*, le *puffin obscur*, etc.

§ II. Les ALBATROS (*diomedea*) sont les plus grands et les plus massifs de tous les palmipèdes, sans en excepter les cygnes et les oies; leur taille suffirait donc pour les distinguer. Toutefois, on doit ajouter à ce caractère la forme de leur bec, qui est fort, tranchant et terminé par un croc qui semble articulé avec le reste de l'organe. Leurs narines sont tubuleuses comme celles des pétrels; mais les tubes, au lieu d'être placés à la partie supérieure du bec, comme chez ces derniers, sont couchés sur les côtés; d'ailleurs les *albatros* manquent complètement de pouce et même de l'ongle qui en tient lieu chez les pétrels.

Ce sont des oiseaux des mers australes, fort connus de tous les navigateurs, qui les désignent, à cause de leur taille énorme, sous le nom de *moutons du Cap* ou de *vaisseaux de guerre*. Avec la force de leur corps et la puissance de leurs armes, les *albatros* sembleraient devoir être des oiseaux redoutables ; cependant ils n'attaquent jamais les autres palmipèdes, qui croisent avec eux sur ces vastes mers ; il paraît même que les mouettes, qui sont beaucoup plus petites, mais dont le caractère est plus hargneux et les appétits plus voraces, les inquiètent souvent pour saisir leur proie. Leur nourriture consiste en mollusques, en vers, en frai de poissons, etc. On les cite aussi comme de grands ennemis des poissons volans. Ils nichent à terre et pondent un grand nombre d'œufs bons à manger. On dit que leur voix est aussi retentissante que le braiment de l'âne.

Nous ne connaissons que trois ou quatre espèces de ce genre, toutes des mêmes parages et peu distinctes entre elles.

§ III. Le nom de MAUVES (*larus*) (*fig.* 2) comme celui de *mouettes* et de *goélands*, sont trois mots à peu près synonymes qui s'appliquent aux longipennes dont le bec est allongé, comprimé, à mandibule supérieure légèrement arquée à son extrémité, et à mandibule inférieure formant en dessous un angle saillant. Leurs pieds ont toujours quatre doigts et le pouce libre ; leurs narines, percées à jour, sont placées vers le milieu du bec et les pennes de leur queue sont d'égale longueur.

Ce sont des oiseaux voraces et criards qu'on peut regarder comme les vautours de la mer ; ils la nettoient des cadavres de toute espèce qui flottent à sa surface ou qui sont rejetés sur ses rivages ; aussi lâches que gourmands, ils n'attaquent que les animaux faibles et ne s'acharnent que sur les cadavres. Leur naturel sanguinaire et leur gloutonnerie insatiable, secondés par la force de leur bec, trouvent un sujet de dispute dans la moindre proie que le hasard leur présente. On les voit se battre avec acharnement entre eux pour la curée, et même lorsqu'ils sont renfermés et que la captivité aigrit encore leur humeur féroce, ils se blessent sans motif apparent, et le premier dont le sang coule devient la victime des autres ; car alors ils mettent en pièces le malheureux qu'ils avaient blessé sans raison. Cet excès de cruauté ne se manifeste guère que dans les grandes espèces ; mais toutes, grandes et petites, étant en liberté, s'épient, se guettent sans cesse pour se piller et se dérober réciproquement leur nourriture. Tout convient à leur voracité. Le poisson frais ou gâté, la chair sanglante, récente ou corrompue, les écailles, les os même, tout se digère et se consume dans leur estomac; ils avalent l'amorce et l'hameçon; ils se précipitent avec tant de violence qu'ils s'enferrent eux-mêmes sur une pointe que le pêcheur place sous le hareng ou la pélamide qu'il leur offre en appât.

Les *mauves* se tiennent en troupes sur les bords de la mer; la terre et l'eau leur conviennent également; ils courent assez vite sur ses rivages et volent encore mieux au-dessus de ses flots; leurs longues ailes et la quantité de plumes dont leur corps est garni les rendent très légers. Aussi n'est-il pas rare d'en rencontrer en mer à cent lieues de distance du rivage, ce qui leur est d'autant plus facile qu'ils ont la faculté de se reposer à la surface de l'eau. Leur vie se passe à chercher leur nourriture flottante sur les mers ou à attendre, immobiles au milieu des rochers, l'approche des cadavres que les flots rejettent sur les bords. Une des meilleures aubaines, pour leur voracité, est la rencontre d'une carcasse de baleine; ils se jettent sur elle, s'y établissent à demeure et ne la quittent qu'après l'avoir entièrement dépouillée de toutes ses chairs infectes et corrompues.

Ces palmipèdes nichent à terre, sur les rivages de la mer; ils déposent de deux à quatre œufs dans des nids tellement rapprochés que le sol en est entièrement couvert, et qu'un homme peut en ramasser jusqu'à cent cinquante sans changer de place.

On divise ces oiseaux en GOÉLANDS, dont la taille surpasse celle du canard, comme le *goéland bourgmestre*, le *goéland à manteau noir*, le *goéland à manteau bleu*; et en MOUETTES, qui sont plus petites que le canard; telles sont la *mouette blanche* ou *sénateur*, la *mouette à pieds bleus*, la *mouette tridactyle*, la *mouette à capuchon noir*, etc. Toutes ces espèces se rencontrent sur nos côtes.

§ IV. Les LABBES (*lestris*) ou *stercoraires* ne diffèrent presque pas des mauves par leurs caractères zoologiques; ils ont seulement les narines plus rapprochées de l'extrémité du bec et la queue terminée en pointe. Mais leur naturel est tout-à-fait opposé. Tandis que les précédens, lâches et timides autant que gloutons, ne se jettent que sur les cadavres, les *ster-*

coraires intrépides et courageux, poursuivent les goélands sans
relâche, et les forcent à abandonner la proie dont ils viennent
de s'emparer ; se jetant alors avec agilité sur ces alimens qui
semblent tomber du haut des airs, ils les saisissent avant même
qu'ils soient arrivés à terre. C'est à cette habitude que ces
oiseaux doivent leur nom scientifique de *lestris* qui, en grec,
signifie *voleur*. Quant au nom de *stercoraire*, il leur a été
donné par suite d'une opinion erronée qui leur attribuait la
coutume de se nourrir des excrémens des mauves ; erreur qui
avait pour fondement l'habitude qu'ils ont de faire dégorger
aux mouettes la nourriture qu'elles tiennent dans leur bec, et
qui, tombant de très haut, semblait sortir de la partie postérieure du corps de l'oiseau. Indépendamment de cette manière
de se pourvoir, les *labbes* se nourrissent encore de poissons,
de mollusques et de la chair des cadavres que la mer rejette
sur ses bords ; mais ils pêchent rarement pour leur compte.

Ces oiseaux sont inconnus dans les régions voisines de l'é-
quateur et rares dans les pays tempérés ; ils habitent exclusivement les contrées voisines du pôle arctique. C'est là que, réunis en bandes innombrables, ils font leur nid à terre et y déposent de deux à quatre œufs.

On ne connaît bien que trois espèces de ce genre : le *labbe
cataracte,* le *labbe parasite,* et le *labbe pomarin.*

§ V. Les STERNES (*sterna*) (*fig.* 3) se distinguent à leur
bec long, effilé et très pointu, à leurs narines percées à jour, à
leurs ailes longues et à leur palmure en partie découpée. On
les appelle communément *hirondelles de mer,* à cause de leurs
ailes excessivement longues et pointues, de leur queue presque
toujours fourchue et de leurs tarses courts, caractères qui leur
donnent un port et un vol analogues à ceux des hirondelles
terrestres.

Non moins agiles et aussi vagabondes que ces dernières,
les *sternes* rasent les eaux d'une aile rapide, en poussant
de grands cris comme les martinets, et enlèvent en volant les
petits poissons qui nagent à la surface de l'eau, comme nos
hirondelles communes y saisissent les insectes. Ils ne prennent
leur proie qu'au vol ou en se posant un instant sur l'eau, sans
la poursuivre à la nage, car elles n'aiment point à nager ; leurs
tarses sont trop courts et la palmure de leurs pieds trop petite
pour leur rendre facile cette espèce de mouvement. Elles ont
le vol presque continuel et généralement bas, afin d'être à

portée de saisir leur nourriture. Si, pendant qu'elles sont à une certaine distance de la surface des eaux, elles aperçoivent quelque mollusque ou poisson dont elles puissent faire leur proie, elles se laissent tomber d'aplomb comme une masse et l'emportent dans leur bec pour le dévorer.

Presque toutes les espèces de ce genre nombreux sont marines ; un petit nombre seulement fréquentent les eaux douces ; mais toutes nichent en grandes troupes sur les bords de la mer et pondent de deux à quatre œufs.

On divise ce groupe en deux sous-genres : les *hirondelles de mer*, qui ont la queue fourchue, et les *noddis* qui l'ont égale. Le *pierre garin* ou *hirondelle de mer à bec rouge*, la *petite hirondelle de mer*, la *guiffette* ou *hirondelle noire*, l'*hirondelle à bec noir*, etc., sont les principales espèces du premier sous-genre ; l'*oiseau fou* est le plus commun du second groupe.

§ VI. Les BECS EN CISEAUX (*rhyncops*) (*fig.* 4) ressemblent aux sternes par leurs tarses courts, leurs ailes longues et leur queue fourchue ; mais ils s'en distinguent, ainsi que de tous les autres oiseaux terrestres et aquatiques, par la forme singulière de leur bec, dont la mandibule supérieure est d'un quart plus courte que l'inférieure, et dont toutes les deux sont aplaties en lames qui se correspondent sans entrer l'une dans l'autre ; conformation qui leur donne une physionomie particulière et leur rend la préhension de la nourriture difficile. Ils ne peuvent saisir leurs alimens, qui consistent en petits poissons, à la manière des autres palmipèdes, tels que les mauves, les hirondelles de mer, etc. Pour atteindre et saisir leur proie avec un organe ainsi disposé, ils sont réduits à raser en volant la surface de la mer et à la sillonner avec la partie inférieure du bec plongée dans l'eau, afin d'attraper le poisson en dessous et de l'enlever en passant. C'est de ce manége que ces oiseaux ont reçu le nom de *coupeurs d'eau*, comme, par celui de *becs en ciseaux*, on a voulu désigner la manière dont tombent l'une sur l'autre les deux moitiés inégales de leur bec.

Toutes les espèces de ce petit genre sont propres aux mers intertropicales et surtout à celles qui baignent les côtes de l'Amérique méridionale. La plus commune est de la taille d'un pigeon et se fait remarquer par son plumage varié de blanc et de noir, et par ses pattes et son bec rouges ; c'est le *bec en ciseaux ordinaire*. On en connaît aussi une espèce à plumage plus clair ; c'est le *bec en ciseaux cendré*.

Ve *Famille.* — Totipalmes (pl. XX).

Le caractère le plus remarquable et le plus important des palmipèdes de cette famille, se tire de la palmure de leurs pieds, qui embrasse le pouce en même temps que les trois autres doigts; d'où il résulte pour ces oiseaux une facilité plus grande pour nager avec agilité. Une particularité de leurs habitudes, qui semble, au premier abord, incompatible avec cette conformation de leurs pieds, c'est qu'ils sont les seuls, parmi les palmipèdes, qui jouissent de la faculté de se percher sur les arbres; mais cette faculté s'explique par la longueur considérable de leurs doigts, qui sont d'ailleurs assez flexibles pour embrasser les branches sur lesquelles ils se tiennent. Quant au reste de leur organisation, ils ont les ailes très longues et les pattes très courtes, ce qui les rend en même temps bons voiliers et excellens nageurs; deux qualités nécessaires à ces oiseaux voraces, qui ont besoin, pour satisfaire leur appétit, d'une très grande quantité de poisson. La gloutonnerie produit chez la plupart d'entre eux le même résultat que chez les vautours. Quand ils sont repus outre mesure, ils sont d'une indolence et d'une apathie incroyables; c'est au point que d'autres espèces affamées vont jusqu'à les contraindre à dégorger le poisson qu'ils n'ont pas encore digéré. L'étendue et la puissance de leur vol paraîtrait devoir rendre les *totipalmes* à peu près cosmopolites comme les longipennes; cependant la plupart des espèces de cette famille sont circonscrites à certaines latitudes qu'elles ne franchissent presque jamais, soit qu'elles redoutent les vicissitudes atmosphériques, soit que leur paresse les retienne dans leur pays natal. Tous ces oiseaux nichent sur les côtes, parmi les rochers, et pondent de deux à quatre œufs.

On compte six genres de cette famille; ce sont les *pélicans,* les *cormorans,* les *frégates,* les *fous,* les *anhingas* et les *paille-en-queue.*

§ I. Les **PÉLICANS** (*pelecanus*) (*fig.* 5) étaient autrefois fort célèbres par leur prétendue tendresse pour leur progéniture, qu'ils nourrissaient, disait-on, de leur propre sang à défaut d'autres alimens. D'après ce préjugé, ces oiseaux étaient devenus l'emblème de la tendresse maternelle; mais cette opinion était d'autant plus fausse, que les *pélicans* se montrent au contraire si indifférens à l'égard de leurs petits, qu'ils ne cherchent pas même à les défendre quand ils se les voient ravir.

On reconnaît aisément ces palmipèdes aux parties nues qu'ils ont à la tête, à la face et sur la gorge, à leur queue arrondie, à leur bec énormément long, et surtout à la vaste poche membraneuse qu'ils ont entre les deux branches de la mandibule inférieure. Cette poche est un réservoir dans lequel ils accumulent au moment de la pêche une ample provision de poissons, qu'ils vont ensuite digérer à leur aise sur quelque arbre voisin des fleuves, des lacs ou des mers qu'ils fréquentent. On prétend que cette poche est assez grande pour contenir plus de trente livres de poisson, et quand elle est distendue, elle est assez vaste pour envelopper la tête d'un homme.

La manière dont les pélicans pêchent mérite d'être remarquée. Quand ils sont seuls, ils attrapent le poisson comme les goélands et les sternes, c'est-à-dire en planant à la surface de l'eau ; mais quand ils sont plusieurs ensemble, ils se placent en ligne, et nagent de compagnie en formant un grand cercle, qu'ils resserrent peu à peu pour y renfermer leur proie, qui ne peut ainsi leur échapper.

Il paraît qu'on peut apprivoiser le *pélican*, et même en tirer parti pour la pêche. En lui attachant au cou un anneau qui l'empêche d'avaler le poisson, il s'en remplit la poche qu'il a sous le bec et le rapporte à son maître. C'est surtout en Chine qu'on l'emploie à cet usage.

On compte trois ou quatre espèces de ce genre, qui toutes sont de forte taille et des contrées orientales ou méridionales. Nous en avons une qui est assez commune sur les grands fleuves d'Allemagne ; c'est le *pélican ordinaire*.

§ II. Le nom de CORMORAN (*carbo*) (*fig.* 6) est formé par corruption du latin *corvus marinus*, corbeau de mer, nom qui a été donné à ces oiseaux à cause de la couleur noire de leur plumage et du séjour qu'ils fréquentent habituellement. Ils ont, comme les pélicans, la face et la gorge nues et la queue à pennes égales ; mais leur bec est beaucoup plus court et comprimé, avec un fort crochet à son extrémité, et de plus ils manquent de cette poche que les premiers ont entre les branches de leur mandibule inférieure.

Ces oiseaux sont d'excellens plongeurs, qui poursuivent leur proie avec une vitesse étonnante ; mais s'ils nagent bien, ils marchent très mal ; obligés de se tenir dans une position presque verticale, ils tomberaient à la moindre impulsion, si les fortes pennes de leur queue ne leur servaient comme un troisième membre pour se soutenir.

Les *cormorans* sont aussi voraces que les pélicans, et comme ils n'ont pas de poche extérieure, ils avalent le poisson à mesure qu'ils le saisissent ; mais dès que leur estomac est assez plein, ils vont, comme ces derniers, se percher sur quelque arbre, et y demeurent immobiles jusqu'à ce que la digestion en soit achevée. Alors ils se remettent à la pêche et font une nouvelle provision.

Ces oiseaux nichent indistinctement à terre, dans les fentes des rochers, parmi les plantes basses, ou sur des arbres élevés, et pondent de deux à quatre œufs. Les principales espèces de ce genre sont le *cormoran ordinaire*, qui est de la taille d'une oie, et le *petit cormoran* ou *nigaud*, qui est un peu moindre.

§ III. Les FRÉGATES (*tachypetes*) ont, comme les précédens, la face et la gorge nues, et, comme les cormorans en particulier, le bec crochu à son extrémité ; mais elles se distinguent des uns et des autres par la longueur excessive de leurs ailes et par leur queue fourchue. Les premières sont si étendues, que l'oiseau a plus de douze pieds d'envergure, quoiqu'il ne soit pas plus grand qu'un canard ; aussi vole-t-il avec une rapidité qui ne le cède pas même à celle de l'hirondelle ; et c'est à cause de cette agilité que les matelots, le comparant au plus vite de nos vaisseaux, lui ont donné le nom de *frégate*. Balancées sur leurs ailes immenses, les *frégates* épient du haut des airs le moment favorable pour fondre sur leur proie, et non contentes de poursuivre les poissons volans, dont elles sont les ennemies déclarées, elles forcent d'autres oiseaux aquatiques à dégorger la proie qu'ils ont avalée pour s'en emparer.

On ne trouve la *frégate* qu'entre les deux tropiques ; elle aime à parcourir les vastes mers de cette zône brûlante, sur lesquelles elle s'égare quelquefois jusqu'à plusieurs centaines de lieues des côtes. Elle niche à terre, dans les iles désertes, et pond deux ou trois œufs. On ne connaît bien qu'une seule espèce de ce genre, la *frégate commune* à plumage noir, plus ou moins varié de blanc sous la gorge et le cou.

§ IV. Les FOUS (*sula*) ont encore des rapports avec les pélicans par la nudité de leur face et de leur gorge; mais la forme de leur bec les distingue au premier abord des trois genres précédens, car ils ont cet organe dentelé sur ses bords, et sans crochet à son extrémité; leur queue est d'ailleurs pointue, tandis qu'elle est ronde chez les pélicans et les cormorans, et fourchue chez les frégates.

Ces oiseaux ont été nommés *fous*, à cause de la stupidité avec laquelle ils se laissent attraper par les hommes et les oiseaux, surtout par les frégates, qui les poursuivent et les frappent à coups d'ailes et de bec, pour les contraindre à leur abandonner le poisson qu'ils ont pêché.

Les *fous* nagent très rarement et ne plongent jamais. Ils volent continuellement au-dessus des vagues, en guettant les poissons qui approchent de leur surface. A terre, ils se tiennent sur les rochers élevés, d'où leur vue s'étend au loin sur la mer; mais ils marchent mal et ont besoin, comme les cormorans, de s'aider de leur queue pour se soutenir. Ils nichent en grandes troupes et de la même manière que les frégates.

On ne compte que deux espèces de fous : le *fou de bassan*, qui est blanc, et le *fou bouby*, qui est brun.

§ V. Les ANHINGAS (*plotus*) (*fig.* 7) sont des oiseaux très remarquables par la longueur excessive de leur cou, qui surpasse celle de leur corps entier, par la grandeur de leur queue, qui est large et arrondie, par leur tête petite et par leur bec droit, grêle, pointu et finement dentelé sur les bords. Du reste, leurs pieds, leur face et leur gorge sont comme ceux des cormorans.

Si les *anhingas* n'avaient pas le cou aussi démesuré et si leurs pattes étaient un peu plus longues, ils pourraient être regardés comme de très jolis oiseaux, et même tels qu'ils sont, ils ne le cèdent en beauté qu'à un petit nombre de palmipèdes de la famille des canards. Leur plumage est d'une couleur noire avec des reflets verts et des taches blanches qui font un très bel effet à l'œil.

Les rapports d'organisation interne et de formes extérieures entre ces oiseaux et les cormorans ne peuvent qu'entraîner une grande ressemblance dans leurs habitudes. Les *anhingas* sont en effet d'excellens nageurs et plongent avec facilité; ils détruisent d'autant plus de poissons, qu'étant d'un naturel rusé et d'une patience admirable, ils savent varier leur manière de pêcher selon l'occasion. Tantôt ils poursuivent leur proie à la nage, et tantôt ils l'attendent perchés sur quelque arbre voisin de l'eau, sur laquelle ils étendent leurs regards. Ils peuvent également guetter le poisson en planant au-dessus des eaux; leurs ailes sont assez puissantes pour les soutenir long-temps sans se fatiguer. Du reste, les *anhingas* ne sont pas moins apathiques que les autres totipalmes; quand ils sont repus, ils se tiennent tranquilles dans leur nid, qu'ils placent au haut de quelque arbre élevé, et n'en sortent que lorsque le besoin impérieux de la faim se fait sentir.

On trouve ces oiseaux dans les contrées méridionales des deux continens, où l'on en compte deux ou trois espèces toutes fort semblables. La plus commune est l'*anhinga ordinaire*.

§ VI. Les PAILLE-EN-QUEUE (*phaeton*) diffèrent des cinq genres qui précèdent par leur tête et leur gorge complètement emplumées, et par deux pennes longues et étroites qu'ils portent à leur queue, et qui de loin ressemblent à deux pailles; c'est à cette particularité qu'ils doivent leur nom français. Leur bec est médiocre, légèrement arqué et dentelé sur ses bords, et leurs ailes ont une longueur considérable; aussi volent-ils très loin sur les mers intertropicales, qu'ils ne quittent jamais ou dont ils ne s'éloignent que très peu; c'est pour cela que leur apparition annonce aux navigateurs le voisinage de la zone torride, et qu'on les a nommés *oiseaux du tropique*.

La forme générale des *paille-en-queue* ressemble plutôt à celle des sternes qu'à celle des autres totipalmes, et leur taille, ainsi que l'étendue de leur vol, les en rapproche également; on peut même dire que les premiers s'écartent plus des côtes que les hirondelles de mer, parce que, ayant la faculté de nager que n'ont pas ces dernières, ils peuvent, lorsqu'ils sont fatigués, se reposer quelques instans pour reprendre ensuite leur essor. Cependant il arrive assez souvent que ces oiseaux, assaillis par la tempête, sont obligés de venir se poser sur les mâts des vaisseaux, où ils se laissent quelquefois prendre à la main.

On ne compte que deux ou trois espèces de *paille-en-queue*, qui sont toutes de la taille d'un pigeon; ce sont le *paille-en-queue ordinaire* et le *paille-en-queue à queue rouge*.

IVᵉ *Famille.* — LAMELLIROSTRES (pl. XX).

Les palmipèdes de cette famille se reconnaissent à leur bec plus ou moins aplati dans tout ou partie de son étendue et profondément dentelé sur ses bords Leurs tarses sont très courts et implantés fort en arrière sur l'abdomen ; leurs pieds ont en avant trois doigts fortement palmés, et en arrière un pouce petit et libre ; leurs ailes sont médiocres.

Cet ensemble de caractères ne permet pas aux *lamellirostres* de voler presque continuellement au-dessus de la surface des eaux, comme le font la plupart des longipennes et des totipalmes, ni de marcher facilement à terre pour y chercher leur subsistance ; mais il favorise singulièrement la nage. Aussi ces oiseaux se tiennent-ils habituellement dans les eaux douces ou salées, où ils nagent et plongent avec autant de facilité que de grace. Mais ils ne s'avancent jamais dans la profondeur ; ils préfèrent les endroits dont ils peuvent, à l'aide de leur long cou, atteindre le fond et fouiller la vase, pour y chercher les herbes, les graines, les petits poissons et les reptiles dont ils font leur nourriture.

Quoique ces palmipèdes n'aient pas les ailes très étendues, ils ne laissent pas, du moins les espèces qui habitent le Nord, de faire annuellement de longs voyages vers les contrées méridionales. C'est surtout dans les hivers rigoureux qu'ils nous arrivent en troupes immenses et viennent inonder nos rivières, nos étangs et les côtes de nos mers.

Cette famille ne comprend que deux genres : les *canards* et les *harles.*

§ I. Les CANARDS (*anas*) forment le genre le plus nombreux de l'ordre ; on en compte plus de cent vingt espèces, toutes faciles à distinguer à leur bec large, revêtu d'une peau molle et garni sur ses bords de lames minces, placées transversalement et paraissant destinées à laisser écouler l'eau, quand l'oiseau a saisi sa proie, ou à tamiser la vase pour en retirer les matières nutritives qu'elle peut contenir. Ils recherchent indistinctement les herbes tendres, les graines farineuses et les petits animaux aquatiques, tels que insectes, têtards, petits poissons, etc. Aussi ont-ils le gésier fort et plus musculeux que les autres palmipèdes.

Ces oiseaux sont sans contredit les plus beaux et les plus utiles de leur ordre. Leur plumage offre souvent des couleurs vives et éclatantes, surtout sur les ailes, où l'on voit fréquemment de grandes taches d'une teinte différente du fond, que l'on désigne sous le nom de *miroirs*. Ce sont aussi les seuls palmipèdes dont la chair soit bonne à manger, et qui s'accoutument bien à la vie domestique. Tandis que les autres, farouches et sauvages, ne peuvent vivre qu'au milieu de leur élément favori et ont la chair huileuse, dure et repoussante, les *canards* semblent rechercher la société de l'homme, auquel ils fournissent un aliment agréable ; aussi en élève-t-on beaucoup dans les basses-cours avec les volailles ; la seule chose qu'ils exigent de plus que ces dernières, c'est une mare d'eau où ils puissent aller barbotter de temps en temps.

Ces palmipèdes nichent toujours sur le bord des eaux, parmi les joncs et les autres plantes aquatiques ; ils font un nid fort large qu'ils tapissent intérieurement d'une couche épaisse de duvet arraché de leur corps. Ils pondent un grand nombre d'œufs (de huit à douze) ; leurs petits marchent au sortir de leur coquille.

On divise ce genre nombreux en quatre sous-genres : les *cygnes*, les *oies*, les *canards* et les *millouins*.

1° Les Cygnes (*cygnus*) sont tous remarquables par leur grande taille et par la beauté de leur port ; mais leur caractère distinctif se tire de la forme de leur *bec, qui est également large en avant et en arrière, très épais à sa base*, et a les narines percées vers le milieu de sa longueur. Ils vivent principalement de substances végétales. Quoique les anciens aient dit de leur voix, les *cygnes* ne sont point chanteurs. Les espèces européennes sont : le *cygne à bec rouge* et le *cygne à bec noir*. Le *cygne noir* est une troisième espèce de la Nouvelle-Hollande.

2° Les Oies (*anser*) ont le bec très épais à sa base, plus court que la tête et *terminé en pointe* (*fig.* 8) ; leurs tarses sont assez longs ; aussi marchent-elles assez bien et nagent-elles peu. Elles volent toujours en grandes troupes. Les principales sont l'*oie commune*, qui a fourni l'epèce domestique, l'*oie de neige*, l'*oie rieuse*, la *bernache*, le *cravant*, etc.

3° Les Canards *ont le bec moins épais que large à sa base, et le pouce sans bordure.* Leurs pattes sont moins reculées en arrière qu'aux suivans, ce qui leur rend la marche plus facile ; ils fréquentent plutôt les eaux douces que la mer. Tels sont le *souchet*, le *tadorne*, le *pilet*, le *canard ordinaire*, le *siffleur*, la *sarcelle*, etc.

4° Les MILLOUINS *ont le bec moins épais que large à sa base et d'égale largeur dans toute son étendue;* leurs tarses sont très courts et très reculés en arrière; *leur pouce est garni d'une petite membrane*, ce qui leur rend la nage plus aisée et la marche plus difficile; ils sont généralement marins. La *macreuse*, le *garrot*, l'*eider* qui fournit l'*édredon*, le *millouin*, le *millouinan*, le *morillon*, etc., sont les principales espèces de ce sous-genre.

§ II. Les HARLES (*mergus*) (*fig. 9*) ont le bec plus mince et plus cylindrique que les canards; les dents qui en garnissent les bords sont dirigées en arrière et ressemblent à celles d'une scie. Du reste, leur port et leur plumage sont à peu près les mêmes qu'aux précédens. Ils nagent et plongent beaucoup mieux qu'ils ne marchent; aussi ne se montrent-ils presque pas à terre. Leur nourriture est entièrement animale et consiste exclusivement en poissons et en reptiles, qu'ils retiennent très facilement au moyen des dentelures de leur bec. Ils ont par conséquent l'estomac moins musculeux que les canards.

On ne voit ces oiseaux dans les climats tempérés que durant la saison du froid ; l'été, ils se tiennent dans les régions septentrionales où ils font leur ponte. Beaucoup plus farouches que les espèces du genre canard, ils ne peuvent s'habituer à la vie domestique. Ce serait, au reste, une bien triste conquête pour l'homme ; leur chair n'est pas bonne à manger.

On ne compte que cinq ou six espèces de *harles;* trois appartiennent à l'Europe et viennent même en France ; ce sont le *grand harle* ou *harle vulgaire*, le *harle huppé*, et le *petit harle* ou *piette*.

HERPÉTOLOGIE.

OU

HISTOIRE NATURELLE DES REPTILES.

Si l'on prenait le nom de *reptile* dans son acception rigoureuse, cette classe embrasserait non-seulement les serpens, qui sont de véritables reptiles, mais encore les vers, les limaces et plusieurs autres animaux qui sont réellement rampans, et ne comprendrait ni les tortues, ni les lézards, ni les grenouilles, qui, étant pourvus de membres, peuvent marcher et sauter comme les quadrupèdes. Mais les naturalistes ont changé la signification de ce mot, pour ne l'appliquer qu'aux *animaux vertébrés, à sang froid, à respiration pulmonaire simple, et dont le corps n'est couvert ni de poils ni de plumes.*

Ainsi définis, les *reptiles* forment une classe qui, sans être aussi naturelle que les trois autres du même embranchement, ne laisse pas de présenter de nombreux rapports dans l'organisation et dans les habitudes des êtres qu'elle comprend. On n'y trouve plus réunies les espèces les plus disparates, telles que les vers, les mollusques et les serpens, qui appartiennent non-seulement à des classes, mais encore à des embranchemens différens.

Le caractère zoologique le plus important qui rassemble les vertébrés de la classe dont nous parlons, c'est leur mode de respiration. Tandis que dans les autres animaux à poumons, tout le sang veineux, que les vaisseaux apportent dans le ventricule droit du cœur, est lancé dans l'organe respiratoire pour y subir le contact de l'air atmosphérique, chez les reptiles, ce liquide ne passe qu'en partie dans les artères pulmonaires, parce que la cloison qui sépare les deux ventricules est percée d'une ouverture qui le laisse entrer en partie dans le cœur gauche sans qu'il ait respiré ; de sorte que cette partie retourne aux organes à l'état de sang veineux.

La respiration de ces animaux est par conséquent incomplète ; et comme c'est de cette fonction que dépendent la chaleur animale, la sensibilité nerveuse et l'énergie musculaire, il s'ensuit que ces trois qualités doivent être moindres chez les reptiles que chez les animaux à respiration pulmonaire complète. C'est pour cela que les *reptiles* ont le sang froid et que la température de leur corps est à peine supérieure à celle de l'air atmosphérique. C'est encore pour cela que leurs forces motrices sont ordinairement peu actives ; et quoique plusieurs aient les mouvemens agiles en certains momens, leurs habitudes sont généralement paresseuses, leur digestion excessivement lente, et dans les pays froids ou tempérés ils passent presque tous l'hiver en léthargie. C'est à la même cause qu'il faut attribuer le peu de développement de leurs sensations ; chez eux, point de toucher ni de goût, parce que leur corps est tout couvert d'écailles et que leur langue n'est presque jamais charnue. Leur oreille n'est marquée au dehors que par une petite cavité à peine sensible, et demeure même quelquefois complètement invisible ; leurs yeux, sans avoir une portée remarquable, ont cependant une troisième paupière, comme chez les oiseaux, et se font surtout remarquer par la fixité de leur regard. Leur cerveau et surtout leur cervelet sont très petits, et l'influence de ces organes sur les muscles est beaucoup moins indispensable que dans les animaux des deux classes précédentes. On a vu des tortues se mouvoir plusieurs jours après avoir eu la tête tranchée, et tout le monde sait que la queue d'un lézard remue long-temps après avoir été séparée du tronc. C'est pour cela que les reptiles sont si vivaces, parce qu'il faut, pour ainsi dire, tuer à part chacune des parties de leur corps ; l'ablation du cœur et du cerveau même ne détermine pas une mort immédiate chez la plupart d'entre eux.

Une particularité remarquable dans ces vertébrés, c'est la lenteur de leur digestion ; quand ils se sont bien gorgés d'alimens, ils restent plusieurs semaines et même plusieurs mois sans prendre aucune espèce de nourriture ; on a vu des tortues vivre pendant dix-huit mois sans qu'on leur ait donné aucun aliment.

Une autre singularité non moins frappante, c'est la faculté qu'ils ont de suspendre pour ainsi dire à volonté leur respiration, sans que pour cela la circulation soit arrêtée ; c'est ce

qui leur permet à tous de plonger beaucoup plus long-temps
que les mammifères et les oiseaux , et de vivre au sein de la
terre, où l'air ne pénètre qu'à peine et en très petite quantité.
Du reste, ils ont tous une trachée-artère et un organe vocal,
quoiqu'ils n'aient pas tous une *voix*.

La génération des *reptiles* est ovipare; cependant il en est
plusieurs espèces qui pondent des œufs, dont le petit est déjà
tout formé ; il en est même quelques-unes qui sont tout-à-fait
vivipares, comme la vipère, et d'autres qu'on peut rendre telles
à volonté, en retardant leur ponte par la privation de l'eau,
comme les couleuvres. Du reste, aucun de ces animaux ne couve
ses œufs, et la plupart d'entre eux même les abandonnent complètement après s'en être débarrassés. La chaleur et l'humidité
combinées ensemble en déterminent l'éclosion ; aussi les reptiles ne sont-ils jamais plus abondans que dans les années chaudes et pluvieuses.

La forme de ces vertébrés est beaucoup plus variée que celle
des mammifères et des oiseaux ; il y a sous ce rapport bien plus
de différence entre une tortue et un lézard , entre un serpent et
une grenouille, qu'entre les mammifères les plus différens par
leur conformation extérieure. Observons cependant qu'il existe
entre ces extrêmes des espèces intermédiaires qui effacent cette
disparité, et forment la nuance de l'un à l'autre ; la tortue serpentine, qui a les formes et la queue allongées, fait la transi-
tion des tortues aux lézards ; et ceux-ci établissent, par les
scinques, un passage des serpens aux salamandres, et par conséquent aux grenouilles.

Dans tous les cas , leurs formes sont généralement peu agréables et quelquefois hideuses ; et comme d'ailleurs leurs habitudes
sont dégoûtantes, en ce qu'ils fréquentent communément les
marais infects et fangeux , mangent gloutonnement et couvrent
d'une salive écumante leur proie avant de l'avaler, leur aspect
nous inspire presque toujours un sentiment de dégoût invo-
lontaire.

Ces habitudes, jointes à la fixité de leur regard, à leur démarche incertaine et tortueuse, et surtout au venin que quelques-uns d'entre eux distillent dans leur morsure, sont les
principales causes qui font de ces êtres un objet de haine et
d'horreur pour tout le monde. Ce n'est pas qu'ils soient tous
également à craindre; c'est à peine si la sixième partie des espèces connues a des propriétés dangereuses ; encore celles qui
les possèdent n'en font-elles usage que contre leurs ennemis et

seulement dans le cas de provocation de leur part. Car, malgré leur puissance meurtrière, les *reptiles*, même les plus venimeux, sont timides et défians, et cherchent plutôt à se cacher dans des retraites obscures qu'à attaquer d'autres animaux. On peut donc dire en général que ces animaux sont plus difformes que redoutables. Quelques-uns même nous fournissent des alimens sains, les tortues, les iguanes, les grenouilles, par exemple; d'autres des médicamens ou des produits intéressans; et presque tous nous rendent service en nous délivrant d'une multitude d'insectes, dont les ravages sont souvent si funestes à l'agriculture et à l'économie domestique; tandis que d'un autre côté ils nourrissent une foule de quadrupèdes et d'oiseaux qui nous préservent de leur trop grande multiplication.

La classe des *reptiles* se divise naturellement en quatre ordres: les *chéloniens* ou *tortues*, les *sauriens* ou *lézards*, les *ophidiens* ou *serpens*, et les *batraciens* ou *grenouilles*.

1° Les Chéloniens ont le cœur à deux oreillettes, le corps enveloppé dans deux boucliers solides, les membres au nombre de quatre, les formes courtes et les mâchoires sans dents.

2° Les Sauriens ont aussi le cœur à deux oreillettes; mais leurs formes sont toujours plus allongées et leurs mâchoires garnies de dents; leur corps est couvert d'écailles et sans boucliers, et leurs membres sont au nombre de quatre ou rarement de deux seulement.

3° Les Ophidiens ont, comme les précédens, le cœur à deux oreillettes, les mâchoires garnies de dents, le corps allongé et presque toujours couvert d'écailles; mais ils manquent complètement de membres.

4° Les Batraciens ont le cœur à une seule oreillette, le corps sans écailles et simplement enduit d'un liquide visqueux et gluant, les mâchoires tantôt garnies tantôt dépourvues de dents, les membres le plus souvent au nombre de quatre, mais quelquefois de deux seulement.

Ier *Ordre.* — CHÉLONIENS (pl. XXI).

Cet ordre ne comprend qu'une seule famille, l'une des plus faciles à reconnaître de la zoologie. Les reptiles qu'elle renferme ont le corps rond ou ovale, les pattes toujours au nombre de quatre, mais si courtes qu'ils rampent plutôt qu'ils ne marchent véritablement. Leur tête, petite et supportée sur un cou très mobile, se termine par deux mâchoires garnies, au lieu de dents, d'une matière cornée qui rend leur bouche semblable à un bec d'oiseau, et surtout à celui d'un perroquet; mais le caractère le plus important de ces reptiles se tire de la disposition de leur squelette. Leurs côtes, au nombre de huit paires, sont tellement aplaties qu'elles ne laissent aucun intervalle entre elles, et se soudent toutes l'une avec l'autre et avec la colonne vertébrale, de manière à ne faire qu'une seule plaque plus ou moins bombée qu'on a nommée *carapace*; leur sternum, qui est aussi très développé en longueur et en largeur, forme au-dessous du corps une seconde plaque appelée *plastron*, qui n'est pas moins solide que la supérieure, et qui est aplati ou convexe dans les femelles et concave dans les mâles. Ces deux pièces sont unies ensemble dans toute leur circonférence par des os intermédiaires qui se portent de l'une à l'autre, excepté en avant et en arrière, où il reste deux ouvertures destinées à laisser passer la tête, la queue et les membres.

Cette structure du tronc exclut toute mobilité dans les régions thoracique, abdominale et lombaire de la colonne vertébrale, de sorte que les mouvemens dont cette tige est susceptible sont restreints à ses portions cervicales et coccygiennes.

L'immobilité des parois de la cavité du tronc, jointe au défaut de diaphragme, rend la respiration impossible aux tortues par le mécanisme ordinaire. Pour que l'air s'introduise dans leurs poumons, elles commencent par s'en remplir la bouche, et, fermant ensuite leurs narines et leurs mâchoires, elles pressent ce fluide avec leur langue, pour le forcer à entrer dans la trachée-artère et par suite dans les poumons. La respiration terminée, des muscles particuliers compriment ces derniers organes, et déterminent la sortie de l'air qui a servi à l'accomplissement de cette fonction.

La portion extérieure des côtes, qui ne sont couvertes que par l'épiderme, nécessite un mode particulier d'articulation pour les membres, qui se fixent en dedans au lieu de s'attacher au dehors. Pour cela, les omoplates et les os du bassin s'arcboutent entre la carapace et le plastron, pour fournir un point d'appui solide à l'humérus et au fémur. Cette disposition permet aux tortues terrestres de retirer complètement leurs pattes sous le test qui protége leur corps, et de les garantir du danger où elles sont quelquefois d'être écrasées.

Les habitudes des *chéloniens* varient d'après la conformation de leurs extrémités; ceux qui les ont terminées en moi-

gnons courts et arrondis vivent sur terre, tandis que les espèces qui les ont disposées en forme de nageoires préfèrent le
séjour des eaux. Elles vivent d'herbes, de fruits, d'insectes et
même de poissons; mais elles consomment peu d'alimens. Leur
digestion est tellement lente, qu'elles peuvent se passer de
nourriture pendant plusieurs mois sans paraître en souffrir.

Les œufs de tortues sont généralement gros et couverts d'une
coquille dure; la femelle en pond un assez grand nombre
qu'elle cache dans le sable, et qui éclosent sous l'influence des
rayons solaires Rien n'est curieux à voir comme ces jeunes
reptiles au moment où, rompant leur coquille, ils sortent de dessous terre pour la première fois; leur apparition a quelque
chose de magique, et surprend d'autant plus que rien à la surface du sol n'annonçait auparavant leur future sortie.

Cette famille comprend trois principaux genres : les *tortues*,
les *émydes* et les *chélonées*.

§ I. Les TORTUES (*testudo*) se reconnaissent à la forme
de leurs pattes, dont les doigts, au nombre de cinq en avant
et de quatre en arrière, forment un moignon court et épais,
et sont garnis d'ongles gros et obtus propres à fouir la terre.

La carapace de ces chéloniens est beaucoup plus forte et plus
bombée que celles des espèces aquatiques, parce qu'ils sont
plus exposés à être écrasés que ces dernières. Ce sont les reptiles les moins agiles que l'on connaisse, et leur lenteur est
passée de tout temps en proverbe. Malgré cela, elles ne manquent pas d'énergie, et, semblables en cela aux paresseux,
elles retiennent si fortement ce qu'elles ont saisi avec leur
gueule, qu'il est impossible de leur faire lâcher prise; et c'est
sans doute sur l'observation de ce fait qu'on aura composé la
fable de la tortue voyageant dans les airs, portée par deux oiseaux.

On rencontre des *tortues* dans tous les pays chauds ou tempérés ; mais elles redoutent les climats des pays septentrionaux, et pour peu que le froid devienne vif dans les contrées
qu'elles habitent, elles tombent dans un engourdissement léthargique pendant l'hiver; c'est ce qui arrive à toutes les espèces qui se trouvent en France, en Allemagne et même en
Italie.

Les habitudes des *tortues* sont très douces ; elles sont même
presque stupides et n'ont guère d'autre instinct que celui qui les
porte à se nourrir, à se reproduire et à se mettre à l'abri des

dangers qui les menacent. Du reste, elles ne font preuve d'industrie dans aucune circonstance de leur vie. On peut les élever en domesticité ; mais cette circonstance paraît n'exercer aucune influence sur leur manière de vivre. On les tient ordinairement dans les jardins, où elles détruisent une grande quantité d'insectes, de vers et de limaçons, service qui n'est point à dédaigner. Leur chair, bonne à manger, sert à faire d'excellens bouillons pour les estomacs faibles et délicats. En Italie on les applique sur l'abdomen en guise de cataplasmes, dans les cas d'inflammation des organes contenus dans cette cavité.

On connaît plus de vingt espèces de ce genre, dont il existe deux sur tous les rivages de la Méditerranée ; ce sont la *tortue grecque* et la *géométrique*, dont la taille est d'environ huit pouces. Il y en a aux Indes une espèce beaucoup plus grande et qui pèse jusqu'à deux cents livres.

§ II. Les ÉMYDES (*emys*) (*fig.* 1), ou *tortues d'eau douce*, forment le genre le plus nombreux de la famille ; il ne comprend pas moins de trente-cinq à quarante espèces. Destinées à établir le passage des tortues terrestres aux espèces marines, elles varient dans leur conformation, selon qu'elles tiennent davantage des unes ou des autres. Celles qui ont plus de rapports avec les tortues propres ont la carapace plus bombée, les ongles plus gros et plus développés ; elles habitent généralement les eaux bourbeuses et le voisinage des marais. Celles, au contraire, qui ont la carapace déprimée ou aplatie, les ongles faibles et les pieds plus larges, se rapprochent davantage des chélonées ou tortues marines, et se tiennent de préférence dans les eaux courantes et profondes des fleuves ou des rivières ; mais dans tous les cas, elles ont toutes un caractère distinctif dans la *flexibilité de leurs doigts et dans la membrane qui les unit les uns aux autres*.

Toutes les *émydes* sont par conséquent plus ou moins aquatiques ; c'est pour cela qu'elles ont les narines placées tout-à-fait à l'extrémité de leur museau, et portées sur une espèce de pied mobile, pour qu'elles puissent respirer sans sortir de leur élément. C'est dans le même but qu'elles ont le cou long et flexible, afin de pouvoir porter leur tête à une plus grande distance ; c'est aussi pour cela qu'elles ont l'ouverture de ces organes garnie d'un muscle circulaire qui la ferme à la volonté de l'animal, pour empêcher l'eau de s'y introduire, lorsque celui-ci reste long-temps plongé au milieu de ce liquide.

Les *émydes*, comme tous les chéloniens en général, habitent les contrées chaudes ou tempérées, et paraissent être plus nombreuses en Amérique que dans l'ancien continent. Elles vivent principalement de vers, de mollusques, de poissons et de reptiles qui abondent dans les lieux qu'elles fréquentent ; mais elles peuvent aussi se nourrir de plantes aquatiques, comme les tortues de terre.

Quant au reste de leurs habitudes, elles ne diffèrent en rien des tortues terrestres ; leur reproduction, leur ponte, leur marche sur la terre, etc., présentent les mêmes particularités et n'ont pas besoin d'être mentionnées de nouveau.

Le genre *émyde*, étant très étendu, a été subdivisé en plusieurs sous-genres. 1° Les ÉMYDES propres sont celles qui se rapprochent le plus des tortues de terre ; elles ont le corps ovale, les pattes courtes, la carapace médiocrement bombée ; telles sont l'*émyde commune* ou *orbiculaire*, et l'*émyde bourbeuse*, qui ont huit à dix pouces de long et qu'on trouve dans presque toute l'Europe. 2° Les ÉMYSAURES (*chelonura*), qui ont le corps étroit et la queue assez longue, ce qui leur donne des rapports avec les lézards. On n'en connaît qu'une espèce, vulgairement appelée *tortue serpentine* ; elle est des pays chauds de l'Amérique septentrionale et pèse quelquefois jusqu'à vingt livres et au-delà. 3° Les TRIONYX (*trionyx*) ou *tortues molles* diffèrent des précédentes, en ce qu'elles ont la carapace couverte d'une peau molle au lieu d'écaille, et les pattes plus palmées, avec trois doigts seulement onguiculés (d'où leur nom de *trionyx*, trois ongles), ce qui rend leurs habitudes plus aquatiques ; aussi se tiennent-elles presque constamment dans l'eau des fleuves méridionaux. Tels sont le *trionyx du Nil* et le *trionyx d'Amérique* ; ils dévorent l'un et l'autre une grande quantité de poisson et d'oiseaux aquatiques.

§ III. Les CHELONÉES (*chelonia*) (*fig.* 6), ou *tortues de mer*, sont les plus grandes de la famille ; elles se reconnaissent aisément à la forme aplatie de leur carapace, à la longueur de leurs pattes, qui ne peuvent, surtout celles de devant, être complètement ramenées sous le bouclier, et enfin à la disposition de leurs doigts, qui sont dépourvus d'ongles et élargis en nageoires, à peu près comme ceux des phoques et des morses, parmi les mammifères.

Leurs habitudes sont encore plus aquatiques que celles des émydes ; elles se tiennent constamment dans les eaux de la mer , où elles vivent en troupes nombreuses, sans toutefois former de sociétés ; elles ne quittent ce séjour favori que vers le milieu du printemps, lorsque le besoin de se reproduire les contraint à gagner le rivage. A cette époque, elles sortent sur le soir avec circonspection, s'avancent lentement sur la grève, cherchant de tous côtés un endroit convenable pour déposer leurs œufs. Lorsqu'elles l'ont trouvé, elles se mettent à creuser un trou profond de deux pieds environ, et y déposent dans une seule nuit de cinquante à quatre-vingts œufs gros comme ceux de l'oie , et recouverts d'une peau molle comme du parchemin. Elles les couvrent ensuite de sable et regagnent la mer, laissant à la chaleur du soleil le soin de les échauffer et de les faire éclore. Trois semaines après , on voit sortir de ce trou une multitude de petites tortues qui courent se jeter à l'eau. Elles ont d'abord de la peine à s'y enfoncer ; et comme leur test est encore peu consistant , elles deviennent fréquemment la proie des oiseaux aquatiques ou des poissons; mais celles qui survivent sont bientôt en état, non-seulement de se défendre contre eux , mais encore de les attaquer à leur tour.

La nourriture des *tortues de mer* est partie végétale et partie animale ; elles mangent indistinctement des fucus ou des mollusques et des vers, et leur bec est assez fort pour briser la plupart des coquilles , et en retirer l'animal dont elles sont friandes.

Quoique les *chélonées* soient essentiellement marines et qu'elles nagent avec facilité, elles s'éloignent généralement peu des côtes ; on les aperçoit, de la surface de l'eau, paître les fucus et les herbes qui croissent au fond de la mer. C'est là qu'on les harponne quelquefois comme les cétacés ; mais le plus souvent on aime mieux profiter du moment où elles sortent de l'eau pour aller faire leur ponte. Alors on les trouve par troupes marchant sur les bords de la mer et l'on en prend un très grand nombre. Mais quoiqu'elles soient peu agiles, il faut se hâter de les mettre dans l'impossibilité de s'enfuir ; car sans cela la plupart d'entre elles regagneraient la mer. A cet effet, on retourne sur le dos toutes celles qu'on peut atteindre, et on a ensuite tout le temps nécessaire pour s'en emparer.

Mais, quelque aquatiques que soient les habitudes des *chélonées*, elles ne peuvent pas respirer dans l'eau ; elles sont obligées, pour remplir cette fonction, de s'élever à la surface de la mer d'intervalle en intervalle ; et lorsqu'elles veulent dormir, elles ne peuvent le faire qu'en nageant ou plutôt en s'élevant sur l'eau et en se laissant aller à ses mouvemens. Dans ce cas, il n'est pas rare que leur carapace se dessèche au point qu'elles ne peuvent plus s'enfoncer qu'avec difficulté.

On connaît sept ou huit espèces de ce genre, dont les principales sont la *tortue franche*, le *caret*, la *caouane* et le *luth*.

La *tortue franche* est une des plus grandes espèces de la famille de chéloniens ; sa carapace n'a pas moins de sept ou huit pieds de long et va quelquefois au-delà ; elle est, dit-on, assez vaste pour servir de nacelle à un homme. Leur chair, qui est saine et fort bonne à manger, peut fournir au repas de cent personnes. Malgré cette taille énorme, leur cerveau n'est pas plus gros qu'une fève, ce qui explique le peu d'intelligence de ces reptiles et la faculté qu'ils ont de vivre pendant long-temps après qu'on leur a coupé la tête. Cette espèce est fort commune sur les rivages de presque toutes les îles de l'Océan Indien, dont les habitans trouvent en elles une ressource précieuse. Ils vont les attendre la nuit sur la grève, et les assomment à coups de massue lorsqu'elles y vont faire leur ponte. Une seule femelle pond jusqu'à trois cents œufs ; mais tous n'éclosent pas, et, parmi ceux qui éclosent, un très grand nombre est dévoré avant d'être parvenu à son entier développement.

La *caouane* est encore plus grande que la tortue franche dans les régions voisines de l'équateur ; mais sous nos climats tempérés, elle ne parvient pas à cette taille. Sur les côtes de la Sicile et de la Sardaigne, par exemple, elle ne pèse ordinairement que trois cent cinquante livres, tandis que dans les pays chauds elle pèse souvent plus du double. La chair de cette *chélonée* n'est pas bonne à manger, parce qu'elle est trop grasse ; mais en revanche elle fournit une grande quantité d'huile.

Le *caret* est plus petit que les deux espèces précédentes ; mais il est beaucoup plus célèbre, parce qu'il fournit cette substance cornée, si connue sous le nom d'*écaille* dans le commerce de la tabletterie. Elle se retire de sa carapace, et devient, par la macération ou par l'action de la chaleur, assez souple et assez flexible pour prendre toutes les formes qu'on veut lui donner. C'est ainsi qu'elle sert à faire des tabatières, des lunettes, des manches de bistouris, etc. Cette espèce habite les mers de l'Amérique méridionale et de l'Inde.

Le *luth* est répandu sur toutes les côtes de la Méditerranée et quelquefois même sur celles de l'Océan Atlantique. Les Grecs lui donnèrent le nom qu'il porte, parce que sa carapace molle prend, en se desséchant, la forme d'une *lyre* ou *luth*. Ils la consacrèrent à Mercure, qui est regardé comme l'inventeur de cet instrument de musique. Cette espèce n'est d'aucun usage pour l'homme.

IIe Ordre. — SAURIENS.

L'ordre des *sauriens* ou *lézards* comprend un nombre considérable d'espèces qui, par leurs formes, ressemblent beaucoup à notre lézard commun. Elles ont toutes le corps couvert d'écailles ou de grains durs et pierreux, et terminé par une queue grosse à sa base et faisant avec le tronc une espèce de cône allongé. Leurs côtes, libres comme dans les mammifères, se dirigent en bas pour s'unir avec le sternum et former une cavité complète, qui contient les organes digestifs, circulatoires et respiratoires.

La plupart de ces reptiles ont les mouvemens vifs et agiles, ce qui tient à trois causes principales. D'abord leur cœur, quoique disposé comme celui des tortues, ne permet pas que le sang artériel et le sang veineux se confondent aussi complètement que dans ces dernières, de sorte qu'il y en a une plus grande quantité qui va au poumon. Ensuite, comme les organes respiratoires sont très vastes et occupent presque toute la cavité du tronc, il s'ensuit que leur respiration doit être plus active, et par conséquent leurs muscles doivent avoir plus de vigueur et plus d'énergie. Enfin leurs membres sont plus favorables à la marche que ceux des autres reptiles, en ce que ces organes sont généralement longs, bien proportionnés, et terminés par des doigts dont les phalanges sont plus nombreuses et les ongles plus acérés que ceux de tous les autres vertébrés; ce qui, non-seulement facilite leurs mouvemens sur un sol horizontal, mais encore permet à la plupart d'entre eux de grimper avec agilité le long des murs et même sur les voûtes les plus polies.

Il faut cependant observer que cette longueur des membres, chez les *sauriens*, n'est que relative à celle des autres vertébrés de la même classe; car, si on les compare à celle des quadrupèdes vivipares, ces organes paraîtront très courts, et la marche de ces animaux semblera plutôt embarrassée et rampante que légère et facile. Cela est si vrai que, dans les contrées froides ou tempérées, tous ces animaux s'engourdissent pendant l'hiver; ils s'enfoncent pour cela dans le sein de la terre, où ils tombent dans une léthargie complète. C'est au moment de sortir de cette retraite qu'ils changent de peau; car cette membrane n'ayant point d'élasticité, à cause des écailles qui la recouvrent, doit nécessairement changer à mesure que l'animal grandit, sans quoi elle ne pourrait bientôt plus contenir les viscères.

La bouche des *sauriens* est constamment armée de dents, longues et coniques, tantôt garnissant les mâchoires seulement, tantôt occupant et les mâchoires et la voûte du palais. Mais, dans aucun cas, elles ne servent à la mastication, puisque tous ces animaux avalent leurs alimens sans les mâcher. Les usages de ces organes se bornent par conséquent à saisir et à retenir la proie; car les *sauriens* sont tous carnassiers ou insectivores.

Les habitudes de ces reptiles sont très diverses; les uns recherchent les terrains secs et exposés au soleil, les autres habitent les forêts humides; quelques-uns se tiennent ordinairement dans l'eau; un petit nombre grimpent sur les arbres à l'aide de leurs ongles acérés ou de leur queue prenante. Tous sont ovipares; mais leurs œufs varient en grosseur depuis celle d'un petit pois jusqu'à celle d'un œuf d'oie. Aucun de ces animaux ne couve, parce qu'ayant le sang et le corps froids, ils n'auraient pu communiquer à leurs œufs une chaleur qu'ils n'ont point. L'incubation en est donc confiée à la nature; l'influence solaire, jointe à celle de l'humidité, est la principale cause qui en détermine l'éclosion.

Mais, quoique les *sauriens* ne couvent pas, ils n'abandonnent pas toujours leur progéniture. Certaines femelles les surveillent non-seulement jusqu'à ce qu'ils soient éclos, mais encore long-temps après leur naissance, pour les défendre des dangers qui peuvent les menacer.

Cet ordre, dont on ne faisait jadis qu'un seul genre, est maintenant devenu si nombreux qu'on l'a divisé en six familles : les *crocodiliens*, les *lacertiens*, les *iguaniens*, les *gekcotiens*, les *caméléoniens* et les *scincoïdiens*, auxquelles nous en ajouterons une septième, celle des *paléosaures*, dont les espèces, maintenant éteintes, ne nous sont connues que par les débris qu'elles ont laissés dans le sein de la terre.

Iʳᵉ *Famille.*—Paléosaures.

La famille des *Paléosaures* différait essentiellement de tous les sauriens actuellement existans par la conformation de leurs membres, qui, au lieu de se terminer par des pieds propres à la marche, comme chez tous les reptiles de cet ordre qui vivent encore, présentaient à leur extrémité une large nageoire presque entièrement semblable à celles des poissons. Aussi ne paraissaient-ils jamais à terre; ils passaient toute leur vie au sein des eaux marines, qu'ils sillonnaient dans tous les sens, comme le font encore aujourd'hui les requins, les scies, les espadons, etc.; et cependant, chose singulière! ils avaient les poumons plus développés qu'aucun des reptiles que nous connaissons, ce qui ferait supposer qu'ils avaient besoin de respirer plus fréquemment qu'aucun d'eux.

« Ce sont, dit M. G. Cuvier en parlant de ces êtres singuliers, ce sont de tous les reptiles, et peut-être de tous les animaux perdus ceux qui ressemblent le moins à ce que l'on connaît, et qui sont le plus faits pour surprendre les naturalistes par les combinaisons de leur structure, qui, sans aucun doute, paraîtraient incroyables à quiconque ne serait pas à portée de l'examiner par lui-même, ou à qui il pourrait rester le moindre soupçon sur leur authenticité. » Ce sont les formes les plus bizarres et les plus hétéroclites que l'on puisse se figurer, ainsi que l'on pourra s'en assurer par la description des deux genres qui composent cette famille et dont nous allons parler.

§ I. L'ICHTHYOSAURE (*ichthyosaurus*), dont le nom signifie *poisson-lézard*, a été formé par M. G. Cuvier pour indiquer la nature amphibie de ce reptile extraordinaire, qui tenait de l'un et de l'autre de ces animaux. Il avait un museau de dauphin ou de gavial, des dents de crocodile, une tête de lézard, des pattes de cétacé, mais au nombre de quatre; enfin les vertèbres, la forme et les habitudes d'un poisson.

La grandeur de cet animal, qui pouvait avoir de quinze à vingt-cinq pieds de long, la force et l'acuité de ses dents, qui étaient d'environ quarante à chaque mâchoire, l'agilité de ses mouvemens, que devaient rendre faciles la disposition de ses membres et la nature de l'élément qu'il fréquentait, devaient faire de l'*ichthyosaure* l'un des habitans des mers les plus terribles et les plus redoutables, et il n'a fallu rien moins qu'une épouvantable catastrophe pour anéantir une espèce qui avait tant de moyens de se défendre contre ses ennemis et de se soustraire à toutes sortes de dangers.

La principale espèce de ce genre est l'*ichthyosaure commun*, dont on a trouvé des débris en Angleterre, sur les côtes de la Normandie et dans les plâtrières de Montmartre, près Paris.

§ II. Le PLESIOSAURE (*plesiosaurus*) était encore plus singulier que l'ichthyosaure, quoiqu'il eût plus d'un rapport d'organisation et d'habitudes avec lui, surtout par la conformation de ses membres et par le séjour qu'il habitait. Mais, outre que son tronc était beaucoup plus gros proportionnellement à sa longueur, il avait la queue plus courte, le cou incomparablement plus allongé et presque semblable au corps d'un énorme serpent, la tête petite et analogue à celle d'un lézard. L'espèce unique que l'on a découverte en certaines contrées de la France et de l'Angleterre avait au moins vingt-cinq pieds de long, et si sa queue avait eu la forme et la longueur que nous présentent les autres sauriens, l'animal aurait eu le double de ces dimensions.

IIe Famille. — CROCODILIENS (pl. XXI).

Ces reptiles sont les mieux caractérisés de l'ordre par leur grande taille, par leur queue aplatie latéralement, par la palmure plus ou moins complète de leurs extrémités, et par le nombre de leurs doigts, qui est de cinq en avant et de quatre seulement en arrière, et dont les trois premiers sont seuls onguiculés.

A ces caractères, qui rendent leurs habitudes essentiellement aquatiques et leur marche sur un terrain uni pénible et embarrassée, se joignent plusieurs autres particularités très remarquables. Ils ont, outre les côtes et les fausses côtes ordinaires, des espèces d'arcs osseux qui, partant du milieu de l'abdomen, remontent vers la colonne vertébrale, sans cependant parvenir jusqu'à elle, et forment, pour ainsi dire, une troisième espèce de côtes destinées à protéger les organes digestifs. Leurs poumons ne pénètrent pas jusque dans l'abdomen comme chez les autres reptiles, parce qu'il existe entre cette cavité et celle de la poitrine un diaphragme qui, bien qu'incomplet, ne laisse pas d'empêcher que l'organe respiratoire n'y entre. Pour que l'eau ne puisse pas s'introduire dans les voies aériennes pendant qu'ils restent plongés dans l'eau, leurs narines sont garnies d'un muscle qui les ouvre et les ferme à la volonté de l'animal. Leur langue courte et charnue est attachée au fond de la bouche, ce qui la rend presque invisible et avait fait croire aux anciens, que ces sauriens en étaient entièrement dépourvus. Ils n'ont jamais de dents au palais; mais celles de leurs mâchoires sont extrêmement fortes et pointues, et forment une armure redoutable à laquelle **très** peu d'animaux peuvent résister. Aussi les *crocodiliens* exercent-ils, au sein des fleuves des contrées méridionales, le même empire que l'aigle exerce dans les airs, le lion sur la terre et le requin au sein des mers. Doués d'une agilité effrayante, qu'ils doivent à la palmure de leurs pieds et à l'aplatissement de leur queue, il n'est presque point d'animaux qu'ils ne forcent à la nage. Souvent même, sortant de leur élément favori, ils poursuivent leur proie jusque sur le rivage, et si celle-ci dans sa fuite n'a pas soin de décrire de nombreux circuits, elle finit par tomber tôt ou tard sous la dent de ces terribles sauriens. Mais avec la précaution de se détourner de temps en temps, elle est d'autant plus sûre de leur échapper, que les *crocodiliens* ont les vertèbres du cou garnies sur leurs côtés d'apophyses ou saillies qui les empêchent de changer facilement de direction. Du reste, quand ils peuvent atteindre leur victime, ils l'entraînent d'abord au fond de l'eau pour la noyer, et la cachent ensuite dans quelque caverne pour la laisser se putréfier avant de la manger.

Les *crocodiliens* qui vivent entre les tropiques conservent leur activité pendant toute l'année, mais ceux qui habitent en-deçà tombent pendant l'hiver dans un engourdissement profond.

Ces animaux pondent sur le rivage ordinairement de soixante à quatre-vingts œufs, grands comme ceux de nos oies. Quoique la femelle ne les couve pas, elle ne les abandonne pas comme les autres reptiles; elle veille sur eux et les défend contre les animaux qui voudraient les dévorer; cependant, malgré sa surveillance, la mangouste lui en détruit beaucoup. Ceux qui échappent à cet ennemi éclosent au bout d'environ vingt jours, et les jeunes crocodiles qui en sortent courent se jeter dans les eaux. Comme ils sont alors très petits et privés de dents, ils vivent pendant la première année de vers et de petits insectes, et sont dévorés en grand nombre par les tortues, les loutres et les poissons, de sorte qu'il n'y en a que très peu qui parviennent à l'âge adulte. Du reste, ceux qui l'atteignent ont bien peu d'ennemis à craindre. Leur taille, qui est alors d'environ vingt-cinq pieds, les met en état de résister à presque tous les animaux et même d'en faire leur proie. Ils attaquent indistinctement les chevaux, les buffles, etc., comme les chiens, les chacals et autres petits quadrupèdes ; mais il est rare qu'ils poursuivent leur proie. Comme ils sont peu agiles à la course, ils ont l'habitude de se cacher sur le bord des courans parmi les roseaux, au milieu desquels ils sont invisibles à cause de leur teinte verdâtre, et là ils attendent l'arrivée des gazelles et des différentes espèces d'antilopes qui viennent se désaltérer.

On a remarqué au sujet des *crocodiliens* que ce sont, de tous les animaux, ceux qui offrent la plus grande différence entre les deux extrêmes de leur taille ; ils n'ont guère que six ou sept pouces au moment où ils sortent de leur coquille, et cependant ils doivent parvenir, si rien n'arrête leur développement, jusqu'à vingt-cinq et même trente pieds de long.

Cette famille ne comprend qu'un seul genre, les CROCO-DILES, que l'on a divisés en trois sous-genres : les *gavials*, les *crocodiles* propres et les *caïmans*.

1° Le genre GAVIAL (*gavialis*) (*fig.* 3) est tout asiatique et ne s'est trouvé jusqu'ici que dans le Gange, où l'on en compte deux espèces. On les distingue des crocodiles et des caïmans par leurs mâchoires allongées et étroites au point de former une espèce de bec, analogue à celui des dauphins. Toutes leurs dents sont à peu près d'égale longueur, à l'exception de la quatrième d'en-bas, qui saille un peu plus que les autres, et passe dans une échancrure correspondante de la mâchoire supérieure. Leurs doigts sont entièrement palmés jusqu'à l'origine des ongles, ce qui leur rend la nage très facile ; néanmoins ils sortent assez souvent de l'eau pour se reposer sur les sables de la rive. Les deux espèces connues sont le *gavial ordinaire* et le *petit gavial*.

2° Les CROCODILES appartiennent aux deux continens ; on les reconnaît à leur museau large et déprimé, à leurs pieds entièrement palmés et à leurs dents inégales, dont la quatrième d'en-bas fait saillie et passe par une échancrure de la mâchoire supérieure, comme dans le sous-genre qui précède. On en

compte jusqu'à douze espèces, dont les principales sont le *crocodile vulgaire* ou *chamsès*, si redouté des anciens, et le *su-
chos* qu'on adorait en Égypte.

3° Les Caimans (*alligator*) ou *alligators* ont le museau large
et obtus et les dents inégales des crocodiles; mais leurs pieds
ne sont qu'à demi palmés, et leur quatrième dent d'en-bas passe
par un trou et non par une échancrure de la mâchoire supérieure. On en compte six espèces, toutes propres à l'Amérique,
surtout à la Guiane. Les plus remarquables sont le *caïman
à museau de brochet* et le *caïman à lunettes*.

[IIIe *Famille*. — Lacertiens (pl. XXI).

Cette famille, moins naturelle que la précédente, comprend
tous les sauriens dont le corps, allongé et couvert d'écailles
comme celui des précédens, est supporté par quatre *pieds*, tous
pentadactyles. Leurs doigts sont longs, sans palmure, inégaux
et armés d'ongles fins et aigus, et *leur langue mince, extensible et bifide*, c'est-à dire *terminée en deux filets*, comme celle
des couleuvres et des vipères. Ce sont de tous les reptiles ceux
dont les mouvemens sont les plus agiles et les formes les plus
élégantes. Leurs écailles, disposées avec régularité et agréablement colorées, leur servent de parure autant que de bouclier.
Leurs mœurs sont aussi innocentes que douces; ils ne font de
mal qu'aux insectes et aux petits mollusques qu'ils poursuivent avec agilité ou qu'ils surprennent avec adresse. Sous ce
rapport, ils sont beaucoup plus utiles que nuisibles, et ce n'est
que par un reste de préjugé, ou plutôt par suite de la haine que
nous avons vouée à tous les reptiles en général, que nous leur
faisons une guerre aussi injuste qu'acharnée.

Plusieurs espèces de ce groupe ont encore la queue comprimée
latéralement comme les crocodiles, et fréquentent comme eux
les grands fleuves des contrées méridionales; mais n'ayant pas
les pieds palmés, ils n'ont pas les habitudes aussi aquatiques;
ils se tiennent plus souvent hors de l'eau, et quand ils y entrent,
au lieu d'y nager, ils se promènent au fond du lit comme s'ils
étaient à terre.

Cette famille comprend trois genres : les *monitors*, les
ameivas et les *lézards*.

§ I. Les MONITORS (*monitor*) ou *tupinambis*, forment
le passage des crocodiles à nos lézards; ils tiennent des pre-

miers par leur grande taille , par leur queue comprimée, par leurs habitudes un peu aquatiques et par le défaut de dents au palais, et des derniers par leur queue allongée, par leurs pieds pentadactyles, par leurs doigts libres, inégaux et tous onguiculés, enfin par leur langue extensible et bifide.

Les voyageurs ont souvent confondu ces reptiles avec ceux de la famille précédente, d'abord parce qu'ils sont presque aussi grands qu'eux, et ensuite parce qu'ils fréquentent à peu près les mêmes endroits ; mais ils sont si loin d'être des crocodiles, qu'ils n'ont pas d'ennemis plus acharnés qu'eux, et qu'ils les fuient du plus loin qu'ils les aperçoivent, en poussant des sifflemens aigus ; et ces sifflemens, qui ne sont autre chose que des cris de détresse que la crainte leur arrache, ont été souvent, pour l'homme une annonce de la présence des crocodiles, et un avis pour qu'il se mît en garde contre ces derniers ; ce qui leur a fait donner le nom de *monitors* ou de *sauve-garde* qu'ils portent également.

Quoique les habitudes des *monitors* soient aquatiques, elles le sont beaucoup moins que celles des crocodiliens ; dépourvus de palmure interdigitale, ils se meuvent difficilement dans l'eau et marchent plutôt au fond du lit des fleuves, qu'ils ne nagent à leur surface ou dans leur sein. Aussi se tiennent-ils fréquemment sur le bord des rivières, faisant la chasse aux œufs, aux reptiles et aux petits quadrupèdes qu'ils cherchent à surprendre ou courant après les charognes, dont l'odeur les attire de fort loin. Cependant lorsqu'ils se voient poursuivis par des ennemis plus agiles qu'eux à la course, ils tâchent de se soustraire à leurs atteintes, en se jetant au milieu des eaux.

Ces reptiles se reproduisent comme les crocodiles ; les femelles creusent dans le sable et sur le bord des rivières un ou plusieurs trous, pour y déposer leurs œufs. Ceux-ci sont en nombre variable (plusieurs douzaines), gros comme ceux d'une dinde, mais plus allongés et d'un goût assez agréable.

On connaît environ quinze espèces de *monitors*, que l'on a rapportées à trois sous-genres, les *monitors*, les *dragonnes* et les *sauve-garde*.

1° Les Monitors (*varanus*) sont tous de l'ancien continent et habitent principalement le voisinage des grands fleuves de l'Afrique ; ce sont les plus forts animaux du genre ; certaines espèces ont jusqu'à dix et même douze pieds de long On les distingue aux petites écailles qui recouvrent leur tête, à l'ab-

sence d'une rangée de pores qu'on trouve sur les cuisses des
deux sous-genres suivans, et enfin à la carène ou saillie qui
se remarque sur les écailles de leur queue. Le plus remarquable est l'*ouaran* ou *M. du Nil*, que le peuple d'Égypte regarde
comme un jeune crocodile éclos en terrain sec, et que les anciens gravaient sur leurs monumens, à cause de l'habitude
qu'il a de dévorer les œufs du crocodile. Une seconde espèce,
c'est l'*ouaran* ou *monitor terrestre*, qui se tient plus éloigné
des eaux et qui est fort commun dans tous les déserts de l'É-
gypte et des pays voisins. Les bateleurs du Caire l'emploient
à faire des tours, après lui avoir arraché les dents.

2° Les DRAGONNES (*crocodilurus*), qui habitent l'Amérique,
sont pour les caïmans ce que les monitors sont par rapport aux
crocodiles de l'ancien continent. Elles en ont la forme générale,
la gueule large et la queue aplatie; et ne s'en distinguent facilement que par le défaut de palmure interdigitale. Elles diffèrent
des monitors par leurs pores fémoraux et des sauve-garde par
leurs écailles carénées. Ces animaux, dont on ne connaît bien
qu'une espèce, fréquentent les savanes noyées et les terrains
marécageux, dont ils partagent le séjour avec les alligators.
Leur chair est estimée.

3° Les SAUVE-GARDE, (*monitor*) qui sont d'Amérique
comme les dragonnes, en diffèrent comme nous l'avons dit,
par leurs écailles dorsales et caudales dépourvues de carène
ou de saillie. La principale espèce de ce sous-genre est le grand
sauve-garde, aussi appelé *tupinambis;* elle a près de six pieds
de long et vit au Brésil, à la Guiane , etc. Sa chair et ses œufs
sont bons à manger. Mais il est difficile à prendre; car, outre
qu'il court assez rapidement à terre, il sait aussi, lorsqu'il est
vivement poursuivi, se réfugier dans l'eau, au fond de laquelle
il marche avec autant d'agilité que sur un terrain sec.

C'est ici le lieu de mentionner deux grandes espèces de
reptiles fossiles, le *mososaurus* et le *mégalosaurus*, animaux
analogues aux monitors par l'aplatissement de leur queue et
probablement aussi par leurs habitudes. Le premier qu'on a
trouvé en Allemagne n'avait pas moins de vingt-quatre à vingt-
cinq pieds. Quant au second il était encore plus grand ; sa
taille était vraiment gigantesque, et allait jusqu'à quarante-
cinq pieds. Ses débris ont été découverts en Angleterre, aux
environs d'Oxford.

§ II. Les AMEIVA (*teius*) qui sont tous d'Amérique, se

distinguent aisément des monitors en général par la forme arrondie de leur queue ; d'ailleurs leur taille est incomparablement plus petite et dépasse rarement un pied. Ils ont les plus grands rapports avec nos lézards soit par leur conformation générale, soit par leurs habitudes ; leurs formes sont élancées, leurs écailles élégamment disposées, leurs mouvemens vifs et agiles, etc. Ils recherchent les lieux secs et bien abrités, sont d'un naturel très timide, se cachent dans les trous des murailles ou dans des troncs d'arbres. Les principales différences qui les séparent de nos lézards se tirent de la longueur de leur queue, de l'étroitesse de leur tête, de la petitesse de leurs écailles, et surtout de l'absence *de dents palatines et du collier formé de plaques plus grandes que les écailles ordinaires* qui caractérisent les espèces de notre pays.

Parmi les espèces de ce genre nous citerons *l'ameiva ordinaire* et *l'ameiva bleu* qui ont un pied de long ou un peu plus. Ils sont très communs dans tous les pays chauds de l'Amérique méridionale.

§ III. Le genre LÉZARD (*lacerta*) diffère beaucoup des monitors par leur taille qui est très petite, par leur queue qui est arrondie, par leurs dents, qui sont de deux sortes, maxillaires et palatines, enfin par leur agilité et par leurs habitudes. Leurs écailles, rangées sur tout leur corps avec une symétrie et une régularité parfaites, forment au-dessous de leur cou un petit collier, dont les plaques larges et transversales, ressortent au milieu des petites écailles parmi lesquelles il est placé.

Ces petits sauriens recherchent les endroits secs et bien exposés au soleil, avec autant de soin que la plupart des espèces à queue comprimée les évitent ; ils ne sont jamais plus contens, plus vifs et plus gentils que lorsque, abrités par quelque éminence qui les garantit du vent et qui réfléchit la chaleur du soleil, ils reçoivent les rayons de cet astre dans toute leur force. On les voit alors marcher à terre, grimper le long des murs, s'agiter dans tous les sens à la poursuite des insectes, dont ils font leur nourriture ordinaire. Lorsque au contraire le temps est couvert ou le soleil peu ardent, ils se tiennent cachés dans les troncs d'arbres, dans les trous souterrains, sous les tas de pierres, dans les fentes des rochers, etc., ou s'ils se montrent à la lumière, ce n'est que pour quelques instans et pour rentrer promptement dans leur retraite. L'hiver, lorsque les froids commencent à se faire sentir, ils cherchent un asile bien abrité, et y tombent dans un engourdissement qui dure jusqu'au retour de la belle saison. C'est durant cet intervalle qu'ils changent de peau, de sorte qu'au moment de leur réveil ils sortent de leur retraite parés d'une robe nouvelle et dans tout l'éclat de leur beauté. Le printemps est le temps de leurs amours ; c'est dans cette saison que la femelle dépose ses œufs dans le sein de la terre, sans s'inquiéter de leur sort futur, autrement qu'en les plaçant dans une exposition où la chaleur du soleil favorise leur éclosion.

On connaît huit à dix espèces de ce genre, dont les principales sont le *lézard gris,* si commun dans toutes les provinces de la France, le *lézard vert ocellé,* vert avec des lignes de points noirs.

IVe *Famille.* — Iguaniens (pl. XXI).

Les *Iguaniens* ont les principaux caractères de la famille précédente, la queue longue, les doigts libres, onguiculés et inégaux, etc.; ils ne s'en distinguent que par la forme de leur langue qui est épaisse, inextensible et échancrée à son extrémité.

Quoique les traits les plus importans de la conformation extérieure soient absolument semblables dans ces deux familles, il est incroyable combien ils sont différens au premier abord, et quand on ne considère qu'un seul caractère. Ainsi, tandis que le corps des monitors, des lézards et des ameivas n'offre rien de remarquable dans son enveloppe cutanée pour attirer les regards, les *iguaniens* nous surprennent, les uns par la forme bizarre de leurs écailles, les autres par un fanon pendant au-dessous de leur cou, ceux-ci par des appendices latéraux, qui leur forment des espèces d'ailes, ceux-là par une crête saillante qui règne presque tout le long de leur épine dorsale.

Sous le rapport des habitudes, ces sauriens sont aussi innocens que nos lézards; les insectes font la base de leur nourriture; mais comme la plupart d'entre eux sont d'une taille généralement supérieure à celle de ces derniers, ils joignent à ce genre d'alimens des œufs d'oiseau et de tortue, de la viande avancée, etc. Ils fréquentent de préférence les lieux humides et chauds, sans doute parce que la réunion de la chaleur et de l'humidité favorisant la multiplication des insectes, ils y trouvent une subsistance plus abondante que partout ailleurs. On ne rencontre ces reptiles que dans les contrées méridionales ; l'Europe n'en nourrit aucune espèce; les Indes, l'Afrique et l'Amérique sont, avec les îles qui avoisinent ces régions, leur patrie exclusive.

Cette famille se divise en deux tribus : celle des *agamiens* et celle des *iguaniens* proprement dits.

Ire *Tribu.* — Agamiens.

Il existe entre les *agamiens* et les iguaniens la même différence que nous avons remarquée entre les monitors et les lézards. Les premiers ont, de même que les monitors, le palais complètement nu et dépourvu de dents; ce qui, à grandeur égale, leur donne un degré de férocité de moins qu'aux espèces de la tribu des iguaniens, qui, ayant des dents palatines, ont une arme de plus pour attaquer leur proie; et comme d'ailleurs leur taille est peu considérable, on peut regarder les *agamiens* comme des reptiles fort doux, dont les habitudes innocentes rappellent celles des lézards. Ces sauriens sont généralement répandus dans toutes les contrées voisines du tropique; les déserts de l'Afrique, les Indes-Orientales et l'Amérique du Sud sont les pays où on en rencontre le plus.

Cette tribu renferme quatre genres principaux : les *stellions*, les *agames*, les *istiures* et les *dragons*, qui vivent encore, et auxquels il faut joindre les *ptérodactyles*, dont les espèces sont entièrement perdues.

§ I. Les **STELLIONS** (*stellio*) tirent leur nom de la disposition des écailles de la queue, qui font autour de cet organe des anneaux complets et dont les épines vont en divergeant comme les rayons d'une étoile ou d'une roue. Du reste, leur forme ressemble à celle des lézards, excepté qu'ils sont moins agréables à la vue, et que leur colonne vertébrale est ordinairement garnie d'une série d'épines redressées qui manquent à ces derniers. Leur agilité est d'ailleurs beaucoup moindre, et quoiqu'ils habitent des contrées plus méridionales (car ils appartiennent pour la plupart à l'Afrique), et que par conséquent ils ne soient pas sujets à l'engourdissement hivernal, ils ont les allures plus lentes et les mouvemens moins vifs. Quant à leur nourriture, ce sont toujours les insectes et les vers qui en font la base.

On compte, dans ce genre, une dizaine d'espèces, parmi lesquelles nous citerons le *cordyle*, remarquable par la solidité de sa cuirasse hérissée d'épines de toutes parts ; le *stellion ordinaire*, qui est comme aux environs des pyramides et long d'environ un pied, et le *fouette-queue d'Égypte*, ainsi nommé à cause de la rapidité des mouvemens qu'il imprime à sa queue. Ces trois espèces font chacune le type d'un petit sous-genre auquel elles donnent leur nom.

§ II. Les AGAMES (*agama*) se reconnaissent à leur tête renflée, à leur queue grêle et couverte d'écailles imbriquées, comme les ardoises d'un toit, et non redressées et divergentes comme celle des stellions.

Ce sont des reptiles en général hideux et repoussans, dont les yeux sont recouverts de deux paupières garnies, sur leurs bords, de petites écailles, qui semblent remplacer les cils des mammifères. Leur peau, sèche et rugueuse comme les terrains arides qu'ils fréquentent, a des couleurs sombres tout-à-fait en harmonie avec la teinte des objets qui les environnent. Aussi agiles que les lézards ordinaires, on les voit se mouvoir sans cesse dans tous les sens et poursuivre les insectes si abondans dans les pays chauds. Mais malgré leur agilité, ces animaux ne grimpent pas aux arbres comme les dragons, les iguanes, etc. ; ils ne quittent jamais la terre, se cachent parmi les pierres ou dans des trous peu profonds.

Quoique les *agames* soient de petite taille, ils ne laissent pas de mordre serré, quand on veut les prendre ; leurs mâchoires, armées de dents fortes et courtes, et mues par de gros muscles qui produisent le renflement de leur tête, font des blessures sinon dangereuses, du moins assez douloureuses pour forcer celui qui les tient à leur rendre la liberté.

On trouve de ces reptiles dans toutes les parties du monde, excepté en Europe ; ils sont même assez communs, quoique les femelles ne veillent aucunement sur leur progéniture. Elles se contentent de déposer dans un endroit convenable une trentaine d'œufs, à coquille cassante et gros comme des pois, sans s'inquiéter de ce qu'ils deviendront.

Ce genre est extrèmement nombreux et comprend plus de trente espèces, dont les principales sont : l'*agame ocellé*, de la Nouvelle-Hollande ; le *changeant*, d'Égypte, dont les couleurs changent presque aussi facilement que celles des caméléons, et le *galéote*, remarquable par la jolie disposition de ses écailles, qui sont d'un bleu clair avec des bandes transversales blanches. Ces trois espèces forment aussi le type de trois petits sous-genres qui portent leur nom.

§ III. Les ISTIURES (*istiurus*) ou *porte-crêtes* ont été ainsi nommés d'une crête élevée et tranchante qui règne sur la partie postérieure de leur corps et principalement sur leur queue, et qui est soutenue par la saillie que font les apophyses des vertèbres dans cette région. Le cou et le dos de l'animal ne présentent antérieurement, au lieu d'une crête, qu'une rangée d'épines isolées, entre lesquelles on n'aperçoit aucune trace de membrane qui les réunisse. Il faut ajouter à ce caractère que ces reptiles ont la peau du cou extrêmement lâche, et susceptible de se gonfler, lorsqu'ils sont agités par quelque passion violente, mais qui ne forme pas de *fanon* dans l'état naturel.

On ne connaît qu'une seule espèce de ce genre, le *porte-crête vulgaire*, saurien de trois à quatre pieds de long, qu'on rencontre assez souvent dans les îles d'Amboine et de Java. Il se tient de préférence sur le bord des grands fleuves, parce qu'il vit dans l'eau et sur les arbres qui l'avoisinent. Il se nourrit d'insectes, de vers, de fruits et de feuilles, et dépose ses œufs dans le sable et surtout sur les petits îlots qui se forment au milieu des fleuves, lorsque l'eau est basse, soit parce qu'ils les y croient plus en sûreté, soit parce que l'humidité qui règne en ces endroits en favorise l'éclosion. Malgré sa grandeur et sa force, le *porte-crête* est un animal timide, qui, au moindre bruit, court se jeter à l'eau pour se soustraire au danger. Mais comme il a la chair excellente, les habitans des îles qu'il fréquente le poursuivent partout avec acharnement, et s'en emparent sans même qu'il cherche à mordre la main qui le saisit.

§ IV. Le DRAGON (*draco*) (*fig. 4*) des naturalistes est tout-à-fait différent de celui de la mythologie ancienne et de la chevalerie du moyen-âge. C'était pour elles un monstre ayant le bec et les ailes d'un aigle, le corps et les griffes d'un lion, et la queue d'un serpent, auquel elles attribuaient une puissance sans bornes et qu'elles faisaient intervenir dans toutes les circonstances où l'on avait besoin de merveilleux. Cet être, comme on le pense bien, était chimérique, et n'avait d'existence que dans l'imagination fantastique des poètes et des romanciers.

Cependant les naturalistes ont cru pouvoir adopter ce nom, pour l'appliquer à un petit reptile de la tribu des agamiens, qui offre quelques rapports éloignés avec le *dragon* fabuleux, par les espèces d'ailes qui garnissent ses flancs. Ces appendices, qui sont formés, comme ceux des phalangers et des galéopithèques, par un petit prolongement de la peau, sont soutenus par six des fausses côtes de l'animal, lesquelles, au lieu de se contourner autour du tronc, s'étendent en ligne droite, pour donner attache à cette membrane et former ainsi de chaque côté du corps une espèce d'aile ou de parachute. Mais comme ces organes sont indépendans des quatre membres, ils n'exécutent que des mouvemens très bornés et ne peuvent servir au vol; ils sont seulement destinés à soutenir l'animal, lorsqu'il saute de branche en branche sur les arbres où il établit son domicile, et lui fournissent ainsi le moyen d'attraper plus aisément les insectes dont il se nourrit.

Le reste de l'organisation des *dragons* ressemble à celle des autres sauriens de la même tribu; leurs écailles, leurs membres, leur tête et leurs dents ne diffèrent pas; on leur remarque seulement au - dessous du cou une espèce de *fanon*, comme aux iguanes, aux anolis, etc.

On connaît dans ce genre trois espèces seulement : le *dragon rayé*, le *dragon vert* et le *dragon brun*, qui habitent tous différentes îles de l'archipel indien.

§ V. Quoique les PTÉRODACTYLES (*pterodactylus*) aient été complètement anéantis dans les révolutions de notre planète, les débris que l'on en a trouvés dans le sein de la terre, en la fouillant pour en extraire les minéraux, ont fourni à M. G. Cuvier les moyens de s'assurer que, s'ils existaient encore, il faudrait les placer dans la tribu des agamiens; car ils présentaient dans tout leur squelette les rapports les plus intimes; ils avaient, entre autres choses, les dents égales et pointues comme ces derniers. Mais ce qui les distinguait de tous les autres sauriens analogues, et qui leur donnait une forme toute particulière, c'était la conformation de leurs membres. Ceux de devant avaient le deuxième doigt tellement allongé, qu'il dépassait du double la longueur du corps entier; ses dimensions surpassaient même celles des doigts des chauves-souris. Il est infiniment probable que l'animal qui présentait cette organisation devait voler aussi bien qu'un oiseau, et comme d'ailleurs il avait le cou très long et la tête très petite, ses débris fossiles furent d'abord pris pour ceux d'un vertébré de cette classe. Mais la présence et la forme de leurs dents ne permettent pas de confondre les *ptérodactyles* avec les oiseaux, et fixent invariablement leur place parmi les reptiles.

On a trouvé dans les carrières d'Allemagne trois ou quatre espèces de ce genre, dont la principale est le *ptérodactyle antique*, qui était de la taille d'un corbeau. Une seconde espèce, le *ptérodactyle géant*, ne devait pas avoir moins de cinq pieds d'envergure.

IIe *Tribu*. — Iguaniens.

Le caractère zoologique qui sépare cette seconde tribu de la précédente se tire de la présence d'un certain nombre de dents qu'elle a au palais. Mais ce caractère n'est pas le seul qui distingue les *iguaniens ;* ces reptiles ont le plus souvent des replis de la peau ou des épines osseuses qui leur donnent une physionomie extraordinaire et quelquefois effrayante. Du reste, leurs habitudes ont beaucoup de rapports avec celles des agamiens ; comme ces derniers, ils recherchent les pays chauds et humides, se nourrissent de vers, d'insectes, de fruits, et même de charognes et de petits animaux vivans. Certaines espèces se font même remarquer par une férocité au-dessus de leur taille.

Tous les *iguaniens*, à l'exception d'une espèce qui est de l'Inde, habitent les contrées méridionales de l'Amérique. On les divise en trois genres : les *iguanes*, les *basilics*, et les *anolis*.

§ I. Les IGUANES (*iguana*) (*fig.* 5) forment un genre américain, dont on distingue cinq espèces différentes, toutes faciles à reconnaître au fanon qui pend au-dessous de leur cou, aux épines qui garnissent tout le long de leur dos, à leur queue longue et grêle, et à leurs écailles imbriquées. Ce sont les sauriens les plus grands, après les crocodiles et les monitors ; quelques-uns ont jusqu'à quatre et même cinq pieds de long. Très communs autrefois dans toute l'Amérique méridionale et dans les Antilles, ils deviennent de plus en plus rares, par suite de la guerre qu'on leur fait à cause de la délicatesse de leur chair.

On trouve les *iguanes* dans les forêts peu distantes de la mer, où l'humidité et la chaleur favorisent le développement des insectes, dont ils font principalement leur nourriture ; mais ils mangent aussi des substances végétales et surtout des fruits. Leurs membres, terminés par des doigts longs et armés d'ongles aigus, leur permettent de grimper avec agilité sur les arbres, où ils font leur demeure habituelle, tant parce qu'ils y rencontrent une nourriture abondante, que parce qu'ils s'y trouvent à l'abri d'un grand nombre d'ennemis.

C'est au printemps que les *iguanes* se reproduisent. A cette époque, ils gagnent les bords de la mer et déposent dans le sable une vingtaine d'œufs, gros comme ceux des pigeons et presque dépourvus de blanc. Comme ces œufs sont d'un goût très délicat, on les recherche avec beaucoup d'activité, ce qui est une seconde cause de la rareté de ces reptiles.

La chasse des *iguanes* est assez curieuse ; ce sont surtout les nègres qui la leur font. La défiance et l'agilité de l'animal les empêchant de l'approcher assez pour le prendre sur l'arbre où il se tient, ils profitent du penchant qu'il a pour la musique, et s'avancent vers lui en sifflant. L'*iguane*, charmé de ces sons agréables, demeure immobile à sa place, et avance même la tête pour mieux entendre. Dans ce moment le chasseur, qui tient un nœud coulant attaché à l'extrémité d'une longue perche, se met à caresser le cou du reptile, qui le souffre avec plaisir, et dans les mouvemens que le chasseur fait en le grattant ainsi, il finit par lui passer le nœud au cou, après quoi il l'attire violemment à terre, et s'empare de lui. Mais il faut prendre garde, en le saisissant, de s'exposer à ses morsures, qui sont profondes et cruelles, sans cependant être venimeuses.

Malgré leur défiance, ces sauriens se laissent aisément apprivoiser. En Amérique et dans les îles voisines, on en élève beaucoup dans les jardins, comme nous élevons la volaille dans nos basses-cours. Leur chair est si délicate qu'elle se sert sur les meilleures tables, surtout celle des femelles. L'*iguane commun* et l'*iguane à cou nu* sont les deux espèces qu'on nourrit le plus ordinairement.

§ II. Le BASILIC (*basilicus*) est encore un de ces êtres que la mythologie s'est plu à décorer des attributs les plus chimériques ; c'était, s'il faut l'en croire, un animal bien plus redoutable que le dragon, dont la piqûre causait un trépas inévitable. Que dis-je ? le poison qu'il distillait était si subtil, qu'il se glissait le long du trait et de la ligne qu'il avait parcourue dans l'espace, pour aller donner la mort au téméraire qui l'avait lancé contre le terrible animal. Son regard suffisait pour donner la mort à celui qu'il apercevait le premier ; lui-même, s'il voyait son image réfléchie par un miroir, périssait victime du feu de ses regards.

Le *basilic* des naturalistes n'a aucune de ces propriétés merveilleuses. C'est un saurien d'environ deux pieds de long, qui ne peut avoir été connu des anciens, puisqu'il est d'Amérique, mais qui cependant a quelques rapports avec l'animal qu'ils ont décrit sous ce nom, surtout par une saillie pyramidale qu'il porte à l'occiput, et par une crête qui règne le long de son épine, et qui s'élargit un peu plus vers le cou et à l'origine de la queue. Pour le reste de son organisation, il ne diffère pas des autres reptiles de la même famille. Quant à ses habitudes, elles sont innocentes et paisibles, comme·celles de nos lézards ; il se nourrit même plutôt de fruits et de baies que d'insectes ou de vers ; aussi se tient-il de préférence sur les arbres, sur lesquels il saute avec autant d'agilité que les dragons ; il paraît que sa crête dorsale ne lui est pas inutile dans ses mouvemens aériens. On ne connaît bien authentiquement qu'une seule espèce de ce genre, qu'on trouve à la Guiane.

§ III. Les ANOLIS (*anolius*) ressemblent aux iguanes par leur conformation générale, par le fanon ou goître de leur cou, et par la forme de leur queue, ainsi que par leurs habitudes et par leur genre de vie. Leur patrie est aussi la même, car ils appartiennent tous au nouveau continent. Mais ce qui distingue ces deux genres de sauriens, c'est que les iguanes ont leurs doigts arrondis dans toute leur étendue, et la colonne vertébrale surmontée d'une série d'épines saillantes, tandis que les *anolis* ont le dos uni et l'avant-dernière phalange des quatre doigts extérieurs garnie d'un disque ovale, qui leur sert à grimper sur les arbres. Les *anolis* ont en outre le corps couvert d'écailles plus petites que celui des autres iguaniens, ce qui rend leur peau moins unie et comme chagrinée ; leurs membres et leurs doigts sont aussi plus longs que ceux de la plupart des autres espèces de la même famille, ce qui leur rend plus faciles les mouvemens sur les arbres ; enfin leurs côtes forment autour de l'abdomen un cercle entier, caractère qui les rapproche des caméléons, auxquels ils ressemblent aussi par la faculté qu'ils ont de changer de couleur, non pas à leur gré, comme on l'a prétendu, mais selon les passions qui les agitent.

Les habitudes de ces petits lézards sont ordinairement douces et paisibles, quoique dans certaines circonstances ils montrent une colère et une férocité peu communes parmi les reptiles de cette famille. Ils sont en général querelleurs entre eux, et il est rare que deux mâles de la même espèce se rencontrent, sans se livrer un combat acharné, dans lequel le vainqueur dévore impitoyablement le vaincu, à moins qu'une retraite favorable ne se trouve à sa portée pour le mettre à l'abri de son redoutable adversaire.

On compte au moins douze espèces dans ce genre : l'*anolis à crête* et l'*anolis à écharpe* sont les plus grands, et ont environ un pied de long ; l'*anolis goîtreux*, l'*anolis rouge-gorge*, le *roquet*, etc., sont beaucoup plus petits et inférieurs même à nos lézards.

Ve *Famille*. — GECKOTIENS (pl. XXI).

Autant les sauriens qui précèdent ont les formes gracieuses et élancées, autant les *geckotiens* se font remarquer par leur laideur, la brièveté et la lourdeur de leur corps, qui ordinairement ressemble autant à celui d'un crapaud qu'à celui d'un lézard. Leur tête est aplatie comme celle d'une grenouille, et leurs membres sont si courts, que l'animal semble plutôt ramper que marcher ; leurs *doigts*, *à peu près égaux en longueur*, présentent, dans la plupart des espèces, une particularité analogue à celle que nous a offerte la seconde phalange de ceux des anolis. Élargis sur la plus grande partie ou même sur la totalité de leur étendue, garnis en dessous de replis de la peau qui peuvent faire ventouse, terminés d'ailleurs par des ongles acérés, ils servent à l'animal pour s'attacher aux surfaces les plus polies des corps, et lui permettent même de marcher aux plafonds, ayant le dos en-bas. Leurs yeux sont très grands et présentent une pupille, qui, semblable à celle des chats, se rétrécit ou se dilate, selon que la lumière est plus ou moins intense ; leurs paupières sont tellement courtes, qu'elles peuvent se retirer entièrement entre l'œil et l'orbite. Cette conformation des organes de la vue rend d'une part ces reptiles nocturnes, et de l'autre donne à leur physionomie un aspect bizarre, entièrement différent de celui de tous les autres lézards.

29₄

Ces formes désagréables des *geckotiens* et leur ressemblance avec des animaux que nous sommes habitués à regarder avec dégoût, jointes à leur air triste et à leurs mouvemens pesans, leur ont attiré la haine des hommes, qui voient en eux des sauriens aussi dangereux que difformes. Dans presque tous les pays qu'ils habitent, ils passent pour venimeux et sont redoutés à l'égal de la vipère, quoiqu'on n'ait aucune preuve bien authentique du danger de leur venin.

Tous ces reptiles, dont on connaît environ trente espèces, présentent tant de rapports dans leurs formes extérieures et dans leur organisation, qu'on les a tous réunis dans un même genre, celui des GECKOS (*ascalabotes*) (*fig.* 6). On les trouve répandus dans toute les contrées méridionales de l'ancien et du nouveau continent.

Parmi les espèces de ce groupe nombreux, nous citerons comme les plus remarquables le *gecko des murailles*, animal hideux, qu'on rencontre sur tous les rivages de la Méditerranée et jusqu'en Provence et en Languedoc; le *gecko des maisons*, qu'on trouve à l'est et au sud de la même mer et qui est surtout commun au Caire, où on le nomme *père de la lèpre*, parce qu'on prétend qu'il donne cette maladie, aux personnes qui mangent des alimens qu'il a empoisonnés en les touchant avec ses pieds; enfin la dernière que nous nommerons est le *gecko phyllure* ou *à queue en feuille*, espèce curieuse et bizarre qu'on a découverte depuis peu à la Nouvelle-Hollande, et qui se distingue par sa queue courte, mince et très aplatie horizontalement, comme celle du castor.

VIe Famille. — CAMÉLÉONIENS (pl. XXII).

Cette famille ne comprend qu'un seul genre, comme celle des geckotiens; c'est celui des CAMÉLÉONS (*chamœleo*) (*fig.* 1), animaux aussi bizarres par leurs formes extérieures que par leur organisation intérieure. Ils ont le corps comprimé et le dos comme tranchant, la tête pyramidale et renflée à l'occiput, la peau couverte de tubercules durs, en guise d'écailles. Leurs yeux, gros et mobiles indépendamment l'un de l'autre, donnent à leur physionomie cet air particulier qu'on remarque dans les personnes qui louchent; leurs doigts, au nombre de cinq à tous les pieds, sont divisés en deux paquets latéraux, ce qui transforme leurs extrémités en des es pèces de mains très propres à empoigner les branches des arbres, sur lesquels ils se tiennent ; leur queue, ronde et prenante comme celle des sapajous, leur rend encore plus facile ce genre de vie presque aérien.

Mais malgré cette disposition de leurs membres et la structure de leur queue, qui paraissent si favorables à la locomotion, les *caméléons* sont des sauriens excessivement lents à la course, et, sans les geckos, ils seraient sans contredit les reptiles les plus laids et les plus lourds de tout l'ordre. Cette lenteur des mouvemens assujétirait souvent ces animaux à de longs jeûnes, si la nature ne leur avait donné un organe pour se procurer des alimens d'une autre manière. Leur langue, vermiforme et extensible, est enduite d'une humeur gluante, comme celle des fourmiliers et des pangolins ; de sorte que, pour prendre les insectes dont ils font leur nourriture, ils n'ont qu'à la lancer sur ces animaux, sans quitter leur place, et à la ramener dans leur gueule ; mouvemens qu'ils exécutent avec une rapidité remarquable.

Les *caméléons* ont été de tous temps célèbres par la faculté qu'ils ont de changer de couleur, ce qui les a fait regarder comme l'emblème de la basse flatterie. Mais c'est à tort qu'on a prétendu qu'ils prennent la teinte des objets qui les environnent ; ces changemens dépendent uniquement de la quantité d'air qui entre dans le poumon, et de celle du sang qui est porté à la peau de l'animal, quantité qui varie non pas au gré du *caméléon*, ni selon la teinte des objets qui l'entourent, mais selon les passions qui l'agitent. Au reste ce n'est pas le seul reptile qui nous offre de pareilles variations dans les teintes de l'enveloppe extérieure ; les *changeans*, les *anolis* et plusieurs autres sauriens nous en offrent d'aussi remarquables. L'homme lui-même n'a-t-il pas la peau, surtout celle du visage, sujette à des altérations de couleur tout-à-fait analogues ?

On prétendait également autrefois que le *caméléon* vivait d'air ; cette erreur avait pour fondement deux motifs assez plausibles : d'abord il mange rarement, comme la plupart des reptiles, et ensuite il prend les insectes avec une vitesse extraordinaire, de sorte qu'il n'est pas étonnant qu'eu égard à la rareté de ces reptiles, les observateurs anciens n'aient pas eu l'occasion d'en voir manger. En second lieu, le poumon de ce saurien est extrêmement vaste et occupe presque toute la cavité du tronc, dont la capacité est même augmentée par la disposition des fausses-côtes, qui s'unissent à leurs correspondantes pour former un cercle complet autour de l'abdomen ; de ma--

nière que, lorsque l'organe respiratoire est rempli d'air par l'inspiration, tout le corps du reptile, dont la peau est légèrement transparente, semble ne contenir autre chose que du fluide atmosphérique.

Les autres habitudes des *caméléons* n'offrent rien de remarquable. Constamment perchés sur la branche de quelque arbrisseau ou sur quelque pierre exposée au soleil, ils y restent immobiles pendant des heures entières, à moins que la vue d'un insecte ne vienne les tirer de leur apathie. Poursuivis par leurs ennemis, ils ne peuvent fuir qu'avec une extrême lenteur ; c'est à peine s'ils cherchent à mordre lorsqu'ils se sentent saisis. Le soin de leur progéniture ne les touche pas plus qu'il ne touche les autres lézards ; la femelle abandonne ses œufs dans le premier endroit venu.

On connaît un douzaine d'espèces de ce genre ; elles sont répandues dans les contrées méridionales de l'Asie et de l'Afrique. Une seule se trouve en Espagne ; c'est le *caméléon vulgaire*, le plus grand de tous et qui a environ un pied de long. Le *caméléon nain*, dont la taille n'est que de quelques pouces, se trouve à l'Ile-de-France, aux Séchelles, etc. Il y a dans le sud de l'Afrique une troisième espèce, le *caméléon à trois cornes*, qui est remarquable par trois saillies dont sa tête est surmontée.

VIIe Famille. — SCINCOÏDIENS (pl. XXII).

Si l'on ne cherchait dans l'étude des animaux que l'intérêt matériel que nous pouvons en retirer, nous aurions pu, sans inconvénient, passer sous silence la famille des *scincoïdiens*, car elle ne renferme aucune espèce qui nous fasse du bien ou du mal, quoiqu'on ait jadis préconisé outre mesure les propriétés chimériques du scinque, qui a donné son nom à ce groupe de reptiles. Mais, outre cet intérêt qui doit en général passer le premier, il en est un autre de curiosité, auquel on attache souvent plus d'importance, et cette espèce d'intérêt se trouve au plus haut degré dans la famille qui nous occupe maintenant.

Les *scincoïdiens* en effet semblent destinés à établir le passage des sauriens aux serpens, non-seulement par leur forme, mais encore par la plupart des détails de leur organisation intérieure. Ils tiennent encore des premiers par la présence des membres ; mais ces organes sont toujours trop courts et trop distans les uns des autres pour servir à la locomotion ; ce sont souvent de simples tubercules à peine visibles, de sorte que l'animal ne se meut qu'en rampant. Du reste, leur langue est inextensible comme celle des iguaniens, et leur corps est couvert d'écailles égales et placées en recouvrement les unes sur les autres, comme les tuiles d'un toit.

Cette famille comprend quatre genres principaux : les *scinques*, les *seps*, les *bipèdes* et les *bimanes* ou *chirotes*.

§ I. Les SCINQUES (*scincus*) (*fig.* 2) sont, de tous les sauriens de la famille, ceux qui se rapprochent le plus des lézards ; leur corps est à peu près le même, excepté qu'il est tout d'une venue avec la queue et que cette dernière est proportionnellement moins longue et plus grosse, surtout à sa base. Leurs membres, quoique courts. ne sont pas absolument inutiles pour la marche, parce qu'ils sont un peu moins éloignés les uns des autres que dans les genres suivans. Les ongles aigus pont leurs doigts sont pourvus, servent même à quelques-uns pour grimper le long des murs et jusque sur les toits des cabanes peu élevées ; mais ces espèces sont en petit nombre, et les mouvemens de la plupart d'entre eux sont généralement lents et embarrassés.

Ces sauriens, sans être aussi désagréables à la vue que les geckos et les caméléons, sont cependant bien loin d'être jolis ; leurs formes trapues ressemblent plus ou moins à celles des salamandres ; et malgré les écailles assez bien colorés et toujours brillantes qui recouvrent leur peau avec une parfaite régularité, leur aspect excite plutôt le dégoût qu'il ne flatte, tant pour le défaut d'harmonie entre les diverses parties de leur corps, qu'à cause de l'humeur gluante qui enduit continuellement leur enveloppe cutanée.

Cet enduit, analogue à celui qui humecte les écailles des poissons et la peau des grenouilles, annonce des habitudes un peu aquatiques ; aussi la plupart des *scinques* vivent-ils assez indistinctement sur la terre et dans les eaux douces, où les vers et les insectes leur servent de nourriture. On compte environ vingt espèces de ce genre dont la plus célèbre et la plus anciennement connue est le *scinque des pharmacies*, espèce d'environ sept pouces de long. Sa chair passait autrefois et passe même encore en Turquie, pour un des médicamens les plus propres à réparer les forces énervées par de coupables abus ; mais ces propriétés sont purement chimériques, et la chair de tout autre saurien posséderait les mêmes vertus, ou plutôt n'en aurait pas davantage. On trouve ces reptiles dans la plupart des pays de l'Afrique, où ils se tiennent au milieu des sables, dans lesquels ils se creusent un terrier avec une rapidité incroyable, quand ils sont poursuivis. On en trouve aussi en Europe une espèce qu'on recommandait jadis aux épileptiques, auxquels on la faisait avaler toute vivante, après lui avoir coupé les pattes et la queue. Il y en a également aux Antilles une espèce fort remarquable, qu'on y appelle *brochet de terre*; elle est aussi grosse que le bras, quoiqu'elle n'ait pas plus d'un pied de long.

§ II. Les SEPS (*seps*) ont quatre pattes comme les scinques; mais ces organes sont très petits, et placés presque aux extrémités du corps, deux au cou et deux à l'origine de la queue; et comme ce corps est très allongé, elles ne peuvent le tenir élevé de terre, ni par conséquent servir à la marche. Aussi ces animaux ne se meuvent-ils qu'en rampant sur leur ventre. Vus de loin, on les prendrait facilement pour des serpens; et l'erreur serait d'autant plus pardonnable, qu'il leur arrive souvent de se rouler sur eux-mêmes, comme ces derniers. Deux autres particularités qui rapprochent les *seps* des ophidiens, c'est qu'ils ont l'ouverture des oreilles à peine visible et les deux poumons de grandeur inégale. Un dernier caractère qui tend à ce même rapprochement, c'est que plusieurs espèces du genre dont nous parlons ont la génération vivipare, mode de reproduction qu'on n'observe dans aucun véritable lézard, et qui est au contraire assez commun parmi les serpens.

On connaît environ sept espèces de seps, dont une seule est européenne; c'est la *cécelle*, petit reptile de six à sept pouces de long, qu'on rencontre assez communément en Sicile, en Italie, etc. Elle est vivipare et se nourrit d'araignées, de petits limaçons, etc.

§ III. Les BIPÈDES (*bipes*) forment le dernier anneau de la chaîne qui lie les sauriens aux serpens, et on peut les regarder indistinctement comme étant les derniers lézards ou les premiers ophidiens. Ils ressemblent d'autant plus aux orvets, qui appartiennent à ce dernier ordre, qu'un de leurs poumons est de moitié moindre que l'autre, et qu'ils sont complètement dépourvus de toute apparence d'oreille extérieure. Les pieds qui leur manquent sont ceux de devant; mais on trouve au-dessous de la peau les rudimens de ces organes.

Quant à ceux de derrière, ils sont excessivement courts et manquent souvent de plusieurs des os qui les constituent ordinairement.

On ne distingue que trois espèces de ce genre, dont l'histoire est encore peu connue. Ce sont le *bipède du Cap*, le *bipède du Brésil* et le *bipède* de la Nouvelle-Hollande.

§ IV. Les BIMANES (*chirotes*) (*fig.* 3) ont à peu près les mêmes formes extérieures que les bipèdes ; c'est-à-dire que leur corps tient autant de celui des serpens que de celui des sauriens. Ils n'ont que deux pattes fort courtes, qui diffèrent de celles des bipèdes en ce que, au lieu d'être situées à la partie postérieure du corps, elles sont placées de chaque côté du cou, presque à l'origine de la tête. Une autre différence qui sépare les *bimanes* des bipèdes, c'est que les écailles de ces derniers sont disposées en quinconce, comme chez le plus grand nombre des reptiles, tandis que chez les *bimanes*, elles forment des demi-anneaux parallèles disposés transversalement, et de manière que l'extrémité de chaque demi-anneau inférieur corresponde au milieu de deux demi-anneaux supérieurs, *et vice versâ*. De plus, les *bimanes* ont l'extrémité de la queue presque aussi grosse que la tête ; chez les bipèdes au contraire, le corps se termine postérieurement comme chez le plus grand nombre des sauriens, c'est-à-dire en pointe.

Du reste, les habitudes de ces animaux sont encore peu connues ; on sait seulement qu'ils vivent au Mexique, où ils se nourrissent d'insectes et de vers. On n'en a découvert jusqu'ici qu'une seule espèce, le *bimane cannelé*, qui a environ neuf pouces de long et qui est gros comme le petit doigt.

IIIe *Ordre.* — OPHIDIENS.

Les *ophidiens* ou *serpens* sont de tous les reptiles ceux qui méritent le mieux ce dernier nom, parce qu'étant complètement dépourvus de membres, ils ne peuvent se mouvoir qu'en rampant sur le ventre. Par conséquent leur locomotion s'opère par un mécanisme tout différent de celui des autres vertébrés ; c'est uniquement par les mouvemens de la colonne vertébrale qu'elle a lieu. C'est pour cela que leur échine est extrêmement allongée, et que les nombreuses vertèbres qui la composent s'articulent par deux facettes, dont l'une est arrondie en demi-sphère et l'autre creusée d'une cavité correspondante, dans laquelle la première joue dans tous les sens avec la plus grande facilité. Des muscles nombreux et puissans garnissent cette tige de tous côtés, et lui permettent une grande variété de mouvemens.

Pour se porter en avant, les *ophidiens* ploient leur corps en un arc de cercle plus ou moins étendu ; et, rapprochant les deux extrémités de cet arc, ils le détendent subitement en laissant partir l'extrémité antérieure, qui s'élance à une distance d'autant plus considérable que l'arc a été plus fortement tendu. Dans quelques circonstances, la tension de l'arc est si forte, que le corps entier de l'animal fait un véritable saut et franchit un long intervalle sans toucher le sol.

Comme dans cette sorte de mouvemens le ventre de ces reptiles appuie sur le sol, celles de leurs écailles qui recouvrent cette partie du corps, doivent éprouver un frottement assez fort et s'user plus rapidement que les autres ; aussi sont-elles en général plus épaisses et de forme différente. On les désigne spécialement sous le nom de *plaques ventrales* ou *abdominales*. Comme elles remplacent, en quelque sorte, les organes locomoteurs des autres vertébrés, on s'en est servi avantageusement pour distinguer les divers genres de cet ordre nombreux et difficile à caractériser.

Malgré la répugnance générale que les *ophidiens* inspirent, on connaît assez bien leur anatomie. On sait qu'ils ont un très grand nombre de vertèbres ; on en a compté plus de deux cents chez la couleuvre. Leurs côtes sont aussi très nombreuses ; mais la plupart manquent de sternum. Quelques-uns, sans avoir de pattes, offrent cependant sous la peau des vestiges d'omoplate et d'os du bassin. Enfin on a remarqué qu'ils n'ont jamais qu'un seul poumon ; particularité dont on ignore la cause et l'effet, mais qui n'en est pas moins constante.

Quant aux habitudes des *ophidiens*, elles sont peu connues, ignorance qui est due à l'effroi qu'ils inspirent à presque tout le monde. Il est cependant quelques observations intéressantes qu'on a faites au sujet de ces reptiles, et principalement sur leur digestion et sur leur changement de peau.

On sait qu'ils avalent assez souvent des animaux entiers, dont la grosseur est supérieure à celle de leur corps. Ils doivent cette faculté au mode d'articulation de leurs mâchoires avec le crâne ; articulation qui se fait par le moyen de ligamens lâches et élastiques qui permettent aux branches de ces os de se dilater d'une manière presque indéfinie. Il en est de même des diverses parties du canal intestinal ; elles s'élargissent à proportion de la grosseur du bol alimentaire.

On sent que la digestion d'une proie aussi considérable, par rapport à l'animal qui s'en nourrit, ne peut se faire qu'avec lenteur ; et cette lenteur est d'autant plus grande que les parois de la cavité digestive sont paresseuses et sans énergie. Aussi n'est-il pas rare que les animaux, ainsi avalés tout entiers, se trouvent atteints par la putréfaction avant d'être complètement digérés ; c'est même cette corruption qui communique au corps des *serpens* qui se nourrissent ainsi de chair, cette odeur forte et désagréable, qui annonce ordinairement leur présence, même avant qu'on les aperçoive.

Le temps que dure cette digestion est, pour les *ophidiens*, un temps de crise ; appesantis par une trop grande quantité d'alimens, ils peuvent à peine se remuer ; et si un ennemi vient à les surprendre dans cet état, ils sont dans l'impossibilité de leur opposer la moindre résistance ; c'est pour cette raison qu'ils se cachent, durant cet intervalle, dans quelque retraite obscure, où il est difficile de les découvrir.

Nous avons dit que tous les reptiles sont sujets à l'engourdissement hivernal, dans tous les pays froids et tempérés ; cela est vrai, surtout des ophidiens. Ils passent toute la mauvaise saison dans des souterrains, tantôt dans un isolement complet, tantôt réunis en troupes. C'est au moment où ils sortent de leur torpeur léthargique, qu'ils changent de peau. Comme leurs écailles éprouvent pendant qu'ils vivent ainsi sous la terre un dérangement et une altération assez considérables, ils se dépouillent tous les ans de leur épiderme ou peau extérieure, pour en prendre une nouvelle. L'animal s'en débarrasse, en commençant par la tête et en la retournant, de sorte qu'on la trouve constamment sens dedans dehors, comme celle d'un lièvre qu'on a écorché. C'est d'après l'observation de cette mue que les anciens regardèrent le *serpent* comme l'emblème de l'éternité, parce qu'ils croyaient que ce changement était une espèce de rajeunissement qui renouvelait la force et la vigueur du reptile, et qui par conséquent le rendait immortel.

Quoiqu'on trouve des *ophidiens* sous presque toutes les latitudes, excepté dans les contrées glaciales, ces animaux sont beaucoup plus communs dans les contrées méridionales que dans celles du Nord. On n'en trouve aucun dans le voisinage des pôles, et c'est à peine si on en observe quelques espèces petites et chétives en Suède, en Norwège, en Danemarck, etc. Dans le

Midi, au contraire, elles sont extrêmement fortes et nombreuses ; c'est là que, sous l'influence des rayons brûlans du soleil,
nous les voyons parvenir à une taille monstrueuse ; c'est là
aussi qu'ils préparent ce venin redoutable, dont une seule goutte
suffit pour éteindre subitement la vie dans les plus grands quadrupèdes.

On sait généralement qu'il est facile de tuer les serpens en les frappant même légèrement sur la nuque : ce fait
s'explique par l'intervalle qui existe entre le crâne et la première vertèbre du cou, intervalle à travers lequel on atteint
presque toujours la moelle épinière, dont les blessures sont
mortelles pour tous les animaux.

L'ordre des ophidiens est tellement naturel, qu'il est difficile de les diviser en familles ; M. Cuvier y en a cependant établi trois, dont deux seulement sont utiles à connaître ; ce sont
les *anguis* et les *serpens*.

Ire *Famille*. — ANGUIS.

Cette petite famille ne comprend qu'un seul genre, celui des
ORVETS (*anguis*), dans lequel sont comprises environ douze
espèces de petits reptiles, dont les caractères extérieurs sont
ceux des serpens, tandis que leur organisation interne les rapproche davantage des lézards. En effet, quoiqu'ils manquent de
membres véritables, on trouve à la plupart d'entre eux, au-dessous de la peau, des vestiges de ces organes qui, dans quelques
espèces, font même une petite saillie au dehors ; et leur peau,
au lieu d'offrir des écailles différentes sur le dos et sous le ventre, est garnie de plaques uniformes et régulièrement imbriquées. Leurs mâchoires s'articulent directement avec le crâne,
ce qui leur ôte la faculté d'agrandir à volonté l'ouverture de
leur gueule ; ils ont l'oreille marquée au dehors, comme chez les
sauriens, par une fente plus ou moins large ; leur œil est garni
de trois paupières, etc. ; ce sont, en un mot, des seps dépourvus
de pieds.

Nous avons en France une espèce de ce genre, l'*orvet ordinaire*, aussi appelé *anvoie*, *anvau*, *serpent de verre*, etc. ; il
est extrêmement commun dans presque toute l'Europe, et on le
trouve jusqu'en Suède et en Danemarck. C'est un petit serpent d'un pied à dix-huit pouces de long, qui a presque partout la réputation d'être malfaisant, quoique ce soit peut-être
le plus innocent des reptiles, sans en excepter le lézard. Il ne

vit que de vers, d'insectes, de chenilles et autres petits animaux, et ne mord jamais, même lorsqu'on l'irrite. Il se contente, quand il se sent pris, de se raidir de toute la puissance de ses muscles ; et dans cet état de contraction il devient si fragile, que le moindre coup suffit pour le casser ; c'est cette circonstance qui lui a fait donner le nom de *serpent de verre*. Du reste, on a eu d'autant plus de tort de l'accuser d'être dangereux, que ses dents ne sont même pas assez longues pour percer la peau d'un quadrupède un peu grand. Ainsi, bien loin de poursuivre ce reptile, comme on le fait tous les jours, il faudrait plutôt le protéger, d'abord parce qu'il est assez joliment habillé, et ensuite parce qu'en détruisant des animaux nuisibles, il rend un service réel à l'agriculture.

IIe *Famille.* — Serpens (pl. XXII).

Cette famille, la plus nombreuse de l'herpétologie, est formée de tous les ophidiens qui n'ont aucun vestige de membres antérieurs, dont l'oreille n'est pas marquée au dehors et qui manquent de troisième paupière ; ce qui donne à leur regard une fixité effrayante. La plupart d'entre eux, au lieu d'avoir les mâchoires solidement articulées avec le crâne, les ont extrêmement mobiles et lâchement attachées avec des ligamens fibreux qui leur permettent de se dilater énormément. Leur langue, mince et bifide, est susceptible d'être projetée rapidement hors de leur gueule, et passe aux yeux du vulgaire pour un dard dont l'animal se sert pour blesser ses ennemis. Mais cette opinion est dénuée de fondement ; cet organe est trop mou pour qu'il puisse se prêter à un semblable usage.

C'est dans cette famille que se trouvent renfermés tous les reptiles redoutables par la violence de leur venin, et ces monstrueux boas, que leur force musculaire ne rend pas moins terribles. Très rares dans les pays froids, ils deviennent un peu plus communs sous les latitudes tempérées ; mais ce n'est que dans le voisinage de la zone torride qu'on rencontre les espèces les plus remarquables par la grandeur de leur taille ou par l'énergie de leur venin.

Cette famille a été divisée en trois tribus, celle des *doubles-marcheurs*, celle des *serpens sans venin* et celle des *serpens venimeux*.

Ire *Tribu.*—Doubles-Marcheurs.

Cette petite tribu se distingue des deux suivantes par des détails anatomiques et par une conformation extérieure tout-à-fait différens. Comme les anguis, les *doubles-marcheurs* ont les mâchoires immédiatement articulées avec le crâne, de manière que leur gueule ne peut se dilater outre mesure, comme dans les deux dernières tribus; leur tête, n'étant pas séparée du tronc par un cou plus mince que le reste du corps, se confond insensiblement avec lui ; et comme, d'un autre côté, leur queue est à peu près aussi grosse à son extrémité qu'à son origine, il est d'autant plus difficile de distinguer de loin la queue de la tête, que l'animal a la faculté de marcher à reculons, et qu'il a les yeux extrêmement petits et quelquefois même nuls. C'est cette particularité d'organisation et d'habitudes qui leur a fait donner le nom de *doubles-marcheurs.*

Du reste ces animaux sont parfaitement innocens, quoiqu'on les ait accusés d'être venimeux ; ils ne vivent que d'insectes, et sous ce rapport ils sont plus utiles que nuisibles.

On ne connaît que deux genres de cette tribu : ce sont les *amphisbènes* et les *typhlops.*

§ I. Les anciens ont parlé d'un serpent nommé AMPHIS-BÈNE (*amphisbæna*), animal fabuleux, s'il en fut jamais, auquel ils attribuaient, outre la faculté de marcher avec une égale facilité en avant et en arrière, celle de pouvoir, lorsqu'il avait été divisé, réunir ses deux tronçons et se reformer tout entier. Il n'était pas possible de le tuer ; la précaution d'attacher à un arbre les deux extrémités du corps divisé n'était pas un moyen sûr de le faire mourir ; car, lorsque ces parties s'étaient desséchées par une longue exposition à l'air, elles tombaient à terre ; et pénétrées par l'humidité et par la chaleur atmosphérique, elles se ranimaient et finissaient par se réunir l'une à l'autre. C'est pour cette raison que l'*amphisbène*, réduit en poudre, était regardé comme le meilleur spécifique pour souder les fractures des os chez l'homme.

Il est inutile de dire qu'aucun animal n'a pu jouir de pareilles propriétés ; mais comme le prétendu *amphisbène* avait la faculté de marcher en avant et en arrière, les naturalistes en ont donné le nom à quelques espèces de serpens américains, dont le corps, de grosseur à peu près uniforme dans toute son étendue, peut exécuter des mouvemens dans les deux sens ; faculté qu'ils doivent à la disposition de leurs écailles, qui forment autour de leur tronc des anneaux complets qui, ne se recouvrant pas mutuellement, permettent à l'animal de se ployer dans toutes les directions.

Les *amphisbènes* sont de petits serpens paisibles et sans venin, qui vivent dans les bois sablonneux, et qui détruisent une grande quantité d'insectes. Ils s'introduisent aussi dans les petits trous que les vers se pratiquent dans la terre et vont les y dévorer ; mais les alimens qu'ils préfèrent à tout autre sont sans contredit les fourmis. Ils se tiennent autant que possible près des nids de ces petits insectes ; et comme ils passent pour aveugles, on a prétendu que les fourmis leur donnaient à manger, et qu'ils jouaient parmi elles le rôle de la reine parmi les abeilles. C'est dans cette supposition qu'on leur a donné le nom de *mères des fourmis*.

On connaît sept ou huit espèces de ce genre, dont les principales sont : l'*amphisbène fuligineux* ou l'*enfumé*, et l'*amphisbène blanc* ou le *blanchet*, l'un et l'autre de l'Amérique méridionale. Il en existe aussi à la Martinique une espèce entièrement aveugle.

§ II. Les **TYPHLOPS** (*typhlops*) ont de grands rapports avec les orvets par leur conformation générale, par leur petite taille et par la disposition des écailles qui les protégent. Ce dernier caractère est celui qui les distingue le mieux des amphisbènes, auxquels ils ressemblent par la grosseur uniforme de leur corps, mais qui ont, ainsi que nous l'avons dit, leurs écailles disposées circulairement.

Ce qui leur a fait donner leur nom de *typhlops*, qui signifie *aveugle*, c'est que leurs yeux sont comme deux points, à peine visibles à travers la peau qui recouvre leur tête. Il ne parait pas cependant qu'ils soient entièrement privés de la vue ; la transparence dont jouit la membrane qui garantit leurs yeux suffit pour leur permettre de se diriger.

Relativement à leurs habitudes, on s'accorde à les dire semblables à celles des amphisbènes ; ils vivent dans les pays chauds des deux continens, se nourrissent d'insectes et de vers qu'ils font sortir de terre, en introduisant leur queue dans les trous qu'ils s'y pratiquent. Quand ils se meuvent à terre, on les prendrait pour des lombrics, et quand ils se tiennent en repos, ils ressemblent à des bouts de ficelle. Du reste, ils sont parfaitement innocens.

On en compte une vingtaine d'espèces, dont les plus connues sont le *réseau* et le *typhlops lombrical.*

IIe *Tribu.* — Serpens sans venin.

Ces reptiles, ainsi que ceux de la tribu suivante, ont les mâchoires lâchement unies au crâne, et par conséquent aussi dilatables que possible; ils ont, soit à la mâchoire supérieure, soit à la voûte du palais, des dents aiguës et recourbées en arrière, au moyen desquelles ils retiennent leur proie; mais ils ne s'en servent jamais pour mâcher leurs alimens, qu'ils avalent toujours tout entiers. Tout ce qu'ils font pour en rendre la digestion plus facile, c'est de les inonder et de les imbiber d'une bave épaisse, qui les amollit et les prépare aux changemens qu'ils doivent subir dans l'estomac et dans les intestins.

Ce qui distingue les *ophidiens non venimeux* de ceux à venin, c'est qu'ils sont dépourvus de ce poison funeste qui, introduit par leur morsure dans le corps des animaux, y apporte une mort aussi sûre que prompte. Ces reptiles ne sont donc nullement à craindre, à moins que leur taille, comme celle des boas, ne soit très considérable; car, dans ce cas, ils peuvent faire mourir aussi bien que le ferait un quadrupède carnassier. Mais comme il a été jusqu'ici impossible de découvrir un caractère extérieur qui annonce de loin la présence de ce cruel venin, le vulgaire, et souvent même les personnes instruites, les confondent, dans une haine commune, avec les espèces venimeuses; et certes un pareil préjugé paraîtra bien excusable à tout homme qui réfléchira combien une erreur pourrait devenir funeste dans cette circonstance. Dans les pays où il existe simultanément des espèces dangereuses et des espèces sans venin, c'est une précaution sage que de se défier de tout ophidien qu'on rencontre; mais, pour ne pas s'effrayer vainement, il est bon de savoir que l'on ne trouve de serpens venimeux que dans les contrées méridionales, et que, s'il s'en rencontre sous des latitudes plus éloignées de l'équateur, ils ne se montrent que pendant les fortes chaleurs de l'été.

La famille des *serpens sans venin* n'a que deux genres principaux, les *boas* et les *couleuvres,* que l'on distingue à la forme de leurs plaques ventrales.

§ I. Les BOAS (*boa*) se reconnaissent à ce qu'ils ont les plaques abdominales simples et occupant toute la largeur du corps.

C'est dans ce genre que se trouvent les géans de l'herpétologie; il est des espèces qui atteignent jusqu'à quarante pieds de long. Aussi, quoique privés de cette arme formidable qui rend la morsure des serpens venimeux si dangereuse, les *boas* ne sont pas moins à craindre que ces derniers. Leur force est si prodigieuse qu'il n'est pas d'animaux dont ils ne puissent triompher; les cerfs, les chevaux, les buffles ne peuvent leur résister ; enlacés dans les vastes replis de ces reptiles monstrueux, ils ne peuvent ni fuir ni se défendre, et périssent étouffés et pour ainsi dire broyés par les étreintes de leur immense corps. Non moins agiles que vigoureux, les *boas* poursuivent leurs victimes à la course, et les atteignent d'autant plus facilement que leur aspect seul les glace de terreur et paralyse leurs mouvemens.

Cependant, malgré leur vitesse, ces ophidiens préfèrent ordinairement la ruse à la violence. Cachés au milieu d'herbes élevées ou parmi des broussailles, ils se tiennent à l'affût sur le bord des rivières ou dans quelque lieu de passage, prêts à s'élancer sur le premier animal que le hasard leur amènera. D'autres fois, à l'aide de leur queue prenante, ils se suspendent à quelque branche d'arbre, et, dès qu'ils aperçoivent quelque proie à leur portée, ils la saisissent et l'écrasent dans les vastes contours de leur corps. Quelques espèces, qui vivent dans les eaux, se fixent par ce même organe à quelque plante aquatique, et laissent flotter leur corps au gré du courant pour saisir les quadrupèdes qui viennent s'y désaltérer.

De quelque manière qu'ils se rendent maîtres de leurs victimes, ils commencent toujours par leur broyer les os, les tirent dans tous les sens pour amincir leur corps, les couvrent de bave et de salive, et dilatant ensuite leurs mâchoires mobiles, ils en engloutissent une partie dans leur énorme gueule. On conçoit que des animaux de la taille du buffle, du cheval, etc., ne peuvent se digérer qu'avec une extrême lenteur, dans des intestins aussi peu énergiques que ceux des reptiles ; aussi, tandis qu'une partie de l'animal se digère, l'autre tombe ordinairement en putréfaction, et c'est ce qui communique aux *boas* cette odeur infecte qui annonce de loin leur présence aux êtres vivans intéressés à l'éviter.

On compte environ douze espèces de *boas* qui appartiennent

tous à l'Amérique; les plus communs sont le *devin* ou l'*étouf-feur*, l'*anacondo*, l'*aboma*, qui atteignent de trente à trente-cinq pieds de long, et la *dépone* qui est encore plus grande. Parmi les espèces plus petites, nous pouvons citer *la broderie*, qui n'a pas plus d'un mètre de long.

§ II. Autrefois, on ne comprenait pas seulement sous le nom de COULEUVRE (*coluber*) les serpens que nous appelons encore ainsi, c'est-à-dire ceux qui, étant dépourvus de venin, ont les *plaques ventrales doubles* et la *tête couverte d'écailles plus grandes que celles du reste du corps* (*fig. 4*); on appliquait cette dénomination à tous ceux qui présentaient ce dernier caractère, sans égard à la présence ou à l'absence de l'appareil sécréteur du liquide vénimeux. Ce genre était immense, et maintenant même qu'on en a séparé les vipères, pour les placer dans une famille différente, on n'y compte pas moins de deux cents espèces, parmi lesquelles il est très difficile d'établir de bonnes distinctions.

Quoique toutes les *couleuvres* soient abhorrées presque partout à l'égal des serpens venimeux, ce sont des animaux essentiellement doux et incapables de nuire. Timides et craintifs, bien loin de songer à attaquer, ils se tiennent dans les retraites les plus cachées, pour s'y mettre à l'abri de leurs innombrables ennemis. Ils ne sortent de leur cachette que pour chercher leur nourriture, qui consiste en insectes, vers, têtards, etc. Au reste, le préjugé, qui les fait tant redouter, commence à se dissiper et finira par disparaître dans les endroits où il n'existe pas de serpens à venin; il n'est pas très rare de voir des personnes élever de ces petits animaux, qui se familiarisent avec l'homme et sont même susceptibles d'une certaine éducation.

L'étendue de ce genre l'a fait partager en une dizaine de sous-genres dont nous ne citerons que trois, les *pythons*, les *dipsades*, et les *couleuvres* proprement dites.

1° Les PYTHONS (*pythons*) se distinguent en ce qu'ils ont près de l'anus, à l'extrémité postérieure du corps, deux petits crochets qui semblent être des vestiges de membres. Leur taille est à peu près égale à celle des boas qu'ils remplacent dans l'ancien continent, car on ne trouve ces reptiles que dans les contrées méridionales de l'Asie, et surtout dans les îles de la Sonde. L'espèce la plus anciennement connue de ce sous-genre, est l'*ular-sawa*, qui atteint plus de trente pieds de long. Il paraît qu'il se tient dans l'eau, et qu'il s'y fixe à la manière du boa, à quelque plante aquatique, laissant flotter son corps au gré du courant, et guettant les animaux qui viennent s'y désaltérer.

2° Les anciens donnaient le nom de Dipsades (*dipsas*) à des serpens très venimeux qui causaient une soif inextinguible au malheureux qu'ils avaient mordu. On ignore quels pouvaient être ces reptiles. Les naturalistes ont donné leur nom à des ophidiens de quatre à cinq pieds de long, dont on rencontre des espèces dans le midi des deux continens. Mais cette application est d'autant plus gratuite, que les *dipsades* des auteurs modernes ne sont nullement venimeuses, et se tiennent sur les arbres, tandis que celles des anciens étaient très dangereuses et ne fréquentaient que les eaux. Quoi qu'il en soit, le caractère de ces serpens consiste à avoir le corps très comprimé et plus large que la tête, et sur le dos une rangée d'écailles plus grandes que les autres. La principale espèce de ce sous-genre est la *dipsade indienne* ou le *bucéphale*, qui poursuit sur les arbres les écureuils et les petits oiseaux.

3° Les Couleuvres sont beaucoup plus petites que les pythons; il est rare qu'elles dépassent six pieds de long, et ce n'est même que dans le midi qu'elles parviennent à cette taille. Nous en avons en France une douzaine d'espèces, dont les principales sont la *couleuvre à collier*, la *vipérine*, la *lisse*, la *verte et jaune*, la *bordelaise*, la *couleuvre d'Escu-lape*, etc.

III⁴ *Tribu.*—Serpens venimeux.

A n'examiner que les formes extérieures, il est extrêmement difficile de distinguer les serpens venimeux de ceux de la tribu précédente. Il faut une grande habitude pour trouver dans la forme et la disposition des écailles (*fig.* 5, 6, 7), un caractère suffisant pour les reconnaître au premier coup d'œil; et cependant, combien serait importante une pareille distinction! Tandis que dans la tribu dont nous venons de parler les espèces ne sont redoutables que par leur taille, dans celle-ci tous, grands et petits, peuvent donner la mort avec une égale promptitude. Ils doivent cette propriété à un appareil particulier, situé au-dessous de l'œil; il consiste en une glande énorme qui prépare la liqueur funeste, en deux dents percées d'un canal qui la versent dans la plaie qu'elles font, et en un conduit qui la porte de la glande à ces dents. Ce sont ces dents qu'on nomme *crochets mobiles* (*fig.* 5 *a*), quoique, dans la réalité, elles ne jouissent d'aucune mobilité; elles ne paraissent telles, que parce que la mâchoire supérieure n'étant pas fixée au crâne, est elle-même très mobile. Ces crochets, au nombre de deux seulement, sont placés sur chaque branche de l'os maxillaire, et complètement isolés des dents ordinaires qui sont implantées dans le palais. Il existe toujours derrière eux plusieurs germes destinés à les remplacer, dans le cas où ils viendraient à être détruits par accident.

La blessure produite par les crochets est très peu douloureuse et se sent à peine au moment où elle est faite ; mais quelques secondes après, les bords de la plaie s'enflent, le cœur manque, une soif ardente se fait sentir, et si le venin est assez abondant et assez fort, l'animal mordu meurt dans des souffrances atroces. En général on remarque que le poison est d'autant plus actif, que le serpent est resté plus long-temps sans mordre et qu'il est plus irrité.

Tous les reptiles de la tribu dont nous parlons sont vivipares, et ont reçu le nom générique de *vipères*, qui n'est qu'une abréviation de vivipare. On peut néanmoins les diviser en deux genres faciles à caractériser, les *crotales* et les *vipères*.

§ I. Le nom scientifique de CROTALE (*cratolus*) (*fig.* 6), qui signifie sonnette, et la dénomination vulgaire de *serpent à sonnettes* se tirent d'un appareil bruyant qui termine la queue de ces ophidiens. Cet appareil se compose d'une série de cônes, d'une substance analogue à celle du parchemin, et emboîtés lâchement les uns dans les autres; de sorte qu'ils se froissent les uns contre les autres dans les mouvemens qu'exécute l'animal, et par leur froissement mutuel produisent un bruit plus ou moins considérable.

Les *crotales* sont sans contredit les plus dangereux des reptiles; l'activité de leur venin est telle, qu'il donne souvent la mort à l'homme en deux ou trois minutes. Il n'est pas d'animaux qui puissent survivre à leur morsure, le cerf, le bœuf, le cheval, etc., blessés par leur dent meurtrière sont voués à une mort cruelle et inévitable. La moindre quantité de poison suffit pour produire cet effet. On a vu un crochet resté dans la botte d'un homme, qu'un *crotale* avait mordu, faire périr deux personnes qui voulurent se servir de cette chaussure, et il en aurait peut-être fait périr d'autres, sans la sagacité d'un médecin qui, étonné de la rapidité de la mort des deux individus et des circonstances qui l'avaient accompagnée, en soupçonna la cause, et découvrit la dent fatale dans l'épaisseur du cuir de la tige.

Nous avons dit que les serpens sans venin ne sont redoutables qu'en raison de leur taille. Ici, au contraire, ce sont les plus petits qui sont le plus à craindre; non pas que leur morsure soit plus dangereuse que celle des grands, mais parce que, plus difficiles à apercevoir, il est presque impossible de s'en garantir. Heureusement, une odeur forte que ces reptiles répandent autour d'eux annonce leur présence assez à temps pour que leurs victimes puissent les éviter. Le bruit de leur queue, quand ils sont en mouvement, se joint à cet indice pour avertir de leur approche. Ils sont d'ailleurs assez peu agiles pour qu'il soit facile à la plupart des animaux de leur échapper par la fuite; la terreur seule peut, en paralysant les mouvemens, empêcher de courir assez vite, pour se soustraire à leurs atteintes.

Le genre *crotale* est entièrement Américain et se compose d'une douzaine d'espèces, dont les plus connues sont: le *boiquira* qui a de quatre à six pieds de long; le *drynas* et le *durissus* qui sont encore plus grands; le *millet* qui n'a pas plus de deux pieds, mais qui est plus dangereux encore, parce qu'il se cache plus facilement.

§ II. On désigne sous le nom générique de VIPÈRE (*vipera*) (*fig.* 5 et 7) tous les serpens à venin, dont les plaques abdominales sont doubles sur toute la longueur du corps, comme dans les couleuvres. Semblables à ces dernières par leur conformation générale et par presque toutes leurs habitudes, les *vipères* sont d'autant plus à craindre que, trompé par une fausse ressemblance, on pourrait s'exposer quelquefois volontairement à leur morsure. Il faut pourtant observer qu'on remarque ordinairement sur la peau de ces reptiles des teintes sombres et foncées qui inspirent de la défiance au premier abord, et qu'il règne dans leur physionomie un air de férocité, qui annonce en quelque sorte le danger de leur morsure. Ce n'est pas cependant que le venin de toutes les espèces soit également dangereux; il n'y en a qu'un certain nombre, de forte taille, qui puissent donner la mort à de grands animaux. Et d'ailleurs comme elles ont toutes le naturel timide et craintif, elles se tiennent cachées dans des lieux arides et peu fréquentés, où l'on est rarement exposé à les rencontrer.

Les *vipères* vivent, selon leur taille, de vers, d'insectes, de chenilles ou de petits quadrupèdes, d'oiseaux, de lézards, etc. On en compte environ trente espèces, qu'on trouve dans toutes les parties du globe. On les divise en sept ou huit sous-genres, dont les plus importans sont les *trigonocéphales*; les *naias* et les *vipères* propres.

1° Les TRIGONOCÉPHALES (*trigonocephalus*) ou *fers de lance*, tirent leur nom de la forme de leur tête, qui imite assez bien un triangle, dont leur museau serait le sommet et leur nuque la base ; de plus, leur queue se termine par un aiguillon corné, et l'on remarque derrière leurs narines deux petites fossettes.

Ce sont, après les crotales, les plus redoutables des ophidiens. Ils joignent à un venin actif et à une taille considérable, une audace et une agilité qu'on ne rencontre que bien rarement dans les autres reptiles à crochets. Aussi rusés que hardis, ils s'embusquent au milieu des herbes dans les champs cultivés, où ils savent qu'il se trouve presque toujours des victimes à dévorer; c'est ainsi qu'ils détruisent une immense quantité de rats, de lièvres, etc. Quelquefois même, ils attaquent les plus grands animaux, sans en excepter l'homme. Mais comme dans ce cas leur venin n'a pas assez de force pour les faire périr sur-le-champ, on prétend qu'à l'aide de leur odorat, qu'on dit très subtil, ils les suivent à la piste, bien sûrs de les rencontrer expirans à peu de distance. On distingue sept ou huit espèces de ce sous-genre, qui paraît n'appartenir qu'aux Antilles ; parmi ces espèces nous nommerons le *trigonocéphale brun*, le *T. jaune* et le *T. à losange* qui sont les plus redoutables et les plus communes.

2° Les NAIAS (*naïa*) (*fig.* 7) se reconnaissent sur-le-champ à une énorme dilatation qui se remarque derrière leur tête ; dilatation due à la mobilité des premières côtes qui, en se redressant, soulèvent la peau du cou et produisent un gonflement considérable dans cette partie de leur corps. C'est surtout quand l'animal est irrité que cette disposition est plus marquée, et comme il ouvre en même temps sa gueule pour montrer ses dents et surtout ses terribles crochets, sa physionomie devient alors effrayante : malheur à l'être vivant sur lequel sa fureur tombe en ce moment! La mort la plus prompte et la plus dou-

loureuse est la suite presque inévitable de sa morsure. On ne
connaît que deux espèces de ce sous-genre : le *naïa* proprement
dit et l'*haje*, que les bateleurs dressent à faire des tours après
leur avoir arraché les crochets. Le premier a été aussi appelé
serpent à lunettes, parce qu'il porte sur la partie élargie de
son cou une tache brune en forme de lunette ; il se trouve dans
l'Inde et a trois ou quatre pieds de long. Le second, qui est
presque double du précédent, est d'Égypte, et y est devenu
célèbre par la facilité avec laquelle on peut le changer en verge.
Il suffit pour cela de presser sa nuque avec le doigt, afin de
comprimer sa moelle épinière ; le serpent devient sur-le-champ
raide comme un bâton, au grand étonnement de tous les spectateurs.

3° On nomme VIPÈRES proprement dites (*fig.* 5), toutes les
espèces qui n'ont ni renflement au cou, ni fossettes derrière
les narines, et dont les plaques caudales sont doubles, et la tête
couverte d'écailles semblables à celles du dos. Elles sont toutes
de petite taille et par conséquent moins dangereuses que les
précédentes. On en connaît plus de douze espèces, dont six sont
européennes ; deux seulement se trouvent en France : la *vipère
commune* et l'*aspic*. La première est brune avec une ligne
noire en zig-zag, qui règne tout le long du dos ; elle se trouve
dans presque toute la France et recherche les lieux boisés et
rocailleux ; elle est assez commune aux environs de Paris, et
surtout dans la forêt de Montmorency. Le second est également
brun, mais, au lieu d'une ligne en zig-zag, son dos présente
quatre séries de taches noires. On en rencontre assez souvent des individus dans la forêt de Fontainebleau.

Quoique ces deux serpens doivent être évités avec soin, il
s'en faut de beaucoup que leur morsure soit toujours mortelle ;
il est même excessivement rare qu'elle soit suivie d'une si funeste terminaison pour l'homme ; le plus souvent il n'en résulte
qu'un gonflement considérable, accompagné d'une vive douleur.
Il est d'ailleurs facile d'éviter cet accident ; on sait que ces
reptiles ne sortent pas de leur retraite avant le lever du soleil,
et qu'ils y rentrent quand il est dans toute sa force ; et lors
même qu'ils l'ont quittée, ils se tiennent dans des endroits
cachés, et fuient toujours lorsqu'on s'approche d'eux.

Mais si les *vipères* de France ne sont pas dangereuses pour
l'homme, elles le sont pour beaucoup d'animaux domestiques ;

les chiens surtout les redoutent beaucoup. Le cochon au contraire s'en régale et méprise ses morsures.

IV. Ordre. — BATRACIENS (pl. XXIII).

L'ordre des *batraciens* paraît avoir été formé pour établir le passage des reptiles aux poissons. Placés par leur organisation sur la limite de ces deux classes, ils se rapportent également bien à l'une ou à l'autre. Si dans les premiers temps de leur vie, ils tiennent des poissons par leurs branchies, ils se rapprochent davantage des reptiles lorsque, devenus adultes, ils perdent ces organes pour prendre des poumons: leur place ne saurait donc être mieux fixée qu'à la fin de l'herpétologie.

Ces animaux offrent dans toutes les périodes de leur existence des particularités remarquables. A l'état parfait, ils n'ont jamais ni carapace ni écailles; leur peau est entièrement nue et seulement enduite d'une humeur visqueuse; leur squelette manque de côtes ou n'en a que de rudimentaires; leurs doigts, toujours moins nombreux que chez les lézards terrestres, sont dépourvus d'ongles, excepté dans un seul genre.

Ils n'ont jamais au cœur qu'une seule oreillette et un seul ventricule, qui représentent le cœur droit des mammifères et des oiseaux. C'est de là que partent les vaisseaux qui conduisent le sang veineux aux poumons ou aux branchies. Quand le liquide nourricier a subi l'action de l'air, il est repris par les veines qui, en se réunissant, donnent naissance à un gros tronc placé sous le dos, lequel fait l'office du cœur gauche des vertébrés à sang chaud.

Mais ce qui distingue surtout les *batraciens* des autres reptiles et de tous les autres vertébrés, ce sont les *métamorphoses* ou changemens qu'ils éprouvent dans leur forme extérieure et dans leurs organes intérieurs, durant les premiers temps de leur existence. Au moment où ils sortent de l'œuf où ils ont pris naissance, ils respirent par des branchies, leur corps est pisciforme, dépourvu de membres et terminé par une nageoire semblable à celle d'un poisson, et leurs habitudes sont exclusivement aquatiques; ils portent alors le nom de *têtards* (*fig.* 1). Mais peu à peu ces formes s'altèrent, les branchies disparaissent pour faire place à des poumons, et leur respiration devient aérienne. Quelquefois cependant le *batracien* conserve ses branchies en même temps qu'il prend des poumons; dans ce cas

l'animal a la respiration aquatique et la respiration aérienne
en même temps : il est donc *amphibie* dans toute la force du
terme.

Pendant que ces modifications s'opèrent dans l'organe respiratoire, le reste du corps en éprouve d'analogues ; des pattes
se développent en avant et en arrière ou seulement en avant ;
dans plusieurs espèces, la queue se flétrit et finit par disparaître complètement ; enfin leur vie, d'abord exclusivement
aquatique, devient terrestre, du moins en partie sinon entièrement.

Quoique cet ordre ne soit pas très nombreux, il forme cependant trois familles bien distinctes : les *anoures*, qui respirent par des poumons, et qui manquent de queue, comme les
grenouilles, les *urodèles*, qui respirent également par des poumons, mais qui ont une queue comme les salamandres, et enfin les *pneumobranches*, qui ont une queue, comme les urodèles, mais qui ont des poumons et des branchies en même
temps ; tels sont les protées et les sirènes.

Ire Famille. — Anoures.

Cette famille, dont le nom, qui signifie *privé de queue*, exprime le caractère le plus apparent, se compose d'un assez
grand nombre de reptiles, dont les formes extérieures et tous
les détails organiques présentent les rapports les plus intimes
avec notre grenouille commune. Comme ils n'ont aucune espèce d'arme offensive et défensive pour opposer à leurs ennemis, leur corps est couvert d'une peau nue et visqueuse qui
n'adhère presque pas à la masse des chairs qu'elle recouvre ;
de sorte qu'ils peuvent se remplir d'air et se gonfler à volonté.
Cette faculté est le moyen que la nature a mis à leur disposition pour se garantir des attaques de leurs innombrables ennemis ; car leur corps, ainsi ballonné, n'éprouve presque aucun
mal de coups qui donneraient la mort à beaucoup d'autres animaux.

Les formes de ces batraciens sont courtes et trapues (*fig.* 2,
3, 4) ; leur tête est aplatie, leur gueule très fendue, leurs
yeux grands et saillans, leurs pattes sont terminées par des
doigts plus ou moins palmés et armés d'ongles ; les antérieures plus courtes et tétradactyles, les postérieures plus longues, dirigées en arrière et munies de cinq doigts et quelquefois du rudiment d'un sixième. La conformation des membres

est par conséquent peu propre à la marche; en revanche, elle est très favorable au saut et à la natation ; aussi les *anoures* n'ont-ils que ces deux modes de progression ; ils sautent surtout avec une agilité étonnante.

Les habitudes de ces reptiles sont assez curieuses : amphibies par nature, ils vivent alternativement sur la terre et dans l'eau, en montrant toutefois une préférence marquée pour ce dernier élément; mais il leur faut des eaux dormantes ; les étangs, les marais, les fossés, etc., sont les lieux qu'ils habitent spécialement. Au reste, le choix de ce séjour est pour eux une nécessité de leur organisation. Obligés de respirer l'air atmosphérique en nature, ils ne pourraient le faire que difficilement, s'ils se tenaient dans des eaux profondes, tandis que des petites mares qu'ils fréquentent, ils n'ont qu'à lever la tête pour que leurs narines se trouvent dans l'atmosphère.

La respiration des batraciens *anoures* diffère par son mécanisme de celle des autres vertébrés à poumons, et ressemble à celle des tortues ; comme ils manquent de côtes et de diaphragme, ils inspirent l'air par leurs narines en fermant leur bouche et en agrandissant leur arrière-bouche, par l'abaissement des muscles de la gorge: puis, fermant avec leur langue l'orifice postérieur de ces deux conduits (les narines), pendant que ces mêmes muscles se contractent, ils forcent le fluide à pénétrer dans le poumon pour vivifier le sang. Lorsque celui-ci a respiré, les parois abdominales, en revenant sur elles-mêmes, refoulent l'organe respiratoire et en chassent l'air devenu inutile. Il résulte de ce mécanisme qu'on peut asphyxier ces animaux de deux manières : en les forçant à tenir la gueule ouverte, et en leur coupant les muscles de l'abdomen. Dans le premier cas, l'air ne peut pas s'introduire dans le poumon ; dans le second, il ne se renouvelle plus.

Quoique les batraciens *anoures* ne puissent rester longtemps sans respiration pendant la belle saison, lorsqu'arrive l'époque de leur engourdissement hivernal, cette fonction peut être impunément suspendue pendant plusieurs mois, sans que l'existence de ces animaux se trouve compromise. Dans les pays froids ou tempérés, tous ces reptiles passent la mauvaise saison enfoncés dans la vase ou cachés sous la terre, sans prendre aucune nourriture et sans recevoir d'autre air que la petite quantité de ce fluide qui peut pénétrer jusqu'à eux, à travers les pores de la couche qui les enveloppe de toutes parts.

Mais de tous les phénomènes dont se compose la vie de ces batraciens, les plus remarquables sont sans contredit leur reproduction et les métamorphoses qui la suivent. Les œufs que pond la femelle, attachés ensemble par des cordons visqueux, forment des espèces de grappes qui affectent quelquefois les figures les plus singulières. Le *têtard* qui en provient, d'abord semblable à un poisson par sa structure et par la nature de son organe respiratoire, change peu à peu de forme, ainsi que d'habitudes et de régime ; ses branchies sont remplacées par des poumons ; sa queue disparaît peu à peu, ses pattes se développent, des dents succèdent à l'espèce de bec corné qui garnissait ses mâchoires, ses intestins se raccourcissent, et l'animal, qui d'abord ne se nourrissait que de végétaux, devient alors insectivore ; et sans renoncer au séjour de l'eau, il ne craint plus de s'exposer sur la terre : il est véritablement amphibie.

La famille des batraciens *anoures* est extrêmement naturelle ; on peut cependant, d'après la considération de leurs organes masticateurs et locomoteurs, les diviser en quatre genres : les *grenouilles*, les *rainettes*, les *crapauds* et les *pipas*.

§ I. Quoiqu'il y ait beaucoup de rapports entre les crapauds et les GRENOUILLES, celles-ci sont aussi sveltes, aussi élégantes, que les premiers sont pesans et difformes. Dans l'eau elles nagent avec l'aisance d'un poisson ; sur terre elles bondissent avec la grace et la légèreté de la sauterelle. La disposition de leurs membres est également propre à favoriser ces deux sortes de mouvemens ; des doigts plus ou moins palmés, surtout postérieurement, leur rendent la nage facile, et la disposition des pattes de derrière, qui sont presque deux fois plus longues que celles de devant, leur permet de franchir en sautant des espaces vraiment extraordinaires pour d'aussi petits animaux.

Le corps de ces reptiles unit des couleurs agréables à une forme effilée et légère ; au lieu de ces verrues qui répandent sur l'enveloppe extérieure du crapaud une humeur dégoûtante et fétide, les *grenouilles* ont la peau unie, lisse et comme glacée par un vernis. Leurs habitudes sont très curieuses : sujettes à l'engourdissement pendant l'hiver, elles se cachent par troupes dans la vase et y demeurent ensevelies pendant toute la mauvaise saison. Cette disparution périodique a fait dire à Pline le naturaliste, que ces animaux se fondent tous les six mois en limon, pour se reformer et renaître au fond des mares au retour de chaque printemps.

Le premier soin des *grenouilles* au moment de leur résurrection est de réparer, par une nourriture copieuse, les effets du long jeûne qu'elles viennent de supporter. Dès qu'elles ont pourvu à ce premier besoin, elles se mettent à *frayer* ou à pondre. Chaque femelle produit environ mille œufs, qu'elle dépose dans des eaux peu profondes; peu de temps après, il sort de chacun d'eux, et sans incubation, un petit têtard qui subit en peu de temps ses métamorphoses (deux ou trois mois) et se trouve bientôt transformé en grenouille.

Le nombre de ces animaux n'est pas le même tous les ans; il n'est jamais plus considérable que lorsque les pluies ont été abondantes et les chaleurs fortes pendant la belle saison. Il n'est pas rare, dans les années chaudes et pluvieuses, qu'un peu de sécheresse vienne, sur la fin de l'été, les contraindre à se cacher sous terre. Si ensuite il survient une forte pluie d'orage qui inonde subitement leur demeure souterraine, on en voit sortir de tous côtés des quantités si prodigieuses que le sol en est entièrement jonché, et que les paysans s'imaginent en bien des endroits qu'il tombe de temps en temps du ciel des pluies de grenouilles (1).

La fécondité de ces batraciens rendrait leur multiplication excessive, sans les nombreux ennemis conspirés contre leur frêle existence, soit avant leur éclosion, soit à l'état de têtard, soit sous leur forme de grenouille adulte. Les poissons, les serpens et une multitude innombrable d'oiseaux aquatiques sont occupés sans relâche à leur faire la guerre, et se nourrissent presque exclusivement aux dépens de ces animaux sans défense.

Nous ne devons pas omettre, en parlant des ennemis des *grenouilles*, l'homme, qui certes n'est pas le moins à craindre pour elles. Les physiologistes en détruisent considérablement dans les expériences qu'ils font sur les fonctions animales, d'abord parce qu'elles sont tout-à-fait inoffensives, et ensuite parce qu'elles ont la vie extrêmement dure. On en a vu exécuter des mouvemens après avoir perdu la tête ou le cœur. Un autre motif qui leur attire encore notre persécution, c'est la dé-

---

(1) Il paraît qu'il tombe quelquefois véritablement des *grenouilles* de l'atmosphère. On croit qu'elles ont été enlevées de terre par quelque coup de vent et transportées à une distance plus ou moins considérable.

licatesse de leur chair, qu'on recherche comme une nourriture très légère et très convenable pour les estomacs faibles ou malades.

Il n'est pas étonnant, d'après le nombre d'ennemis qu'elles ont à craindre, que les *grenouilles* soient timides et défiantes; un rien les effraie et les fait fuir. Aussi cherchent-elles toujours, soit dans l'eau, soit sur la terre, les endroits les plus propres à les dérober à la vue de leurs ennemis; et en même temps les plus favorables à la chasse des insectes dont elles se nourrissent principalement.

Tout le monde connaît la voix de la grenouille, voix rauque et monotone, qu'on appelle *coassement*. Ces batraciens, en la faisant entendre, paraissent avoir pour but de s'attirer mutuellement; et c'est pour cela qu'ils crient beaucoup plus fort en automne que pendant les autres saisons, parce qu'alors en effet ils se réunissent en troupes pour s'enfoncer dans la vase, et pour passer l'hiver ensemble.

On connaît plus de trente espèces différentes de ces batraciens. Nous en avons en France cinq ou six, dont les plus communes sont : la *grenouille verte*, la *rousse*, la *ponctuée*, que l'on trouve aux environs de Paris. Parmi les espèces étrangères, le *bulfrog*, ou *grenouille mugissante*, est la plus grosse; elle a près de dix pouces de long, et son coassement a été comparé au beuglement d'un taureau. La *jakie* est une espèce très célèbre, parce qu'on a souvent pris son énorme têtard pour un poisson qu'on croyait provenir de la grenouille.

§ II. Les RAINETTES (*hyla*) (*fig.* 3) sont les plus élégans des batraciens, sans en excepter la grenouille, et leurs mouvemens sont aussi agiles et aussi gracieux que leurs forme sont fines et élancées. Aussi, tandis que les autres reptiles de la famille des anoures sont attachés à la terre ou relégués dans les eaux, les *rainettes* peuvent indistinctement nager, sauter ou grimper avec la même facilité. A l'aide de pelottes vi queuses qu'elles ont sous les doigts, elles s'accrochent aux branches des arbres, sur lesquels elles vont chercher leur nourr ure. Fixées le dos en bas, à la surface inférieure des feuilles, elles guettent les petits insectes qui passent à leur portée, ans avoir rien à craindre de leurs ennemis, aux yeux desquels elles sont cachées par la teinte verte de leurs corps, dont la couleur se confond avec celle des feuilles. C'est de ce séjour élevé qu'elles font entendre un coassement analogue à celui de la grenouille, mais beaucoup plus sec et plus coupé.

Les *rainettes* mènent cette vie curieuse pendant toute la belle saison. Mais à l'approche de l'hiver leurs habitudes changent; elles descendent de leur domicile d'été pour gagner les eaux, où elles ont pris naissance. C'est là que, cachées dans la vase et réunies en petites troupes, comme les grenouilles, elles tombent dans l'engourdissement, et restent dans cet état de mort apparente, jusqu'au printemps. A cette époque, après avoir réparé leurs forces par une nourriture abondante, elles se mettent à frayer. Les petits têtards qui sortent des œufs changent de nature environ deux mois après leur éclosion ; cependant ce n'est qu'à l'âge d'environ quatre ans que l'animal a acquis tout le développement dont il est susceptible.

On trouve des *rainettes* dans les cinq parties du monde. Nous en avons en France une espèce qui est d'un beau vert avec une raie jaune de chaque côté ; on l'élève dans des vases à demi pleins d'eau, où plonge une petite échelle. Elle devient ainsi un baromètre vivant, qui annonce la pluie ou le beau temps, selon qu'elle est plus ou moins enfoncée dans l'eau. Parmi les espèces étrangères, une des plus jolies est la *bicolore*, qui est d'un bleu céleste supérieurement et d'un blanc rosé en dessous.

§ III. Tout le monde connaît le CRAPAUD (*bufo*), cet être dégoûtant auquel on attribue des propriétés malfaisantes, parce qu'on le hait, quoique dans la réalité il soit un des reptiles les plus innocens. Son corps, gros et ventru, est couvert de pustules ou verrues qui produisent, lorsqu'on l'irrite, une substance laiteuse et fétide que le vulgaire regarde comme venimeuse, ainsi que sa salive et sa morsure. Des pattes courtes, et de longueur à peu près égale, lui donnent une démarche lente et embarrassée. Tout son extérieur, en un mot, est repoussant et lui attire la haine universelle. Et qu'a-t-il fait pour mériter cette proscription générale? Ses habitudes sont extrêmement paisibles ; privé d'ailleurs de dents et de toute espèce d'armes offensives, comment pourrait-il nuire à d'autres animaux ? Aussi, quand il se voit attaqué, au lieu d'opposer une résistance inutile, il ne cherche qu'à fuir avec toute la vitesse que lui permet la mauvaise conformation de ses organes locomoteurs. Quand cette ressource est impossible, il en est réduit, pour toute défense, à lâcher ses urines, dont la fétidité écarte quelquefois ses ennemis ; si ce moyen est insuffisant, il se gonfle d'air pour amortir, autant qu'il peut, l'effet des coups qu'il reçoit. Il paraît aussi qu'il sait faire sortir des pustules qui couvrent son corps cette humeur dont nous avons parlé, et dont la nature âcre et irritante cause à ses ennemis une douleur assez vive, pour les forcer quelquefois à lâcher prise.

Au reste, ce moyen est d'une bien faible ressource pour le *crapaud*. Cet animal est entouré de tant de dangers, qu'il n'en évite un que pour tomber dans un autre; aussi se tient-il constamment caché dans les retraites les plus secrètes pendant toute la journée, et il ne sort, pour aller chercher ses alimens, que vers le soir, lorsque l'obscurité peut d'autant plus facilement le dérober aux yeux de ses ennemis, que ses couleurs ternes se confondent facilement avec celles du terrain qu'il fréquente. Mais, malgré cette précaution, les oiseaux de proie, les échassiers, les palmipèdes et les serpens en détruisent des quantités immenses, et, sans leur prodigieuse fécondité, il est probable que la race en aurait été depuis long-temps anéantie. Mais leurs pontes sont si abondantes que, dans les années pluvieuses, la terre en est presque entièrement couverte; et comme ils éclosent ordinairement en plus grand nombre après de fortes pluies, et que d'ailleurs les individus qui se tiennent habituellement dans les fossés sont alors forcés d'en sortir, à cause de la trop grande quantité d'eau qui les entoure, on croit assez ordinairement qu'il tombe des pluies de ces reptiles, ce qui ne peut être vrai, qu'autant qu'ils auraient été emportés par quelque coup de vent, comme nous l'avons dit en parlant des grenouilles.

Le *crapaud* jouait autrefois un grand rôle dans les opérations magiques, et il n'y avait pas de sorcière qui eût voulu opérer un enchantement, sans faire usage d'un de ces animaux. L'histoire fait même mention d'un certain Vannini qui fut brûlé comme sorcier, parce qu'on trouva chez lui un crapaud dans un bocal de verre.

On connaît dans ce genre plus de quarante espèces, dont cinq ou six appartiennent à la France, entre autres le *crapaud commun*, si répandu dans tous les pays de l'Europe; le *calamite* ou *crapaud des joncs*, qui est plus agile que le précédent et n'a pas les doigts palmés; l'*accoucheur*, ainsi nommé parce qu'il se charge des œufs, à mesure que la femelle les pond, et les porte sur lui jusqu'à ce qu'ils soient près d'éclore. A ce moment, il s'approche de l'eau et les y dépose avec précaution pour qu'ils puissent s'y développer plus facilement.

Parmi les espèces étrangères, nous citerons l'*agua* comme un des plus grands ; il a environ six pouces de long et se trouve dans l'Amérique du Sud.

§ IV. Les PIPAS (*pipa*) (*fig.* 4) forment un petit genre composé de deux espèces seulement, propres l'une et l'autre au nouveau continent. Ces animaux ont la plus grande ressemblance avec les crapauds, par la disposition de leurs membres et par le défaut de dents ; mais ils s'en distinguent par l'aplatissement extraordinaire de leur corps, par la conformation de leurs yeux, qui sont très petits, fort écartés et placés sur le bord de la mâchoire supérieure, et surtout par la division de l'extrémité de leurs doigts en trois ou quatre petites pointes. Un des faits les plus remarquables de la vie de ces batraciens, dont les habitudes sont d'ailleurs celles des crapauds, c'est la manière dont ils se reproduisent. A mesure que la femelle pond des œufs, le mâle les porte sur le dos de la mère, où leur présence ne tarde pas à produire une irritation plus ou moins vive. A la suite de cette petite maladie, il se forme autour de chacun de ces œufs un bourrelet qui le maintient et l'empêche de tomber. Peu de temps après arrive l'éclosion; mais le têtard y reste encore jusqu'à ce qu'il ait opéré sa métamorphose complète. C'est une chose extrêmement curieuse à observer, qu'une de ces femelles ainsi chargée de sa progéniture, dont une partie est encore renfermée dans l'enveloppe membraneuse de l'œuf, et l'autre se trouve à l'état de têtard, tandis que les plus avancés, ayant perdu leur queue et développé leurs pattes, se disposent à quitter leur asile. Les deux espèces connues de ce genre sont le *pipa ordinaire* et le *curururu*.

IIe *Famille.* — URODÈLES (pl. XIII).

Les batraciens *urodèles* ne forment qu'un seul genre, celui des SALAMANDRES (*salamandra*) (*fig.* 5), reptiles dont le corps allongé, supporté par quatre membres et terminé par une queue bien marquée, ressemble parfaitement à celui des lézards, avec lesquels on les confondait autrefois, mais dont ils sont faciles à distinguer par le défaut d'écailles. Leurs formes lourdes, leur tête aplatie, leurs habitudes tristes et solitaires, leurs mouvemens embarrassés, leur donnent quelques rapports avec les crapauds ; et leur peau couverte , comme celle de ces derniers, de pustules lactifères , répand , quand ils sont irrités , une humeur fétide qui les fait aussi regarder comme venimeux et qui leur attire la haine générale.

Les *salamandres* sont pourtant aussi inoffensives qu'aucun des autres batraciens, et il serait impossible de s'expliquer raisonnablement la proscription dans laquelle on les a enveloppées avec tant d'autres reptiles innocens. N'ayant que des dents très petites et trop courtes pour percer la peau d'un quadrupède, dépourvues d'ongles aigus et de toute espèce de venin, bien loin de pouvoir nuire, elles sont exposées aux attaques de tous les animaux. On ne peut donc rapporter le préjugé généralement répandu du danger de leur morsure, qu'à la laideur de leurs formes et à l'ignorance superstitieuse des anciens , qui leur ont attribué, entre autres propriétés merveilleuses , celle de résister au feu , d'éteindre toute espèce d'incendie ; c'est même à cause de cette prétendue incombustibilité qu'elles sont devenues , pour les romanciers et pour les poètes, l'emblème de l'immortalité.

Les habitudes des *salamandres* sont extrêmement tristes et monotones. Elles passent presque toute leur vie cachées dans la vase, au sein des eaux , dans des trous souterrains ou dans les crevasses des murs. Elles se nourrissent de toutes sortes de matières animales, et surtout de vers et d'insectes. Elles se reproduisent comme tous les batraciens ; mais leurs têtards opèrent leurs métamorphoses avec plus de rapidité que les autres reptiles du même ordre , et le plus souvent dans le sein même de leur mère.

On divise le genre *salamandre* en deux sous-genres : les *salamandres terrestres* et les *tritons* ou *salamandres aquatiques*.

1° Les SALAMANDRES terrestres (*fig.* 5) se distinguent des tritons , parce qu'elles ont la *queue arrondie.* Elles se tiennent constamment à terre , excepté à l'époque du frai ; mais dans tous les temps elles recherchent les lieux humides. On connaît près de vingt espèces de ce sous-genre , dont trois se trouvent en France : la *salamandre commune,* de la taille d'un lézard , brune , avec des taches aurore , et produisant des petits vivans ; la *salamandre noire,* distinguée de la précédente par le défaut de taches ; la *salamandre variée,* qui est un peu moins lourde que les deux autres.

2° Les TRITONS (*triton*) (*fig.* 6) ont la queue aplatie laté-

ralement, ce qui rend leurs habitudes entièrement aquatiques. Ce sont de tous les reptiles ceux qui réparent le plus facilement les parties qu'ils ont perdues, et qui résistent le
mieux au froid. On en a vu passer un temps considérable dans
un bloc de glace sans paraître en souffrir. Dans quelques autres
individus auxquels on a coupé la même patte jusqu'à trois ou
quatre fois, cet organe a repoussé avec tous ses os, ses muscles,
ses artères et ses veines. Nous en avons six ou sept espèces ;
la plus commune, aux environs de Paris, est le *triton à queue
plate*, qui a environ cinq pouces de long, dont le dos est brun
et le ventre orangé. Parmi les espèces étrangères, on doit remarquer le *triton gigantesque* ou *grande salamandre de l'A-
mérique septentrionale*, qui atteint jusqu'à dix-huit pouces
de long. C'est aussi à ce sous-genre que se rapporte un reptile
fossile qu'un naturaliste du dernier siècle avait pris pour un
squelette humain ; c'était celui d'un monstrueux triton d'environ cinq pieds de long.

IIIe Famille. — PNEUMOBRANCHES.

Quoiqu'il existe un grand nombre d'animaux amphibies par la
faculté qu'ils ont de vivre alternativement sur la terre et dans
l'eau, il n'en est pas qui aient autant de titres à ce nom que les
pneumobranches. Pourvus de poumons et de branchies qu'ils
conservent pendant toute la durée de leur existence, ces reptiles peuvent respirer l'air atmosphérique en nature et extraire
de l'eau celui qu'elle tient en dissolution. C'est, du reste, le
seul rapport sous lequel ils puissent intéresser. Dépourvus de
toute espèce d'utilité pour l'homme, trop rares d'ailleurs pour
nous rendre service, quand même ils pourraient nous être
utiles par quelqu'une de leurs propriétés, on ne les étudie que
comme des animaux curieux par leur organisation et par leurs
habitudes. Tantôt ils ont la forme des salamandres et surtout
de celles qui vivent dans les eaux ; d'autres fois ils ressemblent
davantage à un poisson. Dans tous les cas leur vie est à peu
près entièrement aquatique, ou, s'ils quittent quelquefois leur
élément favori, ce n'est que pour peu de temps. On ne connaît pas les métamorphoses de ces reptiles, et l'on ignore même
s'ils en subissent.

Tous les *pneumobranches* appartiennent à l'Amérique du
Nord, à l'exception d'un seul qu'on a trouvé dans quelques

lacs souterrains de la Carniole, en Autriche. On divise cette petite famille en deux genres : les *protées* et les *sirènes*.

§ I. Les **PROTÉES** (*proteus*) ont la plus grande analogie avec les tritons par leur forme et par leur genre de vie. Comme ces derniers, ils ont quatre petites pattes, la queue comprimée et les habitudes aquatiques ; mais leur corps est beaucoup plus allongé, et comme ils ne vivent que dans des lacs souterrains où la lumière ne pénètre jamais, ils ont l'organe de la vision peu développé et presque entièrement caché par la peau. Aussi redoutent-ils le grand jour ; et si quelquefois ils s'y montrent, ce n'est que malgré eux et par suite du débordement des lacs qu'ils habitent. On ne connaît bien qu'une seule espèce de ce genre ; c'est *l'anguillard*, reptile d'environ un pied de longueur et gros comme le doigt, qu'on trouve dans la Carniole, en Autriche. Son corps allongé, sa peau lisse et gluante, et la conformation de son museau, lui donnent une ressemblance assez marquée avec l'anguille, pour lui avoir fait donner le nom qu'il porte. Toutefois la longueur et la disposition de ses pattes s'opposent à ce qu'il puisse être confondu avec ce poisson. Un fait remarquable dans ces êtres singuliers, c'est que leurs yeux, qui sont très petits à l'âge adulte, sont au contraire assez grands dans les jeunes qui viennent de naître. Une espèce très voisine du protée, c'est l'*axolot* du Mexique, animal curieux qu'on trouve dans le lac qui entoure Mexico, et dont la forme se rapproche beaucoup de celle des têtards.

§ II. Les **SIRÈNES** (*siren*) ont presque tous les caractères des poissons ; leur forme allongée, leurs pattes antérieures très courtes, le défaut de membres postérieurs et surtout les détails de leur squelette les rapprochent de cette classe d'animaux aquatiques beaucoup plus que de celle des reptiles.

On trouve les *sirènes* dans les lacs et dans les marais de l'Amérique septentrionale et surtout aux États-Unis. Leur nourriture consiste principalement en vers, mollusques et insectes. Trois espèces composent ce genre ; la principale, la *sirène lacertine*, qui habite les marais de la Caroline, a trois pieds environ de longueur et ressemble à un lézard par la forme de sa tête, et à la lamproie par ses allures et par sa conformation générale.

ICHTHYOLOGIE

ou

HISTOIRE NATURELLE DES POISSONS.

Nous venons d'étudier les vertébrés qui habitent la terre ferme, l'atmosphère et les marais; il nous reste, pour compléter l'histoire naturelle du premier embranchement de la zoologie, à parler de ceux de ces animaux que la nature a créés pour peupler le sein des eaux. Sans avoir la même variété d'habitudes que les espèces des classes précédentes, les *poissons* ne méritent pas moins qu'eux l'intérêt du naturaliste, non-seulement par la différence de leur organisation et par les services qu'ils peuvent rendre à l'homme, mais plus encore par le rôle important qu'ils jouent dans l'économie générale de l'univers.

Seuls de tous les vertébrés que le Créateur a formés pour habiter la profondeur des fleuves et des mers, les *poissons* sont aussi les seuls de tous ces êtres qui puissent débarrasser les eaux de cette multitude immense de corps organisés, qu'elles engloutissent journellement dans leur sein. Aussi voraces qu'indifférens sur le choix de leur nourriture, ils avalent indistinctement tout ce qui se trouve à leur portée, et, l'empêchant ainsi de se putréfier, ils préviennent la corruption des eaux, dont les résultats seraient si dangereux pour tous les animaux, et qui serait la suite infaillible de l'accumulation de tant de cadavres divers.

Destinés à vivre dans un élément tout différent de celui qui forme l'atmosphère, il fallait aux *poissons* une organisation appropriée à leur genre de vie; aussi tous leurs organes ont-ils éprouvé des modifications importantes, soit dans leurs formes, soit dans leur structure.

Mais l'organe qui a été le plus profondément altéré dans sa nature est celui de la respiration. Ce n'est plus un poumon avec une ouverture unique pour l'entrée et pour la sortie de l'air; c'est un appareil particulier situé à la partie antérieure du corps et communiquant au dehors par deux orifices, dont l'un s'ouvre dans la bouche et l'autre sur les côtés du cou. Cet appareil se compose d'un certain nombre de lames dont la surface est tapissée d'une multitude innombrable de vaisseaux sanguins qui proviennent du cœur. C'est à cette modification spéciale de l'organe de la respiration qu'on donne le nom de *branchies*. L'eau que le poisson avale passe par l'ouverture buccale de l'appareil, se glisse entre les lames dont il est formé et s'échappe par les *ouïes*, c'est-à-dire par les ouvertures latérales du cou. En filtrant ainsi à travers les *branchies*, l'eau y dépose le peu d'air qu'elle contient, et rend artériel le sang des vaisseaux répandus à leur surface; respiration imparfaite sans doute, plus même peut-être que celle des reptiles, mais pourtant suffisante pour entretenir la vie dans ces animaux.

Les ouïes sont ordinairement protégées au dehors par une grande plaque osseuse nommée *opercule*, qui s'articule avec le crâne d'une manière mobile, par le moyen d'une pièce également osseuse dite *préopercule*, sur laquelle la première se meut comme une porte sur son montant.

Quoique la circulation des *poissons* soit complète et double, elle est toute différente de celle des animaux à sang chaud et se rapproche de celle des reptiles batraciens; elle s'opère par le moyen d'un cœur unique, qui correspond au cœur droit des mammifères et des oiseaux; il ne sert qu'à recevoir le sang à son retour des diverses parties du corps et à le lancer aux branchies. Une grosse artère située sous l'épine du dos, et nommée *vaisseau dorsal*, reçoit des veines pulmonaires le fluide qui a respiré, et, l'envoyant aux organes, fait pour les *poissons* l'office du ventricule gauche des autres animaux.

Comme les poissons devaient se mouvoir dans un milieu résistant et fluide en même temps, la forme de leur corps, et surtout celle de leurs membres, a dû être toute différente de celle que nous avons remarquée dans les vertèbres qui vivent sur la terre ou dans les airs. Terminé en avant par une tête pointue et en arrière par une queue large et comprimée, leur corps, quand il se meut, offre aux eaux une très petite surface, et n'éprouve de leur part que la moindre résistance possible, tandis que leur queue, mue par des muscles vigoureux, choquant alternativement le fluide à droite et à gauche, s'y fait un point d'appui pour imprimer à l'animal une direction latérale. Quand le poisson veut se porter directement devant lui, il lui suffit de frapper les deux côtés opposés avec la même vigueur. Ces mouvemens sont secondés par l'action des membres, qui, à cet effet, ont une structure toute différente de celle des autres vertébrés et sont conformés en *nageoires*; ceux de devant n'ont ni bras ni avant-bras, et ceux de derrière manquent de cuisse et de jambe. A l'épaule et au bassin s'articule un nombre variable d'os analogues aux phalanges, et appelés *rayons*, qui vont en divergeant comme les touches d'un éventail, et qui, servant de soutien à une membrane solide, forment avec elle une rame large, mais susceptible de se rétrécir, au gré de l'animal. Le nombre des membres est aussi variable dans les *poissons* que dans les reptiles; quelquefois ils manquent absolument; d'autrefois on n'en compte que deux; mais le plus souvent il en existe quatre. Quant à leur position, celle des antérieurs, qu'on nomme *pectorales*, est assez fixe; ils sont placés toujours près des branchies; mais ceux de derrière (*les ventrales*) sont tantôt situés vers la queue, tantôt tout près des pectorales, quelquefois même avant celles-ci. Dans le premier cas, le poisson est dit *abdominal*; dans le second, *subbrachien* ou *thoracique*, et dans le troisième, *jugulaire*. On l'appelle, au contraire, *apode*, quand les ventrales lui manquent entièrement.

Outre les *pectorales* et les *ventrales*, les *poissons* ont ordinairement plusieurs autres nageoires impaires qui, d'après leur position sur le dos, près de l'anus ou à la queue, sont dites *dorsale*, *anale* ou *caudale*. Il faut remarquer que ces dernières, étant situées sur la ligne médiane du corps, sont toujours en nombre impair, tandis que les *pectorales* et les *ventrales*, quand elles existent, sont constamment disposées par paires, une de chaque côté du corps.

Un autre organe qui favorise beaucoup les mouvemens des poissons, surtout quand ils veulent descendre au fond des eaux ou s'élever à leur surface, c'est leur *vessie natatoire*, espèce de poche membraneuse remplie d'air et susceptible d'être comprimée ou dilatée, de manière à changer le volume de l'animal sans en changer le poids. Mais l'existence de cette vessie n'est pas constante, et il est remarquable que toutes les espèces qui se traînent au fond de l'eau en sont presque toutes dépourvues.

Une dernière cause qui contribue à l'accélération du mouvement des *poissons*, c'est la liqueur onctueuse qui lubréfie continuellement la surface extérieure de leurs écailles pour les rendre plus glissantes ; cette humeur est produite par une série de petites glandes situées de chaque côté sur les flancs de l'animal, et formant par leur réunion une série continue qu'on appelle *ligne latérale*.

Le squelette des *poissons*, quoique moins développé que celui des autres vertébrés, se compose d'un plus grand nombre d'os que dans aucun de ces animaux ; leur colonne vertébrale, qu'on nomme vulgairement la *grande arête*, est presque toujours formée d'un très grand nombre de vertèbres. Néanmoins elle ne peut plus se diviser en cinq régions comme celles des mammifères ; on n'y en compte que deux, celle du tronc et celle de la queue, qu'on distingue en ce que les vertèbres de la première région n'ont d'arêtes impaires qu'en haut, tandis que celles de la seconde en ont également en haut et en bas.

Les côtes des *poissons* sont généralement nombreuses ; chaque vertèbre du tronc en soutient une paire, et il en est souvent de même de la plupart des vertèbres caudales. Dans tous les cas, ces os sont très minces et restent libres inférieurement, par suite de l'absence du sternum ; on les confond vulgairement avec les épines de la colonne vertébrale, sous le nom générique d'*arêtes*.

Les facultés intellectuelles des vertébrés dont nous parlons sont à peu près nulles, ce qui tient à la petitesse de leur cerveau d'une part, et de l'autre au peu de développement de leur toucher ; en revanche, leurs appétits sont très violens et leur voracité insatiable ; des dents nombreuses et fixées non-seulement aux mâchoires, mais encore au palais, à la langue et à toutes les parties de leur cavité buccale, leur fournissent un moyen énergique pour déchirer leur nourriture et pour satisfaire leurs désirs et leurs besoins. Leur instinct carnivore, développé par la puissance de leur système dentaire et par la brièveté de leur canal intestinal, les porte à se jeter sur toute sorte de cadavres et sur tous les animaux trop faibles pour leur résister. Quoique leurs narines ne soient que de simples fossettes placés au bout de leur museau et terminées en cul-de-sac, leur odorat ne laisse pas d'être aussi subtil que dans les vertébrés à respiration pulmonaire ; car nous voyons que l'odeur des corps en putréfaction les attire à des distances trop considérables, pour qu'ils puissent les distinguer au moyen de la vue. Quant à leurs yeux, ils ont

32.

la cornée très plate, le cristallin très dur et presque rond, et manquent de paupières ; trois caractères opposés à ceux de l'œil des oiseaux, et qui doivent faire présumer que leur vue ne doit avoir qu'une portée médiocre.

Les habitudes des *poissons* sont en général peu variées et n'offrent que peu d'intérêt ; il est rare qu'ils emploient, pour saisir leur proie, ces ruses adroites qui rendent les mœurs des mammifères si amusantes à étudier ; ils ne connaissent ordinairement que la force brutale, et ne savent qu'obéir à leur instinct ; c'est ainsi qu'ils s'enferrent à l'hameçon, en cherchant à attraper un insecte ou même une image grossière de ces petits animaux.

Le même défaut d'intelligence se manifeste dans la manière dont ils se multiplient. Les femelles ne cherchent pas, pour déposer leur frai, un endroit favorable à son développement ; partout où elles se sentent incommodées de son poids, elles s'en débarrassent, sans songer si les œufs seront fécondés ou non, et sans s'occuper par conséquent de l'avenir de leur progéniture. Heureusement que leur fécondité prodigieuse empêche le mauvais effet de leur indifférence à cet égard. Comme chaque femelle pond d'ordinaire plusieurs milliers d'œufs, il s'en développe toujours assez pour en perpétuer l'espèce, malgré l'immense quantité de frai que dévorent les oiseaux, les reptiles et les poissons eux-mêmes. La femelle se débarrasse de ces œufs, qui forment pour elle un poids très incommode, en se frottant fortement le ventre contre les pierres qu'elle rencontre et en agitant rapidement ses nageoires.

On ne saurait croire combien les jeunes *poissons* grandissent rapidement dans les premiers temps de leur existence ; ils prennent autant d'accroissement dans les cinq ou six premières heures qui suivent leur naissance, que dans les quinze jours subséquens. A dater de ce moment leur croissance s'opère avec plus de lenteur ; mais elle dure long-temps, peut-être même toute leur vie, qui s'étend à plusieurs siècles. On a trouvé dans des viviers des carpes dont un collier qu'elles portaient marquait l'âge, qui n'était pas de moins de deux cents ans ; et rien en elles n'annonçait qu'elles fussent parvenues au terme de leur carrière.

La classe des *poissons* est une des plus difficiles à diviser en ordres, à cause de la grande uniformité d'habitudes et de conformation extérieure qu'ils présentent ; on peut cependant y établir cinq ordres assez distincts. Les quatre premiers ont le squelette dur et *osseux*, comme la perche, la carpe, l'anguille, etc.; le cinquième au contraire l'a mou et simplement cartilagineux, comme la raie, la lamproie, etc.; ce cinquième ordre est celui des *chondroptérygiens*. Les poissons osseux forment quatre ordres; l'un, celui des *pectognathes*, a la mâchoire supérieure soudée au crâne, et conséquemment immobile, tandis que chez les trois autres cette partie jouit d'une certaine mobilité. De ces trois ordres, celui' des *lophobranches*, au lieu d'avoir les branchies en forme de peignes, comme les deux suivans, les a en forme de petites houppes; enfin les deux ordres restans se distinguent en ce que celui des *malacoptérygiens* a les rayons des nageoires dorsale et pectorale articulés et mous, à l'exception d'un très petit nombre (un, deux ou trois), tandis que celui des *acanthoptérygiens* a tous les rayons simples et épineux à ces mêmes nageoires.

Ier *Ordre.* — ACANTHOPTÉRYGIENS.

Le nom d'*acanthoptérygiens* se tire de deux mots grecs qui signifient *nageoires épineuses*, et exprime le principal caractère qui distingue cet ordre de poissons, caractère qui consiste dans la nature des rayons de leurs nageoires dorsale, anale et pectorales, lesquels sont raides, élastiques et terminés en pointes. Ce groupe, le plus considérable de l'ichthyologie, comprend un nombre immense de poissons de formes variées et quelquefois bizarres, dont la plupart servent d'aliment à l'homme. Toujours armés d'un système dentaire robuste, ils sont tous extrêmement voraces; mais la forme et la disposition de leurs dents diffèrent beaucoup selon les genres et influent d'une manière très marquée sur le régime de l'animal. Le plus souvent elles garnissent toute la partie antérieure de la bouche, et sont tellement fines et serrées qu'elles imitent le tissu du velours; chez certaines espèces, elles sont plus grandes et plus écartées et forment des crochets plus ou moins aigus très propres à retenir une proie; d'autres fois enfin elles sont arrondies et serrées et imitent des pavés destinés à broyer les alimens. Dans les deux premiers cas, le poisson est éminemment carnassier et se nourrit spécialement d'animaux, dont il triomphe à force ouverte et qu'il poursuit presque toujours à la nage. Dans le troisième au contraire, il vit spécialement de mollusques dont il brise facilement la coquille, et peut même se contenter d'une nourriture végétale.

On trouve des *acanthoptérygiens* dans les eaux douces

comme dans les eaux salées ; mais ils sont incomparablement plus nombreux dans la mer que partout ailleurs. Il en est de même par rapport au climat. Quoique répandus sous toutes les latitudes, ils sont beaucoup plus communs au midi qu'au nord, et l'on observe que dans le voisinage de l'équateur, où ils reçoivent perpendiculairement l'influence des rayons solaires, les écailles de ces poissons offrent un éclat bien plus vif et des couleurs bien plus variées, que dans les pays froids ou tempérés. C'est là seulement qu'on les trouve parés de ces nuances admirables, où les teintes des plus belles pierreries se marient aux couleurs éblouissantes des métaux les mieux polis et les plus précieux.

L'étendue de cet ordre et la diversité des espèces qu'il comprend ont exigé qu'il fût divisé en quinze familles ; mais comme elles ne présentent pas toutes le même degré d'intérêt, nous nous contenterons d'en étudier dix des plus importantes, soit par leur organisation, soit pour les services qu'elles rendent à l'homme : ce sont les *percoïdes*, les *trigloïdes* les *sciénoïdes*, les *sparoïdes*, les *squammipennes*, les *scombéroïdes*, les *strepsibranches*, les *lophies*, les *labroïdes* et les *gobioïdes*.

Ire Famille. — Percoïdes (pl. XXIV).

Les *percoïdes* ont été ainsi nommés parce qu'elles ont pour type la perche commune ; ce sont des poissons à corps oblong et couvert d'écailles dures et rudes au toucher, dont le palais est garni de dents diversement disposées, et dont l'*opercule* où le *préopercule* est *dentelé* ou *épineux*.

Aussi nombreuse en espèces que variée et riche en couleurs, cette famille comprend une multitude immense de poissons marins ou d'eau douce, dont les uns font l'ornement de nos lacs et de nos rivières, et les autres les délices de nos tables ; leur chair, généralement ferme et tendre en même temps, nous fournit un aliment aussi agréable au goût que salutaire à la santé, tandis que, durant leur vie, ils flattent nos regards par l'éclat éblouissant de leurs teintes métalliques, par la diversité et la souplesse de tous leurs mouvemens.

L'étendue de ce groupe, dont on ne faisait cependant autrefois qu'un seul genre, a forcé les naturalistes modernes à le diviser en trois petites tribus, d'après la position des ven-

trales par rapport aux pectorales ; ce sont les *percoïdes vraies,*
les *trachinoïdes* et les *mulles.*

Ire *Tribu.* — Percoïdes propres.

Cette première tribu est incomparablement la plus nombreuse et renferme toutes les espèces qui, présentant les caractères communs à tous les poissons de la famille dont nous
parlons, ont les ventrales placées à la même hauteur que les
pectorales ; on pourrait par conséquent les appeler *percoïdes
thoraciques* (*fig.* 1).

Cette tribu comprend deux genres principaux : les *perches*
et les *serrans.*

§ I. Le premier de ces genres la PERCHE (*perca*), est caractérisé par la position de ses ventrales qui se trouvent sous les
pectorales, par les sept rayons qu'il a aux branchies, par sa
double dorsale et par ses dents en velours. Tels sont la *perche
commune* et le *bar* ou *loubine.*

La première est aussi commune que bonne à manger. Elle
peuple nos lacs, nos étangs et nos rivières ; la richesse de ses
couleurs en fait un des plus beaux ornemens de nos viviers,
où nous aimons à voir l'or de ses écailles et la pourpre de ses
nageoires se marier au vert tendre de l'émeraude répandu sur
tout son corps. On dirait qu'elle cherche à faire parade de ses
magnifiques vêtemens, en se tenant presque constamment à la
surface de l'eau, tantôt immobile, tantôt exécutant mille
évolutions variées, ou s'élançant dans les airs pour saisir les
insectes qui volent à sa portée. Quoiqu'on trouve ce poisson
dans les eaux courantes, il préfère ordinairement celles des
lacs paisibles, où il se procure plus abondamment que partout
ailleurs les vers, les salamandres, les grenouilles, etc., qui
font sa principale nourriture. Dans les rivières, où ces alimens
sont moins communs que dans les eaux dormantes, la *perche*
attaque aussi le poisson ; mais, malgré sa voracité, elle ne s'a-
dresse jamais à des espèces capables de lui résister, à moins
qu'elle ne soit trompée par les apparences ; c'est ainsi qu'elle poursuit assez fréquemment l'épinoche, le plus petit de nos poissons de rivière. Celui-ci, incapable de se défendre d'un ennemi
vingt fois plus gros que lui, cherche du moins à venger sa
mort qu'il ne peut éviter. Lorsqu'il se sent avaler par
la *perche*, il redresse subitement sa nageoire dorsale, dont les

rayons durs et piquans s'enfoncent dans le palais de son ennemie, et , l'empêchant de fermer la bouche , la font souvent
périr de faim. Au reste, l'épinoche n'est pas l'animal le plus
redoutable pour la *perche ;* elle a bien plus à craindre des canards, des grosses anguilles, etc., qui lui font une guerre d'extermination ; mais sa fécondité compense abondamment les destructions qu'ils en font, de concert avec l'homme, pour lequel
sa chair délicate est un mets des plus agréables.

Le *bar* est une espèce fort commune dans la Méditerranée
et répandue sur toutes nos côtes ; c'est le poisson auquel les Latins donnaient le nom de *loup* et les Grecs celui de *labrax ,*
à cause de sa voracité. Sa taille est beaucoup plus considérable
que celle des autres espèces du même genre, et sa chair est
d'un goût exquis.

Les *varioles ,* les *aprons ,* les *centropomes* ou *brochets de
mer*, etc., sont encore des poissons du même genre, qui forment,
ainsi que le *bar* et la *perche commune ,* le type d'autant de
sous-genres particuliers.

§ II. Les SERRANS (*serranus*) (*fig.* 1) ont des rapports avec les perches par leur conformation générale et par
le nombre de leurs rayons branchiaux ; mais ils s'en distinguent
au premier coup d'œil par leur *dorsale unique ,* par des dents
crochues qui saillent parmi celles en velours, et enfin par
les dentelures régulières qu'on remarque à leur préopercule ,
dentelures qu'on a comparées aux dents d'une scie (en latin
serra) et qui leur ont valu leur nom de *serran.* La forme du
corps est tellement semblable dans les deux genres, qu'on désigne les espèces de l'un et de l'autre sous le nom de *perches ;*
seulement, comme les *serrans* n'habitent que l'eau salée, on
les appelle *perches de mer ,* pour les distinguer des véritables
perches, dont la principale espèce ne se trouve que dans les
eaux douces. Comme les *serrans* vivent sous le ciel brûlant
des tropiques, la plupart d'entre eux se font remarquer par
la jolie distribution de leurs couleurs. Nous en avons plusieurs
espèces dans la Méditerranée ; tels sont le *serran commun ,* le
serran écriture , le *serran-léopard ,* le *barbier* et le *mérou.*
Leur chair, quoique mangeable, n'est point estimée.

A ces deux genres, qui sont les plus importans de la tribu
par le nombre d'espèces qu'ils renferment, nous devons ajouter
les SANDRES (*lucioperca*) ou *brochets-perches ,* qui ont la
forme des perches et les dents du brochet, et dont on trouve

une espèce estimée dans les lacs d'Allemagne; les GRÉMILLES (*acerina*) ou *perches goujonnières,* qu'on trouve dans les eaux douces de plusieurs rivières d'Europe ; les SILLAGO (*sillago*) ou *pêches-madame,* qui ont la tête pointue et la bouche petite, avec un opercule terminé en une petite épine. Ces dernières sont des poissons de la mer des Indes, très estimés pour le bon goût et la légèreté de leur chair.

IIe Tribu. — Trachinoïdes.

Cette tribu tire son nom de *trachinus,* vive, qui en est le principal genre. Les poissons qu'elle renferme se distinguent des précédens en ce qu'ils ont les ventrales placées sous la gorge, en avant des pectorales; on pourrait donc les nommer *percoïdes jugulaires.* Ils diffèrent des espèces à ventrales thoraciques, non-seulement par la position de leurs nageoires ventrales, mais encore par leur forme allongée et à peu près conique; leur queue, généralement plus vigoureuse, semble s'être développée aux dépens de la partie antérieure de leur corps.

Cette tribu ne renferme que deux genres importans : les *vives* et les *uranoscopes.*

§ I. Les VIVES (*trachinus*) se reconnaissent d'abord à la position de leurs ventrales, qui sont situées au-devant des pectorales, et à la forme comprimée de leur tête. Elles ont en outre les yeux rapprochés du bout du museau et la gueule fendue obliquement; ce qui leur donne une physionomie particulière, totalement différente de celle des véritables perches.

Les *vives* sont des poissons dont la chair est très estimée et dont la pêche est avantageuse; mais les épines fortes et aiguës dont leurs opercules et leur nageoire dorsale sont garnis, et dont ces poissons se servent avec beaucoup d'adresse, les font craindre des pêcheurs, auxquels ils font assez souvent des blessures dangereuses; non pas que ces épines soient réellement venimeuses, comme on le croit vulgairement, mais parce qu'étant très acérées, elles pénètrent à une grande profondeur. Aussi a-t-on soin, aussitôt qu'on les prend, de leur arracher ces armes cruelles; car, comme ces poissons sont très vivaces (circonstance qui leur a fait donner le nom de *vives*), ils pourraient blesser celui qui, les croyant morts, s'en approcherait sans défiance pour les manier. C'est pour cela qu'il est rare de trouver sur nos marchés des *vives* entières et armées de leurs aiguillons.

Toutes les espèces qui composent ce genre, et qui sont au nombre de quatre, sont propres aux deux mers qui baignent les côtes de la France. Elles se tiennent de préférence près du rivage et se cachent souvent dans la vase, soit pour se dérober aux yeux de leurs ennemis, soit pour surprendre plus facilement leur proie.

La *vive commune* a environ un pied ou davantage ; on la trouve dans l'Océan et dans la Méditerranée. La *grande vive* a un tiers environ de plus et ne se trouve que dans cette dernière mer ; la *petite vive* est très redoutée des pêcheurs, qui en sont souvent piqués au moment où ils s'y attendent le moins.

§ II. Les URANOSCOPES (*uranoscopus*) sont des poissons remarquables par leur tête grosse, carrée et chagrinée, à la face supérieure de laquelle se trouvent placés les yeux, qui, par conséquent, regardent constamment le ciel ; ce qui leur a fait donner le nom grec d'*uranoscope* (regarde-ciel), qui exprime ce caractère. Du reste, ces poissons ont les ventrales jugulaires ou placées en avant des pectorales, comme ceux du genre vive ; mais ils ont plus de rapports encore avec les trigloïdes, parce que les os qui forment leur orbite, et qu'on appelle sous-orbitaires, plus développés que d'ordinaire, forment sur la joue une saillie considérable ; ce qui forme le caractère distinctif de la famille suivante.

Mais il est, chez les *uranoscopes*, une particularité de structure qui peut, indépendamment de la disposition de leurs yeux, les distinguer et des trigles et des vives ; c'est un lambeau charnu qu'ils portent dans l'intérieur de leur gueule, qu'ils peuvent faire sortir de cette cavité et qui leur sert à tromper leur proie. Cachés dans la vase ou dans le sable, et tenant les yeux aux aguets, ils laissent flotter au gré des eaux cette espèce de lanière, qui devient un appât pour les petits poissons.

Une autre particularité de structure de ces animaux, c'est la grandeur de la vésicule bilaire ; fait connu des anciens et qui a donné lieu à des locutions proverbiales telles que celles-ci : *Je te ferai venir plus de fiel qu'à un callionyme* (nom qu'on donnait aussi à l'uranoscope) ; *Tu me fais bouillir la bile comme celle d'un callionyme.*

Nous n'avons en Europe qu'une seule espèce d'*uranoscope ;*

il habite la Méditerranée et n'a guère qu'un pied de long ; c'est un des poissons les plus laids, dont la chair n'est pas estimée, quoiqu'elle soit mangeable. Les mers étrangères en nourrissent sept ou huit autres espèces.

IIIe *Tribu.* — Mulles.

Par la même raison que nous avons nommé les deux tribus précédentes percoïdes thoraciques et percoïdes jugulaires, on pourrait appeler les mulles *percoïdes abdominales ;* car chez eux les ventrales sont placées à l'arrière du corps, à une assez grande distance des pectorales. De plus ils ont deux dorsales très écartées (*fig.* 2). La chair de ces percoïdes est toujours bonne à manger et forme quelquefois un mets délicieux ; deux espèces surtout passent pour les meilleurs poissons qui se servent sur les tables somptueuses.

Cette petite tribu ne renferme que deux genres : les *poly-nèmes* et les *mulles*.

§ I. Les POLYNÈMES (*polynemus*) forment un genre de percoïdes étrangères, propres aux mers des pays chauds et surtout à l'océan équinoxial. On trouve dans ces poissons ce luxe de parure que nous admirons dans presque toutes les productions du pays qu'ils habitent. Non-seulement ils se font remarquer par l'éclat des écailles qui revêtent leur corps ; leurs nageoires pectorales ont de plus un certain nombre de leurs rayons libres et terminés en filamens allongés, à peu près comme les plumes qui ornent les flancs des oiseaux de paradis. C'est même à cette particularité d'organisation, qui suffit pour les distinguer de tous les autres poissons connus, qu'ils doivent leur nom de *polynème*, qui veut dire à *plusieurs filets*, e celui de *poissons de paradis* qu'ils portent également.

La principale espèce de ce genre est le *polynème à longs filets* ou *poisson mangue*, qu'on pêche sur les côtes du Bengale, où il passe pour le meilleur poisson du pays, en même temps qu'il est un des plus beaux.

§ II. Le genre MULLE (*mullus*) (*fig.* 2) se distingue du précédent par la position de ses ventrales, qui sont tout à-fait à l'arrière du corps, par l'intervalle considérable qui existe entre ses deux dorsales, par ses écailles larges et caduques, et surtout *par la longueur de deux barbillons* qui pendent à l'extrémité de sa mâchoire inférieure.

Ce sont des poissons de mer, dont la chair blanche et ferme les a fait rechercher de tous temps pour la table. Les Romains surtout, vers la fin de la république et sous les empereurs, les achetaient à des prix fous, puisqu'au rapport d'auteurs contemporains ils se vendaient, quand ils étaient gros, jusqu'à dix, quinze et dix-huit cents francs la pièce.

La couleur des *mulles* est toujours rouge et acquiert de l'intensité, lorsque l'animal, près de périr, lutte contre la mort ; et les Romains, pour se repaître les regards du spectacle de ces changemens de couleurs et en suivre toutes les nuances variées, faisaient construire à grands frais des appareils au moyen desquels ces poissons arrivaient de leurs viviers jusque sur la table, dans des vases de cristal, dans lesquels ils cuisaient sous les yeux mêmes des convives ; coutume barbare et bien digne d'un peuple pour lequel les combats des gladiateurs étaient le spectacle le plus agréable, et le seul dont ils ne pussent se passer.

Nous n'avons dans la Méditerranée que deux espèces de ce genre : le *surmulet.* long d'un pied, à écailles rouges rayées de jaune, et dont le museau est plus pointu, et le *vrai rouget,* qui est entièrement rouge, un peu plus petit et d'un goût plus agréable ; c'est celui qui faisait faire toutes leurs folies aux Romains. On en connaît plus de vingt espèces d'étrangères, toutes bonnes à manger, quoique moins estimées pour le goût.

IIe *Famille.* — TRIGLOÏDES (pl. XXIV).

En comparant superficiellement les percoïdes et les *trigloïdes,* on leur trouve des formes tellement différentes, qu'on serait tenté de placer ces deux familles à une grande distance l'une de l'autre ; mais quand on examine leur structure intérieure, on leur trouve à tous une organisation semblable, et l'on s'aperçoit bientôt que les différences qui les distinguent ne tiennent qu'à des organes peu importans ; les sous-orbitaires des *trigloïdes,* qui forment le bord inférieur de la cavité de l'œil, font au-dessus de leurs joues une saillie considérable qui masque et déforme leur figure, au point de rendre leur physionomie monstrueuse ; c'est ce caractère qui leur a fait donner le nom de *joues-cuirassées.* Leur tête a d'ailleurs une forme anguleuse, tantôt comprimée sur les côtés, tantôt déprimée horizontalement, et quelquefois à peu près carrée. Leur corps est allongé, conique, en un mot rapproché pour la forme de celui des vives, des uranoscopes et des mulles. Mais il est un caractère qui distingue les *trigloïdes* de ces trois genres de la famille précédente et de tous les autres poissons; c'est que leurs sous-orbitaires s'articulent avec le préopercule, c'est-à-dire avec cette plaque osseuse qui, placée devant l'opercule, lui sert de soutien et de point d'appui.

Ajoutez à ces caractères que les poissons à *joues cuirassées* ont la tête diversement armée d'épines ou de plaques tranchantes, qui leur donnent une physionomie désagréable et souvent hideuse; ce qui les a fait appeler *crapauds*, *diables*, *chauves-souris*, *scorpions de mer*, etc. Leurs membres antérieurs sont tellement développés, qu'ils ressemblent, dans certaines espèces, à de véritables ailes, dont ils font l'office jusqu'à un certain point; non pas que ces poissons puissent voler comme des oiseaux, comme pourrait le faire croire le nom de *poissons-volans*, que leur donnent ordinairement les gens de mer; mais au moyen de l'espèce de parachute qu'ils trouvent dans la conformation de leurs pectorales, ils se soutiennent assez long-temps en l'air, pour échapper aux poursuites des ennemis aquatiques qui les poursuivent.

Les habitudes des *trigloïdes* sont encore peu connues; on sait cependant qu'ils habitent alternativement les profondeurs de la mer et le voisinage de ses côtes. Là ils sillonnent les flots en troupes innombrables, et s'ils sont attaqués par quelque requin ou par quelque autre poisson vorace, ils prennent leur essor et parcourent dans les airs un intervalle plus ou moins long, mais dont l'étendue dépasse rarement cent pieds. Ici ils se tiennent cachés, soit dans les fentes des rochers sous-marins, soit au milieu du sable ou parmi les plantes marines, sans cesse occupés à guetter une proie d'autant plus difficile à prendre que, redoutant ses ennemis, elle s'en tient plus éloignée. Ce n'est donc qu'à force de ruse et d'adresse qu'ils peuvent, malgré la puissance de leurs armes, se procurer la nourriture nécessaire à leur subsistance.

C'est lorsqu'ils se trouvent ainsi près du rivage qu'on leur fait la pêche, car quoique leur chair ne soit pas des plus délicates, elle sert de nourriture aux pauvres. On observe que, lorsqu'on les prend, la plupart de ces poissons font entendre un bruit plus ou moins fort qui leur a fait donner le nom vulgaire du *grondin*; on ignore quelle peut être la cause de ce phénomène remarquable, qu'on ne trouve que dans un très petit nombre de poissons, auxquels les anciens avaient, à cause de cela, donné le nom de *mutum pecus*, la *gent muette*.

Cette nombreuse famille d'acanthoptérygines se divise en cinq principaux genres : les *trigles*, les *dactyloptères*, les *chabots*, les *scorpènes* et les *épinoches*.

§ I. Le mot TRIGLE (*trigla*) a une origine fort obscure ; on prétend qu'il se tire de la fécondité de ce poisson qui fraye jusqu'à trois fois par an, de sorte que ce mot serait, d'après cette étymologie, une corruption de *trigone*, *trigne* ou *trigle*, qu'on pourrait traduire par *trois portées*. Quoi qu'il en soit de cette explication, les *trigles* sont des poissons d'une forme bizarre et d'une physionomie extraordinaire, dont les sous-orbitaires font au-dessus des joues une saillie énorme qui cache entièrement cette partie de leur tête ; disposition qui rend leur museau très large et très épais en même temps, et lui donne une forme carrée comme à celui des uranoscopes, auxquels ils ressemblent sous plusieurs rapports, ayant, comme ces derniers, le corps allongé et conique, avec une double nageoire sur le dos ; mais ils s'en distinguent aisément, d'abord par les caractères de la famille, et ensuite par l'étendue de leurs nageoires, qui ont d'ailleurs quelques rayons libres et dépourvus de membrane.

Cette grandeur des nageoires permet à la plupart des *trigles* de se soutenir dans les airs et de voler pendant quelques instans, et cette faculté leur a été accordée pour qu'ils pussent se soustraire aux poursuites des poissons voraces qui les harcèlent continuellement. On trouve les *trigles* réunis en troupes nombreuses au milieu des mers tempérées et méridionales. Si par hasard quelque requin ou quelque cétacé, attiré par l'éclat de leurs écailles, ordinairement parées d'assez vives couleurs, vient à fondre sur eux, on les voit tout à coup sortir du sein des eaux pour aller tomber loin de leur ennemi. Malheureusement ils ne font souvent que changer de péril ; en évitant la dent du poisson ou du cétacé, ils s'exposent au bec non moins dangereux des oiseaux aquatiques, qui sont toujours aux aguets pour les surprendre au moment où ils sortent de l'eau. L'homme leur fait aussi la guerre ; leur chair, sans être délicate, n'a aucun goût désagréable et fournit une assez bonne nourriture aux pauvres habitans des villes maritimes ; on en porte même assez souvent sur les marchés de Paris.

Les *trigles* sont, de tous les poissons de leur famille, ceux

qui méritent le mieux le nom de *grondins*, car ce sont ceux
qui font le plus de bruit lorsqu'on les prend et qu'on les retire
hors de l'eau.

Ces poissons sont très communs dans toutes les mers qui
baignent la France et dans l'Océan indien, où l'on compte près
de trente espèces que l'on rapporte à deux sous-genres. 1° Les
Trigles propres ou *rougets grondins* sont les plus nombreux,
et se reconnaissent en ce qu'ils ont le corps couvert d'écailles
ordinaires, les sous-orbitaires énormes, la tête carré et trois
rayons libres à la pectorale; tels sont le *rouget commun* et
le *rouget camard*, qu'on apporte tous les jours à la halle de
Paris, et qui se font remarquer par leur belle couleur rouge à
laquelle ils doivent leur nom; leur taille est d'environ huit
pouces. Tels sont encore le *grondin* proprement, le plus commun dans nos marchés; le *perlon*, qui a jusqu'à deux pieds de
long, etc. 2° On ne connaît qu'une seule espèce du second sous-
genre; c'est le Malarmat (*peristedium*) ou *mal armé*, ainsi
nommé par antiphrase, car c'est le mieux armé de tous les poissons de nos mers; son corps est garni dans toute son étendue
de plaques osseuses qui le rendent presque invulnérable.

§ II. Quoique tous les trigloïdes aient les pectorales très
développées, les DACTYLOPTÈRES (*dactylopterus*) (*fig.* 3)
l'emportent de beaucoup sous ce rapport sur tous les autres
genres de la famille; ces nageoires sont divisées chez eux en
deux parties, l'une antérieure très petite, et l'autre postérieure
presque aussi longue que le corps, et aussi large que longue
lorsqu'elle est déployée. C'est cette partie qui fait l'office d'une
rame et d'une aile en même temps, et qui permet à ces poissons de s'élever à une assez grande hauteur dans les airs, ce
qui leur a fait donner le nom de *poissons-volans* ou celui d'*a-
rondes*, formé par corruption du latin *hirundo*, hirondelle. Ce
serait toutefois une erreur bien grossière que de croire le vol
des *dactyloptères* comparable, pour l'étendue ou pour la rapidité, à celui de ces légers habitans de l'air; ces poissons volent
très lourdement et avec beaucoup de bruit, et bien loin de pouvoir se soutenir long-temps hors de l'eau, ils ne peuvent rester
dans l'atmosphère qu'autant que leurs ailes conservent un peu
d'humidité; dès que celles-ci sont sèches, l'animal est obligé
de plonger promptement dans la mer pour les mouiller de nouveau, sans quoi il tomberait malgré lui. Outre cette particularité qui rend les *dactyloptères* si remarquables et si célèbres

dans tous les pays où ils sont connus, ces poissons ont encore le museau très court, la lèvre supérieure fendue comme en bec de lièvre et la tête couverte de plaques osseuses qui leur font une espèce de casque. Leur préopercule se termine en une longue et forte épine dentelée sur ses bords, qui lui forme une arme offensive d'autant plus utile, qu'ils peuvent la diriger à leur gré, à cause de la mobilité dont jouit le préopercule.

On ne connaît bien que deux espèces de ce genre : l'*aronde commune* et le *pirabèbe*. La première, qu'on trouve dans la Méditerranée, est un poisson d'un pied de long, que les anciens avaient remarqué, d'abord à cause de la faculté qu'il a de voler, et ensuite à cause de l'arme dangereuse qu'il porte à son préopercule. Mais malgré ce moyen de défense, ce *dactyloptère* est attaqué par de nombreux ennemis ; les daurades le poursuivent dans les eaux , et les frégates , ainsi que les albatros, l'attendent dans les airs, lorsque, comptant sur ses ailes, il va y chercher un refuge contre les premiers. Quant au *pirabèbe*, il ne diffère que peu de l'espèce précédente soit sous le rapport des formes, soit sous celui de la taille.

§ III. Les COTTES (*cottus*) ou *chabots* ont la tête large, déprimée et diversement armée d'épines ou de tubercules ; ce qui la fait paraître énorme et a fait donner à ces poissons leur nom de *chabots*, qui exprime la grosseur de cette partie de leur corps. Ce dernier est de forme plus ou moins conique et présente deux dorsales distinctes, comme celles des vives et des uranoscopes; leurs couleurs sont ternes et monotones; et comme d'ailleurs ils se trouvent obligés par le défaut de vessie natatoire, de se tenir toujours au fond de l'eau, et que leur peau est enduite d'une liqueur visqueuse, qui retient autour d'eux la vase et le limon qui couvrent le lit des mers et des rivières, rien n'est moins agréable à voir que ces espèces de poissons, dont aucune qualité extérieure n'attire les regards, et dont il est impossible de ne pas craindre les piquans qui hérissent leur tête et leurs nageoires pectorales.

Ce genre se divise en deux petits sous-genres :

1° Les CHABOTS proprement dits sont des poissons d'eau douce qui ont la tête à peu près lisse, avec une seule épine au préopercule. On en connaît deux espèces : le *chabot commun* qu'on trouve dans presque toutes les rivières d'Europe et dont la taille est de quatre ou cinq pouces. Sa petitesse empêche qu'on n'en fasse usage comme aliment. Le *chabot de Russie* est encore plus petit que le précédent, auquel il ressemble d'ailleurs sous tous les rapports.

2⁰ Le nom de CHABOISSEAUX s'applique aux espèces marines, dont le corps est plus épineux, et dont la tête s'enfle lorsqu'ils sont irrités. Ils sont beaucoup plus nombreux que les précédens ; on en compte environ quinze espèces, dont deux appartiennent à nos mers ; la plus commune est le *scorpion de mer*, qui n'a pas moins de huit à dix pouces de long ; la seconde espèce, le *chaboisseau à longues épines*, qui vit dans la Méditerranée, est beaucoup plus petite, et surpasse à peine le chabot de rivière en longueur ; elle est plus rare que la précédente. Parmi les espèces étrangères, l'une des plus petites est le *chaboisseau cervicorne*, qu'on a ainsi nommée, parce que l'épine de son préopercule présente à son bord interne une série de piquans recourbés vers sa base, et assez semblables aux branches du bois du cerf. On trouve ce poisson dans la mer Pacifique.

Toutes les espèces de *chaboisseaux*, grandes ou petites, sont remarquables par la laideur de leurs formes et ont reçu des pêcheurs les noms les plus bizarres, tels que ceux de *diables*, de *crapauds*, de *scorpions de mer*, etc.

§ IV. Les SCORPÈNES (*scorpœna*) ou *rascasses* ont une grande ressemblance avec les cottes par les écailles ou les épines qui hérissent leur tête ; mais elles n'ont qu'une seule nageoire dorsale. La difformité de ces poissons surpasse encore celle des précédens. On dirait que c'est dans les formes bizarres et monstrueuses de la plupart d'entre eux, que les poètes et les écrivains à imagination fantastique ont pris le modèle des larves et des démons qu'ils ont donnés pour compagnons aux magiciens et aux sorciers. Les habitans des pays voisins des mers ont cherché eux-mêmes à exprimer les formes singulières de ces poissons hideux, par des dénominations pittoresques, telles que celles de *diables*, de *crapauds*, de *truies*. qu'ils leur appliquent aussi bien qu'aux espèces du genre chabot.

Ce serait au reste un bien petit mal que cette laideur des formes, si ces poissons les compensaient par quelque produit utile aux arts ou à l'économie domestique ; mais jusqu'ici on n'a pu tirer aucun profit de ceux de nos pays, et nos marins ne gagnent à leur pêche, que quelques blessures qu'ils se font aux piquans de leurs nageoires, en les maniant avec trop peu de précautions.

Nous avons sur nos côtes deux espèces de ce genre, ce

sont la *grande* et la *petite rascasses*, que tous les pêcheurs connaissent comme des poissons capables de faire des piqûres dangereuses. Parmi les espèces étrangères, nous citerons la *marulke*, qui a deux pieds de long, qu'on sale dans le nord, et dont les épines servent d'aiguilles aux Esquimaux ; la *scorpène volante* qu'on trouve aux Indes ; la *scorpène horrible* qui est la plus hideuse de toutes, etc.

§ V. Les ÉPINOCHES (*gasterosteus*) (*fig. 4*) sont les plus jolis de la famille ; leur tête est conformée comme celle des poissons ordinaires, excepté que leurs sous-orbitaires sont articulés avec le préopercule, ce qui fixe leur place parmi les trigloïdes. Du reste, n'ayant ni épines ni tubercules aux écailles qui recouvrent leur tête et les autres parties de leur corps, ils ne nous offrent jamais ces formes singulières et quelquefois hideuses que nous avons trouvées chez les trigles, les dactyloptères, etc. Ils n'ont qu'une seule dorsale, avec quelques rayons libres et mobiles, placés au-devant de cette nageoire.

Mais le caractère le plus remarquable de ces poissons, dont la taille est généralement petite, consiste dans le développement énorme des os de leur épaule et de leur bassin, qui, se soudant ensemble de manière à couvrir toute la partie inférieure de leur tronc, leur forment au-dessous de l'abdomen un bouclier solide, qui leur a fait donner le nom de *gastérostée*, qui signifie *ventre osseux*.

On connaît dans ce genre une douzaine d'espèces, dont la plupart n'habitent que les eaux douces. Elles y sont si communes qu'en certaines années on s'en sert pour nourrir les cochons, pour faire de l'huile ou même pour engraisser les terres.

De toutes ces espèces, les plus communes sont l'*épinoche ordinaire* et l'*épinochette*, qui sont les plus petits de nos poissons d'Europe ; ils ont à peine un pouce de longueur. Le *gastré*, espèce marine de ce genre, n'est pas beaucoup plus grand ; mais il a les formes plus grêles et plus allongées. Aucune de ces espèces n'est bonne à manger, tant à cause de leur petite taille, que des plaques osseuses qui garnissent leur tête et la partie inférieure de leur corps.

IIIe Famille. — SCIÉNOÏDES.

Cette famille a de grands rapports avec celle des percoïdes par la plupart de ses caractères extérieurs et par beaucoup de détails de son organisation interne. On trouve que chez les sciénoïdes l'*opercule* et le *préopercule* sont dentelés ou épineux, que le corps est oblong, comprimé latéralement, terminé en pointe en avant comme arrière, et qu'enfin la chair est ordinairement agréable et souvent délicieuse. D'un autre côté, ces poissons tiennent des trigloïdes par la faculté qu'ils ont de faire entendre un bruit ou grognement, non pas seulement au moment où on les tire de l'eau, mais encore lorsqu'ils parcourent en troupes nombreuses les fleuves ou les mers qu'ils habitent; et ces bruits, dont l'origine est restée long-temps inconnue, ont été souvent, pour les équipages qui en ont été témoins auriculaires, la source de terreurs superstitieuses et de contes tous plus absurdes les uns que les autres.

Les caractères qui distinguent les espèces de cette famille de celles des deux familles précédentes se tirent de l'absence de dents au palais, comme en ont les percoïdes, et d'armure à la tête, comme on l'observe dans les joues-cuirassées. Leur forme oblongue et la petitesse de leur tête suffisent d'ailleurs pour les distinguer de ces dernières, qui ont le corps conique et la tête très grosse. Ajoutez à cela que les *sciénoïdes* ont souvent le museau bombé, et que la base de leurs nageoires dorsale et anale est garnie de petites écailles, comme dans les poissons de la famille des squammipennes.

Parmi les genres nombreux qui composent ce groupe, nous ne citerons que celui des *sciènes*, qui lui a donné son nom et qui est le plus important de tous.

Sous le nom de SCIÈNE (*sciœna*) on comprend toutes les espèces qui ont le corps allongé et la dorsale double; ce sont des poissons de taille assez grande, dont quelques-uns ont jusqu'à sept pieds de long et dont la plupart en ont au moins deux ou trois. La chair en est généralement agréable, quoique un peu dure, et les anciens surtout en faisaient un cas particulier. Mais depuis quelques siècles leur réputation a sensiblement baissé, et maintenant on ne les estime que médiocrement. Nos mers nourrissent trois espèces de ce genre, le *maigre*, le *corb* et l'*ombrine*, qui sont le type d'autant de sous-genres, auxquels on rapporte un grand nombre d'espèces étrangères.

Le premier est le plus grand de tous et a près de huit pieds de long; il est plus commun dans la Méditerranée que dans l'Océan. C'est l'espèce que les gourmands du moyen-âge recherchaient avec le plus d'ardeur; sa tête surtout était un des plus friands morceaux qu'on pût servir sur les tables les plus somptueuses. Un trait rapporté par un historien d'Italie prouve en quel honneur il était à Rome dans le xve et le xvie siècle. Un fameux parasite, nommé Tamiso, ayant appris qu'on avait donné aux Conservateurs une superbe tête de ce poisson, se hâta de leur faire visite, dans l'espoir qu'ils le retiendraient à dîner; mais comme il montait au Capitole, il rencontra les officiers des Conservateurs qui portaient le précieux morceau à un cardinal, neveu du pape régnant et l'ami de notre parasite. Ravi que l'objet de sa convoitise fût destiné à un prélat auquel il pourrait sans façon demander à dîner, il court à son palais; mais à son arrivée, quel fut son désappointement lorsqu'il entendit le cardinal dire à ses gens : « Il est juste que la tête d'un si grand poisson aille au plus grand cardinal; allez la porter à mon collègue de Saint-Séverin. » Cependant Tamiso ne se laisse pas décourager; comme il connaissait aussi le nouveau cardinal, il s'empresse de se rendre chez lui pour se faire inviter. Nouvel accident; Saint-Séverin, qui était criblé de dettes, fut bien aise d'offrir cette précieuse tête à son banquier. Nouvelle course pour Tamiso et nouveau désappointement, car le banquier l'envoya à un de ses amis qui demeurait dans le quartier opposé de Rome; de sorte que le gourmand, homme âgé et replet, se vit forcé de traverser encore la ville, pour pouvoir goûter l'objet d'une si violente convoitise.

La deuxième espèce, le *corb,* auquel sa couleur noire a fait donner son nom, qui vient de corbeau, est beaucoup plus commune que le maigre; mais il n'est pas bon à manger. Quant à *l'ombrine,* qu'on reconnaît à un barbillon qu'elle a à la mâchoire inférieure, c'est l'espèce la plus utile du genre, tant pour la bonté de sa chair que pour la grosseur de son corps. Elle est assez commune dans la Méditerranée et dans le golfe de Gascogne.

Parmi les *sciènes* étrangères, nous mentionnerons le *tambour,* qui se reconnaît aux nombreux barbillons de sa mâchoire inférieure, et qu'on a ainsi nommé parce qu'il fait entendre sous l'eau un bruit semblable à celui de cet instrument. Ce poisson, qui se trouve en Amérique, est aussi grand que le corb d'Europe.

IVe Famille. — SPAROÏDES (pl. XXIV).

La famille des *sparoïdes* est aussi nombreuse qu'intéressante pour l'homme. La plupart des espèces qu'elle comprend

joignent à une chair délicate et agréable au goût des couleurs
vives et bien fondues, qu'elles doivent à l'influence du soleil intertropical ; car ces poissons habitent exclusivement les mers du
Midi, et ceux qui remontent le plus vers le Nord ne dépassent
presque pas la Méditerranée.

Leur caractère distinctif se tire du défaut d'épines et de
dentelures à l'opercule des branchies, ce qui empêche de les
confondre avec les percoïdes, les joues-cuirassées et les sciénoïdes, auxquels ils ressemblent par leur forme oblongue et l'é-
clat de leurs écailles. Cette famille renferme plusieurs genres
que l'on distingue à la forme de leurs dents. Les principaux
sont : les *spares*, les *bogues* et les *mendoles.*

§ I. Les SPARES (*sparus*) forment un genre très nombreux,
dont les mâchoires sont garnies latéralement de dents molaires
rondes, placées sur trois rangs les unes à côté des autres, comme
des pavés. Cette disposition du système dentaire donne à ces
poissons un régime presque entièrement végétal, et composé
spécialement de fucus ou autres plantes semblables, qui croissent avec tant d'abondance au fond de la mer et sur ses rivages.
Mais en même temps cette forme, favorisée par la vigueur
des muscles des mâchoires, donne une force des plus remarquables à leurs organes masticateurs ; non-seulement ils peuvent couper et déchirer la chair des poissons, ils ont assez d'é-
nergie pour briser la croûte qui recouvre le corps des crabes
et des homards, et même la coquille de la plupart des mollusques.

Parmi les espèces de ce genre, nous en avons plusieurs
dans la Méditerranée, entre autres la *sargue*, assez beau
poisson d'environ deux pieds, mais dont la chair est médiocre ; le *pagre*, plus gros que le précédent et qui pèse jusqu'à
dix livres, mais qui n'est pas meilleur ; le *pagel*, d'un pied de
long et qui est assez bien nuancé de blanc argenté et de rouge,
et surtout la *daurade,* qui est le poisson le plus remarquable de la
famille dont nous parlons par sa taille, par sa beauté et par la
délicatesse de sa chair. En effet, quoique moins riche en couleurs
éclatantes que beaucoup d'autres poissons, elle ne le cède à
aucun en grace et en élégance ; l'argent et l'azur forment sur
son corps les plus douces nuances, que relèvent des teintes
plus foncées de rouge et de brun. Aussi sa beauté, jointe à
son goût exquis, la faisait-elle rechercher des anciens, surtout lorsqu'elle était jeune et qu'elle avait séjourné quelque

temps dans l'eau douce. On en pêche beaucoup dans la Méditerranée, où elle pèse souvent jusqu'à vingt livres; mais cette mer n'est pas la seule qui en fournisse; elle les peuple toutes depuis le pôle jusqu'à l'équateur. Elle se plaît surtout au fond de l'eau, à peu de distance du rivage, où elle trouve une nourriture facile dans les mollusques qui y abondent. A l'aide de sa queue, elle les découvre jusque dans la vase où ils se cachent, et sait avec ses dents robustes briser les plus fortes coquilles; elle peut même casser les hameçons, lorsqu'ils sont d'acier, ou les ployer, lorsqu'ils sont en fer doux et flexible.

§ II. Le nom de BOGUE (*boops*) (*fig.* 5) est formé par corruption du grec *boops*, *œil de bœuf*, dénomination tirée de la grandeur de cet organe dans la principale espèce du genre dont nous parlons. Le caractère distinctif de ces poissons, tous habitans de la Méditerranée, consiste dans la petitesse de leur bouche et dans la forme de leurs dents molaires, qui sont tranchantes, au lieu d'être rondes comme dans le genre spare.

Les *bogues* n'aiment pas la haute mer; ils fréquentent plutôt le voisinage des côtes, où l'eau est peu profonde et où ils trouvent en abondance les plantes, les crabes et les coquillages dont ils font leur principale nourriture. Nous avons dans nos mers plusieurs espèces de ce genre : le *bogue*, joli poisson qui est d'un gris argenté avec des lignes longitudinales couleur d'or, et qu'on recherche pour la table; la *saupe*, qui est beaucoup moins estimée comme aliment, mais dont les couleurs sont encore plus belles et la forme plus élégante; l'*oblade*, poisson de petite taille plus recherché que le précédent, mais moins que le bogue; elle est très commune dans la Méditerranée et se fait remarquer par ses habitudes. Dépourvue de défense contre ses ennemis et incapable de leur en imposer par sa taille, elle supplée si bien à la force par la ruse, qu'il est difficile même à l'homme de la prendre, soit au filet, soit à l'hameçon. Instruite par expérience qu'elle est plus exposée à être vue lorsque le temps est calme et que le soleil est sur l'horizon, que durant l'obscurité ou pendant la tempête, elle se tient cachée tout le jour pour ne se montrer que la nuit, à moins que l'agitation des flots ne la mette à l'abri de la nasse ou du filet; mais, malgré son adresse, l'*oblade* a toujours le dessous, quand c'est l'homme qui lui en veut. Les pêcheurs profitent du gros temps pour jeter dans la mer des appâts sans hameçon, afin de l'enhardir à revenir, lorsque les flots auront repris leur tranquillité, mordre à l'hameçon amorcé du même appât.

§ III. Les **MENDOLES** (*mœna*) forment un genre dont la plupart des espèces sont aussi propres à la Méditerranée. Leurs caractères les plus importans sont les mêmes que ceux des spares et des bogues; mais elles se distinguent des uns et des autres, parce qu'elles ont les lèvres charnues et extensibles en une espèce de tube. Quant à leur forme, elle se rapproche de celle du hareng; leur corps est oblong, comprimé et plus haut vers sa partie moyenne qu'à ses extrémités. Pour le reste, ce sont des poissons de taille médiocre, dont la chair, sans être recherchée ni délicate, est cependant bonne à manger.

Nous trouvons dans ce genre, entre autres espèces, la *mendole commune*, assez joli poisson qu'on prend en grand nombre dans la mer Adriatique et dans la Méditerranée, et qui n'a pas tout-à-fait un pied de long; le *picarel*, autre espèce de même taille, qu'on nomme ainsi parce que les pêcheurs le vendent salé, et qu'il était d'un grand usage autrefois pour composer la liqueur piquante qu'on appelait *garum;* le *picarel martin-pêcheur*, autre espèce analogue à la précédente, qu'on reconnaît à sa belle couleur bleue, etc.

Ve *Famille.* — SQUAMMIPENNES (pl. XXIV).

Tous habitans des mers voisines de la ligne, les *squammipennes* brillent des plus vives couleurs, et quoique fort éloignés de nous, ils sont très communs dans tous les cabinets des amateurs, dont ils font l'ornement par leur parure et par la singularité de leurs formes, qui leur donnent encore un nouveau prix. Leur corps, aplati latéralement, est si court et si élevé dans son milieu, qu'il a une forme presque arrondie, ou du moins très ovale, forme d'autant plus prononcée, que dans ces poissons les écailles du dos ne s'arrêtent pas à l'origine de la nageoire dorsale, mais recouvrent encore cette dernière, ainsi que celle de l'anale dans une partie considérable de leur étendue; de sorte qu'il est très difficile de distinguer le point précis de séparation entre le tronc et ces nageoires. C'est à cette circonstance qu'ils doivent leur nom scientifique de *squammipennes*, qui signifie *nageoires écailleuses*, et c'est aussi cette particularité qui fournit aux naturalistes le meilleur moyen de caractériser cette nombreuse famille; à quoi il faut ajouter qu'ils ont une bouche très petite, souvent extensible et toujours placée à l'extrémité du museau.

On divise les *squammipennes* en sept genres, parmi lesquels nous citerons, comme les plus intéressans, les *chétodons* et les *archers*.

§ I. Le caractère distinctif des CHÉTODONS (*chœtodon*) (*fig.* 6) se tire 1° de la forme de leurs dents, qui, étant flexibles et serrées, imitent les soies d'une brosse par leur disposition; et 2° de la place qu'occupe leur dorsale, qui commence sur la partie antérieure du tronc, et se termine plus ou moins postérieurement. Quoique tous les squammipennes présentent plus ou moins d'élégance dans la distribution de leurs couleurs, c'est dans les *chétodons* qu'on trouve les espèces les plus remarquables sous ce rapport; ils ont presque tous, sur un fond clair, d'or, d'argent ou de blanc de lait, des bandes transversales ou longitudinales d'une couleur vive ou foncée, qui leur ont fait donner le nom vulgaire de *bandouillères*. Une semblable parure flatte toujours la vue, même après la mort de l'animal; mais elle est bien plus admirable, lorsque les mouvemens agiles du poisson en varient d'autant plus les couleurs, que les rayons du soleil, se fondant avec les teintes des pierreries et des métaux qui brillent sur leurs écailles, multiplient à chaque instant les nuances et forment continuellement de nouvelles combinaisons. Aussi tous les voyageurs qui les ont vus jouer dans les mers intertropicales, ne parlent qu'avec ravissement de la beauté et de la grace de ces jolis poissons, et ils se les rappellent avec d'autant plus de plaisir, qu'ils ont souvent trouvé en eux une nourriture fraîche et agréable, qui a varié la monotonie de leurs repas, presque toujours composés sur mer de légumes secs et de viandes salées.

Parmi les nombreuses espèces de ce genre, nous citerons la *bandouillère*, le *chelmon* ou *chétodon à bec*, le *cocher*, ainsi nommé parce qu'il porte à un des rayons de sa dorsale un long filet semblable à une espèce de fouet; le *cavalier*, dont la dorsale, presque séparée en deux parties, a la forme d'une selle de cheval; le *platax* ou *chétodon orbiculaire*, dont le corps est beaucoup plus haut que long. Ces cinq espèces forment le type d'autant de sous-genres particuliers.

§ II. Les ARCHERS (*toxotes*) diffèrent des chétodons par le nombre plus considérable de leur dents et par la briè-veté de ces organes, qui sont par conséquent plus robustes. Du reste, ils ont la même forme ovale et le même corps comprimé ; cependant on peut les distinguer même extérieurement des chétodons, d'abord au prolongement de leur mâchoire d'en-bas, qui dépasse la supérieure, ensuite à la position de leur dorsale, qui est située tout-à-fait à l'arrière du corps, et enfin aux fortes épines qui garnissent la partie antérieure de cette na-geoire.

On ne connaît qu'une seule espèce de ce genre, l'*archer sa-gittaire*. C'est un petit poisson d'environ six pouces, qu'on trouve dans le Gange et dans la plupart des eaux douces des îles de l'Archipel indien. Il est très remarquable par la singu-lière faculté qu'il possède de lancer avec sa bouche des gouttes d'eau à la distance de deux ou trois pieds, contre les insectes qui volent à sa portée, ou qui se reposent sur les plantes aquati-ques qui bordent le rivage. Il dirige son jet avec tant d'adresse et de force, qu'il est rare qu'il manque son but, et qu'il ne fasse pas tomber dans l'eau les petits animaux que leur chute met à sa disposition. Cette industrie particulière fait rechercher le *sagittaire* de tous les habitans des pays où il se trouve, et surtout des Chinois, qui se font un plaisir d'en élever dans leurs appartemens, comme un objet d'agrément et de curiosité. Pour lui voir exécuter ses petites manœuvres, on suspend à un fil délié quelques mouches ou fourmis qui soient à sa portée, et sur lesquelles il puisse lancer ses gouttes d'eau. Au reste, certains chétodons, le chelmon entre autres, partagent cet ins-tinct avec l'*archer*.

VIᵉ *Famille.* — Scombéroïdes (pl. XXV).

On reconnaît les *scombéroïdes à leur forme élégante, à leurs écailles petites et minces, à leur corps lisse, à leur queue vigoureuse et à leur caudale très développée.*

Bien que toutes les familles que nous venons d'étudier nous offrent, dans certaines de leurs espèces, une nourriture saine et souvent délicate, il n'en est aucune qui puisse, sous ce rap-port, être comparée à celle dont nous parlons. Les perches, les mulles, les maigres, etc., ne se mangent qu'à l'état frais et ne peuvent par conséquent être transportés au loin ; la plu-part des *scombéroïdes*, au contraire, se salent et se marinent, afin de pouvoir être envoyés dans les pays les plus éloignés, en même temps qu'à l'état frais leur chair est aussi agréable que celle d'aucun des poissons précédens. Aussi, tandis que plusieurs de ces derniers se consomment sur les ports de mer et dans le pays même où on les prend, les *scombéroïdes* deviennent l'objet d'un commerce considérable et avantageux, et leur pêche est une des principales richesses de la plupart des ports qui s'élèvent sur les côtes de la Méditerranée, en France, en Sardaigne, en Italie et en Sicile.

Tous ces poissons sont marins et vivent en troupes innombrables dans la profondeur des eaux; ils ne se rapprochent du rivage que pour frayer; il n'est même pas rare de les voir à cette époque s'engager dans les courans qui se jettent dans la mer, et les suivre jusque près de leur source; ils semblent avoir une passion décidée pour les voyages. Certaines espèces parcourent tous les ans plusieurs centaines de lieues, pour trouver un endroit propre à recevoir leur frai et à élever leurs petits.

On connaît un nombre immense de *scombéroïdes* qu'on divise en plusieurs genres, dont les principaux sont : les *scombres*, les *espadons*, les *centronotes*, les *carangues* et les *coryphènes*.

§ I. Le genre SCOMBRE (*scomber*) (*fig.* 1) comprend une multitude considérable de poissons, tous faciles à distinguer à leur double dorsale, dont la première est entière, tandis que les derniers rayons de la seconde, ainsi que ceux qui leur correspondent à l'anale, sont séparés les uns des autres et semblent former plusieurs *fausses nageoires*, qui s'étendent depuis la seconde dorsale jusqu'à l'extrémité du corps.

Ces acanthoptérygiens ont le corps élégant et fusiforme, c'est-à-dire plus gros à sa partie moyenne qu'à ses extrémités, qui se terminent en pointes. Leurs écailles, réunies d'une manière presque imperceptible, rendent leur peau extrêmement lisse, et brillent ordinairement de couleurs agréables et fondues avec un art admirable. Rassemblés en troupes innombrables, ils voyagent continuellement d'une mer dans l'autre, ou plutôt, selon d'autres observateurs, ils passent la plus grande partie de l'année dans la profondeur des eaux, et se rapprochent à des époques fixes des rivages pour y déposer leur frai. C'est dans ces momens que les habitans des côtes qu'ils fréquentent leur font la pêche en grand. Munis d'immenses filets, qui ont quelquefois plus d'un quart de lieue de longueur, ils forment autour d'eux une vaste enceinte qu'ils rétrécissent graduellement, jusqu'à ce qu'ils aient refoulé les poissons contre le rivage, où ils tuent à coups de crocs les grandes espèces et saisissent à la main les plus petites. Cette pêche forme un des produits les plus assurés et les plus considérables de nos ports sur l'Océan et sur la Méditerranée. On y en prend des quantités immenses, qu'on mange frais ou qu'on sale pour les envoyer au loin.

Parmi les nombreuses espèces de ce genre, on distingue, sous le nom de Maquereaux, celles qui ont les dorsales séparées par un assez grand intervalle ; tel est le *maquereau commun*, d'un pied de long, dont l'espèce est si répandue et si abondante dans les marchés de Paris ; il se pêche dans l'Océan et fournit un très bon aliment d'un prix peu élevé. On appelle Thons (*thynnus*) celles dont les dorsales se touchent ou sont à peine séparées. Tel est le *thon vulgaire*, qui a de trois à six pieds de long et pèse jusqu'à mille livres et quelquefois davantage. Il se pêche dans la Méditerranée en telle quantité, que d'un coup de filet on en prend quelquefois assez pour remplir plusieurs vaisseaux. Tels sont encore la *bonite*, si célèbre par la chasse qu'elle donne aux poissons volans, et le *germon*, espèce aussi estimée que le thon, quand il est pris dans une saison favorable.

§ II. Les ESPADONS (*xiphias*) (*fig. 2*) sont beaucoup moins nombreux que les scombres ; mais ils offrent une particularité de structure qui les rend très remarquables. C'est un prolongement osseux, en forme d'épée, qui termine leur mâchoire supérieure, et qui leur fournit une arme d'autant plus redoutable, que tous ces animaux sont de grande taille et joignent l'agilité à la force. Les plus petites espèces n'ont pas moins de quatre à cinq pieds de long, et il n'est pas rare d'en voir qui atteignent jusqu'à six et même sept mètres. Aussi les anciens ne distinguaient-ils pas celle qu'ils connaissaient des véritables cétacés.

Tous les noms que ces poissons ont reçu des savans et du vulgaire rappellent l'arme terrible dont ils sont pourvus ; les Grecs les nommaient *xiphias*, les Latins *gladius* ; les Français les appellent *espadons*, tous mots qui ont la même signification et veulent dire épée. Ce caractère est en effet trop apparent pour n'avoir pas frappé les yeux des observateurs les moins attentifs. Il forme au-devant de la tête une saillie qui égale le cinquième, et quelquefois le quart de la longueur totale du corps de l'animal. Fortement unie avec le crâne et terminée par une pointe aiguë, cette espèce d'*épée* devient, pour ce poisson, une arme terrible qui le rend capable de résister à tous les habitans des mers, sans en excepter la baleine. On a dit même que, joignant l'adresse à la vigueur, il savait, quand il avait à combattre des crocodiles, se placer au-dessous d'eux pour leur percer le ventre à l'endroit où les écailles sont plus faibles et moins serrées. Mais malgré sa force et son agilité, l'*espadon* n'est pas un poison dangereux, à moins qu'on le provoque. Doué d'un caractère doux et paisible, ayant le système dentaire peu développé, et ne se nourrissant que de matières végétales, il ne cherche à faire du mal à aucun habitant des mers, excepté à ceux qui l'attaquent, lui ou sa compagne ; car il est à remarquer que l'*espadon*, différent en cela de la plupart des autres animaux à sang froid, va toujours par paire et ne quitte jamais sa femelle. Aussi, quoique sa chair soit excellente, surtout quand il est jeune, les pêcheurs n'aiment pas la rencontre de ce redoutable animal, que les filets ne peuvent retenir, et dont l'arme peut faire des blessures toujours dangereuses et le plus souvent mortelles. Pour le prendre, ils sont ordinairement obligés de le harponner comme la baleine et les autres cétacés; car son épée rompt tous filets, même ceux de cuir, et y cause tant de dégâts que le produit de sa pêche ne les compense pas.

On connaît sept ou huit espèces de ce genre, dont la plus grande, l'*épée de mer* ou *espadon commun,* est de la Méditerranée et pèse quelquefois plus de trois cents livres. L'*aiguille,* qui est de la même mer, est moins grand et a le museau en forme de stylet. Le *voilier,* qu'on trouve dans les Indes, se fait remarquer par la grandeur énorme de sa dorsale, qui lui sert de voile quand il nage ; de là son nom.

§ III. Les CENTRONOTES (*centronotus*) (*fig.* 3), dont le nom signifie *dos à piquans,* tirent cette dénomination des épines libres qui remplacent leur première dorsale, à peu près comme dans les épinoches parmi les joues-cuirassées. Cette particularité d'organisation, sans ôter à ces scombéroïdes rien de leur agilité à la nage, qui chez tous les poissons dépend principalement de la vigueur de la queue, leur fournit une

arme offensive d'autant plus dangereuse, qu'étant courte elle
ne s'aperçoit pas d'une certaine distance, et que l'on s'en trouve
souvent atteint, avant de l'avoir vue.

Outre ces épines dorsales, qui rendent les *centronotes* si
faciles à distinguer de tous les autres genres de la même
famille, il arrive souvent qu'on trouve au-devant de l'anale
de semblables aiguillons, dont ces poissons se servent avec
encore plus d'avantage que de ceux du dos, parce qu'ils peuvent les mouvoir avec plus de facilité. On peut donc regarder
ces acanthoptérygiens comme étant des mieux armés, proportionnellement à leur grandeur ; aussi résistent-ils avec avantage
à des espèces d'une taille supérieure à la leur, et triomphent-
ils de celles qui leur sont inférieures ou égales sous ce rapport.

Ce genre, qui comprend plus de soixante espèces, se compose de poissons marins, grands pour la plupart, le plus souvent
bons à manger et quelquefois très délicats. On peut le diviser
en deux sous-genres. Le premier, celui des Pilotes (*naucrates*)
(*fig.* 3), renferme les espèces dont le corps est fusiforme et
dont la queue est garnie sur les côtés d'une carène cartilagineuse, qui lui donne plus de force et lui sert en même temps de
bouclier ; on les appelle *pilotes* du nom de l'espèce principale
qui s'y trouve comprise. C'est un poisson d'environ un pied,
qui suit continuellement les vaisseaux, pour attraper les débris
que les matelots laissent tomber dans l'eau ; et comme le requin
a aussi la même habitude, les marins prétendent que le premier
sert de guide ou de *pilote* au second, et qu'en récompense celui-
ci lui fait part du butin dont il peut s'emparer. Le fait est
qu'ils chassent chacun pour leur compte, et si les *pilotes* marchent si souvent de compagnie avec le requin, c'est pour
pouvoir se repaître des restes des innombrables victimes qu'il
immole à sa voracité. Ce qui prouve qu'il n'existe pas entre ces
deux poissons autant d'accord qu'on veut bien le dire, c'est que,
lorsqu'ils se trouvent ensemble au moment où l'on jette quelque
chose à la mer, si le pilote veut l'attraper, il a besoin de toute
son agilité pour éviter la dent de son terrible compagnon. La
pêche du *pilote* est un des principaux délassemens des matelots
pendant les longues traversées ; ils aiment à le prendre, moins
pour avoir sa chair, qui du reste est assez agréable, que pour
le voir tourner sans cesse autour de l'hameçon, et employer
toutes sortes de précautions pour enlever l'appât sans mordre
au fer meurtrier, ce qu'il fait assez souvent avec une adresse
remarquable. On connaît une autre espéce de *pilote* au Brésil ;

celle-ci n'a pas moins de huit ou neuf pieds de long; c'est le *ceixupira*. Le second sous-genre des *centronotes* est celui des LICHES (*lichia*), qu'on distingue à leur forme comprimée et au défaut de carène caudale. Ce sont de bons et grands poissons, dont la Méditerranée nourrit trois espèces : la *liche commune*, qui a environ cinq pieds et pèse une centaine de livres, le *vadigo*, qui est plus rare et qui a ordinairement deux pieds de long, etc.

§ IV. Les CARANGUES (*caranx*) (*fig.* 4) ont beaucoup d'analogie avec les scombres par leur corps fusiforme et surmonté de deux dorsales, par leur structure intérieure et par la plupart de leurs habitudes. Comme eux ils ont le corps gros et arrondi à sa partie moyenne et terminé en pointe à ses deux extrémités, vivent en troupes nombreuses, voyagent presque continuellement dans le sein des mers, et se portent alternativement des côtes dans la profondeur des eaux et *vice versâ*; quelquefois même ils présentent, entre leur dernière dorsale et la queue, un certain nombre de fausses nageoires que nous avons dit être un des caractères du principal genre de la famille des scombéroïdes. Mais il est un caractère extérieur qui distingue, au premier abord, les *carangues* des scombres; c'est une espèce de carène ou ligne saillante formée de plaques écailleuses placées en long de chaque côté de la queue et s'étendant quelquefois jusqu'à la hauteur des pectorales, carène qui n'est jamais ni aussi marquée, ni aussi longue dans les scombres que dans le genre actuel. D'ailleurs les *carangues* ont toujours en avant de leur première dorsale une épine isolée et couchée vers la tête, quelquefois même des piquans libres, soit entre les deux nageoires du dos, soit au-devant de l'anale.

Tous ces poissons ont une force supérieure à leur taille; armés de dents fortes et nombreuses et d'une queue carénée et garnie de piquans, ils attaquent une multitude d'animaux marins qui résisteraient à des ennemis moins favorisés par la nature; ils poursuivent leur proie avec d'autant plus de confiance et d'acharnement, qu'ils ont dans les plaques écailleuses de leur tête et de leur queue une espèce de bouclier, qui par sa largeur protége leur corps, et par les piquans dont il est armé blesse dangereusement ceux qui tentent de se défendre. Pour eux, ils n'ont guère à craindre que les gros poissons et l'homme; ce dernier surtout les recherche beaucoup, parce qu'ils ont la chair bonne à manger et quelquefois très délicate.

On divise ce genre en deux sous-genres. Les uns ont le corps

tout-à-fait fusiforme et la carène latérale commençant dès l'é-
paule ; ce sont les Saurels (*trachurus*) ou *maquereaux bâtards*,
dont nous avons plusieurs espèces dans nos mers, entre autres
le *saurel commun*. Les autres ont la carène plus courte et le
corps plus élevé; on les nomme spécialement Carangues ;
telles sont la *carangue vulgaire*, qui pèse souvent plus de
vingt livres, et dont la chair est agréable au goût et très saine
en même temps, et la *carangue bâtarde* qui lui ressemble
beaucoup, mais qui peut devenir un aliment dangereux pour
ceux qui en font usage. Ces deux espèces sont communes dans
la mer des Antilles.

§ V. De tous les poissons qui habitent la haute-mer, aucun
ne paraît avoir reçu de parure plus magnifique que les CORY-
PHÈNES (*coryphæna*). Revêtus d'un nombre infini de petites
écailles brillantes, dont les bords sont si bien unis qu'il est
difficile de distinguer le point de leur contact, ces poissons réflé-
chissent, sous l'influence du soleil des tropiques, mille nuances
variées, depuis les couleurs éclatantes du rubis et du pourpre,
jusqu'aux teintes les plus délicates de l'or, de l'argent et de
l'azur. Leur taille, généralement grande, les a fait comparer
aux dauphins communs, auxquels ils ressemblent d'ailleurs par
leur forme allongée, par la variété de leurs mouvemens, et surtout par l'habitude qu'ils ont d'accompagner les vaisseaux
pendant des trajets considérables. Mais sans parler de leur
organisation intérieure, qui est si différente, ni des évens, qui
manquent aux poissons et dont tous les cétacés sont pourvus,
les *coryphènes* sont faciles à reconnaître à leur museau obtus,
à leurs couleurs brillantes, et surtout à leur *dorsale unique, qui
occupe toute l'étendue du dos depuis la tête jusqu'à la queue.*
C'est même à cause de cette particularité qu'elles ont reçu des
Grecs, selon quelques auteurs, le nom de *coryphènes*, qui veut
dire élévation ; d'autres, au contraire, prétendent qu'elles doivent cette dénomination à leur beauté et à l'excellence de leur
chair, car le mot grec *coryphé* signifie également *prééminence,
supériorité*. La comparaison des *coryphènes* avec les dauphins n'est pas la seule que les marins aient faite. Ils les ont
aussi comparées aux daurades de la famille des sparoïdes, et
ils les désignent le plus souvent sous ce dernier nom ; mais
cette comparaison n'est fondée que sur des analogies fort éloignées, et quoique plus raisonnable que la précédente, elle semble n'avoir été établie que parce que ces deux espèces de pois-

sons sont à peu près de la même taille, ont la chair pareillement bonne à manger et les mouvemens également agiles et vigoureux. Mais de semblables rapprochemens ne pourront jamais induire en erreur, quand on fera attention aux caractères qui distinguent la famille des sparoïdes de celle dont nous parlons maintenant.

On compte un assez grand nombre d'espèces de *coryphènes*, dont l'une des plus remarquables est la *coryphène de la Méditerranée*, célèbre parmi les navigateurs par la rapidité de sa nage et par la guerre qu'elle fait aux poissons volans.

Nous devons encore citer dans la famille des scombéroïdes le genre DORÉE (*zeus*) qui comprend une multitude considérable de poissons à corps comprimé comme celui des chétodons, à bouche protactile, comme celle des mendoles, mais qui se distinguent des uns et des autres par la faiblesse de leurs dents. La principale espèce de ce groupe est la *dorée commune* ou *poisson Saint-Pierre* que l'on trouve dans la Méditerranée ; c'est un très bon poisson.

VII. Famille. — Strepsibranches

ou

Pharyngiens labyrinthiformes.

Cette famille d'acanthoptérygiens serait une des moins remarquables, si l'on ne considérait que le nombre des espèces qu'elle renferme, ou les services qu'elle rend à l'homme. Mais si l'on examine sa structure intérieure et surtout celle de ses organes respiratoires, on n'en trouvera point qui offrent un intérêt semblable. Les os de la tête, qui avoisinent les branchies, sont divisés en petits feuillets diversement contournés sur eux-mêmes, et forment des cellules plus ou moins étendues qui communiquent avec les branchies ; c'est cette disposition qui leur a valu le nom de *strepsibranches*, qui veut dire *branchies contournées*. Cette conformation des organes de la respiration a une influence des plus curieuses sur les habitudes de ces poissons. Lorsqu'ils sont dans l'eau, leurs cavités labyrinthiques se remplissent de liquide, qui y demeure en réserve tant que l'animal n'en a pas besoin. Mais lorsque celui-ci se trouve hors de son élément, soit par accident, soit par l'effet de sa volonté, l'eau sort du réservoir où elle est re-

tenue, et, suivant les canaux qui communiquent avec les branchies, va porter à ces organes, le principe indispensable à
l'exercice de leurs fonctions. Cette particularité intéressante
permet à ces poissons de se rendre à terre, et d'y ramper à
une distance assez grande des ruisseaux et des étangs, où ils
font leur séjour ordinaire ; circonstance singulière qui n'a pas
été ignorée des anciens, et qui fait croire aux habitans de l'Inde,
où ils se trouvent principalement, que ces poissons tombent
du ciel, parce que, ne voulant pas croire que des animaux
essentiellement aquatiques puissent se transporter si loin de
leur élément, ils aiment mieux les regarder comme tombés
miraculeusement du ciel.

Quoique cette famille ne renferme qu'un petit nombre d'espèces, les naturalistes ont été forcés, par la différence qu'elles
offrent dans leur structure et dans leurs habitudes, d'en former
huit genres, dont plusieurs ne contiennent qu'une seule espèce.
Mais comme l'intérêt que ces poissons présentent est à peu près
le même dans toutes les espèces, nous nous contenterons de
citer deux des plus remarquables ; l'*anabas* et l'*ophicéphale.*

§ I. Le genre ANABAS (*anabas*) (*fig.* 5) ne comprend
qu'une seule espèce, poisson de cinq à six pouces de longueur,
dont le corps arrondi est couvert de fortes écailles, comme celui des perches, et dont la tête est large et terminée par un
museau obtus.

Les appendices labyrinthiformes de l'*anabas* sont plus compliqués que ceux des autres espèces de la même famille ; ils
composent un véritable labyrinthe, qu'on peut comparer à un
chou frisé ou à certains polypiers de zoophytes. Cette disposition des réservoirs de l'eau, destinée à entretenir la respiration,
donne à l'espèce dont nous parlons plus de facilité pour vivre
long-temps hors de son élément et lui permet de se transporter, en
rampant sur la terre, à des distances très considérables du lieu
où il se tient habituellement. Mais ce qui est bien plus extraordinaire, c'est l'habitude qu'on lui attribue de grimper sur les
arbres et même d'y séjourner assez long-temps, en s'appropriant, pour sa respiration, l'eau pluviale qui s'amasse entre
leurs feuilles. Des personnes qui ont résidé pendant plusieurs
années à Tranquebar, dans l'Indostan, assurent en avoir pris
des individus à cinq pieds au-dessus de l'eau, et lorsqu'ils s'ef-
forçaient encore de monter plus haut. Ils se servaient pour cela
des épines de leurs opercules et de leur queue, au moyen des-

quelles ils se retenaient à l'écorce. Ce fait, au reste, est d'autant plus vraisemblable que les habitans du pays nomment ces poissons *panéiris*, qui veut dire *grimpeur aux arbres*, et que les naturalistes ont traduit par *anabas*, qui exprime la même idée.

Les *panéiris* sont célèbres dans l'Inde non-seulement à cause de cette faculté curieuse, mais encore par leurs propriétés médicinales supposées ; leur chair passe pour augmenter le lait des nourrices et pour donner plus de vigueur au corps ; aussi, quoiqu'elle soit assez mauvaise, la plupart des Indiens en font usage pour se fortifier ; et les charlatans parcourent les villes et les bourgs, en colportant de ces poissons dans des vases, pour attirer les regards de la populace.

§ II. Le nom d'**OPHICÉPHALE** (*ophicephalus*) qui signifie *tête de serpent*, annonce que ces poissons ont certains rapports avec les ophidiens ; ils ont en effet, comme ces derniers, le corps allongé et presque cylindrique, le museau court et obtus, la tête déprimée et couverte de plaques polygonales, semblables à celles que nous avons trouvées sur celle des couleuvres. Une autre particularité qu'ils partagent avec ces reptiles, c'est la faculté et l'habitude qu'ils ont de se traîner, en rampant sur l'herbe, à des distances considérables de leur élément favori. On ignore ce qui porte ces poissons à quitter leur domicile naturel ; mais il est probable que c'est le besoin de chercher leur nourriture qui les attire ainsi sur le bord des rivières qu'ils fréquentent. Cette circonstance les fait souvent prendre pour des serpens par ceux qui les voient se traîner ainsi hors de l'eau. Mais il est facile d'éviter la méprise, en faisant attention à la lenteur de leurs mouvemens, et surtout à la présence de la nageoire qui s'étend sur presque toute l'étendue de leur dos.

Il paraît que ces poissons nagent mal ; car ils se tiennent presque toujours cachés dans la vase, de sorte qu'il faut pour les prendre des *bires* ou paniers d'osier, qu'on enfonce dans le lit des rivières, aux endroits où l'on présume qu'il s'en trouve ; et lorsque les mouvemens qu'ils impriment aux parois de l'instrument, annoncent leur présence, le pêcheur passe son bras par l'orifice supérieur du panier et saisit le poisson prisonnier.

On connaît une douzaine d'espèces de ce genre ; les plus anciennement connues sont : l'*ophicéphale ponctué* et l'*ophicéphale rayé*. Le premier, qu'on appelle aussi *karruvet*, a environ un pied de long ; le second, nommé également *muttah*, en a près de quatre, et se vend par morceaux sur les marchés de la

Chine. Les bateleurs indiens conservent de ces poissons pour amuser les badauds en les faisant ramper sur le sol.

VIIIe *Famille.* — Labroïdes (pl. XXV).

Les *labroïdes* se reconnaissent aisément à leur aspect ; ils ont le corps oblong et couvert d'écailles avec une seule dorsale dont les piquans sont garnis à leur base d'un lambeau membraneux. Leurs mâchoires et leur palais sont également armés de dents tantôt pointues, tantôt obtuses ; et leur opercule n'est ni dentelé ni épineux comme l'est celui des serrans. Mais le caractère le plus remarquable, celui qui leur a valu leur nom scientifique, se tire de leurs lèvres, qui sont charnues et souvent extensibles, de manière qu'elles sont susceptibles de s'allonger et de former un tube, qui sert à l'animal pour seringuer les insectes qui se trouvent à sa portée. Cette mobilité des lèvres fait que les dents de ces poissons sont souvent mises à nu, ce qui donne à leur tête une physionomie singulière, qui les a fait nommer *vieilles de mer* par les marins. Mais cette dénomination vulgaire, comme beaucoup d'autres semblables, est très mal appliquée, car tous les *labroïdes* ont les formes élégantes, et leurs écailles sont parées de couleurs si vives et si bien nuancées, qu'il n'est pas de poissons qui les surpassent par la beauté et l'éclat de leur parure, et que peu peuvent leur être comparés sous ce rapport. Non-seulement on voit briller sur leur corps l'or, l'argent, le rubis, la topaze, et en général tous les reflets métalliques et les feux des pierres précieuses, mais ces diverses couleurs, en se combinant et en se mélangeant ensemble par l'effet des rayons solaires et de leurs évolutions rapides, donnent naissance à mille nuances fugitives que chaque mouvement varie et renouvelle incessamment.

La force du système dentaire fournit aux *labroïdes* une arme puissante, à l'aide de laquelle ils écrasent les corps les plus durs, tels que les crabes, homards et mollusques à coquilles, dont ils font leur principale nourriture. Pour eux, ils n'ont à craindre que les grandes espèces de poissons, les cétacés, ou l'homme ; encore celui-ci n'attaque-t-il qu'un petit nombre d'espèces et laisse les autres tranquilles, parce que leur chair dure et filandreuse ne présente rien qui puisse la faire rechercher pour la table.

Cette famille nous offre deux genres principaux : les *labres* et les *scares*.

§ I. Si les **LABRES** (*labrus*) (*fig.* 7) n'ont pas cette chair délicate, ce goût fin et savoureux qui font rechercher des gourmets plusieurs des poissons qui précèdent, combien l'emportent-ils sur la plupart d'entre eux par la richesse de leurs couleurs! et sans la disposition *de leurs lèvres charnues, qui sont doubles* et qui rendent leur museau trop gros, peu d'habitans des eaux l'emporteraient sur eux par la beauté de leurs formes.

Ce genre, l'un des plus nombreux de l'ichthyologie, est entièrement marin et se trouve répandu dans toutes les mers du globe, quoique les espèces en soient beaucoup plus nombreuses vers l'équateur que du côté des pôles. On la divise en une dizaine de sous-genres, dont les plus intéressans sont les *labres* proprement dits, les *girelles* et les *filous*.

1° Les *labres* se distinguent en ce qu'ils ont les lèvres médiocrement extensibles et les joues ainsi que l'opercule couverts d'écailles ; c'est surtout aux espèces de ce sous-genre qu'on a donné le nom de *vieilles de mer,* dont les plus remarquables sont : la *vieille tachetée*, la *vieille rayée,* ou *paon de mer,* la *vieille rose*, etc.

2° Sous le nom de GIRELLES (*julis*) on désigne les labres à lèvres modérément extensibles, et dont la tête est entièrement lisse et sans écailles. Ce sont les plus jolies espèces de ce genre ; telles sont la *girelle commune*, la *girelle rouge*, la *girelle turque*, toutes trois de la Méditerranée. Elles sont recherchées pour leur bon goût. On en pêche beaucoup à la ligne, à laquelle elles mordent facilement.

3° Les FILOUS (*epibulus*) qui composent le troisième sous-genre sont remarquables par la longueur qu'ils peuvent donner à leur museau et par l'habitude qu'ils ont, comme les archers, de lancer de l'eau aux insectes qu'ils aperçoivent sur les plantes maritimes, pour les étourdir et les faire tomber dans l'eau. On ne connaît de ce sous-genre qu'une seule espèce, qui vit dans la mer des Indes. Sa forme se rapproche de celle de la carpe, mais elle est plus petite et n'a jamais plus de dix pouces de long. Sa nourriture consiste principalement en petits poissons, auxquels elle joint les insectes qu'elle peut attraper par son stratagème.

§ II. La conformation du museau des SCARES (*scarus*) est tellement remarquable, qu'elle suffit pour les distinguer de tous les autres poissons à squelette osseux. Leurs mâchoires arrondies sont ordinairement garnies, au lieu de dents, d'espèces de plaques écailleuses qui en recouvrent toute la face antérieure. Mais c'est à tort que certains naturalistes ont prétendu que ces poissons manquaient de dents et avaient les maxillaires à nu. S'il en était ainsi, ces os, se trouvant en contact avec l'air, se carieraient infailliblement; d'ailleurs la dissection de cette partie a démontré la présence de dents, qui ne diffèrent des dents ordinaires que par leur forme aplatie et par la manière dont elles se développent. Au lieu de pousser de haut en bas ou de bas en haut, elles se succèdent d'arrière en avant, comme celles de l'éléphant.

Cette disposition du système dentaire donne à la bouche de ces poissons quelque ressemblance avec le bec des perroquets, ce qui, joint à l'éclat de leurs écailles et à la beauté de leur forme, leur a fait donner le nom vulgaire de *perroquets de mer*. Cette analogie des mâchoires a d'autant plus frappé les navigateurs que les *scares* s'en servent, comme ces oiseaux, pour briser les corps durs dont ils se nourrissent. Ce sont, en effet, les crustacés et les mollusques qui leur fournissent la plus grande partie de leurs alimens.

Ainsi que doit le faire pressentir la richesse et la magnificence des couleurs répandues sur leur corps, les *scares* habitent principalement les mers voisines de la ligne; nous en avons cependant une espèce dans le midi de le Méditerranée, le *scare de Crète*, qui paraît être le scare des anciens, poisson si estimé des Romains, que, pour en avoir plus facilement à leur service, ils envoyèrent, sous le règne de Claude, un amiral avec une flotte dans la mer de la Grèce pour rapporter du fretin de cette espèce, qu'ils firent jeter dans celle d'Italie, afin de l'y multiplier. Les *scares* étrangers sont extrêmement nombreux et presque tous parés de riches couleurs; tels sont : le *scare rouge-or*, le *scare perroquet*, etc.

IXe *Famille*. — LOPHIES (pl. XXV).

Nous avons trouvé des formes bizarres et presque monstrueuses dans quelques trigloïdes; mais, outre que toutes les espèces de cette famille ne sont pas également difformes, il n'y en a aucune parmi elles qui puisse être comparée aux *lophies* par l'étrange conformation des organes extérieurs; le corps de ces derniers est court, large et aplati, leur peau est dépourvue d'écailles, leur gueule énormément fendue; *leurs nageoires pectorales sont supportées par des espèces de bras* et semblent être terminées par une main analogue à celles des phoques; leur tête est hérissée d'épines, et leur museau garni de barbillons plus ou moins allongés; tout, en un mot, se réunit pour en faire des espèces de monstres, dont la vue excite le dégoût et l'effroi, et certes ce n'est pas sans raison qu'ils sont craints de tous les animaux; la force de leurs dents et la grandeur de leur taille en font des poissons dangereux.

C'est surtout pour les faibles habitans des mers qu'ils deviennent redoutables; aussi rusés que puissamment armés, ils savent également se rendre maîtres de leur proie par adresse ou de vive force. Cachés dans la vase ou parmi les plantes aquatiques, ils attendent dans une immobilité complète l'arrivée de leur proie; souvent même ils l'attirent à eux, en laissant flotter au gré des eaux les longs filets qui garnissent leur tête ou leurs nageoires, et qui trompent d'autant mieux les petits poissons dont ils se nourrissent, que ces appendices ressemblent par leur forme à des lombrics ou vers de terre. Au moment où les imprudens s'approchent de l'appât séducteur, les *lophies* qui sont avertis de leur présence par la position de leurs yeux, situés à la partie supérieure de leur tête, se montrent subitement et les engloutissent dans leur immense gueule.

Le principal genre de cette famille est celui des BAUDROIES (*lophius*) (*fig.* 6), poissons que leur forme aplatie et leur manière de pêcher ont fait nommer *raies pécheresses*, et qu'on appelle communément dans les ports *diables de mer*, à cause de leur laideur. On en connaît plusieurs espèces, dont la plus commune est la *baudroie ordinaire*, qu'on trouve fréquemment sur nos côtes, et qui a quatre ou cinq pieds de long.

X⁰ Famille. — GOBIOÏDES (pl. XXVI).

La famille des *gobioïdes* se compose d'un assez grand nombre d'acanthoptérygiens ordinairement de petite taille, que l'on reconnaît de suite à *leur peau enduite d'une liqueur gluante*, qui la rend extrêmement lisse, et surtout aux *épines grêles et flexibles* qui soutiennent leurs dorsales; caractère qui rapproche ces poissons de l'ordre suivant. Leurs corps est de forme généralement allongée et a quelque rapport avec celui des anguilles; et comme ils sont d'ailleurs privés de vessie natatoire ou qu'ils n'en ont qu'une très petite, ils fréquentent peu la profondeur des mers, et se traînent en rampant de préférence à peu de distance des rivages. Ils aiment à se cacher parmi les rochers et les algues, qui leur offrent un asile contre leurs ennemis, et un endroit convenable pour surprendre leur proie. Souvent même ils s'enfoncent sous la vase qui couvre le fond de l'eau, ce qui leur a fait donner le nom de *perce-pierres;* ils paraissent y chercher des vers et d'autres petits animaux marins qui forment leur principale nourriture. Ils aiment surtout les mollusques, qu'ils sont très adroits à attraper jusque dans leurs coquilles; mais, malgré leur adresse dans cette espèce de pêche, il leur arrive quelquefois d'être pris entre les deux valves, et de périr ainsi victimes de leur voracité.

Comme les *gobioïdes* ont l'ouverture des ouïes petite, l'eau se conserve long-temps dans leurs branchies et les entretient dans une humidité suffisante pour permettre à ces poissons de vivre sur la terre; aussi n'est-il pas rare d'en rencontrer sur les rochers qui font saillie hors de la mer et même sur ses rivages.

Cette habitude rend les *gobioïdes* curieux à connaître; mais il est dans leur histoire une autre particularité qui n'est pas moins intéressante; c'est leur génération vivipare. Tandis que tous les autres acanthoptérygiens déposent leurs œufs au sein des eaux sans s'occuper de leur avenir, ceux dont nous parlons produisent des petits vivans, sur lesquels ils veillent avec sollicitude, jusqu'à ce qu'ils aient pris assez de développement pour se suffire à eux-mêmes.

La mucosité, ou humeur visqueuse, dont le corps de ces poissons est enduit se communique à leur chair; celle-ci est grasse, insipide et peu agréable au goût, ce qui, joint à leur taille, généralement petite, fait qu'on les recherche peu pour la table. Mais comme ils sont très abondans, on s'en sert pour faire de la colle pour les vins.

Cette famille comprend trois genres principaux : les *blennies,* les *anarrhiques* et les *gobous.*

§ I. Tous les genres de cette famille ont la peau gluante et visqueuse; mais il n'en est aucun où l'on trouve cette particularité aussi marquée que dans le genre BLENNIE (*blennius*), dont le nom grec a la même signification que le mot français *baveuses,* nom qu'on leur donne vulgairement sur nos côtes. Le caractère distinctif de ce genre se tire de la position et de la petitesse des nageoires ventrales, qui ne sont composées que de deux rayons et qui sont situées sous la gorge en avant des pectorales ; disposition qui, jointe à leur corps allongé et à leur dorsale régnant sur toute la longueur du dos, donne à ces poissons une certaine ressemblance avec les anguilles, non-seulement sous le rapport des formes extérieures, mais encore sous celui des allures et des habitudes. Les *baveuses*, en effet, se meuvent dans l'eau en serpentant et par les ondulations de leur corps, et comme elles manquent de vessie natatoire, elles sont obligées de se tenir au fond de l'eau, souvent dans la vase, et par conséquent à peu de distance du rivage. Cette habitude exposerait ces poissons à devenir fréquemment la proie de l'homme, s'ils avaient en eux quelque chose de capable de tenter sa cupidité ou son appétit. Mais leur chair, dure et grasse, n'a point de saveur, et quoiqu'ils passent pour fournir de l'huile ou de l'ichthyocolle, on les recherche peu parce qu'on trouve plus de profit dans la pêche d'autres espèces plus grosses.

Nous avons dans l'Océan et dans la Méditerranée plusieurs espèces de ce genre : la *baveuse commune*, qu'on a beaucoup de peine à prendre à cause de la viscosité de sa peau, des efforts qu'elle fait pour s'échapper et de l'obstination avec laquelle, malgré sa petite taille, elle mord la main qui la saisit ; le *papillon* ou *lièvre de mer*, ainsi nommé parce que sa peau est marquée de petits points blancs et d'une grande tache œillée, et que ses yeux sont surmontés de deux saillies qu'on a comparées aux oreilles d'un lièvre ; le *gonnelle*, dont les ventrales sont à peine perceptibles et qui est fort abondant sur nos côtes.

§ II. Les ANARRHIQUES (*anarrhicas*) (*fig.* 1) ressemblent aux blennies par leur forme allongée, par la longueur de leur dorsale et par cette peau humide et gluante qui a fait nommer ces dernières *baveuses*. Mais ils s'en distinguent par l'absence de nageoires ventrales et surtout par l'énergie de leur système dentaire, ainsi que par la brièveté de leur canal intestinal. Cette dernière circonstance rend les *anarrhiques* extrêmement carnassiers, et leur penchant pour la chair, secondé par la force de leurs dents et de leurs mâchoires, et surtout par leur taille considérable, les rend tellement redoutables qu'on les a surnommés *loups de mer*. Ils dévorent tout ce qui vient à leur rencontre, les poissons, les crabes et même les coquillages, qu'ils avalent ordinairement tout entiers. Leur taille, qui atteint cinq pieds dans les plus petites espèces, va, dans les plus grandes, jusqu'à trois mètres et même davantage. Aussi, quoique leur chair ne soit pas mauvaise et qu'on puisse tirer parti de leur peau, nos pêcheurs ne recherchent pas ces poissons, parce qu'ils brisent leurs filets et même les mordent avec fureur et leur font des blessures dangereuses. Il paraît cependant que les Groenlandais ne les craignent pas autant ; ils les prennent avec des filets formés de lanières de cuir assez solides pour résister à leurs efforts, et, après s'en être ainsi rendus maîtres, ils les égorgent ou les assomment à coups de perches. Mais il faut en les approchant user de précaution ; on a vu quelquefois ces poissons saisir dans leur gueule le coutelas avec lequel on voulait les achever, et le briser en éclats avec autant de facilité que s'il eût été en bois, malgré l'affaiblissement qu'ils devaient éprouver par suite des blessures qu'ils avaient déjà reçues.

On connaît de ce genre deux ou trois espèces dont la principale est le *loup* ou *chat de mer*, qui est la plus grande qu'on connaisse. On le trouve dans les mers du Nord, d'où il descend jusque sur nos côtes. Quoiqu'il se rencontre quelquefois des *anarrhiques* en pleine mer, ces poissons se tiennent de préférence près des rivages, le long desquels ils nagent en serpentant, comme les anguilles, pour trouver plus facilement leur proie.

§ III. Les GOBOUS (*gobius*), qu'on appelle encore *boulereaux* ou *boulerots*, diffèrent des deux genres précédens, auxquels ils ressemblent par leur conformation générale, en ce qu'ils ont les ventrales placées à la hauteur des pectorales, et à la partie inférieure du corps, où elles se touchent dans une étendue plus ou moins considérable de leur longueur. Leurs habitudes et leur genre de vie sont ceux des blennies, c'est-à-dire qu'ils se tiennent toujours près des rivages de la mer, parmi les rochers et les algues. Il paraît même que l'hiver ils s'enfoncent dans la vase, où ils s'engourdissent jusqu'au printemps. La petitesse de leurs ouïes, en conservant l'humidité de leurs branchies, leur permet de vivre assez long-temps hors de l'eau.

On connaît plusieurs espèces de ce genre ; l'une des plus célèbres est le *boulereau noir*, le seul des poissons qui se construise un nid ; on a observé qu'au retour de la belle saison il se fait, avec des plantes marines, une espèce de demeure, où la femelle vient déposer ses œufs ; et que le mâle, au lieu de les abandonner comme les autres animaux de la même classe, les surveille avec sollicitude et les défend avec un grand courage pour sa taille ; car il n'a guère que quatre ou cinq pouces de long. Le *boulereau bleu*, le *boulereau blanc*, le *boulereau rouge*, etc., appartiennent aussi au même genre. Leur chair, sans être délicate, est cependant bonne à manger ; les pauvres des villes maritimes en font souvent usage, parce qu'ils sont à bas prix ; on les appelle communément *goujons de mer* à cause de leur petitesse.

IIe *Ordre.* — MALACOPTÉRYGIENS.

Le nom de *malacoptérygiens*, qui signifie *nageoires molles*, a été donné aux poissons de cet ordre, parce que les rayons qui soutiennent leur dorsale et leur anale, au lieu d'être d'une seule pièce osseuse longue et raide, sont pour la plupart mous et flexibles (1), et se composent de plusieurs os articulés ensemble et souvent divisés en plusieurs branches à leur extrémité, structure qui leur a fait donner le nom de *rayons articulés* ou *branchus*, par opposition à ceux des acanthoptérygiens, qui sont fermes et terminés par une pointe unique et très aiguë.

Cette série de poissons, moins nombreuse que celle qui précède, nous offre du reste une organisation peu différente ; leur squelette est pareillement osseux et leur corps toujours couvert d'écailles, tantôt larges et épaisses, tantôt minces et petites. Leurs mâchoires s'articulent de même avec le crâne par le moyen d'un os intermédiaire, qui laisse une certaine mobilité à la supérieure, en même temps que l'inférieure conserve toute celle qu'elle a dans les autres classes de vertébrés. Leur chair, généralement bonne, a souvent une saveur des plus exquises et fait l'ornement des tables les plus somptueuses. C'est de cet ordre que l'homme tire la plus grande partie des poissons dont il fait usage pour sa nourriture ; il mange les uns à l'état frais seulement, et ce sont en général les espèces les plus délicates et les moins communes ; les autres sont plus souvent destinés à être salés et sont plus abondans, mais d'une saveur moins agréable. Cependant, bien loin d'être moins utiles, elles rendent de plus grands services, en ce qu'elles peuvent être facilement transportées au loin ; et

(1) Quelquefois cependant le premier rayon de la dorsale ou des pectorales est épineux, comme chez les acanthoptérygiens.

comme d'ailleurs elles sont très répandues, elles sont à bas prix et par conséquent à la portée d'un plus grand nombre de consommateurs.

On peut, d'après la position des nageoires ventrales, diviser l'ordre dont nous parlons en trois *sous-ordres* : les *malacoptérygiens abdominaux*, les *malacoptérygiens subbrachiens* et les *malacoptérygiens apodes*.

Ier Sous-Ordre. — MALACOPTÉRYGIENS ABDOMINAUX.

Le sous-ordre des *malacoptérygiens abdominaux* renferme toutes les espèces dans lesquelles les ventrales sont situées à la partie postérieure du corps, à une distance considérable des pectorales. Leur forme est généralement oblongue, légèrement renflée au milieu, mais un peu plus grêle que celle des acanthoptérygiens.

Ce sous-ordre se compose principalement de poissons d'eau douce, servant presque tous de nourriture à l'homme. Mais il faut remarquer que toutes les espèces bonnes à manger ne sont pas également délicates ; la saveur de leur chair se ressent de la nature de l'eau que l'animal habite. Ceux qui fréquentent les courans purs et limpides, et surtout les ruisseaux peu étendus et couverts de cailloux, sont de beaucoup les plus estimés pour la finesse de leur goût ; telles sont les différentes espèces de truites. Ceux qui vivent dans les grands fleuves ou dans des lacs traversés par des rivières considérables, quoique moins délicats, sont cependant encore très recherchés ; telles sont les carpes du Rhin ; mais les espèces qui se tiennent dans des eaux dormantes et surtout vaseuses contractent ordinairement un goût terreux qui leur ôte beaucoup de leur prix ; telles sont les carpes communes et les tanches. Il est vrai qu'on peut, en les laissant séjourner quelque temps dans une eau bien limpide, leur faire perdre un peu de cette fadeur désagréable : mais, malgré cette précaution, elles ne peuvent jamais devenir des poissons délicats. Quant aux espèces marines, on regarde comme exquises celles qu'on mange à l'état frais ; mais une fois salées, elles ne paraissent jamais sur la table des riches, et sont uniquement réservées pour les pauvres.

Ce groupe est le plus nombreux de l'ordre des malacoptérygiens et se compose de cinq familles : les *cyprins*, les *si-luroïdes*, les *saumonés*, les *clupées* et les *ésoces*.

Ire *Famille.*— CYPRINS (pl. XXVI).

La famille des *cyprins* comprend tous les malacoptérygiens dont les ventrales sont suspendues sous l'abdomen, en arrière des pectorales, dont la bouche, peu fendue et placée à l'extrémité du museau, manque le plus souvent de dents aux maxillaires et n'en a qu'à l'arrière-bouche, et dont les nageoires dorsale et anale sont soutenues par des rayons dans toute leur étendue.

Rapprochés par leurs formes et par leurs habitudes de la carpe commune, ces poissons habitent presque tous les eaux douces, et préfèrent aux courans rapides les lacs, les étangs et les endroits paisibles des rivières ; quelques-uns même recherchent les mares bourbeuses, où l'eau pluviale entraîne continuellement des graines, des insectes et des débris de corps organisés de toute espèce, et où leur voracité trouve en abondance la nourriture dont ils ont besoin. Ce n'est pas que ces animaux soient carnassiers ; au contraire, ce sont de tous les poissons ceux qui le sont le moins ; ils se contentent, pour la plupart, de matières végétales ; mais comme ils sont extrêmement voraces, il leur faut une grande quantité d'alimens, sur le choix desquels, au reste, ils ne sont nullement difficiles ; aussi mangent-ils indistinctement des herbes, des grains, des insectes et toutes sortes de débris de substances animales, que les eaux dormantes déposent dans leur fond ; ce n'est que lorsque toutes ces matières leur manquent qu'ils s'adressent à d'autres animaux; quelquefois même ils s'attaquent les uns les autres.

Quoiqu'on trouve des *cyprins* sous toutes les latitudes, ils paraissent se plaire spécialement dans les pays tempérés, où ils parviennent à une taille beaucoup plus grande que dans les contrées trop exposées aux rayons du soleil équatorial, ou dans les climats glacés qui avoisinent le pôle septentrional.

Cette famille comprend trois genres importans à connaître; ce sont les *carpes*, les *loches* et les *anableps*.

§ I. Peu de poissons sont plus répandus que les CARPES (*cyprinus*) (*fig.* 2) ; tout le monde connaît leur forme ovale et comprimée, leur bouche petite et sans dents apparentes, et leurs écailles régulièrement distribuées en quinconce ; elles n'ont qu'une seule dorsale, et leur palais est garni d'une substance molle et épaisse, que l'on appelle vulgairement *langue de carpe*, mais qui n'est pas leur langue.

Si l'on peut trouver des poissons plus délicats que les *carpes*, il n'en est pas qu'on puisse se procurer plus facilement à l'état frais. Indifférens sur le choix de leur nourriture, ils se multiplient indistinctement dans toutes les eaux douces, pourvu qu'elles ne soient ni trop vives ni trop rapides ; ils aiment beaucoup les mares où croissent en abondance les lentilles d'eau, dont les feuilles servent à les nourrir et à les abriter contre les ardeurs du soleil; ils prospèrent surtout dans celles où vont se dégorger les eaux de vaisselle, qui leur apportent continuellement une nourriture abondante. C'est dans ces eaux grasses et croupies qu'ils parviennent au plus haut degré d'embonpoint; mais ils y contractent en même temps un goût de vase qui les rend moins délicats.

La fécondité des *carpes* est prodigieuse; on a vu des femelles dont les ovaires contenaient plus de trois cent mille œufs ; aussi dans les étangs où l'on en élève, les voit-on se multiplier en peu de temps au point qu'elles ne peuvent bientôt plus s'y mouvoir, et que, la nourriture et l'espace venant à leur manquer, elles dépérissent rapidement et perdent toutes leurs qualités utiles. Pour s'opposer à cette propagation excessive, on a coutume de mettre parmi elles quelques brochets, qui dévorent les petites et le frai.

Le genre *carpe* est très nombreux et a été subdivisé en plusieurs sous-genres.

1° Les Carpes proprement dites se distinguent en ce qu'elles ont à leur dorsale et à leur anale un rayon épineux et dentelé sur ses bords, et la première de ces nageoires très longue; telle est la *carpe commune*, poisson très abondant et très utile à cause de son prix peu élevé et de la bonté de sa chair ; elle a deux barbillons aux lèvres. Les belles carpes sont de huit à neuf livres ; mais il y en a aussi qui en pèsent jusqu'à soixante. On trouve quelquefois des *carpes* qui ont la peau nue par places ou même en totalité ; c'est cette variété qu'on appelle vulgairement *reine des carpes* ou *carpe à miroir*. Une seconde espèce de ce sous-genre, c'est le *cyprin doré* ou *daurade de la Chine*, joli petit poisson qu'on nourrit dans des bocaux, où il flatte la vue par les reflets dorés et par la pourpre de ses écailles ; il manque de barbillons.

2° Les Barbeaux (*barbus*) (*fig.* 2) ont le museau plus allongé que les carpes, la dorsale plus courte avec un rayon dentelé, et quatre barbillons à la mâchoire supérieure. Nous en avons dans nos eaux vives une espèce bonne à manger, le *barbeau vulgaire,* qui atteint quelquefois jusqu'à dix pieds de long, mais dont la taille la plus ordinaire est d'un à deux pieds. On en prend une assez grande quantité, parce qu'il a l'habitude de se réunir en petites troupes.

3° Les Goujons (*gobio*) sont de petits poissons dont tous les rayons sont uniformes et qui ont des barbillons; l'espèce la plus commune se trouve abondamment dans toutes les eaux douces, et malgré sa petite taille elle est très recherchée à cause de son bon goût.

4° Les Tanches (*tinca*) ne diffèrent des goujons que par leurs écailles très petites, et par leur taille beaucoup plus grande; elles sont moins estimées que les carpes, les barbeaux et les goujons. L'espèce la plus commune est de la même grandeur que la carpe, mais bien moins agréable au goût.

5° Les Brêmes (*abramis*) ont la dorsale très courte et placée derrière les ventrales; l'espèce la plus ordinaire est si abondante dans le Nord qu'on en a pris jusqu'à cinquante mille d'un seul coup de filet; le poids de ce poisson varie d'une demi-livre à trois ou quatre kilogrammes.

6° Les Ables (*leuciscus*), qu'on nomme vulgairement *poissons blancs,* sont de très petites espèces qu'on trouve par milliers dans toutes les rivières, et qu'on confond sous les noms de *meuniers, vérons, vandoises,* etc., selon les pays; nous en avons en France au moins douze espèces : le *meunier,* le *gardon,* la *vandoise,* la *rosse,* le *véron,* l'*ablette,* etc. Leurs belles écailles argentées, introduites dans de petits globules de verre, transforment ces derniers en perles communes.

§ II. Les LOCHES (*cobitis*) forment un genre peu nombreux, mais facile à caractériser par leurs formes allongées, par leurs écailles petites et enduites de mucosité, ainsi que par la position de leurs ventrales, qui sont situées tout-à-fait à l'arrière du corps. Ces poissons ont la bouche très étroite et les mâchoires sans dents comme les carpes; mais leur corps anguiforme et leur peau gluante suffisent pour les distinguer de suite de toutes les autres espèces de ce genre. Cette conformation et cette viscosité de l'enveloppe extérieure donne aux *loches* quelques rapports avec les gobies, rapports qu'augmentent encore leurs allures tortueuses et l'habitude qu'elles ont de se tenir dans la vase au fond de l'eau; mais outre qu'elles habitent les eaux douces et qu'elles manquent de dents aux maxillaires, tandis que ces derniers ne fréquentent que la mer et ont des dents aux mâchoires, les *loches* ont les yeux placés à la partie supérieure de la tête et très rapprochés l'un de l'autre, et plusieurs barbillons à l'extrémité du museau. La faiblesse du système dentaire des cyprins dont nous parlons les empêche de se nourrir d'animaux vertébrés; mais ce désavantage est compensé par l'extensibilité de leurs lèvres, qui leur servent à sucer et à retirer de la vase les débris de matières organiques qu'elle renferme; ils mangent également les insectes, les vers et les œufs de poissons.

Nous avons en France trois espèces de ce genre; la *loche franche* est un poisson de quatre à cinq pouces de long, d'un goût exquis, et commun dans nos petites rivières; sa petitesse le rend la proie de presque tous les autres poissons; mais son plus redoutable ennemi est l'homme. La *loche de rivière* est plus petite et moins estimée que la précédente; on la reconnaît à un aiguillon fourchu et mobile qu'elle porte au-devant de l'œil. Le *misgurn* ou *loche d'étang* est la plus grande espèce; elle a jusqu'à un pied de long. Comme elle se tient ordinairement dans la vase, elle contracte un goût désagréable qui la fait rejeter des bonnes tables; mais elle est très remarquable sous d'autres rapports. A l'approche des orages, on la voit s'agiter, s'élever à la surface de l'eau, remuer la vase; et de même, lorsque le froid est intense, elle s'enfonce sous terre et s'y cache soigneusement pour se soustraire à son influence. C'est à ces deux circonstances qu'elle doit le nom de *baromètre* et de *thermomètre vivant*, qu'on lui donne assez souvent. On l'appelle aussi *loche fossile* à cause de l'habitude qu'elle a de se cacher dans la vase.

§ III. Le nom grec ANABLEPS (*anableps*) signifie *vue en haut* ou *double vue* et convient parfaitement, dans ces deux sens, à la seule espèce connue de ce genre, qui en effet a les yeux très saillans et placés à la partie supérieure de sa tête, et dont la cornée est divisée en deux parties distinctes, qui font paraître chacun de ces organes comme double. Cette conformation extraordinaire et unique dans la série des animaux vertébrés, paraît avoir pour but de permettre à ce poisson de distinguer les objets placés au-dessous de lui, lorsqu'il nage à la surface de l'eau, et ceux qui flottent au-dessus de sa tête, quand il se tient caché dans la vase.

Considéré dans son ensemble, le corps de ce poisson est cylindrique et couvert de fortes écailles; sa tête est aplatie, son museau tronqué, sa bouche fendue transversalement, et ses mâchoires armées de dents faibles, mais bien visibles. On le trouve dans les rivières de la Guiane où il est très abondant; le plus souvent il se tient caché dans la vase; mais il peut aussi s'élever à la surface des eaux et y nager avec agilité; quelquefois il aime à faire sortir sa tête au-dessus des flots, pour attraper les insectes; on prétend même qu'il lui arrive assez souvent de s'élancer sur la grève, d'où il revient à l'eau en sautillant, lorsque ses branchies commencent à se dessécher, ou que quelque objet vient à l'effrayer.

Les *anableps* sont vivipares comme les blennies; il paraît même que les petits sont assez développés au moment où ils sortent du corps de leur mère, ce qui les empêche d'être dé-vorés aussi facilement que la plupart des autres poissons; aussi sont-ils assez communs à Surinam; et ils le seraient encore da-vantage si les habitans ne leur faisaient pas une pêche assez active, pour se nourrir de leur chair, qui est assez bonne à manger.

IIe *Famille.* — ESOCES (pl. XXVI).

Les *ésoces* habitent les eaux douces comme les cyprins, et ont comme eux une dorsale unique et soutenue par des rayons dans toute son étendue; mais sous les autres rapports, ils sont tout l'opposé de ces derniers; leur museau est déprimé, leur bouche largement fendue, et leurs mâchoires toutes garnies de dents fortes et crochues, qui les rendent redoutables à tous les autres poissons, souvent même à des espèces beaucoup plus grandes qu'eux. Ils sont si carnassiers que dans les étangs qu'ils habitent, il n'est presque pas d'animaux qui ne portent sur leur corps des traces de leur dent meurtrière. Les carpes et les tanches surtout, que la faiblesse de leurs mâchoires rend incapables de leur résister, sont très exposées à leur fureur. Sans cesse harcelées par eux, elles ne trouvent de refuge contre leur voracité insatiable que dans des retraites inaccessibles, sous les racines des arbres placés au bord de l'eau. Deux ou trois de ces poissons suffisent, dans un vaste étang, pour y empêcher la trop grande multiplication des carpes qu'on y élève.

La famille des ésoces ne comprend que deux genres : les *brochets* et les *exocets*.

§ I. Les BROCHETS (*esox*) (*fig.* 3) sont les requins des eaux douces ; ils y règnent en tyrans, comme les requins au milieu des mers ; et s'ils sont moins redoutables que ces derniers, ce n'est pas que leur naturel soit plus doux, c'est uniquement parce que la force leur manque. Aussi insatiables dans leurs appétits que féroces par caractère, ils dépeuplent les eaux qu'ils habitent avec une promptitude effrayante ; et leurs ravages seraient encore plus grands, si leur voracité n'immolait indistinctement les individus de leur race et ceux d'espèce différente.

Il ne faut cependant pas faire un crime aux *brochets* de ce penchant sanguinaire ; la nature elle-même semble les avoir créés pour détruire, en leur accordant des armes puissantes pour triompher de leur proie, et une agilité infatigable pour l'atteindre. Leur gueule est fendue jusqu'au-delà des yeux et garnie de dents les unes fixes, les autres mobiles, et toutes d'une force remarquable. De plus, leurs intestins sont si courts qu'ils ne pourraient digérer des matières végétales ; leur voracité est par conséquent le résultat de leur organisation. On peut donc regarder ces poissons comme ayant été créés pour s'opposer à la trop grande multiplication des petites espèces, que les eaux douces nourrissent en si grand nombre dans leur sein. On connaît dans ce genre près de quarante espèces, qu'on a divisées en plusieurs sous-genres, dont les *brochets* proprement dits et les *orphies* sont les principaux.

1º Les Brochets ont le museau large et obtus avec une dorsale unique située vis-à-vis de l'anale ; tel est le *brochet vulgaire*, l'un des poissons les plus connus par sa chair agréable et par sa voracité. Il y a des individus qui atteignent jusqu'à six pieds de long et qui pèsent plus de cinquante livres. On trouve quelquefois dans leur canal intestinal des poissons entiers qui en renferment d'autres dans le leur. Cette espèce est commune dans toute l'Europe et dans l'Amérique septentrionale, et de plus le nouveau continent en a deux autres qui en diffèrent peu.

2º Les Orphies (*belone*) sont fort remarquables par leur corps très allongé, par le prolongement de leurs mâchoires, qui forment un long bec garni de dents fixes et aiguës, et par la belle couleur verte de leurs arêtes. On en rencontre des espèces dans la plupart des mers; la Méditerranée en nourrit une très jolie et bonne à manger, mais qu'on dédaigne à cause du dégoût qu'inspire la couleur de ses os.

§ II. Les **EXOCETS** (*exocœtus*) sont, parmi les malacoptérygiens, ce que les dactyloptères sont parmi les acanthoptérygiens; ils ont les pectorales si développées qu'elles atteignent, lorsqu'elles sont couchées le long du corps, jusqu'à l'origine de la nageoire caudale; aussi jouissent-ils de la faculté de se soutenir quelque temps dans les airs, ce qui leur a fait donner le nom de *poissons volans* et d'*hirondelles de mer*. Mais, de même que les trigloïdes volans, les *exocets* sont loin de pouvoir être assimilés, pour la faculté de voler, avec ces fissirostres; c'est tout au plus si leurs nageoires, malgré leur grande étendue, peuvent leur servir de parachute pendant quelques instans; le vol devient si fatigant pour eux qu'ils sont obligés, dès que leurs ailes commencent à perdre leur humidité, de se laisser tomber dans la mer pour les mouiller de nouveau.

On compte cinq ou six espèces de ce genre. Nous en avons une dans la Méditerranée; c'est l'*exocet sauteur,* petit poisson assez joli, dont les longues ventrales sont placées à la partie postérieure du corps. L'Océan en a une espèce à peu près semblable, mais dont les ventrales sont plus petites et placées plus en avant ; c'est l'*exocet volant.*

IIIe Famille. — SILUROÏDES.

Les siluroïdes se reconnaissent à leur *corps privé d'écailles et couvert seulement en certains endroits de grandes plaques osseuses.* Leur peau est visqueuse et gluante, comme dans tous les poissons qui se tiennent de préférence dans la vase; leur tête est large et déprimée, leur bouche placée à l'extrémité du museau et ordinairement garnie de barbillons. Leur nageoire dorsale présente le plus souvent une forte épine en avant, tandis qu'en arrière elle est dépourvue de rayons et ne consiste qu'en une espèce de sac membraneux et rempli de graisse.

Sans avoir pour nous une importance comparable à celle des autres malacoptérygiens, les *siluroïdes* ne laissent pas de nous intéresser, soit par des particularités remarquables, soit par des habitudes extraordinaires ; presque tous fréquentent les eaux douces des pays chauds de l'ancien et du nouveau continent, et se tiennent ordinairement dans la vase ; quelques-uns même peuvent ramper à sec pendant quelque temps, comme les anguilles. Ils sont généralement peu agiles dans leurs mouvemens ; ils ne peuvent pas par conséquent poursuivre leur proie et la forcer à la nage ; ils sont obligés, pour se procurer leur subsistance, de se cacher au milieu des matières qui couvrent le lit des rivières et des fleuves, et d'y rester immobiles jusqu'à ce qu'il passe à leur portée quelque poisson ou quelque autre animal dont ils puissent faire leur nourriture. Mais comme ils pourraient quelquefois attendre trop long-temps leur repas, ils se servent de leurs longs barbillons comme la baudroie se sert des appendices vermiformes dont sa tête est pourvue. En les laissant flotter au gré des eaux, les poissons les prennent pour des vers, sur lesquels ils courent se jeter sans précaution.

On ne faisait autrefois qu'un seul genre de toutes les espèces de cette famille ; mais depuis quelque temps le nombre en est devenu si considérable qu'on a été obligé d'en former jusqu'à sept, dont les plus remarquables sont les *silures*, les *machoirans* et les *malaptérures*.

§ I. Les SILURES (*silurus*) n'ont qu'une seule dorsale, petite et garnie de rayons. Leur corps est complètement nu et leur bouche fendue à l'extrémité du museau. La plupart de ces poissons ont le premier rayon de leurs pectorales transformé en une forte épine semblable à celles qui soutiennent les nageoires des acanthoptérygiens ; mais elle forme pour eux une arme offensive bien plus dangereuse que les aiguillons des espèces de l'ordre précédent. Articulée solidement avec les os de l'épaule et mue par des muscles puissans, les *silures* peuvent à leur volonté la rapprocher de leur corps et la rendre invisible, ou la fixer perpendiculairement comme une pique prête à frapper ; les blessures en sont d'autant plus redoutables, qu'elles sont ordinairement à bords déchirés, circonstance qui en augmente beaucoup la gravité et qui détermine souvent un tétanos mortel.

Malgré cette particularité, ces poissons ne sont pas féroces ; ils sont même plutôt timides qu'audacieux ; jamais du moins ils n'attaquent leur proie à force ouverte, et souvent ils se contentent pour toute nourriture de substances végétales et surtout de graines, comme les carpes, les tanches et autres espèces de la famille des cyprins ; aussi ont-ils le canal intestinal beaucoup plus développé que les autres poissons.

La principale espèce du genre *silure* est le *saluth*, le plus grand de nos poissons d'eau douce, qu'on rencontre dans tous les grands fleuves et dans quelques lacs d'Allemagne. Sa taille atteint assez communément quatre ou cinq pieds, et son poids est de plus de cent livres ; quelquefois on en trouve qui ont près de dix pieds et qui pèsent jusqu'à cinq cents livres. Cependant malgré sa grandeur et sa force, le *saluth* n'est pas un poisson redoutable pour les autres habitans des eaux ; caché le plus souvent dans la vase, il y attend patiemment sa proie, dans l'impossibilité où il est de l'atteindre à la nage ; mais la nature lui a donné en échange tout ce qu'il lui fallait pour tromper ses victimes ; ses couleurs sombres se confondent si bien avec le fond des rivières qu'il habite, qu'il est très difficile, malgré sa taille énorme, de le découvrir au fond de l'eau quand il s'y tient immobile, tandis que lui-même, l'œil toujours aux aguets, épie les mouvemens des poissons qui passent près de lui, et cherche même à les attirer en laissant flotter ses longs barbillons qu'ils prennent pour des vers. C'est ainsi qu'il attrape les anguilles, les lottes, etc.

Cette espèce est très répandue dans la plupart des grandes rivières du Nord, telles que le Rhin, le Danube, le Volga, etc. ; et quoique sa chair soit mollasse et visqueuse, on la vend assez communément dans les marchés, à cause de sa graisse qu'on emploie comme celle du porc pour assaisonner les légumes. Une autre espèce de ce genre est le *schilbé du Nil*, dont la chair, moins grasse, est plus agréable au goût.

§ II. Les MACHOIRANS (*mystus*), qu'on appelle encore *pimélodes*, ressemblent aux silures par leur forme, par leur peau nue et visqueuse et par les barbillons qu'ils portent aux mâchoires ; mais ils s'en distinguent par leur double dorsale, dont l'antérieure est rayonnée et la postérieure entièrement adipeuse et privée de rayons.

Ils appartiennent tous aux grands fleuves de l'Inde ou de l'Amérique, où la plupart d'entre eux servent de nourriture et sont même très estimés. Les naturalistes en comptent un très grand nombre d'espèces parmi lesquelles l'*ascite* se fait remarquer par la manière extraordinaire dont il se reproduit. C'est un poisson d'environ six pouces, dont la femelle, au lieu de pondre des œufs ou de donner le jour à des petits vivans, a une génération qui n'est ni ovipare ni vivipare. A mesure que ses œufs se gonflent et que ses ovaires se développent, on voit son ventre grossir, la peau qui le recouvre s'étendre et s'amincir, jusqu'à ce que, perdant son élasticité, elle se rompe longitudinalement. Alors les œufs sortent de l'ovaire et s'avancent jusqu'à cette ouverture artificielle. Le plus rapproché de l'ouverture se fend et laisse apercevoir la tête du jeune *ascite*. Mais le temps de se séparer de sa mère n'est pas encore venu pour lui ; il reste attaché à l'ovaire jusqu'au moment où, ayant consommé tout le jaune de son œuf, il se trouve assez fort pour pourvoir à sa subsistance et à sa conservation, sans aucun secours étranger. Ce premier petit s'étant détaché, un second se présente à l'ouverture, pour y parcourir les mêmes périodes de développement, et ainsi de suite jusqu'à la sortie du dernier. La ponte ainsi terminée, la plaie du ventre se cicatrise et la blessure disparaît jusqu'à l'année suivante.

§ III. Nous ne parlerions pas des MALAPTÉRURES (*malapterurus*) sans la propriété qu'une des espèces de ce genre possède de produire des commotions électriques, quand on le manie sans précaution durant sa vie. Ces poissons ont en effet la peau nue et visqueuse, la tête déprimée, la bouche terminale, le corps gros avec une seule nageoire sur le dos ; en un mot, tous les principaux caractères du genre précédent ; mais ce qui les en distingue d'une manière bien sensible, c'est la nature de leur dorsale, qui est entièrement *adipeuse*, c'est-à-dire complètement dépourvue de rayons qui la soutiennent, de sorte qu'elle ressemble à une simple poche remplie de graisse à demi fondue.

L'espèce la mieux connue de ce genre est le *malaptérure électrique*, poisson d'environ quinze pouces de long, que les Arabes nomment *raasch* ou *tonnerre*, à cause de l'engourdissement dont il frappe les corps organisés qui s'avancent trop près de lui. Il doit cette faculté singulière, que nous trouvons cependant dans plusieurs autres espèces de la même classe, et surtout dans le gymnote et la torpille, à un appareil particulier placé entre la peau et la chair, et consistant en une espèce de tissu cellulaire qui reçoit une grande quantité de nerfs. Ce poisson vit spécialement dans le Nil ; mais on le trouve également dans plusieurs autres fleuves d'Afrique, entre autres dans le Sénégal. Il ne paraît pas qu'il soit d'aucun usage pour les habitans de ces contrées.

IVe *Famille.* — SALMONÉS (pl. XXVI).

Les *salmonés* sont faciles à reconnaître à leur forme élégante, à leurs écailles disposées avec régularité, et surtout à la nature de leurs dorsales, dont la première est garnie de rayons et la seconde adipeuse. Aucun n'a de barbillons aux mâchoires.

Cette famille comprend un très grand nombre de poissons, tous remarquables par la délicatesse de leur chair et par leur humeur vagabonde. A l'époque de leur frai, ils ne se contentent pas, comme la plupart des autres animaux de leur classe, de quitter la profondeur des eaux pour en gagner les rivages et y déposer leurs œufs; ils entreprennent des voyages considérables, et, s'engageant dans les courans qui aboutissent au bassin qu'ils fréquentent habituellement, ils en suivent tous les détours et sinuosités, et les remontent ainsi jusqu'à leur source. Mais ils n'entrent pas indistinctement dans toute sortes de rivières; il leur faut une eau claire et limpide avec un fond sablonneux ou rocailleux. Lorsqu'ils l'ont trouvée telle qu'il la leur faut, ils se mettent en marche, et rien ne peut arrêter leur ardeur; ils franchissent quelquefois des cataractes de douze à quinze pieds de haut pour arriver au but de leur voyage. De cette manière ils s'élèvent souvent juqu'au sommet des plus hautes montagnes, et, arrivés près des sources, ils creusent un trou plus ou moins profond, et y déposent leurs œufs, qu'ils recouvrent ensuite de terre, pour que le courant ne les entraîne pas. La ponte terminée, ils reviennent sur leurs pas et rentrent dans leur demeure ordinaire. Ces courses durent communément six mois; de sorte que la moitié de la vie des *salmonés* se passe à voyager, et que l'autre moitié est employée à réparer les pertes et les fatigues qu'ils ont éprouvées dans leur voyage.

Toutes les espèces de cette famille se ressemblent tellement, qu'on n'en formait autrefois qu'un seul genre; mais comme le nombre en est trop grand, on a été obligé d'y établir plusieurs subdivisions, dont les trois principales sont : les *saumons*, les *éperlans* et les *corégones*.

§ I. Les SAUMONS (*salmo*) (*fig.* 4) ou *truites* sont caractérisés par la place de leur première dorsale qui est située en avant des ventrales ou tout au plus à la même hauteur qu'elles. Ce sont les plus voraces et les plus intrépides nageurs de la famille; on en connaît plusieurs espèces parmi lesquelles on désigne sous le nom de *saumons* les plus grandes, qui vivent dans la mer, et sous celui de *truites* celles qui sont plus petites et qui habitent les eaux douces.

Le *saumon* ordinaire est un poisson d'environ trois pieds de longueur et pesant à peu près vingt livres, qui vit en troupes innombrables dans la plupart des mers tempérées ou froides, mais qui redoute la trop grande chaleur; il est même très rare dans la Méditerranée. Tous le sans, au printemps, il entre dans les grands fleuves, et les parcourt dans un espace de plusieurs centaines de lieues, sans se laisser arrêter par les obstacles qu'il rencontre sur sa route. Pour franchir les cataractes qui s'opposent à son passage, il se ploie en arc, saisit sa queue avec ses dents, et se débandant tout à coup, il frappe l'eau avec tant de vigueur, que celle-ci le relance au-delà de l'obstacle qu'il veut franchir.

Comme ce poisson est sensible à la chaleur, il choisit de préférence les courans profonds et ombragés, où il est garanti du soleil et des yeux de ses ennemis; mais ses précautions ne le mettent pas à l'abri du danger. L'homme, à qui sa pêche rapporte un profit considérable, emploie pour le prendre toute sorte de stratagèmes; tantôt il se sert de vastes filets qui interceptent le cours des rivières; d'autres fois il construit au milieu du courant des chambres, dont l'ouverture est disposée de manière que le saumon puisse y entrer, sans pouvoir en sortir. En Ecosse on le prend quelquefois en le perçant avec une lance; mais il faut pour cela que l'eau soit peu profonde. Le *saumon* frais est délicieux, mais il se mange aussi salé ou fumé. Dans ce dernier état, il se transporte aisément dans tous les pays et devient l'objet d'un commerce assez important.

La *truite* du lac de Genève est aussi grande que le saumon, et le dépasse même quelquefois; il y en a de quarante à cinquante livres; c'est un poisson d'autant plus recherché qu'il a une saveur exquise, et peut se transporter à de grandes distances.

La *truite saumonée* est plus petite que la précédente et ne pèse guère que six ou sept livres; on la trouve dans les mers du Nord et dans les rivières rocailleuses qui s'y jettent; sa chair, d'une couleur rougeâtre comme celle du saumon, est très délicate.

La *truite commune* est un des meilleurs et des plus beaux poissons; l'or, l'argent et le pourpre brillent sur ses écailles, tantôt par grandes masses, tantôt par petites taches. Sa taille, inférieure à celle des espèces précédentes, ne dépasse pas ordinairement un pied ou quinze pouces. On la pêche dans les eaux claires et très vives des ruisseaux en pente rapide.

Le *bécard* et le *huch* sont deux grandes espèces analogues au saumon ordinaire, mais dont la chair est moins estimée.

La *truite rouge*, la *truite des Alpes*, les *salmlet* ou *saumoneau* et l'*ombre chevalier* sont des espèces petites, dont la chair est délicieuse.

§ II. Les EPERLANS (*osmerus*) ne diffèrent des précédens que par la position de leurs ventrales, qui sont placées au-devant de la première dorsale; pour le reste, ils ressemblent aux truites; ce sont les mêmes formes extérieures et la même délicatesse de la chair. On n'en connaît qu'une seule espèce, l'*éperlan*, joli petit poisson d'environ six pouces, qu'on pêche sur les côtes de l'Océan, à l'embouchure des grands fleuves. Il joint à une saveur des plus agréables une parure des plus brillantes; c'est un mélange admirable de teintes argentées et d'un vert clair.

§ III. Les COREGONES (*coregonus*), qu'on nomme encore *lavarets*, se distinguent des saumons et des éperlans par la faiblesse de leur système dentaire; leur bouche est complètement dépourvue de dents, ou du moins n'en a que de très fines ou de très petites; aussi sont-ils beaucoup moins carnassiers que les deux genres précédens, et ce défaut d'armes offensives les exposerait à de fréquens dangers de la part des autres habitans des eaux, s'ils n'avaient reçu de la nature le moyen d'échapper à leurs ennemis par la ruse ou par la vitesse de leur fuite. Communes dans les lacs d'eau douce et dans la mer, ces poissons font, comme les truites, des voyages dans les fleuves et dans les rivières qui s'y jettent, et comme elles, se font rechercher par l'excellence de leur chair.

Les principales espèces de ce groupe sont : l'*ombre*, poisson délicat et remarquable par la hauteur de sa nageoire dorsale; la *marène* dont la lèvre supérieure est comme retroussée, et le *lavaret*, dont les formes sont très effilées.

Ve Famille. — Clupées (pl. XXVI).

Les *clupées* n'ont pas la délicatesse et la saveur exquises
des saumons ; mais ils l'emportent de beaucoup sur eux par leur
fécondité, par l'étendue du commerce auquel ils donnent
lieu, et aussi par les ressources immenses qu'ils procurent à la
plupart des nations maritimes. Réunis en troupes innombrables qui forment des bancs immenses, ils viennent périodiquement, au retour de la belle saison, visiter les côtes pour y
déposer leur frai, et deviennent ainsi, pour les peuples qui
savent en profiter, une source intarissable de richesses. Les
Hollandais, les Anglais, les Français, etc., sont, de tous les
peuples, ceux qui tirent le plus de profit de leur pêche. Mais
il n'en a pas toujours été ainsi ; avant qu'on eût trouvé le
moyen de les conserver en les fumant ou en les salant, on ne
pouvait en prendre que la quantité qui se consommait sur les
lieux où ils abordaient ; depuis cette découverte, qu'on doit à
un pêcheur de Biervliet, nommé Beukelius, beaucoup de nations
européennes ont fait de la pêche de ces poissons une des principales bases de leur prospérité, et ont donné tous leurs soins
au perfectionnement de cette industrie. Maintenant la plupart
d'entre elles équipent des flottes entières pour aller à la pêche
de ces poissons précieux.

Cette famille importante comprend un assez grand nombre
d'espèces, dont le caractère commun consiste dans l'absence de
nageoire adipeuse sur le dos, dans leur système dentaire qui ressemble à celui des salmonés, dans leur tête comprimée et dans
les écailles qui garnissent leur corps. On en distingue un assez
grand nombre de genres, dont les plus importans sont les
harengs, les *aloses* et les *anchois*.

§ I. Les HARENGS (*clupea*) (*fig.* 5) ont deux caractères bien marqués dans le bord inférieur de leur corps qui est
comprimé et garni d'écailles qui forment, par leur rapprochement, une dentelure semblable à celle d'une scie, et dans l'ouverture énorme que présentent leurs ouïes, ce qui fait que ces poissons meurent très promptement lorsqu'on les a retirés de l'eau,
parce que leurs branchies se dessèchent avec beaucoup plus de
rapidité que celles de la plupart des autres espèces, dont l'organe
respiratoire est mieux garanti du contact de l'air.

Ces animaux voyagent continuellement d'un endroit à l'autre

de la mer. L'hiver, lorsque les froids sont intenses, ils se tiennent dans la profondeur des eaux, parce qu'ils y trouvent une température plus égale. Pendant la belle saison, au contraire, lorsque le soleil entretient une douce chaleur dans les eaux, ils se rapprochent des rivages pour y déposer leur frai. Dans tous les cas, ils vivent de petits poissons, de crustacés, d'annelides et de mollusques. C'est au moment où les *harengs* viennent près des côtes, qu'on leur tend de vastes filets qui leur barrent le chemin et les empêchent de regagner la pleine mer. Il y a trois époques principales où ces poissons s'avancent vers les côtes en quantités nombreuses; c'est au printemps, en été et en automne, de sorte que leur pêche dure presque les trois quarts de l'année.

On connaît plus de douze espèces de ce genre, dont les principales sont: le *hareng* et la *sardine*.

Le *hareng* est un poisson fameux qui part tous les ans en été des mers du Nord, descend en automne sur les côtes occidentales de la France en légions innombrables, ou plutôt en bancs serrés d'une étendue incalculable, qui fraient en route et arrivent presque exténués à l'issue de la Manche, vers le milieu de l'hiver. Des flottes entières s'occupent de sa pêche, qui entretient des milliers de pêcheurs, de saleurs et de commerçans. Les meilleurs sont ceux que l'on prend le plus au Nord; ils perdent de leur prix à mesure qu'ils descendent davantage vers le Midi, et une fois arrivés aux côtes de la Basse-Normandie, leur chair est sèche et désagréable. C'est pour cela qu'on donne à ces poissons des noms différens, selon les pays et les temps où ils ont été pêchés. Le *hareng pec* est celui qui se pêche dans les mers du Nord ; le *hareng plein* est celui qu'on prend avant qu'il ait frayé ; on appelle *hareng boussard* celui qui vient de déposer tout nouvellement son frai, et *hareng gai* celui qui l'a déposé depuis quelque temps. Les plus estimés sont les *harengs pecs* et *pleins*, les plus mauvais sont les *boussards*.

Tous les peuples du Nord, et surtout les Anglais et les Hollandais, en salent annuellement d'énormes quantités, qu'ils envoient dans toutes les parties du monde. Les derniers seuls emploient à la pêche et à la salaison du *hareng* près de quatre cent cinquante mille ouvriers, et on porte le nombre qu'on en prend chaque année à mille millions; ce qu'on croira sans peine, quand on saura que ces poissons forment au milieu des mers des bataillons épais de plusieurs lieues carrées de surface et de plusieurs mètres d'épaisseur, et qu'on emploie pour s'en rendre maître des filets qui ont de cinq à six cents toises de long, et dont les mailles sont d'une dimension convenable pour que le poisson puisse s'y engager jusqu'aux ouïes, de manière qu'il ne puisse plus ni avancer ni reculer; on en prend ainsi autant que le filet peut en porter sans se rompre. Cependant on n'en prend pas autant, lorsque la pêche est troublée par la présence de quelque requin ou de quelque autre gros poisson, qui, se trouvant enveloppé avec les harengs dans le filet, brise ce dernier et procure leur évasion. Le hareng est délicieux à l'état frais, mais il n'en est pas de même lorsqu'il est salé; son âcreté le rend désagréable au goût; cependant la basse classe en fait un grand usage.

La manière dont on fait la salaison du *hareng* mérite d'être connue. Comme ces poissons meurent aussitôt après leur sortie de l'eau, il est urgent de se hâter de leur faire subir les préparations convenables, pour les empêcher de se corrompre. Le *caqueur* commence par les *habiller,* c'est-à-dire leur enlève les ouïes et les intestins, les lave et les met dans de la saumure; environ quinze jours après, on les en retire pour les mettre avec du sel dans une tonne. Quelque temps après, on les arrange symétriquement dans les barils avec de la saumure, pour les livrer au commerce et les envoyer de tous côtés. C'est là ce qu'on nomme des *harengs salés.*

Pour les *saurer* ou fumer, après les avoir habillés, comme dans le cas précédent, on les met dans la saumure pendant vingt-quatre heures, et ensuite on les enfile par leurs ouïes avec des baguettes de bois, et on les pend dans des cheminées, sous lesquelles on brûle du petit bois vert, pour qu'il fasse beaucoup de fumée. On les laisse ainsi exposés pendant vingt-quatre heures, temps durant lequel ils se sèchent assez pour pouvoir être conservés. On les appelle alors *saurets* ou *harengs saurs.*

La *sardine* ne diffère du hareng que par sa taille; sa longueur est ordinairement de trois à quatre pouces et va rarement à un demi-pied; du reste ce poisson a les mêmes habitudes que l'espèce précédente. Elle vit également en troupes nombreuses qui l'hiver demeurent dans la profondeur des mers, et n'approchent des côtes qu'à l'époque du frai; c'est alors qu'on les pêche pour les manger fraîches ou pour les saler. Dans le premier cas elles doivent être servies une ou deux heures après leur sortie de l'eau: c'est un mets délicieux; quand elles ont été salées, on peut les envoyer dans tous les pays, mais leur goût est bien différent. La pêche de ces poissons est extrêmement productive; on dit que la Bretagne en retire deux millions de revenu par an; un seul coup de filet en prend assez pour remplir jusqu'à quarante tonneaux.

Outre ces deux espèces, le genre hareng comprend l'*esprot* ou *harenguet*, la *blanquette* et le *pilchard* ou *célan*, qui, bien que moins abondans que les précédens, font l'objet de pêches importantes.

§ II. Les ALOSES (*alosa*) ressemblent aux harengs par toutes leurs formes extérieures; mais elles ont les dents moins fortes et moins nombreuses, ou même en manquent totalement, et leur mâchoire supérieure est échancrée, au lieu d'être entière comme dans le genre précédent. Leur tête est aussi très petite et leur bouche comparativement assez large; leur taille est d'ailleurs plus grande et leurs habitudes sont assez différentes.

Tandis que les harengs n'habitent que le Nord et que leurs voyages se bornent à aller d'une mer à l'autre, les *aloses*, également répandues dans les mers méridionales, tempérées ou glaciales, s'engagent dans les rivières, comme les salmonés, et en suivent le courant dans une étendue plus ou moins considérable. C'est vers le printemps qu'elles commencent leurs voyages, parce qu'elles trouvent alors abondamment dans les eaux, les vers et les insectes dont elles se nourrissent, quand les petits poissons leur manquent. Il paraît que ce genre d'alimens convient beaucoup aux *aloses;* car elles engraissent avec rapidité dès qu'elles sont entrées dans les rivières, tandis qu'elles étaient extrêmement maigres et sèches auparavant. Aussi ces poissons ne sont-ils recherchés que pendant leur séjour dans les eaux douces; ils sont alors excellens à manger. Dans les autres saisons leur chair est coriace et désagréable au goût.

On distingue une quinzaine d'espèces de ce genre; deux seulement appartiennent à nos mers, l'*alose commune*, qui n'a aucune dent et qui a à peu près trois pieds de long, et la *feinte*, qui est de la même taille, mais de forme plus allongée, et qui a des dents bien marquées.

§ III. Les ANCHOIS (*engraulis*) ont la forme allongée et comprimée des harengs; mais leur gueule est fendue jusqu'au-delà des yeux, et leurs ouïes sont encore plus ouvertes;

ce qui fait qu'ils meurent encore plus promptement que les espèces précédentes, quand ils sont retirés de l'eau.

On en connaît un assez grand nombre d'espèces, dont la principale est l'*anchois vulgaire.* C'est un petit poisson d'environ
trois pouces, qu'on recherche peu à l'état frais, mais qui, salé,
devient un article important de commerce. Sa pêche, qui est
très abondante sur les côtes de la Méditerranée et de l'Océan,
a lieu au printemps et au commencement de l'été. Voici
comment on la fait : à l'époque où ce poisson paraît, on met en
mer un navire sur lequel on fait un feu éclatant pendant la
nuit. Les *anchois* accourent en foule et l'entourent de toutes
parts. On les enveloppe subitement avec de longs filets ; et
quand on les a entourés, on éteint le feu et on fait beaucoup
de bruit. Les *anchois* effrayés s'enfuient et vont se jeter dans
les mailles du filet qu'on retire de la mer chargé d'une capture
considérable ; on leur coupe la tête et on les met dans une saumure pour les livrer au commerce.

IIe *Sous-Ordre.* — MALACOPTÉRYGIENS SUBBRACHIENS.

Ce sous-ordre, qu'on reconnaîtra toujours aisément, d'abord
à la nature de ses rayons toujours mous et flexibles, et ensuite à la position de ses ventrales qui, au lieu d'être placées à
l'arrière du corps, sont situées vis-à-vis ou même devant les
pectorales et tiennent à l'appareil huméral, se compose uniquement de poissons de mer, qui ne sont pas moins estimés
que les harengs à l'état frais, et qui, salés, font l'objet d'un
commerce encore plus considérable.

Ce groupe contient trois petites familles : les *gadoïdes*, les
pleuronectes, et les *discoboles*.

VIe *Famille.* — GADOÏDES (pl. XXVI).

Les poissons de cette famille se ressemblent tellement entre
eux, qu'on les réunit presque toujours dans un même genre,
les GADES (*gadus*) (*fig.* 6) dont les caractères consistent à avoir les formes parfaitement symétriques, les ventrales
attachées à la partie antérieure du corps à peu de distance des
pectorales, et ces dernières séparées l'une de l'autre. Leur
corps est allongé, presque cylindrique et couvert d'écailles

petites et molles ; leur tête est grande et forme près du tiers de la longueur totale du corps. Ils ont toujours deux anales et deux ou trois dorsales, de sorte que ce sont les poissons qui présentent le plus de nageoires.

Sous le rapport de leur utilité, on peut regarder les *gadoïdes* comme les plus importans de toute l'ichthyologie. Outre que leur chair feuilletée offre à l'état frais un aliment des plus délicats, salée ou séchée elle présente aux pauvres de tous les pays une ressource abondante et peu coûteuse ; aussi la plupart des peuples de l'univers consacrent-ils annuellement plusieurs vaisseaux à la pêche de ces poissons, dans lesquels ils trouvent une source de richesses plus féconde que dans les mines d'or et d'argent que la terre recèle dans son sein. C'est en vain que, depuis plusieurs siècles, des escadres entières se pressent tous les ans autour du banc formé par d'innombrables légions de *gades*, et reviennent dans leur pays chargées de la chair salée de ces poissons ; tous les ans les nouvelles flottes en trouvent la même quantité. L'inépuisable fécondité de ces animaux répare promptement les énormes destructions que l'homme en fait continuellement ; ressource inappréciable que le Créateur nous fournit pour subvenir à nos besoins sans cesse renaissans.

On compte dans ce genre plusieurs petits sous-genres dont les plus intéressans à connaître sont : la *morue*, le *merlan* et la *lotte*.

1° Les espèces de MORUE (*morrhua*) ont trois dorsales et des barbillons ; telle est la *morue ordinaire*, si célèbre par la grande consommation qui s'en fait dans toutes les parties du monde et par sa prodigieuse abondance. L'Angleterre seule emploie à la pêche de ce poisson jusqu'à vingt mille matelots, et la France, la Hollande, les États-Unis, etc., rivalisent avec elle pour partager les bénéfices qu'elle en retire. On dirait que toutes les nations de l'univers ont conjuré la destruction de l'espèce entière ; mais quelle influence pourraient avoir leurs captures, même les plus considérables, sur la quantité de ces poissons, dont une seule femelle pond jusqu'à neuf millions d'œufs ? Aussi, malgré le nombre qu'on en prend tous les ans, les *morues* forment à Terre-Neuve, au nord de l'Amérique, un banc de plus de cent vingt lieues de long sur cinquante de large, où l'on va toujours puiser comme à une source intarissable. Ces poissons, dont la taille se balance entre deux et cinq pieds, sont d'une telle voracité qu'il suffit d'amorcer les lignes avec un morceau de drap rouge pour les attraper, et avec un appât si grossier un seul pêcheur en prend jusqu'à six cents par jour. Aussi le plus difficile n'est-il pas de les prendre; il faut les vider, leur ôter la langue, les désosser, leur couper la tête, les saler, etc. ; mais si leur préparation coûte du travail, on en est bien dédommagé par le prix qu'on retire de leur vente. Tout est utile dans les morues : leur corps est la partie dont on fait le plus grand commerce, leurs os servent à engraisser les vaches, leur foie fournit une huile excellente pour la tannerie et l'éclairage, leur vessie natatoire forme une bonne colle, leur langue est un des mets les plus délicats.

L'*égrefin* est une autre espèce du même genre, qui a comme la morue un barbillon et trois nageoires dorsales; mais il est beaucoup plus petit et porte sur les côtés une ligne noire qui l'en distingue au premier coup d'œil. Les phoques et les isatis en sont très friands, et vont jusqu'à fendre la glace pour l'attirer à la surface de l'eau.

Le *dorsch* ou *petite morue* appartient aussi au même sous-genre. C'est l'espèce la plus estimée à l'état frais.

2⁰ Les MERLANS (*merlangus*) ont trois dorsales comme les morues, mais ils se distinguent de ces dernières par le défaut de barbillons. Du reste ce sont des poissons qui couvrent les plaines de l'Océan Atlantique de leurs innombrables légions, et auxquels on fait une pêche acharnée à cause de la bonté de leur chair, feuilletée comme celle de la morue. Ils se mangent également frais ou salés, et offrent dans le premier cas un aliment aussi sain pour les malades que pour les personnes bien portantes. La principale espèce de ce genre est le *merlan commun*, dont la taille varie de huit à douze pouces.

Le *merlan noir* devient deux fois plus grand que le précédent; on le sale et le sèche comme la morue.

Le *merlan jaune* est de la taille du noir, mais il est bien plus estimé comme aliment.

3⁰ Les LOTTES (*lotta*) n'ont que deux dorsales ; tels sont le *merlus*, la *lingue* et la *lotte*.

Le *merlus* n'a que deux dorsales, ce qui le distingue du merlan et de la morue. Il est plus petit que cette dernière et moins agréable quand il a été salé ; mais à l'état frais il ne lui cède en rien pour la bonté. On en pêche beaucoup en France et en Angleterre, sur les côtes de la Méditerranée et de l'Océan. Ceux qu'on sale sont envoyés en grande quantité dans le nord de l'Europe, sous le nom de *stock-fisch*.

La *lingue* ou *morue longue* est de trois à quatre pieds de long, ce qui lui a fait donner le nom de morue longue; elle est extrêmement abondante et fait l'objet d'un commerce très considérable.

La *lotte* ressemble au merlus, mais elle a un barbillon dont manque celui-ci. C'est la seule espèce de la famille qui fréquente les eaux douces; elle recherche les courans rapides, où elle se nourrit de vers et d'insectes. Son corps est allongé, visqueux et couvert de très petites écailles jaunes ou blanches, marbrées de brun. La *lotte* est très estimée à cause de la blancheur de sa chair, mais surtout pour son foie qui est très volumineux. On la pêche dans un grand nombre de rivières d'Europe.

VIIe Famille. — PLEURONECTES (pl. XXVI).

Les PLEURONECTES (*pleuronectes*) (*fig.* 7) ont un caractère très remarquable dans la disposition de leur corps, qui, au lieu d'être symétrique comme dans les autres vertébrés, offre une disparité évidente entre ses deux moitiés latérales. Leurs deux yeux sont placés d'un même côté de la tête, tantôt à droite, tantôt à gauche; leur bouche n'est pas fendue horizontalement, elle est oblique; leurs nageoires impaires ne sont pas situées sur la ligne médiane du corps, elles sont toujours déjetées d'un côté ou de l'autre; leurs pectorales, quand elles existent, sont d'inégale longueur et placées l'une en dessus, l'autre en dessous du corps; leur forme, toujours très aplatie et très large comparativement à sa longueur, leur a fait donner le nom vulgaire de *poissons plats*. Quand ils nagent, ils prennent une position oblique, de manière que leurs yeux regardent directement le ciel; c'est même à cette habitude de nager sur le côté qu'ils doivent leur nom de *pleuronectes*, qui exprime cette idée. Du reste, ces poissons nagent assez mal, et se tiennnent habituellement dans la profondeur des eaux, cachés dans la vase et occupés à chercher leur nourriture. Peu favorisés par la structure de leurs membres, ils suppléent à la lenteur de leurs mouvemens par les précautions qu'ils prennent pour surprendre leur proie. Ils sont presque continuellement immobiles et ne remuent que lorsque, étant reconnus par quelque ennemi dans la vase sous laquelle ils se cachent, ils sont forcés de quitter leur retraite pour échapper à ses atteintes; aussi les pêcheurs ont-ils besoin d'une grande habitude pour trouver leur gîte, qui n'est reconnaissable qu'à la saillie que le limon fait au-dessus de leur corps.

La plupart des poissons du genre unique qui compose cette famille sont recherchés à cause de la bonté de leur chair. Comme ils sont très nombreux, on en a formé quatre petits sous-genres : les *plies*, les *flétans*, les *turbots* et les *soles*.

1° La Plie (*platessa*) est de forme rhomboïdale ou carrée et son corps est couvert de petites écailles molles à peine visibles. Elle porte ses yeux du côté droit de la tête, et sa dorsale s'avance jusqu'au-dessus de l'œil supérieur, en laissant, ainsi que l'anale, un intervalle nu entre elle et la caudale. C'est à ce sous-genre que se rapportent la *plie franche* ou *carrelet*, et la *limande*.

La première (*fig.* 7) est un poisson fort commun sur les marchés de Paris et facile à distinguer aux taches aurore qui sont parsemées sur le côté droit de son corps ; il n'a pas ordinairement plus de dix pouces ou un pied de long ; cependant on en trouve de beaucoup plus gros, surtout dans les mers du Nord. Celui qu'on pêche sur les côtes sablonneuses est bien préférable à celui qu'on prend dans la vase. Quoique ces poissons soient meilleurs frais que salés, on en conserve beaucoup dans les pays froids ; mais ils ne sont destinés qu'aux pauvres.

La *limande*, dont la chair est blanche et très délicate, appartient aussi au même sous-genre ; on la reconnaît à des taches blanchâtres qui paraissent effacées. A une certaine distance de la mer, elle est meilleure que le carrelet, parce qu'elle se conserve plus long-temps sans s'altérer.

2° Le Flétan (*hippoglossus*) diffère des plies par sa forme beaucoup plus allongée et par un système dentaire beaucoup plus vigoureux ; c'est un des plus gros poissons de l'ordre des malacoptérygiens ; on en trouve de six à sept pieds de long, qui pèsent de trois à quatre cents livres. Il est assez commun dans la mer du Nord et fort recherché des Islandais, des Norvégiens et des Danois. On le pêche avec une ligne garnie de plusieurs hameçons, qu'on laisse à demeure dans l'eau pendant vingt-quatre heures, et qu'on retire ensuite avec un plus ou moins grand nombre de ces pleuronectes. Cette méthode est employée pour la pêche en pleine mer. Quand on en rencontre dans les eaux peu profondes, on les perce à coups de flèche ou de lance. Leur chair est bonne à manger, soit fraîche, soit salée, mais c'est surtout dans le dernier état qu'on en fait le plus d'usage.

3° Le Turbot (*rhombus*) a généralement les yeux à gauche et sa dorsale règne sur toute l'étendue du dos, depuis la caudale jusqu'au bord de la mâchoire supérieure. On compte un assez grand nombre d'espèces de ce sous-genre, dont la plus importante est le *turbot ordinaire*. Il a été estimé de tous les temps, et son goût délicieux lui a mérité le surnom de *faisan d'eau*. Los Romains, surtout du temps des empereurs, en faisaient un cas tout particulier et inventaient mille manières de le préparer, pour le rendre plus agréable à leur palais blasé. On connaît la ridicule délibération du sénat avili, sur la manière dont on devait préparer un de ces poissons, qui avait été offert à Tibère. Son goût n'a pas dégénéré ; il fait toujours l'ornement des bonnes tables. On le pêche dans presque toutes les mers, à l'embouchure des fleuves où il s'enfonce dans la vase ; là sa voracité trouve amplement de quoi se satisfaire dans les petits poissons et les mollusques qui y abondent. On en trouve quelquefois qui ont jusqu'à dix-huit pieds de circonférence. La *barbue* appartient aussi à ce sous-genre.

4° La Sole (*solea*) se distingue à sa bouche toute contournée et comme monstrueuse, située du côté opposé aux yeux, à sa forme oblongue et à l'étendue de sa dorsale qui règne tout le long du dos. C'est un poisson de fort bon goût, que l'excellence de sa chair a fait surnommer en quelques endroits *perdrix de mer*. Elle est aussi bien meilleure fraîche que salée ; néanmoins on remarque qu'elle est plus délicate, lorsqu'on ne la mange que quelque temps après sa mort. En France on n'en mange pas de salées, tandis qu'il s'en fait une grande consommation en Angleterre.

La *sole* a les mêmes habitudes que le carrelet, et sa taille est à peu près la même. Elle se trouve dans toutes les mers d'Europe, d'Afrique et d'Amérique ; on la pêche avec un hameçon de plomb armé de plusieurs fers de lance, qu'on jette sur elle quand on l'a aperçue au fond de l'eau, où elle se tient habituellement, tant pour se dérober à ses ennemis que pour tendre des piéges à sa proie.

VIIIe Famille. — Discoboles.

Nous avons vu que les gadoïdes et les pleuronectes ont,

comme l'immense majorité des poissons, leurs ventrales placées de chaque côté du tronc et séparées l'une de l'autre par un espace libre plus ou moins considérable, qui se remarque à la partie inférieure de leur corps. Chez les *discoboles*, nous trouvons que les deux nageoires qui correspondent aux membres postérieurs ont pris un grand développement et se sont réunies l'une à l'autre, de manière à donner naissance à un disque plus ou moins large, au moyen duquel ces poissons s'attachent aux corps sous-marins. Tous les *discoboles*, en effet, se tiennent fixés à la voûte des rochers placés sous l'eau, et sous lesquels ils trouvent une retraite contre les poissons voraces qui les poursuivent avec acharnement ; car ayant les nageoires réunies, ils ne peuvent les mouvoir avec la rapidité qui serait nécessaire, pour qu'ils pussent échapper à leurs ennemis par l'agilité de leur nage ; aussi, malgré les mouvemens qu'ils se donnent et la vivacité avec laquelle ils s'agitent, lorsqu'ils se voient poursuivis, ils ne manquent jamais de devenir leur proie. C'est donc uniquement par la ruse, ou plutôt par les précautions les plus soutenues, qu'ils peuvent se mettre à l'abri des animaux marins qui les attaquent d'autant plus volontiers, qu'ils ne trouvent en eux aucune résistance.

Cette petite famille ne renferme que deux genres un peu remarquables ; ce sont les *porte-écuelles* et les *cycloptères*.

§ I. Les PORTE-ÉCUELLES (*lepadogaster*) ont été ainsi nommés d'après la disposition de leurs ventrales, qui forment un disque concave qu'on a comparé à une assiette creuse. De plus, leurs pectorales sont réunies de leur côté, à peu près comme les ventrales, de sorte que la partie inférieure de leur corps présente un double disque. Nous avons dans nos mers plusieurs espèces de ce genre, dont aucune ne sert de nourriture.

§ II. Les CYCLOPTÈRES (*cyclopterus*) ont un caractère très marqué dans la conformation de leurs ventrales, dont les rayons, suspendus tout autour du corps et réunis par une seule membrane, forment un disque concave, dont le poisson se sert pour se fixer aux rochers.

Les principales espèces de ce sous-genre sont le *lump* ou *gras-mollet*, qui a près de trois pieds de long, et le *liparis*, qui est moitié moindre.

Les ÉCHÉNEIS (*echeneis*) sont de petits poissons qui ne

se rapportent bien à aucune des familles précédentes, quoiqu'ils appartiennent à la section des malacoptérygiens subbrachiens. Ils ont le corps allongé et la peau revêtue de petites écailles molles comme les gadoïdes; mais outre qu'ils n'ont qu'une seule dorsale, leur tête offre un caractère unique dans la classe des poissons; c'est un disque aplati qu'ils portent à la partie supérieure du crâne, et qui se compose d'un certain nombre de lames transversales, mobiles et dentelées à leur bord libre, de manière que le poisson, soit en faisant le vide entre elles, soit en s'accrochant à l'aide de leurs dentelures, s'attache très solidement aux différens corps qui se trouvent à sa portée. Les anciens, qui avaient observé cette particularité, exagérant, selon leur coutume, un fait vrai en lui-même, prétendirent que non—seulement les *échénéis* pouvaient se fixer aux corps placés dans la mer et surtout aux vaisseaux, ainsi que l'indique leur nom, qui veut dire *s'attacher aux vaisseaux*, mais qu'ils étaient capables d'arrêter ceux-ci dans leur course la plus rapide, ce qui les fit appeler par les Latins *remora*, nom qu'on lui conserve encore et qui signifie *retarder*; fable aburde qui ne serait jamais venue à l'idée de celui qui aurait vu le poisson auquel on l'attribuait, puisqu'il a tout au plus un pied de long. Il paraît que le but de ce poisson, en se fixant ainsi aux corps mobiles placés sous l'eau, est de se faire transporter au loin. Il arrive assez souvent que les squales et surtout les requins en sont presque entièrement couverts.

On compte trois ou quatre espèces de ce genre, dont la principale est le *remora vulgaire*, qui est l'espèce connue des anciens; il est très commun dans la Méditerranée; le *naucrate* ou *sucet* est beaucoup plus grand et se trouve dans les mers plus méridionales; il a, dit-on, jusqu'à trois pieds de long. On rapporte que les habitans de la côte de Mosambique emploient ce poisson à la pêche de la tortue. Ils attachent à son corps un anneau assez large pour ne pas le gêner; mais en même temps assez étroit pour qu'il soit retenu par la nageoire caudale. Dès qu'ils aperçoivent quelque chélonée flottant à la surface de la mer, ils lâchent le *sucet*, après avoir attaché une longue corde à l'anneau; l'animal en liberté nage de tous côtés autour de la barque sur laquelle on se trouve, s'agite en tous sens et ne tarde pas à se fatiguer. Apercevant alors la tortue qui flotte sur l'eau, il court se fixer à sa carapace; aussitôt les pêcheurs tirent la corde avec précaution et attirent à eux le reptile en même temps que le poisson.

IIIᵉ *Sous-Ordre.*—MALACOPTÉRYGIENS APODES.

Ce sous-ordre, qui est facile à distinguer des deux précédens par le défaut de ventrales, ne se compose que d'une seule famille , celle des *anguilliformes.*

IXᵉ *Famille.* — Anguilliformes (pl. XXVII).

Les *anguilliformes* ont, ainsi que leur nom l'indique, le corps allongé et cylindrique comme celui des anguilles, ce qui, joint à la petitesse des pectorales , à l'absence des ventrales et à leur marche tortueuse, leur donne une grande ressemblance d'allures et de formes avec les ophidiens , et c'est peut-être à cette ressemblance extérieure qu'est due l'espèce d'horreur que leur vue inspire à beaucoup de personnes ; peut-être même quelques espèces qui seraient bonnes à manger ne doivent-elles pas à d'autres causes leur exclusion de la table des riches.

Cependant toutes les espèces de cette famille ne sont pas également en horreur ; il en est qui sont très recherchées, quoique leur chair soit en général grasse et de difficile digestion, si on n'a soin de la rendre plus digestible par un apprêt convenable. La peau de tous les *anguilliformes* est tellement molle et épaisse que les écailles en sont à peine visibles ; et comme d'ailleurs elle est enduite d'une liqueur très visqueuse, il arrive souvent que ces poissons échappent à la main qui les presse ; aussi les pêcheurs ont-ils soin de les saisir avec la main couverte d'un gant, ou même de les percer avec une espèce de trident.

Tous les poissons de cette famille, quoique pourvus de vessie natatoire, se tiennent ordinairement au fond de l'eau, et se meuvent ou se traînent dans la vase, en serpentant à la manière des ophidiens ; ils fouillent ainsi la terre pour en faire sortir les vers, les insectes et les petits poissons qui s'y tiennent cachés, et dont ils font une grande destruction ; car ils sont extrêmement voraces. Mais ils ne se contentent pas toujours d'animaux aquatiques ; comme ils ont les ouvertures branchiales très petites , ils peuvent vivre assez long-temps hors de l'eau ; ce qui fait qu'on peut les transporter facilement à de grandes distances des endroits où on les pêche.

Cette famille se compose de trois genres principaux : les *anguilles* ou *murènes*, les *gymnotes* et les *équilles*.

§ I. Le genre ANGUILLE (*murena*) (*fig.* 1) se distingue en ce qu'il a le museau obtus, une nageoire sur le dos et les ouïes ouvertes fort en arrière, par un trou ou par une espèce de tuyau, disposition qui, abritant mieux ses branchies que dans les autres genres, lui permet de vivre assez long-temps hors de l'eau.

On en compte un assez grand nombre d'espèces, entre autres l'*anguille*, le *congre* et la *murène*, qui peuvent être regardés chacune comme le type d'un sous-genre particulier.

1° L'*anguille* a pour caractère distinctif des pectorales placées très près du cou, avec une dorsale qui commence assez loin derrière ces nageoires et qui se prolonge jusqu'à l'anale avec laquelle elle se confond.

C'est un poisson d'eau douce, dont la chair est très recherchée et paraît l'avoir été de toute antiquité. Sa taille varie depuis quelques pouces jusqu'à cinq ou six pieds; les plus grosses sont affreuses à voir. La petitesse de leur nageoire dorsale, jointe à leurs mouvemens souples et tortueux, leur donne une si grande ressemblance avec les serpens, que l'on est involontairement porté à fuir à leur aspect, comme devant une vipère ou tout autre serpent venimeux; en outre, l'humeur visqueuse qui recouvre leur peau les rend si dégoûtantes, qu'il faut du courage pour pouvoir surmonter la répugnance qu'elles inspirent. Ce n'est qu'en les maniant souvent, comme le font les pêcheurs, les marchandes de poissons, etc., que l'on s'habitue à les toucher sans crainte et sans répugnance. Elles se tiennent dans les eaux un peu vives, où elles se nourrissent de vers, de petits poissons, de grenouilles, et même de canards qu'elles saisissent par les pattes et qu'elles attirent au fond de l'eau où elles les dévorent. A leur tour, elles sont mangées par les brochets, les loutres, les hérons et les cigognes; ce qui est loin d'être un mal; car elles se multiplient tellement qu'elles infesteraient bientôt les eaux dans lesquelles elles se trouvent.

Nous avons vu que tous les anguiformes peuvent vivre assez long-temps hors de l'eau; mais aucun de ces poissons ne jouit de cette faculté à un plus haut degré que les *anguilles*. Non-seulement on peut les transporter à de grandes distances sans qu'elles meurent; on les voit souvent sortir d'elles-mêmes hors de l'eau et se répandre dans les prairies voisines. Quelquefois même elles traversent ainsi des plaines considérables, pour se rendre d'un étang ou d'un ruisseau à un autre; ce qui n'est nullement étonnant, puisqu'on sait qu'elles peuvent vivre plusieurs jours dans une terre humide ou dans la mousse mouillée.

Ces poissons ont la vie très dure; on sait quelle peine ont les marchandes pour les faire mourir; elles n'y peuvent parvenir qu'en leur frappant la tête contre les corps les plus durs, de toute la vigueur de leur bras. On en a vu quelquefois remuer encore après avoir été écorchées. Il paraît qu'on distingue quatre variétés ou espèces d'*anguilles*, dont les principales sont: l'*anguille verniaux* et l'*anguille pimperneau*.

2° Le *congre* a des pectorales comme l'anguille; mais sa dorsale commence à la même hauteur que ses nageoires ou du moins très peu derrière elles.

Quelque vorace et cruelle que soit cette dernière, elle n'est pas à comparer avec le *congre* sous le rapport de la férocité. Celui-ci est vraiment effrayant; il a ordinairement de cinq à six, et quelquefois jusqu'à dix-huit pieds de long, sur un de diamètre; à quoi il faut ajouter qu'il a la bouche garnie de dents énormes, des yeux très grands et le regard fixe, et l'on pourra se faire une idée de la terreur que peut inspirer un semblable poisson. Aussi audacieux que puissamment armés, les *congres* attaquent les plus gros animaux, ceux même de leur espèce; ils dévorent surtout avec délices les cadavres humains qu'ils rencontrent dans la mer; aussi leur pêche est-elle périlleuse. On a vu des individus pris dans les filets s'agiter vigoureusement pour chercher à mordre les pêcheurs. On est donc obligé, quand on tient de ces poissons, de prendre les plus grandes précautions pour éviter leurs dents; car s'ils parvenaient à atteindre leur ennemi, ils lui feraient des blessures d'autant plus dangereuses, que rien ne peut leur faire lâcher ce qu'ils ont une fois saisi; on leur arracherait plutôt la mâchoire. Aussi leur fait-on d'autant plus rarement la guerre, que leur chair est généralement peu estimée et ne sert de nourriture qu'aux pauvres. On ne trouve de *congres* que dans les eaux de la mer; jamais dans les eaux douces.

3° La *murène* est facile à distinguer des espèces précédentes, en ce qu'elle manque complètement de nageoires pectorales, ce qui lui donne de grands rapports de forme avec les serpens.

C'est un poisson marin de trois à quatre pieds de long et de la grosseur du bras, qu'on pêche dans la Méditerranée où il est assez commun ; il est par conséquent beaucoup plus petit que les congres, et cependant sa morsure est si cruelle que les pêcheurs la redoutent presque autant. Les anciens faisaient tant de cas des *murènes* qu'ils construisaient à grands frais d'immenses viviers, où ils en élevaient pour avoir des individus plus gros et plus frais. C'étaient des animaux de cette espèce que le féroce Védius Pollion nourrissait de la chair des esclaves qui lui avaient désobéi ou qui avaient commis quelque faute. *Ad murœnas*, disait-il dans un langage aussi laconique que barbare ; et ces deux mots étaient un arrêt de mort contre un malheureux qui quelquefois n'avait d'autre tort, que celui d'avoir maladroitement cassé un vase précieux.

§ II. Les GYMNOTES (*gymnotus*), dont le nom signifie *dos nu*, diffèrent du genre précédent par le défaut d'écailles apparentes et de nageoire dorsale, et par l'étendue de leur anale, qui règne sur presque toute la partie inférieure de leur corps. Cette dernière circonstance tient à la position de l'anus ; comme la nageoire anale commence, dans tous les poissons, immédiatement au-delà de cette ouverture, pour s'étendre plus ou moins vers la queue, il s'ensuit que les *gymnotes*, qui ont l'anus près de la tête et l'anale confondue postérieurement avec la caudale, doivent avoir cette nageoire presque aussi longue que le corps entier.

Tous les poissons de ce genre sont exclusivement propres aux eaux douces du nouveau continent, où l'on en compte plusieurs espèces ; la plus remarquable est le *gymnote* ou *anguille électrique*. Ce poisson a cinq ou six pieds de long et jouit de la faculté d'engourdir et même de tuer, sans les toucher, les animaux qui s'approchent trop de lui. C'est ainsi qu'il fait périr les ennemis qui veulent l'attaquer et la proie dont il a besoin pour se nourrir. Il doit cette singulière faculté à un appareil qui règne tout le long de son immense queue, et qui produit un fluide que l'on a comparé à celui de la machine électrique. Pouvant diriger ce fluide à son gré et l'accumuler en telle quantité qu'il veut, le *gymnote* peut produire des effets capables de paralyser un homme, et même un cheval, pour le reste de leurs jours. Mais il ne peut faire qu'un certain nombre de décharges pendant lesquelles son fluide s'épuise, de sorte qu'au bout d'un certain temps, il ne peut plus faire aucun mal. Il a besoin, pour reprendre son pouvoir électrique, de réparer ses forces par la nourriture et par le repos.

On profite de l'intermittence de la faculté électrique de ces poissons pour se rendre maître de ceux dont on a besoin. On fait d'abord entrer plusieurs gros animaux dans les étangs où ils se trouvent, et quand ils ont lancé tout leur fluide, on les perce d'un harpon et on les retire hors de l'eau sans danger. On prétend que certains sauvages ont le moyen de se garantir de leur influence, ce que les ignorans attribuent à des enchantemens. Il est présumable que l'enchantement se réduit pour eux à se couvrir la peau de quelque corps qui repousse l'électricité, et par conséquent le fluide produit par l'animal. Peut-être même le fait n'est-il pas vrai, et n'a-t-il d'autre fondement que certaines observations isolées, dans lesquelles le *gymnote* avait épuisé sa force par des décharges antérieures.

§ III. Les EQUILLES (*ammodytes*) ont le corps plus écailleux que les précédens, les nageoires dorsale et anale séparées de la queue par un espace vide, et les mâchoires minces et extensibles. C'est à l'aide de ces derniers organes que ces poissons se creusent, dans le sable, une retraite qui leur sert d'abri contre leurs ennemis, et qu'ils y opèrent leurs fouilles pour découvrir les vers qui s'y tiennent cachés et dont ils font leur principale nourriture.

Comme les *équilles* sont très petites, elles sont en général peu recherchées comme aliment, quoique des personnes qui en ont mangé assurent qu'elles sont aussi bonnes que les goujons frits. Le principal usage auquel on les emploie, consiste à les faire servir d'appât pour pêcher d'autres poissons plus précieux. On les prend facilement à la marée basse, en remuant le sable à quelques pouces de profondeur ; on les y trouve roulées sur elles-mêmes, comme des vers ou des serpens.

Nous avons sur nos côtes deux espèces de ce genre, qui ont de huit à dix pouces de long et qu'on a confondues ensemble ; ce sont le *lançon* et l'*équille.* Dans le premier, la dorsale commence à la fin des pectorales, et dans le second elle a son origine vers le milieu de ces nageoires.

IIIe *Ordre.* — LOPHOBRANCHES (pl. XXVII).

Tous les poissons que nous avons étudiés jusqu'ici, ont les branchies en forme de lames ou de peignes. Ceux de l'ordre des *lophobranches*, dont nous allons nous occuper maintenant,

et qui leur ressemblent par la nature osseuse de leur squelette
et par la conformation des mâchoires libres , s'en distinguent
par leurs branchies qui, au lieu d'avoir comme à l'ordinaire la
forme de dents de peignes , se divisent en petites *houppes*
rondes, disposées par paires le long des arcs branchiaux; structure dont aucun autre poisson n'a encore offert d'exemple. De
plus, ces branchies sont enfermées sous un grand opercule attaché de toutes parts par une membrane qui ne laisse qu'une petite ouverture pour la sortie de l'eau.

Ces poissons se reconnaissent encore à leur forme bizarre et
à leur corps couvert dans toute son étendue de plaques osseuses,
qui, en s'articulant ensemble, le rendent entièrement anguleux.
Leur bouche est si étroite qu'elle ne peut admettre que des corps
de très petit volume et surtout des insectes et des vers marins.
L'épaisseur de leur peau et la petitesse de leur taille réduisent
leurs organes intérieurs à de si minces dimensions, qu'ils n'ont
presque pas de chair; aussi n'en estime-t-on aucune espèce
comme aliment. Mais la singularité de leur forme les fait rechercher des amateurs d'histoire naturelle.

L'ordre des *lophobranches* est le plus petit de l'ichthyologie;
il ne comprend qu'une seule famille, et cette famille elle-même
ne renferme que deux genres : les *syngnathes* et les *pégases.*

§ I. Les **SYNGNATHES** (*syngnathus*) forment un genre
nombreux et sont très remarquables par leur conformation générale, par la disposition de leurs mâchoires, et surtout par la
manière dont leur reproduction s'opère. Ils ont la forme allongée comme les anguilles, le museau tubuleux et terminé par
une bouche extrêmement petite et fendue presque verticalement. Mais leur peau, au lieu d'être lisse, gluante et sans
écailles comme dans les anguilliformes, est sèche, rugueuse et
pour ainsi dire cuirassée de plaques régulières, qui, par leur
juxta-position, forment des lignes longitudinales et rendent
leur corps anguleux, de sorte que l'animal est véritablement
renfermé dans un étui osseux. Quant à leur génération, elle
n'est ni ovipare, ni vivipare; leurs œufs, après s'être formés
dans l'ovaire, comme chez les autres poissons, se rendent dans
une poche spéciale située à la partie postérieure de leur corps,
et formant au-dessous de leur queue une saillie analogue à celle
qui s'observe sous celle des écrevisses et des homards. A mesure
que ces germes se développent, les parois de la poche se disten-
dent pour en augmenter la capacité; mais il arrive un temps

où elles ne peuvent plus se prêter à la dilatation ; alors l'enveloppe extérieure se fend et laisse sortir le jeune animal avec la forme qu'il doit conserver le reste de ses jours.

Le nombre des espèces contenues dans le genre *syngnathe* a exigé qu'il fût divisé en plusieurs sous-genres, dont les principaux sont les syngnathes propres et les hippocampes.

1º Les Syngnathes propres, qu'on appelle vulgairement *aiguilles de mer*, se reconnaissent à leur corps mince, très allongé et de diamètre à peu près égal dans toute son étendue. Telle est l'espèce qu'on nomme *trompette*, qui a deux pieds de long et qui est très employée comme appât, parce que, perdant difficilement la vie, elle s'agite long-temps, lors même qu'elle a été attachée à l'hameçon. Elle est assez commune dans les mers qui baignent la France.

2º Les Hippocampes (*hippocampus*) se nomment aussi *chevaux marins*, parce qu'après leur mort ils se courbent de manière à représenter un cheval en miniature. Ils diffèrent des syngnathes par leur forme comprimée et par la ténuité de leur queue, qui est beaucoup moins élevée que le reste du corps et qui manque de nageoires. Ce sont de petits poissons dont les plus grands n'ont pas plus de six à huit pouces de long. On n'en connaît qu'un petit nombre d'espèces, dont deux seulement appartiennent à la Méditerranée et sont ordinairement confondues sous le même nom.

§ II. Le nom de PÉGASE (*pegasus*) (*fig.* 2) a été donné aux poissons de ce genre, parce que leurs pectorales sont assez larges pour les soutenir en l'air pendant un certain temps ; ce qui les a fait comparer au coursier fabuleux qui portait les poètes au sommet du Parnasse.

Il ne faut pas cependant s'imaginer que les poissons du genre *pégase* aient la forme d'un véritable cheval ; ils ressemblent beaucoup moins à ce mammifère que les hippocampes dont nous venons de parler. Ils ont, comme ces derniers, la bouche très petite et le corps couvert de plaques osseuses ; mais leur tronc est large et déprimé, et leur bouche, au lieu d'être terminale, se trouve placée à la partie inférieure de la tête. On compte quatre ou cinq espèces de *pégases*, qui tous appartiennent à la mer des Indes ; tels sont le *pégase dragon*, le *pégase volant*, etc. Aucun d'eux n'a plus de trois pouces de long.

IVe *Ordre.* — PECTOGNATHES.

Les poissons qui composent l'ordre précédent nous ont encore offert les principaux caractères propres à la classe des vertébrés à laquelle ils appartiennent; leurs mâchoires sont libres et composées des mêmes pièces que dans les poissons ordinaires, et leurs branchies, quoique différentes dans leurs formes, présentent la même organisation que celles des deux premiers ordres, et sont protégées, comme chez ces derniers, par un véritable opercule.

Dans les *pectognathes*, le squelette se simplifie; les os qui le forment perdent de leur consistance; il en est même un certain nombre qui disparaissent. Leurs côtes ne sont que rudimentaires, ainsi que l'appareil du bassin; souvent même les ventrales sont tout-à-fait nulles ; tous caractères qui les rapprochent de l'ordre des chondroptérygiens et les éloignent des trois ordres précédens.

Cependant ce n'est pas là le principal caractère distinctif de ces poissons; ce caractère se tire de la nature de l'articulation de la mâchoire supérieure qui s'engrène par suture avec les os du crâne, et ne conserve, par conséquent, aucune mobilité. De là leur nom de *pectognathes*, qui veut dire *mâchoires fichées*, comme un coin qu'on enfoncerait dans un tronc de bois pour le fendre. En outre, l'opercule qui couvre les branchies de ces poissons est toujours caché sous une peau épaisse, qui ne laisse voir à l'extérieur qu'une petite fente pour la sortie de l'eau qui a servi à la respiration.

Du reste, les *pectognathes*, comme les lophobranches, se font également remarquer par la singularité de leurs formes et par la nature des tégumens qui recouvrent leur peau. Leur corps est ordinairement sphérique ou ovale, dépourvu d'écailles véritables et généralément recouvert de pièces dures et solides, tantôt lisses et unies, tantôt armées de piquans. Leur canal intestinal, ainsi que leur vessie natatoire, sont très amples; leur régime est par conséquent moins carnassier que celui des autres poissons; enfin la plupart d'entre eux font entendre, quand on les retire de l'eau, un grognement analogue à celui des trigles et des sciènes.

Relativement aux services que les *pectognathes* peuvent rendre à l'homme, leur étude n'est d'aucune utilité ; leur

chair est sèche, peu abondante , et ne peut servir d'aliment
qu'aux pauvres qui n'en peuvent avoir de meilleur. Il paraît
même que les animaux marins les dédaignent, soit qu'ils ré-
pugnent à s'en nourrir , soit qu'ils trouvent trop de peine à
triompher de l'armure qui sert à les protéger.

Cet ordre , quoique plus nombreux que celui des lophobranches, est cependant peu considérable, et ne se compose
qne de deux familles naturelles ; celle des *gymnodontes* et
celle des *sclérodermes.*

Ire *Famille.* — Gymnodontes (pl. XXVII).

Les mâchoires des *gymnodontes* sont garnies, au lieu de
dents semblables à celles des autres poissons, d'un rebord
de substance éburnée qui imite un bec de perroquet. Ce rebord maxillaire est divisé intérieurement en plusieurs lames
qui se succèdent à mesure qu'il y en a d'usées par l'effet de la
trituration , mode de remplacement que nous avons déjà remarqué dans les éléphans et quelques autres vertébrés. Du
reste, cette conformation donne une grande force aux organes masticateurs de ces poissons et rappelle le système
dentaire des scares. Quoiqu'ils n'aient point de dents à la
voûte du palais , ils broient les crustacés et les coquillages
avec la même facilité que les daurades et les autres acanthoptérygiens dont la bouche est la mieux armée ; et comme
d'ailleurs leur enveloppe extérieure est recouverte d'épines ou
de fortes plaques osseuses, il est peu d'habitans des mers qui
ne soient effrayés à leur aspect ou qui du moins osent les provoquer.

Cependant , malgré la puissance de leurs armes offensives,
les *gymnodontes* n'attaquent jamais les autres animaux.
Comme ils sont peu carnassiers , ils se nourrissent aussi volontiers de fucus et autres plantes marines que de crustacées,
mollusques, etc. Si donc la nature leur a donné des armes
dangereuses , c'est moins pour se procurer des alimens, que
pour leur fournir les moyens de se défendre des nombreux ennemis, dont ils sont entourés au milieu des mers qu'ils fréquentent. Aussi, malgré leur petite taille, voit-on ces poissons parcourir dans tous les sens la profondeur des abîmes
sans aucun danger de la part des animaux carnassiers qui les
peuplent ; et si quelques espèces ont été moins favorisées sous
ce rapport par la nature , elles ont reçu une taille assez grande

pour pouvoir lutter, à forces égales, contre la plupart des habitans des eaux , ou bien elles sont douées de quelque puissance particulière capable de paralyser les tentatives de leurs ennemis. L'homme, qui seul pourrait être à craindre pour eux, les dédaigne, parce que leur chair n'est point bonne à manger et passe même pour empoisonnée , du moins dans certaines saisons.

Cette famille se divise naturellement en deux genres faciles à caractériser : les *orbes* et les *môles*.

§ I. Les ORBES (*diodon*) sont des poissons remarquables non-seulement par la conformation de leur museau , qui ressemble plutôt à un bec de perroquet qu'à la bouche d'un poisson, mais encore par la différence de forme qu'ils présentent , selon qu'ils sont calmes ou irrités. Dans le premier cas , leur corps est oblong et comprimé latéralement , et les épines qui garnissent leur peau sont couchées et peu apparentes. Quand au contraire ils sont inquiétés, ils avalent rapidement une grande quantité d'air, se gonflent comme des ballons, deviennent ronds comme des boules, et leurs piquans se redressent comme ceux du hérisson ou du porc-épic. C'est cette circonstance qui leur a fait donner le nom d'*orbes* et celui de *boursoufflus* qu'ils portent dans les ports de mer. Ainsi gonflé , l'animal se trouve plus léger que l'eau, s'élève à sa surface , fait la culbute et se renverse sur le dos , de manière que son ventre devient la partie la plus élevée de son corps. Il ne peut plus alors se diriger qu'avec difficulté. Il serait donc plus exposé aux attaques de ses ennemis, si ses piquans, fortement redressés par des muscles attachés à leur base, ne présentaient leurs pointes acérées à l'ennemi qui voudrait l'attaquer, et ne formaient autour de son corps une espèce de bouclier inattaquable à la plupart des animaux ; l'homme même ne peut alors les prendre qu'avec difficulté , parce que dans le moindre mouvement du poisson il peut se blesser et se mettre la main en sang. L'*orbe* reste dans cet état de boursoufflement, tant qu'il a quelque chose à craindre ; mais dès que le danger est passé , il dégorge l'air qu'il avait avalé pour s'y soustraire , et reprend sa forme naturelle.

Quoique tous ces poissons habitent les mers méridionales, il n'en est aucun qui soit paré de brillantes couleurs, et si on ajoute à cela qu'ils ont la chair sèche et insipide, on concevra le peu d'empressement que l'homme met à les pêcher.

Les nombreuses espèces de ce genre ont été partagées en deux sous-genres : les *tétrodons* et les *diodons*.

1° Les Tétrodons (*tetraodons*) (*fig. 3*) se reconnaissent en ce qu'ils ont le rebord éburné qui remplace les dents, divisé à sa partie moyenne en deux pièces par une fente verticale, de sorte qu'ils paraissent armés de quatre dents (d'où leur nom de *tétrodons*) ; les piquans qui hérissent leur peau sont généralement plus courts et moins aigus que dans les espèces du second sous-genre, et leur chair, bien loin de servir d'aliment, est généralement regardée comme venimeuse. L'espèce la plus anciennement connue de ce sous-genre est le *fahaca*; le Nil en nourrit un assez grand nombre, et en laisse beaucoup sur ses bords, lorsqu'il se retire après ses inondations. On en connaît aussi une espèce qui est *électrique* comme le gymnote et le silure.

2° Les Diodons (*diodon*) ne diffèrent des précédens que parce qu'ils ont le rebord des mâchoires entier, au lieu de l'avoir divisé ; de sorte qu'ils paraissent n'avoir que deux dents, ainsi que l'exprime leur nom. Leurs piquans sont aussi plus longs et plus abondans ; ce qui les a fait appeler *orbes épineux* ou *châtaignes* et *hérissons de mer*. Tels sont l'*atinga* , qui a plus d'un pied de diamètre, le *diodon hérissé*, qui est l'un des plus épineux , et le *diodon armé*, qu'on nomme aussi le *poisson armé*.

§ II. Les MOLES (*orthagoriscus*) ont les mêmes mâchoires que les diodons, c'est-à-dire qu'ils les ont revêtues d'une plaque unique et entière ; mais ils s'en distinguent, ainsi que des tétrodons, parce qu'ils ont le corps toujours comprimé et couvert, au lieu d'épines, de plaques dures et épaisses, et parce qu'ils n'ont pas la faculté de se gonfler en boule , comme les espèces du genre précédent. Leur queue est si courte et si haute verticalement, qu'ils paraissent comme tronqués à leur partie postérieure, ce qui leur donne une figure extraordinaire, suffisante pour les distinguer de tous les autres poissons. Quoiqu'ils manquent de vessie natatoire, ils ont la faculté de faire entendre une espèce de cri ou de sifflement, dont on ignore complètement la cause.

On ne compte dans ce genre que trois espèces, dont la plus remarquable est celle de la Méditerranée. C'est un grand poisson de forme arrondie, qui a souvent plus de quatre pieds de diamètre, et qui pèse plus de trois cents livres. Son corps, d'une belle couleur argentée, brille, dans l'obscurité, d'un éclat phosphorique ; de sorte que, lorsque cet animal nage pendant la nuit à la surface de l'eau, ce qui lui arrive ordinairement, on le prendrait, en le voyant de loin, pour l'image de la lune réfléchie dans le miroir des eaux ; et ce n'est pas sans surprise que des marins, ayant cru, en apercevant le *môle* ainsi flottant, voir la clarté de cet astre dans les flots, ont vainement cherché dans les cieux le foyer dont elle émanait. Cette erreur s'étant souvent renouvelée, les matelots ont donné à cet animal le nom de *poisson-lune.*

Malgré sa grandeur et sa force, le *poisson-lune* n'est pas redoutable ; il a la bouche trop petite pour pouvoir attaquer avec avantage de grands habitans des mers ; aussi sa principale nourriture consiste-t-elle en petits poissons, mollusques, vers et fucus. Du reste, s'il n'attaque pas, il est peu attaqué ; il n'y a guère que les squales et quelques cétacés qui lui fassent la guerre. Quant à l'homme, il le laisse tranquille, parce que sa chair grasse et visqueuse n'est pas bonne à manger ; on dit cependant que son foie est passable, et qu'on peut retirer de l'huile d'une épaisse couche de matière gélatineuse qui se trouve sous sa peau.

IIe *Famille.* — **Sclérodermes.**

La mot grec *sclérodermes*, qui signifie *peau rugueuse*, convient parfaitement aux poissons compris dans cette famille ; ils ont tous, en effet, l'enveloppe extérieure couverte de plaques dures et osseuses, qui, s'articulant ensemble, forment autour de leur corps une espèce de bouclier général, qui le rend presque invulnérable.

Au moyen de cette armure défensive, les *sclérodermes* jouissent d'une vie tranquille et d'une sécurité inaltérable, au milieu d'une grande quantité d'animaux féroces et carnassiers, qui immolent continuellement à leur voracité des victimes moins bien garanties de leurs atteintes. Mais les secours de ces armes se bornent à les préserver de la dent de leurs ennemis ; elles ne peuvent leur servir comme moyen d'attaque ; et comme d'ailleurs leur système dentaire, ainsi que la petitesse de leur bouche, ne saurait leur fournir de meilleures armes offensives, ces poissons n'auraient aucun moyen de satisfaire leurs besoins, si la nature avait mis en eux des appétits sanguinaires et carnassiers. Leur bouche, placée à l'extrémité d'un museau conique, n'a que quelques lignes de diamètre et ressemble à celle d'un fourmilier ; de plus, elle n'a de dents que sur ses bords, tandis que la plupart des poissons en ont les mâchoires, la langue, le palais et l'arrière-bouche complétement couverts.

Quant à leur forme, elle est tantôt discoïde et comprimée, tantôt globuleuse ou sphérique. Dans tous les cas, ils n'ont que de petites nageoires, et ne se meuvent jamais avec vitesse ; ils ne peuvent par conséquent poursuivre une proie agile. Aussi leur nourriture consiste-t-elle, comme pour les espèces de la famille précédente, en vers, insectes, mollusques ou plantes marines.

Deux genres composent cette singulière famille : ce sont les *balistes* et les *ostracions*.

§ I. Habitant, comme les chétodons et les labres, les mers voisines de la ligne équinoxiale, les **BALISTES** (*balista*) ont comme eux les écailles généralement ornées des plus vives couleurs. Leur corps, court et très comprimé latéralement, se termine en haut et en bas par un bord tranchant en forme de carène, ce qui donne très peu de prise aux animaux qui voudraient les attaquer ; et comme d'ailleurs ils sont entièrement couverts de plaques écailleuses très adhérentes à la peau, et qu'ils ont la queue le plus souvent garnie d'aiguillons recourbés en avant, ils n'auraient à craindre qu'un bien petit nombre d'ennemis, quand même ils n'auraient pas d'autre moyen de défense. Et cependant les *balistes* ont une arme plus formidable encore, dans une épine forte et dentelée qu'ils ont au-devant de leur première dorsale. Mise en mouvement par des muscles particuliers, elle est habituellement cachée dans une rainure creusée sur le dos de l'animal ; mais dès qu'un danger menace ce dernier, l'arme se redresse tout à coup et s'enfonce dans le palais de l'ennemi qui cherche à le dévorer. Ce mouvement est si rapide, qu'on en a comparé la vitesse à celle avec laquelle les anciens balistes lançaient leurs projectiles ; c'est même à cette ressemblance que ces poissons doivent le nom scientifique qu'ils portent.

Ces armes défensives étaient, du reste, bien nécessaires à un poisson qui ne pouvait pas échapper à ses ennemis par la fuite. La lenteur de sa nage tient à la conformation de ses organes locomoteurs. Il manque de ventrales, et ses pectorales sont si petites qu'elles sont quelquefois réduites à un simple rayon

sans membrane ; et comme sa queue est très courte et terminée par une petite nageoire , elle ne saurait communiquer
au corps une vitesse considérable. Le principal organe de sa
locomotion est la vessie aérienne, qui est très ample chez
lui ; il paraît même qu'il peut avaler de l'air comme les boursoufflus, pour se rendre proportionnellement plus léger et plus
agile dans mouvemens. C'est probablement à cette particularité, qu'il doit la faculté de faire entendre des sons au moment
où il sort de l'eau.

On a prétendu que la chair des *balistes* était empoisonnée ;
rien ne prouve ce fait ; mais ce qui est certain , c'est qu'elle est
dure et coriace et fait un très mauvais manger. On compte un
grand nombre d'espèces de ce genre ; une seule se trouve dans
la Méditerranée ; c'est le *caprisque*, ou *poisson-arbalète* des
Italiens ; il n'a pas plus de huit pouces de long et manque d'é-
pines à la queue ; mais le rayon de sa dorsale est très fort et
profondément dentelé, ce qui le rend dangereux. La *vieille*
est une autre espèce de la mer des Indes, qui a jusqu'à deux
pieds de long ; elle a été ainsi nommée à cause du bruit qu'elle
fait entendre au moment où on la retire de l'eau, bruit qu'on
a comparé au grognement d'une vieille femme méchante. Cette
espèce est une des mieux armées du genre et ne craint que le
requin et quelques autres squales féroces. Une troisième espèce est remarquable par la beauté de ses couleurs ; c'est l'é-
charpe , qu'on pêche dans la mer qui baigne l'Ile-de-France.

§ II. Les OSTRACIONS (*ostracion*), ou *coffres*, ont été
ainsi appelés à cause de leur test dur et solide , qu'on a comparé à celui qui protége l'huître, appelé en grec *ostracon* ; et
comme les différentes pièces osseuses dont ce test est composé
sont soudées ensemble en un seul tout , qui forme à l'animal
une espèce de cuirasse dans laquelle il est complètement en-
fermé, les marins ont donné le nom de *coffre* à cette enveloppe
inflexible , ainsi qu'au poisson qu'elle protége.

On sent que la nature osseuse de ce test s'oppose à tout
mouvement des parties qu'il recouvre ; aussi les vertèbres des
ortracions sont-elles pour la plupart soudées ensemble en une
tige inflexible ; et pour que la tête, les ouïes et les nageoires
puissent remplir leurs fonctions, il a fallu que cette enveloppe fut percée de trous aux endroits correspondans à ces
organes. D'après cette disposition , les *coffres* peuvent manger, respirer et se mouvoir comme les autres poissons , et, sans

avoir des armes dangereuses, ils sont tout aussi bien garantis des périls du dehors que les orbes et les balistes.

Quoique les *ostracions* ne brillent pas de couleurs aussi vives que ces derniers poissons, leur extérieur n'est pourtant pas dépourvu d'agrément ; la régularité et la symétrie des compartimens qui composent leur cuirasse leur font une assez jolie parure ; ce qui, joint à la bizarrerie de leurs formes, les fait rechercher dans les cabinets d'histoire naturelle ; là, du reste, se borne l'utilité de ces poissons. L'épaisseur de leur peau est telle qu'elle fait la plus grande partie de leur corps ; aussi n'ont-ils presque pas de chair, ce qui empêcherait de les rechercher quand même ils n'auraient pas la réputation d'être venimeux ; réputation qui n'est cependant pas fondée sur des preuves bien authentiques, et qui est tout-à-fait imméritée, du moins pour certaines espèces. On peut cependant dire en général que les *coffres* sont peu utiles ; le seul profit qu'ils procurent est un peu d'huile à brûler qu'on retire de leur foie, organe assez volumineux proportionnellement à la taille de l'animal.

Parmi les nombreuses espèces de ce genre, qui est tout exotique, nous citerons l'*ostracion tigré*, l'une des plus jolies ; elle se trouve dans la mer des Indes, où sa chair passe pour délicieuse. Il paraît qu'on l'élève dans des viviers, et qu'il devient assez familier pour accourir à la voix de ceux qui l'appellent. Le *taureau* et le *chameau marins* sont aussi du même genre. Ils ont été ainsi nommés, le premier à cause de deux éminences qu'il porte au-dessus des yeux, et qu'on a comparées aux cornes du taureau, et le second à cause d'une grosse bosse en forme de cône qu'il porte sur son dos ; ils sont l'un et l'autre de la mer des Indes.

Ve Ordre. — CHONDROPTÉRYGIENS.

Ce n'est pas seulement par la nature cartilagineuse de leur squelette que les *chondroptérygiens* se distinguent des ordres précédens ; certaines espèces ont toutes les parties solides tellement réduites, que l'on pourrait hésiter à en faire des animaux vertébrés ; et toutes sans exception manquent d'os maxillaires et intermaxillaires, ou plutôt n'en ont que des vestiges cachés sous la peau et détachés des autres os de la face ; leurs dents ne sont presque jamais enchâssées dans des alvéoles, et ne consistent qu'en des plaques osseuses qui recouvrent la peau des mâchoires. La colonne vertébrale elle-même n'est dans un genre qu'un simple fourreau si peu solide, que la moindre pression suffit pour en rapprocher les parois, et en diminuer le calibre, au point d'empêcher la moelle épinière de remplir ses fonctions. Leur corps n'est presque jamais couvert de véritables écailles ; le plus grand nombre ont la peau nue et visqueuse, ou , s'ils ont des écailles , elles sont tellement petites qu'on ne les aperçoit qu'après la mort de l'animal. Quelquefois , au lieu de ces organes, l'enveloppe extérieure est cuirassée de plaques dures et osseuses, qui forment sur la tête et sur le corps des rangées longitudinales plus ou moins nombreuses, comme nous en avons déjà remarqué dans quelques espèces à squelette osseux.

Cet ordre renferme les plus grands poissons que l'on connaisse ; il en est plusieurs espèces qui peuvent rivaliser pour la taille non-seulement avec les espadons, les silures et autres espèces, que l'on peut regarder comme gigantesques parmi les poissons osseux, mais avec tous les cétacés, si l'on en excepte les narvals , les baleines et les cachalots ; et la plupart d'entre eux , bien loin de redouter la rencontre de ces géans des mers , trouvent dans la force de leurs armes les moyens de les attaquer et même d'en triompher quelquefois. Aussi n'est-il pas d'animaux qui ne tremblent à l'aspect des grands *chondroptérygiens* , et avec d'autant plus de raison que ces poissons joignent à la puissance de nuire, une férocité sanguinaire qui les porte à détruire tout être vivant qu'ils peuvent atteindre.

Presque tous les *chondroptérygiens* sont vivipares, comme les vipères, les salamandres, etc. ; et ce fait est d'autant plus digne d'observation que tous les poissons dans lesquels nous avons remarqué ce mode de génération sont, comme ceux du groupe dont nous parlons, couverts d'une peau molle , visqueuse , et dépourvus d'écailles.

Cet ordre se divise naturellement en trois familles : les *sturioniens* , les *sélaciens* et les *cyclostomes* , que l'on distingue à la disposition de leurs branchies et de leurs mâchoires.

Ire *Famille.* — STURIONIENS (pl. XXVII).

Cette famille se rapproche plus que les deux suivantes des poissons osseux par la conformation de ses branchies. Tandis que dans les sélaciens et les cyclostomes, ces organes sont attachés à la peau par leur bord extérieur, et ne s'ouvrent au dehors que par des trous dont cette membrane est percée, les *sturioniens* ont les branchies libres et sans adhérence avec l'enveloppe cutanée, et leurs ouïes sont recouvertes par un opercule absolument semblable à celui des poissons ordinaires. Cette disposition de l'organe respiratoire, qui les a fait nommer *chondroptérygiens à branchies libres*, par opposition avec les deux groupes suivans qui ont les branchies fixes, forme le caractère distinctif de ces poissons.

Cette famille tire son nom du latin *sturio*, esturgeon, qui en est le genre le plus considérable et le plus important ; il faut y ajouter les *chimères* qui, bien que moins nombreuses et moins utiles que les esturgeons, ne méritent pas moins d'être étudiées, à cause des particularités qu'elles présentent dans leurs habitudes et dans leur organisation.

§ I. Les ESTURGEONS (*sturio*) (*fig. 4*) sont des poissons faciles à caractériser par leur bouche petite, située au-dessous du museau et dépourvue de dents, par les mâchoires munies de barbillons, et par leur corps allongé et garni supérieurement de plaques dures implantées dans la peau et disposées par rangées longitudinales.

On peut mettre ces poissons parmi les plus grands que l'on connaisse ; une espèce de ce genre parvient jusqu'à vingt pieds de long, et pèse quelquefois plus de trois milliers de livres, dimension que les cétacés et quelques squales peuvent seuls surpasser. Mais cette taille énorme et la puissance musculaire qui en est le résultat ne sont pas pour eux, comme pour ces derniers, des moyens de se rendre redoutables aux autres habitans des eaux ; privés des dents meurtrières qui rendent les requins et les cachalots si féroces, les *esturgeons* ont des appétits modérés et des inclinations douces ; ils n'attaquent que des poissons petits ou mal armés ; le plus souvent même ils se contentent, pour leur nourriture, des vers qu'ils cherchent dans la vase, au moyen de leur museau mobile et extensible. Sous le rapport des habitudes, ils se rapprochent des saumons ; voyageurs par caractère, ils passent la mauvaise saison dans la profondeur des eaux salées, pour se rapprocher des rivages au retour du beau temps, et s'engager dans les fleuves qui ont leur embouchure dans les mers qu'ils habitent. A cette époque on en trouve dans presque toutes les grandes rivières de l'Europe et de l'Amérique, mais surtout dans celles du Nord ; le Volga, le Don, le Danube, le Rhin, la Garonne, la Loire, le Pô, etc., en nourrissent plusieurs espèces. Partout ces poissons sont recherchés des pêcheurs; toutes les parties en sont utiles; leur chair, qui a la saveur et la fermeté du veau, est un mets très estimé; leur foie fournit une huile très abondante; leurs œufs marinés forment un assaisonnement, appelé *caviar*, qui figure sur les tables des rois; leur vessie natatoire sert à préparer la meilleure ichthyocolle du commerce; leur peau desséchée remplace les vitres dans plusieurs contrées du Nord.

Parmi les espèces de ce genre, nous citerons les trois suivantes: l'*esturgeon commun*, dont la longueur moyenne est de six ou sept pieds; il n'habite que la mer Noire ou la mer Caspienne, et ne se trouve par conséquent que dans les fleuves qui s'y jettent. Sa chair, qu'on peut manger rôtie comme la viande de boucherie, est une des principales ressources des Cosaques du Don. Le *sterlet*, ou *petit esturgeon*, est beaucoup plus petit (deux pieds environ) et plus délicat; son caviar est réservé pour la cour. Le *hausen*, ou *grand esturgeon*, est deux fois grand comme l'esturgeon commun; mais sa chair est moins bonne et quelquefois malsaine. On le pêche principalement pour l'huile et pour l'ichthyocolle qu'il fournit; on le trouve dans les grands fleuves du Nord et dans le Pô.

§ II. Les CHIMÈRES (*chimæra*) ont les plus grand rapports avec les squales de la famille suivante, par la conformation générale de leur corps, qui est conique et allongé, et par la position de leurs nageoires, dont les antérieures sont situées près de la tête et les postérieures en arrière sous le ventre; mais elles s'en distinguent en ce que leurs branchies n'ont qu'une seule ouverture pour la sortie de l'eau et sont protégées par un opercule qui, pour être petit, n'en existe pas moins; elles manquent d'ailleurs de dents, qui sont remplacées par des plaques dures, armes beaucoup moins puissantes que celles des véritables squales.

Il serait difficile de dire pourquoi les naturalistes ont donné le nom de *chimère* aux poissons du genre dont nous parlons. Tout le monde sait que la chimère de la mythologie était un monstre à tête de lion et à queue de serpent: or, si l'on peut comparer la partie postérieure de ces poissons à celle d'un ophidien, il n'est pas aussi facile de trouver une ressemblance entre leur tête et celle du lion, à moins qu'on ne veuille regarder leur dorsale comme analogue à la crinière de ce quadrupède; encore n'aura-t-on qu'un rapport très imparfait.

On ne connaît dans ce genre que deux espèces qui vivent l'une et l'autre dans les mers polaires; la première au nord, la seconde au midi. Comme celle du Nord suit assez ordinairement les légions innombrables de harengs qui fréquentent ces mers, et parmi lesquels elle se fait remarquer par sa taille, qui est de trois pieds environ, les pêcheurs lui ont donné le nom de *roi des harengs*. C'est cette espèce qui trouble si souvent, avec le requin, la pêche des harengs.

IIe *Famille.* — SÉLACIENS OU PLAGIOSTOMES (pl. XXVII).

Les deux familles de poissons à squelette cartilagineux dont il nous reste à parler, se distinguent de la famille précédente par l'adhérence que le bord extérieur de leurs branchies a contractée avec la peau, en sorte que ces dernières laissent échapper l'eau par autant de trous ou d'ouïes qu'il y a d'intervalles entre elles, à moins que le canal particulier de chaque feuillet branchial n'aboutisse à un orifice commun, qui rejette le liquide au dehors. Cette disposition rendait inutile la présence d'un opercule pour garantir les organes respiratoires du contact de l'air ; la longueur du conduit et la contractilité des trous branchiaux suffisent pour s'opposer à l'entrée du fluide atmosphérique, qui les dessécherait trop promptement.

Un grand nombre de ces chondroptérygiens ont, outre l'ouverture ordinaire des branchies, des *évens* analogues à ceux des cétacés et destinés à porter l'eau dans l'organe respiratoire, lorsque la bouche du poisson se trouve momentanément fermée, et ne peut recevoir le fluide nécessaire à la respiration. C'est surtout dans les espèces qui ont l'habitude de se tenir au fond de l'eau ou dans la vase, qu'on remarque cette disposition particulière.

Ces poissons se partagent naturellement en deux familles : celle des *cyclostomes* ou *suceurs*, dont la bouche arrondie est située à l'extrémité du museau, et celle des *sélaciens* ou *plagiostomes*, dont la bouche est placée transversalement au-dessous du museau.

Cette dernière est de beaucoup la plus nombreuse parmi les chondroptérygiens ; elle renferme les poissons les plus gros et les plus redoutables de la classe, sans en excepter les esturgeons. Plusieurs parviennent à une taille démesurée et peuvent riva-

liser en grandeur avec les cétacés, qu'ils surpassent **en audace et**
en férocité, et auxquels ils livrent souvent avec avantage de
sanglans combats ; luttes terribles et magnifiques en même
temps, qui bouleversent la mer jusque dans ses abîmes et rougis-
sent ses flots de sang versé. La bouche de ces poissons est constamment armée de dents, le plus souvent fortes et mobiles ; leur
corps est pourvu de pectorales en avant et de ventrales en arrière. La plupart d'entre eux produisent des petits vivans ; ceux
qui sont ovipares pondent des œufs revêtus d'une coque dure
et cornée, produite par une grosse glande située dans le voisinage de l'ovaire.

L'histoire des sélaciens est une des plus intéressantes de
l'ichthyologie, moins par les produits qu'ils fournissent aux
arts, quoique leurs services sous ce rapport ne soient pas à dédaigner, que par leur grandeur énorme, par leur forme singulière et surtout par leurs habitudes. On rapporte à deux genres
les nombreuses espèces comprises dans cette famille ; ce sont
les *squales* et les *raies*.

§ I. Les SQUALES (*squalus*) (*fig.* 5) forment un genre
très étendu et se distinguent par un corps allongé, par une
queue grosse et charnue et par des pectorales de grandeur médiocre, en sorte que leur forme générale se rapproche de celle
des poissons ordinaires. Leurs branchies s'ouvrent au dehors,
par cinq, six ou sept ouvertures situées de chaque côté du cou,
et leurs yeux sont placés sur les parties latérales de la tête.
Presque tous ont deux dorsales dont la position varie selon les
espèces, et une caudale toujours divisée en deux lobes le plus
souvent inégaux en longueur. Ces poissons sont communs dans
presque toutes les mers, et très connus des marins qui leur
donnent le nom générique de *chiens de mer* ou de *requins*. La
vigueur de leur queue imprime une telle rapidité à tous leurs
mouvemens, qu'ils peuvent accompagner les vaisseaux dans
leurs voyages les plus lointains ; durant les longues traversées,
leur pêche est pour les matelots une des occupations les plus
agréables, dans les momens où la manœuvre n'exige pas leur
présence et leurs bras. Ce n'est pas que cette pêche leur profite beaucoup ; la chair des *squales* est trop coriace pour servir
d'aliment, excepté quelques parties qui, malgré un peu de
dureté, peuvent être mangées. Leur but principal, dans cette
circonstance, est de s'amuser à voir le manége du poisson, cher-

chant à saisir l'appât sans mordre à l'hameçon, ou se débattant contre le fer meurtrier, lorsque sa gloutonnerie l'a fait prendre au piége.

L'étendue de ce genre a forcé les naturalistes à le subdiviser en plusieurs sous-genres, dont les principaux sont : les *roussettes*, les *requins*, les *pélerins*, les *marteaux*, les *anges* et les *scies*.

1º Les Roussettes (*scyllium*) ont le museau court et obtus, les narines percées près de la bouche et continuées par un sillon qui règne jusqu'au bord de la lèvre supérieure, et plus ou moins fermées par des appendices de la peau; elles ont toutes des évens et une nageoire anale, leurs dents sont nombreuses, fortes, et leur rencontre dangereuse. Bien qu'elles soient loin d'avoir la taille des requins, elles se rendent redoutables non-seulement à tous les habitans des mers, mais encore à l'homme lui-même; elles se jettent sur lui avec fureur, toutes les fois qu'elles le rencontrent, et ce n'est qu'avec beaucoup de peine et de résolution qu'il peut se garantir de leurs terribles morsures; nous en avons trois espèces dans nos mers; les principales sont: la *roussette commune*, dont la longueur est à peu près de trois pieds, et la *petite roussette* qui peut avoir un pied de moins. On leur fait la pêche à l'une et à l'autre, quoique leur chair soit médiocre ou même mauvaise, parce que leur peau raboteuse, convenablement préparée, constitue le *chagrin*, dont on se sert pour polir le bois, les métaux et même le fer, ou le *galachat* qu'on emploie à couvrir les malles, les étuis, etc.

2º Les Requins (*carcharias*) (*fig.* 5) se reconnaissent à leur mâchoire supérieure saillante, sous laquelle s'ouvre une grande gueule armée de dents tranchantes et dentelées en scie sur leurs bords, au défaut d'évens et à la position de leurs ouïes dont les dernières s'étendent sur les pectorales. On en connaît un assez grand nombre d'espèces (une quinzaine), dont les principales sont: le *requin ordinaire* et la *faux*.

Une taille de vingt-cinq pieds, une force prodigieuse, une audace effrayante, une voracité insatiable, des mâchoires énormes et pourvues de plusieurs rangées de dents aiguës et dentelées, une peau dure et capable de repousser les balles, tout concourt à faire du *requin* le tyran des mers. Il réunit à lui seul la férocité du tigre et la force du crocodile. Répandu dans toutes les mers du monde, il est partout l'effroi des animaux qui s'y trouvent habituellement ou par hasard. Il les attaque tous, les plus forts comme les plus faibles, et en fait une épouvantable destruction. L'homme surtout paraît être la victime qu'il recherche de préférence. Il se met à la suite des vaisseaux pour dévorer les cadavres qu'on jette à l'eau, ou les matelots que des accidens forcent à se jeter à la mer. Il ne les quitte jamais, surtout au moment d'une tempête, dans l'espoir que le naufrage lui livrera le corps de quelque malheureux. Mais c'est principalement dans les ténèbres de la nuit qu'il inspire le plus de frayeur; l'éclat phosphorique qu'il répand à la surface des flots, et les mouvemens rapides qu'il y exécute, glacent d'effroi les plus intrépides spectateurs. Sa gueule est si vaste que jamais il ne mâche sa proie ; il l'avale toujours tout entière, quelque grande qu'elle soit. L'homme, le cheval et même le bœuf peuvent, dit-on, être engloutis dans ce gouffre animé.

Heureusement ce poisson a un ennemi redoutable dans le *mular*, espèce de cachalot qui lui fait une guerre à mort. L'homme le poursuit aussi pour avoir sa chair qui est agréable quand il est jeune, son foie, qui fournit de l'huile bonne pour l'éclairage, et sa peau qui, par sa dureté, sert à faire des souliers, des harnais et même de petites nacelles chez les Groënlandais.

La *faux* ou *renard* a été ainsi nommée à cause de la longueur du lobe supérieur de la caudale, qui surpasse le tiers du corps entier ; ce poisson, quoique moins renommé que le requin pour sa férocité, doit cependant être très redoutable, si on considère la force de ses dents, l'agilité de ses mouvemens et la grandeur de sa taille, qui est de quinze pieds. Mais comme il est plus rare que l'espèce précédente, on a été moins souvent témoin de ses actes de férocité, et ses habitudes sont beaucoup moins connues.

5° Les Pélerins (*selache*) ont des évens et une anale comme les roussettes ; mais leurs narines ne se prolongent pas en un sillon jusqu'à l'extrémité du museau, et leurs dents ne sont point garnies de dentelures comme celles du requin. D'ailleurs ils se distinguent de toutes les autres espèces du même genre par la grandeur de leurs ouïes, qui entourent presque entièrement leur cou. On n'en connaît qu'une seule espèce, qui surpasse le requin en longueur, mais qui n'a rien de sa férocité. Ce poisson vit relégué dans les mers du Nord et ne descend dans nos parages que lorsque la tempête l'y pousse malgré lui.

4° Les Marteaux (*zygœna*) n'ont besoin pour être distingués de tous les autres squales et même de tous les poissons connus, que de la forme de leur tête, dont les deux côtés s'allongent transversalement en branches semblables à une tête de marteau. C'est à l'extrémité de ces branches que leurs yeux sont placés, tandis que les narines en occupent le bord antérieur. On en connaît trois espèces dont la plus connue dans nos mers est le *marteau vulgaire*, grand poisson de dix à douze pieds de long, qui égale le requin en férocité.

5° Les Anges (*squatina*) se rapprochent du genre suivant par leur forme déprimée, surtout antérieurement, par la position de leurs yeux qui regardent le ciel, et surtout par la grandeur de leurs pectorales que l'on a comparées à des ailes et qui leur ont fait donner le nom d'*anges* ; mais leur bouche fendue à l'extrémité du museau et leurs ouïes placées à la partie supérieure de leur dos, ainsi que la forme allongée de leur corps, les en distinguent d'une manière bien suffisante, et leur donnent plus de rapport avec les autres squales. On en compte trois espèces dont une est de nos mers ; c'est l'*ange ordinaire*, poisson long de six à huit pieds et assez commun dans la Méditerranée et dans la mer du Nord. Sa femelle se fait remarquer parmi tous les poissons par l'affection et les soins maternels qu'elle prodigue à ses petits, s'il est vrai, comme on l'a prétendu, qu'elle les cache sous ses nageoires, lorsque quelque danger menace leur existence. Ce fait serait d'autant plus admirable que ces poissons sont très voraces, et passent toute leur vie cachés dans la vase et occupés à guetter leur proie.

6° Les Scies (*pristis*) ont, comme les précédens, la forme aplatie et les pectorales larges des raies, et de plus, leurs ouïes s'ouvrent à la partie inférieure du corps comme dans ces dernières ; mais elles ont, dans le prolongement de leur museau, un caractère distinctif, qui empêche de les confondre avec aucun autre animal ; c'est une espèce d'épée analogue à celle de l'espadon, mais dont les côtés, au lieu d'être unis comme dans ce dernier, sont garnis de fortes épines osseuses, pointues et tranchantes, qui y sont profondément implantées, comme les dents dans leurs alvéoles.

On ne connaît bien qu'une espèce de ce genre, la *scie ordinaire* qu'on rencontre dans presque toutes les mers, et principalement dans celles du Nord. C'est un poisson de douze à quinze pieds de long, dont le prolongement osseux forme en-

viron le tiers. Confiant dans la force de son arme, il se promène fièrement au milieu des eaux, cherchant des victimes à
immoler ou des ennemis à combattre. Aussi audacieuse que
puissante, la *scie* attaque tous les animaux. Le narval, le
dauphin, la baleine, sont ses ennemis naturels ; elle fond sur
eux toutes les fois qu'elle les rencontre, et sort presque toujours victorieuse de ces terribles luttes. Elle perce ses adversaires de son arme, tandis que ceux-ci, réduits à se défendre
avec leur queue qu'ils ne peuvent mouvoir facilement, et dont
elle évite les coups par son agilité, s'épuisent en efforts im-
puissans et lui donnent d'autant plus de prise, que les blessures
qu'elle leur fait les rendent pour ainsi dire furieux.

§ II. Les RAIES (*raia*) (*fig.* 6) forment un genre très
nombreux et très naturel en même temps. Un corps large et
aplati horizontalement, des nageoires pectorales extrêmement
amples et charnues, qui se joignent en avant l'une à l'autre,
soit immédiatement, soit par le moyen du cou de l'animal,
et qui s'étendent en arrière jusqu'à la base des ventrales ; une
queue généralement longue et grêle, les yeux et les évens situés à
la partie supérieure de la tête, dont la bouche, les narines et
les ouïes occupent la face inférieure, enfin des nageoires
dorsales presque toujours placées près de l'anale : tels sont
les caractères qui distinguent les *raies* de tous les autres poissons cartilagineux.

La petitesse de leur queue annonce dans ces animaux une
modification importante dans le mécanisme des mouvemens ;
ce n'est pas, en effet, par le choc de cette partie de leur
corps, que les *raies* fendent les flots et sillonnent les mers ;
elle est trop faible pour produire cet effet ; mais elles trouvent, dans la largeur et dans la force de leurs pectorales, des
moyens bien suffisans pour suppléer à la faiblesse des parties
postérieures de leur corps ; agitant ces nageoires avec force,
elles se meuvent avec assez de rapidité pour que la proie
qu'elles poursuivent leur échappe rarement. Remarquons cependant que c'est plutôt par la ruse que par la violence qu'elles s'en rendent maîtresses ; elles se tiennent le plus souvent
cachées dans la vase, les yeux aux aguets, pour épier leurs
victimes, et pour les attraper dès qu'elles se trouvent à leur
portée. Leur nourriture consiste principalement en poissons
ou en crustacés de toute sorte.

Toutes les espèces du genre *raie* habitent exclusivement la mer comme les squales; l'hiver elles se tiennent dans la profondeur de ses eaux, et l'été elles se rapprochent de ses rivages pour y déposer leur frai ou y mettre bas leurs petits; car, parmi ces poissons, les uns sont vivipares, tandis que les autres pondent leurs œufs au hasard le long des côtes. Leur fécondité n'est jamais considérable; ils ne produisent guère plus de douze à quinze petits par an. Mais malgré cette circonstance et la guerre acharnée qu'on leur fait, les *raies* sont très nombreuses; elles sont si rusées, qu'elles échappent aux piéges les plus adroits de l'homme, et leur force les protége contre les attaques de la plupart des autres habitans des mers.

On divise les raies en plusieurs sous-genres dont les trois principaux sont les *torpilles*, les *raies* et les *pastenagues*.

1° Les Torpilles (*torpedo*) se distinguent par leur queue courte et assez charnue, par leur forme arrondie et par leurs dents petites et aiguës; elles ont la peau constamment lisse, sans inégalités.

Ces poissons forment un des groupes les plus remarquables de l'ichthyologie, par la propriété qu'ils ont, comme les gymnotes, d'engourdir et même de tuer leurs ennemis ou leur proie, sans même les toucher; ils produisent cet effet par le moyen du fluide électrique que prépare un appareil spécial qu'ils portent à la partie antérieure de leur corps entre les pectorales et la tête; appareil qui consiste en une multitude de tubes membraneux, serrés les uns contre les autres comme des rayons d'abeilles, et divisés intérieurement par des cloisons horizontales en petites cellules. Cet appareil est disposé de manière que l'animal peut à son gré faire une décharge plus ou moins forte, et on remarque en général qu'il ne frappe d'abord que faiblement; mais si l'objet qu'il redoute continue d'approcher, il force ses décharges et les rend assez énergiques pour foudroyer, ou du moins pour paralyser la plupart de ses ennemis, à moins que ceux-ci ne soient assez robustes pour résister à ses efforts; auquel cas sa puissance électrique va s'affaiblissant et ne tarde pas à s'épuiser; de sorte qu'il finit par se trouver sans défense. L'observation de ce fait a rendu facile la prise de ces poissons, qui s'opère de la même manière que celle du gymnote. On compte plusieurs espèces de ce sousgenre : la principale, la *torpille ordinaire*, appartient à la Méditerranée; on l'appelle encore *trémoise* ou *dormillouse*, parce qu'elle a la facilité de produire un tremblement et un engourdissement dans les animaux qu'elle frappe ; elle a environ trois pieds de long et pèse à peu près quarante livres.

2° Les RAIES (*fig.* 6) ont le corps plus ou moins carré , les dents serrées en quinconce et la queue mince et garnie à son extrémité de deux petites dorsales ; de plus, cet appendice est assez souvent armé à sa pointe de deux épines fortes et aiguës, et devient pour l'animal une espèce de massue dont il se sert pour frapper et assommer sa proie. Il en fait surtout usage lorsque, caché dans la vase ou parmi les plantes marines qui le dérobent à tous les yeux, il aperçoit quelque poisson à sa portée ; stratagème auquel il peut avoir recours avec d'autant plus de facilité, que sa peau est ordinairement d'une couleur sombre et analogue à celle du fond de la mer, où rien n'annonce sa présence, même aux animaux les plus défians.

Les *raies* sont assez communes dans toutes les mers, et partout leur chair est assez bonne, quoiqu'elle soit quelquefois dure et imprégnée d'une odeur désagréable ; mais elle perd ces deux mauvaises qualités, lorsqu'on la conserve quelque temps avant de la manger, et surtout quand on l'envoie à une certaine distance. Nos côtes nourrissent plusieurs espèces de ce sous-genre, dont la plupart ont la peau garnie d'aspérités et souvent d'aiguillons qui servent à les protéger ; telle est la *raie bouclée*, qui se reconnaît à ses tubercules osseux, garnis d'aiguillons recourbés. Cette espèce est des plus recherchées. La *raie ronce* n'a ni aiguillons ni tubercules sur le corps ; elle n'en a que sur le devant dans le mâle, et en arrière dans la femelle. La *raie batis* n'a que des tubercules sans aiguillons avec une rangée d'épines sur la queue. Cette espèce est la plus grande de nos mers ; elle atteint quelquefois deux pieds de diamètre et pèse plus de deux cents livres. Sa chair, ainsi que celle de la précédente, est assez estimée.

3° Les PASTENAGUES (*pastinaca*) ont le corps discoïde des torpilles et les dents en quinconce des raies ; mais elles se distinguent des unes et des autres par la présence à leur queue d'un aiguillon dentelé en scie des deux côtés. C'est une arme dont la blessure est assez grave, pour que les pêcheurs prétendent qu'elle est venimeuse. Mais comme cet aiguillon n'est percé d'aucun conduit et que d'ailleurs il n'y a dans son voisinage aucune glande qui puisse produire le poison, il est certain que sa piqûre ne peut être dangereuse que par la déchirure que ses piquans occasionnent dans la plaie.

Parmi les espèces de ce groupe, les principales sont la *pastenague commune*, qui a la peau lisse et la queue grêle et presque sans nageoire ; et le *séphen*, dont la queue est munie d'une large membrane et le dos garni de tubercules serrés. C'est la peau de ce dernier qui fournit la plus grande partie du galuchat du commerce, et qui porte communément le nom impropre de *peau de requin*.

IIIᵉ *Famille.* — Cyclostomes (pl. XXVII).

Cette troisième famille de chondroptérygiens ressemble à la précédente par l'adhérence que le bord extérieur de ses branchies contracte avec la peau, et par le défaut de pièces osseuses propres à fermer les ouïes ; mais elle en diffère essentiellement par une forme allongée comme celle des anguilles, et par le défaut absolu de nageoires pectorales. L'imperfection du squelette est encore plus grande ; la plupart des pièces qui le composent sont souvent membraneuses, et il manque constamment de vraies côtes, de sorte que la charpente osseuse est réduite chez eux à sa plus simple expression. Les feuillets qui constituent les branchies, au lieu d'être libres comme dans les raies et les squales, se réunissent par leur bord intérieur pour former des espèces de bourses, qui donnent à l'organe respiratoire de ces poissons quelque analogie avec le poumon de certains reptiles. Les mâchoires forment par leur réunion un anneau circulaire ou demi-circulaire, avec lequel le poisson peut faire le vide, et dont il se sert pour s'attacher aux rochers et aux autres corps placés dans l'eau ; et comme tout l'intérieur de sa bouche est garni de dents nombreuses et aiguës, leurs pointes percent la peau des animaux sur lesquels le poisson s'est fixé, et produisent la sortie des liquides organiques dont il se nourrit ; c'est même à cette disposition des organes masticateurs que la famille doit son nom de *cyclostomes*, bouche circulaire, ainsi que celui de *suceurs* qu'elle porte également.

On trouve de ces poissons dans la mer et dans les eaux douces ; il en est même qui peuvent, comme les ammocètes, se tenir sous le sable, faculté qu'ils doivent à la disposition de leurs branchies, qui sont bien cachées sous la peau, et qui leur permettent de vivre long-temps hors de l'eau. Aussi peut-on les transporter des lieux où on les pêche dans des endroits très éloignés, sans que leur chair éprouve le moindre indice de putréfaction. Ils ont la vie encore plus dure que les anguilles mêmes ; car ils remuent quelque temps après qu'on les a coupés en morceaux. Du reste , les habitudes des *cyclostomes* se rapprochent beaucoup de celles de ces malacoptérygiens, auxquels ils ressemblent tant par leur conformation extérieure. Ils se tiennent presque toujours cachés dans la vase , et se montrent très carnassiers et très voraces. Ils s'attachent avec tant de force et d'opiniâtreté aux corps qui sont à leur portée , qu'il est presque impossible de leur faire lâcher prise. Il n'est pas rare, quand on les prend , d'enlever avec eux des pierres assez grosses, auxquelles ils sont fixés ; c'est même à cause de cette circonstance, qu'on donne à un des genres qui composent cette famille le nom de *lamproie ,* formé du latin *lampetra ,* qui veut dire *suce-pierre.*

Les *cyclostomes* sont peu nombreux et ont été rapportés à deux genres: les *lamproies* et les *ammocètes.*

§ I. Les LAMPROIES (*lampetra*) (*fig.* 7) se reconnaissent en ce que l'anneau formé par leurs mâchoires est entier, ce qui leur donne la facilité de faire avec la bouche un vide à peu près complet, et de se fixer très solidement sur les corps à surface polie.

Comme ces poissons manquent de nageoires pectorales et n'en ont que de très petites sur le dos, à la queue et à l'anus, ils se meuvent par les ondulations de leur corps comme les serpens, auxquels ils ressemblent aussi par leur forme allongée et par l'habitude qu'ils ont de se nourrir de matières animales corrompues. Forcés de se tenir cachés pour ne pas s'exposer aux attaques de leurs nombreux ennemis, trop faibles et trop lents pour pouvoir parcourir sans danger la profondeur des eaux, ils ne peuvent pas toujours se procurer une proie vivante; mais, lorsque favorisés par le hasard, ils parviennent à s'attacher à quelque poisson, ils s'y tiennent fixés avec tant d'opiniâtreté, qu'ils finissent, malgré la petitesse de leurs dents, par lui percer la peau et lui donner la mort.

On trouve les *lamproies* en assez grande abondance dans la plupart des mers et des eaux douces. L'espèce la plus grande, qui a trois pieds de long, est assez commune dans l'Océan et la Méditerranée, d'où elle remonte dans les fleuves qui s'y jettent; c'est un poisson très estimé. La *pricka* ou *lamproie de rivière* est moitié moins grande, et sa chair, quoique bonne, est inférieure à celle de l'espèce précédente ; mais elle est fort recherchée des pêcheurs, qui s'en servent pour appât dans la pêche de la morue, du turbot et autres grands poissons.

§ II. Les AMMOCÈTES (*ammocœtes*) diffèrent des lamproies par leurs mâchoires qui ne forment qu'un demi-anneau, ce qui les empêche de faire le vide avec leur bouche, et par conséquent de s'attacher par succion aux corps placés sous l'eau. Ce sont de tous les poissons ceux dont le squelette est le plus imparfait ; leur colonne vertébrale est réduite à un simple tuyau extrêmement mou ; et comme ils n'ont aucune dent aux mâchoires, qu'ils vivent dans la vase et qu'ils ont toutes les habitudes et les formes des vers, certains auteurs les ont réunis avec ces derniers dans une même classe : réunion qui, du reste, n'est ni approuvée des naturalistes, ni fondée sur la raison, car bien que les *ammocètes* aient le squelette peu développé, ils ont incomparablement plus de rapports avec les vertébrés qu'avec les annelides.

Les habitudes de ces poissons sont peu aquatiques, par rapport à celles des autres animaux de la même classe ; ils ne quittent jamais le bord des ruisseaux ; le plus souvent même ils se tiennent cachés dans le sable, ce qui leur a fait donner leur nom, qui signifie *couchant dans le sable.*

Ce genre ne renferme qu'une seule espèce bien connue, c'est le *lamprillon* ou *lamproyon*, long de cinq à six pouces et gros comme une plume à écrire ; il ressemble beaucoup à un lombric et s'emploie comme appât ; il est commun dans la plupart des ruisseaux.

ANIMAUX MOLLUSQUES.

On désigne sous le nom de *mollusques* des animaux dépourvus de ce squelette intérieur qui caractérise les vertébrés, et de ces anneaux extérieurs dont l'ensemble constitue le corps des articulés, et qui diffèrent des rayonnés par la présence de nerfs et de vaisseaux bien distincts, ainsi que par leur forme généralement paire et symétrique.

On leur a donné le nom de *mollusques*, qui signifie *mous*, parce que leur corps, privé de pièces solides qui pourraient le soutenir, manque de consistance et ne se trouve protégé que par une peau molle et lâche, dans laquelle il est enveloppé comme dans un *manteau*. C'est dans l'épaisseur ou à la surface de cette membrane, que se dépose la matière calcaire ou cornée qui constitue la *coquille* de la plupart de ces animaux.

Malgré le nombre immense des êtres compris dans l'embranchement des mollusques, les naturalistes de l'antiquité ne s'en sont presque pas occupés, d'abord parce que la plupart des espèces ne vivent que dans la profondeur des mers, à une trop grande distance des côtes pour qu'ils pussent les remarquer, et ensuite parce qu'en général les anciens, ne fixant leur attention que sur des objets d'utilité matérielle, ne trouvaient pas, dans les *mollusques* qu'ils auraient pu observer aisément, des résultats assez satisfaisans pour les engager à les étudier d'une manière spéciale. Mais depuis que, par les progrès de la navigation, on a découvert tant de coquilles si variées dans leurs formes et si riches en couleurs, depuis qu'on a pu être témoin des habitudes intéressantes de quelques-uns des animaux qui les habitent, le zèle des amateurs a été excité par le désir de faire de nouvelles découvertes ; de sorte que chaque voyage maritime de long cours est venu augmenter les richesses conchyliologiques de quelques coquilles remarquables par leur beauté ou par leur singularité. Les belles espèces une fois connues, on s'est occupé d'espèces moins flatteuses à l'œil, mais non moins intéressantes par la singularité de l'organisation des animaux qui les habitent. Par cette étude soutenue, le nombre des *mollusques* s'est tellement accru, qu'il dépasse actuellement cinq mille.

On sent que pour parvenir à distinguer un nombre aussi considérable d'êtres dont l'organisation est peu compliquée, il a fallu examiner attentivement toutes les parties de l'animal. L'attention s'est d'abord portée sur la coquille, dont les formes variées sont si favorables à la distinction de ces animaux. On a étudié cette partie avec un soin minutieux dans sa structure, dans sa formation, etc.; et il faut convenir que la *coquille* est un organe important qui doit être observé d'une manière spéciale, et sur lequel nous allons entrer dans quelques développemens.

Toute *coquille* est produite par une humeur particulière, qui tient en dissolution une grande quantité de matière calcaire, et qui, se déposant par couches successives, forme, par suite de l'évaporation de la partie liquide, une série de lames ou feuillets solides, dont l'ensemble constitue un tout d'aspect variable, mais le plus souvent agréable à l'œil. Les couches les plus intérieures et par conséquent les plus nouvelles, débordent toujours un peu les plus extérieures et les plus anciennes; ce qui fait qu'avec le temps la *coquille* s'accroît en longueur et en largeur aussi bien qu'en épaisseur.

La forme de la *coquille* présente, avons-nous dit, de grandes différences; les principales et les plus importantes se tirent du nombre des *valves* ou pièces qui la constituent. Elle est *univalve*, quand elle n'est formée que d'une seule pièce, comme dans le colimaçon, le buccin, etc.; *bivalve*, quand elle se compose de deux, comme dans l'huître, la moule, etc.; *multivalve*, lorsqu'elle en offre davantage, comme celle de certains *mollusques* peu importans, tels que *l'anatife*, le *balane*, etc. Dans tous les cas, elle est recouverte d'un épiderme fin, qu'on appelle communément *drap-marin*.

L'étude des *mollusques* s'est long-temps bornée à la connaissance de cette coquille, et la science de ces animaux avait même pris de cette circonstance le nom de *conchyliologie*; mais l'observation de cette enveloppe ayant attiré l'attention sur l'être vivant qui l'a formée, on a changé cette dénomination en celle de *malacologie*, qui veut dire *traité des mollusques*.

Cette seconde étude, beaucoup plus importante que la première, quoique celle-ci soit d'un grand intérêt, a révélé une multitude de faits curieux, et a fait connaître l'organisation de ces animaux singuliers.

Quoiqu'un assez grand nombre de *mollusques* aient une tête distincte, avec une bouche et quelques-uns des organes des sens, aucun n'a de *cerveau* dans cette partie de leur corps; l'organe auquel on donne ce nom est placé chez ces animaux à peu de distance de l'entrée du canal digestif, sur l'œsophage, autour duquel il forme une espèce de collier (pl. I, *fig.* 3 *a*); jamais ils n'ont de moelle épinière; celle-ci est remplacée par de petites masses de matière nerveuse, éparses dans les différentes parties du corps de l'animal (*fig.* 4). Leurs sens ne sont jamais au nombre de cinq; l'oreille ne se trouve que dans une petite classe de cet embranchement; l'œil existe chez un plus grand nombre, mais la majorité en est dépourvue. Quant à ceux du goût et de l'odorat, on en ignore le siége. Le toucher seul peut avoir quelque délicatesse, à cause de la mollesse extrême de la peau qui enveloppe l'animal.

Cette disposition du système nerveux, et l'imperfection des organes des sens, ne permettent pas aux *mollusques* d'avoir une intelligence bien étendue; mais cette faculté est abondamnant suppléée en eux par le développement de l'instinct, qui leur suggère à tous mille moyens pour se procurer leur nourriture et pour échapper à leurs ennemis. Les seiches poursuivent leur proie à la nage; les poulpes l'atteignent avec de longs bras; ceux qui ne peuvent se déplacer forment, avec certains appendices mobiles, une espèce de tournant d'eau qui aboutit à leur bouche, et leur apporte continuellement les parcelles de matières nutritives qui nagent dans ce fluide.

Pour se soustraire aux atteintes de leurs ennemis, les *mollusques* n'ont pas moins de ressources; la plupart se renferment dans leur coquille qui est excessivement dure, et qu'un petit nombre d'animaux peuvent seuls écraser; d'autres écartent leurs agresseurs en répandant autour d'eux une liqueur d'une odeur repoussante ou même dangereuse pour tout autre que pour eux; quelques-uns enfin se dérobent aux regards de leurs ennemis en colorant, au moyen d'un liquide qu'ils produisent, l'eau dans laquelle ils sont plongés, de manière à se rendre invisibles aux regards des animaux qui les poursuivent.

Sans ces petites ruses et autres analogues, les *mollusques* n'auraient pu éviter leur destruction totale. Privés de membres articulés et de ces parties osseuses ou cornées qui constituent la charpente du corps des autres animaux, et qui donnent à leurs mouvemens leur force, leur étendue et leur précision, ils ne se déplacent pour la plupart qu'avec une extrême lenteur, et ne sauraient par conséquent poursuivre une proie fugitive. Un grand nombre même, réduits à quelques mouvemens partiels de certaines parties de leur corps, restent fixés pendant toute leur vie à la place où ils sont nés, sans pouvoir en changer.

Cependant, quelque bornée que soit la locomotion de ces animaux, les organes qui l'exécutent n'en sont pas moins remarquables. Dans tous les cas, c'est l'enveloppe extérieure, ou *manteau*, qui est le seul agent du déplacement du corps entier. A cet effet, il est garni intérieurement d'un grand nombre de muscles et prend des formes très variables, mais toujours appropriées à la locomotion. Tantôt il s'étend en longs tentacules (pl. XXVIII, *fig*. 1, 2), qui lui servent à nager ou à se fixer aux corps sous-marins; tantôt il forme des espèces d'ailes placées de chaque côté du corps, dont l'animal se sert pour se soutenir dans l'eau ; d'autres fois il s'élargit sous le ventre en une espèce de *pied* charnu, à l'aide duquel l'animal rampe, soit sur la terre, soit au fond de l'eau; c'est la disposition que nous présentent la limace et le colimaçon (*fig* 4). Quelquefois même il se contourne en un long tube contractile qui, en se resserrant et se dilatant alternativement, se remplit et se vide continuellement d'eau, et produit un petit courant qui fait avancer l'animal.

Nous avons parlé des stratagèmes divers que les *mollusques* emploient pour attirer leur nourriture à eux. Quant aux organes qui doivent lui faire subir les changemens nécessaires à son assimilation, ils offrent des rapports assez frappans avec ceux des animaux vertébrés; et c'est même à cause de cette ressemblance, que M. Cuvier a placé les *mollusques* immédiatement après le premier embranchement et avant celui des articulés, quoique ces derniers l'emportent de beaucoup sur eux par le reste de leur organisation.

Relativement à la digestion, les *mollusques* ont une bouche qui ne fait le plus souvent que l'office d'un simple suçoir, mais qui est quelquefois garnie de corps durs qui leur servent, soit à couper, soit à broyer leurs alimens. Vient ensuite un *estomac*, tantôt simple, tantôt multiple, après lequel on trouve des intestins plus ou moins longs et contournés sur eux-mêmes.

Pour la circulation, on remarque que leur sang est aqueux, incolore ou peu coloré en blanc ou en bleu; du reste, ils ont un système complet de veines et d'artères, et un cœur tantôt simple et faisant l'office du cœur gauche des mammifères et des oiseaux, tantôt double et analogue à celui des vertébrés, excepté que les deux parties qui le composent sont séparées et non adossées l'une à l'autre.

Quant à la respiration, l'animal a tantôt un poumon, tantôt des branchies, selon qu'il respire le fluide atmosphérique ou que, vivant dans l'eau, il retire de ce liquide l'air qu'il tient en dissolution. La position de ces organes est tantôt extérieure (pl. XXVIII, *fig.* 4 *a*) et tantôt intérieure ; dans ce dernier cas on trouve à la surface du corps un orifice qui y conduit l'air ou l'eau nécessaire à cette fonction.

Terminons ces généralités sur les *mollusques*, par quelques considérations particulières sur leur habitation et sur les rapports qu'ils peuvent avoir avec nous. La grande majorité des espèces connues fréquentent les eaux de la mer, et se tiennent tantôt près du rivage, tantôt dans les endroits les plus profonds. On distingue les espèces riveraines, en ce qu'elles ont un *pied* pour marcher, ou plutôt pour ramper, tandis que les pélagiennes sont pourvues d'ailes ou nageoires pour nager ; les premières ont la coquille généralement forte et épaisse, parce que, se trouvant exposées à être lancées contre les rochers qui forment les côtes, elles auraient été infailliblement brisées ; tandis que les secondes, n'ayant rien à craindre de semblable au milieu de leurs eaux profondes, peuvent n'avoir qu'une coquille légère ou simplement cornée.

Outre les espèces marines, on en connaît aussi de fluviales et de terrestres ; ce sont même celles que l'on a le mieux étudiées, parce qu'elles sont plus faciles à observer que les autres.

Quant aux rapports que les *mollusques* peuvent avoir avec l'homme, ils sont en général très bornés ; il y en a peu qui nous rendent service ou nous fassent du mal. Il en est pourtant quelques-uns qui nous servent d'aliment ; l'huître par exemple, le colimaçon, etc.; et un plus grand nombre, si on les connaissait mieux, pourraient nous être utiles sous le même rapport ; d'autres nous fournissent quelques produits ; tels sont la *seiche*, le *rocher*, l'*avicule*.

Si ces services ne sont pas d'une grande importance, du moins ne les achetons-nous pas par les pertes que ces animaux nous occasionnent. Parmi les espèces terrestres, les escargots et les limaces sont à peu près les seules qui nuisent au jardinage; et parmi les espèces marines les pholades et les tarets peuvent seuls devenir dangereux, en attaquant les bois qui forment le pilotis des quais et des ports, ou la quille des vaisseaux lancés à la mer.

On sent que pour se reconnaître au milieu du grand nombre de ces *mollusques* qui, malgré leur variété, ont tant de rapports entre eux, il a fallu les classer avec méthode, afin de ne pas réunir des espèces disparates, et de ne pas éloigner les unes des autres celles qui se ressemblent. Cette classification a été long-temps difficile, parce qu'on n'avait que des notions incomplètes sur ces animaux ; ce n'est que depuis quelques années, qu'on paraît s'être entendu pour les diviser en cinq classes : les *céphalopodes*, les *ptéropodes*, les *gastéropodes*, les *acéphales* et les *cirrhopodes*.

1° Les *céphalopodes* se reconnaissent en ce qu'ils ont une tête distincte, la bouche entourée de tentacules ou bras au nombre de huit ou dix, et la coquille symétrique, quand elle existe, (le *poulpe*, la *seiche*).

2° Les *ptéropodes* ont aussi une tête distincte ; mais au lieu de tentacules, ils ont des espèces de nageoires placées, comme des ailes, de chaque côté de la bouche ; leur coquille, quand ils en ont, est très frêle et très délicate (les *hyales*).

3° Les *gastéropodes* ont encore la tête bien distincte, mais ils n'ont ni ailes ni tentacules comme les précédens, et ils rampent sur un disque charnu ou pied placé à la partie inférieure de leur corps ; leur coquille est toujours univalve et plus ou moins contournée en spirale (la *limace*, le *colimaçon*, le *buccin*).

4° Les *acéphales* manquent de tête, ainsi que l'indique leur nom ; leur bouche est cachée au fond de leur *manteau*, dans lequel on trouve aussi les principaux viscères de l'animal (l'*huître*, la *moule*).

5° Enfin les *cirrhopodes* ressemblent aux acéphales par le défaut de tête et par la disposition de leur manteau ; mais ils en diffèrent en ce qu'ils ont des espèces de membres cornés et articulés, avec un système nerveux analogue à celui des animaux de l'embranchement suivant (les *anatifes*).

CÉPHALOPOLOGIE

OU

HISTOIRE NATURELLE DES CÉPHALOPODES.

On nomme *céphalopodes* les mollusques qui portent sur leur tête des espèces de bras ou *tentacules* charnus et inarticulés, rangés en couronne autour de leur bouche.

Ces animaux sont de tous ceux de leur embranchement ceux dont l'organisation est la plus compliquée. Ils ont une tête bien distincte, des yeux ronds et très grands, une oreille analogue à celle des poissons, deux mâchoires cornées semblables au bec d'un perroquet, et un cerveau renfermé dans une boîte cartilagineuse.

A l'aide de leurs tentacules, dont toute la surface est garnie de suçoirs ou ventouses, et dont l'extrémité est quelquefois élargie, les *céphalopodes* peuvent se fixer aux corps placés dans l'eau, saisir leur proie, ramper au fond des mers ou nager avec agilité dans leur sein. Dans ce dernier cas, ils ont toujours la tête en-bas et le corps en-haut ; ce qui ne les empêche pas de se porter dans toutes les directions avec beaucoup de rapidité.

Leurs organes digestifs, circulatoires et respiratoires sont renfermés dans le *manteau*, qui est fermé de toutes parts, excepté en avant, où se trouve une grande poche qui laisse passer la tête avec ses dépendances, et dans laquelle s'ouvrent l'orifice du conduit qui amène aux branchies l'eau nécessaire à la respiration, l'ouverture du canal qui rejette le résidu de la digestion, et enfin l'extrémité du tube qui verse au dehors une sécrétion particulière, fortement colorée, que l'animal répand autour de lui, pour se rendre invisible, quand il est poursuivi par ses ennemis.

La bouche des *céphalopodes* présente, outre ses deux mâchoires, une langue hérissée de pointes cornées qui leur forment des organes masticateurs très énergiques ; aussi ces mollusques sont-ils voraces et carnassiers ; ils se nourrissent de crabes, de homards, de poissons et de tous les animaux marins qu'ils peuvent saisir et terrasser. Unissant l'adresse à la force et à l'agilité, tantôt ils se tiennent cachés parmi les algues et les fucus, attendant que quelque victime s'approche à la portée de leurs longs tentacules, tantôt ils voguent au sein des eaux, portant de tous côtés leurs regards attentifs ; et dès qu'ils aperçoivent une proie convenable, ils s'élancent à sa poursuite, et l'enlaçant dans leurs bras, ils l'amènent à leur bouche, où elle est écrasée et engloutie sur-le-champ.

Presque tous les *céphalopodes* ont une coquille ; ceux qui ne l'ont pas extérieure en ont un rudiment intérieur, qui acquiert quelquefois une dureté pierreuse, et qui demeure assez souvent complètement cornée. Mais, dans tous les cas, la substance cornée ou pierreuse qui la compose est de forme symétrique, et peut se diviser en deux parties égales et semblables. C'est d'après la considération de la position intérieure ou extérieure de cette espèce de coquille, qu'on a divisé cette classe en ordres, familles, genres, etc. Mais comme les animaux qu'on trouve dans ce groupe sont pour la plupart microscopiques ou n'existent qu'à l'état fossile, on peut regarder les espèces intéressantes que l'on connaît comme ne formant qu'un seul ordre, que nous diviserons en deux familles, dont l'une n'a qu'un rudiment de coquille intérieure ou une coquille entière, avec une seule loge ou cavité, et l'autre a toujours une coquille contournée en spirale et divisée intérieurement en plusieurs chambres : la première est celle des *sépiaires*, et la seconde celle des *nautilacés*.

Ire *Famille.* — Sépiaires. (pl. XXVIII).

Ils tirent leur nom de *sépia*, *seiche*, principale espèce de la famille. Ce sont des mollusques de grande taille, dont les principaux viscères ou organes sont renfermés dans le sac formé par le manteau, et qui offrent au-dessous de leur cou une espèce d'entonnoir où aboutissent les conduits respiratoires de l'animal, ainsi que celui du liquide foncé qu'il répand pour troubler l'eau et se dérober aux yeux de ses ennemis.

Tous les céphalopodes de cette famille sont marins ; les uns, lents dans leurs mouvemens, se traînent au fond de l'eau et ne s'éloignent jamais du rivage, parce qu'ils y trouvent plus commodément leur nourriture ; les autres, plus agiles, s'avancent vers la haute mer, où ils nagent facilement à l'aide de leurs longs bras et d'appendices abdominaux formés par leur manteau. Du reste, tous sont également voraces et cruels ; tous ont aussi la chair bonne à manger et fournissent une encre employée en peinture. On les divise en quatre genres : les *poulpes*, les *argonautes*, les *calmars* et les *seiches*.

§ I. Le mot POULPE (*polypus*), qui signifie *plusieurs pieds*, s'appliquait autrefois à tous les céphalopodes connus, et leur avait été donné à cause du grand nombre de tentacules qui entourent leur bouche. Depuis que les progrès de l'histoire naturelle ont fait découvrir beaucoup d'espèces analogues à celles que connaissaient les anciens, on n'a plus donné le nom de *poulpe*, qui n'est qu'une corruption du mot polype, qu'aux animaux pourvus de huit grands tentacules à peu près égaux, dont la coquille est réduite à deux grains coniques de substance cornée, placés dans l'épaisseur de leur peau dorsale, et dont le ventre est dépourvu de ces ailes latérales, qui facilitent la natation des espèces pélagiennes. Aussi les *poulpes* ne peuvent-ils pas nager, ou du moins ils nagent mal ; c'est pour cela qu'ils se tiennent de préférence près des côtes, où ils font de grands dégâts parmi les crustacés et les poissons qui fréquentent les mêmes endroits. La force de leurs bras est telle qu'il n'est presque pas d'animaux qui, enlacés dans les contours de ces organes, puissent leur échapper ; on prétend même qu'ils font quelquefois périr des nageurs. Le nombre immense de ventouses dont ces appendices sont garnis, nombre qui va jusqu'à cent vingt paires, fait qu'il est presque impossible aux animaux qu'ils ont pris d'échapper à leurs étreintes.

On en connaît plusieurs espèces dont les principales sont le *poulpe commun*, qui a près de deux pieds de diamètre, et dont les bras sont six fois aussi longs que le corps ; c'est le plus fort et le plus dangereux de tous ; il est d'autant plus difficile aux animaux marins d'éviter ses embûches, qu'il a l'habitude de se cacher dans les fentes des rochers. C'est ainsi qu'il triomphe par surprise de crabes énormes qui, s'ils n'étaient pris à l'improviste, se défendraient avec avantage. A cette espèce, il faut ajouter le *poulpe granuleux*, auquel on doit, selon quelques auteurs, la bonne encre de Chine.

§ II. L'ARGONAUTE (*argonauta*) (*fig.* 1) a de grands

rapports avec les poulpes par toute son organisation et par le
nombre de ses tentacules; mais il en diffère en ce que deux
de ces appendices sont un peu plus longs que les autres, et se
dilatent à leur extrémité en une large membrane; ils sont
d'ailleurs renfermés dans une jolie coquille nacrée et transparente, dont l'intérieur ne présente qu'une seule loge.

Ce genre, dont on compte plusieurs espèces que les anciens
confondaient sous le nom d'*argonaute*, et auxquelles le vulgaire donne encore le nom générique de *nautile papyracé*, à
cause de la finesse de sa coquille, a été de tout temps célèbre
par ses habitudes singulières; les poètes surtout les ont dé-
crites avec enthousiasme. Cet animal se tient toujours en pleine
mer et n'approche jamais du rivage. Dans les temps calmes,
on le voit s'élever à la surface de l'eau, où sa coquille légère
surnage comme une nacelle. Déployant alors ses tentacules
élargis, il présente une espèce de voile aux vents, au gré desquels il se laisse aller tant que le calme dure; mais si le temps
s'obscurcit ou si quelque bruit vient à l'effrayer, l'animal re-
plie sa voile, rentre dans sa coquille, et, la remplissant d'eau,
retombe au fond de la mer, où il demeure jusqu'à ce que le
danger soit passé.

§ III. Le mot CALMAR (*loligo*) (*fig.* 2), abréviation de
calamarium ou plutôt de *theca calamaria* (encrier), se donnait d'abord à tous les céphalopodes qui répandent une liqueur
noire, dont on faisait usage pour écrire. Maintenant on ne
l'applique plus qu'aux espèces dont la coquille rudimentaire
est cornée et a la forme d'une lame d'épée ou de lancette, et qui
ont la bouche entourée de dix tentacules, dont deux beaucoup
plus longs se terminent par une assez large ventouse. Leur
manteau forme d'ailleurs, sur les côtés et à la partie postérieure de leur corps, deux espèces de nageoires qui leur
rendent la nage beaucoup plus facile qu'aux poulpes. Aussi
tous les *calmars* sont-ils pélagiens et montrent une agilité remarquable dans des animaux sans squelette intérieur ou ex é-
rieur. Non-seulement ils poursuivent leur proie avec vitesse,
on les voit souvent s'élancer hors de l'eau à d'assez grandes
hauteurs pour retomber quelquefois sur le pont des vaisseaux.
Si ces mollusques se tenaient toujours dans les eaux profondes,
on connaîtrait peu leurs habitudes; mais on a remarqué que,
durant la tempête, ils se rapprochent des côtes, soit pour

se fixer aux rochers au moyen de leurs ventouses , soit pour y chercher des victimes à dévorer.

On pêche les *calmars* pour plusieurs motifs : d'abord pour leur encre qui s'emploie avantageusement dans les arts ; et ensuite pour leur chair, qui sert de nourriture aux pauvres , mais dont on fait surtout un grand usage comme appât pour la pêche de la morue.

On compte dans ce genre plus de vingt espèces , dont la plus célèbre et la plus anciennement connue est le *calmar vulgaire*, qui parvient jusqu'a trente pouces de long et qui est très commun dans toutes les mers d'Europe. On connaît encore le *grand* et le *petit calmar*, dont l'un est supérieur et l'autre inférieur au calmar vulgaire.

§ IV. Les SEICHES (*sepia*) ont les plus grands rapports avec les calmars, dont elles ne diffèrent que par leur coquille et par leurs nageoires latérales. Dans les *seiches*, la coquille est ovale et de nature calcaire, et les nageoires s'étendent sur toute la longueur du corps ; tandis que dans les calmars, la première est longue et pointue, et les dernières n'existent qu'à la partie postérieure du corps.

Du reste , ces deux genres de mollusques ont la même organisation et les mêmes habitudes ; aussi agiles et aussi rusés les uns que les autres , ils font une grande destruction de poissons et de crustacés , soit au milieu de la mer, soit près de ses rivages. A leur tour ils sont poursuivis par les gros poissons, et, entre autres , par les congres qui en font leur principale nourriture. Mais leur fécondité est immense ; ils pondent leurs œufs en grandes grappes auxquelles on donne, sur les ports , le nom de *raisins de mer*. On recherche les *seiches* comme les calmars , pour leur encre et pour leur chair ; leur coquille , qu'on nomme vulgairement *os de seiche*, s'emploie à polir divers ouvrages, et se suspend dans la cage des petits oiseaux pour leur servir à s'aiguiser le bec.

IIe *Famille*. — NAUTILACÉS (pl. XXVIII).

Cette seconde famille, quoique beaucoup plus nombreuse que la précedente, n'offre pas le même intérêt pour le naturaliste ; mais elle fournit à la géologie ou à la science qui s'occupe de la structure de la terre, des données précieuses pour connaître l'âge des diverses couches qui la composent ; car elle renferme un grand nombre d'espèces fossiles extrêmement remarquables.

Le caractère principal qui distingue les *nautilacés* des sépiaires, se tire de la forme de la coquille qui loge l'animal ; elle est toujours contournée en spirale et symétrique, comme celle de l'argonaute ; mais elle diffère de cette dernière par le nombre des compartimens qui en divisent intérieurement la cavité. Quant à l'animal qui l'habite, on ne connaît pas celui de toutes les espèces ; mais dans toutes celles dont on l'a observé, on l'a trouvé à peu près semblable à celui des sépiaires ; ce qui fait présumer que celui des espèces dont on connaît les coquilles devait lui ressembler également.

On ne compte de cette famille qu'un seul genre dont les espèces soient vivantes ; ce sont les *nautiles* (1) ; mais on trouve dans le sein de la terre un très grand nombre de coquilles fossiles, qui ont probablement appartenu à cette famille. On en forme trois genres principaux : les *bélemnites*, les *ammonites*, et les *nummulites*.

§ I. Les NAUTILES (*nautilus*) (*fig.* 3) forment un genre peu nombreux en espèces vivantes, et dont la coquille est la seule partie bien connue. Extérieurement cette coquille ressemble à celle de l'argonaute, et, dans le commerce, on désigne cette dernière sous le nom de *nautile*. L'une et l'autre semblent en effet avoir été formées par un cône ou cornet contourné plusieurs fois sur lui-même ; mais dans l'argonaute, l'intérieur du cône est sans cloisons, et ses tours sont cannelés en travers, tandis que dans les *nautiles*, l'intérieur du cône est divisé en plusieurs compartimens par des cloisons transversales, et ses tours ont leur surface extérieure entièrement unie.

Quant à l'animal, il est encore très peu connu ; mais on sait qu'il a beaucoup de rapports avec celui des seiches ; seulement, comme le *nautile* vit enfoncé dans une coquille, il lui faut un

(1) Nous ne parlerons pas ici des espèces microscopiques qui sont si abondantes dans toutes les mers, mais qui sont difficiles à observer ; d'ailleurs on n'est pas bien d'accord sur la place que ces animaux doivent occuper dans la série animale, puisque certains naturalistes les regardent comme des mollusques et d'autres comme des zoophytes.

siphon ou canal pour lui amener l'eau dont il a besoin pour respirer.

On ne compte que deux espèces de nautiles ; ce sont la *spirule* ou *cornet de postillon*, et le *nautile flambé*, qu'on appelle ainsi pour le distinguer du nautile papyracé qui appartient à l'argonaute.

§ II. On trouve dans l'intérieur du globe terrestre, au milieu des masses calcaires, une immense quantité de coquilles dont la forme extérieure et intérieure fait présumer que l'animal qui les habitait devait ressembler à celui des nautiles. Parmi ces coquilles, les unes sont droites, coniques, et semblables à un trait ; on les nomme *bélemnites*, d'un mot grec qui signifie *javelot*. Elles ont un test mince et double, c'est-à-dire composé de deux cônes réunis pas leur base, et dont l'intérieur, beaucoup plus court que l'autre, est divisé en dedans en chambres par des cloisons parallèles, concaves du côté de la base. Un canal s'étend du sommet du cône externe à celui du cône interne et se continue de là, tantôt le long du bord des cloisons, tantôt à travers leur centre. Ces coquilles sont au nombre des fossiles les plus abondans dans les terrains crétacés et calcaires.

D'autres coquilles fossiles sont contournées sur elles-mêmes comme celles des nautiles, et portent le nom d'*ammonites* ou *cornes d'Ammon*, parce qu'elles ressemblent à des cornes de béliers. Les couches des terrains secondaires, qu'on a nommés *ammonéens*, fourmillent d'espèces de ce genre de toute grandeur, depuis celle d'une lentille jusqu'à celle d'une roue de carrosse.

Enfin certaines coquilles également fossiles n'ont aucune ouverture apparente, et ont été appelées *nummulites ou pierres numismales*, à cause de leur peu d'épaisseur et de leur forme arrondie. C'est un des fossiles les plus répandus et qui forme presqu'à lui seul des chaînes entières de collines calcaires et des bancs immenses de pierre à bâtir.

HÉLICOLOGIE

OU

HISTOIRE NATURELLE DES GASTÉROPODES.

Les *ptéropodes* forment une classe peu nombreuse et peu importante, dont le caractère distinctif consiste à avoir, pour appendices locomoteurs, des nageoires placées comme des ailes de chaque côté de la bouche. La disposition de ces organes annonce que ces animaux sont destinés à vivre au milieu des vastes plaines de l'Océan, où ils se meuvent avec agilité, et où ils n'ont point à craindre d'être jetés contre les rochers. Aussi fuient-ils les côtes rocailleuses sur lesquelles le défaut de coquille, ou la faiblesse de cet organe, les auraient exposés à être brisés par les vagues. Ces mollusques sont petits et manquent de coquille ou l'ont très imparfaite. Ils sont très abondamment répandus dans les mers du Nord, où ils servent de nourriture aux baleines. On en trouve une espèce dans la Méditerranée, c'est l'*hyale*, petite coquille de la grosseur d'une noisette, dont le nom qui signifie *cristal*, lui a été donné à cause de sa transparence. On la trouve aussi dans l'Océan.

Mais si la seconde classe est petite, la troisième est extrêmement considérable ; elle comprend un grand nombre de mollusques testacés ou sans coquille, munis d'une tête bien distincte et qui rampent sur un disque charnu placé à la partie inférieure de leur corps, et que l'on désigne sous le nom de *pied* : c'est à cette disposition qu'ils doivent leur nom de *gastéropodes*, mot grec qui veut dire *ventre pied*.

On peut se faire une idée précise de la forme de tous ces animaux, par celle de la limace et du colimaçon : tous, en effet, ont le corps terminé en avant par une tête saillante, mais susceptible d'être ramenée dans l'intérieur du manteau, et sur laquelle on distingue le plus souvent des tentacules en

41.

nombre pair et variable , mais qui ne dépasse jamais six. Ces
tentacules diffèrent de ceux des céphalopodes en ce que , au
lieu d'entourer la bouche , ils sont toujours situés à la partie
supérieure de la tête. Ces organes, qui sont exsertiles et susceptibles de s'allonger et de se raccourcir au gré de l'animal,
paraissent être le siége d'une sensibilité exquise et d'un tact
très délicat ; car on les voit se retirer non-seulement au moindre contact , mais encore à la simple approche d'un corps qui
peut les blesser.

La plupart des *gastéropodes* ont des yeux ; mais la position de
ces organes varie selon les espèces. On les trouve placés tantôt à l'extrémité des tentacules , et tantôt sur la tête à une
plus ou moins grande distance de ces appendices. Quant à la
bouche, elle est toujours placée à la partie inférieure de la
tête , et consiste tantôt en une trompe entièrement charnue ou
garnie de petites dents à son extrémité , tantôt en mâchoires
cornées, de forme variable.

La coquille de ces animaux est toujours univalve , et ressemble à celle des céphalopodes, excepté que le cône auquel
elle doit sa naissance, au lieu d'être droit et d'être roulé sur
un même plan , est oblique et forme des tours ou *spires* qui
s'élèvent les uns au-dessus des autres, comme dans le colimaçon , le *buccin*, etc. (pl. XXVIII, *fig.* 6, 7, 8).

On distingue dans la coquille univalve deux parties principales,
la *spire* et l'*ouverture*. La première, qui en forme le corps, est
tantôt saillante et tantôt aplatie ; mais dans tous les cas elle sert
à loger l'animal. Quant à l'*ouverture*, elle est destinée à laisser
passer la tête et le pied. Elle est ordinairement plus longue
que large, et présente par conséquent deux extrémités et deux
côtés. Des deux extrémités la postérieure (H, F) se nomme
base de l'ouverture. On y remarque assez souvent l'orifice
d'un canal plus ou moins long, qu'on appelle *ombilic* (*fig.*
6 , A). L'extrémité antérieure est généralement remarquable
en ce qu'elle présente tantôt une échancrure (*fig.* 7, E) , tantôt un canal (*fig.* 8, D) destinés à livrer passage au tube respiratoire du mollusque. Quant à ses côtés , celui vers lequel
se dirige la *spire* et sur lequel le cône se roule , se nomme
columelle ; l'opposé porte simplement le nom de *bord*.

L'ouverture est ordinairement garnie d'une pièce cornée,
dite *opercule ,* dont la figure est en rapport avec son contour,
et que l'animal peut mouvoir à son gré, de manière à sortir de
sa coquille quand il veut, ou à s'y renfermer hermétiquement.

Du reste, cette coquille, quoique essentiellement formée de la même manière, présente les plus grandes variétés de forme : quelquefois elle est symétrique comme dans les argonautes et les nautiles ; mais le plus souvent elle est irrégulière. Dans ce dernier cas elle peut être ovale, conique, fusiforme, en cornet ; etc. C'est sur ces différences et sur celles de l'ouverture de la coquille qu'on base la classification des *gastéropodes*.

Cette classe de mollusques se divise en un assez grand nombre d'ordres, dont les plus importans sont ceux des *pulmonés*, des *dermobranches* et des *pectinibranches*.

Ier *Ordre.* — PULMONÉS.

Les *pulmonés* constituent un ordre parfaitement distinct non-seulement parmi les gastéropodes, mais encore dans l'embranchement tout entier des mollusques, par leur mode de respiration et par la nature de l'organe qui sert à cette fonction.

Tandis que tous les autres mollusques respirent le fluide atmosphérique par l'intermède de l'eau, les *pulmonés* seuls ne peuvent vivre qu'à l'air libre, et ont à cet effet une cavité dont l'intérieur est tapissé par les ramifications de l'artère pulmonaire, et communique au dehors par un trou ouvert sous leur manteau et que l'animal resserre ou dilate à son gré, de manière à laisser entrer l'air ou à s'opposer à son introduction.

Mais, quoique la nature de leur respiration exige que ces gastéropodes puisent au sein de l'atmosphère les matériaux nécessaires à cette importante fonction, il s'en faut que toutes les espèces comprises dans cet ordre soient exclusivement terrestres : il y en a en assez grand nombre qui sont entièrement aquatiques : seulement, au lieu de fréquenter les eaux profondes, comme peuvent le faire les mollusques pourvus de branchies, elles se tiennent de préférence dans les petits ruisseaux, les étangs et les mares ; ou, si quelques-unes habitent la mer, elles n'en quittent jamais les rivages, afin de pouvoir facilement s'élever à la surface de l'eau, pour respirer librement le fluide atmosphérique.

Quant à la forme et au genre de vie de ces mollusques, ils sont assez différens selon les espèces ; les uns ont la peau nue et se traînent sur un pied qui règne sur toute la partie inférieure du corps ; les autres vivent dans une coquille, et n'ont leur pied qu'à la base de leur cou. Leur nourriture est principalement végétale ; mais ils sont extrêmement voraces, et les espèces terrestres font beaucoup de dégâts dans les champs et les jardins : une mâchoire, en forme de faux, dont leur bouche est armée, leur permet de couper les feuilles et les fruits avec une rapidité qui, vu le grand nombre de ces animaux, ruine souvent le cultivateur, en détruisant ses récoltes.

Ce genre de nourriture exige un canal alimentaire très développé : aussi les *pulmonés* ont-ils l'estomac musculeux, et le plus souvent multiple ; leur foie est surtout d'une grosseur considérable.

La respiration de ces animaux, tout aérienne qu'elle est, n'est pas assez énergique pour rendre leur sang chaud ; aussi ont ils, comme les reptiles, les mouvemens lents et les sensations obtuses, et tous disparaissent pendant l'hiver et se cachent dans des trous profonds, où les influences atmosphériques ne se font point sentir, et dans lesquels ils tombent dans l'engourdissement.

La différence du milieu que ces mollusques habitent, ainsi que celle d'organisation qui en est la suite, les ont fait diviser en deux familles : les *limacinés* et les *lymnéens*.

Ire *Famille.* — LIMACINÉS.

Ils tirent leur nom des rapports qu'ils présentent avec la limace commune, cet animal si répandu partout, dans les bois, les prairies, les jardins, et si remarquable par sa forme allongée, par sa peau nue et gluante, et par sa tête surmontée de tentacules mobiles, que le vulgaire appelle *cornes*.

Tous ces mollusques sont terrestres et ont pour caractère distinctif le nombre de leurs tentacules, qui est toujours de quatre, tandis que les espèces aquatiques n'en ont jamais plus de deux.

La bouche des *limacinés* offre dans sa conformation une particularité fort remarquable : les bords en sont garnis d'une dent unique, courbée en forme de croissant et tranchante sur sa concavité. L'animal s'en sert pour couper les herbes et entamer les fruits dont il fait sa nourriture. C'est à cause de ce genre d'aliment que ces mollusques se tiennent de préférence dans les champs plantés d'arbres fruitiers dans lesquels ils commettent les plus grands dégâts , moins parce qu'ils mangent beaucoup , que parce qu'ils entament les fruits à noyaux, que les insectes et les oiseaux dévorent ensuite plus facilement.

Deux genres principaux composent la famille des limacinés , ce sont : les *limaces* qui manquent de coquille, et les *limaçons* qui en ont une.

§ I. On reconnaît aisément les LIMACES (*limax*) à leur corps allongé , à leur peau complètement nue ou protégée par une coquille toujours trop petite pour loger l'animal entier , et cachée dans l'épaisseur de l'enveloppe cutanée.

Quoique ces mollusques soient entièrement terrestres et ne puissent vivre dans l'eau , ce n'est guère que pendant les temps pluvieux qu'ils se montrent dans les champs ; et quand ils sont forcés de sortir, par un temps sec, de la retraite humide où ils se tiennent habituellement cachés , ils ont soin de ne marcher que dans l'herbe verte qui conserve toujours un certain degré de fraîcheur.

Leur marche est extrêmement lente et s'exécute par la contraction et l'allongement alternatifs de leur corps , qui cependant se traînerait encore avec plus de lenteur, sans la mucosité ou bave abondante qu'ils exsudent sur toute l'étendue de leur pied.

On compte plusieurs espèces de ce genre , dont les unes sont étrangères et les autres abondent dans nos pays. Parmi ces dernières, nous citerons comme les plus communes la *limace rouge*, la *limace grise*, la *petite limace*. Parmi les espèces exotiques, on nomme les unes *vaginales*, les autres *testacelles*, les autres *parmacelles*.

§ II. Les LIMAÇONS (*helix*) ou *escargots* forment un genre excessivement nombreux qui comprend plus de deux cents espèces, répandues dans toutes les parties du monde. On les reconnaît à leur coquille arrondie ou conique , dont l'ouverture est généralement très considérable , quoique l'avant-dernier tour de la spire l'entame, de manière à lui donner la forme d'un croissant.

Ce sont des mollusques trop connus dans tous les pays pour qu'il soit nécessaire d'en faire la description ; nous nous bornerons à faire observer la ressemblance qui existe entre cet animal et la limace; leur tête est également surmontée de quatre tentacules dont deux antérieurs plus près de la bouche, et deux postérieurs plus rapprochés du sommet. Ces derniers supportent les yeux et sont rétractiles d'une manière particulière : ils ont la forme de tuyaux creux qui logent le nerf optique, avec un muscle qui, en se contractant, fait rentrer l'œil dans l'intérieur de cette cavité et l'attire jusque dans la tête. Cette disposition rend cet organe moins facile à léser que s'il eût fallu, pour le mettre à l'abri, faire rentrer le tentacule tout entier, en commençant par sa base. On divise le genre *limaçon* en plusieurs sous-genres, dont les principaux sont les *escargots* proprement dits, les *bulimes*, les *nompareilles* et les *agathines*.

1º On nomme Escargots les espèces dont l'ouverture est autant ou plus large que longue ; c'est le sous-genre le plus considérable. On en connaît plus de cent espèces, entre autres le *grand escargot des vignes* et la *livrée* ou petit escargot des arbres. Dans beaucoup de pays on mange le premier, qui est excellent quand on a soin de lui faire dégorger son mucus par des lavages fréquens et par des jeûnes prolongés. Il paraît que les Romains en faisaient un cas tout particulier, et en nourrissaient dans des endroits disposés exprès à cet usage.

2º Les Bulimes (*bulimus*) ont l'ouverture plus longue que large. Nous en avons un dans le midi de la France : le *bulime décollé*, ainsi nommé de l'habitude qu'il a de casser le dernier tour de sa spire.

3º Les Clausilies (*clausilia*), plus souvent appelées *nompareilles*, sont toutes petites, de forme longue, grêle et pointue, et ont les bords fléchis en dehors. On en trouve beaucoup dans les mousses, aux pieds des arbres, etc.

4º Les Agathines (*agathina*) ont la coquille beaucoup plus longue que large et l'ouverture semblable à celle des bulimes ; son bord est tranchant et sa columelle est tronquée à sa base. Ce sous-genre est presque entièrement exotique.

IIᵉ *Famille.* — Lymnéens.

Les *lymnéens* ressemblent aux limacinés par la forme de leur coquille et par celle de l'animal qui l'habite, avec cette différence que les premiers n'ont que deux tentacules à la tête, tandis que les espèces de la famille précédente en ont toujours quatre.

Malgré cette ressemblance, les habitudes de ces deux sortes de gastéropodes sont toutes différentes ; car on ne trouve guère les *lymnéens* que dans les eaux douces, et surtout dans les mares et les petits étangs qui contiennent peu de liquide. Quelquefois on les voit nager au sein des eaux au moyen des lobes de leur pied abdominal ; mais le plus souvent ils se traînent en rampant dans la vase, où ils cherchent leur nourriture ; quelques espèces même sortent de leur élément favori pour se répandre sur les plantes qui entourent les eaux qu'elles habitent , et dont elles dévorent les feuilles et les bourgeons.

Les *lymnéens* sont des mollusques fort communs et répandus dans toutes les parties du monde. Les uns manquent de coquille , comme les limaces ; ils sont en petit nombre et tous étrangers ; on les appelle ONCHIDIES (*onchidium*). Les autres, en plus grand nombre, en ont une : ce sont les *planorbes* et les *lymnées*.

§ I. Les PLANORBES (*planorbis*) ont, ainsi que leur nom l'indique, des coquilles très aplaties, qui laissent voir les tours de la spire en-dessous et en-dessus, comme dans celles des céphalopodes , tandis que dans les mollusques à spire saillante , on ne voit les tours de cette dernière que d'un seul côté.

L'animal qui produit cette coquille se fait remarquer par deux longs tentacules entre lesquels sont placés les yeux , et par une liqueur abondante qu'exhale son manteau , liqueur qu'on prend vulgairement pour son sang, parce qu'elle est de couleur rouge ; mais c'est à tort : les *planorbes* , comme tous les mollusques , ont leur fluide nourricier tout-à-fait transparent ou à peine coloré. Ce prétendu sang n'est autre chose qu'un liquide analogue à celui que les *seiches*, les *calmars*, etc., répandent, quand ils sont inquiétés.

On trouve beaucoup de ces animaux dans les rivières, les étangs, etc. , où ils se nourrissent de matières végétales, comme tous les pulmonés ; leurs coquilles sont en général minces , fragiles et presque complètement diaphanes.

§ II. Le nom de LYMNÉE (*lymna*) se tire d'un mot grec qui signifie *étang* , et sert à désigner certains coquillages fort communs pour la plupart dans ces petits amas d'eau douce qu'on rencontre partout. Ils vivent, comme les précédens , d'herbes et de graines, et ont un estomac très vigoureux qu'on peut comparer au gésier des oiseaux. On les rencontre pêle-mêle avec les planorbes, non-seulement en vie dans les étangs, mais encore à l'état fossile dans l'intérieur de la terre. Leur coquille, semblable à celle des bulimes par sa forme oblongue et par son ouverture plus longue que large, s'en distingue aisément par son bord tranchant et par un pli de la columelle qui rentre obliquement dans l'intérieur de la coquille. Les espèces de ce genre qu'on trouve en France sont la *lymnée des étangs*, la *lymnée moyenne*, la *lymnée naine*, la *lymnée voyageuse*, ainsi nommée parce qu'elle sort souvent de l'eau, pour grimper sur les arbres et sur les murs.

IIe Ordre. — DERMOBRANCHES.

Parmi les gastéropodes qui respirent par des branchies, et qui par conséquent ne peuvent vivre que dans l'eau, il en est un certain nombre qui ont ces organes visibles à l'extérieur ou simplement recouverts par un repli du manteau de l'animal. On a donné à ces mollusques le nom de *dermobranches*, qui veut dire *branchies à la peau*. Mais comme la position des organes respiratoires n'est pas toujours facile à déterminer, on a cherché un caractère extérieur au moyen duquel on pût reconnaître ces animaux ; et on l'a trouvé, d'abord dans la forme de leur pied, qui règne sur toute l'étendue de leur ventre, et ensuite à la forme de leur coquille, qui est à peine *turbinée*, et dont l'ouverture, extrêmement large, leur permet de faire sortir leur pied tout entier, soit pour nager, soit pour ramper.

Ce double caractère distingue les *dermobranches* de tous les autres gastéropodes, dont le pied n'occupe que la partie antérieure du ventre, et dont la coquille a toujours sa spire bien marquée.

On ne trouve ces mollusques que dans les eaux salées : les uns, en petit nombre, se tiennent dans la profondeur des mers ; ce sont en général ceux qui manquent de coquille ou qui l'ont très petite ; les autres au contraire ne quittent jamais les bords de l'eau. Les premiers ont des espèces de nageoires pour la natation, tandis que les seconds se traînent en rampant sur les rochers et les thalassiophytes ou plantes marines, qui croissent avec tant d'abondance près des côtes.

On divise cet ordre en trois familles principales, savoir : les *nudibranches*, les *tectibranches* et les *scutibranches*.

Ire *Famille.* — Nudibranches (pl. XXVIII).

Les gastéropodes de la famille des *nudibranches* sont extrêmement remarquables par la position de leurs branchies ra-
meuses, qu'ils portent toujours sur le dos, où elles ressemblent
tantôt à de petites plantes et surtout à des mousses, tantôt à
des franges (*fig.* 4, **A**).

Ce sont des animaux marins, de forme très variable, sans
coquille apparente ou cachée, et dont la tête n'est annoncée
que par la présence de deux ou quatre tentacules rétractiles.
Tous ces mollusques habitent la haute mer. Ils nagent ordinairement la tête en-haut et le dos en-bas, se servant de leur large
pied comme d'une nacelle pour se maintenir à la surface de
l'eau, et de leurs branchies ou des bords de leur manteau,
comme de rames pour accélérer leurs mouvemens. Souvent
aussi on les voit ramper, à l'aide de leur pied, sur les longs fucus
qui croissent dans la mer sous toutes les latitudes, et qui semblent faire la base de leur nourriture. Leur bouche est située
à la partie antérieure et inférieure de leur corps, et leur anus
s'ouvre tantôt en arrière au centre des branchies, tantôt sur
le côté droit de leur corps.

Cette famille comprend deux genres remarquables : ce sont
les *doris* et les *glaucus.*

§ I. Les DORIS (*doris*) (*fig.* 4), ont été ainsi nommées par
allusion aux nymphes de ce nom qui présidaient à la mer.
Comme ces dernières, les *doris* ne quittent jamais les eaux
salées, tantôt rampant sur les rochers à peu de distance des
côtes, tantôt se traînant sur les plantes marines si communes
dans la haute mer, d'autres fois nageant à la surface des flots
au moyen de leur large pied.

Ces nudibranches forment le genre le plus nombreux de
toute la famille; on en compte près de trente espèces toutes faciles à reconnaître à leur forme ovalaire, à la position de leurs
branchies (A), et à la différence que présente leur corps, selon
qu'il est contracté ou épanoui. Leur manteau est ordinairement
paré de brillantes couleurs, qui font un contraste agréable avec
leurs formes lourdes et épaisses. On en compte plusieurs dans
la Méditerranée et l'Océan, entre autres l'*argo,* la *doris large-*
bord, la *doris à limbe,* etc.

§ II. On ne connaît bien qu'une seule espèce de GLAUCUS (*glaucus*), animal de forme allongée, terminé en pointe postérieurement, et très remarquable par la beauté de ses couleurs. Son corps, d'un gris de perle, présente sur le dos deux bandes longitudinales d'un bleu superbe ; couleur qu'on retrouve également sur sa tête et sur sa queue.

Ce qui distingue le *glaucus* des doris, c'est la forme de son pied et de ses branchies. Celles-ci ressemblent à des bouquets de franges placés par paires de chaque côté du corps, et servent en même temps à la respiration et à la locomotion. Quant à son pied, il est extrêmement petit et n'est presque pas utile à l'exécution des mouvemens ; aussi le *glaucus* ne rampe-t-il pas, ou, s'il le fait, c'est avec une extrême lenteur ; le plus souvent lorsqu'il se meut , c'est en nageant à l'aide de ses branchies, et alors ses mouvemens sont assez agiles pour qu'il soit difficile à prendre. Quand, malgré ses efforts, ce mollusque se voit près d'être saisi, ou quand il éprouve quelque souffrance, il se contracte fortement et se roule en cercle comme les cloportes, afin de mettre le plus grand nombre possible de ses organes à l'abri du danger.

On trouve cet animal dans toutes les mers des climats chauds, où il nage toujours en troupes nombreuses.

IIe Famille. — TECTIBRANCHES (pl. XXVIII).

Dans cette seconde famille, l'animal porte ses branchies sur son dos , comme dans la précédente ; mais dans les nudibranches la position de ces organes est tout-à-fait extérieure, et permet de les distinguer sans qu'il soit nécessaire de rien ôter au mollusque ; dans les *tectibranches*, au contraire , les branchies sont logées dans une cavité spéciale du dos et recouverte par le manteau , de sorte que pour les apercevoir il faut enlever ce dernier ; d'ailleurs les *tectibranches* ont presque tous une coquille ou un rudiment de cette enveloppe calcaire (*fig.* 5).

Sous le rapport de leurs habitudes, ces gastéropodes sont peu différens de ceux des autres ordres ; seulement ils se tiennent en général plus près des côtes et se nourrissent de plantes marines. A cet effet, leur canal intestinal est très ample, et leur estomac est non-seulement multiple, mais encore garni intérieurement de pièces cornées ou cartilagineuses, destinées à faciliter la digestion.

Cet ordre n'est pas plus nombreux que le précédent ; il ne

renferme, comme ce dernier, que deux genres importans : ce sont les *aplysies* et les *bulles.*

§ I. Les APLYSIES (*aplysia*) (*fig.* 5) sont des mollusques nus, ou n'ayant pour toute coquille qu'une lame intérieure placée au-dessus de la cavité branchiale pour protéger les organes qu'elle contient. Leur manteau forme, au-dessus de leur dos et de chaque côté, un large repli qui recouvre presque entièrement la partie supérieure de leur corps, excepté en avant, où se trouve placée la tête. Celle-ci est extrêmement remarquable par la présence de quatre tentacules, dont les deux postérieurs sont larges et concaves antérieurement, comme la conque de l'oreille d'un quadrupède, particularité qui a fait donner à ces animaux le nom de *lièvres marins ;* on les nomme aussi *limaces de mer,* à cause de la ressemblance qu'elles ont avec le mollusque terrestre de ce nom.

Le corps des *aplysies* laisse exsuder de toutes ses parties une liqueur fétide et souvent colorée, qui leur sert à repousser leur ennemi par son odeur ou par sa causticité, ou du moins à les rendre invisibles à ses yeux, en troublant autour d'eux la transparence des eaux ; et comme cette liqueur gluante est extrêmement tenace et ne s'enlève que très difficilement, on leur a donné le nom grec qu'elles portent, et qui exprime cette particularité (1).

On ne saurait croire combien ces mollusques diffèrent d'eux-mêmes, selon qu'on les examine en mouvement ou en repos. Dans le premier cas, ce sont des animaux allongés dont la tête, quoique peu saillante, est toujours facile à distinguer à la présence de ses tentacules ; en un mot, ils ressemblent à nos limaces terrestres. S'ils s'arrêtent pour se reposer, tout change ; leur corps se contracte en une masse épaisse et informe, au milieu de laquelle la tête se perd avec ses yeux et ses tentacules ; on les prendrait alors pour un morceau de chair corrompue.

On trouve les *aplysies* dans la plupart des mers, et surtout dans la Méditerranée ; les anciens les connaissaient et leur avaient attribué une foule de propriétés chimériques et opposées ; c'étaient en même temps des poisons violens et des remèdes héroïques. Maintenant il n'y a que les naturalistes qui fassent attention à elles. On peut les observer facilement ; tantôt elles rampent lentement sur les rochers voisins des côtes, tantôt elles

(1) *Aplysie,* en grec, signifie *inlavable,* qu'on ne peut laver.

nagent avec agilité en frappant l'eau des bords de leur manteau; leur nourriture consiste en herbes marines et même en mollusques et vers marins.

L'espèce la plus célèbre et la mieux connue de ce genre nombreux est l'*aplysie dépilante*, ainsi nommée parce qu'on croyait que sa liqueur faisait tomber les poils, quand elle touchait une partie qui en était couverte. On en trouve encore plusieurs autres dans nos mers.

§ II. Les BULLES (*bulla*) se distinguent au premier abord des aplysies par le défaut de tentacules ou par la petitesse de ces organes, si l'on veut regarder comme tels l'espèce de bouclier charnu au-dessous duquel sont placés les yeux de ces animaux. La plupart des *bulles* ont d'ailleurs une coquille qui, bien que trop petite pour protéger le corps de l'animal, n'en est pas moins entière et visible extérieurement. On reconnaît cette coquille au peu de saillie de sa spire et à la grandeur de son ouverture, qui est en forme de croissant.

On compte plusieurs espèces de *bulles*, dont les unes ont la coquille cachée dans l'épaisseur du manteau ; telle est l'*amande de mer* qu'on trouve dans presque toutes les mers ; les autres ont une coquille extérieure, mais très mince ; telles sont l'*oublie*, la *muscade* ou *ampoulle*, la *goutte d'eau*, etc.

IIIe *Famille.*— SCUTIBRANCHES.

Cette famille comprend un certain nombre de mollusques, tous pourvus d'une coquille qui n'est presque jamais formée de tours en spirale, comme dans les coquilles ordinaires, et qui, par son aplatissement, ressemble plutôt à une espèce de bouclier ou de coupe, qu'à la demeure d'un animal. L'ouverture en est incomparablement plus large que dans aucune autre espèce, et la forme en est le plus souvent symétrique, non plus comme dans la coquille des céphalopodes, dont la spire est également saillante des deux côtés, mais parce qu'elle semble formée par la réunion de deux lames concaves parfaitement semblables, placées l'une à côté de l'autre.

Tous ces mollusques sont marins et littoraux ; ils rampent au fond de l'eau à peu de distance des côtes, et vivent principalement de thalassiophytes. Comme la coquille des *scutibranches* est assez grande pour recouvrir le corps entier de l'animal, il faut à ce dernier un siphon ou tube pour aller, lorsqu'il est ainsi retiré, chercher l'eau nécessaire à la respiration.

Cette famille comprend trois genres principaux : les *ormiers*, les *patelles* et les *oscabrions*.

§ I. Les ORMIERS (*halyotis*), plus communément connus sous le nom d'*halyotides* ou *oreilles de mer*, à cause de la ressemblance de leur coquille avec l'oreille d'un quadrupède, sont les seuls de la famille dont l'enveloppe testacée ne soit pas symétrique. Celle-ci est de forme ovale, aplatie, à spire légèrement saillante, et présente à l'intérieur une belle couleur nacrée avec des reflets métalliques, et sur un des côtés une rangée de trous dont le nombre s'accroît à mesure que l'animal vieillit, et dont le plus nouveau, qui est aussi le plus antérieur, sert à donner passage au siphon ou canal respiratoire.

L'*ormier* est un des mollusques les plus ornés ; tout autour de son large pied règne une double membrane découpée en festons, et garnie de filets qui font le plus bel effet à l'œil. On en compte plusieurs espèces, dont une seule vit dans la Méditerranée ; elle se tient toujours près des côtes et se nourrit de plantes marines. Malgré la largeur de l'ouverture de sa coquille, son pied en dépasse toujours plus ou moins les bords.

§ II. Les PATELLES (*patella*) constituent un genre aussi nombreux que remarquable par leur forme et par leurs habitudes. Fixées pour ainsi dire sur les rivages de la mer qu'elles ne quittent jamais, afin de ne pas s'éloigner des plantes marines qui y croissent et dont elles font leur nourriture, elles se creusent, sur les rochers voisins de la côte, des excavations peu profondes dans lesquelles elles s'établissent, pour ainsi dire, à demeure, et qu'elles ne quittent que pour aller chercher leur nourriture ; on a même long-temps cru qu'elles y restaient immobiles pendant toute leur vie ; mais on s'est positivement assuré du contraire, en examinant, à des époques différentes, ces excavations, que l'on a trouvées tantôt vides, tantôt occupées.

Du reste, les mouvemens de ces mollusques sont tellement lents, que l'œil ne les distingue qu'en ce que les bords de la coquille, qui touchent le sol quand l'animal est immobile, s'en trouvent plus ou moins écartés pendant qu'il marche. On prétend que lorsqu'ils sont fixés à une place, ils y adhèrent si fortement au moyen de leur pied, qu'il est impossible de les en arracher. Du reste, on les recherche peu ; leur chair est si coriace, qu'elle ne peut pas servir d'aliment. Mais si on dédaigne l'animal, il n'en est pas de même de la coquille : celle-ci est d'une forme assez singulière, et présente souvent de jolies couleurs, qui la font rechercher des amateurs de conchyliologie. Elle est orbiculaire ou ovale, en forme de bouclier ou de cône aplati ; de sorte qu'elle ressemble plus ou moins à un petit plat ; c'est d'après cette ressemblance que ces animaux ont reçu le nom de *patelles*, qui, en latin, a cette signification.

Ce genre nombreux a dû être partagé en plusieurs sous-genres. 1º On nomme FISSURELLES (*fissurella*) les espèces qui présentent un trou au sommet du cône, comme la *fissurelle grecque*, la *fissurelle de Magellan* ou *trou de serrure*, etc. 2º On appelle EMARGINULES (*emarginula*) celles qui offrent une échancrure à la partie postérieure, comme l'*entaille*. 3º Enfin on donne le nom de *patelles* à celles dont le bord et le sommet sont entiers : tels sont l'*œil de rubis*, l'*œil de bœuf*, la *tête de Méduse*, la *patelle commune*, et un nombre considérable d'autres espèces.

§ III. Les OSCABRIONS (*chiton*) sont des mollusques très remarquables par l'espèce de test qui les recouvre. L'animal a la forme d'une limace sans tentacules à la tête ; mais son dos, au lieu d'être nu, présente une série de pièces cornées, dont le nombre varie de six à dix, et qui sont imbriquées ensemble comme les ardoises d'un toit, de manière à lui former une coquille multivalve.

Cette disposition du test a une influence très marquée sur les mouvemens des *oscabrions* ; ils ne restent pas constamment fixés à la même place comme les patelles ; la multiplicité des pièces de leur coquille leur permettant de tourner à droite et à gauche, ils rampent avec la même vitesse ou plutôt avec la même lenteur que les limaces, les escargots et autres animaux analogues.

Ces mollusques, qui sont assez nombreux, se traînent sur un pied ou disque charnu et ventral, comme tous ceux de leur classe. Ils vivent dans la mer, à peu de profondeur et près de ses rivages, et se fixent de temps en temps sur les rochers et les pierres ; ils aiment surtout à s'attacher le long des plantes marines, dont ils paraissent faire leur nourriture.

Nous en trouvons plusieurs espèces dans les mers d'Europe, eutre autres l'*oscabrion écailleux*, l'*oscabrion marginé*.

IIIe *Ordre.* — PECTINIBRANCHES.

Ce troisième ordre est sans comparaison le plus nombreux de la classe des gastéropodes ; il comprend une immense quantité de mollusques faciles à reconnaître à leur coquille généralement conique, contournée en spirale (pl. XXVIII, *fig.* 7 et 8) et à leur pied charnu, qui, au lieu de s'étendre sur toute la partie inférieure de leur corps, n'en occupe que la portion antérieure, vers le cou, ce qui leur a fait donner aussi le nom de *trachélipodes*, qui veut dire *pied au cou*. La portion postérieure, qui contient les principaux organes de la digestion, demeure toujours cachée dans la spire de la coquille, et porte le nom de *tortillon*.

Tous les mollusques de cet ordre sont essentiellement aquatiques, et la plupart ne vivent que dans la mer ; il leur faut par conséquent des branchies pour respirer. Ces organes qui, ainsi que l'exprime leur nom de *pectinibranches*, sont en forme de peignes ou composés de lanières rangées parallèlement, comme les dents d'un peigne, sont constamment attachés au plafond d'une cavité logée dans le dernier tour de la coquille, et communiquant avec l'extérieur, soit par un simple trou, soit par un siphon plus ou moins long qui traverse une échancrure (*fig.* 7, E) ou un canal (*fig.* 8, D) pratiqués sur la circonférence de l'ouverture. Dans tous les cas, cette ouverture est ordinairement munie d'un opercule mobile, que l'animal peut ouvrir ou fermer à son gré.

C'est dans ce groupe de mollusques que se trouvent les coquillages les plus remarquables par la diversité de leurs formes et par la variété et l'éclat de leurs couleurs. Ce sont par conséquent ceux qui ont le plus anciennement attiré l'attention des naturalistes et des amateurs. On a eu d'autant plus de plaisir à les réunir en collection, qu'ils n'ont aucun besoin de préparation, et qu'ils sont extrêmement faciles à conserver.

Pour se reconnaître au milieu de la multitude d'espèces souvent peu différentes qui composent cet ordre, on a été obligé d'avoir recours aux moindres particularités de structure qu'elles offrent, pour en former les caractères distinctifs. On en a étudié la coquille dans les plus grands détails. La grandeur de l'ouverture, la présence ou l'absence du canal respiratoire, l'étendue de l'échancrure, l'état de la columelle qui peut être lisse ou ridée, la forme du bord, le poli ou les aspérités de la surface, la longueur de la spire, tout a été mis à contribution et a servi à caractériser les genres et les espèces.

On a divisé d'abord les *pectinibranches* en deux grandes familles : les *trochoïdes* et les *buccinoïdes*.

Ire *Famille.* —TROCHOÏDES (pl. XXVIII).

Les mollusques de cette famille sont faciles à distinguer, en ce que leur cavité branchiale ne communique au dehors que par un simple trou, tandis que dans la suivante, cette communication se fait par le moyen d'un siphon ou canal allongé. Cette particularité d'organisation se fait sentir jusque dans l'enveloppe calcaire. En effet, chez les *trochoïdes* l'ouverture de la coquille est toujours entière, c'est-à-dire qu'on n'y remarque ni échancrure ni sillon respiratoire (*fig.* 6), tandis que [dans les *buccinoïdes*, cette ouverture est constamment échancrée ou munie d'un canal à son extrémité postérieure. (*fig.* 7, E et 8, D.)

La plupart des *trochoïdes* sont phytophages ou vivent de substances végétales ; ce qui nécessite un canal intestinal généralement développé, et des organes propres à couper les feuilles et les fruits dont l'animal se nourrit. Aussi leur bouche est-elle formée de deux mâchoires armées de dents.

On trouve dans cette famille quatre genres principaux ; les *troques*, les *sabots*, les *ampullaires* et les *nérites*.

§ I. Les **TROQUES** (*trochus*) ou *toupies* (*fig.* 6) tirent leur nom de la ressemblance qu'elles ont avec le joujou de ce nom, si connu de l'enfance. Leur caractère distinctif consiste en ce que l'ouverture de leur coquille n'est jamais arrondie, et a ses bords plus ou moins anguleux et séparés par la saillie que fait en dedans l'avant-dernier tour de la spire. Cette disposition rend l'ouverture de la coquille déprimée et comme écrasée, ce qui leur a fait donner le nom vulgaire de *limaçons à bouche aplatie.*

Tous ces coquillages sont marins et offrent assez souvent à l'extérieur de belles couleurs et une forme élégante, et à l'intérieur un poli considérable et un brillant nacré. Le nombre d'espèces qu'on en connaît les a fait diviser en plusieurs sous-genres, parmi lesquels on distingue les *éperons*, les *roulettes*, les *entonnoirs*, les *télescopes*, qui n'ont pas d'ombilic, les *toupies* et les *cadrans* qui en ont un.

§ II. Les SABOTS (*turbo*) ont comme les toupies les bords de l'ouverture séparés par l'avant-dernier tour de la spire; mais ce tour ne fait point de saillie intérieure, et n'ôte rien ou presque rien à la rondeur de cet orifice.

Ces mollusques sont aussi tous marins, et en nombre très considérable dans les collections. Abondans dans toutes les mers, on les recherche avec d'autant plus de soin, qu'ils offrent à l'intérieur une belle couleur nacrée et à l'extérieur des formes et des nuances agréables.

On distingue dans ce genre les *sabots* proprement dits, les *dauphinules*, les *turritelles* et les *scalaires*, qui sont autant de sous-genres, la plupart très nombreux.

§ III. Tandis que dans les toupies et les sabots, l'ouverture de la coquille a ses bords désunis par la saillie que l'avant-dernier tour de la spire fait entre eux, au point où ils devraient se toucher, les AMPULLAIRES (*ampullaria*) ont ces bords entièrement réunis, de manière à former un rond presque régulier. Leurs coquilles sont d'ailleurs généralement plus courtes et plus évasées que dans les genres précédens, et quoique peu élégantes et peu riches en couleurs, elles sont cependant recherchées dans les cabinets, à cause de leur rareté. Tous ces mollusques sont terrestres ou habitent les eaux douces des lacs et des rivières.

On compte dans ce groupe trois sous-genres principaux, les *valvées*, les *paludines*, les *ampullaires propres*.

§ IV. Les NÉRITES (*nerita*) sont des coquilles demi-globuleuses, dont la spire est à peine saillante, et dont la columelle empiète sur l'ouverture, de manière à rendre celle-ci demi-circulaire.

Ces coquillages, remarquables par leur forme aplatie, vivent tantôt dans la mer, tantôt dans les eaux douces. Les uns ont une épaisseur très considérable, tandis que les autres sont extrêmement minces; enfin il y en a qui ont un ombilic, tandis que les autres n'en ont point.

Les espèces à ombilic se nomment *natices*; celles qui manquent d'ombilic et qui ont la coquille mince s'appellent *néri-*

tines, et l'on réserve le nom de *nérites* pour celles qui n'ayant
pas d'ombilic, ont la coquille épaisse.

IIe *Famille.* — BUCCINOÏDES (pl. XXVIII).

Les mollusques de cette seconde famille sont bien distingués
de ceux de la première, soit par l'animal qui n'a pas de mâchoires à la bouche, mais une trom pecylindrique, susceptible
de s'allonger beaucoup ou de se cacher entièrement dans l'intérieur du corps, soit par la coquille, dont la base de l'ouverture est tantôt canaliculée, tantôt échancrée pour le passage du siphon respiratoire, qui lui-même n'est qu'un repli
prolongé du manteau.

Tous les *buccinoïdes* que l'on connaît sont essentiellement
marins et carnassiers, et ont, au lieu de mâchoires pour brouter l'herbe, un long appendice charnu et muni de pièces solides,
avec lesquelles ces mollusques attaquent les corps les plus durs,
entre autres les coquilles, dont l'animal fait la principale base
de sa nourriture ; leur tête est munie de deux tentacules.

On divise les *buccinoïdes* en genres, d'après le plus ou le moins
de longueur du canal, quand il existe, le plus ou moins d'ampleur de l'ouverture, et la forme de la columelle et de la spire.
Les différences offertes par ces diverses parties sont tellement nombreuses, qu'on a pu en former plus de soixante genres, que l'on a rapportés à trois tribus : celle des *buccinoïdes
enroulées*, celle des *buccinoïdes échancrées* et celle des *buccinoïdes canaliculées*.

Ire *Tribu.* — Buccinoïdes enroulées.

Cette tribu se compose de coquilles ovales à ouverture étroite,
régnant sur toute leur longueur. Elles n'ont presque pas de spire,
ou quand cette partie de l'enveloppe calcaire est bien visible,
elle est presque entièrement plane, ce qui tient à la grandeur
de son dernier tour, qui recouvre presque entièrement tous les
autres. L'animal qui habite cette demeure est, comme tous
ceux de la famille des buccinoïdes, assez analogue au colimaçon par sa conformation générale ; mais, outre qu'il a la
bouche et les branchies toutes différentes, on trouve aussi
dans la forme du pied un caractère qui suffit pour le distinguer
des gastéropodes pulmonés. Cet organe est extrêmement mince,

disposition rendue nécessaire par l'étroitesse de l'ouverture par laquelle il doit passer pour entrer et pour sortir.

Cette tribu comprend deux genres principaux : les *cônes* et les *porcelaines.*

§ I. Les CONES (*conus*), qu'on nomme vulgairement *cornets* à cause de la forme de leur coquille, constituent le genre le plus nombreux et le plus intéressant de toute la classe des gastéropodes. La spire de ces coquillages, tout-à-fait plane ou à peine saillante, constitue la base du cône dont le dernier tour forme les côtés, disposition remarquable, en ce qu'elle est opposée à celle qu'on observe dans les autres coquilles univalves, dans lesquelles les côtés du cône sont formés par la spire et sa base par le dernier tour ou par l'ouverture. Ajoutez à cela que l'ouverture des *cônes* est longitudinale, qu'elle règne sur presque toute leur longueur et qu'elle est également lisse sur ses deux bords, dont le droit est mince et tranchant, au lieu d'être roulé comme dans les ovules et les porcelaines.

Toutes les espèces de ce genre sont ornées de belles couleurs et appartiennent aux mers méridionales. On n'en trouve que très peu dans les pays tempérés ou froids. Ce groupe est si naturel que, malgré le nombre des espèces qu'il renferme (deux cents environ), il a été impossible de les subdiviser en sous-genres bien caractérisés.

Les principales espèces sont : le *cône amiral,* qui est rare et précieux, le *cône tigre,* le *cône drap d'or,* etc.

§ II. Les PORCELAINES (*cypræa*) sont des coquillages de forme ovale, dont la spire est si petite qu'il est très difficile de l'apercevoir. Ses bords, roulés en dedans et marqués sur toute leur longueur de rides transversales, rendent l'ouverture extrêmement étroite ; mais en même temps celle-ci est très allongée et règne sur toute l'étendue de la coquille.

Cette disposition de l'ouverture dépend de la forme du pied de l'animal qui est extrêmement mince. Malgré cela, les *porcelaines* sont agiles dans leurs mouvemens, parce que l'action du pied est secondée par celle de deux appendices latéraux en forme d'ailes et assez étendus pour pouvoir, en se reployant en dehors, recouvrir presque entièrement la surface de la coquille. Dans l'état de repos ces mollusques se tiennent enfoncés dans le sable, à quelque distance des côtes ; ils sont assez communs dans toutes les mers chaudes ou tempérées, et sont néanmoins assez recherchés à cause de leurs belles couleurs et de leur forme, qui se prête assez bien à la confection de jolies tabatières.

On compte près de cent cinquante espèces de *porcelaines*, dont les unes sont lisses et les autres verruqueuses ou striées.

Un genre fort analogue aux porcelaines est celui des OVULES (*ovula*), coquillages aussi sans spire apparente , mais qui ont les deux extrémités un peu terminées en pointe et l'ouverture ridée d'un côté seulement.

IIe *Tribu.* — Buccinoïdes échancrées.

La tribu des *buccinoïdes échancrées* comprend un très grand nombre de coquilles de forme variable , mais dont l'ouverture constamment plus large que dans les espèces enroulées , offre à sa base une échancrure plus ou moins profonde pour le passage du siphon. Elles ont toute la spire turbinée et plus ou moins saillante pour loger le tortillon de l'animal. Ce dernier est du reste tout-à-fait semblable à celui de la tribu précédente, et par conséquent marin et carnassier.

On compte trois genres principaux de ce groupe ; ce sont les *volutes*, les *buccins* et les *pourpres*.

§ I. Les VOLUTES (*voluta*) (*fig.* 7) se distinguent de tous les autres genres par leur ouverture qui est plus évasée, par leur échancrure et par les rides obliques dont leur columelle est garnie.

La conformation de cette ouverture permet à l'animal d'avoir le pied beaucoup plus gros qu'aucun des genres précédens ; ce qui lui rend plus faciles les mouvemens de reptation, et l'oblige à se tenir dans les endroits peu profonds. Ce mollusque est éminemment carnassier ; sa trompe , garnie à son extrémité de petites dents crochues, est un instrument puissant à l'aide duquel il perce la plupart des autres coquillages dont il se nourrit.

On ne rencontre ces animaux que dans les mers méridionales ; on n'en trouve ni dans l'Océan Atlantique, ni dans la partie septentrionale de la Méditerranée. Aussi sont-ils presque tous remarquables par la beauté et par la variété de leurs couleurs , qualités qui les font généralement rechercher des amateurs, et donnent à quelques-unes de leurs coquilles un prix très élevé.

Le nombre des *volutes* serait encore plus considérables que celui des cônes, si des différences peu essentielles, quoique constantes, n'avaient permis de les partager en plusieurs sous-genres, tels que les *olives*, les *volvaires*, les *volutes* propres, les *gondolières*, les *marginelles*, les *colombelles* et les *mîtres*.

§ II. Les BUCCINS (*buccinum*) n'ont, comme les volutes, qu'une simple échancrure au lieu d'un canal; mais leur columelle ne présente jamais de rides transversales ou obliques, et leur ouverture est généralement ovale.

Ils tirent leur nom de *buccin* de la forme, tantôt allongée, tantôt raccourcie de leur coquille, qui ressemble à un instrument de musique guerrière que les anciens appelaient *buccinum*.

Ces coquillages sont tous marins, littoraux, et généralement de petite taille. On les trouve en grand nombre sur les rochers, où les pêcheurs vont les chercher, parce que la plupart des espèces servent de nourriture.

Ce genre étendu a été subdivisé en *vis*, *buccins*, *nasses*, *harpes* et *tonnes* qui sont autant de sous-genres.

§ III. Les POURPRES (*purpura*) diffèrent des buccins, avec lesquels on les confondait autrefois par leur columelle aplatie, et par un petit canal légèrement courbé et non saillant, qui se remarque derrière l'échancrure destinée au siphon respiratoire. Leur coquille, de forme très variée, mais toujours plus ou moins ovale, se fait souvent remarquer par le grand nombre d'angles, d'épines ou de tubercules qui la hérissent.

Ces mollusques ont été ainsi nommés, parce que c'est principalement parmi eux que l'on trouve les espèces qui fournissaient cette matière colorante dont les anciens faisaient leur belle couleur pourpre. En quelque sorte analogue à l'encre des seiches, des calmars, des aplysies, etc., cette liqueur est contenue dans un réservoir particulier en forme de vessie, placé dans le voisinage de l'estomac. Il paraît que cette matière n'acquiert sa belle couleur, que lorsqu'elle est étendue dans l'eau et exposée au contact de l'air.

Les modernes, depuis la découverte de la cochenille, qui leur fournit en abondance les couleurs rouges dont ils ont besoin, ont totalement négligé l'exploitation de la liqueur des *pourpres*, et ont même perdu le secret de la fixer sur les étoffes. On trouve ces animaux en grand nombre sur les rivages de la plupart des mers, surtout dans celles du Midi. D'après

la forme de leur coquille, on les a divisés en trois sous-genres,
les *pourpres*, les *licornes* et les *ricinules*.

IIIe *Tribu*. — Buccinoïdes canaliculées.

Cette troisième tribu est de beaucoup la plus nombreuse en
genres, et renferme toutes les buccinoïdes dont l'ouverture présente à sa base un canal de longueur et de direction variables,
mais constamment destiné à livrer passage au siphon respiratoire. Du reste, la spire de ces coquilles est toujours saillante
comme dans la tribu précédente, et l'animal qui les habite
présente les mêmes particularités d'organisation et les mêmes
habitudes.

On compte cinq genres principaux dans cette tribu, les *casques*, les *cérithes*, les *rochers*, les *fuseaux*, et les *strombes*.

§ I. Les CASQUES (*cassis*) ont été pendant long-temps
confondus avec les buccins de la tribu qui précède, quoiqu'ils en
diffèrent essentiellement par l'étroitesse et par la forme longitudinale de leur ouverture qui se rapproche de celle des porcelaines, ainsi que par les rides dont elle est garnie de chaque côté.
D'ailleurs, ils offrent toujours à leur base un canal d'abord
droit, et ensuite brusquement relevé vers le dos de l'animal.

Ces coquilles sont généralement remarquables par le peu de
saillie de leur spire, par les replis dont leurs bords sont sillon-
nés, et par leur forme bombée postérieurement, et plus étroite
en avant.

L'animal qui construit ces coquilles est encore peu connu;
il paraît cependant qu'il doit avoir des rapports avec celui des
buccins; car les casques ont les habitudes de ces derniers mollusques; ils vivent dans la mer, à peu de distance des côtes,
et recherchent surtout les fonds sablonneux, sur lesquels ils
se traînent en rampant, pour chercher les coquillages dont ils
font leur proie. Ils ont aussi l'habitude de s'enfoncer dans les
sables, soit pour s'y mettre à l'abri de leurs ennemis, soit
pour pouvoir tromper plus facilement les animaux dont ils font
leur nourriture.

On compte un assez grand nombre d'espèces de ce genre, entre
autres, le *casque rouge*, le *casque bézoard*, le *casque bau-
drier* et le *casque tricoté*.

§ II. Les CÉRITHES (*cerithium*) ont à peu près le canal des casques ; mais elles ont l'ouverture plus ovale et la spire très saillante et même turriculée, à peu près comme les vis, les mîtres, etc.

Cette forme de la coquille est déterminée par celle de l'animal, dont le tortillon est allongé et le pied large et ovale, comme celui des colimaçons, des buccins, etc., dont il diffère cependant assez sous les autres rapports. Sa tête est grosse, terminée par un mufle en forme de trompe, dans lequel on ne trouve ni dent falciforme, comme chez les pulmonés, ni épines cornées comme chez les autres buccinoïdes. Il paraît que ce mollusque se nourrit en aspirant les particules animales que l'eau tient en suspension, ou qu'il trouve dans la terre qui forme le lit de la mer ; car on observe qu'à la manière des casques, les *cérithes* ont l'habitude de s'enfoncer dans le sable et dans la vase ; et c'est pour cela qu'elles ne s'éloignent jamais des côtes, et qu'elles fréquentent surtout l'embouchure des fleuves.

Le genre *cérithe* est un des plus nombreux de la classe dont nous parlons, en espèces vivantes et en espèces fossiles. La plus remarquable parmi les premières est la *cérithe géant*, qui a seize pouces de long.

§ III. Le nom de ROCHER (*murex*) (*fig.* 8) s'applique à toutes les coquilles à canal saillant, dont les tours de la spire sont garnis d'espace en espace de tubercules mousses ou d'éminences pointues. Cette particularité, jointe à l'épaisseur, généralement considérable, de l'enveloppe calcaire, rend celle-ci difficile à briser, et forme à l'animal qu'elle enveloppe un bouclier capable de résister à des pressions très fortes : ce qui lui a fait donner le nom de *rocher*. L'animal qui habite ces coquillages offre la même organisation et les mêmes habitudes que celui des buccins, dont il ne diffère que par un siphon plus allongé. Il fréquente, comme ces derniers, le voisinage des côtes, et se cache dans les anfractuosités des rochers, au milieu des fucus ou même dans le sable. Les *rochers* préfèrent ces endroits, parce qu'ils y trouvent abondamment les mollusques littoraux dont ils font leur principale nourriture : n'ayant, pour se mouvoir, que leur pied abdominal, ils se traînent avec tant de lenteur, qu'ils ne pourraient que difficilement se procurer ailleurs leur subsistance.

Ces mollusques, dont le nombre est très considérable

dans toutes les mers, et surtout dans celles du Midi, se sont depuis long-temps attiré l'attention des amateurs par la singularité, la bizarrerie et la variété de leurs formes, et quelquefois par la beauté de leurs couleurs; il faut cependant observer que ces dernières sont ordinairement ternes, et n'acquièrent jamais cet éclat qu'on admire sur les coquilles à surface lisse.

On divise ce genre en trois sous-genres principaux, savoir: les *rochers* proprement dits, les *ranelles* et les *tritons*.

§ IV. Sous le nom de FUSEAU (*fusus*) on désigne un assez grand nombre de coquillages fusiformes (c'est-à-dire renflées dans le milieu, et terminées en pointe à leurs extrémités), dont le bord est lisse sur toute sa circonférence, la columelle le plus souvent ridée, et qui ont un canal droit et saillant, à peu près comme les rochers. Aussi naguère ne distinguait-on pas ces deux genres de mollusques, qui ont les plus grands rapports entre eux, non-seulement par la structure de l'animal qui est absolument la même, mais encore par la forme de la coquille qui ne diffère pas beaucoup. En effet, la principale différence qui sépare les uns des autres, se tire des tubercules qui se remarquent sur la spire et sur le bord de l'ouverture des rochers, et qui manquent aux fuseaux : encore ce caractère n'est-il pas absolu, et trouve-t-on des nuances intermédiaires qui font le passage de l'un à l'autre groupe.

Quoi qu'il en soit, on a trouvé dans la forme des *fuseaux* le moyen de les subdiviser en sept ou huit sous-genres, dont les plus remarquables sont les *pleurotomes*, les *pyrules* et les *turbinelles*.

§ V. Les STROMBES (*strombus*) sont très remarquables parmi les buccinoïdes à canal respiratoire, par la dilatation du bord droit qui s'écarte de la coquille avec l'âge, et par un sinus creusé dans ce bord, tout près du canal : sinus destiné à loger la tête de l'animal.

Ce sont des coquillages singuliers, qui se rapprochent des rochers par les tubercules dont leur surface est hérissée dans la plupart des espèces. On en trouve dans toutes les mers méridionales, et surtout dans celle des Indes.

On les divise en trois sous-genres, qui sont les *rostellaires*, les *ptérocères* et les *strombes* proprement dits.

CONCHOLOGIE

OU

HISTOIRE NATURELLE DES ACÉPHALES.

Cette quatrième classe comprend une immense quantité de coquilles vivantes , et peut-être un plus grand nombre de fossiles , que l'on trouve répandues avec profusion et quelquefois en bancs énormes dans les couches qui forment la croûte solide du globe terrestre. Mais malgré son étendue , cette classe n'est pas moins facile à caractériser que les précédentes. Uniquement composée d'animaux sans tête apparente , elle ne saurait être confondue avec les classes précédentes, qui ne comprennent que des espèces dont la tête, plus ou moins saillante, est d'ailleurs marquée par la présence d'yeux ou de tentacules mobiles.

Leur corps est renfermé dans un manteau qui , étant ployé en deux, l'enveloppe comme un livre est enveloppé par sa couverture : seulement il arrive assez fréquemment que les deux lames de cette enveloppe se réunissent par-devant, de manière à former une espèce de tube , ou même un sac dans lequel l'animal se trouve entièrement caché. C'est entre la paroi intérieure de ce sac et le corps qu'elle recouvre, que sont placées les branchies, qui reçoivent l'eau au moyen d'un siphon formé par un repli du manteau.

La bouche de ces mollusques est toujours placée au fond du sac , et ne présente ni trompe, ni mâchoires, ni dents , en un mot, aucun organe particulier pour la mastication. C'est une simple ouverture qui ne sert qu'à admettre les molécules nutritives que l'eau lui apporte constamment : par conséquent tous les *acéphales* doivent être aquatiques ; car s'ils ne vivaient pas dans cet élément, dont le mouvement leur amène les alimens sans la participation de l'animal, il faudrait qu'ils pussent aller les chercher au loin, ce qui serait impossible aux nombreuses espèces qui restent pendant toute leur vie fixées à la même place, et difficile à toutes, vu que leurs mouvemens leur sont toujours pénibles, lorsqu'ils ne leur sont pas impossibles.

On conçoit que des animaux si peu favorisés par la nature dans l'exercice de la locomotion, et si dépourvus d'armes offensives, seraient exposés à devenir la proie des plus faibles ennemis, s'ils n'avaient reçu d'elle une enveloppe solide, capable de les protéger : c'est une *coquille bivalve*, formée de deux pièces articulées ensemble près de leur base, au moyen d'un ligament élastique qui tend toujours à les ouvrir. La réunion des deux valves est assurée par les dents ou saillies de l'une, auxquelles correspondent des dépressions ou enfoncemens analogues de l'autre : de manière que leur articulation forme une véritable charnière.

Il est évident, d'après cette disposition, que l'animal n'a besoin d'aucun effort pour ouvrir sa coquille, le ligament ayant assez de ressort pour en tenir les valves écartées; ce n'est donc que pour la fermer qu'il faut qu'il contracte ses muscles. Or, ce dernier cas est beaucoup moins fréquent que le premier, car ces animaux, devant être constamment prêts à recevoir la nourriture que l'eau leur amène, doivent avoir leur coquille presque toujours béante; ils ne la ferment que lorsqu'ils ont quelque danger à craindre.

La présence des muscles destinés à clore la coquille peut être reconnue, même sur cette dernière, à la seule inspection de la face intérieure des valves ; on y remarque toujours dans le voisinage de la charnière une ou deux parties plus ou moins rugueuses que l'on appelle *impressions musculaires*, parce que c'est la place où les muscles étaient attachés pendant la vie de l'animal.

Observons toutefois que tous les *acéphales* ne sont pas testacés ; il en est quelques-uns, en petit nombre il est vrai, qui sont complètement nus. C'est même d'après la présence ou l'absence de la coquille, ainsi que d'après le nombre des muscles qui ferment les valves, qu'on a divisé cette classe en quatre ordres ; les *monomyaires*, les *dimyaires*, les *brachiopodes* et les *tuniciers*.

De ces quatre ordres, les trois premiers sont testacés, les *tuniciers* seuls sont privés de coquille. Parmi les testacés, les uns ont deux tentacules ou bras auprès de la bouche, et une espèce de pied pour se fixer ; ce sont les *brachiopodes*. Les deux autres manquent de ces appendices ; mais les *monomyaires* ne tiennent à leur coquille que par un seul muscle, qui se porte de l'une à l'autre valve, en traversant le corps de l'animal ; et les autres, les *dimyaires*, en ont deux qui passent aux extrémités de leur corps.

Ier *Ordre.* — MONOMYAIRES.

Le nom de *monomyaires* a une étymologie grecque (*mo-nos*, *un seul*, mys, *muscle*), et exprime le caractère essentiel des mollusques de cet ordre, dont le corps est attaché à leur coquille par un muscle unique qui, traversant l'animal, se porte vers la base des valves qu'il est destiné à mouvoir. Ce caractère est marqué sur les coquilles par une impression ou inégalité plus ou moins profonde, mais toujours unique, tandis que dans celles de l'ordre suivant on en trouve toujours deux, dont l'une est en avant et l'autre en arrière.

Mais ce n'est pas là le seul trait distinctif de cet ordre ; la coquille de ces mollusques est ordinairement irrégulière, à valves inégales, et formée pour ainsi dire de feuillets collés l'un à l'autre, et dont le point d'union est marqué extérieurement par des lignes convexes dirigées dans le sens du bord de la coquille ; tandis que dans les dimyaires, la coquille est presque toujours régulière, à valves égales, et marquée de lignes qui tombent perpendiculairement sur son bord. Cette particularité ne souffre que très peu d'exceptions, qui sont faciles à retenir. C'est ainsi que les cames ont les valves inégales, bien qu'appartenant à l'ordre des dimyaires ; et parmi les espèces de l'ordre dont nous parlons, les peignes, au lieu d'avoir la coquille feuilletée, l'ont sillonnée de lignes transversales, telles qu'on en observe dans l'ordre suivant.

Les mollusques *monomyaires*, privés de la faculté de se mouvoir, se fixent ordinairement aux rochers, au moyen d'un appendice composé de fils déliés qui part de la base du pied, et auquel on donne le nom de *byssus*.

On divise les *monomyaires* en trois familles : les *ostracés*, les *malléacés* et les *tridacnes*.

Ire *Famille.* — Ostracés.

Ces mollusques tirent leur nom de la ressemblance qu'ils ont avec les huîtres communes, appelée en latin *ostrea*. Ils ont tous la coquille à deux valves inégales, dont l'une inférieure plus grande et plus bombée, l'autre supérieure plus petite et plus plate. On ne remarque jamais à leur base ni dents ni saillie pour faciliter leur réunion ; celle-ci n'a lieu que par le moyen de ligamens fixés dans l'intérieur, et qui ne sont nullement visibles au dehors, lorsque la coquille est fermée. Rarement l'animal jouit de la faculté de se déplacer ; il tient presque toujours aux corps sous-marins par la valve inférieure ; quelques espèces cependant restent libres, et se meuvent en ouvrant et fermant alternativement leur coquille par des secousses fréquemment répétées, et ne se fixent que momentanément aux rochers et aux autres corps placés sous l'eau.

Cette famille renferme deux genres principaux : les *huîtres* et les *peignes*.

§ I. Les HUITRES (*ostrea*) sont fort nombreuses, mais toujours faciles à distinguer à leur coquille irrégulière, feuilletée, tantôt mince et unie comme du papier, tantôt épaisse et raboteuse comme une pierre.

Des deux faces de leurs valves, l'intérieure est toujours lisse, de couleur plus ou moins blanche et quelquefois nacrée, tandis que l'extérieure est inégale et garnie d'aspérités ou même d'épines. L'animal qui habite cette demeure est des plus simples de la famille ; il n'a ni pied, ni tentacules, ni siphon ; il ne peut par conséquent se déplacer ; il reste toujours couché sur sa valve convexe, au fond de l'eau, où ses mouvemens se bornent à ouvrir et à fermer sa coquille, et son instinct se réduit à attendre patiemment que l'eau lui apporte sa nourriture.

On a partagé ce genre en trois sous-genres : les *huîtres*, les *gryphées* et les *placunes*.

1° C'est au premier sous-genre qu'appartient *l'huître commune*, si connue de tout le monde et surtout des gourmets. On sait la prodigieuse consommation qui s'en fait dans toutes les parties du monde. Il est des amateurs d'huîtres qui en mangent jusqu'à trente douzaines et même davantage, et la chair

de ces mollusques est si facile à digérer, qu'il est rare qu'ils
s'en trouvent incommodés. Les personnes dont l'estomac est
délicat peuvent par conséquent en faire usage préférablement
à d'autres viandes. Mais l'*huître* n'est pas toujours également
bonne à manger; l'été elle a moins de goût et se gâte d'ailleurs
trop vite; aussi n'en consomme-t-on guère qu'en hiver. Celles
qu'on vient de retirer de l'eau conservent un goût de vase désagréable; mais on le leur fait perdre en les faisant *parquer*, ou
séjourner pendant quelque temps dans un bassin dont on peut
renouveler l'eau à volonté. Par ce moyen leur chair devient plus
tendre et plus facile à digérer.

On pêche les *huîtres* dans presque toutes les mers d'Europe,
et surtout dans l'Océan. Elles forment à peu de distance des
côtes des bancs immenses, d'où on les retire avec une *drague*,
espèce de râteau attaché à un bâton, qui la traîne en tout
sens au milieu de ces mollusques, les détache et les fait tomber
dans un vaste filet. On en prend ainsi dix à douze mille à la
fois. La pêcherie d'*huîtres* la plus remarquable que nous
ayons en France est celle de Cancale, près de Saint-Malo.

On sent qu'une pêche aussi active ne pourrait manquer d'é-
puiser tôt ou tard le banc, quelque puissant qu'il soit, si on ne
l'interrompait de temps en temps, et si l'animal n'était d'une
grande fécondité; mais la précaution qu'on a de ne point pêcher
pendant l'été, époque à laquelle les *huîtres* se reproduisent,
suffit pour leur permettre de réparer les pertes occasionnées
par la pêche des autres saisons.

2° Les *gryphées*, qu'on nomme plus communément *gry-
phites*, parce qu'on n'en trouve qu'à l'état fossile, ne diffèrent
des huîtres que parce que la base de leurs valves est saillante
et recourbée en *crochet*, ce qui leur a valu leur nom, qui en
grec veut dire crochu ou recourbé. On en trouve beaucoup dans
tous les pays, et surtout en France:

3° Les *placunes* ou anomies, se distinguent des précédens
sous-genres par leur coquille mince et transparente, ce qui
leur a fait donner le nom vulgaire de *vitre* ou *pelure d'o-
gnon*.

§ II. Les PEIGNES (*pecten*) tiennent des huîtres par
le défaut de dents à l'articulation des valves ; mais ils en diffèrent par la forme de leur coquille demi-circulaire, et marquée de côtes qui, partant de sa base, se rendent en rayonnant vers sa circonférence; chaque valve est en outre garnie

à son sommet d'une paire d'ailes on d'*oreillettes* plus ou moins longues, qui élargissent les côtés de la charnière.

Ces mollusques ont les mouvemens plus étendus et plus agiles que les huîtres ; leur pied est assez grand chez eux pour leur servir à ramper, et les muscles qui s'attachent à leur coquille, peuvent l'agiter assez rapidement pour les soutenir sur l'eau, et les aider à se transporter d'un endroit à l'autre.

La chair des *peignes*, sans être absolument mauvaise, est loin d'être aussi estimée que celle des huîtres ; il n'y a que les pauvres qui en fassent usage comme aliment. Mais aussi leur coquille, plus régulière et plus agréablement colorée, est bien plus recherchée des amateurs de conchyliologie. Quelques espèces même, dont les dimensions sont plus considérables, sont employées en guise d'assiettes, à cause de la résistance qu'elles opposent au feu.

Trois sous-genres sont compris dans ce genre nombreux : ce sont les *peignes* propres, les *limes* et les *houlettes*.

IIe *Famille.* — MALLÉACÉS (pl. XXVIII).

Cette seconde famille tire son nom d'une coquille singulière à laquelle on a donné, à cause de sa forme, le nom vulgaire de *marteau*, appelé en latin *malleus*. Ce n'est pas que toutes les espèces qui s'y trouvent comprises présentent cette forme bizarre ; mais on a observé dans toutes quelques traits de ressemblance avec cette coquille, traits qui ont permis de les réunir en une seule famille.

Les caractères communs qui servent à les distinguer des autres monomyaires consistent dans leur coquille irrégulière, toujours feuilletée et le plus souvent noirâtre ou cornée, et dans la forme de la charnière, qui n'offre point de dents et ne tient que par un ligament placé tout-à-fait sur le bord des valves et visible à l'extérieur, lors même que la coquille est fermée.

Presque tous ces mollusques se fixent aux corps marins par un byssus plus ou moins long, et ne jouissent que de mouvemens très bornés ; quelques-uns même ne se déplacent jamais.

On trouve dans cette famille les genres *marteau, jambonneau* et *aronde*.

§ I. On appelle MARTEAUX (*malleus*) des coquilles singulières ou plutôt difformes, qui par leur disposition rappellent celle de l'instrument de ce nom. La charnière qui réunit les deux valves est à peu près en ligne droite et forme la tête du marteau, tandis que le reste de la coquille en imite le manche par sa longueur et par son étroitesse. L'extérieur de ce coquillage, qui est feuilleté et raboteux comme celui de l'huître, n'a rien qui flatte la vue ; mais sa face intérieure, d'une belle couleur nacrée ou violette, offre un éclat et une teinte qui le font estimer. D'ailleurs sa rareté ainsi que sa bizarrerie seraient un motif suffisant pour le faire rechercher des amateurs. On en connaît plusieurs espèces ou variétés, qui appartiennent presque toutes à la mer des Indes.

§ II. Pour se faire une idée de la forme des JAMBONNEAUX (*pinna*), il faut se représenter une grande moule dont la base serait considérablement rétrécie et allongée en pointe : cette coquille aurait une grossière ressemblance avec un jambon, et c'est ce qui a valu aux mollusques dont nous parlons le nom qu'on leur donne vulgairement.

La force de ces coquilles n'est nullement en rapport avec leur taille ; elles sont au contraire très minces et feuilletées, et sans la solidité de leur tissu, elles seraient facilement brisées par le moindre choc ; elles sont si légères que le vent peut les enlever.

L'animal du *jambonneau* est extrêmement remarquable par la longueur et la finesse de son byssus, qui est formé d'un grand nombre de fils lustrés et soyeux, qu'on emploie à confectionner différens tissus, recherchés à cause de leur moelleux et de leur souplesse. Mais il faut les porter avec les couleurs que la nature leur a données, car il a été jusqu'ici impossible de les teindre. Au reste, ceux qui en font usage ont peu à regretter les couleurs artificielles, attendu que leurs teintes naturelles ont un éclat et surtout une permanence, que le temps ni le lessivage n'altèrent jamais. La seule chose que l'on puisse regretter dans les objets ainsi fabriqués, c'est que leur prix trop élevé n'en permette l'usage qu'aux gens riches et opulens. Ce n'est guère qu'en Turquie que l'on en fabrique communément.

Ces mollusques ont les mêmes habitudes que les huîtres : ils se réunissent en troupes innombrables sur les fonds sablonneux ou vaseux, à peu de distance des côtes, et se fixent aux corps marins par le moyen de leur byssus ; on les en détache comme les huîtres, avec un grand râteau. Cette pêche est d'autant plus avantageuse que, outre la soie qu'ils fournissent, ils offrent dans leur chair une nourriture assez agréable.

§ III. Les ARONDES (*avicula*) (*fig.* 1), qu'on appelle encore *avicules*, ressemblent assez à des moules, dont la coquille serait presque ronde et la charnière prolongée en forme d'aile, ce qui leur donne quelque rapport avec un oiseau qui aurait les ailes étendues; c'est d'après cette considération, qu'on leur a donné ces deux noms qui veulent dire, l'un *petit oiseau* et l'autre *hirondelle*.

Ces coquilles sont en général petites, minces, très fragiles et nacrées intérieurement; mais malgré cette dernière particularité on en ferait peu de cas, si ce n'était à ce genre qu'appartient l'espèce qui produit les *perles d'Orient*. Cette espèce, qui a été surnommée *mère-perle* ou *margaritifère* (*fig.* 1) à cause de cette circonstance, se trouve abondamment dans les mers méridionales et surtout dans le golfe Persique, sur les côtes de Ceylan, etc. Mais tous les individus de cette espèce ne fournissent pas de perles; il faut pour cela que la matière qui sert ordinairement à faire la nacre qui enduit toute la face intérieure des valves, s'épanche dans leur cavité sous la forme de globules plus ou moins considérables, et il paraît que cette extravasation est toujours causée par quelque maladie.

On trouve les *avicules* margaritifères réunies en troupes ou plutôt en bancs énormes, qui ont jusqu'à trois lieues de long. Des plongeurs habitués à cet exercice vont l'y pêcher avec de grands paniers; on en retire ensuite les perles. Il paraît que dans la plupart des endroits où a lieu cette pêche, l'ouverture s'en fait avec solennité et devient l'occasion de fêtes et de réjouissances publiques.

IIIᵉ *Famille.* — BÉNITIERS.

Cette famille ne comprend qu'un seul genre, celui des TRI-DACNES (*tridacne*) ou *bénitiers*, auquel on a donné ce dernier nom, parce que, dans beaucoup d'églises, leur coquille sert de vase pour contenir l'eau bénite, que les catholiques prennent pour faire le signe de la croix, en entrant dans la maison du Seigneur.

Ces coquilles sont remarquables parmi tous les monomyaires, non-seulement par les dents qui garnissent leur charnière et par leur ligament visible à l'extérieur, mais encore par leur grandeur, leur force, et par l'égalité entière ou presque entière de leurs valves. Quoique leur surface extérieure soit marquée, comme dans les peignes, de saillies transversales, elles n'en sont pas moins feuilletées, ainsi que le prouvent les espèces d'écailles redressées qui hérissent leurs côtes.

Les *bénitiers* sont tous beaux, d'une taille au-dessus de la moyenne, et quelquefois gigantesque; leur face interne est unie et d'un blanc mat, assez semblable à celui de l'albâtre, tandis qu'à l'extérieur ils sont marqués de très fortes aspérités. Le plus souvent, il existe au-devant de la charnière une ouverture ovale (la *lunule*) par laquelle l'animal fait passer le *byssus*, au moyen duquel il se suspend aux rochers malgré le poids de sa coquille. Sa chair, quoique dure, se mange et est assez abondante dans quelques-uns de ces mollusques pour rassasier plusieurs personnes.

On compte une dizaine d'espèces de ce genre; la principale est celle qu'on a surnommée *gigantesque*, parce qu'elle parvient jusqu'à trois pieds de long, et pèse plus de trois cents livres. Son byssus est tellement solide et tenace, qu'il faut une hache pour le couper et le séparer des rochers auxquels il adhère. C'est une coquille de cette espèce qu'on voit à Saint-Sulpice, à Paris; elle fut donnée à cette église par François Ier, qui lui-même l'avait reçue des Vénitiens. On pêche cette espèce dans l'Océan Indien.

IIe *Ordre.* — DIMYAIRES.

Cet ordre est beaucoup plus considérable que le précédent, et renferme un bien plus grand nombre de jolies coquilles; ce qui fait que les amateurs en réunissent beaucoup plus dans leurs cabinets, et qu'elles sont plus communes que les précédentes.

Ces acéphales sont faciles à distinguer par le nombre des muscles dont on remarque la double empreinte sur leur coquille, par l'égalité des valves de cette dernière, par la régularité de sa forme, et par sa structure qui n'est pas feuilletée comme dans les monomyaires, mais présente le plus souvent, comme dans les peignes, une série de côtes qui, partant de la base, se rendent en rayonnant vers le bord.

Remarquons cependant que ces caractères ne sont pas absolus. De même que parmi les monomyaires, nous avons trouvé des coquilles à côtes et preque régulières; de même nous observerons, parmi les acéphales du second ordre, des espèces à coquille feuilletée et quelquefois irrégulière. Mais outre que ces exceptions sont en petit nombre, les espèces qui les présentent ont en elles des caractères bien suffisans pour les distinguer, soit dans leur conformation générale, soit dans les dents qui garnissent leur charnière, pour lui donner plus de solidité.

D'après la manière dont les deux valves s'unissent ensemble, le nombre des dents qui servent à leur union, et la forme de la coquille ou du manteau de l'animal, on a divisé les dimyaires en cinq familles : les *cames*, les *arcacés*, les *mytilacés*, les *cardiacés*, et les *enfermés*.

Ire *Famille.* —CAMES.

Cette famille tient de près à celle des bénitiers par la forme de la charnière qui réunit les valves de la coquille. On y remarque, comme dans les précédens, une forte dent, qui se loge dans un sillon analogue de la pièce opposée, ce qui donne une grande solidité à l'articulation.

Mais, sans parler de la double impression musculaire gravée sur chaque valve, il est un caractère extérieur bien sensible qui distingue les *cames* des tridacnes ; c'est l'inégalité des pièces qui composent la coquille, caractère qui les rapproche des acéphales de l'ordre précédent. Ainsi il est bien évident que ces mollusques sont destinés, avec les bénitiers, à ménager le passage entre les espèces des deux ordres.

On ne connaît qu'un seul genre de cette famille ; les CAMES (*chama*), coquilles irrégulières, épaisses, à surface raboteuse, écailleuse ou garnie d'épines, qu'on trouve dans les mers australes ; une seule, ou peut-être deux, appartiennent à la Méditerranée. La chair de ces mollusques paraît être aussi agréable au goût que celle des huîtres, et meilleure que celle des moules ; mais comme ils appartiennent tous à des mers éloignées de nous, on n'en fait aucun cas pour cet usage. Les conchyliologistes seuls s'en occupent, à cause de la beauté ou de la rareté de leur coquille.

IIe *Famille.* — ARCACÉS.

Ces coquilles tirent leur nom du genre principal de la famille ; elles sont toutes régulières, à valves égales, garnies de dents nombreuses; leur forme est oblongue et la charnière est placée dans le sens de leur longueur.

Cette famille ne comprend que des coquillages marins, dont les uns sont libres et les autres fixes, et que l'on peut rapporter à deux genres : les *arches* et les *pétoncles*.

§ I. Les ARCHES (*arca*) sont des coquilles littorales, qu'on reconnaît à leur forme oblongue et aux dents nombreuses de leur charnière, lesquelles sont rangées en ligne droite. L'animal qui les habite n'a point de véritable pied pour ramper ; cet organe est remplacé chez lui par un ligament tendineux, au moyen duquel il se fixe, mais sans pouvoir nager. C'est pour cela qu'on ne trouve les espèces de ce genre que dans le voisinage des côtes, tantôt enfoncées dans la vase, tantôt suspendues aux rochers. On rapporte à ce groupe, comme espèces principales, l'*arche bistournée*, l'une des plus précieuses, l'*arche de Noé*, très commune dans toutes les mers d'Europe, etc.

§ II. Les PÉTONCLES (*pectunculus*) sont orbiculaires, à charnière arquée, mais garnie de dents nombreuses, comme dans les arches. L'animal qui vit dans ces coquilles a un grand pied, à double bord, qui lui permet de ramper au fond des eaux et de nager à leur surface. Mais comme il a les mouvemens très lents, il lui arrive souvent, après avoir suivi la marée, de se trouver à sec sur le rivage, où il ne tarderait pas à périr, s'il n'avait le moyen de regagner l'eau. Pour y parvenir, il ouvre largement sa coquille, puis la referme subitement ; il fait un petit saut qui le rapproche de son but ; ce manége répété avec constance finit par le conduire à son terme.

Lorsque la mer est tranquille, les *pétoncles*, au lieu de rester au fond de l'eau, s'élèvent à sa surface, où on les voit nager en troupes nombreuses sur l'une de leurs valves, tandis que l'autre, tenue ouverte et présentée au vent, devient une voile qui fait mouvoir cette nacelle vivante. Ils se promènent ainsi, tant que le calme dure et qu'il n'y a pas d'ennemis à craindre pour eux. Mais dès qu'une de ces causes vient troubler leur promenade, ils ferment tout à coup leur coquille et se précipitent au fond. Nos mers nourrissent un assez grand nombre de ces singuliers animaux, entre autres le *pétoncle commun*, le *pétoncle marbré*, le *pétoncle glycimère*, etc.

IIIe Famille. — MYTILACÉS.

Les *mytilacés* forment une famille très naturelle, dont toutes les espèces se ressemblent par les principaux traits de leur organisation et de leurs habitudes, et ne diffèrent que par des particularités sans importance. Ils ont tous la coquille oblongue, régulière, à valves égales, noirâtres et cornées, à structure le plus souvent feuilletée, et à charnière tantôt bidentée, tantôt privée de dents.

On trouve de ces coquillages dans la mer et dans les eaux douces, courantes ou dormantes, où ils sont très communs; ils s'y réunissent en troupes très nombreuses, se fixant sur les pierres ou les troncs submergés, principalement aux endroits où l'eau est calme et tranquille. C'est ainsi qu'on en trouve fréquemment des amas considérables sous les ponts et dans les coudes que les rivières font, quand elles rencontrent quelque obstacle.

On compte dans cette famille trois genres principaux : les *moules*, les *anodontes* et les *mulettes*.

§ I. On reconnaît les MOULES (*mytilus*) à deux caractères : à l'absence de dents à la charnière et à la présence d'un byssus; ce sont des coquilles marines à valves égales, bombées, et triangulaires, dont l'animal a un pied pointu et allongé, qui ne peut lui servir à ramper, mais qu'il emploie très adroitement à fixer son byssus aux corps marins.

On trouve les *moules* en abondance dans toutes les mers à peu de distance des côtes. Comme leur chair est assez agréable au goût, on en pêche de grandes quantités. Mais comme en même temps elles se vendent à bas prix, il n'y a guère que les femmes et les enfans qui s'occupent de cette pêche. Munis d'un râteau et d'un panier, ils vont pendant la marée basse les détacher des corps auxquels elles adhèrent par leur byssus. C'est seulement pendant l'hiver, à la fin de l'automne et au commencement du printemps que cette pêche a lieu; le reste de l'année, qui est l'époque de leur frai, leur chair est dure, coriace et sans saveur. C'est surtout durant cet intervalle que leur usage paraît causer des accidens aux personnes qui s'en nourrissent, accidens que l'on attribue ordinairement à la présence d'un petit crustacé venimeux, mais qui sont bien plutôt dus à la mauvaise qualité du mollusque.

La principale espèce de ce sous-genre est la *moule commune*, ou *comestible*, très répandue sur toutes nos côtes, où elle se pend en longues grappes aux rochers, aux pieux, aux vaisseaux, etc. La *moule lithophage* est remarquable par l'habitude qu'elle a, en s'attachant aux pierres, de les creuser pour s'y faire une demeure, dans laquelle elle se fixe pour le reste de sa vie. Il paraît que c'est par le mouvement de ses valves qu'elle perce ainsi les corps les plus durs.

§ II et III. Les ANODONTES (*anodon*) ou *moules d'étang*, et les MULETTES (*unio*) ou *moules de peintres*, ont beaucoup de rapports avec les espèces du genre précédent; mais leur coquille est ordinairement plus belle et présente intérieurement une couleur nacrée ou purpurine. Les *mulettes* surtout sont remarquables sous ce rapport. On ne trouve les mollusques de ces deux genres que dans les eaux douces; ils ont tous un pied pour ramper et ne se fixent jamais comme les moules de mer. Mais il y a cette différence entre les *anodontes* et les *mulettes*, que celles-ci ont la charnière armée de dents sur une de leurs valves et creusée de fossettes analogues sur l'autre, ce qui donne plus de solidité à l'articulation des deux pièces de la coquille; tandis que les *anodontes* manquent complètement de dents et n'ont les valves réunies que par un ligament. Du reste, l'animal de ces deux genres est également dépourvu de byssus, à la place duquel il a un large pied charnu, dont il se sert pour ramper sur le sable ou sur la vase.

Les principaux *anodontes* sont l'*anodonte des étangs* et l'*anodonte cygne*.

Parmi les *mulettes*, nous citerons la *mulette* ou *moule du Rhin*, et la *mulette* ou *moule des peintres;* cette dernière a été ainsi nommée, parce que les artistes se servent souvent de ses valves pour délayer leurs couleurs.

IVe Famille. — CARDIACÉS (pl. XXIX).

Intéressante par le grand nombre des espèces qu'elle comprend et par la beauté des coquilles qu'on y trouve, cette famille est une de celles que l'on a le plus étudiées parmi les acéphales, et qui fournissent aux amateurs de collections la plus riche moisson pour embellir leurs cabinets. Ornés le plus souvent de couleurs éclatantes, toujours élégans et réguliers dans leurs formes, ces coquillages marins ont reçu des savans les noms de la déesse des Graces qui, selon la mythologie, a pris comme eux naissance au sein des ondes salées.

Le vulgaire les désigne assez ordinairement sous le nom de *cœurs*, dont leurs valves rappellent en effet la forme; et les naturalistes, tout en changeant cette dénomination, l'ont pour ainsi dire sanctionnée, en lui en substituant une autre qui, tirée du grec, a absolument la même signification (1). On peut donc regarder toutes les coquilles cordiformes comme appartenant à la famille des *cardiacés*. Quant à l'animal qui les habite, il a toujours le manteau fendu par-devant à l'endroit où se trouve la bouche, et percé de deux ouvertures dont l'une est pour l'anus et l'autre pour l'organe respiratoire. Il est toujours muni à sa partie inférieure d'un pied charnu, comme celui des gastéropodes, et qui lui sert aux mêmes usages. Les *cardiacés* sont donc des mollusques rampans, et qui ne se fixent point comme la plupart des acéphales précédens; il en est pourtant un certain nombre qui se meuvent à peine, et restent presque toujours enfouis dans la vase. On les reconnaît en ce que leur ouverture respiratoire et leur anus sont garnis d'un tube qu'ils emploient, soit pour rejeter au loin le résidu de leur digestion, soit pour aller chercher le fluide aqueux indispensable à l'acte respiratoire.

On peut partager cette nombreuse famille en deux tribus. Dans l'une la coquille a, outre les dents *cardinales* qui font partie de la charnière, deux lames saillantes écartées du centre de l'articulation et placées l'une en avant et l'autre en arrière (*fig.* 2). Dans la seconde, la coquille ne présente que des dents cardinales (*fig.* 3).

A la première se rapportent les genres *bucarde, donace, cyclade, corbeille, lucine* et *telline*.

La seconde comprend les *Vénus,* les *corbules* et les *mactres.*

Comme toutes ces coquilles présentent absolument les mêmes habitudes et par suite la même organisation, nous ne ferons pas l'histoire de chacun de ces genres; nous nous contenterons d'en donner le tableau comparatif, pour qu'on puisse les distinguer les uns des autres.

(1) Cardia en grec veut dire *cœur.*

Ire Tribu. — Cardiacés à deux sortes de dents.

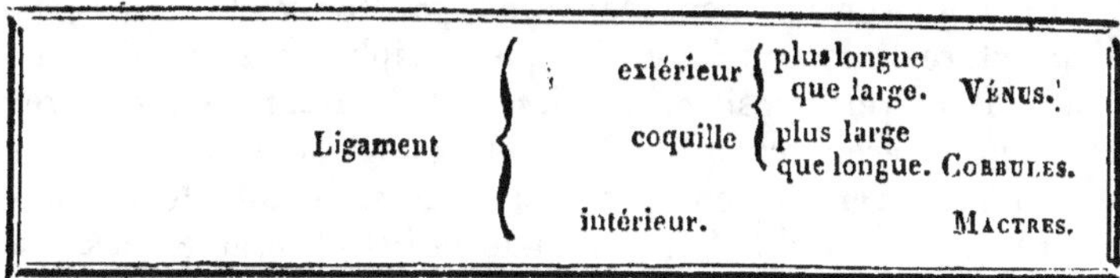

IIe Tribu. — Cardiacés n'ayant que des dents cardinales.

Ve Famille. — ENFERMÉS (pl. XXIX).

Ce groupe comprend un assez grand nombre de genres singuliers et assez disparates, pour que beaucoup de naturalistes les aient transportés dans des familles et même dans des classes différentes. Leur caractère commun consiste à avoir le manteau roulé sur lui-même, en forme de tube saillant hors de la coquille, presque entièrement fermé, excepté au point où se trouve une ouverture pour le passage du pied. La coquille de ces mollusques est par conséquent toujours ouverte; du reste, malgré la diversité de forme qu'elle présente dans les différens genres, on y trouve toujours deux valves égales, et presque en tout semblables à celles des cardiacés.

Quoique ces dimyaires ne soient jamais fixés par un byssus, ils ont les mouvemens peut-être encore plus lents que les moules, les tridacnes et autres coquillages qui se fixent; on ne les trouve que dans la vase et dans le sable; quelques-uns même s'enfoncent dans l'intérieur des rochers ou dans les bois placés dans l'eau, et s'y creusent une retraite qui leur sert de demeure et de tombeau.

Cette famille comprend cinq genres principaux : les *myes*, les *solens*, les *pholades*, les *tarets* et les *arrosoirs*.

§ I. Les MYES (*mya*) forment un genre assez considérable de mollusques acéphales, qui ont de nombreux rapports avec les familles précédentes, par la forme ovale ou peu allongée de leur coquille, ainsi que par celle de l'animal qui l'habite. Mais il est une différence essentielle qui suffit pour distinguer les *myes* de toutes les coquilles bivalves dont nous avons parlé : c'est la double ouverture qu'elles présentent en avant et en arrière. D'un autre côté, l'articulation de leurs valves qui se fait par le moyen d'une dent cardinale à laquelle correspond une fossette analogue, et la forme oblongue de leur coquille, les éloignent de tous les autres genres de la même famille.

Les *myes* vivent enfoncés dans le sable, près des côtes, et se tiennent constamment dans une position verticale, ayant l'ouverture de la bouche en-bas, et le siphon respiratoire en-haut. Dans cette position, elles ont la liberté de respirer sans se déplacer : condition bien nécessaire pour des animaux dont les mouvemens sont pénibles et lents. Quant à leur nourriture, on ignore s'ils la trouvent au milieu des sables ou de la vase qu'ils habitent ; mais il est plus probable qu'elle leur est apportée par l'arrivée de l'eau vers leur ouverture buccale. Dans tous les cas, il est bien certain qu'ils ne quittent pas leur place pour aller la chercher : ce changement serait trop difficile et leur prendrait trop de temps.

Nous avons sur nos côtes deux espèces de ce genre : la *mye tronquée* qui est extrêmement commune dans l'Océan et la Méditerranée, et la *mye des sables* qui se trouve également dans ces deux mers.

§ II. Les coquilles que nous avons étudiées jusqu'ici nous ont sans doute offert une grande diversité de formes ; mais aucune ne nous en a présenté d'aussi bizarre que celle des SOLENS (*solen*) ou *manches de couteaux* (*fig.* 5). A voir ces derniers, on les prendrait plutôt pour un produit de l'art que pour un coquillage. Qu'on se figure deux lames minces, demi-cylindriques, réunies ensemble de manière à former un cylindre entier, avec une ouverture à chaque extrémité, et l'on aura l'idée du mollusque dont nous parlons. C'est à cette forme singulière, qui rappelle celle d'un *manche de couteau,* que le *solen* doit le nom que lui donnent ordinairement les marchands de curiosités.

Quant à l'animal qui habite cette coquille, il est complètement enveloppé dans son manteau, excepté à ses deux extrémités, dont l'une donne passage à son pied, et l'autre à deux tuyaux destinés à la respiration et à la digestion.

Les habitudes de ces acéphales sont très singulières : ils ne se meuvent qu'avec beaucoup de difficulté, quand ils sont dans l'eau ou à la surface de la terre; mais dès qu'ils se voient exposés à quelque danger, ils se creusent dans le sable un trou d'un à deux pieds de profondeur pour se soustraire au péril, et cela avec une rapidité qui étonnerait dans des animaux beaucoup plus agiles. Ils parviennent à ce résultat au moyen de leur pied, dont ils se servent comme d'une pelle pour percer le sol. C'est dans des trous ainsi préparés, qu'ils passent la plus grande partie de leur vie ; et il est d'autant plus difficile de les y découvrir qu'ils n'en sortent que très rarement, et qu'ils n'y font aucun mouvement qui puisse les trahir : leur nourriture leur vient d'elle-même, sans qu'ils se donnent aucune peine pour la chercher.

On compte un assez grand nombre d'espèces de ce genre, dont cinq ou six appartiennent à nos mers, entre autres le *manche de couteau,* la *gaîne,* la *gousse,* le *coutelet,* etc.

§ III. Les PHOLADES (*pholas*) ou *dails,* sont encore plus remarquables que les solens par la facilité avec laquelle ils percent les corps les plus durs : non-seulement ils creusent le sol sur lequel coule l'eau, ils attaquent même les rochers les plus durs, et à force de patience ils parviennent à s'y pratiquer une demeure commode et d'autant mieux abritée, qu'elle est inaccessible à tous les animaux marins dont ils ont quelque chose à craindre. Pour tromper encore mieux leurs ennemis, ils donnent au commencement de leur galerie une direction horizontale, et la terminent par un coude subit, à l'extrémité duquel ils établissent leur habitation : de cette manière, leur demeure a la forme d'une pipe à fumer. Il n'est pas rare de rencontrer, dans le vosinage de la mer, de vastes rochers percés ainsi dans tous les sens par des animaux de ce genre. Dans cette espèce de cellule dont il ne doit plus sortir, l'animal, sans se donner aucune peine, reçoit de l'eau qui y pénètre tout ce qu'il lui faut de nourriture pour sa subsistance , et s'y développe comme il le ferait au sein même des eaux, où il jouirait de toute sa liberté.

On pourrait s'imaginer que le mollusque capable de creuser ainsi le roc le plus dur, doit avoir un instrument bien solide pour parvenir à un semblable résultat. Eh bien , la *pholade* est un petit animal qui n'a pas plus d'un pouce de long , et qui n'a à sa disposition qu'un pied charnu , de la même nature que celui de la limace, et sa coquille qui n'est nullement remarquable par sa force. Aussi, des savans ont-ils prétendu que ce n'était pas l'animal qui avait percé la pierre, mais qu'au contraire, la pierre s'était formée autour de lui. Mais des colonnes d'un temple placé sur le bord de l'eau, qu'on a trouvées criblées de trous faits par ces mollusques, ont prouvé victorieusement que c'était bien la *pholade* qui perçait elle-même le roc. Un autre fait qui le démontre avec la même évidence , c'est qu'on a rencontré dans certains rochers des pholades percées d'outre en outre par d'autres pholades.

On trouve très abondamment ces mollusques dans toutes les mers : leur chair, quoique peu délicate , est néanmoins recherchée par les pauvres : on la fait même mariner pour la conserver plus long-temps ; mais le principal usage de ces animaux, c'est de servir d'appât pour la pêche.

On reconnaît aisément les *pholades* à leur coquille allongée, largement ouverte de chaque côté , et garnie de pièces accessoires dont le nombre varie beaucoup selon les espèces.

La plus commune sur nos côtes est le *dail* ou *pholade vulgaire* , qui est très répandu sur tout le littoral de la France.

§ IV. Les TARETS (*teredo*) (*fig.* 4) sont pour le bois, ce que les pholades sont pour les pierres ; ils percent toutes les pièces de charpente qu'ils trouvent dans l'eau, et causent quelquefois par-là d'épouvantables dégâts, non-seulement aux digues, mais encore aux vaisseaux qu'ils mettent en peu de temps hors de service. En 1731 ils détruisirent une partie du pilotis des digues de la Hollande. Il faut une active surveillance pour se garantir de leurs atteintes ; le goudronnage fréquent des bois que l'on est obligé de laisser séjourner long-temps dans la mer, est le moyen le plus propre à les empêcher de leur nuire.

L'animal dangereux qui fait de si grands torts à l'homme est de forme allongée et couvert d'une petite coquille qui ne défend que la partie postérieure de son corps. La partie antérieure est protégée par un tube cylindrique, et par une espèce de croûte calcaire qu'il dépose, à mesure qu'il avance, sur les parois du trou qu'il se pratique dans le bois.

On connaît plusieurs espèces de *tarets*, dont la principale, le *taret naval*, a six pouces de long, et s'est rendu célèbre sur tous les ports de mer par le mal qu'il fait aux navires.

§ V. Les ARROSOIRS (*aspergillum*) sont des coquilles singulières, dont l'animal est encore inconnu et dont on ne peut, à cause de cette ignorance, déterminer la place dans la série des êtres animés ; car certains naturalistes les rangent dans la famille des mollusques dont nous parlons, tandis que d'autres les mettent parmi les annelides tubicoles, qui appartiennent à l'embranchement des animaux articulés.

Les *arrosoirs* tirent leur nom de leur forme, qui est celle d'un tube allongé, à deux ouvertures, dont l'une plus étroite est toujours béante, tandis que l'opposée, plus large, est bouchée par une plaque ou calotte calcaire, parsemée d'un grand nombre de petits tubes capillaires très fragiles.

Toutes ces coquilles sont marines et appartiennent aux mers méridionales. Les plus remarquables sont *l'arrosoir de Java* et *l'arrosoir à manchettes,* qui sont d'un très haut prix, surtout lorsqu'elles sont bien conservées et garnies de leurs tubes.

IIIe Ordre. — BRACHIOPODES.

Ces mollusques ont les plus grands rapports avec les précédens ; ayant comme eux une coquille bivalve avec un manteau à deux lobes, comparables aux feuillets d'un livre. Mais ils s'en distinguent en ce qu'au lieu du pied charnu qu'on remarque sur la plupart des monomyaires et des dimyaires, on leur trouve deux tentacules ou bras garnis de filamens qu'ils peuvent étendre hors de leur coquille ou y retirer entièrement ; et c'est à cause de cette particularité d'organisation, que ces mollusques ont reçu le nom de *brachiopodes*. C'est à la base de ces deux appendices que se trouve placée la bouche, laquelle consiste en une simple fente, sans aucun organe solide pour la préhension ou pour la mastication des alimens.

Outre les deux bras dont nous venons de parler, les *brachiopodes* ont un troisième appendice, analogue au byssus, qui est composé de fibres solides et qui leur sert à s'attacher aux rochers sous-marins. Mais il ne paraît pas qu'ils jouissent de la faculté de déplacer la totalité de leur corps ; ils restent pendant toute leur vie fixés à la même place, et pour que la nourriture leur arrive plus facilement, ils établissent, au moyen de leurs bras, un petit tournant d'eau qui aboutit dans leur bouche, et leur apporte les petites particules de matière nutritive qu'elle contient.

L'histoire naturelle de ces annimaux est peu importante pour l'homme ; aucun d'eux ne nous fait ni mal ni bien , et comme ils vivent tous dans la profondeur des mers , où il est presque impossible de les observer, on ne connaît presque rien sur leurs habitudes , qui du reste doivent être peu intéressantes, autant du moins qu'on peut le présumer, d'après ce que l'on sait sur leur organisation.

Cet ordre ne se compose que de trois genres , dont nous ne citerons qu'un seul, celui des TÉRÉBRATULES (*terebratula*), coquilles à deux valves inégales , dont l'une a le sommet saillant, et percé d'une ouverture pour laisser passer le pédicule byssoïde, qui attache l'animal aux rochers ou à d'autres coquilles.

Cette ouverture fournit un caractère très apparent pour distinguer ces coquillages de ceux des deux ordres qui précèdent. On connaît plusieurs espèces vivantes de ce genre ; mais le nombre n'en est point à comparer à celui des fossiles qu'on trouve en quantité innombrable dans les couches profondes des anciens terrains.

IVe *Ordre.*—TUNICIERS

ou MOLLUSQUES ACÉPHALES NUS.

Ces mollusques, qu'on a ainsi appelés parce qu'ils ont le corps enveloppé d'une double membrane, dont l'une est intérieure et plus fine, et l'autre extérieure et plus solide et de nature presque cartilagineuse , se distinguent des trois ordres précédens par le défaut de coquille ; du reste, ils appartiennent à la classe des acéphales par les principales particularités de leur organisation ; ainsi, ils ont tous un cerveau placé sur l'œsophage, des nerfs , des artères , des veines , etc. et , quand on veut y faire attention , on trouve que la seconde tunique cartilagineuse peut être regardée comme remplaçant la coquille des mollusques testacés.

Cet ordre, peu nombreux, ne comprend que trois genres principaux, les *biphores*, les *ascidies* et les *pyrosomes*.

§ I. Les BIPHORES (*salpa*) sont des animaux très mous, allongés, dont la peau est tellement transparente qu'on peut étudier, sans les disséquer, tous les détails de leur organisation intérieure.

Ces mollusques sont tous pélagiens et ne s'approchent jamais des côtes ; précaution nécessaire pour des êtres aussi frêles et si peu agiles, que les mouvemens des flots briseraient infailliblement contre les rivages, s'ils ne s'en tenaient éloignés. Par les temps calmes, on les rencontre flottant à la surface des mers voisines de la zone torride, tantôt libres et séparés, tantôt réunis en troupes de diverses manières. La nuit, ils répandent sur les eaux une lumière phosphorique très éclatante. La manière dont ces animaux se meuvent est assez singulière ; leur corps est muni d'un tube qui le traverse dans toute sa longueur et qui jouit d'une grande contractilité. En faisant entrer de l'eau par l'ouverture postérieure de ce tube, et en la poussant avec force par celle du côté opposé, le jet que forme le liquide les relance en arrière, de sorte qu'ils se meuvent à reculons. Ce fait, qui du reste n'est pas rare parmi les mollusques, a induit plusieurs naturalistes en erreur et leur a fait confondre, dans ces acéphales, la partie antérieure du corps avec la postérieure.

§ II. Les ASCIDIES (*ascidia*), qu'on nomme encore *outres de mer*, se distinguent aisément des biphores par leur manteau cartilagineux et par leur immobilité complète ; elles se tiennent constamment fixées aux corps marins, tels que les fucus et les coquillages, et n'éprouvent d'autre déplacement que celui des objets auxquels elles sont attachés. Le principal signe de vie que l'on observe en elles se tire de l'absorption et de l'évacuation alternatives de l'eau par leurs orifices tubuleux.

On en trouve un grand nombre dans toutes les mers, et la plupart des espèces pourraient fournir à l'homme une nourriture passable ; mais leur petitesse les fait dédaigner des pêcheurs. Il n'en est pas de même des poissons et des autres habitans des mers ; ceux-ci leur font continuellement la guerre, et avec d'autant plus d'avantage que les *ascidies*, privées de coquille et de mouvement, n'ont pour se défendre contre eux, que l'inutile ressource de lancer à leur ennemi quelques jetsd'eau qu'elles ont en réserve dans une cavité intérieure, particularité qui leur a fait donner le nom vulgaire d'*outres de mer*.

§ III. Le mot PYROSOME (*pyrosoma*), qui veut dire *corps de feu*, a été donné à ces mollusques à cause de l'éclat dont ils brillent; mais c'est seulement pendant la nuit qu'ils présentent ce phénomène. Réunis en troupes innombrables, ils répandent à la surface des mers une lumière éclatante, qui les ferait prendre pour un vaste bûcher embrasé; ce sont partout des ondées de lumière offrant les plus belles couleurs de l'iris, au milieu desquelles on distingue principalement le rouge, l'orangé et l'azur. Cet effet dépend du phosphore que les *pyrosomes* dégagent pendant la nuit de la surface de leur corps; et comme ces mollusques, placés à la file les uns des autres, se meuvent continuellement, ils produisent des traînées de lumière qui simulent un incendie, dont les progrès s'étendent davantage à mesure qu'il acquiert plus de force. Mais avec le jour l'illusion disparaît; on ne trouve, au lieu d'un corps en ignition, qu'un petit animal de forme allongée, cylindrique et hérissé de pointes élastiques, dont rien n'attire l'attention de l'observateur.

CIRRHOPOLOGIE

ou

HISTOIRE NATURELLE DES CIRRHOPODES.

Cette classe, bien que peu nombreuse, ne laisse pas d'être intéressante sous plusieurs rapports. D'abord les mollusques qu'elle embrasse présentent dans leur structure une certaine analogie avec les animaux du troisième embranchement. C'est ainsi qu'ils ont de chaque côté du corps des rudimens de membres articulés, que l'on appelle *cirrhes*, et que l'on peut comparer aux petits appendices qui se trouvent sous la queue des écrevisses et des homards ; leur bouche est armée de mâchoires latérales ; leur coquille n'est ni univalve ni bivalve ; elle se compose de plusieurs pièces inégales et disposées avec une certaine symétrie de chaque côté de l'animal ; enfin leurs ganglions ne sont plus épars sans ordre dans toutes les parties du corps ; ils forment une espèce de chaîne sous le ventre, à peu près comme dans les animaux articulés. Mais ils offrent avec les acéphales des rapports encore plus nombreux ; leur corps est toujours enveloppé dans un manteau, soit en totalité, soit en partie ; ils n'ont point de tête distincte ni d'organes spéciaux pour les sens ; leur bouche n'est jamais entourée de tentacules ; et, ce qui les distingue essentiellement des animaux articulés, ils sont privés de la faculté de se mouvoir en totalité, et par conséquent condamnés à vivre toujours fixés à la même place. La seule différence qu'on remarque chez les *cirrhopodes* sous le rapport du mouvement, c'est que les uns sont attachés aux corps marins immédiatement par leur coquille, tandis que les autres sont soutenus sur un pied mobile, dont l'extrémité seule touche le sol.

Cette impossibilité de se transporter d'une place à une autre rend nécessairement les *cirrhopodes* aquatiques ; aussi n'en trouve-t-on que dans la mer, où ils vivent des débris des corps organiques que ses flots tiennent en suspension, et qu'ils charrient sans cesse vers le rivage.

Cette classe ne nous offrent que deux genres remarquables ; ce sont les *anatifes* et les *balanes.*

§ I. Les ANATIFES (*anatifa*) (pl. XXIX , *fig.* 6) ont été ainsi nommés par corruption du mot *anatifera*, porte-canard, parce qu'on croyait autrefois que ces coquillages donnaient naissance à ces oiseaux sur les bords de la mer. La cause de cette erreur absurde se trouve dans l'habitude qu'ont les palmipèdes, et surtout les bernaches, de chercher sur les rivages de la mer les insectes, les vers, les petits mollusques, et en particulier ceux du genre dont nous parlons. Et comme on les voit plus souvent s'enlever que s'abattre, attendu que la présence de l'homme suffit pour les empêcher de descendre à terre, les marins, qui les voyaient s'envoler du milieu de ces coquillages sans jamais les voir s'y reposer, s'imaginèrent qu'ils y prenaient naissance et regardèrent les *anatifes* comme des œufs de canard produits par la mer.

Cette erreur les a rendus très célèbres, quoique par eux-mêmes ils n'aient rien de remarquable par leur beauté ou par leurs habitudes. Ce sont des coquilles à plusieurs valves régulièrement disposées, et dont les côtés du corps sont garnis de douze paires de cirrhes ; ils sont soutenus par une espèce de tube ou de pied qui ressemble à un doigt, ce qui leur a fait donner le nom de *pouce-pieds.* C'est sur ce pédicule que roulent tous les mouvemens de l'animal ; par lui ce mollusque imprime à son corps un mouvement circulaire qui produit, comme les tentacules des brachiopodes, un tournant d'eau dont l'effet est d'attirer dans sa bouche les particules de matières animales qui flottent dans la mer.

Les *anatifes* sont très communs sur toutes les côtes de la France, et surtout dans les endroits battus par les flots. Fixés aux rochers marins les plus exposés aux mouvemens des flots, on dirait qu'ils bravent la fureur des tempêtes. Quoique la chair de ces mollusques ne soit pas délicate, on en mange plusieurs espèces en certains endroits ; on observe que la cuisson leur communique une couleur rouge comme aux écrevisses.

§ II. Les BALANES (*balanus*) (*fig.* 7), plus communément

appelés *glands de mer*, ressemblent aux anatifes par la pluralité
de leurs valves , par le nombre considérable de leurs cirrhes ,
par la privation de toute locomotion et par l'habitude qu'ils
ont de vivre sur les rivages de la mer ; mais les valves des *ba-*
lanes sont soudées ensemble d'une manière immobile, et con-
tituent par leur réunion une coquille presque univalve, de
forme conique ou ovale , et presque semblable à un gland de
chêne, ce qui leur a fait donner leur nom vulgaire. En outre,
cette coquille, au lieu d'être soutenue par un pédicule comme
celles des pouce-pieds, est complètement sessile et porte immédiatement sur une de ses valves. L'animal ne peut donc
employer le stratagème des anatifes pour attirer sa nourriture
dans sa bouche ; mais il parvient au même but au moyen de
ses tentacules, dont les mouvemens circulaires produisent le
même tournoiement que le corps entier des cirrhopodes précédens. C'est aussi à l'aide de ces mêmes tentacules qu'ils se
fixent aux rochers, aux coraux, etc. Quelques espèces de ce
genre servent aussi de nourriture à l'homme.

ANIMAUX ARTICULÉS.

Deux caractères bien tranchés distinguent les animaux de cet embranchement : la conformation extérieure de leur corps et la disposition de leur système nerveux. Leur peau se compose d'une suite d'anneaux ou *articles* plus ou moins marqués et réunis ensemble par une membrane intermédiaire flexible, qui leur laisse ordinairement une certaine mobilité, et leur système nerveux consiste en un petit *cerveau* situé sur l'œsophage, et en une double série de masses nerveuses ou ganglions, placés de chaque côté du tronc au-dessous de leur canal alimentaire (pl. 1 , *fig.* 5 et 6).

Ces animaux n'ont jamais de squelette intérieur ; mais la nature solide et ordinairement cornée des anneaux qui constituent leur enveloppe extérieure, remplace jusqu'à un certain point le système osseux des animaux vertébrés, non-seulement pour protéger les organes essentiels à la vie, mais pour faciliter l'exécution de la locomotion. Aussi les *articulés* ne le cèdent pas à ces derniers par la précision et par la variété de leurs mouvemens ; ils peuvent marcher, sauter, grimper, nager, voler, ramper, et présentent par conséquent dans la structure de leurs organes locomoteurs la même diversité que nous avons remarquée dans les animaux du premier embranchement.

Observons cependant une différence bien essentielle dans la disposition des membres des articulés, comparés à ceux des vertébrés. Chez ces derniers, les parties solides qui entrent dans un membre sont intérieures, et se trouvent recouvertes par les muscles qui doivent les mouvoir ; dans les animaux *articulés*, c'est le contraire ; ce sont les parties dures ou cornées qui sont extérieures et qui enveloppent et protégent leurs muscles. Du reste, nous trouverons leurs membres terminés en pointes aiguës pour grimper, élargis en rames pour nager, déployés en ailes pour voler, etc. ; les es-

pèces qui rampent sont les seules qui en soient totalement dépourvues. Mais généralement leur présence est constante, et le
nombre en est même toujours plus considérable que dans les
vertébrés ; il est au moins de six paires, et souvent davantage.

La forme des animaux *articulés* est ordinairement allongée ;
mais, de même que dans l'embranchement des vertébrés, la longueur du corps est toujours en raison inverse avec le développement des membres. Ainsi les *annelides* ou *vers*, qui en
manquent ou n'en ont que d'imparfaits ou de rudimentaires,
ont la forme allongée des serpens, tandis que les insectes qui
ont des pattes pour la marche ou le saut, et des ailes pour le
vol, nous offrent un corps court ou ovale, et quelquefois complétement arrondi.

Mais, dans tous les cas, le corps des *articulés* présente une
tête bien facile à reconnaître à la présence d'une bouche, de
deux ou plusieurs yeux, et de divers appendices que les naturalistes appellent *antennes* et qu'on désigne vulgairement
sous le nom de *cornes ;* ces organes paraissent avoir pour usage
de palper, flairer, déguster, en un mot de remplacer les organes des sens spéciaux.

On voit d'après cela que, sous le rapport des sensations et
des mouvemens, les *articulés* ne sont nullement inférieurs
aux vertébrés. Il en est de même pour les organes de la digestion ; mais leur circulation n'est pas aussi parfaite ; rarement
ils ont un cœur pour lancer le fluide nourricier aux différens
organes ; mais cette particularité tient à la nature même de
leur respiration. Cette fonction, s'opérant chez eux par le
moyen de *trachées* ou vaisseaux qui portent l'air dans toutes
les parties du corps, leur rend inutile la présence du *cœur*,
dont la fonction est de porter aux organes le sang qui a respiré soit dans les branchies, soit dans les poumons.

L'étude des animaux *articulés* est pour le moins aussi intéressante pour l'homme que celle des vertébrés, et si le résultat
de cette étude n'est pas aussi fertile en applications immédiates
à nos besoins, du moins elle nous procure des jouissances plus
douces, et n'offre pas les mêmes difficultés que celle des animaux précédens.

On divise cet embranchement, sans contredit le plus nombreux de la zoologie, en cinq classes : les *annelides*, les *crustacés*, les *arachnides*, les *myriapodes* et les *insectes*.

Ces cinq classes sont on ne peut plus faciles à caractériser :

1° Les *annelides* n'ont jamais de membres articulés et sont recouverts d'une peau molle ou calcaire; ils ont tous le sang rouge, un ou plusieurs cœurs, des organes particuliers pour la respiration et pour la circulation (le *ver de terre*, la *sangsue*).

2° Les *crustacés* ont toujours des membres articulés, le plus souvent au nombre de sept paires, dont chacune correspond à un des anneaux du tronc; ils ont aussi un cœur et des vaisseaux artériels et veineux, ainsi que des branchies pour respirer; leur sang est incolore ou blanc, leur peau plus ou moins encroûtée de matières dures, et leur tête garnie d'*antennes* ou de cornes (le *crabe*, l'*écrevisse*, le *cloporte*).

3° Les *arachnides* ont toujours quatre paires de membres, des yeux nombreux, et le plus souvent en même nombre que les pattes; ils offrent, de chaque côté du corps, des ouvertures appelées *stigmates*, qui sont les orifices des *trachées*, de ces vaisseaux élastiques destinés à porter l'air dans les diverses parties du corps; leur tête ne porte jamais d'antennes (l'*araignée*, le *scorpion*.)

4° Les *myriapodes* se distinguent au grand nombre de leurs pattes, qui est au moins de dix paires et va quelquefois à plus de cent; du reste ils respirent comme les précédens, par des trachées (la *scolopendre*, les *jules*).

5° Enfin, les *insectes* n'ont jamais que trois paires de pattes; leur corps se divise en quatre parties bien distinctes : la *tête*, sur laquelle on remarque les yeux, la bouche et les antennes; le *corselet*, auquel s'attachent les pattes, ainsi que les ailes quand elles existent; l'*abdomen*, qui renferme les organes de la digestion et sur les côtés duquel sont placés les stigmates; enfin les *membres*, qui se divisent ordinairement en pattes et en ailes (la *puce*, le *hanneton*, le *papillon*, la *mouche*).

HELMINTHOLOGIE

ou

HISTOIRE NATURELLE DES ANNELIDES.

Les *annelides* seront toujours faciles à distinguer, parmi les animaux articulés, à la mollesse de leur enveloppe extérieure, et surtout au défaut de véritables pattes et à la couleur rouge de leur sang.

Ce sont en effet les seuls animaux de cet embranchement qui nous offrent ces caractères. Ce n'est pas cependant qu'ils aient tous une peau absolument molle et qu'ils manquent complètement d'appendices locomoteurs ; quelques espèces exsudent à leur surface une matière calcaire analogue à la coquille des mollusques ; d'autres se forment une espèce de fourreau en agglutinant autour de leur corps des grains de sable et des débris de coquillages ; presque tous, ou du moins la grande majorité, ont sur chaque anneau de leur tronc des soies raides et brillantes, qui leur servent de membres pour se déplacer.

Mais, outre que l'existence de ces membres n'est nullement constante, ces organes ne sont jamais pourvus de ces articulations qui, par leur flexibilité, donnent tant de variété et de souplesse aux mouvemens des autres animaux de leur embranchement. Quant à la substance calcaire et aux débris pierreux dont leur peau se garnit, il est évident qu'ils n'en font pas partie intégrante, moins encore que dans les mollusques, puisque dans ces derniers les muscles s'y attachent, tandis que dans les *annelides* le tube est entièrement libre ; aussi peuvent-ils le quitter quelquefois sans compromettre leur existence, tandis qu'il n'est pas un seul mollusque qui puisse abandonner sa coquille sans périr.

La forme des *annelides* est généralement oblongue ; les espèces seules dont les soies locomotrices sont très développées sont plus ovales que les autres. Leur tête n'est jamais séparée du tronc par un étranglement particulier; ils manquent par conséquent de *cou;* mais ce qui fera toujours reconnaître cette partie, c'est la présence constante de la bouche, et le plus souvent celle de deux ou de quatre yeux et de deux tentacules ou antennes. La bouche se compose tantôt d'une trompe pour sucer, tantôt de mâchoires pour couper ou pour broyer ; dans quelques cas c'est un simple orifice sans trompe ni mâchoires.

Le régime des *annelides* est toujours subordonné à la conformation de la bouche : avec une trompe ils sucent le sang des autres animaux; avec des mâchoires ils broient toutes sortes de matières, tels que vers, poissons, crustacés, etc. ; dépourvus de l'une et des autres, ils sont réduits à puiser dans l'eau et dans le sable, les débris des substances organiques qui s'y trouvent en suspension. Dans tous les cas, ils sont exclusivement carnassiers.

Tous les animaux de cette classe, à l'exception des lombrics ou vers de terre, vivent dans l'eau et respirent par des branchies ; il en est cependant chez lesquels on n'a pas pu encore découvrir les organes respiratoires ; mais chez le plus grand nombre ils sont très apparens au dehors et forment des rameaux, des houppes, des panaches, dont la surface est tapissée de vaisseaux sanguins qui viennent y apporter le fluide veineux.

La classification des *annelides* est fondée sur la présence ou l'absence des branchies, des soies et du tube calcaire dans lequel leur corps se trouve renfermé. D'après cela, on divise ces animaux en trois ordres ou familles : les *tubicoles*, les *dorsibranches* et les *abranches.*

1⁰ Les *tubicoles* habitent un tube tantôt calcaire, tantôt simplement membraneux, ont leurs branchies sur la partie antérieure du corps et leurs soies locomotrices un peu derrière ces organes. Ils sont tous sédentaires.

2⁰ Les *dorsibranches* ont le corps nu, les branchies sur le dos ou sur les côtes, et leurs soies disposées parfois tout le long du corps. Ils errent librement dans le sein des eaux.

3⁰ Les *abranches* n'ont pas de branchies apparentes et leurs soies sont très courtes et souvent nulles. Ils se tiennent dans la vase et se meuvent par les ondulations de leur corps.

Ier Ordre. — TUBICOLES (pl. XXX).

Les annelides de cet ordre ne forment qu'une famille, et sont faciles à reconnaître en ce qu'ils ont les branchies extérieures, attachées à la tête ou à la partie antérieure du corps, et ce dernier est le plus souvent renfermé dans un tuyau calcaire, au-delà duquel leurs branchies forment une espèce de bouquet, ce qui leur a fait donner le nom vulgaire de *pinceaux de mer* (*fig.* 1, 2, 3, 4). Ce tuyau est tantôt produit par l'exsudation d'une matière inorganique, semblable à celle qui donne naissance à la coquille des mollusques (*fig.* 2), et tantôt formé par l'agglutination de grains de sable, de fragmens de coquille et de parcelles de pierres, réunis ensemble par une espèce de viscosité que l'animal sécrète (*fig.* 4).

Ces vers sont essentiellement sédentaires, leurs tuyaux étant presque toujours fixés aux corps marins ou enfouis dans le sable et dans les fentes des rochers; et quoiqu'ils pussent quitter leur demeure calcaire, puisqu'ils n'ont contracté aucune adhérence avec elle, leur organisation n'étant pas favorable à l'exécution des mouvemens, ils sont obligés à s'y tenir renfermés pendant toute leur vie.

Ce serait pourtant une erreur de croire que ces êtres sont condamnés à une immobilité complète. A l'aide des soies raides et crochues dont les anneaux antérieurs de leur corps se trouvent garnis (*fig.* 1, *a a a a*), ils peuvent sortir de leur fourreau ou y rentrer selon que leur plaisir ou leurs besoins l'exigent.

Nous ne citerons de cet ordre que quatre genres: les *serpules,* les *térébelles,* les *amphitrites* et les *arénicoles.*

§ I. Les SERPULES (*serpula*) (*fig.* 1 et 2) constituent un genre nombreux et remarquable par la solidité de leur tube calcaire et surtout par la beauté de leurs branchies. Celles-ci forment à l'entrée du tuyau un joli panache paré des couleurs les plus vives et les plus agréables, le rouge, le bleu et le violet. Aussi rien n'est-il beau à voir comme des *serpules,* lorsque, se trouvant réunies plusieurs ensemble, elles épanouissent bien leurs panaches variés; mais il faut, pour jouir de ce spectale, que la mer soit calme et que ces animaux n'aient rien à craindre. Ils sortent alors de leur demeure pour tâcher de se procurer des alimens, et restent dans cet état tant que rien ne les inquiète. Mais dès que les mouvemens de l'eau viennent leur annoncer quelque danger réel ou imaginaire, ils rentrent subitement dans leur tube, dont ils ont soin de bien fermer l'entrée avec un opercule (*c*), et y demeurent cachés jusqu'à ce que le calme soit rétabli et le péril passé.

On trouve plusieurs espèces de serpules dans nos mers, où elles se tiennent à de grandes profondeurs ; telles sont la *serpule commune* ou *boyau de mer* et la *serpule vermiculaire*.

§ II. Les TÉRÉBELLES (*terebella*) (*fig.* 3 et 4) ont, comme les serpules, les branchies situées à la tête ; mais ces organes, au lieu de former de chaque côté une espèce d'éventail, ressemblent à de petits rameaux branchus (*b, b, b*), situés à la partie supérieure du corps ; de plus, leur extrémité antérieure est garnie de tentacules nombreux disposés circulairement, et analogues à ceux qui entourent la bouche des céphalopodes. D'ailleurs leur tube (*fig.* 4) n'est point uni et homogène comme celui des précédens, mais raboteux et composé de matériaux disparates, réunis par un ciment agglutinatif.

Les *térébelles* habitent en grand nombre les côtes de toutes les mers ; l'Océan et la Méditerranée en nourrissent plusieurs espèces, que l'on confondait autrefois sous le nom de *térébelle conchilége* ou *ramasse-coquilles*.

§ III. Les AMPHITRITES (*amphitrite*) vivent dans des tubes comme les précédens ; mais ces tubes, au lieu d'être durs et calcaires, sont simplement membraneux, comme du parchemin. Quelquefois seulement, pour leur donner plus de solidité, l'animal y incruste à l'extérieur, et de distance en distance, quelques grains de sable, des débris de coquilles et autres matières analogues. Leurs branchies forment autour de leur tête des rangées en peigne ou en couronne, et leur servent non-seulement comme organes respiratoires, mais encore comme instrumens de défense, de reptation et de préhension ; car ils les emploient également à repousser leurs ennemis, à saisir leur proie, à se mouvoir dans leur tube et à ramasser les matériaux dont ils garnissent ce dernier. Du reste, ces branchies sont aussi belles que chez les serpules, et offrent des couleurs aussi riches et aussi variées.

Nous en avons plusieurs espèces dans nos mers, entre autres l'*amphitrite des huîtres*, qu'on a ainsi nommée parce qu'elle se fixe principalement sur la coquille de ces mollusques, et nuit, dit-on, beaucoup à leur propagation.

§ IV. Les **ARÉNICOLES** forment un genre curieux, en ce que, habitant comme les amphitrites un tube membraneux, elles ont cependant leurs branchies vers le milieu du dos.

La seule espèce connue de ce genre est l'*arénicole des pêcheurs* ou *lombric de mer* (*fig.* 5). C'est un ver de six à dix pouces de long qui, ainsi que l'indique son nom, vit au milieu des sables, dans des trous profonds qu'il y pratique. Il est très remarquable par la beauté et par la disposition de ses branchies, qui changent continuellement de couleur et passent sans cesse du rouge au jaune, du jaune au gris, etc.; phénomène qui dépend de l'arrivée du sang dans ces organes, où le contact de l'air le modifie et le fait changer de couleur. Cette annelide est très commune sur tous les rivages sablonneux de nos mers, et est fort recherchée pour faire des appâts pour la pêche des merlans et des maquereaux; elle fait même l'objet d'un commerce assez étendu. On va la déterrer dans sa retraite, qui a quelquefois près de deux pieds de profondeur; mais son habitation est toujours facile à reconnaître, par le petit tas de terre qui se trouve à son ouverture, à peu près comme à celle du lombric ou *ver de terre*.

IIe Ordre. — DORSIBRANCHES (pl. XXX).

Cet ordre, le plus nombreux de cette classe, comprend les espèces dont les branchies règnent tout le long du corps et surtout à sa partie supérieure. Par conséquent, ces animaux ne doivent pas vivre dans des tubes solides, ou du moins ils ne peuvent y faire leur demeure habituelle.

Ils sont en effet libres, et nagent au sein des eaux avec une agilité, qui leur a fait donner le nom d'*annelides errantes*. A cet effet ils sont pourvus de soies grandes et bien développées (*fig.* 6), qui leur servent de nageoires, et leur permettent de se mouvoir à leur gré pour chercher leur nourriture. Mais comme leur humeur vagabonde et le défaut de tube solide les expose à de fréquens dangers, la nature leur a donné, outre la vitesse des mouvemens, des armes défensives dont ils se servent avec beaucoup d'adresse contre leurs ennemis; ce sont des soies raides, saillantes, placées de chaque côté de leur corps, et tout-à-fait différentes de celles de la locomotion; elles portent le nom d'*acicules*. Et pour qu'elles ne perdent pas leur acuité pendant la marche de l'animal, celui-ci peut les faire rentrer à volonté dans l'intérieur de son corps, au moyen de muscles dont elles sont garnies à leur base; aussi sont-elles si aiguës, qu'elles percent la peau des plus grands animaux, sans en excepter celle de l'homme.

Les *dorsibranches* sont les annelides les mieux organisées; ils ont tous une *tête* bien distincte avec des *yeux*, des *antennes*, et une cavité qu'on prendrait au premier abord pour leur bouche, mais qui n'est en réalité que le fourreau destiné à loger la trompe de l'animal.

Cet ordre comprend deux genres principaux, que l'on peut regarder comme le type d'autant de familles; ce sont les *aphrodites* et les *néréides*.

§ I. Les APHRODITES (*aphrodita*) ont en général une forme différente de celle des autres annelides. Leur corps, au lieu d'être allongé comme celui des vers de terre, et du plus grand nombre des animaux de la même classe, est court, aplati, et plus ou moins ovale.

Mais leur caractère distinctif le plus apparent, et en même temps le plus sûr, se tire de l'existence d'un certain nombre de plaques membraneuses, qui forment sur leur dos deux séries longitudinales, et remplacent pour eux le tube dans lequel sont renfermées les annelides de l'ordre précédent. Ces lames, qu'on désigne sous le nom impropre d'*élytres*, parce qu'on les assimile aux ailes cornées de certains insectes, tels que les hannetons, sont destinées à protéger les branchies et servent à former, à l'époque de la reproduction, de petites poches dans lesquelles les œufs s'accumulent avant d'être pondus.

Les espèces de ce genre sont toutes pourvues d'organes locomoteurs, dont les uns sont aigus et leur servent à ramper, tandis que les autres, étant aplatis en forme de nageoires, leur rendent la natation facile et leur donnent une grande agilité. On les trouve dans la mer, sous les pierres, où la plupart d'entre elles se roulent en boule. Nous en avons une sur nos côtes, l'*aphrodite hérissée*, qu'on nomme vulgairement *souris* ou *taupe de mer*. C'est un des plus jolis animaux marins de nos climats; les couleurs de ses soies brillent de l'éclat de l'or, et prennent toutes les teintes de l'iris.

§ II. Les NÉRÉIDES (*nereis*) (*fig.* 6) ont beaucoup de rapports avec les lombrics par leur conformation extérieure ; elles ont le corps long, grêle et cylindrique ou légèrement aplati ; mais leurs anneaux et leurs soies locomotrices sont plus apparens, ce qui leur a fait donner le nom de *scolopendres de mer.* Elles ont d'ailleurs la tête plus distincte et munie de quatre ou cinq antennes.

Ces annelides sont toutes marines et se tiennent tantôt sous les pierres, tantôt dans les creux des rochers. Quelques espèces se cachent dans la vase ou se fixent sur les pierres, et se forment de petites cavités qu'elles tapissent d'un enduit gluant. Mais différentes en cela des tubicoles, elles peuvent en sortir, quand bon leur semble, sans aucun inconvénient. Elles s'y retirent seulement, lorsque quelque danger les menace ou qu'elles se tiennent aux aguets pour attendre leur proie. Dans ce dernier cas, elles se contractent fortement dans l'intérieur de leur retraite, et si quelque animal se présente à leur portée, elles se détendent subitement et le saisissent avec leurs tentacules.

Toutes les *néréides* sont recherchées pour la pêche ; on les prend à la marée basse en détournant les pierres sous lesquelles elles se cachent.

IIIe *Ordre.* — ABRANCHES.

A prendre le nom d'*abranches* dans une acception rigoureuse, il ne pourrait s'appliquer qu'à des animaux dépourvus de branchies, et ne conviendrait pas aux annelides de cet ordre, dont les unes ont certainement des branchies intérieures, quoiqu'on ne leur en ait pas distingué jusqu'ici ; peut-être serait-il mieux de remplacer ce nom par celui d'*endobranches*, que M. Duméril a donné à ces animaux, et qui signifie *branchies intérieures.*

Quoi qu'il en soit, on reconnaîtra toujours ces annelides à l'absence ou à la position intérieure de leurs organes respiratoires, ainsi qu'à la difficulté de distinguer leur *tête* du reste de leur corps ; car on ne trouve sur cette partie ni yeux ni antennes ; on la confondrait même avec leur queue, si la présence de la bouche ne fournissait un moyen sûr de la reconnaître ; encore ce caractère ne doit pas être examiné à la légère, si l'on ne veut pas se tromper. Certaines annelides de cette famille présentent à la partie postérieure de leur corps une espèce de ventouse, que l'on pourrait prendre au premier abord pour la bouche.

Une autre particularité de structure qui sépare les *abranches* des deux ordres précédens, c'est le défaut de pieds. Chez les dorsibranches et les tubicoles, on trouve toujours, outre les soies variées qui servent à la locomotion, des pédicules charnus qui en forment la base et leur donnent une grande mobilité ; ici au contraire nous ne trouvons jamais ce pédicule. D'ailleurs leurs soies sont aussi moins nombreuses et plus courtes ; quelquefois même elles manquent totalement.

On pourrait croire d'après cette disposition que les *abranches* doivent être dépourvus de la faculté locomotrice ; mais, bien loin qu'il en soit ainsi, leurs mouvemens sont au contraire assez agiles, du moins dans les espèces aquatiques. Au moyen des ondulations de leur corps flexible, ils sillonnent l'eau avec rapidité, quand il s'agit d'atteindre une proie ou d'échapper à un danger. Malgré cela tous les *abranches* sont sujets, pendant les temps froids, sinon à une véritable hivernation, du moins à un état d'inactivité, qui ressemble beaucoup à un engourdissement ; car ils passent tout l'hiver cachés dans la terre ou dans la vase, à une profondeur considérable.

Cet ordre ne nous offre que deux genres importans : les *lombrics* et les *sangsues*.

§ I. Les LOMBRICS (*lombricus*) (*fig.* **7**), qu'on nomme vulgairement *vers de terre*, parce qu'ils y font leur séjour habituel, tandis que toutes les autres annelides sont plus ou moins aquatiques, ont deux caractères qui empêcheront toujours de les confondre avec aucun autre animal de leur classe : l'absence d'antennes à la tête et la nudité de la peau. On peut y ajouter la brièveté des soies qui garnissent les anneaux de leur corps et le défaut de branchies, si toutefois il est vrai, comme le prétendent certains naturalistes, que ces animaux respirent par toutes les parties de leur enveloppe extérieure.

La manière de vivre de l'espèce commune de ce genre est généralement connue ; elle se tient habituellement au sein des terres humides et grasses, et surtout dans le fumier très avancé, où elle pullule à foison. Elle ne se montre à la surface du sol qu'après la pluie, quand elle est sûre de trouver la terre humectée. Elle choisit de préférence ces endroits, d'abord parce qu'elle a plus de facilité à s'y creuser son habitation, et ensuite parce qu'elle y trouve en abondance, les débris de matières animales dont elle fait sa principale nourriture. Pour se procurer plus aisément sa subsistance, cet animal fouille continuellement la terre à l'aide de sa mâchoire supérieure, et rejette ses déblais au dehors sous la forme de cordons entortillés, qui annoncent toujours sa présence à ceux qui le cherchent. Au reste, il n'est pas difficile à trouver ; outre qu'il se montre fréquemment de lui-même à la surface du sol, lorsque le temps est favorable, on est toujours sûr de le faire sortir de sa retraite, en enfonçant un pieu dans la terre et en lui imprimant de fortes secousses. Il paraît que le bruit ou le mouvement l'effraie ou le gêne, en lui faisant craindre l'approche de quelque taupe, sa mortelle ennemie, ou en resserrant trop le terrain.

§ II. Les SANGSUES (*hirudo*) (*fig.* 8) se distinguent généralement des autres annelides par le défaut de soies sur les côtés, et par deux ventouses qu'elles portent aux extrémités de leur corps allongé et aplati. C'est principalement à l'aide de ces ventouses qu'elles se meuvent sur la vase en rampant ; mais celle de la partie antérieure sert en outre de bouche ; elle est garnie d'un nombre très considérable de petites dents, avec lesquelles l'annelide perce la peau de la plupart des animaux pour en exprimer le sang.

Les *sangsues*, quoique très voraces et carnassières, supportent très facilement le jeûne. Sans parler de l'abstinence qu'elles endurent l'hiver, pendant qu'elles restent enfoncées dans la vase, on en a vu vivre des années entières sans prendre d'autre nourriture, que les parcelles de matières organiques tenues en dissolution dans l'eau qu'on leur donnait ; et tout le monde sait que ceux de ces animaux qu'on emploie à faire des saignées sur les malades, ne veulent reprendre qu'après un très long jeûne.

Ces annelides se trouvent en abondance dans presque toutes les eaux dormantes, et se rendent même souvent incommodes en s'attachant aux bestiaux, qui vont boire dans les mares qu'elles habitent.

On compte un assez grand nombre d'espèces de ce genre, entre autres la *sangsue médicinale*, la *sangsue de cheval*, etc.

MALACOSTRACOLOGIE

OU

HISTOIRE NATURELLE DES CRUSTACÉS.

Les *crustacés* étaient autrefois compris dans la classe des insectes, auxquels ils ressemblent par les anneaux et par la nature cornée de leur enveloppe extérieure, ainsi que par leurs membres articulés ; mais ils diffèrent essentiellement de ces animaux par leur respiration branchiale et par leur circulation, à laquelle concourent un cœur, des artères et des veines. De plus, le nombre des pattes est toujours plus considérable chez les *crustacés* que chez les véritables insectes ; tandis que ceux-ci n'en ont que trois paires, les premiers en ont au moins cinq de chaque côté du corps et souvent un plus grand nombre. La peau des articulés dont nous parlons est d'ailleurs beaucoup plus solide que celle des insectes ; elle tient le milieu, pour la dureté, entre la coquille calcaire des mollusques et l'enveloppe membraneuse des vers, des chenilles, etc. , et c'est pour cela que les Grecs avaient donné aux *crustacés* le nom de *malacostracés*, qui signifie *coquille molle*.

La nature de cette enveloppe inflexible s'opposerait au développement de l'animal qui en est couvert, si celui-ci n'avait la faculté d'en changer ; aussi tous les *crustacés* sont-ils sujets à une mue périodique, comme les ophidiens. Ils se débarrassent de leur peau, devenue trop petite pour contenir leur corps, et la remplacent par une autre d'une dimension appropriée à leur taille. Et comme, au moment où ils sont ainsi dépouillés, ils se trouvent exposés à devenir la proie des plus petits animaux qui les rencontreraient, ils sont d'abord forcés de chercher une retraite inaccessible à leurs ennemis ; ensuite la nature, afin d'abréger pour eux cette époque critique, a préparé dans l'intérieur de leur estomac une provision de matière calcaire prête à être mise en œuvre, et à s'infiltrer dans les pores de la nouvelle peau. De cette manière, celle-ci acquiert en peu de temps une dureté convenable, et permet à l'animal de sortir plus promptement de sa retraite.

Du reste, le corps des *crustacés* se divise, comme celui des insectes, en quatre parties distinctes ; la *tête*, le *thorax*, l'*abdomen* et les *membres*.

La première, qui est quelquefois soudée avec le thorax, est cependant toujours facile à distinguer à la présence de quatre antennes articulées et très mobiles, à ses deux yeux, qui sont tantôt saillans et tantôt enchâssés dans le test, enfin à sa bouche, qui est le plus souvent formée d'un grand nombre de mâchoires.

Le *thorax* se confond assez souvent soit avec la tête, soit avec l'abdomen. Dans le premier cas, il n'est formé supérieurement que d'une seule pièce appelée *carapace*, comme dans les crabes, les écrevisses ; les anneaux ne sont alors marqués qu'à la partie inférieure du corps, et chacun d'eux porte une paire de membres ; dans le second cas, le *thorax* se compose d'autant d'anneaux qu'il y a de paires de pattes, et la tête est toujours distincte du reste du corps.

L'*abdomen* on ventre est cette partie que l'on désigne vulgairement sous le nom de queue. Dans certains *crustacés*, il acquiert un volume considérable, et se trouve garni de chaque côté de petits appendices que l'on appelle *fausses pattes* (les *homards*, les *langoustes*) ; chez d'autres il est tellement réduit, qu'il est impossible de le distinguer du thorax : les *crabes*, par exemple. Dans tous les cas, il contient les principaux organes de la digestion.

Les *pattes*, avons-nous dit, sont toujours articulées et en grand nombre. Ce nombre est presque constamment de quatorze ; seulement il arrive quelquefois, comme dans les écrevisses, que les premières paires sont tellement refoulées vers la tête, qu'elles font partie de la bouche, et prennent le nom de *pieds-mâchoires* ; alors il n'y en a que dix qui servent à la locomotion.

La forme des pattes est très variable et influe considérablement sur l'espèce de mouvemens propres à chaque espèce. Le plus souvent les premières sont en *pince* et font les fonctions d'une véritable main, tandis que les dernières sont transformées en nageoires. Mais, d'un côté, on en trouve quelquefois un bien plus grand nombre organisées, soit pour la préhension, soit pour la nage, et, d'un autre côté, certaines espèces ont tous les membres uniquement propres à la marche.

Les habitudes des *crustacés* sont généralement aquatiques; il n'y en a qu'un très petit nombre de terrestres; mais les uns vivent dans les eaux salées, et les autres dans les eaux douces, soit courantes, soit dormantes, et il paraît que tous sont très difficiles sur le choix de leur habitation; car il est presque impossible d'habituer ceux qui vivent dans un endroit à séjourner dans un autre, quoique celui-ci ne diffère pas sensiblement de celui qu'ils habitaient précédemment.

Le régime de ces articulés est très carnassier, et leur nourriture se compose principalement de matières animales corrompues qu'ils sentent de très loin; leur canal intestinal est par conséquent peu développé, et cependant leur foie est généralement considérable, et leur estomac garni de pièces dures évidemment destinées à broyer les alimens.

Les *crustacés* se multiplient par des œufs; la femelle les dépose quelquefois dans l'eau, où ils éclosent sous l'influence de l'humidité; mais dans certaines espèces, on trouve sous sa queue une poche particulière, dans laquelle ils demeurent jusqu'à leur éclosion. Tout le monde sait qu'à certaines époques on trouve des œufs sous la queue des écrevisses que l'on mange; il paraît même que leur chair est alors moins saine que dans les autres saisons.

On connaît un assez grand nombre de *crustacés*, que l'on divise en trois ordres.

1º Les uns ont le test dur et calcaire, de dix à quatorze pieds articulés et ambulatoires, deux yeux bien distincts et supportés par un pédicule mobile; ce sont les *pédiocles*, (les *écrevisses*, les *crabes*).

2º Les autres ont le test et les pieds des précédens; mais leurs yeux, qui sont aussi parfaitement distincts, sont *sessiles*, c'est-à-dire placés à fleur de tête; on les appelle *hédriophthalmes*, mot grec qui veut dire *yeux sessiles* (les *crevettes*, les *cloportes*.)

3º Les autres enfin ont le test généralement mince et corné, les pattes natatoires et aplaties à leur extrémité, et le plus souvent un seul œil, ou, quand ils en ont deux, ils ont plus de vingt pattes; ce sont les *entomostracés*, animaux bizarres ou microscopiques.

Ier *Ordre* — PÉDIOCLES.

Les crustacés de ce premier ordre se distinguent des suivans
non-seulement par le pédicule mobile qui supporte leurs yeux ,
mais encore par plusieurs autres caractères importans. Seuls
de tous les animaux de leur classe, ils ont la partie supérieure
du corps couverte d'une véritable carapace, qui ne laisse libre
que la queue ; seuls aussi ils ont une ou plusieurs paires de
pattes terminées en *pinces*, ou garnies d'un doigt mobile dont
ils se servent pour saisir leur proie. Les muscles qui mettent
ce doigt en mouvement sont tellement vigoureux , qu'on a vu
des homards et des crabes de grande taille, saisir avec leur
pince une chèvre par la patte et l'entraîner malgré sa résistance.

Il est d'autant plus difficile de leur arracher ce qu'ils tiennent que leur doigt est armé à son bord intérieur de dents
saillantes qui s'enfoncent dans des rainures analogues du doigt
fixe.

Tous les *pédiocles* sont voraces et cruels ; doués pour la
plupart d'une force musculaire considérable, munis d'une
pince robuste, pourvus de mâchoires fortement armées et d'un
estomac garni de parties dures et tranchantes , ils ont des appétits carnassiers et les moyens de les satisfaire. Unissant la
ruse à la violence , tantôt ils attendent leur proie dans des retraites qu'ils trouvent au milieu des rochers , tantôt ils la poursuivent à la nage ou à la course et la terrassent de vive force.
La disposition de leurs yeux, qu'ils peuvent faire saillir ou retirer dans une gaîne , à cause de la mobilité de leur pédicule,
leur permet de distinguer leurs victimes de loin , en même
temps qu'elle les rend moins vulnérables dans les combats qu'ils
peuvent avoir à soutenir contre les animaux dont ils font leur
nourriture.

On partage cet ordre, le plus nombreux de la classe , en
trois familles : les *brachyures* ou crabes, les *macroures* ou
écrevisses, et les *stomatopodes* ou squilles.

Ire *Famille.*— Brachyures (pl. XXXI).

On reconnaît aisément les crustacés de cette famille à la
brièveté de leur queue, toujours dépourvue de nageoires à son
extrémité et constamment reployée, dans l'état de repos, dans

une fossette placée sous le thorax. Leur carapace est généralement aplatie, aussi large que longue, et leur tête est entièrement confondue avec elle, excepté à la partie inférieure où la séparation est facile à distinguer. Ce sont, en un mot, tous les crustacés que l'on désigne vulgairement sous le nom de *crabes* (*fig.* 1).

Tous ces animaux vivent dans la mer et se tiennent en général à peu de distance des côtes, probablement parce qu'ils y trouvent en abandance les mollusques et les cadavres dont ils se nourrissent principalement. Mais quoique essentiellement aquatiques par la nature de leurs organes respiratoires, ils peuvent rester sur la terre pendant un temps considérable. Leurs branchies, qui sont toujours placées dans une cavité formée par le bord latéral de la carapace, conservent d'autant plus facilement l'humidité, qu'elles sont presque entièrement garanties du contact de l'air atmosphérique.

Aussi courageux que voraces, ces animaux se livrent fréquemment entre eux des combats sanglans, pour la possession de quelque lambeau de chair corrompue. Dans ces batailles, toujours opiniâtres, mais rarement mortelles, ils s'arrachent souvent des pattes et même les pinces. Mais ces mutilations sont promptement réparées; après quelques jours de retraite, ils se montrent avec de nouveaux organes, qui remplacent ceux qu'ils avaient perdus. Ils se cachent de même, lorsqu'ils subissent leur *mue*, ce qui arrive tous les ans au printemps.

La chair des *brachyures*, quoique indigeste, est assez bonne à manger. On remarque que leur test prend par la cuisson une belle couleur rouge, phénomène qui est dû à l'infiltration d'un fluide subtil, qui pénètre dans les pores de leurs tégumens, à mesure qu'ils sont dilatés par l'effet de la chaleur.

Cette famille ne comprenait autre fois qu'un seul genre; mais depuis quelque temps le nombre d'espèces s'est tellement accru que, pour se reconnaître parmi tant d'êtres différens, il a fallu le subdiviser en plusieurs genres. On en compte plus de cinquante dont les principaux sont les *portunes*, les *crabes*, les *pinnothères*, les *gécarcins* et les *dromies*.

§ I. Les PORTUNES (*portunus*) font partie d'une tribu de cette famille que l'on a appelés *crabes nageurs*, (*fig.* 1) parce que, ayant un certain nombre de leurs pattes terminées en nageoires, ils nagent avec plus de facilité que les autres, et ne craignent pas de s'écarter du rivage et d'affronter la haute mer; on en a trouvé plusieurs fois des individus au milieu de l'Océan qui sépare l'Europe de l'Amérique. Observons toutefois que tous ne sont pas aussi audacieux ; il y a à cet égard de grandes différences, qui tiennent au plus ou moins grand nombre des pieds qui sont transformés en nageoires. Les uns ont tous ces appendices ainsi organisés, à l'exception des pinces ; on sent qu'ils doivent mieux nager que les autres, qui n'ont que les deux postérieurs propres à la nage. Les *portunes* ou *étrilles* sont dans ce dernier cas; aussi, quoiqu'ils se hasardent quelquefois en pleine mer , ils restent plus communément près des côtes , où les pêcheurs les prennent en grand nombre. On en trouve dans presque toutes les mers ; ceux de France passent pour très délicats, surtout *l'étrille vulgaire.*

§ II. Les **CRABES** (*cancer*) appartiennent à une seconde tribu, qui diffère de la précédente par la forme des pieds qui se terminent en pointe et jamais en nageoire. Aussi, non-seulement ils nagent moins que les portunes, ils sont aussi, pour ainsi dire, moins aquatiques; car ils sortent fréquemment de l'eau, pour aller sur le rivage chercher les cadavres que la mer rejette de son sein , et autour desquels ils se réunissent comme les corbeaux, les vautours, les goélands, etc., ce qui devient souvent entre eux le sujet de querelles sanglantes. Mais si les *crabes* nagent mal , ils marchent avec agilité, soit au fond de la mer, soit sur ses rivages ; c'est un plaisir de les voir se démener pour courir, lorsqu'ils voient une proie que des rivaux peuvent leur disputer.

Cette seconde tribu de brachyures présente, outre le caractère de ses pieds, celui de sa caparace, dont le bord antérieur est arrondi en arc de cercle et le postérieur tronqué, ce qui a fait donner aux espèces qu'elle comprend le nom de *crabes arqués.*

Quoique toutes les mers nourrissent des *crabes* de cette sorte, ils sont beaucoup plus abondans dans les mers intertropicales que dans les tempérées ; ils y sont aussi peints de plus vives couleurs et y parviennent à une plus forte taille. Cependant nos côtes en nourrissent aussi de fort grands, et dont la chair est très estimée ; tels sont le *tourteau* ou *crabe poupart* , le *crabe vulgaire*, etc.

§ III. C'est à la tribu des *crabes orbiculaires* que se rapportent les PINNOTHÈRES (*pinnothera*); ce sont de petits crustacés dont la caparace est arrondie et dont les pattes sont toutes propres à la marche.

Ils sont tous de très petite taille et se font remarquer par leurs habitudes. Ils passent la plus grande partie de l'année dans la mer; mais pendant l'automne ils se retirent dans diverses coquilles bivalves, surtout dans les moules et les jambonneaux. D'après l'observation de ce dernier fait, les anciens s'imaginaient qu'ils vivaient en société avec ces mollusques, les avertissaient dans le danger et allaient à la chasse pour eux. Maintenant on attribue à leur présence dans les moules les accidens qui se manifestent quelquefois chez les personnes qui ont fait usage de ces mollusques. Il est probable que cette dernière réputation est tout aussi peu fondée que la première, et que les *pinnothères* n'ont pas plus de qualités malfaisantes que d'attachement pour les jambonneaux et les moules. Du reste, on ignore absolument quel peut être le but de ces crustacés, en se mettant ainsi dans l'intérieur des coquilles.

§ IV. Le mot GÉCARCIN (*gecarcinus*) est d'origine grecque et signifie *crabe terrestre*. Ce genre est compris dans la nombreuse tribu des brachyures qu'on a nommés *quadrilatères*, à cause de la forme de leur caparace; ce qui, joint à l'organisation de leurs pieds terminés en pointe, suffit pour les distinguer de tous les autres genres de la même famille.

Ces crustacés sont beaucoup plus terrestres qu'aucun des autres animaux de leur classe; ils ne craignent pas de se porter à plusieurs lieues de distance de la mer, et vivent long-temps dans des endroits où l'on ne voit pas même d'eau. Mais, malgré ces habitudes, il s'en faut de beaucoup qu'ils puissent s'en passer; ils évitent toujours les lieux secs et arides pour rechercher les marécages; et pour se mettre encore mieux à l'abri de la sécheresse qu'ils redoutent, ils ont soin de se creuser des terriers, dans lesquels ils ont toujours plus de fraîcheur, et où souvent ils plongent presque entièrement dans l'eau. Ils ne sortent guère de cette retraite que pendant la nuit ou par les temps pluvieux, et seulement lorsque le besoin de nourriture les y contraint. Comme ils sont voraces et carnassiers, ils s'établissent de préférence dans les cimetières, où ils ont abondamment de quoi satisfaire leur appétit.

Un des faits les plus curieux de l'histoire de ces animaux c'est le voyage annuel qu'ils font vers les bords de la mer. Réunis en troupes innombrables, ils quittent leur habitation terrestre et se rendent en ligne droite vers le but de leur voyage. Leur instinct est si sûr que rien ne peut les détourner de leur route; ils traversent les rivières, escaladent les maisons et les rochers, et franchissent tous les obstacles qui tendent à les faire dévier de la ligne droite. Arrivés au terme de leur course, ils y déposent leurs œufs, reviennent sur leurs pas sans s'arrêter, et arrivent dans leurs terriers si maigres et si exténués, qu'il leur faut plusieurs jours pour réparer leurs forces.

§ V. Les DROMIES (*dromia*) font partie d'une petite tribu des brachyures qu'on a nommés *notopodes* (pieds sur le dos), parce qu'elles ont les quatre ou les deux derniers pieds attachés au-dessus des autres et presque sur le dos, de manière qu'ils semblent regarder le ciel.

Cette disposition singulière, jointe à un double crochet qui termine ordinairement ces pieds, leur donne des habitudes différentes de celles des autres crabes. Douées d'une agilité rare parmi les crustacés, agilité qui leur a valu le nom de *dromies* qui signifie coureuses, elles poursuivent les zoophytes ou les coquillages pour s'en adapter la dépouille sur le dos, où elles la retiennent au moyen de leurs pattes dorsales. L'*alcyon*, espèce de zoophyte qui ressemble à l'éponge, est une de leurs victimes favorites; elles en sont presque toujours couvertes, et, chose singulière, malgré l'état de gêne où l'animal doit se trouver, il ne cesse pas de vivre ni de se développer, de sorte qu'au bout d'un certain temps il forme autour de ces crustacés, une cuirasse d'autant plus solide qu'elle est organisée et vivante.

Les *dromies* sont répandues sur les côtes orientales de l'Océan Atlantique et sur les côtes septentrionales de l'Afrique; l'hiver elles se cachent dans le sable, et l'été elles se promènent sur la vase et sur les rochers du fond de la mer. On en compte plusieurs espèces dont les plus connues sont la *dromie commune*, qui passe pour venimeuse, et la *dromie tête de mort*.

IIe *Famille.* — Macroures (pl. XXXI).

Le nom de *macroures* a été donné aux crustacés de cette famille, à cause de la longueur de leur queue ou plutôt de leur abdomen, qui fait toujours au-delà du thorax une saillie considérable; tels sont le homard et l'écrevisse.

On s'étonnera peut-être de voir l'un à côté de l'autre des

animaux aussi différens par leurs formes que les crabes et les écrevisses ; mais pour peu qu'on compare leur structure intérieure ou même seulement leurs organes extérieurs, on verra que ces deux sortes de crustacés ont les mêmes caractères, les mêmes habitudes, le même genre de vie.

Les uns et les autres ont la tête confondue avec le thorax, les yeux pédiculés et rétractiles dans leur orbite, quatre antennes articulées, mobiles et douées d'une sensibilité exquise, dix pattes ambulatoires, dont les deux antérieures sont terminées en *pinces*, et les autres tantôt propres à la marche, tantôt aplaties en nageoires. Dans tous la bouche est extrêmement compliquée, car on y trouve deux mandibules, avec deux *palpes*, espèces d'antennes destinées probablement à la gustation des alimens, quatre mâchoires et six pieds-mâchoires ; enfin tous les organes de la circulation, de la respiration, de la sensibilité et de la digestion sont absolument les mêmes.

Les principales différences des *macroures* se bornent donc à avoir le corps plus allongé, la caparace moins large, le ventre plus gros et l'extrémité de cette dernière partie, terminée par de petites lames cornées qui la transforment en nageoire puissante. Leurs antennes sont aussi en général plus longues et plus mobiles (*fig.* 2 et 3).

Mais ces différences sont trop peu importantes pour modifier leurs habitudes et leur régime. Aussi les *macroures* sont-ils, comme les précédens, pour la plupart marins et tous aquatiques, quoiqu'ils puissent vivre assez long-temps hors de l'eau ; ils sont pareillement voraces et carnassiers.

On divise cette famille, comme celle des brachyures, en un grand nombre de genres, qu'on rapporte à différentes tribus. Les plus remarquables sont les *pagures*, les *écrevisses*, les *langoustes* et les *salicoques*.

§ I. Quoique les PAGURES (*pagurus*) appartiennent évidemment à la famille des macroures, ils ont la queue plus courte que la plupart des autres animaux qu'elle renferme ; cet organe n'est guère plus long que leur carapace, caractère qui, joint à leurs pattes antérieures terminées en pince et à la mollesse de leurs tégumens, suffit pour les distinguer de tous les autres genres de la même famille.

Rien n'est plus singulier que les mœurs de ces crustacés. Comme leur carapace est trop faible pour les garantir des chocs extérieurs, il faut qu'ils s'approprient la coquille de certains

mollusques, dans laquelle ils s'enfoncent presque entièrement,
à l'exception de leurs pinces. C'est à cause de l'habitude qu'ils
ont de vivre ainsi dans une demeure empruntée, qu'on leur
a donné le nom d'*hermites*, de *Diogène*, de *soldats*, parce
qu'on les a comparés à un religieux dans sa cellule, au philosophe cynique dans son tonneau, à un factionnaire dans sa
guérite.

On ne saurait s'imaginer les peines qu'ont les *pagures* pour
se procurer cette habitation protectrice, les efforts qu'ils sont
obligés de faire pour s'y établir, les dangers qu'ils ont à courir de
la part de leurs ennemis, qui profitent de ce moment de faiblesse
pour les attaquer, les combats qu'ils ont à soutenir pour la disputer à ceux de leur semblables qui veulent s'en emparer à leur
détriment. Encore si elle devait leur rester pour toujours, ils
pourraient se consoler de la difficulté de l'acquisition par la
longueur de la jouissance ; mais comme leur corps prend sans
cesse de l'accroissement, ils sont obligés de changer tous les ans
d'habitation, de recommencer leurs manœuvres, de courir les
mêmes dangers.

Ces crustacés sont communs dans nos mers ; l'hiver ils se
tiennent dans les eaux profondes ou dans les creux des rochers ;
mais pendant toute la belle saison, ils restent le long des côtes
ou même se promènent sur le rivage. On profite de ce moment
pour se procurer ceux dont on a besoin pour la pêche ou pour
la consommation ; car ils sont bons à manger et font un excellent
appât. Ils fournissent aussi une huile qui passe pour calmante
dans les affections rhumatismales. Mais souvent, au moment où
l'on croit les tenir, ils se laissent rouler dans la mer, et échappent ainsi à la main qui allait les saisir.

§ II. Les ECREVISSES (*astacus*) (*fig.*2.) forment le principal genre d'une tribu nombreuse à laquelle on a donné le nom
d'*astaciens*. Elles se distinguent des pagures par leur queue
deux fois plus longue que leur test, et des autres crustacés à
longue queue, par les pinces qui terminent leurs trois premières
paires de pattes, ainsi que par la disposition de leurs antennes,
qui sont placées sur une ligne droite horizontale.

Les *écrevisses* sont les crustacés les mieux connus et les plus
communs de la famille ; on en trouve également dans les eaux
douces et dans les mers, et toutes les espèces sont recherchées
comme aliment, bien que leur chair soit un peu indigeste.
Elles ont le naturel si timide que, malgré leur voracité, elles

abandonnent leur proie, dès que le moindre bruit vient à les effrayer ; aussi les pêcheurs qui leur tendent des piéges sont-ils obligés d'observer un profond silence, s'ils veulent faire une prise abondante. On en prend une très grande quantité, en plaçant un morceau de viande corrompue au milieu d'un fagot de branches lâchement attachées. Les *écrevisses* s'empêtrent en voulant aller mordre à l'appât, de sorte que lorsqu'on retire le fagot il en est presque entièrement couvert.

On distingue deux sortes d'*écrevisses ;* celles d'eau douce, qui sont si communes partout, et celles de mer ou *homards,* qui sont beaucoup plus grosses, et dont certains individus ont quelquefois vingt pouces de longueur.

§ III. Les LANGOUSTES (*locusta*) ont les plus grands rapports avec les écrevisses, dont elles ne diffèrent que par le défaut de pinces à toutes leurs pattes, excepté quelquefois à la dernière paire. Elles n'ont aucun de leurs pieds terminés en nageoires, et cependant elles nagent avec assez de facilité, pour se tenir en pleine mer pendant la plus grande partie de l'année. Leur queue vigoureuse et élargie à son extrémité, remplace les pattes nectoïdes des crabes nageurs, et produit même beaucoup de bruit dans les mouvemens que fait l'animal pour nager.

Au printemps les *langoustes* s'approchent des côtes pour y faire leur ponte ; leurs œufs, qui sont d'un beau rouge, forment par leur réunion une espèce de tige, à laquelle on donne le nom de corail. La femelle les porte pendant un certain temps sous sa queue, et les dépose ensuite sur quelque rocher, où ils ne tardent pas à éclore. C'est à cette époque qu'on pêche ces crustacés, dont la chair est excellente. Les femelles sont alors plus recherchées que les mâles, tandis que dans les autres saisons ce sont ces derniers qu'on estime le plus ; cette préférence est due au goût que les œufs communiquent à leur chair. La ponte terminée, les *langoustes* regagnent la profondeur des eaux pour faire leur mue. Dans ce but, elles se retirent dans les trous des rochers, pour être moins exposées aux regards de leurs ennemis. Elles se cachent de même pendant l'hiver, afin de se garantir des atteintes du froid.

Ces macroures sont communs dans toutes les mers tempérées ou intertropicales ; ils sont en général très grands et ont fréquemment un pied de long ; dans les pays chauds, on en a même trouvé quelquefois des individus de plus de deux pieds de long, et qui pèsent jusqu'à quinze livres.

§ IV. Les SALICOQUES (*caris* (*fig.* 3.) sont faciles à distinguer des macroures précédens à la disposition de leurs antennes, dont les deux moyennes sont placées plus haut que les latérales. Leur corps est arqué, comme bossu, et d'une consistance moindre que dans la plupart des autres crustacés.

Tous ces animaux sont marins et très bons nageurs. Il n'est pas rare d'en rencontrer dans les fleuves, à une grande distance de la mer; mais leur séjour dans cette eau douce n'est que momentané, et ils ne tardent pas à revenir dans leur habitation favorite.

On fait une grande consommation de *salicoques* dans toutes les parties du monde; on en sale même quelques espèces afin de les conserver. Celles de nos côtes, qui sont généralement petites en comparaison de celles des mers méridionales, sont très renommées sous le nom de *crevettes;* on en pêche beaucoup dans tous nos ports de mer, et l'on en porte souvent dans les marchés de Paris. On divise ce genre nombreux en plusieurs sous-genres, dont les plus importans sont les *crangons* et les *palémons*, qui se mangent également, mais dont les seconds sont plus recherchés comme aliment.

IIIe *Famille.* — STOMATOPODES.

Cette famille ne se compose que d'un petit nombre de crustacés, faciles à distinguer des précédens par la conformation de leur tête, qui est séparée du thorax, et par le nombre de leurs pattes qui est constamment de quatorze; seulement les deux premières paires, très rapprochées de la bouche, peuvent également servir à la manducation et à la locomotion; c'est même d'après la position de ces pieds, que ces animaux ont été appelés *stomatopodes* (pieds à la bouche). Une autre différence qui distingue ces derniers des autres pédiocles, c'est que leurs branchies sont à découvert, et attachées aux fausses pattes qu'ils portent sous la queue ou abdomen. Leur test est divisé en deux parties, dont l'antérieure recouvre la tête et la postérieure le thorax. Leurs tégumens sont d'ailleurs minces et presque membraneux ou même transparens, ce qui les expose à plus de dangers que les autres crustacés, et les oblige

47.

à se tenir plutôt dans la profondeur des eaux que dans le voisinage des côtes.

Le principal genre de cette famille est celui des SQUILLES (*squilla*),dont la carapace s'avance sur la tête de manière à la recouvrir presque entièrement, à l'exception des antennes et des yeux. Leur corps est généralement mince, délié, et rappelle, par sa forme voûtée, la tournure des *mantes* dont elles portent le nom en certains pays. On les appelle aussi *prégadious* (*prie-dieu*), parce qu'elles ont l'air de joindre leurs pattes comme un suppliant qui implore la Divinité.

Ces *stomatopodes* sont très communs dans la Méditerranée et dans les autres mers voisines de l'équateur; mais ils sont rares dans l'Océan Atlantique et surtout dans la mer du Nord. Partout on les recherche comme alimens, et les anciens en faisaient un cas tout particulier. Tout le monde sait l'histoire de ce Romain qui, ayant entendu parler des *squilles* magnifiques qu'on pêchait sur les côtes de la Sicile, fit équiper un vaisseau pour s'assurer du fait; mais ne les ayant pas trouvées supérieures en grosseur à celles qui se trouvaient en Italie, il retourna sur ses pas sans débarquer.

IIe *Ordre.* —HÉDRIOPHTHALMES.

Ce n'est pas seulement parce qu'ils manquent de ce pédicule mobile et articulé qui supporte les yeux des pédiocles, que les *hédriophthalmes* se distinguent des crustacés précédens; leur structure offre plusieurs autres particularités remarquables, qui ne permettent pas de les confondre avec eux. Leur tête est toujours bien distincte du tronc; leur thorax présente supérieurement, au lieu d'une pièce unique, de cinq à sept anneaux articulés ensemble, de sorte qu'il serait impossible de trouver la ligne de séparation entre cette partie et l'abdomen, sans la présence des pattes qui caractérisent les segmens thoraciques et manquent à ceux de l'abdomen. Leurs pieds sont toujours au moins au nombre de quatorze, et ne présentent jamais à leur extrémité ces pinces vigoureuses, que nous avons trouvées dans presque tous les pédiocles. Leurs habitudes sont aussi moins aquatiques, et plusieurs ne vont jamais à l'eau; l'humidité des lieux où ils s'établissent leur suffit pour la respiration.

Tous les *hédriophthalmes* sont très féconds; les femelles portent leurs œufs dans une poche qu'elles ont sous la poitrine, et les y conservent non-seulement jusqu'à leur éclosion , mais encore jusqu'à ce que les petits aient acquis assez de force pour pouvoir se suffire à eux-mêmes.

On peut diviser cet ordre en deux familles : les *amphipodes* et les *isopodes.*

Ire Famille. — AMPHIPODES.

Les *amphipodes* ont encore quelques rapports avec les crustacés que nous avons étudiés jusqu'à présent par la forme générale de leur corps, excepté qu'ils n'ont pas de carapace sur le dos et que leurs premières pattes n'ont, au lieu d'une pince, qu'un simple crochet ; ils ont de même des antennes à la tête et des palpes aux mâchoires. Leurs habitudes sont entièrement aquatiques, et la plupart d'entre eux nagent et sautent avec beaucoup de facilité, mais toujours de côté. Quelques-uns se trouvent dans les ruisseaux et les fontaines ; mais le plus grand nombre habite les eaux salées.

On rapporte à cette famille les genres *crevette* et *corophie.*

§ I. Les CREVETTES (*gammarus*) sont de petits crustacés dont la taille ne dépasse pas quelques lignes et dont la forme rappelle celle d'une puce ; aussi les appelle-t-on vulgairement *puces de mer* sur la plupart de nos côtes. Elles vivent par conséquent dans l'eau, et le plus souvent dans la mer, où elles sont très abondantes. Leur corps est tellement comprimé latéralement, qu'elles ne peuvent marcher droites et qu'elles sont obligées, pour se mouvoir sur la terre, de se coucher sur le côté ; mais quand elles nagent entre deux eaux, elles prennent la position naturelle à tous les autres crustacés.

Nous en avons une espèce très commune dans les ruisseaux, la *crevette* proprement dite, ou *chevrette.*

§ II. Les COROPHIES (*corophium*) forment un genre aussi remarquable par leur organisation que par leurs habitudes. Leur corps, presque filiforme, est supporté par des pieds exclusivement ambulatoires, et se termine en avant par deux énormes antennes extrêmement fortes, qui paraissent leur servir comme organes de préhension.

Ces crustacés, malgré leur petite taille, sont d'une audace surprenante ; réunis en troupes nombreuses, ils attaquent des animaux dix et vingt fois plus gros qu'eux ; ils font surtout une guerre continuelle aux néréides, aux arénicoles et aux autres annelides qui vivent comme eux dans la mer; et, chose surprenante, leur ôpiniâtreté et leur courage finissent presque toujours par triompher de ces ennemis.

Rien n'est curieux à voir comme ces petits crustacés qui, à la marée montante, battent la vase avec leurs longues pattes, et bouleversent tout de fond en comble, pour tâcher de découvrir leur proie cachée. Souvent ils s'introduisent dans les parcs aux huitres et en dévorent des quantités innombrables. A leur tour ils ont beaucoup d'ennemis dans les poissons et les oiseaux de rivage; mais les destructions qui s'en font n'en diminuent pas sensiblement le nombre; leur fécondité remplace promptement ceux qui ont été dévorés.

IIe *Famille.* — Isopodes (pl. XXXI).

Le mot *isopodes* qui, en grec, signifie *pieds semblables*, convient parfaitement aux crustacés dont nous parlons, qui ont toutes leurs pattes de même forme, tandis que, dans les familles précédentes, une ou plusieurs paires se distinguent des autres, par la présence d'une pince ou d'un crochet à leur extrémité. A ce caractère se joint le défaut de palpes aux mandibules, la position des lames branchiales sous la queue, et la forme de leur corps qui est aplati horizontalement et composé dans toute sa longueur par des anneaux uniformes.

Parmi ces animaux, les uns sont terrestres et les autres aquatiques; mais les premiers recherchent les lieux obscurs et humides, où l'atmosphère leur fournit assez d'eau pour que leurs branchies puissent remplir leurs fonctions. Il y a cette différence entre les *isopodes* de terre et ceux d'eau, que les premiers paraissent se nourrir indistinctement de matières végétales ou animales, tandis que les derniers sont exclusivement carnassiers.

On peut réunir tous les animaux de cette famille sous le nom générique de *cloportes.*

Les CLOPORTES (*onisus*) (*fig. 4.*) sont de petits crustacés fort connus de tout le monde, et qui se rencontrent en très grand nombre dans les caves, les magasins et en général dans tous les lieux humides et obscurs. Rarement ils se montrent au grand jour. Constamment fixés sur les murs et sur les montans des portes, ils ressemblent, par leur forme arrondie et par leur couleur gris-de-fer, à des têtes de clous enfoncés dans le bois, ce qui leur a fait donner le nom de *cloportes* ou *clou aux portes.*

Leur apathie est telle qu'ils restent immobiles dans cette position pendant plusieurs heures consécutives, et quand ils se meuvent ils ne le font qu'avec lenteur, à moins qu'ils ne soient poursuivis par quelque ennemi; dans ce cas ils s'agitent beaucoup et courent assez vite.

Ces animaux sont extrêmement voraces; toute nourriture leur est bonne; les fruits qui tombent, les feuilles de certaines plantes, l'écorce des arbres, les insectes, la chair fraîche ou corrompue, tout paraît leur être indifférent. Ils rongent, ils déchirent toutes les substances organiques qui sont à leur portée; dans les cas de disette même ils s'attaquent entre eux, et les plus forts dévorent les plus faibles.

Ce genre comprend deux sous-genres, dont les uns, les *vrais cloportes,* ne se roulent jamais en boule, tandis que les autres, appelés *armadilles,* ont cette faculté et en usent souvent lorsqu'ils se voient pris.

IIIe *Ordre.*— ENTOMOSTRACÉS.

Cet ordre comprend un assez grand nombre de crustacés aquatiques, dont la plupart sont répandus par myriades dans nos mares et dans nos étangs, où leur petitesse seule empêche que nous ne les apercevions : ils sont en effet si petits qu'il faut le secours du microscope pour les distinguer. Il n'y a que certaines espèces étrangères qui présentent une taille plus considérable.

Au reste, qu'ils soient grands ou petits, on les reconnaît à leur tête indistincte, à leurs yeux immobiles, rapprochés et quelquefois même confondus ensemble, ce qui leur avait fait donner autrefois le nom commun de *monocles* (*œil unique*). Leurs pattes postérieures, aplaties en rames légères, servent également à la nage et à la respiration, et leur bouche est tantôt formée de mandibules sans palpes, tantôt d'une trompe propre à sucer; dans ce dernier cas, l'animal vit en parasite sur le corps d'autres animaux aquatiques.

Les *entomostracés* naissent en général avec une forme différente de celle de leurs parens, et ils n'arrivent à celle qui leur est propre, qu'après plusieurs changemens ou métamorphoses successives, qu'on a comparées à celles des insectes. Nous ne citerons de cet ordre que deux familles : les *branchiopodes* et les *xiphosures*.

I_{re} *Famille*. — BRANCHIOPODES.

Cette famille comprend une multitude innombrable de crustacés, la plupart microcospiques, que Linné réunissait dans un seul genre, dont le caractère distinctif consistait dans la conformation de leurs pieds, toujours aplatis en nageoires et servant en même temps à la locomotion et à la respiration.

Tous ces animaux sont essentiellement aquatiques et très communs dans les mares, les petits ruisseaux et même dans les mers. Les eaux même les plus pures en contiennent des myriades que nous avalons souvent sans nous en douter. On conçoit quelle doit être la fragilité et la ténuité des organes d'êtres aussi petits; mais ce qu'on conçoit plus difficilement, c'est comment ils peuvent se conserver au milieu des causes destructives qui les environnent de tous côtés. D'une part les animaux de toute espèce les engloutissent par milliers dans leur estomac, de l'autre les chaleurs de l'été les privent de l'élément nécessaire à leur existence; enfin les froids de l'hiver viennent geler l'eau au milieu de laquelle ils pullulent.

Mais d'abord les quantités considérables qui sont détruites par les animaux ne sont rien si on les compare avec la totalité des individus d'une espèce ; en second lieu, lorsque les chaleurs de l'été viennent faire évaporer l'eau des mares, des fossés, etc., qu'habitent les *branchiopodes*, ceux-ci ont déjà fait leur ponte, et leurs œufs restent pour l'année suivante. D'ailleurs quelques jours de sécheresse ne suffisent pas pour les faire périr. Il arrive souvent que ces animaux ayant disparu par l'effet du desséchement de leur habitation, des pluies postérieures les font reparaître en aussi grand nombre qu'ils étaient auparavant. Enfin, quant aux froids de l'hiver, ils font périr, il est vrai, tous les *branchiopodes* existans, mais ils n'exercent aucun pouvoir destructeur sur les œufs qu'ils ont laissés dans la vase ; aussi les voyons-nous tous les ans recouvrir les moindres amas d'eau en quantités incalculables.

Tous les crustacés de cette famille sont sujets à des mues périodiques et fréquentes, dans lesquelles le nombre de leurs pattes, qui est d'abord peu considérable, augmente graduellement depuis quatre jusqu'à près de cinquante.

Les principaux genres de cette famille sont les *cyclopes*, les *cypris*, les *daphnies*, les *branchipes* et les *apus*. Comme leur histoire est à peu près semblable , nous ne rapporterons que celle des *daphnies*.

Les DAPHNIES (*daphnia*) peuvent être regardées comme les plus petits crustacés, et néanmoins elles ont été étudiées avec tant de soin, qu'il y en a peu dont l'histoire et l'organisation soient mieux connues. Ces animaux abondent dans toutes les mares , dans les fossés qui bordent les chemins , en un mot dans toutes les eaux dormantes. Ils se multiplient avec une telle rapidité que , malgré leur petitesse , ils forment quelquefois à la surface des eaux qu'ils habitent une couche de plusieurs lignes d'épaisseur ; et comme ils ont en général une belle couleur rouge, on dirait que l'eau est teinte de sang ; ce qui a pu faire croire à ceux qui ne connaissaient pas la cause de ce phénomène , à l'existence de pluies de sang. Mais ce n'est que dans les temps pluvieux que les *daphnies* se multiplient ainsi ; les longues sécheresses de l'été , qui pompent ordinairement toute l'eau des mares , mettant leur habitation à sec , les font périr par millions , et les auraient bientôt entièrement anéanties, si leurs œufs ne conservaient jusqu'à la saison suivante la faculté de se développer.

La principale espèce de ce genre est la *daphnie-puce* ou *perroquet d'eau* que l'on trouve partout durant la belle saison.

IIe *Famille.* — XIPHOSURES (pl. XXXI).

Dans la famille précédente les pattes sont toutes nectoïdes et uniquement propres à la nage ; chez les *xiphosures* ces organes sont de deux sortes. Les antérieurs sont ambulatoires ou propres à la préhension , tandis que les postérieurs, semblables à ceux des branchiopodes , sont branchiaux et natatoires. D'ailleurs la taille des *xiphosures* est bien plus considérable que celle des espèces précédentes ; non-seulement ils ne sont pas microscopiques, mais ils peuvent même passer pour les géans de leur classe, car il est des espèces qui ont jusqu'à deux pieds de long avec une largeur proportionnelle. Leur grandeur est par conséquent suffisante pour les caractériser.

Cette famille ne comprend qu'un seul genre , celui des *limules.*

Les LIMULES (*limulus*) (*fig.* 5) , qu'on appelle plus communément dans le commerce *crabes des Moluques* , parce que c'est principalement de ces îles que nous les recevons, contrastent avec les daphnies par la grandeur de leur taille, et plus encore peut-être par la bizarrerie de leur structure. Leur forme est tellement singulière qu'on leur donne en Amérique le nom de *casseroles*, et l'on dit que les sauvages se servent de leur carapace, en guise de vase, pour puiser de l'eau ; ce que l'on croit sans peine, quand on connaît la forme de ces crustacés, dont le test bombé supérieurement et creux à sa partie inférieure a, quand il est renversé, la forme d'une poêle ; et cette ressemblance est d'autant plus frappante, qu'il se termine en arrière par une longue queue.

Ces animaux sont très communs dans toutes les mers des pays chauds, et partout on les recherche comme alimens ; on compare leur chair à celle des meilleurs crustacés. Mais ils ne se laissent pas prendre sans chercher à se venger. Leur queue est garnie de chaque côté de dents aiguës et pénétrantes, qui font des blessures douloureuses ; et comme ils peuvent la diriger à peu près à leur gré, il est presque impossible de les saisir sans se laisser atteindre. Leurs piqûres sont assez difficiles à guérir, pour qu'on les regarde comme empoisonnées, et c'est dans cette persuasion, que les sauvages adaptent la queue de ces crustacés à la pointe de leurs flèches, dans le dessein de faire plus de mal à leurs ennemis.

Quoiqu'on appelle les limules *crabes des Moluques*, ils n'appartiennent pas exclusivement à la mer des Indes ; on en trouve également sur les côtes de l'Amérique méridionale.

ARACHNOLOGIE

OU

HISTOIRE NATURELLE DES ARACHNIDES.

On entend par le mot *arachnides*, qui signifie *semblable aux araignées*, un groupe d'animaux articulés dans lequel sont compris non-seulement les espèces que nous appelons ainsi communément, mais encore un assez grand nombre d'autres, qui ont des rapports plus ou moins directs avec elles par leurs habitudes ou par leur organisation.

Cette classe se range naturellement entre celle des crustacés et celle des insectes, parce qu'elle tient aux uns et aux autres, mais d'une manière si peu prononcée, que les naturalistes, qui n'en ont pas fait une classe à part, ont réuni les animaux qu'elle comprend tantôt aux uns, tantôt aux autres, selon qu'ils donnaient plus d'importance à tels ou tels organes. Il est par conséquent d'autant plus convenable d'en former une classe particulière, qu'ils offr nt un caractère bien tranché qui les distingue et des crustacés et des insectes, dans l'absence de ces appendices mobiles et articulés appelés *antennes*, qu'on observe toujours sur la tête de ces derniers. Leur organisation présente d'ailleurs d'autres particularités caractéristiques. Leur corps ne se compose que de deux parties, l'une antérieure formée par la tête et le thorax réunis et servant de soutien aux membres, et l'autre postérieure, l'*abdomen*, qui est généralement plus grande que la précédente, renferme les organes de la digestion et présente sur les côtés les *stigmates* ou orifices des conduits respiratoires. La *peau* qui recouvre ces diverses parties, quoique rarement cornée, est cependant assez ferme pour servir de support aux appendices locomoteurs et de point d'appui aux muscles de l'animal. Ils ont presque toujours huit pattes, nombre inférieur à celui qu'on observe chez les crustacés et les myriapodes, et supérieur à celui que nous présentent les véritables insectes ; leurs yeux sont le plus souvent au nombre de huit et ont la cornée ou face antérieure toujours lisse, tandis que les crustacés n'en ont jamais plus de deux, et que les insectes ont la cornée de ces organes formée d'une multitude innombrable de facettes. Leur tête se confond avec la partie antérieure du thorax, avec laquelle elle ne forme qu'un seul tout, comme chez les crustacés macroures et brachyures. Quant à leur bouche, tantôt elle consiste en une trompe propre à sucer, tantôt elle se compose de plusieurs pièces ou mâchoires, dont deux se terminent par un crochet mobile, qui sert à l'animal pour saisir et pour déchirer sa proie.

La circulation et la respiration de ces animaux sont remarquables par la diversité des organes auxquels ces deux fonctions sont confiées. Dans les uns on trouve une espèce de poumon, où le sang veineux se rend pour respirer, et d'où il revient au cœur pour être lancé dans toutes les parties du corps : ceux-là ont une *circulation* ; les autres, au contraire, n'en ont pas ; leur respiration s'opérant par le moyen de *trachées* qui portent l'air dans toutes les parties du corps, le sang s'y artérialise à mesure qu'il perd ses propriétés nutritives, et la circulation leur devient inutile, ainsi que les organes qui sont chargés de cette fonction.

Les habitudes des *arachnides* sont très variables ; les unes sont libres et errent à leur gré ; elles sont toutes carnassières, et passent leur vie à chercher leur proie qui consiste en insectes ; les autres vivent en parasites sur d'autres êtres organisés, tantôt sur des animaux dont elles sucent le sang, tantôt sur des plantes dont l'écorce et les insectes qu'elle recèle font la base de leur nourriture.

On divise les articulés de cette classe en deux ordres, d'après la manière dont ils respirent, celui des *pulmonaires* et celui des *trachéennes*.

1° Les *pulmonaires* ont des poumons, un cœur et des vaisseaux ; leurs yeux sont lisses et au nombre de six ou huit.

2° Les *trachéennes* manquent d'organes pour la circulation, et ont des trachées qui s'ouvrent sur les côtés de l'abdomen par des stigmates ; elles n'ont que quatre yeux lisses.

Ier *Ordre.*—PULMONAIRES.

L'ordre des arachnides *pulmonaires* ne se distingue pas seulement du suivant par la nature de son organe respiratoire, qui est un véritable poumon, mais encore par divers détails de sa structure intérieure et de ses organes extérieurs. Jamais ces animaux n'ont moins de huit pattes; leurs yeux sont au moins au nombre de six et le plus souvent de huit, et affectent une disposition différente dans chaque espèce. Leurs mandibules, qui se terminent tantôt en crochet, tantôt en pince mobile, sont le principal instrument dont l'animal se sert pour donner la mort aux insectes dont il se nourrit, ce qu'il fait d'autant plus sûrement qu'il existe toujours à la base de ces organes une glande qui sécrète une liqueur empoisonnée, et la verse, par le moyen d'un conduit, dans le canal dont l'intérieur de leurs mâchoires est percé, et par conséquent dans la plaie que fait la pince ou le crochet.

Tous ces animaux sont carnassiers et insectivores; ils doivent donc avoir la bouche propre à broyer leur nourriture, et par conséquent composée de pièces mobiles. Du reste, leur genre de vie offre des différences assez marquées, différences qui proviennent de celles de leur organisation, et qu'on a pu, à cause de cela, prendre pour base de leur division en deux familles: les *aranéides* et les *pédipalpes*.

Ire *Famille.*—ARANÉIDES.

Cette famille se compose d'espèces extrêmement semblables par leur forme extérieure, par leur organisation et même par leurs habitudes. Un corps gros, velu, composé d'un petit corselet et d'un énorme abdomen séparés par un étranglement, et porté sur huit pattes longues et couvertes de poils, leur donne à toutes une apparence désagréable et en quelque sorte hideuse, qui leur attire la haine de beaucoup de personnes, pour lesquelles elles sont en même temps un objet de dégoût et d'horreur. Quelle peut être la cause de l'effroi qu'elles inspirent et de la haine dont on les poursuit? Ces deux sentimens ont leur source dans un préjugé irréfléchi, qui attribue à leur venin assez de force pour occasionner des accidens graves et même la mort. Mais nous n'avons en France aucun animal de cette famille qui puisse produire de semblables effets; leur morsure peut faire mourir les mouches, les abeilles et d'autres petits insectes ; mais elle ne peut faire aucun mal à l'homme, ou tout au plus elle peut lui causer une douleur analogue à celle que lui cause la piqûre d'un cousin. Mais il n'en est pas de même dans les contrées méridionales ; ces animaux acquièrent quelquefois une taille considérable, et leur morsure occasionne presque toujours un gonflement énorme, et peut même déterminer la mort chez les individus faibles et malsains par tempérament.

Une des particularités les plus intéressantes de l'histoire des *aranéïdes*, c'est la propriété qu'elles ont de filer ces toiles, qu'elles tendent partout et jusque dans nos appartemens ; ce qui les a fait aussi appeler *arachnides fileuses*. Elles doivent cette faculté à un appareil glanduleux placé dans l'abdomen, et produisant une liqueur gluante susceptible de se tirer en longs fils, et de se dessécher dès qu'elle est en contact avec l'air. Cet appareil communique au dehors par un certain nombre d'ouvertures en forme de mamelons, placées à la partie postérieure de l'abdomen.

La nature leur a donné cet appareil dans le double but de leur fournir le moyen de s'emparer de leur proie, et de former pour leurs œufs une enveloppe protectrice dans laquelle ils puissent se développer.

La manière dont ces animaux tendent leurs toiles et forment leurs cocons (enveloppes de leurs œufs) varie beaucoup d'une espèce à l'autre, et permet de les diviser en plusieurs genres, dont les principaux sont les *mygales*, les *araignées*, les *argyronètes* et les *lycoses*.

§ I. Les MYGALES (*mygale*) se reconnaissent en ce qu'elles ont quatre stigmates respiratoires, tandis que les genres suivans n'en offrent jamais plus de deux. Leur grande taille, jointe à la longueur et à la force de leurs pattes, leur a fait donner le nom d'*araignées crabes*, qu'elles portent aux Antilles.

Ce sont de grosses araignées, qui ne tendent jamais leurs toiles en l'air, mais qui les emploient principalement à tapisser leur nid et à fabriquer leur cocon. Elles s'établissent tantôt dans des troncs d'arbres creux, tantôt sur des feuilles convenablement disposées ; d'autres fois dans des cavités souterraines, qu'elles se creusent elles-mêmes ; quelques espèces se cachent simplement sous les pierres.

Une des espèces du genre les plus remarquables par leur taille est la *mygale aviculaire* qu'on trouve en Amérique, et qui a été ainsi appelée parce qu'elle est assez forte pour tuer les petits oiseaux , tels que les colibris et les oiseaux-mouches. En France nous avons la *mygale* ou *araignée maçonne* , qu'on a ainsi nommée parce qu'elle a l'habitude de se creuser une galerie souterraine , qu'elle tapisse intérieurement d'une épaisse couche de soie, et dont elle bouche l'entrée avec une porte qu'elle fabrique avec de la terre et des fils. Cette porte est disposée de manière qu'elle se ferme d'elle-même, soit que la *mygale* s'y trouve , soit qu'elle soit absente. Et pour qu'aucun indice ne puisse trahir la présence de l'ouvrière, la surface extérieure de la porte est couverte de terre semblable à celle qui l'environne, de sorte qu'il faut une grande habitude pour la reconnaître, à moins d'avoir vu l'animal y entrer ou en sortir.

Ce sont des espèces de ce genre, qui établissent sur la terre ces nombreuses toiles que l'on rencontre si fréquemment dans les champs et les jardins, parmi les sillons, près des pierres, etc.

§ II. Les ARAIGNÉES (*aranea*) font partie d'une tribu nombreuse d'aranéïdes qu'on a nommées *sédentaires*, parce qu'elles se construisent des toiles et y demeurent à poste fixe, attendant que quelque insecte vienne s'empêtrer dans ce filet. Pour que leur chasse soit plus abondante, elles ont soin de les tendre dans les endroits les plus solitaires, où les animaux dont elles se nourrissent sont en plus grand nombre, et où leurs toiles sont moins sujettes à être détruites. Dans l'endroit le plus obscur de leur demeure, et presque toujours dans l'encoignure des murs , elles se fabriquent une espèce de fourreau dans lequel elles se tiennent cachées, ayant l'œil aux aguets et fixé sur toute l'étendue de leur toile. Dès que les mouvemens de cette dernière leur annoncent qu'un insecte s'est pris, elles s'élancent tout à coup sur lui, s'il est petit, et le percent de leur crochet venimeux. Si la proie leur paraît assez forte pour pouvoir rompre leur toile et s'échapper, elles se hâtent de filer autour d'elle de nouvelles soies et de l'en envelopper plus solidement, afin qu'elle ne puisse pas rompre ses liens ; et lorsque leur victime s'est épuisée en efforts inutiles, elles s'en approchent avec précaution pour l'achever. Dans tous les cas , elles se dépêchent de la dévorer et d'en rejeter les débris au loin , pour qu'ils n'annoncent pas leur présence aux autres insectes.

48.

Mais, malgré cette précaution et les soins qu'elles mettent à cacher leur artifice, les *araignées* ne sont pas toujours heureuses ; elles sont sujettes à de longues abstinences, et si la nature ne leur avait donné un canal intestinal complaisant, un grand nombre périrait de faim. Mais comme elles peuvent supporter des jeûnes de plusieurs jours, il est rare que durant cet intervalle il ne leur arrive pas quelque bonne aubaine.

Les principales espèces de ce genre nombreux sont l'*araignée perfide*, l'*araignée atroce*, l'*araignée domestique*, etc., qui forment le type d'autant de petits sous-genres.

§ III. Les ARGYRONÈTES (*argyroneta*) diffèrent beaucoup des autres groupes de la même famille par leur genre de vie, et offrent des mœurs extrêmement curieuses et une industrie admirable. Vivant au milieu des eaux et ne pouvant cependant respirer qu'à l'air libre, elles sont obligées de se former, au sein de cet élément, une atmosphère artificielle, où elles trouvent le fluide nécessaire à leur respiration. A cet effet, elles se filent dans l'eau une coque ovale et assez serrée pour qu'elle puisse contenir de l'air. Elles l'assujétissent ensuite à quelque corps plongé dans l'eau, et la placent de manière que l'ouverture dont elle est percée se trouve à la partie inférieure. Après l'avoir ainsi fixée au fond, ces animaux s'élèvent à la surface de l'eau, où ils prennent sous leur ventre une bulle d'air, et la transportent dans la coque, dont elle chasse une certaine quantité d'eau. Ils répètent leurs voyages jusqu'à ce qu'ils y aient entièrement remplacé l'eau par de l'air atmosphérique. C'est alors qu'ils s'y mettent en embuscade, prêts à saisir les insectes imprudens qui passeront à leur portée. Mais ils ne peuvent rester qu'un certain temps dans cette demeure sans en renouveler l'air. Dès que ce fluide se trouve vicié, ils renversent la coque qui se vide sur-le-champ, et la remplissent de nouveau d'un air pur et respirable.

On ne connaît qu'une seule espèce de ce genre ; c'est l'*argyronète commune* ou *araignée aquatique* qu'on trouve fréquemment dans les eaux stagnantes.

§ IV. Les LYCOSES (*lycosa*) ou *araignées-loups* ont été ainsi appelées à cause de leur voracité ; elles sont généralement de grande taille, et ont par conséquent le moyen de satisfaire leurs appétits carnassiers. Quelques-unes ont plus d'un pouce de long, et le cèdent à peine aux mygales en grosseur.

Ces animaux font partie de la tribu des aranéides qu'on a appelées *vagabondes*, parce que, au lieu de s'établir à poste fixe en quelque endroit, ils errent au hasard cherchant leur nourriture. Ils se tiennent habituellement à terre, où ils courent avec une vitesse extraordinaire, surtout lorsqu'ils poursuivent leur proie. Quand ils sont repus, ils se retirent dans des trous, qu'ils trouvent tous formés ou qu'ils se creusent euxmêmes. C'est là qu'ils subissent leur mue et que les femelles font leur ponte. Mais celles-ci ne déposent pas leurs œufs à terre ; elles leur font un cocon de soie, sur lequel elles veillent avec une vive sollicitude, et qu'elles emportent toutes les fois qu'elles sont obligées de sortir. Elles ne les abandonnent pas même lorsqu'ils sont éclos ; elles leur fournissent encore long-temps des insectes ou les aident à les prendre, et les défendent contre tous les animaux qui cherchent à leur nuire.

La taille de ces araignées les fait généralement redouter ; la crainte qu'elles inspirent n'est pas dénuée de fondement, car il paraît que dans le Midi leur morsure produit des accidens assez graves, et même la mort, si on n'a pas soin d'y apportter un remède prompt pour en prévenir les effets. On compte plusieurs espèces de ce genre, entre autres la *tarentule* d'Italie, qui paraît être celle dont la piqûre a le plus de dangers.

Les Italiens pensent que la musique est seule capable de guérir la blessure causée par cette *lycose* ; aussi, dès qu'ils se sentent mordus, ils cherchent un musicien pour se faire jouer une danse animée, qu'ils se mettent à exécuter jusqu'à ce qu'ils tombent épuisés de sueur et de fatigue ; par-là ils sont garantis de tout accident dangereux. Mais ce n'est pas la musique qui les guérit ; ce sont les mouvemens auxquels ils se livrent, et les sueurs abondantes qui les accompagnent, qui produisent l'expulsion du venin introduit dans la plaie.

II. *Famille.* — Pédipalpes. (pl. XXXI).

Cette seconde famille est incomparablement moins nombreuse que la précédente, mais elle n'est pas moins facile à reconnaître. Ces arachnides ont en effet le thorax et l'abdomen confondus ensemble, ou du moins peu séparés, et formés l'un et l'autre d'anneaux articulés ; leurs mandibules se terminent en pince et ressemblent à des espèces de bras, ce qui les a fait appeler *pédipalpes* ; leurs tégumens, sans avoir la dureté de ceux des crustacés, sont plus solides que ceux des aranéides.

Leur ventre, qui est plus allongé et moins gros, ne renferme jamais ces glandes qui servent aux araignées à filer leur toile ; il se termine par une queue assez longue et présente quatre ou huit stigmates sur les côtés, au lieu de deux ou quatre au plus que l'on trouve chez les espèces de la première famille.

Les *pédipalpes* habitent les contrées méridionales et vivent à terre, où ils courent avec beaucoup d'agilité à la poursuite des insectes ; car ils ne sont ni moins redoutables ni moins carnassiers que les araignées. Leur piqûre, comme celle des lycoses et des mygales, passe pour venimeuse et produit ordinairement des accidens fâcheux.

Cette famille ne comprend que deux genres, les *tarentules* et les *scorpions*.

§ I. Les TARENTULES (*tarentula*), qu'il ne faut pas confondre avec les lycoses que l'on appelle ainsi dans le Midi, se distinguent des scorpions par un léger étranglement qui se remarque entre leur poitrine et leur abdomen, par l'absence de la queue à l'extrémité de ce dernier, et par la forme de leurs mandibules qui se terminent en simple griffe et non en pince à deux doigts. Ce n'est que dans les pays très chauds de l'Asie et de l'Amérique qu'on rencontre les espèces peu nombreuses de ce genre.

§ II. Les SCORPIONS (*scorpio*) (*fig.* 6) ont le corps long et terminé brusquement par une queue noueuse et munie à son extrémité d'un dard aigu, qui verse dans les plaies qu'il fait une liqueur venimeuse. Leur thorax et leur abdomen sont indistincts, et sont formés le premier d'une seule pièce large et le second de sept ou huit anneaux.

Ces arachnides habitent les pays chauds des deux continens ; ils vivent à terre, se cachent sous les pierres, les troncs d'arbres, et recherchent ordinairement les lieux sombres et frais, ou même s'établissent dans l'intérieur des maisons. Ils courent vite, en redressant leur queue en forme d'arc sur leur dos ; mais lorsqu'ils sont en danger ou qu'ils veulent piquer quelque insecte, ils la dirigent à leur gré contre leur ennemi ou contre leur proie, et s'en servent comme d'une arme offensive ou défensive. C'est ainsi qu'ils détruisent une grande quantité d'araignées, de cloportes, etc. ; ils sont aussi très friands d'œufs d'insectes. La piqûre de ces animaux est toujours dangereuse ; mais les accidens qu'elle détermine sont proportionnés à l'âge et à la taille de celui qui la fait. Les individus âgés et forts sont les plus redoutables, sans que toutefois leur morsure produise la mort, à moins que des circonstances particulières ne favorisent les funestes effets du venin.

Les *scorpions* sont extrêmement voraces et cruels ; non-seulement ils détruisent une grande quantité d'insectes de toute sorte, ils s'entre-dévorent mutuellement et n'épargnent pas même leurs petits.

On connaît huit ou dix espèces de ce genre ; une seule appartient à l'Europe et se trouve dans le midi de la France. Elle a environ un pouce de long ; c'est le *scorpion commun* ; sa piqûre n'est pas à beaucoup près aussi dangereuse que celle du *scorpion d'Afrique*, qui est aussi plus grand.

II*e* Ordre. — TRACHÉENNES.

Ces arachnides diffèrent des précédentes sous plusieurs rapports importans ; elles n'ont plus ces poches aériennes qui servent à la respiration ; ces espèces de poumons sont remplacées par des canaux élastiques, appelés *trachées*, qui s'ouvrent au dehors sur les côtés de l'abdomen par deux trous ou stigmates, et qui portent l'air dans les diverses parties du corps. Par suite de cette disposition, le sang, étant vivifié à mesure qu'il sert à la nutrition des organes et dans ces organes mêmes, n'a pas besoin de vaisseaux pour le faire circuler, ni par conséquent de cœur pour lui donner l'impulsion nécessaire à son mouvement.

Cet ordre, moins nombreux que celui des arachnides pulmonaires, se compose aussi d'espèces plus petites et moins carnassières ; les unes vivent dans les substances animales corrompues, telles que le fromage, la graisse ; les autres s'attachent aux plantes et se nourrissent soit de larves d'insectes, soit des particules mêmes qu'elles détachent de la plante ; quelques-unes sont parasites et se fixent sur le corps d'animaux dont elles sucent les humeurs ; un petit nombre seulement sont vagabondes et vivent du produit de leur chasse.

Tous les animaux de ce groupe sont de petite taille, et la plupart d'entre eux ne peuvent être aperçus qu'avec le secours du microscope, ce qui en rend l'étude d'autant plus difficile, que la distinction des genres et des espèces est fondée sur la conformation de parties très petites, telles que les mâchoires.

On divise cet ordre en quatre familles, dont les principales sont celles des *phalangiens* et des *acarides*.

Ire *Famille*. — PHALANGIENS.

Cette famille ne comprend qu'un petit nombre de genres, dont le plus remarquable est celui des *faucheurs*, qui en forme le type. Les espèces qu'elle renferme ont le thorax et l'abdomen réunis en une masse globuleuse, recouverte par un épiderme commun. Leur bouche est toujours armée d'une pince à deux doigts, dont l'un est mobile et l'autre fixe.

Tous ces animaux vivent à terre, courent très vite, se cachent sous les pierres et dans les trous, font la guerre aux insectes et se nourrissent de proie.

Tels sont les FAUCHEURS (*phalangius*), arachnides remarquables par la longueur démesurée de leurs huit pattes, qui forment un contraste frappant avec la petitesse et la brièveté de leur corps. Celui-ci est presque arrondi comme un pois, et se termine par une tête si peu distincte, qu'il faut y faire attention pour l'apercevoir. Tout le monde connaît ces êtres singuliers qu'on rencontre partout à la campagne, surtout sur les murs fraîchement crépis et bien exposés au soleil. Il n'est personne qui ne *les* ait vus, tantôt fixes et immobiles sur leurs pattes et attendant patiemment leur proie ; tantôt arpentant le mur à grands pas et la cherchant de tous côtés.

Les *faucheurs* sont très carnassiers, et si féroces qu'ils se battent presque continuellement et que les plus forts dévorent les plus faibles ; aussi se tiennent-ils toujours sur leurs gardes, et ont-ils soin, pendant qu'ils se reposent au soleil, d'étendre leurs pattes autour d'eux, comme autant de sentinelles vigilantes chargées de les avertir de l'approche de tous les animaux. Ceux-ci sont-ils petits et sans danger pour eux ; ils les laissent s'avancer à leur portée et les dévorent. Dans le cas contraire, ils prennent promptement la fuite, laissant souvent une de leurs pattes ; car elles tiennent si peu au corps, que la moindre traction suffit pour les arracher.

IIe *Famille*. — ACARIDES (pl. XXXI, *fig.* 7).

Sous le nom d'*acarides*, et plus communément de *mites*, on désigne un grand nombre de petits animaux, dont la plupart ne sont visibles qu'au microscope, et qui vivent ordinairement en parasites sur les plantes ou sur des animaux dont, malgré leur petitesse, ils compromettent souvent la santé ou même la vie, à cause de leur excessive multiplication.

Ici nous ne pouvons nous empêcher de faire une réflexion sur la puissance et l'intelligence infinie du Créateur. Ces êtres, si petits que notre œil ne peut les apercevoir, sont cependant composés d'une multitude d'organes, dont l'ensemble concourt à l'entretien de leur frêle existence. Tous ces animaux, tout imperceptibles qu'ils sont, ont une tête ; leur tête a une bouche et des yeux ; cette bouche est formée de plusieurs mandibules ; ces mandibules sont mises en mouvement par des muscles, et ces muscles doivent recevoir l'influence de nerfs. Et leurs yeux ne doivent-ils pas avoir une cornée pour laisser passer la lumière et un nerf pour en recevoir l'impression ! Quelle doit donc être la ténuité incompréhensible de tant organes qui, par leur réunion, forment un tout imperceptible à notre vue !

Et cependant l'homme est parvenu à étudier toutes ces parties, à en déterminer la forme, à s'en servir pour distinguer entre elles des espèces dont on n'avait, il y a peu de temps encore, aucune idée positive. Armé d'un verre grossissant, il a vu, dans la bouche de ces arachnides, tantôt des mâchoires terminées en pince ou en crochet, tantôt un suçoir contenant une espèce de lancette pour percer la peau des animaux sur lesquels elles vivent. Leur corps qui, lors même qu'il est visible à l'œil nu, ne ressemble qu'à un point mouvant, sans organes locomoteurs, lui a offert non-seulement des membres articulés, mais encore une peau velue et couverte de poils, comme celle des araignées.

Malgré la difficulté que présente l'étude des *acarides*, des naturalistes infatigables sont parvenus à diviser cette famille en une vingtaine de genres, d'après les différences qu'ils présentent dans la conformation de leur bouche, le nombre de leurs pattes, etc.

Les uns en ont huit ; tels sont le *sarcopte*, qui produit le bouton de la gale ; le *siron*, d'un rouge écarlate, qu'on trouve fréquemment aux environs de Paris ; la *louvette*, qui tourmente tant les chiens, etc. D'autres n'ont que six pieds ; tel est le *rouget*, qui est si commun en automne, et qui, s'insinuant sous la peau, y cause des démangeaisons insupportables, etc.

MYRIAPOLOGIE

ou

ſHISTOIRE NATURELLE DES MYRIAPODES.

L'homme, quand il aperçoit quelque chose d'extraordinaire, est porté à l'exagérer encore, pour en donner aux autres une plus grande idée. C'est ainsi, que voyant des animaux articulés, pourvus d'un plus grand nombre de pattes que la plupart des autres espèces analogues, il leur a donné le nom de *myriapodes*, de *chilopodes, de mille pieds,* etc. ; expressions qui, prises à la lettre, induiraient en erreur celui qui ne serait pas prévenu de l'hyperbole, mais qui, tout exagérées qu'elles sont, ont l'avantage de faire connaître le principal caractère de ces êtres singuliers, qui consiste à avoir les côtés du corps garnis d'une série de membres articulés, dont le nombre est au moins de vingt-quatre et peut aller jusqu'au-delà de cent.

Si la vitesse de la locomotion était proportionnée au nombre des organes qui en sont chargés, les *myriapodes* seraient donc sans aucun doute les plus agiles de tous les animaux ; mais il s'en faut de beaucoup qu'il en soit ainsi, et les articulés dont nous parlons, bien loin d'être tous remarquables par leur agilité, ont ordinairement les mouvemens lents et embarrassés, et semblent plutôt ramper que marcher. Il n'y a que les especes où le nombre des pieds est moins considérable qui aient la locomotion facile.

Les *myriapodes* sont de tous les animaux articulés ceux où les anneaux circulaires sont les plus marqués et les plus faciles à distinguer ; ces anneaux sont tous à peu près semblables et presque également visibles sur le dos et sous le ventre ; chacun d'eux supporte une et très souvent deux paires de pattes, à l'exception des deux premiers et des deux ou trois derniers qui en sont dépourvus. Cette conformation donne à ces animaux de la ressemblance avec certaines annelides ou même avec de petits serpens, sans que cependant le nombre de leurs pattes et la nature de leurs tégumens permettent de les confondre avec des êtres aussi différens par leur organisation intérieure. Certains d'entre eux ont aussi des rapports avec les crustacés de la famille des isopodes, tels que les cloportes ; mais, outre que les *myriapodes* ont les pattes plus nombreuses que ces derniers, on leur trouve de chaque côté du corps les ouvertures des trachées, qui s'opposent à ce qu'ils soient confondus avec eux.

Les animaux articulés des trois classes précédentes nous ont présenté un phénomène curieux, celui de la *mue* ou changement annuel de peau ; chez les *myriapodes*, ce changement ne se borne plus aux tégumens, il s'étend jusqu'aux parties intérieures ; de sorte qu'à chaque fois qu'ils muent, ils prennent une forme différente de celle qu'ils avaient auparavant. C'est surtout par l'augmentation du nombre des anneaux et des pattes que ces changemens se manifestent ; ce ne sont donc plus de simples mues, ce sont de véritables *métamorphoses*, analogues à celles que subissent les insectes.

Mais il faut observer que ces transformations ne durent pas pendant toute la vie de l'animal ; il paraît que l'espace de deux ou trois années au plus lui suffit pour arriver à son état parfait, c'est-à-dire à celui où il n'éprouvera plus de changemens de forme ; tandis que chez les espèces où la mue se borne à la peau, ces changemens se renouvellent annuellement pendant toute leur vie.

La classe des myriapodes est très peu nombreuse, et ne se composait pour les anciens naturalistes que de deux genres, dont les modernes ont fait deux familles : celle des *chilognathes* et celle des *chilopodes*.

Ire *Famille.*—CHILOGNATHES (pl. XXXII).

Sous le nom de *chilognathes* ou de *iulides*, on réunit un certain nombre d'articulés fort remarquables par leur forme allongée et cylindrique, par leur enveloppe cornée et solide et par le grand nombre d'anneaux qui composent leur corps, et dont la plupart servent de support à deux paires de pattes ; de sorte qu'à longueur égale, ils ont plus de membres qu'aucun autre animal. Mais ces membres, grêles et faibles, bien loin de favoriser leurs mouvemens, les rendent au contraire difficiles, en ce que l'animal glissant plutôt qu'il ne marche, se trouve arrêté par la saillie qu'ils font au-dessous de son ventre.

La multiplicité des pièces qui forment leur enveloppe extérieure permet aux *chilognathes* de se rouler en spirale ou en boule comme les armadilles ; c'est dans cette position qu'on les trouve sous les pierres et dans les trous qu'ils fréquentent habituellement. Ils la prennent aussi, lorsqu'ils se voient attaqués par quelque animal plus fort, dans l'espoir de pouvoir protéger leur tête ; mais c'est une bien faible ressource pour eux : lents dans leurs mouvemens, privés d'armes offensives et défensives, autres qu'une liqueur fétide qu'ils répandent dans les momens de danger, ils ne peuvent opposer aucune résistance à leurs ennemis ; ils ne pourraient pas même triompher des plus petits animaux. Aussi ne se nourrissent-ils que de substances végétales ou animales en décomposition, et se tiennent-ils continuellement cachés dans leurs retraites ; ou s'ils les quittent quelquefois, ce n'est que pour se promener dans des endroits obscurs et humides.

Cette famille ne comprend qu'un seul genre, les IULES (*iulus*), qu'on divise en plusieurs sous-genres : tels sont les GLOMÉRIS, dont le corps est ovale, légèrement déprimé et semblable à celui des cloportes, et les IULES propres (*fig.* 1) qui ont le corps beaucoup plus long et tout-à-fait arrondi, comme l'*Iule des sables*, l'*Iule terrestre*, etc., qui sont communs en Europe et même en France.

IIe *Famille.* — CHILOPODES (pl. XXXII).

Les *chilopodes* ou *scolopendres* ressemblent beaucoup aux iulides par leur forme allongée et leurs pattes nombreuses ; mais ils s'en distinguent par leurs anneaux, qui ne soutiennent qu'une paire de pieds chacun, et par deux crochets cornés et aigus qui garnissent leur bouche. Ces deux caractères leur donnent des habitudes toutes différentes : autant les chilognathes sont lents à la course, autant les *scolopendres* sont agiles ; leur vitesse est telle qu'il est difficile même à l'homme de les attraper, et surtout de les saisir sans en être mordu ; aussi n'est-il pas d'insectes qui puissent leur échapper. D'un autre côté, la force de leurs crochets et surtout le venin qu'ils distillent, leur permettent de se défendre avec avantage contre des animaux beaucoup plus gros qu'eux, et de faire leur proie de tous ceux de petite taille ; ils les saisissent avec leurs crochets, et l'effet de leur morsure est si prompt, que leur victime périt sur-le-champ, ce qui est dû à un venin subtil que ces organes versent dans la plaie qu'ils ont faite ; on prétend même que leur piqûre n'est pas sans danger pour l'homme, du moins celle des grandes espèces ; et il est certain que dans les Indes et en Amérique, ces *chilopodes* sont très redoutés. Ceux que nous avons en France, étant plus petits, sont aussi moins venimeux, et le plus souvent leur morsure n'offre aucun danger ; néanmoins on les craint malgré cela, à cause de l'agilité et de la pétulance de leurs mouvemens.

Cette famille comprend deux petits genres : les *scutigères* et les *scolopendres*.

§ I. Les SCUTIGÈRES (*scutigera*) ont le dos couvert de huit plaques cornées, tandis qu'inférieurement ils ont quinze anneaux, à chacun desquels est attachée une paire de pattes. Nous en avons en France une espèce qui vit dans les appartemens, sous les poutres et dans le bois pourri ; on l'appelle communément *scolopendre à huit pattes*.

§ II. Les SCOLOPENDRES (*scolopendra*) (*fig.* 2) ont au moins vingt paires de pattes, et les anneaux semblables sur le dos et sous le ventre. Nous en avons une espèce en France qui a de six à sept pouces de long ; c'est la *scolopendre commune* ; la scolopendre *d'Amérique* ou *mordante* est à peu près de la même taille ; mais comme elle habite un climat plus chaud, elle est plus dangereuse.

ENTOMOLOGIE

ou

HISTOIRE NATURELLE DES INSECTES.

Le mot *insecte* (formé du latin *intersectus* , entrecoupé) pris dans sa plus grande extension, devrait s'appliquer à tous les animaux articulés, dont le corps présente en effet ces entrecoupures et ces anneaux alternatifs, qui leur avaient fait donner ce nom. Mais indépendamment de l'inconvénient qu'il y aurait à réunir dans une même classe des animaux aussi nombreux , leur organisation intérieure présente des différences assez tranchées pour autoriser leur séparation ; aussi les naturalistes les plus distingués s'accordent-ils aujourd'hui généralement à ne regarder comme *insectes* que les animaux articulés , à respiration trachéenne , pourvus d'antennes et de trois paires de membres articulés et sujets à des métamorphoses.

Malgré la réduction que cette définition opère dans le nombre des *insectes*, dont elle sépare les annelides, les crustacés, les arachnides et les myriapodes, cette classe n'en reste pas moins la plus considérable de la zoologie. Elle forme encore une science si vaste, que la vie de l'homme ne suffit pas pour l'embrasser dans toute son étendue ; mais du moins elle ne renferme que des animaux tout-à-fait semblables par leurs formes extérieures et par leur organisation interne. Leur corps se compose toujours de quatre parties distinctes : la *tête* , sur laquelle se trouvent la bouche, les yeux et les antennes ; le *thorax* , qui sert de support aux membres ; l'*abdomen* , qui contient les organes de la nutrition , et les *membres* , qui se divisent en pattes au nombre de six, et en ailes, qui cependant n'existent pas toujours.

Quoique les anatomistes soient parvenus , en décomposant

les organes qui forment la bouche de tous les *insectes*, à y découvrir toujours les mêmes élémens essentiels, cette partie n'en présente pas moins deux modifications principales faciles à saisir. Dans les uns, en effet, la bouche est destinée à *broyer*, et se compose de six pièces, deux médianes appelées *lèvres*, et distinguées en lèvre supérieure ou *labre* et en lèvre inférieure, et quatre latérales, dont les supérieures nommées *mandibules* et les inférieures *mâchoires*. Ces dernières supportent deux palpes plus ou moins développés. Dans les autres, ces parties sont tellement modifiées, que leur bouche se trouve transformée en une véritable *trompe*, uniquement propre à sucer les humeurs des plantes ou des animaux sur lesquels ils se fixent.

Les *yeux* des *insectes* sont ordinairement au nombre de deux, comme dans la plupart des autres animaux; mais ils offrent une différence importante : au lieu d'être unis et lisses, ils se composent de facettes dont le nombre va souvent jusqu'à plusieurs milliers; certains papillons, par exemple, en ont jusqu'à dix-sept mille. Mais, outre ces yeux qui sont placés un de chaque coté de la tête, beaucoup d'*insectes* en ont ordinairement trois autres à surface lisse, disposés en triangle et qu'on nomme *stemmates*.

Quant aux *antennes*, elles oocupent la même place que chez les crustacés et les myriapodes; mais elles varient beaucoup plus que chez ces derniers par leur grandeur, leur forme et leurs usages.

Le *thorax* ou *corselet*, qui vient immédiatement après la tête, et avant l'abdomen, est formé par la réunion de trois segmens ou anneaux, dont la grandeur relative varie considérablement selon les espèces, mais qui sont toujours faciles à distinguer, en ce qu'ils supportent chacun une paire de pattes. Les deux postérieurs servent aussi de soutien aux ailes.

L'*abdomen*, qui forme la troisième et dernière partie du tronc, renferme les organes de la digestion et se compose de neuf à dix segmens, sur chacun desquels on trouve un stigmate. Du reste, cette partie présente les modifications les plus remarquables dans sa forme, sa grosseur, etc.; il offre souvent à sa partie postérieure une espèce d'étui, dans lequel est logé un dard ou aiguillon, tantôt plein, tantôt creusé d'un canal, dont l'insecte se sert pour piquer ses ennemis ou pour déposer ses œufs.

Les *membres* des *insectes* sont ordinairement de deux sortes,

49.

les pattes et les ailes. Les pattes sont toujours au nombre de six, comme nous l'avons dit, et sont constamment attachées au corselet ; elles se composent chacune de quatre parties : la *hanche*, qui s'articule avec le tronc, le *trochanter*, la *cuisse*, la *jambe* et le *tarse*. Ce dernier à son tour est formé d'un nombre variable d'*articles* (d'un à cinq) terminés en pince, en griffe, en crochet, en nageoire, etc., selon leur destination.

Les *ailes* manquent chez un petit nombre d'*insectes*, appelés à cause de cela *aptères;* mais la plupart en ont deux ou quatre. Dans ce dernier cas, les deux paires sont toutes membraneuses comme une gaze et d'égale consistance, ou bien l'une est membraneuse et l'autre dure et coriace; quand il en est ainsi, ces ailes dures, qu'on nomme *élytres*, sont comme des étuis destinés à protéger les ailes véritables, et ne servent nullement au vol.

D'après ce court exposé de l'organisation des insectes, on voit que ces animaux l'ont assez compliquée; aussi leur connaissance forme-t-elle une des parties les plus intéressantes de l'histoire naturelle. Leurs habitudes sont si variées, si singulières, leur instinct si développé, leurs ouvrages si merveilleux, qu'on a voulu connaître toutes les particularités de leur existence ; mais malgré le zèle que les naturalistes ont apporté dans l'étude de cette classe d'animaux , malgré les progrès immenses de l'entomologie , on fait tous les jours , même dans nos contrées . des observations nouvelles sur leurs mœurs , des découvertes sur leur organisation, et l'on trouve de temps en temps des espèces inconnues.

Dans les *insectes* la fonction de relation est aussi développée que dans les animaux du premier embranchement ; leur vue est surtout excellente ; ils ont aussi l'odorat très fin ; mais l'on n'est pas d'accord sur le siége de ce sens, quoiqu'on pense généralement aujourd'hui qu'il réside dans les trachées, ainsi que l'a avancé, le premier, le professeur Duméril. L'*ouïe* existe pareillement, comme le prouvent les divers bruits au moyen desquels les *insectes* s'avertissent mutuellement de leur présence ; mais le siége en est encore plus incertain que celui de l'odorat. Le *goût* réside dans la bouche et le *toucher* dans les antennes.

La motilité de ces animaux est pour le moins aussi développée que leur sensibilité; ils ont toute sorte de mouvemens : la reptation, la marche, le vol et la nage.

Nous avons vu que la bouche des *insectes* offre deux modifications principales, selon qu'ils sont *broyeurs* ou *suceurs*.

Les premiers se nourrissent généralement de matières solides, végétales ou animales, dont ils hâtent ainsi la décomposition. Les autres pompent les différens sucs des plantes et quelquefois les liquides animaux, et vivent pour la plupart en parasites. Dans les deux cas, la longueur du canal intestinal est proportionnée au genre de nourriture de l'*insecte* : court, si elle est animale ; long, si elle est végétale. Il faut cependant observer qu'en général les espèces phytophages ont deux estomacs, un jabot membraneux, et un gésier musculeux et souvent garni de pièces dures à l'intérieur.

Le fait le plus curieux de l'histoire des *insectes* est leur reproduction. Ils sont tous ovipares et pondent une énorme quantité d'œufs, dont l'incubation se fait par la seule influence des élémens ; mais le petit qui en est le résultat n'a presque jamais en naissant la forme qu'ont ses père et mère ; il ne parvient à cette dernière que graduellement et par des changemens successifs, qu'on nomme *métamorphoses*. Ces métamorphoses sont au nombre de trois : l'*insecte* est d'abord *larve* ou *chenille*; il a une forme allongée, assez semblable à celle d'un ver, tantôt sans pattes, tantôt pourvu de pieds ; dans cet état qui dure assez long-temps, l'animal est toujours mobile et consomme beaucoup de nourriture. Il devient ensuite *nymphe* ou *chrysalide*; il a alors la forme de l'animal parfait, mais les diverses parties de son corps sont contractées et recouvertes par une membrane plus ou moins solide, qui lui donne l'aspect d'une momie emmaillotée ; il est par conséquent généralement dépourvu de toute motilité. Cet état, pendant lequel l'insecte ne prend jamais de nourriture, dure moins que le précédent, et se termine par un dernier changement, à la suite duquel l'animal a pris la forme qu'il doit conserver jusqu'à sa mort. Il est alors *insecte* parfait, mais il ne vit que peu de temps sous cette forme; son existence se borne souvent à quelques heures et ne dépasse pas quelques jours: il en profite pour faire sa ponte, et pour préparer à sa postérité un endroit convenable.

Quelques espèces n'éprouvent pas des changemens aussi complets. La larve et la nymphe ne diffèrent de l'insecte parfait qu'à raison des ailes ; les autres organes extérieurs sont identiques; ce sont les insectes à *demi-métamorphoses* ; il en est même quelques-uns chez lesquels les métamorphoses se bornent à de simples mues, semblables à celles des crustacés et des arachnides.

L'étendue de la classe des *insectes*, dont le nombre surpasse celui de tous les autres animaux réunis, a exigé que les naturalistes fissent une étude approfondie de toutes les parties de leur corps, pour les partager avec méthode en ordres, familles, tribus, genres, etc. C'est principalement sur l'absence ou la présence des ailes, sur la nature et le nombre de ces organes, sur la conformation des parties de la bouche, sur la forme des palpes et des antennes, sur le nombre et la disposition des articles du tarse, etc., qu'on a basé leur division.

D'après ces considérations on a partagé la classe entière en huit ordres.

Les uns manquent d'ailes et sont dits *aptères* ; ils forment le premier ordre, auquel appartiennent le *pou*, la *puce*, etc.

Tous les autres ont des ailes : mais les uns en ont quatre, tandis que les autres n'en ont que deux ; ceux-ci constituent le dernier ordre, celui des *diptères*, tels sont la *mouche*, le *cousin*, etc.

Les espèces à quatre ailes ont tantôt quatre ailes membraneuses, et tantôt deux élytres et deux ailes ordinaires. Les insectes qui ont des élytres et des ailes forment trois ordres : celui des *coléoptères* qui ont la bouche organisée pour la mastication, et les ailes plissées seulement en travers (le *hanneton*, le *cerf-volant*, la *bête à bon-dieu*, etc.) ; celui des *orthoptères* qui sont également broyeurs, mais dont les ailes sont plissées en long ou dans les deux sens (le *grillon* ou *cricri*, la *sauterelle*, etc.) ; et celui des *hémiptères* qui ont la bouche conformée en suçoir (la *punaise*, le *puceron*). Il faut observer à l'égard de ces derniers, que c'est plutôt la forme de leur bouche que la nature de leurs ailes qui décide leur classement ; car il y en a qui n'ont pas d'ailes, la *punaise commune*, par exemple.

Ceux des insectes qui ont quatre ailes de même consistance constituent également trois ordres : celui des *névroptères* qui ont des mandibules et des mâchoires, ordinairement très imparfaites et les ailes d'égale longueur et réticulées (les *demoiselles*); celui des *hyménoptères* qui ont à peu près la bouche des précédens, mais dont les ailes inférieures sont plus petites que les supérieures et simplement veinées, et dont l'abdomen se termine, chez les femelles, par un aiguillon, (les *abeilles*, les *guêpes*) ; et celui de *lépidoptères* dont la bouche est une trompe, et dont les ailes sont couvertes de petites écailles et comme poudreuses (les *papillons*, les *teignes*).

La classe des *insectes* se compose donc des huit ordres suivans : 1º les *aptères*, 2º les *coléoptères*, 3º les *orthoptères*, 4º les *hémiptères*, 5º les *névroptères*, 6º les *hyménoptères*, 7º les *lépidoptères*, 8º les *diptères*.

I_{er} *Ordre*. — APTÈRES.

L'ordre des *aptères* se compose de tous les insectes sans ailes, et comprend des espèces assez différentes par leur organisation et par leurs mœurs, pour que certains naturalistes en aient fait trois ordres distincts. Mais comme ce groupe est peu considérable, on peut les réunir d'autant plus aisément que, outre le défaut d'ailes, ils ont aussi pour caractère commun de n'éprouver que des métamorphoses incomplètes et souvent nulles.

La plupart d'ailleurs de ces insectes vivent en parasites sur le corps d'autres animaux, dont les humeurs servent à les nourrir et dont les tégumens les garantissent des intempéries de l'air. Cependant un petit nombre d'espèces se tiennent à terre, se cachent sous les pierres, le bois pourri, et viennent jusque dans l'intérieur de nos appartemens chercher un asile dans nos armoires.

Cet ordre comprend trois petites familles : les *thysanoures*, les *parasites* et les *siphonaptères* ou *suceurs*.

Ire *Famille*. — Thysanoures (pl. XXXII).

Cette famille est la seule de l'ordre des aptères qui ne renferme que des insectes vivant à terre ; ceux des deux autres sont tous parasites. Ils sont faciles à distinguer à leur bouche, garnie de mâchoires, à leur abdomen séparé du thorax par un étranglement, et surtout aux soies ou filets qui terminent leur tronc en arrière, caractère qui leur a fait donner le nom de *thysanoures* ou de *séticaudes*, qui veut dire *queue à filets* ou *à soies*.

Ce sont des insectes à corps mou, allongé, couvert de petites écailles fines et minces, qui donnent à leur corps un éclat argenté, mais qui tombent facilement dès qu'on touche l'animal. Leurs mouvemens à terre sont toujours agiles, soit qu'ils marchent au moyen de leurs pattes, soit qu'ils sautent en s'aidant de leurs filets abdominaux.

Les *thysanoures* présentent une particularité remarquable, c'est qu'ils ne meurent pas pendant l'hiver ; ils conservent même leur activité pendant toute cette saison qui paraît être celle de leur reproduction. Il n'est pas rare d'en rencontrer, lorsque le temps est beau, sautant et courant aux pieds des arbres et même sur la neige : ce qui prouve qu'ils ne se nourrissent pas seulement d'insectes, mais qu'ils vivent aussi de bois et de débris de végétaux.

Les métamorphoses de ces insectes sont nulles et se bornent à de simples changemens de peau. Nous avons en France des espèces de deux genres de cette famille : les *lépismes* et les *podures*.

§ I. Les **LÉPISMES** (*lepisma*) sont de petits insectes, très communs et connus de tout le monde ; on les rencontre dans tous les temps, courant sur les châssis des fenêtres, et se cachant, dès qu'on les approche, dans les fentes des armoires, dans les boiseries et dans tous les endroits où ils trouvent un peu d'humidité. Ils se font remarquer par la vivacité de leurs mouvemens, par les trois filets droits qui terminent leur queue, et par leur belle couleur argentée qui est due à leurs petites écailles : on les prendrait d'autant plus facilement pour de très petits poissons, qu'à cet éclat métallique ils joignent une forme allongée et des mouvemens si uniformes, qu'ils ressemblent autant à la nage d'un animal aquatique, qu'à la marche d'un insecte terrestre.

Nous en avons une espèce très commune dans nos appartemens, c'est la *lingère* ou *l'épisme du sucre*, qu'on a ainsi nommée parce qu'on la trouve communément dans les armoires à linge et dans les buffets où l'on tient le sucre. Elle n'a pas plus de trois à quatre lignes de long, et a été importée de l'Amérique, où elle est très abondante dans les plantations de cannes à sucre.

§ II. Les **PODURES** (*podura*) (*fig.* 3) ressemblent aux précédens par leur forme allongée, par leur peau molle et garnie d'écailles, ainsi que par les filets qui terminent leur abdomen. Mais outre que ces filets ne sont qu'au nombre de deux, l'animal les tient toujours reployés sous le ventre lorsqu'il est en repos, et s'en sert comme d'un ressort pour s'élever à une hauteur considérable pour sa taille.

Ce sont de très petits insectes qui n'ont pas plus d'une ligne de longueur, qu'on rencontre tantôt sur les arbres, tantôt dans les eaux, tantôt sur les bords des chemins, où ils forment par leur réunion de petits tas semblables à de la poudre à canon. Au moindre danger qui les menace, à la moindre crainte qui les agite, ils se séparent promptement, et, déployant subitement leur queue, ils s'élancent en sautillant vers quelque retraite voisine.

Nous avons en France sept ou huit espèces de ce genre, entre autres la *podure noire* et la *podure aquatique*.

IIᵉ Famille. — PARASITES (pl. XXXII).

Le nom de *parasites* indique la principale habitude de ces insectes, qui vivent sur le corps d'autres animaux, dont ils sucent le sang, quoi qu'en aient dit certains naturalistes, qui ont prétendu qu'ils n'attaquaient que leurs plumes ou leurs poils. Tout se réunit au contraire pour prouver que c'est de leur substance qu'ils se nourrissent : les démangeaisons qu'ils causent, les plaies qu'ils font sur le corps, la promptitude avec laquelle ils s'éloignent des cadavres, et enfin le sang qu'on a trouvé dans l'estomac de ceux qu'on a ouverts. D'ailleurs l'organisation de leur bouche est on ne peut plus propre à cet usage; les uns ont des mâchoires armées de crochets pour s'attacher à la peau de leur victime, et au milieu un suçoir pour pomper le liquide; les autres n'ont que ce dernier organe, qui ne saurait leur servir pour couper et ronger des matières dures, telles que les poils.

Tous ces insectes sont faciles à distinguer des précédens par l'absence de ces poils abdominaux que ceux-ci nous ont offert, ainsi que par la différence de leurs habitudes.

Cette famille ne renferme que deux genres, comme celle des thysanoures; ce sont les *poux* et les *ricins*.

§ I. Il est peu de personnes qui n'aient eu occasion de voir des POUX (*pediculus*) (*fig. 4*), tant ces hôtes incommodes sont multipliés et communs! Et cependant on connaît peu l'organisation de ces insectes et les instrumens dont ils se servent pour nous tourmenter. Leur corps est plat, presque transparent et muni de six pattes, terminées chacune par un ongle très fort ou par deux crochets dirigés l'un vers l'autre; de sorte qu'ils s'attachent aux poils et aux cheveux avec une force extraordinaire pour un si petit animal. Leur tête, toute courte qu'elle est, supporte deux antennes mobiles et composées de cinq articles, et présente à sa partie inférieure le suçoir à l'aide duquel ils pompent le sang, après avoir percé la peau de l'animal avec un aiguillon corné qu'ils portent sous leur ventre.

On connaît généralement les habitudes de ces êtres désagréables, et qu'on regarde comme dégoûtans, moins à cause de leur conformation, que de la malpropreté qu'ils annoncent dans celui sur qui on les voit. Mais ce que tout le monde ne connaît pas, c'est le goût que certains peuples d'Afrique ont pour la chair des *poux*, qu'ils mangent avec délices ; ce qu'on sait peut-être encore moins, c'est la rapidité avec laquelle ces insectes peuvent se multiplier ; on a calculé qu'un seul individu de ce genre pouvait produire en deux mois dix-huit mille petits ; fécondité prodigieuse qui explique comment, dans certains cas, ils ont pu déterminer dans l'homme une maladie quelquefois mortelle (la *phthiriase* ou *maladie pédiculaire*). Leurs œufs, qu'on appelle *lentes*, s'attachent aux cheveux, aux poils des habits, au linge, etc., au moyen d'un enduit visqueux qui les recouvre, ne tardent pas à produire un petit animal, qui est lui-même en état d'engendrer dix-huit jours après sa naissance.

L'homme nourrit sur son corps deux espèces principales de ce genre : le *pou du linge* qui est blanc, et le *pou de la tête*, qui est noirâtre. La plupart des mammifères en nourrissent chacun une ou plusieurs espèces particulières.

§ II. Les RICINS (*ricinus*) (*fig. 5*) sont pour les oiseaux ce que les poux sont pour les quadrupèdes ; des parasites incommodes et rongeurs qui vivent à leurs dépens. Leur forme extérieure et leurs habitudes ressemblent tellement à celles de ces derniers, que les anciens naturalistes les réunissaient en un seul genre, et que le peuple les désigne encore par un seul et même nom.

Ces deux sortes d'insectes sont pourtant faciles à distinguer à la forme de leur bouche qui, dans les poux, consiste en un suçoir simple, tandis que, dans les *ricins*, elle présente en outre deux mandibules et deux mâchoires. D'ailleurs la tête des *ricins* est proportionnellement plus grande et surtout plus large que celle des poux. Du reste ils s'attachent aux plumes, comme les précédens aux poils, par les crochets de leurs pattes, et sucent le sang de leurs victimes de la même manière. Mais on remarque que les *ricins* sont très agiles et qu'ils marchent avec vitesse, surtout lorsqu'on cherche à les prendre, ou qu'ils fuient le cadavre de l'animal sur lequel ils vivaient.

On compte presque autant d'espèces de *ricins* que d'espèces d'oiseaux ; les plus communes sont le *ricin* de la *mouette*, le *ricin* du *bruant*, le *ricin* de la *poule*, etc. Le chien est le seul mammifère sur lequel ont ait observé une espèce de ce genre.

III· *Famille.* — SIPHONAPTÈRES (pl. XXXII).

Cette famille ne se compose que d'un seul genre, les PUCES (*pulex*) (*fig.* 6) qui ont pour bouche un suçoir recouvert de deux écailles à sa base; caractère qui suffit pour les distinguer des thysanoures et des parasites. Elles en diffèrent d'ailleurs par la longueur de leurs pattes de derrière, qui servent à ces animaux à exécuter leurs bonds extraordinaires, et par les véritables métamorphoses qu'elles subissent comme les insectes ailés.

Si les *puces* n'étaient pas aussi incommodes, on ne pourrait s'empêcher d'admirer l'élégance de leurs formes, la souplesse de leurs membres et surtout l'étendue de leurs sauts. Elles bondissent, eu égard à leur taille, cent fois plus haut que l'homme le plus leste et le plus souple; mais leurs habitudes sont trop désagréables pour qu'on fasse attention à leur beauté. Vivant sur le corps d'un grand nombre de quadrupèdes, elles leur causent des démangeaisons pénibles, souvent de très vives douleurs, surtout lorsqu'elles s'introduisent entre cuir et chair, ou qu'elles pénètrent dans quelque ouverture naturelle, comme celle de l'oreille. Elles font d'autant plus de mal, qu'elles y déposent quelquefois leurs œufs, et les larves qui s'y développent étant très vives et agiles, produisent des douleurs insupportables, qui auraient une terminaison funeste, si on ne parvenait à les extraire. Ces larves, après avoir vécu dans cet état pendant environ douze jours, se forment une espèce de cocon où elles passent le même espace de temps, avant de devenir insectes parfaits.

On compte plusieurs espèces de ce genre; la principale est la *puce commune*, si connue de tout le monde. La *puce pénétrante* ou *chique* est une autre espèce analogue, fort répandue dans l'Amérique méridionale, et qui, s'introduisant sous l'ongle des pieds et sous la peau du talon, y acquiert promptement le volume d'un gros poids, par le développement de ses œufs qu'elle porte sous son ventre. Elle détermine alors les plus graves accidens et quelquefois même la mort, si on n'a le soin et l'adresse de l'extraire, avant qu'elle ait fait sa ponte.

IIe *Ordre.* —COLÉOPTÈRES.

L'ordre des *coléoptères* comprend tous les insectes à quatre ailes, dont les antérieures (les *élytres*) sont de nature cornée et servent d'étui ou de gaîne aux postérieures qui sont légères , transparentes et repliées en travers dans l'état de repos.

D'après cette définition, il serait toujours facile de distinguer ces insectes , s'ils avaient tous des ailes ; mais il en est un certain nombre qui sont dépourvus de ces sortes d'organes, et qu'il faut pouvoir distinguer par un autre caractère. Or , ce caractère, on le trouve dans la conformation de leur bouche, dont les mâchoires sont toujours libres et non enfermées dans un fourreau ou disposées en trompe. Leur bouche est par conséquent complètement organisée pour le broiement de substances solides, et formée de deux lèvres, deux mandibules, et deux mâchoires à palpes distincts et articulés.

A ces deux caractères essentiels, on doit ajouter que les *coléoptères* ont généralement la lèvre inférieure divisée en deux parties ; l'une supérieure qui porte deux palpes et qui retient seule le nom de lèvre ; et l'autre inférieure qui sert de support à la précédente, et qu'on désigne sous le nom de *menton*. Leur corselet, toujours formé de trois segmens, a celui du milieu plus développé que les deux autres, et seul visible à l'extérieur ; c'est lui qui sert de soutien aux élytres ; il porte le nom d'*écusson*. Leur abdomen ne présente rien de particulier, si ce n'est que dans les femelles , il se termine ordinairement en tarière , destinée à placer les œufs dans le lieu le plus favorable à leur développement. Leurs pattes offrent dans le nombre des articles de leurs tarses , un caractère dont on a tiré un bon parti pour la division et la subdivision des *coléoptères* ; ce nombre est invariable non-seulement dans les mêmes espèces et les mêmes genres , mais encore dans les genres analogues par leurs habitudes.

Les métamorphoses des insectes de l'ordre dont nous parlons sont complètes. Leur larve , que les jardiniers appellent communément *ver-blanc* , est vermiforme et presque toujours pourvue de six pattes ; elle est très agile et très vorace et vit généralement long-temps ; elle offre par conséquent des habitudes intéressantes : ensuite elle se forme une coque dans laquelle elle demeure complètement immobile pendant un temps variable , pour passer enfin à l'état d'insecte parfait.

On divise les coléoptères, d'après la considération de leurs tarses, en quatre sous-ordres : les uns ont cinq articles à tous leurs tarses, ce sont les *coléoptères pentamères ;* les autres en ont cinq aux quatre tarses de devant, et quatre seulement aux deux postérieurs, ce sont les *coléoptères hétéromères ;* ceux du troisième sous-ordre sont dits *coléoptères tétramères,* parce qu'ils n'ont que quatre articles à chaque tarse ; enfin le quatrième est celui des *coléoptères trimères,* qui n'ont aux tarses que trois articles ou moins.

*I*er *Sous-Ordre.* — COLÉOPTÈRES PENTAMÈRES.

Ce sous-ordre est le plus nombreux, et comprend quatre familles principales que l'on distingue au nombre de leurs palpes, à la forme de leurs antennes et de leurs élytres, etc. Ces familles sont les *carnassiers,* les *clavicornes,* les *serricornes,* et les *lamellicornes.*

*I*re *Famille.* — Carnassiers (pl. XXXII).

Ces coléoptères ont deux caractères distinctifs bien tranchés dans le nombre de leurs palpes qui est de six, deux à la lèvre inférieure, et deux à chaque mâchoire ; et dans la longueur de leur *trochanter,* qui égale, dans les pattes de derrière, le tiers de celle des cuisses.

Tous ces insectes, ainsi que leur nom l'indique, se nourrissent de proie vivante, et sont d'une adresse et d'une agilité remarquables pour s'en rendre maîtres. La force de leurs tarses et les dents cornées dont leurs mâchoires sont garnies, leur forment des armes puissantes, à l'aide desquelles ils terrassent et dévorent la plupart des autres insectes, et souvent même des animaux plus considérables. Leurs larves ne sont ni moins agiles, ni moins carnassières que l'insecte parfait ; leur bouche offre à peu près les mêmes organes que celle de ce dernier, et n'est pas moins puissamment armée.

Il y a, parmi les *carnassiers,* des espèces terrestres et des espèces aquatiques. Les premières se reconnaissent à leurs tarses arrondis et propres à la marche et au saut ; elles se rapportent à deux tribus, celle des *cicindelètes* et celle des *carabiques.* Les autres ont cette partie aplatie en nageoires et sont appelés *hydrocanthares.*

Ire *Tribu.* — Cicindelètes (*fig.* 7)!

Cette tribu se distingue de celle des carabiques, en ce qu'elle a , à l'extrémité de ses mâchoires, un crochet mobile et articulé, et les palpes de la lèvre inférieure plus gros ou plus longs que ceux des mâchoires. Ces insectes forment un groupe nombreux de carnassiers terrestres, très agiles à la course, gracieux dans leurs formes, et généralement recherchés à cause de leur beauté et de l'éclat de leurs couleurs. On les trouve dans les contrées sèches et sablonneuses, et principalement du côté du Midi, où ils ont les couleurs plus vives et brillent souvent d'un éclat métallique. La longueur de leurs pattes donne à leurs mouvemens une grande vitesse ; mais en général, ils volent mal et seulement par saccades. Un assez grand nombre sont même complètement dépourvus d'ailes membraneuses, et ne peuvent pas s'enlever de terre. Leurs larves sont très curieuses par les moyens industrieux qu'elles emploient pour tromper leur proie. Elles se pratiquent, avec leurs mandibules et leurs pattes, un trou auquel elles donnent jusqu'à dix-huit pouces de profondeur, et dans lequel elles introduisent toute la partie postérieure de leur corps jusqu'à la tête, qui leur sert à en fermer l'entrée. Blotties dans cette retraite, elles attendent l'arrivée de quelque insecte. Dès qu'elles ont pu en saisir un, elles se laissent tomber au fond de leur demeure, où elles dévorent leur victime à leur aise ; elles usent du même stratagème, lorsqu'elles se voient menacées de quelque danger.

Cette tribu renferme plusieurs genres dont les principaux sont les *manticores*, espèces étrangères et méridionales, remarquables par la grosseur de leur tête, et les *cicindèles*, qui ont la tête de moyenne grandeur, et dont nous avons plusieurs espèces en France ; la *cicindèle champêtre*, la *cicindèle* des *bois* , etc.

IIe *Tribu.* — Carabiques.

Cette tribu est excessivement nombreuse, et comprend tous les carnassiers terrestres dont les mâchoires sont terminées en pointe ou en crochet immobile, et dont les palpes labiaux sont aussi courts et aussi grêles que les maxillaires.

Ces coléoptères passent sous les pierres presque tout le temps de leur vie à l'état parfait, et sortent de leur retraite plutôt la nuit que le jour ; aussi n'offrent-ils jamais ces cou-

leurs éclatantes que l'on admire dans la plupart des cicindelètes ; leurs teintes sont généralement noires et toujours obscures. Bien moins agiles que ces dernières, et le plus souvent
privés de la faculté de voler, ils se tiennent tous à terre, à
l'exception d'un petit nombre d'espèces, auxquelles l'acuité
de leurs griffes permet de grimper aux arbres, pour y dévorer
les chenilles qui ne peuvent se mouvoir.

Tandis que les cicindelètes ne fréquentent que les endroits
secs et exposés au soleil, les *carabiques*, au contraire, recherchent de préférence les lieux humides, les prairies inondées, et se cachent sous les pierres, les troncs d'arbres, etc.,
où on les trouve le plus souvent réunis en troupe. La plupart
d'entre eux répandent, lorsqu'ils se voient pris, une liqueur
âcre, dont l'odeur est assez pénétrante pour repousser leurs ennemis.

Cette tribu pourrait, à cause de son étendue, former une
immense famille renfermant plusieurs milliers d'espèces, que
l'on rapporte à différens genres, dont les principaux sont les
brachynes, les *féronies*, les *élaphres* et les *carabes*.

§ I. Les BRACHYNES (*brachynus*) (*fig.* 8) n'ont rien
de bien remarquable dans la forme de leur corps ; mais ils sont
curieux par la faculté qu'ils ont de faire entendre, quand ils
sont inquiétés, une détonation assez forte, et de lancer à leurs
ennemis une vapeur caustique, qui rougit d'abord et noircit ensuite la peau exposée à son action ; mais ils n'emploient
cette ressource qu'à la dernière extrémité, et lorsqu'ils se
voient sur le point d'être pris. Tant qu'ils conservent l'espoir d'échapper par la fuite à l'ennemi qui les poursuit, ils
courent de toute la force de leurs jambes vers une retraite
propre à les protéger ; ce n'est que lorsque ce moyen ne peut
plus les garantir, qu'ils font une première décharge de leur liqueur vaporeuse ; si elle ne suffit pas pour éloigner leur per-
sécuteur, il ont recours à une seconde, à une troisième, et ainsi
de suite jusqu'à dix ou douze. Mais à mesure que leurs décharges se multiplient, la liqueur perd de sa force et diminue
en quantité, de sorte qu'aux dernières, l'animal ne rend plus
qu'une substance liquide, qui n'a plus de propriétés nuisibles
et ne produit aucun effet sur ses ennemis.

Nous avons en France plusieurs espèces de ce genre ; les
principales sont le *brachyne pétard*, le *brachyne pistolet* et
le *brachyne bombarde*.

§ II. Sous le nom de FÉRONIE (*feronia*), qui chez les anciens était celui de la déesse de la mort, les naturalistes désignent un genre nombreux d'insectes à couleurs obscures et peu agréables a la vue. Aussi ces coléoptères sont-ils généralement peu connus parce que, n'attirant pas l'attention par la beauté de leurs formes ni par l'éclat de leurs nuances, ils sont restés long-temps inaperçus et confondus dans le genre carabe, qui renfermait naguère encore toute la tribu des carabiques.

Tout ce qu'on sait de leur histoire, c'est qu'ils se tiennent à terre, sous les pierres et les décombres, et se rencontrent dans les campagnes et dans les sentiers qui sillonnent nos bois. Leurs larves, moins agiles que celles des autres genres de la même tribu, ont la forme d'un ver blanc, court et épais, vivent dans la terre, à peu de profondeur, et s'y construisent une coque dans laquelle l'insecte subit son dernier changement. Nous avons en France plusieurs espèces de ce genre : la *féronie aux yeux blancs*, la *féronie métallique*, etc.

§ III. Les ÉLAPHRES (*elaphrus*) sont des insectes de petite taille, et ornés pour la plupart d'assez vives couleurs. Ils ressemblent aux cicindèles par leur agilité et par leurs habitudes. Mais, tandis que les premières aiment les endroits secs et bien exposés au soleil, les *élaphres* ne se plaisent que dans les lieux humides et ombragés, le plus souvent dans le voisinage de l'eau. Du reste, ils sont également carnassiers et se montrent très acharnés contre les insectes aquatiques, qu'ils poursuivent vivement sur le sable qui borde les eaux.

Toutes les espèces connues de ce genre sont européennes, et la plupart se trouvent en France, aux environs de Paris ; l'*élaphre des rivages*, par exemple.

§ IV. Les CARABES (*carabus*), qui ont donné leur nom à la tribu dont ils font partie, forment un genre très étendu, dont toutes les espèces sont grandes et ornées de couleurs métalliques éclatantes. On les trouve toujours dans la terre ou sous les pierres, d'où ils ne sortent que pendant la nuit, pour aller à la recherche des larves d'autres insectes. Ce sont les plus redoutables de tous les carnassiers ; ils ne se contentent pas de dévorer une immense quantité d'insectes ; on dirait qu'ils prennent plaisir à leur ôter la vie, sans que le besoin

de la faim les presse. On en a vu des individus, repus de chenilles de toutes espèces, se jeter avec fureur sur d'autres individus de la leur, que l'état de réplétion où ils se trouvaient,
réduisaient à l'impuissance de se défendre, les déchirer et
leur arracher un à un leurs organes intérieurs.

C'est surtout à l'état de larves qu'ils se montrent ainsi voraces; on peut dire que tant qu'il dure, leur vie se passe en
courses ou en combats pour se procurer leur proie, et en précautions pour se mettre, lorsqu'ils sont repus, à l'abri des
dangers qui les menacent de la part de leurs ennemis.

Le genre *carabe* a été divisé en plusieurs sous-genres, dont
les principaux sont les *carabes* propres et les *calosomes*. C'est
au premier sous-genre que se rapporte le *carabe doré* et le *jar-
dinier*, qu'on rencontre dans les champs et les jardins pendant tout l'été. Au second sous-genre appartiennent le *syco-
phante* et l'*inquisiteur*, deux espèces très communes aux environs de Paris.

[*IIIe Tribu.* — Hydrocanthares (pl. XXXII).

Cette tribu se distingue aisément des deux précédentes par
la conformation de ses tarses, dont les quatre postérieurs sont
comprimés en forme de lames et propres à la natation, ce qui
rend leurs habitudes presque exclusivement aquatiques. Ils
passent le premier et le dernier état de leur vie dans les eaux
douces et paisibles des lacs, des marais et des étangs. Néanmoins ils ne peuvent demeurer long-temps sous l'eau sans remonter à sa surface pour respirer, et la plupart du temps ils
s'y tiennent renversés sur leur dos, et élèvent la partie postérieure de leur corps dans l'atmosphère, afin que l'air puisse
s'introduire dans les trachées et aller vivifier leur sang. Si pendant qu'ils nagent ainsi tranquillement, quelque danger vient
à les inquiéter, ils se précipitent rapidement au fond de l'eau,
emportant sous leurs élytres une bulle d'air, pour respirer pendant qu'ils y resteront. Les larves de ces insectes sont extrêmement agiles et carnassières; elles dévorent une grande quantité d'animaux terrestres et aquatiques, et sous ce rapport
elles rendent un véritable service à l'agriculture, qu'elles débarrassent d'une multitude de chenilles et de vers incommodes.

Les habitudes entièrement aquatiques des *hydrocanthares*
ne les empêchent pas de venir de temps en temps à terre; il

paraît même qu'ils sortent de l'eau tous les soirs, pour aller passer la nuit sur le rivage; c'est aussi sur la terre ferme qu'ils habitent pendant leur état de chrysalide ou de nymphe.

Cette petite tribu renferme deux genres principaux, celui des *dytiques* et celui des *gyrins*.

§ I. Les DYTIQUES (*dyticus*) (*fig.* 9), dont le nom signifie *plongeur*, méritent bien cette dénomination par la vitesse avec laquelle ils gagnent le fond de l'eau, soit qu'ils poursuivent une proie fugitive, soit qu'ils cherchent à échapper à un ennemi: l'œil a de la peine à suivre leurs mouvemens.

Mais ce n'est pas seulement dans l'eau qu'ils font preuve d'agilité; sur la terre ils marchent et sautent presque aussi bien que les espèces terrestres, et ils peuvent s'élever dans les airs; de sorte que ces insectes marchent, sautent, nagent et volent avec la même facilité. Mais ce n'est que la nuit ou à son approche qu'ils osent quitter leur élément favori, pour aller faire un tour à terre ou pour se transporter dans quelque étang voisin, où ils espèrent trouver une nourriture plus abondante. Ils passent toute leur journée dans l'eau occupés à chercher leur proie.

On trouve dans presque toutes les eaux dormantes le *dytique bordé* et le *dytique très large*.

§ II. Le mot GYRIN (*gyrinus*) est la traduction littérale de celui de *tourniquet*, qu'on donne ordinairement à des insectes fort semblables aux précédens par leurs habitudes et par les principaux traits de leur organisation, mais qui en diffèrent par la brièveté de leurs antennes qui sont toujours plus courtes que leur tête, tandis que chez les dytiques ces appendices sont beaucoup plus longs que cette partie du corps.

Les *gyrins* sont généralement plus petits que les dytiques; mais ils ne leur cèdent nullement en agilité; on les voit tourner sans cesse à la surface de l'eau, en décrivant des cercles plus ou moins étendus, ce qui leur a fait donner leur nom; et comme leurs mouvemens sont très rapides et leurs élytres d'un noir de jais éclatant, on les prendrait pour des perles mouvantes, qui produisent les reflets les plus variés par le jeu des rayons lumineux.

Quoique ces insectes se tiennent plus souvent à la surface qu'au sein des eaux, ils sont très difficiles à prendre parce qu'ils sont très petits, et surtout parce que, dès qu'ils se voient poursuivis, ils plongent à une grande profondeur et ne reparaissent à l'air que long-temps après, et à une assez grande distance de l'endroit où ils ont plongé.

On trouve dans presque toute l'Europe le *gyrin nageur*, qui n'a guère plus de trois lignes de long ; l'Amérique en nourrit aussi plusieurs espèces, les unes plus grandes, les autres plus petites que la nôtre.

IIe *Famille.* — Brachélytres (pl. XXXII).

Comparée à la précédente, cette famille est peu nombreuse : on y rapporte les coléoptères pentamères, qui ont le corps allongé, les palpes au nombre de quatre seulement, et dont les élytres sont trop courtes pour couvrir entièrement leur abdomen. Ce dernier forme toujours au-delà de ces étuis solides une saillie considérable, ce qui permet à l'animal de le relever, de le mouvoir en tous sens et de s'en servir pour faire rentrer ses ailes sous ses élytres. C'est principalement à cette brièveté des élytres qu'on distingue les insectes de cette famille ; mais pour plus de sûreté il faut ajouter que leurs antennes sont *moniliformes*, c'est-à-dire composées d'articles arrondis en forme de grains et réunis comme les perles d'un collier.

Quant aux habitudes des *brachélytres*, elles sont les mêmes que celles des carnassiers : ils se nourrissent principalement de proie ou de charognes, et passent leur vie dans les lieux humides ; leurs métamorphoses se font sous la terre, d'où ils ne sortent que lorsqu'ils sont parvenus à l'état parfait.

Cette famille ne renferme qu'un genre important, celui des STAPHYLINS (*staphylinus*) (*fig.* 10), insectes assez communs dans tous les pays et remarquables par l'habitude qu'ils ont, lorsqu'on les touche, de redresser leur abdomen et d'en faire sortir, pour éloigner d'eux leurs ennemis, une liqueur qui, en se volatilisant, produit une odeur pénétrante et très nauséabonde.

Ces coléoptères sont très agiles ; ils marchent vite et volent avec rapidité ; ils font par conséquent une grande consommation d'insectes, qu'ils saisissent avec leurs mâchoires, et qu'ils déchirent ensuite avec les dents dont ces organes sont armés. On rencontre les *staphylins* partout, sous les écorces d'arbres, dans les fumiers et sur les cadavres ; ils se creusent dans tous ces endroits, avec leurs pattes antérieures, dont les tarses sont larges et robustes, des trous où ils déposent leurs œufs qui sont en très grand nombre. Les larves qui proviennent de ces œufs passent sous la terre ou le fumier le temps de leurs métamorphoses. On trouve fréquemment aux environs de Paris le *staphylin bourdon* et le *staphylin odorant*.

IIIe *Famille.* — SERRICORNES.

Les antennes des *serricornes* sont d'égale grosseur dans toute leur étendue ou se terminent en pointe ; mais dans tous les cas, elles sont plus ou moins dentées en scie ou en peigne, ou même forment l'éventail. Leurs palpes sont d'ailleurs au nombre de quatre, et leurs élytres sont toujours de la longueur du corps entier, ce qui empêche de les confondre avec les carnassiers et les brachélytres.

Cette famille très nombreuse se divise en deux tribus, celle des *sternoxes* et celle des *mollipennes*.

I_{re} *Tribu.* — Sternoxes (pl. XXXIII).

Ces coléoptères ont les élytres grandes et solides et le corps de consistance ferme, ce qui les distingue de la tribu suivantes, dont le corps est mollasse et les étuis faibles et flexibles ; mais leur principal caractère. celui qui leur a fait donner le nom de *sternoxe,* (*sternum aigu*), se tire de la forme de leur sternum ou portion inférieure de leur premier segment thoracique, qui s'avance en avant jusque sous la bouche, et ce caractère ne permet pas de les confondre avec ceux de la dernière tribu.

Ce groupe comprend deux genres principaux, les *buprestes* et les *taupins*.

§ I. Les BUPRESTES (*buprestis*) (*fig.* 1) n'ont pas les formes élégantes de beaucoup d'insectes ; mais il n'en est aucun qui puisse rivaliser avec eux pour l'éclat et la vivacité des couleurs ; leurs élytres présentent la fusion la plus admirable de l'or, du cuivre et d'autres métaux avec l'azur et l'émeraude. Frappé de la beauté de ces nuances, un naturaliste français leur a donné le nom de *richards*, qui convient parfaitement au luxe et à la magnificence de leur parure.

Ces insectes sont très recherchés dans les collections d'entomologie ; mais quoique assez communs dans nos pays et peu agiles dans leur marche, on a de la peine à s'en procurer, parce que, se tenant continuellement sur des branches, d'où ils s'envolent quand on veut les approcher, ils échappent à la main et au filet au moment où l'on croit les tenir ; et quand ils se trouvent surpris, ils se laissent tomber à terre et se cachent si bien parmi les feuilles, qu'il est très souvent impossible de les découvrir.

Les environs de Paris en nourrissent plusieurs espèces, entre autres le *richard vert* et le *richard à fossettes*.

§ II. On a donné aux insectes qui composent le genre TAUPIN (*elater*) le nom vulgaire de *scarabées à ressort*, parce que, lorsqu'ils sont renversés sur le dos, ils ont la faculté de se remettre sur leurs pieds, en se ployant en arc et en se débandant subitement ; ce qui imprime à leur corps une impulsion qui le fait sauter en l'air à une hauteur assez considérable, d'où il retombe ordinairement sur son ventre et sur ses pattes. S'ils ne réussissent pas du premier coup dans leur tentative, ils la recommencent une seconde, une troisième fois, et jusqu'à ce qu'ils soient parvenus à leur but.

L'appareil qui produit ce phénomène curieux et facile à observer, forme le principal caractère qui distingue les *taupins* des richards ; il consiste en deux petites pointes qui terminent leur corselet à ses angles postérieurs et en une saillie que leur sternum fait en arrière.

On trouve des *taupins* dans toutes les parties du monde ; mais les plus beaux paraissent propres à l'Amerique méridionale. Ils se tiennent sur les fleurs, les petites plantes, et marchent quelquefois à terre. La plupart d'entre eux répandent la nuit une vive lumière, comme nos vers luisans ; ils l'emportent même sur ceux-ci par l'éclat dont ils brillent, puisque l'on peut s'en servir pour s'éclairer en travaillant. Les sauvages, dans leurs voyages nocturnes au milieu des forêts, s'en attachent à leurs pieds pour se diriger dans leurs courses, et les femmes s'en ornent la tête dans leurs promenades du soir.

Nous avons en France le *taupin bronzé*, le *taupin porte-croix*, le *taupin marron*, etc. Parmi les espèces étrangères, la plus remarquable par son éclat est le *cucujo* ou *mouche lumineuse*, qui est assez commun dans l'Amérique du Sud.

IIe *Tribu.* — Mollipennes (pl. XXXIII).

Ces coléoptères ont, comme ceux de la tribu précédente, le

sternum saillant en avant et la tête plus ou moins couverte par le bord antérieur du corselet ; mais ils en diffèrent par la mollesse de leurs élytres et de toute leur enveloppe extérieure.

Ces insectes ne pouvant opposer à leurs adversaires des armes offensives ni défensives, les trompent souvent par la ruse et leur échappent par leur adresse et leur constance. Lorsqu'ils se voient pris par leurs ennemis, ils contrefont le mort, et se laissent tirailler dans tous les sens sans donner le moindre signe de vie ; ce qui, joint à un liquide coloré qu'ils répandent, dégoûte leurs agresseurs et les oblige à se retirer.

Ce groupe, plus nombreux que le précédent, comprend deux genres principaux : les *lampyres* et les *vrillettes*.

§ I. Les **LAMPYRES** (*lampyris*) sont connus de tout le monde sous le nom de *vers luisans*. Qui n'a rencontré, en se promenant le soir à la campagne, ces insectes brillans, si communs le long des chemins, sous les haies et dans les prairies ? Ce sont des *lampyres* femelles, que l'on prendrait presque pour des chenilles, à cause de la mollesse de leur corps, si l'on ne savait que leurs mâles sont entièrement différens, et présentent tous les caractères de la tribu dont nous parlons. Ce qui les distingue des autres genres du même groupe, c'est qu'ils ont les palpes maxillaires renflés à leur extrémité, le corselet grand et faisant saillie sur la tête, et les mandibules petites et terminées en pointe très aiguë et unie.

On trouve les *lampyres*, en été, après le coucher du soleil, dans tous les endroits un peu humides, où ils répandent une lumière légèrement verdâtre. Cette lumière devient plus vive quand on les inquiète ; mais si on les prend à la main, ils ne jettent plus qu'une faible clarté ou même ne brillent plus. La cause de ce phénomène est peu connue ; on sait seulement que l'appareil qui le produit réside dans les derniers anneaux de l'abdomen, et n'agit que par la volonté de l'animal.

Nous n'avons en France que deux ou trois espèces de ce genre, dont la plus connue est le *ver luisant ordinaire*.

§ II. On donne le nom de **VRILLETTES** (*anobium*) (*fig.* 2) à de petits insectes qui font dans le bois des trous ronds comme les ferait une vrille. On les distingue à leurs mandibules courtes, épaisses et dentées.

Ces mollipennes sont très communs, au printemps, dans tous les lieux où se trouve du bois, et jusque dans nos appartemens. On les voit se promenant le long des boiseries, ou occupés à percer les vieux meubles; ce sont eux qui produisent cette poussière qu'on trouve si souvent près des bois vermoulus.

Leurs larves ne sont pas moins nuisibles. Semblables à un petit ver blanc, elles rongent continuellement le bois sec dans lequel elles vivent, et où elles opèrent leurs métamorphoses de chenilles en chrysalides, et de chrysalides en insectes parfaits. C'est alors seulement qu'elles quittent leur retraite pour s'occuper du soin de leur reproduction.

Un des faits les plus curieux de l'histoire des *vrillettes*, c'est le bruit qu'elles font souvent entendre du fond de leur cachette; bruit analogue aux battemens d'une montre, et dont la régularité et surtout la cessation et la reprise périodiques excitent presque toujours la surprise des personnes qui, étant seules et tranquilles dans une chambre, ne savent à quoi en attribuer la cause, et lui donnent quelquefois une origine surnaturelle et ridicule. Il paraît que ces insectes le produisent dans le but de s'appeler et de s'attirer réciproquement.

Une autre particularité non moins remarquable dans ces petits animaux, c'est l'opiniâtreté qu'ils montrent, lorqu'ils se voient pris, à contrefaire le mort. On a beau les remuer et les torturer par l'eau et par le feu, ils ne donnent aucun signe de vie; mais à peine cesse-t-on de les toucher, on les voit revenir doucement, se remettre sur leurs pieds et s'éloigner, mais avec une lenteur tout-à-fait extraordinaire.

IVe *Famille.* — CLAVICORNES (pl. XXXIII).

Ces coléoptères ont, comme ceux de la famille précédente, les palpes au nombre de quatre, et les élytres assez longues pour couvrir entièrement ou presque entièrement l'abdomen; mais ils s'en distinguent, en ce que leurs antennes se terminent par un renflement qui leur donne la forme d'une massue, ordinairement solide; et quand elle est feuilletée, les lames qui la composent ne sont pas mobiles au gré de l'animal. C'est de cette circonstance qu'ils tirent leur nom formé du latin *cornu* antenne, et *clava* massue.

La plupart de ces insectes vivent, du moins dans le premier temps de leur existence, de matières animales en putréfaction, et passent leur vie à chercher les cadavres des animaux qui périssent par accident. Sous ce rapport, les *clavicornes* rendent un double service, en détruisant les mauvaises odeurs que produirait leur putréfaction, et en hâtant leur décomposition.

Ce genre de vie, joint à l'habitude qu'ils ont de ne chasser que de nuit et de ne fréquenter que les endroits ténébreux, rendait inutiles pour eux ces belles couleurs, que nous ne trouvons que dans les espèces qui vivent au grand jour; c'est pour cela que la plupart des *clavicornes* sont ternes et obscurs comme les objets qui les environnent, et parmi lesquels ils demeurent invisibles aux yeux de leurs ennemis.

Parmi les genres assez nombreux que renferme cette famille, nous ne citerons que les *nécrophores* et les *dermestes*.

§ I. Les NÉCROPHORES (*nécrophorus*) (*fig. 3*) portent les noms vulgaires de *porte-mort, enterreur*, qui ne sont que la traduction du mot scientifique. On les a ainsi nommés, parce qu'ils ont l'habitude d'enterrer les cadavres des petits quadrupèdes qu'ils rencontrent dans les champs, tels que ceux des taupes, mulots, musaraignes, etc. Dans ce but, ils se réunissent en troupes et se mettent à creuser la terre d'un côté, jusqu'à ce que le cadavre roule dans le petit trou qu'ils ont fait; ils passent ensuite du côté opposé et agissent de même. En creusant ainsi alternativement à droite et à gauche, ils finissent par le couvrir entièrement de terre; après quoi ils font leur ponte dans l'intérieur même du cadavre, afin que leurs petits trouvent, en sortant de l'œuf, un aliment convenable à leur organisation et à leurs besoins.

On reconnaît ces êtres singuliers à leurs antennes terminées en boutons, et à leurs élytres un peu plus courtes que l'abdomen. On les trouve dans le fumier, sur les matières animales en putréfaction, etc.; aussi ont-ils tous une très forte odeur de charogne, qu'ils conservent long-temps après leur mort, et qu'ils communiquent aux boîtes dans lesquelles on les renferme. Lorsqu'on prend à la main quelqu'un de ces insectes, il répand une liqueur noire et puante qu'il emploie, dit-on, pour hâter la décomposition des cadavres dont il veut se nourrir.

On connaît plusieurs espèces de ce genre, entre autres l'*enterreur*, le *croquemort*, etc.

§ II. Le mot DERMESTES (*dermestes*) est formé de deux mots grecs qui signifient *mange-peau*, et convient parfaitement à ces insectes, qui vivent tous aux dépens des dépouilles des animaux qu'on conserve dans les boutiques, les cabinets, etc. Ils sont surtout célèbres par les dégâts que font leurs larves dans les collections d'histoire naturelle et dans les magasins de pelleteries ; elles rongent tellement le poil ou les plumes de toutes les peaux des quadrupèdes et des oiseaux, qu'il n'en reste bientôt plus que le cuir tout nu. Ils s'introduisent pareillement dans les gardes-manger, les offices , et y dévorent toutes les matières animales qu'on y conserve. C'est à peine si la surveillance la plus active peut mettre à l'abri de leur voracité. La petitesse de leur taille , jointe à la rapidité avec laquelle ils se reproduisent, fait qu'ils ont détruit la plupart des substances, qu'on aurait voulu préserver de leurs atteintes , avant de s'être aperçu des premiers dégâts qu'ils y ont faits.

Mais ce n'est qu'à l'état de larves qu'ils sont aussi nuisibles ; devenus insectes parfaits , ils vivent trop peu pour causer des ravages ; ils passent tout le temps que dure leur dernier état, à chercher un endroit convenable pour déposer leurs œufs.

On reconnaît les *dermestes* à leur petite taille et à la massue qui termine leurs antennes, et qui n'est composée que de trois articles. Les espèces en sont assez nombreuses : le *dermeste souris*, le *dermeste pelletier*, et le *dermeste destructeur* sont les principales.

V_e *Famille.* — Lamellicornes.

Chez les *lamellicornes* , comme chez les clavicornes , les antennes se terminent en massue ; mais, chez les premiers , la massue est formée de lames feuilletées, et susceptibles de s'ouvrir et se fermer à peu près comme les feuillets d'un livre ; ces antennes sont d'ailleurs implantées sur les bords de la tête dans une fossette profonde, qu'on ne trouve pas chez les clavicornes.

Le corps de ces coléoptères est généralement ovale et épais, et n'a que des mouvemens lourds ; mais il offre une variété de formes et de couleurs qui, malgré leur peu d'élégance, les font rechercher dans les collections. Il n'y a d'exception à cet égard que pour les espèces qui vivent dans le fumier, le tan et les ordures ; celles-ci ont presque toujours les couleurs sombres et uniformes.

Les larves de ces insectes sont longues, molles, blanches, ce qui leur a fait donner plus spécialement le nom de *vers blancs* par les jardiniers ; elles vivent généralement dans la terre et **y** demeurent très long-temps ; leurs métamorphoses ne sont complètement finies que vers la quatrième année de leur âge. Durant cet intervalle, les espèces phytophages, et c'est le plus grand nombre, font beaucoup de dégâts dans les jardins ; elles font périr une immense quantité de végétaux en détruisant leurs racines. Heureusement l'hiver met un terme à leurs ravages, car elles passent cette saison dans l'engourdissement ; sans cela leur voracité est telle, qu'elles détruiraient toute végétation. Cette famille nombreuse a été partagée en deux tribus : les *scarabéïdes* et les *lucanides*.

Ire *Tribu.* — Scarabéïdes (pl. XXXIII).

Cette première tribu comprend les espèces dont les feuillets antennaires sont membraneux, et susceptibles de s'ouvrir et de se fermer alternativement, ou sont contournés sur eux-mêmes en forme de cornet. Ce groupe nombreux comprend des coléoptères de grande taille et parés pour la plupart de vives couleurs.

Parmi les genres qu'il renferme nous citerons les *bousiers*, les *hannetons* et les *cétoines*.

§ I. Le nom vulgaire de BOUSIERS (*copris*), ainsi que le nom scientifique qu'on applique aux insectes dont nous parlons, se tire de l'élément qu'ils semblent préférer à tout autre ; c'est presque exclusivement sur la fiente et dans le fumier qu'ils établissent leur demeure. A peine un quadrupède a déposé ses excrémens, qu'on voit accourir de tous côtés ces scarabéïdes, qui, attirés par l'odeur, viennent se repaître de cet aliment impur. Ils forment avec ces ordures une petite masse arrondie et y déposent leurs œufs ; puis, l'enveloppant de terre humide, ils la roulent dans la poussière pour lui donner plus de consistance. Lorsqu'elle est prête, ils creusent un trou proportionné à sa grosseur, et l'y roulent au moyen de leurs pattes postérieures. C'est un spectacle singulier pendant la belle saison que que de voir des *bousiers* travailler en commun, et s'aider mutuellement à pousser leurs boules vers le trou qu'ils leur ont préparé. Si pendant le travail ils viennent à perdre l'équilibre, la boule roule d'un côté et les *bousiers* de l'autre, renversés sur le dos et les pattes en l'air. C'est un plaisir de voir les efforts que fait le propriétaire de la boule pour se remettre sur pied, avant qu'un ravisseur s'en soit emparé à son profit, ce qui ne manque jamais d'arriver, s'il n'est pas assez heureux pour en venir promptement à bout. Dans ce cas, le pauvre *bousier* est obligé de recommencer sur de nouveaux frais, à moins qu'il ne parvienne à voler à son tour la boule d'un de ses semblables.

Quoique ces insectes, qui vivent dans les ordures, n'offrent ordinairement que des couleurs ternes, plusieurs *bousiers*, par une exception rare, brillent au contraire des teintes métalliques les plus éclatantes; ce sont surtout les espèces étrangères. Celles de notre pays sont noires.

On divise ce genre nombreux en plusieurs sous-genres, dont les principaux sont les *bousiers* propres et les *géotrupes*. Les Bousiers n'ont point d'écusson entre les deux élytres en avant, tels sont le *bousier araignée* et le *bousier pilulaire*, tandis que les Geotrupes (*fig.* 4) en ont un petit, comme le *géotrupe stercoraire*, le *géotrupe printanier*, etc.

§ II. Les HANNETONS (*melolontha*) sont assez connus de tout le monde, même des enfans, pour que nous n'ayons pas besoin d'en faire une description détaillée. Il nous suffira de dire que le caractère distinctif de ces coléoptères consiste dans la forme de leur chaperon, partie supérieure et antérieure de la tête, qui est large et bordé dans son pourtour.

C'est au commencement de l'été que ces insectes font leur ponte. La femelle dépose ses œufs au sein de la terre, dans des trous qui ont de six à sept pouces de profondeur. De chacun de ces œufs, il sort dans le courant de la belle saison, une larve très vorace et redoutée des jardiniers, qui l'appellent *ver blanc*. Tant que le temps reste doux, elle vit près de la surface de la terre, où elle trouve une nourriture plus abondante dans les racines des végétaux; mais dès que le froid commence à se faire sentir, elle s'enfonce d'autant plus profondément que la température est plus basse, et finit par tomber dans l'engourdissement. Mais au retour du beau temps elle reprend son activité, se rapproche de la surface du sol et se met à ronger les jeunes racines. Elle vit ainsi pendant trois ans, demeurant engourdie pendant l'hiver et dévorant tout pendant la belle saison. Vers la fin de la troisième année, elle se change en chrysalide, pour prendre des ailes vers le mois de juin; l'animal n'a plus alors que quelques jours à vivre. Il passe tout ce temps à ronger les feuilles des bois et à préparer un nid à sa postérité:

dès qu'il y a pourvu convenablement, il tombe épuisé et meurt.

Les principales espèces de ce genre sont le *hanneton vulgaire* et le *hanneton foulon.*

§ III. Les CÉTOINES (*cetonia*) sont de grands et beaux coléoptères, dont les habitudes et l'organisation se rapprochent beaucoup de celles des hannetons ; elles en diffèrent cependant par leur forme plus carrée, par leur corselet plus pointu en avant, et surtout par une pièce triangulaire qu'elles ont à la base de leurs élytres.

On trouve ces insectes pendant l'été sur les fleurs ombellifères ou composées. Mais ils causent incomparablement moins de dégâts que les hannetons ; car ils se nourrissent exclusivement du suc des fleurs, et n'attaquent jamais le feuillage. En volant d'une plante à l'autre ils font entendre, comme les hannetons, un bourdonnement analogue à celui que produisent les grosses abeilles.

Les larves des *cétoines,* semblables à celles des précédens par leurs formes et par leurs habitudes, mettent trois ans à faire leurs métamorphoses. C'est dans la quatrième année seulement qu'elles se fabriquent une coque solide, composée des substances dont elles se nourrissent, et enveloppée de matières étrangères, telles que petites pierres, morceaux de bois, etc., qui, leur donnant un aspect raboteux et extraordinaire, les masquent tellement qu'elles les rendent méconnaissables.

On compte un grand nombre de ces coléoptères qu'on a été obligé de séparer en deux sous-genres : les *goliaths* et les *cétoines.* Parmi ces dernières nous citerons la *cétoine dorée,* la *cétoine fastueuse* et la *cétoine mortuaire.*

IIe Tribu. —Lucanides (pl. XXXIII).

Dans les insectes de ce groupe, les feuillets ou les dents de la massue antennaire sont disposés perpendiculairement à l'axe de l'antenne et en forme de peigne (*fig.* 8).

Nous ne citerons de cette tribu que le genre *lucane,* qui en est le principal et qui lui a donné son nom.

Les **LUCANES** (*lucanus*) (*fig.* 8) sont reconnaissables à leurs antennes grandes et courbées en dedans ; leur tête est aussi très volumineuse et leurs mandibules sont fortes, saillantes et dentées à leur extrémité interne. Ils se servent de ces derniers organes pour tailler le bois et y déposer leurs œufs. Les larves qui en proviennent sont extrèmement voraces et font beaucoup de mal aux vieux troncs qu'elles réduisent en poussière. Elles mettent, dit-on, six années à se métamorphoser ; ce n'est qu'à la dernière qu'elles se forment une coque, aux dépens de la sciure qu'elles ont faite pour se construire leur demeure, et qu'elles agglutinent autour de leur corps au moyen d'un enduit visqueux qu'elles sécrètent. Peu après il en sort un insecte parfait qui vit peu de temps, en suçant la liqueur mielleuse que distillent les feuilles de chêne.

Ce genre comprend environ quarante espèces. L'une des plus remarquables est le *cerf-volant*, le plus grand des insectes d'Europe. On l'a ainsi nommé, parce qu'on a comparé ses mandibules au bois du cerf ; ces organes sont assez forts pour causer une douleur vive, lorsqu'ils parviennent à saisir le doigt. On trouve ce coléoptère dans tous les pays chauds pendant la belle saison ; il ne vole que le soir et produit un bourdonnement monotone assez fort. On pense que c'est la larve de cet insecte que les anciens nommaient *cossus*, et qu'ils regardaient comme un mets délicat.

IIe *Sous-Ordre.* — COLÉOPTÈRES HÉTÉROMÈRES.

Ce sous-ordre comprend tous les coléoptères qui présentent cinq articles aux quatre tarses antérieurs et quatre seulement aux deux derniers. Pour savoir si un coléoptère qu'on tient appartient à ce sous-ordre, on commence par compter les articles d'une des pattes postérieures, si elle n'en offre que quatre, on examine le tarse d'une des antérieures, et selon qu'on y en trouve quatre ou cinq, on le classe parmi les tétramères ou parmi les hétéromères (pl. XXXIII, *fig.* 6).

Tous les insectes de ce sous-ordre ont le régime végétal ; leur canal intestinal est par conséquent très développé, d'une longueur considérable et plus ou moins boursoufflé ; les sucs digestifs sont aussi très abondans et très énergiques.

Cette tribu renferme deux familles principales: les *mélasomes* et les *trachélides*.

Ire *Famille*. — MÉLASOMES (pl. XXXIII).

Mélasome est un mot grec qui signifie *corps noir;* il a été donné aux insectes de cette famille, parce qu'ils ont tous le corps d'une couleur sombre ou du moins obscure, et toujours uniforme.

On peut, d'après ce seul caractère, présumer que ces coléoptères sont destinés à vivre dans les ténèbres et loin des rayons du soleil, dont l'influence est toujours indispensable pour produire les teintes vives et les reflets métalliques, que nous admirons dans certains oiseaux, poissons, coquillages et insectes. Aussi tous les *mélasomes* fuient-ils la lumière, et se cachent soit dans les caves et les pièces obscures de nos appartemens, soit dans des trous souterrains; mais dans ce dernier cas, ne trouvant pas dans leur demeure de quoi satisfaire leurs besoins, ils sortent de leur retraite tous les soirs à la nuit tombante, et se mettent à rôder de côté et d'autre pour se procurer leur nourriture ; du reste, celle-ci n'est pas difficile à trouver ; les *mélasomes* se contentent de toutes les substances végétales que le hasard leur présente; mais, comme ils sont très voraces, il leur en faut une assez grande quantité, ce qui rend fort incommodes et même nuisibles, les espèces qui vivent dans les habitations de l'homme.

On conçoit que les habitudes nocturnes de ces coléoptères leur rendent les ailes inutiles, car pour voler il faut que l'animal puisse distinguer à distance les objets contre lesquels il pourrait aller se heurter : les *mélasomes* manquent par conséquent d'ailes, du moins pour la plupart, et leurs élytres sont soudées ensemble sur la ligne médiane du corps et complètement immobiles.

A ces caractères généraux il faut ajouter que ces insectes ont les mandibules fendues ou échancrées à leur extrémité, et les mâchoires garnies d'une dent ou d'un crochet à leur bord intérieur ; conformation qui donne à leur bouche une vigueur extraordinaire, et qui n'est pas une des moins puissantes causes de leur voracité et de leur penchant pour la destruction. La description de deux genres de cette famille suffira pour nous donner une idée de la forme et des habitudes de ces coléoptères : nous citerons les *blaps* et les *ténébrions*.

§ I. Les BLAPS (*blaps*) (*fig.* 6) tirent leur nom du grec

blapto, nuire, parce que, vivant dans nos appartemens, ils y causent d'assez grands dégâts en attaquant nos meubles, nos habits et nos provisions ; et il est d'autant plus difficile de se garantir de leurs atteintes que, confondus par leur couleur sombre avec les objets qui les environnent, et ne se montrant jamais pendant le jour, on ne peut les apercevoir ni trouver le moyen de les détruire ; on n'a pas même pu jusqu'ici parvenir à rencontrer leurs larves, qui nous sont totalement inconnues sous le rapport de leur forme et de leurs habitudes.

Ce n'est pas cependant que les *blaps* soient petits ou rares, ils sont au contraire très abondans. Certaines espèces ont plus d'un pouce de long ; et leurs mouvemens, sans être lents, ne sont pas cependant assez agiles, pour qu'on ne puisse pas les étudier ; mais il paraît qu'ils cachent leurs larves avec beaucoup de soin, et que celles-ci ne se montrent au jour qu'après avoir subi leurs métamorphoses.

Ces insectes répandent tous une odeur forte et désagréable, ce qui n'empêche pas, dit-on, les dames turques d'en manger d'assez grandes quantités, malgré le dégoût qu'ils doivent inspirer, dans l'espoir bien ou mal fondé que l'usage de ces animaux comme aliment procure de l'embonpoint. Je doute que nos dames veuillent essayer si le moyen est efficace.

On reconnaît ces coléoptères au défaut d'ailes, à leur corps épais, à leurs antennes qui se terminent par un renflement en forme de triangle ou de hache ; tel est le *blaps commun* que l'on a surnommé *présage-mort* ou *porte-malheur*, et qui est très répandu dans nos habitations.

§ II. Les TÉNÉBRIONS (*tenebrio*) diffèrent des blaps parce qu'ils ont des ailes, le corps presque linéaire et les antennes grenues et sans renflement remarquable à leur extrémité ; leurs habitudes sont aussi différentes, ils marchent vite et volent bien, et au lieu de se tenir exclusivement dans nos maisons, ils se trouvent également dans les bois, sous l'écorce des arbres, etc.

Un instinct très curieux de ces animaux, c'est l'habitude qu'ils ont de se couvrir le corps des particules les plus déliées du sol qu'ils habitent, afin de masquer leur couleur naturelle, et de prendre celle des objets dont ils sont entourés ; cette ruse les met à l'abri des regards de leurs ennemis et les protége d'autant plus efficacement, qu'ils jouissent aussi de la faculté de s'arrêter brusquement au milieu d'une course rapide.

La larve des *ténébrions* n'est pas aussi cachée que celle des blaps ; elle n'est que trop connue des boulangers et des meuniers par les ravages qu'elle fait dans le blé et dans la farine, ce qui a fait donner le nom vulgaire de *ver de farine* à celle du *ténébrion meunier*, l'espèce la plus commune du genre.

IIᵉ *Famille.* — TRACHÉLIDES (pl. XXXIII).

Dans les hétéromères précédens , la tête est ovale et portée sur un cou très court, de sorte qu'elle est susceptible d'être entièrement ramenée sous le corselet. Dans les *trachélides*, cette partie est triangulaire ou en cœur, portée sur un cou plus ou moins allongé , et ne peut , à cause de sa largeur qui égale celle du corselet , être retirée au-dessous de lui : c'est à cette particularité d'organisation qu'ils doivent leur nom de *trachélides*, que l'on peut traduire par animal *pourvu d'un cou.*

Ces insectes diffèrent encore des précédens par la mollesse de leur corps et par la flexibilité de leurs élytres , qui ne peuvent par conséquent les protéger que d'une manière très inefficace.

Mais ils suppléent par leur adresse ou par leur agilité à ce qui leur manque à cet égard. Lorsqu'ils se voient menacés, ils fuient à toutes jambes ou s'envolent, et s'ils ne se sentent pas assez lestes pour échapper à leur ennemi par ces moyens , ils imitent les mollipennes et contrefont le mort ; petite ruse qui ne les sauve pas toujours, mais qui pourtant les empêche quelquefois d'être dévorés.

Tous les *trachélides* sont phyllophages, c'est-à-dire, qu'ils se nourrissent de feuilles. Ils se tiennent , par conséquent, dans les champs, dans les bois, en un mot partout où la végétation leur offre une subsistance facile et appropriée à leurs besoins. Leurs larves, qui vivent sous la terre , se nourrissent de racines , et même, à ce qu'il paraît, de matières animales.

Comme tous les insectes de cette famille ont les plus grands rapports entre eux , et qu'on peut s'en faire une idée par un seul genre , nous ne citerons que celui des CANTHARIDES (*cantharis*) qui en est le plus important.

Ces coléoptères (*fig.* 7) sont connus depuis fort longtemps par la propriété qu'ils ont de produire une vive irritation sur la peau de la partie où on les applique, propriété qui les fait employer tous les jours comme vésicatoires. Pour cela, après avoir fait sécher l'insecte, on le réduit en une poudre dont on couvre un emplâtre, et l'on fixe ce dernier sur l'endroit où l'on veut établir un exutoire.

On reconnaît aisément ces animaux, qui forment un genre très considérable, à leurs tarses dont les crochets sont profondément divisés, à leur tête grosse et arrondie, ainsi qu'à leur corps de forme allongée.

L'espèce la plus célèbre est la *cantharide commune* ou *mouche d'Espagne*, qu'on trouve partout, mais principalement dans les pays chauds. Elle se tient de préférence sur les frênes et sur les lilas. C'est un coléoptère de six à sept lignes de long, remarquable par la grosseur de sa tête et la petitesse de son corselet. Tout son corps est d'un vert doré, avec des antennes noires. Comme cet animal vit en troupes considérables et répand une forte odeur de souris, il est facile à découvrir. Pour s'en rendre maître, il suffit de secouer fortement l'arbre sur lequel il se tient ; comme il a l'habitude de contrefaire le mort, il reste à terre sans faire le moindre mouvement et se laisse prendre comme on veut.

IIIe *Sous-Ordre.* — COLÉOPTÈRES TÉTRAMÈRES.

Ce sous-ordre comprend les coléoptères dont tous les tarses se composent de quatre articles seulement. Ce sont généralement de petits insectes, qui se nourrissent principalement de matières végétales, et qui font beaucoup de dégâts dans les greniers et dans le bois de charpente vert, ou sec. Leurs larves, qui rongent aussi les mêmes substances, sont pour la plupart peu agiles et manquent de pieds, ou les ont tellement courts qu'elles ne peuvent s'en servir avantageusement dans la marche.

Cette section comprend plusieurs familles, dont les plus remarquables sont les *rhynchophores,* les *longicornes* et les *cycliques.*

Ire *Famille.* — RHYNCHOPHORES.

Le nom de *rhynchophores,* qui en grec signifie *porte-becs,* pourrait induire en erreur ceux qui s'imagineraient que ces coléoptères, au lieu d'avoir la bouche composée de deux mandibules, deux mâchoires et deux lèvres, comme tous les insectes de l'ordre auquel ils appartiennent, ont au contraire, pour prendre leur nourriture, une espèce de trompe ou bec. Ce nom leur a été donné parce que leur tête présente à sa partie antérieure une saillie ou prolongement en forme de corne, que l'on a comparé à un bec d'oiseau. Mais cet organe ne parait nullement destiné à la mastication ou à la préhension des alimens : son usage se borne à percer la peau des substances végétales, et surtout celles des graines ou des fruits dont ils se nourrissent, et dans l'intérieur desquels plusieurs d'entre eux passent la plus grande partie de leur vie.

Aussi tous ces insectes sont-ils à redouter pour les magasins où l'on conserve les provisions de blé, d'avoine, de maïs, etc. ; leurs larves surtout y causent des dommages incalculables.

Parmi les genres qui composent cette famille nombreuse, nous citerons, comme les plus intéressans à connaître, les *bruches*, les *brentes* et les *charançons*.

§ I. Les BRUCHES (*bruchus*) ont le bec très court, large et déprimé, qui permet de distinguer au-dessous de lui leurs lèvres et leurs palpes. Sous ce rapport, ces **rhynchophores** ont les formes moins extraordinaires que les suivans, auxquels leur long bec donne une physionomie toute différente de celle des autres insectes du même ordre.

A l'état parfait, les *bruches* sont très petites et vivent sur les fleurs. Communes pendant tout l'été, elles voltigent sur les plantes de la famille des légumineuses, et dès que leurs gousses sont formées, elles les percent et déposent un œuf ou deux dans chacun des grains qu'elles contiennent.

La présence de ces corps étrangers n'empêche pas la gousse de se développer, et le grain d'arriver à sa maturité. Lorsque le légume est à bon point, la larve sort de l'œuf et se met à ronger la substance du grain, qui lui fournit sa subsistance pendant tout l'hiver ; mais elle a soin de ne pas toucher à l'écorce, de peur de trahir sa demeure ou de rendre celle-ci moins sûre. Ce n'est que lorsqu'elle se trouve sur le point de se changer en nymphe, qu'elle amincit la peau d'un côté, afin que l'insecte parfait ait peu d'efforts à faire pour la rompre. Malgré cette précaution, il arrive souvent que les *bruches* périssent dans leur prison, soit que l'écorce de la graine n'ait pas été suffisamment amincie, soit que l'animal se trouve dans une mauvaise position pour agir sur la partie par laquelle il doit sortir.

Nous avons, en France, la *bruche du pois*, celle du *cacao*, des *grains*, etc.

§ II. Les BRENTES (*brentus*) (*fig.* 8) sont des insectes presque tous exotiques, dont la forme est des plus singulières. Leur corps est long, mince et presque linéaire : on le prendrait pour un brin de paille, auquel seraient attachées quatre paires d'appendices qui représentent les pattes et les antennes de l'animal. Leur tête et leur abdomen ne forment point ces renflemens qui caractérisent le corps de l'immense majorité des insectes que nous connaissons. Toutes les parties sont de grosseur presque égale, et il serait difficile de les distinguer, sans les antennes qui garnissent la tête et les pattes qui supportent le corselet, derrière lequel se trouve l'abdomen.

On ne connait ni les habitudes ni les métamorphoses de ces coléoptères : l'espèce qu'on trouve le plus communément dans les collections entomologiques est *le brente anchorago* de Cayenne ; il a environ quinze lignes de long. L'Italie en nourrit aussi une, mais plus petite.

§ III. Les CHARANÇONS (*curculio*) ont beaucoup de rapports avec les brentes ; mais ils s'en distinguent par leur corps plus massif, et par leurs antennes terminées en massue, tandis que celles des brentes sont de grosseur uniforme dans toute leur longueur.

Ces insectes ont été connus de toute l'antiquité, à cause de leur voracité et des dégâts qu'ils occasionnent dans les greniers où l'on conserve les provisions de céréales nécessaires à la consommation des cités populeuses. Non-seulement ils s'en nourrissent à l'état d'insecte parfait ; leurs larves naissent, croissent, et se métamorphosent dans l'intérieur et aux dépens de ces grains, et principalement du blé. Quelques espèces seulement se fixent sur les feuilles à l'aide d'un suc visqueux qui exsude de leur corps ; mais ce ne sont pas les plus nuisibles : celles qui sont véritablement dangereuses, ce sont celles qui se cachent dans les magasins. Elles s'y multiplient avec rapidité, au point de détruire la totalité des grains qu'ils renferment, et il est d'autant plus difficile de se garantir de leur voracité, qu'elles n'attaquent jamais l'écorce, et ne rongent que la farine : de sorte que des tas entièrement dévorés paraissent aussi sains que ceux auxquels elles n'ont pas touché ; ce n'est qu'au poids qu'on s'aperçoit du dégât.

Le meilleur moyen de se préserver de ces insectes consiste à remuer fréquemment le blé que l'on tient en magasin ; cela les empêche de s'y mettre. S'il y en a déjà, il faut former un petit tas à côté du grand, et agiter continuellement ce dernier. Les *charançons*, qui n'aiment pas à être dérangés, quittent celui-ci et se jettent sur l'autre où ils trouvent la tranquillité. Quand ils s'y sont tous établis, on jette ce petit tas dans l'eau bouillante, et l'on fait périr ainsi tous les insectes qu'il contient.

Le genre *charançon* est excessivement nombreux et renferme des espèces de toutes les tailles, depuis une ligne jusqu'à un pouce et demi. Nous avons en France le *charançon grisette*, le *charançon ténébreux*, le *charançon quadrille*, le *charançon entrecoupé*, etc. Les plus belles espèces sont le *charançon impérial* et le *charançon éclatant*.

IIe *Famille*. — LONGICORNES (pl. XXXIII).

Quoiqu'il soit ordinairement difficile de tirer le caractère distinctif d'un genre ou d'une famille, de la longueur plus ou moins considérable d'une partie quelconque du corps de l'animal, on peut, pour la famille des *longicornes*, employer sans inconvénient la longueur des antennes pour la caractériser. Ces organes sont ordinairement aussi longs que le corps tout entier, et souvent davantage ; de sorte qu'on peut presque toujours reconnaître ces insectes au premier coup d'œil. Un second caractère qui n'est pas moins distinctif, c'est que le dessous des trois premiers articles de leur tarse est garni de brosses, et que le quatrième offre un petit renflement qui simule un cinquième article ; ce qui a fait quelquefois placer les *longicornes* parmi les coléoptères pentamères.

Les insectes de cette famille sont généralement grands et souvent ornés de brillantes couleurs ; ils font presque tous entendre un bruit aigu, produit par le frottement de leur abdomen contre leur corselet, ou de leur tête contre leur écusson. Leurs larves, pourvues de fortes mâchoires, attaquent l'écorce des arbres et même leur tronc, qu'elles criblent de trous, et qu'elles rendent ainsi impropres aux constructions. Sous ce rapport, elles font beaucoup de tort à l'économie domestique.

Cette famille renferme deux genres principaux, les *priones* et les *capricornes*.

§ I. Les **PRIONES** (*prionus*) sont de grands insectes dont la forme rappelle celle du cerf-volant, à cause de l'étendue de leurs mâchoires qui saillent au-delà de la tête, et ressemblent d'autant plus aux mandibules de ce dernier, qu'elles sont dentelées à leur bord interne. Mais sans parler des différences tirées du nombre des articles des tarses qui éloignent ces deux sortes d'insectes, et de la disposition si différente de leurs mâchoires, on trouve dans la longueur et la ténuité des antennes des *priones*, et dans leur corselet denté ou épineux sur ses côtés, un caractère qui ne permet pas de confondre ces coléoptères avec les lucanes.

Du reste, les *priones* sont privés de ces teintes brillantes que l'on aime à voir dans les insectes qui vivent sous l'influence des rayons du soleil équatorial. Aussi ces coléoptères se tiennent-ils cachés pendant tout le jour dans les trous qu'ils ont faits aux troncs d'arbres, pendant qu'ils étaient à l'état de larves. Ils ne sortent que le soir, pendant le crépuscule; encore ont-ils soin de ne s'éloigner de leur retraite que le moins possible, parce que, ayant le vol lourd, ils seraient trop exposés aux atteintes de leurs ennemis, s'ils n'avaient toujours à leur portée un asile sûr pour se mettre à l'abri du danger.

On compte environ soixante espèces de ce genre, dont quatre seulement appartiennent à l'Europe; les plus communes sont le *prione rouillé* et le *prione tanneur* ou *corroyeur* des environs de Paris. Parmi les espèces étrangères, nous citerons le *prione cervicorne* d'Amérique, qui a près de six pouces de long.

§ II. Les **CAPRICORNES** (*cerambyx*) (*fig.* 9) diffèren des priones par des antennes plus longues et par des mandibules plus petites et conformées comme dans les autres coléoptères; mais leur caractère véritablement distinctif consiste dans la grandeur de leur labre ou lèvre supérieure, qui est très visible et aussi large que la tête.

Ces insectes ont le corps allongé et orné de couleurs brillantes ou variées; leurs formes, légères et élégantes, annoncent dans leurs mouvemens une agilité que n'ont point les espèces du genre précédent; leur vol surtout est très rapide et long-temps soutenu; mais il est en même temps bruyant, ce qui provient du frottement de leur corselet et de leur écusson.

On trouve les *capricornes* dans les bois, sur les troncs d'arbres, où ils se nourrissent du suc qui en découle; au moyen d'un long tuyau qu'ils portent à l'extrémité de leur abdomen, ils déposent leurs œufs dans les fentes et sous l'écorce du bois, où l'animal subit toutes ses métamorphoses. Les principales espèces de ce genre sont le *capricorne héros*, le *capricorne savetier*, etc.

IIIe *Famille.* — CYCLIQUES (pl. XXXIII).

Tous les coléoptères de cette famille ont le corps arrondi ou du moins très peu allongé, et sans distinction bien marquée entre le corselet et l'abdomen ; ce qui leur a fait donner leur nom qui signifie *orbiculaire* ou *rond*.

Ces insectes sont généralement de petite taille, et sans poils sur le corps, qui souvent au contraire est orné de couleurs brillantes et métalliques. Lents dans leur marche et dans leur vol, ils sont obligés de se tenir cachés ou de prendre les précautions les plus minutieuses pour éviter les dangers. Le moyen le plus ordinaire qu'ils emploient pour échapper à leurs ennemis, est de se laisser tomber du haut des arbres à terre ; et comme ils sont très petits pour la plupart, ou tout au plus de taille moyenne, ils trouvent parmi les feuilles qui jonchent la terre, ou dans les fentes qui sillonnent le sol, une cachette d'autant plus sûre, que les corps les moins volumineux peuvent les dérober aux yeux de leurs persécuteurs.

Les larves de ces insectes ont toutes six pattes et peuvent assez bien marcher ; elles se fixent pour subir leurs métamorphoses aux feuilles d'arbres, dont la couleur, se rapprochant de celle de leur peau, les empêche d'être vues par leurs ennemis. Certaines espèces ont des moyens particuliers et fort remarquables pour les tromper ou les rebuter. Quelques-unes se soustraient au danger en s'enfonçant sous la terre pendant le temps critique qu'elles passent à l'état de larve.

La famille des *cycliques* comprend deux genres importans, les *cassides* et les *chrysomèles*.

§ I. Les CASSIDES (*cassida*) sont vulgairement appelées *scarabées-tortues*, parce que leur forme arrondie ou ovale rappelle celle de la carapace de ces reptiles. Cette conformation, jointe à la disposition de leur tête qui est entièrement ou en très grande partie cachée sous le corselet, empêche qu'on ne confonde ces petits coléoptères avec les autres insectes de la même famille ; leur corselet et leurs élytres réunies forment à la partie supérieure de leur corps une espèce de bouclier qui protége leur corps avec d'autant plus d'efficacité, qu'il déborde dans tous les sens les pattes, l'abdomen et la tête, absolument comme un casque (*cassis*) dépasse la tête qu'il est destiné à défendre.

Ces caractères auraient suffi pour fixer sur les *cassides* l'attention des naturalistes, quand elles ne se l'attireraient pas par leurs couleurs dorées ou argentines. Mais ce qui intéresse le plus dans ces coléoptères, ce sont leurs habitudes à l'état de larves ; leur forme n'a de remarquable qu'une queue fourchue qui termine leur abdomen, et entre les branches de laquelle leur anus est ouvert. Cette disposition n'est pas extraordinaire, mais l'usage auquel elle est destinée est des plus curieux ; à mesure que la larve rejette ses excrémens, les branches de la fourche, qui sont garnies d'épines, les retiennent à leur passage, de sorte que ces matières ne tardent pas à former une masse presque aussi considérable que celle de l'animal entier.

Lorsque celui-ci se voit poursuivi par quelque oiseau ou par quelque autre insecte, il s'arrête tout à coup, redresse sa queue, et fait retomber sur son dos le fardeau dégoûtant qu'il porte avec lui, de manière que son corps ne ressemble plus qu'à un tas d'ordures, dont l'aspect repousse tous ses ennemis.

Le genre *casside* est extrêmement nombreux ; la France en nourrit plusieurs espèces; les plus communes sont : la *casside verte*, la *casside pointillée*, la *casside nébuleuse*, etc.

§ II. Les CHRYSOMÈLES (*chrysomela*) (*fig.* 10) ont le corps ovale, lisse et paré de jolies couleurs, comme les cassides ; leurs habitudes sont tout-à-fait semblables, et leur corps est également petit; mais elles se reconnaissent facilement à leur tête saillante au-delà du corcelet.

Ces insectes ne sont pas moins admirables que les précédens, par l'instinct de conservation que la nature a mis en eux. Trop faibles pour résister à leurs moindres ennemis, ils seraient devenus la proie de celui qui les aurait attaqués le premier, s'ils n'étaient protégés par un bouclier solide, et surtout si leur petitesse ne les rendait très difficiles à apercevoir. Mais comme leurs larves n'ont pas la première de ces ressources, elles y suppléent par un artifice auquel elles ont recours chaque fois qu'elles sont en danger. Il exsude de presque toutes les parties de leur corps une humeur visqueuse, souvent colorée et toujours dégoûtante, qu'elles peuvent faire sortir ou rentrer à volonté. Voient-elles un oiseau ou un gros insecte approcher, elles s'enveloppent aussitôt de leur liqueur protectrice, et leur ennemi, qui s'attendait à un morceau friand, ne trouve plus qu'une substance dont l'odeur et l'aspect le repoussent également. Dès que le danger est passé, la larve rassurée résorbe la matière devenue inutile pour le moment, et la met en réserve pour une circonstance semblable.

Ce genre, non moins nombreux que le précédent, comprend entre autres espèces, la *chrysomèle sanguinolente*, la *chrysomèle du peuplier*, etc., qui sont communes en France.

IVe Sous-Ordre. — COLÉOPTÈRES TRIMÈRES.

Ce groupe, le moins nombreux de l'ordre, renferme les coléoptères qui n'ont que trois articles aux tarses, et ne se compose que de cinq genres, dont un seul comprend des espèces européennes, c'est celui des COCCINELLES (*coccinella*) (pl. XXXIII, *fig.* 11), insectes connus de tout le monde sous le nom de *bêtes à dieu*, *bêtes de la vierge*, etc. Ils sont très remarquables par leur forme presque globuleuse, par la brièveté de leurs pattes et de leurs antennes, et par la variété de leurs couleurs. Sur un fond uni, jaune ou rouge, ils offrent des taches régulières de couleur foncée, qui ressemblent à une pièce de marqueterie, pleine de grace ; leurs élytres bombées et parfaitement adossées l'une à l'autre, paraissent leur former une petite coquille, sous laquelle ils se cachent comme les tortues. L'élégance de leur corps et la beauté de leur couleur les font aimer de tout le monde, et surtout des enfans. On serait presque tenté de regretter que ces jolis animaux soient obligés, pour vivre, de détruire d'autres insectes ; car les *coccinelles* sont essentiellement carnassières ; elles dévorent une grande quantité de pucerons, soit à l'état de larves, soit sous la forme d'insecte parfait. Mais il ne faut pas que ce penchant empêche de rechercher ces charmans coléoptères ; il doit au contraire nous les faire aimer davantage. Les pucerons sont si nuisibles au jardinage et à l'agriculture, qu'on ne peut que bénir le Créateur de leur avoir donné beaucoup d'ennemis.

Les *coccinelles* sont extrêmement communes dans tous les pays ; les petits oiseaux en dévorent une immense quantité, malgré la solidité de leurs élytres et l'humeur fétide qu'ils répandent lorsqu'ils se voient pris. Les principales espèces de ce genre sont : la *coccinelle à sept points*, la *coccinelle à deux points*, la *coccinelle à deux pustules*, etc., toutes communes aux environs de Paris.

IIIe *Ordre*. — ORTHOPTÈRES.

A ne considérer que la nature des ailes antérieures, on pourrait confondre les *orthoptères* avec les insectes de l'ordre précédent ; car ces organes sont durs et coriaces dans les uns et les autres, quoique, en général, ils aient plus de solidité chez les coléoptères que chez les orthoptères ; mais la disposition des ailes membraneuses est totalement différente dans ces deux ordres. Chez les *orthoptères*, elles dépassent les élytres en largeur et ont besoin d'être pliées en éventail, lorsque l'animal est en repos, tandis que celles des coléoptères ne sont jamais plissées qu'en travers dans une circonstance semblable ; d'ailleurs les élytres de ces derniers ont leurs côtés intérieurs si bien adaptés l'un à l'autre, qu'ils paraissent soudés ensemble, au lieu que chez les *orthoptères*, les bords de ces étuis sont toujours plus ou moins disjoints. Du reste, dans les uns comme dans les autres, les ailes peuvent manquer quelquefois, ce qui oblige à recourir à un autre caractère pour faire la distinction des deux ordres. Ce caractère, qui est constant, invariable, se tire de la conformation de la bouche, dont les mâchoires sont toujours libres chez les coléoptères, et renfermées dans une espèce de gaine appelée *galète* chez les *orthoptères*.

Ces derniers insectes diffèrent encore des précédens par leurs métamorphoses qui ne sont jamais complètes. Leur larve, au sortir de l'œuf, ne diffère presque pas de la chrysalide ; et cette dernière n'est jamais emmaillotée dans un cocon de soie ; de sorte que l'insecte conserve son agilité sous ses trois états. Toutefois on pourra toujours distinguer la larve de la nymphe, en ce que celle-ci présente sur son corselet les moignons des ailes, qui doivent se développer dans la suite.

Le genre de vie des *orthoptères* offre peu de variété ; tous ces insectes sont terrestres sous leurs trois états, et préfèrent en général les substances végétales aux matières animales. Ils ont par conséquent le canal intestinal très développé ; on leur trouve toujours un premier estomac ou jabot, suivi d'un gésier musculeux, garni intérieurement de pièces solides et cornées, propres à broyer les substances végétales. Mais ce genre de vie ne fait que rendre l'ordre des *orthoptères* plus nuisible, en ce qu'ils attaquent nos provisions, nos céréales, nos légumes, etc.

Ils font d'autant plus dégâts qu'ils sont en plus grand nombre ; et ils se multiplient quelquefois à tel point qu'ils deviennent un véritable fléau ; dans les pays chauds surtout, ils commettent des ravages incalculables.

L'ordre des *orthoptères* est incomparablement moins étendu que celui qui précède ; il ne comprend que deux familles : les *orthoptères coureurs* et les *orthoptères sauteurs*.

Ire *Famille*. — Coureurs (pl. XXXIV).

Les insectes de cette première famille se distinguent de ceux de la suivante, en ce qu'ils ont tous leurs pieds égaux et propres à la marche ; caractère bien facile à saisir, mais qui réunit des animaux très disparates. En effet, les trois genres compris dans ce groupe, les *forficules* ou *perce-oreilles*, les *blattes* et les *mantes*, pourraient former chacun une famille distincte ; les seuls traits qui leur soient communs, ce sont l'égalité et la similitude de toutes leurs pattes, et l'impossibilité de faire entendre aucun son.

§ I. Les FORFICULES (*forficula*) (*fig.* 1) ou *perce-oreilles* tirent leur premier nom, qui signifie *tenailles*, de deux prolongemens écailleux qui terminent leur abdomen et qui, étant mobiles comme les branches de cet instrument, leur servent d'armes offensives. Quant à la dénomination de *perce-oreilles*, qu'on leur donne vulgairement, elle est fondée sur un préjugé très répandu, qui attribue à ces insectes l'habitude de s'introduire dans l'intérieur du crâne, en perçant l'oreille ou plutôt le tympan, préjugé si ridicule et si absurde qu'il ne mérite même pas d'être réfuté.

On reconnaîtra toujours facilement les *forficules*, à leur forme allongée et surtout à la tenaille qui termine leur corps en arrière. Ils sont si agiles et s'agitent tant, lorsqu'on cherche à les prendre, que l'on a de la peine à y parvenir ; et pour peu qu'on néglige de les bien tenir, ils s'échappent des mains au moment où l'on y pense le moins.

Ces insectes sont très communs dans tous les lieux frais et humides, où on les trouve réunis en troupes sous les pierres, le bois pourri, etc. Ils sont très voraces et détruisent beaucoup de fruits dans les jardins ; il paraît même qu'ils s'attaquent quelquefois aux cadavres qu'ils rencontrent, et n'épargnent pas même ceux de leur propre espèce.

Une particularité remarquable de leur vie, c'est le soin que les femelles prennent de leur progéniture. Sans doute il n'est pas rare de voir les insectes pourvoir avec sollicitude aux besoins futurs de leur postérité; mais une fois cette précaution prise, il y en a très peu qui s'occupent du résultat de leurs soins. Les *perce-oreilles* au contraire ne quittent jamais leurs œufs, qu'ils semblent couver; si on les disperse, ils les rassemblent de nouveau pour les faire éclore. A leur sortie de l'œuf, les larves accompagnent partout leur mère qui les protége et les défend comme une poule ses petits.

Nous avons en France deux espèces de ce genre : le *grand* et le *petit perce-oreilles.*

§ II. Sous le rapport des formes, les BLATTES (*blatta*) (*fig.* 2) sont tout l'opposé des forficules; tandis que ces derniers ont le corps élancé et la tête saillante, les *blattes* sont ovales ou rondes, plates, trapues, et ont la tête cachée par le corselet, au-delà duquel on ne distingue que leurs longues antennes.

Mais malgré la lourdeur apparente de leur corps, ces insectes ne sont pas moins agiles; ils courent avec tant de rapidité qu'il est difficile de les attraper; d'autant plus qu'ils se cachent dans les moindres trous ou fentes du plancher, et qu'ils ne sortent de leur retraite que la nuit; ce qui leur avait fait donner par les anciens le nom de *lucifugæ.*

On croyait autrefois que ces orthoptères ne pondaient que deux œufs; ce qui rendait inexplicable leur multiplication excessive. Mais on s'est aperçu, en les observant de près, que ces prétendus œufs n'étaient que des pelotes, remplies de germes très nombreux que la femelle emportait partout avec elle, comme le font certaines araignées.

Les *blattes* vivent généralement dans nos maisons, et surtout dans les cuisines, les boulangeries, les moulins, etc.; leur voracité n'épargne rien : les provisions de bouche, les cuirs, les lainages, etc.; tout est bon pour leur voracité. Celles surtout qu'on désigne aux colonies sous le nom de *cakerlacs* se rendent insupportables; elles attaquent jusqu'aux bottes et souliers.

Les espèces les plus célèbres de ce genre sont la *blatte orientale* ou *des cuisines,* et le *cakerlac* ou *blatte d'Amérique.*

§ III. Les MANTES (*mantis*)(*fig.* 3) se distinguent des

deux genres précédens, parce qu'elles ont cinq articles aux tarses, le corps étroit et allongé et la tête très saillante au-delà du corselet. Indépendamment de ces caractères, la bizarrerie de formes qui est propre aux *mantes*, empêchera toujours de confondre ces insectes avec les forficules et les blattes. A voir leur corps long et mince, leurs pattes grêles et décharnées, leur abdomen saillant et leurs ailes larges et étendues, on les prendrait pour des fantômes. Dans certains pays on a cru leur trouver quelque ressemblance avec des *religieuses*; aussi leur donne-t-on tantôt le nom de *spectres*, tantôt celui de *religieuses* ou de *prie-dieu.*

Ces orthoptères sont rares en Europe; on n'en trouve qu'une espèce dans les départemens méridionaux de la France, où les paysans les appellent *prégadious* ou *prie-dieu.* Ils se tiennent sur les arbres, au milieu des feuilles, parmi lesquelles ils sont difficiles à apercevoir, à cause de la couleur verte et de la forme large de leurs ailes, qui se confondent avec la verdure de ces feuilles.

La différence que présente le genre de vie de ces insectes a permis de les diviser en deux sous-genres; les uns, ayant les membres antérieurs plus forts que les autres et armés d'épines en dessous, sont extrêmement carnassiers, dévorent les insectes, les chenilles, etc., et s'attaquent mutuellement avec fureur, souvent même sans nécessité : ce sont les *mantes propres;* telle est la *mante commune* ou *prie-dieu* du midi de la France; les autres, qui ont tous les membres semblables, sont herbivores, et ont les formes tellement singulières, qu'on les prendrait de loin pour des feuilles ou pour une petite branche d'arbre; on désigne ces espèces sous le nom de *spectres;* tels sont le *spectre géant,* la *feuille sèche,* etc., qui sont tous exotiques.

IIe *Famille.* — SAUTEURS (pl. XXXIV).

Ces orthoptères sont faciles à reconnaître à la longueur et à la force de leurs pattes postérieures, qui leur permettent de sauter avec une agilité peu inférieure à celle des puces, ce qui leur a fait donner partout le nom de *sauterelles*, et ce caractère est si tranché, qu'il est très difficile d'habituer les personnes qui ne s'occupent pas d'histoire naturelle, à désigner sous un autre nom les différens genres qui composent cette famille assez nombreuse.

Les mâles de tous ces insectes produisent tous un son

bruyant et monotone, tantôt en frottant l'un contre l'autre
les bords intérieurs de leur élytres, tantot en froissant le bord
postérieur de ces organes contre leurs cuisses, qui font ainsi
l'office d'un archet de violon. Tous ces insectes sont phyllophages et se tiennent soit sur les arbres, soit à terre, où ils
cherchent leur nourriture. C'est dans la terre que les femelles
déposent leurs œufs.

Cette famille est tellement naturelle qu'on pourrait n'en
faire qu'un seul genre; cependant, pour plus de facilité, on
la divise en trois : les *grillons*, les *sauterelles* et les *criquets.*

§ I. Il n'est personne qui n'ait vu des GRILLONS (*gryl-
lus*) (*fig.* 4), insectes faciles à reconnaître à la position de
leurs élytres qui sont placées horizontalement sur leur dos,
tandis que dans les deux genres suivans elles sont obliques et
forment comme un toit sur le corps de l'animal.

On trouve ces insectes partout, dans les champs, dans les
jardins et jusque dans l'intérieur de nos maisons, où ils font
entendre un cri aigu et perçant, qui leur a fait donner le nom
de *cricri.* On divise ce genre en deux sous-genres : les *courtilières* et les *grillons.*

1⁰ Les premières sont un véritable fléau pour la végétation.
Armées de deux pattes antérieures également propres à creuser
et à couper, elles se pratiquent des galeries souterraines pour
s'y faire un abri et pour y déposer leurs œufs, et détruisent
ainsi les racines de toutes les plantes qui se trouvent sur leur
passage. On voit, dans tous les endroits où elles ont établi
leur demeure, les jeunes plantes jaunir et tomber dans un état
de langueur très voisin de la mort. C'est probablement à leurs
habitudes souterraines, et sans doute aussi à la forme de
leurs pattes de devant, que ces insectes doivent le nom de
taupes-grillons, que leur donnent les jardiniers et les cultivateurs (*fig.* 4).

Les *courtilières* sont très communes en Europe, surtout
dans les terres cultivées avec soin, parce qu'elles s'y livrent
à leurs travaux avec moins de peine. Aussi sont-elles redou-
tées de tous les fleuristes et maraichers, qui leur font une
guerre à mort avec d'autant plus de plaisir, qu'elles sont par
elles-mêmes hideuses à voir. Mais elles sont difficiles à prendre, en ce qu'elles ne sortent jamais que la nuit, et que pour les

tuer il faut les surprendre dans leur trou. L'espèce la plus commune de ce sous-genre est la *taupe-grillon*.

2° Qui n'a entendu quelquefois les cris monotones des *grillons ?* Il n'est personne qui, à la ville ou dans les champs, n'ait été importuné de leur *cricri* répété pendant des heures entières. Mais, quoique très commun à la campagne et dans les maisons, surtout dans les endroits où l'on entretient continuellement du feu, le *grillon* n'est pas facile à apercevoir ; prudent jusqu'à la timidité, il cache sa retraite avec tout le soin dont il est capable, et n'en sort que la nuit quand ses ennemis reposent ; et comme il est peu agile dans ses mouvemens, il a soin de ne jamais s'éloigner beaucoup de sa demeure, afin d'être à portée de s'y réfugier au moindre danger qui le menace. Mais malgré sa prudence, le *grillon* se laisse facilement attraper quand on a découvert sa retraite. Comme il se tient toujours aux aguets dans son trou à peu de distance de son ouverture, afin d'attraper les insectes qui passent près de lui, il suffit, pour l'attirer au dehors, de lui en montrer un, sur lequel il se jette avec ardeur dès qu'il l'aperçoit, ce qui le fait prendre par celui qui lui a tendu le piége. Cette ruse est très connue des enfans, qui l'emploient toutes les fois qu'ils veulent se procurer de ces insectes.

Nous avons deux espèces de *grillons* très communs en France : ce sont le *grillon des champs* et le *grillon domestique*.

§ II. Des élytres disposées en toit, des antennes sétacées et aussi longues que le corps, et quatre articles aux tarses, forment des caractères qui ne permettent de confondre les SAUTERELLES (*locusta*) ni avec les grillons ni avec les criquets.

Bien plus agiles que les précédens, les *sauterelles*, au lieu de fuir la lumière comme eux, semblent la rechercher avec plaisir ; elles aiment à se tenir sur les petites plantes, tantôt silencieuses, tantôt bruyantes et criardes. C'est surtout lorsque le soleil est dans toute sa force, qu'elles font entendre leurs concerts discordans. Mais si quelque bruit vient à les effrayer, elles prennent promptement la fuite, soit en sautant de plante en plante, soit en s'envolant sur leurs ailes. Mais dans tous les cas, elles ne vont pas bien loin ; après avoir franchi une distance de quelques pieds, elles s'arrêtent un moment, à moins que, poursuivies trop vivement, elles ne soient forcées de reprendre immédiatement leur essor.

Ces insectes sont extrêmement communs dans les champs et dans les prairies, malgré la destruction que les oiseaux insectivores en font pendant tout l'été. Ils sont si féconds que rien ne peut les détruire. Les femelles pondent leurs œufs dans une coque qu'elles cachent profondément dans la terre, et d'où il sort des petits qui jouissent de toute leur agilité aussitôt après leur naissance, ce qui les expose à beaucoup moins de dangers, que les larves qui naissent privées de pattes.

Nous avons plusieurs espèces de ce genre en France : la *verte* ou *grande sauterelle* y est surtout très commune ; la *feuille de lis* l'est beaucoup moins ; la *ronge-verrue*, autre espèce, qu'on trouve dans le Nord, a été ainsi nommée parce qu'on dit qu'en mordant les doigts des personnes qui ont des verrues, elle y verse une liqueur noire qui fait tomber ces excroissances.

§ III. Les CRIQUETS (*acridium*) (*fig.* 5) diffèrent des deux genres précédens par leurs élytres en toit, par le nombre de leurs articles qui est de quatre, et par la brièveté de leurs antennes, qui ne sont jamais aussi longues que le corps entier de l'animal.

Ces insectes, que le vulgaire confond avec les précédens sous le nom commun de *sauterelles*, sont les plus redoutables que l'on connaisse, à cause de leur voracité et de leur fécondité prodigieuse. L'espèce voyageuse, qu'on nomme ordinairement *sauterelle de passage*, est surtout renommée par les dégâts qu'elle occasionne, dans les migrations qu'elle est forcée de faire de temps en temps. Elle vole par bandes tellement nombreuses qu'elles interceptent la lumière du soleil, comme un nuage qui passe. Malheur au pays sur lequel la nuit surprend ces insectes ! ils s'y abattent avec la rapidité de la grêle, le recouvrent dans plusieurs lieues carrées d'étendue comme d'un immense réseau, et y détruisent en un instant jusqu'aux moindres traces de la végétation ; non-seulement ils dévorent toutes les feuilles ; ils n'épargnent pas même l'écorce, ni les jeunes branches ; de sorte que lorsqu'ils s'en vont, on dirait que le pays a été dévoré par un vaste incendie. Pour se faire une idée de leur nombre, il suffira de dire qu'en certains endroits on a, après leur départ, rempli, des œufs qu'ils avaient pondus, jusqu'à trois mille vases, dont chacun en contenait près de deux millions. Aussi la grêle, la peste et la famine ne sont pas des fléaux plus à craindre que leur apparition. Heureusement, il faut peu de chose pour les détruire : un coup de vent violent, une pluie battante les font périr par myriades ; mais dans ce cas il n'est pas rare que l'accumulation de leurs cadavres en putréfaction produise des maladies épidémiques meurtrières, et quelquefois même la peste.

Ces émigrations des *criquets* n'ont lieu qu'à des époques éloignées, lorsque s'étant multipliés outre mesure par quelque cause qui en a favorisé le développement, ils ne trouvent plus dans leur pays de quoi satisfaire à leurs besoins. Dans les anneés ordinaires, bien loin d'être un fléau, ils rendent des services, car on les mange après leur avoir ôté les pattes et les ailes ; il s'en fait même, dit-on, un assez grand commerce en Orient, d'où ils paraissent originaires. Nous avons en France, le *criquet bruyant,* le *criquet bleuâtre,* le *criquet germanique,* etc.

IVe Ordre. — HÉMIPTÈRES.

Ce n'est pas dans la structure des élytres qu'il faut chercher le caractère distinctif des *hémiptères,* ainsi que pourrait le faire présumer leur nom, qui en grec veut dire *demi-ailes.* Si quelques-uns d'entre eux peuvent être reconnus à la disposition de ces organes, qui sont en effet moitié coriaces, moitié membraneux, le plus grand nombre, sans contredit, ont ces appendices différens, soit qu'ils en manquent absolument, soit qu'ils les aient de consistance uniforme dans toute leur étendue. Les *hémiptères* peuvent donc être privés d'ailes ou en avoir quatre, tantôt toutes membraneuses, tantôt partie membraneuses, partie coriaces ; dans ce dernier cas les élytres sont le plus souvent consistantes et opaques à leur base, et transparentes et légères à leur extrémité ; les ailes sont par conséquent trop variables dans leur forme, leur nombre et leur structure, pour pouvoir servir à les caractériser. C'est dans la conformation des organes de la bouche, que nous trouverons les moyens de distinguer ces insectes de tous les autres animaux de leur classe. Ils n'ont jamais ni mandibules, ni mâchoires : ces pièces sont modifiées de manière à former par leur réunion une espèce de bec ou tube, qui contient trois ou quatre soies raides et aiguës ; leur bouche est par conséquent impropre à broyer une nourriture solide, et ne peut servir qu'à percer l'écorce des plantes et la peau des animaux, dont les humeurs leur servent de nourriture. Cette espèce d'alimens se trouvant plus élaborée et plus nutritive que les substances végétales dures, n'exige pas un canal alimentaire aussi développé que celui des orthoptères ; aussi les *hémiptères* n'ont-ils qu'un seul estomac à parois médiocrement solides, et leurs intestins sont de longueur moyenne.

Les *hémiptères* ne subissent jamais de véritables métamorphoses ; leurs changemens, très analogues à ceux des orthoptères, se bornent au développement des ailes, qu'ils n'ont pas dans leurs deux premiers états. Du reste l'animal présente dans les trois périodes de son existence, la même organisation intérieure et extérieure, de sorte que ses habitudes n'offrent presque aucune différence à ses différens états.

L'ordre des *hémiptères* peut se diviser en deux sous-ordres : les *hétéroptères* et les *homoptères*.

Ier *Sous-Ordre.* — HÉTÉROPTÈRES.

Dans ces insectes , le bec naît du front ou de la partie supérieure de la tête ; ils ont les élytres dures à leur base et membraneuses à leur extrémité, de sorte que ce sont des hémiptères dans toute la force du terme. On peut ajouter à ce caractère que ce sont les seuls insectes de l'ordre, qui aient le premier segment du corselet beaucoup plus grand que les deux suivans, et dont les ailes soient, lorsque l'animal n'en fait pas usage, placées horizontalement sur le dos, ou à peine inclinées en toit.

Presque tous ces insectes sont carnassiers et se nourrissent du sang ou des humeurs d'autres animaux. On les désigne généralement sous le nom collectif de *punaises*, quoique leur organisation présente des différences assez notables, pour qu'on ait pu les partager en deux familles, celle des *géocorises* et celle des *hydrocorises*.

Ire *Famille.* — Géocorises (pl. XXXIV).

Le mot *géocorises* est d'origine grecque et signifie *punaises terrestres* ; on leur a donné ce nom par opposition aux espèces de la famille suivante, qui vivent toutes dans l'eau.

On reconnaît les *géocorises* à leurs antennes bien visibles et plus longues que la tête, et à la forme de leurs tarses qui ne sont jamais dilatés en rames, ni garnis de poils disposés de manière à frapper l'eau, comme les nageoires des poissons.

Parmi ces hémiptères les uns vivent en parasites sur le corps des mammifères, des oiseaux, etc. ; d'autres mènent une vie errante, et font continuellement la chasse à d'autres insectes; quelques-uns enfin sont vagabonds comme les précédens, mais ne se nourrissent que du suc des végétaux, sur lesquels ils s'établissent souvent en très grande quantité.

Cette famille comprend un nombre considérable d'espèces, que l'on désigne toutes sous le même nom vulgaire, mais qu'on doit diviser en deux genres : les *punaises* et les *réduves*.

§ I. Les PUNAISES (*cimex*) sont des insectes généralement connus, soit par les désagrémens qu'elles nous causent, en venant nous sucer le sang pendant notre sommeil, soit par l'horrible puanteur qu'elles communiquent aux fruits, sur lesquels elles se sont posées pendant quelque temps. Il est bien peu de personnes qui n'aient eu occasion de remarquer l'aplatissement extrême de leur corps, leur forme ovale ou du moins peu allongée, leur cou court et à peine perceptible. Mais ce que tout le monde ne sait pas, c'est qu'il existe des espèces de ce genre, qui brillent de couleurs agréables, et qui, au lieu d'être fixés sur les corps où elles semblent collées, s'élèvent dans les airs sur leurs ailes, et échappent avec agilité à la main qui cherche à les saisir. Cependant, malgré leur beauté, il ne faut pas chercher à les prendre, si on craint les mauvaises odeurs, car elles communiquent à tout ce qu'elles touchent une odeur très forte et nauséabonde.

Le nombre de *punaises* est extrêmement considérable : elles se multiplient partout avec une grande facilité , parce que les femelles cachent leurs œufs avec tant de soin, et les placent dans des retraites si favorables à leur développement, qu'il est rare qu'ils n'arrivent pas à bon port : c'est ce qui rend si difficile l'expulsion de ces insectes, d'un appartement où ils se sont établis depuis long-temps.

Nous avons, en France, beaucoup de ces odieux hémiptères, telles sont la *punaise du chou,* la *croix des chevaliers,* la *punaise des lits,* etc.

§ II. Les RÉDUVES (*reduvius*) (*fig.* 6) ont assez de rapport avec les précédens, pour qu'on leur donne vulgairement le nom de *punaises-mouches ,* dénomination qui annonce que ces insectes ont des traits de ressemblance avec ces deux derniers genres d'animaux. Ils ressemblent, en effet , aux punaises par tous les détails de leur organisation, tandis que leur

corps allongé, leur tête bien séparée du tronc par un étranglement et la disposition de leurs ailes, rappellent les formes extérieures des mouches ordinaires.

Les *réduves* sont beaucoup moins connues que les punaises,
quoiqu'ils habitent nos appartemens comme ces dernières. On
les remarque moins, parce qu'ils ne se rendent point incommodes, et qu'ils se tiennent cachés ou se masquent tellement, qu'ils
sont difficiles à apercevoir. Mais leurs habitudes n'en sont pas
moins intéressantes. Comme ils sont carnassiers, et qu'ils vivent d'insectes et surtout d'araignées qui sont plus agiles qu'eux,
ils sont obligés d'user de stratagème. Ils se roulent dans la
poussière et dans les ordures, qui s'attachent à leur peau avec
d'autant plus de facilité qu'ils sont hérissés de poils. L'adhérence de ces matières à leur corps forme à l'animal un véritable
masque, qui le rend complètement méconnaissable. Ainsi dé-
guisé, il se promène de tous côtés, cherchant à découvrir sa
proie; ce qui lui est d'autant plus facile, qu'étant tout-à-fait
invisible et marchant avec lenteur, il ressemble plutôt à une
ordure poussée par le vent qu'à une créature vivante et animée.
Mais ce n'est qu'à l'état de larve que les *réduves* ont recours
à cet artifice; dès qu'ils ont pris des ailes, ils poursuivent leur
proie, l'attaquent à force ouverte et la dévorent après l'avoir
terrassée.

Nous avons, en France, plusieurs espèces de ce genre dont
la plus remarquable est le *réduve à masque,* qu'on trouve assez
communément parmi les balayures, et dans tous les endroits
où l'on cache les ordures.

IIe *Famille.* — Hydrocorises (pl. XXXIV).

Les *hydrocorises* ou *punaises d'eau* ne diffèrent pas seulement des punaises terrestres par leurs tarses aplatis ou garnis
de poils, ce qui rend ces insectes entièrement aquatiques, leurs
antennes sont si courtes que leur tête en paraît complètement
dépourvue, tandis qu'au contraire leurs yeux sont énormes et
très saillans; leurs pattes se terminent par un article crochu
et mobile, qui fait l'office d'une pince à l'aide de laquelle l'a-
nimal saisit sa proie.

Tous ces insectes sont aquatiques et habitent les lacs, les
étangs et en général toutes les eaux dormantes. Les uns se
traînent lentement dans le fond sur la vase; les autres nagent
avec vitesse à la surface, quelquefois en se tenant sur le dos.

Ils plongent avec beaucoup de vivacité quand on veut les saisir, et piquent très fortement lorsqu'ils se voient pris. Ils sont très carnassiers sous leurs trois états, et se nourrissent de petits insectes qu'ils attrapent avec beaucoup d'adresse, ou se fixent sur le corps d'animaux aquatiques dont ils sucent le sang.

Nous ne citerons de cette famille que le genre NAUCORE (*naucoris*) (*fig.* 7) ou *punaises nacelles*. Ces insectes ressemblent beaucoup aux punaises par leur conformation générale, et surtout par leur forme oblongue ou ovale, et par leur corps aplati; mais il est facile de les distinguer par les caractères de la famille, et par leurs pattes antérieures qui se terminent en fort crochet, comme celles des araignées. L'animal se sert de cet instrument pour saisir sa proie, et la retenir pendant qu'il la perce de son aiguillon, et qu'il en suce le sang et les humeurs.

Les *naucores* sont très agiles, nagent avec vitesse et volent avec rapidité : mais elles ne sortent de l'eau que le soir, pour faire la chasse aux insectes nocturnes ou crépusculaires. Elles sont si voraces qu'elles ne trouvent pas dans l'eau assez de victimes pour satisfaire leurs appétits gloutons, quoiqu'elles en detruisent plus qu'aucun autre insecte aquatique : c'est ce qui les oblige à quitter leur élément favori, pour s'élancer dans un autre qui leur convient beaucoup moins.

On connaît trois ou quatre espèces de ce genre dont la principale est la *naucore-punaise*.

IIe *Sous-Ordre.* — HOMOPTÈRES.

A ne considérer que les ailes ou les élytres, le nom d'hémiptères ne conviendrait pas aux espèces de cette seconde section, qui nous offrent constamment des étuis de consistance uniforme dans toute leur étendue, et souvent à peine différens des ailes ordinaires. Mais leur organisation, leur genre de vie, leurs habitudes, etc., ont tant de rapport avec ceux des hémiptères du premier sous-ordre, qu'il est impossible de les éloigner les uns des autres, comme l'ont fait certains naturalistes qui ne basaient leur classification que sur la disposition des organes du vol.

Quoique la structure des élytres pût, à la rigueur, suffire pour caractériser les *homoptères* pourvus d'ailes, elle ne saurait être employée à l'égard de ceux de ces insectes qui restent toute leur vie aptères, non plus que pour les larves et les chenilles.

Il faut considérer, pour distinguer ces derniers, l'origine du bec et la forme du premier segment du corselet. Le bec prend toujours naissance à la partie inférieure de la tête, et quelquefois entre les deux pattes antérieures ; et le premier segment du tronc, loin d'être plus grand que les deux suivans, est presque toujours plus petit ou tout au plus, de la même grandeur. En outre, les femelles de tous ces insectes diffèrent des précédentes par une tarière dentelée en forme de scie, qu'elles portent à l'extrémité de leur abdomen dans une gaîne particulière, et qui leur sert à percer le bois dans lequel elles déposent leurs œufs.

Tous les *homoptères* sont herbivores, et se tiennent sur les plantes dont les sucs servent à les nourrir. Ils leur causent souvent d'assez grands dommages, ou leur donnent un aspect désagréable, en produisant sur leurs feuilles ou sur leur écorce des excroissances qui ne tardent pas à épuiser le végétal.

On peut diviser les *homoptères* en deux familles : les *cicadaires* et les *aphidiens.*

Ire *Famille.* — CICADAIRES (pl. XXXIV).

Cette nombreuse famille comprend tous les hémiptères de la seconde section qui ont trois articles aux tarses, les antennes petites et terminées en pointe très fine, et les élytres toujours un peu plus consistantes que les ailes ; on les rapporte à trois genres : les *cigales*, les *cicadelles* et les *fulgores.*

§ I. Il est peu d'insectes dont le nom soit aussi connu que celui des CIGALES (*cicada*) (*fig.* 9), que la fable de La Fontaine a rendues si célèbres ; on connaît aussi son chant, qui nous incommode si souvent à la campagne, par son aigreur et par sa monotonie. Mais il n'en est pas de même de leur forme et de leurs habitudes ; on confond souvent ces insectes avec les sauterelles, qui sont cependant d'une famille et d'un ordre différens.

Mais en examinant les organes de leur bouche, il est facile de voir que ce sont des hémiptères et non des orthoptères ; leurs élytres, de consistance uniforme dans toute leur étendue, indiquent qu'ils appartiennent au sous-ordre des homoptères, et leurs pattes, toutes égales et par conséquent impropres au saut, empêchent de les confondre avec les cicadelles et les fulgores. Ces insectes ont d'ailleurs, outre les deux yeux ordinaires, trois stemmates placés au-dessous de ces derniers, et leurs antennes ont toujours cinq articles.

On peut regarder les *cigales* comme propres aux pays chauds; il n'y en a pas dans le Nord, et on n'en trouve qu'une espèce aux environs de Paris. Ce n'est que pendant les fortes chaleurs de l'été qu'elles jouissent de toute leur activité; c'est alors seulement qu'elles font entendre leurs bruyans concerts, et qu'on les voit voltiger d'arbre en arbre. Mais pour peu que le temps s'obscurcisse ou que la pluie vienne à tomber, elles cessent leur chant, perdent leur vivacité et deviennent comme engourdies et immobiles sur leur branche.

Ces insectes vivent de la sève des arbres et des plantes, qu'ils percent à l'aide des soies dont leur bec est garni intérieurement; et il paraît que leur piqûre ne se borne pas à procurer l'écoulement de la quantité de suc nécessaire à leur entretien; il en sort long-temps après qu'ils ont quitté leur place, s'il est vrai, comme on le croit généralement, que la formation de la *manne*, purgatif si usité en médecine, soit produite par la blessure qu'ils font à une espèce de frêne, très commun en Italie.

La reproduction des *cigales* est très curieuse. Dès que le temps de la ponte est venu, la femelle cherche une branche sèche, dans laquelle elle fait avec sa tarière plusieurs trous profonds, dans chacun desquels elle dépose un certain nombre d'œufs. Ce n'est pas sans dessein qu'elle choisit ainsi le bois mort depuis long-temps, pour lui confier sa progéniture. Comme les larves qui doivent éclore ne peuvent se développer que dans la terre, son instinct lui a fait pressentir que ces branches ne pouvaient manquer de tomber bientôt, et qu'ainsi ses petits pourraient aisément s'enfoncer dans le sol pour y subir leurs métamorphoses.

Disons maintenant un mot sur les organes du chant des *cigales*; il est exclusivement propre aux mâles et n'est pas produit, comme dans la plupart des autres insectes, par le frottement d'une partie dure contre une autre de consistance semblable; il a un appareil particulier placé dans l'intérieur de l'abdomen, et consistant dans des membranes que l'animal tend et détend alternativement avec beaucoup de rapidité. Aussi peut-on le faire chanter artificiellement, et malgré lui, en lui tiraillant l'abdomen.

Les *cigales* ne sont aujourd'hui d'aucune utilité pour l'homme; mais les anciens faisaient un grand cas de leurs larves qu'ils nommaient *tettigomètres* ; il paraît qu'on les servait sur les meilleures tables.

Parmi les nombreuses espèces de ce genre, nous citerons la *cigale hématode*, la seule qu'on trouve aux environs de Paris ; la *cigale plébéienne* ou *commune*, la *cigale de l'orme* ou *cigalou*, sont toutes du midi de la France.

§ II. Les CICADELLES (*cicadella*) ou *tettigones* diffèrent des précédentes parce qu'elles ne chantent point ; elles en diffèrent encore, parce qu'elles n'ont que deux stemmates, que leurs antennes ne sont que de trois articles et que leurs pattes postérieures ont plus de longueur que les deux paires de devant, ce qui caractérise des animaux sauteurs.

Les espèces de ce genre sont moins exclusivement propres au Midi que les cigales ; on en trouve un grand nombre aux environs de Paris. Mais elles sont en général plus difficiles à prendre que les précédentes, parce qu'elles sautent avec agilité, et échappent, avec beaucoup d'adresse, à la main qui cherche à s'en emparer. Du reste, leurs habitudes et leur organisation ne diffèrent presque pas de celles des cigales, excepté sous le rapport du chant et de l'appareil qui le produit.

On a divisé ce genre nombreux en plusieurs sous-genres, dont les principaux sont : les TETTIGONES ou *cicadelles propres*, qui n'offrent rien de remarquable ; les CENTROTES, que la bizarrerie de leurs formes a fait appeler *diables*, et les CERCOPES, dont les habitudes à l'état de larves sont extrêmement curieuses. Comme elles sont alors peu agiles, et qu'elles passent cette période de leur vie collées, pour ainsi dire, sur la plante, dont le suc sert à les nourrir, elles seraient très exposées à devenir la proie des oiseaux et de différens insectes qui en sont très friands. Pour se dérober à leurs regards, elles exhalent de toute la surface de leur corps une liqueur qui, en venant à l'air, se change en écume et se condense autour d'elles, de manière à leur former une enveloppe qui les rend presque invisibles. Si on leur enlève cette couche protectrice, elles ne tardent pas à s'en faire une nouvelle pour la remplacer. Cependant, malgré leur déguisement, une espèce de guêpe sait fort bien les distinguer, et les emporte souvent dans son nid avec leur enveloppe inutile.

§ III. Les FULGORES (*fulgora*) (*fig.* 8) ont beaucoup de rapports avec les cigales et les cicadelles par leur conformation générale ; mais elles sont faciles à reconnaître à un prolongement de leur front, qui fait une saillie considérable, et à leurs stemmates qui ne sont qu'au nombre de deux et qui sont placés au-dessous des yeux. Leurs habitudes sont celles des cigales, excepté que leurs mâles manquent de cet appareil abdominal, qui produit le chant de ces dernières. Une des espèces les plus remarquables de ce genre est la *fulgore porte-lanterne*, qu'on trouve dans l'Amérique méridionale. C'est un insecte d'environ trois pouces de longueur, dont le front, renflé comme une vessie, brille pendant la nuit d'un éclat phosphorique si éclatant, qu'on assure qu'il est possible de lire à la lueur qu'il répand ; ce qui lui a fait donner son nom spécifique de *porte-lanterne*.

On trouve aussi dans le même pays la *fulgore porte-chandelle*, dont la saillie frontale est moins volumineuse, mais qui répand également de la lumière. Nous avons dans le midi de la France une petite espèce de ce genre ; mais elle est peu remarquée, parce qu'elle ne brille pas comme les précédentes.

*II*ᵉ *Famille.* — APHIDIENS (pl. XXXIV).

On pourrait, pour ainsi dire, reconnaître les insectes de cette famille à la petitesse de leur taille, qui est souvent de moins d'une ligne, et qui en atteint rarement deux ; mais leur vrai caractère se tire du nombre des articles de leurs tarses, qui n'est que d'un ou de deux (*fig.* 10), tandis que dans les cicadaires il est au moins de trois. Leurs antennes sont très développées, et dépassent constamment la tête et souvent le corps entier en longueur ; leurs élytres, quand ils en ont, ce qui n'arrive pas toujours, sont presque absolument semblables aux ailes membraneuses, dont elles ont la transparence. Leur corps est par conséquent mollasse et offre une nourriture délicate à la plupart des animaux insectivores, qui en dévorent en effet beaucoup ; mais, outre que leur petitesse est pour eux une garantie, ils ont soin de s'envelopper de différentes matières qui les masquent complètement ; et comme d'ailleurs ils se tiennent presque absolument immobiles sur la plante qui leur sert d'asile et leur fournit leur subsistance, ils restent le plus souvent inaperçus et trouvent ainsi leur sûreté dans leur faiblesse.

La fécondité des *aphidiens* est prodigieuse, parce qu'ils font plusieurs pontes par an, et qu'ils font à chaque fois un très grand nombre d'œufs ; et comme les larves pompent les sucs nourriciers des plantes, aussi bien que l'insecte parfait, celles-ci ne tardent pas à s'épuiser et à périr de langueur, ou du moins à tomber dans un tel état de malaise, qu'elles ne peuvent plus rien produire, ni être bonnes à rien.

Cette famille comprend deux genres très intéressans ; ce sont les *pucerons* et les *cochenilles*.

§ I. Ce sont des insectes bien singuliers que les PUCE-RONS (*aphis*), et cependant ils sont si peu connus, qu'on donne vulgairement ce nom à tout petit insecte, qui vit sur les plantes aux dépens de leur sève. Mais pour les naturalistes, les *pucerons* sont des hémiptères de la famille des aphidiens, dont les tarses ont deux articles et sont terminés par deux crochets, et dont les antennes sont longues et d'une grosseur uniforme dans toute leur étendue.

On trouve les *pucerons* réunis en troupes nombreuses sur les feuilles du tilleul, du pommier, etc. Immobiles à la même place, ils passent toute leur vie occupés à extraire avec leur trompe les sucs du végétal. C'est à leurs piqûres que sont dues ces excroissances si communes sur les feuilles de l'orme, du peuplier, etc. A les voir ainsi fixés et sans mouvemens appréciables, on les prendrait plutôt pour des corps inertes, que pour des animaux jouissant de toutes leurs facultés.

Mais pour peu qu'on ait vu de ces insectes, on ne reste pas long-temps dans le doute sur leur nature : des essaims de fourmis, qu'on voit rôder sans cesse autour d'eux, ne tardent pas à prouver que ce sont des *pucerons.* Ceux-ci ont, à l'extrémité de leur abdomen, deux tuyaux qui produisent une liqueur mielleuse dont les fourmis sont très friandes ; de sorte que partout où il y a des aphidiens, on est sûr de trouver des fourmis. On prétend même que ces dernières s'approprient des troupeaux de ces hémiptères dont elles prennent soin, afin de se nourrir de leur miel.

Mais le fait le plus curieux et le plus remarquable de l'histoire des *pucerons*, c'est la manière dont ils se reproduisent. Nous avons dit qu'ils font plusieurs pontes par an ; tant que les beaux jours durent, les femelles produisent des petits vivans qui, en sortant du sein de leur mère, se répandent sur les arbres où ils trouvent une nourriture facile et une température assez douce. Mais à la fin de l'automne. comme les froids ne manqueraient pas de faire périr ces êtres délicats, elles ne font plus que des œufs qu'elles mettent à l'abri des rigueurs de l'hiver, et qui se conservent jusqu'au printemps, époque à laquelle ils éclosent pour perpétuer leur race.

On connaît un très grand nombre d'espèces de ce genre qu'on désigne par le nom de la plante que chacune d'elles fréquente de préférence ; c'est ainsi qu'on dit le *puceron du chêne*, *du hêtre*, *de l'orme*, *du sureau*, etc.

Un genre voisin du précédent est celui des PSYLLES (*psylla*) ou *faux pucerons*, qui diffèrent des vrais pucerens par leur agilité et par leurs antennes terminées en pointe.

§ II. Les COCHENILLES (*coccus*) (*fig.* 10) ont beaucoup d'analogie avec les espèces du genre puceron par leurs habitudes ; mais elles s'en distinguent aisément parce qu'elles ont un article unique aux tarses, et deux soies à l'extrémité de leur abdomen.

Ces insectes ont les formes peu agréables ; leurs femelles surtout ressemblent plutôt à des excroissances en forme de boule, de rein ou de bateau, qu'à des êtres animés. Elles n'exécutent aucun mouvement et restent toujours fixées à la même place, la trompe enfoncée dans l'écorce et pompant les sucs de la plante ; leur vie ne présente rien de remarquable jusqu'au moment de leur reproduction. La femelle ne pond pas ses œufs, et elle ne produit pas de petits vivans. Dès que les germes sont formés dans son corps, elle meurt, son cadavre se dessèche et devient pour eux un abri qui les défend des rigueurs de la mauvaise saison ; en sorte qu'au printemps suivant, la chaleur du soleil les fait éclore, et en fait sortir une multitude de petites larves qui ne tardent pas à se fixer comme leur mère. Quelques espèces cependant se débarrassent de leurs œufs ; mais elles ont soin, pour les garantir du froid, de les couvrir d'une couche épaisse de matière cotonneuse et mollette, qui maintient autour d'eux la chaleur nécessaire à leur conservation et à leur développement.

On connaît plusieurs espèces de ce genre, dont la plus célèbre est la *cochenille du nopal*, qu'on trouve dans l'Amérique méridionale à l'état sauvage et en domesticité ; elle vit sur une espèce de cactus appelé *nopal*, et fournit cette magnifique couleur rouge qui remplace la pourpre des anciens, et dont on forme le carmin, l'écarlate et le cramoisi. Cet insecte fait une des principales richesses du Mexique.

Ve *Ordre.* — NÉVROPTÈRES.

Les insectes dont nous avons parlé jusqu'ici sont aptères ou ont quatre ailes, dont les deux antérieures diffèrent plus ou moins des postérieures par leur structure plus ferme, et forment à ces dernières une espèce d'étui. Dans l'ordre des *névroptères*, les quatre ailes sont de la même consistance ; ce qui empêchera toujours de les confondre avec les espèces précédentes. De plus, on les distinguera aisément des ordres qui suivent par le nombre de ces ailes, qui est de quatre, tandis qu'il n'est que de deux chez les diptères, par leur surface qui n'est jamais couverte de ces écailles qu'on trouve sur celles des lépidoptères, et par leur structure qui est réticulée ou formée par un réseau très fin, et qui est simplement veinée chez les hyménoptères. D'ailleurs ces derniers ont les ailes supérieures toujours plus grandes que les inférieures, tandis que les *névroptères* les ont généralement plus courtes ou tout au plus de la même grandeur. Il faut ajouter à ces caractères la conformation de la bouche, qui est formée, chez les insectes dont nous parlons, de deux mandibules et de deux mâchoires, qui n'ont jamais la forme d'un tube propre à la succion et ne peuvent servir qu'à broyer des matières solides.

Sous le rapport des habitudes, les *névroptères* ne présentent rien de constant ; les uns ne subissent qu'une demi-métamorphose, les autres en éprouvent une complète. Mais dans tous les cas, l'animal conserve son agilité sous ses trois états, et vit principalement de substances animales.

On peut diviser cet ordre en deux familles, les *subulicornes* et les *planipennes*.

Ire *Famille.* — Subulicornes (pl. XXXV).

Trois caractères principaux distinguent les névroptères de cette famille ; une tête grosse et garnie de deux yeux saillans de chaque côté, des mâchoires et des mandibules entièrement recouvertes par les lèvres ou par une saillie du front, des antennes pointues et en forme d'alène, ce qui leur a fait donner le nom de *subulicornes* (1).

Le corps de ces insectes est allongé, mince, fluet, et présente le plus souvent quatre ailes très développées et égales en

____

(1) *Subula* veut dire alène, et *cornu* antenne.

étendue ; rarement ils n'en ont qu'une paire, par suite de l'avortement des inférieures. Mais ils n'en volent pas avec moins d'agilité pendant la courte durée de leur existence ; c'est à peine s'ils se reposent quelques instans. Ils sont constamment occupés le long des eaux à poursuivre leur proie, qui consiste en insectes. Mais ils en détruisent peu ; ils meurent tous dès qu'ils ont fait leur ponte, et pourvu aux besoins de leur postérité ; et le temps que ce soin exige ne dépasse pas quelques heures pour certaines espèces. En compensation, leur vie à l'état de larve est beaucoup plus longue, et se prolonge pendant plusieurs années. Ils passent tout ce temps dans l'eau, où ils vivent de vers et d'insectes, comme lorsqu'ils ont pris des ailes. Mais ils sortent de cet élément pour subir leur dernière métamorphose.

Cette famille ne renferme que trois genres, les *libellules* ou *demoiselles*, les *éphémères* et les *friganes*.

§ I. Quel est l'enfant qui n'a pas vu et poursuivi ces jolis insectes au corps svelte et léger, aux couleurs tendres et variées, aux ailes larges et transparentes, que les naturalistes appellent LIBELLULES (*libellula*) et que l'on nomme vulgairement *demoiselles*, à cause de leur gentillesse et de l'élégance de leurs formes? Ce sont des névroptères de la famille dont nous parlons, et qui se distinguent de ceux des genres suivans par leurs ailes égales, par leurs mâchoires dures et cornées, et par un appendice en forme de crochet ou de feuillet qui termine leur long abdomen.

A voir ces insectes si frêles et si minces, on ne se douterait pas que ce sont des animaux voraces et cruels, qui, dans les mouvemens auxquels nous les voyons se livrer sur les bords des ruisseaux, poursuivent sans relâche les mouches, les cousins et autres petits insectes volans. Mais c'est sourtout à l'état de larves que les *demoiselles* sont carnassières. Leur bouche présente alors deux pièces mobiles et dentelées, qui jouent l'une sur l'autre, comme les branches d'une tenaille, et dont l'animal se sert avec beaucoup d'avantage pour saisir et déchirer sa proie. Pour qu'elles puissent atteindre plus facilement leurs victimes, elles possèdent à l'extrémité de l'abdomen une ouverture susceptible de s'ouvrir et de se fermer alternativement, et dont elles se servent pour faire entrer dans leur corps une certaine quantité d'eau, qu'elles rejettent ensuite avec force pour accélérer leurs mouvemens. Ces larves vivent ainsi pendant environ onze mois ; c'est dans le douzième, et toujours pendant la belle saison, qu'elles sortent de l'eau pour grimper le long des tiges des plantes aquatiques, et se débarrasser de leur enveloppe de chrysalide. Cette opération se fait en peu de temps ; une heure ou deux y suffisent ordinairement, et jamais il ne leur faut plus d'un jour.

Les principales espèces de *demoiselles* qu'on trouve en France sont, la *grande demoiselle*, la *demoiselle à tenailles*, etc.

§ II. Les insectes vivent en général peu de temps à l'état parfait ; mais il n'en est pourtant aucun qui vive aussi peu que les ÉPHÉMÈRES (*ephemera*) (*fig.* 1), dont l'existence est souvent bornée à quelques heures, et ne s'étend jamais au-delà d'une journée ; de sorte qu'elles méritent réellement leur nom, qui veut dire *vivant un jour*.

La forme de ces névroptères a beaucoup de rapports avec celle des libellules ; mais ils en diffèrent par la structure de leur bouche, dont les mâchoires sont très molles et peu distinctes, et d'une manière plus apparente par la petitesse des ailes inférieures et par deux ou trois filets très longs qui terminent leur abdomen. Leur vie, dès qu'ils ont acquis les organes du vol, peut être regardée comme finie, car ils ne mangent plus, et c'est pour cela que leurs organes masticateurs sont tellement incomplets, qu'ils ne peuvent servir ni à la préhension ni au broiement d'aucune espèce de nourriture.

La seule fonction qu'ils aient à remplir à l'état parfait, est la reproduction ; dès que les femelles ont pondu, ce qu'elles font toujours dans l'eau, on les voit tomber mortes à sa surface et devenir la proie des poissons. Et comme elles sont ordinairement réunis en troupes très considérables, elles forment une couche assez épaisse à laquelle les pêcheurs donnent le nom de *manne*. La chute d'une espèce, remarquable par la blancheur de ses ailes, renouvelle, durant la belle saison, le spectacle de ces jours d'hiver, où l'on voit la neige couvrir les campagnes d'un vaste manteau. Il en tombe quelquefois une si grande quantité, que leurs cadavres forment des tas assez considérables, pour qu'on les enlève par charretées, et qu'on les emploie pour engraisser les terres.

Mais si les *éphémères* vivent peu de temps à leur état parfait, il n'en est pas de même sous celui de larves ; la vie de ces dernières s'étend à deux et même à trois ans ; elles se nourrissent durant cet intervalle, d'insectes et même, dit-on, de terre glaise ou plutôt des molécules organiques qu'elle contient.

On compte un assez grand nombre d'espèces de ce genre; les plus communes sont l'*éphémère ordinaire*, l'*éphémère à longue queue* et l'*éphémère diptère*.

§ III. Plusieurs naturalistes font une famille particulière du genre FRIGANE (*phriganea*), parce qu'il manque entièrement de mandibules, et qu'il a les antennes très longues et les ailes inférieures plissées dans le sens de leur longueur. Mais comme il a beaucoup de rapports avec les éphémères par la brièveté de sa vie à l'état parfait, et par ses habitudes aquatiques sous celui de larves, nous le réunirons aux deux genres précédens, comme l'ont fait plusieurs auteurs célèbres.

L'histoire de ces insectes n'offre rien d'intéressant dans la dernière période de leur existence; mais elle est des plus curieuses dans les premiers temps de leur vie. Leurs larves, allongées et presque cylindriques, ne sont revêtues que d'une peau molle et délicate, et seraient exposées sans défense aux atteintes de leurs ennemis, si elles n'avaient l'instinct de se faire une espèce de bouclier protecteur. C'est un fourreau solide, qu'elles se construisent avec un ciment glutineux et avec des brins de paille, des morceaux de coquilles, des grains de sable, etc. à peu près comme le font les térébelles parmi les annelides. Elles s'y enfoncent ensuite entièrement, à l'exception de la tête qu'elles laissent sortir, et vont se promenant de tous côtés au fond de l'eau, traînant après elles leur habitation, qu'elles ne quittent jamais que par force.

Elles demeurent ainsi libres jusqu'à l'époque où elles doivent se métamorphoser en nymphes. Quand ce moment est arrivé, elles se fixent à quelque racine aquatique, et ferment exactement l'entrée de leur tuyau, au moyen d'un grillage assez solide, pour empêcher leurs ennemis d'arriver jusqu'à elles, mais pas assez serré pour intercepter le passage du fluide dont elles ont besoin pour respirer.

Lorsque le temps de leur dernière métamorphose est venu, elles rompent leurs liens, s'élèvent à la surface de l'eau, où elles abandonnent leur fourreau pour grimper sur les corps voisins. Les plus petites espèces, cependant, conservent leur ancienne demeure, et s'en servent comme d'une nacelle pour se soutenir à la surface de l'eau.

Les principales espèces de *friganes* sont la *grande frigane,*
la *frigane fauve*, etc.

IIe Famille. — PLANIPENNES (pl. XXXV).

Tous les névroptères de la famille précédente tiennent leurs
ailes relevées et adossées l'une contre l'autre dans l'état de
repos (*fig.* 1); les *planipennes*, au contraire, portent ces organes couchés sur leur dos horizontalement ou en forme de toit
(*fig.* 2). Ces derniers ont en outre la bouche toujours formée
de parties très distinctes, les antennes longues ou claviformes,
et l'abdomen généralement dépourvu de ces longs filets ou de
ces appendices, qui le terminent dans presque tous les genres qui
précèdent.

La plupart d'entre eux proviennent de larves carnassières,
vivent en familles comme les fourmis, et éprouvent des métamorphoses complètes; de sorte que leurs nymphes sont tout-
à-fait immobiles comme celles des coléoptères. Leur vie d'insectes parfaits, quoique plus longue que dans les subuliformes,
est cependant très bornée, mais ils mettent moins de temps
à subir les transformations successives, qui doivent les conduire à cet état.

Cette famille comprend trois genres principaux : les *fourmilions*, les *hémérobes* et les *termès*.

§ I. Les FOURMILIONS (*myrmeleon*) sont pour les petits insectes, et surtout pour les fourmis, ce que le lion est
pour les quadrupèdes, un objet de terreur et d'effroi, et c'est
à cette circonstance qu'ils doivent leur nom en français et en
grec. Faciles à distinguer à leurs formes grêles et allongées, à
leurs antennes en massue et aux cinq articles de leurs tarses,
n'ayant rien de remarquable dans leur organisation ni dans
leurs habitudes, les anciens les avaient négligés et ne leur
avaient pas même donné de nom.

Mais l'histoire de leurs larves est trop intéressante pour
qu'on la passe sous silence. Elles ont le ventre extrêmement
gros comparativement au reste de leur corps, et les pattes si
petites, qu'elles ne peuvent se mouvoir qu'avec lenteur et à
reculons; et cependant leur organisation les oblige à se nourrir de proie vivante qu'il faut attraper soit à la course, soit
par ruse. Le premier moyen leur étant refusé, elles emploient le second; elles se creusent dans le sable un trou en

forme d'entonnoir, dont les parois sont tellement unies qu'aucun insecte ne peut y passer sans rouler au fond de l'abime. Cet ouvrage, tout pénible et embarrassant qu'il est pour un animal peu agile, est assez promptement terminé, à moins qu'il ne rencontre quelque petite pierre trop lourde pour être rejetée au loin; il est alors obligé de se la placer sur le corps et de la maintenir en équilibre en marchant à reculons sur les bords glissans de son entonnoir. Pour peu qu'il perde son équilibre, le fardeau roule au fond de l'entonnoir, et, nouveau Sysiphe, l'insecte est obligé de recommencer son travail à plusieurs reprises.

Une fois son piége préparé, la larve s'établit au fond de son entonnoir, ne laissant à l'air que deux pinces aiguës, prêtes à saisir la première victime, que son mauvais destin amènera dans le cercle fatal. Malheur à la fourmi qui s'y trouve engagée! vainement cherchera-t-elle à se retenir à l'aide de ses pattes, pour ne pas tomber entre les griffes de son impitoyable ennemi, celui-ci fait pleuvoir sur elle avec sa tête une grêle de petits grains de sable, qui l'étourdissent et l'amènent infailliblement dans le fond. La larve la saisit, la suce en un instant et rejette sa dépouille au loin, de peur que, si elle restait près de son trou, elle ne fût pour d'autres un avertissement de se défier du piége.

Cependant ces ruses ne réussissent pas toujours au *fourmilion*; il arrive souvent qu'il ne passe pas d'insecte sur son trou, ou que ceux qui y passent parviennent à s'échapper; dans ces cas, son organisation se prête facilement au jeûne, et il attend patiemment un temps assez considérable sans rien prendre. Mais la tolérance de son estomac a un terme, après lequel sa vie serait compromise, s'il ne se procurait des alimens; il est alors obligé de quitter sa demeure, et de s'aller établir dans un endroit plus favorable à ses desseins.

On connaît plusieurs sortes de *fourmilions*. Le *fourmilion ordinaire* se trouve assez communément dans toute la France.

§ II. Les HÉMÉROBES (*hemerobius*) ressemblent beaucoup aux fourmilions par leurs formes sveltes et légères et par la plupart de leurs caractères zoologiques; mais ils en diffèrent par leurs antennes terminées en filets aigus, et par leurs palpes qui sont au nombre de quatre seulement, tandis que les précédens en ont six. La légèreté de leur taille, la finesse de leurs ailes, qui ont la transparence de la gaze, la beauté de leurs couleurs tendres et agréablement nuancées , ont mérité à ces insectes le nom de *demoiselles terrestres*, dénomination qui indique assez les rapports des *hémérobes* avec les libellules ,auxquelles ils ressemblent par leurs formes et par leurs couleurs , mais dont ils se distinguent par leurs habitudes terrestres.

On trouve fréquemment ces insectes dans les jardins , où on les voit voltiger de branche en branche, pour chercher un endroit propre à recevoir leurs œufs. Ils choisissent principalement les plantes habitées par des pucerons, dont leurs larves sont extrêmement friandes. Quand la femelle a trouvé une feuille propre à remplir son but , elle fait sortir de la partie postérieure de son abdomen, par une ouverture analogue à celle qui se remarque dans les araignées, une goutte de liqueur visqueuse qu'elle tire pour ainsi dire à la filière , et qui , se desséchant par le contact de l'air, prend assez de solidité pour soutenir un œuf. La femelle fait autant de ces petites tiges qu'elle a d'œufs à pondre , c'est-à-dire environ une douzaine.

Les larves qui sortent de ces germes sont très carnassières, et dévorent une grande quantité d'insectes et surtout de pucerons , ce qui a fait donner aux hémérobes le nom de *lions de pucerons* , de même qu'on appelle les insectes du genre précédent , fourmilions ou *lions de fourmis.*

Parmi les espèces de ce genre , on peut citer l'*hémérobe perle* et l'*hémérobe chysops* , qu'on trouve dans presque toute l'Europe.

§ III. Les TERMÈS (*termes*) (*fig.* 2) ou *termites* n'ont que quatre articles aux tarses, tandis que tous les autres genres de la même famille en ont généralement cinq, à l'exception d'un seul qui n'en offre que trois. Leurs ailes , peu réticulées , sont très longues et couchées horizontalement sur le dos de l'animal.

Ces névroptères sont peut-être de tous les insectes ceux dont les mœurs sont les plus curieuses, sans en excepter les abeilles et les fourmis. Propres aux contrées voisines de la ligne , ils y sont connus sous le nom de *fourmis blanches*, de *poux de bois*, etc., et y commettent d'horribles dégâts. Réunis en troupes immenses (plus de soixante mille), ils se construisent, comme les abeilles, des espèces de nids communs à toute la société. Mais quelle différence de leurs habitations aux ruches des abeilles! ce sont souvent de véritables huttes de dix à douze pieds de haut et d'une solidité capable de résister aux orages les plus violens, et de supporter sans fléchir le poids d'un bœuf entier. L'intérieur de ces édifices est divisé en un nombre infini de compartimens et de galeries disposées avec tant d'ordre et de symétrie, qu'ils peuvent loger plusieurs milliers de ces insectes, et leur permettre à tous une libre circulation dans toutes leurs parties.

Les habitans de ces petits états ont un *roi* et une *reine*, qui sont des insectes parfaits, des *travailleurs* qui sont des larves, et des *soldats* que certains naturalistes regardent comme des nymphes, mais dont la véritable nature est inconnue. Chacun de ces habitans a sa tâche à remplir ; les travailleurs, qui sont de la taille d'une grosse fourmi, doivent construire la demeure et pourvoir à la subsistance de la société ; les soldats, qui sont beaucoup plus forts et mieux armés, sont chargés de défendre l'habitation et d'en écarter les ennemis. Quant au roi et à la reine, leur seul devoir est de multiplier l'espèce. La femelle pond en vingt-quatre heures jusqu'à quatre-vingt mille œufs, que les travailleurs emportent à mesure dans une chambre particulière.

Rien n'égale l'activité des *termès* ; travailleurs ou soldats, ils sont constamment occupés. Ceux-ci veillent sans cesse autour de la demeure commune, et n'en laissent approcher aucun animal sans se jeter sur lui et le mordre jusqu'au sang ; leur fureur est surtout extrême lorsqu'ils voient qu'on détruit leur habitation ; ils se font tous tuer plutôt que de la laisser endommager ; on en a vu se laisser arracher par lambeaux sans lâcher prise. Pour les travailleurs, les uns gachent la terre destinée à la construction des cloisons intérieures, les autres vont cueillir la gomme dont ils remplissent les magasins. Ceux-ci soignent les jeunes larves, ceux-là portent la nourriture au roi et à la reine, etc.

On connaît plusieurs espèces de ce genre ; le *termès fatal* ou *belliqueux* est l'espèce la plus commune et celle dont nous venons de parler. Le *termès voyageur* est célèbre par les migrations qu'il fait d'un endroit à un autre, et par l'ordre admirable qui règne dans sa marche. Les ouvriers s'avancent sur plusieurs lignes de front, en colonnes serrées, et sont protégés par les soldats, dont les uns errent sur les côtés, et les autres se placent en sentinelles sur les plantes voisines, pour explorer les alentours. Au moindre danger qui menace la troupe, un signal des factionnaires lui fait hâter ou ralentir le pas, selon que la circonstance l'exige. Outre ces espèces, il en est d'autres qu'on nomme plus spécialement *poux de bois*, à cause des dégâts qu'ils font dans les solives, les planches et dans tout bois le sec; ils s'introduisent dans son intérieur par une ouverture presque imperceptible et le réduisent entièrement en p ussière, en ayant soin de ne pas attaquer la surface de peur d'être surpris. De cette manière, ils détruisent quelquefois une maison entière, avant qu'on se soit seulement aperçu de leur présence.

Les nègres paraissent manger avec délices les larves de tous ces insectes, et des voyageurs qui en ont goûté, assurent qu'elles ont une saveur sucrée des plus agréables et qu'elles forment un mets des plus délicats.

VIe *Ordre.* — HYMÉNOPTÈRES.

Les *hyménoptères* forment l'ordre le plus nombreux de l'entomologie après celui des coléoptères; il comprend tous les insectes qui ont quatre ailes nues et membraneuses, à nervures longitudinales, et dont les supérieures sont toujours plus grandes que les inférieures. Leur bouche est garnie de mandibules distinctes, mais leurs mâchoires et leur lèvre inférieure sont minces, allongées et disposées en une espèce de trompe ou suçoir, qui n'est propre qu'à pomper le suc des végétaux. Leur abdomen est le plus souvent séparé du corselet, par un étranglement qui divise leur tronc en deux parties et se termine, chez les femelles, par un aiguillon ou par une tarière destinée à percer l'écorce des plantes ou la peau des animaux, dans lesquels elles déposent leurs œufs.

Tous les *hyménoptères* subissent des métamorphoses complètes. Parmi leurs larves, les unes sont dépourvues de pattes et tout-à-fait immobiles; d'autres, au contraire, ont, outre les six pattes ordinaires, de douze à seize fausses pattes; mais elles ne sont pas plus agiles pour cela, car elles ne peuvent exécuter aucune espèce de mouvement. Il faut donc que la mère, qui meurt toujours avant la naissance de sa progéniture, place ses œufs dans un endroit où ils soient garantis des dangers extérieurs, et où les larves trouvent une nourriture préparée à l'avance. Dans ce but elle construit pour sa postérité une demeure particulière, où elle entasse des alimens choisis, ou bien elle les dépose dans le corps d'animaux, si ses petits doivent être carnassiers. Dans tous les cas, les larves ont une lèvre percée par un canal pour le passage de la matière soyeuse, qui doit être employée pour la fabrication de la coque de la nymphe.

La durée de la vie des *hyménoptères*, depuis leur naissance jusqu'à leur entier développement, est bornée au cercle d'une année. Larves, ils vivent tantôt de matières animales, tantôt de substances végétales; nymphes, ils ne prennent aucune espèce de nourriture; insectes parfaits, ils vivent tous sur les fleurs, sur lesquelles on les voit voltiger durant tout le cours de la belle saison.

D'après la forme de l'appendice qui termine le corps des femelles, on peut diviser les hyménoptères en deux sous-ordres: les *térébrans* et les *porte-aiguillons*, dont les uns ont une tarière et les autres un aiguillon.

Ier *Sous-Ordre.* — TÉRÉBRANS.

Ces insectes diffèrent des suivans non-seulement par le caractère dont nous avons parlé, mais surtout par leurs habitudes. Tandis que les porte-aiguillons vivent tous en sociétés plus ou moins nombreuses, font en commun des travaux plus ou moins considérables, et forment de véritables républiques dont chaque membre a des devoirs particuliers à remplir, les *térébrans* demeurent toujours isolés, et se font principalement remarquer par l'instinct admirable qui leur fait pourvoir aux besoins de leur postérité. Du reste, il faut partager ce premier sous-genre en deux familles, qui diffèrent principalement par la manière dont leurs larves se nourrissent. Les unes sont herbivores, ce sont les *porte-scies*, les autres sont carnassiers, ce sont les *pupivores*.

Ire *Famille.* — PORTE-SCIES.

Comme les femelles sont seules pourvues de la scie abdominale, qui fait le caractère du sous-ordre des térébrans, et qu'il est souvent très difficile et quelquefois impossible de connaître le régime d'un insecte qu'on tient, les naturalistes ont cherché d'autres moyens de distinguer la famille des *porte-scies*, et ont trouvé que de tous les hyménoptères, ces insectes étaient les seuls dont l'abdomen fût sessile, c'est-à-dire uni au corselet dans toute sa largeur, de sorte qu'il semble en être une continuation et ne jouir d'aucun mouvement particulier. Chez tous les autres hyménoptères, ces deux parties sont unies par un pédicule étroit ou par un étranglement qui permet à la dernière de se mouvoir indépendamment de la première, comme on peut le remarquer dans l'abeille, la fourmi, etc. (pl. XXXV *fig.* 3 4, 5 et 6).

Tous ces insectes proviennent de larves appelées *fausses chenilles*, parce qu'elles ressemblent beaucoup à celles des papillons, dont elles diffèrent cependant par le nombre de leurs pattes, qui est au moins de dix-huit et qui peut aller jusqu'à vingt-deux ; tandis que les véritables chenilles n'en ont jamais plus de seize. Ces larves sortent d'œufs que la femelle place dans les troncs d'arbres, après en avoir percé l'écorce au moyen de sa tarière. Elles se nourrissent de sucs végétaux qui leur sont fournis par les plantes sur lesquelles elles se trouvent, jusqu'à l'époque où doit s'opérer leur transformation en nymphes. Alors elles se détachent de la plante et se laissent tomber dans la terre, au sein de laquelle elles subissent leur métamorphose.

Cette famille est assez nombreuse, mais les espèces qu'elle renferme ont tant de rapports entre elles, qu'on pourrait presque n'en former qu'un seul genre, celui des TENTHRÈDES (*tenthredo*) ou *mouches à scie.*

Ces insectes sont généralement petits et n'ont guère plus de sept ou huit lignes de long ; leur forme rappelle celle des guêpes, excepté qu'ils n'ont jamais, comme ces dernières, l'abdomen séparé du corselet, et que leurs ailes sont plissées et paraissent comme chiffonnées. Leurs habitudes sont en outre toutes différentes. Les *tenthrèdes* se tiennent sur les arbres pendant la belle saison ; et lorsque le moment de la ponte est venu, la femelle se met à parcourir avec empressement toutes les branches de l'arbre qu'elle habite, pour chercher celle qui lui convient le mieux. Quand elle l'a trouvée, elle se met à y pratiquer des trous avec sa scie. Dans chaque trou, elle dépose un œuf et une goutte de liqueur mousseuse, dont l'usage est, à ce qu'on prétend, d'empêcher l'ouverture de se fermer.

Quelques jours après cette opération, on voit l'écorce se gonfler tout autour de la plaie ; en même temps l'œuf lui-même se développe, et finit souvent par former une *galle* ou excroissance analogue à un petit fruit. Ces galles, qui d'abord ne servent qu'à protéger l'œuf, deviennent, lors de l'éclosion de ce dernier, le domicile de la larve, qui y subit toutes ses métamorphoses, et dont elle ne sort que pour passer à l'état d'insecte parfait. Mais dans la plupart des cas, il ne se produit pas de galle. Alors la larve se fixe sur quelque feuille, aux dépens de laquelle elle se nourrit, et sur laquelle elle se transforme ordinairement en nymphe et en insecte. Quelquefois cependant, c'est dans le sein de la terre qu'elle subit ce dernier changement.

L'étendue de ce genre l'a fait partager en plusieurs sous-genres, dont les principaux sont : les CIMBEX, dont les chenilles sont remarquables par la faculté qu'elles ont, quand on les tourmente, de seringuer une liqueur verdâtre et odorante, jusqu'à la distance d'un pied ; les HYLOTOMES, dont on trouve une espèce sur le rosier ; et les TENTHRÈDES propres, dont les principales espèces sont la *tenthrède* de la *scrophulaire* et la *tenthrède verte*.

IIe *Famille.* — PUPIVORES (pl XXXV).

Cette famille diffère de la précédente parce qu'elle a l'abdomen bien distinct du corselet, disposition qui la rapproche des hyménoptères du sous-ordre suivant ; mais elle s'en distingue par plusieurs caractères : d'abord le premier segment abdominal fait partie du corselet, de sorte que c'est le second anneau qui est uni au premier par une espèce de pied, et que le thorax semble formé de quatre segmens ; les porte-aiguillons au contraire ont le corselet formé de trois anneaux seulement, après lesquels vient le pédicule et ensuite l'abdomen. En second lieu les antennes des pupivores sont composées de plus ou moins de treize articles chez les mâles, et de plus ou moins de douze chez les femelles, ou bien leur abdomen n'est formé que de trois ou quatre anneaux ; tandis que chez les porte-aiguillons les antennes ont constamment treize articles chez les mâles et douze chez les femelles, et l'abdomen offre toujours sept anneaux chez les premiers et six chez les secondes.

A l'aide de ce double caractère tiré du nombre des articles des antennes et de celui des anneaux de l'abdomen, on peut toujours distinguer les *pupivores* des porte-aiguillons, indépendamment de la tarière que les femelles des premiers ont à l'extrémité de leur corps pour pondre leurs œufs, et qui, chez les seconds, est remplacé par un aiguillon ou même par une simple glande, qui sécrète une liqueur caustique ou dégoûtante qui leur sert d'armes offensives.

Le nom de *pupivores*, qui veut dire *mange-petits*, a été donné à ces insectes parce que, dans la première période de leur existence, ils se nourrissent presque exclusivement de petits animaux, dans lesquels la femelle dépose ses œufs, et qui leur servent d'abri en même temps qu'ils leur fournissent leur subsistance; car leurs larves, étant apodes, ne peuvent ni se soustraire aux dangers qui les menacent, ni se procurer les alimens nécessaires à leur entretien et à leur développement.

Cette nombreuse famille renferme un grand nombre de genres, entre autres les *ichneumons,* les *cynips* et les *chrysides.*

§ I. Les ICHNEUMONS (*ichneumon*) (*fig.* 3) sont faciles à reconnaître à leur corps généralement étroit et presque linéaire, et surtout à leurs antennes longues (plus de seize articles) et très mobiles; ce qui les fait aussi appeler *mouches vibrantes.*

Le nom d'*ichneumon,* que les anciens appliquaient à la mangouste, parce que ce quadrupède passait pour s'introduire dans le corps du crocodile pour lui dévorer les entrailles, a été donné par analogie aux insectes de ce genre, qui passent tout le premier temps de leur vie dans le corps des chenilles des papillons, et en rongent tour à tour les organes. Sous ce rapport les *ichneumons* rendent un grand service à l'agriculture et au jardinage, qui ont tant à souffrir de la voracité de ces larves.

L'instinct de ces petits animaux est vraiment admirable soit comme insectes parfaits, soit comme larves. Celui des femelles se manifeste d'une manière bien sensible à l'époque de la reproduction. Lorsque le moment de la ponte est arrivé, elles se mettent à la recherche des chenilles, et savent les découvrir avec une sagacité incroyable, jusque sous l'écorce des arbres qui les recèle; et quand elles en ont trouvé une, elles la piquent de leur aiguillon pour y déposer un œuf; mais elles ont bien soin, en les perçant ainsi, de n'attaquer aucun organe essentiel, de sorte que la chenille n'en continue pas moins de vivre.

Cependant l'œuf déposé se développe et se transforme en larve. Celle-ci se met à ronger la graisse que la chenille a amassée, en ayant soin de ne toucher à aucun organe important, afin de ne pas la tuer trop tôt. Mais, lorsqu'est venu le temps de sa métamorphose, elle ne prend plus aucune précaution, la fait périr et sort de sa retraite; emblème frappant de l'ingratitude et de la méchanceté la plus odieuse! C'est à ce moment qu'elle fait sa coque, qui consiste en un ou deux flocons blancs ou jaunes, dont on rencontre des milliers en été sur les murs des jardins potagers et aux branches des arbres. Quand on détache ces coques des corps auxquels elles tiennent, les chrysalides sautent avec agilité en se ployant en arc et en se débandant ensuite.

On connaît un nombre très considérable d'espèces d'*ichneumons*; les principales sont l'*ichneumon piqueur*, l'*ichneumon fossoyeur*, l'*ichneumon meurtrier*, etc.

§ II. Les CYNIPS (*cynips*) (*fig.* 4) sont de petits insectes qui ont la tête étroite et le thorax gros et bombé, ce qui les fait paraître comme bossus. Mais leur caractère le plus saillant se tire de la forme de leurs ailes inférieures, qui ne présentent qu'une seule nervure, et du nombre des articles de leurs antennes qui ne va pas au-delà de quinze, et n'est jamais de moins de quatorze chez les mâles et de treize chez les femelles.

Leurs habitudes sont analogues à celles des tenthrèdes; leur ponte surtout est absolument la même. Ils percent l'écorce et les feuilles des arbres pour y déposer leurs œufs. La présence de ceux-ci ne tarde pas à déterminer l'affluence des sucs vers la partie piquée, et produit ainsi ces excroissances, quelquefois monstrueuses, connues sous le nom de *galles* ou de *bédégars*, qu'on emploie dans la teinture en noir et qui sont si communes sur les feuilles de chêne et sur la tige des rosiers. C'est dans l'intérieur, et aux dépens de ces tumeurs, que l'œuf déposé se développe, et que la larve se nourrit et se transforme successivement en nymphe et en insecte. Parvenue à l'époque de sa dernière métamorphose, elle perce sa demeure et s'envole pour chercher ailleurs un endroit propre à recevoir ses œufs. Quelques espèces cependant quittent la galle immédiatement après leur naissance, et s'enfoncent dans la terre, où elles demeurent jusqu'à leur dernière transformation.

Parmi les espèces les plus connues de ce genre, nous ferons remarquer le *cynips tinctorial*, qui vient sur une espèce de chêne du Levant, et dont on emploie beaucoup la galle pour la fabrication de l'encre à écrire; le *cynips de l'églantier*, qui produit sur cet arbuste ces excroissances mousseuses si communes et appelées bédégars, etc. Mais l'espèce la plus célèbre et la plus utile de toutes est le *cynips du figuier*, dont les Grecs modernes tirent un grand parti pour aider le développement et la maturation des figues tardives. On sait que la présence de ses œufs fait mûrir plus rapidement les fruits. En conséquence, dès que la femelle les a déposés dans les figues précoces, on cueille ces dernières, et, après les avoir enfilées, on les suspend aux figuiers plus tardifs. Les larves se trouvant mal dans les figues qui ne reçoivent plus de suc de la plante, les abandonnent pour se jeter sur celles qui tiennent encore à l'arbre, et les font mûrir plus rapidement qu'elles n'auraient pu le faire. Ce procédé, très usité en Orient, s'appelle *caprification.*

§ III. Le nom de CHRYSIDES (*chrysis*) et celui de *guêpe dorée*, qui en est la traduction, a été donné à des insectes de la famille des pupivores, remarquables par la richesse et l'éclat de leurs couleurs, qui rivalisent avec celles des colibris et des oiseaux-mouches, et reconnaissables à leur abdomen ovale, concave en-dessous, et composé de trois ou quatre anneaux seulement.

Ce sont des hyménoptères vifs et alertes, qu'on voit se promener sans cesse avec agilité sur les murs et sur les vieux bois bien exposés au soleil. On connaît peu le reste de leurs habitudes ; on sait seulement qu'ils se servent de leurs tarières, comme les précédens, pour percer l'écorce des arbres ou la peau des insectes, dans lesquels ils ont coutume de déposer leurs œufs. Les *chrysides* pondent les leurs dans le nid de certaines abeilles, dont les larves paraissent destinées à leur servir de demeure et de nourriture. Leur tarière ne leur est utile que pour se défendre lorsqu'on cherche à les prendre, ou pour piquer leurs ennemis. Outre ce moyen de défense, elles ont encore la faculté de se rouler en boule et de cacher leur abdomen.

Les espèces de ce genre, qu'on trouve aux environs de Paris, sont : la *chryside mi-partie*, la *chryside enflammée*, la *chryside pourpre*, et la *chryside bandée.*

IIe *Sous-Ordre.* — PORTE-AIGUILLONS.

Les hyménoptères de ce second sous-ordre diffèrent des précédens par le défaut de tarière. Cet organe est remplacé par un aiguillon composé de trois pièces qui, dans l'état ordinaire, reste caché dans l'intérieur de l'abdomen, et n'en sort que lorsque l'intérêt de la défense de l'animal, ou le besoin de déposer ses œufs, exige qu'il en fasse usage. Mais il faut observer que cette arme ou cet instrument ne se trouve que chez les femelles, et manque même à plusieurs espèces chez lesquelles il est remplacé, du moins comme moyen de défense, par une liqueur acide qu'elles conservent dans des réservoirs spéciaux, d'où elles peuvent le lancer à leur gré contre leurs ennemis.

La présence de l'aiguillon ne peut donc être prise pour un caractère constant et invariable ; mais le mode d'union de l'abdomen avec le corselet, par le moyen d'un pédicule toujours bien marqué et quelquefois très long, la petitesse des mandibules, qui sont moins dentées dans les mâles que dans les autres individus, le nombre des articles des antennes qui est constamment de treize chez les mâles, et de donze chez les femelles ; enfin la conformation de l'abdomen, qui est formé de sept anneaux dans les premiers, et de six dans les secondes, ne permettront jamais de confondre les *porte-aiguillons* avec les térébrans.

Le genre de vie de ces insectes est très variable selon les familles ; mais il est toujours très-intéressant. La plupart d'entre eux vivent en sociétés nombreuses, et forment des espèces de républiques dont chaque membre contribue pour sa part au bien-être de la communauté. Ces espèces de gouvernemens se composent de trois sortes d'individus, les *mâles* et les *femelles*, qui sont toujours en petit nombre et qui sont chargés du soin de la propagation de l'espèce, et les *ouvriers* qui, de même que parmi les termès, doivent construire la demeure et chercher les provisions nécessaires à la société ; c'est sur eux que roule tout le soin du ménage. Ce sont eux qui nourrissent les mâles, les femelles et les larves ; ils prennent soin de ces dernières, ainsi que des chrysalides en leur préparant la *pâtée*, substance miellée qui forme la nourriture la plus convenable pour elles, et en leur fournissant les moyens de se métamorphoser ; car les larves étant dépourvues de pattes, sont hors d'état de pourvoir elles-mêmes à leur subsistance.

Les *porte-aiguillons* ont été divisés en quatre familles : les *myrmèges*, les *fouisseurs*, les *diploptères*, et les *mellifères*.

Ire *Famille*. — MYRMÈGES.

Les *myrmèges* ou *formicaires* comprennent tous les hyménoptères analogues aux fourmis ; ils ont par conséquent l'abdomen séparé du corselet par un pédicule bien marqué, et leurs antennes, au lieu d'être en ligne droite, sont coudées et comme brisées. Les mâles seuls ont constamment des ailes, encore ne les conservent-ils pas pendant toute leur vie ; les femelles en ont ordinairement, mais elles les perdent de bonne heure. Les ouvrières n'en ont jamais.

Cette famille comprend plusieurs genres dont le plus important est celui des *fourmis* et des *mutiles*, que l'on distingue à la forme du premier article de leurs antennes, qui est très long chez les premières et égale le tiers de la longueur totale de l'organe, tandis qu'il est toujours plus court chez les seconds.

§ I. On a beaucoup parlé de la prévoyance et de l'activité de la FOURMI (*formica*); mais c'est à tort qu'on a loué la sagesse de cet animal, lorsqu'on a prétendu qu'il entassait pendant les beaux jours pour jouir durant l'hiver. La *fourmi* s'engourdit pendant toute la mauvaise saison, et n'a, par conséquent, pas besoin de provisions. Tout ce qu'on la voit porter dans son habitation, est destiné à la nourriture des larves ou à la construction de ses appartemens. On a donc exagéré les qualités de ces insectes, et avec d'autant moins de raison, que bien loin de nous être utiles, ils causent de très grands dégâts dans nos jardins et dans nos maisons, surtout à nos provisions de bouche. Vivant en sociétés nombreuses, composées de trois sortes d'individus, il leur faut, pour se construire leur demeure, des matériaux très considérables qu'ils tirent de tout ce qui se trouve à leur portée, et pour pourvoir à leur subsistance, une grande quantité de substances végétales ou animales qu'ils prennent dans nos greniers, dans nos champs et dans nos jardins. Si donc il y a quelque chose à louer dans l'histoire des *fourmis*, ce n'est ni leur prévoyance ni leur sobriété; mais ce qu'il y a d'admirable dans ces petits animaux, ce sont l'ordre parfait et la discipline exacte qui règnent dans leur société; c'est l'instinct qui porte les ouvrières à nourrir les mâles, les femelles, les larves, et à se priver quelquefois de leur nourriture pour leur en fournir; c'est le courage avec lequel ils défendent, en cas de danger, les nourrissons confiés à leur soin, quelquefois même aux dépens de leur vie. Ce que nous admirerions encore en eux, si nous n'étions habitués à le voir dans une multitude d'autres animaux, c'est la sagacité avec laquelle ils choisissent pour placer leur domicile, la base d'un tronc d'arbre ou un terrain élevé, afin d'y être à l'abri des inondations; c'est l'art avec lequel ils composent avec de si petites parcelles de bois, de chaume, de feuilles, etc., un édifice solide, où nous ne voyons que confusion, mais dont l'ensemble est l'image d'une ville avec ses rues, ses ruelles, ses maisons, etc.; de manière que les ouvrières les parcourent continuellement sans s'embarrasser le moins du monde, malgré l'activité dont ils ont besoin, surtout lorsqu'ils ont les larves à nourrir. C'est alors qu'on les voit courir de tous côtés avec empressement, les unes chargées de provisions qu'elles leur apportent ; les autres allant à la recherche des grains, des fruits, des miettes, etc. Ce temps de fatigue dure, pour les fourmis, tout l'été, car il y a toujours des larves dans leur nid. Pour s'en convaincre, il suffit d'ouvrir une fourmillière durant cette saison ; on y voit pêle-mêle des fourmis, des débris de végétaux, des écorces, des espèces de vers blancs, qu'on appelle vulgairement *œufs de fourmis*, et qui ne sont autre chose que les larves.

On connaît un très grand nombre d'espèces de *fourmis* ; les principales qu'on trouve en France, sont la *fourmi fauve*, la *fourmi sanguine*, la *fourmi noir-cendré*, la *fourmi mineuse*, etc.

§ II. Le genre MUTILE (*mutila*) comprend bien moins d'espèces que celui des fourmis ; on n'en trouve que trois ou quatre aux environs de Paris ; et ce qu'il y a de singulier, c'est qu'on ne connaît presque rien de leurs habitudes ; tout ce qu'on a observé, c'est qu'elles fréquentent les terrains sablonneux où elles courent très vite, qu'elles vivent isolées, et que les mâles ont des ailes, tandis que les femelles en sont privées. Mais quant à leurs mœurs, leurs métamorphoses, leur genre de vie, etc., on les ignore complètement.

IIᵉ Famille. —FOUISSEURS (pl. XXXV).

Ce serait une erreur de croire, d'après le nom imposé à cette famille, que tous les hyménoptères qu'elle comprend ont l'habitude de creuser la terre. Cette dénomination ne leur a été appliquée collectivement, que parce que l'espèce la plus anciennement connue fait ordinairement sa ponte dans un petit trou qu'elle pratique dans le sable : mais tant s'en faut que toutes aient la même habitude, qu'au contraire il y en a plusieurs qui vivent sur les plantes, voltigent de fleur en fleur pour en sucer le nectar, et déposent leurs œufs soit dans les vieux troncs, soit sur les murs qui servent de clôture aux jardins.

Ces insectes sont très communs pendant tout l'été, et se font remarquer par leur forme élancée et par la longueur de l'étranglement qui sépare le thorax de l'abdomen (*fig.* 5): mais leur caractère principal se tire de la conformation de leurs tarses, qui ne peuvent servir qu'à la marche, et qui sont dépourvus de ces sortes de poils qui garnissent ceux des abeilles, pour les rendre propres à cueillir le pollen des fleurs. Ils diffèrent, en outre, des myrmèges parce qu'ils ont les antennes droites ou courbes, et que les mâles et les femelles sont également ailés.

Leurs mœurs sont d'ailleurs tout-à-fait différentes : ils ne vivent jamais en société, et leurs larves ne peuvent pas être nourries de la même manière que celles de la famille précédente. La femelle est par conséquent obligée de faire à leur égard l'office des ouvrières parmi les fourmis ; car ses petits, étant apodes, ne peuvent pourvoir eux-mêmes à leur subsistance. C'est dans ce but qu'elle ne pond dans un endroit, qu'après y avoir préalablement apporté une certaine quantité d'alimens, que la larve trouve à sa portée au moment de sa sortie de l'œuf.

Quoiqu'on pût à la rigueur ne former qu'un seul genre de toutes les espèces de la famille, les naturalistes ont cru devoir en former plusieurs dont les plus importans sont les *sphèges*, et les *crabrons*.

§ I. Les **SPHÈGES** (*sphex*) (*fig.* 5) ne sont pas moins intéressans que les ichneumons, sous le rapport de la prévoyance et de la sollicitude qu'ils montrent pour leur postérité Lorsque l'époque de leur ponte est arrivée, les femelles creusent avec leurs pattes et leurs mâchoires un trou plus ou moins profond dans le sable. Après l'avoir préparé, elles s'en vont à la chasse aux environs. Si elles rencontrent quelque insecte faible et sans défense, elles se hâtent de le percer de leur aiguillon, ou de lui arracher les pattes et les ailes pour lui ôter le pouvoir de s'éloigner. Mais si elles ont affaire à quelque grosse araignée, ou à quelque autre insecte capable de leur résister, elles ont besoin de tout leur courage et de toute leur agilité pour s'en rendre maîtresses. C'est un spectacle des plus curieux, quoiqu'il ne soit pas rare pendant la belle saison, que de voir les *sphèges* femelles aux prises avec leur adversaire, chercher à le percer de leur dard et éviter ses armes offensives. Quand à force de peine elles sont parvenues à le vaincre, elles saisissent le cadavre de leur victime et le portent en triomphe dans leur nid, où elles le déposent en même temps qu'un œuf. Elles renouvellent le même manége pour chacun de leurs œufs, de sorte que cette période de leur vie se passe tout entière en combats. Après avoir ainsi pourvu aux besoins de leur postérité , elles ont rempli le vœu de la nature et ne tardent pas à périr.

Les *sphèges* sont très nombreux ; mais on les reconnaît toujours facilement à la longueur de leurs pattes de derrière, qui sont une fois au moins aussi longues que la tête et le corselet réunis , et à la forme de leurs antennes qui sont toujours longues et contournées. Les espèces les plus communes sont : le *sphège des chemins* , le *sphège des sables* , etc.

§ II. Les CRABRONS (*crabro*) se distinguent des précédens par leur tête grosse et presque carrée, par leurs antennes courtes , et par leurs pattes de derrière qui sont à peine plus longues que la tête et le corselet réunis.

Une des espèces les plus remarquables de ce genre, est celle que l'on nomme vulgairement *potier*. Elle est d'un noir luisant, avec le chaperon couvert d'un duvet soyeux et argenté. Au moment de sa ponte , elle porte dans des trous qu'elle trouve dans les vieux troncs pourris , des insectes et surtout des araignées qu'elle a privés de l'usage de leurs membres ; et après avoir déposé ses œufs, elle bouche exactement l'ouverture avec de la terre détrempée , pour qu'aucun animal ne puisse aller les déranger : c'est de là qu'elle tire son nom spécifique de *potier*.

IIIe *Famille.* — DIPLOPTÈRES (pl. XXXV).

Cette famille se compose principalement du genre GUÊPE (*vespa*) (*fig.* 6), insecte très connu et assez semblable aux abeilles, dont on le distingue cependant par son corps moins velu, par ses antennes en massue, et surtout par ses ailes supérieures doublées longitudinalement ; ce qui a fait donner à la famille le nom de *diploptères* (ailes doubles).

Les *guêpes* vivent pour la plupart en société, composées de mâles , de femelles et d'ouvrières , et se construisent une demeure bien plus artistement faite que celle des fourmis et qui rivalise avec celle des abeilles. C'est une réunion de tuyaux qu'elles collent les uns contre les autres de diverses manières , mais qu'elles disposent toujours de façon à pouvoir en augmenter le nombre à leur gré. C'est à l'ensemble de ces tuyaux, qu'elles suspendent à une branche d'arbre , ou qu'elles placent dans la terre, qu'on donne le nom de *guêpier*. Il est construit avec de petits morceaux de bois ou d'écorce mâchés et réduits en forme de pâte, de la nature du papier ou du carton, et qui, en se desséchant, prend une consistance assez ferme pour résister aux intempéries de l'air. C'est dans l'intérieur de cet édifice que les œufs sont placés chacun dans une loge séparée, avec la quantité de nourriture ou de *pâtée* nécessaire à son développement.

Mais il faut observer, à l'égard de ces sociétés, qu'elles ne commencent pas comme celles des fourmis; une femelle en jette toujours seule les premiers fondemens, en se construisant un ou deux tuyaux dans lesquels elle fait sa ponte. Les larves qui en proviennent ne tardent pas à devenir des ouvrières, qui se mettent à travailler avec elle et à faire de nouveaux rayons, destinés à recevoir de nouveaux œufs. La colonie serait bientôt nombreuse, si les froids de l'hiver ne venaient en faire périr la plupart des habitans; il ne se sauve qu'un petit nombre de mâles et de femelles; et ce sont eux qui, au printemps suivant, deviennent les fondateurs d'une nouvelle société.

Parmi les espèces de ce genre, nous trouvons en France la *guêpe commune*, la *guêpe frelon*, etc., qui vivent sous la terre. La *guêpe cartonnière*, au contraire, attache son nid à une branche d'arbre et le construit avec un art admirable.

IVe *Famille.* — MELLIFÈRES.

Les *mellifères* ont été de tous temps célèbres sous le nom d'*abeilles*, par leur sociabilité, par leur industrie, par leur cire, et surtout leur miel, substance précieuse pour nous, mais qui l'était encore bien plus pour les anciens, qui n'avaient pas comme nous le sucre en abondance.

Ces insectes composent leur utile produit avec le pollen des étamines, qu'elles récoltent sur les fleurs, au moyen de leurs tarses postérieurs. A cet effet, ces organes ont une disposition toute particulière, qui suffit pour distinguer les *mellifères* de tous les autres hyménoptères, et même de tous les insectes connus. Leur premier article est élargi en palette, tantôt carrée, tantôt triangulaire, qui leur sert à transporter leur récolte dans leur nid.

Un autre caractère propre à ces hyménoptères, c'est d'avoir la bouche munie d'une trompe formée par la lèvre et par les mâchoires, et à l'aide de laquelle l'insecte parfait pompe le suc des fleurs, et la larve le miel qui lui a été préparé par sa mère ou par les ouvrières.

Cette famille est extrêmement nombreuse et comprend quatre genres assez différens par leurs habitudes ; ce sont les *andrènes*, les *xylocopes*, les *bourdons* et les *abeilles*.

§ I. Les ANDRÈNES (*andrena*) ont été rangées par beaucoup de naturalistes parmi les abeilles ; mais elles en diffèrent par plusieurs traits d'organisation et par leurs habitudes. Leur trompe est plus courte, leurs tarses plus velus, leurs pattes postérieures beaucoup plus longues que l'abdomen, et leur corps est généralement moins couvert de poils.

Ces insectes vivent toujours solitaires et n'offrent que deux sortes d'individus, des mâles et des femelles. Celles-ci sont seules chargées du soin de construire l'habitation, et de pourvoir à la conservation et à la subsistance des larves. La terre battue sur le bord des sentiers est celle que quelques espèces préfèrent pour s'y établir ; d'autres creusent une galerie horizontale sur la terre ou dans le sable, qui s'élèvent sur les bords des chemins ou des fossés. Dans tous les cas, elles commencent par y apporter une quantité de miel proportionnée au nombre d'œufs qu'elles ont à déposer ; et, après avoir fait leur ponte, elles referment l'ouverture de tous les trous qu'elles ont faits avec la terre qu'elles ont retirée. Elles prennent cette précaution à cause des fourmis ; celles-ci sont extrêmement friandes de la pâtée destinée aux larves, et si le trou qui la renferme demeurait ouvert, elles ne tarderaient pas à le rencontrer dans leurs courses, et auraient emporté toute la provision de nourriture avant que les œufs fussent éclos.

La France produit plusieurs espèces de ce genre, entre autres l'*andrène des murs*, qui est assez commune dans nos environs.

§ II. Tous les mellifères dont il nous reste à parler ont une trompe longue et repliée en-dessous dans l'inaction ; mais les uns ont les pieds postérieurs garnis de brosses pour cueillir la poussière des fleurs, et une corbeille ou enfoncement au bord extérieur de leurs jambes ; ce sont les bourdons et les abeilles. Les autres en sont privées, ce sont les *abeilles solitaires*, dont les plus remarquables sont celles que l'on a appelées *xylocopes* ou *menuisières*. Ce nom leur vient de l'habitude qu'elles ont de creuser, dans le vieux bois, un canal vertical assez long qu'el-

les divisent par des cloisons horizontales en plusieurs loges,
dans chacune desquelles elles déposent un œuf avec une provision de pâtée. D'autres espèces, presque entièrement semblables aux précédentes, et que l'on a nommées *abeilles maçonnes,*
construisent leur nid avec de la terre très fine, dont elles forment un mortier et l'appliquent contre les murs exposés au
soleil, où il ne tarde pas à acquérir une dureté considérable.

§ III. Nous n'entendons pas ici par BOURDONS (*bombus*)
les mâles des abeilles que l'on désigne vulgairement sous ce
nom ; mais un genre particulier d'insectes analogues aux
abeilles par leur trompe allongée et par leurs habitudes sociables, mais qui en diffèrent parce qu'ils ont, à l'extrémité de
leurs jambes postérieures, une épine dont ces dernières sont
privées. Leur corps est d'ailleurs plus velu et moins effilé, et
les sociétés qu'ils forment sont incomparablement moins nombreuses que celles des abeilles. Elles ne se composent jamais
de plus de trois cents individus, et le plus souvent il n'y en
a que de cinquante à soixante, tandis que les abeilles forment
ordinairement des essaims de vingt à trente mille. Du reste,
ces réunions ont les mêmes élémens que celles de tous les insectes qui ont des habitudes analogues, et sont formées de
mâles, de femelles et d'ouvriers. Les premiers, qui sont les
plus petits, ne travaillent jamais ; les femelles sont les plus
grosses et jettent les fondemens de l'habitation, tandis que
les ouvriers, qui sont de taille moyenne entre les deux précédens, sont chargés du soin de continuer l'édifice, de le défendre des ennemis, de soigner les larves, de leur apporter la
nourriture, etc.

Le nid des *bourdons* mérite d'être connu ; c'est un trou
souterrain auquel on arrive par un long chemin caché par des
herbes, et dont la voûte est tapissée de mousse cardée et éplu-
chée avec le plus grand soin. La demeure préparée, les ouvriers ramassent une grande quantité de miel, dont ils forment une boule assez semblable à une truffe, et dans laquelle
la femelle dépose ses œufs. Ceux-ci éclosent au bout de quatre ou
cinq jours, se développent rapidement, et sont en état, au
mois de mai, de partager les travaux de la société.

On trouve, aux environs de Paris, le *bourdon des pierres,*
le *bourdon des mousses,* le *bourdon des jardins,* etc.

§ IV. Bien que l'on puisse admirer les travaux des fourmis

et des bourdons, ainsi que l'ordre et la discipline de leurs réunions, les ABEILLES (*apis*) l'emportent de beaucoup sur eux par leur industrie, et surtout par leur utilité. Réunies en société de plusieurs milliers d'individus, elles forment une espèce d'état, composé comme toutes les sociétés de ce genre, de trois sortes de membres : une ou plusieurs femelles, quelques centaines de mâles, et un nombre indéterminé d'ouvrières ; telles sont les bases d'un *essaim*.

Une fois rassemblés, ces insectes commencent par chercher un lieu convenable pour y établir leur demeure ; c'est ordinairement un vieux tronc d'arbre creux, ou un trou dans un rocher ou dans une muraille. Dès qu'ils l'ont trouvé, les ouvrières se mettent en campagne pour aller à la recherche d'une matière grasse appelée *propolis*, qui sert à enduire tout l'intérieur de la ruche et à en boucher toutes les issues, à l'exception de celles qui sont nécessaires pour l'entrée et la sortie des habitans. Cela fait, elles se mettent à construire les alvéoles ou les loges destinées à servir de chambre aux mâles, aux femelles et aux larves, ou de magasins pour contenir le miel. Celles des mâles sont plus grandes que celles des larves, mais beaucoup plus petites que celles des femelles, à la construction desquelles les ouvrières emploient jusqu'à cent cinquante fois plus de matériaux que pour celles des larves ; aussi les désigne-t-on sous le nom de *cellules royales*. Tous ces ouvrages sont faits avec la poussière des étamines qu'elles transforment en *cire*, en la mâchant et en la pétrissant avec des sucs particuliers, pour la rendre imperméable à l'eau.

L'édifice terminé, les ouvrières vont chercher dans le calice des fleurs cette matière sucrée si connue sous le nom de *miel* : elles en remplissent les alvéoles destinées à le recevoir, et les ferment ensuite hermétiquement avec un couvercle. Pendant ce temps, la femelle fait sa ponte et dépose dans chaque cellule un œuf qu'elle y fixe au moyen d'une matière visqueuse, dont il est enduit au moment de sa sortie. Le nombre des œufs qu'elle pond ainsi peut aller, dit-on, jusqu'à douze mille, et cela dans l'espace de vingt jours.

Environ trois jours après que l'œuf a été pondu, il en sort une larve à laquelle les ouvrières apportent une nourriture proportionnée à sa faiblesse, et dont elles augmentent la quantité et varient la qualité à mesure qu'elle avance en âge. Environ six jours après sa naissance, la larve devient chrysalide, se forme une coque et, rompant enfin sa prison vers le neuvième jour, elle va avec ses compagnes partager les travaux de la communauté. Mais on a observé que les œufs des mâles et des femelles mettent plus de temps à subir leurs métamorphoses, et ne sont pondus que plus tard.

Il arrive souvent que la ruche qu'habite une société d'abeilles devient trop petite pour les contenir toutes. Alors une partie s'en détache pour aller former ailleurs une colonie. Après avoir marché quelque temps sous la conduite d'une femelle, l'essaim s'arrête sur quelque branche d'arbre, pendant que leur guide va explorer les environs, pour aller découvrir un emplacement convenable à leur établissement.

On connaît plusieurs espèces d'*abeilles*, dont la plus utile est l'*abeille commune* ou *mouche à miel*, qu'on élève à la campagne pour la cire et le miel qu'elle produit.

VIIe *Ordre.* — LÉPIDOPTÈRES.

Deux caractères bien tranchés distinguent les *lépidoptères* des autres insectes à quatre ailes membraneuses ; ce sont les écailles farineuses qui recouvrent ces dernières (d'où leur nom de *lépidoptères*, ailes écailleuses), et la forme de leur bouche, qui consiste en une trompe ou langue roulée en spirale, et formée de deux pièces qui représentent chacune une mâchoire ; instrument avec lequel ils soutirent le miel des fleurs, qui est leur seule nourriture à l'état parfait.

Ce sont les insectes les plus intéressans de leur classe par l'éclat et la richesse des couleurs de leurs ailes, par l'élégance et la légèreté de leurs formes et par la singularité de leurs habitudes. Ils subissent tous des métamorphoses complètes. En sortant de l'œuf, ils ont la forme d'un ver allongé, pourvu de six pattes à crochets, qui répondent à celles de l'insecte parfait, et de quatre à dix pieds membraneux, comme nous en avons vu dans quelques autres insectes ; on les désigne spécialement sous le nom de *chenilles*. Elles sont toutes agiles et vivent de feuilles de végétaux, auxquelles elles font d'horribles dégâts, ou de pelleteries auxquelles elles ne causent pas moins de dommages. Parvenues au dernier terme de leur développement, elles se construisent un cocon de soie, dans lequel elles sont comme emmaillotées et ressemblent à une momie. Elles ne demeurent dans cet état que quelques jours, et, rompant le tissu de leur coquille, elles se trouvent transformées en *papil-*

lons, et vont voltiger sur les fleurs pour leur ravir leur nectar.

On divise l'ordre des *lépidoptères* en trois familles d'après la disposition de leurs ailes et la forme de leurs antennes ; ce sont les *diurnes*, les *crépusculaires* et les *nocturnes*.

I*re Famille*. — DIURNES (pl. XXXV).

Quoique la nature ait accordé la beauté à la plupart des lépidoptères, c'est sur les *diurnes* qu'elle en a répandu les trésors avec le plus de profusion. Aux couleurs brillantes qu'elle leur a prodiguées, à l'agilité des mouvemens dont elle les a doués, il est facile de voir qu'elle les a créés pour flatter la vue de l'homme, et les livrer à son admiration comme une preuve de sa puissance et de la variété de ses œuvres. Aussi, tandis que les autres familles de cet ordre ne sortent de leurs retraites qu'à la chute du jour ou durant les ténèbres de la nuit, les *diurnes* se montrent pendant que le soleil brille de tout son éclat, et ne cessent d'étaler leur parure à nos regards, que lorsque l'absence de l'astre du jour nous met dans l'impossibilité d'en apprécier la richesse et la variété. Durant tout ce temps, on les voit voltiger continuellement de fleur en fleur, pour leur ravir la liqueur sucrée qu'elles renferment, et, lors même qu'ils se reposent, ils tiennent toujours leur ailes relevées, prêts à prendre leur essor au moindre danger : disposition qu'on n'observe que dans cette famille ; car dans les deux suivantes les ailes inférieures sont munies d'un crochet qui arrête les supérieures, et les force à se tenir couchées horizontalement sur le dos de l'animal.

Quoique la vie de ces *lépidoptères*, auxquels on donne le nom de *papillons* plus spécialement qu'aux crépusculaires et aux nocturnes, soit généralement très courte et bornée à l'espace de quelques jours, ces insectes ne laissent pas d'être communs pendant toute la belle saison, parce que les espèces, en étant très nombreuses, et paraissant à des époques différentes, se succèdent continuellement depuis les premiers beaux jours jusqu'à la fin de l'automne.

Les chenilles de ces insectes ont toujours seize pattes, et leurs chrysalides sont ordinairement anguleuses, et se fixent par la queue aux branches et aux feuilles.

On a basé la division de cette famille, si difficile à étudier, sur la conformation des jambes, qui sont garnies d'un ou de deux ergots, sur la forme de leurs pattes antérieures et sur quelques autres caractères minutieux. On a ainsi formé trente genres environ, parmi lesquels nous ne citerons que les plus importans : les *papillons*, les *nymphales*, les *argus* et les *hespéries*.

§ I. Les PAPILLONS (*papilio*) (*fig.* 7) n'ont qu'une paire d'ergots bien apparens aux jambes postérieures, et ont les six pattes presque semblables et toutes propres à la marche. Ce genre comprend les lépidoptères les plus remarquables par leur taille et par la variété de leur coloris, et se trouve principalement répandu dans les régions équatoriales. Le nombre de ces insectes est si considérable, qu'on a dû les subdiviser en plusieurs sous-genres. Le premier est celui des PAPILLONS, tels que le *Machaon* ou *grand porte-queue;* le *Podalire* ou *flambé*, qui sont très communs ; l'*alexanor*, qui est beaucoup plus rare ; 2° Viennent ensuite les PARNASSIENS, qu'on a ainsi nommés parce qu'on les trouve sur les hautes chaînes de montagnes : tels sont en Europe l'*Apollon ordinaire*, et le *petit Apollon*. 3° Nous trouvons enfin les PIÉRIDES qui sont généralement plus petits que les précédens, et très communs en France ; tels sont le *grand* et le *petit papillons* du *chou,* l'*aurore*, le *souci*, le *citron*, la *Cléopâtre*, etc.

§ II. Le genre NYMPHALE (*nymphalis*) se compose de tous les diurnes dont les deux pattes de devant, sont beaucoup plus courtes que les quatre autres et à peine apparente, ou très velues ; du reste, ils ont comme les précédens les ergots très saillans et simples. Ce groupe a été pareillement subdivisé.

1° Les SATYRES, dont les principaux sont le *faune*, la *briséis* ou *l'ermite*, la *phèdre*, *le myrtil*, le *céphale*, la *galathée* ou *demi-deuil.*

2° Les NYMPHALES propres, telles que la *nymphale de peuplier*, la *camille*, l'*iris* ou *grande mars*, l'*ilie* ou *petit mars*, etc.

3° Les VANESSES, comme le *morio* ou *antiope*, l'*io* ou *paon de jour*, la *belledame*, le *vulcain*, la *grande-tortue*, le *gamma* ou *robert-le-diable.*

4° Les ARGYNNES, dont les principales espèces sont le *tabac d'Espagne*, le *nacré*, le *damier*, l'*athalie.*

§ III. Le nom d'ARGUS (*polyomma*) ou *polyommate*

comprend un grand nombre de lépidoptères diurnes de petite taille, parés d'assez belles couleurs, et qui, sur un fond uniforme, offrent des taches imitant des espèces d'yeux, ce qui leur a fait donner leur nom d'*argus* ; ils se distinguent des précédens en ce qu'ils ont les jambes *munies d'une épine à peine saillante*. Leur chenille est moins allongée et ressemble presque à un cloporte. Plusieurs espèces portent aussi à l'extrémité de leurs ailes un appendice en forme de queue, comme le machaon, et sont appelés vulgairement *petits-porte-queues*.

Les espèces les plus communes de ce genre sont l'*argus bleu*, l'*argus bronzé*, le *xanthe*, l'*argus du chêne*, l'*argus de la verge d'or*, etc.

§ IV. Les papillons, les nymphales et les argus ont tous, comme nous venons de le voir, une paire d'ergots à leurs pattes postérieures, et il a fallu, pour les distinguer entre eux, recourir à la longueur de ces organes et à la conformation des membres antérieurs, qui sont semblables à ceux de derrière dans les uns et en diffèrent chez les autres. Pour reconnaître les HESPÉRIES (*hesperia*), il suffit de s'assurer si les pattes ont deux éperons à chaque jambe ; tous les lépidoptères qui présentent cette particularité appartiennent en effet au genre dont nous parlons. Tels sont, entre autres espèces que la France nourrit, l'*hespérie de la mauve*, l'*hespérie vergetée*, le *miroir*, l'*échiquier*, le *plain-chant*, etc.

IIe *Famille.* — CRÉPUSCULAIRES (pl. XXXV).

Les lépidoptères diurnes se font remarquer non-seulement par l'élégance de leur forme, mais encore par l'éclat et la vivacité de leurs couleurs. Les *crépusculaires*, qui ne se montrent que le matin, durant le court espace de temps qui sépare l'apparition de l'aurore du lever du soleil, ou le soir depuis le coucher de cet astre jusqu'à la nuit, n'offrent jamais ces nuances brillantes qui sont l'apanage exclusif des animaux qui reçoivent les rayons du soleil. Leurs formes sont aussi plus lourdes et plus épaisses, ce qui leur a fait donner quelquefois le nom de *papillons-bourdons* ; leurs ailes, au lieu d'être dressées l'une contre l'autre lorsque l'animal ne s'en sert pas, sont couchées horizontalement sur son dos, parce que les inférieures ont à leur bord externe une épine qui s'engage dans un crochet des supérieures et les tient forcément abaissées. Ce caractère, qui distingue les *crépusculaires* des papillons de jour, leur étant commun avec ceux de la famille suivante, ne suffit pas pour les faire reconnaître; il faut y joindre la forme des antennes, qui chez eux sont renflées soit au milieu, soit à l'extrémité, tandis qu'elles sont en forme de fil ou de soie chez les lépidoptères nocturnes.

Les *crépusculaires* ont tant de rapports entre eux, qu'on peut, malgré le nombre des espèces qu'on en connaît, les réunir tous en un seul genre, celui des SPHINX (*sphinx*) (*fig.* 8), nom que leur imposa un ancien naturaliste, à cause de l'attitude que prennent ordinairement leurs chenilles; attitude qui leur donne une certaine ressemblance avec ce monstre fabuleux.

On divise ce grand genre en plusieurs sous-genres dont les plus importans sont les *sphinx* et le *zygènes.* C'est au premier qu'appartient le *sphinx tête de mort*, grand papillon auquel on a donné son nom spécifique, à cause d'une grande tache qu'il porte sur sa poitrine, et dans laquelle on a cru voir une tête de mort. On y rapporte également le *sphinx du tithymale*, le *sphinx de la vigne*, etc.

Dans le sous-genre Zygène nous trouvons la *zygène de la filipendule*, qui est d'un vert foncé avec six taches rouges sur les ailes supérieures, et la *zygène turquoise*, espèce remarquable parmi les crépusculaires par sa belle couleur verte.

IIIe *Famille.* — Nocturnes.

Si les lépidoptères de la famille précédente n'ont plus les couleurs vives des papillons diurnes, du moins ils conservent encore des nuances assez bien distribuées, des formes agréables, des mouvemens agiles. Chez les *nocturnes*, nous verrons toutes les couleurs se ternir et prendre une teinte obscure, le corps se raccourcir et devenir lourd, les mouvemens s'appesantir et se changer en une allure traînante; aussi ne les voit-on presque jamais voler tant que le soleil reste sur l'horizon. Leurs chenilles, qui ont presque toujours moins de seize pattes, sont généralement velues, et se filent un cocon avant de se métamorphoser en nymphes; c'est même une des espèces de cette famille qui produit la soie en faisant sa coque.

Le nombre des lépidoptères *nocturnes* est si considérable,

que l'on a dû en former plusieurs genres , dont les plus importans sont les *bombyces* , les *noctuelles* , les *phalènes* et les
teignes.

§ I. Les BOMBYCES (*bombyx*) sont caractérisées par
leur trompe , qui n'est que rudimentaire, et par leurs ailes entières et lisses dont les inférieures , dans l'état de repos , sont
plus larges que les supérieures. Leurs chenilles se nourrissent
de feuilles et de bourgeons tendres , et se filent , pour se métamorphoser, un cocon de soie presque pure. Les principales
espèces de ce genre sont l'*atlas*, le *paon de nuit* , le *bombyce
processionnaire* et le *bombyce du mûrier* ou *ver à soie*.
Les deux premiers n'ont de remarquable que leur taille
et les belles taches qu'ils offrent sur leurs ailes. Le troisième
est curieux par l'habitude qu'il a de vivre en sociétés nombreuses, et par l'ordre qu'il suit dans sa marche lorsqu'il
change de domicile , ce qui lui arrive de temps en temps. Un
seul ouvre la marche, deux viennent après, puis trois, quatre,
cinq, et ainsi de suite en augmentant d'un à chaque file, de
manière que toute la troupe forme un triangle, dont le sommet
est l'avant-garde et la base l'arrière-garde. Quant au quatrième, c'est sans aucun doute l'insecte le plus utile que l'on
connaisse en Europe.

Ce *bombyce* n'aurait jamais été remarqué du peuple à l'état
parfait, si sa chenille ne s'était attiré son attention, par l'habitude qu'elle a de produire ce fil mince et délicat, auquel nous
devons nos plus beaux tissus. Mais il paraît que, dès la plus
haute antiquité (plusieurs siècles avant l'ère chrétienne,
2700 ans, selon quelques auteurs orientaux), les Chinois s'a-
perçurent du profit qu'ils pouvaient retirer de ce précieux insecte , et s'occupèrent avec tant de succès de cette industrie,
qu'ils parvinrent en peu de temps à en confectionner des
étoffes. De la Chine, l'éducation du *ver à soie* passa chez les
peuples voisins, et surtout dans la Perse et dans l'Inde, d'où
les anciens tiraient toute leur soie. Ce ne fut que sous le règne
de Justinien que l'on connut en Europe l'animal qui la produit.
A cette époque, deux moines grecs en apportèrent des œufs à
Constantinople et parvinrent à les faire éclore. On tenta alors
de les multiplier, et l'on y réussit si bien qu'en quelques années tout le midi de l'Europe orientale fut couvert de mûriers
pour les nourrir. Durant les guerres des Croisades , l'espèce en

fut transportée en Sicile, d'où elle se répandit peu à peu en Italie, en Espagne et en France, où elle forme maintenant une branche importante de commerce.

Comme le *ver à soie* exige, pour être élevé, beaucoup de soins minutieux, et que son éducation est très intéressante, nous allons entrer dans quelques détails à se sujet.

Quoiqu'on pût à la rigueur élever ces insectes partout où croît le *mûrier blanc*, dont les feuilles servent à les nourrir, tous les pays ne sont pas également propres à leur éducation. Originaires des contrées orientales de l'Asie, il leur faut un climat à peu près semblable ; et ce climat, on le trouve en Sicile, en Italie, en Espagne, en Grèce, dans le midi de France et autres lieux analogues pour la température. Il faut de plus chercher l'exposition la plus convenable, pour établir la *magnanière* ou le local destiné à recevoir les *magnans*, c'est-à-dire les vers à soie ; il faut éviter de la placer dans le voisinage des marais et des rivières, parce que les mauvaises odeurs et l'humidité sont contraires à leur multiplication.

Le local trouvé, on se procure de la graine ou des œufs, et, quand la saison favorable arrive, c'est à-dire au printemps, on les dispose par couches légères sur le fond de boîtes de bois très mince et doublées de papier, et on les porte dans une chambre que l'on chauffe graduellement jusqu'à l'époque de la naissance des chenilles. A mesure que celles-ci éclosent, on les enlève et on les place sur des claies couvertes de feuilles de mûrier. Elles ont alors un peu plus d'une ligne de long.

Le temps que le *bombyce* passe à l'état de larve comprend une période d'environ trente-cinq jours, pendant lesquels il change quatre fois de peau et grossit considérablement, puisque, arrivé au moment de se métamorphoser en chrysalide, il a près de trois pouces de longueur. Chacune de ses mues est précédée d'une espèce de fringale, durant laquelle l'animal consomme beaucoup de feuilles, mais qui s'arrête quelques heures avant qu'il change de peau ; le *ver à soie* est durant cette opération dans un véritable état de maladie passagère, mais qui n'a rien d'inquiétant ; car à peine la mue est-elle terminée, que son appétit recommence et va en augmentant jusqu'à un nouveau changement de peau. Quand le moment de la métamorphose est arrivé, on place au-dessus des claies qui soutiennent les vers, des rameaux de bruyère ou de chêne vert, sur lesquels les chenilles se hâtent de monter pour filer leur cocon. Elles commencent par se fixer à une petite tige et se mettent sur-le-champ à travailler ; trois jours après, l'opération est terminée et l'on peut cueillir les cocons.

Il ne reste plus qu'à les dévider ; on les fait tremper préalablement dans de l'eau chaude pour les décoller, et ensuite on en prend quatre ou cinq dont on rapproche les bouts pour n'en former qu'un fil et les dévider tous ensemble ; chacun d'eux produit un brin d'environ neuf cents pieds de long, indépendamment d'un petit noyau qu'on ne peut pas débrouiller, et que l'on carde ensuite pour en faire de la *filoselle*.

§ II. Les NOCTUELLES (*noctua*) se distinguent des bombyces par leurs palpes inférieurs, dont le dernier article est plus fin que les autres, par leur trompe longue et cornée, et par les écailles qui recouvrent leur corps.

Ces lépidoptères, bien qu'appartenant par la disposition de leurs ailes à la famille des nocturnes, présentent cependant des couleurs plus vives et plus variées que la plupart des autres genres de la même famille et même de la précédente ; ils ne se montrent jamais pendant l'obscurité de la nuit, et volent même durant le jour sur les fleurs dont ils sucent le miel.

Les chenilles de ce genre sont souvent carnassières, détruisent une grande quantité d'autres larves et s'attaquent même souvent entre elles ; celles qui sont les plus fortes tuent toujours les plus faibles et les dévorent impitoyablement.

Les principales espèces de ce genre nombreux sont la *fiancée*, l'*accordée*, la *gamma*, la *noctuelle dorée*, etc,

§ III. Le genre PHALÈNE (*phalœna*) comprenait autrefois tous les lépidoptères nocturnes ; depuis on l'a restreint aux espèces dont le corps est grêle, la trompe courte, les ailes larges et le corps toujours nu ; leurs chenilles n'ont ordinairement que dix pattes et ont une manière de marcher toute particulière. Elles se fixent d'abord au moyen de leurs pattes antérieures, relèvent ensuite la partie postérieure de leur corps, pour la rapprocher de celle de devant, et, ayant fixé ces dernières à leur tour, elles dégagent les premières et portent leur corps en avant. La répétition de ce manége détermine leur progression, et leur a fait donner le nom de *géomètres* ou d'*arpenteuses*. Leur attitude dans le repos est très extraordinaire ; fixées aux branches ou aux rameaux de divers végétaux par les pattes de derrière, elles tiennent leur corps suspendu en l'air en ligne droite et parfaitement immobile, ce qui leur a valu le nom de *chenilles en bâton*. Si on les touche dans cet état, elles se laissent aller ; mais au lieu de tomber jusqu'à terre, elles demeurent suspendues en l'air, au moyen d'un fil qu'elles peuvent allonger ou raccourcir à leur gré, de sorte que, lorsqu'on cherche à l'endroit où elles ont dû tomber, on est tout étonné de ne rien trouver. Par ce moyen elles échappent à un grand nombre de dangers, dans lesquels elles auraient péri sans ce stratagème.

Les espèces de *phalènes* les plus communes dans nos pays sont la *phalène soufrée* ou du *sureau*, la *phalène du lilas*, la *phalène du groseiller*, etc.

§ IV. Les **TEIGNES** (*tinea*) sont les plus petits lépidoptères connus, et se reconnaissent facilement à leurs ailes plissées dans l'état de repos. Leurs chenilles sont toujours lisses et sans poils, et pourvues de seize pattes au moins. Elles se tiennent toujours cachées dans des habitations fixes ou mobiles, qu'elles se pratiquent aux dépens des substances qu'elles rongent. Le plus souvent c'est dans nos armoires qu'elles en vont chercher les matériaux, et elles nous causent ainsi des dégâts considérables. C'est surtout dans les magasins de cuirs qu'elles sont à craindre. Si on n'a pas soin de manier les marchandises de temps en temps, elles s'y propagent en telle quantité qu'elles finissent par y détruire tout.

Mais toutes les espèces ne sont pas domestiques. Il y en a qui vivent dans les champs de feuilles et des parties tendres des végétaux ; celles-là sont beaucoup moins nuisibles. Une particularité bien remarquable, c'est que ces insectes en mangeant les feuilles n'attaquent jamais l'épiderme ou membrane qui en forme les deux faces ; ils n'en rongent que le parenchyme, c'est-à-dire la partie comprise entre les deux feuillets épidermiques.

On connaît un grand nombre d'espèces de *teignes*, dont les noms spécifiques se tirent de l'objet dont elles se nourrissent principalement ; telles sont la *teigne de la cire*, la *teigne des ruches*, la *teigne des tapisseries*, la *teigne des draps*, la *teigne des pelleteries*, la *teigne des grains*, etc.

VIIIe *Ordre*. — DIPTÈRES.

On peut se faire facilement une idée exacte des insectes de cet ordre d'après la forme de la mouche commune et du cousin.

Tous ont une bouche uniquement propre à pomper les alimens liquides, deux ailes membraneuses et transparentes, et au-dessous d'elles deux petits appendices mobiles en forme de *balanciers*, qu'on a quelquefois regardés comme les rudimens de deux ailes, mais dont l'usage est complètement inconnu.

Quoique ces animaux n'aient que deux ailes, plus petites même que celles de la plupart des autres insectes de leur taille, ils n'en jouissent pas moins d'un vol agile et étendu, qui leur permet de se soutenir dans l'air pendant des heures en-tières, souvent même sans paraître remuer, tant est rapide le mouvement qu'ils impriment à leurs ailes! On en a vu des es-pèces suivre, pendant plusieurs lieues, un cheval qui marchait alternativement au trot et au galop. Ils profitent de cette apti-tude au mouvement pour chercher à leur postérité un asile, où elle puisse trouver la sûreté et la subsistance ; car leurs larves, privées de pattes, ne peuvent pourvoir par elles-mêmes à leurs besoins. C'est dans le double but de les mettre à l'abri du dan-ger et de placer des alimens à leur portée, que leur mère choi-sit pour faire sa ponte les matières animales en putréfaction, et va quelquefois jusqu'à déposer ses œufs sur le corps de cer-tains animaux, sur lesquels ou dans lesquels les petits qui en proviennent doivent éclore et se développer.

La bouche des *diptères*, quoique étant toujours en forme de trompe, présente cependant des modifications assez importan-tes ; tantôt en effet elle contient dans son intérieur un certain nombre de soies solides, avec lesquelles l'insecte perce l'enve-loppe des corps organisés dont les humeurs servent à le nourrir; tantôt au contraire elle fait simplement l'office d'une ventouse, et ne peut qu'aspirer les liquides placés à leur surface. Dans quelques espèces même, cette partie de leurs corps est tout-à-fait rudimentaire et se trouve réduite à un simple orifice à peine saillant. Dans tous les cas, les *diptères* ne peuvent prendre que des substances fluides, du moins à l'état parfait; car, sous ce-lui de larves, ils ont la bouche garnie de crochets, qui leur ser-vent à déchirer et à broyer des matières solides.

Le reste de l'organisation ds ces insectes n'offre rien de remarquable; leur tête présente des antennes généralement courtes; leurs tarses se terminent par des crochets très fins, qui leur servent à s'attacher aux plumes et aux poils des animaux sur lesquels ils vivent, et offrent quelquefois des espèces de pe-lotes membraneuses qui leur servent de ventouses pour se fixer sur les corps les plus polis, et s'y maintenir souvent contre les lois de la pesanteur, comme les mouches nous en offrent un exemple.

Si d'un côté les *diptères* peuvent nous faire du tort en suçant notre sang et celui de nos bestiaux, ou en déposant leurs œufs sur nos provisions de bouche dont ils hâtent ainsi la putréfaction, de l'autre ils nous rendent des services signalés en détruisant une multitude de cadavres, dont les exhalaisons pourraient devenir dangereuses. Du reste, ce n'est guère qu'à l'état de larves qu'ils peuvent nous être utiles ou nuisibles. A l'état parfait, ils ont la vie si courte, qu'ils n'ont que le temps de faire leur ponte, et meurent presque aussitôt après, sans avoir mangé.

On divise l'ordre des *diptères* en cinq familles : les *némocères*, les *tanystomes*, les *notacanthes*, les *athéricères* et les *pupipares*.

Ire *Famille.* — Némocères (pl. XXXV).

Némocères est un mot grec qui signifie *antennes en fil*, et qui convient d'autant mieux aux diptères de la famille dont nous parlons, qu'ils sont les seuls de leur ordre dont ces organes aient une longueur supérieure à celle de la tête et du corselet réunis, et soient composés d'au moins six articles et le plus souvent de quatorze à seize. Ces antennes vont d'ailleurs en diminuant insensiblement de grosseur depuis leur origine jusqa'à leur extrémité, ou du moins ne présentent jamais de renflement bien marqué dans aucune de leurs parties, et sont tout au plus garnies sur les côtés de petites soies fines, disposées comme les barbes d'une plume.

Quant à la forme de leur corps, ils ont la tête petite avec deux grands yeux, le corselet court et comme bossu, l'abdomen allongé, et composé le plus souvent de neuf anneaux, les ailes plutôt étroites que larges, les pattes très longues et très déliées ; en un mot, des formes fines et légères.

La plupart des *némocères*, surtout les petites espèces, se rassemblent par troupes nombreuses dans les airs, et y forment en volant des espèces de danses régulières pendant des heures entières. Quoiqu'on trouve de ces insectes durant toute la belle saison, c'est surtout vers l'automne qu'ils sont le plus communs. Il paraît que la maturité des fruits est une des con-

ditions qui favorisent le plus leur développement et leur propagation. Ils sont surtout très abondans dans les pays de
vignobles, vers l'époque des vendanges.

Parmi ces insectes, les uns font leur ponte dans l'eau, les
autres sur la terre; mais tous, terrestres et aquatiques, subissent des métamorphoses complètes; leurs larves sont apodes,
allongées et ressemblent à des vers. Pour les nymphes, elles
sont tantôt nues, tantôt renfermées dans des coques; dans tous
les cas, elles sont mobiles et offrent toutes les parties extérieures qui distinguent l'insecte parfait.

Cette famille comprend deux grands genres, les *cousins* et
les *tipules*.

§ I. Chacun sait, par sa propre expérience, combien les
COUSINS (*culex*) (*fig.* 9) sont incommodes et fâcheux,
non-seulement par le bruit monotone dont ils étourdissent nos
oreilles, mais encore par les piqûres profondes qu'ils font sur
notre corps. Au moyen d'une *trompe* saillante et presque aussi
longue que leurs antennes, et surtout de cinq piquans qu'elle
renferme, ils percent la peau de la plupart des animaux pour
en sucer le sang. Avides de celui de l'homme, ils le poursuivent, le harcellent sans cesse et particulièrement vers le soir.
Ses vêtemens ne suffisent pas pour le garantir de leurs atteintes; leur longue trompe traverse ces obstacles pour parvenir
jusqu'à lui, et cause des blessures d'autant plus douloureuses,
qu'elle verse dans la plaie une liqueur venimeuse, dont la présence détermine l'enflure et la cuisson, qui accompagnent ordinairement la piqûre de ces insectes. En Amérique, où on leur
donne le nom de *maringouins* et de *moustiques*, ils se rendent
tellement importuns qu'en plusieurs endroits on ne peut sortir
le soir, sans se couvrir d'une espèce de voile auquel on donne,
à cause de son usage, le nom de *cousinière*. Il paraît que ce
sont seulement les femelles qui nous tourmentent ainsi. Ce
n'est pas cependant pour faire leur ponte qu'elles viennent à
nous, car elles ne déposent leurs œufs que dans l'eau; elles le
font d'une manière assez remarquable, en ce qu'elles les réunissent ensemble en forme de batelet qui flotte à la surface du
liquide. Les larves et les nymphes qui en proviennent ne quittent cet élément, où elles nagent avec beaucoup d'agilité, qu'à
l'époque de leur dernière transformation.

Parmi les espèces de ce genre, les plus connues sont le *cou-*

sin commun, le *cousin pulicaire*, le *cousin des chevaux*, etc.

§ II. Les **TIPULES** (*tipula*) ressemblent beaucoup aux cousins par leur forme élancée, par leurs ailes étroites, et par leurs pattes longues et grêles; mais elles s'en distinguent aisément par la conformation de leur bouche dont la trompe est à peine visible; d'ailleurs leurs couleurs, quoique toujours obscures, sont cependant plus variées que celles des précédens.

Les *tipules* ne sont ni moins répandues ni moins abondantes que les cousins; on en trouve partout depuis le commencement du printemps jusqu'en automne. Mais c'est surtout dans cette dernière saison et dans les terrains plantés en prés qu'elles sont le plus communes; on ne peut alors faire un pas dans ces endroits sans en faire partir plusieurs, et il n'est pas rare d'en voir de petits essaims exécuter dans les airs des mouvemens réguliers de montée et de descente, sans dévier de la ligne verticale et sans jamais en dépasser les points extrêmes, soit en haut, soit en bas, et cela pendant un temps très considérable. Du reste on ignore complètement quel peut être le but de cette manœuvre singulière.

Parmi ces insectes, les uns déposent leurs œufs dans la terre, principalement dans celle qui contient des débris de matières organiques; les larves qui en proviennent se nourrissent des molécules nutritives qu'elles y trouvent; d'autres les déposent dans l'eau, et leurs petits vivent à peu près comme ceux des cousins. Certaines espèces font leur ponte dans les galles, d'autres dans le vieux bois pourri, et leurs larves tirent leur subsistance des lieux mêmes où elles se rencontrent. D'après cette variété d'habitudes, on a divisé les tipules en plusieurs sousgenres. 1º Les **TIPULES-COUSINS** sont petites et ont les larves aquatiques, comme la *tipule culiciforme*, la *tipule annulaire*, la *tipule bigarrée*. 2º Les **TIPULES** ordinaires sont généralement plus grandes et ont les larves terrestres; telles sont la *tipule des prés*, la *tipule gigantesque*, la *tipule aranéoïde*. Cette dernière est extrêmement remarquable, en ce qu'on la trouve assez souvent en hiver sur la neige ou sur la glace.

IIᵉ *Famille.* — **TANYSTOMES** (pl. XXXV).

Cette famille diffère de celle qui précède par la brièveté de ses antennes, qui sont ordinairement plus courtes que la tête de l'insecte, et ne sont composées que de deux ou trois articles au plus, et des suivantes par le dernier article de ces organes, qui n'offre aucune division transverse, excepté dans le genre *taon*, qui est facile à reconnaître au nombre des pièces de son suçoir; leur trompe est généralement saillante et composée de quatre ou six pièces.

Les larves de ces insectes ressemblent à de longs vers presque ronds et sans pattes, et ont la bouche composée de crochets qui leur servent à ronger les substances dont elles se nourrissent.

Cette famille, plus nombreuse que la précédente, comprend les genres *asile*, *lepte* et *taon*.

§ I. Les ASILES (*asilus*) sont des insectes dont la forme rappelle celle des mouches, mais qui sont beaucoup plus grands et offrent d'ailleurs des différences assez sensibles. Ils ont le corps allongé et velu, les antennes rapprochées à leur base et subulées ou en alène, la trompe saillante en avant, les ailes croisées sur le dos, et les pattes longues et garnies de crochets.

Les *asiles* sont, parmi les diptères, ce que les rapaces sont parmi les oiseaux. Unissant la force musculaire et le pouvoir des armes à un naturel féroce et carnassier, ils deviennent pour tous les insectes, et surtout pour les papillons et pour les mouches, des tyrans acharnés qui volent sans cesse après leurs victimes, et qui, les saisissant dans les crochets aigus de leurs pattes, les retiennent avec force et les sucent avec leur trompe, jusqu'à ce qu'ils aient pompé toutes leurs parties liquides. Quelquefois même ils attaquent les coléoptères dont la peau est beaucoup plus solide, et offre d'autant plus de résistance à leurs efforts que l'animal se débat avec force. Mais l'*asile* le retient et l'assujétit avec ses serres, jusqu'à ce qu'il soit parvenu à percer l'enveloppe cornée, après quoi il lui donne la mort et l'emporte pour le dévorer plus à son aise.

On trouve les *asiles* dans les jardins, dans les prairies et dans les champs, où ils incommodent beaucoup par leurs piqûres, les bestiaux qu'on y fait paître ou travailler. Leurs larves vivent dans la terre, dans le sein de laquelle elles se fraient une route avec deux crochets vigoureux dont leur bouche est armée.

On compte plus de cent espèces de ce genre; les principales sont : l'*asile frelon*, qui a environ un pouce de long et qui est le plus grand de ceux d'Europe, et l'*asile géant*, qui est d'Amérique et qui surpasse le précédent pour la taille.

§ II. Les **LEPTES** (*leptis*) diffèrent des asiles par leur trompe plus courte, jamais saillante, et presque toujours susceptible d'être ramenée dans une cavité du front. Leurs antennes sont à peu près filiformes, excepté que leur dernier article est gros et se termine par une soie simple ; leurs ailes, qui sont plus longues que l'abdomen, sont fortement écartées l'une de l'autre pendant le repos.

Nous avons en France deux espèces remarquables de ce genre ; ce sont le *lepte bécasse* et le *lepte ver-lion*. Le premier, qui est très commun dans les bois aux environs de Paris, a les formes grêles et les pattes longues, ce qui lui a fait donner son nom spécifique. Le second est plus petit et n'offre rien de remarquable à l'état parfait ; mais la larve est pour le moins aussi curieuse à connaître que celle du fourmilion. Comme cette dernière, et souvent de société avec elle, le *ver-lion* (car c'est ainsi qu'on appelle cette larve) se creuse un trou en forme d'entonnoir, et se place au fond en embuscade sur le sable. Dès qu'il a pris un insecte il l'entraîne sous la terre, après l'avoir percé de son dard, et le suce tranquillement. Ensuite il se débarrasse de la peau de sa victime de la même manière que le fourmilion. Mais ce qu'il y a de singulier dans l'histoire de cette larve, c'est que, malgré sa vivacité naturelle, elle devient immobile aussitôt qu'elle se sent prise. On a beau la remuer, elle ne donne aucun signe de vie ; mais si par hasard on lui rend la liberté, elle reprend peu à peu son agilité, et le premier usage qu'elle en fait, est de chercher à creuser la terre pour s'y faire une retraite.

§ III. Les **TAONS** (*tabanus*) (*fig.* 10) sont de gros insectes, fort connus par les tourmens qu'ils causent à nos bêtes de somme, et faciles à distinguer à leurs antennes courtes, dont le dernier article est coupé intérieurement en forme de croissant, et à leur trompe qui contient en dedans six espèces de lancettes, pour piquer la peau des animaux dont ils sucent le sang.

Ces insectes ressemblent à de grosses mouches, et sont tellement redoutés de nos animaux domestiques, à cause des piqûres qu'ils en reçoivent, qu'à leur vue seule ils deviennent furieux et n'obéissent plus à la voix de leur maître. L'âne surtout les craint tellement qu'il rejette tout ce qu'il porte pour se rouler dans la poussière et s'en débarrasser. Il est d'autant plus difficile de leur faire lâcher prise, qu'ils s'attachent aux poils des animaux avec les crochets de leurs tarses et avec des pelotes qui garnissent ces organes.

C'est surtout pendant les temps d'orage que les *taons* deviennent plus importuns ; il leur arrive alors de poursuivre l'homme lui-même qui, malgré l'usage de ses mains, a quelquefois de la peine à les mettre en fuite ; ils reviennent à la charge avec tant d'opiniâtreté, et échappent avec tant d'adresse à la main qui veut les frapper, qu'il est presque impossible de n'en être pas piqué.

Les principales espèces de ce genre sont le *taon des bœufs*, qui est noirâtre avec des ailes brunes ; c'est le plus connu de tous ; le *taon du chameau*, qui est un tourment continuel pour ce ruminant ; le *taon nègre* qu'on trouve dans le midi de la France. Il paraît que c'est aussi à ce genre qu'il faut rapporter l'espèce si redoutée du lion.

IIIe *Famille.* — NOTACANTHES.

Chez les *notacanthes*, le dernier article des antennes est constamment annelé, caractère qui les distingue de tous les tanystomes, excepté des taons, qui le présentent également, mais dont le suçoir, composé de six pièces cornées, ne permet de les confondre avec aucun autre diptère à antennes courtes.

Lorsque ces insectes ont pris des ailes, ils voltigent continuellement autour des fleurs, dont ils sucent le miel, tandis qu'à l'état de larves ils vivent principalement dans l'eau. Du reste, leurs habitudes sont peu connues, excepté dans le genre STRATIOME (*stratiomys*), qui est le plus important de la famille.

Ces insectes, qu'on appelle communément *mouches armées*, tirent ce nom, ainsi que celui de *stratiomys* (mouche soldat), qui a la même signification, d'un certain nombre d'épines placées à l'extrémité de leur écusson sur le corselet ; ce caractère, joint à la forme de leurs antennes, qui sont plus longues que la tête, et dont le dernier article forme un coude avec celui qui précède, empêche toujours de les confondre avec aucun autre genre de la même famille.

La larve des *stratiomes* est de forme allongée, sans pattes et présente à son extrémité postérieure une espèce d'entonnoir, formé d'un grand nombre de poils, au centre duquel se trouve placé l'orifice de l'organe respiratoire. La position de cet orifice exige que ces larves, qui sont toutes aquatiques, se tiennent renversées de manière que tout leur corps plonge dans le liquide, tandis que la queue et les poils qui la forment servent à la soutenir à sa surface, et permettent à l'air de s'introduire par les stigmates. Lorsque l'animal veut s'enfoncer, il reploie ses poils, les rassemble en paquet, et en couvre l'ouverture des trachées, où il conserve même une petite quantité de fluide atmosphérique, pour pouvoir rester plus long-temps sous l'eau.

Les larves des *stratiomes* se métamorphosent en nymphes sans former de coque; la peau qu'elles avaient se durcit autour d'elles et leur en tient lieu. Sous cet état, elles flottent au gré des eaux, jusqu'au moment où elles rompent leur enveloppe pour se changer en insectes. A cette époque elles s'élèvent à la surface du liquide, font sauter les deux derniers anneaux de leur coque et prennent leur essor vers leur nouvel élément.

L'espèce la plus commune de ce genre aux environs de Paris est le *stratiome-caméléon*, qui a six ou sept lignes de long et qu'on trouve sur les fleurs.

IVe *Famille.* — ATHÉRICÈRES.

La mouche commune, étudiée dans son organisation et dans ses habitudes, peut nous donner une idée assez exacte de tous les *athéricères*. On trouve à tous ces insectes, comme à la première, une bouche en trompe courte et rétractile, et ne renfermant ordinairement que deux pièces cornées, des antennes de trois articles, dont le dernier n'est jamais divisé transversalement.

A l'état parfait, ces diptères se nourrissent du suc des fleurs, de matières animales en putréfaction, du sang des animaux, etc., c'est dire que leurs habitudes sont toutes différentes selon les espèces. Les mœurs de leurs larves ne sont pas moins variables; il y en a qui vivent dans les nids des abeilles, dans l'eau, dans les cloaques, dans les ordures, etc., mais toujours dans des endroits où elles trouvent une nourriture prête et généralement liquide. Pour passer à l'état de nymphe, elles ne filent pas de cocon; leur peau, comme chez les stratiomes, acquérant plus de consistance, leur en tient lieu, et suffit pour les protéger pendant le peu de temps qu'elles vivent sous cette forme.

Cette famille comprend trois genres principaux : les *syrphes*, les *œstres* et les *mouches.*

§ I. Les SYRPHES (*syrphus*) ont une trompe qui renferme quatre soies, tandis que dans tous les autres genres elle n'en contient que deux. Leur tête est aussi plus grosse, presque entièrement occupée par les yeux, et aussi large que l'abdomen ; leurs antennes sont très courtes, droites et très rapprochées à leur base. Leur forme générale rappelle celle des bourdons et des guêpes, auxquelles ils ressemblent encore par le bourdonnement qu'ils font entendre en volant, et par l'habitude qu'ils ont de se tenir sur les fleurs.

Les larves de ces insectes, comme celles de tous les diptères, sont molles, sans pattes, et se meuvent par la contraction de leurs anneaux. Les unes vivent sur les arbres et font de grands dégâts parmi les pucerons ; elles en dévorent tant que l'on en a vu une seule en sucer vingt dans l'espace d'une minute, et il est rare d'en rencontrer qui n'aient pas un puceron à l'extrémité de leur trompe. D'autres se placent dans les nids des abeilles et font la guerre aux nourrissons de ces dernières. Quelques-unes enfin, qu'on a nommées *larves à queue de rat,* parce que leur abdomen se termine par une espèce de queue qui leur sert pour respirer, se tiennent dans l'eau et vivent des matières corrompues qu'elles tirent de la vase. On les voit fréquemment nager dans les eaux bourbeuses, la tête en bas, la queue en haut et hors du liquide.

Le *syrphe du groseiller* et le *syrphe du rosier* sont les espèces de ce genre les plus communes en France.

§ II. Les OESTRES (*œstrus*) forment un genre bien distinct en ce qu'à la place de la bouche, ils n'ont que trois petits tubercules ou de faibles rudimens de trompe.

Ces insectes ont le port d'une grosse mouche très velue, dont les ailes sont écartées dans le repos et dont la tête est large, avec de grands yeux et de très petites antennes.

On trouve rarement les *œstres* à l'état parfait, parce que leur vie est très courte et se borne généralement à faire la ponte. C'est toujours sur le corps des grands quadrupèdes qu'ils déposent leurs œufs, en leur perçant la peau avec un aiguillon qu'ils ont à l'extrémité de leur abdomen. La présence de ces œufs ne tarde pas à produire un gonflement plus ou moins considérable et à former de petites bosses ; et au moment où la l arve rompt son enveloppe, elle se nourrit du pus qui s'y produit. Quelquefois la femelle se contente de fixer ses œufs dans le voisinage de quelque cavité, telle que les oreilles, les narines, la bouche ou même l'anus, de manière que la larve s'y introduit aussitôt après sa naissance, et s'y attache au moyen de deux crochets dont sa bouche est armée.

Quelques espèces cependant placent leurs œufs loin de ces cavités et les collent aux poils, dans les endroits où l'animal a coutume de se lécher fréquemment. Par cette précaution, il arrive tôt ou tard que les larves sont rencontrées par la langue, qui les porte dans la bouche et par suite dans le canal intestinal. Dans tous les cas, une fois établies dans les voies digestives, elles s'y nourrissent des divers sucs produits par leurs parois, et y restent jusqu'à ce que, étant parvenues à leur complet développement, elles soient expulsées avec les excrémens, dans lesquels elles opèrent leur transformation en insectes parfaits.

On conçoit que les espèces qui déposent leurs œufs à l'extérieur, ne fassent pas grand mal aux animaux sur lesquels elles vivent; mais celles qui percent leur peau et qui ensuite s'introduisent dans les ouvertures naturelles causent le plus souvent de très vives douleurs ; on voit souvent des chevaux, des bœufs et des moutons s'agiter, frapper du pied ou s'enfuir tête baissée dans la première direction venue, jusqu'à ce que la douleur soit un peu calmée. Il est alors très dangereux de se trouver sur leur passage.

Les principales espèces d'œstres sont l'*œstre du bœuf*, l'*œstre du mouton*, l'*œstre du cheval*, etc.

§ III. On pourrait faire un volume sur le genre MOUCHE (*musca*) ; il comprend plus de mille espèces, nombre supérieur à celui que renferment plusieurs classes de la zoologie. Aussi la plupart des naturalistes ont-ils subdivisé ce groupe en plusieurs sous-genres et même en plusieurs familles dont chacune contient plusieurs sections. Et cependant on a séparé de ce genre un grand nombre d'espèces que les anciens y rapportaient, car il comprenait autrefois presque tous les diptères connus, à l'exception des tipules, des cousins et d'un petit nombre d'autres, tandis qu'aujourd'hui il ne renferme plus que les athéricères, dont la trompe petite, mais bien apparente, n'a que deux soies et peut être entièrement retirée dans la cavité de la bouche, et dont les antennes ont le dernier article aplati et garni d'une soie latérale.

Les *mouches* sont peut-être les insectes les plus généralement connus ; on les rencontre partout, dans les maisons, dans les champs, dans les prairies, dans les bois. A l'aide des crochets et des pelotes dont leurs tarses sont garnis, elles s'attachent à tous les corps polis ou raboteux, aux premiers en faisant le vide avec leurs pelotes, aux seconds en saisissant les aspérités avec leurs crochets. C'est ainsi qu'on les voit courir sur les glaces et sur les plafonds, dans une position verticale ou même renversée.

Ces insectes volent avec rapidité et font entendre un petit bourdonnement, qui est produit par le frottement de leurs ailes contre le corselet. Sous ce rapport, ils sont incommodes ; mais ce qui les rend bien plus fâcheux, c'est l'habitude qu'ils ont de se poser sur nous, et de nous causer avec leur trompe des démangeaisons toujours pénibles et souvent insupportables. Les espèces de nos appartemens salissent tout de leurs ordures, les glaces, les dorures, les viandes, les fruits, car elles se nourrissent presque indistinctement de toutes sortes de matières, animales ou végétales. Leurs larves, qu'on appelle vulgairement des *vers*, infestent tout, la chair fraîche ou corrompue, le miel, le fromage, etc. ; elles se mettent partout. Heureusement elles ont de nombreux ennemis ; les oiseaux, les araignées, etc., leur font une chasse active et en détruisent beaucoup.

Les espèces les plus répandues sont la *mouche domestique*, la *mouche bleue de la viande*, la *mouche dorée*, la *mouche vivipare* ou *carnassière*, etc., etc.

V.e Famille. — PUPIPARES (pl. XXXV).

Le nom de *pupipares* est formé du latin *pario*, je produis, et *pupus*, petit ou plutôt *nymphe*. Tous les insectes compris dans cette famille conservent en effet leurs œufs dans leur abdomen, jusqu'à ce qu'ils aient été transformés en nymphes, de sorte que ces dernières n'ont au moment de leur naissance qu'à rompre leur peau pour prendre leur essor. On distingue facilement ces diptères à leur tête presque confondue avec le thorax ou du moins très intimement unie avec lui, à leurs antennes plus courtes que la tête et très écartées, et enfin à leur trompe très petite et composée de deux filets très rapprochés.

Cette famille ne comprend qu'un genre intéressant, les HIPPOBOSQUES (*hippobosca*) (fig. 11), dont toutes les espèces ont le corps épais et aplati, la peau dure, les ailes longues et presque opaques, les pattes longues et robustes. Leur genre de vie est analogue à celui des œstres, c'est-à-dire qu'ils sont parasites, et se tiennent sur le corps des quadrupèdes et des oiseaux dont ils sucent le sang. Ils s'attachent surtout aux chevaux, sur lesquels ils se rassemblent en troupes nombreuses; mais quoiqu'ils se nourrissent exclusivement de leur sang, ils ne les font pas autant souffrir que les œstres; ce qui le prouve, c'est que ces mammifères en sont quelquefois entièrement couverts, sans entrer en fureur et quelquefois même sans donner des signes d'impatience. Les *hippobosques* n'ayant pas à déposer leurs œufs, puisqu'ils les conservent dans leur abdomen jusqu'à leur changement en nymphe, piquent moins profondément, et la succion qu'ils exercent est plutôt incommode que douloureuse; on peut la comparer à la morsure d'une puce.

Le fait le plus curieux de l'histoire de ces insectes, c'est leur reproduction. Le petit, qui est presque aussi gros que le ventre de la femelle, est enveloppé dans une peau solide, dans laquelle il est à un grand état de mollesse, de sorte qu'en l'ouvrant il n'en sort qu'une matière molle et informe; mais si on ne fend la peau qu'après avoir fait cuire l'animal, on le trouve avec sa forme ordinaire, telle qu'il doit l'avoir après sa dernière transformation. Quand ce moment est arrivé, l'insecte fait sauter une partie de l'enveloppe, qui cède d'autant plus facilement, qu'elle est comme circonscrite par une ligne, sous laquelle la peau a beaucoup moins de solidité.

Le genre *hippobosque* est beaucoup moins nombreux que la plupart de ceux dont nous avons parlé; il ne comprend que peu d'espèces, parmi lesquelles les plus communes sont l'*hippobosque du cheval*, l'*hippobosque de l'hirondelle*, l'*hippobosque du mouton*, etc.

ANIMAUX RAYONNÉS.

Dans les animaux des trois embranchemens qui précèdent, nous avons trouvé un assez grand nombre de rapports de structures pour qu'il fût difficile de ne pas les sentir ; leurs principaux systèmes organiques se font remarquer par la ressemblance de leur structure et de leurs usages. Chez les animaux *rayonnés*, cette uniformité disparaît pour faire place à une grande diversité de formes et de fonctions. Le seul caractère bien marqué qu'ils présentent consiste dans la simplicité de leur organisation , évidemment inférieure à celle des vertébrés , des mollusques et des articulés , et dans la disposition de leurs parties , qui forment ordinairement autour d'un axe ou centre commun , des espèces de rayons semblables à ceux d'une roue et aux pétales d'une fleur , ce qui leur a fait donner aussi le nom de *zoophytes*. Leur système nerveux, bien loin d'atteindre à un développement comparable à celui des autres animaux, n'a pas de centre commun (cerveau) pour recevoir les sensations ou pour présider aux mouvemens ; ils n'ont jamais de sens spéciaux pour la *vue*, l'*ouïe*, l'*odorat* et le *goût ; le toucher* passif est le seul dont ils jouissent. Leurs mouvemens ne sont pas plus développés que leur sensibilité; à un très petit nombre d'exceptions près, ils manquent d'appendices locomoteurs, et ne manifestent leur existence que par le déplacement de quelques-unes de leurs parties. Plusieurs demeurent fixés pendant toute leur vie à la place où ils sont nés, et y forment souvent des agrégations nombreuses d'individus , habitant la même demeure et menant en quelque sorte une vie commune.

Leur nutrition s'opère d'une manière extrêmement simple ; leur cavité digestive n'a le plus souvent qu'une ouverture qui sert également à l'introduction de la nourriture et au rejet des excrémens ; quelquefois même elle communique au dehors

par plusieurs orifices , qui ont tous la propriété d'absorber les
matières nutritives et d'en expulser le résidu , ainsi que les
débris usés du corps. Chez les espèces les plus simples même,
on ne trouve plus aucune trace de canal alimentaire ; leur nutrition s'opère de la même manière que celle des végétaux ,
par l'absorption immédiate de sucs que l'eau leur apporte
continuellement.

On conçoit que les organes de la respiration et de la circulation ne doivent pas exister , ou doivent du moins être très
imparfaits dans cette classe d'animaux ; aussi ne trouve-t-on
que rarement chez eux ni cœurs ni poumons ; seulement ,
quand ils ont une cavité digestive , on en voit s'échapper quelques vaisseaux qui portent les sucs nourriciers dans les diverses
parties du corps. En un mot, leur organisation est si peu compliquée , qu'un grand nombre d'entre eux peuvent se multiplier par la division mécanique de leur corps en plusieurs parties. Dans d'autres , on voit pousser sur leur peau des espèces
de bourgeons semblables à ceux des végétaux , lesquels, s'étant
suffisamment développés , se détachent du corps auquel ils
adhéraient, et deviennent des êtres vivans et animés comme lui.
Il faut observer néanmoins que la grande majorité se reproduit également par des œufs.

Ces faits et d'autres analogues rendent très intéressante la
connaissance de cette partie de la zoologie ; malheureusement
elle est encore peu avancée faute d'observations suffisantes. Le
peu d'utilité matérielle que nous retirons de l'étude de ces
animaux l'a fait long-temps négliger , et ce n'est que depuis
quelques années qu'elle a fait des progrès vers la perfection,
par suite des espèces nouvelles que les naturalistes et les
voyageurs ont découvertes sur nos côtes ou dans des mers éloignées.

On divise les zoophytes en cinq classes , d'après le plus ou
moins de complication de leur organisation ; ce sont les *échinodermes*, les *entozoaires* , les *acalèphes* , les *polypes* et les
microzoaires on *infusoires*.

1° Les *échinodermes* se reconnaissent à leur forme rayonnée , à leur peau solide et généralement garnie d'épines, à leur
canal intestinal presque toujours pourvu de deux ouvertures ,
et à la présence d'organes pour la respiration et la circulation
(pl. XXXVI) (*fig*. 1,2,3).

2° Les *entozoaires* ont le corps allongé comme les vers, sans
rayons bien marqués , excepté à la bouche, et un canal di-

gestif à deux orifices , comme les précédens ; mais ils manquent d'organes distincts pour la circulation et la respiration (*fig.* 4 et 5).

3° Les *acalèphes* manquent, comme les entozoaires , d'organes circulatoires et respiratoires ; mais leur forme rayonnée et leur cavité digestive à un seul orifice , jointes au peu de solidité de leur peau , suffisent abondamment pour les distinguer des animaux des deux classes précédentes (*fig.* 7).

4° Les *polypes* sont de petits zoophytes remarquables par la mollesse de tous leurs organes et par les bras ou tentacules qui entourent leur bouche (pl. XXXVII).

5° Enfin les *infusoires* sont tous ces êtres microscopiques qui vivent en quantités innombrables dans les eaux dormantes, et dont la plupart ne montrent aucun organe bien distinct pour l'accomplissement de leurs différentes fonctions.

ÉCHINOLOGIE

ou

HISTOIRE NATURELLE DES ÉCHINODERMES.

Cette classe comprend les animaux les plus compliqués du dernier embranchement. Ils ont des organes imparfaits pour la circulation et pour la respiration, et une peau assez bien organisée, car elle est soutenue par une espèce de squelette extérieur analogue à celui des articulés, et auquel s'attachent communément des pointes ou épines mobiles, qui remplacent en quelque sorte les membres de la plupart des animaux supérieurs. Les pièces solides qui composent leur squelette étant unies entre elles d'une manière qui leur permet de se mouvoir les unes sur les autres, il en résulte que l'animal jouit d'une véritable locomotion, et peut se transporter en totalité d'un endroit à un autre. Mais pour que ses mouvemens soient faciles, il faut qu'ils soient secondés par ceux de l'eau, qui, soulevant son corps, en rendent le déplacement plus facile. Aussi les *échinodermes* ne quittent-ils jamais l'élément liquide, où non-seulement ils se trouvent plus à leur aise, mais qui leur fournit encore, dans les animaux qu'il nourrit en son sein, le genre d'alimens le plus convenable à leur organisation, et les matériaux nécessaires à leur respiration branchiale.

La reproduction de ces animaux est toujours ovipare et ne saurait s'opérer par scission ; on observe cependant que les différentes parties de leurs corps qu'ils ont perdues par accident ne tardent pas à reparaître, quoiqu'un peu moins développées qu'elles n'étaient d'abord.

Cette classe se divise en deux ordres, les *stellifères* ou échinodermes pédicellés, et les *helminthoïdes* ou échinodermes sans pieds.

1⁰ L'ordre des *stellifères* comprend tous les échinodermes pourvus de pieds et dont la forme est très rayonnée.

2⁰ Les *helminthoïdes* manquent d'appendices locomoteurs, et ont le corps plus semblable à celui d'un ver qu'à celui d'un animal rayonné.

Ier *Ordre.* — STELLIFÈRES.

C'est surtout aux zoophytes de cet ordre que convient spécialement le nom d'échinodermes, qui veut dire *peau hérissée de piquans*. Leur enveloppe cutanée est en effet percée d'un grand nombre de petit trous, placés en séries régulières sur toute sa surface, et donnant passage à des tentacules membraneux et cylindriques, très favorablement disposés pour la locomotion. Armés à leur extrémité de ventouses semblables à celles qui garnissent la bouche des sangsues, ces organes servent à fixer l'animal aux corps sous-marins, ou à le déplacer avec une vitesse variable, mais en général médiocre. On pourrait donc comparer ces tentacules à ceux des céphalopodes parmi les mollusques ; mais, outre que chez ces derniers, ces appendices sont tout-à-fait charnus, tandis que ceux des *stellifères* sont composés de pièces solides, leur manière d'agir est toute différente ; ce ne sont pas en effet des muscles qui mettent en jeu les pieds des rayonnés dont nous parlons, comme cela s'observe pour les bras des céphalopodes et pour les membres des animaux vertébrés et articulés ; ces organes sont percés d'un canal intérieur qui règne dans toutes leur étendue, et qui communique avec une cavité remplie d'eau, placée à leur base; et c'est ce liquide qui, en se portant d'un endroit à l'autre, détermine l'allongement et le raccourcissement alternatifs de ces appendices et par suite la progression de l'animal.

Cet ordre, qui est le plus nombreux de la classe, comprend trois petites familles : celle des *stellérides*, celle des *échinides* et celle des *holothurides*.

Ire *Famille.* — STELLÉRIDES (pl. XXXVI).

Sous le nom de *stellérides*, on désigne tous les échinodermes dont le corps est aplati et généralement divisé en rayons, qui sont le plus souvent au nombre de cinq ; c'est au point central, où ces rayons se réunissent, que se trouve placée la bouche qui est inférieure et qui sert en même temps d'anus. La charpente de leur corps se compose de petites pièces osseuses qui, par la diversité de leur disposition, contribuent à former les trous des tentacules et facilitent leurs mouvemens, qui sont beaucoup plus plus étendus que ceux de tous les autres animaux du même embranchement.

Tous ces rayonnés sont carnassiers et vivent de mollusques, d'annelides et d'autres zoophytes qu'ils broient avec facilité, au moyen des pièces dures dont leur bouche est garnie. A leur tour ils sont dévorés par les poissons, les crabes, etc., qui les mutilent, en leur arrachant un ou plusieurs de leurs rayons ; mais leur force de reproduction est telle, qu'on a vu des individus, qui ne conservaient plus qu'une seule de ces parties, réparer toutes les autres en très peu de temps. Il faut cependant observer que la partie reproduite n'acquiert jamais la force de la précédente ; c'est ce qui fait qu'on trouve si souvent des *stellérides* irréguliers.

Les *stellérides* sont répandus dans toutes les mers ; ils sont si abondants sur certaines côtes, qu'on s'en sert pour fumer les terres, seul usage auquel on les ait employés jusqu'ici. On divise cette famille en deux genres : les ASTÉRIES (*asterias*) (*fig.* 1) ou *étoiles de mer* qui ont cinq rayons simples, et les EURYALES (*euryalus*) ou *têtes de méduse*, dont les rayons sont divisés dès leur base, ce qui leur donne l'apparence d'un paquet de serpens attachés ensemble.

II⁰ *Famille.* — ECHINIDES (pl. XXXVI).

Quoiqu'il y ait des différences extérieures assez tranchées entre les *échinides* et les stellérides, l'organisation de ces deux sortes de zoophytes présente de nombreux rapports ; toutes les parties essentielles sont les mêmes, excepté cependant que la cavité digestive des *échinides* a un double orifice, tandis que celle des étoiles de mer n'en a qu'un. D'ailleurs les premiers n'ont pas cette disposition rayonnée et branchue si remarquable chez ces derniers ; leur corps, de forme globuleuse ou arrondie, est revêtu d'un test ou d'une croûte calcaire, composé de pièces qui se joignent exactement, et qui sont percées de plusieurs rangées régulières de petits trous par où passent des pieds membraneux. La surface de cette enveloppe est en outre armée d'épines implantées sur de petits tubercules mobiles, ce qui a fait donner à ces animaux le nom vulgaire de *hérissons* ou de *châtaignes de mer*; de sorte que les *échinides* se trouvent pourvus de deux sortes d'organes locomoteurs : les pieds, qui sont mous et contractiles, et les épines qui sont dures et inflexibles ; mais, malgré ce double appareil, les mouvemens d· ces échinodermes ne sont pas plus agiles ; ils sont au contraire très lents et plus bornés que ceux des stellérides.

Tous les *échinides* sont carnassiers, comme les précédens, et se nourrissent de petits coquillages qu'ils saisissent avec leurs pieds, et qu'ils brisent avec un appareil dentaire vigoureux. Il se compose d'une bouche armée de cinq dents enchâssées dans une charpente très compliquée et garnie de plusieurs muscles, à laquelle on donne le nom de *lanterne.*

On divise cette famille en plusieurs genres dont les principaux sont : 1° Les OURSINS (*échinus*) (*fig.* 2), qui ont la bouche au milieu de leur face inférieure et l'anus au point opposé ; tel est l'*oursin commun* qui est de la forme et de la grosseur d'une pomme et qu'on mange dans les ports de mer. 2° Les CLYPEASTRES (*clypeaster*), dont le nom, qui signifie *bouclier* exprime assez bien leur forme qui est déprimée, convexe supérieurement et concave en dessous ; leur anus n'est pas situé sur le milieu du corps.

IIe *Famille.* — HOLOTHURIDES (pl. XXXVI).

Cette famille ne se compose que du seul genre HOLOTHURIE (*holothuria*) (*fig.* 3), qui comprend des animaux à corps oblong, presque vermiforme et evidemment destiné à établir un passage des stellifères aux helminthoïdes. Son extrémité antérieure est percée par la bouche, qui est entourée de tentacules, tandis que l'anus occupe l'extrémité opposée ; c'est aussi dans cette dernière ouverture que sont placées les branchies, qui n'ont pas seulement pour fonction de vivifier le sang , comme cela s'observe dans les poissons et la plupart des mollusques, mais encore de favoriser la locomotion ; car des muscles, soumis à la volonté de l'animal , lui permettent de remplir ou de vider à son gré la cavité qui contient ces organes, et d'imprimer au corps des mouvemens assez étendus.

La peau des *holothuries* est moins dure que celle des échinodermes précédens ; elle a même assez de souplesse pour que l'animal puisse changer de forme quand on le touche , et se contracter de manière à occuper un très petit espace ; quelquefois, quand il est agité par la crainte de quelque danger, ses contractions sont si fortes et si subites, qu'il déchire et vomit ses intestins.

Nos mers nourrissent plusieurs espèces de ce genre ; telles sont l'*holothurie royale*, l'*holothurie écailleuse*, l'*holothurie tremblante*, etc.

IIe Ordre. — HELMINTHOIDES.

Cet ordre est incomparablement moins nombreux que celui des stellifères ; il ne comprend qu'un petit nombre d'espèces, dont le corps allongé , couvert d'une peau coriace et dépourvu de pieds, rappelle celui des annelides , parmi lesquelles les placent certains naturalistes, mais dont les éloignent leur organisation intérieure et surtout leur système nerveux.

Leurs habitudes sont très analogues à celles des vers marins. Ils passent leur vie dans l'eau ou dans le sable qui couvre les rivages de l'Océan , où les pêcheurs vont les chercher à la marée basse, pour les employer comme appât. Quelques espèces servent même de nourriture dans les ports de mer.

Nous ne citerons de cet ordre qu'un seul genre , celui des SIPONCLES (*siponculus*), dont l'histoire suffira pour donner une idée de celle de tous les autres animaux du même ordre.

Ce sont des rayonnés dont le corps est long et cylindrique comme celui des lombrics , avec lesquels certains naturalistes les ont confondus , et dont la peau épaisse est ridée transversalement et dans le sens de sa longueur. Ils ont une bouche en forme de trompe, qui peut rentrer ou sortir au gré de l'animal, par le moyen de muscles intérieurs dont elle est garnie ; leur intestin est assez long pour traverser toute l'étendue du corps et revenir s'ouvrir à côté de la bouche. On ignore quelle est l'espèce de nourriture dont ils font usage ; on n'a trouvé jusqu'ici dans leur cavité digestive que des grains de sable et des débris de coquillage. Cette dernière circonstance ferait présumer qu'ils vivent de mollusques ; tandis que la forme de leur bouche ferait plutôt soupçonner qu'ils se nourrissent des matières organiques contenues dans la vase.

On trouve des *siponcles* enfouis dans le sable , comme les arénicoles et plusieurs autres annelides, et on les en retire de même pour s'en servir comme d'appât dans la pêche. L'espèce la plus remarquable est le *siponcle comestible* de la mer des Indes, que certains peuples vont chercher dans le sable pour la manger. Il y en a dans la même mer une seconde espèce qui n'a pas moins de deux pieds de long.

ENTOZOOLOGIE

ou

HISTOIRE NATURELLE DES ENTOZOAIRES.

La classe des *entozoaires*, plus vulgairement connus sous le nom de *vers intestinaux*, est une des plus curieuses et des plus intéressantes à étudier, d'abord parce que les animaux qu'elle comprend ne vivent que dans l'intérieur d'autres animaux aux dépens de leur substance, et ensuite parce que la manière dont ils se reproduisent est un des faits les plus difficiles à expliquer de la physiologie. On sait bien qu'ils sont *ovipares* et que leurs œufs se développent comme ceux des animaux qui présentent ce mode de génération; mais comment s'introduisent-ils dans le corps? Ce n'est pas du dehors, puisque jusqu'ici on n'en a jamais vu de vivans ailleurs que dans son intérieur; il faut donc qu'ils s'y forment spontanément, ou qu'ils se transmettent de père en fils par voie de génération. Mais on ne croit plus maintenant aux générations spontanées, ce qui détruit la première hypothèse. Quant à la seconde, comment la concilier avec l'observation journalière que l'on fait d'animaux qui en nourrissent plusieurs, tandis que leurs parens n'en avaient pas? Il n'est pas cependant impossible de faire accorder ce fait avec l'hypothèse dont nous parlons, en supposant que tous les animaux contiennent des germes de vers intestinaux, mais que ces germes ne peuvent se développer qu'autant qu'ils se trouvent dans des circonstances favorables. On sait combien les constitutions faibles et délicates favorisent la multiplication de ces êtres parasites.

Quoi qu'il en soit de leur reproduction, les *entozoaires* présentent dans leur forme extérieure des rapports avec les annelides; mais, outre que leur corps n'est pas composé, comme celui de ces dernières, d'une série d'anneaux articulés ensemble, ils ont leur organisation beaucoup moins compliquée; on ne leur trouve ni trachées ni branchies, ni organes circulatoires ou locomoteurs; à peine y découvre-t-on quelques vestiges de nerfs. Leur canal intestinal est seul bien développé; ils ont presque tous une bouche et un anus distincts.

Il ne faudrait pas croire, d'après le nom vulgaire de *vers intestinaux* qu'on donne à ces animaux, que le canal alimentaire soit le seul organe où ils se développent; on en trouve dans le foie, le poumon, la rate et dans le cerveau; il en naît jusque dans des cavités qui n'ont aucune communication naturelle avec le dehors.

Les inconvéniens qui résultent de la présence de ces animaux dans l'intérieur du corps dépendent d'abord de leur nombre, et ensuite de l'importance de l'organe qu'ils habitent. La cavité digestive peut en contenir quelquefois des quantités notables, sans qu'il en résulte de graves accidens; un seul suffit pour compromettre la vie, s'il se trouve dans un organe très essentiel. Une des causes qui diminuent le danger de la présence des *entozoaires* dans le canal intestinal, c'est la possibilité de les en expulser; les purgatifs parviennent presque toujours à ce résultat.

Cette classe se divise en deux ordres : les *cavitaires* et les *parenchymateux*.

1° Les *cavitaires* ont un canal intestinal flottant dans une cavité intérieure et pourvu d'un double orifice pour l'introduction des alimens et pour l'expulsion de leur résidu.

2° Les *parenchymateux* n'ont point de cavité distincte, et leurs intestins, quand ils existent, ressemblent plutôt à des vaisseaux ramifiés qu'à un tube digestif.

Ier *Ordre.*— CAVITAIRES.

Ce groupe se compose des entozoaires les mieux organisés, et chez lesquels on trouve constamment un canal intestinal à deux ouvertures, flottant dans une cavité intérieure, ce qui leur a fait imposer le nom de *cavitaires*. Leur corps, qui est allongé et généralement arrondi, leur donne d'autant plus de rapports avec les annelides que leur peau est marquée, comme celle de ces dernières, de stries transversales qui imitent les anneaux ou segmens de cette classe d'articulés.

Nous ne dirons rien des habitudes de ces êtres singuliers; on sent que, renfermés dans l'intérieur d'autres animaux, il est bien difficile de les observer. Nous ferons seulement remarquer que les *cavitaires*, quoique en général plus communs dans le canal intestinal que partout ailleurs, ne laissent pas de se répandre en plusieurs autres cavités, et jusque dans le tissu cellulaire qui enveloppe les viscères de la poitrine, de l'abdomen, etc.

Cet ordre se divise en deux familles : les *filariés* et les *ascaridés*.

Ire *Famille*. — FILARIÉS.

Les *filariés* tirent leur nom de leur forme grêle et allongée, qu'on a comparée à un fil ; ils se développent en si grande quantité dans le corps de toute sorte d'animaux, qu'ils y forment des pelotes assez considérables, renfermées dans une enveloppe commune ; rarement en trouve-t-on d'isolés. Et, par une singularité remarquable, on ne les rencontre pas seulement dans les cavités qui communiquent avec le dehors, tels que le canal intestinal, le poumon, etc. ; ils sont très communs dans les organes les plus cachés, et jusque dans l'intérieur des muscles.

Les *filaires* et les *trichocéphales* sont les seuls genres de cette famille.

§ I. Le genre FILAIRE (*filaria*) comprend toutes les espèces dont le corps est filiforme et à peu près d'égale grosseur dans toute son étendue : telle est la *filaire commune*, plus célèbre sous le nom de *ver de Médine* ou de *Guinée*. Elle est très répandue dans les pays chauds, où elle s'insinue sous la peau de l'homme, principalement aux jambes et sous la plante des pieds. Comme elle cause d'abord peu de douleur, elle y demeure assez long-temps inaperçue, et ce n'est que lorsqu'elle a considérablement grandi qu'on en reconnaît la présence. L'animal est alors de la grosseur d'un tuyau de plume et a quelquefois plus de dix pieds de long ; il cause des douleurs atroces, des convulsions nerveuses effrayantes et quelquefois même la mort. Le seul moyen de faire cesser ces terribles accidens, c'est de l'extraire promptement, avec la précaution de n'en rien laisser ; car la moindre partie suffit pour reproduire le reste et renouveler le mal.

§ II. Les TRICHOCÉPHALES (*trichocephalus*) se distinguent des filaires par leur corps gros et arrondi en arrière, et très mince en avant, ce qui leur a fait donner leur dénomination scientifique qui signifie *tête en cheveu*, et le nom vulgaire de *ver à queue en fil*. Observons, à l'égard de cette dernière dénomination, qu'on confond la partie antérieure du corps avec la postérieure; car la partie amincie, comme nous l'avons dit en caractérisant le genre, n'est point la queue, mais bien la tête.

L'espèce la plus connue de ce genre est le *trichocéphale de l'homme* qui a d'un à deux pouces de long, et qui est très commun dans notre gros intestin.

IIe *Famille*. — Ascaridés (pl. XXXVI).

Ces *entozoaires*, qui sont les plus communs, sont faciles à reconnaître à leur corps long, cylindrique et aminci à ses deux extrémités; ce qui les distingue des filariés, qui l'ont de la même grosseur dans toute son étendue ou plus grêle dans sa partie antérieure.

De tous les vers intestinaux, les *ascaridés* sont les plus généralement connus, parce que ce sont eux qui causent le plus d'accidens, surtout chez les enfans. Ils se multiplient quelquefois avec tant de rapidité qu'il n'est pas rare de rencontrer, dans la cavité digestive d'individus morts de cette maladie, des pelotes de la grosseur du poing, entièrement formées par l'entrelacement de leur corps. C'est principalement dans la cavité digestive qu'on trouve ces cavitaires ; néanmoins on en rencontre aussi dans plusieurs autres viscères, et jusque dans l'intérieur des vaisseaux sanguins.

Nous citerons de cette famille les genres *ascaride* et *strongle*.

§ I. Les ASCARIDES (*ascaris*) (*fig.* 4) ont la bouche garnie de trois papilles charnues, entre lesquelles saille de temps en temps une trompe très courte.

L'espèce la plus connue de ce genre est l'*ascaride lombrical*, que l'on rencontre très fréquemment dans le canal intestinal de l'homme et d'un grand nombre de mammifères ; il a souvent deux pieds de long et même davantage, et cause des accidens assez graves. L'*ascaride vermiculaire* est beaucoup plus petit et n'a guère que cinq ou six lignes ; il se tient de préférence à l'extrémité du canal intestinal, où il cause ordinairement de vives démangeaisons.

§ II. Les STRONGLES (*strongylus*) ressemblent tellement

aux ascarides que la plupart des naturalistes **les confondent** ensemble ; la seule différence qui les sépare , c'est que les *strongles* ont l'anus enveloppé d'une espèce de bourse ou de poche qui manque chez les ascarides. Ou ne les trouve que très rarement dans l'intérieur de l'homme.

L'espèce la plus célèbre est le *strongle du cheval*, qui a en-viron dix pouces de long et qui se développe dans tous les vis-cères de ce solipède , et jusque dans ses artères. Une seconde espèce , le *strongle géant* , est le plus grand de tous les ento-zoaires ; il a jusqu'à trois pieds de long et même davantage , et égale le petit doigt en grosseur ; il est ordinairement d'un très beau rouge et croît principalement dans les reins de cer-tains carnassiers digitigrades, et en dévore la substance en leur causant des douleurs atroces.

II_e Ordre. — PARENCHYMATEUX.

Ces animaux ont l'organisation beaucoup plus simple que ceux de l'ordre précédent ; ils n'ont pas de cavité intestinale ; leur corps n'offre qu'un tissu homogène , dans lequel on ne distingue pour tout organe que quelques suçoirs placés à la surface extérieure, et qui se continuent dans l'intérieur, sous la forme de petits canaux ramifiés qui remplacent le canal di-gestif ; ils manquent par conséquent de bouche véritable aussi bien que d'anus, de sorte que la nutrition se réduit chez eux à l'absorption immédiate des matières alimentaires, qu'ils trouvent toutes préparées dans le corps des autres animaux. Cet ordre a été divisé en quatre familles , dont deux sont assez importantes ; ce sont les *trématodes* et les *ténioïdes.*

Ire Famille. — TRÉMATODES.

Sous le nom de *trématodes*, on distingue une petite famille d'entozoaires dont la forme est très variable , mais qu'on re-connaît toujours aisément, en ce qu'ils ont, soit au milieu de leur corps, soit à ses extrémités, des organes creux en forme de ventouses, dont ils se servent pour s'attacher aux différens viscères dans lesquels ils se développent.

Peu de ces animaux habitent le corps de l'homme ; plusieurs espèces se trouvent dans celui de nos bestiaux, et principalement de la brebis ; mais le plus grand nombre paraît se nourrir aux dépens des habitans des eaux, tels que les poissons, les mollusques et les crustacés. Ce genre de vie rendant les *trématodes* encore plus difficiles à observer que les autres entozoaires, on sent que leur histoire naturelle doit être bien peu avancée sous le rapport des habitudes; aussi toutes nos connaissances sur ce sujet se bornent-elles à quelques observations sur les mœurs des espèces qui vivent dans l'intérieur du corps de nos animaux domestiques.

Le genre le plus important de cette famille est celui des DOUVES (*distoma*), espèce de vers mous, dont le corps généralement aplati, offre deux ventouses ou suçoirs placés l'un sous le ventre et l'autre vers sa partie antérieure ; c'est à cette double ouverture qu'ils doivent leur nom scientifique de *distomes*, qui veut dire deux bouches.

Les *douves* sont tous de petits animaux, dont les plus grands n'atteignent pas un pouce de long, et qui n'ont ordinairement que quelques lignes d'une extrémité du corps à l'autre. Comme ils sont d'une consistance très molle, il est difficile d'en déterminer rigoureusement la forme ; on en trouve de longs, d'ovales, d'aplatis, de cylindriques, sans que la diversité de ces formes puisse s'expliquer par la différence des espèces ; car on les voit, comme les sangsues, s'allonger et se racourcir, soit en totalité, soit en partie, selon la sensation qu'ils éprouvent. Des deux orifices que présentent ces animaux, celui de devant constitue la bouche et est destiné à absorber la nourriture ; celui du ventre ne paraît servir qu'à fixer l'animal aux viscères dans lesquels il se développe.

On connaît plus de deux cents espèces de *douves*, dont la plus célèbre est le *douve du foie*, qu'on trouve sur la plupart des ruminans, et dans le cochon, le cheval et même l'homme. Son corps est aplati, ovale, gros en avant, mince en arrière. Il pullule quelquefois tellement dans l'intérieur des moutons qui paissent dans des prairies humides, qu'il n'est pas rare de voir ces mammifères devenir hydropiques, et périr par suite de son excessive multiplication.

IIe *Famille.* — TÉNIOÏDES (pl. XXXVI).

Les *ténioïdes* ont été ainsi nommés de leur principal genre, celui des *ténias,* qui eux-mêmes tirent leur nom du latin *tœnia, bandelette.*

Ils ont le corps généralement long et aplati, et garni à son extrémité de deux ou quatre pores ou suçoirs qui leur servent de bouche. On trouve aussi ordinairement vers la même extrémité une ou plusieurs épines en forme de crochets, au moyen desquels l'animal s'attache aux organes intérieurs.

Les principaux genres de cette famille sont les *ténias*, les *hydatides* et les *ligules*.

§ I. Les TÉNIAS (*tœnia*) (*fig.* 5) ont le corps extrêmement long et composé d'un grand nombre d'articulations faiblement unies ensemble, faciles à séparer, et pouvant, chacune en particulier, reproduire l'animal tout entier. Leur tête présente à sa partie moyenne quatre points noirs, qu'on pourrait d'abord prendre pour des yeux, mais qui dans la réalité ne sont que des suçoirs, à l'aide desquels ces vers parasites pompent le chyle contenu dans le canal intestinal. S'appropriant ainsi les alimens destinés à l'animal, ils déterminent chez lui une faim insatiable et l'épuisent rapidement.

Il est d'autant plus difficile de les expulser du corps où ils vivent, qu'ils s'attachent à tous les organes au moyen de leurs crochets. Il faut, pour obtenir cet effet, employer les plus violens purgatifs ; encore arrive-t-il souvent qu'on n'en chasse qu'une partie, et ce qui reste reproduit le *ténia* en un très court espace de temps.

L'homme nourrit deux espèces de ce genre : le *ténia large*, dont les articulations sont plus larges que longues et qui atteint communément vingt pieds de long, et le *ténia* ou *ver solitaire*, ainsi nommé d'après l'opinion erronée qu'il ne s'en développe jamais qu'un seul dans le corps du même individu. Ce dernier se distingue du précédent en ce qu'il a ses articulations plus longues que larges.

§ II. Les HYDATIDES (*cysticercus*) ont la tête conformée à peu près comme les ténias ; mais leurs articulations sont peu marquées, et leur corps se termine postérieurement par une espèce de vessie.

Ces entozoaires sont beaucoup moins remarquables par eux-mêmes que par la poche qu'ils se fabriquent aux dépens de l'individu dans lequel ils se développent. Elle devient quelquefois assez vaste pour contenir jusqu'à quinze pintes d'eau ; il suffit pour cela qu'elle se trouve placée dans un endroit favorable à sa dilatation , comme sous la peau ou dans l'abdomen.

On connaît un très grand nombre d'espèces de ce genre ; les plus remarquables sont l'*hydatide celluleuse*, qui détermine chez le cochon la maladie connue sons le nom de *ladrerie*, et l'*hydatide cérébrale*, qui prend naissance dans le cerveau des brebis et qui leur cause une sorte de paralysie qu'on appelle *tournis*, parce qu'elle les fait tourner involontairement de côté, comme si elles avaient des vertiges. L'homme en nourrit aussi plusieurs espèces, qui se développent dans le foie, le poumon, le cerveau , etc.

Les **LIGULES** (*ligula*) forment un troisième genre analogue aux ténias, dont elles diffèrent principalement par le défaut de suçoirs extérieurs, lesquels sont , à ce qu'il paraît, remplacés par les pores dont leur peau est munie. Ce sont par conséquent de tous les entozoaires ceux dont l'organisation est la plus simple ; car, non-seulement on ne trouve pas en eux de cavité intestinale , ils n'ont pas même de bouche pour prendre leurs alimens ; leur nutrition s'opère par l'absorption des matériaux tout élaborés qu'ils puisent dans l'intérieur des animaux sur lesquels ils se développent.

Le corps des *ligules* ressemble , comme celui du ténia, à un long ruban, marqué sur toute son étendue de stries transversales et longitudinales. Elles semblent être pour les oiseaux et surtout pour les poissons, ce que les espèces des deux genres précédens sont pour les mammifères; elles vivent principalement dans les poissons d'eau douce, dont elles enveloppent et serrent les intestins au point de les faire périr ; cet accident funeste arrive souvent à la brême. L'espèce de *ligule* qui vit sur ce cyprin atteint jusqu'à cinq pieds de long , et passe en certaines contrées d'Italie pour un mets agréable.

ACALÉPHOLOGIE

OU

HISTOIRE NATURELLE DES ACALÈPHES.

Cette troisième classe comprend tous les zoophytes de forme rayonnée, dont le corps mollasse, gélatineux et transparent, n'offre pour tous organes que certains canaux, qui paraissent être des ramifications des intestins, à peu près comme chez les entozoaires parenchymateux. Le peu de consistance de ces êtres singuliers leur permet de changer de forme à leur gré, au point d'occuper dix fois moins d'espace, lorsqu'ils se contractent que lorsqu'ils sont épanouis. On sent que cette contractilité ne peut qu'être favorable aux mouvemens ; aussi les *acalèphes* se meuvent-elles avec facilité dans les eaux qu'elles habitent constamment ; et comme elles sont toutes phosphoriques et qu'elles répandent une vive lumière pendant la nuit, leurs mouvemens ressemblent aux ondulations de la flamme, en sorte qu'on croirait que la mer, qu'elles recouvrent sur une large surface, est en proie à un vaste incendie, qui se propage lentement par l'impulsion d'un vent léger et continu.

Les marins et les voyageurs désignent tous les animaux de cette classe sous le nom commun d'*orties de mer*, dénomination impropre sans doute, mais qui exprime bien la sensation douloureuse qu'ils produisent sur la peau de celui qui les manie, sensation qu'on a comparée à celle que nous fait éprouver la plante de ce nom lorsque nous la touchons. Les anciens, qui leur connaissaient également cette propriété, leur donnèrent le nom d'*acalèphes*, qui signifie pareillement ortie.

Cette classe de rayonnés se divise en deux ordres ou plutôt deux familles : celle des *acalèphes simples* et celle des *acalèphes hydrostatiques*.

*I*ʳᵉ *Famille.* —ACALÈPHES SIMPLES.

On appelle ces acalèphes *simples* parce qu'ils n'ont pas, pour se mouvoir, ces vessies aériennes qui font de celles de la famille suivante des espèces de nacelles vivantes, forme qui, jointe à leurs habitudes, leur a fait donner par les voyageurs et par les matelots le nom de *frégates* ou de *galères*. Elles flottent et nagent dans l'eau de la mer par les seules contractions et dilatations de leur corps, sans qu'elles aient aucun organe particulier pour la locomotion.

Ces zoophytes se font remarquer par leur corps circulaire et toujours aplati à sa face inférieure, au centre de laquelle se trouve placé l'orifice du canal digestif, qui sert en même temps de bouche et d'anus. Cet orifice est ordinairement garni de petits tentacules dont l'animal se sert très adroitement, pour attirer à lui et pour saisir sa proie ; et quoiqu'il n'ait aucun organe propre à broyer sa nourriture, on remarque qu'il la digère avec une rapidité extraordinaire. Il est probable que la liqueur âcre et brûlante qu'il distille, et qui lui a fait donner le nom d'*ortie*, est un dissolvant énergique qui facilite la digestion des alimens.

Cette famille comprend deux genres principaux : les *méduses* et les *propites.*

§ I. Les MÉDUSES (*medusa*) (*fig.* 7) ont le corps orbiculaire, plus ou moins convexe supérieurement, aplati ou même légèrement concave à sa surface inférieure, où l'on remarque, outre la bouche qui est placée au centre, un grand nombre d'appendices charnus, qui dans quelques espèces semblent destinés à suppléer la bouche, tandis que chez d'autres ils ont pour usage de saisir les petits animaux dont elles se nourrissent, c'est-à-dire des insectes, des mollusques, des vers, etc. En somme, leur forme ressemble, à s'y méprendre, à un champignon et surtout à une oronge ; aussi donne-t-on à ces animaux le nom d'*ombrelles.* Leur corps, comme celui de tous les acalèphes, est prosphorescent pendant la nuit ; néanmoins cette propriété ne lui est pas entièrement inhérente, et paraît être subordonnée à la volonté du zoophyte ; car les naturalistes et les voyageurs ont observé fréquemment chez les mêmes individus le passage de l'état phosphorique à l'état opaque, et *vice versâ.* Mais ce n'est que pendant leur vie qu'ils peuvent ainsi changer ; après leur mort ils sont toujours phosphorescens.

Comme les *méduses* sont entièrement gélatineuses et que le moindre choc peut les briser, elles fuient autant que possible les rivages et les écueils, et restent dans la haute mer ; soutenues à la surface de l'eau par les contractions et les dilatations alternatives de leur corps, elles se laissent aller à l'impulsion du vent, à moins que ce dernier ne les pousse à la côte, auquel cas elles cherchent à résister à son action ; mais elles n'y réussissent pas toujours. La marée en rejette souvent sur le rivage des quantités assez considérables, pour qu'ont ait essayé de les mettre à profit, en extrayant l'ammoniaque qu'elles contiennent en abondance.

Outre ces accidens, qui en détruisent un très grand nombre, ces acalèphes ont encore à craindre deux ennemis non moins redoutables : ce sont les actinies et les baleines ; ces dernières surtout avalent des milliers d'individus d'une petite *méduse* qui fréquente les mers du Nord.

Parmi les nombreuses espèces de ce genre, nous citerons comme la plus répandue la *méduse oreillée*.

§ II. Les PORPITES (*porpita*) ont la forme orbiculaire et rayonnée des méduses ; mais leur corps est plus aplati en dessus et renferme intérieurement un cartilage solide qui lui donne un peu plus de consistance ; aussi sa surface supérieure est-elle marquée de lignes concentriques se croisant avec d'autres lignes qui se portent du centre à la circonférence, à peu près comme cela s'observe sur certaines coquilles bivalves. Leur face inférieure présente, outre la bouche, un très grand nombre de petits tentacules qui servent à la locomotion et probablement aussi à la préhension.

On voit d'après cela que les *porpites* ressemblent beaucoup aux méduses ; toutefois il y a dans leur manière d'être une différence qui ne permet pas de les confondre, même en les regardant de loin à la surface des flots. Les méduses en flottant sont presque entièrement cachées sous l'eau, tandis que les *porpites* se tiennent toujours hors de ce liquide, et nagent à sa surface à la manière des oiseaux aquatiques, en se servant de leurs tentacules, comme ces derniers de leurs pattes.

On ne connaît bien qu'une seule espèce de ce genre, qui habite la Méditerranée et la mer des Indes ; elle est remarquable par sa belle couleur bleue.

IIᵉ *Famille.* — ACALÈPHES HYDROSTATIQUES.

Quoique les méduses et les porpites soient véritablement
hydrostatiques, puisqu'elles nagent toujours à la surface des
mers, on ne donne le nom d'*acalèphes hydrostatiques* qu'aux
espèces qui, étant pourvues d'une ou de plusieurs vessies
aériennes, s'en servent pour se soutenir sur les flots. A cet
appareil locomoteur, il se joint ordinairement un certain nombre de tentacules dont les plus courts font l'office de suçoirs,
et les plus longs, agissant comme des espèces de rames, se-
condent les efforts de la vessie aérienne.

Cette famille, beaucoup moins étendue que la précédente,
ne renferme qu'un genre remarquable ; ce sont les PHYSA-
LIES (*physalia*), êtres singuliers qu'on observe en grand
nombre dans la partie méridionale de l'océan Atlantique. Leur
corps, de forme ovale-oblongue, ressemble à un petit bateau ;
une crête qui s'élève sur leur dos leur sert de voile pour recevoir l'impulsion du vent, tandis que les tentacules qui partent
de la face inférieure de leur corps leur tiennent lieu de rames
et de gouvernail, de sorte que, lorsqu'ils gonflent leur vessie
en y faisant entrer de l'air, ils flottent sur les eaux comme de
petites nacelles, ce qui leur a fait donner les noms de *frégate*,
de *galère*, *vaisseau*, etc. Ces animaux se tiennent ainsi à la
surface de la mer, lorsque le temps est serein ; mais dès que
le calme cesse, ils se hâtent de vider leur vessie, et se laissent couler au fond de l'eau, pour reparaître avec le beau
temps.

Les *physalies* ont, comme les méduses, un suc âcre et brûlant qui produit de vives démangeaisons quand on les touche,
et répandent la nuit une lueur phosphorique. On en trouve
des espèces dans presque toutes les mers.

POLYPOLOGIE

OU

HISTOIRE NATURELLE DES POLYPES.

Quoique le nom de *polype* fût usité chez les anciens, les animaux que nous appelons actuellement ainsi n'étaient pas connus d'eux, du moins pour la plupart; ces zoophytes, étant généralement invisibles à l'œil nu, n'ont pu être bien décrits que depuis la découverte du microscope.

Les naturalistes ont ainsi nommé cette classe de zoophytes, parce que les tentacules qui entourent leur bouche rappellent ceux des poulpes, animaux auxquels nous avons dit que les anciens donnaient le nom de *polypes*. Du reste, le nombre et la forme de ces tentacules varient selon les genres. Quant au reste de leur corps, il est toujours allongé et cylindrique, et présente une organisation si simple, qu'on peut le diviser, sans compromettre leur existence, en un très grand nombre de parties, qui deviennent chacune un animal complet. Le seul organe bien distinct que l'on remarque en eux, c'est une petite cavité intestinale à une seule ouverture; encore cette dernière n'est-elle pas absolument indispensable, l'absorption qui s'opère par les pores cutanés, suffisant pour fournir à ces êtres singuliers les alimens nécessaires. Leur reproduction peut être ovipare, gemmipare ou scissipare. Dans le premier cas, il y a dans les *polypes* un organe spécial dans lequel se forment les œufs, comme dans tous les autres animaux; dans le second cas, il pousse à la surface du corps des espèces de bourgeons analogues à ceux qui se développent sur les végétaux, et qui donnent naissance à un nouvel individu qui se détache tôt ou tard de sa mère, pour mener une vie indépendante. Quant à la génération scissipare, c'est la plus simple de toutes ; elle consiste dans la section naturelle ou artificielle d'une partie du corps, qui, étant séparée du reste, se développe et devient un animal entier.

La manière dont les zoophytes se reproduisent par bourgeons les rend susceptibles de former des êtres composés qui jouissent d'une vie particulière et commune, de manière que la nourriture que prend chacun d'eux profite tantôt à lui seul, tantôt à la société entière. Dans les cas où ils sont ainsi réunis, ils se construisent une demeure commune, tantôt cornée, tantôt pierreuse, mais toujours solide, à laquelle on donne le nom de *polypier*. Mais tous ne présentent pas cette particularité, et c'est d'après cette différence dans la manière d'être qu'on a divisé la classe des zoophytes en deux ordres : les *gymnopolypes*, qui restent en général isolés et ne produisent pas de polypier, et les *sympolypes*, qui vivent en communauté dans un polypier.

Ier Ordre. — GYMNOPOLYPES.

Les animaux de ce premier ordre sont faciles à distinguer à la consistance molle de leur corps, qui leur permet de se contracter ou de s'épanouir à leur gré, selon qu'ils se croient en danger ou en sûreté. Ils sont très remarquables par leur force de reproduction; on peut leur couper impunément les tentacules qui entourent leur bouche ; il suffit de quelques jours pour que ces organes se reforment absolument semblables à ce qu'ils étaient d'abord. C'est surtout chez ces zoophytes qu'on trouve le plus d'exemples de génération scissipare ; chaque partie séparée ne tarde pas à devenir un animal parfait, ce qui n'empêche pas cependant qu'ils se reproduisent également par des œufs.

Aucun de ces animaux ne se construit de polypier pour demeure, ce qui les a fait aussi appeler *polypes nus;* ils vivent généralement libres et ne contractent presque jamais d'adhérence avec les autres corps.

Cet ordre se divise en deux familles : les *actiniens* et les *hydroïdes*.

Ire Famille. — ACTINIENS (pl. XXXVI).

Les *actiniens* ou polypes charnus ne diffèrent pas seulement des suivans par une consistance plus ferme ; ils ont aussi les tentacules de la bouche plus nombreux, la taille plus grande, le corps à peu près cylindrique, terminé en bas par un pied qui peut se fixer au fond de l'eau ou s'en détacher, selon la volonté de l'animal. Dans ce dernier cas, tantôt il se laisse aller au gré des flots, et tantôt il se dirige au moyen de ses tentacules. On voit par-là que ces derniers servent également à la locomotion et à la préhension des alimens.

Le genre le plus intéressant de cette famille est celui des ACTINIES (*actinia*) (*fig.* 6), êtres bizarres qu'un examen superficiel a fait quelquefois classer parmi les végétaux. Quand on les voit à la surface de la mer, épanouis en rosette ornée des plus vives couleurs, leurs tentacules ont tant de rapports avec les pétales d'une fleur, qu'on ne les désigne vulgairement que sous le nom d'*anémones de mer*. Lorsque par un temps calme et serein, ils se réunissent en grand nombre sur quelque point peu distant du rivage, la surface de l'eau qu'ils recouvrent ressemble à un parterre émaillé de fleurs. Mais pour peu que l'état de l'atmosphère change, ces prétendues anémones se contractent, et ne forment plus qu'un corps arrondi semblable à une pomme de canne, qui tombe tout à coup au fond de l'eau, et y reste jusqu'à ce que le calme se rétablisse. Aussi les *actinies* sont-elles regardées par les marins comme d'excellens baromètres, qui prédisent le temps avec une certitude presque absolue.

On rencontre beaucoup de ces zoophytes le long des côtes pendant la belle saison ; ils y font une guerre acharnée aux vers, aux méduses, aux petits crustacés, etc. , qu'ils saisissent très adroitement avec leurs tentacules. Mais l'hiver ils gagnent la haute mer, soit parce qu'ils y trouvent une nourriture plus abondante, soit parce qu'ils y jouissent d'une température plus douce.

Les *actinies* se multiplient avec rapidité, tant par la section mécanique que par la génération vivipare. Dans ce dernier cas, elles rendent leurs petits par la bouche.

Les principales espèces de ce genre sont l'*actinie coriace* , l'*actinie pourpre* , l'*actinie blanche* , etc.

IIe *Famille.* — HYDROÏDES (pl. XXXVII).

Les *hydroïdes* ou polypes gélatineux ont le corps entièrement homogène, au lieu d'avoir une peau dure et solide comme les actinies ; leur organisation est d'ailleurs encore plus simple

que chez ces dernières. Non-seulement on peut les couper de
toutes les manières, leur enlever les tentacules, etc., sans
compromettre leur existence ; on peut encore, sans que la nutrition cesse de s'opérer, les retourner sens dedans dehors,
de manière que l'estomac forme la peau extérieure, tandis
que la peau devient la cavité intestinale.

Cette famille comprend deux genres principaux : les *hydres*
et les *vorticelles*.

§ I. Les HYDRES (*hydra*) (*fig.* 1), plus connues sous la
dénomination vulgaire de *polypes à bras*, ont reçu ce dernier nom à cause des longs tentacules qui entourent leur bouche, tentacules dont la longueur est presque égale à celle du
corps tout entier. Ce sont des animaux presque microscopiques chez lesquels l'organisation est réduite à son dernier degré de simplicité. On ne trouve chez eux aucun organe particulier pour la nutrition, la génération, la sensibilité ou la
mobilité ; leur corps a la forme d'un cornet gélatineux dont
les bords sont garnis de tentacules et dont la cavité tient lieu
d'estomac ; et telle en est l'homogénéité, qu'en le divisant en
plusieurs fragmens, chacun de ceux-ci renferme toutes les
conditions d'existence et devient un polype entier.

Et cependant, malgré cette extrème simplicité, ces animaux nagent, rampent, marchent, saisissent leur proie, sont
sensibles au moindre contact et même à l'action de la lumière.
Il suffit, pour s'assurer de la subtilité de leur toucher, de
communiquer quelques mouvemens à l'eau dans laquelle ils
séjournent ; on les voit sur-le-champ se contracter pour se
soustraire au danger auquel ils se croient exposés. La lumière
produit, à ce qu'il paraît, sur toute la surface de leur corps, le
même effet que sur nos yeux, car si on les en prive, en mettant un corps opaque entre elle et le polype, celui-ci quitte sa
place pour se mettre à un endroit où il puisse en recevoir
l'influence.

C'est chez ces animaux que la force de reproduction est
poussée au plus haut degré. Chaque tentacule qu'on leur enlève
se répare promptement, et l'on peut même en renouveler
l'ablation autant de fois que l'on veut, sans que leur énergie
reproductrice s'affaiblisse d'une manière sensible. On peut
également leur couper toute autre partie de leur corps sans les
faire périr ; bien plus, chaque fragment devient un animal
complet ; de sorte que l'on peut multiplier ces êtres à volonté

par une simple section. Mais leur génération naturelle se fait par des petits qui sortent de différens points du corps , sur lequel ils forment comme des espèces de branches.

Les *hydres* sont extrêmement communes dans la plupart des eaux douces ; on en trouve surtout une grande quantité dans les étangs, sous les lentilles d'eau qui y croissent en abondance. Ils vivent de petits animaux qu'ils attirent dans leur bouche , au moyen des tentacules dont elle est entourée.

Les espèces les plus communes en France sont l'*hydre verte* et l'*hydre brune* ou *polype à longs bras*.

§ II. La plupart des hydres sont visibles à l'œil nu ; les VORTICELLES (*vorticella*) (*fig.* 2) sont toutes microscopiques et tellement menues, que l'on peut à peine voir des amas qui en contiennent plusieurs centaines. Mais lorsqu'on examine ces petits polypes à l'aide d'un verre grossissant, on leur trouve une forme très analogue à celle des précédens ; c'est une tige ordinairement divisée en plusieurs branches, dont chacune se termine par un renflement en forme de cornet ou de cloche, de sorte que leur corps ressemble à une plante ornée de fleurs , ce qui leur fait donner le nom de *polypes à panaches* ou *à bouquets* (*fig.* 2 *a*). C'est au centre du renflement terminal que l'on trouve la bouche, entourée de plusieurs rangs de tentacules disposés circulairement et doués d'une grande mobilité. L'animal remue sans cesse ces organes, pour imprimer à l'eau un mouvement de rotation, qui amène dans sa bouche les molécules organiques qu'elle tient en dissolution.

Les *vorticelles* sont très communes dans la plupart des eaux douces ; elles se trouvent sur les tiges des plantes aquatiques , où elles se multiplient avec une prodigieuse rapidité et d'une manière curieuse. Une seule se partage d'abord en deux ; quelques instans après , chaque fragment se divise à son tour, et ainsi de suite. Mais elles se propagent aussi par des germes et par des bourgeons, comme la plupart des polypes.

IIe *Ordre.* — SYMPOLYPES.

On appelle *sympolypes* tous les rayonnés dont l'organisation ressemble à celle des hydres et autres animaux analogues, mais qui vivent réunis en plus ou moins grand nombre dans une demeure ou polypier commun ; ce sont par conséquent des *polypes à polypier.*

La nature de cette habitation varie dans sa forme et dans sa nature ; tantôt souple et flexible comme de la corne, tantôt dure et pierreuse comme la coquille des mollusques, elle est toujours disposée de manière que tous les individus qu'elle renferme, communiquant ensemble sans avoir besoin de quitter leur place, puissent prendre leur part de la nourriture que chacun d'eux saisit, ou la laisser tourner entièrement à son profit particulier.

Sans doute les polypes libres de l'ordre précédent inspirent un vif intérêt par la simplicité de leur structure, jointe à des habitudes aussi variées, aussi curieuses que celles qu'ils nous ont offertes ; cependant les polypes composés exciteront encore plus vivement notre curiosité. Quel étonnement ne cause pas la vue de ces êtres à peine ébauchés, réunissant leurs efforts pour se construire une habitation commune, où ils passent toute leur vie dans la plus parfaite union ! Est-il rien de plus admirable que cet accord entre tant d'animaux différens, qui digèrent ensemble ce que chacun d'eux absorbe en particulier ? Et combien ne redoublera pas l'intérêt qu'ils inspirent, quand on saura que ces êtres, si petits par eux-mêmes, forment, en réunissant leurs forces, des polypiers de plusieurs lieues de surface carrée et de plus de dix mètres d'épaisseur ? Bien plus, quelques naturalistes prétendent que certaines îles et écueils de la mer du Sud ont été produits par l'accumulation successive des demeures de ces zoophytes. Mais, quoique cette opinion soit exagérée, il est toujours certain que les habitations de *sympolypes* donnent naissance à des amas considérables de matière calcaire, et qu'elles en formaient encore davantage autrefois, puisqu'on trouve dans le sein de la terre des couches entières, qui ont été évidemment produites par ces animaux réunis.

Mais ce n'est pas seulement par leur étendue que les *polypiers* doivent frapper notre attention ; leur variété, pour ainsi dire infinie, ne doit pas moins nous étonner. Ils peuvent être mous, cornés ou pierreux, et dans ces trois états leurs formes sont également variées. Les uns constituent des masses informes et grossières dans lesquelles on ne trouve aucune symétrie ; les autres, ramifiés en branches ou étendus en feuilles larges et longues, comme les tiges des plantes marines, rappellent si bien la forme d'un végétal, qu'on les a long-temps regardés comme appartenant à cette partie du règne organique. Quelques-uns forment des membranes si minces et si délicates, qu'ils ressemblent à une dentelle fine, décorée des plus brillantes couleurs.

Telles sont les merveilles que produit un petit animal presque microscopique, au moyen d'une matière plus ou moins solide qu'il exhale, de la même manière que le mollusque sécrète sa coquille.

Nous diviserons cet ordre en deux familles, selon que l'animal vit dans une cavité du polypier ou à la surface de ce dernier ; ce sont les *tubiporés* et les *corticifères*.

Ire *Famille*. — TUBIPORÉS (pl. XXXVII).

Tous les polypes de cette famille habitent des cavités de leur polypier, qui sont tantôt longues et étroites comme des tuyaux d'orgue, et tantôt irrégulières et sans forme déterminée. La nature du polypier varie considérablement selon les genres, dont les principaux sont les *tubipores* et les *corallines*.

§ I. Les TUBIPORES (*tubipora*) (*fig.* 3) ont un polypier de substance pierreuse, composé de plusieurs tubes soudés ensemble par un ciment de la nature du polypier lui-même, et destinés à loger chacun un animal. Cette disposition des tubes a fait donner à ces habitations le nom vulgaire d'*orgues*.

L'espèce la plus remarquable de ce genre est le *tubipore musical*, qui est d'un beau rouge et qui abonde dans la mer des Indes.

§ II. Les CORALLINES (*corallina*) ont le polypier flexible et formé de plusieurs tiges articulées et portées sur des espèces de racines, de sorte que, considéré dans sa totalité, il ressemble à une véritable plante ; aussi l'a-t-on long-temps regardé comme tel.

La nature de ce polypier est plutôt cornée que calcaire ; toutefois sa surface est entièrement couverte d'une matière solide et crétacée dans laquelle on distingue, à l'aide d'un microscope, de petites cellules invisibles à l'œil nu. Quant à l'animal qui le produit, il nous est entièrement inconnu.

On trouve les *corallines* sous toutes les latitudes ; mais elles sont plus abondantes et plus vivement colorées dans les mers équatoriales que dans celles des pays tempérés. Celles-ci sont en général d'une couleur rougeâtre ou purpurine, qui se fonce par son exposition à l'air ; mais celles des mers voisines de la ligne sont naturellement ornées de couleurs plus vives et même de forme plus élégante que les nôtres. Toutes sont fixées aux rochers sous-marins, dont elles ne se détachent que par le choc de quelque corps dur ; car elles sont capables de résister à la violence des flots soulevés par la tempête. L'espèce la plus célèbre de ce genre est la *coralline officinale*, ainsi nommée parce qu'elle est fort usitée comme vermifuge en médecine, sous le nom de *mousse de Corse*.

IIe *Famille*. — Corticifères (pl. XXXVII).

Chez les *corticifères*, le polypier, pierreux ou corné, est constamment solide et revêtu à sa surface d'une couche épaisse de substance charnue ou gélatineuse, dans les cavités de laquelle sont logés les animaux qui le produisent. Cette couche molle formant autour de la tige des sympolypes une espèce d'écorce analogue à celle qui recouvre les végétaux, on a donné aux animaux qui présentent cette particularité le nom de *corticifères* ou porte-écorce.

Cette famille, beaucoup plus nombreuse que la précédente, comprend en même temps des espèces beaucoup plus abondamment répandues. C'est là que l'on trouve ces monstrueux polypiers qui envahissent plusieurs lieues carrées sur le lit de la mer, et qui forment, dans l'intérieur du globe, des masses assez considérables pour que les géologistes aient cru devoir établir un terrain madréporique, presque exclusivement composé de polypiers *corticifères*. Quoique communs dans toutes les mers, ils sont néanmoins incomparablement plus abondans dans les mers méridionales que dans celles du nord. Il paraît que l'influence du soleil et de la lumière est indispensable à leur développement ; car, outre ce que nous venons de dire sur les latitudes sous lesquelles on trouve ces animaux, on sait positivement que, dans les mers équatoriales mêmes, on n'en trouve pas à des profondeurs inaccessibles à la chaleur et à la lumière. Les bas-fonds éloignés de plus de trente pieds de la surface de l'eau n'en offrent plus pour ainsi dire de vestiges, du moins à l'état vivant.

Les principaux genres de cette famille sont : les *coraux*, les *madrépores*, les *pennatules* et les *éponges*.

§ I. Dans les CORAUX (*coralium*) (*fig.* 4), encore plus que dans les corallines, tout semble concourir à favoriser l'erreur des naturalistes sur la nature de ces êtres. Considérés en fragmens plus ou moins gros, ils ont, par leur dureté et par leur aspect poli, l'apparence d'un corps inorganique. Examinés tout entiers, ils ressemblent à des végétaux munis d'une tige et de plusieurs rameaux couverts de fleurs.

Toutefois, un examen attentif pourra toujours faire connaître la nature du zoophyte; il ne sera pas difficile de voir un polypier dans la tige et dans les branches, et de petits polypes dans ces rosettes épanouies qui les parent avec tant de grace. Ces rayons divergens, qu'on prendrait pour les pétales d'une fleur, sont autant de tentacules, au centre desquels se trouve placée la bouche de l'animal.

On rencontre les *coraux*, dont le nombre est assez considérable, dans les mers du Midi, sur le fond desquelles ils forment des parterres aussi agréables par la diversité de leurs tiges que par l'éclat de leurs couleurs.

La principale espèce de ce genre est le *corail du commerce*, l'un des plus jolis polypiers que l'on connaisse; il ressemble, à s'y méprendre, à un petit arbuste, et surtout à une branche de pêcher ou d'amandier en fleurs. Fixé aux rochers sous-marins par un large pied qui fait corps avec eux, il brave la fureur des tempêtes et acquiert en vieillissant une dureté comparable à celle du marbre, et une taille d'environ un pied. La profondeur des eaux dans lesquelles il peut vivre est extrêmement variable; on en trouve des pieds, depuis trente jusqu'à deux cents mètres de la surface de l'eau; mais on remarque que celui qu'on retire d'une grande profondeur est plus pâle et moins grand que celui qui croît près de la surface de la mer.

La belle couleur rouge de ce polypier le fait rechercher pour en faire de petits objets de parure, principalement des colliers; en Turquie surtout, ces ornemens sont fort de mode. On fait la pêche du *corail* sur la plupart des côtes de la Méditerranée; pour le prendre, on se sert de morceaux de bois attachés en forme de croix ou d'étoile, au centre desquels est placée une grosse pierre. Au moyen d'une longue corde, on descend cet appareil jusqu'au fond de l'eau où on le promène, en tous sens; et dans les mouvemens qu'on lui imprime, il abat de temps en temps quelques pieds de *corail*, qui s'attachent à ses branches et que l'on retire successivement.

La principale pêche de corail se fait sur les côtes de Barbarie; on en pêche aussi sur celles de France et d'Italie.

§ II. Les MADRÉPORES (*madrepora*) (*fig.* 5) ressemblent beaucoup aux précédens par la nature pierreuse de leur polypier ; mais, outre que la forme de ce dernier présente beaucoup plus de variétés que dans les coraux, l'animal qui le construit est tout-à-fait différent, car il ressemble à une actinie par son organisation. Du reste, les *madrépores*, comme les coraux, sont, pendant l'état de vie, couverts d'une écorce gélatineuse et organisée, toute parsemée de rosettes formées par les tentacules de l'animal.

On compte un très grand nombre d'espèces de ce genre, que l'on a partagé en plusieurs sous-genres, dont les principaux sont les *oculines*, les *madrépores propres* et les *astrées*. 1º Les OCULINES ont une tige et de petites branches (*fig.* 5); telle est l'*oculine axillaire*. 2º Les MADRÉPORES sont des masses pierreuses dont toute la surface est hérissée de petites étoiles à bords saillans; ils forment des bancs très considérables. 3º Les ASTRÉES sont des polypiers à surface plane ou globuleuse, parsemée de polypes, dont les bras sont disposés sur une seule rangée. On en trouve sous la terre des couches très considérables.

§ III. Tandis que les genres précédens sont tous fixés à la même place, les PENNATULES (*pennatula*) (*fig.* 6), quoique vivant comme eux dans un polypier commun, conservent leur liberté et ne contractent aucune adhérence avec les corps sous-marins ; elles nagent au sein des eaux par les contractions de leur corps et par l'action combinée de tous les polypes qui habitent ensemble.

La forme de ces animaux est extrêmement remarquable. Leur polypier est une tige plus ou moins longue, garnie sur deux côtés opposés d'espèces d'ailes ou barbes, semblables à celles qu'on voit sur les plumes de l'oiseau. C'est entre ces barbes que sont placés les polypes, qui peuvent à leur gré se cacher entièrement dans leur intérieur ou se montrer à la surface. Il n'y a que la partie inférieure du polypier qui reste nue, ce qui lui donne un rapport de plus avec une plume ordinaire, et lui a fait donner le nom de *plume de mer*.

L'animal qui habite les *pennatules* ressemble beaucoup aux polypes; il a constamment huit tentacules autour de la bouche, et répand pendant la nuit une vive lueur phosphorique.

On trouve de ces sympolypes dans toutes les mers ; les plus communes dans celles qui baignent la France sont la *pennatule grise* et la *pennatule rouge*.

§ IV. La nature des ÉPONGES (*spongia*) (*fig.* 7) est assez peu tranchée, pour que les naturalistes aient long-temps hésité sur la place qu'ils devaient leur assigner. Parmi les anciens, les uns les regardaient comme des animaux, même assez bien organisés, puisqu'ils les croyaient capables de se déplacer à leur gré, tandis que d'autres les plaçaient parmi les végétaux. La plupart des naturalistes modernes ont adopté la manière de voir des premiers, fondés dans leur opinion par les mouvemens bien sensibles que l'animal exécute toutes les fois qu'on le touche, et surtout par son mode de reproduction qu'ils ont vu s'opérer par des œufs.

Quoi qu'il en soit, ces êtres ambigus vivent en général dans les eaux salées, quoiqu'on en ait aussi observé dans les eaux douces. Ils sont beaucoup plus abondans dans les mers équatoriales que dans celles qui se rapprochent davantage des pôles. C'est là qu'ils parviennent à leur plus grand développement ; ils y atteignent quelquefois vingt pouces de hauteur. Ils se fixent aux rochers à l'aide d'un pied évasé et y adhèrent avec assez de force, pour que le mouvement des flots ne puisse pas les en détacher. Mais la profondeur à laquelle ils croissent varie considérablement ; tandis que les uns vivent dans les plus grandes, les autres se tiennent sur les rochers que la vague couvre et abandonne alternativement. Ils sont surtout abondans dans les mers voisines de l'équateur.

Les animaux des *éponges* sont les plus simples que l'on connaisse ; ils sont primitivement isolés ; mais à mesure qu'ils grandissent, ils se rapprochent les uns des autres, et finissent par former par leur réunion une masse gélatineuse uniforme, qui recouvre toute la surface du polypier, en pénétrant dans les tubes qui le forment, et dont elle tapisse toute la paroi intérieure. Ils paraissent se nourrir en aspirant les molécules organiques contenues dans l'eau, et en rejetant ensuite le résidu de leur digestion.

La principale espèce de ce genre nombreux est l'*éponge commune*, dont l'économie domestique fait un si fréquent usage. On la pêche dans la Méditerranée, et principalement dans les îles de l'Archipel grec, où elle fait l'objet d'un commerce considérable. On va la chercher en plongeant, et quand on l'a retirée de la mer, on la lave à plusieurs eaux pour la nettoyer du sable et de la matière gélatineuse qui la salissent ; ensuite on la plonge dans une dissolution de chlore, pour la blanchir et la débarrasser d'une odeur désagréable qu'elle exhale.

MICROZOOLOGIE

OU

HISTOIRE NATURELLE DES MICROZOAIRES.

Sous le nom de *microzoaires, microscopiques, infusoires* ou *animalcules*, on désigne un grand nombre de petits animaux essentiellement aquatiques , que l'œil nu ne peut apercevoir , et dans lesquels on ne trouve aucun organe spécial pour la sensibilité . la motilité , la reproduction et la nutrition.

Ce sont , par conséquent , des êtres d'une structure à peu près homogène, chez lesquels la nutrition se borne à l'absorption que font leurs pores extérieurs des molécules organiques tenues en dissolution dans l'eau , et dont la génération s'opère soit par des bourgeons, soit par une section mécanique.

Les propriétés les plus remarquables dont jouissent les *microzoaires* sont d'abord un tact d'une délicatesse extrême et une contractilité non moins développée ; aussi, bien que ces animaux ne nous offrent ni nerfs ni muscles distincts de la masse du corps, ils sentent et se meuvent avec une vivacité, que l'on chercherait en vain dans des êtres plus élevés dans la série animale. On les voit, à l'aide d'un bon microscope, s'agiter en tout sens dans une goutte d'eau , pour fuir un péril ou pour attaquer une proie. Ils ont la surface extérieure assez sensible pour s'apercevoir s'ils se trouvent dans un endroit où le liquide s'évapore et où ils sont en danger d'être bientôt à sec ; dans ce cas ils se hâtent de gagner une eau plus profonde pour prolonger leur existence ; car aucun de ces animaux ne peut vivre hors de cet élément. Dès qu'ils en sont sortis, ils se dessèchent et perdent toute espèce de mouvement, et, quoiqu'on ait avancé le contraire , ils ne reviennent pas à la vie après en avoir été privés.

On divise cette classe nombreuse, mais difficile à étudier, en deux ordres principaux : les *rotifères* et les *gymnodés*.

1º Les rotifères se reconnaissent en ce qu'ils ont constamment quelques cirrhes ou apendices charnus, soit autour de la bouche, soit à l'extrémité postérieure du corps.

2º Les *gymnodés* sont beaucoup plus simples et ne présentent qu'un corps globuleux ou ovale, sans aucune espèce d'appendice antérieur ou postérieur.

Ier *Ordre*—ROTIFÈRES.

Sous le nom de *rotifères*, on désigne un assez grand nombre de microzoaires, dont la bouche bien visible est entourée, comme celle des hydres, d'un certain nombre d'appendices en forme de roue et très mobiles, nommés cirrhes, et qui, en outre, présentent à la partie postérieure de leur corps une espèce de queue destinée à favoriser les mouvemens.

Leur corps est généralement de forme ovale et de consistance gélatineuse ; on y distingue facilement une bouche, un estomac, un intestin et souvent un anus près de la bouche. Certains observateurs ont même cru remarquer sur leur tête des points saillans qu'ils ont pris pour des yeux. Ils sont par conséquent beaucoup mieux organisés que la plupart des polypes. Ces animaux se nourrissent de microscopiques qu'ils attirent dans leur bouche par le mouvement rotatoire de leurs cirrhes, et poursuivent leur proie avec une agilité et un acharnement incroyables dans ces animalcules.

Cet ordre se divise en deux familles, d'après la nature de l'enveloppe cutanée : ce sont les *rotifères propres* et les *crustodés*, dont les premiers ont le corps complètement nu, tandis que les seconds l'ont couvert d'une espèce de carapace crustacée.

Ire *Famille.* — ROTIFÈRES PROPRES.

Les *rotifères* se placent en tête de la classe des microscopiques, parce qu'ils sont supérieurs à tous les autres par le nombre et par le développement de leurs organes. Ils ne forment pas simplement des masses homogènes ; on leur trouve une espèce de tête, avec une bouche entourée de cirrhes très mobiles dont ils se servent pour faire tourbillonner l'eau, de sorte que ces animaux se rapprochent sous ce rapport des rayonnés et surtout de certaines polypes.

Ces organes, qui sont de la même nature que le reste de leur corps , paraissent servir non-seulement à attirer la nourriture dans la cavité digestive qui existe évidemment chez tous les *rotifères*, mais encore à former des branchies imparfaites. Aussi leur trouve-t-on un appareil circulatoire , et même un cœur dont on peut observer la contraction et la dilatation successives. Ainsi les *rotifères* sont évidemment mieux organisés qu'un grand nombre d'animaux des classes précédentes , chez lesquels on ne voit aucune trace d'appareil respiratoire ou circulatoire. Aussi ne se propagent-ils pas par section comme les polypes ; ils ont des ovaires, de quels s'échappent les germes qui doivent les perpétuer. On devrait , par conséquent , les placer avant plusieurs autres classes d'animaux rayonnés; mais comme on ne peut les observer facilement, parce qu'il faut, pour se servir du microscope , beaucoup d'habitude et de pratique; on les relègue ordinairement dans une même classe avec les espèces de l'ordre suivant.

On divise cette famille en plusieurs genres , parmi lesquels nous ne citerons que les *furculaires* et les *tubicolaires*, dont les premières ont le corps nu , et les secondes sont enfermées dans un tube analogue à celui des térébelles.

IIe *Famille.* — Crustodés.

Cette famille renferme les animaux les plus intéressans de leur classe, en ce qu'ils établissent le passage des microscopiques aux branchiopodes de la classe des crustacés; leur corps est en effet protégé par une espèce de test semblable à celui des crabes et des écrevisses, excepté qu'il n'offre jamais d'articulations transversales. De plus, les *crustodés* sont un peu moins petits que les espèces des familles suivantes ; on leur trouve toujours un organe intestinal, une bouche et même un cœur. La nature de leur enveloppe s'oppose à ce que leur nutrition s'opère par absorption ; ils vivent tous de proie, et ce sont les autres animaux microscopiques qui leur servent de nourriture.

Cette famille est peu nombreuse ; nous nous contenterons d'en citer un seul genre, celui de *brachions* , dont on compte un assez grand nombre d'espèces.

IIe *Ordre.* — GYMNODÉS.

Ces microzoaires sont en général d'une grande simplicité ; on a beaucoup de peine à reconnaître en eux aucun organe interne, et jamais ils ne présentent à leur surface aucun appendice analogue à ceux que nous avons remarqués dans les espèces de l'ordre des rotifères. Leur corps offre l'aspect d'une gelée transparente ; et, bien que dépourvu d'organes locomoteurs, il se meut au sein des eaux avec une agilité étonnante, sans que cependant l'œil puisse distinguer, même à l'aide d'un puissant microscope, par quel mécanisme s'opèrent ces mouvemens.

Et cependant ces êtres si mal organisés ont une volonté, se meuvent dans un sens plutôt que dans un autre, évitent les obstacles qui les empêchent de se rendre à leur but, et cherchent à se mettre à l'abri de la chaleur et de la lumière, dont l'influence détermine l'évaporation du liquide dans lequel ils vivent.

L'ordre des *gymnodés* se divise assez facilement en deux familles, d'après la forme de leur corps ; la première, celle des *vibrionides*, renferme les espèces qui ont une forme allongée comme un ver, et la seconde, celle des *monadaires*, se compose de ceux qui sont sphériques ou arrondis.

Ire *Famille.* — VIBRIONIDES.

Cette famille peu nombreuse comprend tous les gymnodés dont le corps allongé ou oblong ressemble à celui d'une anguille ou plutôt d'un petit ver intestinal. Quoique leur organisation soit un peu moins parfaite que celle des microscopiques précédens, les *vibrionides* ne laissent pas de nous présenter encore quelques ébauches d'organes pour la nutrition et la reproduction ; la plupart d'entre eux nous offrent même une queue, et se meuvent avec agilité par les ondulations de leur corps, qu'ils ploient en arc et qu'ils détendent alternativement, comme le font les anguilles, les couleuvres et les autres animaux apodes, lorsqu'ils marchent. Mais ils n'ont jamais de ces cirrhes ou appendices charnus, dont les rotifères se servent pour agiter l'eau et se mouvoir dans son sein.

Parmi les genres dont cette famille se compose, nous ne citerons que les *vibrions.*

Les VIBRIONS (*vibrio*) sont connus depuis long-temps sous le nom d'*anguilles microscopiques*, parce qu'en effet ils ont la forme allongée de ces poissons. Leur taille , assez considérable pour permettre de les voir à l'œil nu, et la rapidité avec laquelle ils se propagent dans le vinaigre et dans la colle de farine, ont permis à un grand nombre d'observateurs de s'en occuper. Leur corps est anguiforme , gros antérieurement et terminé en pointe à son extrémité opposée ; ils ont tous une bouche distincte, un canal intestinal qui s'étend sur toute la longueur du corps, se reproduisent par des œufs ou même par des petits vivans ; en un mot ils paraissent beaucoup mieux organisés que la plupart des autres animaux de la même famille. Leurs mouvemens sont vifs et rapides , soit qu'ils poursuivent une proie , soit qu'ils cherchent à s'échapper d'un lieu où l'eau peu abondante leur annonce une fin prochaine.

Ces *vibrions* sont extrêmement répandus dans la nature, et se trouvent également dans les eaux pures et dans les liquides en fermentation. La pâte pour faire du pain, la colle, etc. , en produisent des quantités très considérables. Parmi les espèces les plus remarquables de ce genre , nous citerons le *vibrion* ou *anguille du vinaigre*, le *vibrion de la colle*, la *baguette* , etc.

IIe *Famille.*—Monadaires.

Elles tirent leur nom du grec *monas* , atome, parce qu'en effet leur corps est réduit à une simple point sphérique ou globuleux , dans lequel on ne trouve ni bouche ni queue. Elles se nourrissent par une espèce d'imbibition analogue à celle qui fait pénétrer l'eau dans l'intérieur d'une éponge. Quant à leurs mouvemens, ils s'opèrent par la contraction de leur peau, sans qu'aucun organe musculaire y contribue.

Cette famille comprend deux genres principaux : les *volvoces* et les *monades*.

§ I. Les VOLVOCES (*volvox*) forment un genre extrêmement remarquable par sa forme sphérique , par le défaut de queue et par sa structure composée. Leur corps consiste en une espèce de poche ou bourse renfermant un ou plusieurs globules qui sont continuellement en mouvement. Rien n'est plus curieux à voir que cet animalcule dans lequel se meuvent en tout sens de petites masses rondes , qui semblent agir avec discernement et se porter de côté et d'autre , tandis que l'animal entier jouit de son mouvement propre. Si on ouvre la poche qui contient les globules , on les voit aussitôt s'échapper par l'ouverture qui leur est offerte , nager isolément et finir par devenir une agglomération semblable à celle dont ils étaient sortis.

Ces animaux sont en général abondans dans la plupart des eaux croupies et se forment continuellement dans les infusions de fleurs , où on les voit se rouler dans tous les sens avec une grande rapidité , ce qui leur a fait donner leur nom de *volvoces*, de *volvere*, tourner. L'espèce la plus commune de ce genre est le *volvoce sphérule*, qui se trouve en automne dans les marais , étangs , etc.

§ II. Les MONADES (*monas*) doivent moins être regardées comme des animaux véritables que comme l'élément de tous les corps organisés ; ce sont pour ainsi dire des atomes imperceptibles et homogènes , dans lesquels le meilleur microscope ne peut faire découvrir aucune trace d'organe particulier. Malgré cette simplicité d'organisation , les *monades* sont d'une mobilité prodigieuse. Quand on examine une goutte d'eau, on y aperçoit une multitude innombrable de ces animalcules ou atomes globuleux, qui roulent continuellement les uns sur les autres. Mais pour que ce mouvement ait lieu, il faut que l'animal plonge dans l'eau ; dès qu'il est à sec, il cesse d'agir et meurt.

La principale espèce de ce genre est la *monade principe*, ainsi nommée par allusion à ce que nous avons dit d'abord , qu'elle est le principe de toute organisation. Une seconde espèce, c'est la *monade poussière*, qui se trouve , ainsi que la récédente, dans toutes les eaux , même les plus pures.

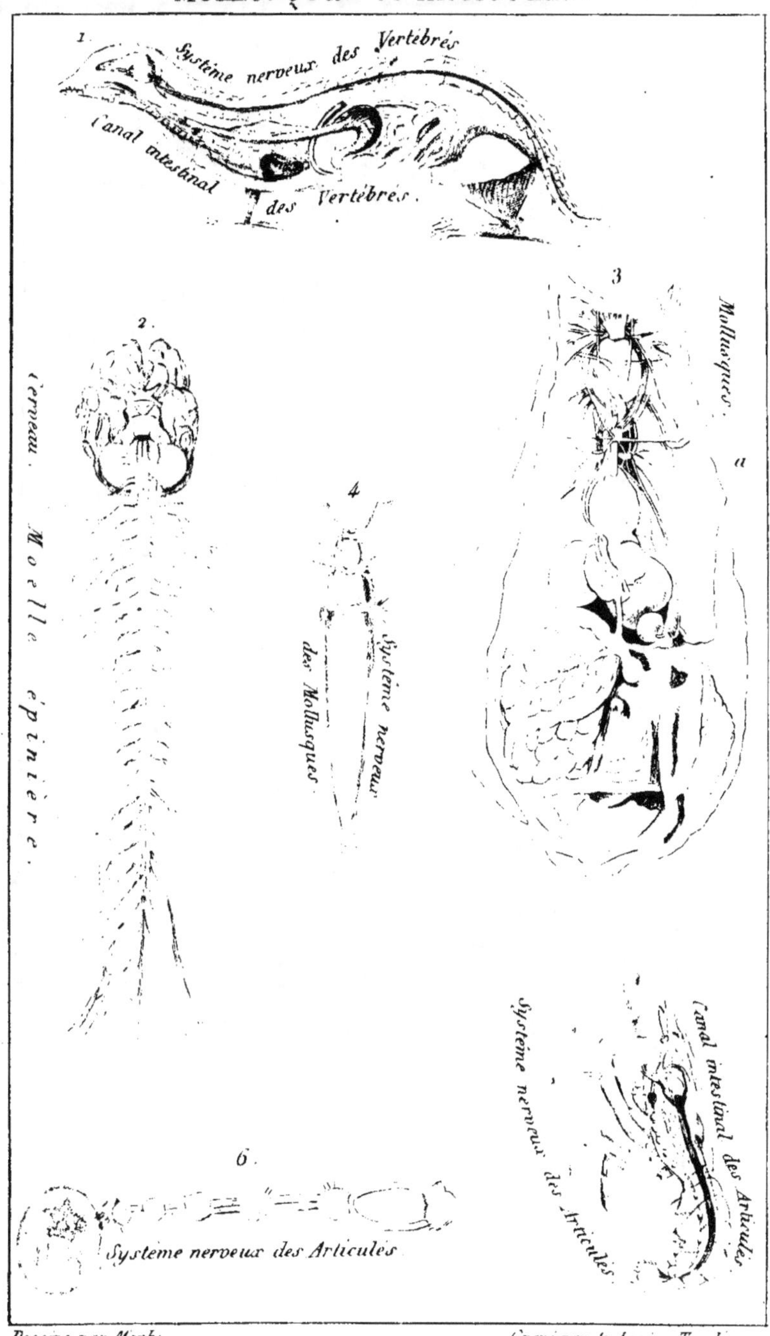

1.
Système nerveux des Vertébrés
Canal intestinal des Vertébrés.
2.
Cerveau.
Moelle épinière.
3.
Mollusques.
a
4.
Système nerveux des Mollusques.
Système nerveux des Articulés
Canal intestinal des Articulés
6.
Systeme nerveux des Articulés

Dessiné par Marby.
Gravé par Ambroise Tardieu.
ANIMAUX.
Pl. I.
VERTÉBRÉS.

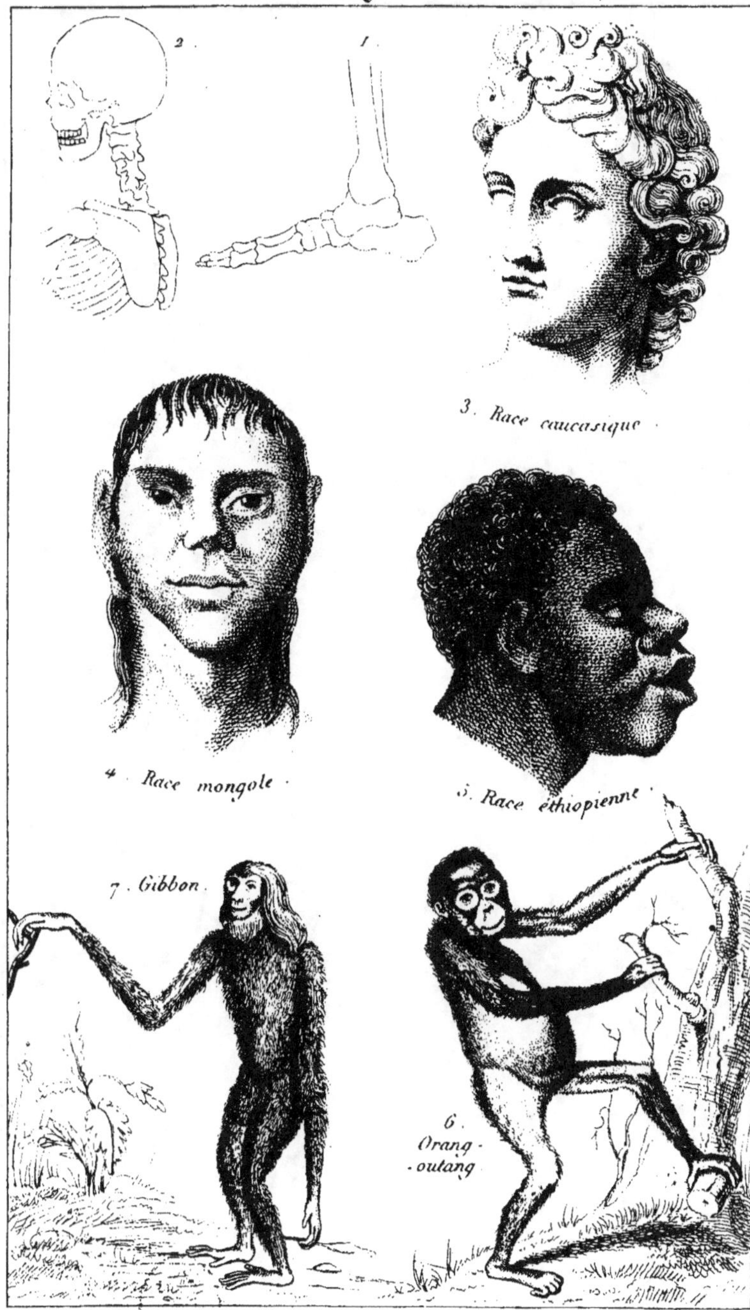

VERTÉBRÉS.   Pl II.   MAMMIFÈRES.

Dessiné par Marty.

Gravé par Ambroise Tardieu.

VERTÉBRÉS.

Pl. III.

MAMMIFÈRES.

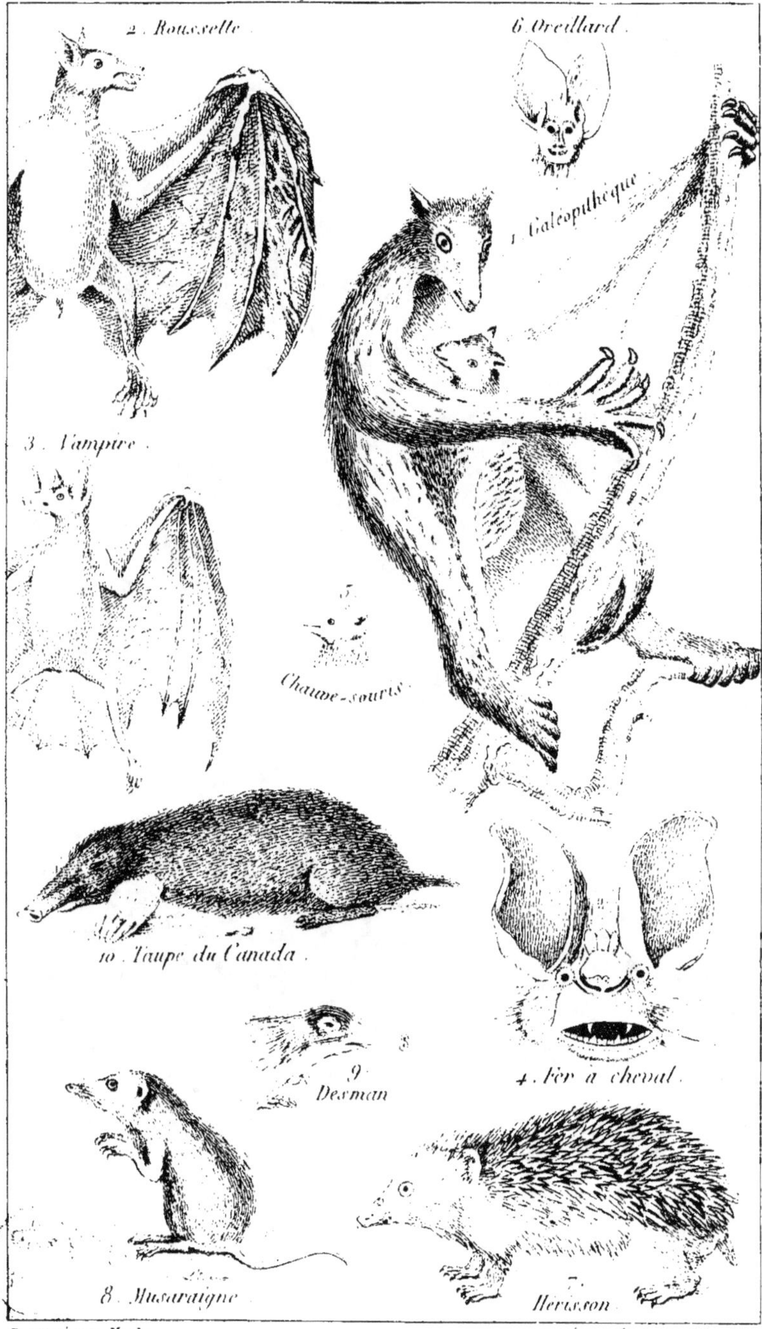

Dessiné par Marty.   Gravé par Ambroise Tardieu.

VERTÉBRÉS.   PL. IV.   **MAMMIFÈRES.**

Dessiné par Marly.
Gravé par Ambroise Tardieu

VERTÉBRÉS.
Pl. V.
MAMMIFÈRES.

Dessiné par Murly.

Gravé par Ambroise Tardieu

VERTÉBRÉS.

PL. VI.

MAMMIFÈRES.

1. Tête de Rongeur.
2. Polatouche.
3. Loir.
4. Hamster.
5. Gerboise.
6. Castor.
7. Porc-épic.
8. Lagomys.
9. Agouti.
Dessiné par Marly.
Gravé par Ambroise Tardieu.

2. Tatou.
8. Echuidé
1. Paresseux.
4. Fourmillier.
6. Pétauriste.
3. Pangolin.
9. Ornithorinque.
5. Sarigue.
7. Kanguroo.
Desiné par Marly.
Gravé par Ambroise Tardieu.

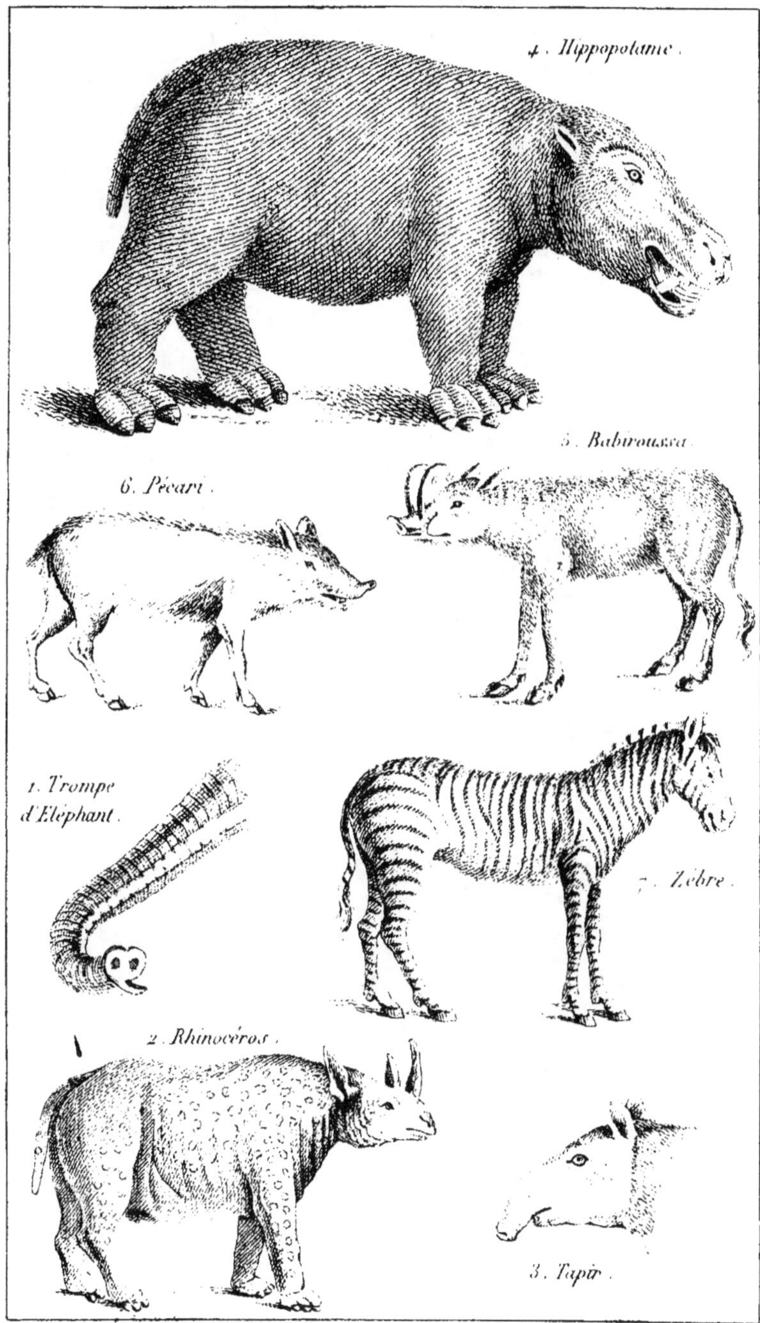

VERTÉBRÉS.

Pl. IX.

MAMMIFÈRES.

VERTÉBRÉS.   Pl. X.   MAMMIFÈRES.

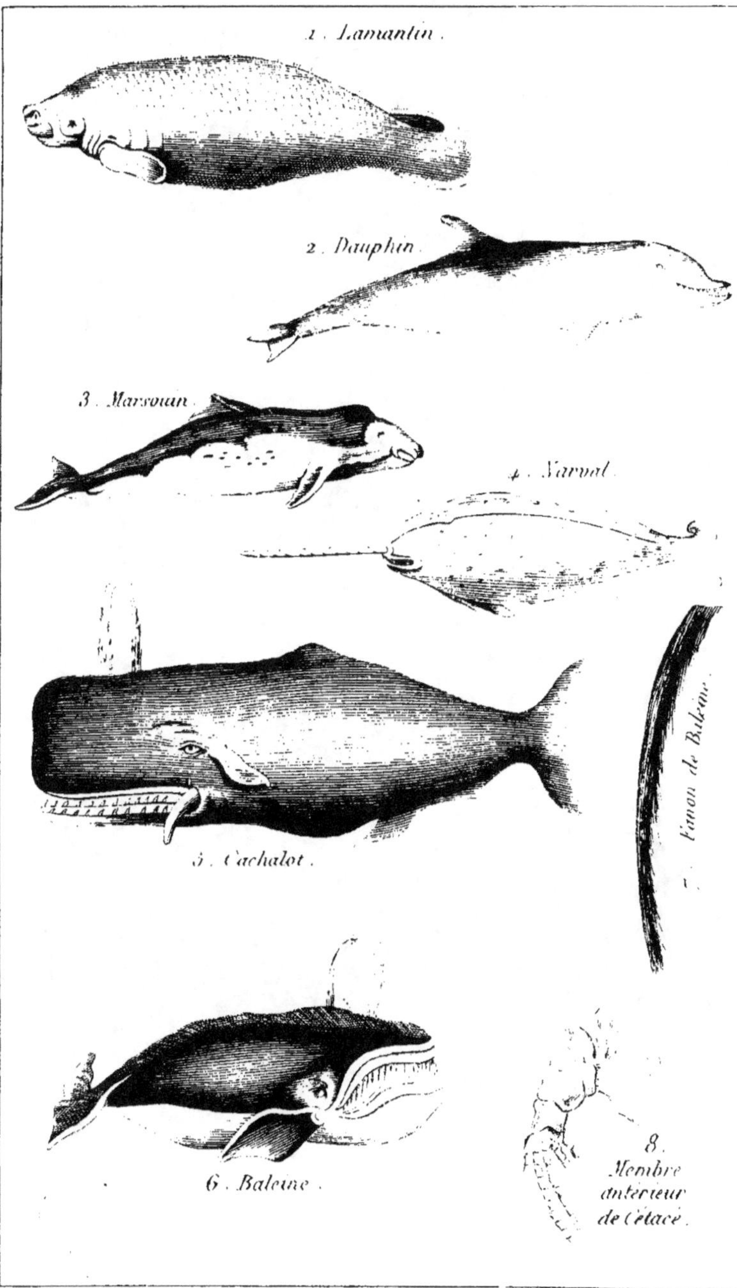

Dessiné par Marly.

Gravé par Ambroise Tardieu.

VERTÉBRÉS.

PL. XI.

MAMMIFÈRES.

VERTÉBRÉS.   OISEAUX.

PL. XII.

Dessiné par Marly.   Gravé par Ambroise Tardieu.

Dessiné par Marly.

Gravé par Ambroise Tardieu.

VERTÉBRÉS.

OISEAUX.

PL. XIV.

Dessiné par Marly.

Gravé par Ambroise Tardieu.

VERTÉBRÉS.

Pl. XV.

OISEAUX.

1. Pic-vert.
2. Coucou.
4. Toucan.
3. Tete de Barbican.
5. Ara.
7. Tetras.
8. Caille.
6. Pintade.
Dessine par Marly
Grave par Ambroise Tardieu.

5. Vanneau.
7. Cigogne.
6. Héron.
1. Autruche.
4. Plavier a collier.
3. Outarde.
8. Spatule.
2. Casoar.
Dessiné par Marly.
Gravé par Ambroise Tardieu.

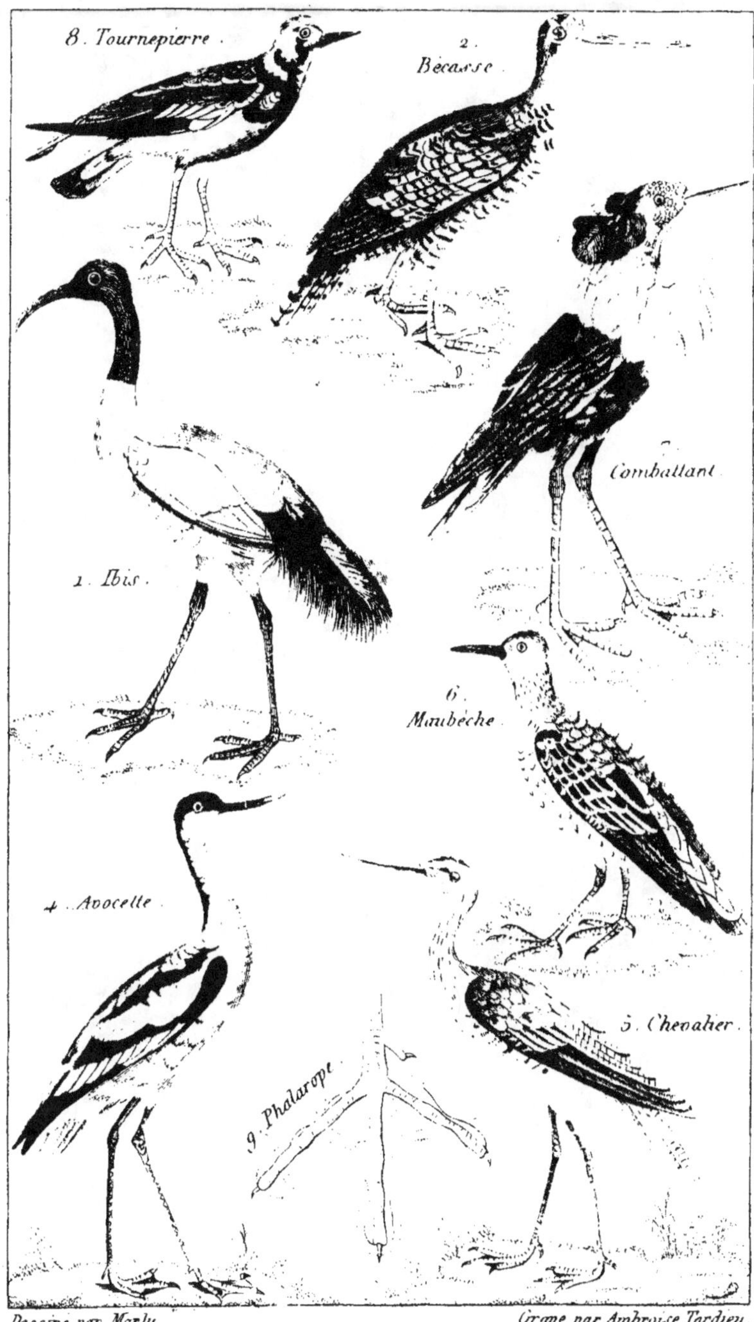

VERTÉBRÉS.

Pl. XVIII.

OISEAUX.

Dessiné par Marly

Gravé par Ambroise Tardieu

VERTÉBRÉS

Pl. XIX.

OISEAUX

VERTÉBRÉS.

OISEAUX.

Pl. XX.

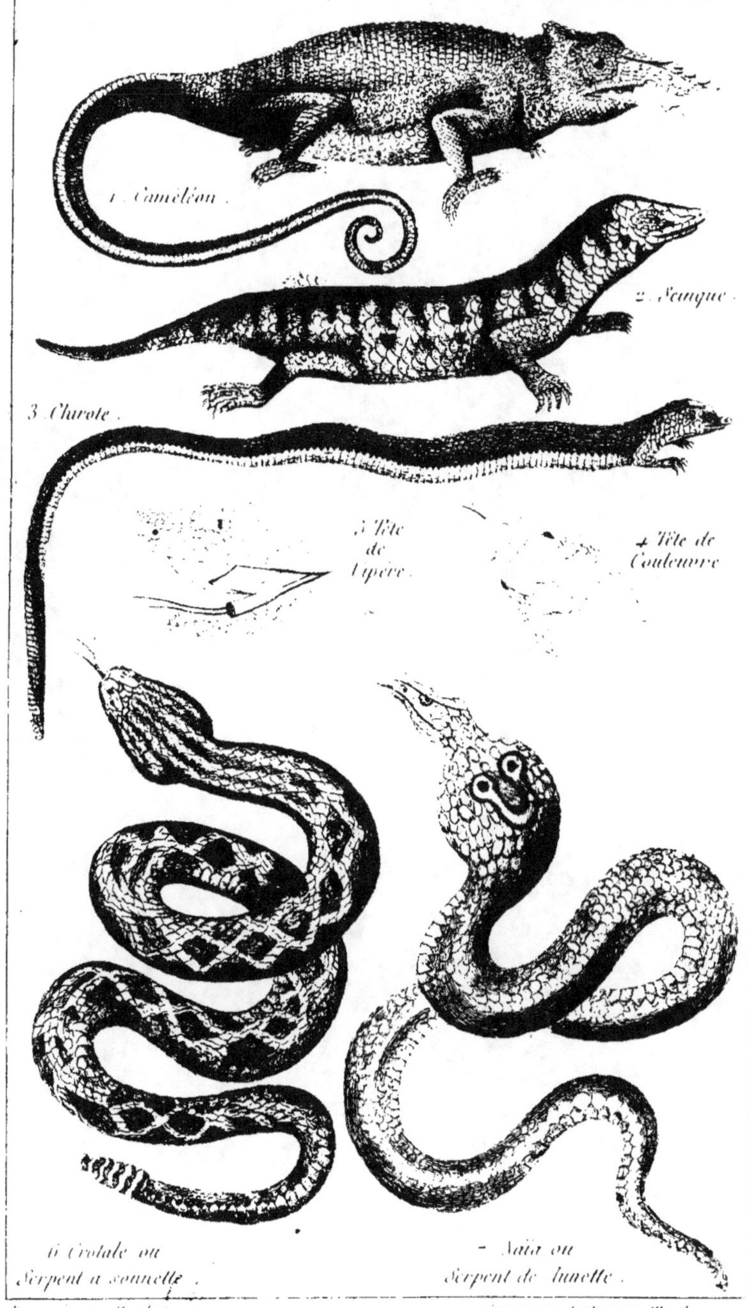

Dessiné par Tarby.   Gravé par Ambroise Tardieu.

2. Grenouille.
4. Têtard
3. Rainette
1. Pipa
5. Salamandre
6. Triton ou
Salamandre aquatique
Dessiné par Marly
Gravé par Ambroise Tardieu

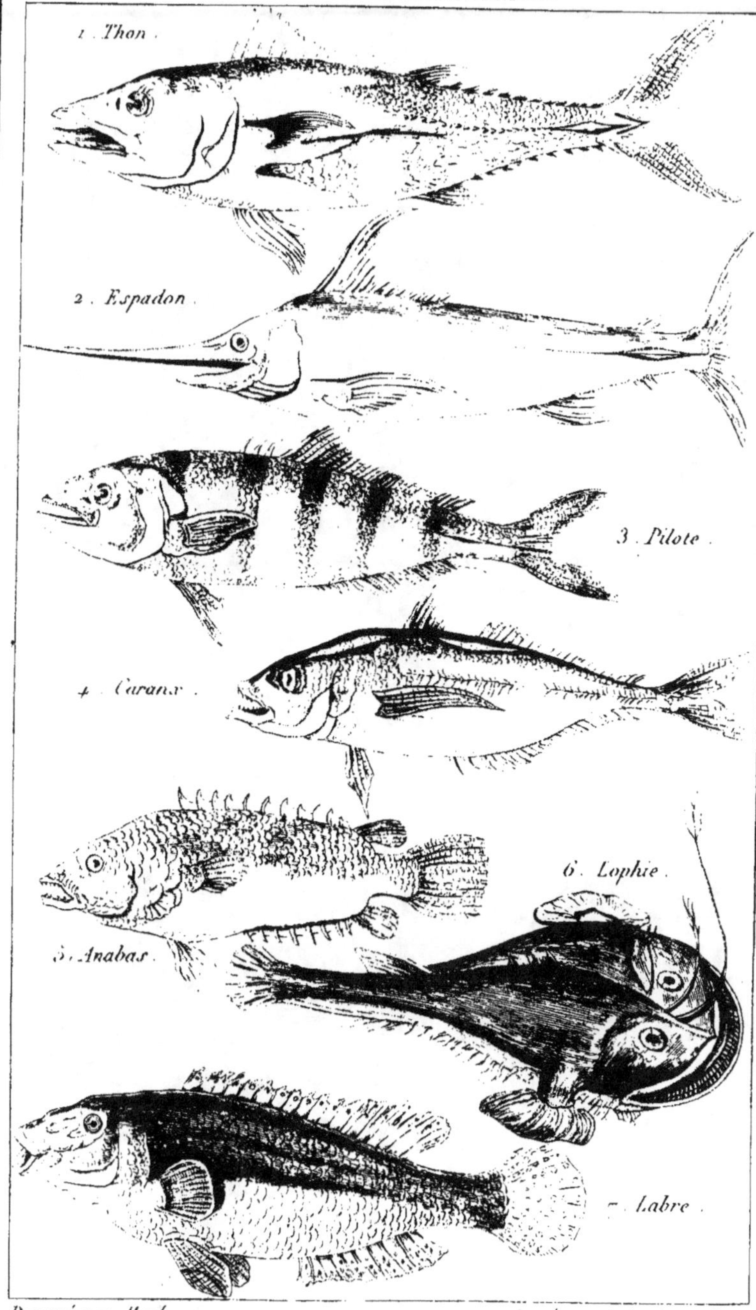

Dessiné par Marly. Gravé par Ambroise Tardieu.

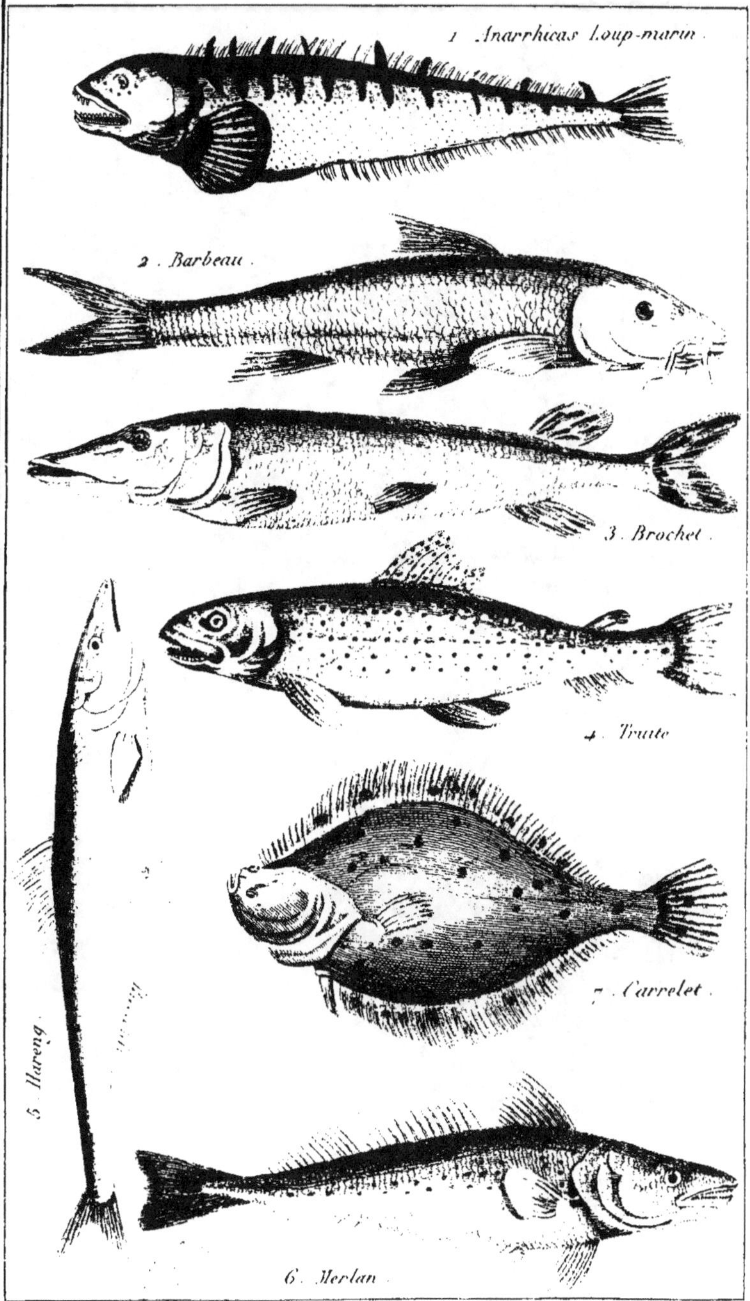

Dessiné par Marly.   Gravé par Ambroise Tardieu.

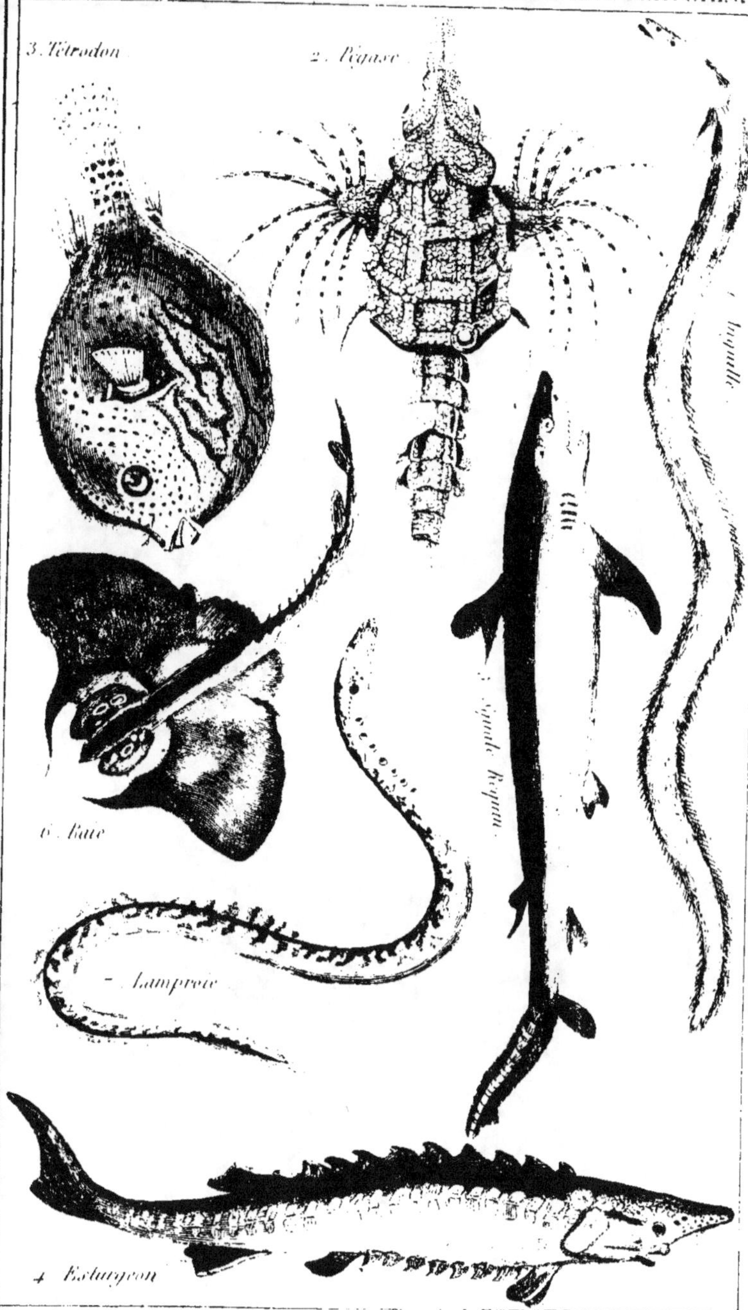
3. Tétrodon
2. Pégase
Anguille
5. Squale Requin
6. Raie
7. Lamproie
4. Esturgeon
Dessiné par Barly

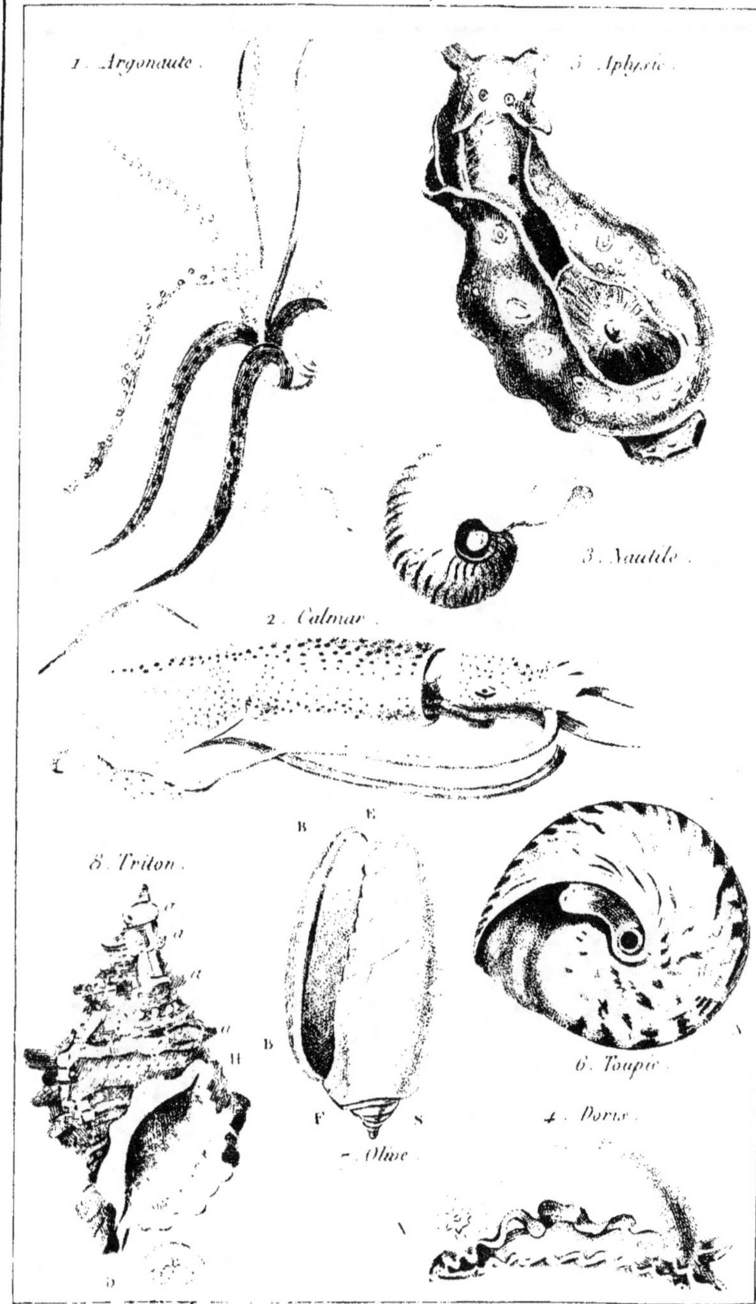

CÉPHALOPODES

Pl. XXVIII.

GASTÉROPODES.

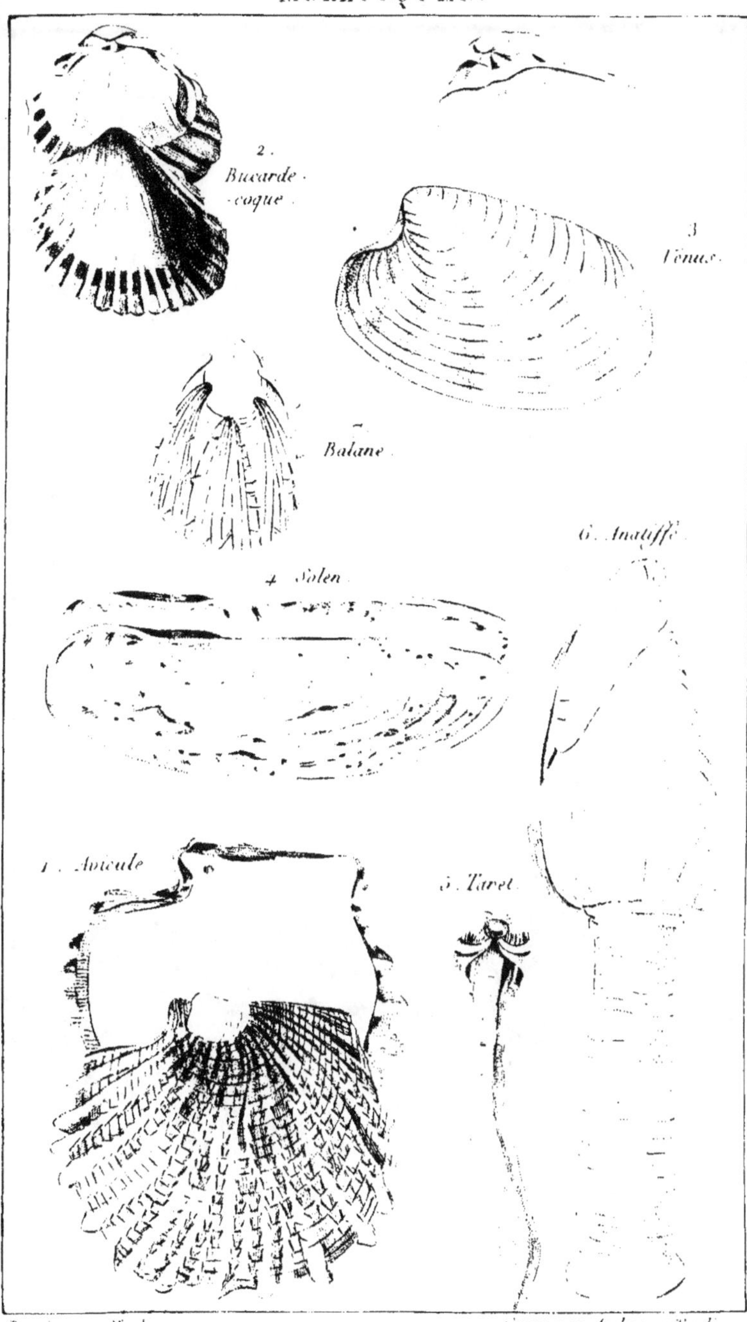

ACÉPHALES.

PL. XXIX.

CIRRHOPODES.

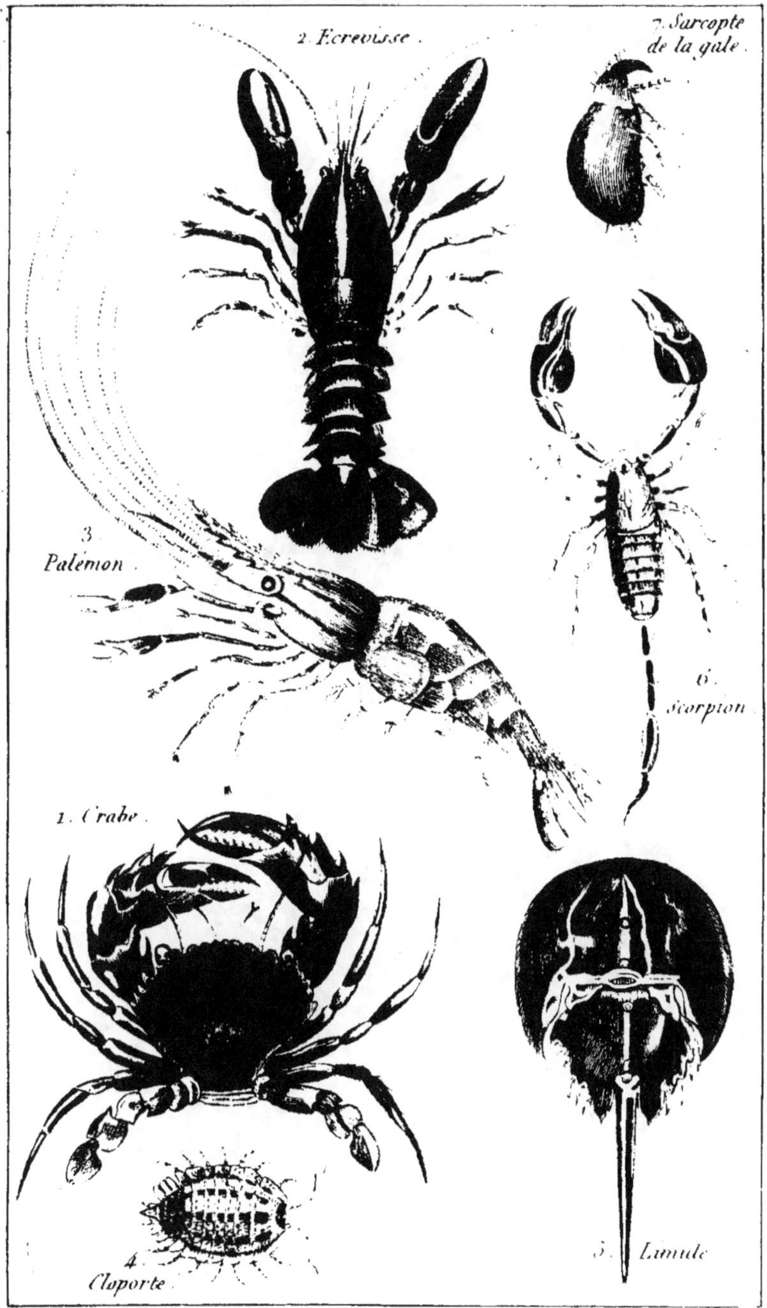

Dessiné par Marly.   Gravé par Ambroise Tardieu.

ARTICULÉS.   CRUSTACÉS.

Pl. XXXI.

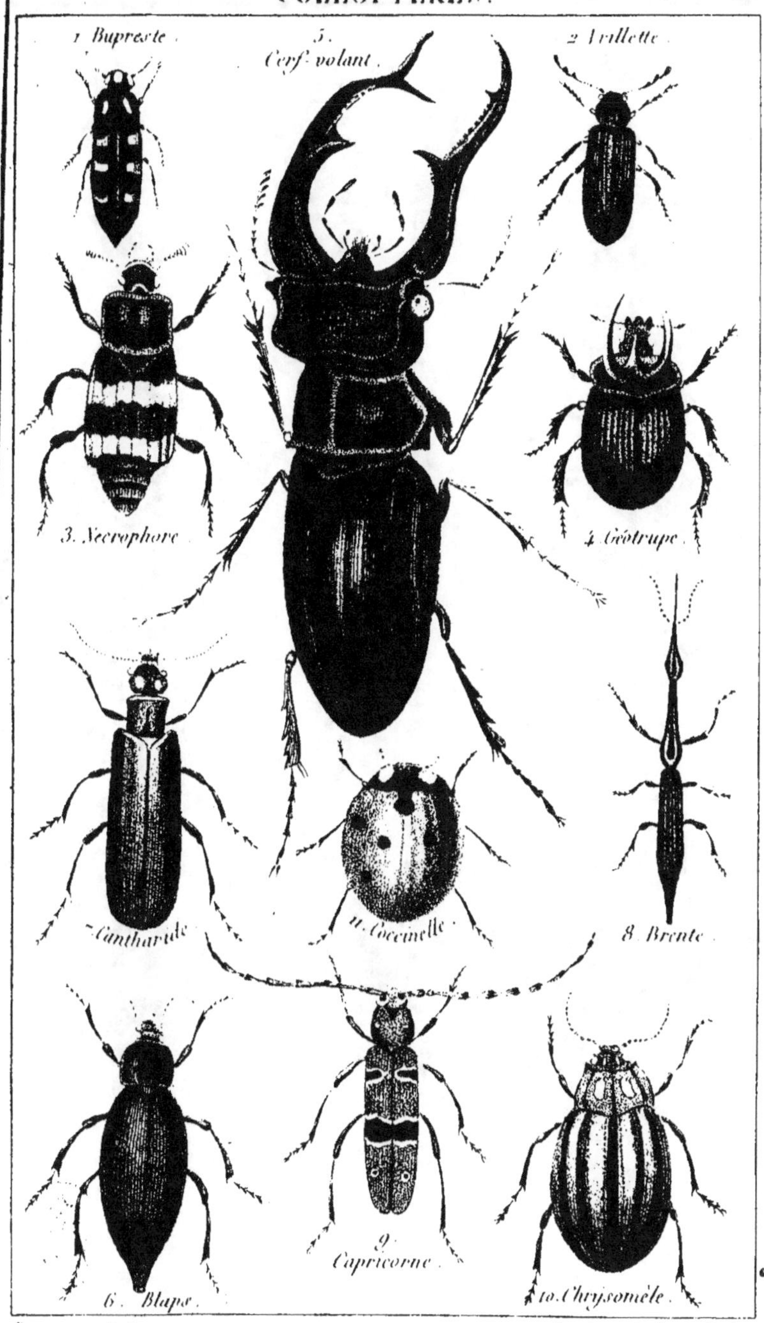

Dessiné par Marly

Gravé par Ambroise Tardieu

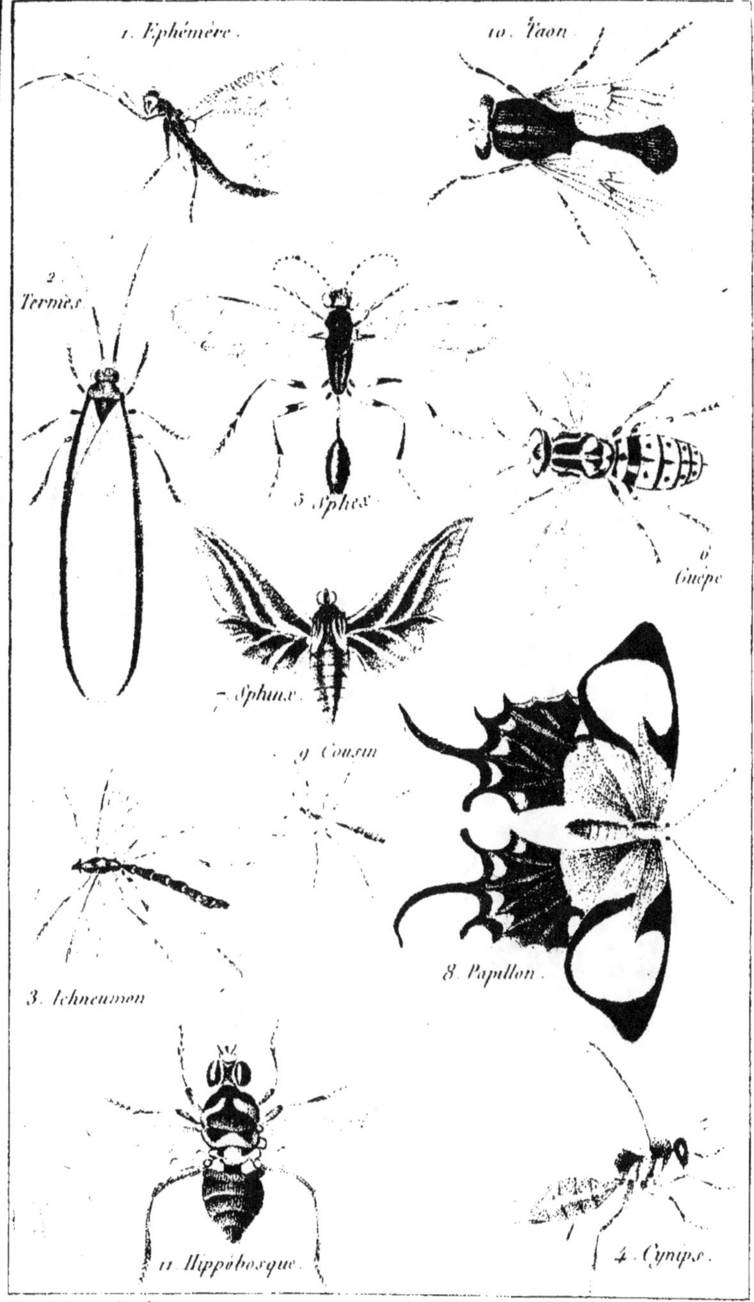

Dessiné par Marly.   Gravé par Ambroise Tardieu

ARTICULÉS.   PL. XXXV.   **INSECTES.**

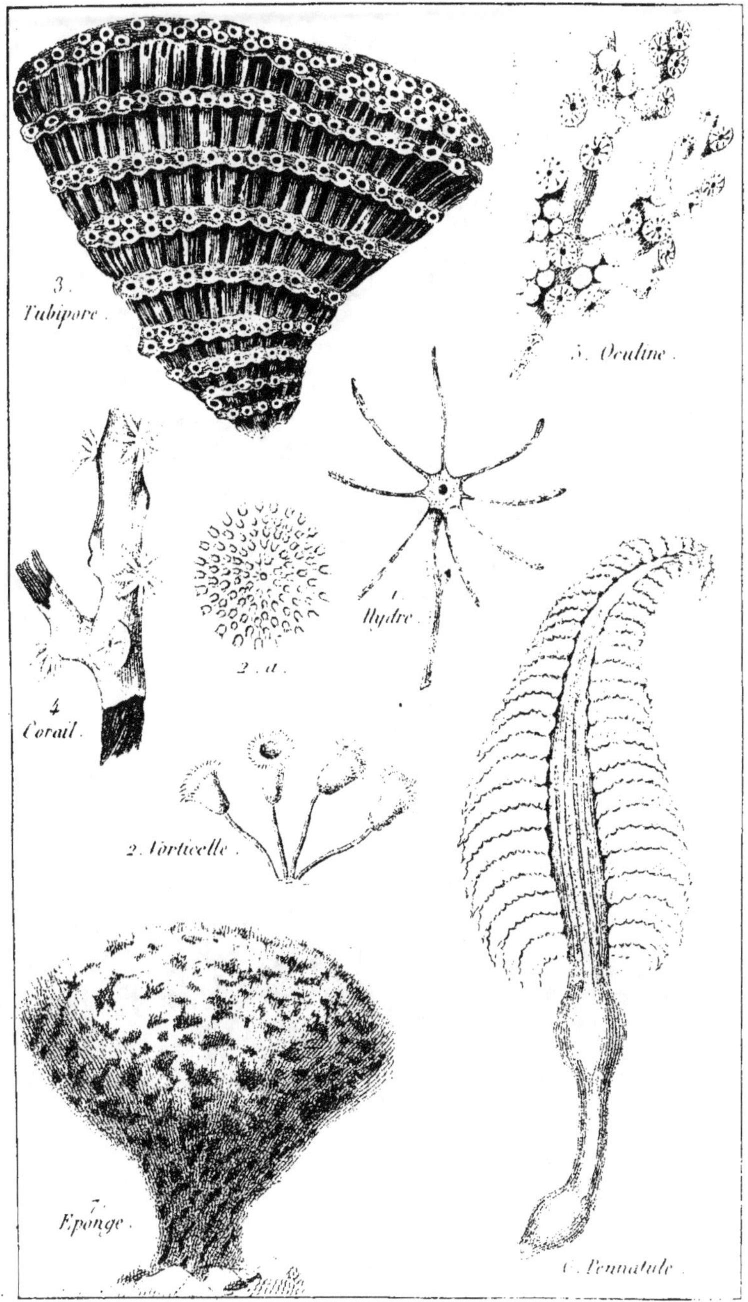

Dessiné par Marly.

Gravé par Ambroise Tardieu.

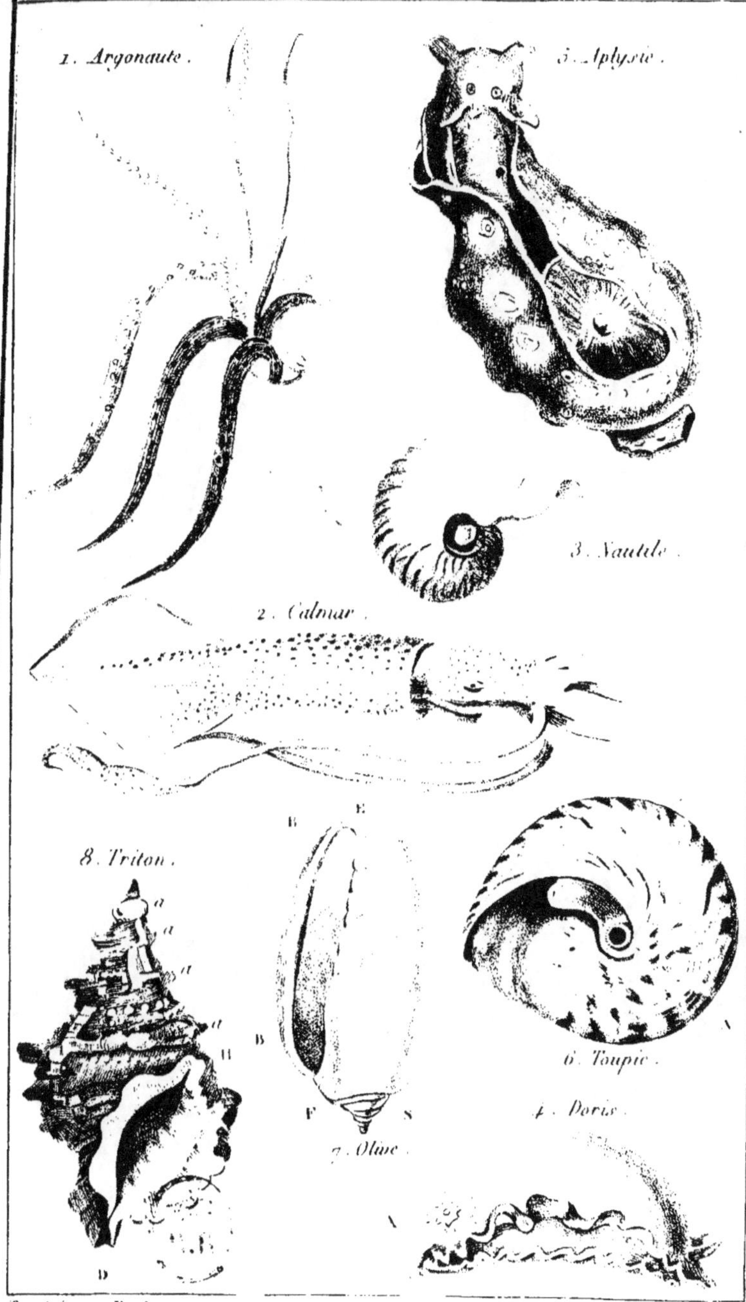

Dessiné par Marly.

Gravé par Ambroise Tardieu.

CÉPHALOPODES.

Pl. XXVIII.

GASTÉROPODES.

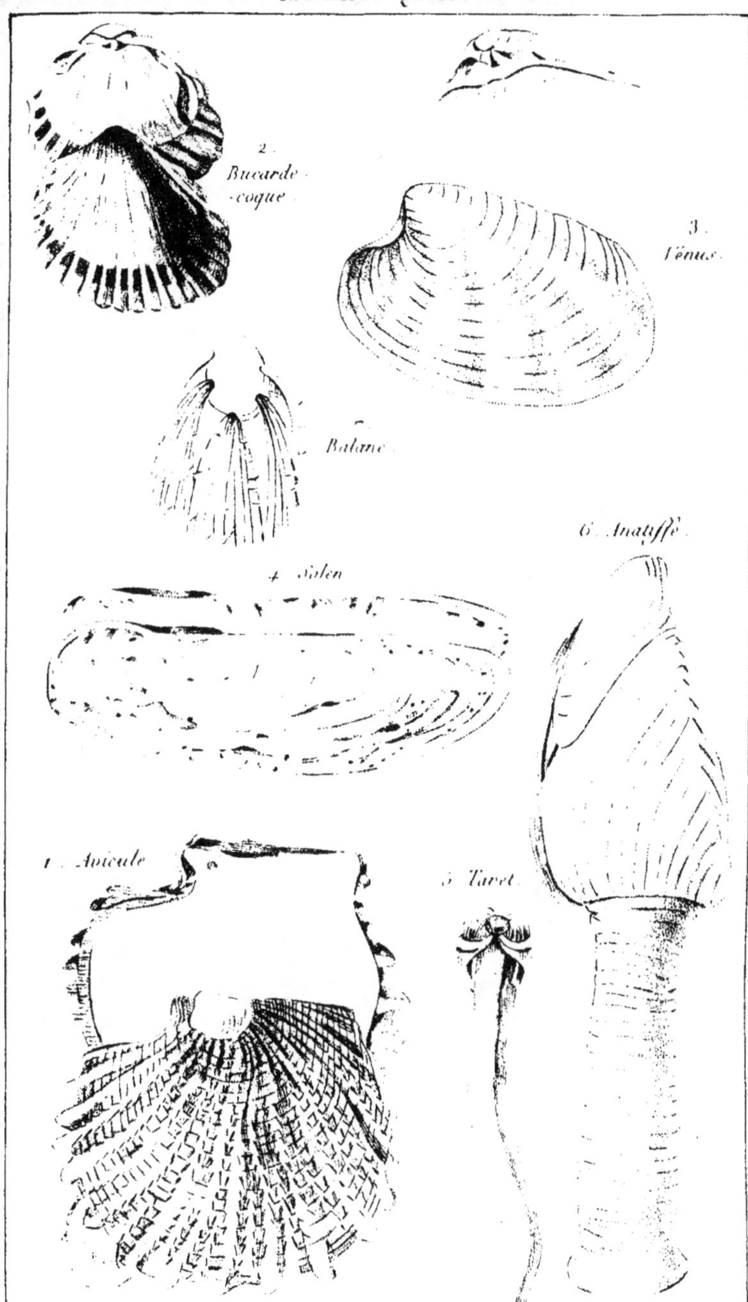

ACÉPHALES.   PL. XXIX.   CIRRHOPODES.

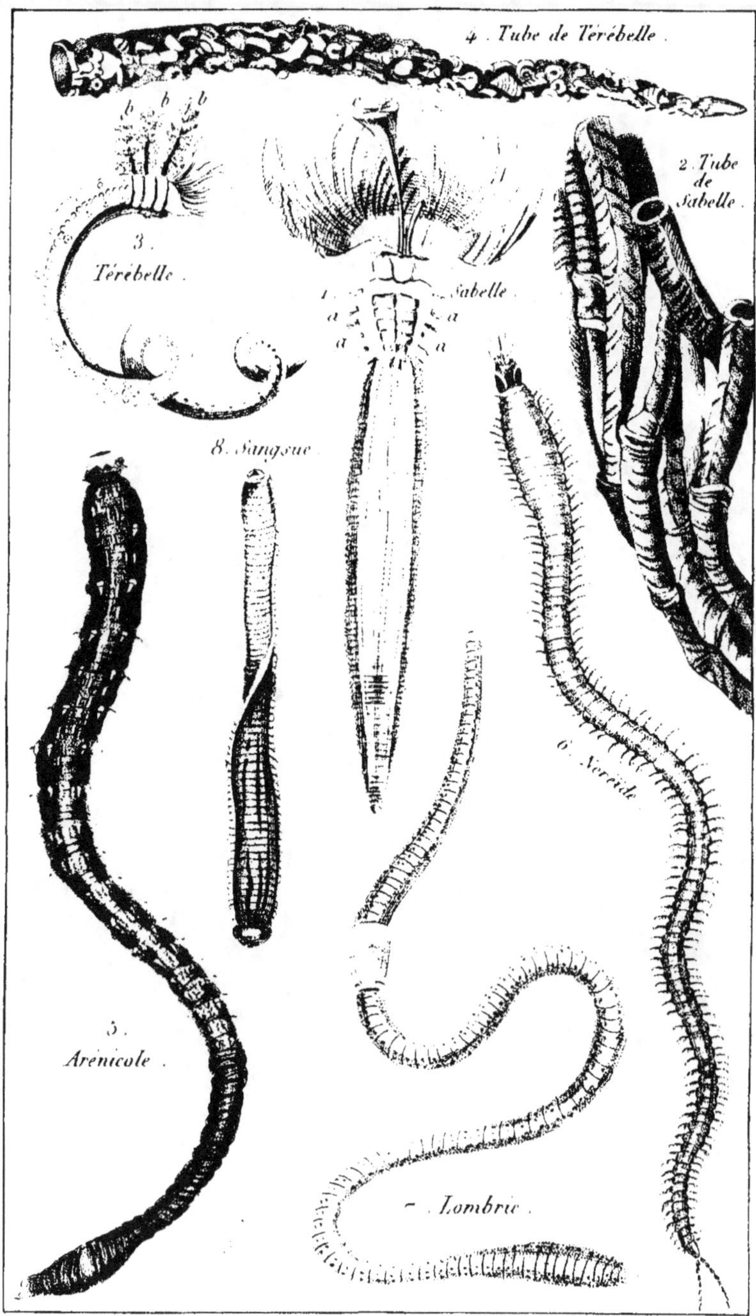

TUBICOLES.   Pl. XXX.   **DORSIBRANCHES.**

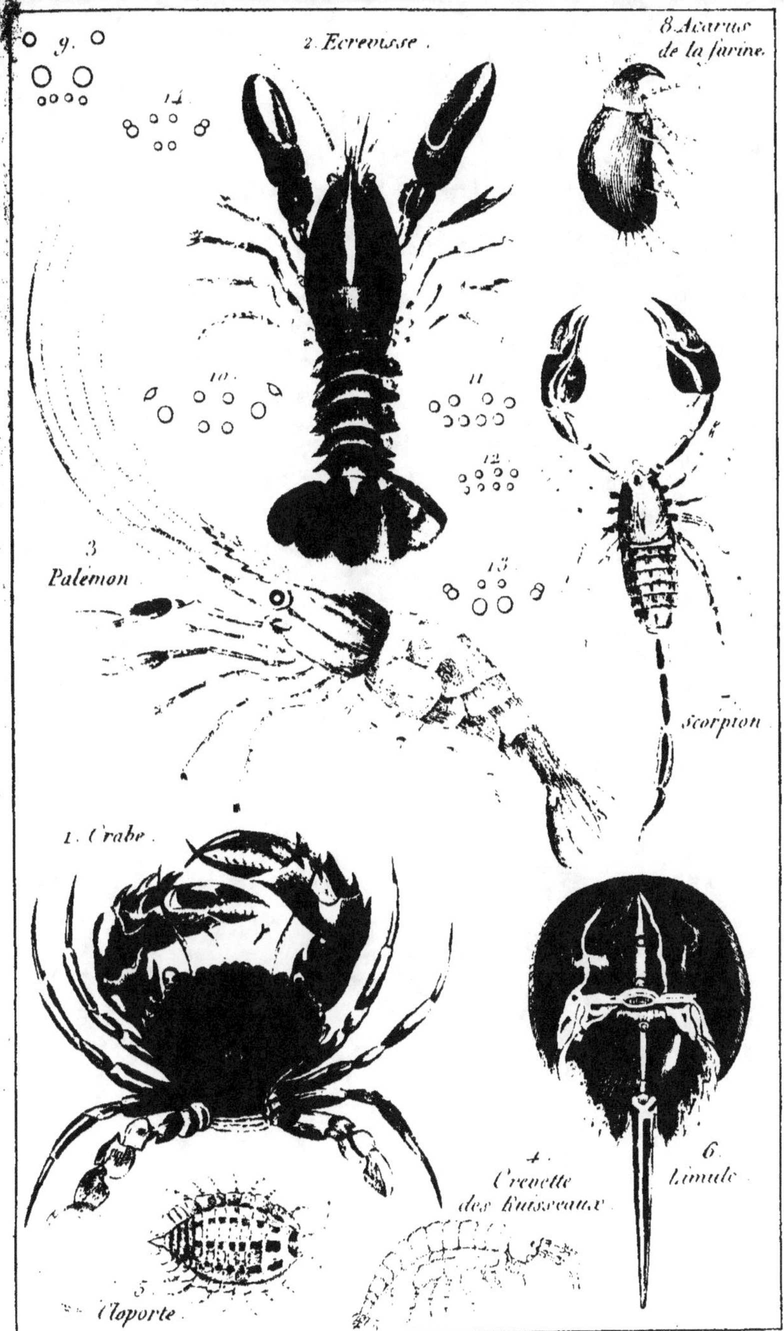
9.
14.
2. Ecrevisse.
8. Acarus
de la farine.
10.
11.
12.
3
Palémon
13.
Scorpion
1. Crabe.
4.
Crevette
des ruisseaux
6.
Limule
5.
Cloporte.
Gravé par Ambroise Tardieu.

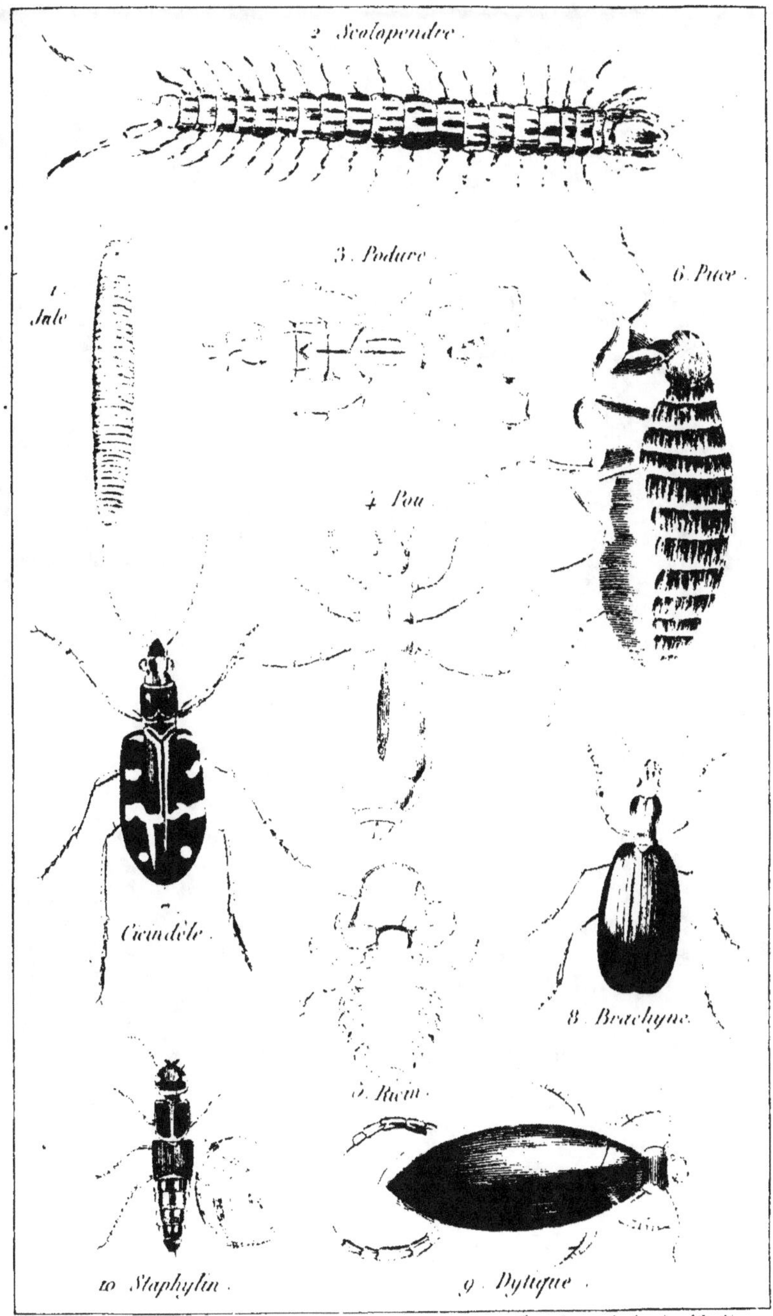

Dessiné par Marly.   Gravé par Ambroise Tardieu.

ARTICULÉS.   **INSECTES.**

PL. XXXII.

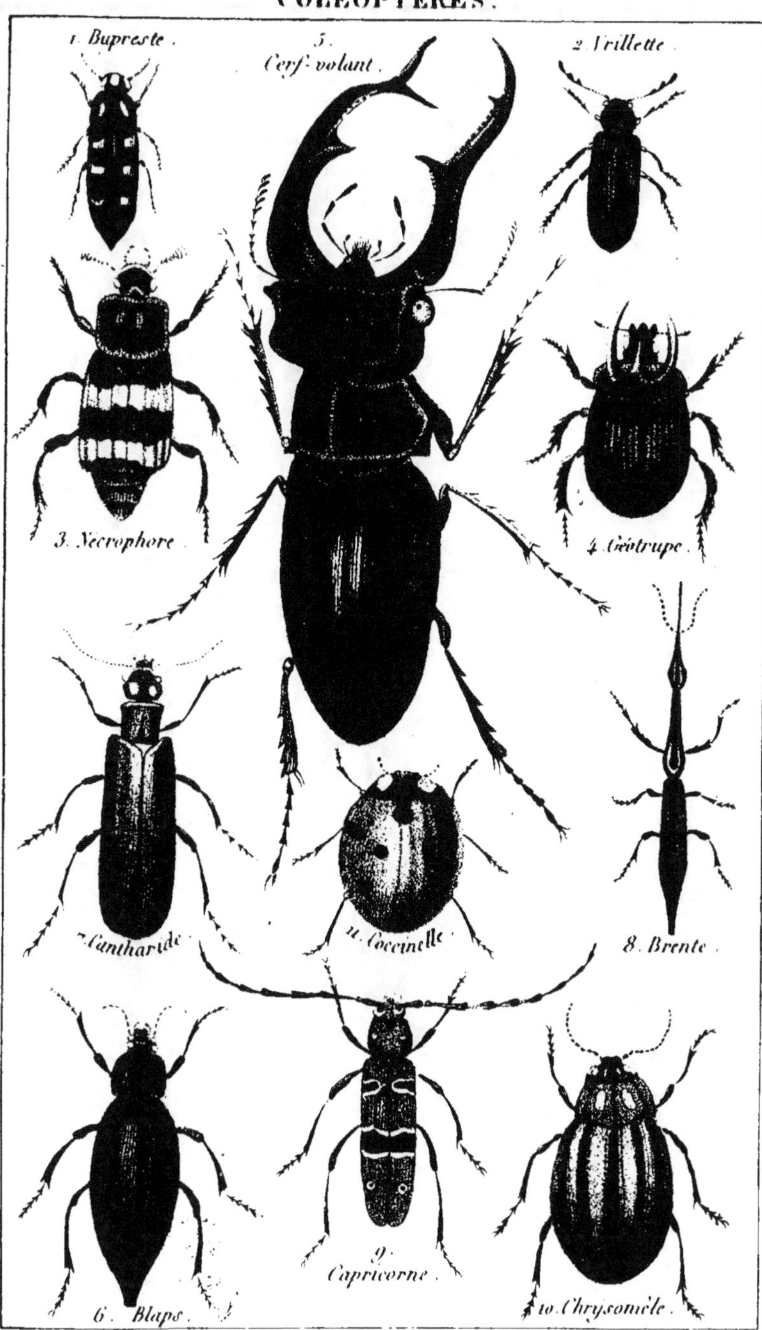

Dessiné par Marly.

Gravé par Ambroise Tardieu.

ARTICULÉS.

PL. XXXIII.

INSECTES.

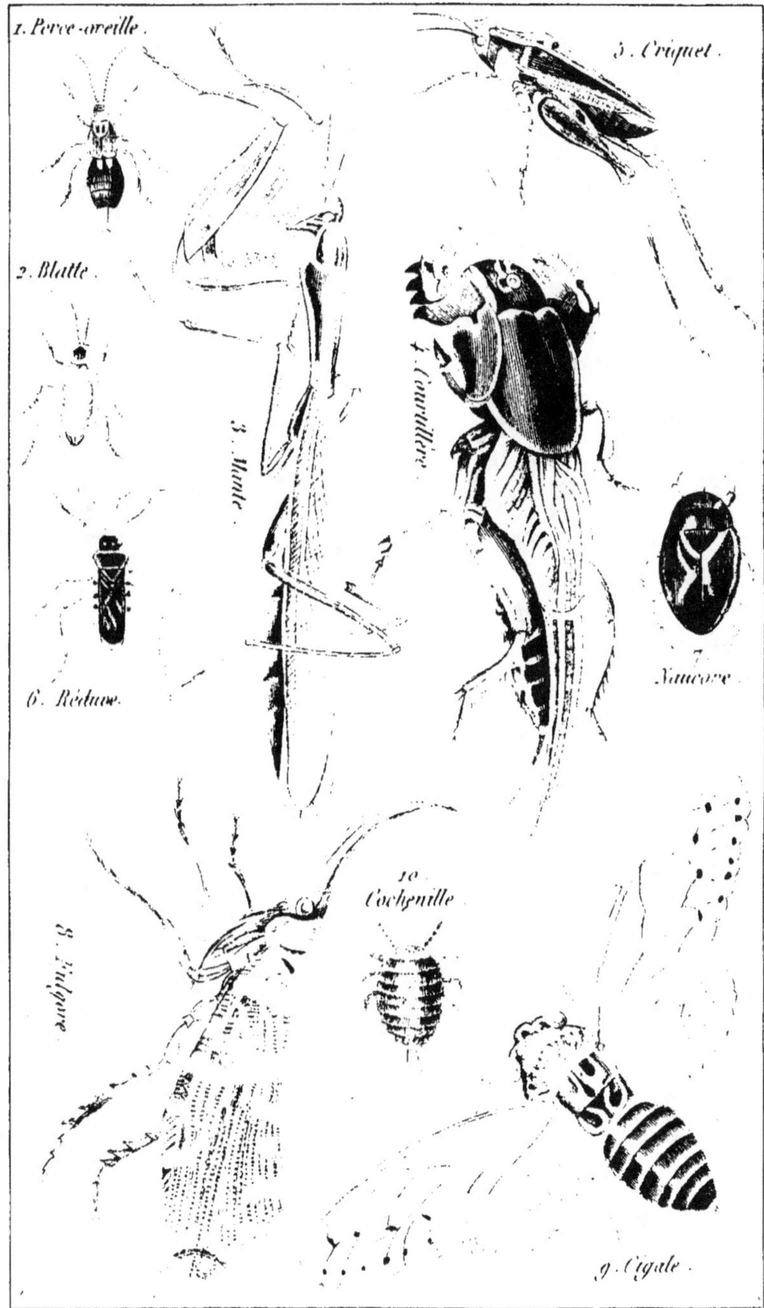

Dessiné par Marly.

Gravé par Ambroise Tardieu.

ARTICULÉS.

PL. XXXIV.

INSECTES.

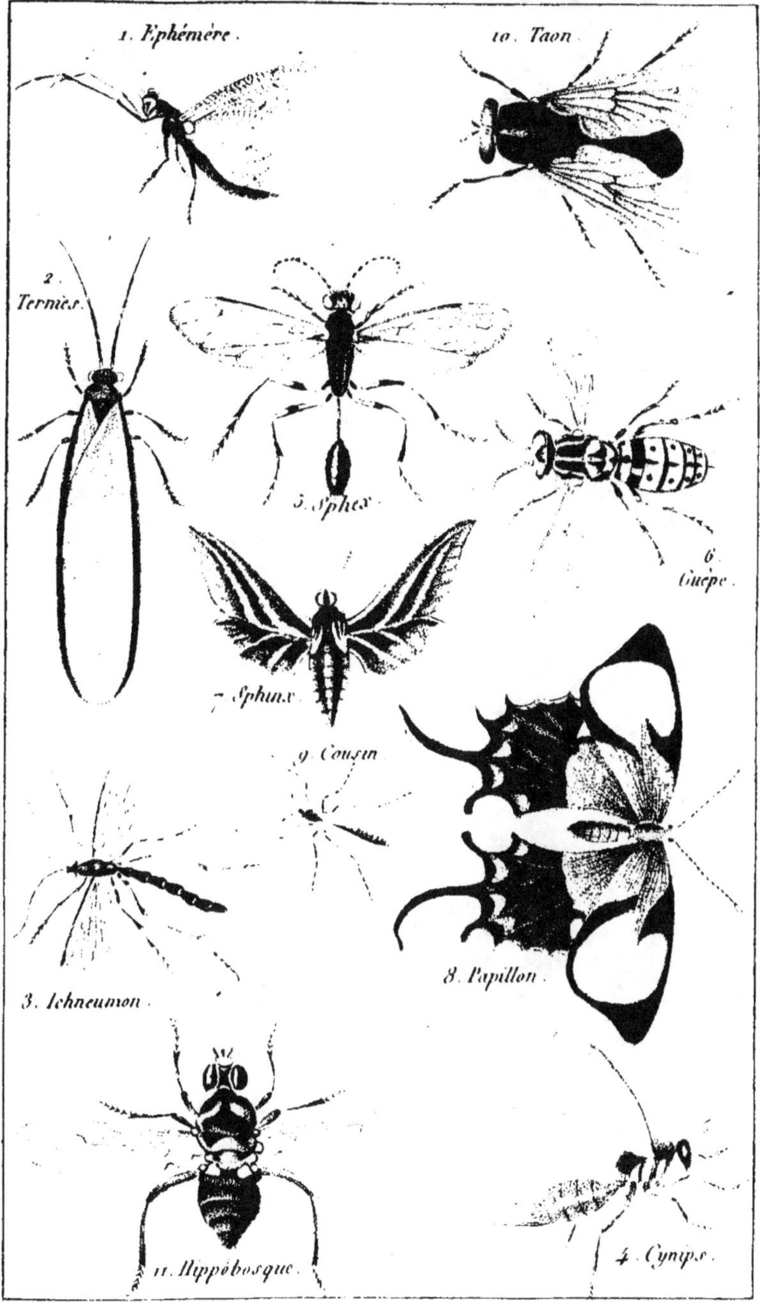

Dessiné par Marly   Gravé par Ambroise Tardieu

ARTICULÉS.   PL. XXXV.   **INSECTES.**

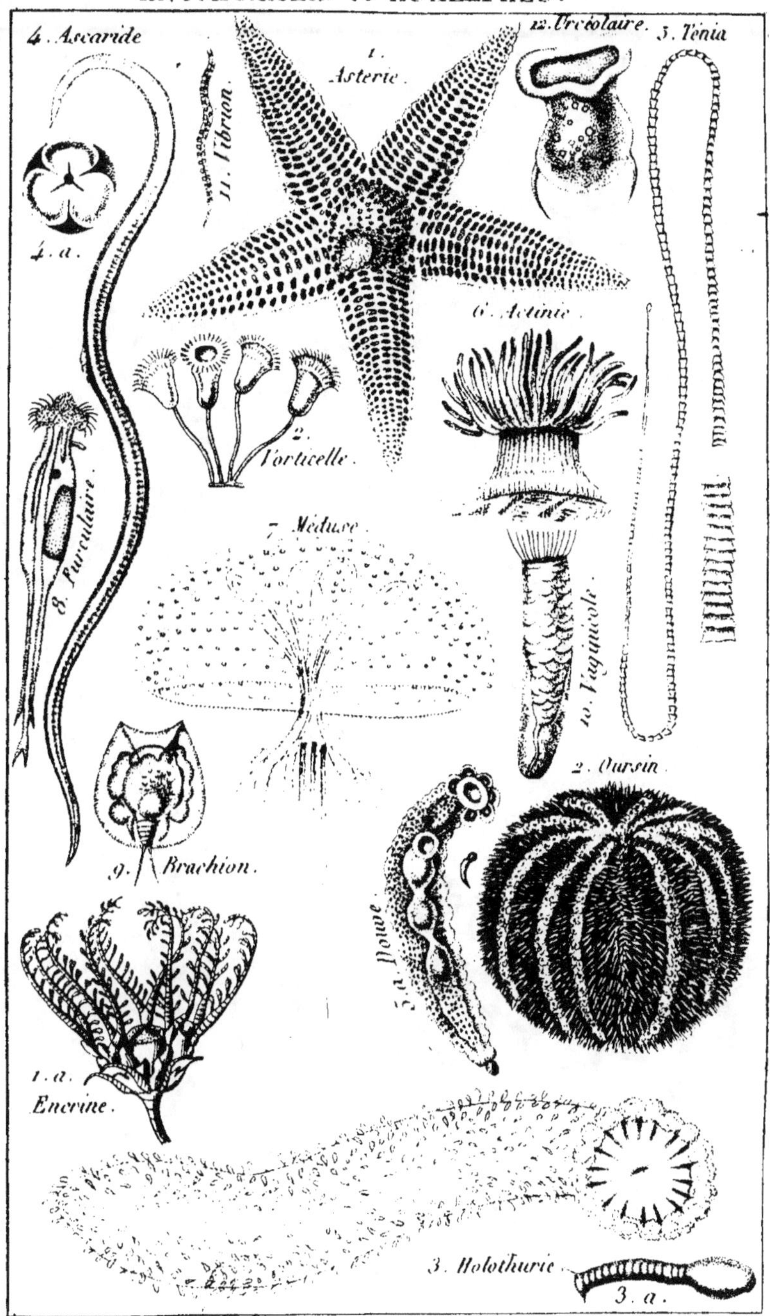

RADIAIRES.
PL. XXXVI.
ECHINODERNES.

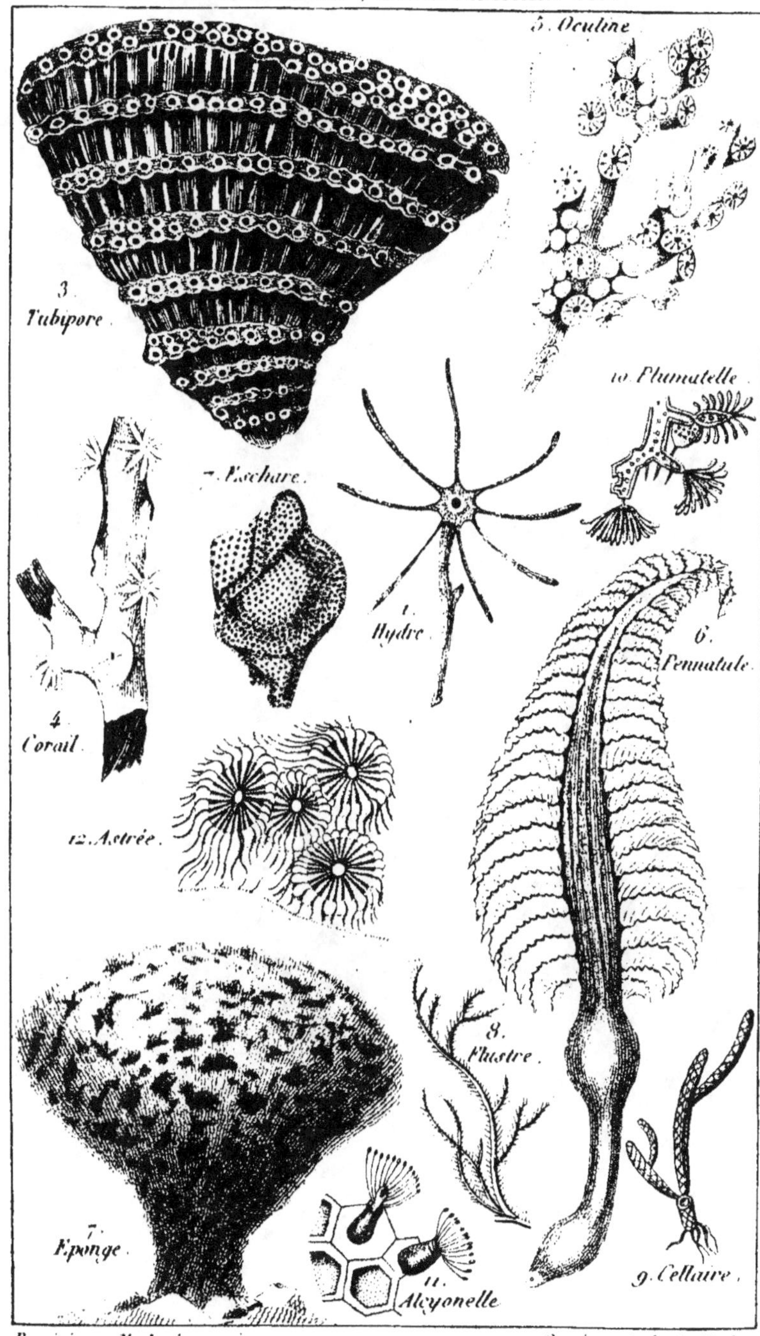

Dessiné par Marly.   Gravé par Ambroise Tardieu.

RADIAIRES.   **PI. XXXVII.**   **POLYPES.**

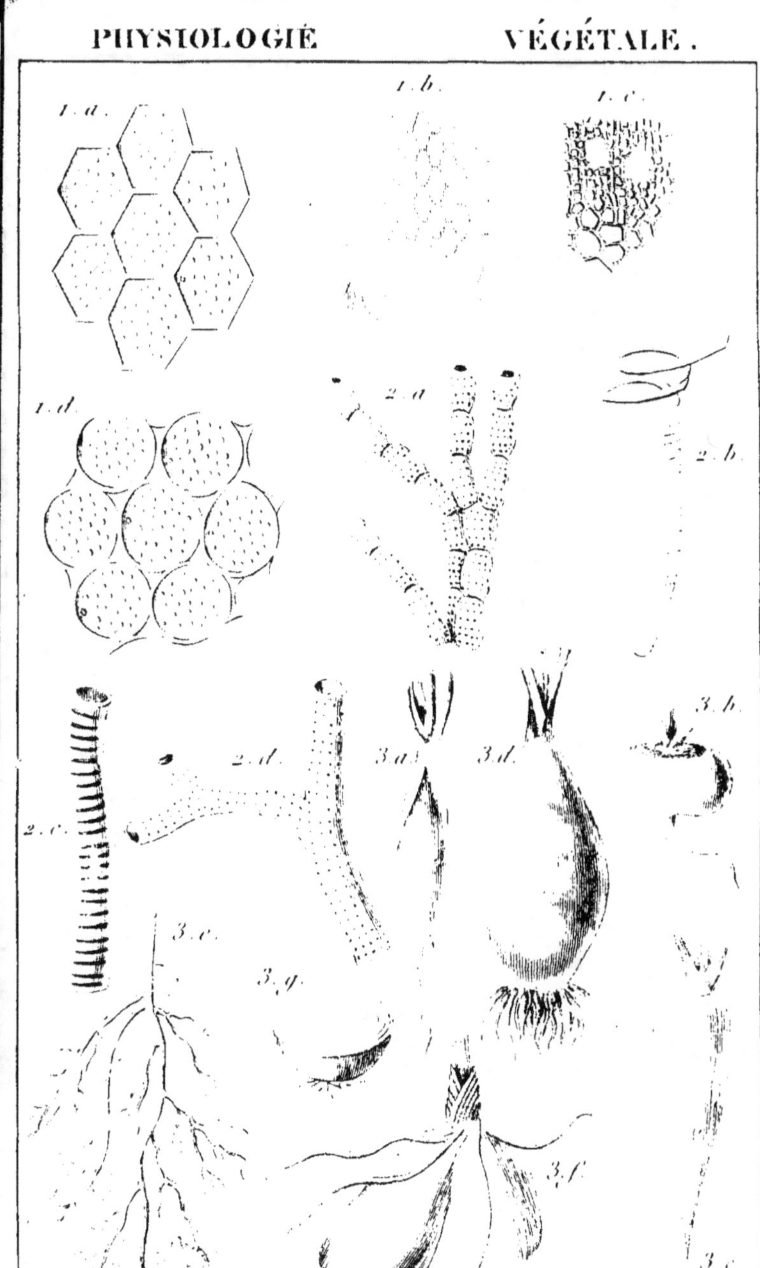

Dessiné et Gravé par Ambroise Tardieu.

ORGANES   ÉLÉMENTAIRES.
Pl. XXXVII Bis.

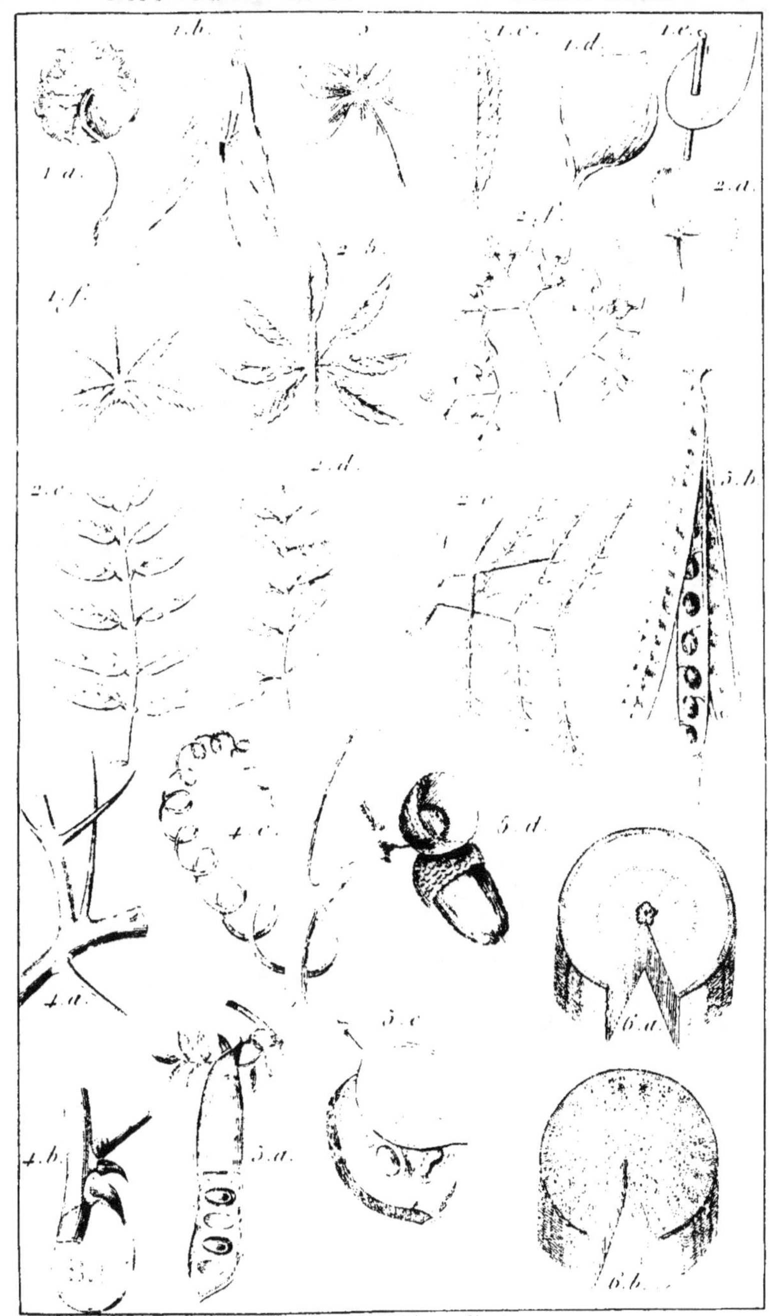

FEUILLES.   FRUITS

PL. XXXVII Ter.

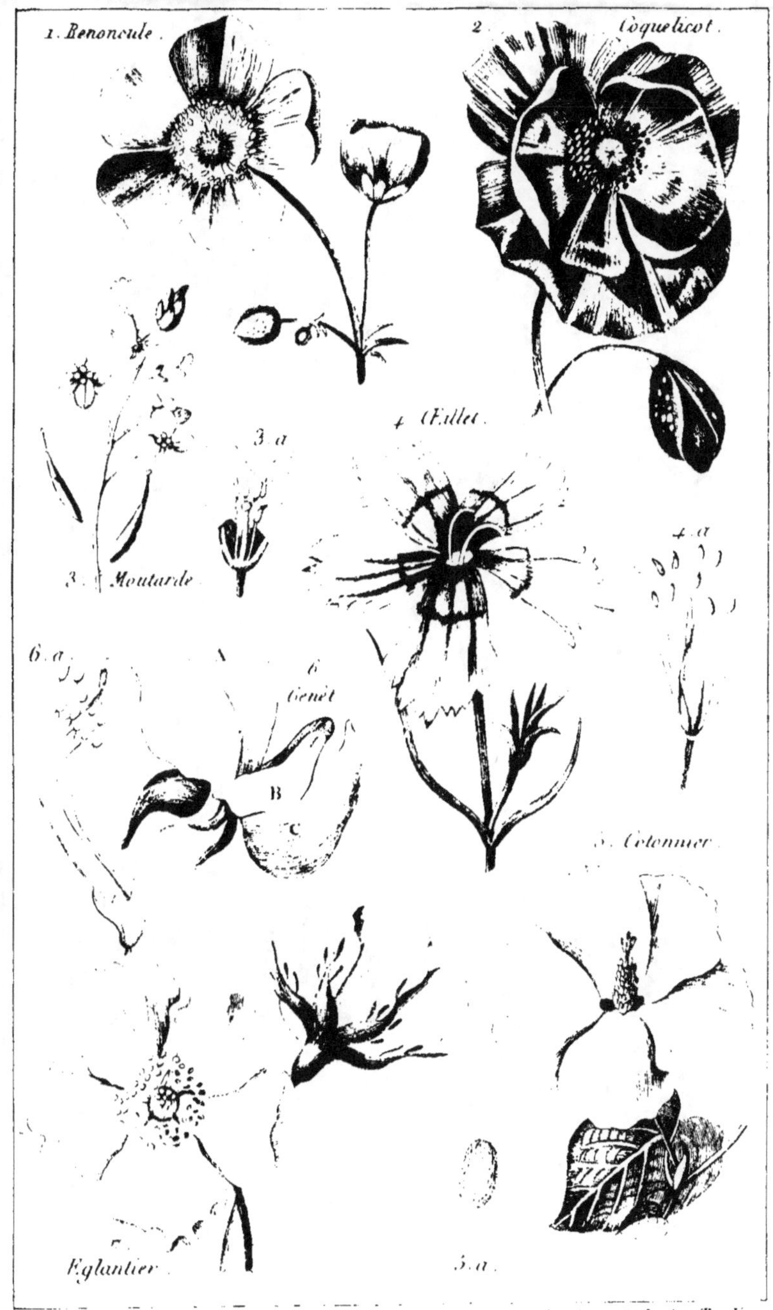

THALAMIFLORES.   Pl. XXXVIII.   CALICIFLORES.

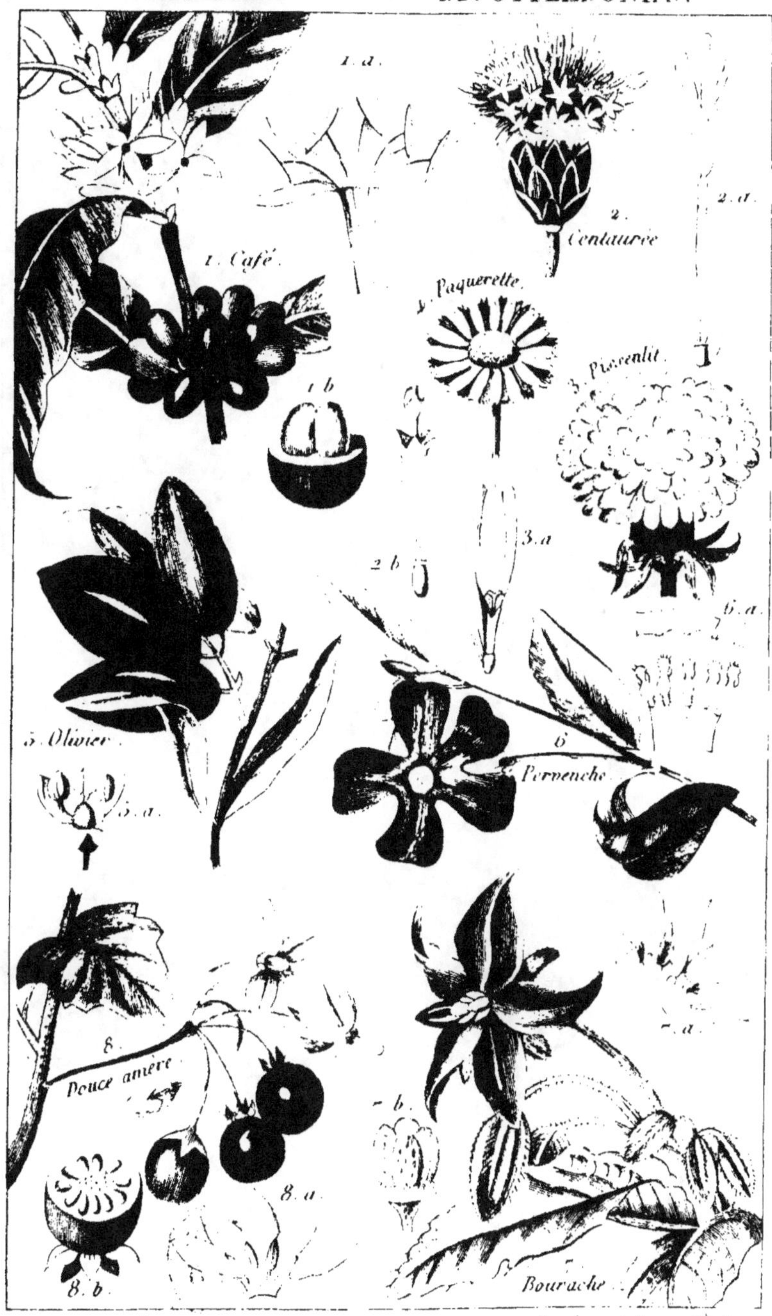

CALICIFLORES.   PL. XXXIX.   COROLLIFLORES.

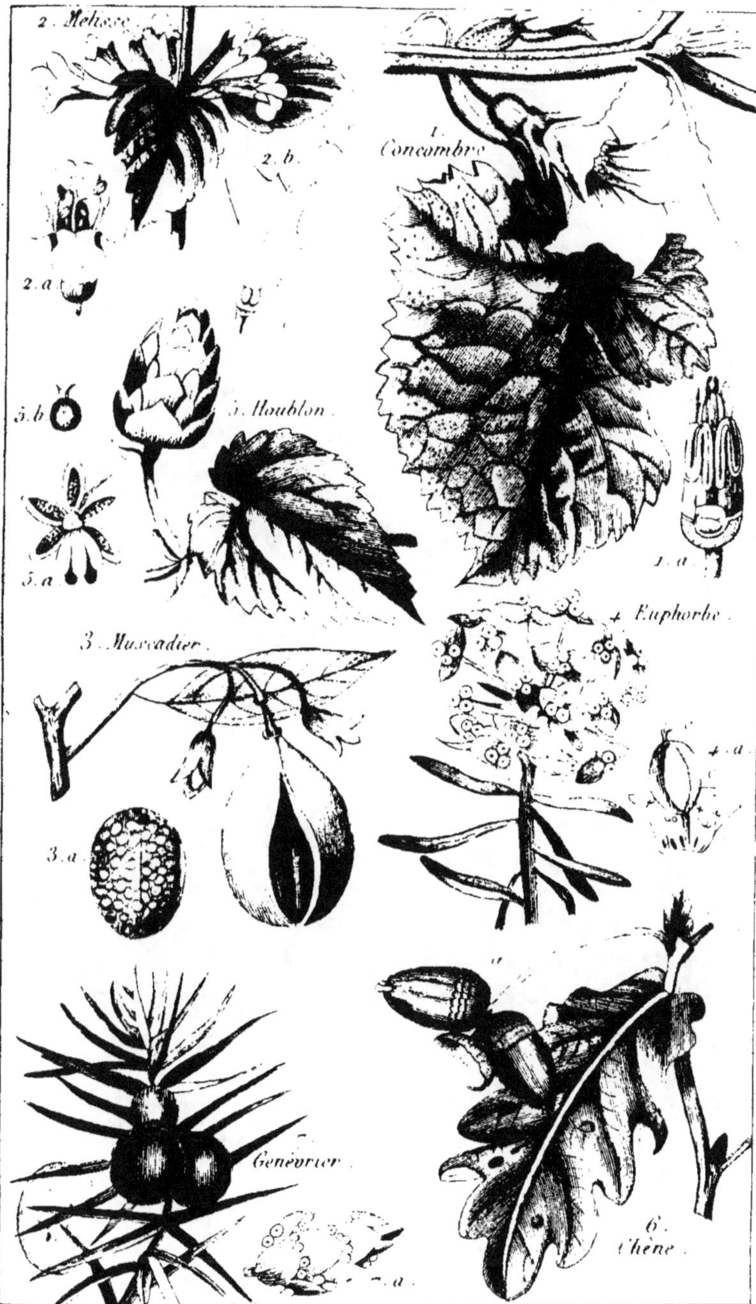

Dessiné par Marly.   Gravé par Ambroise Tardieu.

COROLLIFLORES.   PI. XL.   MONOCHLAMYDÉES.

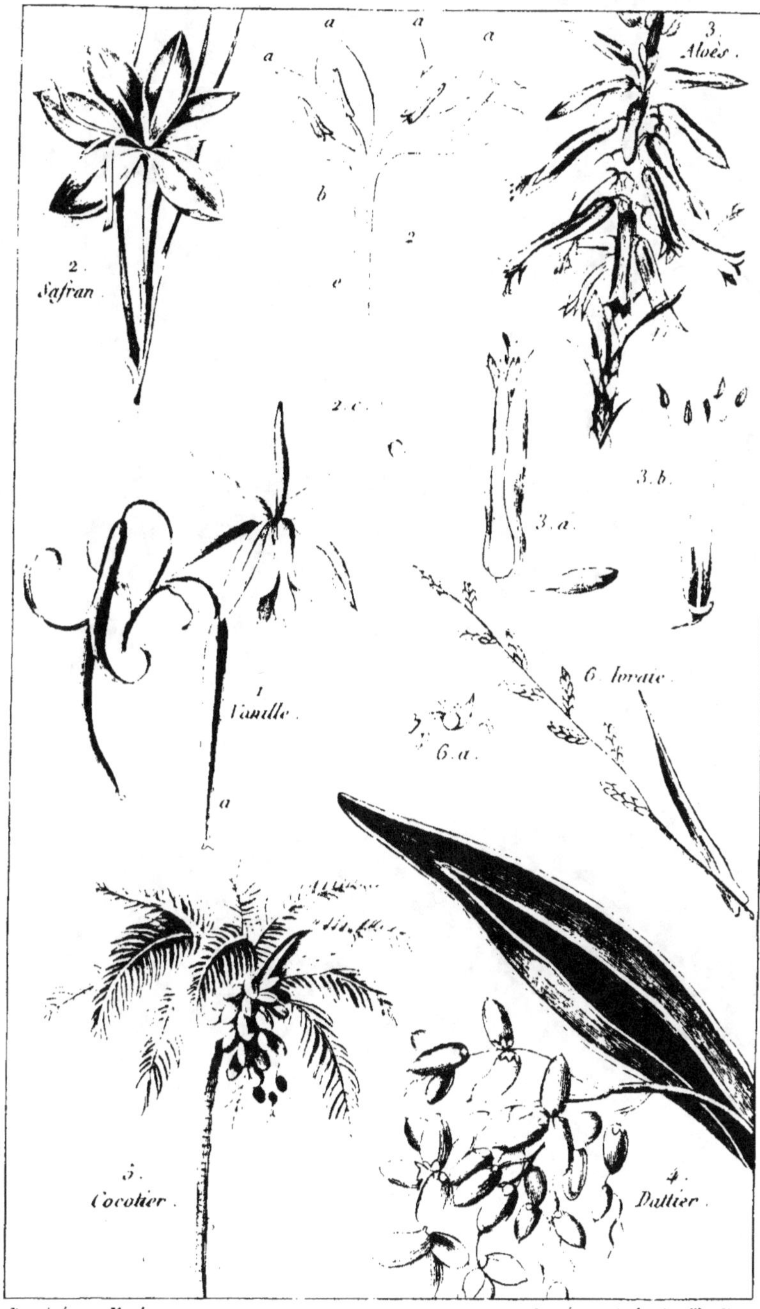

PÉRIGYNES.   PI. XLI.   **HYPOGYNES.**

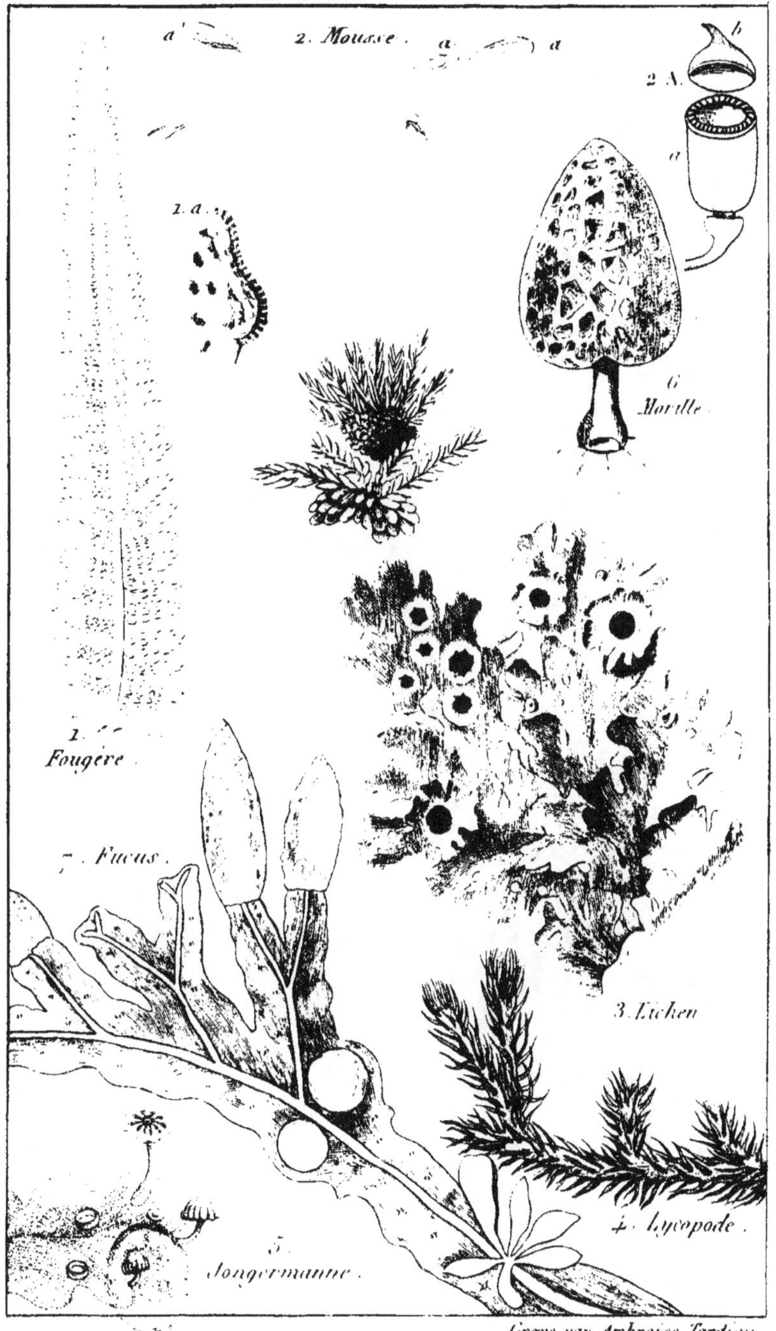

PLANTES.   ACOTYLÉDONES.

Pl. XLII

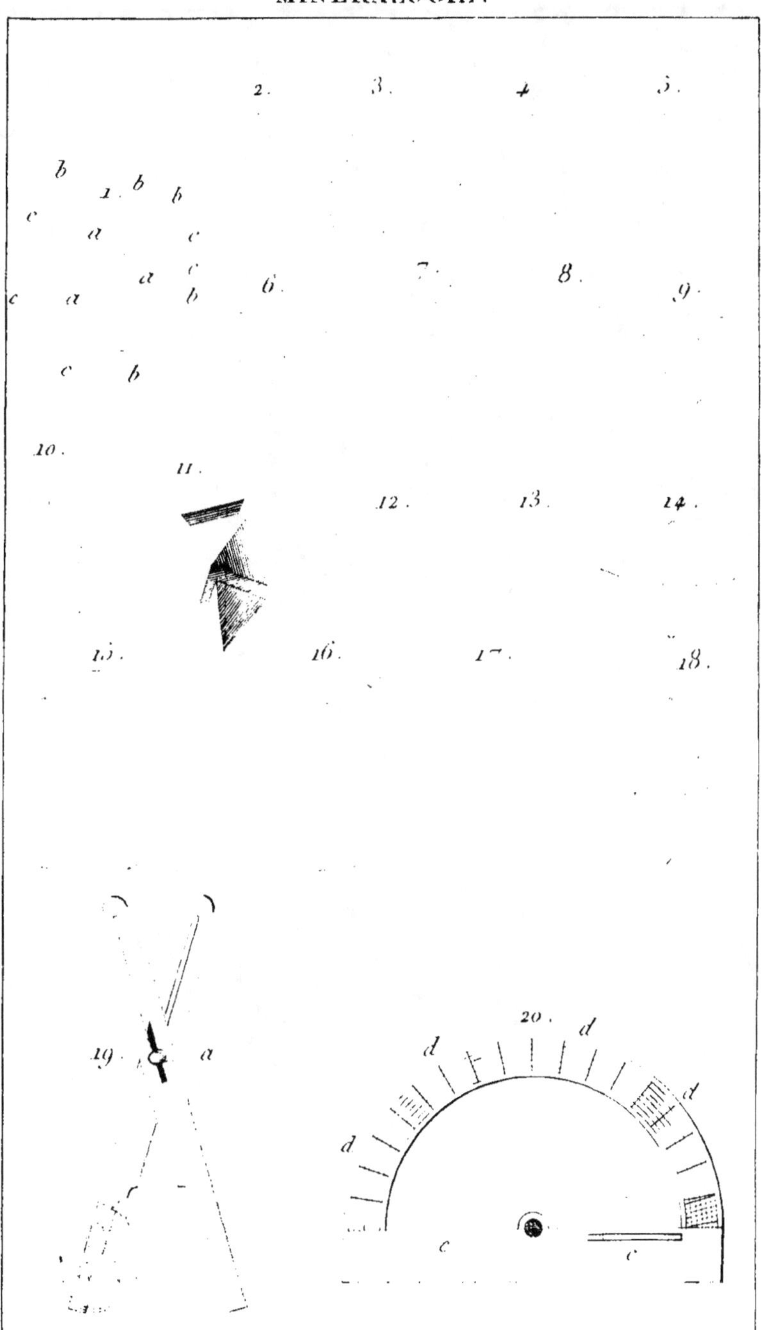

Dessiné par Marly   Gravé par Ambroise Tardieu.

Pl. XLIII.

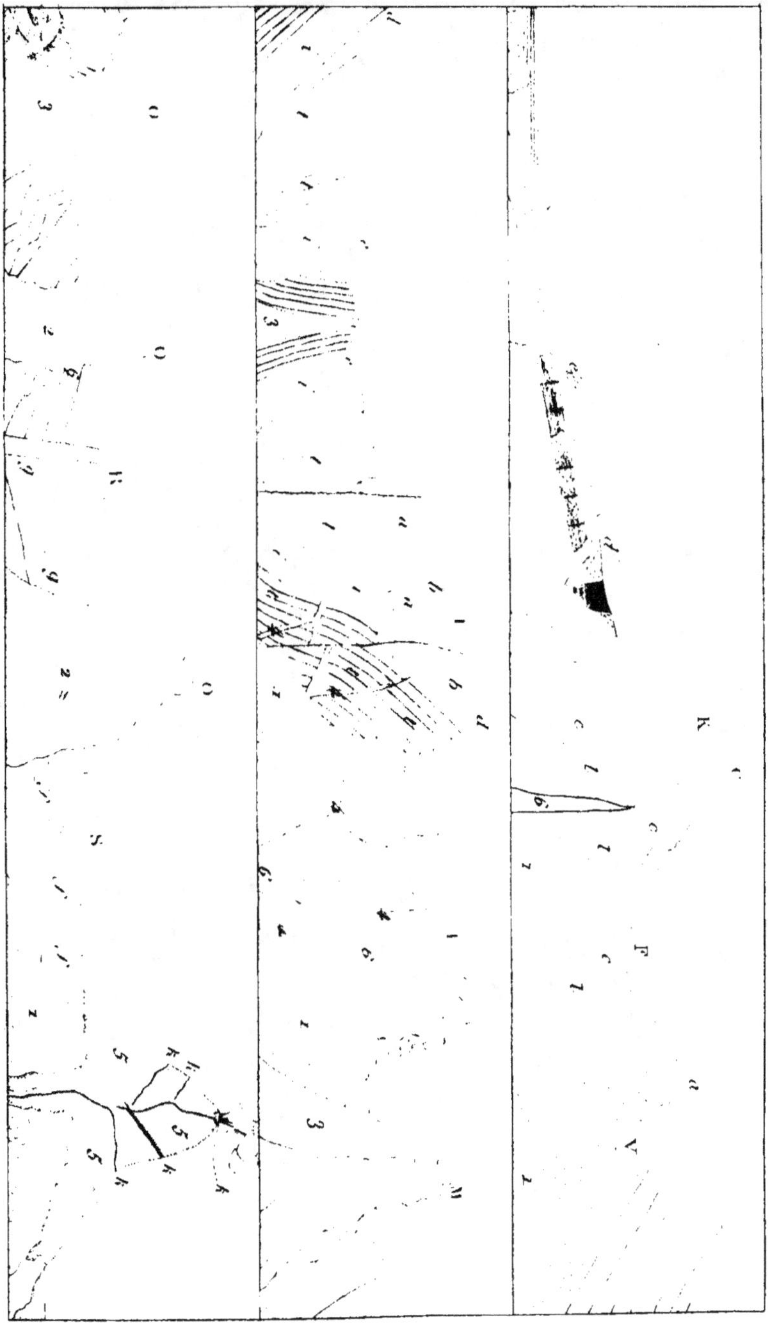

Dessiné et Gravé par Ambroise Tardieu.